"모아교육그룹이 함께 만들어갑니다!"

소방기술사 / 소방시설관리사 / 소방설비기사 / 소방설비산업기사 / 소방실무 / 소방안전관리자 / 화재감식평가(산업)기사

전기안전기술사 / 건축전기설비기술사 / 발송배전기술사 / 전기응용기술사 / 정보통신기술사 / 전기기능장 / 전기기사 / 전기산업기사 / 전기기능사

화공안전기술사 / 산업안전기사 / 에너지관리기사 / 에너지관리산업기사 / 에너지관리기능사 / 공조냉동기계기사 / 공조냉동기계산업기사 / 공조냉동기계기능사

건축기계설비기술사 / 건축설비기사 / 건축설비산업기사 / 가스기사 / 가스산업기사 / 가스기능사 / 위험물기능장 / 위험물산업기사 / 위험물기능사

건설안전기사 / 대기환경기사 / 식품안전기사 / 산업위생관리기사 / 승강기기능사 / 설비보전기능사

NEXT 모아 합격자 FESTIVAL
그 영광의 주인공은 바로 당신입니다!

업계 최대 규모 합격자 모임 실제 현장
(서울 마곡 코엑스)

기술자격증은 모아바 에서 시작하세요!

기록적인 성장
1648%
*2017년 vs 2024년 매출 기준

경이로운 수강생 증가
760%
*2018년 vs 2025년 1, 2월 수강인원 기준

강의 만족도
99%
*2024년, 2025년 모아바 합격수기 평가 점수 변환 기준

압도적인 합격률
79%
*2024년 소방시설관리사 2차 합격률

수강상담 & 학습문의

모아바 고객센터
02.2068.2852

평일 10:00~19:00
(점심 12:00~13:00)
(주말/공휴일 휴무)

모아소방전기학원 × 모아바

모아 건축설비 기사 필기

개정판

핵심이론 + 과년도 7개년

모아합격전략연구소

모아북스

2026년 건축설비기사 필기, 이렇게 바뀝니다

[과목 개편]

변경 전(25년 12월 31일까지)
1. 건축일반
2. 위생설비
3. 공기조화설비
4. 소방 및 전기설비
5. 건축설비 관계법규

변경 후(26년 1월 1일부터)
1. 건축설비계획
2. 건축설비설계
3. 전기설비 및 소방시설 일반
4. 건축설비 관련법규

[집중! 개편 핵심 포인트]

- 과목 수 축소 : 5과목 → 4과목
- 기존 위생설비, 공조설비, 소방·전기 등이 통합 재구성
- 계획과 설계 중심의 과목 체계로 재편
- 과목 명칭이 실무 중심, 통합형으로 변경됨

[주요 출제기준]

구분	주요 내용
제1과목 건축설비계획	• 건축환경 기초(열·빛·공기·음) • 열역학·유체역학 기초 • 설비설계조건(공조·환기·위생) • 설비시스템/열원/환기/급배수 검토 • 설비자재·설계도서 작성·적산
제2과목 건축설비설계	• 열원설비(냉동기·보일러·열펌프·냉각탑 등) • 공조설비(공기조화기·펌프·송풍기·덕트) • 환기·위생 설비 설계 • 위생기구 선정
제3과목 전기설비 및 소방시설 일반	• 전기 기초(직류·교류회로) • 건축전기설비(전원·배선·조명·통신) • 방재설비(피뢰·접지·소방전기 등) • 자동제어시스템 설계(공조·열원·환기·위생) • 소방시설 기초(소화·용수·활동설비 등)
제4과목 건축설비 관련법규	• 건축법, 기계설비법, 소방시설법 등 • 건축물 설비기준, 피난·방화 규칙 • 에너지 절약 설계기준 • 제로에너지·녹색·지능형 건축물 인증 규칙

[2025년 건축설비기사 합격률]

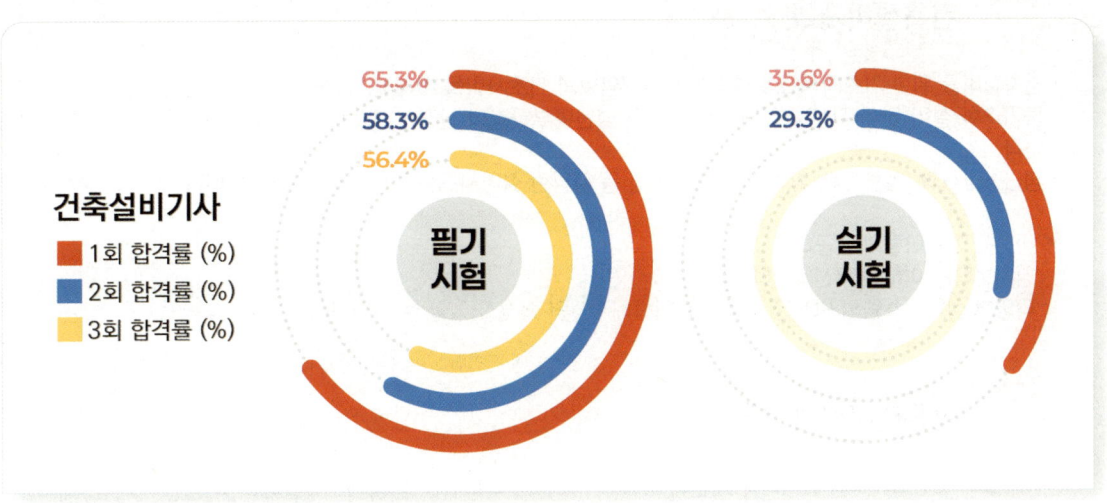

건축설비기사
- 1회 합격률 (%)
- 2회 합격률 (%)
- 3회 합격률 (%)

필기시험: 65.3%, 58.3%, 56.4%
실기시험: 35.6%, 29.3%

※ 3회차 실기 합격률은 교재 발간일 이후 시험 시행으로 인해 통계에서 제외되었습니다.

[2026년 시험 예상 일정]

필기시험

회별	원서접수 (휴일 제외)	시험시행
제1회	1.12(월) ~ 1.15(목)	2.6(금) ~ 3.3(화)
제2회	4.13(월) ~ 4.16(목)	5.9(토) ~ 5.29(금)
제3회	7.20(월) ~ 7.23(목)	8.8(토) ~ 8.31(월)

실기시험

회별	원서접수 (휴일 제외)	시험시행
제1회	3.23(월) ~ 3.26(목)	4.18(토) ~ 5.8(금)
제2회	6.22(월) ~ 6.25(목)	7.18(토) ~ 8.5(수)
제3회	9.21(월) ~ 9.24(목)	10.31(토) ~ 11.20(금)

※ 정확한 시험일정과 관련된 정보는 Q-Net에서 확인하시길 바랍니다.

[합격 기준]

필기 : 각 과목당 100점 만점을 기준으로 평균 60점 이상, 과목별 40점 이상
실기 : 100점 만점에 60점 이상

시험과목 개편에 따른 학습전략

건축설비계획

- 건축설비를 위한 기초지식으로 열역학과 유체역학의 기초사항을 이해해주세요.
- 공기조화 설비 및 환기설비를 계획하기 위한 냉난방부하량의 산정과, 필요환기량을 구하는 것이 중요합니다.
- 냉난방방식과, 열원방식, 환기방식, 급수방식 등 다양한 설비시스템을 이해하며 학습하세요.

☑ **비전공자**는 이렇게 접근하세요!
- 암기보다는 이해가 우선입니다.
- 다양한 설비시스템의 방식을 그려가며 학습해주시면 쉽게 이해할 수 있습니다.

건축설비설계

- 건축설비기사 필기시험 출제기준 개편에 따라, 기존 필기 과목이었던 '공기조화설비'와 '위생설비'가 '건축설비설계'라는 하나의 과목으로 통합 및 재편됩니다. 따라서 개편 후 '건축설비설계' 과목에서는 공기조화 분야의 핵심인 부하 계산, 환기, 덕트 설계와 위생설비 분야의 주요 내용인 급수·급탕, 배수·통기 설비 문제가 통합적으로 다루어질 예정입니다. 그렇기 때문에 공기조화와 위생설비의 원리를 유기적으로 이해하는 것이 중요합니다.
- 방대한 양을 효과적으로 공부하기 위해 각 분야의 핵심 개념을 먼저 학습하는 것이 효과적입니다.
- 각종 설비의 설치 기준 수치를 꼼꼼히 암기하고 시스템의 기본 원리와 개념을 이해하는 것이 중요합니다.
- 이 과목은 필기시험 합격만을 위한 것이 아니라, 2차 실기시험과 직접적으로 연결됩니다. 필기 단계에서 원리를 탄탄히 다져두면 최종 합격에 훨씬 유리합니다.

☑ **비전공자**는 이렇게 접근하세요!
- 복잡한 수식보다 구조와 순서를 먼저 익히세요.
- 부품 역할과 흐름을 순서도나 그림으로 정리하면 쉽게 이해할 수 있습니다.

전기설비 및 소방시설 일반

- 전기설비는 조명, 배선, 전압/전류, 피뢰, 보호장치 기초 개념을, 소방설비는 연소, 화재, 소화에 대한 내용과 주요 설비의 역할과 설치기준을 익히는 것이 중요합니다.
- 계산문제의 유형이 거의 일정하므로 풀이과정을 확실히 익히고, 각 전기/소방설비를 빈출 위주로 학습하세요.

☑ **비전공자**는 이렇게 접근하세요!
- 전기기초 → 전기설비 → 소방기초 → 소방설비 순서로 학습하세요.
- 모든 설비는 단순 암기보다는 이해 위주로 접근하세요.

건축설비 관련법규

- 자주 출제되는 조항을 카테고리별로 묶어 암기하는 것이 효율적입니다.
- 숫자, 설치 기준, 면적 제한 등은 단답형 대비로 반복 학습이 필요합니다.
- 최신 개정 내용은 수시 확인하세요.

☑ **비전공자**는 이렇게 접근하세요!
- 처음엔 방대한 법률의 양에 어려울 수 있습니다. 교재에 수록되어 있는 법령 위주로 학습해주세요.
- 반복해서 학습해주시면 어렵지 않게 점수획득이 가능합니다.

[추천! 3개월 초단기 로드맵 - 하루 3시간 기준]

건축설비기사

주차	학습목표	주요 내용
1주차	기초 개념 정리	• 설비계획/설계 기본 용어 정리 • 건축환경 기초, 전기/소방 기초 내용 다지기
2~3주차	과목별 기출 연계 개념 학습 (1)	• 이론강좌로 탄탄한 기본정리 • 열원, 공조, 건축전기, 방재 등 설비관련 중점
4~6주차	과목별 기출 연계 개념 학습 (2)	• 4주차 이론 1회독 마무리 • 기출 2회독 완료
7~9주차	기출 반복 + 약점 집중 보완	• 선도/적산 완성 • 법규 숫자/항목 암기 반복 • 설계·도식 문제 반복
10주차	전과목 실전 모의 훈련	• 과목별 시간 배분 연습 • 모의고사 문제 풀이
11~12주차	마무리 요약 + 총정리	• 전 범위 압축 노트 복습 • 틀리는 문제 유형 집중 반복 • 풀었던 문제 전체적인 리뷰

이 책의 활용방법

Step 01. 학습 준비

2026년 개편 출제기준을 반영한 구성으로, 과목별 학습흐름과 범위를 한눈에 파악할 수 있습니다.

학습계획을 스스로 설정하고, 정해진 분량을 체크하며 학습 루틴을 형성할 수 있도록 도와주는 맞춤형 진도표입니다.

개편된 시험흐름과 과목별 학습전략을 통해 수험방향을 빠르게 설정할 수 있습니다.

Step 02. 효율적인 이론 학습

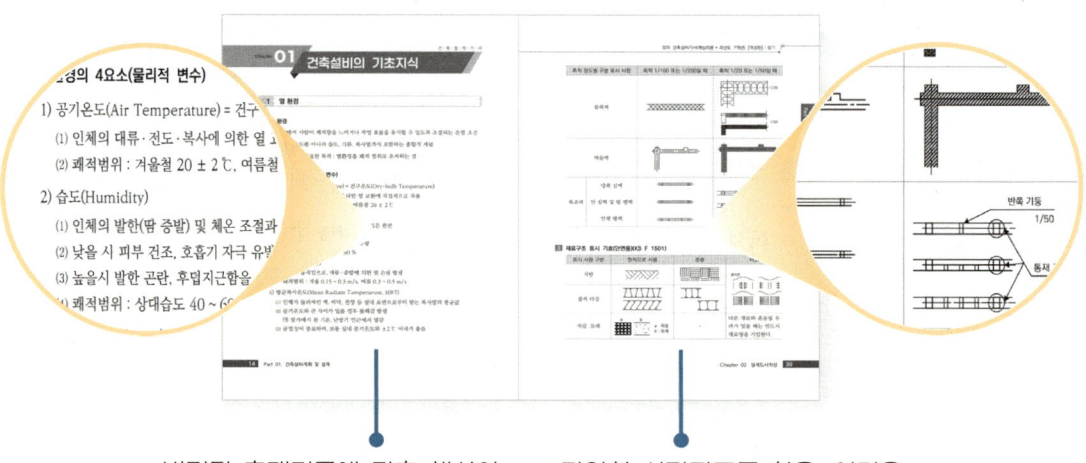

변경된 출제기준에 맞춘 핵심이론만 정리해 빠른 회독이 가능하며 개념중심학습에 집중할 수 있습니다.

다양한 시각자료를 활용, 어려운 개념을 더욱 쉽고 빠르게 이해할 수 있습니다.

Step 03. 모의고사 문제풀이

Step 04. 과년도 기출문제 풀이

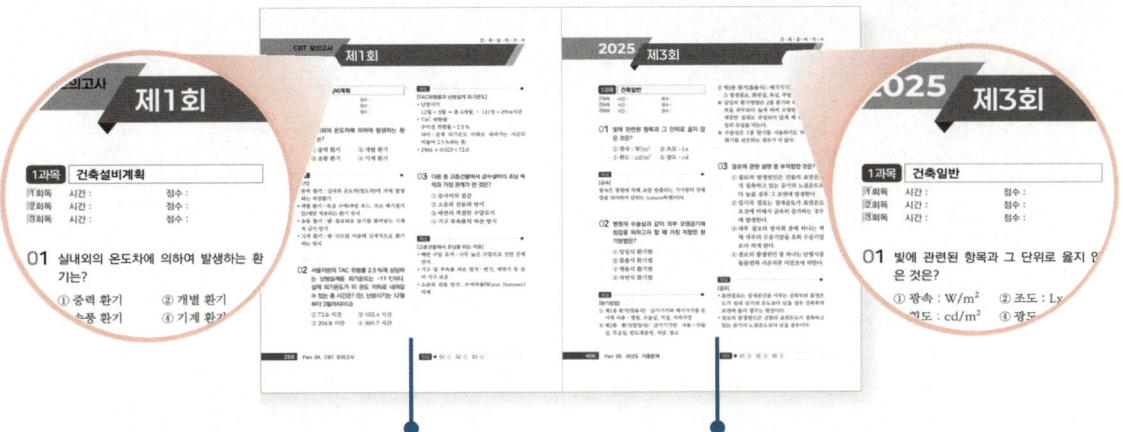

개편된 시험과목에 맞춘 실전형 모의고사로, 개편된 과목의 기출문제가 없는 상황에서도 시험에 대비한 실전 감각과 문제해결력을 미리 키울 수 있습니다.

현행 출제범위에서 벗어난 기출은 과감히 제외하고, 최신 출제기준에 맞는 문제만 엄선했습니다. 수험생은 더 이상 쓸데없는 학습에 시간을 낭비하지 않고, 합격에 직결되는 핵심 문제로만 준비할 수 있습니다.

Step 05. 신출문항 50제

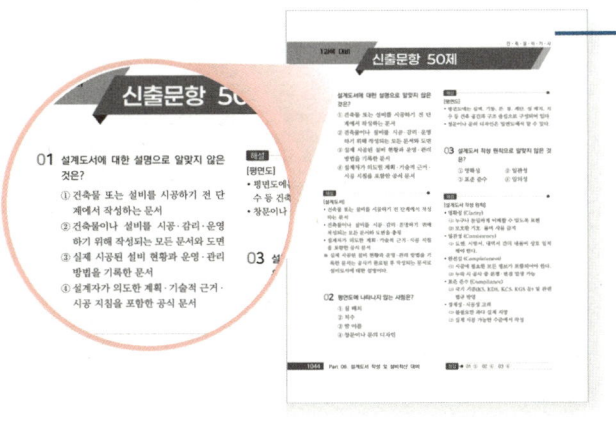

2026년 새롭게 바뀐 출제기준에 맞춰, 1과목의 설계도서 작성과 설비적산 과목에서 겪을 수 있는 모든 상황에 대비할 수 있도록 핵심 내용만 정리해 출제했습니다. 기존의 단순한 기출문제를 넘어선, 새로운 유형의 문제들을 엄선한 이 50문항을 통해 실전 감각을 기르고, 합격의 자신감을 얻을 수 있습니다.

합격 셀프 커리큘럼

날짜	학습내용	1, 2, 3회독 체크

모아 건축설비기사 필기

[개정판]

핵심이론 + 과년도 7개년

모아합격전략연구소

모아북스

목차

PART 01
건축설비 계획 및 설계

- Chapter 01 건축설비의 기초지식 ········· 14
- Chapter 02 설계도서작성 ········· 29
- Chapter 03 설비적산 ········· 47
- Chapter 04 기초역학 ········· 53
- Chapter 05 열역학 ········· 58
- Chapter 06 유체역학 ········· 66
- Chapter 07 공기선도 ········· 82
- Chapter 08 공기조화방식 ········· 93
- Chapter 09 공기조화 부하계산 ········· 98
- Chapter 10 공기조화기기 ········· 105
- Chapter 11 난방설비 ········· 109
- Chapter 12 급수·급탕설비 ········· 114
- Chapter 13 위생기구 및 배수통기설비 ········· 131
- Chapter 14 가스 및 기타설비 ········· 140
- Chapter 15 환기설비 ········· 142
- Chapter 16 배관설계 ········· 144

PART 02
전기설비 및 소방시설 일반

- Chapter 01 기초전기 ········· 150
- Chapter 02 전기기기 ········· 160
- Chapter 03 소방설비 ········· 177

PART 03
건축설비 관련법규

Chapter 01	건축법규	220
Chapter 02	기계설비법	252
Chapter 03	소방법규	258

PART 04
CBT 모의고사

제1회 ······ 268
제2회 ······ 294
제3회 ······ 322
제4회 ······ 350
제5회 ······ 376

PART 05
과년도 기출문제

2025년 제1회 ······ 406
2025년 제2회 ······ 437
2025년 제3회 ······ 466
2024년 제1회 ······ 494
2024년 제2회 ······ 524
2024년 제3회 ······ 559
2023년 제1회 ······ 587
2023년 제2회 ······ 619
2023년 제4회 ······ 651

2022년 제1회	686
2022년 제2회	717
2022년 제4회	746
2021년 제1회	775
2021년 제2회	805
2021년 제4회	837
2020년 제1, 2회	868
2020년 제3회	897
2020년 제4회	927
2019년 제1회	956
2019년 제2회	986
2019년 제4회	1016

PART 06
설계도서 작성 및 설비적산 대비

신출문항 50제	1044

Part 01

건·축·설·비·기·사

건축설비 계획 및 설계

Chapter 01

건축설비의 기초지식

01 열 환경

1 열 환경

1) 실내에서 사람이 쾌적함을 느끼거나 작업 효율을 유지할 수 있도록 조절되는 온열 조건

2) 단순한 온도뿐 아니라 습도, 기류, 복사열까지 포함하는 종합적 개념

3) 건축설비의 중요한 목적 : 열환경을 쾌적 범위로 유지하는 것

2 열환경의 4요소(물리적 변수)

1) 공기온도(Air Temperature) = 건구온도(Dry-bulb Temperature)
   (1) 인체의 대류·전도·복사에 의한 열 교환에 직접적으로 작용
   (2) 쾌적범위 : 겨울철 20 ± 2 ℃, 여름철 26 ± 2 ℃

2) 습도(Humidity)
   (1) 인체의 발한(땀 증발) 및 체온 조절과 깊은 관련
   (2) 낮을 시 피부 건조, 호흡기 자극 유발
   (3) 높을시 발한 곤란, 후덥지근함을 유발
   (4) 쾌적범위 : 상대습도 40 ~ 60 %

3) 기류(Air Velocity)
   (1) 공기의 움직임으로, 대류·증발에 의한 열 손실 발생
   (2) 쾌적범위 : 겨울 0.15 ~ 0.3 m/s, 여름 0.3 ~ 0.5 m/s

4) 평균복사온도(Mean Radiant Temperature, MRT)
   (1) 인체가 둘러싸인 벽, 바닥, 천장 등 실내 표면으로부터 받는 복사열의 평균값
   (2) 공기온도와 큰 차이가 있을 경우 불쾌감 발생
       예) 창가에서 찬 기운, 난방기 인근에서 열감
   (3) 균일성이 중요하며, 보통 실내 공기온도와 ±2 ℃ 이내가 좋음

3 열환경의 주관적 변수

개인적·심리적 요인이 작용에 의해 물리적 조건이 동일하더라도 사람마다 쾌적하게 느끼는 정도가 다르다.

1) 대사량(Metabolic Rate, Met)
   (1) 인체가 활동을 통해 발생시키는 열량
   (2) 활동량이 많을수록 체내 발열이 커져 같은 환경에서도 더 덥게 느낌

2) 착의량(Clothing Insulation, Clo)
   (1) 의복이 제공하는 단열 성능
   (2) 옷을 많이 입으면 체열 손실이 줄어 추운 환경에서도 쾌적하게 느끼며, 반대로 옷이 얇으면 더위를 덜 느낌
   (3) Clo(클로) : 의복이 인체에서 발생하는 열을 외부로 손실되지 않도록 얼마나 단열하는가를 나타내는 단위
      ① 1 Clo : 21 ℃, 상대습도 50 %, 공기속도 0.1 m/s의 환경에서, 앉아 있는 안정된 성인이 쾌적하게 느끼는 남성 정장 한 벌의 단열효과
      ② 1 Clo = 0.155 $m^2 \cdot K/W$
         0 Clo : 나체
         0.5 Clo : 얇은 여름 옷
         1.0 Clo : 남성 정장, 셔츠 + 넥타이 + 양복
         1.5 Clo : 겨울철 코트, 두꺼운 의상

3) 연령, 성별, 체격
   (1) 일반적으로 여성·고령자가 남성·청년에 비해 추위를 더 민감하게 느낌
   (2) 체지방률, 근육량에 따라 열 생산·열 보존 능력이 달라짐

4) 건강 상태
   피로, 수면부족, 질병(특히 순환기·호흡기계) 상태에서는 열환경 적응력이 떨어짐

5) 심리적·문화적 요인
   (1) 계절 기대치(여름에는 시원함, 겨울에는 따뜻함을 선호)
   (2) 생활 습관, 문화, 개인 경험에 따라 쾌적 범위가 달라짐
      예 열대 지방 거주자는 높은 온도와 습도에도 익숙해 불쾌감이 덜함

6) 기타 환경적 요인
   (1) 소음, 조명, 실내 공기질 등이 종합적으로 작용해 열환경 평가에 영향을 미침

4 인체의 온열 조건

1) 인체와 열평형

   (1) 체온을 약 36.5 ~ 37.0 ℃로 일정하게 유지

   (2) 대사로 발생하는 열량 = 외부로 방출하는 열량이 균형을 이뤄야 함

   (3) Fanger의 열평형 방정식

      인체의 대사열 생산과 외부로의 열 손실이 균형을 이루는 상태를 수학적으로 나타낸 것

$$M - W = Q_C + Q_R + Q_E + Q_{res}$$

      M : 대사량 W : 외부로 한 일

      Q_C : 대류에 의한 열손실 Q_R : 복사에 의한 열손실

      Q_E : 증발(발한)에 의한 열손실 Q_{res} : 호흡에 의한 열손실

2) 인체의 열 생산

   (1) 대사(Metabolism)에 의해 발생

   (2) 안정 시, 성인은 약 80 W(1 Met = 58.2 W/m^2) 정도의 열을 생산

   (3) 활동량이 많아질수록 열 발생 증가

3) 인체의 열 방출 경로

   (1) 인체는 여러 메커니즘을 통해 열을 외부로 내보냄

      ① 전도(Conduction)

         신체가 접촉한 의자, 바닥 등을 통해 열 교환

         비중은 작지만 차가운 바닥이나 벽은 큰 영향을 줌

      ② 대류(Convection)

         피부와 공기 사이의 열 교환

         기류 속도에 따라 체감온도가 크게 달라짐

      ③ 복사(Radiation)

         주변 표면(벽, 창, 바닥)과의 복사열 교환

         평균복사온도(MRT)가 체감 온열에 큰 영향을 줌

      ④ 증발(Evaporation)

         땀의 증발과 호흡을 통한 열 발산

         고온·고습 환경에서는 증발이 억제되어 불쾌감을 초래

5 작용온도와 유효온도

1) 작용온도 : 실내 공기 환경이 인체의 생리면에 미치는 영향을 고려한 척도

   작용온도 요소 : 기온, 기류, 복사열

2) 유효온도 : 실내 온도와 같은 온도를 주게 되는 정지 상태의 포화공기의 온도

   유효온도 요소 : 기온, 기류, 습도

6 일사량(日射量)과 일조

1) 일사 : 태양으로부터 지표에 도달하는 복사 에너지로 건물의 실내 열환경과 에너지 부하에 큰 영향을 줌

   (1) 직달 일사량 : 태양에서 직접 도착한 일사량

   (2) 산란 일사량 : 대기 중의 분자나 입자에 의해 산란된 태양의 에너지

   (3) 전천 일사량 = 직달 일사량 + 산란 일사량

2) 일조(Sunlight, Sunshine)

   (1) 태양광이 지상에 도달하여 공간을 밝히는 현상

   (2) 햇빛이 들어오는 시간과 양을 의미

   (3) 열적 측면뿐 아니라 채광(Illuminance), 심리적 안정감, 위생적 측면에서 중요

   (4) 일조권(일조량을 확보할 권리)은 건축 계획 시 법적으로 고려되는 요소

3) 태양광선의 구성

   (1) 자외선 : 살균·소독 효과, 인체에 비타민 D 합성 촉진, 과다 노출 시 피부·눈 손상

   (2) 가시광선 : 채광, 시각 활동, 생리·심리적 안정

   (3) 적외선 : 열효과 큼, 건축 열부하에 직접 작용

4) 루버(Louver) : 채광, 차양, 통풍, 프라이버시 확보를 위해 설치되는 판상(板狀)의 차양 장치

   (1) 수직 루버

   ① 세로 방향으로 설치된 루버

   ② 동·서향 창에 효과적이라 아침·저녁의 낮은 고도의 태양광 차단에 유리

   ③ 프라이버시 확보에 유리하지만, 남향·북향에는 효과가 적다

   (2) 수평 루버

   ① 가로 방향으로 설치된 루버

   ② 남향 창의 고도가 높은 태양광 차단에 효과적

   ③ 여름철에는 직사광선을 차단하고, 겨울철 저고도 태양광은 유입 가능

④ 가장 보편적으로 사용됨

(3) 격자 루버
① 수직 + 수평을 조합한 격자 형태
② 사방에서 들어오는 빛을 효과적으로 조절
③ 시야 차단, 글레어(Glare, 눈부심) 방지에 효과적
④ 시공이 복잡하고, 실내 채광량이 줄어들 수 있음

(4) 가동 루버
① 루버 각도를 조절 가능한 방식
② 일사 조건, 계절, 시간대에 맞춰 개폐·각도 변경이 가능해 가장 효율적
③ 자동 제어 시스템과 연동하면 스마트 차양 시스템으로 발전 가능
④ 초기 설치 비용이 높음, 유지보수 필요

(5) 고정 루버 : 각도 고정, 유지관리 간단, 저렴
(6) 외부 루버 : 건물 외부에 설치, 태양열 차단 효과가 큼
(7) 내부 루버 : 실내 설치, 인테리어 효과 및 눈부심 방지 목적

7 단열(斷熱)

외부와 내부의 열교환을 억제하여 겨울철에는 열 손실을 줄이고, 여름철에는 열 유입을 억제하는 기술

1) 내단열(Interior Insulation) : 건물의 내부 쪽(내벽면)에 단열재를 설치하는 방식
   (1) 시공이 간단하고 공사비가 저렴함
   (2) 겨울철 난방 시 내부 공간은 빨리 따뜻해짐
   (3) 벽체가 외기와 접해 있어 벽체 내부에 결로(Condensation) 발생 위험이 큼
   (4) 구조체(벽체)가 외부 온도 변화에 그대로 노출되어 열용량(축열효과) 활용이 어려움

2) 외단열(Exterior Insulation) : 건물의 외부 쪽(외벽 바깥면)에 단열재를 설치하는 방식
   (1) 벽체 전체가 단열재로 감싸져 있어 구조체가 외부 기온 변화로부터 보호됨
   (2) 열교(Thermal Bridge) 현상이 줄어들어 단열 성능이 높음
   (3) 벽체 자체가 열을 저장·방출하는 축열효과를 활용할 수 있음
   (4) 공사비가 비교적 높고, 시공이 까다로우며 외부 마감재와의 접합부 시공이 복잡함

3) 중단열(Cavity Insulation) : 외벽의 중간 공간(벽체 사이)에 단열재를 삽입하는 방식
   내단열과 외단열의 절충형으로, 외단열보다 성능은 낮고 내단열보다 결로 문제는 덜함

8 열교현상(熱橋現象)

건축 부위 중에서 열전도율이 큰 부분을 통해 주위보다 집중적으로 열이 이동하는 현상으로 단열이 약하거나 끊긴 지점에서 열이 새어나가는 "열의 지름길(Bridge)"이 형성되는 것

1) 발생 원인
   (1) 구조체의 재료 차이(콘크리트, 철근 등 고전도율 재료가 단열재를 관통할 때)
   (2) 창틀, 벽 – 슬래브 접합부, 기둥과 외벽 연결부 등 연결부·접합부
   (3) 단열재 시공 불량, 틈새 발생

2) 발생하는 문제점
   (1) 열손실·에너지 낭비
   (2) 결로 발생 : 열교 부위의 표면 온도가 낮아져 공기 중 수증기가 응축됨
   (3) 곰팡이, 곰팡이로 인한 실내 공기질 악화
   (4) 거주자의 불쾌감, 유지관리 비용 증가

9 결로(結露)

공기 중의 수증기가 이슬점 이하로 냉각된 표면에 응축되어 물방울이 맺히는 현상으로 습한 공기가 차가운 표면을 만나면 맺히는 물방울

1) 종류
   (1) 표면결로(Surface Condensation)
      ① 벽체, 창호, 천장 등의 표면 온도가 실내 공기의 이슬점 이하가 될 때 발생
      ② 겨울철 창문 유리에 물방울 맺힘, 벽 구석 곰팡이 등
   (2) 내부결로(Interstitial Condensation)
      ① 벽체 내부 단열층이나 구조체 내부에서 발생
      ② 육안 확인이 어려워 단열재 성능 저하, 구조체 부식을 유발

2) 발생 조건
   (1) 높은 실내 습도(환기 불량, 과도한 가습 등)
   (2) 단열 성능의 부족에 의한 표면온도 저하
   (3) 열교현상 부위(특히 모서리, 접합부)

3) 방지 대책
   (1) 단열 보강 : 열교 부위 보강, 외단열 시스템 적용
   (2) 방습 설계 : 실내측에 방습층 설치, 기밀 시공

(3) 환기 및 제습 : 환기 시스템, 제습 장치 활용
(4) 창호 성능 향상

02 빛 환경

1 빛환경(Lighting Environment)

건축 공간에서 자연광과 인공조명을 통해 시각적 쾌적, 작업 효율, 심리적 안정을 제공하는 환경으로 단순히 밝기(조도)만이 아니라 빛의 방향, 분포, 색온도, 눈부심(Glare)까지 포함한다.

2 주요 요소

1) 조도(Illuminance, lx)
   (1) 단위 면적에 도달하는 빛의 양
   (2) 눈으로 느끼는 "밝기"의 기초가 되는 물리량
   (3) $1 \text{ lux(lx)} = 1 \text{ lm/m}^2$

2) 휘도(Luminance, cd/m^2)
   (1) 눈에 보이는 밝기. 표면에서 눈에 들어오는 빛의 양
   (2) 휘도의 균형이 맞지 않으면 눈부심 발생

3) 광도(Luminous Intensity, cd)
   (1) 광원이 특정한 방향으로 방출하는 빛의 세기
   (2) 1 candela(cd) = 국제단위계(SI)에서 정의된 기본 광도 단위

4) 광속(Luminous Flux, lm)
   (1) 광원이 사방으로 방출하는 전체 빛의 양
   (2) 광원이 단위 시간에 방출하는 가시광선의 양
   (3) 인간의 눈이 느끼는 시각적 밝기(광감도, 시감효과)를 고려한 에너지량
       같은 에너지라도 파장(색)에 따라 눈에 보이는 밝기 효과가 다름
   (4) 조명 성능과 에너지 효율을 평가하는 가장 기본적인 척도
   (5) 단위 : lumen(lm)

5) 광속발산도(Luminous Exitance, lm/m²)

　　단위면적당 표면에서 반사 또는 방출되는 광속의 양

6) 색온도(Color Temperature, K)

　　(1) 광원의 색상을 나타내는 지표

　　(2) 낮음(2700 K ~ 3000 K) : 따뜻한 느낌(백열등, 주거공간)

　　(3) 중간(4000 K) : 중립적(사무실, 강의실)

　　(4) 높음(6000 K 이상) : 차갑고 청명한 느낌(체육관, 옥외 조명)

7) 연색성(Color Rendering Index, Ra)

　　(1) 광원이 물체의 색을 얼마나 자연스럽게 보여주는 정도

　　(2) 100에 가까울수록 태양광에 가까움

8) 눈부심(Glare)

　　(1) 과도한 휘도 대비로 눈에 불편감을 주는 현상

　　(2) 직접 눈부심, 반사 눈부심 등으로 구분

　　(3) UGR(통합 눈부심 평가, Unified Glare Rating)로 수치화

3 자연채광과 인공조명

1) 자연채광(Daylighting)

　　(1) 장점 : 에너지 절감, 심리적 안정, 생체리듬 유지(일주기 리듬)

　　(2) 고려 요소 : 일사량, 창면적, 채광 깊이, 차양 장치

2) 인공조명(Artificial Lighting)

　　(1) 필요 시 자연광을 보완하거나 대체

　　(2) 종류

　　　　① 백열등(Incandescent) : 연색성 ↑, 효율 ↓

　　　　② 형광등(Fluorescent) : 효율 ↑, 연색성 보통

　　　　③ LED : 고효율, 긴 수명, 제어 용이하여 현대 건축의 주류

　　　　④ 고강도 방전등(HID) : 체육관, 공장 등 대공간에 사용

4 주광률(主光率, Daylight Factor, DF)

1) 실내 특정 지점의 실내 조도가 동시에 측정한 실외 전천공조도에 대해 차지하는 비율

2) 자연채광의 유입 정도를 나타내는 지표

$$DF = \frac{실내 조도}{실외 전천공조도} \times 100$$

3) 주광률이 높을수록 실내에 들어오는 자연광의 양이 많음

4) 채광 설계 시 창 크기, 위치, 채광 깊이, 반사율 등에 따라 달라짐

5 자연채광의 형식(Types of Daylighting)

1) 측창 채광(Side Lighting)
   (1) 벽면 창을 통해 채광하는 가장 일반적인 방식
   (2) 장점 : 외부 조망 확보 용이, 개폐와 조작이 용이, 시공이 간단, 청소와 보수가 용이
   (3) 단점 : 실 깊이에 제한을 받으며 주변 상황에 영향을 받음
   (4) 적용 : 주거, 사무실, 교실 등 일반 건축물

2) 천창 채광(Top Lighting)
   (1) 지붕이나 천장 상부에 창을 두어 빛을 도입
   (2) 장점 : 실내 전반에 균일한 채광 가능, 깊은 공간에도 효과적
   (3) 단점 : 여름철 과도한 일사로 인하여 냉방 부하 증가, 누수·시공 문제 가능
   (4) 적용 : 공장, 체육관, 전시장 등 대공간

3) 반사 채광(Reflected Lighting)
   (1) 외부 차양판, 루버, 반사판 등을 이용해 천장이나 상부면에 반사시켜 확산광을 도입
   (2) 장점 : 눈부심과 과열 방지, 실내 균일 채광
   (3) 단점 : 광손실 발생, 설계 복잡성, 외부 시야 확보 제한
   (4) 적용 : 현대 사무실, 친환경 건축

4) 채광용 광덕트(Light Duct / Light Pipe)
   (1) 채광 채널이나 광섬유, 프리즘 등을 이용하여 자연광을 깊은 실내까지 유도
   (2) 장점 : 자연광을 인공조명처럼 원하는 위치에 공급
   (3) 단점 : 초기 설치비용 높음
   (4) 적용 : 지하 공간, 내부 깊은 사무공간

5) 중정 채광(Courtyard Lighting)

(1) 중정(건물 안뜰)을 통해 상부에서 빛을 유입

(2) 장점 : 고층·밀집 도시공간에서 채광 확보 가능

(3) 단점 : 설계 시 일조 확보 조건을 고려해야 함

6 건축화조명(Architectural Lighting)

1) 조명기구를 드러내지 않고 건축 요소(천장, 벽, 바닥 등)에 매입·부착하여 공간과 일체화된 조명 방식

2) 빛의 효과를 중시하는 조명설계기법

3) 장점

(1) 조명기구가 노출되지 않아 공간이 깔끔하고 미려함

(2) 빛을 확산시켜 부드러운 간접조명 효과를 얻을 수 있음

(3) 건축 공간과 조명의 통합 설계 가능하여 심미성, 분위기 연출 우수

4) 단점

(1) 초기 설계·시공이 복잡하고 비용이 높음

(2) 조도 확보가 어렵거나 효율이 떨어질 수 있음

(3) 유지보수(램프 교체, 청소)가 불편할 수 있음

5) 종류

(1) 다운라이트(Downlight)

① 천장에 매입되어 빛을 직하방(아래 방향)으로 집중 조사하는 방식

② 장점 : 공간이 깔끔, 특정 부위(테이블, 진열대 등) 강조 가능

③ 단점 : 좁은 빔각도 사용 시 그림자가 뚜렷

④ 적용 : 사무실, 상점, 갤러리, 주거 거실 등

(2) 루버 조명 (Louver Lighting)

① 루버(louver, 격자망)를 통해 빛을 차단·분산시켜 눈부심(Glare)을 줄이는 조명

② 장점 : 글레어 방지, 균일 조명 가능

③ 단점 : 루버 구조가 두꺼우면 광속 손실이 발생

④ 적용 : 사무실, 교실, 병원 등 눈부심 억제가 필요한 공간

(3) 광천정 조명(Luminous Ceiling)
　① 천장 전체를 발광면처럼 처리한 조명(천장 내부에 광원을 설치 후 확산판으로 빛을 고르게 분산)
　② 장점 : 균일한 조도 확보, 그림자 최소화
　③ 단점 : 초기 설치 비용이 높음, 유지관리 어려움
　④ 적용 : 대형 사무실, 전시장, 병원 수술실 등

(4) 코브 조명(Cove Lighting)
　① 천장 가장자리의 홈(cove)에 광원을 설치하여, 빛을 천장이나 상부 벽면에 반사시켜 간접 조명
　② 장점 : 부드럽고 은은한 분위기 연출
　③ 단점 : 직접조명 대비 조도 확보가 어려움
　④ 적용 : 호텔 로비, 극장, 주거 공간

(5) 코니스 조명(Cornice Lighting)
　① 벽 상부의 선반(Cornice) 등에 광원을 설치하여 벽면을 따라 빛을 비춰 벽면에 빛을 반사시켜 간접 조명
　② 장점 : 장식적 효과, 벽면 질감 강조
　③ 단점 : 벽면이 더러우면 눈에 잘 띔
　④ 적용 : 갤러리, 전시실, 호텔·레스토랑 벽면

7 실내 조명 설계 순서

1) 소요 조도 결정

2) 전등 종류 결정

3) 조명 방식 및 조명기구 선정

4) 광속의 계산

5) 광원의 크기와 그 배치

03 공기 환경

1 공기환경(Air Environment)
실내 공간의 공기 성분·온습도·청정도·환기 상태가 인체 활동과 건강에 미치는 환경적 조건

2 환기
1) 제1종 환기(병용식) : 급기기기와 배기기기를 동시에 사용, 실내 공기를 신속하게 교환하는 방식 - 병원, 수술실, 거실, 지하극장

2) 제2종 환기(압입식) : 급기기기만 사용, 실내를 정압으로 유지하는 방식으로 외부 오염 물질의 유입을 막음 - 병원, 수술실, 무균실, 반도체공장, 식당, 창고

3) 제3종 환기(흡출식) : 배기기기만 사용 - 유해가스 발생장소, 화장실, 욕실, 주방, 흡연실

3 새집 증후군
1) 원인
   (1) 건물의 기밀성 증대로 인한 환기 부족 현상
   (2) 건자재, 시공재의 화학물질 사용 증가

2) 방지책
   (1) 법령 강화
   (2) 화학물질 접촉 최소화
   (3) 물리적 방법 : 식물 기르기, 환기, 난방 등
   (4) 화학적 방법 : 광촉매 도포

04 음 환경

1 음환경(Acoustic Environment)

건축 공간에서 발생하는 소리의 크기, 전달, 반사, 흡음 상태 등이 인체의 청각적 쾌적성 및 작업 효율에 미치는 환경 조건

2 주요 요소

1) 소음(Noise)

  (1) 원치 않는 불쾌한 소리

  (2) 분류

    ① 기계적 소음(설비, 기계류)

    ② 공기 전달 소음(외부 교통, 대화)

    ③ 구조 전달 소음(진동, 충격음 : 벽·바닥을 통해 전달)

  (3) 기준 : 일반 주거 공간의 허용 소음도 약 40 dB 이하

2) 음의 성질

  (1) 반사(Reflection)

    ① 음파가 벽·천장·바닥 등 단단한 표면에 부딪혀 되돌아오는 현상

    ② 적절한 반사는 음향 전달에 필요하지만, 과도하면 에코(메아리)나 잡음 발생

  (2) 흡음(Absorption) : 다공질 재료 등에서 소리를 흡수하여 소음 억제

  (3) 차음(Sound Insulation) : 벽·창호를 통한 소리의 차단

  (4) 차폐(Screening) : 칸막이나 방음벽으로 직접적인 소리 전달 억제

  (5) 회절(Diffraction)

    ① 소리가 장애물이나 좁은 틈을 돌아서 전달되는 현상

    ② 파장이 긴 저주파일수록 회절이 잘 일어남

    ③ 방음벽 설치 시 고주파는 차단되지만 저주파는 회절로 넘어올 수 있음

  (6) 간섭(Interference)

    ① 두 개 이상의 음파가 만날 때 위상이 같으면 강화, 반대면 상쇄되는 현상

    ② 특정 지점에서 소리가 커지거나 작아지는 현상 발생

(7) 울림(Reverberation, 잔향)
  ① 소리가 멈춘 뒤에도 반사로 인해 잔존하는 현상
  ② 적정 잔향 시간
    • 강당·강의실 : 0.8 ~ 1.2초
    • 음악당·콘서트홀 : 1.5 ~ 2.0초
    • 녹음실·방송실 : 0.3 ~ 0.5초
(8) 공명(Resonance)
  ① 외부의 주파수가 물체의 고유 진동수와 일치할 때 진동이 증폭되는 현상
  ② 구조체, 창문 등이 특정 주파수 소음에 크게 반응하여 떨림·소음 증폭
(9) 확산(Diffusion)
  ① 불규칙한 표면에서 소리가 여러 방향으로 흩어지는 현상
  ② 고른 음향 분포를 위해 공연장·회의실에 일부러 확산판(Diffuser)을 사용
(10) 공진(Acoustic Resonance)
  ① 특정 주파수에서 실내 공간이 음향적으로 강하게 반응하는 현상
  ② 실내 모드(Room Mode) 현상으로, 저주파가 특정 위치에서 강화·감쇠됨
(11) 은폐(Masking)
  더 큰 소리가 작은 소리를 덮어 인지하기 어려운 현상

> **칵테일파티 효과**
> 여러 음이 혼합적으로 들리는 경우에서도 대화 상대의 소리만을 선택적으로 들을 수 있는 것

3) 음의 단위
  (1) 데시벨(Decibel, dB) : 음의 세기의 레벨의 단위
  (2) 폰(Phon) : 동일한 크기로 느껴지는 소리를 1000 Hz에서의 음압레벨 dB 값으로 표시한 단위
  (3) 손 (Sone) : 사람이 느끼는 소리의 크기(감각 강도, Loudness)를 나타내는 단위
  (4) W/m^2 : 음의 세기
  (5) N/m^2 : 음압

3 잔향시간

1) 음원이 멈춘 뒤 소리가 60 dB 감소할 때까지 걸리는 시간

2) 공간 내에서 소리가 얼마나 오래 남아 있는가를 나타내는 지표

3) 공간의 음향 성질을 평가하는 가장 중요한 지표

4) 잔향시간의 길이
   (1) 너무 길면 말소리 전달 불명확, 소음·혼잡감 유발
   (2) 너무 짧으면 음악적 풍부함 결여, 건조한 음향

5) 사빈(Sabine)공식

$$R.T = K\frac{V}{A}$$

$R.T$: 잔향시간[SEC] K : 비례상수(= 0.163)
V : 실의 용적[m^3] A : 흡음력

Chapter 02 설계도서작성

01 설계도서

1 설계도서

1) 건축물 또는 설비를 시공하기 전 단계에서 작성하는 문서
2) 건축물이나 설비를 시공·감리·운영하기 위해 작성되는 모든 문서와 도면을 총칭
3) 설계자가 의도한 계획·기술적 근거·시공 지침을 포함한 공식 문서

2 설계도서의 종류

1) 설계도면
   (1) 시공자가 작업을 정확히 이해할 수 있도록 구체적으로 표현
   (2) 종류
   ① 평면도
      - 건물을 수평으로 절단하여 위에서 내려다본 도면
      - 실벽, 기둥, 문, 창, 계단, 실 배치, 치수 등 건축 공간과 구조 중심
      - 방 이름(거실, 화장실 등), 마감재(타일, 목재 등) 표시
      - 건축물의 구조·공간·마감재 이해와 건축허가, 시공 기준 제공
   ② 입면도
      - 건축물의 외관을 정면·측면에서 투영한 도면
      - 건물 외관(창 크기, 벽 마감, 지붕 모양)과 내부 벽면 마감 표시
      - 건물의 높이, 창호 형태, 외장 마감재 표현
      - 미관과 외장 설비(외부 덕트, 루버 등) 확인에 중요
   ③ 단면도
      - 건물을 수직으로 절단하여 내부 구조를 나타낸 도면
      - 건축 공간의 수직적 비율과 구조 이해
   ④ 상세도
      - 특정 부위(창호, 접합부, 설비기기 설치부 등)를 확대하여 구체적으로 표현한 도면
      - 도면 축척 : 1/5, 1/10 등 대축척 사용

- 창호 접합부, 마감재 단차, 계단 단부, 방수 처리 등 시공 디테일
⑤ 배관도
- 수도계획도, 위생계획도 정도로 개략적 배치만 표시
⑥ 배선도
- 전기·통신 설계도서에 포함, 주요 배선·회로 구분 표시
- 조명, 콘센트, 스위치 위치와 전기실 연결
⑦ 시스템 다이어그램
- 설계 개념서나 보고서에 간단히 들어가는 정도
- 건물 설비 시스템의 개략적 구성만 제시

2) 시방서
(1) 사용 자재, 시공 방법, 품질 기준, 검사 방법 등을 서술식으로 명시
(2) 도면에서 표현하기 어려운 사항을 보완

3) 설계 계산서
(1) 부하계산(열부하, 냉부하), 펌프·팬 선정 근거, 전기부하계산 등
(2) 설계의 타당성과 합리성을 입증하는 자료

4) 내역서 및 공사비 산출서
(1) 자재 수량, 공사 물량, 단가, 총 공사비를 산출
(2) 입찰 및 공사비 관리의 기준

3 설계도서 작성 원칙

1) 명확성(Clarity)
(1) 누구나 동일하게 이해할 수 있도록 표현
(2) 모호한 기호·용어 사용 금지

2) 일관성(Consistency)
도면, 시방서, 내역서 간의 내용이 상호 일치해야 한다

3) 완전성(Completeness)
(1) 시공에 필요한 모든 정보가 포함되어야 한다
(2) 누락 시 공사 중 분쟁·변경 발생 가능

4) 표준 준수(Compliance)

   국가 기준(KS, KDS, KCS, KGS 등) 및 관련 법규 반영

5) 경제성·시공성 고려

   (1) 불필요한 과다 설계 지양

   (2) 실제 시공 가능한 수준에서 작성

02 설비도서

1 설비도서

1) 공사가 완료된 후 작성되는 문서

2) 실제 시공된 설비 현황과 운영·관리 방법을 기록한 문서

3) 흔히 "준공도서" 또는 "운영·유지관리 도서"라고도 부름

2 종류

1) 준공도면(As-built Drawing)

   (1) 실제 시공 상태를 반영한 최종 도면

   (2) 현장에서 변경된 배관·배선·기기 위치가 정확히 반영됨

   (3) 추후 보수·개선·리모델링의 기초 자료

2) 설비 목록 및 사양서

   (1) 설치된 기계·전기·위생·소방설비 기기의 모델명, 성능, 규격, 제조사 등을 정리

   (2) 유지관리자가 어떤 설비가 어디에, 어떤 사양으로 설치되었는지 한눈에 파악 가능

3) 시험 성적서 및 검수 자료

   (1) 기기의 성능시험, 압력시험, 전기 절연시험, 화재안전검사 등 각종 시험 결과 문서

   (2) 품질보증과 안전성 검증의 근거 자료

4) 운전·유지관리 매뉴얼

   (1) 기기의 정상적인 운전 방법, 점검 주기, 부품 교체 방법, 이상 발생 시 대처 방안 등 기록

   (2) 설비관리자가 일상적으로 참고하는 실무 매뉴얼

5) 보증서 및 인증서 : 제품 보증, 관련 규정 적합성 확인
　(1) 설치된 기기·자재에 대한 제조사 보증, 성능 인증서, 안전 인증서
　(2) 향후 유지관리 및 법적 대응 근거

6) 검수·인수인계 자료
　(1) 발주자와 시공자 간에 인수인계 시 작성되는 공식 문서
　(2) 공사 완료 확인서, 품질 검증 서류, 성능시험 입회 결과 등 포함

3 목적

1) 건축물 준공 후 운영·유지관리에 활용

2) 향후 보수·개선·증축 시 기초 자료 제공

3) 법적 준공 검수 및 인수인계 자료

03 설비설계도면의 작도법

1 건축설비 도면작도

1) 목적

　건축물에 설치되는 설비(전기, 기계, 위생, 냉난방, 소방 등)의 배치와 연결 관계를 도면으로 표현하여 설계 의도 전달, 시공 지침 제공, 유지관리 자료 확보

2) 설비도면의 종류
　(1) 평면도
　　① 건축 평면도를 바탕으로 설비(위생·전기·기계 등) 요소를 중첩해서 표현
　　② 급수·배수·환기·냉난방 덕트, 전기 배선, 콘센트, 소방설비, 기구 위치, 배관 경로
　(2) 입면도
　　① 특정 벽 기준으로 배치된 설비 기구와 배관의 높이(+2.4m 등) 표시
　　② 예 : 세면대 높이, 전등 설치 높이, 배관 입상 위치
　(3) 단면도
　　① 배관·덕트가 건축 구조와 어떻게 통과·간섭하는지 표시
　　② 예 : 층간 배관 통과, 천장 내 덕트, 보 하부 통과 높이

(4) 상세도
　① 기계실 배관 접속부, 위생기구 배수·급수 접속, 덕트 연결부 확대 표시
　② 작은 공간에서 시공 방법을 명확히 전달
(5) 배관도
　① 급수·배수·난방·냉방 배관의 경로와 연결 관계 상세 표시
　② 배관경, 재질, 밸브 위치, 기호(펌프, 탱크) 포함
(6) 배선도
　① 전기설비 세부 표현 : 분전반 회로, 케이블 종류, 관로 경로 표시
　② 전력·조명·소방·통신 등 설비 시공 도면 성격 강함
(7) 시스템 다이어그램
　① 설비 흐름을 도식화
　　예 : 보일러 → 온수탱크 → 급탕 배관 → 위생기구
　② 기계실, 전기실 기준으로 주요 장비·배관·전력 흐름을 한눈에 파악

2 제도용지

1) 제도용지 규격은 국제표준화기구(ISO)의 A시리즈 규격에 따른다.

2) 가로와 세로의 비율이 $1 : \sqrt{2}$ 이며, 주로, A0부터 A5까지의 크기가 사용

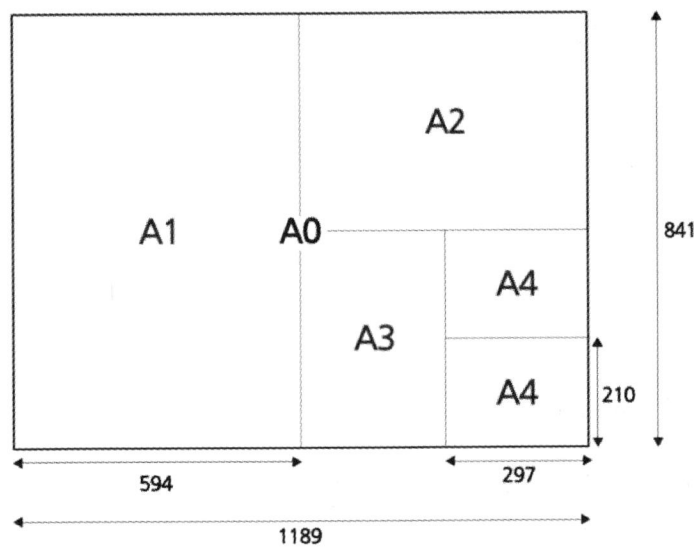

제도용지 규격(단위:mm)

3) 접은 도면의 크기는 A4의 크기를 원칙으로 한다.

4) 도면의 테두리를 만들 때는 여백과 치수는 다음과 같이 한다.

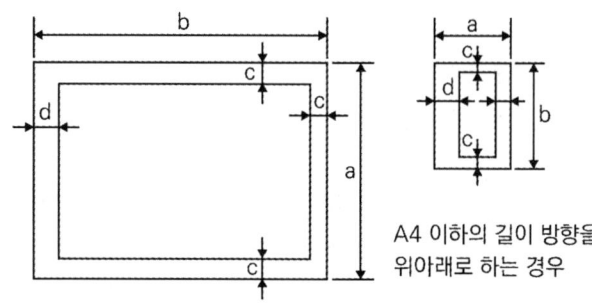

A4 이하의 길이 방향을 위아래로 하는 경우

제도지의 치수		A0	A1	A2	A3	A4	A5	A6
a×b		841×1189	594×841	420×594	297×420	210×297	148×210	105×148
c(최소)		10	10	10	5	5	5	5
d (최소)	묶지 않을 때	10	10	10	5	5	5	5
	묶을 때	25	25	25	25	25	25	25

3 표제란

1) 도면 하단 또는 우측 하단에 위치하는 표 형식의 정보란

2) 도면의 기본정보(도면명, 축척, 작성자, 검토자 등)를 명확히 기록하여 설계·시공·관리 과정에서 혼동을 방지

3) 포함사항

   (1) 도면명

   (2) 도면 번호 : 프로젝트별 체계에 따라 부여

   (3) 축척

   (4) 도면 크기

   (5) 작성자 / 검토자 / 승인자

      ① 작성자 : 도면을 직접 작성한 사람

      ② 검토자 : 내용 확인 및 검토 담당자

      ③ 승인자 : 최종 결재자(책임자)

   (6) 일자 : 도면 최초 작성일, 개정일자 포함

(7) 프로젝트명 / 건축물명
(8) 시공사 / 설계사 / 발주처명 : 도면 소속 기관 및 책임 주체 명시
(9) 개정란 : 도면 수정사항 기록
(10) 도면 번호 체계 : 전체 도면에서의 순번

4) 표제란의 배치 규칙
 (1) A_3 이상의 도면 : 도면의 우측 하단에 배치(세로, 가로 모두 동일)
 (2) A_4 도면 : 하단 전체 폭을 차지하는 형태로 배치
 (3) 도면을 말아 보관해도 표제란은 바깥에서 보이도록 배치하는 것이 원칙

4 건축설비 도면에 사용되는 선의 종류

선의 표시	선의 종류	용도
▬▬▬▬▬▬	굵은 실선	대상물이 보이는 외관 부분의 모양 표시
────────	중간 실선	일반 외형선
────────	가는 실선	길이, 거리, 크기 등을 표시하기 위한 치수선
─ ─ ─ ─ ─	파선 또는 점선	숨은선
─·─·─·─	1점쇄선	중심선, 절단선, 기준선, 경계선, 참고선
─··─··─··	2점쇄선	상상선, 1점 쇄선과 구별할 필요가 있을 때

5 글자 및 기호

1) 글자
 (1) 글자는 명백히 쓴다.
 (2) 문장은 가로쓰기(좌 → 우)를 원칙으로 한다. 다만 가로쓰기가 곤란할 경우 세로쓰기 (하 → 상)을 할 수 있다.
 (3) 숫자는 아라비아 숫자를 원칙으로 한다.
 (4) 글자체는 수직 또는 15° 경사의 고딕체로 쓰는 것을 원칙으로 한다.
 (5) 글자의 크기는 각 도면의 상황에 맞추어 알아보기 쉬운 크기로 한다.
 (6) 4자리 이상의 수는 3자리마다 휴지부를 찍거나 간격을 둠을 원칙으로 한다. 다만 4자리의 수는 이에 따르지 않아도 좋다. 소수점은 밑에 찍는다.

2) 기호
　(1) 건축기호
　　① 문 : 문짝 회전 방향을 원호로 표시
　　② 창 : 두 평행선 사이에 "×" 표시
　　③ 계단 : 상승 방향에 화살표 표시
　　④ 마감재 : 재료 약호(콘크리트 = C, 목재 = W 등)
　(2) 기호사용 원칙
　　① KS 규격 준용
　　② 동일 도면 내 일관성 유지
　　③ 기호가 겹치지 않도록 적절한 간격 확보
　　④ 필요시 범례(Legend) 작성하여 기호 설명

6 치수 기입

1) 치수선 : 가는 실선 사용, 대상물과 10 mm 이상 이격

2) 치수 숫자 : 3.5 mm 이상 글자, 치수선 위에 기입

3) 단위
　(1) 기본 단위 : mm
　(2) 원칙 : 숫자만 기입, 단위 기호(mm)는 생략
　(3) mm 외 단위 사용 시 반드시 표시
　　m(미터), cm(센티미터), °(각도), %(비율)

4) 치수 표기 기호
　(1) 지름(∅ : Diameter)
　　원, 원형 배관, 원형 기구의 치수를 나타낼 때 사용
　(2) 반지름(R : Radius)
　　호(arc), 곡선부, 원의 일부의 반지름을 표시할 때 사용
　(3) 기준면 대비 높이(+/- : Elevation)
　　기준면(주로 1층 바닥 = ±0.000) 대비 특정 위치의 높이를 표시
　(4) 정방형(□ : Square)
　　정방형 치수 표시
　(5) 두께(t : Thickness)

⑹ 길이(L : Length)

⑺ 경사 방향 표시(▽/△)

5) 건축도면 치수 : 방 크기, 구조부재 치수, 층고, 창호 치수

6) 설비도면 치수 : 배관경, 설치 높이, 간격 등

7 척도

1) 실제 건축물의 크기를 도면에 비율로 축소·확대하여 나타내는 것

2) 건축제도에서는 실물과 도면 간 비례 관계를 정확히 유지하는 것이 핵심

3) 척도의 종류

 ⑴ 축척

  ① 실물보다 작게 축소하여 나타냄

  ② 예 1/50, 1/100, 1/200

  ③ 주로 건축 평면도, 입면도, 단면도 등

 ⑵ 등척

  ① 실제와 동일 크기를 나타냄

  ② 예 1/1

  ③ 주로 상세도, 부품도, 접합부 표현

 ⑶ 배척

  ① 실물보다 크게 확대하여 나타냄

  ② 예 2/1, 5/1, 10/1

  ③ 작은 부품이나 결합부를 상세히 표현할 때

4) 축척이 여러 개 섞여 있을 경우, 각 도면 옆에 별도 표기

04 도면 표시 기호 - 한국산업규격(KS)

1 일반기호(KS F 1501)

표시 사항	기호	표시 사항	기호	표시 사항	기호
깊이	L	주출입구	⬆	레벨 표시	⊖
높이	H	부출입구	⬆		
나비	W	제1 제2	① ②	내부 전개 방향	◇(1,2,3,4)
두께	THK	축척 1/200	S 1:200		
무게	Wt	축척	0 1 3 5 10m		
면적	A				
용적	V	단면의 위치방향	Ⓐ	마감면 표시	▽
지름	D·Ø				
반지름	R	입면의 위치방향	Ⓑ	구조체면 표시	▼

2 재료구조 표시 기호(평면용)(KS F 1501)

축척 정도별 구분 표시 사항	축척 1/100 또는 1/200일 때	축척 1/20 또는 1/50일 때
벽 일반		-
철골 철근 콘크리트 기중 및 철근 콘크리트 벽		
철근 콘크리트 기둥 및 장막벽		
철골 기둥 및 장막벽		

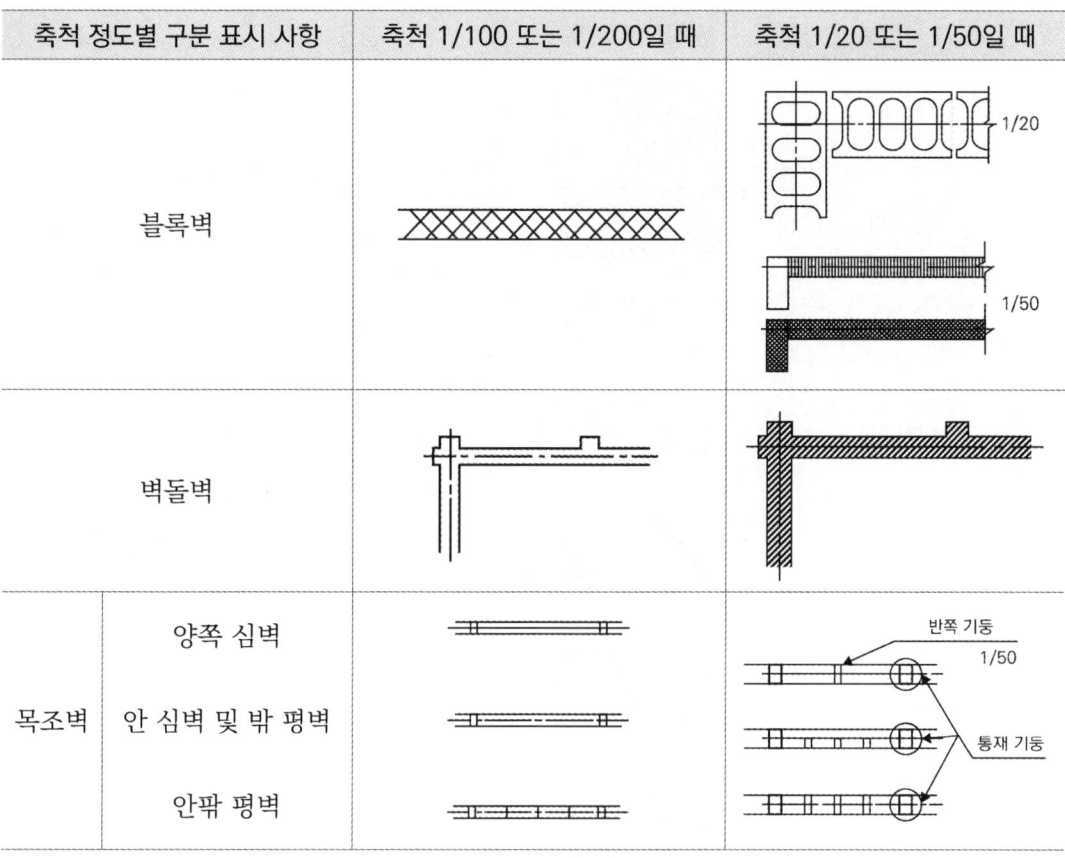

3 재료구조 표시 기호(단면용)(KS F 1501)

Chapter 02. 설계도서작성

표시 사항 구분		원칙으로 사용	준용	비고
석재			-	-
인조석			-	-
콘크리트			-	강자갈
			-	깬 자갈
			-	철근 배근일 때
벽돌				-
블록				-
목재	치장재		단면 길이 방향 단면	-
	구조재	보조 구조재	합판	유심재와 거심재를 구별할 때 유심재 거심재
철재				준용란은 축척이 원척에 가까울 때 사용한다.

표시 사항 구분	원칙으로 사용	준용	비고
차단재 (보온, 흡음, 방수, 기타)	재료명 기입		-
엷은 재(유리)	a	-	a는 원척에 가까울 때 사용한다.
망(사)	a	-	a는 원척에 가까울 때 사용한다.
기타	윤곽을 그리고 재료명을 기입한다.	재료명	원척에 가까울수록 윤곽 또는 실형을 그리고 재료명을 기입한다.

4 창호기호

1) 평면 표시 기호(KS F 1501)

문		창	
출입구 일반	일반 바닥 차 있을 때 문턱 있을 때	창 일반	
여닫이문	외여닫이문 쌍여닫이문 쌍여닫이 방화문 자재 여닫이문	여닫이창	외여닫이창 쌍여닫이창

Chapter 02. 설계도서작성

문		창	
미닫이문	외미닫이문 / 쌍미닫이문	미닫이창	외미닫이창 / 쌍미닫이창
미서기문	두 짝 미서기문 / 네 짝 미서기문	미서기창	두 짝 미서기창 / 네 짝 미서기창
회전		회전창	
붙박이문		붙박이창	
망사문		망사창	
셔터 달린 문		셔터 달린 창	
접이문		오르내리 창	
주름문		창살 덴 창	
연속문		연속창	
계단 오름 표시	오름(UP) / 내림(DN)	미들창	

2) 개폐 방법별 표시(KS F 1502)

창호종류		평면표시	입면표시	창호종류		평면표시	입면표시
여닫이문	외여닫이문			여닫이창	외여닫이창		
	쌍여닫이문				쌍여닫이창		
미닫이문	외미닫이문			미닫이창	외미닫이창		
	외미닫이자동문				쌍미닫이창		
	쌍미닫이문			미서기창	미서기창		
	쌍미닫이자동문				네짝 미서기창		
미서기문	두짝 미서기문			회전창	상하개폐		
					좌우개폐		
	네짝 미서기문				고정창		
회전문				망사창			
고정문				셔터창			
망사문				오르내리창			
셔터문				연속창			
접이문				밀창		(실외)/(실내)	(하부개폐) (상부개폐)

Chapter 02. 설계도서작성

창호종류	평면표시	입면표시	창호종류	평면표시	입면표시
주름문	⊐w w ⊏		끌창	(실외)/(실내)	(좌측·하부개폐) (좌측·상부개폐)
연속문	/⌒⌒⌒\		밀여닫이창	(실외)/(실내)	(하부개폐) (상부개폐)
			끌여닫이창	(실외)/(실내)	(좌측·하부개폐) (좌측·상부개폐)

[비고] 창호 입면의 개폐 방법 표시는 일점 쇄선 및 화살표의 사용을 원칙으로 하되, 각각을 가는 실선 및 삼각형으로 대체하여 사용할 수도 있다.

3) 창호 기호의 표시방법(KS F 1502)

a) 창호 번호를 표시할 경우		b) 창호의 모듈 호칭 치수를 표시할 경우	
보기	해설	보기	해설
①/PW	창호 번호 / 합성 수지제 창	11×22 / SD	창호의 모듈 호칭 치수 / 강철제 문
②/AS	창호 번호 / 알루미늄합금제 셔터	4.5×6 / WG	창호의 모듈 호칭 치수 / 목제 그릴

⑴ 창호번호 : 창호의 모양, 크기 및 적용 부위 등에 따라 설정하는 번호를 의미하며, 설계와 시공간의 유기적인 연계성 확보를 위하여 사용한다.

⑵ 창호의 모듈 호칭 치수 : '나비 × 높이'로 기입하며, 치수의 단위는 1 m(= 100 mm)으로 한다. 다만 1m보다 작은 보조 모듈 증분 치수를 적용할 경우는 소수점을 사용하여 소수점 1자리까지만 기입한다.

(3) 창호 유형별 기호

재질별 기호 \ 용도별 기호		창 W	문 D	방화문 FD	셔터 S	방화셔터 FS	그릴 G	공틀 F
알루미늄 합금	A	AW	AD	-	AS	-	AG	AF
합성 수지	P	PW	PD	-		-		PF
강철	S	SW	SD	FSD	SS	FSS	SG	SF
스테인리스 스틸	SS	SSW	SSD	FSSD	SSS	-	SSG	SSF
목재	W	WW	WD	-	-	-	WG	WF

창호기호	의미	창호기호	의미
WD	Wood Door(목재 문)	WW	Wood Window(목재 창)
SD	Steel Door(철재 문)	SW	Steel Window(철재 창)
SSD	Stainless Steel Door (스테인리스 문)	PW	Plastic Window (플라스틱 창)
FD	Fire Door(방화 문)	AW	Aluminium Window (알루미늄 창)

5 밸브(KS B 0082)

종류	도시기호	비고
밸브(일반)	▷◁	-
칸막이밸브	▷|◁	게이트 밸브. 슬루스 밸브 중 하나를 사용한다.
가변유량밸브	▷✗◁ (화살표)	-

종류	도시기호	비고
수동밸브		-
원격조작밸브		-
실린더밸브		-
전자밸브		-
전동밸브		-

Chapter 03 설비적산

01 적산과 견적

1 적산

1) 설계도서(도면, 시방서)에 근거하여 공사에 필요한 자재·노무·장비 등의 수량을 계산하는 과정

2) 얼마나 필요한가를 계산하는 것

3) 건축·기계·전기 설비 등 모든 분야에서 공통적으로 수행

4) 적산의 순서

   (1) 설계도서 검토

      ① 도면, 시방서, 설계설명서, 구조·기계·전기 도면 등을 꼼꼼히 확인

      ② 공사 범위, 적용 재료, 규격, 시공방법 이해

      ③ 누락, 불일치, 모순 사항이 없는지 체크

   (2) 수량 산출

      ① 도면에 따라 각 공종별 물량 계산

      ② 단위 : 길이(m), 면적(m^2), 체적(m^3), 개수(개), 대수(대) 등

   (3) 물량 집계 및 정리

      ① 산출된 물량을 품목별·규격별로 집계

      ② 수량산출서(Quantity Sheet) 작성

      ③ 재료비·노무비·경비 계산의 기초자료가 됨

   (4) 단가 적용

      ① 표준품셈, 대한건설협회 단가, 조달청 가격자료 등을 참조

      ② 재료비 단가, 노무비 단가, 장비사용료 적용

      ③ 지역별, 시기별 단가 변동 고려

   (5) 공사비 산출

      ① 재료비 + 노무비 + 경비 = 직접공사비

      ② 일반관리비 + 이윤을 더해 총공사비 산출

      ③ 공종별, 항목별 내역서(견적서) 작성

(6) 검토 및 확정
① 누락, 중복 여부 확인
② 타당성을 검토하여 최종 공사비 확정
③ 입찰, 계약, 실행예산 편성에 활용

2 견적

1) 적산된 물량에 단가(자재비 + 노무비 + 경비)를 곱하여, 실제 공사비를 계산·산정하는 것

2) 얼마나 드는가를 계산하는 것

3) 발주자·시공자·설계자 간 계약의 기준이 됨

4) 개산견적
   (1) 설계도서가 완성되기 전 단계에서, 대략적인 공사비를 추정하는 견적 방법
   (2) "얼마쯤 들겠다"는 예비적인 계산
   (3) 설계 초기 단계에서 사용
   (4) 도면, 시방서가 미비하므로 과거 공사 실적, 단위면적당 공사비, 유사 프로젝트 비교 등을 활용
   (5) 정확도는 낮음, 계획 단계의 예산 편성, 사업성 검토 등에 유용

5) 명세견적
   (1) 설계도서(도면, 시방서)가 확정된 뒤, 세부 내역을 근거로 정확하게 산출하는 견적방법
   (2) 실제 얼마 드는지를 계산
   (3) 도면과 시방서를 기준으로 적산(물량 산출)을 실시
   (4) 자재비·노무비·경비 등을 품목별, 공종별로 세분화
   (5) 정확도가 높음, 계약, 입찰, 시공 관리, 실행예산 수립에 사용

3 공사비

1) 건설공사를 수행하기 위해 소요되는 모든 비용의 총액

2) 견적의 최종 결과이자, 계약·입찰·예산 편성·실행예산 관리 등에 활용

3) 공사비의 구성(원가구성 항목)
   (1) 재료비
      ① 공사에 직접 소요되는 원재료·부재료·가공품 등의 구입 비용

② 자재비 + 운반비 + 하자보수용 예비품 포함
③ 직접재료비, 간접재료비
㋞ 철근, 콘크리트, 배관, 덕트, 밸브, 기계기기
(2) 노무비
① 현장에서 직접 시공에 투입되는 노동력 비용
② 직접공사에 참여하는 기능공, 보통인부, 기술자의 임금
㋞ 배관공, 용접공, 덕트공, 보온공, 전기공의 인건비
(3) 경비
재료비·노무비 이외의 부대비용
㋞ 일반경비, 현장경비, 장비사용료, 안전관리비, 보험료, 시험검사비 등

02 공조, 열원 및 환기설비적산

1 공기조화설비 적산

1) 적산 대상
  (1) 덕트류 : 직사각형 덕트, 원형 덕트
  (2) 부속자재 : 엘보, 티(Branch), 댐퍼, 그릴, 루버
  (3) 보온재 : 유리섬유, 우레탄폼 등 단열재
  (4) 기기 : 공조기(AHU), 팬코일유닛(FCU), 공기청정기

2) 산출 기준
  (1) 덕트 : 면적(m^2) = 둘레 × 길이
  (2) 원형 덕트 : 면적(m^2) = π × 지름 × 길이
  (3) 보온재 : 덕트·배관 외부 표면적 기준
  (4) 기기 : 대수

3) 적산 절차
  (1) 도면에서 덕트 경로 확인하여 길이 측정
  (2) 단면 형상별로 면적 환산
  (3) 부속류(엘보, 티 등) 수량 집계
  (4) 보온재 면적 산출
  (5) 단가 적용하여 견적 산출

2 열원설비 적산

1) 적산 대상
   (1) 주기기 : 보일러, 냉동기, 흡수식 냉온수기
   (2) 부속기기 : 펌프, 팽창탱크, 냉각탑
   (3) 배관 : 급탕·냉수·온수·증기 배관
   (4) 부속자재 : 밸브류, 플랜지, 이음쇠

2) 산출 기준
   (1) 기기 : 용량(냉동톤, kcal/h, kW) 기준 대수 산출
   (2) 배관 : 연장(m) × 지름(Ø)
   (3) 밸브·계측기 : 개수
   (4) 보온재 : 배관 외주 × 길이

3) 적산 절차
   (1) 기계실 평면도, 단면도 검토
   (2) 기기별 규격·용량에 따른 대수 확인
   (3) 배관 경로 추출 후 연장 산출
   (4) 부속품(밸브, 스트레이너 등) 수량 집계
   (5) 보온·도장 물량 계산
   (6) 단가 적용하여 견적 산출

3 환기설비 적산

1) 적산 대상
   (1) 환기팬 : 급기팬, 배기팬, 전열교환기
   (2) 덕트류 : 환기 전용 덕트
   (3) 그릴·루버 : 급·배기구
   (4) 소음기, 필터 등 부속

2) 산출 기준
   (1) 환기팬 : 풍량(m^3/min, CMM) 기준 대수 산출
   (2) 덕트 : 면적(m^2) 기준
   (3) 그릴, 루버 : 개수
   (4) 소음기, 필터 : 대수

3) 적산 절차

   ⑴ 도면에서 환기 구역 확인하여 풍량 계산

   ⑵ 팬 용량·대수 산출

   ⑶ 덕트 길이·면적 계산

   ⑷ 급·배기구 개수 집계

   ⑸ 보온재·부속자재 산출

   ⑹ 단가 적용하여 견적 산출

03 위생설비 적산

1 급수설비 적산

1) 적산 대상

   ⑴ 급수 배관(인입관, 세대 급수관, 분기 배관)

   ⑵ 계량기, 밸브류(게이트밸브, 볼밸브, 체크밸브)

   ⑶ 급수펌프, 고가수조, 지하저수조

2) 산출 기준

   ⑴ 배관 : 연장(m) × 관경별 구분

   ⑵ 밸브 : 개수

   ⑶ 펌프·저수조 : 대수, 용량

3) 절차

   ⑴ 도면에서 급수계통 확인

   ⑵ 관경별 배관 연장 산출

   ⑶ 밸브, 계량기 기호 확인 후 수량 집계

   ⑷ 펌프·수조 용량 및 대수 확인

   ⑸ 물량표 작성하여 단가 적용

2 급탕설비 적산

1) 적산 대상

   ⑴ 급탕 배관(주배관, 환수관, 분기 배관)

(2) 급탕탱크, 온수기, 보일러
(3) 순환펌프, 밸브류

2) 산출 기준

(1) 배관 : 연장(m) × 관경별
(2) 기기 : 대수, 용량
(3) 밸브 : 개수

3) 절차

(1) 급탕계통도에서 배관 연장 산출
(2) 환수배관(순환배관) 포함 여부 확인
(3) 온수기·보일러·펌프 대수 및 용량 확인
(4) 밸브·계측기 수량 집계
(5) 보온재 필요량 산출 (급탕 배관은 보온 필수)
(6) 물량표 작성하여 단가 적용

3 오배수, 통기설비 적산

1) 적산 대상

(1) 오수관, 우수관, 배수관
(2) 통기관(대기 개방용)
(3) 트랩(변기·세면기·싱크 트랩)
(4) 집수정, 배수펌프

2) 산출 기준

(1) 배관 : 연장(m) × 관경별 구분
(2) 트랩 : 개수
(3) 집수정·펌프 : 대수, 용량

3) 절차

(1) 배수계통도에서 오수·우수·배수관 길이 산출
(2) 위생기구별 트랩 개수 확인
(3) 통기관 길이 및 지름 산출
(4) 집수정, 오수펌프 대수 확인
(5) 물량표 작성하여 단가 적용

Chapter 04 기초역학

01 단위계

- 법률에서 단위계는 국제표준단위계인 SI단위계를 채택하고 있다.
- 아직 시험에서는 단위 변환과 문제점을 구성하기 위해 기타 단위계를 혼용하고 있어 완전히 배제할 수 없다.
- 영국 파운드법 등 시험과 거의 무관한 단위는 교재에서 논외로 하기로 한다.

1 용어 및 단위

1) SI 7개 기본단위

길이	질량	시간	온도	광도	전류	물질량
m	kg	sec	K	cd	A	mol

2) 유도단위

속도	가속도	힘	일	일률(동력)	압력
m/sec	m/sec^2	N	J	W	Pa

> ※ 다음 단위는 시험문제에서 매우 자주 사용함
> $Nm = J$ $N/m^2 = Pa$
> $1cal ≒ 4.19J$ 이며 $1kcal ≒ 4.19kJ$
> $J/sec = W$ 이므로 $J = W \cdot Sec$ 또는 Wh, $kJ = kW \cdot Sec$ 또는 kWh로 표현

3) 단위 접두어

10^{12}	10^9	10^6	10^3	10
T(Tera)	G(Giga)	M(Mega)	k(kilo)	D(Deca)
10^{-2}	10^{-3}	10^{-6}	10^{-9}	10^{-12}
c(centi)	m(milli)	μ(micro)	n(nano)	p(pico)

2 물질의 성질

1) 밀도(ρ)

   (1) 단위체적당 질량

   (2) 계산식

   $$\text{밀도 } \rho[kg/m^3] = \frac{m}{V}$$

   ρ : 밀도[kg/m³]
   m : 질량[kg], V : 체적[m³]

   (3) 물의 밀도 : 1000 kg/m³ = 1000 N·s²/m⁴

2) 비체적(V_s : Specific Volume)

   (1) 밀도의 역수로 단위질량당 체적

   (2) 계산식

   $$\text{비체적 } V_s[m^3/kg] = \frac{V}{m} = \frac{1}{\rho}$$

   Vs : 비체적[m³/kg], ρ : 밀도[kg/m³]
   m : 질량[kg], V : 체적[m³]

3) 비중량(γ)

   (1) 단위체적당 중량(= 무게 = 힘)

   (2) 계산식

   $$\text{비중량 } \gamma = \frac{W}{V} = \frac{mg}{V} = \rho g$$

   γ : 비중량[N/m³], W : 중량[N]
   V : 체적[m³], m : 질량[kg]
   ρ : 밀도[kg/m³], g : 중력가속도[m/s²]

   (3) 물의 비중량 : 9800 N/m³

4) 비중(S)

   (1) (액체) 비중

   ① $S = \dfrac{\text{어떤 물질의 비중량}(\gamma)}{4℃\text{에서 물의 비중량}(\gamma_w)} = \dfrac{\text{어떤 물질의 밀도}(\rho)}{4℃\text{에서 물의 밀도}(\rho_w)}$

   단위는 분모와 분자의 단위가 소거되어 없다. 무차원(무단위)이다.

② 계산식

$$비중\ S = \frac{\gamma}{\gamma_w} = \frac{\rho}{\rho_w}$$

S : 비중(무차원수)
ρ : 어떤 물질의 밀도[kg/m³]
ρ_w : 물의 밀도[kg/m³]
γ : 어떤 물질의 비중량[N/m³]
γ_w : 물의 비중량[N/m³]

③ 물의 비중 : 1

(2) (가스) 비중

① $S = \dfrac{어떤\ 가스의\ 분자량}{공기의\ 평균\ 분자량}$

② 계산식

$$비중\ S = \frac{M}{M_{공기}}$$

S : 비중(무차원수)
$M_{공기}$: 공기의 평균분자량[kg/kmol]
M : 어떤 물질의 분자량[kg/kmol]

3 일량과 동력

1) 일량(W)

(1) 물체에 힘을 가했을 때 힘과 힘이 가해진 방향으로 움직인 거리를 곱한 물리량
   W = 힘 × 거리 = $F \cdot S\ (N \cdot m = J)$

(2) 단위 : J(줄)

일(일량) : $N \cdot m = J$

$1\ cal ≒ 4.19\ J$ 이며 $1\ kcal ≒ 4.19\ kJ$
$J/s = W$ 이므로 $J = W \cdot s$ 이다.
따라서 일량의 단위는 $kJ = kW \cdot s$ 또는 kWh 등으로 나타낼 수 있다.

2) 동력(= 일률 : P)

(1) 단위시간당 행한 일량

$$P = \frac{일량}{시간} = \frac{F \cdot S}{t}\ (J/s = W)$$

(2) 단위 : W(와트)

① 1 kW = 102 $kg_f \cdot m/s$ = 860 $kcal/h$ = 3600 kJ/h

② 1 HP(영국마력) = 76 $kg_f \cdot m/s$ = 641 $kcal/h$ = 2685 kJ/h

③ 1 PS(국제마력) = 75 $kg_f \cdot m/s$ = 632 $kcal/h$ = 2646 kJ/h

02 압력

1 압력의 정의

단위 면적당 수직으로 작용하는 힘

$$P = \frac{F}{A}$$

F : 힘[N]　　　A : 단위 면적[m²]

2 대기압의 구분

1) 표준대기압 [1atm] : 지구의 대기를 이루고 있는 공기가 누르는 압력을 대기압이라 함
대기압은 토리첼리 실험에 의해 얻어진 값으로 단위에 따라 다음과 같이 표현될 수 있음

> 1기압(atm) = 10.332 mAq = 10.332 mH₂O = 10332 mmAq(수두 또는 수주)
> 　　　　　= 760 mmHg (수은주)
> 　　　　　= 1.0332 kgf/cm²
> 　　　　　= 0.101325 MPa = 101.325 kPa = 1.013 bar

2) 국소대기압 : 환경에 따라 측정 지점, 시점의 대기압 상태를 나타냄
이때 절대기압으로 표현하고 이로부터 게이지압이 측정됨

3 게이지압력, 진공압, 절대압력

1) 절대압력(Absolute Pressure) : 완전진공을 기준으로 측정한 압력

2) 게이지압력(Gauge Pressure) : 대기압을 기준으로 그 이상의 압력

3) 진공압력 : 대기압을 기준으로 그 이하의 압력

보충 절대압력 = 대기압 + 게이지압
　　　절대압력 = 대기압 − 진공압

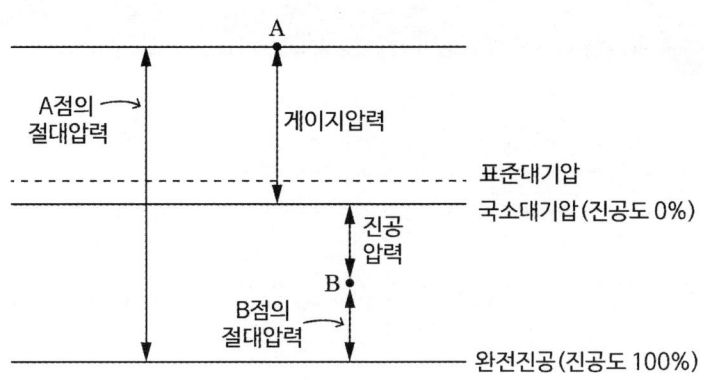

[절대압력과 게이지압력]

4 진공도(Degree of Vacuum)

대기압의 기준을 0으로 하여 완전진공 사이를 측정한 %값, 진공도를 절대압력으로 환산하면 완전진공으로부터 대기압 사이를 100 %로 하여 진공도로 뺀 값과 같음

$$\frac{대기압 - 절대압력}{대기압} \times 100 = 진공도\ \%$$

5 압력 단위의 환산

1) 표준대기압을 이용한 단위환산

$$x\ (mmHg) \times \frac{10.332\ (mAq)}{760\ (mmHg)} = y\ (mAq)$$

2) $P = \gamma h$를 이용한 단위환산

$$P(kPa) = \gamma(kN/m^3) \times h(m), \quad h(m) = \frac{P(kPa)}{\gamma(kN/m^3)}$$

Chapter 05 열역학

01 온도

온도는 물체의 열 정도를 나타내는 물리적 척도로 분자의 운동속도(또는 떨림)를 말한다.

1 온도의 단위

1) 섭씨온도(℃) : 물의 어는 점(빙점)을 0℃로 물의 끓는점(비점)을 100℃로 100등분하여 사용한 것

2) 화씨온도(℉) : 물의 어는점을 32℉로, 물의 끓는점을 212℉로 180등분하여 사용한 것

3) 캘빈온도(K) : 자연계 최저온도를 0 K(약 -273℃)로 설정하고 물의 어는점을 약 273 K로, 물의 끓는점을 373 K로 100등분하여 사용한 것

4) 랭킨온도(R) : 자연계 최저온도를 0R로 설정하고 물의 어는점을 492 R로, 물의 끓는점을 672 R로 180등분하여 사용한 것

2 측정 구분에 따른 온도

1) 건구온도(DB : Dry Bulb Temperature, t℃) : 온도계로 측정 가능한 온도, 습도와 관계없이 측정되는 온도

2) 습구온도(WB : Wet Bulb, t℃) : 봉상온도계(유리온도계)의 수은 부분에 명주를 물에 적셔 수분이 대기 중에 증발될 때 측정된 온도. 이는 증발원이 있는 물체, 대표적으로 인체 등 실제적으로 느낄 수 있는 온도로 해석될 수 있음

3) 흑구온도 : 복사온도를 측정하기 위한 온도(복사온도는 태양 등 열원의 전자기파를 물체가 흡수하였을 때 열 에너지로 변환되는 경우의 온도를 말한다)

4) 노점온도(DT : Dew Point Temperature) : 대기 중 존재하는 수증기가 응축하여 이슬이 맺히기 시작하는 온도를 말함. 건축설비에서 노점은 절대습도와 건구온도의 조건 아래에서 이슬이 생기는 온도(온도차이)를 측정함으로써 결로 방지를 위한 척도로 사용됨

3 유효온도

1) 유효온도(체감온도, Effective Temperature) : 유효온도는 온도, 기류, 습도를 조합한 감각 지표로서 실효온도 또는 감각온도라고도 함

2) 수정유효온도(Corrected Effective Temperature) : CET는 유효온도에 복사열을 더 조합하여 복사의 영향을 고려하기 위해 고안됨

3) 신유효온도(ET*) : 유효온도의 상대습도 100 % 기준 대신에 50 % 선과 건구온도의 교차로 표시한 쾌적지표를 기준

4) 표준유효온도(SET : Standard Effective Temperature) : 신유표온도를 발전시킨, 상대습도 50 %, 풍속 0.125 m/s, 활동량 1 Met, 착의량 0.6 clo(clo - 의복의 열저항 단위)의 동일한 표준환경에서 환경변수들을 조합한 쾌적지표로 활동량, 착의량 및 환경조건에 따라 달라지는 온열감과 불쾌적 및 생리적 영향을 비교 평가할 때 유용

02 열과 열량

1 열역학법칙

1) 제0법칙 : 물체의 고온과 저온에서 마침내 열평형을 이룸

2) 제1법칙 : 일은 열로, 열은 일로 교환할 수 있음

   예 일의 열당량, 열의 일당량
   (1) 일의 열당량(일을 열로 전환할 때 발생되는 열량) 1/427 kcal/(kgf·m)
   (2) 열의 일당량(열량으로 할 수 있는 일의 양) 427 kgf·m/kcal = 4.19 kJ/kcal
   $\qquad\qquad\qquad\qquad\qquad\qquad\qquad\qquad\qquad\qquad\quad$ = 4.19 kNm/kcal

3) 제2법칙 : 자연계는 비가역적인 변화가 일어남(가역적 변화 없음 = 등가 교환 없음 = 손실 발생) 자연계에 아무런 변화도 남기지 않고, 열은 저온에서 고온으로 이동하지 않음
   즉, 성적계수가 무한대인 냉동기의 제작은 불가능(= 무한동력기는 없다)

4) 제3법칙 : 절대온도 0도에 이르게 할 수 없음

> [제1종 영구기관과 제2종 영구기관]
> - 제1종 영구기관 : 에너지를 공급받지 않고도 영구적으로 일을 하는 기계, 즉 입력 없이 출력이 있는 시스템(입력 < 출력, 열효율이 100 %보다 큰 기관) → 열역학 제1법칙에 위배
> - 제2종 영구기관 : 에너지는 생성되거나 소멸되지 않음. 즉, 열을 100 % 일로 바꾸는 장치 (입력 = 출력, 열효율이 100 %인 기관) → 열역학 제2법칙에 위배

2 열, 열량과 비열

1) 열(Heat) : 열은 온도 차이에 의하여 물체 간 이동하는 에너지의 일종

2) 열량(Heat Capacity) : 열량은 열의 이동량을 말함. 열량의 단위로는 [kcal] 또는 [kJ]이 사용됨

3) 비열(Specific Heat) : 비열은 단위 용량의 어떤 물질을 1 ℃ 올릴 때 필요한 열량을 말함 $[kcal/(kg°C)], [kJ/(kgK)]$. 따라서 단위에 온도가 들어감
    (1) [kcal]는 1 kg의 물 1 ℃ 올릴 때 필요한 열량을 기준으로 한 단위(Cal는 1 g의 물)
    (2) [J] = [N·m]은 단위변환에서 설명됨. [1 kcal = 4.19 kJ]임은 반드시 기억해야 함
        또한 단위로 [kgf·m], [Wh] 등이 쓰임

4) 열용량 : 어떤 물질의 지금 현상 그대로 전부를 1 ℃ 올릴 때 필요한 열량은 열용량이라 함

03 물의 상태 변화 – 열역학법칙 현열(감열)과 잠열

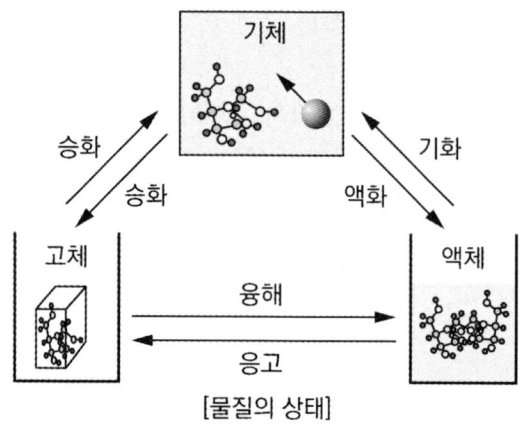

[물질의 상태]

1) 현열(감열) : 온도 변화만 일으키는 열(상태 변화 없음)
2) 잠열 : 상태 변화만 일으키는 열(온도 변화 없음)
   (1) 얼음의 융해(응고) 잠열 : 334 kJ/kg(≒ 79.68 kcal/kg)
   (2) 물의 증발(응축) 잠열 : 2257 kJ/kg(≒ 539 kcal/kg)

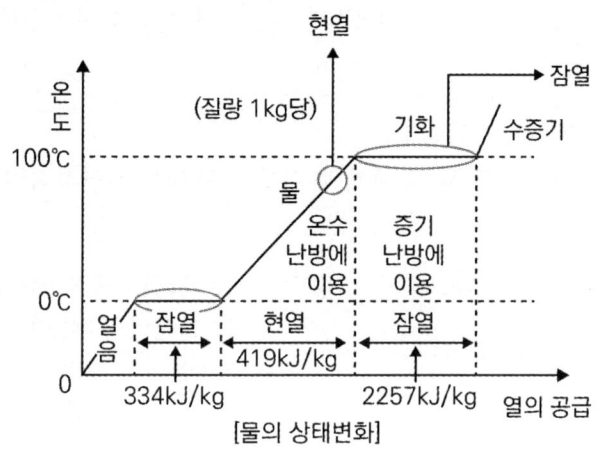

[물의 상태변화]

[냉동톤]
(1) 1냉동톤(RT) : 0℃ 물 1 ton을 24시간 동안에 0℃ 얼음으로 만드는 능력(열량)

$$1\,RT = \frac{333.6\,kJ/kg \times 1000\,kg}{24\,hr \times \frac{3600\,s}{1\,hr}} = 3.861\,kJ/s ≒ 3.86\,kW$$

보충 1 ton = 1000 kg

(2) 1usRT : 미국 냉동톤 32℉의 순수한 물 2000파운드를 24시간 동안에 32℉의 얼음으로 만드는 데 필요한 능력(열량)

$$1\,usRT = \frac{144\,BTU/lb \times 2000\,lb}{24\,hr} = 12000\,BTU/h$$
$$= 12000\,BTU/h \times \frac{1.055\,kJ}{1\,BTU} \times \frac{1\,h}{3600\,s} = 3.516 ≒ 3.52\,kW$$

보충 144 BTU/lb : 물 1 lb가 얼 때 필요한 열량(잠열)
1 BTU = 1.055 kJ, 1 lb = 0.4536 kg

04 열전달

1 열의 이동

열의 이동은 두 물체 사이 항상 온도가 높은 곳에서 낮은 곳으로 이동하여 결국 평형을 이룬다. 두 물체 사이 온도차가 클수록 빠르게 이동되며 이것을 온도구배라고 하며 열역학 제0법칙이기도 하다.

1) 전도(Conduction)
   (1) 물질이 직접 이동하지 않고 물체에 이웃한 분자들의 연속적인 충돌로 열이 전달
   (2) 푸리에의 열전도법칙

   $$q[W] = \frac{\lambda}{l} \times A \times (T_1 - T_2)$$

   λ : 열전도율[W/m·K]
   l : 물질의 두께[m]
   A : 물질의 표면적[m^2]
   T_1, T_2 : 물질의 표면온도[K]

   (3) 열전도율의 단위 : 열전도율은 [W/m·K] 또는 $[kcal/(mh℃)]$를 사용

2) 대류(Convection)
   (1) 유체의 유동에 의해 액체나 기체 상태의 분자가 직접 이동하면서 열을 전달
   (2) 뉴턴의 냉각법칙

   $$q[W] = \alpha \times A \times (T_1 - T_2)$$

   α_i : 대류열전달계수[W/m^2·K]
   A : 표면적[m^2]
   T_1, T_2 : 물질의 표면온도 및 주변 환경의 일정한 온도[K]

3) 복사(Radiation)
   (1) 열 전달 매체 없이 직접 대상물에 전달되는 현상
   대표적으로 태양으로부터 지구로 복사열이 전달되며, 복사는 흑색표면에 잘 흡수되고 광택 표면에서는 잘 반사됨

(2) 스테판 볼츠만의 법칙

$$q[W] = \varepsilon \times \sigma \times A \times T^4$$

ε : 방사율(흑체일 때 $\varepsilon = 1$)
σ : 스테판 볼츠만 계수
   $(5.67 \times 10^{-8}\ W/m^2 \cdot K^4)$
T : 절대온도[K]

2 열통과율 및 열저항

1) 열통과율 K(= 열관류율) : 벽체 등 복합적인 구조에서 열전달률과 열전도율을 더한 값 (= 총 전열량 정도)

$$\text{열통과율 K } (W/m^2 \cdot K) = \frac{1}{\Sigma \text{열저항} R\,(m^2 \cdot K/W)}$$

2) 열저항 R : 열저항은 열통과율(열관류율)의 역수로 볼 수 있으며, 전기회로의 저항과 같은 개념으로 이때 열전달률을 전류, 온도차를 전압(전위차)으로 생각할 수 있음
   열저항 = 열통과율의 역수

$$\text{열저항 R} = \frac{1}{K} = \frac{1}{\alpha_i} + \frac{L_1}{\lambda_1} + \frac{L_2}{\lambda_2} + \frac{L_3}{\lambda_3} + \frac{1}{\alpha_o} = \frac{1}{\alpha_i} + \sum \frac{L}{\lambda} + \frac{1}{\alpha_o}$$

$$K = \frac{1}{\frac{1}{\alpha_i} + \frac{L_1}{\lambda_1} + \frac{L_2}{\lambda_2} + \frac{L_3}{\lambda_3} + \frac{1}{\alpha_o}}$$

α_i : 내측 열전달계수[W/m² · K]
α_o : 외측 열전달계수[W/m² · K]
$\lambda_1, \lambda_2, \lambda_3$: 물질의 열전도계수[W/(m · K)]
L_1, L_2, L_3 : 물질의 두께[m]

3 정압비열과 정적비열

1) 정압비열 (C_P) : 기체의 체적이 일정한 상태에서 1 kg의 가스의 온도를 1 ℃ 상승시키는 데 필요한 열량

   보충 공기의 정압비열 = 1.01 kJ/(kg·K)

2) 정적비열 (C_V) : 기체의 압력이 일정한 상태에서 1 kg의 가스의 온도를 1 ℃ 상승시키는 데 필요한 열량

3) 비열비(k) : 정압비열(C_p)과 정적비열(C_v)의 비. 즉, $k = \dfrac{C_p}{C_v}$

   여기서 C_p가 C_v보다 항상 크다($C_p > C_v$). 따라서 비열비(k)는 항상 1보다 크다($k > 1$).

4) 기체상수($\overline{R}$) : 정압비열(C_p)과 정적비열(C_v)의 차

정적비열(C_v)	정압비열(C_p)	비열비(k)	기체상수($\overline{R}$)
$C_v = \dfrac{\overline{R}}{k-1}$	$C_p = \dfrac{k\overline{R}}{k-1}$	$k = \dfrac{C_p}{C_v}\ (k > 1)$	$\overline{R} = C_p - C_v = \dfrac{R}{M}$

C_v : 정적비열 [kJ/kg·K], C_p : 정압비열 [kJ/kg·K]
$\overline{R}$: 특정기체상수, R : 일반기체상수, k : 비열비(공기의 경우 k = 1.4)

4 열량 계산방식

1) 현열 구간일 때

$$Q = GC\Delta T$$
※ 열평형식

Q : 열량(현열)[kJ/s, kW]
G : 물체의 질량유량[kg/s]
C : 비열[kJ/(kg·K)]
ΔT : 온도차[℃, K]
   ※ 온도 차(ΔT)에 대한 두 단위(℃, K)의 절댓값은 같다.

2) 잠열 구간일 때(온도의 변화가 없음 = 온도 변수가 없음)

$$Q = G \times r$$

Q : 열량[잠열, kJ/s, kW]
G : 물체의 질량유량[kg/s]
r : 잠열[kJ/kg]

→ 물의 증발잠열 2257 kJ/kg(539 kcal/kg), 얼음의 융해잠열 334 kJ/kg(80 kcal/kg)으로 계산

5 엔탈피

엔탈피(H)는 상태함수로, 열량을 공급받는 동작유체에 있어서 내부에너지(U)와 유동에너지(pV)의 합을 말한다. 건축설비 및 공조냉동 분야에서는 일정 대기압에서 현열과 잠열을 모두 고려한 총열량(전열)으로 이해하며, 습공기선도에서 엔탈피는 공기의 총 에너지를 나타낸다.

$$H[kJ] = U + pV$$

H : 엔탈피 [kJ]
U : 내부에너지 [kJ]
p : 압력 [kN/m^2]
V : 체적 [m^3]

비엔탈피는 소문자 h로 표기한다.

$$h[kJ/kg] = u + pv$$

h : 비엔탈피 [kJ/kg]
u : 비내부에너지 [kJ/kg]
p : 압력 [kN/m^2]
v : 비체적 [m^3/kg]

6 엔트로피

엔트로피(Entropy)는 열의 이용 가능성을 나타내는 열적 상태량으로, 가역 열량을 절대온도로 나눈 적분으로 정의된다. 이는 계의 무질서도의 척도이며, 열이 일로 전환될 수 있는 가능성을 나타내는 상태함수이다. 엔트로피의 증가는 곧 무용한 에너지가 증가함을 의미하며, 고립계에서는 항상 엔트로피가 증가하는 방향으로 변화가 진행된다.

$$dS[kJ/K] = \frac{\delta Q}{T}$$

S : 엔트로피 [kJ/K]

비엔트로피는 소문자 s로 표기한다.

$$ds[kJ/kg \cdot K] = \frac{\delta q}{T}$$

s : 비엔트로피 [kJ/(kg·K)]

Chapter 06 유체역학

01 연속방정식

1 정의

유체 흐름에 질량 보존의 법칙을 적용시킨 방정식

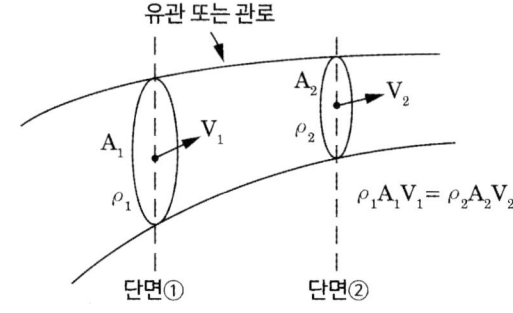

2 종류

1) 질량유량($\dot{M}$) : 단위시간당 통과한 유체의 질량

$$\dot{M}[kg/s] = \rho A V = \rho \cdot \dot{Q}$$

$\dot{M}$: 질량유량[kg/s]
ρ : 밀도[kg/m³]
A : 단면적[m²]
V : 유속[m/s]

여기서 ① ~ ② 단면에 적용 시 $\rho_1 A_1 V_1 = \rho_2 A_2 V_2$

2) 중량유량($\dot{G}$) : 단위시간당 통과한 유체의 중량

$$\dot{G}[N/s, kg_f/s] = \gamma A V = \gamma \cdot \dot{Q}$$

$\dot{G}$: 중량유량[N/s, kg_f/s]
γ : 비중량[N/m³, kg_f/m³]
A : 단면적[m²]
V : 유속[m/s]

여기서 ① ~ ② 단면에 적용 시 $\gamma_1 A_1 V_1 = \gamma_2 A_2 V_2$

3) 체적유량($\dot{Q}$) : 단위시간당 통과한 유체의 체적

$$\dot{Q}[m^3/s] = AV$$

$\dot{Q}$: 체적유량[m³/s]
A : 단면적[m²]
V : 유속[m/s]

여기서 비압축성 유동을 가정한다면
$\rho_1 = \rho_2$, $\gamma_1 = \gamma_2$이므로 ① ~ ② 단면에 적용 시 $A_1 V_1 = A_2 V_2$

02 베르누이 방정식

1 베르누이 방정식 개념

1) 오일러의 운동방정식을 유선 전체에 대하여 적분하여 얻은 식

2) 베르누이 방정식은 유체역학에서의 에너지보존의 법칙
   즉, 배관 내 모든 위치에서 일정한 에너지를 가짐

2 베르누이 방정식 전제조건

1) 유체입자는 유선을 따라 흐름

2) 정상류

3) 비점성 유체(유체입자는 마찰이 없다)

4) 비압축성 유체

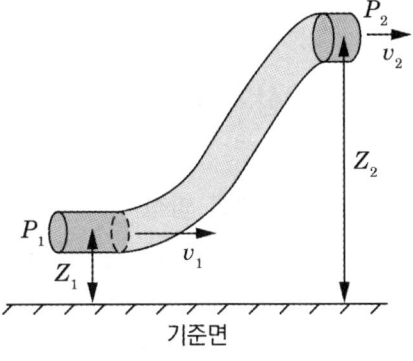

3 계산식

1) 베르누이 방정식

$$\frac{P_1}{\gamma} + \frac{V_1^2}{2g} + Z_1 = \frac{P_2}{\gamma} + \frac{V_2^2}{2g} + Z_2$$

$$\text{즉, } H = \frac{P}{\gamma} + \frac{V^2}{2g} + Z = const$$

P_1, P_2 : 압력[N/m²]
γ : 비중량[N/m³]
V_1, V_2 : 유속[m/s]
g : 중력가속도[m/s²]
Z_1, Z_2 : 위치수두[m]
H : 전수두[m]

2) 마찰손실수두를 고려한 수정 베르누이 방정식

$$\frac{P_1}{\gamma} + \frac{V_1^2}{2g} + Z_1 = \frac{P_2}{\gamma} + \frac{V_2^2}{2g} + Z_2 + h_L$$

h_L : 배관의 마찰손실수두[m]

3) 펌프의 전양정을 고려한 수정 베르누이 방정식

$$\frac{P_1}{\gamma} + \frac{V_1^2}{2g} + Z_1 + h_P = \frac{P_2}{\gamma} + \frac{V_2^2}{2g} + Z_2 + h_L$$

h_P : 펌프의 전양정[m]
h_L : 배관의 마찰손실수두[m]

03 이상기체법칙

1 보일-샤를의 법칙

1) 보일법칙 : 일정온도에서 압력과 부피는 서로 반비례

$$P_1 V_1 = P_2 V_2$$

P_1 : 변하기 전 압력 P_2 : 변한 후 압력
V_1 : 변하기 전 부피 V_2 : 변한 후 부피

2) 샤를법칙 : 일정압력에서 부피는 절대온도에 서로 비례

$$\frac{V_1}{T_1} = \frac{V_2}{T_2}$$

T_1 : 변하기 전 온도 T_2 : 변한 후 온도
V_1 : 변하기 전 부피 V_2 : 변한 후 부피

3) 보일-샤를의 법칙 : 기체의 부피와 압력은 서로 반비례하고 절대온도에 정비례

$$\frac{P_1 V_1}{T_1} = \frac{P_2 V_2}{T_2}$$

2 mol수 및 아보가드로의 법칙

1) 기체는 온도(T)와 압력(P)이 같을 때 같은 부피 속에 같은 수의 분자 수를 포함하며, 기체의 종류와 무관함. 즉, 이상 기체의 부피(V)는 기체 몰 수(n)에 비례함($V \propto n$)

2) 0 ℃, 1 atm에서 이상 기체 22.4 L 속에는 6.02×10^{23}개의 분자 수(1 mol)가 존재함

> 보충 연필 1다스와 같은 개념의 양 단위로 생각하면 쉽다.

3 이상기체 상태방정식 및 특정기체 상태방정식

1) 정의 : 보일-샤를, mol의 개념을 포함한 방정식으로 이상적인 기체의 분자량 계산을 위해 만들어진 상태방정식

2) 표현식

$$PV = nRT = \frac{W}{M}RT$$

P : 절대압력[kPa]
V : 부피[m^3]
W : 질량[kg]
n : 몰수[kmol]
T : 절대온도[K]
M : 분자량[kg/kmol]
R : 일반기체상수[kPa·m^3/kmol·K]
  = [kJ/kmol·K]

> 암 일반기체상수 R = 8.314 kPa·m^3/kmol·K = 0.082 atm·m^3/kmol·K

4 특정기체 상태방정식 및 실제기체 상태방정식

1) 특정기체 상태방정식

$$PV = W\overline{R}T$$
$$PV = \frac{W}{M}RT = W\left(\frac{R}{M}\right)T = W\overline{R}T$$

P : 절대압력[kPa]
V : 부피[m³]
W : 질량[kg]
R : 일반기체상수[kPa·m³/kmol·K]
　　　　　　　= [kJ/kmol·K]
$\overline{R}$: 특정기체상수[kPa·m³/kg·K]
　　　　　　　= [kJ/kg·K]
T : 절대온도[K]

2) 실제기체 상태방정식 : 실제기체 중 온도가 높고 낮은 압력에서 이상기체에 가까우며 분자 간 인력까지 계산된 실제기체 상태방정식

※ 실제기체 상태방정식은 실기시험과 거의 무관하니 참조만 함

04 레이놀즈수(Reynold's Number)

1 레이놀즈수의 정의

1) 층류와 난류(즉, 유체의 흐름)를 구분하는 척도가 되는 값으로 무차원수

2) $Re = \dfrac{관성력}{점성력}$

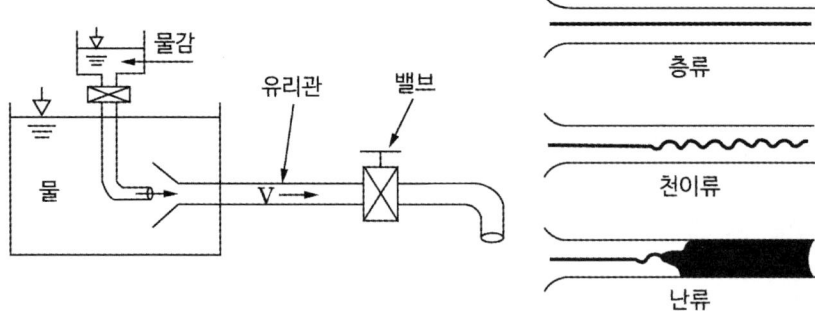

2 레이놀즈수 계산식

레이놀즈수 $Re = \dfrac{\rho VD}{\mu} = \dfrac{VD}{\nu}$

ρ : 밀도[kg/m³]
V : 유속[m/s]
D : 직경[m]
μ : 점성계수[N·s/m²]
ν : 동점성계수[m²/s]

3 레이놀즈수에 의한 유체의 분류

구분	층류	천이류(임계영역)	난류
Re수 범위	Re < 2100	2100 < Re < 4000	Re > 4000

하임계레이놀즈수 : 난류에서 층류로 바뀌는 임계값 (Re = 2100)
상임계레이놀즈수 : 층류에서 난류로 바뀌는 임계값 (Re = 4000)

1) 층류
   (1) 유체가 규칙적으로 층상을 이루며 흐르는 유동
   (2) 관 마찰계수 : 레이놀즈수만의 함수 $\left(f = \dfrac{64}{Re}\right)$
   (3) 평균유속$(u) = \dfrac{\text{최대유속}(u_{\max})}{2}$

2) 천이류(임계영역)
   (1) 층류와 난류가 상호 전환되는 유동
   (2) 관 마찰계수 : 레이놀즈수와 상대조도와의 함수

3) 난류
   (1) 유체가 불규칙적으로 난동을 이루며 흐르는 유동
   (2) 관 마찰계수
      ① 거친 관에서 : 상대조도만의 함수
      ② 매끈한 관에서 : 레이놀즈수만의 함수

4 수평원관에서 점성 유체가 층류 상태로 정상유동할 때

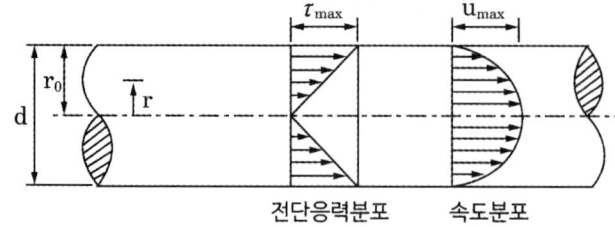

r_0 : 반지름
d : 지름
r : 관 중심으로부터 임의의 반경
τ : 임의의 반경 r에서의 전단응력

1) 전단응력(τ)의 분포
   (1) 관 중심에서 0, 관벽에서 최댓값
   (2) 관 중심에서 관벽으로 직선적인 변화를 함

2) 속도(u) 분포
   (1) 관벽에서 0, 관 중심에서 최댓값
   (2) 관벽에서 관 중심으로 비선형적(2차 포물선) 변화를 함
   (3) 평균유속$(u) = \dfrac{\text{최대유속}(u_{\max})}{2}$

05 배관의 마찰손실

1 주 손실

1) 배관 내 유체가 흐를 때 직관에서 발생하는 손실

2) 달시 바이스바하 공식
   (1) 층류와 난류에 모두 적용
   (2) 계산식

   $$h_L[m] = f \times \frac{L}{D} \times \frac{V^2}{2g}$$

   h_L : 마찰손실 [m], P : 압력 [N/m^2]
   γ : 비중량 [N/m^3], f : 마찰손실계수
   L : 길이 [m], D : 직경 [m]
   V : 유속 [m/s], g : 중력가속도 [m/s^2]

2 부차적 손실

1) 부차적 손실 : 주 손실 이외의 손실

　(1) 배관의 급격한 확대 및 축소에 의한 손실

　(2) 배관의 급격한 방향 전환에 따른 손실

　(3) 입구와 출구 부분에 대한 손실

　(4) 각종 Fitting류 및 Valve류 등에 의한 손실

2) 부차적 손실 계산식

① 압력손실 $\triangle P[Pa] = \zeta \dfrac{V^2}{2g} \rho$

② 손실수두 $h_L[m] = \zeta \dfrac{V^2}{2g}$

$\triangle P$: 압력손실[Pa]
h_L : 부차적 손실수두[m]
ζ : 국부저항계수 ($\zeta = \zeta_1 + \zeta_2 + \cdots + \zeta_n$)
V : 유속 [m/s]
g : 중력가속도[m/s²]

3 관의 상당길이(등가길이)

1) 관 부속물에 유체가 흐를 때 발생되는 마찰 손실과 같은 크기의 마찰 손실을 가지는 동일 구경의 직관의 길이

2) 임의의 부차적 손실수두 $\left(h_L = K\dfrac{V^2}{2g}\right)$와 관마찰에 의한 손실수두 $\left(h_L = f \cdot \dfrac{L}{D} \cdot \dfrac{V^2}{2g}\right)$를 같게 했을 때 관의 길이

$K\dfrac{V^2}{2g} = f \cdot \dfrac{L}{D} \cdot \dfrac{V^2}{2g}$ → $K = f \cdot \dfrac{L}{D}$

$$L_e = \dfrac{KD}{f}$$

L_e : 등가길이[m]
K : 부차적 손실계수
D : 지름[m]
f : 관 마찰계수 (층류일 때 : $\dfrac{64}{Re}$)

06 펌프 및 송풍기 동력

1 펌프의 동력

1) 전달동력 : 모터 또는 엔진에 공급되는 동력을 말함

   (1) [kW] 단위

   $$P[kW] = \frac{1000 \times H \times Q}{102 \times \eta} \times K$$

   여기서, $1000\,[kg_f/m^3]$: 물의 비중량, $H[mAq]$: 펌프 양정, $Q[m^3/\sec]$: 체적유량, K : 전달계수, η : 펌프효율

   > 암 $1\,kW = 102\,kg_f \cdot m/s$

   > 보충 전달계수(K) : 펌프의 구동방식·전달방식·기계적 손실 등을 고려하여 펌프 동력 계산 시 보정하기 위한 계수로, 벨트나 기어 구동일 경우 1보다 큰 값을 갖는다.

   (2) [HP] 단위

   $$P[HP] = \frac{1000 \times H \times Q}{76 \times \eta} \times K$$

   > 암 $1\,HP = 76\,kg_f \cdot m/s$

   (3) [PS] 단위

   $$P[PS] = \frac{1000 \times H \times Q}{75 \times \eta} \times K$$

   > 암 $1\,PS = 75\,kg_f \cdot m/s$

2) 축동력 : 모터나 엔진에 의해 실제로 펌프 축에 전달되는 동력

   $$P[kW] = \frac{1000HQ}{102\eta} \qquad P[HP] = \frac{1000HQ}{76\eta} \qquad P[PS] = \frac{1000HQ}{75\eta}$$

3) 수동력 : 펌프가 유체에 전달하는 실제 동력

   $$P[kW] = \frac{1000HQ}{102} \qquad P[HP] = \frac{1000HQ}{76\eta} \qquad P[PS] = \frac{1000HQ}{75}$$

2 펌프의 전양정

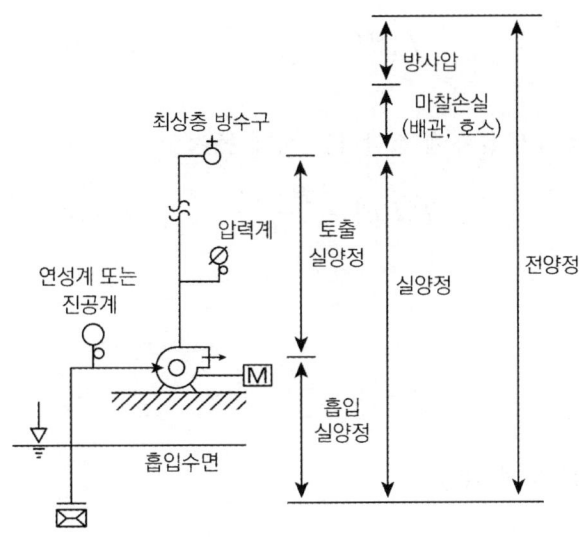

<u>전양정</u> = <u>실양정(낙차)</u> + <u>마찰손실</u> + <u>방사압</u>

1) 실양정(낙차) = 흡입 실양정 + 토출 실양정
   (1) 흡입 실양정 : 풋밸브에서 펌프 중심까지 흡입 측 수직거리(부압식인 경우)
   (2) 토출 실양정 : 펌프 중심에서 최상층 토출 측 방수구까지 수직거리

2) 마찰손실수두 : 주손실과 부차적 손실의 합으로 배관 내 물에 의해 발생하는 마찰손실

3) 방사압 : 특정 압력이 요구될 경우 해당 압력을 수두로 환산한 값

3 송풍기의 동력

1) 송풍기 전달동력(송풍기입력) : 모터 또는 엔진에 공급되는 동력을 말함

$$P[kW] = \frac{P \times Q}{102 \times \eta} \times K \qquad P[HP] = \frac{P \times Q}{76 \times \eta} \times K \qquad P[PS] = \frac{P \times Q}{75 \times \eta} \times K$$

여기서, $P[mmAq]$: 송풍기전압, $Q[m^3/s]$: 체적유량
K : 여유율, η : 송풍기효율

보충 $1\ kW = 102\ kg_f \cdot m/s$
$1\ HP = 76\ kg_f \cdot m/s$
$1\ PS = 75\ kg_f \cdot m/s$

2) 송풍기 축동력(송풍기출력) : 모터나 엔진에 의해 실제로 송풍기 축에 전달되는 동력

$$P[kW] = \frac{P \times Q}{102 \times \eta} \qquad P[HP] = \frac{P \times Q}{76 \times \eta} \qquad P[PS] = \frac{P \times Q}{75 \times \eta}$$

3) 공기동력 : 송풍기가 유체에 전달하는 실제 동력

$$P[kW] = \frac{P \times Q}{102} \qquad P[HP] = \frac{P \times Q}{76} \qquad P[PS] = \frac{P \times Q}{75}$$

07 송풍기

1 송풍기 날개형상에 따른 분류

1) 원심형(Centrifugal Fan)

  (1) 다익형(Sirocco Fan)
  - 회전날개가 회전방향으로 굽어 있어 전곡형이다.
  - 날개수가 많아 다익형이라 한다.
  - 회전수가 낮고, 대풍량, 저정압에 적당하며 저속덕트에 사용된다.

  (2) 터보형(Turbo Fan)
  - 날개 끝부분이 회전방향의 뒤로 굽어 있어 후곡형이라 한다.
  - 고속에도 비교적 정숙한 운전이 가능하다.
  - 대풍량, 고정압인 경우에 이용된다.

  (3) 익형(Air Foil Fan, 에어포일팬, 에어로휠팬)
  - 다익형과 터보형을 개량한 것이다.
  - 얇은 판을 접어서 유선형의 날개를 갖는다.
  - 고속회전이 가능하고 소음이 적다.
  - 고정압·고속덕트용으로 이용된다.

  (4) 리밋로드형(Limit Load Fan)
  - 날개가 S자 형태이다.
  - 풍량이 설계 값 이상으로 증가하여도 축동력이 증가하지 않는다.
  - 저속덕트용으로 이용된다.

(5) 방사형(放射形, Radial Fan)
- 날개형상이 평판으로 된 것과 전곡형으로 된 것이 있다.
- 자기청소(Self Cleaning) 특성이 있어 분진누적이 심한 공장 등에 적합하다.
- 공기가 중심에서 들어가 외곽으로 방사형으로 배출된다.
- 효율이나 소음면에서는 타 송풍기에 비해 좋지 않다.

2) 축류형(Axial Fan)
  (1) 공기를 축방향으로 송풍한다.
  (2) 저정압, 대풍량에 쓰인다.
  (3) 프로펠러형, 튜브형, 베인형 등이 있다.

2 송풍기 번호

1) 원심형(다익형) 송풍기 번호 $No. = \dfrac{임펠러 지름(mm)}{150}$

2) 축류형 송풍기 번호 $No. = \dfrac{임펠러 지름(mm)}{100}$

TIP 송풍기 번호는 송풍기의 크기를 나타냄

3 송풍기 풍량제어방법

1) 토출댐퍼에 의한 제어
2) 흡입댐퍼에 의한 제어
3) 흡입베인에 의한 제어
4) 가변피치에 의한 제어
5) 회전수에 의한 제어

TIP 풍량제어방법 중 축동력의 감소 :
회전수제어(가장 큼) > 가변피치 > 흡입베인 > 흡입댐퍼 > 토출댐퍼(가장 작음)

4 송풍기 전압, 정압, 동압

1) 송풍기의 전압 = 덕트 마찰저항(직관, 곡관) + 기기 마찰저항 + 취출구의 손실
   = 토출 측 전압 - 흡입 측 전압($P_T = P_{T2} - P_{T1}$)

2) 송풍기의 정압 = 전압 - 토출 측 동압($P_S = P_T - P_{V2}$)

3) 송풍기 동압

$$동압[Pa] = \frac{V^2}{2g} \times \gamma = \frac{V^2}{2g} \times \rho g = \frac{V^2}{2} \rho$$

ρ : 밀도(kg/m^3)
V : 토출 측 유속(m/s)

08 상사의 법칙

상사법칙(Affinity Law)은 기하학적으로 닮은꼴인 두 유체기계(펌프, 팬 등)가 역학적으로 같은 상태가 되기 위한 조건을 나타내는 법칙이다. 즉, 기하학적 형상, 유체, 무차원수(레이놀즈수 등)가 동일하면 상사 관계가 성립한다. 이때 주요 비례 관계는 다음과 같다.

유량	양정	축동력
$Q_2 = \frac{N_2}{N_1} \times \left(\frac{D_2}{D_1}\right)^3 \times Q_1$	$H_2 = \left(\frac{N_2}{N_1}\right)^2 \times \left(\frac{D_2}{D_1}\right)^2 \times H_1$	$L_2 = \left(\frac{N_2}{N_1}\right)^3 \times \left(\frac{D_2}{D_1}\right)^5 \times L_1$

여기서, 회전수 = N [rpm], 임펠러의 직경 = D [m]
유량 = $Q\ [m^3/s]$, 양정 = H [mAq], 축동력 = L [kW]

09 유효 흡입양정(NPSH$_{av}$)과 필요 흡입양정(NPSH$_{re}$)

1 유효흡입양정(NPSH$_{av}$)

유효 흡입양정은 펌프 설치 조건에서 실제로 확보할 수 있는 흡입양정으로, 펌프 흡입구의 전압력에서 해당 온도에서의 증기압과 흡입손실수두를 뺀 값이다.

$$NPSH_{av} = H_0 - H_f - H_v \pm h$$

NPSH$_{av}$: 유효흡입수두 [m]
H_0 : 대기압 환산수두 [m]
H_f : 마찰손실수두 [m]
H_v : 포화증기압수두 [m]
h : 낙차 [m]

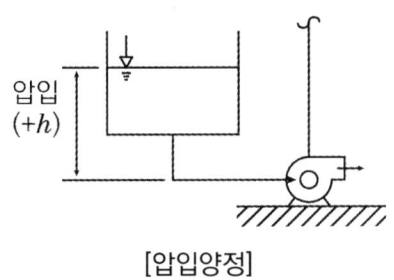
[압입양정]

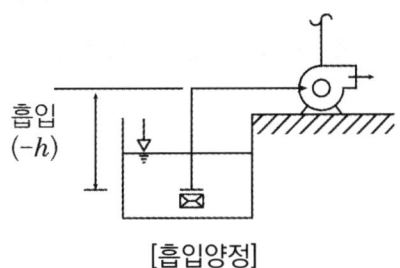
[흡입양정]

2 필요흡입양정(NPSH$_{re}$)

펌프 제작자가 제시하는 값으로, 펌프가 캐비테이션 없이 정상적으로 작동하기 위해 최소한으로 필요한 흡입 측 양정을 말한다.

3 NPSH와 공동현상(Cavitation)과의 관계

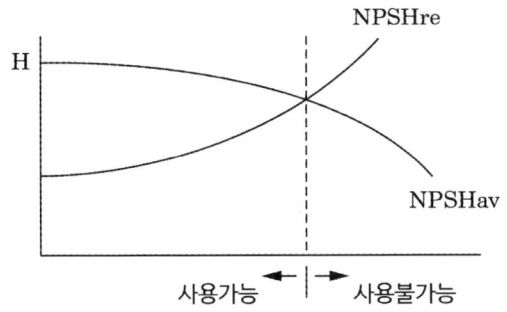

상관관계	공동현상 발생 여부
NPSH$_{av}$ > NPSH$_{re}$	발생 안 함
NPSH$_{av}$ = NPSH$_{re}$	발생한계
NPSH$_{av}$ < NPSH$_{re}$	발생

10 펌프의 이상현상

1 캐비테이션현상(공동현상)

흡입양정이 높거나 유속이 급변 또는 와류의 발생 등으로 인하여 유체의 압력이 국부적으로 포화증기압 이하로 내려가면 기포가 발생하는 현상이다. 공동현상으로 인해 펌프의 성능이 저하되고, 임펠러의 침식, 진동·소음이 발생하며 심하면 양수 불능상태가 된다.

1) 원인
    (1) 펌프 1차 측 배관의 마찰손실이 클 때
    (2) 펌프가 수원보다 높아 흡입수두가 과대할 때
    (3) 물의 온도가 높아 포화 수증기압이 클 때
    (4) 펌프 1차 측 배관의 유속이 빠를 때
    (5) 펌프 임펠러 회전속도가 빠를 때

2) 방지법
    (1) 펌프 1차 측 배관의 마찰손실이 적은 배관을 사용
    (2) 펌프의 높이를 낮춤
    (3) 배관을 보온재 등으로 온도상승을 방지
    (4) 펌프 1차 측 배관의 관경을 큰 것으로 하거나 양흡입을 사용
    (5) 펌프 임펠러 회전속도를 낮춤

2 맥동현상

펌프 운전 중에 한숨을 쉬는 것과 같은 상태가 되어, 펌프의 흡입 측 진공계와 토출 측 압력계의 눈금이 흔들리고 동시에 송출유량이 변하는 현상이다.

1) 원인
    (1) 펌프의 산형 양정곡선의 정상 직전 상승부에서 운전 시
    (2) 펌프 2차 측 배관 중 공기탱크 또는 공기고임 등 원인이 존재할 때
    (3) 유량조절밸브의 위치가 토출 측과 멀고 중간에 물탱크 등이 있을 때

2) 방지법
    (1) 양수량 또는 임펠레 회전수의 변경
    (2) 공기고임의 우려가 있는 경우 제거

(3) 유량조절밸브를 펌프 2차 토출 측 직후 설치
(4) 플렉시블이음, 진동방지 중량기반 등 진동방지대책을 적극 사용

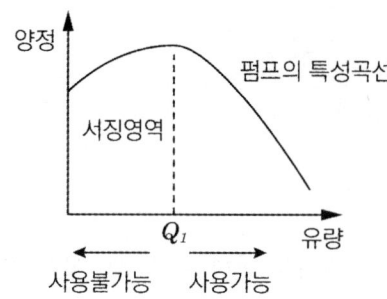

3 수격작용

관로 내의 유체의 유속이 급변하는 경우 발생하는 이상 압력으로 배관 내의 유체의 운동에너지가 압력에너지로 변하여 고압이 발생한다. 이때 급격한 압력 변화가 관 속에 바로 전달되어 진동과 충격음을 일으킨다.

(1) 원인
　(1) 관로의 급격한 각도 변화
　(2) 관로의 급격한 축소
　(3) 펌프의 급격한 기동, 정지 또는 밸브의 급격한 조작

(2) 방지법
　(1) 수격방지기를 발생 우려 위치에 설치
　(2) 배관의 관경을 크게 하여 유속을 낮춤
　(3) 밸브는 송출구 가까이 천천히 제어
　(4) 플라이 휠 등 펌프의 급격한 속도변화를 방지

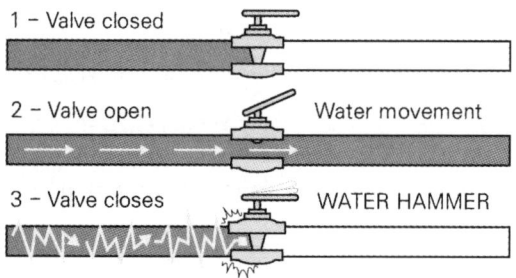

Chapter 07 공기선도

01 공기

1 공기의 상태변화

1) 건조공기(Dry Air) : 수증기를 전혀 포함하지 않은 공기

2) 습공기(Moist Air) : 수증기를 포함한 공기

3) 포화공기
   (1) 공기는 온도에 따라 포함할 수 있는 수증기량에 한계가 있으며 현재 특정온도에서 최대한도로 수증기를 포함한 공기는 포화공기라고 함
   (2) 공기온도 상승 시 포화압력도 비례 상승하여 보다 많은 수증기를 함유할 수 있게 되며 온도가 내려가면 공기가 함유할 수 있는 수증기 한도도 작아짐

4) 불포화공기
   (1) 최대 포화압력에 도달하지 못한 습공기, 실제의 공기는 대부분의 경우 불포화공기
   (2) 포화공기를 가열하면 불포화공기가 되고, 냉각하면 일시적 과포화공기가 되며 일부 수분은 이슬이 맺혀지고 나머지는 포화공기가 됨

2 습공기

1) 습공기의 상태

   습공기는 건공기와 수증기의 혼합기체로서, 공기의 압력을 P라고 하면 건공기 분압 P_a와 수증기 분압 P_w의 합으로 볼 수 있음

   따라서 건공기 분압은 습공기 전압에서 수증기 분압을 제외한 값

   $$P_a = P - P_w$$

   건공기와 수증기의 특정기체 상태 방정식을 적용하면

   습공기 내 수증기 상태방정식 : $P_w V = GRT$
   습공기 내 건공기의 이상기체상태방정식 : $P_a V = G'R'T$

건공기와 수증기의 체적과 온도는 같으므로 $\dfrac{G}{G'} = \dfrac{R'P_w}{RP_a} = 0.622\dfrac{P_w}{P-P_w}$으로 수증기 분압과 습도 사이 관계를 유도할 수 있음

> **[절대습도 x]**
>
> $$x = \dfrac{\text{수증기 질량}}{\text{건공기 질량}} = \dfrac{G}{G'} = \dfrac{\dfrac{P_w V}{RT}}{\dfrac{P_a V}{R'T}} = \dfrac{R'P_w}{RP_a} = \dfrac{R'}{R} \times \dfrac{P_w}{P_a} = \dfrac{287.2}{461.6} \times \dfrac{P_w}{P_a}$$
>
> $$= 0.622 \times \dfrac{P_w}{P_a} = 0.622 \dfrac{P_w}{P-P_w}$$
>
> **보충** 수증기 특정 기체상수 $R = 0.462\ kJ/(kg \cdot K) = 461.6\ J/(kg \cdot K)$
> 건공기 특정 기체상수 $R' = 0.287\ kJ/(kg \cdot K) = 287.2\ J/(kg \cdot K)$

2) 절대습도 : 습공기 중에 포함되어 있는 건공기 $1\ kg'$에 대한 수증기의 질량을 말하며, 절대습도는 가습·감습 없이 냉각, 가열만으로는 변화가 없음(다만 이슬점에 도달하지 않은 것으로 전제할 때). 수증기는 공기 중 소량이지만 물의 잠열이 크기 때문에 공기의 열적 성질에 크게 영향을 미침

$$x = \dfrac{\text{수증기 질량}[kg]}{\text{건공기 질량}[kg']} = 0.622\dfrac{P_w}{P-P_w}$$

P_w : 습공기 중의 수증기 분압
P : 대기압

3) 상대습도 : 기온에 따른 습하고 건조한 정도를 백분율로 나타낸 것으로 현재 불포화공기 수증기 분압을 포화공기 수증기 분압으로 나눈 것 또는 현재 불포화공기 중 수증기의 질량을 현재온도의 포화 수증기 질량으로 나눈 것

(1) 상대습도는 포화습공기 상태와 현재습도의 비 : 관계습도라고도 불리며 현재 습공기 수증기 분압과 동일온도에서 포화공기의 수증기 분압과의 비로 정의

$$\text{상대습도 } \phi = \dfrac{m_w}{m_s} \times 100\ \%$$
$$= \dfrac{P_w}{P_s} \times 100\ \%$$

m_w : 습공기 $1\ m^3$ 중에 함유된 수분의 질량(밀도)
m_s : 포화공기 $1\ m^3$ 중에 함유된 수분의 질량(밀도)
P_w : 습공기의 수증기 분압
P_s : 포화공기의 수증기 분압(습공기와 동일온도일 때)

(2) 비습도(비교습도) 또는 포화도 : 비습도는 현재 절대습도와 포화상태의 절대습도 비를 말한다.

$$포화도\ \psi = \frac{x}{x_s} \times 100\ \%$$

x : 습공기의 절대습도(kg/kg')
x_s : 포화공기의 절대습도(kg/kg')(습공기와 동일온도 일 때)

4) 습공기의 비체적과 비중량

(1) 비체적 : 건조공기 1 kg당 습공기 중의 수증기를 포함한 체적[$m^3/kg\ dry\ air$]

(2) 비중량 : 습공기 1 m³에 포함되어 있는 수증기의 중량[N/m^3]

3 엔탈피

1) 건공기 엔탈피(h_a)

$$h_a = C_{pa}t = 1.01t$$

h_a : 건공기 1 kg에 대한 엔탈피[kJ/kg]
C_{pa} : 건공기정압비열 ≒ 1.01 $kJ/kg \cdot K$ (≒ 0.24 $kcal/kg \cdot ℃$)
t : 공기온도[℃](건구온도)

※ 비엔탈피로 표기되는 경우 단위 질량당 엔탈피[kJ/kg]를 말함
  용어에 구분 없이 엔탈피로 표기되나 단위 표현이 [kJ/kg]이라면 비엔탈피

2) 수증기 엔탈피 : 수증기는 0 ℃의 물을 기준으로 하므로 물에서 증기로 변화하는 데에 필요한 증발 잠열을 온도만큼의 수증기정압비열을 계산한 열에 더할 것

$$h_{wa} = \gamma_0 + C_{pw}t = 2501 + 1.85t$$

h_{wa} : 수증기의 엔탈피[kJ/kg]
γ_0 : 0 ℃ 물의 증발잠열 = 2501 kJ/kg
  (0 ℃ 물 1 kg → 0 ℃ 수증기 1 kg)
C_{pw} : 수증기정압비열 = 1.85 kJ/(kg·K)

[증발된 경로에 따라 100 ℃ 수증기의 엔탈피가 다르다]
① 0 ℃ 물 → 0 ℃ 수증기 → 100 ℃ 수증기(자연적인)
  2501 kJ/kg + 1.85 kJ/(kg·K) × 100 K = 2686 kJ/kg
② 0 ℃ 물 → 100 ℃ 물 → 100 ℃ 수증기(기계적인)
  4.19 kJ/(kg·K) × 100 K + 2257 kJ/kg = 2676 kJ/kg

3) 습공기의 엔탈피(h)

건공기 엔탈피와 수증기 엔탈피의 합

$$h = h_a + x \times h_{wa}$$
$$= C_{pa} t + x(\gamma_0 + C_{pw} t)$$
$$= 1.01 t + x(2501 + 1.85 t)$$

h : 습공기의 엔탈피[kJ/kg]
h_a : 건공기 1 kg의 엔탈피[kJ/kg]
x : 습공기의 절대습도[kg/kg']
h_{wa} : 수증기 1 kg의 엔탈피[kJ/kg]
t : 공기온도(℃, 건구온도)

02 선도

1 공기선도

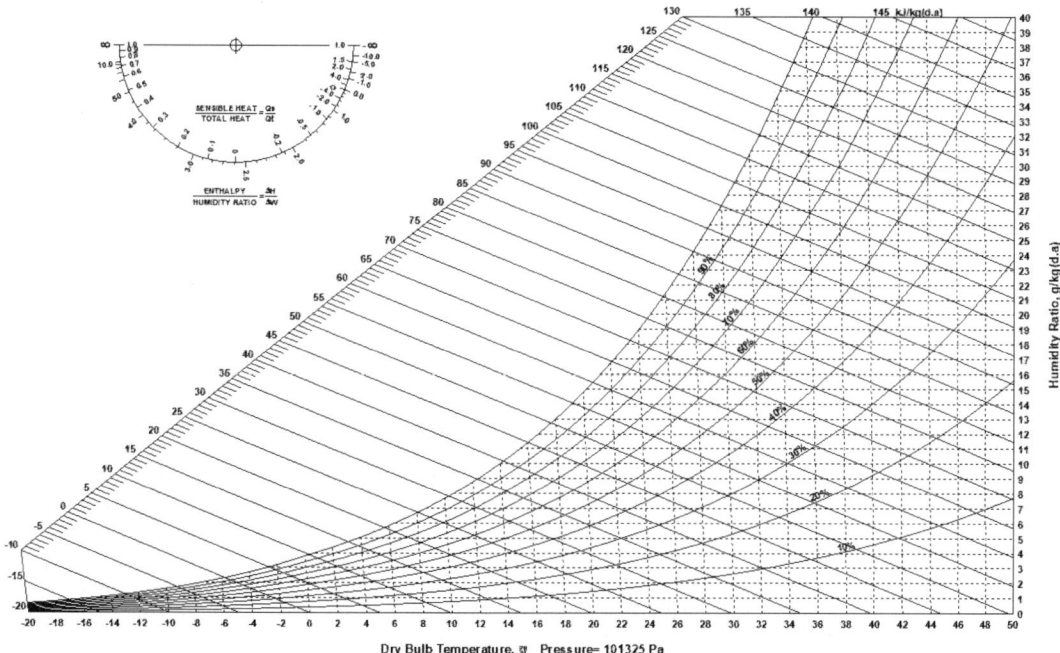

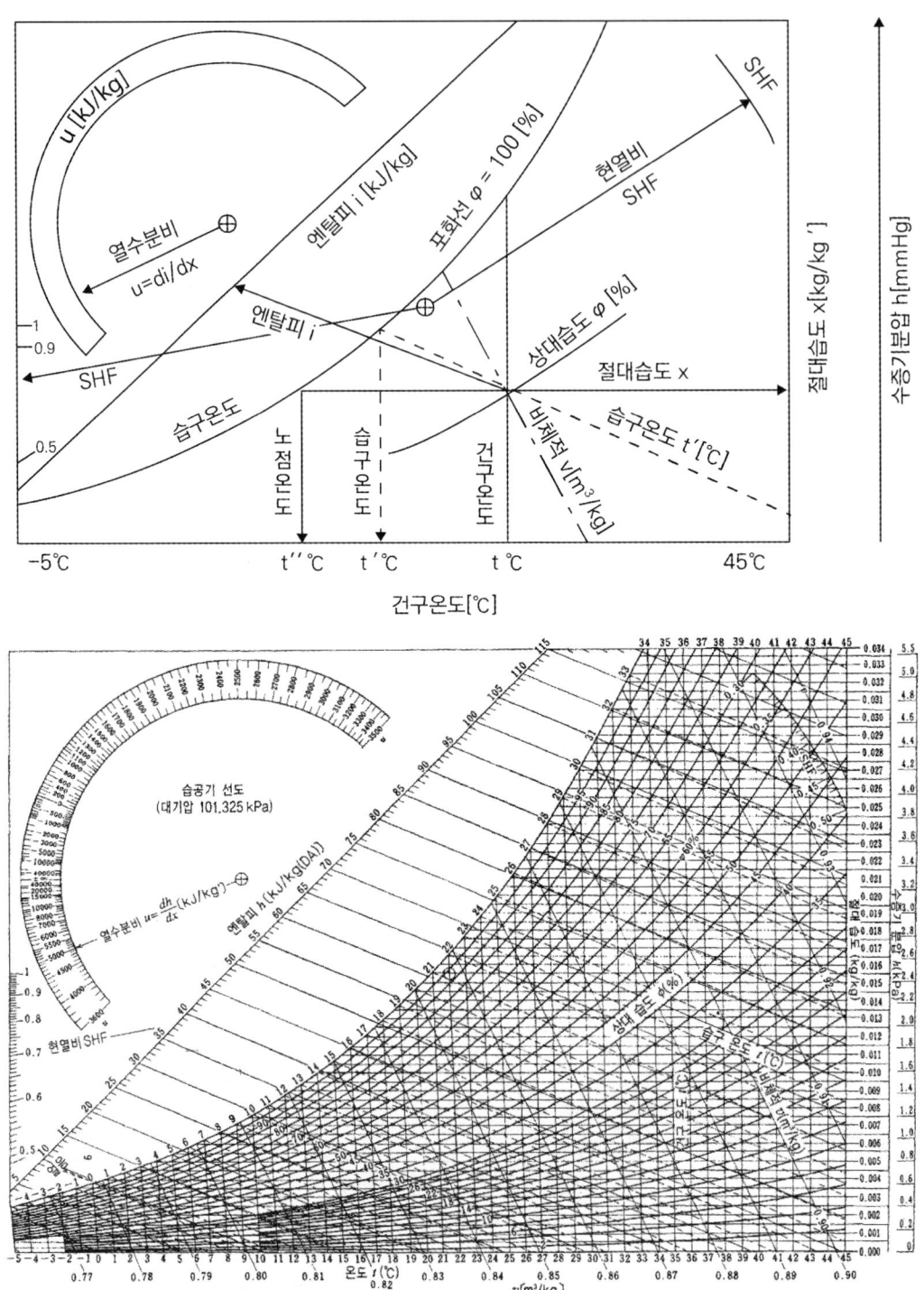

공기선도는 건공기와 수증기의 혼합물인 습공기의 여러 상태량을 한눈에 나타낸 도표이다. 대기압이 일정할 때 건구온도 t, 습구온도 t′, 상대습도 φ, 이슬점온도 t″, 엔탈피 h, 절대습도 x 등의 상호관계를 좌표평면에 나타낸다. 공기선도에는 h-x 선도(비엔탈피 - 절대습도), t-x 선도(건구온도 - 절대습도), t-h선도(건구온도 - 비엔탈피) 등이 있으나 시험과 실무에서 가장 널리 사용되는 것은 h-x 공기선도이다.

2 공기선도상 공기 상태 변화

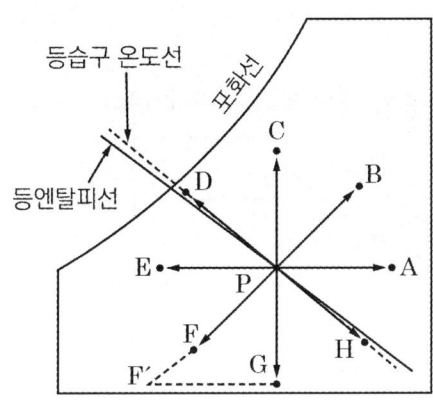

$\overrightarrow{PA}$: 가열 변화
$\overrightarrow{PB}$: 가열 가습 변화
$\overrightarrow{PB}$: 등온 가습 변화
$\overrightarrow{PD}$: 가습 냉각 변화(단열 가습)
$\overrightarrow{PE}$: 냉각 변화
$\overrightarrow{PF}$: 감습 냉각 변화
$\overrightarrow{PG}$: 등온 감습 변화
$\overrightarrow{PH}$: 가열 감습 변화

1) 냉각·감습과 바이패스 팩터(BF) 및 콘택트 팩터(CF)

① → ③의 상태로 냉각하는 경우 냉각 코일의 장치노점온도는 선분 ① ~ ③의 연장선에서 포화곡선과 만나는 점 ②가 됨

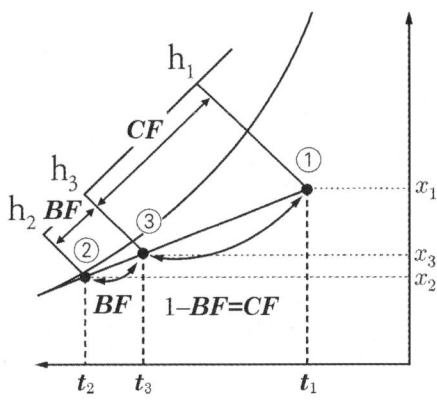

(1) BF(바이패스 팩터) : 열전달 없이 코일을 접촉하지 않고 통과하는 공기의 비율
BF가 작을수록 열전달이 우수하다.
$$BF = \frac{t_3 - t_2}{t_1 - t_2} = \frac{h_3 - h_2}{h_1 - h_2} = \frac{x_3 - x_2}{x_1 - x_2}$$

(2) CF(콘택트 팩터) : 코일 표면에 접촉하면서 통과한 공기의 비율
$$CF = \frac{t_1 - t_3}{t_1 - t_2} = \frac{h_1 - h_3}{h_1 - h_2} = \frac{x_1 - x_3}{x_1 - x_2}$$

(3) BF = 1 - CF

2) 등온가습
공기의 온도는 변하지 않고 공기 중 수증기 양이 증가한 상태 변화

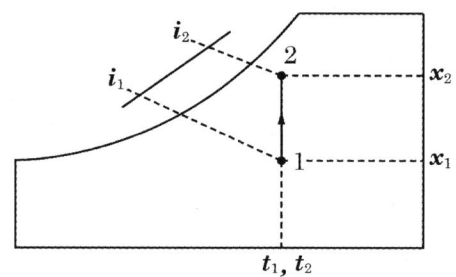

(1) 잠열량(가열량)

$$q_L[kW] = G(i_2 - i_1) = \rho Q(i_2 - i_1)$$
$$= \gamma L = G\gamma(x_2 - x_1)$$
$$= \rho Q \gamma(x_2 - x_1)$$
$$= 1.2 \times Q \times 2501(x_2 - x_1)$$

q_L : 잠열량[kW]
L : 가습량[kg/s]
G : 공기량[kg/s]
Q : 풍량(공기량)[m³/s]
x : 절대습도[kg/kg′]
ρ : 공기밀도[1.2 kg/m³]
γ : 0℃ 물의 증발잠열[2501 kJ/kg]

(2) 수분량(가습량) L

$$L[kg/s] = G(x_2 - x_1)$$
$$= \rho Q(x_2 - x_1)$$

L : 수분량(가습량)[kg/s]
G : 공기량[kg/s]
x : 절대습도[kg/kg′]
Q : 풍량(공기량)[m³/s]
ρ : 공기밀도[1.2 kg/m³]

공조에서의 가습은 에어와셔에서 분무수가 증발 가습이 되는 냉각가습과 증기가습이 대표적임. 에어와셔에서 분무수를 가열하지 않고 계속 분무할 경우 분무수의 온도는 입구온도의 습구온도와 같아지고 통과공기는 등습구온도선을 따라 가습되는 단열변화가 일어남. 따라서 위 가습은 가습량 기화잠열 만큼 가열을 제공하여 건구온도가 일정하게 유지하는 등온 가습의 형태임.

실질적으로 에어와셔를 기준으로 하는 경우 등, 습구선을 따름.

3) 가습(에어와셔)

(1) CF(Contact Factor) 단열 포화효율과 BF

$$\eta_s = \frac{t_1 - t_2}{t_1 - t_2'}$$

$$BF = \frac{t_2 - t_2'}{t_1 - t_2'}$$

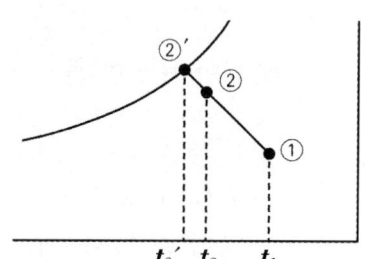

(2) 수공기비와 가습효율

① 수공기비 = $\dfrac{수량}{공기량} = \dfrac{L[kg/h]}{\rho[kg/m^3] \times Q[m^3/h]}$

② 가습효율 $\eta_s = \dfrac{증발수량}{분무수량}$

4) 가열·가습

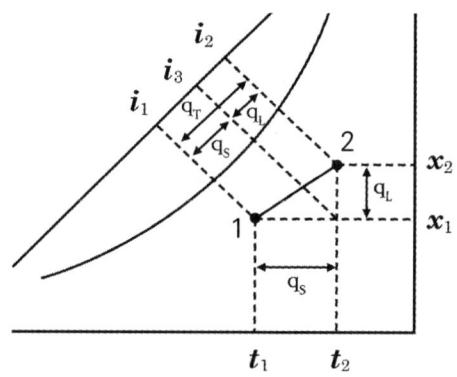

(1) 현열량

$$q_S[kW] = GC_p(t_2 - t_1)$$
$$= G(i_3 - i_1)$$

q_S : 현열량[kW]
G : 공기량[kg/s]
     (= 공기밀도 ρ [1.2 kg/m³] × 풍량 Q[m³/s])
C_p : 공기의 정압비열[1.01 kJ/(kg·K)]

(2) 잠열량

$$q_L[kW] = \gamma L = G\gamma(x_2 - x_3)$$
$$= G(i_2 - i_3)$$

q_L : 잠열량[kW]
L : 가습량[kg/s]
G : 공기량[kg/s]
  (= 공기밀도 ρ[1.2 kg/m³] × 풍량 Q[m³/s])
x : 절대습도[kg/kg′]
γ : 0 ℃ 물의 증발잠열[2501 kJ/kg]

(3) 전열량(총 열량)

$$q_T = q_S + q_L = G(i_3 - i_1) + G(i_2 - i_3) = G(i_2 - i_1)$$

(4) 열수분비 u

'공기 중 수분의 양(절대습도)의 변화량'에 대한 '전열량(엔탈피)의 변화량'

$$\text{열수분비 } U = \frac{\text{전열량의 변화량}[kJ]}{\text{수분의 변화량}[kg]}$$
$$= \frac{q_S + q_L}{L} = \frac{\text{엔탈피의 변화량}}{\text{절대습도의 변화량}}$$
$$= \frac{i_2 - i_1}{x_2 - x_1} = \frac{\Delta i}{\Delta x}$$

i_1 : 1지점 공기의 엔탈피[kJ/kg]
i_2 : 2지점 공기의 엔탈피[kJ/kg]
x_1 : 1지점 공기의 절대습도[$kg/kg′$]
x_2 : 2지점 공기의 절대습도[$kg/kg′$]

(5) 현열비(SHF : Sensible Heat Ratio)

현열비는 전체 열량의 변화 중 현열량의 변화분을 비율로 나타낸 것

$$SHF = \frac{\text{현열}(q_S)}{\text{전열}(q_T)} = \frac{\text{현열}(q_S)}{\text{현열}(q_S) + \text{잠열}(q_L)}$$

보충 열수분비는 주로 분무 가습하게 되는 난방에서 사용되며, 현열비는 주로 냉방 부하 계산 시 사용하게 됨

5) 냉각·감습

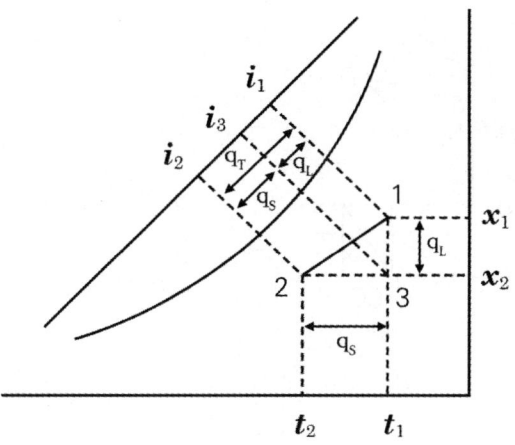

(1) 감습량(결로에 의한 감습)

$$L[kg/s] = G(x_1 - x_2) = \rho Q(x_1 - x_2)$$

G : 공기량(kg/s)
  (= 공기밀도 ρ(1.2 kg/m³) × 풍량 Q(m³/s))
x : 절대습도(kg/kg′)

(2) 전열량(총 열량)

$$q_T[kW] = q_S + q_L = G(i_3 - i_2) + G(i_1 - i_3) = G(i_1 - i_2)$$

6) 혼합

실내환기(리턴량)를 ① = Q_1, 외기풍량을 ② = Q_2라고 한다면 혼합공기 ③의 건구온도 t, 절대습도 x 및 엔탈피 i는 다음과 같다.

$$t_3 = \frac{t_1 Q_1 + t_2 Q_2}{Q_1 + Q_2} \qquad x_3 = \frac{x_1 Q_1 + x_2 Q_2}{Q_1 + Q_2} \qquad i_3 = \frac{i_1 Q_1 + i_2 Q_2}{Q_1 + Q_2}$$

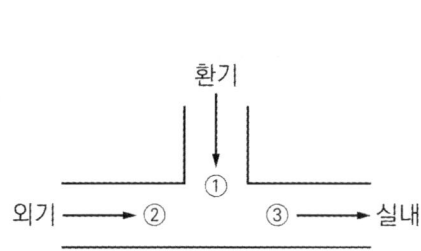
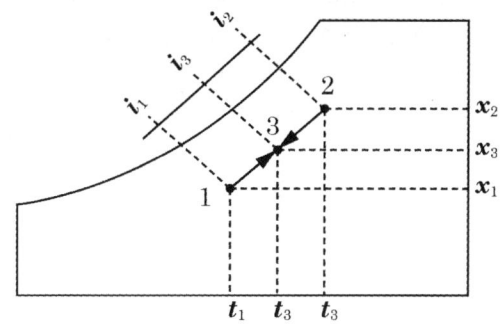

3 공조장치 내의 상태변화와 선도 작도

1) 혼합 · 냉각감습

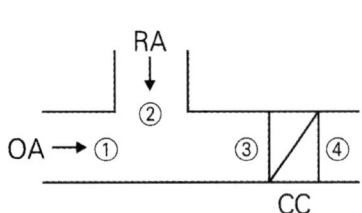
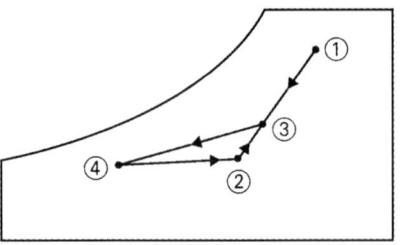

보충 RA : Return Air(환기)
OA : Out Air(외기)
CC : Cooling Coil(냉각코일)

2) 혼합 · 가열

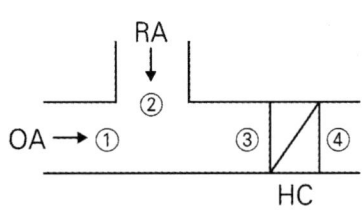
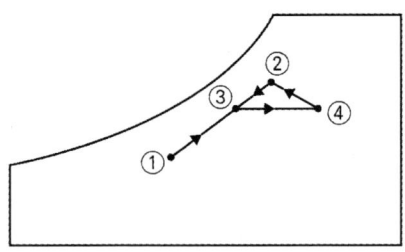

보충 HC : Heating Coil(가열코일)

3) 혼합 · 온수가습 · 가열

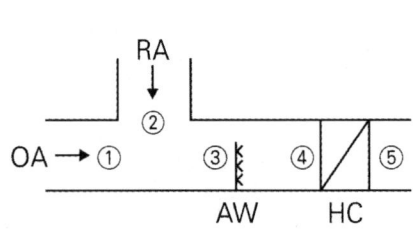
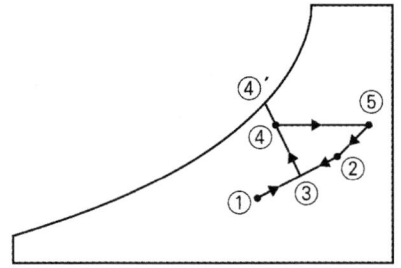

보충 AW : Air Washer(에어와셔)

Chapter 08 공기조화방식

01 공기조화방식의 분류

공기조화방식의 분류는 목적 공간의 열부하를 제거하는 데 어떤 열매를 공급하는가를 기준으로 한다.

공조기의 설치방법 (열분배방식)	열매 (열을 운반하는 매개체의 종류)	공기조화방식
중앙식	전공기방식 (All Air System)	단일덕트방식
		이중덕트방식
		멀티존유닛방식
		각층유닛방식
	수 - 공기방식 (Water - Air System)	덕트병용 팬코일유닛
		덕트병용 복사냉난방방식
		유인유닛방식
	전수방식 (All Water System)	팬코일유닛방식
		복사냉난방방식
개별식	냉매방식	패키지방식
		룸쿨러방식

보충 각층유닛방식 : 과거에는 수 - 공기방식으로 분류했으나, 현재는 공조 공간에 공급하는 열매가 공기이기 때문에 전공기방식으로 분류하는 것이 일반적이다.

1 중앙식(Central System)

1) 공조방식의 종류

(1) 전공기방식 : 온·습도가 조절된 공기(냉풍, 온풍)으로만 냉·난방하는 방식
(2) 수 - 공기방식 : 전공기방식과 전수방식의 단점을 보완하고 장점만을 취한 방식
(3) 전수방식 : 중앙기계실로부터 냉·온수를 실내에 설치된 유닛에 순환시켜 공조하는 방식

2) 특성

(1) 중앙기계실에서 조화된 공기 또는 냉수, 온수를 각 실로 공급하는 방식
(2) 규모가 큰 건물에 적합
(3) 중앙기계실에 장치가 모두 집중되어 있어 운전 및 유지보수가 용이함
(4) 덕트샤프트·파이프샤프트가 필요(건물 내 공간이 필요)

2 개별식(냉매방식)

1) 암모니아, 프레온 등과 같은 냉매를 열매개체로 사용하는 방식

2) 특성
   (1) 각 실에 공조유닛을 분산 설치하여 개별제어함. 따라서 중앙기계실이 필요 없고 설치 및 철거가 용이함
   (2) 국소적으로 운전이 가능하므로 에너지 절약 공조방식

02 공기조화방식의 특성

1 중앙공조방식(Central System)

1) 전공기방식

   (1) 단일덕트방식(Single Duct)
   중앙기계실에 설치한 공기조화기에서 조화한 공기를 단일덕트를 통해 각 실내로 분배하는 방식. 단일덕트 정풍량방식에서는 재열을 필요로 할 때도 있음(습도를 낮추기 위해 과냉각하여 공기의 응축수를 배출하고, 매우 낮아진 온도를 재열기로 다시 올리는 방식)

   보충 반송동력 : 물체를 이동(운반)시키는 데 사용되는 동력 (같은 양의 열을 전달하려면 물은 적은 양으로 충분하지만 공기는 훨씬 많은 양이 필요함)

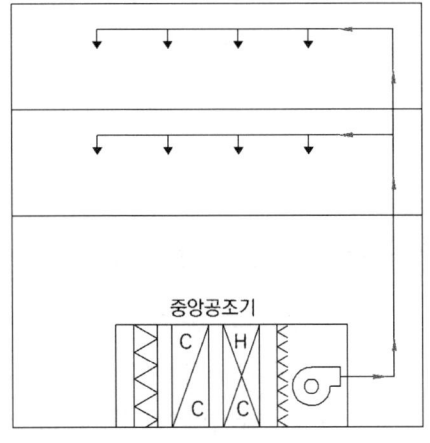

[단일덕트방식]

> [정풍량방식과 변풍량방식]
> (1) 정풍량방식(CAV : Constant Air Volume)
>   송풍량을 일정하게 유지하고 부하변동에 따라서 송풍온도를 변화시킴으로써 실온을 제어하는 방식
> (2) 가변풍량방식(VAV : Variable Air Volume)
>   송풍온도를 일정하게 유지하고 부하변동에 따라서 송풍량을 변화시킴으로써 실온을 제어하는 방식

(2) 이중(2중)덕트방식(Double Duct)

공조기에 가열코일과 냉각코일을 병렬로 설치하여 온풍과 냉풍을 각각의 덕트를 통해 실의 **혼합상자**로 보내어 냉방 및 난방부하에 따라 혼합하여 각 실에 공급하는 방식

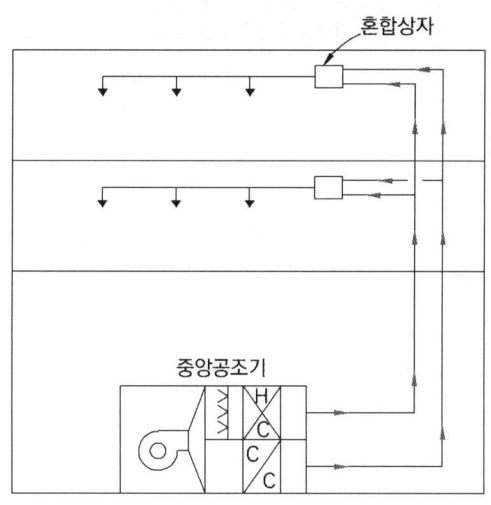

[이중덕트방식]

(3) 멀티존유닛방식

부하특성이 다른 여러 개의 존을 공조할 때 한 대의 공조기에 가열코일과 냉각코일을 병렬로 설치하고 출구에 **혼합댐퍼**로 냉풍과 온풍을 혼합하여 덕트를 통해 각 실로 보내는 공조방식. 소규모의 공조면적을 여러 개의 작은 존으로 나누어 사용할 때 적용함

(4) 각층유닛방식

각 층마다 공조기를 설치하여 공기조화하는 방식

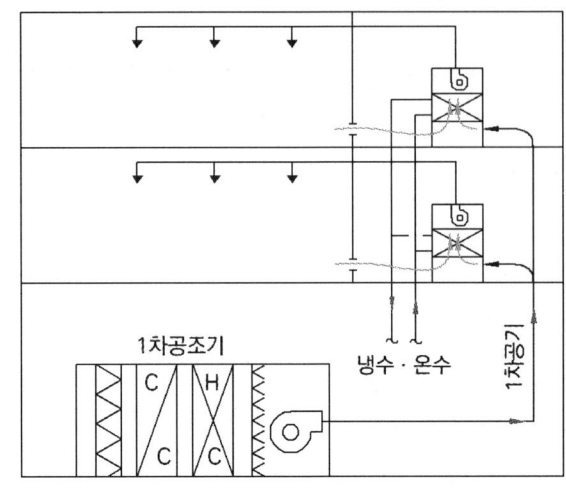

[각층유닛방식]

2) 수 - 공기방식

(1) 덕트병용 팬코일유닛방식

물·공기방식의 공조방식으로서 중앙기계실의 열원설비로부터 냉수 또는 온수를 각 실에 있는 유닛에 공급하여 냉난방하는 공조방식. 외부존은 수배관에 의한 팬코일유닛으로 냉난방하고 내부존은 공조덕트로 냉난방하는 방식

(2) 덕트병용 복사냉난방방식

냉수, 온수의 복사패널과 외기처리용 공조기를 함께 설치하여 냉·난방하는 방식

> TIP 복사난방 : 바닥패널, 벽패널, 천장패널을 설치하여 복사열을 이용하는 난방

(3) 유인유닛방식

공조기에서 조화된 1차 공기를 노즐을 통해 고속으로 분출하면 주변의 실내공기(2차 공기)가 유인됨. 이때 이 실내공기는 유인되면서 냉수, 온수코일을 통과하게 되고, 1차 공기와 실내공기(2차 공기)가 혼합되어 분출됨

3) 전수방식

(1) 팬코일유닛방식

중앙기계실로부터 냉수 및 온수코일을 각 실의 팬코일유닛에 설치하는 방식

(2) 복사냉난방방식

건물의 바닥, 벽, 천장에 냉·온수관을 설치하는 방식

2 개별식(냉매방식)

1) 패키지방식(냉수배관, 복잡한 덕트 등이 없음)

송풍기, 필터, 가습기, 자동제어기기, 압축기, 응축기, 증발기, 가열코일(또는 전기코일) 등을 하나의 패키지로 설치한 방식

2) 룸쿨러방식
   (1) 분리형
   (2) 멀티유닛형
   (3) 창문형

Chapter 09 공기조화 부하계산

01 냉방부하 계산

- 냉방부하에는 실내조건과 외기조건이 필요하다.
- q_{cc} = 실내 취득열량 + 외기부하 + 재열부하 + 기기 취득열량 [kJ/h]

실내 냉방부하 계산을 위한 조건에는 벽체, 유리, 극간풍, 인체, 기구 등 취득열량(잠열과 관계되는 취득에는 극간풍, 인체부하가 있다)

1 벽체로부터의 취득 열량

열관류율 [W/m²·K] × 면적 [m²] × 상당외기온도차 [K]

$$q_w[W] = K \cdot A \cdot \triangle t_e$$

K : 벽체의 열관류율(W/m²·K)
A : 벽체의 면적(m²)
$\triangle t_e$: 상당외기온도차(K)

> [상당외기온도차(ETD : Equivalent Temperature Difference)]
> 벽체 또는 지붕은 태양의 일사가 표면에 닿아 표면온도가 상승하는데, 이를 상당외기온도라 하며 실내온도와의 차를 상당외기온도차라고 한다.
> 상당외기온도차 $\triangle t_e(K) = t_e - t_i$
>
> t_e : 상당외기온도[K]
> t_i : 실내온도[K]

2 유리로 침입하는 열량

1) 복사열량(일사량) : 면적 [m^2] × 최대 일사량 [kJ/m^2h] × 차폐계수

2) 전도대류열량 : 창 면적당 전도대류열량 [kJ/m^2h] × 면적 [m^2]

3) 관류열량 : 면적 [m^2] × 유리 열관류율 [$kJ/(m^2hK)$] × 실내외온도차 [K]

3 틈새바람에 의한 열량(극간풍)

1) 현열(감열) = 풍량 [m^3/h] × 밀도 [$1.2\,kg/m^3$] × 비열1.01 [$kJ/(kg·K)$] × 실내외온도차[K]

2) 잠열 = 풍량 [m^3/h] × 밀도 [$1.2\,kg/m^3$] × 잠열2501 [kJ/kg]
   × 실내외 절대습도차 [kg/kg']

4 송풍량 계산

$$q_s[kJ/h] = \rho QC\Delta t$$
$$q_s = 1.2Q \times 1.01 \times \Delta t$$

Q : 송풍량[m^3/h]
q_s : 현열량

5 인체에서 발생하는 열량

1) 현열 = 재실인원수 × 1인당 발생현열량 [kJ/h]

2) 잠열 = 재실인원수 × 1인당 발생잠열량 [kJ/h]

6 실내 기구의 발생 열량

1) 전동기부하(현열)

$$q_E[kW] = 전동기\ 정격출력[kW] \times 부하율 \times f_k$$

f_k : 전동기와 기계의 사용 상태 계수

여기서 f_k는

(1) 전동기와 기계가 실내에 있는 경우 : $f_k = \dfrac{1}{전동기\ 효율}$

(2) 전동기는 실외, 기계는 실내에 있는 경우 : $f_k = 1$

(3) 전동기는 실내, 기계는 실외에 있는 경우 : $f_k = \dfrac{1-전동기\ 효율}{전동기\ 효율}$

2) 조명부하(현열)

백열등 발열량	형광등 발열량
$q_E[W] = W \times$ 전등 수	$q_E[W] = W \times$ 전등 수 $\times 1.25$

W : 전등 소비전력 [W]

보충 1.25 : 형광등의 안정기 발열량(25 % 가산)

7 기기열 부하

팬(Fan), 배관, 덕트, 댐퍼 등에 의해 생기며 실내취득 부하의 10 ~ 20 % 사이에서 산정

8 재열부하

습도가 높은 경우 공기 중 수분제거를 위해 취출온도 이하 냉각된 공기를 취출온도로 가열 할 때 부하(취출온도차가 큰 경우 콜드레프트현상으로 확산의 어려움이 있고 취출온도차가 없는 경우 송풍부하가 커지는 단점이 있다)

9 외기부하

실내환기 또는 기계환기의 필요에 따라 외기를 도입하여 실내공기의 온·습도에 따라 조정현열

외기부하 = $q_S + q_L$
① 현열 $q_S[kW] = GC_P(t_o - t_i)$
② 잠열 $q_L[kW] = G\gamma_0(x_o - x_i)$
(여기서 $G = \rho Q_o$)

Q_o : 외기도입량[m³/s]
G : 외기도입 공기 질량[kg/s]
C_p : 공기비열[1.01 kJ/kg·K]
t_i, t_o : 실내외 공기의 건구온도[℃]
γ_0 : 0 ℃ 물의 증발잠열[2501 kJ/kg]
x_i, x_o : 실내외 공기의 절대습도[kg/kg′]
ρ : 공기 밀도[1.2 kg/m³]

02 난방부하 계산

1 실내부하

1) 외벽체, 지붕, 유리창 등에서의 손실열량

실외와 면한 구조체에 의한 열손실. 즉, 외벽, 지붕, 유리창, 문 등에 의한 손실열량

$$q_w[W] = K \cdot A \cdot \triangle t \cdot k$$

K : 구조체의 열관류율(W/m^2K)
A : 구조체의 면적(m^2)
$\triangle t$: 실내·외 온도차(℃)
k : 방위계수

※ 방위계수(k)
일사, 복사, 축열 영향으로 인해 벽체가 받는 실효온도차를 보정하는 계수
- 계산 문제에서 외벽은 방위계수를 반드시 적용해야 한다.
- 그 외 외기와 면하는 구조체가 아닌 경우(예 내벽 등)은 방위계수를 적용하지 않는 것이 원칙이나, 문제 조건에서 '내벽의 방위계수 : 1' 로 주어지는 경우가 많다. 이때는 내벽에 방위계수를 적용하여 풀이한다.

2) 실내 벽체, 실내 창문, 실내 천장, 실내 바닥에서의 손실열량

$$q_w[W] = K \cdot A \cdot \triangle t$$

K : 구조체의 열관류율(W/m^2K)
A : 구조체의 면적(m^2)
$\triangle t$: 실내·외 온도차(℃)
※ 내벽은 방위계수 고려하지 않음

3) 극간풍(틈새바람)에 의한 손실열량(침입공기에 의한 열손실 = $q_{IS} + q_{IL}$)

(1) 현열(감열) q_{IS}

$$\begin{aligned} q_{IS}[kW] &= G_I \cdot C_P \cdot \triangle t \\ &= \rho Q_I \cdot C_P \cdot \triangle t \\ &= 1.2 \times Q_I \times 1.01 \times \triangle t \end{aligned}$$

G_I : 틈새 바람의 양(kg/s)
C_P : 건공기의 정압비열(1.01 kJ/kg·K)
$\triangle t$: 실내·외 온도차(℃)
ρ : 공기의 밀도(1.2 kg/m^3)
Q_I : 틈새 바람의 양(m^3/s)

(2) 잠열 q_{IL}

$$q_{IL}[kW] = \gamma_0 \cdot G_I \cdot \triangle x$$
$$= 2501 \cdot G_I \cdot \triangle x$$
$$= 2501 \times \rho Q_I \times \triangle x$$
$$= 2501 \times 1.2 \times Q_I \times \triangle x$$

γ_0 : 0℃ 물의 증발잠열(2501 kJ/kg)
G_I : 틈새 바람의 양(kg/s)
$\triangle x$: 실내·외 절대습도 차(kg/kg′)
ρ : 공기의 밀도(1.2 kg/m³)
Q_I : 틈새 바람의 양(m³/s)

2 외기부하(외기에 의한 손실열량)

외기부하 = $q_S + q_L$
㉠ 현열 $q_S[kW] = GC_P(t_o - t_i)$
㉡ 잠열 $q_L[kW] = G\gamma_0(x_o - x_i)$

Q_o : 외기도입량(m³/s)
G : 외기도입 공기 질량(kg/s)
C_P : 건공기의 정압비열(1.01 kJ/kg·K)
t_i, t_o : 실내외 공기의 건구온도(℃)
γ_0 : 0℃ 물의 증발잠열(2501 kJ/kg)
x_i, x_o : 실내외 공기의 절대습도(kg/kg′)

3 장치부하(기기에 의한 손실열량)

일반적으로 덕트에서의 손실과 여유 등을 합산하여, 실내 취득 현열부하의 5 % 정도로 함

03 공기조화 계획

1 공기조화 장치

1) 열운반장치 : 송풍기, 펌프, 덕트, 배관 등

2) 공기조화기 : 공기여과기, 공기냉각기, 공기가열기 등

3) 열원장치 : 보일러, 냉동기, 냉각탑 등

4) 자동제어장치 : 공조장치 운전 시 경제적 운전을 위한 각종 자동으로 제어되는 장치
   ※ 에너지 절약방법으로 건물의 구역설정(Zonning)을 합리적으로 설계가 되어야 하며, 자동제어를 이용한 방법으로 변풍량 및 시간에 따른 외기냉방, 기기를 이용한 전열교환기기, 히트펌프의 이용방법이 있다.

2 열교환

넓은 의미에서는 공기냉각코일, 가열코일을 비롯하여 냉동기의 증발기, 응축기 등도 포함되지만, 공조기에서는 증기와 물, 물과 물, 공기와 공기의 것을 말함

1) 냉각코일

  (1) 냉각코일의 종류

    ① 냉수코일 : 관 내에 냉수(5 ~ 10 ℃)를 통하는 코일

    ② 직접 팽창코일 : 관 내에 냉매를 직접 팽창시켜 그 증발열로 공기를 냉각하는 코일

  (2) 냉수코일 설계 시 유의사항

    ① 공기와 물의 온도 차 계산은 대수평균온도차나 산술평균온도차로 구함

    ② 물과 공기의 흐름 방향은 대향류로 해야 전열효과가 좋음

    ③ 대수평균온도차(LMTD)를 크게 할 것

    ④ 공기의 압력손실을 고려하여 냉각용으로 코일의 열수는 4 ~ 8열이 많이 사용됨

    ⑤ 냉수코일의 통과 풍속 : 2 ~ 3 m/s

    ⑥ 코일 내의 물의 유속 : 1 m/s 전후

    ⑦ 코일의 입·출구 수온 차 : 5 ℃ 전후

    ⑧ 공기의 출구온도와 물의 입구온도 차 : 5 ℃ 이상

  (3) 대수평균온도차(Logarithmic Mean Temperature Difference)

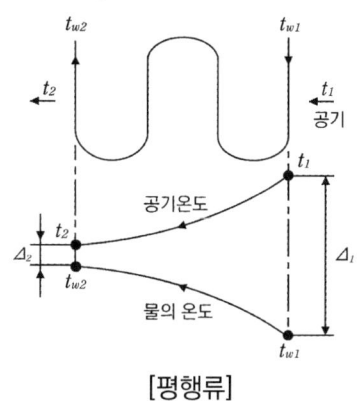
[평행류]

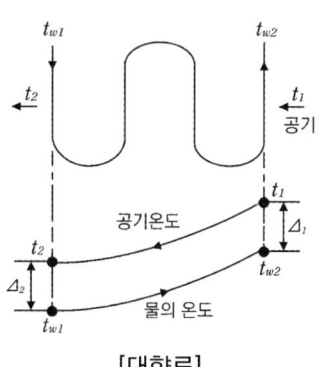
[대향류]

$$LMTD = \frac{\Delta_1 - \Delta_2}{2.3 \log \frac{\Delta_1}{\Delta_2}} = \frac{\Delta_1 - \Delta_2}{\ln \frac{\Delta_1}{\Delta_2}}$$

Δ_1 : 공기 입구 측에서의 온도차(℃ 또는 K)

Δ_2 : 공기 출구 측에서 온도차(℃ 또는 K)

① 평행류(병류) : $\triangle_1 = t_1 - t_{w1}$, $\triangle_2 = t_2 - t_{w2}$
② 대향류(향류) : $\triangle_1 = t_1 - t_{w2}$, $\triangle_2 = t_2 - t_{w1}$

(4) 냉수코일의 전열량

$$q = G(i_1 - i_2) = G_w C_w \triangle t$$
$$= K \times F \times \triangle t_m \times N \times C_m$$

q : 전열량(kW)　　　　　　　　　　G : 송풍량(kg/s)
i_1, i_2 : 공기 엔탈피(kJ/kg)　　　　G_w : 냉수량(kg/s)
C_w : 냉각수비열(kJ/(kg·K))
Δt : 냉수 입구와 출구온도차(℃ 또는 K)
K : 코일의 열관류율(kW/m²·K)　　F : 코일의 정면면적(m²)
$\triangle t_m$: 대수평균온도차 LMTD(℃ 또는 K) 또는 산술평균온도차(℃ 또는 K)
N : 코일의 열수　　　　　　　　　C_m : 습면계수(1 이상)

2) 가열 코일의 종류

(1) 온수코일 : 관 내에 온수(40~60℃)를 통과시켜 공기를 가열(냉·온수코일)

(2) 증기코일 : 증기의 응축잠열을 이용하여 공기 가열

(3) 전열코일 : 코일 내 니크롬선을 내장하여 공기 가열

Chapter 10 공기조화기기

01 냉열원기기

1 보일러

1) 보일러의 종류
   (1) 주철제보일러 ; 내식성, 내구성이 우수하고 유지보수가 편리하며 설치가 용이
   (2) 입형보일러 : 소형이며 수직형(입형)으로 협소한 장소에 설치가 용이
   (3) 노통연관보일러 : 고압, 고효율로 산업용이나 내구성이 나쁘고 고가이며 취급 시 예열시간이 길어 어려움. 그러나 부하변동 적응성이 있음
   (4) 수관식 보일러 : 다수의 수관으로 벽을 구성하고 헤더가 존재. 산업용 대규모로 증기 발생이 매우 빠르고 열효율이 좋으며 보유수량이 적음

> [난방도일]
> 추운 날씨의 정도로 난방연료 소비량과 비례. 실내 설정온도와 일일 평균기온과 온도차를 기간 내 합한 개념으로 냉방의 경우 냉방도일이 있음

2 냉동기

1) 압축식 냉동기
   (1) 압축식 냉동기의 종류 : 회전식(로터리, 스크류식), 원심식, 왕복동식
   (2) 운전 순환과정 : 압축 → 응축 → 팽창 → 증발 → 압축으로

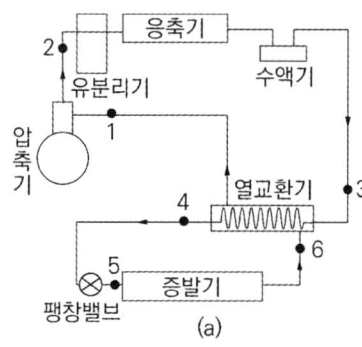
(a)

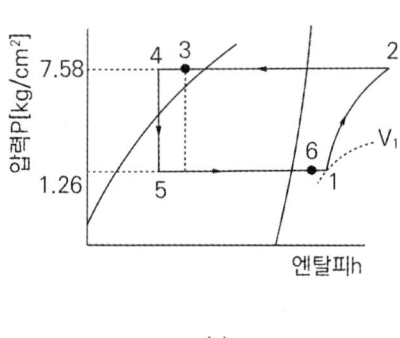
(b)

(3) 특징 : 장점 - 운전 용이, 초기 설치비 저렴
    단점 - 소음이 크며 전력소비가 큼

[냉각탑]

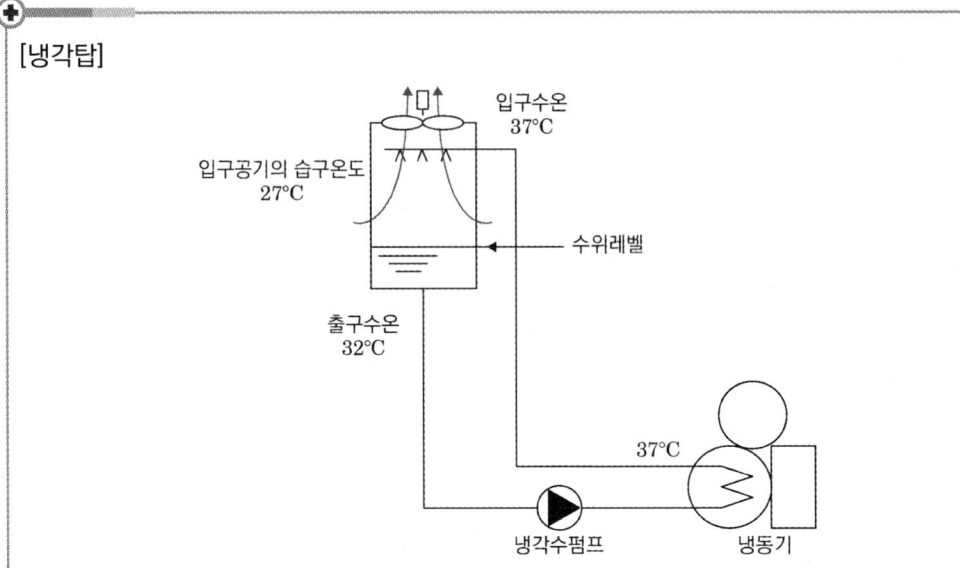

물을 공기와 접촉시켜 냉각하는 장치이다. 냉동기의 응축기를 냉각시키기 위해 사용되는 물을 냉각수라 하고, 이 냉각수를 재활용하기 위한 장치로 사용된다.
1) 표준설계 조건과 냉각톤
    (1) 냉각탑 표준설계 조건
        ① 냉각탑의 입구수온 : 37 ℃   ② 냉각탑의 출구수온 : 32 ℃
        ③ 입구공기의 습구온도 : 27 ℃   ④ 순환수량 : 13 L/min
    (2) 1 CRT(냉각톤)= $4.54\,kW$
2) 쿨링 레인지(Cooling Range)
    냉각탑에서 입구수온과 출구수온의 차
    냉각탑 입구수온 - 냉각탑 출구수온 = 37 - 32 = 5 ℃
    ※ 냉각수 순환량과 냉각부하가 동일하다면, 쿨링 레인지가 클수록 냉각능력이 크다.
3) 쿨링 어프로치(Cooling Approach)
    냉각수가 최저 온도에 얼마나 가까워졌는지에 대한 수치
    냉각수 출구온도 - 대기 습구온도 = 32 - 27 = 5 ℃
    ※ 냉각탑 입구공기의 습구온도(대기 습구온도)가 일정하다면, 쿨링어프로치가 작을
      수록 냉각탑 출구수온이 낮아지므로 냉각능력이 크다.

2) 흡수식 냉동기

(1) 운전 순환과정 : 증발 → 흡수 → 발생 → 응축 → 증발

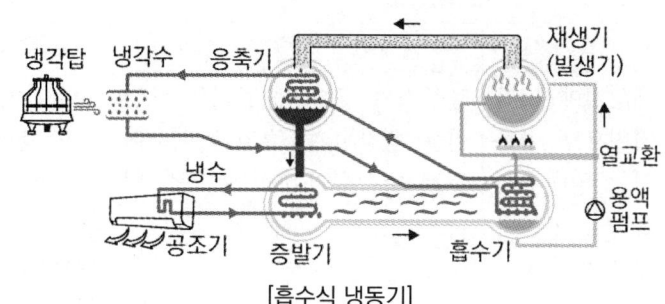

[흡수식 냉동기]

(2) 특징 : 장점 - 소비전력이 적으며, 소음이 적음
　　　　　단점 - 보일러가 필요함

※ 흡수식 냉동장치 구조
- 구성 : 흡수 냉온수기는 냉동작용을 일으키는 증발기, 압축기의 흡입작용과 같이 냉매를 흡입, 흡수하는 흡수기, 압축기의 압축작용과 같이 냉매증기를 압축, 발생하는 고온재생기 및 저온재생기, 냉매를 응축하는 응축기 등의 기본 열교환기 외에 열효율을 향상시키기 위한 용액 열교환기, 용액 순환 및 냉매 순환을 위한 용액 및 냉매펌프, 기내 진공유지를 위한 추기장치, 열원공급을 위한 연소장치, 용량제어장치 및 안전장치 등의 요소로 구성되어 있음
- 2중 효용 흡수식 냉동장치 : 고온 발생기(재생기)와 저온 발생기(재생기), 즉 두 개의 재생기를 둠

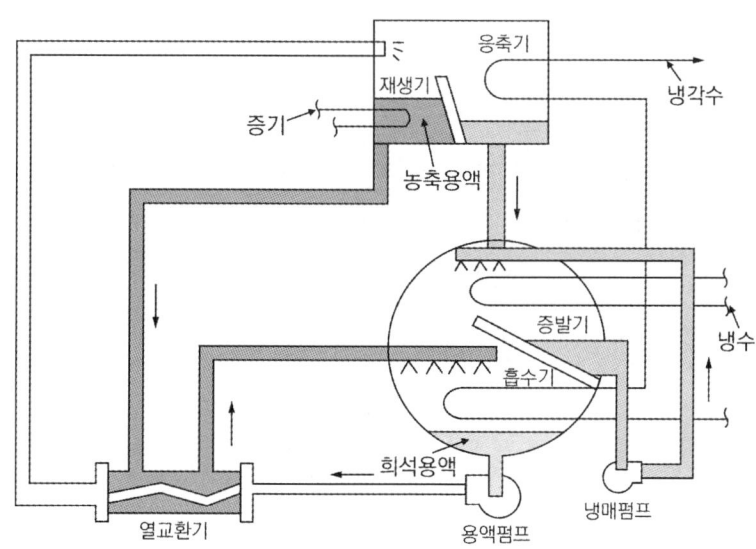

구분	①	②	③	④	⑤
장치명	응축기	증발기	재생기	열교환기	흡수기
유체명	증기	냉각수	냉수	희석용액	농축용액
설명	재생기에서 가열원으로 이용되는 열매로서 증기나 고온수를 사용한다.	응축기와 흡수기를 냉각시켜주는 냉각수이다.	증발기의 증발잠열을 이용하여 냉수를 얻는다.	증발기에서 증발한 냉매를 흡수액이 흡수하여 묽은 용액(희석용액)상태로 열교환기를 거쳐 재생기로 공급된다.	재생기에서 냉매를 증발시킨 진한 흡수용액(농축용액)으로 고온상태이므로 저온의 희석용액과 열교환하여 흡수기로 공급된다.

3) 빙축열시스템

   (1) 장점 : 심야전력을 이용하여 경제적이며, 공조기기 중 냉열원설비의 용량을 줄일 수 있음. 냉원 공급이 안정적(보조)역할 및 간헐 운전에 적합

   (2) 단점 : 빙축열의 보온 등 취급이 까다로움

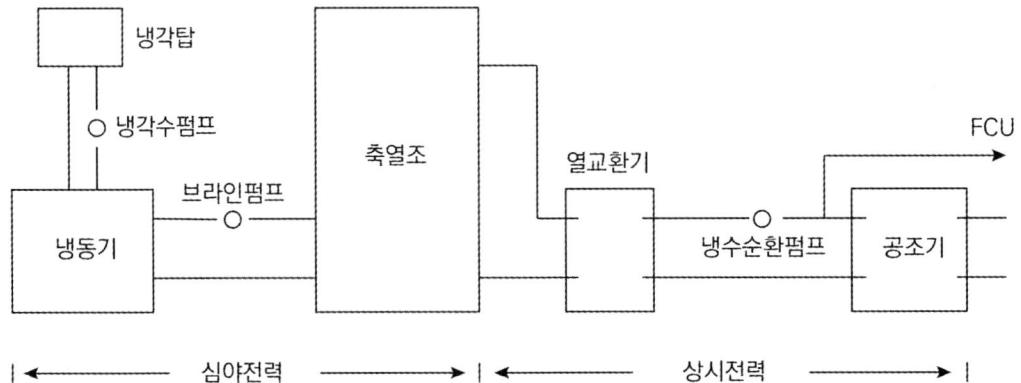

Chapter 11 난방설비

01 난방설비

1 난방방식의 분류 및 비교

1) 난방방식의 분류

구분		설명	종류
중앙난방	직접난방	실내에 방열기 등을 설치하여 온수 또는 증기를 통해 실내공기를 직접 난방하는 방식	온수난방, 증기난방, 복사난방
	간접난방	중앙기계실의 공조기에서 가열된 공기를 덕트를 통해 실내로 보내어 난방하는 방식	온풍난방, 공기조화에 의한 난방
개별난방		열원기기를 각각의 부하 발생장소(실내)에 설치하여 난방하는 방식으로 주택 등 소규모 건물의 난방에 적합함	난로, 온풍기
지역난방		지역의 대규모 열원설비 및 발전설비에서 열원을 각 단지로 공급하여 난방하는 방식	증기난방, 고온수난방

2) 난방방식의 비교

 (1) 부하변동에 따른 대응
  ① 온수난방은 방열량 조절이 가능하나 증기난방은 불가능
  ② 부하변동이 심한 곳은 온수난방이 적합
 (2) 설비비
  복사난방 > 온수난방 > 증기난방 > 온풍난방
 (3) 쾌감도
  복사난방 > 온수난방 > 증기난방 > 온풍난방

2 증기난방

기계실에 설치한 증기보일러에서 증기를 발생시켜 배관을 통해 각 실에 설치된 방열기에 공급한다. 이때 증기가 응축수로 되면서 발생하는 응축잠열을 이용하여 난방하는 방식이다. 방열기는 차가운 외기의 영향(콜드 드래프트)을 많이 받는 창가에 주로 설치한다.

1) 장점
　① 열의 운반능력이 크다.
　② 온도가 높아 방열면적을 온수난방보다 작게 할 수 있으며 관지름이 가늘어도 되기 때문에 설비비가 저렴하다.
　③ 증기의 자체압력으로 이동하기 때문에 동력(펌프)이 없어도 된다.
　④ 예열시간이 온수난방에 비해 짧고 증기 순환이 빠르다.

2) 단점
　① 스팀햄머가 발생할 수 있다(소음이 발생할 수 있다).
　② 환수관 내부에서 부식 발생이 우려된다.
　③ 방열기의 표면온도가 높아 화상의 우려가 있다.
　④ 증기의 온도가 높아 실내의 상하 온도차가 크므로 쾌감도가 좋지 않다.
　⑤ 방열량(온도 및 유량)제어가 용이하지 않아 부하변동에 대응이 어렵다.
　⑥ 배관 수두손실이 커져 배관 저항이 증가한다.

3 온수난방

보일러에서 발생한 온수를 배관을 통해 각 실에 설치된 방열기로 순환시켜 온수의 온도가 낮아지면서 발생하는 현열을 이용하여 난방한다.

1) 장점
　(1) 난방부하의 변동에 따른 온도 조절(방열량 조절)이 용이하다.
　(2) 방열기 표면온도가 낮으므로 표면에 부착한 먼지가 타서 냄새나는 일이 적다.
　(3) 현열을 이용한 난방이므로 쾌감도가 높다.
　(4) 예열시간은 길지만 잘 식지 않으므로 환수관의 동결 우려가 적다.
　(5) 관 내의 온도차가 증기보다 적고 증기의 경우와 같이 응축손실도 없으므로 배관 열손실이 적다.
　(6) 장치 내 보유수량이 많아 열용량이 증기난방보다 크고 실온 변동이 적다.
　(7) 보일러 취급이 용이하고 안전하다.
　(8) 증기트랩과 같은 부속기기가 적어서 유지보수가 용이하다.

2) 단점
　(1) 열용량이 크기 때문에 예열시간이 길고 온수 순환시간이 길다.
　(2) 증기난방에 비해 방열면적과 배관의 관지름이 커야 하므로 설비비가 비싸다.
　(3) 수두에 제한이 있으므로 고층건물에는 부적합하다.

4 복사난방

건물의 바닥, 벽, 천장 등에 온수코일을 매설하여 열원으로 패널에 직접 열을 가하여 실내를 난방하는 방식이다. 전기 전열선을 매립하거나 적외선 히터를 이용하여 난방하는 방식도 있다.

1) 설치위치에 따른 패널의 종류
   (1) 바닥 패널
   (2) 벽 패널
   (3) 천장 패널

2) 복사난방 특징
   (1) 장점
   ① 실내온도 분포가 균일하고 복사열을 이용하므로 쾌감도가 높다.
   ② 상·하 온도차가 적어 실의 천장이 높은 실에 적합하다.
   ③ 실내공기의 대류가 적어 공기의 오염도(바닥 먼지의 상승)가 적다.
   ④ 바닥에 방열기 설치가 불필요하므로 바닥의 이용도가 높다.
   ⑤ 실내온도가 낮아도 난방효과가 있으며 손실열량이 적다.
   (2) 단점
   ① 일시적인 난방에는 비경제적이다.
   ② 온수코일을 매설한 경우 방열체의 열용량이 크기 때문에 온도변화에 따른 방열량의 조절이 어렵다.
   ③ 방열벽 배면으로부터 열이 손실되는 것을 방지하기 위해 단열시공이 필요하다.
   ④ 시공, 수리 및 설비비가 비싸다.
   ⑤ 벽에 균열이 생기기 쉽고 매설배관이므로 고장의 발견이 어렵다.

5 온풍난방

열원장치에서 가열한 공기를 직접 실내에 공급하여 난방한다.

1) 장점
   (1) 설치가 간단하고 설비비가 저렴하다.
   (2) 설치면적이 작고 설치장소도 자유로이 택할 수 있다.
   (3) 예열시간이 짧아 열효율이 높고 연소비가 절약된다.
   (4) 신선한 외기 도입으로 환기가 가능하다.
   (5) 예열부하가 적고 송풍온도가 높아 덕트를 소형으로 할 수 있다.

(6) 실내 온습도의 조절이 비교적 용이하다.

2) 단점

(1) 온풍기가 실내에 설치될 때 소음이 크다.

(2) 실내온도 분포가 좋지 않기 때문에 쾌감도가 좋지 않다.

(3) 실내 상하의 온도차가 크므로 에너지 손실이 발생한다.

6 지역난방과 개별난방

1) 지역난방

지역의 대규모 플랜트에서 열원(증기 또는 고온수)을 배관을 통해 각 단지로 공급하여 난방하는 방식

(1) 장점

① 대규모 열원기기를 이용하므로 에너지의 이용 효율이 상승한다(열효율 상승).

② 연료비, 유지관리 측면에서 인건비, 유지관리비가 절감된다.

③ 고도의 설비에 의한 대기 공해가 없어 도시환경 개선효과가 있다.

④ 개별 건물의 보일러실 및 굴뚝이 불필요하므로 건물 이용의 효용이 높다.

(2) 단점

① 초기 투자설비비가 많이 든다.

② 순환펌프 용량이 크며 열 수송배관의 배관이 길어지기 때문에 열손실이 크다.

③ 고도의 숙련된 기술자가 필요하다.

2) 개별난방

(1) 열원기기를 실내에 설치하여 복사 및 대류에 의해 난방하는 방식

(2) 난방시설의 초기 투자비용이 적게 든다.

(3) 주택 등 소규모 건물의 난방에 적합하다.

02 방열기

1 방열기 표준방열량

표준상태에서 방열면적 1 m²당 방출되는 열량

1) 온수 : 523 W/m²(표준상태 : 방열기 내 온수온도 80 ℃, 실내온도 18.5 ℃ 기준)

2) 증기 : 756 W/m²(표준상태 : 방열기 내 증기온도 102 ℃, 실내온도 18.5 ℃ 기준)

2 난방부하 계산

$$Q[W] = q[W/m^2] \times EDR[m^2]$$

Q : 난방부하[W]
q : 표준방열량[W/m²]
EDR : 상당방열면적[m²]

3 상당방열면적(EDR) 계산

$$EDR[m^2] = \frac{\text{방열기의 발열량 또는 난방부하}(Q[kW])}{\text{표준발열량}(q[kW/m^2])}$$

EDR : 상당방열면적[m²]
Q : 방열기의 방열량[W]
q : 표준방열량[W/m²]

4 방열기 호칭법

1) 주형 : (종별 - 높이 × 쪽수)

2) 벽걸이 : (종별 - 형 × 쪽수)

종별	기호
2주형	II
3주형	III
3세주형	3
5세주형	5
벽걸이형(수직)	W - V
벽걸이형(수평)	W - H

Chapter 12 급수 · 급탕설비

01 급수설비

1 급수량 산정

1) 건물 사용 인원에 의한 급수량 $Q_d[L/d]$ (사용 인원수를 알 때)

$$Q_d[L/d] = qN$$

Q_d : 그 건물의 1일 사용 급수량 $[L/d]$
q : 1인 1일당 사용량 $[L/d \cdot 인]$ (사무소 : 100)
N : 급수대상 인원수 [인]

2) 건물 면적에 의한 급수량 $Q_d[L/d]$ (사용 인원수를 모를 때)

$$Q_d[L/d] = A \times k \times n \times q$$

A : 건물의 연면적 [m²]
k : 건물의 연면적에 대한 유효면적 비율 (사무소 : 0.55 ~ 0.6)
n : 유효면적당 거주 인원수 [인/m²] (사무소 : 0.2)
q : 1인 1일당 사용량 $[L/d \cdot 인]$ (사무소 : 100)

3) 기구 수에 의한 급수량 $Q_d[L/d]$

$$Q_d[L/d] = f \times p \times q'$$

f : 위생기구 수 [개]
p : 기구의 동시 사용율
q' : 위생기구 1개당 1일 급수량 $[L/d \cdot 개]$

4) 시간 평균 예상 급수량 $Q_h[L/h]$

$$Q_h[L/h] = \frac{Q_d}{T}$$

Q_d : 그 건물의 1일 사용 급수량 $[L/d]$
T : 건물의 1일 사용시간 [h] (일반 사무소 건물 : 8)

⇨ 그 건물의 1일 사용 급수량(Q_d)을 1일 평균 사용시간(T)로 나눈 것이다.

5) 시간 최대 예상 급수량 $Q_m[L/h]$

$$Q_m[L/h] = (1.5 \sim 2) \times Q_h$$ Q_h : 시간 평균 예상 급수량[L/h]

⇨ 하루 중 가장 물을 많이 사용하는 시간대(1시간 동안)의 수량으로 Q_h의 1.5 ~ 2배가 량이다.

6) 순간 최대 예상 급수량 $Q_p[L/h]$

$$Q_p[L/h] = (3 \sim 4) \times Q_h$$ Q_h : 시간 평균 예상 급수량[L/h]

⇨ 특정 시간에 순간적으로 물을 많이 사용할 때의 수량으로 Q_h의 3 ~ 4배가량이다.

[기구의 최저 필요압력]

기구명	최저 필요압 [kPa]	기구명	최저 필요압 [kPa]
세면기, 욕조, 싱크	55	소변기(밸브)	100
샤워기(일반)	70	대변기(세정밸브)	100
샤워기(압력식, 온도감지식)	130	대변기(세정탱크)	55

2 급수관경 산정 및 급수관 설계 시 유의사항

1) 급수관경 설계

급수관은 사용에 필요한 수압과 수량을 만족하면서 최소한의 배관·시설비로 결정한다.

(1) 위생기구별 최소 관경 기준 적용

일반적으로 기구에 연결되는 관경은 다음의 표준치를 적용한다

위생기구	급수관경 [mm]	위생기구	급수관경 [mm]
세면기	15	대변기(플러시 밸브)	32
소변기(일반)	15	욕조	15 ~ 20
소변기(플러시 밸브)	20 ~ 25	비데	15

(2) 균등식 및 균등표 이용
　① 급수관의 균등표

관경[mm]	10	15	20	25	32	40	50	65	80	90	100	125	150
10	1												
15	1.8	1											
20	3.6	2	1										
25	6.6	3.7	1.8	1									
32	13	7.2	3.6	2	1								
40	19	11	5.3	2.9	1.5	1							
50	36	20	10.0	5.5	2.8	1.9	1						
65	56	31	15.5	8.5	4.3	2.9	1.6	1					
80	97	54	27	15	7	5	2.7	1.7	1				
90	139	78	38	21	11	7.2	3.9	2.5	1.4	1			
100	191	107	53	29	15	9.9	5.3	3.4	2	1.4	1		
125	335	188	93	51	26	17	9.3	6	3.5	2.4	1.8	1	
150	531	297	147	80	41	28	15	9.5	5.5	3.8	2.8	1.6	1

　② 균등표를 위한 식

　　다수 기구가 동시에 사용될 때는 다음 식에 의해 산정한다. 균등 개수란 큰 관 1개가 감당할 수 있는 작은 관의 개수이다.

$$N = \left(\frac{D}{d}\right)^{5/2}$$

　　N : 균등 개수
　　d : 분기되는 작은 관 직경[mm]
　　D : 분기되기 전의 큰 관 직경[mm]

(3) 기구의 동시 사용률(%) 고려

　동시사용유량[L/min] = 총 기구유량 합계 × 동시사용률(%)

[기구의 동시 사용률(%)]

기구 수	2	3	4	5	10	15	20	30	50	100
동시 사용률(%)	100	80	75	70	53	48	44	40	36	33

(4) 마찰저항 선도에 의한 결정(급수부하 단위 이용법)
  ※ 설계순서 : ① 급수부하 단위 산정 → ② 동시 사용량 계산 → ③ 허용마찰손실 수두 계산 → ④ 마찰저항 선도에 의한 관경 결정

① 급수부하단위 산정(fu, Fixture Unit)
  각 위생기구에 부여된 급수부하단위(fu)의 총합을 구한 뒤, 전체 건물·계통의 부하를 fu로 환산한다.
  예 세면기 2 fu, 대변기 세정밸브 10 fu 등

② 동시 사용량 계산
  기구 수가 늘어난다고 해서 모두 동시에 쓰이지는 않으므로 헌터곡선(Hunter's Curve)에 대입하여 fu를 실제 유량[L/min]으로 환산한다.

[기구 급수부하 단위]

기구명	수전	기구 급수부하 단위 공중용	기구 급수부하 단위 개인용	기구명	수전	기구 급수부하 단위 공중용	기구 급수부하 단위 개인용
대변기	세정밸브	10	6	세면싱크	급수전	2	-
대변기	세정탱크	5	3	조리장 싱크	급수전	4	2
소변기	세정밸브	5	-	청소용싱크	급수전	4	3
소변기	세정탱크	3	-	욕조	급수전	4	2
세면기	급수전	2	1	샤워	혼합밸브	4	2
수세기	급수전	1	0.5	-	-	-	-

단, 급탕 전 병용의 경우, 1개 급수전의 기구 급수부하 단위를 상기 수치의 3/4으로 함

③ 허용마찰손실 수두 계산
  공급 가능한 수압(수두)에서 위생기구 필요 수두를 제외한 나머지를 배관 길이당 허용 손실 수두로 계산한다.

$$R[mAq/m] = \frac{H_1 - h_2}{l + l'}$$

R : 배관의 단위길이당 허용마찰손실수두[mAq/m]
H_1 : 고가수조의 저수위에서 건물 내 최상층(또는 수리적으로 가장 불리한) 위생기구까지 수직 높이[m]
h_2 : 최상층 위생기구의 최저 필요압력(수두로 환산)[m]
l : 급수 주관의 실제 배관 길이(최원배관거리)[m]
l' : 밸브, 엘보 등 국부저항의 등가길이(상당길이)[m]

④ 마찰저항 선도에 의한 관경 결정

앞에서 구한 동시 사용량과 허용마찰손실 수두를 이용하여 마찰저항 선도에서 교점을 찾아 알맞은 관경을 찾는다. 관경 결정 후에는 관내 유속이 적정 범위를 유지하는지 검토한다. 일반적으로 주관 및 간선관은 1.5 ~ 2.5 m/s, 기구에 연결되는 지관은 소음 방지를 위해 1.5 m/s 이하를 표준으로 한다.

2) 급수 배관설계 시 유의사항

(1) 급수배관은 불필요한 굴곡을 피하고, 적절한 구배를 두어 배수 시 정체되지 않도록 한다.
(2) 지수밸브(Stop Valve)를 적절히 설치하여 국부 단수와 수량·수압 조절이 가능하도록 한다.
(3) 수격작용이 생기지 않도록 배관길이, 밸브 개폐속도, 수격방지기 등을 고려하여 설계한다.
(4) 바닥 또는 벽을 관통하는 배관은 슬리브(Sleeve) 배관을 한다.
(5) 부식 우려 부분은 방식 도장, 라이닝, 피복 등으로 보호한다.
(6) 겨울과 여름철에 대비하여 방동 및 방로 피복을 해야 한다. 보온재의 두께는 관련 법규(건축물의 설비기준 등에 관한 규칙)에서 정하는 기준을 따른다.
(7) 배관공사가 끝난 다음은 반드시 수압시험을 행한다. 배관의 시험 압력은 해당 배관의 사용압력의 1.5배로 한다. 단, 계산된 시험압력이 1.0 MPa 미만일 경우에는 1.0 MPa을 시험 압력으로 한다.
(8) 상수도 배관은 역류 및 오염이 발생하지 않도록 하고, 물탱크 등에서는 수질관리를 철저히 한다.
(9) 초고층 건물에서는 과대한 급수압 방지를 위해 급수구역을 적절히 조닝한다.
(10) 음료용 급수관과 기타 배관을 교차연결(크로스 커넥션)해서는 안 된다.
(11) 급수배관 최소관경은 15 mm 이상으로 한다.

3 급수방식의 특징

종류	특징
(1) 수도직결식 급수법	• 상수도관의 수압으로 건물에 급수하는 방식이다. • 대규모 건물에서는 급수가 곤란하다(층수가 적고 소규모 건물에 적합). • 설비비가 적게 든다.
(2) 옥상탱크식 (고가수조식) 급수법	• 건물의 옥상 등에 설치된 고가수조에 물을 저장해두고 고가수조에서 하향으로 급수하는 방식이다. • 고층 및 대규모 빌딩에 급수가 가능하다. • 정전 및 단수 시 탱크 내 보유 수량이 있어서 급수에 지장이 작다. • 공급 수압이 항상 일정하다. • 배관 부속품의 파손이 적은 편이다. • 탱크 내 물이 정체되어 있기 때문에 오염의 우려가 있다.
(3) 압력탱크식 급수법	• 옥상 등 고가수조의 설치가 불가능할 경우 밀폐된 탱크를 설치하여 물을 압입시킴으로써 탱크 내의 공기가 압축되어 이 압축공기에 의해 급수한다. • 국부적으로 고압을 필요로 할 때 적합하다. • 조작 시 최고압력과 최저압력의 차이가 크므로 급수압력이 일정하지 않다. • 탱크 내 저수량이 적어 정전 시 단수의 우려가 크다. • 압력탱크는 기밀성이 있어야 하며 고압에 견뎌야 하므로 제작비 및 설치비가 비싸다. • 취급이 곤란하고 고장이 많다. ※ 압력탱크 필요기기 : 압력계, 수면계, 안전밸브, 배수밸브, 압력스위치 등
(4) 부스터펌프 급수법	• 급수펌프로 저수조 내의 물을 설비로 공급하며, 펌프의 대수와 회전수로 급수압력과 급수량을 조절하여 급수하는 방식이다. • 고가수조 또는 대형의 압력수조가 필요하지 않지만 소형 압력탱크를 설치하여 적은 유량 공급 시 펌프의 기동·정지 빈도를 작게 한다. • 여러 대의 펌프를 병렬로 설치하여 펌프의 대수제어에 의해 급수량을 조절할 수 있다. • 급수해야 하는 양이 1대의 펌프 유량보다 적은 경우에는 펌프의 회전수제어를 통해 급수량을 조절한다. • 여러 층에 급수해야 할 경우에는 감압밸브를 설치하여 수압을 조절한다.

4 급수배관

1) 배관의 구배

배관은 1/250 이상 구배를 두며, 옥상탱크식 수평주관은 내림 구배, 각층 지관은 올림 구배로 한다.

2) 수격작용

배관 내 유체의 급격한 정지나 속도 변화로 인해 운동에너지가 압력에너지로 변환되면서, 관내에 순간적으로 높은 압력 상승과 충격파를 발생시키는 현상이다.

3) 급수관이 매설 깊이

급수관의 매설 깊이는 해당 지역의 동결심도(Frost Line)보다 깊게 묻는 것을 원칙으로 한다. 또한, 차량 통행 등 상부 하중을 고려하여 관이 파손되지 않을 충분한 깊이를 확보해야 한다.

(1) 보통 평지 : 450 mm 이상
(2) 차량 통로 : 750 mm 이상
(3) 중차량 통로, 냉한 지대 : 1 m 이상

5 급수펌프 설치

1) 펌프와 모터의 축심은 일직선으로 맞추고, 설치 위치는 가능한 낮게 한다.

2) 흡입관 수평부는 1/50~1/100 끝올림 구배를 두며, 관경 변경 시 편심이음쇠를 사용한다.

3) 풋밸브는 동수위면에서 관지름의 2배 이상 잠기도록 설치한다.

4) 토출관에는 펌프 출구 직후에 체크밸브(역류 방지)와 게이트밸브(유지보수용)를 순서대로 설치하는 것을 원칙으로 한다. 체크밸브는 펌프 정지 시 배관 내의 물이 역류하여 임펠러가 역회전하는 것을 방지하고 수격작용을 완화하는 중요한 역할을 한다.

02 급탕설비

1 급탕설비
급탕을 필요로 하는 개소에는 세면기, 욕조, 샤워, 요리 싱크대 등이 있고, 특히 호텔이나 병원 등에서도 급탕설비는 반드시 되어 있음. 온수의 온도는 용도별로 차이가 있지만 보통 70 ~ 80℃의 온수를 공급하여 사용 장소에서 냉수를 혼합해 적당한 온도로 용도에 맞게 사용

2 급탕량 산정

1) 건물 사용 인원에 의한 급탕량 $Q_d[L/d]$ (사용 인원수를 알 때)

$$Q_d[L/d] = q_d \times N$$

Q_d : 그 건물의 1일 급탕량[L/d]
q_d : 1인 1일당 급탕량[$L/d \cdot$ 인] (사무소 : 8~12)
N : 급탕대상 인원수[인]

2) 시간 최대 급탕량 $Q_m[L/h]$

$$Q_m[L/h] = q_h \times Q_d$$

Q_d : 그 건물의 1일 급탕량[L/d]
q_h : 1일 급탕량 사용에 대한 1시간당 최댓값의 비율
  (사무소 : 1/5)

3) 저탕조 용량 $V[L]$

$$V[L] = Q_d \times v$$

v : 1일 급탕량에 대한 저탕비율(사무소 : 1/5)

4) 기구 수에 의한 급탕량 $Q_d[L/d]$

  (1) 기구 사용 횟수를 추정할 수 있을 때 시간당 급탕량 $Q_h[L/h]$

$$Q_h[L/h] = a \times (q \times n \times z)$$

a : 기구의 동시사용률
q : 기구 1개의 1회당 급탕량[$L/$회 · 개]
n : 기구의 1시간당 사용 횟수[회/h]
z : 기구의 종류별 수량[개]

(2) 기구 사용 횟수를 추정할 수 없을 때 시간당 급탕량 $Q_h[L/h]$

$$Q_h[L/h] = a \times (q_h \times z)$$

a : 기구의 동시사용률
q_h : 기구 1개의 1시간당 급탕량 $[L/h \cdot 개]$ ($q_h = q \times n$)
z : 기구의 종류별 수량[개]

3 급탕부하 및 순환수량 산정

1) 급탕부하(kW)

급탕부하 = G(급탕량) × C(비열) × △t(급탕온도 - 급수온도)

2) 순환수량 $W[L/s]$

$$순환수량\ W[L/s] = \frac{q}{\rho C \Delta t}$$

q : 총 손실열량 [kW]
C : 물의 비열(4.19) $[kJ/kg \cdot K]$
ρ : 물의 밀도(1) [kg/L]
$\triangle t$: 급탕 및 급수 온도차 [K]

4 급탕방식의 종류

1) 급탕방식에 의한 분류

(1) 개별식(국소식) 급탕방식 : 주택 등 소규모 건축물에서 사용 장소에 급탕기를 설치하여 간단히 온수를 얻는 급탕방식이다. 순간식, 저탕식, 기수혼합식이 있다.

① 순간식
  ㉠ 급탕관의 일부를 가스나 전기로 가열하여 직접 온수를 얻는 방법이다(급수된 물이 가열코일에서 즉시 가열되어 급탕되는 방식).
  ㉡ 급탕 개소마다 가열기의 설치 공간이 필요하고 급탕 개소가 적을 경우 시설비가 저렴하다.
  ㉢ 높은 온도의 온수를 얻기가 용이하고 수시 급탕이 가능하다.
  ㉣ 가열온도는 60 ~ 70 ℃ 정도이다.
  ㉤ 열의 전도 효율이 양호하고 배관의 열 손실이 적다.

② 저탕식
  ㉠ 가열된 온수를 저탕조 내에 저장한다.
  ㉡ 비등점에 가까운 온수를 얻을 수 있고 비교적 열손실이 많다.
  ㉢ 일정 시간에 다량의 온수를 필요로 하는 곳에 적합하다.

③ 기수혼합식
  ㉠ 보일러에서 생긴 증기를 급탕용의 물속에 직접 불어 넣어서 온수를 얻는 방법이다.
  ㉡ 열효율이 100 %이다.
  ㉢ 고압의 증기(0.1 ~ 0.4 MPa)를 사용하며 사용 시 소음이 발생한다.
  ㉣ 소음을 줄이기 위해 스팀사일렌서(Steam Silencer)를 설치한다.
(2) 중앙식 급탕방식 : 중앙기계실에서 보일러에 의해 가열한 급탕을 배관을 통하여 각 사용소에 공급하는 방식이다. 직접가열식과 간접가열식이 있다.
  ① 직접가열식
    ㉠ 온수보일러로 가열한 온수를 저탕조에 저장하여 공급하는 방식이다.
    ㉡ 급탕 전용 보일러를 필요로 하며 건물 높이에 따라 고압의 보일러가 필요하다.
    ㉢ 열 효율면에서 좋지만 보일러에 공급되는 냉수로 인해 보일러 본체에 불균등한 신축이 생길 수 있다.
    ㉣ 스케일이 생겨 열효율이 저하되고 보일러의 수명이 단축된다.
    ㉤ 주택 또는 소규모 건물에 적합하다.
  ② 간접가열식
    ㉠ 저탕조 내에 안전밸브와 가열코일을 설치하고 증기 또는 고온수를 통과시켜 저탕조 내의 물을 간접적으로 가열하는 방식이다.
    ㉡ 저장탱크에 설치된 서모스탯에 의해 가열코일 내의 증기 또는 고온수 공급량이 조절되어 일정 온도의 급탕을 얻을 수 있다.
    ㉢ 난방용 보일러에 증기를 사용할 경우 별도의 급탕용 보일러가 필요하지 않다.
    ㉣ 직접가열식에 비해 열효율이 나쁘다.
    ㉤ 보일러 내면에 스케일이 거의 생기지 않는다.
    ㉥ 고압용 보일러가 필요하지 않으며 대규모 급탕설비에 적합하다.

[서모스탯(자동온도조절기)]
저탕식 급탕설비에서 급탕의 온도를 일정하게 유지시키기 위해 가스나 전기를 공급 또는 정지하는 것

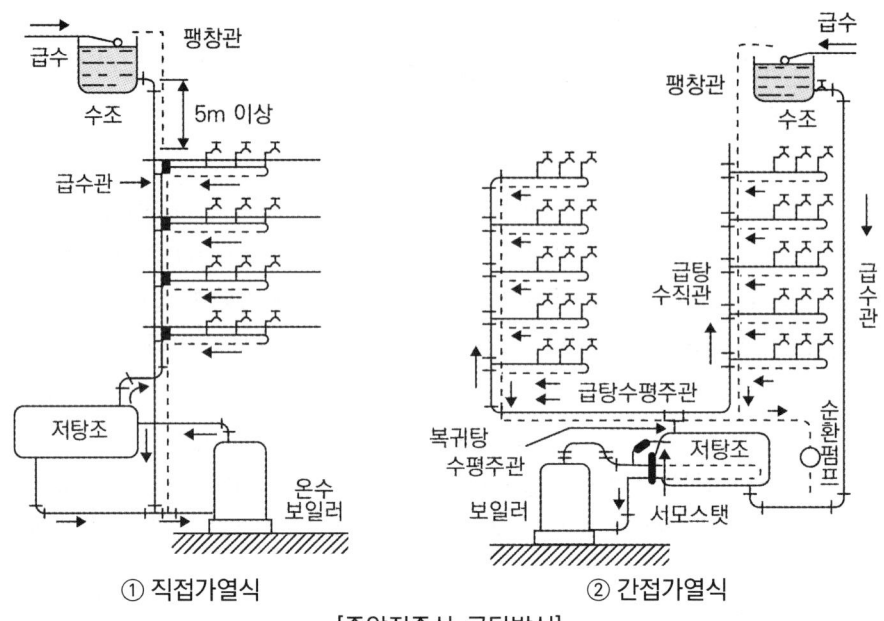

[중앙집중식 급탕방식]

2) 급탕방식의 특징

종류	장점	단점
(1) 개별식 (국소식) 급탕방식	• 급탕개소가 적을 경우 시설비가 적게 들며 유지관리가 용이하다. • 필요에 따라 어디에나 설치가 가능하다. • 용도에 따라 필요한 온도의 온수를 간단히 얻을 수 있기 때문에 수시로 급탕하여 사용할 수 있다. • 관 길이가 짧아 열손실이 적게 일어난다. • 급탕개소의 증설이 비교적 용이하다.	• 급탕 규모가 커지면 가열기 설치 개수가 많아 유지 관리가 어렵다. • 급탕 개소마다 가열기의 설치 공간이 필요하다. • 가스 온수기의 경우 구조적으로 제약을 받기 쉽다. • 값싼 연료를 쓰기 어렵다.
(2) 중앙식 급탕방식	• 연료비가 적게 든다. • 대규모이기 때문에 열효율이 좋다. • 대규모 급탕에 적합하다. • 기구의 동시 사용률을 고려하여 총 용량을 적게 할 수 있다. • 유지관리가 용이하다.	• 설비 규모가 크고 복잡하므로 초기 시설비가 많이 든다. • 시공 후 배관 증설이 어렵다. • 대규모이고 복잡하여 전문 기술자가 필요하다. • 기기, 배관에서 열손실이 크다.

5 배관 구배

수평관의 기울기는 배관 내 공기고임을 고려하여 기울기(구배)를 준다.

1) 중력 순환식 : 1/150을 기준으로 함

2) 강제 순환식(기계식) : 1/200을 기준으로 함

3) 상향 공급식 : 급탕수평주관은 앞올림 구배(선상향구배), 복귀관(= 반송관 = 환탕관)을 앞내림 구배(선하향구배)

4) 하향 공급식 : 급탕관, 복귀관 모두 앞내림 구배(선하향구배)

6 급탕배관 시공

1) 공기가 정체할 우려가 있는 곳 또는 굴곡배관에는 공기빼기밸브(에어벤트)를 설치한다.

2) 배관 도중에 공기가 체류하지 않도록 하기 위하여 슬루스밸브(게이트밸브)를 사용한다.

3) 관경 결정은 급수관과 동일하며 복귀관은 급탕관보다 1치수 작은 것을 사용한다.

4) 관 내 유속을 빠르게 하면 부식의 원인이 될 수 있으므로 유속은 1.5 m/s 이하로 하는 것이 좋다(급탕관 유속 : 1 ~ 1.5 m/s, 환탕관 유속 : 0.5 ~ 1.0 m/s).

5) 중앙식 급탕설비는 강제순환방식으로 한다.

6) 팽창탱크는 최고층의 급탕전(급탕수도꼭지)보다 5 m 이상 높게 설치되어야 한다.

7) 팽창관 도중에는 밸브를 설치해서는 안 된다.

8) 팽창관은 급탕 수직 주관 끝을 연장하여 팽창탱크에 개방시키며 25 A 이상의 관경을 사용한다.

9) 건물의 벽 관통부 배관에는 슬리브를 사용한다.

10) 관의 신축을 고려하여 배관의 굽힘 부분에는 스위블이음 등으로 접합한다.

11) 신축이음 설치간격

구분	강관	동관
수직배관	20 m	10 m
수평배관	30 m	20 m

※ **팽창관(Expansion Pipe)**
온수 보일러나 저탕조 등에 안전장치로서 사용되는 관을 말한다. 온수의 체적 팽창을 높은 곳의 팽창탱크로 빠져나가게 하는 작용을 한다.

7 관의 신축이음

신축이음은 열응력에 의한 신축팽창을 흡수하기 위해 설치한다.

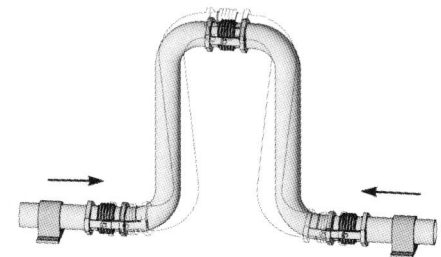

배관의 팽창 및 신축을 흡수하는 이음을 말한다. 배관이 온도 변화에 의해 팽창 또는 수축되면 관 접합부 및 기타 기기가 파손이 생길 우려가 있으므로 관 접합부 등에 설치하여 설비의 파손을 방지하는 역할을 한다. 일반적으로 강관은 30 m마다, 동관은 20 m마다 1개 설치한다.

1) 루프형(Loop Type) : 신축곡관이라고도 하며, 강관 또는 동관 등을 루프(Loop) 모양으로 구부려서 그 휨에 의하여 신축을 흡수하는 것이다. 주로 고온 고압증기 옥외배관에 많이 사용된다. 설치장소를 많이 차지한다는 단점이 있다. 곡률반경은 관지름의 6배 이상으로 한다.

2) 슬리브형(Sleeve Type) : 본체와 슬리브 파이프로 구성되고, 관의 신축은 본체 속 슬리브 관에 의해 흡수되며, 슬리브와 본체 사이에 패킹을 넣어 누설을 방지한다. 저압배관용 및 온수배관용으로 주로 쓰인다. 루프형에 비해 설치 공간이 작다.

3) 벨로우즈형(Bellows Type) : 일명 팩리스(Packless) 신축이음이라고도 하며, 벨로즈를 주름잡아 신축을 흡수하는 형태이다. 온도에 따라 일어나는 관의 신축이음쇠를 벨로즈의 변형에 의해 흡수하고 급수, 냉난방 배관에 널리 사용되며 응력흡수가 용이한 이음방식이다. 고압배관에는 부적당하다.

4) 스위블형(Swivel Type) : 2개 이상의 엘보를 사용하여 나사의 회전에 의해 신축을 흡수한다. 즉, 한 쪽이 팽창하면 비틀림을 일으켜 팽창을 흡수한다. 신축량이 큰 경우 배관의 나사 이음부가 헐거워져 누설의 우려가 있다. 일반적으로 저압의 증기난방 및 온수난방의 방열기 주변 배관으로 쓰인다.

5) 볼조인트형(Ball Joint) : 관 끝에 볼 부분을 만들고, 케이싱으로 감싸되 그 사이를 가스켓으로 밀봉한다. 이음을 2 ~ 3개 사용하면 관절 작용으로 관의 신축을 흡수할 수 있다. 축방향의 힘과 굽힘에 의한 회전력을 동시에 받을 때 사용하는 이음이다.

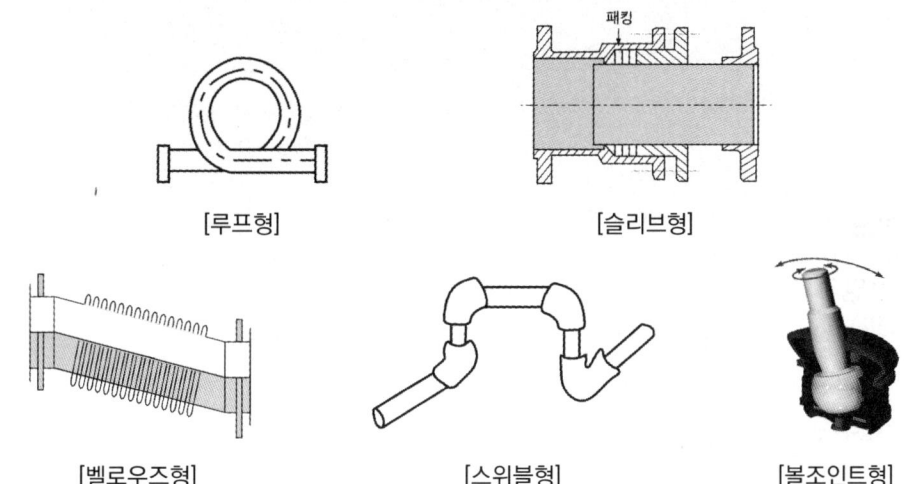

[루프형]　　　　　　　　　　[슬리브형]

[벨로우즈형]　　　[스위블형]　　　[볼조인트형]

1) 신축 흡수량 순서
    루프형 > 슬리브형 > 벨로스형 > 스위블형 > 볼조인트형

    암 루슬벨스볼

2) 선 팽창 길이 λ
    $\lambda[mm] = \ell \times \alpha \times \Delta t$

    여기서 $\lambda[mm]$: 팽창한 배관의 길이, $\ell[mm]$: 배관의 길이
    $\alpha[mm/mm \cdot ℃]$: 선팽창계수, $\Delta t[℃]$: 온도 차

8 온수 팽창량

급탕 또는 난방 설비의 배관, 보일러, 저탕조 등 장치 내의 물이 가열되었을 때 늘어나는 부피를 계산하기 위해 사용된다.

$$온수\ 팽창량\ \Delta V[L] = (v_2 - v_1)m = \left(\frac{1}{\rho_2} - \frac{1}{\rho_1}\right)m$$

m : 장치 보유수량[kg]
v_2 : 팽창 후 비체적[L/kg]
v_1 : 팽창 전 비체적[L/kg]
p_2 : 팽창 후 밀도[kg/L]
p_1 : 팽창 전 밀도[kg/L]

보충 물은 온도가 올라가면 부피가 늘어나는 특성이 있음
(예) 4 ℃의 물을 100 ℃로 가열하면 부피가 약 4.3 % 증가)

9 보일러

1) 보일러의 종류

   (1) 열전달 매체에 따른 분류 : 증기, 온수, 열매체 보일러
   (2) 열원에 따른 분류 : 가스, 유류, 석탄, 전기, 폐열보일러
   (3) 구조 및 순환방식에 따른 분류

종류	내용	분류
원통보일러 (연관식)	큰 동체 안에 설치된 노통(화실)과 연관(가스 통로) 내부로 연소가스를 통과시켜 주변의 물을 가열하는 방식	노통연관보일러
		노통보일러
		연관보일러
수관보일러	상하 드럼을 다수의 수관으로 연결하고, 관 내부에 물을 순환시키며 외부에서 가열하는 방식	강제순환식(기계식) 보일러
		자연순환식
관류보일러	드럼(기수분리기) 없이 긴 관으로만 구성되어, 급수가 펌프에 의해 강제로 순환하며 한 번에 증기로 변하는 구조	관류보일러
		소형 관류보일러

2) 보일러 수질관리

   (1) 보일러 부식 방지 : 물속의 용존산소는 금속의 점부식(Pitting Corrosion)을 유발하며, 이는 열전달을 방해하고 보일러 수를 오염시키는 원인이 된다. 따라서 용존산소를 제거하여 보일러 부식을 방지해야 한다.

(2) 불순물 및 부유물 제거 : 시스템 고장의 원인이 될 수 있는 불순물 및 부유물을 제거해야 한다.

(3) 거품 발생 방지(캐리오버 방지) : 관수(보일러 수)가 과농축되면 물속 고형물의 농도가 높아져 보일러 표면에 거품이 발생한다. 이 거품이 증기와 함께 넘어가면 캐리오버(Carry-over) 현상이 발생하며, 과열기나 터빈에 불순물이 축적되어 시스템이 손상될 수 있다. 따라서 증기의 순도를 유지해야 한다.

(4) 경수 연화 : 경수에 다량 함유된 칼슘과 마그네슘은 보일러 내부에 침전되어 스케일을 발생시키고 부식을 유발한다. 따라서 수처리를 통해 경수를 연수(단물)로 만들어야 한다(연화 처리).

(5) 경도(Hardness)의 정의 : 물에 녹아 있는 미네랄 성분의 양을 나타내는 지표이다. 주로 칼슘(Ca^{2+})과 마그네슘(Mg^{2+}) 이온의 농도를 측정하며, 이 수치가 높을수록 "경도가 높다" 또는 "물이 세다(센물)"라고 표현한다. 경도는 물 1리터(L)에 녹아있는 칼슘과 마그네슘의 양을 탄산칼슘($CaCO_3$)으로 환산하여 mg/L 또는 ppm 단위로 표시한다.

[물의 경도에 따른 수질 분류]

분류	함유량	특징
극연수	0 ppm	증류수 또는 멸균수로 연관, 황동관이 부식됨
연수	90 ppm	세탁, 염색, 보일러용에 적합
적수	90 ~ 110 ppm	-
경수	110 ppm 이상	대부분 용도에 부적합

보충 먹는 물 수질 기준에서 경도를 300 mg/L(300 ppm) 이하로 권장함

3) 보일러 순환펌프

(1) 열교환효과를 높이기 위해(급탕 온도 유지 및 온수 강제 순환을 위해) 사용되며, 내열성, 대유량, 저양정(低揚程) 특성이 필요함

(2) 펌프의 기동과 정지는 급탕 온도를 감지하는 서모스탯(온도조절기)에 의해 제어됨

4) 보일러의 출력

(1) 정미출력(kW) : 난방부하 + 급탕부하
(2) 상용출력(kW) : 난방부하 + 급탕부하 + 배관부하
(3) 정격출력(kW) : 난방부하 + 급탕부하 + 배관부하 + 예열부하
(4) 과부하출력(kW) : 과부하가 발생하거나 운전초기에 정격출력의 10 ~ 20 % 가량 증가하여 운전할 때의 출력

10 온수난방설비 환수방식에 의한 분류

1) 직접환수방식(Direct Return)

   (1) 배관설비가 간단하고 각각의 방열기 용량이 다를 때 사용한다.

   (2) 유량이 균등하게 분배되지 못하므로 유량제어밸브를 설치해야 한다.

2) 역환수방식(Reverse Return)

   (1) 각 유닛마다 온수 공급관에서부터 환수관까지의 총 길이를 동일하게 하므로 배관저항이 같게 되어 각 유닛에 유량 공급도 균일하다.

   (2) 배관의 길이가 길어지고 공간도 많이 차지한다.

   (3) 설비비가 많이 든다.

TIP 역환수식배관을 채택하는 이유 : 온수의 유량 분배를 균일하게 하기 위하여

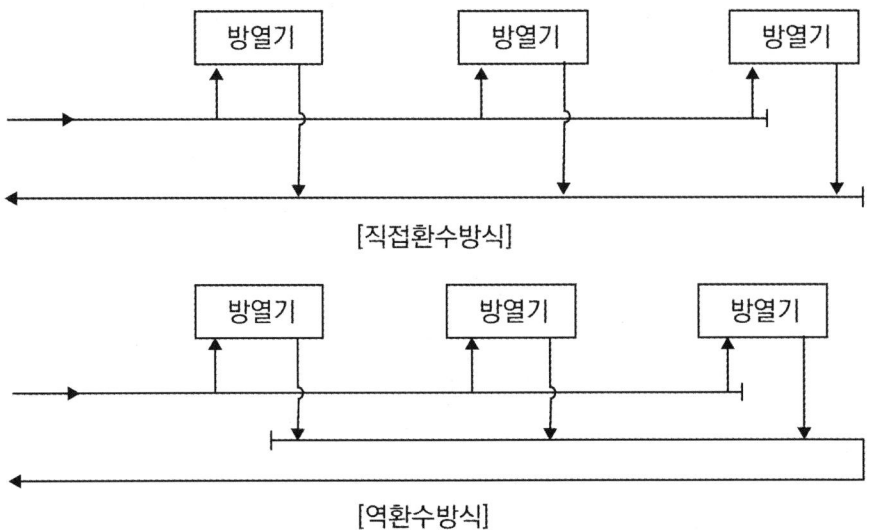

Chapter 13 위생기구 및 배수통기설비

01 배수관과 통기관

1 통기관

배수트랩의 봉수를 보호하여 배수관에서 발생하는 유취와 유해가스의 옥내 침입을 방지하기 위한 설비로 다음과 같은 목적이 있다.

- 배수트랩의 봉수를 보호하여 유해가스 및 악취의 실내 침입을 방지한다.
- 배수관 내의 기압을 유지한다.
- 배수관 내 흐름을 원활히 한다.
- 환기 기능을 수행한다.

1) 통기 배관 방식의 구분

   (1) 단관식 : 2 ~ 3층 정도 소규모 건물에 사용
   (2) 복관식 : 기구수가 많고 트랩의 봉수가 없어질 기회가 많은 고층 건물에 사용

2) 통기관의 종류

   (1) 개별(각개) 통기관
   ① 각 기구의 트랩마다 통기관을 설치하는 가장 위생적이고 확실한 방식이다.
   ② 통기관의 관경은 접속되는 배수관 관경의 1/2 이상, 그리고 최소 32 mm 이상으로 한다.

   (2) 회로 통기관
   ① 최상층 이외의 일반층에서 기구들을 묶어 통기수직관에 연결
   ② 기구 수는 8개 이내로 할 것

   (3) 환상 통기관 (= 루프 통기관)
   회로 통기관의 일종으로, 통기수평지관을 통기수직관에 연결하지 않고 신정 통기관에 연결하는 방식

(4) 신정 통기관

① 최고층 기구 배수관 접속점에서 입상관을 연장하여 건물 밖으로 연장하여 배출하는 방식으로 단관에서 많이 사용하며 단순하고 경제적이다.

② 배수수직관을 연장하여 대기 중으로 개방한 부분이다. 관경은 연결되는 배수수직관과 동일 관경으로 하고, 최소 100 mm 이상으로 한다. 단, 한랭지에서는 지붕 관통부의 동결 방지를 위해 관경을 한 치수 크게 하기도 한다.

(5) 결합 통기관

고층 건물에서 배수수직관과 통기수직관을 연결하는 통기관이다. 10개 층마다 1개소씩 설치하여 통기 성능을 보강한다(배관 50 A 이상).

보충 과거 시험 기출 시 : 5개 층마다 설치,
최신 KDS 규정 : 10개 층마다 설치

(6) 습식(습윤) 통기관

통기와 배수의 역할을 동시에 하는 통기관이다.

(7) 도피(탈출) 통기관

루프 통기관에서 8개 이상의 기구를 담당하거나 대변기가 3개 이상 있는 경우 통기능률을 향상시키기 위하여 배수횡지관 최하류와 통기수직관을 연결한다. 이때의 통기관을 도피 통기관이라 한다.

(8) 특수 통기방식

① 소벤트 방식 : 배수 수직관에 층마다 공기 주입장치(Aerator Fitting)를 설치하여 배수에 공기를 주입함으로써 유속을 감소시키고 완충작용으로 봉수를 보호한다.

② 섹스티아 방식 : 배수 수직관에 섹스티아 이음쇠를 통하여 선회류를 주어 수직관에 공기 코어를 형성하여 통기역할을 하도록 한다.

3) 통기관 관경 결정

통기관은 배수관 내에 배수의 흐름에 따른 압력변화를 제거시킬 수 있도록 설정되어야 한다. 길이가 길수록 관경은 커져야 한다. 모든 통기관은 그와 접속하는 배수관경의 1/2 이상을 유지하면서 다음 관경 이상으로 한다.

(1) 각개 통기관 : 32 A 이상

(2) 환상 통기관, 도피 통기관 : 40 A 이상

(3) 결합 통기관 : 50 A 이상

(4) 신정 통기관 : 배수수직관과 동일 관경, 최소 100 mm 이상

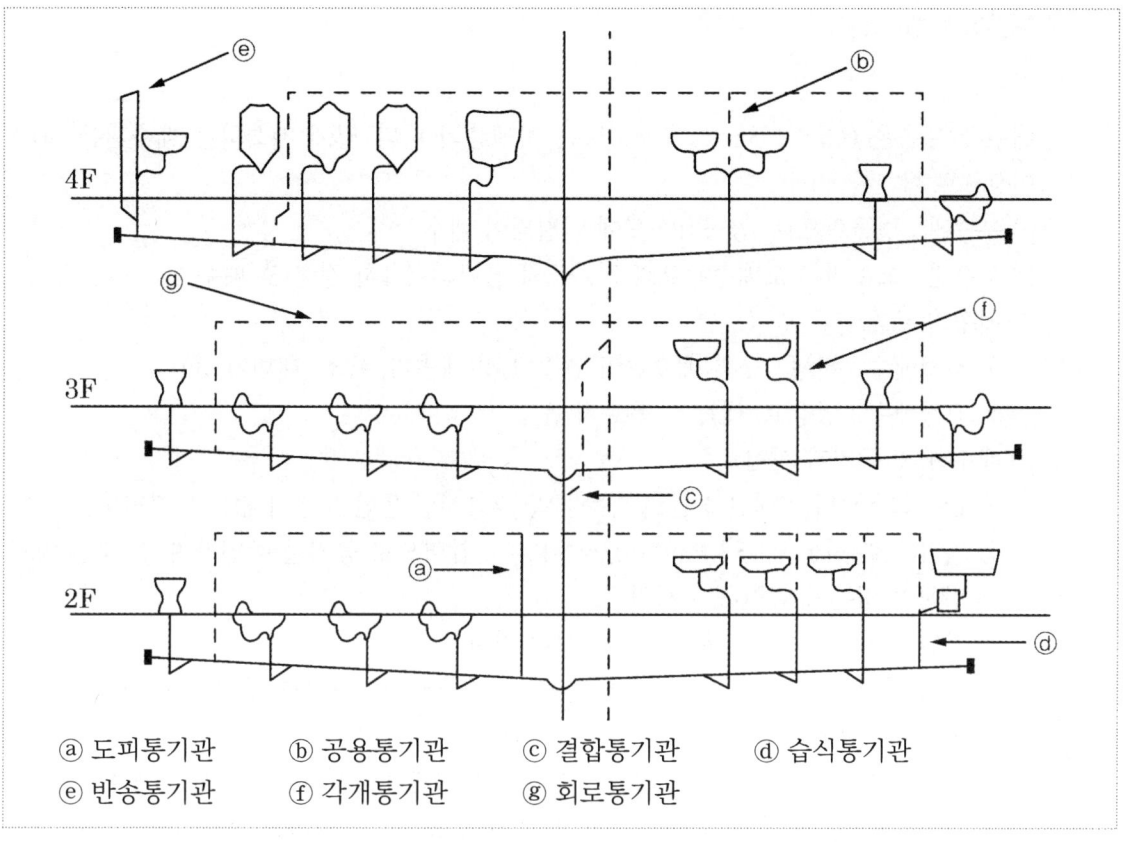

ⓐ 도피통기관   ⓑ 공용통기관   ⓒ 결합통기관   ⓓ 습식통기관
ⓔ 반송통기관   ⓕ 각개통기관   ⓖ 회로통기관

2 청소구(Clean Out)

1) 청소구 : 배수 또는 통기관 내부에 이물질이 쌓이거나 막혔을 때 이를 점검하거나 제거하기 위해 설치하는 개구부

2) 청소구의 설치 위치

　배수가 고이기 쉬운 곳, 청소하기 쉬운 곳 및 긴 경로의 도중에 설치
　⑴ 가옥 배수관과 부지 하수관(택지 하수관)이 접속되는 곳
　⑵ 길이가 긴 배수 수평관의 중간
　⑶ 배수관이 45° 이상의 각도로 방향을 전환하는 곳
　⑷ 배수수평주관과 배수수평지관의 최상류 지점
　⑸ 배수 수직관의 가장 낮은 곳(최하단부 또는 그 근처에 설치)
　⑹ 수평관의 관경이 100 mm 초과 : 직선거리 30 m 이내마다 1개소씩 설치
　　 수평관의 관경이 100 mm 이하 : 직선거리 15 m 이내마다 1개소씩 설치

3 배수관과 트랩

1) 배수관

배수관 유속은 0.6 ~ 1.5 m/s, 지중 또는 지계층의 바닥 밑에 매설하는 배수관은 50 A 이상으로 함

(1) 우수관 : 빗물관으로 공공하수도에 연결되어 배수
(2) 오수관 : 오수관은 오배수관으로 정화조와 연결되어 1차 정화 후 배수
(3) 배수의 분류
  ① 직접배수 : 위생기구와 배수관이 연결된 것(세면기, 욕조, 대변기 등)
  ② 간접배수 : 냉장고, 세탁기, 음료기 등
(4) 배수관 및 통기관 시험
  ① 만수(滿水)시험 : 배관을 물로 가득 채운 후 1시간 동안 누수가 없는지 확인하는 시험
  ② 기압(氣壓)시험 : 3.5 kPa(0.0035 MPa)의 압력으로 공기를 주입하여, 15분간 압력 강하가 없는지 확인하는 시험
  ③ 기밀시험 : 위생기기 부착 후 기밀상태 검사
    ㉠ 연기시험(Smoke Test) : 25 mmAq의 압력으로 연기를 주입하여 15분간 누출 여부 확인
    ㉡ 박하시험(Peppermint Test) : 최상부 통기관으로 박하유 약 60 cc를 15 ~ 20 L 의 뜨거운 물과 함께 흘려보낸 후 모든 개구부를 밀폐하고 냄새 누출 여부 검사

2) 트랩

배수관에서 발생한 유해가스가 배수관을 통해 실내로 침입하기 때문에 이를 방지하기 위해 설치

(1) 트랩에는 물이 채워져 봉수가 되며 봉수 깊이는 5 ~ 10 cm 정도로 할 것
(2) 사이펀작용이나 역압작용에 의해 봉수가 파괴될 우려가 있으므로 봉수 보호를 위해 트랩 가까이에 통기관을 세울 것

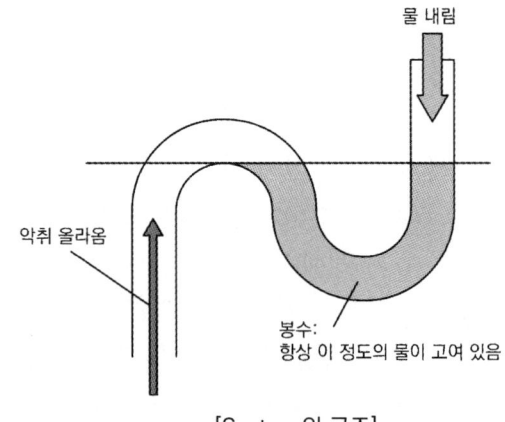

[S – trap의 구조]

(3) 트랩의 구비조건
   ① 내식성이 클 것
   ② 구조가 간단할 것
   ③ 봉수가 유실되지 않는 구조일 것
   ④ 트랩 자신이 세정작용을 할 수 있을 것
(4) 특수 배수트랩
   ① 그리스트랩 : 주방의 조리실 기름용 트랩
   ② 차고트랩 : 차량 유류용 트랩
   ③ 플라스터(석고)트랩 : 치과, 병원 의료용 석고 사용처
   ④ 헤어트랩 : 미용실
      ※ 배수설비트랩은 2중트랩이 되지 않도록 함

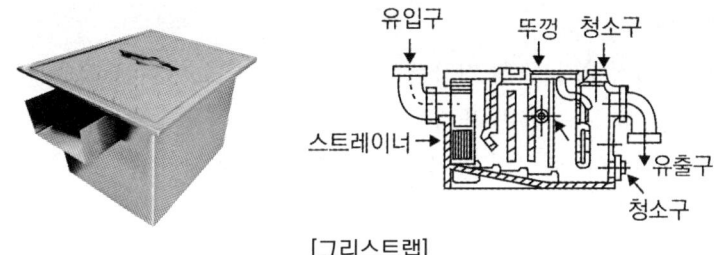

[그리스트랩]

(5) 봉수의 파괴 원인
   ① 자기 사이펀 작용(Self-siphonage) : 해당 기구의 배수가 끝날 때 발생하는 진공으로 인해 봉수가 흡인되는 현상
   ② 유도 사이펀 작용(Induced-siphonage) : 수직관 가까이에서 다른 기구가 다량의 물을 배수할 때, 배수관 내에 발생한 부압(진공)으로 인해 봉수가 흡인되는 현상
   ③ 분출(역압) 작용(Back Pressure) : 수직관 하부에서 배수가 막히거나, 다량의 배수로 인해 관내가 정압(+) 상태가 되어 봉수가 실내 측으로 역류하거나 뿜어져 나오는 현상
   ④ 모세관 현상(Capillary Action) : 트랩 내에 머리카락, 실 등이 걸쳐 있어 물이 빨려 나가는 현상
   ⑤ 증발(Evaporation) : 장기간 기구를 사용하지 않아 봉수가 자연적으로 증발하는 현상

02 위생기구 및 오수처리

1 위생기구

1) 세정밸브(F.V)식 대변기
   (1) 급수관경은 원활한 작동을 위해 32 A(mm) 이상으로 한다.
   (2) 급수 시 필요압력은 0.1 MPa(100 kPa) 이상을 확보해야 한다.
   (3) 연속으로 사용 가능하나 소음이 커 가정용으로는 사용하지 않는다.
   (4) 순간적으로 많은 유량을 필요로 하나 1회 세정수량은 절수형으로 설계된다.
   (5) 세정밸브 대변기에는 진공방지기(Vacuum Breaker)를 설치하여, 변기 내 오수가 급수관으로 역류하는 역사이펀(Back-siphonage) 작용을 방지한다.

2) 세정탱크식 대변기
   (1) 탱크에 일정량의 물을 저장했다가 그 물을 이용하여 세정하는 방식으로, 급수압이 낮아도 설치가 가능하며 세정 시 소음이 비교적 작아 주택, 호텔 등 정숙을 요하는 곳에 주로 사용된다. 탱크의 높이에 따라 다음과 같이 나뉜다.
   ① 하이탱크식
      ㉠ 원리 : 높은 곳(표준 높이 약 1.9 m)에 설치된 탱크에서 물이 떨어지는 위치에너지(낙차)를 주로 이용하여 세정한다.
      ㉡ 특징
         • 로우탱크식에 비해 물 떨어지는 소음이 크다.
         • 설치 면적이 작다는 장점이 있다.
         • 배관 기준 : 급수관경 15 A, 세정관경 32 A, 탱크 용량 약 15 L
   ② 로우탱크식
      ㉠ 원리 : 변기 뒤에 붙어있는 낮은 탱크에 담긴 물의 양(체적)과 약간의 낙차를 이용하여 세정한다.
      ㉡ 특징
         • 세정 소음이 매우 작아 가장 일반적인 주택용으로 사용된다.
         • 인체공학적이며 디자인이 미려하나, 하이탱크식보다 설치면적을 더 차지한다.
         • 급수압이 낮아도 사용이 가능하다.
      ㉢ 배관 기준 : 급수관경 15A, 탱크가 낮아 원활한 배수를 위해 세정관은 50 mm 이상으로 한다.

구분	세정탱크식		세정밸브식(F.V식)
	하이탱크식	로우탱크식	
특징	• 설치 면적 작음 • 소음 큼	• 설치 면적 큼 • 소음 작음	• 연속 사용 가능 • 소음 큼
급수압 조건	급수압 무관	낮아도 사용 가능	고압 필요 (0.1 MPa 이상)
급수관경	15 A	15 A	32 A 이상
세정관경	32 A	50 A 이상	-
비고	탱크 높이 1.9 m, 용량 15 L	주택·호텔용 적합	공중위생기구용 fu = 10, 진공방지기 설치

※ 급수부하단위(fu) : 여러 위생기구 중 세정밸브식 대변기가
급수부하단위(fu)가 가장 크다(공중용 10 fu).

2 배관재료

1) 동관
   (1) 전기 및 열의 전도성 우수하고 내식성이 높아 부식이 적음
   (2) 탄산가스를 포함한 공기 중에는 푸른 녹 발생
2) 스테인레스 강관
   기계적 성질이 우수하나 취급이 어려움
3) 부속
   (1) 체크밸브
      ① 리프트형(수직배관)
      ② 스윙형(수평, 수직배관 모두 설치 가능, 고형물이 많은 유체에 적용)

스윙형 체크밸브 (수직, 수평배관에 사용)	리프트형 체크밸브 (수평배관에 사용)

3 오수처리

1) 정화원리

   수세식 화장실에는 반드시 정화조를 설치해야 한다. 일반적으로 1인 1일 분뇨배출량은 1.0 ~ 1.3 L 정도이며, 수세식 화장실의 경우 세정수를 포함하여 1일 배출수량을 40 ~ 60 L/인·일 정도로 본다.

   (1) 분뇨정화조 : 분뇨만 처리
   (2) 오수정화조 : 분뇨 + 잡배수 처리(목욕, 세탁수 포함)

2) 오수처리 방식의 분류 및 종류

   (1) 호기성 처리
   ① 산소를 필요로 하는 호기성 미생물을 이용하여 유기물을 분해하는 방식이다.
   ② 특징 : 산소 공급을 위한 동력비가 소요되나 처리 속도가 빠르고 비교적 적은 공간을 차지한다.
   ③ 종류 : 표준활성오니법, 접촉산화법, 살수여상법, 회전원판법 등

   (2) 혐기성 처리
   ① 산소가 없는 상태에서 활동하는 혐기성 미생물을 이용하여 유기물을 분해하는 방식이다.
   ② 특징 : 산소 공급이 불필요하나, 처리 시간이 길고 악취가 발생할 수 있다.
   ③ 종류 : 임호프 탱크 방식, 부패탱크 방식 등

3) 주요 오수처리방식의 특징

   (1) 임호프 탱크(Imhoff Tank)방식

   부패조의 원리와 유사하나, 탱크 내부를 침전실, 소화실, 스컴실의 3개 구역으로 명확히 구분한 것이 특징이다. 소화실에서 발생하는 가스가 침전실의 침전 작용을 방해하지 않도록 구조적으로 분리하여 처리 효율을 높인 방식이다. 주로 가정이나 소규모 아파트 단지 등에서 사용된다.

   (2) 살수여상(Trickling Filter)방식

   쇄석이나 플라스틱과 같은 여재(매질)를 채운 여상(Filter Bed) 표면에 오수를 분사하여 처리하는 방식이다. 여재 표면에 형성된 호기성 미생물막이 오수 속 유기물을 섭취하고 분해하는 원리를 이용한다. 살수량에 따라 표준살수여상식과 고속살수여상식으로 구분된다.

(3) 활성오니(Activated Sludge)법

현재 가장 널리 사용되는 고효율의 생물학적 처리 공법이다. 폭기조(Aeration Tank)에 오수를 유입시킨 후, 공기를 불어넣어 활성오니(미생물 덩어리)를 부유시키고 증식시킨다. 이 활성오니 미생물들이 오수 중의 유기물을 섭취하여 번식하고, 이렇게 성장한 미생물 덩어리(플록, Floc)를 최종 침전지에서 침전시켜 깨끗한 상등수와 분리하는 방식이다. 처리 효율이 매우 높지만, 지속적인 송기(폭기)를 위한 동력비가 많이 소요되는 단점이 있다.

(4) 장기폭기(Extended Aeration)방식

활성오니법의 변형된 공법으로 처리 원리는 동일하다. 다만 폭기조의 용량을 키워 오수가 머무는 시간(폭기 시간)을 16~24시간으로 대폭 늘린 것이 특징이다. 폭기 시간이 길어지면서 미생물이 스스로 산화(내호흡)하여 슬러지 발생량이 적어지는 장점이 있어, 별도의 슬러지 소화조가 필요 없는 경우가 많다.

(5) 산화구(Oxidation Ditch) 방식(= 순환수로 폭기방식)

활성오니법의 일종으로, 폭기조를 길고 순환하는 수로 형태로 만든 공법이다. 기계식 폭기 장치(브러시, 로터 등)를 이용해 수로에 산소를 공급하고 오수를 순환시키며 정화한다. 넓은 부지를 필요로 하는 단점이 있지만, 구조와 운전이 비교적 간단하고 유지관리가 용이하다.

4) 정화조 설계 순서

방류수 주변 상황조사 → 처리대상 인원 산출 → 오수정화 성능 결정 → 오수량·수질·특성 검토 → 처리방식 결정 → 정화조 용량 산정 → 세부 설계

5) 생물학적 산소 요구량(BOD, Biochemical Ocygen Demand) 제거율

오수처리설비의 성능을 나타내는 지표

$$BOD 제거율 = \frac{제거 BOD}{유입 BOD} = \frac{유입수 BOD - 유출수 BOD}{유입수 BOD} \times 100(\%)$$

※ 성능 지표 및 관련 용어
- BOD(Biochemical Oxygen Demand) : 생물학적 산소 요구량
- COD(Chemical Oxygen Demand) : 화학적 산소 요구량
- DO(Dissolved Oxygen) : 용존산소량
- SS(Suspended Solids) : 부유물질

Chapter 14 가스 및 기타설비

1 액화천연가스(LNG : Liquefied Natural Gas)

1) 메탄(CH_4)이 주성분

2) 공기보다 가벼움(비중 = 16 g 분자량/29 g 공기 분자량 = 0.55)

3) 도시가스 등 대규모 시설배관을 통해서 공급

2 액화석유가스(LPG : Liquefied Petroleum Gas)

1) 프로판(C_3H_8), 부탄(C_4H_{10})이 주성분

2) 공기보다 무거움(비중이 크다 프로페인 기준 비중 = 44 g/29 g = 1.51)

3 가스관의 명칭

1) 배관 : 본관, 공급관 및 내관을 말한다.

2) 내관 : 가스 사용자가 소유하거나 점유하고 있는 토지의 경계에서 연소기까지에 이르는 배관

3) 본관 : 도시가스 제조공장의 부지경계에서 정압기까지 이르는 배관

4) 공급관 : 정압기에서 가스 사용자가 소유하거나 점유하고 있는 토지의 경계까지에 이르는 배관

4 가스홀더

제조 공장에서 제정된 가스를 저장하여 균일하게 질을 유지하며 제조량과 수요량을 조절하는 저장탱크이다.

5 정압기

1차 압력 및 부하유량 변동에 관계없이 2차 압력을 일정하게 유지시키는 역할을 한다.
고압을 중압으로, 중압을 저압으로 감압하여 공급하기 위해 설치하는 기기이다.

6 가스미터(가스계량기)

가스 소비량을 계산하고 요금 산출하기 위한 장치이다. 직사광선을 피하고 진동이 없는 곳에 설치한다. 화기와 2 m 이상, 저압전선과 15 cm 이상, 전기개폐기와 60 cm 이상의 거리를 유지해야 한다. 설치높이는 1.6 m 이상 2 m 이내에 설치한다.

7 도시가스 공급 계통

원료 → 제조(공기혼합 열량조정) → 압송 → 가스홀더 → 정압기(거버너) → 공급

8 저압배관 가스관경 계산식(폴의 공식)

$$D[cm] = \sqrt[5]{\frac{Q^2 SL}{K^2 H}}$$

$$(D^5 = \frac{Q^2 SL}{K^2 H})$$

Q : 가스유량 $[m^3/h]$
D : 가스관 내경 [cm]
H : 허용압력손실 [mmAq]
L : 배관길이 [m]
S : 가스의 비중 [공기비중 : 1]
K : 유량계수(POLE상수 = 0.707)

9 중압·고압 배관 가스관경 계산식(콕스의 공식)

$$D[cm] = \sqrt[5]{\frac{Q^2 SL}{K^2 (P_1^2 - P_2^2)}}$$

$$(D^5[cm] = \frac{Q^2 SL}{K^2 (P_1^2 - P_2^2)})$$

Q : 가스유량 $[m^3/h]$
D : 가스관 내경 [cm]
P_1 : 초압 $[kg_f/cm^2\ abs]$
P_2 : 종압 $[kg_f/cm^2\ abs]$
L : 배관길이 [m]
S : 가스의 비중 [공기비중 : 1]
K : 유량계수(COX상수 = 52.31)

Chapter 15 환기설비

1 환기의 정의 및 목적

1) 환기

특정한 공간의 공기를 청정하게 유지 또는 개선하기 위해서 신선한 외기를 도입하여 내부의 오염된 공기를 외부로 배출하는 것

2) 환기의 목적
   (1) 신선한 공기를 실내에 공급하고, 이를 통해 실내 공기를 정화함
   (2) 실내의 열량을 제거하여 온도 환경을 개선함
   (3) 실내의 수증기를 제거하여 습도 환경을 조절함

2 구동 원리에 따른 환기 분류

1) 자연환기(Natural Ventilation)

바람, 기온차(굴뚝효과) 등 자연의 힘을 이용하는 방식이다.

2) 기계환기(Mechanical Ventilation)

팬·블로워 등 기계 동력을 이용하여 강제로 환기하는 방식이다.

3) 환기방법
   (1) 제1종 환기 : 송풍기와 배풍기를 모두 설치하여 강제로 급기와 배기를 동시에 수행하는 방식(강제급기 + 강제배기)
   (2) 제2종 환기 : 송풍기만 설치하여 강제로 급기하고, 배기는 자연적으로 이루어지는 방식(강제급기 + 자연배기)
   (3) 제3종 환기 : 배풍기만 설치하여 강제로 배기하고, 급기는 자연적으로 이루어지는 방식(자연급기 + 강제배기)
   (4) 제4종 환기 : 자연환기법으로, 급기와 배기가 모두 자연풍에 의해 이루어지는 방식(자연급기 + 자연배기)

3 환기의 효과에 따른 분류

1) 치환환기

    공기의 온도에 따른 밀도 차이를 이용하는 방식으로, 실내보다 낮은 온도의 신선 공기를 해당 구역 하부에 공급하여 대류효과를 유도한다. 이를 통해 오염물질이 실내 상부로 이동하고, 상부에 설치된 배기구를 통해 배출되어 환기 목적을 달성한다.

2) 전반환기(전체환기, 희석환기)

    실내 전체를 환기하는 방식으로, 신선한 외기를 공급하여 실내 공기 전체를 희석시키고 배출하는 방법이다.

3) 국소환기

    냄새, 열, 분진 등과 같이 환기 대상 물질이 한정된 장소에서 발생할 때, 그 물질이 주변으로 확산되기 전에 해당 지점에서 국소적으로 배출하는 방식이다.

4) 집중환기

    유해물질이 한 구역에 집중되어 있을 때, 해당 구역만을 집중적으로 환기하는 방식이다.

4 환기량 산출

1) 실내 발열량 제거 환기량

$$Q[m^3/s] = \frac{q}{\rho C_P (t_i - t_o)}$$

q : 실내 발열량(kW)
t_i : 실내 허용온도(℃)
t_o : 외기온도(℃)
ρ : 공기의 밀도(1.2 kg/m³)
C_P : 공기의 정압비열(1.01 kJ/kg·K)

2) 유해가스 및 먼지 제거 환기량

$$Q[m^3/h] = \frac{M}{C_i - C_o}$$

M : 오염물질의 발생량(m³/h)
C_i : 실내 허용 오염농도(m³/m³)
C_o : 외기의 오염농도(m³/m³)

3) 환기 횟수에 의한 필요 환기량

$$Q[m^3/h] = n \cdot V$$

n : 환기횟수(회/h)
V : 실의 체적(m³)

Chapter 16 배관설계

01 배관의 종류

1 강관

1) 강관의 특징

   (1) 인장강도가 크다.
   (2) 내충격성 및 굴요성(구부러지는 성질)이 크다.
   (3) 관의 접합방법이 비교적 용이하다.
   (4) 부식하기 쉬워 내구연한이 짧다.

2) 강관의 호칭

   (1) 관의 지름을 기준으로 한 호칭지름

   A : 지름의 단위를 mm로 나타낸 것(50 A = 지름 50 mm)
   B : 지름의 단위를 inch로 나타낸 것(3 B = 지름 3 inch)

   (2) 관의 두께 : 스케줄 번호(Schedule No)

   스케줄 번호는 배관의 두께를 표시하는 번호로 번호가 클수록 관의 두께가 두껍다.

SI단위	스케줄 번호 $= \dfrac{\text{최고 사용 압력 } P}{\text{재료의 허용응력 } S} \times 1000$ ※ 단, 최고 사용압력(P)과 재료의 허용응력(S)의 단위를 일치시킨다.
공학단위	스케줄 번호 $= \dfrac{\text{최고 사용 압력 } P}{\text{재료의 허용응력 } S} \times 10$ 여기서 P : 최고사용압력[kg$_f$/cm²], S : 재료의 허용응력[kg$_f$/mm²]

여기서 S : 재료의 허용응력 $\left(S = \dfrac{\text{인장강도}}{\text{안전율}}\right)$

2 주철관

1) 특징

   (1) 강관에 비해 내식성, 내마모성, 내구성이 우수하다(지하 매설배관에 적합).
   (2) 압축강도가 크다.
   (3) 인장강도가 작다.
   (4) 충격에 약하다(크랙의 우려가 있다).

2) 용도 : 수도용, 배수용, 가스용, 광산용 등(급수관, 배수관, 통기관, 지하 매설배관)

3 스테인리스강관

1) 철에 크롬 등을 첨가하여 만든 합금강으로 내식성이 우수하다.

2) 강관에 비해 기계적 성질이 우수하고 두께가 얇아 운반 및 시공이 쉽다.

3) 표면이 매끄럽고 불순물이 침착되지 않아 위생적이다.

4 동관

1) 특징

   (1) 전기 및 열의 전도율이 좋다.
   (2) 가성소다, 가성칼리 등 알칼리성에 내식성이 강하다.
   (3) 초산, 진한 황산 등 산성에는 내식성이 좋지 않다.
   (4) 담수(염분이 적은 물)에 내식성이 크나 연수(미네랄이 적은 물)에는 부식된다.
   (5) 경수(미네랄이 많은 물)에는 아연화동, 탄산칼슘의 보호피박이 생성되므로 동의 부식이 방지된다.
   (6) 아세톤, 에테르, 프레온가스, 휘발유 등 유기약품에는 침식되지 않는다.
   (7) 상온 공기 속에서는 변하지 않으나 탄산가스를 포함한 공기 중에는 푸른 녹이 생긴다.
   (8) 전성과 연성이 풍부하여 가공이 용이하다.

2) 용도 : 판, 봉, 관 등으로 제조되어 전기 재료, 열교환기, 급탕관, 급수관, 급유관, 냉매배관 등에 사용된다.

3) 관 두께 크기 : K형(가장 두꺼움) > L형 > M형 > N형(가장 얇음)

5 연관

1) 산성에 강하지만 초산, 진한 염산, 증류수에 침식된다.

2) 해수, 천연수에는 안전하다.

3) 콘크리트·모르타르 등의 알칼리에는 침식되므로 콘크리트 매설 부분에는 피복할 필요가 있다.

4) 전연성이 커서 굴곡성이 우수하고 가공성(시공성)이 좋다.

5) 가격이 비싸고 무겁고 강도가 작다.

6 합성수지관

석유, 석탄, 천연가스 등으로부터 얻어지는 에틸렌, 프로필렌, 아세틸렌, 벤젠 등을 원료로 만들어지며, 경질 염화비닐관(PVC)과 폴리에틸렌관(PE)으로 나뉜다.

7 원심력 철근 콘크리트관(흄관, Hume Pipe)

1) 오스트레일리아인 흄 형제에 의해 발명되었으며 주로 상·하수도용으로 사용한다.

2) 원심력을 이용해서 콘크리트를 균일하게 살포하여 만든 철근콘크리트제의 관이다.

3) 조직이 치밀하고 강도가 뛰어나며 외부나 내부의 압력에도 강하다.

02 배관의 도시

1 배관의 표시

1) 관의 도시법
   (1) 유체의 흐름 방향은 화살표(→)로 표시한다.
   (2) 유체의 종류와 문자 기호 및 색상

유체의 종류	기호	식별 색상
물(Water)	W	청색
수증기(Steam)	S	진한 적색
가스(Gas)	G	황색
공기(Air)	A	백색
유류(Oil)	O	진한 황적색

2 관의 이음 및 밸브류 도시기호

1) 관이음

명칭	도시기호	명칭	도시기호
나사형(일반)	─┼─	엘보 또는 밴드	
플랜지형	─┼┼─	티	
턱걸이형 (소켓형)	─⊂─	크로스	
막힌 플랜지형	─┤│	유니언형	─┼┼┼─

Chapter 16. 배관설계

2) 배관 부속품

명칭	도시기호	명칭		도시기호
플렉시블 튜브		신축 이음	루프형	
부싱			슬리브형	
레듀서			벨로스형	
-	-		스위블형	

3) 밸브의 도시기호

명칭	도시기호	명칭		도시기호
밸브 일반		조작 밸브	전자밸브	
글로브밸브			전동밸브	
게이트밸브 (슬루스밸브)		안전 밸브	일반	
앵글밸브			스프링식	
3방향밸브			추식	
4방향밸브		버터플라이밸브		
체크밸브		다이어프램밸브		

건·축·설·비·기·사

Part 02

전기설비 및 소방시설 일반

Chapter 01 기초전기

01 전기의 기초

1 전기에너지

1) 전기에너지 : 전기의 발생은 전자의 이동에 의해 발생
   → 자유전자(Free Electron)의 이동
   (1) 물질 내에서 자유로이 움직일 수 있는 전자
   (2) 자유 전자에 의해 전기적인 현상이 발생

2) 전하량(전기량) : 전하가 가지고 있는 전기의 양

3) (1) 전자 1개가 갖고 있는 전기량 : $e = 1.602 \times 10^{-19}$ C
   (2) 전자의 질량 : $m = 9.109 \times 10^{-31}$ kg

4) 전류의 흐름과 전자의 흐름
   (1) 전류의 흐름 : +에서 -로 흐른다.
   (2) 전자의 흐름 : -에서 +로 흐른다.

5) 전압과 기전력 : 전압(전위차)은 전기 에너지의 차이며 기전력은 전위차를 만들어주는 힘
   (전위차 = 전압)

   $$V = \frac{W}{Q}, \; V = IR$$

   V : 전압[V]　　I : 전류[A]
   R : 저항[Ω]　　W : 일[J]
   Q : 전기량(전하량)[C]

6) 전류[A] : 전하의 흐름으로, 단위 시간 동안에 흐른 전하의 양

7) 저항 : 전기의 흐름을 방해하는 요소
   금속 중 저항률 큰 순서 : 납 > 백금 > 텅스텐 > 마그네슘

8) 온도에 따른 저항
   (1) 온도가 높아질수록 저항은 큼
   (2) 온도가 낮아질수록 컨덕턴스가 큼
   ※ 컨덕턴스 : 저항의 반대 개념으로 전류가 흐르기 쉬운 정도를 말함 : 저항의 역수 (모우) [℧]

2 정전용량과 케패시터

1) 정전 유도(Electrostatic Induction) : 도체에 대전체를 접근시키면 대전체에 접근한 쪽에는 대전체와 극성이 다른 전하가 모이고 반대쪽에는 대전체와 같은 극성의 전하가 나타나는 현상

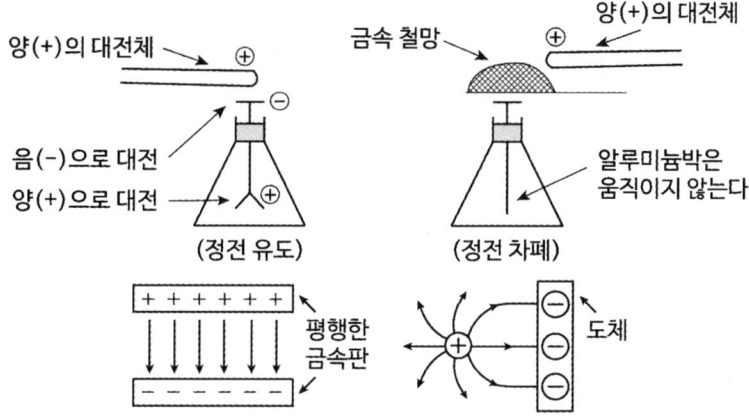

2) 전하량[C](Coulomb) : 1 A 전류를 단위시간 동안 흐를 때 생기는 전하의 량

$$Q[C] = It$$

I : 전류[A]
t : 시간[sec]

3) 정전 용량[F](Capacitance, 캐패시턴스) : 1 V 전압에서 1 C의 전하량을 저장하는 능력 (콘덴서가 전하를 축적할 수 있는 능력을 의미한다)

$$C[F] = \frac{Q}{V}$$

Q : 전기량(전하량)[C]
V : 전압[V]

3 저항 : 옴의 법칙

$$V[V] = IR$$ V : 전압[V]   I : 전류[A]

1) 직렬 합성저항

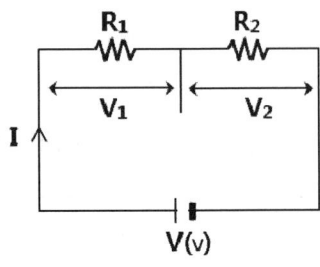

$$R_0 = R_1 + R_2$$

2) 병렬 합성저항

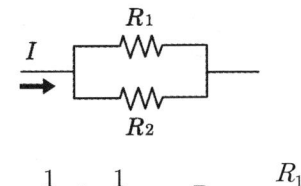

$$\frac{1}{R_0} = \frac{1}{R_1} + \frac{1}{R_2} \Rightarrow R_0 = \frac{R_1 R_2}{R_1 + R_2}$$

3) 직렬의 전압분배 : 전체전류와 각 저항에 흐르는 전류는 모두 같음

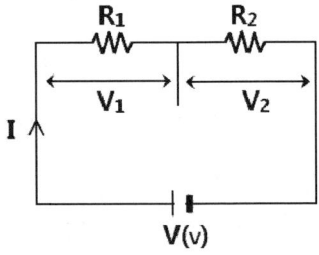

$$V_1 = I \cdot R_1 = \frac{V}{R_1 + R_2} \cdot R_1$$

$$V_2 = I \cdot R_2 = \frac{V}{R_1 + R_2} \cdot R_2$$

4) 병렬의 전류분배 : 전체 전압과 각 저항에 걸린 전압은 모두 같음

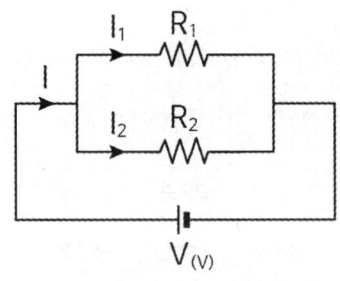

[전류분배법칙]

$$I_1 = \frac{V}{R_1} = \frac{1}{R_1} \times \left(\frac{R_1 R_2}{R_1 + R_2}\right) \cdot I = \frac{R_2}{R_1 + R_2} \cdot I$$

$$I_2 = \frac{V}{R_2} = \frac{1}{R_2} \times \left(\frac{R_1 R_2}{R_1 + R_2}\right) \cdot I = \frac{R_1}{R_1 + R_2} \cdot I$$

병렬결선은 기본적으로 병렬결선(같은 크기의 전압을 걸리게 하는 결선)이다. 전압분배와 전류분배의 법칙에 따라 전류는 R에 직렬로 연결하여 측정하며 전압은 R에 병렬로 연결하여 측정함. 보편적인 측정기기는 멀티미터로 전압, 전류, 전기저항을 측정함
(1) 분류기 : 전류계의 측정 범위를 넓힘(병렬접속)
(2) 배율기 : 전압계의 측정 범위를 넓힘(직렬접속)

4 줄열과 전력, 전력량

1) 줄열

(1) 줄의 법칙(Joule's Law) : 저항체를 가진 도선에 전류를 흘리면 도선에서 열이 발생하는 현상

$$H = I^2 Rt\,[J] = 0.24\,I^2 Rt\,[cal]$$

$$H = 0.24 Pt = 0.24\,VIt = 0.24\,I^2 Rt = 0.24\,\frac{V^2}{R}t$$

(2) 전력(Electric Power) : 단위 시간당 소비되는 에너지 비율

$$P = VI = I^2 R = \frac{V^2}{R}\,[W]$$

$$P\,[W = J/\sec]$$

2) 전력량 : 전기 기구가 일정시간 동안 사용한 전기적 에너지의 양

$$W = P \cdot t [W \cdot \sec = J] = VIt = I^2Rt = \frac{V^2}{R}t$$

$$* \ 1\,[kWh] = 10^3\,[Wh] = 3.6 \times 10^6\,[J] = 860\,[kcal]$$

구분	개념	설명
제어백효과 (Seeback Effect)	열접점 A / 냉접점 B	서로 다른 두 금속 A와 B를 접합하고, 온도차를 주면 기전력이 발생하여 전류가 흐르는 현상
펠티에효과 (Peliter Effect)	안티몬 / 열의 발생 정점 / 열의 흡수 정점 / 비스무트	서로 다른 두 금속 A와 B를 접합하고 전류를 흘리면 접합부에서 열의 흡수 또는 발생이 일어나는 현상
톰슨효과 (Thomson Effect)	$T_1 \quad I \rightarrow \quad T_2$	동일금속에 전류를 흘리면 펠티에효과와 같이 열의 흡수 또는 발생이 일어나는 현상

5 교류회로

1) 교류 : 시간에 따라 크기와 방향이 주기적으로 변하는 정현파 모양

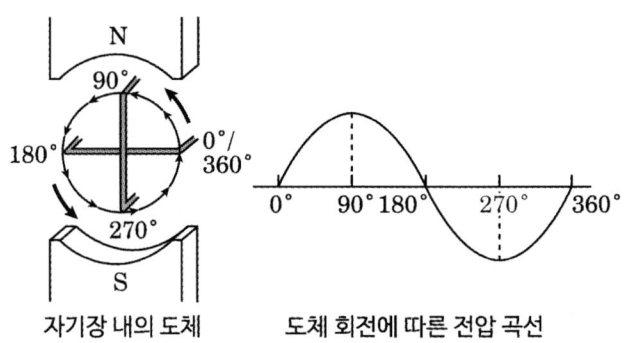

자기장 내의 도체　　도체 회전에 따른 전압 곡선

2) 주기(Period) : 1사이클의 변화에 필요한 시간(T, 단위 [sec])

3) 주파수(Frequency) : 1초 동안에 반복되는 사이클 수(f, 단위 [Hz])

4) RLC회로

(1) 임피던스[Ω] : 리액턴스의 총칭으로 종류는 다음과 같이 2종이다.
① 유도성 리액턴스(코일) : X_L
② 용량성 리액턴스(콘덴서) : X_c

(2) 코일 L만의 병렬회로 특성 : 전류의 위상이 전압보다 90° 뒤진다($V > I$ = 지상전류, 유도성 회로).

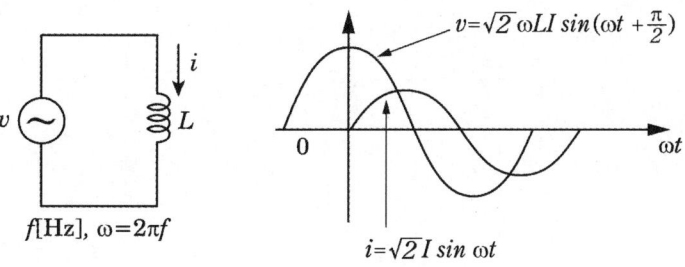

(a) 인덕턴스 L만의 회로   (b) 전압과 전류의 파형

(3) 콘덴서 C만의 병렬회로 특성 : 전류의 위상이 전압보다 90° 앞선다($V < I$ = 진상전류, 용량성 회로).

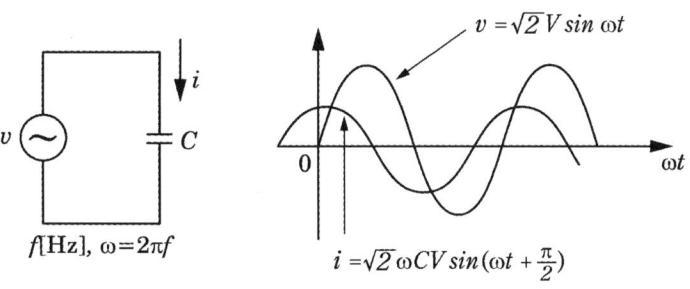

(a) 콘덴서 C만의 회로   (b) 전압과 전류의 파형

(4) 콘덴서의 합성 정전용량

직렬 : $C_0 = \dfrac{Q}{V} = \dfrac{Q}{\left(\dfrac{1}{C_1}+\dfrac{1}{C_2}\right)Q} = \dfrac{C_1 \times C_2}{C_1 + C_2}$ [F]

병렬 : $C_0 = \dfrac{Q}{V} = C_1 + C_2$ [F]

(5) 저항 R만의 회로 : 전압과 전류가 동상

5) 단상 교류회로의 전력 : 전력은 피상, 유효, 무효전력 3가지로 구분

  (1) 피상전력(겉보기전력) : 교류부하나 전원의 용량을 나타내는 데 사용하는 값으로 단위는 [VA]임.

  피상전력 = $\sqrt{유효전력^2 + 무효전력^2}$

  (2) 유효전력 : 실제 부하에서 유효하게 작용하는 전력 단위는 [W]임

  $P = VI\cos\theta$ [W]

  여기서 $\cos\theta$값은 역률로 사용에 효과적인 비율을 말함

  (3) 무효전력 : 피상전력 중 무효한 전력을 말하며 단위는 [Var]임

  이러한 무효전력을 최소화하기 위해 진상 콘덴서를 사용하여 역률을 개선함

  (4) 역률 $\cos\theta$: 교류회로에서 유효전력과 피상전력과의 비, 전압과 전류의 여현대칭(우함수)

  역률 = $\dfrac{소비전력}{피상전력} = \dfrac{P}{P_a}$

6) 3상 교류회로

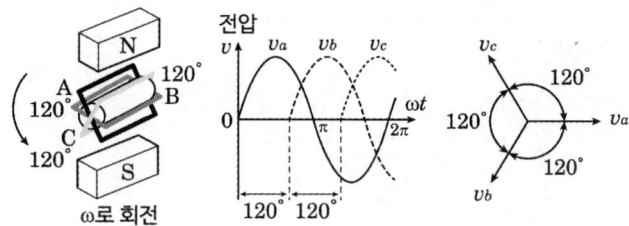

(1) N → S 자기장 내 3개의 도체가 공간적으로 120° 각도로 회전자가 배치되어 있음
(2) 회전자가 반시계 방향으로 회전하면 각각의 도체에서 세 가지 전압이 발생됨
(3) 이들 전압은 크기는 같지만 위상은 120° 만큼 차이가 발생함

① 순싯값의 표현

$v_a = V_m \sin wt [V]$

$v_b = V_m \sin(wt - \frac{2}{3}\pi) [V]$

$v_c = V_m \sin(wt - \frac{4}{3}\pi) [V]$

② Y결선과 △결선

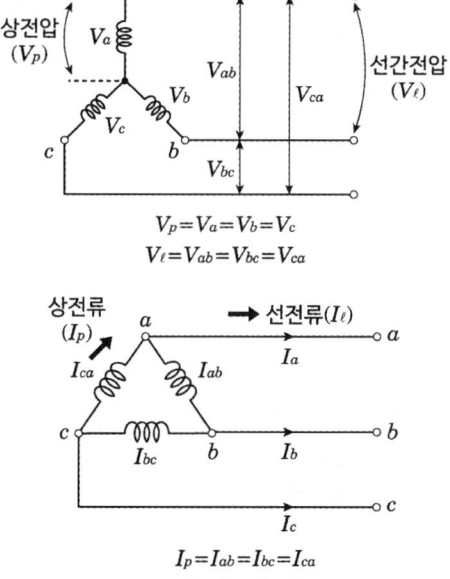

$V_p = V_a = V_b = V_c$
$V_\ell = V_{ab} = V_{bc} = V_{ca}$

$I_p = I_{ab} = I_{bc} = I_{ca}$
$I_\ell = I_a = I_b = I_c$

구분	Y결선(성형결선 = 스타결선)	△결선(델타결선 = 환상결선)
결선도	$V_p = V_a = V_b = V_c$ $V_\ell = V_{ab} = V_{bc} = V_{ca}$	$I_p = I_{ab} = I_{bc} = I_{ca}$ $I_\ell = I_a = I_b = I_c$
상전압	$V_p = \dfrac{V_l}{\sqrt{3}}$	$V_p = V_l$
선간전압	$V_l = \sqrt{3}\, V_p \angle \dfrac{\pi}{6}$	$V_l = V_p$
상전류	$I_p = I_l$	$I_p = \dfrac{I_l}{\sqrt{3}}$
선전류	$I_l = I_p$	$I_l = \sqrt{3}\, I_p \angle (-\dfrac{\pi}{6})$
특징	• 상전압보다 선간전압이 $\sqrt{3}$ 배 크고 위상차는 $\dfrac{\pi}{6}$ 앞선다. • 평형 3상 회로의 중성선에는 전류가 흐르지 않는다.	• 선전류가 상전류보다 $\sqrt{3}$ 배 크고 위상차는 $\dfrac{\pi}{6}$ 뒤진다. • 제3고조파는 내부에서 순환한다.

7) 실횻값과 평균값

(1) 최댓값 : 교류 순싯값 중 가장 큰 값으로 V_m, I_m으로 표현

(2) 평균값 : 평균전력으로 정현파에서 $\dfrac{2}{\pi} ≒ 0.637$과 같음

$$V_a = V_{av} = \dfrac{2}{\pi} V_m = 0.637 V_m \ [V]$$

$$I_a = I_{av} = \dfrac{2}{\pi} I_m = 0.637 I_m \ [A]$$

V_{av} : 전압의 평균값[V]
V_m : 전압의 최댓값[V]
I_{av} : 전류의 평균값[A]
I_m : 전류의 최댓값[A]

(3) 실횻값 : 동일한 일을 하는 직류 크기로 환산한 값, 교류의 각 순싯값 $i(t)$의 제곱에 대한 1주기 평균(평균값)의 제곱근

$$V = \sqrt{t^2의 1주기간 평균값} = \sqrt{\frac{1}{T}\int_0^T v^2 dt} = \sqrt{\frac{1}{2\pi}\int_0^{2\pi} v^2 d(wt)} = \frac{V_m}{\sqrt{2}}$$
$$= 0.707\, V_m\, [A]$$

V : 전압의 실횻값[A] v : 전압의 순싯값[A]

(4) 파형률과 파고율

파고율 = $\dfrac{최댓값}{실횻값}$ 파형률 = $\dfrac{실횻값}{평균값}$

6 RLC회로의 공진

1) 공진

(1) 직렬 공진 : 임피던스가 최소, 전류가 최대

$$Z = R + j(\omega L - \frac{1}{\omega C})$$

(2) 병렬 공진 : 임피던스가 최대, 전류가 최소

$$Y = \frac{1}{R} + j(\omega C - \frac{1}{\omega L})$$

2) 공진주파수

$$f_0 = \frac{1}{2\pi\sqrt{LC}}\ [Hz]$$

※ n 고조파에서의 공진주파수 : $f = \dfrac{1}{2\pi n\sqrt{LC}}$

3) 코일의 유도성 리액턴스 계산

$$X_L = \omega L = 2\pi f L\ [\Omega]$$

4) 콘덴서의 용량성 리액턴스 계산

$$X_c = \frac{1}{\omega C} = \frac{1}{2\pi f C}\ [\Omega]$$

5) RLC 직렬 합성 인덕턴스

$$|Z| = \sqrt{R^2 + X^2}\ [\Omega]$$

Chapter 02 전기기기

01 전기설비

1 전압

1) 전압의 종류

구분	직류	교류
저압	1500 V 이하	1000 V 이하
고압	1500 V 초과 7 kV 이하	1000 V 초과 7 kV 이하
특별고압	7 kV 초과	7 kV 초과

2) 전기설비 종류
   (1) 일반용 전기설비
      ① 주택, 상점 등 한정된 구역에서 설치하는 소규모 전기설비
      ② 저압으로 수전 용량은 75 kW(제조업 및 심야전력은 100 kW) 저압 이하 및 비상용 예비 발전기 10 kW 미만
   (2) 자가용 전기설비
      ① 전기 사업용 전기설비 및 일반용 전기설비 외의 전기설비
      ② 고압 또는 저압으로 수전 용량은 75 kW(제조업 및 심야전력은 100 kW) 저압 이하 및 비상용 예비 발전기 10 kW 미만
   (3) 전기 사업용 전기설비 : 발전소, 변전소, 송전전로
3) 옥내 전로의 대지 전압 제한 : 사용전압 400 V 미만 대지 전압은 300 V 이하

2 전선

1) 전선의 종류

   (1) 단선 : 도체가 한 가닥으로 되어 있는 전선, 선 굵기는 공칭 단면적 mm^2으로 표현

   (2) 연선 : 소선을 여러 가닥으로 모아 만든 전선, 선 굵기는 각 소선 공칭 단면적 합 mm^2으로 표현

   연선의 소선 수 : $N = 3n(n+1) + 1$

   → 1층(7가닥), 2층(19가닥), 3층(37가닥), 4층(61가닥)

   (3) 절연 전선 : 도선에 절연물을 피복한 전선, 저압 옥내 배선에 주로 사용

   (4) 코드 : 옥내 소형 전기 기구의 이동용 전선, 전선이 부드럽고 기계적 강도가 약하다.

   (5) 케이블 : 1차 절연물 절연 후 2차 외장한 전선, 절연성과 기계적 안정성 높다.

2) 전선의 구분

   (1) 경동선 : 인장 강도가 커서 가공 선로에 사용

   (2) 연동선 : 전기 저항이 작고 부드러움. 옥내 사용

3) 전선의 구비조건

   (1) 도전율이 크며 기계적 강도가 클 것

   (2) 신장률이 크며 내구성이 클 것

   (3) 비중(밀도)이 작고 설치가 용이할 것

   (4) 가격이 저렴하고, 구입이 쉬울 것

4) 전선의 굵기 선정조건 : 허용전류(안전하게 연속적으로 흘릴 수 있는 최대 전류값), 전압강하, 기계적 강도

5) 전선 종류 약어

약호	명칭
DV	인입용 비닐절연전선
OW	옥외용 비닐절연전선
RB	고무절연전선
IV	600 V 비닐절연전선
HIV	600 V 2종 비닐절연전선
HFIX	450/750 V 저독성 난연가교 폴리올레핀 절연전선
CV	가교폴리에탈렌 절연비닐 외장케이블

약호	명칭
E	접지선
GV	접지용 비닐절연전선

6) 전선의 접속

　⑴ 전기적 저항을 증가시키지 않을 것
　⑵ 기계적 강도를 20 % 이상 감소시키기 않을 것
　⑶ 절연을 위하여 테이프나 와이어 커넥터로 보호
　⑷ 옥내배선공사에서 전선의 접속은 박스 안에서 할 것
　　① 트위스트 접속 : 6 mm^2 이하, 가는 전선
　　② 브리타니아 접속 : 10 mm^2 이상, 굵은 전선
　　③ 쥐꼬리 접속 : 박스 안에서만 접속, 2 ~ 3가닥까지 커넥터 이용

7) 전선의 병렬 사용

　⑴ 동선 50 mm^2 이상 또는 알루미늄 70 mm^2 이상 사용할 것
　⑵ 동일한 도체, 동일한 굵기, 동일한 길이일 것

8) 전선의 배관 공구

　⑴ 오스터 : 금속관의 조립을 위해 나사산을 내는 공구
　⑵ 리머 : 관 안의 날카로운 것을 다듬는 공구
　⑶ 홀소 : 캐비닛에 구멍을 뚫을 때 사용
　⑷ 스프링 와셔 : 진동으로 인한 볼트 풀림을 방지
　⑸ 링 리듀서 : 노크 아웃 직경이 큰 경우에 사용
　⑹ 절연부싱 : 금속관 끝에 절연피복을 보호
　⑺ 로크너트 : 금속관을 박스에 고정할 때 사용
　⑻ 유니온 커플링 : 금속관을 회전할 수 없을 때 접속

3 접지

대지와 전기설비 간 전기적 접속을 통하여 이상전류를 대지로 방출하여 사람과 전기설비를 보호하고 기기의 안정된 동작을 확보하기 위함

1) 접지공사의 목적

   (1) 기기접지(누설전류로 인한 감전 방지)
   (2) 계통접지(고압 저압 혼촉 시 고압 전류에 의한 감전 방지)
   (3) 뇌해 방지(피뢰 접지)
   (4) 지락 사고 발생 시 보호계전기 신속동작
   (5) 정전기 방지용 접지
   (6) 통신 노이즈 방지용 접지

2) 전로 전압에 따른 절연 저항 최솟값

전로의 사용 전압 구분		절연 저항값
400 V 미만	대지 전압이 150 V 이하인 경우	0.1 MΩ 이상
	대지 전압이 150 V 초과 300 V 이하인 경우	0.2 MΩ 이상
	사용 전압이 300 V 초과 400 V 미만인 경우	0.3 MΩ 이상
400 V 이상의 저압		0.4 MΩ 이상

3) 접지공사의 종류

기계·기구의 사용 전압 구분	접지공사의 종류
400 V 미만 저압용	제3종 접지공사
400 V 이상 저압용	특별 제3종 접지공사
고압용 또는 특고압용(피뢰기, 피뢰침)	제1종 접지공사

※ 제1종과 특별 제3종 접지는 10 Ω 이하, 제2종 접지공사 $\frac{150}{1선지락전류}$ Ω 이하 제3종은 100 Ω 이하를 유지해야 함

4) 접지공사의 방법

   (1) 접지극은 지하 75 cm 이상으로 매설
   (2) 지하 75 cm부터 지표상 2 m까지의 접지선 부분은 합성수지관 또는 이와 동등 이상의 절연효력 및 강도를 가지는 몰드로 덮어야 함

⑶ 접지극에서 지표상 60 cm까지 접지선 부분은 절연전선(OW선 제외), 캡타이어 케이블 또는 케이블을 사용
⑷ 접지선을 철주 등은 접지극 1 m 이상 이격
⑸ 수도관로 : 3 Ω 이하 접지극으로 사용 가능

5) 과전류 차단기 시설 : 퓨즈, 배선용 차단기
⑴ 고압 및 특별 고압의 전로
⑵ 간선의 전원 측이나 분기점 등
⑶ 시설제한 : 단상 3선식이나 3상 4선식의 중성선

4 수변전설비

1) 수변전설비의 계획 시 고려사항
⑴ 감전 및 화재의 위험이 없도록 안전하게 설비할 것
⑵ 신뢰성이 높을 것
⑶ 유지보수가 쉬울 것
⑷ 합리적 기기 배치로 오동작이 없을 것
⑸ 장래 증설 및 확장에 대비할 수 있을 것
⑹ 경제적일 것

2) 변압기 용량의 계산

$$변압기\ 용량 = \frac{부하설비용량의\ 합[kW] \times 수용률}{역률 \times 부등률}\ kVA$$

3) 수용률 : 총 부하설비 용량에 비하여 동시에 사용되는 전기설비의 %를 말함

$$수용률 = \frac{최대\ 수용\ 전력[kW]}{총\ 설비용량의\ 합계[kW]} \times 100\ \%$$

4) 부등률(동시 사용률) : 동시에 전기기기를 사용하는 정도

5) 부하율 : 수용가에서 공급설비 용량을 어느 정도로 유효하게 사용되는지 나타낸 것

$$부하율 = \frac{부하의\ 평균\ 전력[kW]}{최대\ 수용\ 전력[kW]} \times 100\ \%$$

6) 누전차단기(지락차단장치)의 시설 : 150 V 초과 300 V 이하 저압 전로의 인입구

7) 부하의 산정 : 배선 설계를 위한 부하설비 용량 계산

$$\text{부하설비용량} = (\text{표준부하밀도} \times \text{바닥면적}) + (\text{부분부하밀도} \times \text{바닥면적}) + \text{가산부하 [VA]}$$

5 조명설비

1) 조명정의 : 발산되는 빛의 양(광속), 빛의 세기(광도), 밝기(조도), 표면의 밝기(휘도)

2) 광원의 종류 : 형광등(F), 수은등(H), 나트륨등(N), 메탈 핼라이드등(M)

3) 조명 설계 시 조건 : 조도확보, 눈부심 고려, 그림자(광원위치), 경제성

4) 관등회로 : 방전등용 안정기로부터 방전관까지의 전로를 말함

5) 조명의 확산
   (1) 완전확산면 : 어느 방향에서 보아도 휘도가 같은 면
   (2) 전반조명 : 조도를 균일하게 조명하는 방식
   (3) 국부조명 : 특정 부분만을 조명하는 방식

02 전기기기

1 직류기

1) 전자력

$$F = BlI\sin\theta \, [N]$$

B : 자속밀도 [Wb/m²], I : 전류, L : 도선의 길이 [m]

2) 직류기 3대 요소 : 계자 + 전기자 + 정류자
   (1) 계자 : 자속을 발생
   (2) 전기자 : 유기기전력을 발생
   (3) 정류자 : 교류를 직류로 바꿈

3) 중권과 파권 : 권선의 연결방법에 따라 중권과 파권으로 나뉨. 중권은 저전압 대전류용으로 병렬권이며, 파권은 소전류 고전압용으로 직렬권

4) 전기자 반작용
   (1) 전기자 반작용 발생 이유 : 전기자 권선의 전류 때문임
   (2) 전기자 반작용 영향 : 중성축 이동, 주자속 감소, 정류 불량

5) 전기자 예방방법
   (1) 브러시 위치를 전기적 중성점으로 이동
   (2) 보극을 설치
   (3) 보상 권선을 설치(전기자 전류 방향과 반대로)

6) 플레밍법칙
   (1) 발전기(오른손) : 코일 주위의 자속 변화에 따라 코일을 통과하는 자속이 변화하여 코일에 기전력이 흐름
   (2) 전동기(왼손) : 자계 중에 도체를 놓고 전류를 흘리면, 전류 및 자계와 직각 방향으로 도체를 움직이는 힘 발생

7) 전동기의 속도제어법
   (1) 계자제어법 : 정출력제어법
   (2) 전압제어법 : 속도제어 범위를 광범위제어
   (3) 저항제어법 : 전기자회로에 기동저항 삽입

8) 제동법 : 발전제동, 회생제동, 역상제동(플러깅)

9) 타여자 발전기 특성 : 잔류자기 없어도 발전 가능

10) 수하특성 : 차동복권 발전기(용접기용 발전기)

11) 직류 발전기의 병렬 운전의 조건
    (1) 정격전압이 같을 것
    (2) 극성이 일치할 것
    (3) 외부 특성 곡선이 거의 일치할 것

2 유도전동기(교류)

1) 특징
   (1) 구조가 간단
   (2) 중소형으로 가격이 저렴
   (3) 회전 수 변화가 적어 속도제어가 어려워 정속도로 사용

2) 3상 유도전동기의 기동
   (1) 전전압 기동법
   (2) 저항 기동법
   (3) 리엑터 기동법
   (4) Y - D 기동법 : 기동 시 Y결선으로 전류를 1/3으로 줄이고 D결선으로 정상 운전으로 유도하는 방법
   (5) 기동보상기법

3) 유도전동기 동기속도 : 회전자계의 회전수를 동기속도라 하며, 주파수와 극수에 의해 정해진다.

$$동기속도\ N_s = \frac{120 \times f}{P}\ [rpm] \qquad P : 극수 \qquad f : 주파수[Hz]$$

4) 유도전동기 슬립 : 3상 유도 전동기는 항상 동기속도(자석의 속도)와 회전자의 속도(아라고 원판의 속도) 사이에 차이가 생기게 되며, 이 차이($N_s - N$)와 동기속도와의 비를 말한다.

$$N = \frac{120 \times f}{P}(1-S)\ [rpm]$$

5) 복권 발전기의 병렬 운전 : 균압선 사용

6) 직권전동기 : 힘이 세다, 토크는 전류의 제곱에 비례, 토크와 속도는 제곱에 반비례, 무부하 운전 금지, 전동차·권상기·크레인 사용, 직권전동기의 토크는 전류의 제곱에 비례

7) 분권전동기 : 정속도 전동기, 토크는 전류에 비례 회전수의 제곱에 반비례
   정속도 특성이 유리한 곳에 사용됨

3 변압기

1) 권수비

$$권수비 : a = \frac{N_1}{N_2} = \frac{V_1}{V_2} = \frac{I_2}{I_1} = \sqrt{\frac{Z_1}{Z_2}} = \sqrt{\frac{R_1}{R_2}} = \sqrt{\frac{L_1}{L_2}}$$

정격1차 전압 = 정격2차 전압 × 권수비

2) 변압기 유기기전력

$$E = 4.44 f \Phi N$$

3) 변압기 & 발전기 규약효율

$$\eta = \frac{출력}{출력 + 손실} \times 100\ \%$$

4) 변압기의 이상검출

계전기명	특징
열동계전기	전동기의 과부하 보호용
비율차동계전기	발전기, 변압기의 내부고장 보호용
부흐홀츠계전기	변압기 권선의 층간단락보호
접지계전기	지락전류 검출, 영상변류기(ZCT)를 사용하는 계전기
역상과전류계전기	발전기의 부하 불평형 방지계전기
거리계전기	전압과 전류의 비가 일정치 이하인 경우 동작하는 계전기

5) 철손과 동손 : 철손과 동손이 같을 때 변압기는 최대 효율이 됨

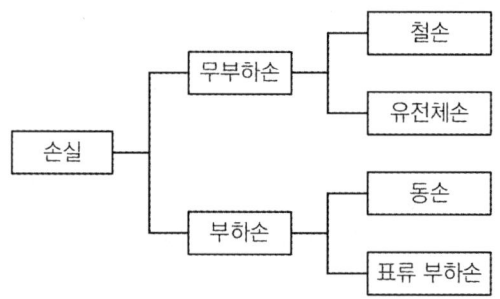

(1) 철손(고정손) : 자속의 시간적 변화로 인해 발생되는 손실로서 히스테리시스손과 와류손이 있다(히스테리시스손 : 규소강판 사용, 와류 손 : 성층철심 사용)
① 히스테리시스손 : 방지를 위해 규소강판 사용
② 맴돌이 전류손 : 방지를 위해 철심을 척층함. 부하의 변화에 따라 변하지 않는 고정손
(2) 동손(구리손) : 부하 시 구리선에서 발열로 손실하며, 부하의 변화에 따라 변하는 가변손실
(3) 임피던스 와트 : 권선의 구리손과 표유 부하손의 합

6) 시험
(1) 개방시험 : 철손
(2) 단락시험 : 동손

7) 전압 변동률

$$\epsilon = \frac{무부하전압 - 정격전압}{정격전압} \times 100\,\%$$

8) 변압기유의 구비조건

   (1) 절연 내력이 높을 것
   (2) 인화점이 높고 응고점이 낮을 것
   (3) 화학적인 영향을 받지 않을 것
   (4) 침전물이 생기지 않거나, 산화하지 않을 것
   (5) 냉각효과가 크고 비열과 열전도도가 크고 점성도가 작을 것, 변압기의 아크 방전에 의해 가장 많이 발생하는 가스는 수소

9) 변압기 병렬 운전조건

   (1) 극성이 같을 것
   (2) 권수비, 1차 및 2차 정격 전압이 같을 것
   (3) 각 변압기의 임피던스가 정격 용량에 반비례할 것
   (4) 각 변압기의 저항과 누설 리액턴스비가 같을 것

10) 측정기기

   (1) 계기용 변압기(PT) : 전압의 변성에 사용, 전압계 연결
   (2) 계기용 변류기(CT) : 전류의 변성에 사용, 전류계 연결
   (3) 영상변류기(ZCT) : 지락사고 시 영상전류검출

03 전지

1 1차 전지와 2차 전지

1) 1차 전지(망간전지 = 르클랑세 전지 = Primary Cell)

   (1) 방전 후 재사용이 불가능한 전지를 1차 전지라 한다.
   (2) 구조
      ① 양극 : 탄소막대(C)
      ② 음극 : 아연 원통(Zn)
      ③ 전해액 : 염화암모늄(NH_4Cl)

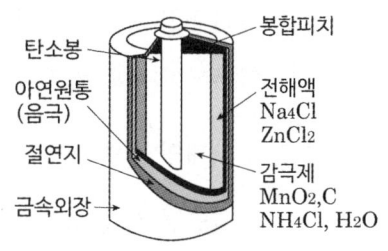

[망간건전지]

④ 기전력 : 약 1.5 [V]
⑤ 감극제 : 이산화망간(MnO_2)

2) 2차 전지(Secondary Cell)

(1) 충전을 통해서 반영구적으로 사용이 가능한 전지를 2차 전지라 한다.
(2) 종류 : 연(납) 축전지, 알칼리 축전지, 리튬이온 전지, 니켈 - 수소 전지
(3) 연(납) 축전지와 알칼리 축전지

2 연(납) 축전지와 알칼리 축전지

구분	연(납) 축전지	알칼리 축전지
구조	음극판(페이스트식), 양극판(글러스터식), 격리판	(+)극 단자, 외장제, (-)극(분말아연), 혼합물, 격리판, (+)극(이산화망간), (-)극 단자
특징	• 양극(+) : 이산화납(PbO_2) • 음극(-) : 납(Pb) • 전해액 : 묽은 황산(H_2SO_4) • 비중 : 1.2 ~ 1.24 • 공칭전압 : 2 V/cell • 공칭용량 : 10 Ah	• 양극(+) : 수산화니켈($Ni(OH)_2$) • 음극(-) : 카드뮴(Cd) • 전해액 : KOH • 비중 : 1.2 ~ 1.25 • 공칭전압 : 1.2 V/cell • 공칭용량 : 5 Ah

3 전지의 직렬 및 병렬연결

1) 전지 n개의 직렬연결

(1) 직렬연결 시 합성저항 : $R' = n \cdot r + R$ [Ω]

(2) 외부저항 R에 흐르는 전류 : $I = \dfrac{E}{R'}$, $I = \dfrac{nE}{nr + R}$ [A]

2) 전지 m개의 병렬연결

(1) 병렬연결 시 합성저항 : $R' = \dfrac{r}{m} + R$ [Ω]

(2) 외부저항 R에 흐르는 전류 : $I = \dfrac{E}{R}$, $I = \dfrac{E}{\dfrac{r}{m}+R}$ [A]

3) 비교

전지의 접속	기전력(E)	내부저항(r)	전지의 용량
직렬접속(n개 접속)	n배	n배	불변
병렬접속(m개 접속)	불변	$\dfrac{1}{m}$배	m배

4 전지의 충전방식

구분	내용
세류 충전방식	축전지의 자기방전을 보충하기 위해 부하를 제거한 상태로 늘 미소전류로 충전하는 방식(자기 방전량만 상시 충전)
균등 충전방식	부동충전방식 사용 시 Cell에서 일어나는 전위차를 균등하게 하기 위해 3주에 1회 정도 축전지 공칭전압의 120 ~ 125 %의 정전압으로 10 ~ 12시간 충전하는 방식
보통 충전방식	필요할 때마다 표준 시간율로 충전하는 방식
급속 충전방식	단시간에 2 ~ 3배의 전류로 충전하는 방식
부동 충전방식	(1) 전지의 자기방전을 보충함과 동시에 상용부하에 대한 전력공급은 충전기가 부담하도록 하되, 충전기가 부담하기 어려운 일시적인 대전류 부하는 축전지로 하여금 부담하게 하는 충전방식 (2) 회로 계통 교류 → 변압기 → 정류회로 → 필터 → 부하보상 → 부하 ↳ 전지

04 제어

1 자동제어의 개요

1) 제어의 정의
   (1) 어떤 목적의 상태나 결과를 얻기 위해 대상에 필요한 조작을 가하는 것을 말한다.
   (2) 자동제어 : 시퀀스제어, 피드백제어

2) 제어의 종류
   (1) 수동제어 : 사람의 판단으로 직접 조작하는 제어
   (2) 자동제어 : 미리 설정된 목표치에 대하여 편차 발생 시 자동적으로 출력을 제어

3) 제어의 필요 요소

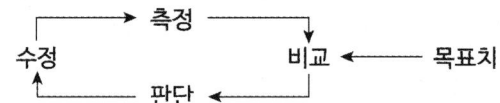

2 자동제어계의 분류

1) 목푯값에 의한 분류

구분		내용
정치제어		목푯값이 일정한 자동제어에 적용
추치제어	추종제어	미지의 임의 시간적 변화를 하는 목푯값에 제어량을 추종시키는 제어
	프로그램제어	미리 정해진 시간변화에 따라 정해진 순서대로 제어
	비율제어	목푯값이 서로 다른 어떤 양과 일정한 비율관계를 가지는 제어
	시퀀스제어	미리 정해진 순서에 따라 각 단계가 순차적으로 진행

2) 제어량에 의한 분류

구분	내용	제어량
서보기구	기계적 변위를 제어량으로 하는 변화량제어	물체의 방위, 위치, 각도 등
프로세스제어	플랜트나 생산공정 중의 상태량 제어	온도, 압력, 유량, 농도 등
자동조정제어	제어량이 전기적, 기계적 양을 제어	주파수, 전압, 전류, 회전속도, 힘 등

3) 제어동작에 의한 분류

구분		내용
불연속 제어	ON-OFF제어	단속적 제어동작
	샘플링(Sampling)	전압, 전류, 위상을 제어
연속 제어	비례제어(P제어)	잔류 편차(Off Set) 발생
	적분제어(I제어)	• 잔류 편차(Off Set) 개선 • 시간지연(속응성) 발생
	미분제어(D제어)	• 시간지연 개선, 잔류 편차(Off Set) 존재, 오차 방지 • 진동방지, 오버슈트가 커진다.
	비례적분제어(PI제어)	• 잔류 편차는 제거되지만 시간지연이 길다. • 간헐현상 존재, 지상보상 요소에 대응한다.
	비례미분제어(PD제어)	• 시간지연(응답속응성)을 개선, 잔류 편차는 있다.
	비례미분적분제어 (PID제어)	시간지연도 향상시키고 잔류 편차도 제거한 제어계로 가장 안정적인 제어계

(1) 2위치동작(ON-OFF)

설정온도에 대하여 측정온도의 높고 낮음에 의해 ON-OFF를 행하는 제어를 ON-OFF동작이라 한다.

(2) 비례동작(P동작) : $y = K_p Z$ (K_p : 비례연산자)

(3) 적분동작(I동작) : $y = K_i \int Z dt$ (K_i : 적분연산자)

(4) 미분동작(D동작) : $y = K_d \dfrac{dz}{dt}$ (K_d : 미분제어)

(5) 비례적분동작(PI동작) : $y = K_p \left(Z + \dfrac{1}{T_i} \int Z dt \right)$

(6) 비례미분동작(PD동작) : $y = K_p \left(Z + T_d \dfrac{dz}{dt} \right)$

(7) 비례적분미분동작(PID동작) : $y = K_P \left(Z + \dfrac{1}{T_i} \int Z dt + T_d \dfrac{dz}{dt} \right)$

3 제어기기 변환요소

변환량	변환요소
압력 → 변위	벨로우즈, 다이어프램, 스프링
변위 → 압력	노즐플래퍼, 유압 분사관, 스프링
변위 → 임피던스	가변저항기, 용량형 변환기
변위 → 전압	포텐셔미터, 차동변압기, 전위차계
전압 → 변위	전자석, 전자코일
빛 → 임피던스	광전관, 광전도 셀, 광전 트랜지스터
빛 → 전압	광전지, 광전 다이오드
방사선 → 임피던스	GM 관, 전리함
온도 → 임피던스	측온 저항(열선, 서미스터, 백금, 니켈)
온도 → 전압	열전대

4 제어기기의 응용

1) 조작용 기기 : 제어 대상에 직접 구동시키는 장치

구분	내용
기계식	다이어프램밸브, 클러치, 밸브 포지셔너 등
유압식	피스톤, 분사관, 안내밸브, 조작실린더 등
전기식	솔레노이드밸브, 전동밸브, 서보 전동기 등

2) 증폭용 기기

구분	내용
전기식	정지기 : SCR, 트랜지스터, 자기증폭기 등
	회전기 : 앰플리다인, 로토트롤, 다이나모 등
공기식	노즐플래퍼, 파이롯트밸브, 벨로우즈 등
유압식	분사관, 안내밸브 등

5 제어계의 종류

1) 개회로제어계

　(1) 제어동작이 출력과 상관없이 제어의 각 단계가 순차적으로 진행된다.

　(2) 구조가 간단하고, 설비비가 저렴하나 오차가 많이 생긴다.

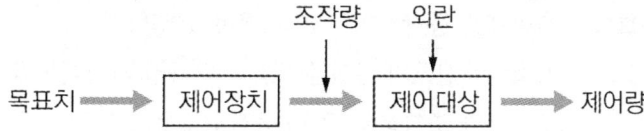

2) 폐회로제어계

　(1) 정확하고 신뢰성 있는 제어를 한다.

　(2) 출력이 목푯값과 일치하는지 여부를 항상 비교한다.

　(3) 외부 조건 변화에 대응하여 수정동작을 하는 제어계이다.

6 피드백제어

1) 피드백제어의 특성

　(1) 정확성이 증가한다.

　(2) 제어계의 특성 변화에 대한 입력 대 출력비의 감도가 감소한다.

　(3) 비선형성과 왜형에 대한 효과가 감소한다.

　(4) 감도 대역폭이 증가한다.

　(5) 발진을 일으키고 불안정한 상태로 되어가는 경향성이 있다.

2) 피드백제어계의 구성

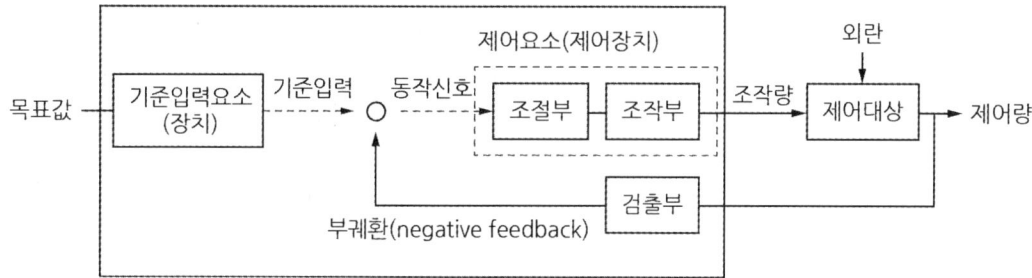

3) 피드백제어계의 요소

용어	설명
목푯값	제어량이 어떤 값을 갖도록 목표를 설정하여 외부에서 주어지는 신호
기준입력요소(장치)	목푯값을 제어할 수 있는 기준입력신호로 변환하는 장치
기준입력(신호)	제어계를 동작시키는 기준(목푯값에 비례)
동작신호	기준입력신호와 주궤환신호의 편차신호(제어동작을 일으키는 신호)
제어요소	조절부와 조작부로 구성, 동작신호를 조작량으로 변환시키는 요소
조작량	제어요소가 제어대상에 주는 양
제어량	제어대상이 속하는 양
검출부	제어대상으로부터 제어량을 검출하고 기준입력신호와 비교하는 부분

Chapter 03 소방설비

01 연소

1 연소의 3요소

1) 연소의 3요소 : 가연물, 산소공급원, 점화원

2) 연소의 4요소 : 가연물, 산소공급원, 점화원, 연쇄반응

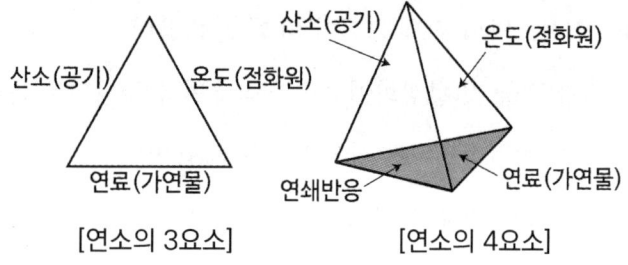

[연소의 3요소]　　　[연소의 4요소]

2 점화원(인화점, 발화점, 연소점)

1) 인화점 : 외부 에너지(점화원)에 의해 인화하기 시작하는 최저온도

2) 연소점 : 외부 에너지를 제거해도 연쇄반응을 지속할 수 있는 최저온도

3) 발화점 : 스스로 점화할 수 있는 최저온도

3 자연발화 예방대책

1) 가연성 물질 제거

2) 저장실습도 낮게 유지

3) 저장실온도 낮게 유지

4) 저장실 통풍 및 환기 유지

4 정전기 방지대책

1) 접지를 함

2) 공기를 이온화시킴

3) 제전기를 설치

4) 공기 중의 상대습도를 70 % 이상으로 함

5 가연물의 구비조건

1) 발열량이 클 것(산화되기 쉬운 물질은 발열량이 크다)

2) 표면적이 클 것(산소와의 접촉 면적이 커져 연소 용이)

3) 활성화 에너지가 작을 것(활성화에너지가 작으면 산화되기 쉬움)

4) 열전도도가 작을 것(열전도도가 작으면 열축적 용이)

5) 발열반응일 것(산소와 반응 시 반드시 발열반응)

6) 연쇄반응을 수반할 것(연소현상이 연쇄적으로 반응)

6 연소범위 영향요소

1) 온도상승 시 연소범위가 넓어짐

2) 압력상승 시 연소범위가 넓어짐(단, CO 제외)

3) 산소 농도 증가 시 연소범위가 넓어짐

4) 불활성 기체가 첨가되면 연소범위가 좁아짐

5) 연소범위가 넓을수록 폭발의 위험이 큼

02 소방시설의 종류 및 적용기준

구분	목적	종류

소화설비	물, 그 밖의 소화약제를 사용하여 소화하는 기계·기구 또는 설비	1) 소화기구
		  ① 소화기 ② 자동확산소화기
		  ③ 간이소화용구
		2) 자동소화장치
		  ① 주거용 주방 ② 상업용 주방
		  ③ 캐비닛형 ④ 가스
		  ⑤ 분말 ⑥ 고체에어로졸
		3) 옥내소화전설비(호스릴옥내소화전설비 포함)
		4) 옥외소화전설비
		5) 스프링클러설비등
		  ① 스프링클러설비
		  ② 간이스프링클러설비(캐비닛형 포함)
		  ③ 화재조기진압용 스프링클러설비
		6) 물분무등소화설비
		  ① 물분무소화설비 ② 미분무소화설비
		  ③ 포소화설비 ④ 이산화탄소소화설비
		  ⑤ 분말소화설비 ⑥ 할론 소화설비
		  ⑦ 할로겐화합물 및 불활성기체소화설비소화설비
		  ⑧ 강화액소화설비 ⑨ 고체에어로졸소화설비

경보설비	화재발생 사실을 통보하는 기계·기구 또는 설비	1) 비상경보설비(비상벨설비 및 자동식 사이렌설비) 2) 단독경보형 감지기 3) 비상방송설비 4) 자동화재 탐지설비 및 시각경보기 5) 누전경보기 6) 가스누설경보기 7) 자동화재 속보설비 8) 통합감시시설 9) 시각경보기 10) 화재알림설비

구분	목적	종류
피난 구조설비	화재가 발생할 경우 피난하기 위하여 사용하는 기구 또는 설비	1) 피난기구 　① 피난사다리　　② 구조대 　③ 완강기　　　　④ 간이완강기 등 2) 인명구조기구 　① 방열복　　　　② 방화복 　③ 공기호흡기　　④ 인공소생기 3) 유도등 　① 피난구유도등　② 통로유도등 　③ 객석유도등　　④ 피난유도선 　⑤ 유도표지 4) 비상조명등 및 휴대용 비상조명등
소화용수 설비	화재를 진압하는 데 필요한 물을 공급하거나 저장하는 설비	1) 상수도소화용수설비 2) 소화수조·저수조 그 밖의 소화용수설비
소화활동 설비	화재를 진압하거나 인명구조 활동을 위하여 사용하는 설비	1) 제연설비 2) 연결송수관설비 3) 연결살수설비 4) 비상콘센트설비 5) 무선통신보조설비 6) 연소방지설비

03 소화설비

1 소화기구

1) 소화기구의 종류 및 설치대상

   (1) 소화기구

   ① 소화약제를 압력에 따라 방사하는 기구로서 사람이 수동으로 조작하여 소화
   ② 설치대상

구분	소화기구
대상물	1) 연면적 33 m² 이상 2) 위에 해당하지 않는 국가유산 및 가스시설, 전기저장시설 3) 터널, 지하구

   (2) 소화기

   ① 물이나 소화약제를 압력에 의하여 방사하는 기구로서 사람이 조작하여 소화하는 것(소화약제에 의한 간이소화용구를 제외)으로 다음의 소화기를 말한다.

종류	기준
소형소화기	능력단위가 1단위 이상이고 대형소화기의 능력단위 미만인 소화기
대형소화기	화재 시 사람이 운반할 수 있도록 운반대와 바퀴가 설치되어 있고 능력단위가 A급 10단위 이상, B급 20단위 이상인 소화기

   ② 소화기 보행거리
   - 소형소화기 : 20 m 이내
   - 대형소화기 : 30 m 이내

③ 분말소화기
  ㉠ 소화약제 및 적응화재

적응화재	소화약제	소화효과
ABC급	제1인산암모늄($NH_4H_2PO_4$)	질식효과, 억제(부촉매) 효과
BC급	탄산수소나트륨(Na_2HCO_3)	
	탄산수소칼륨($KHCO_3$)	
	탄산수소칼륨 + 요소($KHCO_3$ + $(NH_2)_2CO$)	

  ㉡ 가압방식에 의한 분류

구분	축압식 소화기	가압식 소화기
정의	용기 중에 소화약제와 함께 소화약제의 방출원이 되는 질소 등의 압축가스를 봉입한 방식 용기 내 압력을 확인할 수 있도록 지시압력계가 부착되어 사용가능한 범위가 녹색으로 되어 있음	소화약제의 방출원이 되는 가압가스를 소화기 본체용기와는 별도의 가압용 가스용기에 충전하여 장치하고 가압용가스용기의 작동봉판을 파괴하는 등의 조작에 의하여 방출되는 가스의 압력으로 소화약제를 방사하는 방식
압력계	설치(0.7 ~ 0.98 MPa 유지)	불필요

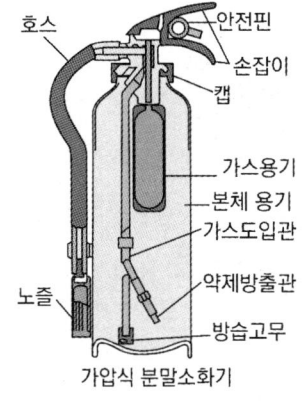

가압식 분말소화기

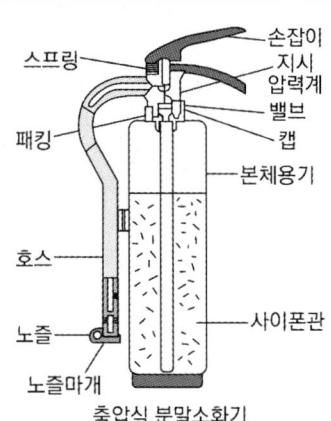

축압식 분말소화기

※ 출처 : 한국소방안전원

ⓒ 분말소화기의 내용연수

소화기의 내용연수를 10년으로 하고 내용연수가 지난 제품은 교체 또는 성능검사에 합격한 소화기는 내용연수 등이 경과한 날의 다음 달부터 다음 기간 동안 사용
- 내용연수 경과 후 10년 미만 : 3년
- 내용연수 경과 후 10년 이상 : 1년

ⓓ 분말소화기의 폐기방법

폐기물관리법에 따라 생활폐기물 신고필증을 구매·부착하여 지정된 장소에 배출(지방자치단체 조례에 따라 폐기방법이 다를 수 있음)

④ 이산화탄소소화기(순도 99.5 % 이상)

㉠ 소화약제 및 적응화재

적응화재	소화약제	소화효과
BC급	이산화탄소(액화탄산가스)	질식효과, 냉각 효과

㉡ 구조
- 본체 용기에 충전된 이산화탄소가 레버식 밸브(대형 소화기 : 핸들식)의 개폐에 의해 방사되므로 방사 중지 가능
- 밸브 본체에는 일정한 압력에서 작동하는 안전밸브 설치

 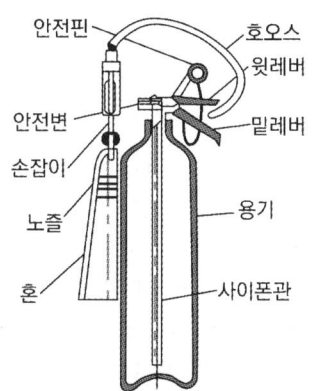

※ 출처 : 한국소방안전원

⑤ 대형 소화기의 소화약제량(소화기의 형식승인 및 제품검사 기술기준)

소화기 종류	물	강화액	포	CO_2	Halogen화합물	분말
약제량(이상)	80 L	60 L	20 L	50 kg	30 kg	20 kg

(3) 자동확산소화기

화재를 감지하여 자동으로 소화약제를 방출, 확산시켜 국소적으로 소화하는 소화기

① 일반화재용 자동확산소화기 : 보일러실, 건조실, 세탁소, 대량화기취급소 등에 설치되는 자동확산소화기

② 주방화재용 자동확산소화기 : 음식점, 다중이용업소, 호텔, 기숙사, 의료시설, 업무시설, 공장 등의 주방에 설치되는 자동확산소화기

③ 전기설비용 자동확산소화기 : 변전실, 송전실, 변압기실, 배전반실, 제어반, 분전반 등에 설치되는 자동확산소화기

(4) 간이소화용구

① 능력단위 1단위 미만의 소화용구 및 소화약제 외의 것을 이용한 소화용구

② 종류 : 에어로졸식 소화용구, 투척용 소화용구, 소공간용 소화용구, 팽창질석, 팽창진주암, 마른모래 등

③ 소화약제 외의 것을 이용한 간이소화용구의 능력단위

간이소화용구	용량	능력단위
마른 모래(삽을 상비)	50 L 이상의 것 1포	0.5단위
팽창질석 또는 팽창진주암(삽을 상비)	80 L 이상의 것 1포	0.5단위

④ 소공간용 소화용구 : 분전반과 배전반 등 체적 0.36 m³ 미만인 소공간에 적용

(5) 분체소화기(D급 소화기)

염화나트륨, 흑연, 구리 등을 주성분으로 하는 분말 또는 과립형태 물질의 소화약제를 사용하는 것으로 D급 화재용으로만 사용되는 소화기이며 소화 가능한 가연성 금속재료의 종류 및 형태, 중량, 면적이 용기에 표시되어 있다.

2) 자동소화장치

(1) 소화약제를 자동으로 방사하는 고정된 소화장치로, 법에 따른 형식승인을 받은 유효 설치 범위 이내에 설치하여 소화하는 것

(2) 종류
주거용 주방, 상업용 주방, 캐비닛형, 가스, 분말, 고체에어로졸

(3) 설치대상

구분	자동소화장치
대상물	1) 주거용 주방 : 아파트등 및 오피스텔의 모든 층 2) 상업용 주방 : 판매시설 중 대규모점포에 입점해 있는 일반음식점, 집단급식소 3) 캐비닛형·가스·분말·고체에어로졸 : 화재안전기준에서 정하는 장소

3) 소화기구 및 자동소화장치 설치기준

(1) 소화기구의 설치기준(자동확산소화기 제외)

구분	설치기준
높이	바닥으로부터 1.5 m 이하
표지판	"소화기", "투척용 소화용구", "소화용 모래", "소화질석" 표지 부착

(2) 소화기의 설치기준

구분	설치기준
층	각 층마다 설치
높이	바닥으로부터 1.5 m 이하
보행거리	소형 소화기는 20 m 이내(대형 소화기는 30 m 이내)
바닥면적	바닥면적이 33 m² 이상 구획된 각 거실(아파트 경우에는 각 세대)
능력단위가 2단위 이상 소화기 설치 특정소방대상물	간이소화용구의 능력단위가 전체능력단위의 1/2 이하일 것(노유자시설은 1/2 초과 가능)

(3) 자동확산소화기의 설치기준

① 방호대상물에 소화약제가 유효하게 방사될 수 있도록 설치할 것
② 작동에 지장이 없도록 견고하게 고정할 것

(4) 주거용 주방 자동소화장치의 설치기준

구분		설치기준
방출구		환기구의 청소부분과 분리
		형식승인 받은 유효설치 높이 및 방호면적에 따라 설치
감지부		형식승인 받은 유효한 높이 및 위치에 설치
차단장치		상시 확인 및 점검이 가능한 곳
가스용	탐지부	수신부와 분리하여 설치
		공기보다 가벼운 가스 - 천장 면으로부터 30 cm 이하
		공기보다 무거운 가스 - 바닥 면으로부터 30 cm 이하
	수신부	주위의 열기류, 습기 등과 주위온도에 영향을 받지 않고, 사용자가 상시 볼 수 있는 장소

4) 소화기구 사용 및 점검방법

(1) 분말소화기

구성	사용 및 점검방법

⑦ 봉인줄
⑥ 안전핀
⑤ 황동밸브
⑧ 지시압력계
④ 손잡이
⑨ 호스
③ 명판 라벨
② 용기
⑩ 노즐
① 용기 받침대
	1) 사용방법
	① 바람은 등지고 3 ~ 4 m 접근한다.
	② 안전핀을 뽑고 불난 곳을 향한다.
	③ 레버를 힘껏 움켜쥔다.
	④ 불난 곳을 향하여 비로 쓸 듯이 분사한다.
	2) 점검방법
	① 안전핀, 레버, 호스는 정상인가?
	② 뒤집어서 분말이 흐르는 소리가 들리는가?
	③ 외관은 깨끗하게 보관되는가?
	④ 지시압력계의 바늘은 정상에 있는가?
	  ㉠ 녹색 : 정상
	  ㉡ 황색 : 압력 부족
	  ㉢ 적색 : 과압
	3) 사용 시 주의사항
	① 월 1회 이상 거꾸로 흔들어준다.
	② 직사광선 및 습기를 피한다.
	③ 넘어뜨리거나 충격을 가하지 않는다.

(2) 자동확산소화기

자동확산소화기	점검방법
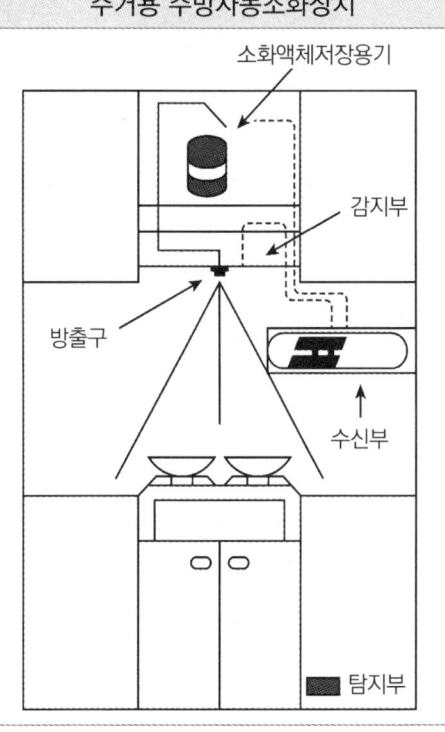	① 설치장소는 적합한가? ② 고정상태는 견고한가? ③ 외관은 깨끗하게 보관되는가? ④ 지시압력계의 바늘은 정상에 있는가? 　㉠ 녹색 : 정상 　㉡ 황색 : 압력 부족 　㉢ 적색 : 과압

(3) 주거용 주방자동소화장치

주거용 주방자동소화장치	점검방법
	① 가스누설탐지부 점검 ② 가스누설차단밸브 시험 ③ 예비전원시험 : 전원 플러그를 뽑은 상태에서 수신부의 예비전원 램프가 점등되면 정상 ④ 감지부시험 ⑤ 제어반(수신부) 점검 ⑥ 약제 저장용기 점검 : 지시압력계 점검 (녹색 : 정상)

5) 특정소방대상물별 소화기구 능력단위기준

특정소방대상물	소화기구의 능력단위(이상)
위락시설	바닥면적 30 m²마다 1단위
공연장, 집회장, 관람장, 문화유산, 장례식장 및 의료시설	바닥면적 50 m²마다 1단위
근린생활시설, 판매시설, 운수시설, 숙박시설, 노유자시설, 전시장, 공동주택, 업무시설, 방송통신시설, 공장, 창고시설, 항공기 및 자동차 관련 시설 및 관광휴게시설	바닥면적 100 m²마다 1단위
그 밖의 것	바닥면적 200 m²마다 1단위

소화기구의 능력단위를 산출함에 있어서 건축물의 주요구조부가 내화구조이고, 벽 및 반자의 실내에 면하는 부분이 불연재료·준불연재료 또는 난연재료로 된 특정소방대상물에 있어서는 위 표의 기준면적의 2배를 해당 특정소방대상물의 기준면적으로 한다.

6) 부속용도별 추가 소화기구 및 자동소화장치

용도별	소화기구의 능력단위
1. 다음 각 목의 시설 　1) 보일러실(아파트의 경우 방화구획된 것 제외)·건조실·세탁소·대량화기취급소 　2) 음식점·다중이용업소·호텔·기숙사·노유자시설·의료시설·업무시설·공장·장례식장·교육연구시설·교정 및 군사시설의 주방·교육연구시설 　3) 관리자의 출입이 곤란한 변전실·송전실·변압기실 및 배전반실 　4) 지하구의 제어반 또는 분전반	① 바닥면적 25 m²마다 능력단위 1단위 이상 ② 자동확산소화기 　• 바닥면적 10 m² 이하는 1개 　• 10 m² 초과는 2개를 설치(스프링클러·간이스프링클러·물분무등소화설비 또는 상업용 주방자동소화장치가 설치된 경우 제외) ③ 주방 　• 1개 이상은 주방화재용 소화기(K급)를 설치 ④ 제어반 또는 분전반 　• 가스·분말·고체에어로졸 자동소화장치 설치

용도별		소화기구의 능력단위
발전실·변전실·송전실·변압기실·배전반실 통신기기실·전산기기실(관리자의 출입이 곤란한 변전실·송전실·변압기실 및 배전반실은 제외)		① 바닥면적 50 m²마다 적응성소화기 1개 이상 ② 유효설치방호체적 이내 가스·분말·고체에어로졸 자동소화장치, 캐비닛형 자동소화장치
지정수량의 1/5 이상 지정수량 미만의 위험물을 저장, 취급하는 장소		① 능력단위 2단위 이상 ② 유효설치방호체적 이내의 가스·분말·고체에어로졸 자동소화장치, 캐비닛형 자동소화장치
특수가연물을 저장 또는 취급하는 장소	지정수량 이상	지정수량의 50배 이상마다 능력단위 1단위 이상
	지정수량의 500배 이상	대형 소화기 1개 이상

[화재 특성 분류]

화재분로	구분	가연물의 종류	색상	주소화효과
일반	A급	일반적인 가연물	백색	냉각
유류	B급	특수인화물, 제4류 위험물	황색	질식
전기	C급	전류가 흐르는 전기설비	청색	질식
금속	D급	가연성 금속(K, Na, Mg 등)	무색	피복
가스	E급	가연성 가스(LNG, LPG 등)	황색	제거
식용류	K(F)급	식용류	-	냉각질식

2 옥내소화전설비

1) 개요

(1) 화재 발생 시 관계인 및 자체소방대원이 화재 발생 초기에 사용하는 소화설비
(2) 구성 : 수원, 가압송수장치, 배관, 방수구, 호스, 노즐 등

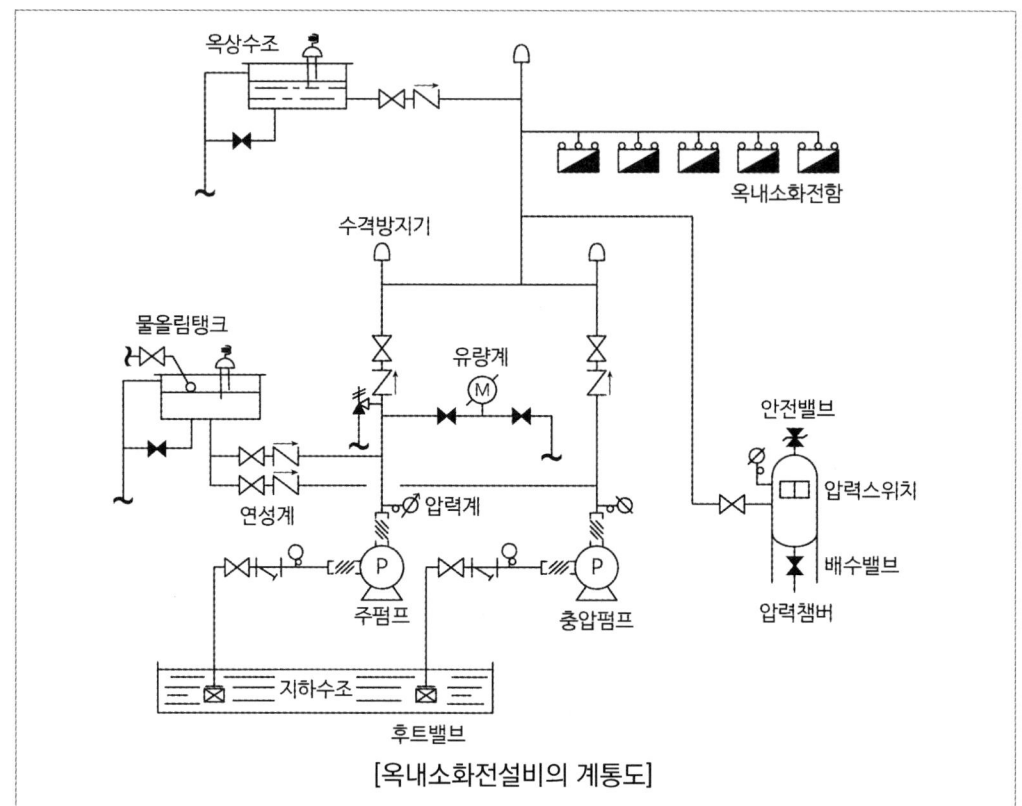

[옥내소화전설비의 계통도]

2) 설치대상

설치대상	기준
특정소방대상물(위험물 저장 및 처리시설 중 가스시설, 스프링클러설비 또는 물분무 등 소화설비 원격 조정 가능한 업무시설 중 무인변전소 제외)	• 연면적 3000 m² 이상(터널 제외) • 지하층·무창층(축사 제외)으로서 바닥면적 600 m² 이상인 층이 있는 것 • 4층 이상인 것 중 바닥면적 600 m² 이상인 층이 있는 것은 모든 층

설치대상	기준
• 근린생활시설, 판매시설, 운수시설, 의료시설, 노유자시설, 업무시설, 숙박시설, 위락시설, 공장, 창고시설, 항공기 및 자동차 관련 시설, 국방·군사시설, 방송 통신시설, 발전시설, 장례시설 • 복합건축물	• 연면적 1500 m² 이상 • 지하층·무창층 또는 4층 이상인 층 중 모든 바닥면적 300 m² 이상인 층이 있는 모든 층
옥상 설치 차고·주차장	차고·주차 용도 사용 부분 면적 200 m² 이상 해당 부분
터널	• 길이 1000 m 이상 • 예상교통량, 경사도 등 터널의 특성을 고려하여 행정안전부령으로 정하는 터널
공장 또는 창고시설	750배 이상의 특수가연물 저장·취급

3) 옥내소화전설비 수원

(1) 수원의 양

① 소화수조

> 소화수조 수원의 양 = 옥내소화전 설치 개수(최대 2개) × 2.6 m³ 이상
> • 30 ~ 49층 : 설치 개수(최대 5개) × 5.2 m³ 이상
> • 50층 이상 : 설치 개수(최대 5개) × 7.8 m 이상

㉠ 방수량 : 130 L/min 이상
㉡ 방수압력 : 0.17 MPa 이상 0.7 MPa 이하
㉢ 펌프 토출량 : 130 L/min × 설치개수
㉣ 수원의 양 : 130 L/min × 설치개수 × 20분(40분, 60분)

② 옥상수조

$$\text{옥상수조 수원의 양} = \text{수원의 양}[m^3] \times \frac{1}{3}$$

※ 유효수량 외 별도의 유효수량 1/3 이상을 옥상에 저장하여야 한다.

> [옥상수조의 설치 제외]
> 1) 지하층만 있는 건축물
> 2) 고가수조를 가압송수장치로 설치한 옥내소화전 설비
> 3) 수원이 건축물의 최상층에 설치된 방수구보다 높은 위치에 설치된 경우
> 4) 건축물의 높이가 지표면으로부터 10 m 이하인 경우
> 5) 주펌프와 동등 이상의 성능이 있는 별도의 펌프로서, 내연기관의 기동과 연동하여 작동되거나 비상전원을 연결하여 설치한 경우
> 6) 가압수조를 가압송수장치로 설치한 옥내소화전설비

4) 소방펌프의 종류

구분	주펌프	충압펌프(보조펌프)
설치목적	화재 시 규정 방수압과 유량의 소화수 공급	배관 및 부속품의 연결부의 등에서 정상적인 누수가 발생했을 때 기동하여 배관 내 압력을 채움
성능시험배관	필요	불필요

※ 예비펌프 : 주펌프의 고장, 수리 등에 대비하여 주펌프와 동등 이상의 성능을 가진 펌프로 추가 설치

5) 소방설비 배관 및 밸브

(1) 옥내소화전과 옥외소화전의 비교

구분	옥내소화전	옥외소화전
호스구경	40 mm	65 mm
노즐	13 mm	19 mm
수평거리	25 m 이하	40 m 이하

(2) 성능시험배관

구분	설치기준
설치위치	펌프의 토출 측 개폐밸브 이전에서 분기
밸브위치	유량계를 기준으로 전단 - 개폐밸브, 후단 - 유량조절밸브
유량계	펌프의 정격토출량의 175 % 이상 측정할 수 있는 성능

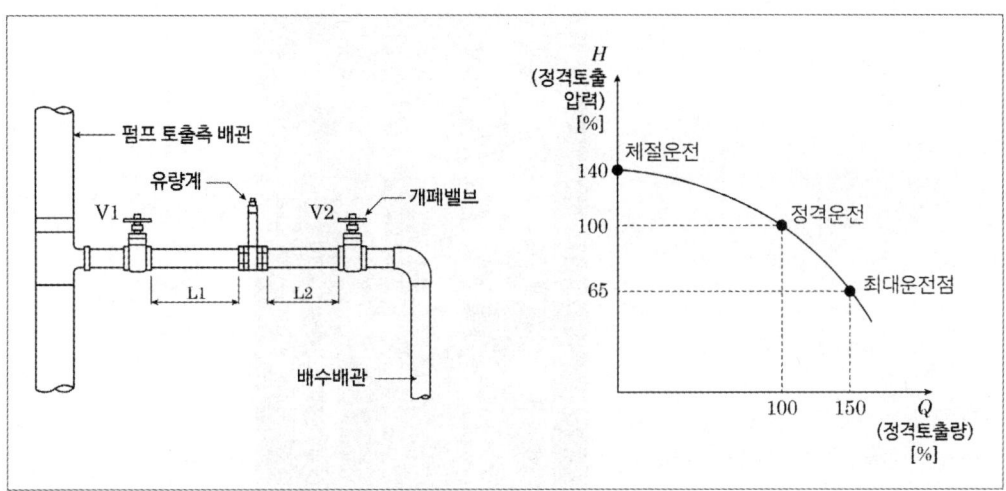

(3) 순환배관

① 설치목적 : 체절운전 시 수온이 상승하여 펌프에 무리가 발생하므로 순환배관 상의 릴리프밸브를 통해 과압을 방출하여 수온 상승과 그로 인한 캐비테이션(공동현상)을 방지하기 위해

② 분기위치 : 펌프토출 측 체크밸브 이전

③ 구경 : 20 mm 이상

④ 릴리프밸브의 작동압력 : 체절압력 미만에서 개방

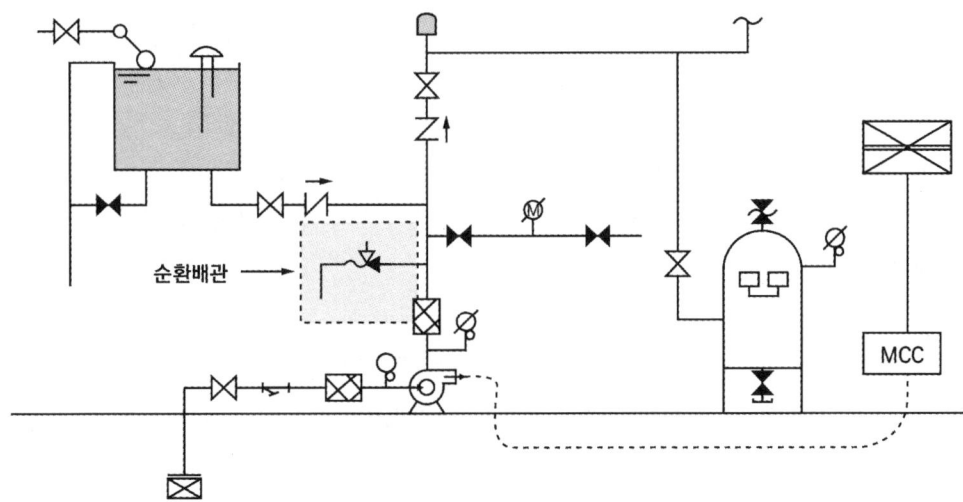

※ 출처 : 한국소방안전원

6) 옥내소화전설비 수조의 설치기준

  (1) 점검에 편리한 곳에 설치할 것

  (2) 동결방지조치를 하거나 동결의 우려가 없는 장소에 설치할 것

  (3) 수조의 외측에 수위계를 설치할 것. 다만 구조상 불가피한 경우에는 수조의 맨홀 등을 통하여 수조 안의 물의 양을 쉽게 확인할 수 있도록 하여야 할 것

  (4) 수조의 상단이 바닥보다 높은 때에는 수조의 외측에 고정식 사다리를 설치할 것

  (5) 수조가 실내에 설치된 때에는 그 실내에 조명설비를 설치할 것

  (6) 수조의 밑 부분에는 청소용 배수밸브 또는 배수관을 설치할 것

  (7) 수조의 외측의 보기 쉬운 곳에 "옥내소화전설비용 수조"라는 표시를 설치할 것

7) 옥내소화전함등의 설치기준

  (1) 소화전함

    ① 옥내소화전설비의 함에는 그 표면에 "소화전" 표시

    ② 보기 쉬운 곳에 사용요령(외국어와 시각적인 그림 포함)을 기재한 표지판 부착

    ③ 표지판을 함의 문에 붙이는 경우에는 문의 내부 및 외부에 모두 부착

(2) 방수구

구분	설치기준
위치	층마다 설치
수평거리	25 m 이하(호스릴함)
높이	0.8 m 이상 1.5 m 이하
호스구경	40 mm(호스릴 : 25 mm) 이상

(3) 표시등

구분	설치기준
소화전 위치표시등	함의 상부에 설치
펌프 기동표시등	위치표시등 바로 밑쪽에 작은 적색등

8) 기동용 수압개폐장치

  (1) 압력챔버

   ① 배관 내 압력 변동을 검지하여 자동적으로 펌프를 기동 및 정지

   ② 압력챔버 상부의 공기가 완충작용을 하여 급격한 압력변화를 방지 → 배관 내 수격 방지 및 설비 보호

  (2) 구성

   ① 기동용 수압개폐장치(압력챔버) : 용적 100 L 이상

   ② 안전밸브 : 과압방출

   ③ 압력스위치 : 압력의 증감을 전기적 신호로 변환

   ④ 배수밸브 : 압력챔버의 물 배수

   ⑤ 개폐밸브 : 점검 및 보수 시 급수 차단

   ⑥ 압력계 : 압력챔버 내 압력 표시

  (3) 작동순서

   소화전 방수구 개방 ⇨ 배관 내 수압 저하 ⇨ 압력챔버 압력 저하 ⇨ 압력스위치 작동 ⇨ 펌프 기동

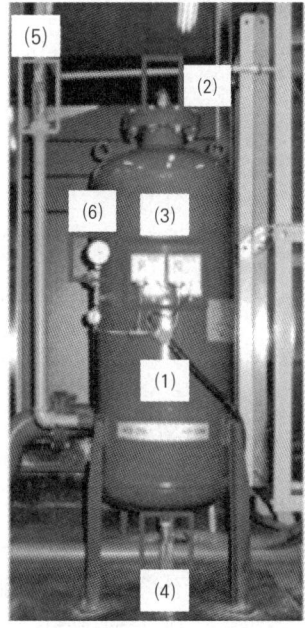

※ 출처 : 한국소방안전원

> [압력챔버의 일반적 역할]
> 1. 펌프의 자동기동 및 정지 : 압력챔버 내 수압의 변화를 감지하여 설정된 펌프의 기동 및 정지점이 될 때 펌프를 자동으로 기동 및 정지한다.
> 2. 압력변화의 완충작용 : 압력챔버 상부의 공기가 완충작용을 하여 공기의 압축 및 팽창으로 인하여 급격한 압력변화를 방지한다.
> 3. 압력변동에 따른 설비 보호 : 펌프의 기동 시 압력챔버 상부의 공기가 완충역할을 하여 주변기기의 충격과 손상을 방지한다.

(4) 전자식 기동용압력스위치

배관 관로에 설치하며 압력챔버방식에 비해 설치가 간단하다. 배관 내 압력을 압력센서에서 인식하여 기동정지의 압력값이 미세하게 세팅이 가능한 장점이 있다. 점검 및 유지보수가 용이하고 1개의 압력스위치로 2~3대의 펌프를 제어할 수 있으며 펌프기동 및 정지값을 정확하게 설정할 수 있다.

9) 물올림장치

(1) 기능

수원의 위치가 펌프보다 낮은 경우에만 설치하며, 펌프 흡입 측 배관 및 펌프에 물이 없을 경우 펌프의 공회전을 방지하기 위해 보충수를 공급

(2) 설치기준

① 물올림장치에는 전용의 탱크를 설치할 것
② 탱크의 유효수량은 100 L 이상으로 하되, 구경 15 mm 이상의 급수배관에 따라 해당 탱크에 물이 계속 보급되도록 할 것

3 옥외소화전설비

1) 개념 및 설치대상, 수원과 배관

(1) 개념

건축물의 외부에 설치하여 화재 시 외부에서 인접건축물에 대한 연소 확대 방지를 위해 화재 초기에 소화활동을 할 수 있도록 설치한 소화설비

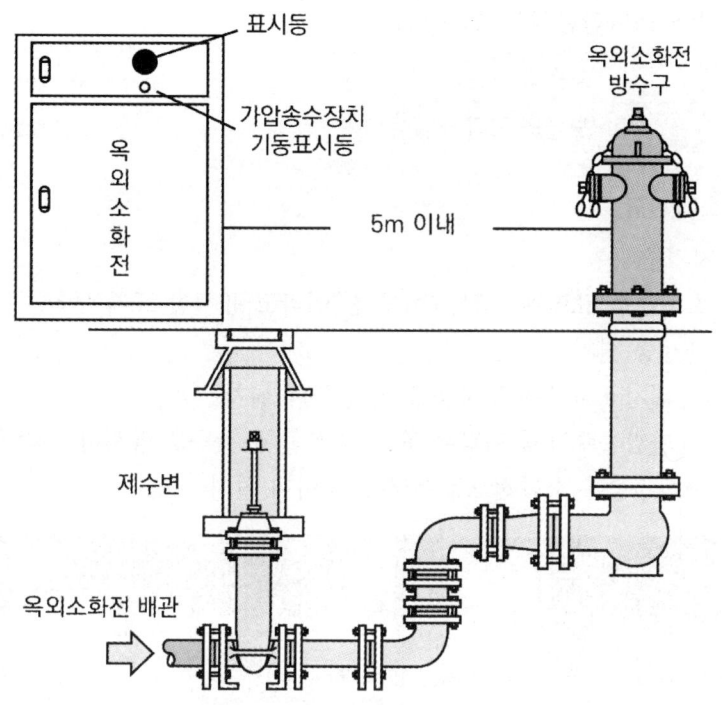

(2) 설치대상

특정소방대상물	적용기준
지상 1층 및 2층	바닥면적 합계 9000 m² 이상
보물 또는 국보로 지정된 건축물 중	목조건축물
공장 또는 창고시설	특수가연물 저장, 취급 750배 이상

(3) 수원의 양

> 수원의 양 = 옥외소화전 설치개수(최대 2개) × 7 m³

① 방수압력 : 2개의 소화전(설치개수가 1개인 경우에는 1개)을 동시 사용할 경우 각 노즐선단 방수압력 0.25 MPa 이상 0.7 MPa 이하(0.7 MPa 초과 시 감압)

② 방수량 : 350 L/min 이상

③ 펌프 토출량 : 350 L/min × 옥외소화전 설치개수(최대 2개)

④ 수원의 양 : 350 L/min × 옥외소화전 설치개수(최대 2개) × 20분

(4) 옥외소화전

① 호스접결구 : 지면으로부터 높이가 0.5 m 이상, 1 m 이하의 위치

② 수평거리 : 대상물의 각 부분으로부터 하나의 호스접결구까지 40 m 이하

③ 옥외소화전함의 호스와 노즐

호스의 구경	65 mm
노즐의 구경	19 mm

2) 옥외소화전함

(1) 설치기준

① 소화전함 표면에는 "옥외소화전"이라고 표시한 표지 부착

② 표시등 설치

㉠ 위치표시하는 표시등을 함 상부에 설치

㉡ 가압송수장치 조작부 또는 그 부근에 기동을 명시하는 적색등 설치

③ 소화전함은 소화전으로부터 5 m 이내 설치

(2) 옥외소화전함의 설치개수

옥외소화전	옥외소화전함의 개수
10개 이하	5 m 이내의 장소에 각각 1개 이상 설치
11개 이상 30개 이하	11개 이상의 소화전함을 각각 분산하여 설치
31개 이상	옥외소화전 3개마다 1개 이상 설치

4 스프링클러설비

1) 개념 및 설치대상

(1) 개념

화재 시 자동감지하여 물의 냉각 및 질식효과를 통해 자동소화하는 소화설비로서 초기소화에 절대적인 소화효과를 가지고 있으며, 조작이 비교적 간단하고 안전하다.

(2) 설치대상

설치대상	기준
• 문화 및 집회시설(동·식물원 제외) • 종교시설 • 운동시설(물놀이형 시설 및 바닥이 불연재료이고 관람석이 없는 운동시설은 제외)	• 수용인원 100명 이상 • 영화상영관 바닥면적 : 지하층·무창층 500 m²(그 외 1000 m²) 이상 • 무대부 : 지하층·무창층, 4층 이상 300 m²(그 외 500 m²) 이상
• 판매시설, 운수시설 • 창고시설(물류터미널)	• 수용인원 500명 이상 • 바닥면적 합계 5000 m² 이상
6층 이상인 특정소방대상물	전 층
• 의료시설(정신의료기관, 종합병원, 병원, 치과병원, 한방병원, 요양병원) • 노유자시설 • 숙박 가능한 수련시설 • 숙박시설 • 산후조리원, 조산원	바닥면적 합계 600 m² 이상인 것은 모든 층
지하가(터널 제외)	연면적 1000 m² 이상
기숙사(교육연구시설·수련시설 내에 있는 학생 수용을 위한 것), 복합건축물	연면적 5000 m² 이상인 모든 층
특수가연물 저장·취급 시설	지정수량 1000배 이상
랙식 창고의 높이가 10 m 초과	바닥면적 또는 랙이 설치된 부분의 합계가 1500 m² 이상인 경우 모든 층

설치대상	기준
전기저장시설, 교정 및 군사시설 중 보호감호소, 교도소, 구치소 및 그 지소, 보호관찰소, 갱생보호시설, 치료감호시설, 소년원 및 소년분류심사원의 수용거실, 보호시설(외국인보호소의 경우에는 보호대상자의 생활공간으로 한정), 유치장	-

2) 수원

(1) 헤드의 기준개수

설치장소			기준개수
지하층을 제외한 층수가 10층 이하인 소방대상물			
용도	공장	특수가연물 저장·취급하는 것	30개
		그 밖의 것	20개
	근린생활시설, 판매시설·운수시설 또는 복합건축물	판매시설 또는 복합건축물 (판매시설 설치되는 복합건축물)	30개
		그 밖의 것	20개
	그 밖의 것	헤드의 부착높이 8 m 이상의 것	20개
		헤드의 부착높이 8 m 미만의 것	10개
아파트(각 동이 주차장으로 서로 연결된 구조가 아닌 경우)			10개
지하층을 제외한 층수가 11층 이상인 소방대상물(아파트 제외)·지하가 또는 지하역사			30개

* 하나의 대상물이 2 이상의 "스프링클러헤드의 기준개수"란에 해당하는 때에는 기준개수가 많은 것을 기준으로 한다. 다만 각 기준개수에 해당하는 수원을 별도로 설치하는 경우에는 그렇지 않다.

(2) 수원의 양(폐쇄형 헤드)

$$수원량[m^3] = 헤드 기준 개수 \times 1.6 \, m^3$$

• 30 ~ 49층 : $3.2 \, m^3$, 50층 이상 : $4.8 \, m^3$

① 방수압력 : 0.1 MPa 이상, 1.2 MPa 이하
② 방수량 : 80 L/min 이상
③ 수원의 양 : 80 L/min × 헤드의 기준개수 × 20분(40분, 60분)

(3) 수원의 양(개방형 헤드)
  ① 최대 방수구역에 설치된 헤드의 개수 30개 이하 : 헤드 기준 개수 × 1.6 m³
  ② 3개 초과 : 수리계산에 따를 것
3) 스프링클러설비의 헤드
 (1) 헤드의 구조
  ① 감열체 : 정상상태에서는 방수구를 막고 있으나 열에 의해서 일정 온도 도달 시 파괴 또는 용융되어 방수구가 열려 스프링클러헤드가 작동(퓨즈블링크형, 유리벌브형)
  ② 프레임(Frame) : 헤드 나사부분과 디플렉터의 연결이음쇠
  ③ 반사판(디플렉터, Deflector) : 헤드의 방수구에서 유출되는 물을 세분화시키는 작용

[헤드의 구조]

 (2) 헤드의 종류
  ① 감열체 유무에 따른 분류

구분	특징	헤드
폐쇄형 스프링클러헤드	감열체가 일정 온도에서 자동으로 파괴, 융해되어 방수구가 개방	
개방형 스프링클러헤드	감열체가 없이 방수구가 항시 개방	

* 설치장소의 평상시 최고주위 온도에 따른 폐쇄형 스프링클러 헤드의 표시온도

설치장소의 최고 주위온도	표시온도
39 ℃ 미만	79 ℃ 미만
39 ℃ 이상 64 ℃ 미만	79 ℃ 이상 121 ℃ 미만
64 ℃ 이상 106 ℃ 미만	121 ℃ 이상 162 ℃ 미만
106 ℃ 이상	162 ℃ 이상

② 부착방식에 따른 분류

구분	특징	종류
상향형	• 반자가 없는 곳에 설치 • 분사패턴이 가장 우수 • 준비작동식, 건식에 적용	
하향형	• 반자가 있는 곳에 설치 • 습식에 적용 • 가지관 상부에서 분기하여 회향식으로 설치	
측벽형	• 실내의 벽 상부에 설치(벽의 폭이 9 m 이하인 경우) • 분사패턴은 축을 중심으로 반원상 균일 방사	

4) 배관 및 유수검지장치

(1) 배관

① 가지배관 : 스프링클러설비가 설치되어 있는 배관

㉠ 토너먼트방식이 아닐 것

㉡ 교차배관에서 분기되는 지점을 기준으로 한쪽 가지배관에 설치되는 헤드의 개수 : 8개 이하

② 교차배관 : 직접 또는 수직배관을 통하여 가지배관에 급수하는 배관

㉠ 위치 : 가지배관과 수평 또는 밑에 설치

㉡ 교차배관 끝에 청소구를 설치하고 나사보호용의 캡으로 마감

③ 배관부속품, 물올림장치, 순환배관, 펌프성능시험배관은 옥내소화전설비 준용

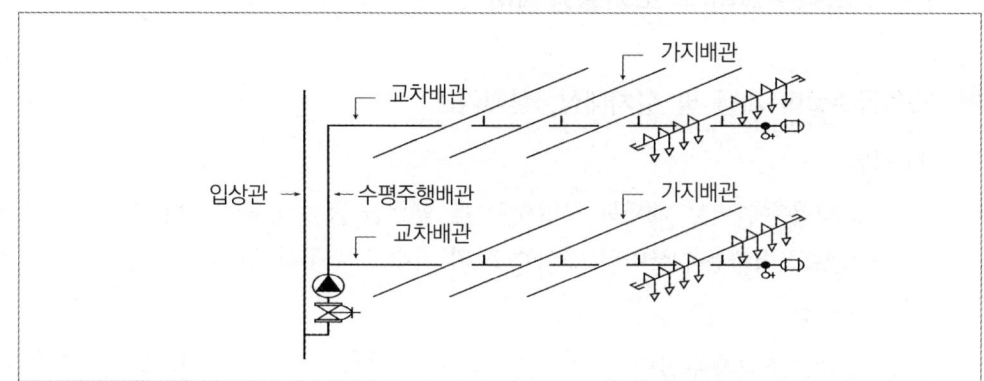

(2) 유수검지장치

배관 내의 유수현상을 자동검지하여 신호 또는 경보를 발하는 장치로 습식, 건식, 준비작동식으로 구분된다.

5) 스프링클러설비의 종류

구분	1차 측 (밸브 기준)	2차 측 (밸브 기준)	헤드 종류	밸브의 종류(명칭)	감지기 설치
습식	가압수	가압수	폐쇄형	습식 유수검지장치	×
건식	가압수	압축공기 또는 질소	폐쇄형	건식 유수검지장치	×
준비작동식	가압수	대기압	폐쇄형	준비작동식 유수검지장치	○
일제살수식	가압수	대기압	개방형	일제개방밸브 (델류지밸브)	○
부압식	가압수 (정압)	소화수 (부압)	폐쇄형	준비작동식 유수검지장치	○

04 소화용수설비 및 소화활동설비

1 소화용수설비 개념 및 설치대상, 설치기준

1) 개념
   (1) 소화용수설비는 화재를 진압하는 데 필요한 물을 공급하거나 저장하는 설비이다.
   (2) 상수도 소화용수설비와 소화수조 및 저수조로 구분된다.

2) 설치기준
   (1) 상수도소화용수설비
      ① 호칭지름 75 mm 이상의 수도배관에 호칭지름 100 mm 이상의 소화전을 접속하여야 한다.
      ② 소화전은 소방자동차 등의 진입이 쉬운 도로변 또는 공지에 설치하여야 한다.
      ③ 소화전은 특정소방대상물의 수평투영면의 각 부분으로부터 140 m 이하가 되도록 설치하여야 한다.
   (2) 소화수조 등
      ① 소방차가 2 m 이내의 지점까지 접근할 수 있는 위치에 설치하여야 한다.
      ② 소화수조 또는 저수조의 저수량은 특정소방대상물의 연면적을 기준면적으로 나누어 얻은 수(소수점 이하의 수는 1로 적용)에 20 m³를 곱한 양 이상이어야 한다.

구분	기준면적
1층 및 2층의 바닥면적 합계가 15000 m² 이상	7500 m²
그 밖의 소방대상물	12500 m²

3) 소화수조 채수구 설치기준
   (1) 소방용 호스 또는 소방용 흡수관에 구경 65 mm 이상의 나사식 결합금속구를 설치하여야 한다.

소요수량	20 m³ 이상 40 m³ 미만	40 m³ 이상 100 m³ 미만	100 m³ 이상
채수구의 수	1개	2개	3개

   (2) 지면으로부터의 높이가 0.5 m 이상 1 m 이하의 위치에 설치하고 "채수구" 표지를 하여야 한다.

4) 흡수관투입구

(1) 한 변이 0.6 m 이상이거나 직경이 0.6 m 이상인 것으로 한다.

(2) 흡수관투입구의 수

소요수량	80 m³ 미만	80 m³ 이상
흡수관투입구의 수	1개 이상	2개 이상

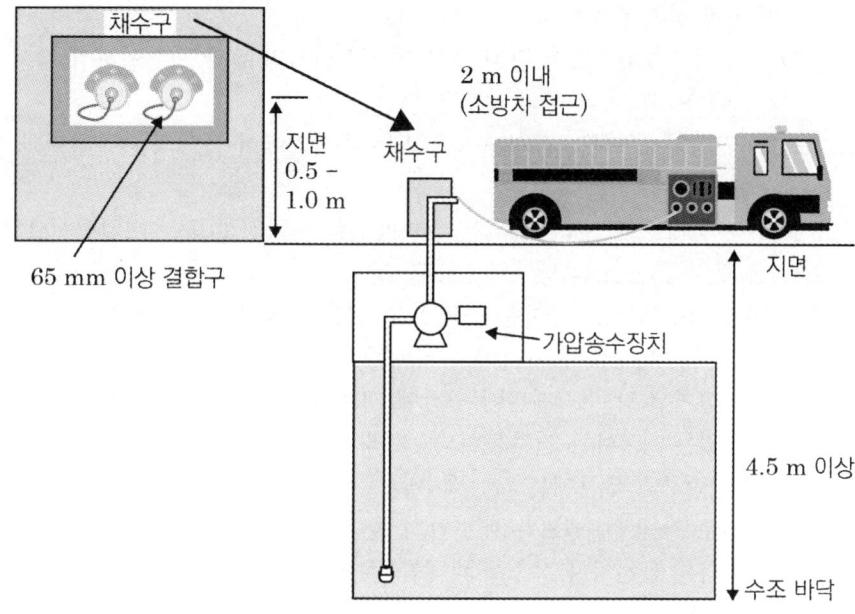

※ 출처 : 한국소방안전원

2 연결송수관설비

1) 연결송수관설비 개념 및 설치대상

(1) 개념

넓은 면적의 고층 또는 지하 건축물에 설치하며, 화재 시 소방관이 소화하는 데 사용하는 설비

(2) 구성요소 : 송수구, 방수구, 방수기구함, 배관

[연결송수관설비의 화재안전기술기준(NFTC 502)]
2.1.1 연결송수관설비의 송수구는 다음의 기준에 따라 설치해야 한다.
2.1.1.1 소방차가 쉽게 접근할 수 있고 잘 보이는 장소에 설치할 것
2.1.1.2 지면으로부터 높이가 0.5 m 이상 1 m 이하의 위치에 설치할 것

2.1.1.3 송수구는 화재층으로부터 지면으로 떨어지는 유리창 등이 송수 및 그 밖의 소화작업에 지장을 주지 않는 장소에 설치할 것

2.1.1.4 송수구로부터 연결송수관설비의 주배관에 이르는 연결배관에 개폐밸브를 설치한 때에는 그 개폐상태를 쉽게 확인 및 조작할 수 있는 옥외 또는 기계실 등의 장소에 설치할 것. 이 경우 개폐밸브에는 그 밸브의 개폐상태를 감시제어반에서 확인할 수 있도록 급수개폐밸브 작동표시 스위치(이하 "탬퍼스위치"라 한다)를 다음의 기준에 따라 설치해야 한다.

2.1.1.4.1 급수개폐밸브가 잠길 경우 탬퍼스위치의 동작으로 인하여 감시제어반 또는 수신기에 표시되어야 하며 경보음을 발할 것

2.1.1.4.2 탬퍼스위치는 감시제어반 또는 수신기에서 동작의 유무확인과 동작시험, 도통시험을 할 수 있을 것

2.1.1.4.3 탬퍼스위치에 사용되는 전기배선은 내화전선 또는 내열전선으로 설치할 것

2.1.1.5 구경 65 mm의 쌍구형으로 할 것

2.1.1.6 송수구에는 그 가까운 곳의 보기 쉬운 곳에 송수압력범위를 표시한 표지를 할 것

2.1.1.7 송수구는 연결송수관의 수직배관마다 1개 이상을 설치할 것. 다만 하나의 건축물에 설치된 각 수직배관이 중간에 개폐밸브가 설치되지 아니한 배관으로 상호 연결되어 있는 경우에는 건축물마다 1개씩 설치할 수 있다.

2.1.1.8 송수구의 부근에는 자동배수밸브 및 체크밸브를 다음의 기준에 따라 설치할 것. 이 경우 자동배수밸브는 배관안의 물이 잘빠질 수 있는 위치에 설치하되, 배수로 인하여 다른 물건이나 장소에 피해를 주지 않아야 한다.

2.1.1.8.1 습식의 경우에는 송수구·자동배수밸브·체크밸브의 순으로 설치할 것

2.1.1.8.2 건식의 경우에는 송수구·자동배수밸브·체크밸브·자동배수밸브의 순으로 설치할 것

2.1.1.9 송수구에는 가까운 곳의 보기 쉬운 곳에 "연결송수관설비송수구"라고 표시한 표지를 설치할 것

2.1.1.10 송수구에는 이물질을 막기 위한 마개를 씌울 것

2) 배관의 설치기준

　(1) 주배관의 구경 : 100 mm 이상

　(2) 지면으로부터의 높이가 31 m 이상 또는 지상 11층 이상 : 습식 설비

　(3) 주배관의 구경이 100 mm 이상인 옥내소화전설비의 배관과 겸용할 수 있다.

3) 종류

(1) 건식 : 평상시에 연결 송수관 배관 내부가 비어 있는 상태로 관리한다. 이 방식은 지면으로부터 높이가 31 m 미만인 특정소방대상물 또는 지상 11층 미만인 특정소방대상물에만 설치한다.

(2) 습식 : 건식에 비하여 습식은 관로 내부에 상시 물이 충전된 상태로 유지되며 지면으로부터 높이가 31 m 이상인 특정소방대상물 또는 지상 11층 이상인 특정소방대상물에 설치한다.

[방수구 및 방수기구함]

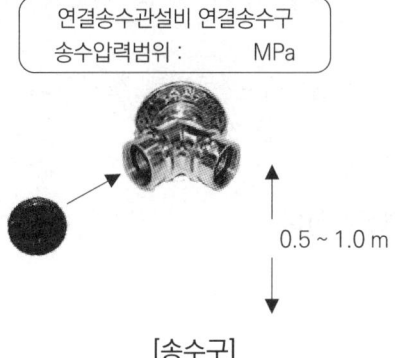

[송수구]

※ 출처 : 한국소방안전원

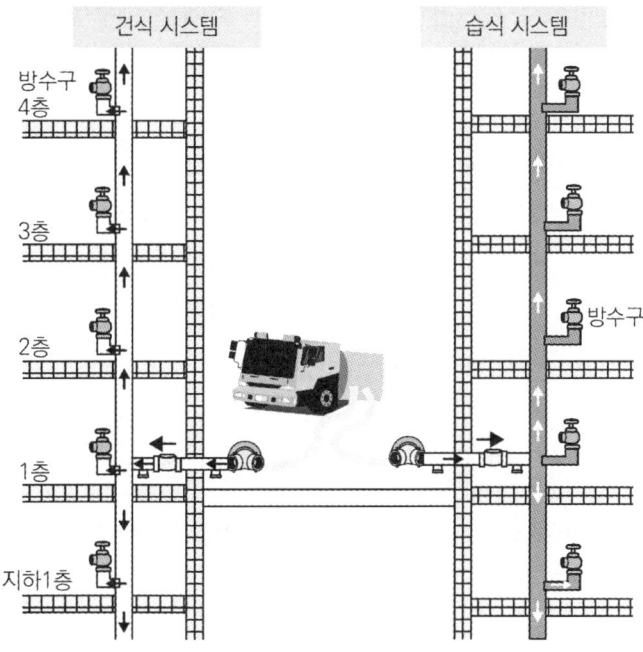

[연결송수관설비 계통도]

※ 출처 : 한국소방안전원

※ 공동주택의 화재안전기술기준[방수구 설치기준]
① 층마다 설치할 것. 다만 아파트등의 1층과 2층(또는 피난층과 그 직상층)에는 설치하지 않을 수 있다.
② 아파트등의 경우 계단의 출입구(계단의 부속실을 포함하여 계단이 2 이상 있는 경우에는 그 중 1개의 계단을 말한다)로부터 5 m 이내에 방수구를 설치하되, 그 방수구로부터 해당 층의 각 부분까지의 수평거리가 50 m를 초과하는 경우에는 방수구를 추가로 설치할 것
③ 쌍구형으로 할 것. 다만 아파트등의 용도로 사용되는 층에는 단구형으로 설치할 수 있다.
④ 송수구는 동별로 설치하되, 소방차량의 접근 및 통행이 용이하고 잘 보이는 장소에 설치할 것

3 연결살수설비

1) 개념 및 설치대상, 형태

(1) 개념

연결살수설비는 소방대의 직접 진입이 어려운 장소에 설치하여 본격 화재 시 소방대가 출동하여 송수구를 통하여 해당방호구역에 소화수를 방사하기 위한 소화활동설비이다.

(2) 설치대상

설치대상	기준
판매시설, 운수시설, 물류터미널	바닥면적 합계 1000 m² 이상인 경우에는 해당 시설
지하층	바닥면적 합계 150 m²인 경우에는 지하층의 모든 층(아파트, 학교 700 m² 이상)
가스시설 중 지상에 노출된 탱크	30톤 이상

2) 구성요소

(1) 송수구

소화설비에 소화용수를 보급하기 위하여 건물의 벽 또는 구조물에 설치하는 관

> **[연결살수설비의 화재안전기술기준(NFTC 503)]**
> 2.1 송수구 등
> 2.1.1 연결살수설비의 송수구는 다음의 기준에 따라 설치하여야 한다.
> 2.1.1.1 소방차가 쉽게 접근할 수 있고 노출된 장소에 설치할 것
> 2.1.1.2 가연성 가스의 저장·취급시설에 설치하는 연결살수설비의 송수구는 그 방호대상물로부터 20 m 이상의 거리를 두거나 방호대상물에 면하는 부분이 높이 1.5 m 이상 폭 2.5 m 이상의 철근콘크리트 벽으로 가려진 장소에 설치해야 한다.
> 2.1.1.3 송수구는 구경 65 mm의 쌍구형으로 설치할 것. 다만, 하나의 송수구역에 부착하는 살수헤드의 수가 10개 이하인 것은 단구형인 것으로 할 수 있다.
> 2.1.1.4 개방형 헤드를 사용하는 송수구의 호스접결구는 각 송수구역마다 설치할 것. 다만 송수구역을 선택할 수 있는 선택밸브가 설치되어 있고 각 송수구역의 주요구조부가 내화구조로 되어 있는 경우에는 그렇지 않다.
> 2.1.1.5 소방관의 호스연결 등 소화작업에 용이하도록 지면으로부터 높이가 0.5 m 이상 1 m 이하의 위치에 설치할 것
> 2.1.1.6 송수구로부터 주배관에 이르는 연결배관에는 개폐밸브를 설치하지 않을 것. 다만 스프링클러설비·물분무소화설비·포소화설비 또는 연결송수관설비의 배관과 겸용하는 경우에는 그렇지 않다.
> 2.1.1.7 송수구의 부근에는 "연결살수설비 송수구"라고 표시한 표지와 송수구역 일람표를 설치할 것. 다만 2.1.2에 따른 선택밸브를 설치한 경우에는 그렇지 않다.
> 2.1.1.8 송수구에는 이물질을 막기 위한 마개를 씌울 것

(2) 배관 : 가지배관의 배열은 토너먼트방식이 아니어야 하며, 한쪽 가지배관에 설치되는 헤드의 개수는 8개 이하로 하여야 함
(3) 살수헤드 : 연결살수설비 전용헤드 또는 스프링클러헤드로 설치

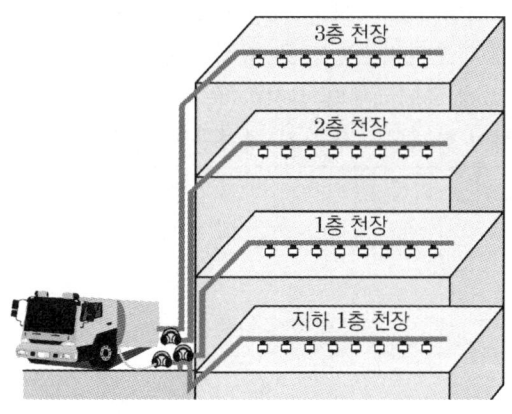

※ 출처 : 한국소방안전원

4 제연설비

1) 개념 및 설치대상

   (1) 개념

   화재 초기에 연기 등을 감지하여 화재실의 연기는 배출하고 피난경로인 복도, 계단 등에는 연기가 확산되지 않도록 거주자를 연기로부터 보호하고 안전하게 피난할 수 있도록 하며, 동시에 소방대가 소화활동을 할 수 있도록 연기를 제어하는 그 목적이 있다.

   (2) 제연설비의 설치목적

   ① 연기를 배출시켜 화재실의 연기농도를 낮추거나 청결층을 유지(거실제연설비)
   ② 부속실을 가압하여 연기유입을 제한(부속실 급기가압제연설비)
   ③ 연기에 의한 질식 방지로 피난자의 안전 도모
   ④ 소화활동을 위한 안전공간 확보

   ※ 배연설비 : 6층 이상 건축물의 거실 용도가 문화 및 집회, 판매 및 영업, 업무시설 등으로 사용하는 대상물에 배연구를 설치하여 연기를 배출함으로써 거주자의 피난을 도모

구분	거실제연설비	부속실(급기가압)제연설비
목적	인명안전, 수평피난, 소화활동	인명안전, 수직피난, 소화활동
적용	화재실(거실)	피난로(부속실, 계단실)
제연방식	급·배기방식	급기가압방식

[급기가압제연설비]
급기가압이란 가압하고자 하는 공간에 공기를 공급하여 그 공간의 가압이 다른 공간의 가압보다 높게 함으로써 "차압"을 형성하게 하는 것을 말한다. 즉 특별피난계단이 계단실 또는 부속실에 옥외로부터 신선한 공기를 공급받아 가압하여 화재공간과 일정압력의 차이를 유지하여 화재실의 연기가 제연구역 내로 침투하지 못하도록 하는 방법이다.

2) 제연구역

  (1) 제연구역의 구획기준

    ① 하나의 제연구역의 면적은 1000 m² 이내로 하여야 한다.

    ② 거실과 통로(복도를 포함)는 상호제연구획하여야 한다.

    ③ 통로상의 제연구역은 보행중심선의 길이가 60 m를 초과하지 아니하여야 한다.

    ④ 하나의 제연구역은 직경 60 m 원 내에 들어갈 수 있어야 한다.

    ⑤ 하나의 제연구역은 2개 이상 층에 미치지 아니하도록 하여야 한다.

  (2) 제연구획의 재료 및 범위

    제연구역의 구획은 보·제연경계벽(제연경계) 및 벽 화재 시 자동으로 구획되는 가동벽·방화셔터·방화문 포함)으로 하되, 다음 각 호의 기준에 적합하여야 한다.

    ① 재질은 내화재료, 불연재료 또는 제연경계벽으로 성능을 인정받은 것으로서 화재 시 쉽게 변형·파괴되지 아니하고 연기가 누설되지 않는 기밀성 있는 재료로 할 것

    ② 제연경계는 제연경계의 폭이 0.6 m 이상이고, 수직거리는 2 m 이내이어야 한다. 다만 구조상 불가피한 경우는 2 m를 초과할 수 있다.

    ③ 제연경계벽은 배연 시 기류에 따라 그 하단이 쉽게 흔들리지 아니하여야 하며, 또한 가동식의 경우에는 급속히 하강하여 인명에 위해를 주지 아니하는 구조이어야 한다.

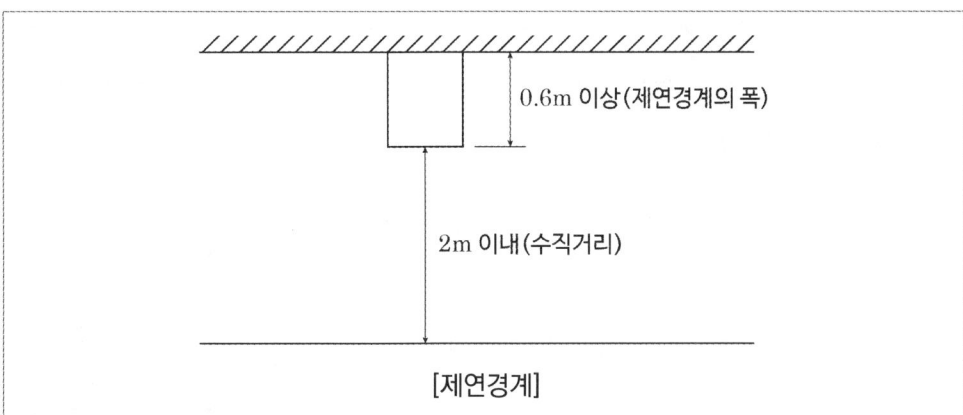

[제연경계]

  (3) 제연설비의 기동

    가동식의 벽·제연경계벽·댐퍼 및 배출기의 작동은 자동화재감지기와 연동되어야 하며, 예상제연구역 및 제어반에서 수동으로 기동이 가능하도록 하여야 한다.

3) 제연설비방식

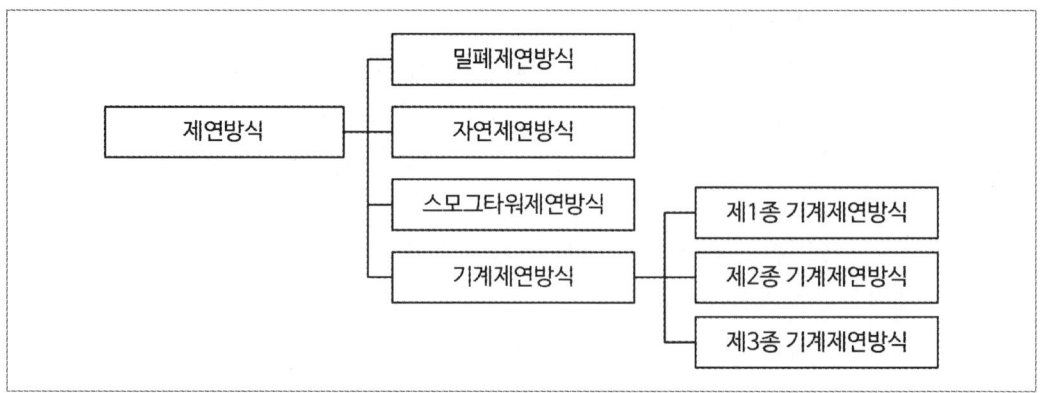

(1) 자연제연 및 스모크타워방식

자연제연방식	스모크-타워방식
창문이나 배기구를 통해서 연기를 자연적으로 배출	천장에 루프모니터 등이 바람에 의해 작동되면서 흡인력을 이용하여 제연

(2) 기계 제연방식(강제 제연방식)

종류	방식	그림설명
제1종	송풍기 + 배출기방식	

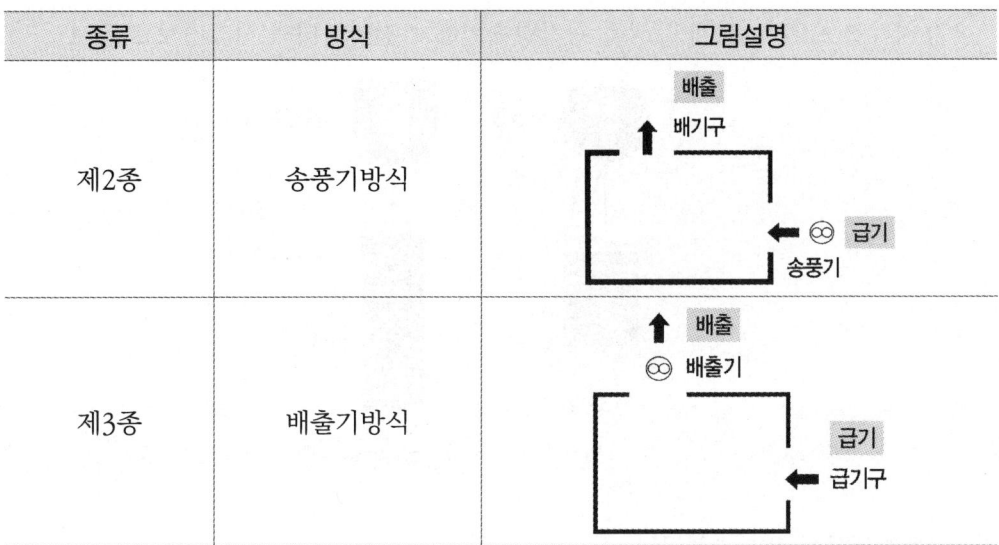

05 자동화재탐지설비

1 자동화재탐지설비

화재 발생 초기단계에서 발생하는 열, 연기, 불꽃 등을 자동적으로 감지하여 건물 내의 관계자에게 화재 발생장소를 표시하는 동시에 경보를 발하는 설비이다.

2 자동화재탐지설비 구성요소

1) 감지기 : 연소생성물을 자동적으로 감지하여 수신기에 발신

2) 발신기 : 화재 발생 신호를 수신기에 수동으로 발신

3) 중계기 : 감지기·발신기 또는 전기적 접점 등의 작동에 따른 신호를 받아 이를 수신기, 제어반에 전송

4) 수신기 : 화재신호를 직접 수신하거나 중계기를 통하여 수신하여 화재의 발생을 표시 및 경보

5) 음향장치 : 화재 발생을 음향으로 통보

6) 표시등 : 발신기 위치를 표시, 항시 점등

7) 시각경보장치 : 화재 발생을 청각장애인에게 점멸형태의 시각경보로 통보

3 자동화재탐지설비 경계구역

대상물의 화재신호를 발신하고 그 신호를 수신 및 유효하게 제어할 수 있는 구역

1) 수평적 경계구역

   (1) 하나의 경계구역이 2 이상의 건축물 및 2 이상의 층에 미치지 않을 것
       2개의 층을 하나의 경계구역으로 산정하는 경우 : 바닥의 합이 500 m² 이하
   (2) 하나의 경계구역 면적 : 600 m² 이하
       ① 한 변 길이 : 50 m 이하
       ② 주출입구에서 내부 전체 보이는 것 : 한 변 길이가 50 m의 범위 내 1000 m² 이하
         • 도로터널 : 100 m 이하로 할 것(도로터널의 화재안전기술기준 NFTC 603)
         • 지하구 : 700 m 이하로 할 것[지하구의 화재안전성능기준 NFPC 605 제13조(기존 지하구에 대한 특례) 법 제13조에 따라 기존 지하구에 설치하는 소방시설 등에 대해 강화된 기준을 적용하는 경우에는 다음의 설치·관리 관련 특례를 적용한다]

2) 수직적 경계구역

   (1) 계단·경사로(에스컬레이터 포함)는 별도의 경계구역 산정 → 45 m 이하
   (2) 엘리베이터 승강로(권상기실 포함)·린넨슈트·파이프피트 및 덕트 기타 이와 유사한 부분은 별도의 경계구역 산정 → 높이기준 없음
   (3) 지하층의 계단 및 경사로(지하층 층수 1일 경우 제외)는 별도로 경계구역 산정

3) 외기 면하는 경계구역

　차고·주차장·창고 등 : 5 m 미만의 범위 안 부분은 면적 산입 제외

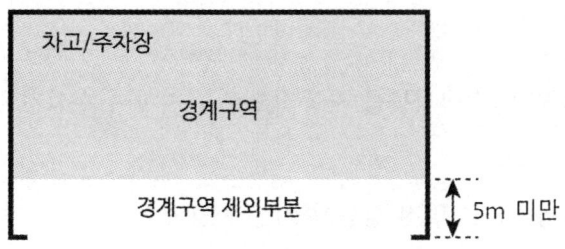

4 수신기 설치기준

1) 수신기기준
   (1) 해당 특정소방대상물의 경계구역을 각각 표시할 수 있는 회선수 이상의 수신기를 설치할 것
   (2) 해당 특정소방대상물에 가스누설탐지설비가 설치된 경우에는 가스누설탐지설비로부터 가스누설신호를 수신하여 가스누설경보를 할 수 있는 수신기를 설치할 것(가스누설탐지설비 수신부 별도 설치 시 제외)

2) 수신기 설치기준
   (1) 수위실 등 상시 사람이 근무하는 장소에 설치할 것(접근과 관리가 용이한 장소도 가능)
   (2) 수신기가 설치된 장소에는 경계구역 일람도를 비치할 것(주수신기만 해당)
   (3) 수신기의 음향기구는 그 음량 및 음색이 다른 기기의 소음 등과 명확히 구별될 것
   (4) 수신기는 감지기·중계기 또는 발신기가 작동하는 경계구역을 표시할 수 있는 것으로 할 것
   (5) 화재·가스 전기 등에 대한 종합방재반을 설치한 경우에는 해당 조작반에 수신기의 작동과 연동하여 감지기·중계기 또는 발신기가 작동하는 경계구역을 표시할 수 있는 것으로 할 것
   (6) 하나의 경계구역은 하나의 표시등 또는 하나의 문자로 표시되도록 할 것
   (7) 수신기의 조작 스위치는 바닥으로부터의 높이가 0.8 m 이상 1.5 m 이하인 장소에 설치할 것
   (8) 하나의 특정소방대상물에 2개 이상의 수신기를 설치하는 경우에는 수신기를 상호 간 연동하여 화재 발생 상황을 각 수신기마다 확인할 수 있도록 할 것

(9) 화재로 인하여 하나의 층의 지구음향장치 배선이 단락되어도 다른 층의 화재통보에 지장이 없도록 각 층 배선상에 유효한 조치를 할 것

5 감지기

화재 시 열, 연기, 불꽃, 연소생성물을 자동적으로 감지하여 수신기에 발신하는 장치

1) 열 감지기
   (1) 차동식 스포트형 : 온도 일정 상승률 이상 + 일국소
       공기팽창식 · 열기전력식 · 열반도체식
   (2) 차동식 분포형 : 온도 일정 상승률 이상 + 넓은 범위
       공기관식 · 열전대식 · 열반도체식
   (3) 정온식 스포트형 : 일정한 온도 이상 + 외관 전선 ×
   (4) 정온식 감지선형 : 일정한 온도 이상 + 외관 전선 ○
   (5) 보상식 스포트형 : 차동식 + 정온식(OR 단신호)

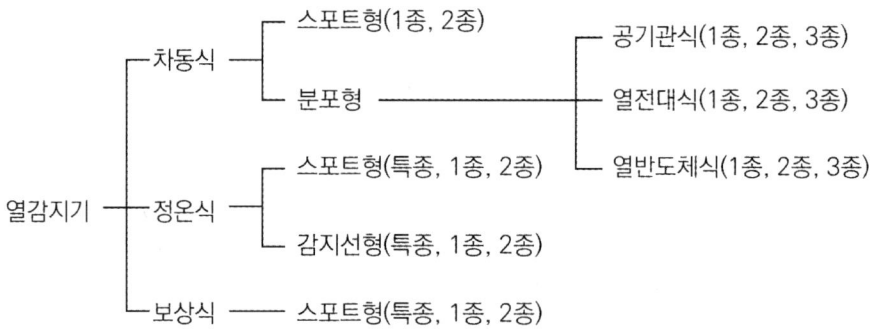

2) 연기감지기
   (1) 이온화식 스포트형 : 이온전류 변화하여 작동
   (2) 광전식 : 광전 소자에 접하는 광량의 변화로 작동
   (3) 공기흡입식(1종, 2종, 3종)

3) 불꽃감지기
   불꽃자외선식, 불꽃적외선식, 불꽃자외선 · 적외선 겸용식, 불꽃영상 분석식(옥내형, 옥내 · 옥외형, 도로형)

4) 복합형 감지기
   열복합형, 연복합형, 불꽃복합형, 열 · 연기복합형, 연기 · 불꽃복합형, 열 · 불꽃복합형, 열 · 연기 · 불꽃복합형

감지기 종류	작동원리	감지범위	특이구조
차동식 스포트형	주위 온도가 일정 상승률 이상	일국소 열	-
차동식 분포형	주위 온도가 일정 상승률 이상	넓은 범위 열 누적	-
정온식 감지선형	주위 온도가 일정한 온도 이상	일국소 열	외관이 전선
정온식 스포트형	주위 온도가 일정한 온도 이상	일국소 열	외관이 전선 아닌 것
보상식 스포트형	차동식과 정온식의 OR 동작	일국소 열	차동식 + 정온식 겸한 것
이온화식 스포트형	일정한 농도의 연기 포함 시	일국소 연기	연기에 의하여 이온전류가 변화하여 작동
광전식 스포트형	일정한 농도의 연기 포함 시	일국소 연기	-
광전식 분리형	발광부와 수광부 사이 공간에 일정 연기농도 시 작동	넓은 구획장소의 연기	발광부와 수광부로 구성된 구조
공기흡입식	감지위치의 공기를 흡입하여 공기 중 연기농도 측정	넓은 구획 장소의 연기	감지기 내부에 장착된 공기흡입장치로 감지
아날로그식	온도 또는 연기 양의 변화에 따른 전류·전압값 출력을 발하는 방식		
다신호식	1개의 감지기 내에 서로 다른 종별 또는 감도 등의 기능을 갖춘 것으로서 일정시간 간격을 두고 각각 다른 2개 이상의 화재신호를 발하는 감지기		
열·연기복합형	차동식 + 이온화식, 차동식 + 광전식, 정온식 + 이온화식, 정온식 + 광전식	AND, OR 신호에 발신	-
열복합형	차동식 + 정온식의 성능이 있는 것	AND, OR 신호에 발신	-
연복합형	이온화식 + 광전식의 성능이 있는 것	AND, OR 신호에 발신	-
단독경보형	감지기에 음향장치가 내장되어 일체		

6 감지기 설치 제외 장소

1) 천장 또는 반자의 높이가 20 m 이상인 장소(단, 부착 높이에 따라 적응성이 있는 장소 제외)

2) 헛간 등 외부와 기류가 통하는 장소로서 감지기에 따라 화재 발생을 유효하게 감지할 수 없는 장소

3) 부식성 가스가 체류하고 있는 장소

4) 고온도 및 저온도로서 감지기의 기능이 정지되기 쉽거나 감지기의 유지·관리가 어려운 장소

5) 목욕실·욕조나 샤워시설이 있는 화장실·기타 이와 유사한 장소

6) 파이프덕트 등 이와 유사장소로서 2개 층마다 방화구획된 것이나 수평단면적이 5 m² 이하인 것

7) 먼지·가루 또는 수증기가 다량 체류 장소 또는 주방 등 평상시 연기 발생 장소(연기감지기에 한함)

8) 프레스공장·주조공장 등 화재 발생 위험이 적은 장소로서 감지기의 유지관리가 어려운 장소

건·축·설·비·기·사

Part 03
건축설비 관련법규

Chapter 01 건축법규

01 건축법(법률, 시행령, 시행규칙)

1 건축

1) 정의

(1) 건축물 : 토지에 정착(定着)하는 공작물 중 지붕과 기둥 또는 벽이 있는 것과 이에 딸린 시설물, 지하나 고가(高架)의 공작물에 설치하는 사무소·공연장·점포·차고·창고

(2) 건축설비 : 건축물에 설치하는 전기·전화 설비, 초고속 정보통신 설비, 지능형 홈네트워크설비, 가스·급수·배수(配水)·배수(排水)·환기·난방·냉방·소화(消火)·배연(排煙) 및 오물처리의 설비, 굴뚝, 승강기, 피뢰침, 국기 게양대, 공동시청 안테나, 유선방송 수신시설, 우편함, 저수조(貯水槽), 방범시설

(3) 지하층 : 건축물의 바닥이 지표면 아래에 있는 층으로서 바닥에서 지표면까지 평균높이가 해당 층 높이의 2분의 1 이상인 것

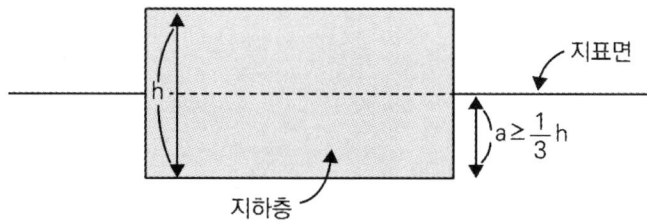

(4) 거실 : 건축물 안에서 거주, 집무, 작업, 집회, 오락, 그 밖에 이와 유사한 목적을 위하여 사용되는 방

(5) 주요구조부 : 내력벽(耐力壁), 기둥, 바닥, 보, 지붕틀 및 주계단(主階段)

(6) 건축 : 건축물을 신축·증축·개축·재축(再築)하거나 건축물을 이전하는 것

① 신축 : 건축물이 없는 대지에 새로 건축물을 축조(築造)하는 것

② 증축 : 기존 건축물이 있는 대지에서 건축물의 건축면적, 연면적, 층수 또는 높이를 늘리는 것

③ 개축 : 기존 건축물의 전부 또는 일부[(내력벽·기둥·보·지붕틀) 중 셋 이상이 포함되는 경우]를 해체하고 그 대지에 종전과 같은 규모의 범위에서 건축물을 다시 축조하는 것

④ 재축 : 건축물이 천재지변이나 그 밖의 재해(災害)로 멸실된 경우 그 대지에 다시 축조하는 것

(7) 대수선 : 건축물의 기둥, 보, 내력벽, 주계단 등의 구조나 외부 형태를 수선·변경하거나 증설하는 것으로 증축, 개축, 재축 이외 다음에 해당하는 것

① 내력벽을 증설 또는 해체하거나 그 벽면적을 30제곱미터 이상 수선 또는 변경하는 것

② 기둥을 증설 또는 해체하거나 세 개 이상 수선 또는 변경하는 것

③ 보를 증설 또는 해체하거나 세 개 이상 수선 또는 변경하는 것

④ 지붕틀을 증설 또는 해체하거나 세 개 이상 수선 또는 변경하는 것

⑤ 방화벽 또는 방화구획을 위한 바닥 또는 벽을 증설 또는 해체하거나 수선 또는 변경하는 것

⑥ 주계단·피난계단 또는 특별피난계단을 증설 또는 해체하거나 수선 또는 변경하는 것

⑦ 다가구주택의 가구 간 경계벽 또는 다세대주택의 세대 간 경계벽을 증설 또는 해체하거나 수선 또는 변경하는 것

⑧ 건축물의 외벽에 사용하는 마감재료를 증설 또는 해체하거나 벽면적 30제곱미터 이상 수선 또는 변경하는 것

(8) 리모델링 : 건축물의 노후화를 억제하거나 기능 향상 등을 위하여 대수선하거나 건축물의 일부를 증축 또는 개축하는 행위

(9) 발코니 : 건축물의 내부와 외부를 연결하는 완충공간으로서 전망이나 휴식 등의 목적으로 건축물 외벽에 접하여 부가적(附加的)으로 설치되는 공간

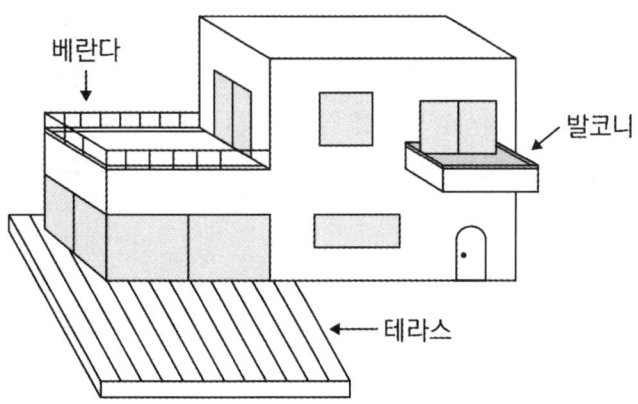

⑩ 다중이용 건축물과 준다중이용 건축물
  ① 다중이용건축물
    ㉠ 문화 및 집회시설(동물원 및 식물원 제외), 종교시설, 판매시설, 운수시설 중 여객용 시설, 의료시설 중 종합병원, 관광숙박시설 중 바닥 합 5천 제곱미터 이상인 건축물
    ㉡ 16층 이상인 건축물
  ② 준다중이용 건축물 : 다중이용건축물 ㉠과 교육연구시설, 노유자시설, 운동시설, 위락시설, 장례시설 중 바닥 합 1천 제곱미터 이상인 건축물

2) 리모델링이 쉬운 구조
  (1) 각 세대는 인접한 세대와 수직 또는 수평 방향으로 통합하거나 분할할 수 있을 것
  (2) 구조체에서 건축설비, 내부 마감재료 및 외부 마감재료를 분리할 수 있을 것
  (3) 개별 세대 안에서 구획된 실(室)의 크기, 개수 또는 위치 등을 변경할 수 있을 것

3) 초고층 건축물
  (1) 초고층 및 지하연계 복합건축물 재난관리에 관한 특별법에 정의 : 층수가 50층 이상 또는 높이가 200미터 이상인 건축물
  (2) 층수 및 높이에 따른 건축물의 분류

구분	층수	높이
고층건축물	30층 이상	120 m 이상
준초고층건축물	30층 이상 ~ 50층 미만	120 m 이상 ~ 200 m 미만
초고층건축물	50층 이상	200 m 이상

4) 상세시공도면 작성 요청
  (1) 대통령령으로 정하는 용도 또는 규모의 공사의 공사감리자는 필요하다고 인정되면 공사시공자에게 상세시공도면을 작성하도록 요청할 수 있다.
  (2) 대통령령으로 정하는 용도 또는 규모의 공사 : 연면적의 합계가 5천 제곱미터 이상인 건축공사이다.

5) 지능형 건축물의 인증
  (1) 국토교통부장관은 지능형건축물의 건축을 활성화하기 위하여 지능형 건축물 인증제도를 실시한다.
  (2) 국토교통부장관은 지능형건축물의 인증을 위하여 인증기관을 지정할 수 있다.
  (3) 지능형 건축물의 인증을 받으려는 자는 인증기관에 인증을 신청하여야 한다.

(4) 국토교통부장관은 건축물을 구성하는 설비 및 각종 기술을 최적으로 통합하여 건축물의 생산성과 설비 운영의 효율성을 극대화할 수 있도록 다음 각 호의 사항을 포함하여 지능형건축물 인증기준을 고시한다.
① 인증기준 및 절차
② 인증표시 홍보기준
③ 유효기간
④ 수수료
⑤ 인증 등급 및 심사기준 등

(5) 인증기관의 지정기준, 지정절차 및 인증신청절차 등에 필요한 사항은 국토교통부령으로 정한다.

(6) 허가권자는 지능형 건축물로 인증을 받은 건축물에 대하여 조경설치면적을 100분의 85까지 완화하여 적용할 수 있으며, 용적률 및 건축물의 높이를 100분의 115의 범위에서 완화하여 적용할 수 있다.

6) 건축기준 허용오차
(1) 대지 관련 건축기준의 허용오차

항목	허용되는 오차의 범위
건축선의 후퇴거리	3퍼센트 이내
인접대지 경계선과의 거리	3퍼센트 이내
인접건축물과의 거리	3퍼센트 이내
건폐율	0.5퍼센트 이내(건축면적 5제곱미터를 초과할 수 없다)
용적률	1퍼센트 이내(연면적 30제곱미터를 초과할 수 없다)

(2) 건축물 관련 건축기준의 허용오차

항목	허용되는 오차의 범위
건축물 높이	2퍼센트 이내(1미터를 초과할 수 없다)
평면길이	2퍼센트 이내(건축물 전체길이는 1미터를 초과할 수 없고, 벽으로 구획된 각 실의 경우에는 10센티미터를 초과할 수 없다)
출구너비	2퍼센트 이내
반자높이	2퍼센트 이내
벽체두께	3퍼센트 이내
바닥판두께	3퍼센트 이내

7) 건축물의 용도 분류 : 건축물의 종류를 유사한 구조, 이용 목적 및 형태별로 묶어 분류한 것
   (1) 단독주택
      ① 단독주택
      ② 다중주택
         ㉠ 1개 동 바닥면적 합계가 660제곱미터 이하이고 3개 층 이하(지하층 제외)
         ㉡ 학생 또는 직장인 등 여러 사람이 장기간 거주할 수 있는 구조
         ㉢ 독립된 주거의 형태를 갖추지 않은 것
      ③ 다가구주택
         ㉠ 1개 동 바닥면적 합계가 660제곱미터 이하이고 3개 층 이하(지하층 제외)
         ㉡ 19세대 이하
      ④ 공관(公館)
   (2) 공동주택
      ① 아파트 : 주택으로 쓰는 층수가 5개 층 이상
      ② 연립주택 : 주택으로 쓰는 1개 동의 바닥면적 합계가 660제곱미터를 초과하고 층수가 4개 층 이하
      ③ 다세대주택 : 주택으로 쓰는 1개 동의 바닥면적 합계가 660제곱미터 이하이고 층수가 4개 층 이하
      ④ 기숙사
   (3) 제1종 근린생활시설
      ① 일용품을 판매하는 소매점 : 바닥면적 합계 1천 제곱미터 미만
      ② 휴게음식점, 제과점 등 : 바닥면적 합계 300제곱미터 미만
      ③ 이용원, 미용원, 목욕장, 세탁소 등
      ④ 의원, 치과의원, 한의원, 침술원, 접골원(接骨院), 조산원, 안마원, 산후조리원 등
      ⑤ 탁구장, 체육도장 : 바닥면적의 합계가 500제곱미터 미만인 것
      ⑥ 공공업무를 수행하는 시설 : 바닥면적의 합계 1천 제곱미터 미만인 것
      ⑦ 변전소, 도시가스배관시설, 통신용 시설(바닥면적의 합계 1천 제곱미터 미만인 것), 에너지공급·통신서비스제공이나 급수·배수와 관련된 시설
      ⑧ 일반업무시설 바닥 30제곱미터 미만인 것
      ⑨ 전기자동차 충전소
      ⑩ 동물병원, 동물미용실 : 바닥면적의 합계 300제곱미터 미만
   (4) 제2종 근린생활시설
      ① 공연장 : 바닥면적의 합계 500제곱미터 미만

② 종교집회장 : 바닥면적의 합계 500제곱미터 미만

③ 자동차영업소 : 바닥면적의 합계 1천 제곱미터 미만

④ 서점

⑤ 총포판매소

⑥ 사진관, 표구점

⑦ 청소년게임제공업소 등 : 바닥면적의 합계 500제곱미터 미만

⑧ 휴게음식점 등 : 바닥면적의 합계 300제곱미터 이상

⑨ 일반음식점

⑩ 장의사, 동물병원, 동물미용실

⑪ 학원, 교습소, 직업훈련소 : 바닥면적의 합계 500제곱미터 미만

⑫ 독서실, 기원

⑬ 주민의 체육 활동을 위한 시설 : 바닥면적의 합계 500제곱미터 미만

⑭ 일반업무시설 : 바닥면적의 합계 500제곱미터 미만

　㉠ 다중생활시설 : 바닥면적의 합계 500제곱미터 미만

　㉡ 단란주점 : 바닥면적의 합계 150제곱미터 미만

　㉢ 안마시술소, 노래연습장

(5) 문화 및 집회시설

① 공연장(제2종 근린생활시설에 해당하지 않는 것)

② 집회장(제2종 근린생활시설에 해당하지 않는 것)

③ 관람장

④ 전시장

⑤ 동·식물원

(6) 종교시설

(7) 판매시설

(8) 운수시설

(9) 의료시설

(10) 교육연구시설

① 학교

② 교육원

③ 직업훈련소

④ 학원, 교습소

⑤ 연구소

⑥ 도서관
⑾ 노유자(老幼者 : 노인 및 어린이)시설
⑿ 수련시설(유스호스텔은 수련시설)
⒀ 운동시설
⒁ 업무시설
⒂ 숙박시설
　① 일반숙박시설 및 생활숙박시설
　② 관광숙박시설(관광 호텔, 수상관광 호텔, 한국전통 호텔, 가족 호텔, 호스텔, 소형 호텔, 의료관광 호텔, 휴양 콘도미니엄)
　③ 다중생활시설(제2종 근린생활시설에 해당하지 아니하는 것)
⒃ 위락(慰樂)시설
⒄ 공장
⒅ 창고시설
⒆ 위험물 저장 및 처리 시설
⒇ 자동차 관련 시설
(21) 동물 및 식물 관련 시설
(22) 자원순환 관련 시설
(23) 교정(矯正)시설
(23-2) 국방·군사시설
(24) 방송통신시설
(25) 발전시설
(26) 묘지 관련 시설
　① 화장시설
　② 봉안당(종교시설에 해당하는 것 제외)
　③ 묘지와 자연장지에 부수되는 건축물
　④ 동물화장시설, 동물건조장시설 및 동물 전용의 납골시설
(27) 관광휴게시설
(28) 장례시설
　① 장례식장
　② 동물 전용의 장례식장
(29) 야영장시설

2 건축허가

1) 특별시장 또는 광역시장의 허가를 받아야 하는 건축물 : 층수가 21층 이상이거나 연면적의 합계가 10만 제곱미터 이상인 건축물의 건축

2) 설계자로부터 구조 안전의 확인 서류를 받아 허가권자에게 제출해야 하는 경우
   (1) 층수가 2층[주요구조부인 기둥과 보를 설치하는 건축물로서 그 기둥과 보가 목재인 목구조 건축물(이하 "목구조 건축물"이라 한다)의 경우에는 3층] 이상인 건축물
   (2) 연면적이 200제곱미터(목구조 건축물의 경우에는 500제곱미터) 이상인 건축물. 다만 창고, 축사, 작물 재배사는 제외한다.
   (3) 높이가 13미터 이상인 건축물
   (4) 처마높이가 9미터 이상인 건축물
   (5) 기둥과 기둥 사이의 거리가 10미터 이상인 건축물
   (6) 건축물의 용도 및 규모를 고려한 중요도가 높은 건축물로서 국토교통부령으로 정하는 건축물
   (7) 국가적 문화유산으로 보존할 가치가 있는 건축물로서 국토교통부령으로 정하는 것

3) 건축허가신청에 필요한 설계도서
   (1) 건축계획서
   (2) 배치도
      ① 축척 및 방위
      ② 대지에 접한 도로의 길이 및 너비
      ③ 대지의 종·횡단면도
      ④ 건축선 및 대지경계선으로부터 건축물까지의 거리
      ⑤ 주차동선 및 옥외주차계획
      ⑥ 공개공지 및 조경계획
   (3) 평면도
   (4) 입면도
   (5) 단면도
   (6) 구조도(구조안전 확인 또는 내진설계 대상 건축물에 한함)
   (7) 구조계산서(구조안전 확인 또는 내진설계 대상 건축물에 한함)
   (8) 소방설비도

4) 건축신고 : 다음에 해당하는 허가 대상 건축물인 경우에는 미리 신고를 하면 건축허가를 받은 것으로 본다.
   → 바닥면적의 합계가 85제곱미터 이내의 증축·개축 또는 재축(다만 3층 이상인 경우에는 바닥면적의 합계가 건축물 연면적의 10분의 1 이내인 경우로 한정)

5) 허가대상(용도 변경) : 상위 시설군(번호가 작은)에 해당하는 용도로 변경하는 경우
   ① 자동차 관련 시설군
      자동차 관련 시설
   ② 산업 등 시설군
      ㉠ 운수시설
      ㉡ 창고시설
      ㉢ 공장
      ㉣ 위험물저장 및 처리시설
      ㉤ 자원순환 관련 시설
      ㉥ 묘지 관련 시설
      ㉦ 장례시설
   ③ 전기통신시설군
      ㉠ 방송통신시설
      ㉡ 발전시설
   ④ 문화집회시설군
      ㉠ 문화 및 집회시설
      ㉡ 종교시설
      ㉢ 위락시설
      ㉣ 관광휴게시설
   ⑤ 영업시설군
      ㉠ 판매시설
      ㉡ 운동시설
      ㉢ 숙박시설
      ㉣ 제2종 근린생활시설 중 다중생활시설
   ⑥ 교육 및 복지시설군
      ㉠ 의료시설
      ㉡ 교육연구시설

ⓒ 노유자시설(老幼者施設)
  ⓔ 수련시설
  ⓘ 야영장시설
⑦ 근린생활시설군
  ⓐ 제1종 근린생활시설
  ⓑ 제2종 근린생활시설(다중생활시설은 제외)
⑧ 주거업무시설군
  ⓐ 단독주택
  ⓑ 공동주택
  ⓒ 업무시설
  ⓔ 교정시설
  ⓘ 국방·군사시설
⑨ 그 밖의 시설군
  ⓐ 동물 및 식물 관련 시설

3 설치

1) 직통계단

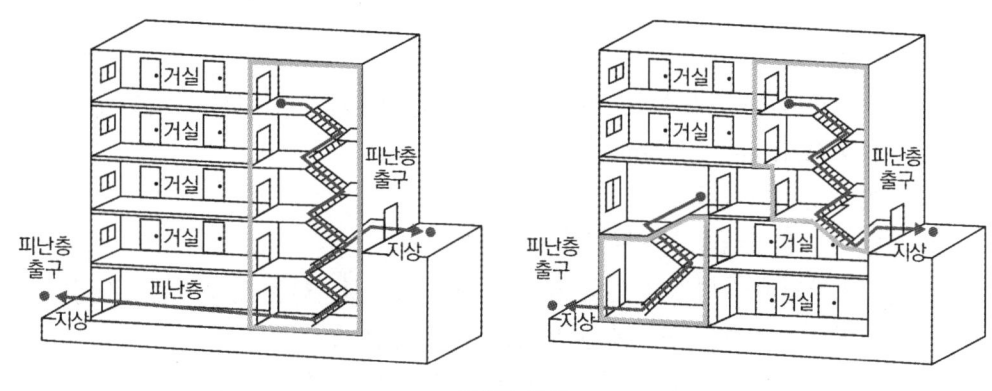

[직통계단]

(1) 건축물의 피난층 외의 층에서는 피난층 또는 지상으로 통하는 직통계단을 거실의 각 부분으로부터 계단에 이르는 보행거리가 30미터 이하가 되도록 설치해야 한다.
(2) 다만 건축물의 주요구조부가 내화구조 또는 불연재료로 된 건축물은 그 보행거리가 50미터 이하가 되도록 설치할 수 있다.

⑶ 자동화 생산시설에서 스프링클러 등 자동식 소화설비를 설치한 공장으로써 국토교통부령으로 정하는 공장인 경우에는 그 보행거리가 75미터 이하가 되도록 설치할 수 있다.
⑷ 초고층 건축물에는 피난층 또는 지상으로 통하는 직통계단과 직접 연결되는 피난안전구역을 지상층으로부터 최대 30개 층마다 1개소 이상 설치하여야 한다.

2) 개방공간

바닥면적의 합계가 3천 제곱미터 이상인 공연장·집회장·관람장 또는 전시장을 지하층에 설치하는 경우에는 각 실에 있는 자가 지하층 각 층에서 건축물 밖으로 피난하여 옥외계단 또는 경사로 등을 이용하여 피난층으로 대피할 수 있도록 천장이 개방된 외부 공간을 설치하여야 한다.

3) 피난 옥상광장
⑴ 5층 이상인 층이 제2종 근린생활시설, 문화 및 집회시설(전시장, 동·식물원 제외), 종교시설, 판매시설, 위락시설, 장례시설의 용도로 쓰는 경우
⑵ 층수가 11층 이상인 건축물로서 11층 이상인 층의 바닥면적의 합계가 1만 제곱미터 이상인 건축물의 옥상에는 피난 용도로 쓸 수 있는 광장을 설치해야 한다.
㉠ 평지붕 : 헬리포트를 설치하거나 헬리콥터를 통하여 인명 등을 구조할 수 있는 공간
㉡ 경사지붕 : 경사지붕 아래에 설치하는 대피공간

4) 대피공간

공동주택 중 아파트로서 4층 이상인 층의 각 세대가 2개 이상의 직통계단을 사용할 수 없는 경우 발코니에 설치해야 한다.
⑴ 바깥의 공기와 접할 것
⑵ 실내의 다른 부분과 방화구획으로 구획될 것
⑶ 대피공간의 바닥면적은 인접 세대와 공동으로 설치하는 경우에는 3제곱미터 이상, 각 세대별로 설치하는 경우에는 2제곱미터 이상일 것
⑷ 대피공간으로 통하는 출입문은 제64조 제1항 제1호에 따른 60분+ 방화문으로 설치할 것
⑸ 국토교통부장관이 정하는 기준에 적합할 것

5) 배연설비(층수가 6층 이상)
⑴ 제2종 근린생활시설
⑵ 문화 및 집회시설
⑶ 종교시설

⑷ 판매시설
⑸ 운수시설
⑹ 의료시설(요양병원, 정신병원 제외)
⑺ 연구소
⑻ 아동 관련 시설, 노인복지시설(노인요양시설 제외)
⑼ 유스호스텔
⑽ 운동시설
⑾ 업무시설
⑿ 숙박시설
⒀ 위락시설
⒁ 관광휴게시설
⒂ 장례시설

6) 공동주택의 경계벽

기숙사의 침실, 의료시설의 병실, 교육연구시설 중 학교의 교실, 숙박시설의 객실

7) 차면시설

인접 대지경계선으로부터 직선거리 2미터 이내에 이웃 주택의 내부가 보이는 창문을 설치하는 경우

8) 건축설비 설치

(1) 원칙
① 건축설비의 설치에 관한 기술적 기준 : 국토교통부령
② 에너지 이용 합리화와 관련한 건축설비의 기술적 기준 : 산업통상자원부장관과 협의
③ 연면적이 500제곱미터 이상인 건축물의 대지 : 전기사업자가 전기를 배전하는 데 필요한 전기설비를 설치할 수 있는 공간을 확보(국토교통부령)

(2) 관계전문기술자(건축기계설비기술사, 공조냉동기계기술사)의 협력을 받아야 하는 대상 건축물
① 연면적 1만 제곱미터 이상 건축물(창고시설 제외)
② 냉동냉장시설·항온항습시설, 특수청정시설 : 바닥면적의 합계 5백 제곱미터 이상
③ 아파트 및 연립주택
④ 목욕장, 물놀이형 시설, 수영장 : 바닥면적의 합계 5백 제곱미터 이상

⑤ 바닥면적의 합계 2천 제곱미터 이상
   ㉠ 기숙사
   ㉡ 의료시설
   ㉢ 유스호스텔
   ㉣ 숙박시설
⑥ 바닥면적의 합계 3천 제곱미터 이상
   ㉠ 판매시설
   ㉡ 연구소
   ㉢ 업무시설
⑦ 바닥면적의 합계 1만 제곱미터 이상
   ㉠ 문화 및 집회시설
   ㉡ 종교시설
   ㉢ 교육연구시설(연구소 제외)
   ㉣ 장례식장

9) 방송 공동수신설비

   (1) 공동주택 : 아파트, 연립주택, 다세대주택
   (2) 바닥면적의 합계가 5천 제곱미터 이상으로서 업무시설이나 숙박시설의 용도로 쓰이는 건축물

10) 비상용 승강기

   (1) 높이 31미터 넘는 각 층의 바닥면적 중 최대 바닥면적이 1천 500제곱미터 이하 : 1대 이상
   (2) 높이 31미터 넘는 각 층의 바닥면적 중 최대 바닥면적이 1천 500제곱미터 초과 : 1대에 1천 500제곱미터를 넘는 3천 제곱미터 이내마다 1대씩 더한 대수 이상

4 내화구조

1) 관람실 또는 집회실의 바닥면적의 합계 200제곱미터 이상

   (1) 제2종 근린생활시설 중 공연장·종교집회장
   (2) 문화 및 집회시설(전시장 및 동·식물원 제외)
   (3) 종교시설
   (4) 위락시설 중 주점영역
   (5) 장례시설

2) 바닥면적의 합계가 500제곱미터 이상

   (1) 문화 및 집회시설 중 전시장 또는 동·식물원

   (2) 판매시설

   (3) 운수시설

   (4) 교육연구시설에 설치하는 체육관·강당

   (5) 수련시설

   (6) 운동시설 중 체육관·운동장

   (7) 위락시설(주점영업 제외)

   (8) 창고시설

   (9) 위험물저장 및 처리시설

   (10) 자동차 관련 시설

   (11) 방송통신시설 중 방송국·전신전화국·촬영소

   (12) 묘지 관련 시설 중 화장시설·동물화장시설

   (13) 관광휴게시설

02 건축물의 냉방설비에 대한 설치 및 설계기준

1 정의(축냉식 전기냉방설비)

축냉식 전기냉방설비 : 심야시간에 전기를 이용하여 축냉재에 냉열을 저장하였다가 이를 심야시간 이외의 시간에 냉방에 이용하는 설비

1) 빙축열식 냉방설비 : 심야시간에 얼음을 제조하여 축열조에 저장하였다가 그 밖의 시간에 이를 녹여 냉방에 이용하는 냉방설비

2) 수축열식 냉방설비 : 심야시간에 물을 냉각시켜 축열조에 저장하였다가 그 밖의 시간에 이를 냉방에 이용하는 냉방설비

3) 잠열축열식 냉방설비 : 포접화합물이나 공융염 등의 상변화물질을 심야시간에 냉각시켜 동결한 후 그 밖의 시간에 이를 녹여 냉방에 이용하는 냉방설비

2 축냉식 전기냉방설비의 설계기준

관람실 또는 집회실의 바닥면적의 합계 200제곱미터 이상

구분	설계기준
가. 냉동기	• 부분축냉방식의 경우 : 반복적인 동시운전 수행 가능 　1. 냉동기의 축냉운전과 방냉운전 　2. 냉동기와 축열조의 동시운전
나. 축열조	• 축열조는 축냉 및 방냉운전을 반복적으로 수행하는 데 적합한 재질의 축냉재를 사용 • 내부청소가 용이하고 부식되지 않는 재질을 사용 • 방청 및 방식처리 • 내부 또는 외부의 응력에 충분히 견딜 수 있는 구조 • 여러 개로 조립하여 설치하는 경우에는 관리 또는 운전이 용이하도록 설계 • 축열조는 보온을 철저히 하여 열손실과 결로를 방지 • 맨홀 등 점검을 위한 부분은 해체와 조립이 용이
다. 열교환기	• 시간당 최대냉방열량을 처리할 수 있는 용량 이상으로 설치 • 보온을 철저히 하여 열손실과 결로를 방지 • 점검을 위한 부분은 해체와 조립이 용이
라. 자동제어설비	• 축냉운전, 방냉운전 또는 냉동기와 축열조를 동시에 이용하여 냉방운전이 가능 • 필요할 경우 수동조작이 가능 • 감시기능

03 건축물의 설비기준 등에 관한 규칙

1 비상용 승강기의 승강장 및 승강로의 구조

1) 승강장

　(1) 승강장의 창문·출입구 기타 개구부를 제외한 부분은 당해 건축물의 다른 부분과 내화구조의 바닥 및 벽으로 구획할 것

⑵ 승강장은 각층의 내부와 연결될 수 있도록 하되, 그 출입구에는 60분+ 방화문 또는 60분 방화문을 설치할 것(피난층 제외)
⑶ 노대 또는 외부를 향하여 열 수 있는 창문이나 배연설비 설치
⑷ 벽 및 반자가 실내에 접하는 부분의 마감재료는 불연재료로 할 것
⑸ 채광이 되는 창문이 있거나 예비전원에 의한 조명설비를 할 것
⑹ 승강장의 바닥면적은 비상용 승강기 1대에 대하여 6제곱미터 이상으로 할 것(옥외에 승강장 설치하는 경우 제외)
⑺ 피난층이 있는 승강장의 출입구로부터 도로 또는 공지에 이르는 거리가 30미터 이하일 것
⑻ 출입구 부근의 잘 보이는 곳에 비상용 승강기임을 알 수 있는 표지를 할 것

2) 승강로
⑴ 당해 건축물의 다른 부분과 내화구조로 구획할 것
⑵ 각층으로부터 피난층까지 이르는 승강로를 단일구조로 연결하여 설치할 것

2 환기

1) 신축 또는 리모델링하는 30세대 이상의 공동주택은 시간당 0.5회 이상의 환기가 이루어질 수 있도록 자연환기설비 또는 기계환기설비를 설치

2) 환기구는 보행자 및 건축물 이용자의 안전이 확보되도록 바닥으로부터 2미터 이상의 높이에 설치

3) 기계환기설비
⑴ 환기기준 : 시간당 실내공기 교환횟수로 표시
⑵ 하나의 기계환기설비로 세대 내 2 이상의 실에 바깥공기를 공급할 경우 필요 환기량은 각 실에 필요한 환기량의 한계 이상이 되도록 하여야 한다.
⑶ 세대의 환기량 조절을 위해 환기설비의 정격 풍량을 최소·적정·최대 3단계 이상으로 조절할 수 있는 체계를 갖추어야 한다.
⑷ 규정에 의한 환기횟수를 만족시킬 수 있도록 24시간 가동할 수 있어야 한다.
⑸ 주방 가스대 위의 공기배출장치, 화장실의 공기배출 송풍기 등 급속 환기설비와 함께 설치할 수 있다.

3 개별 난방설비

1) 보일러는 거실 외의 곳에 설치하되, 보일러를 설치하는 곳과 거실 사이의 경계벽은 출입구를 제외하고는 내화구조의 벽으로 구획할 것

2) 보일러실의 윗부분에는 그 면적이 0.5제곱미터 이상인 환기창을 설치하고, 보일러실의 윗부분과 아랫부분에는 각각 지름 10센티미터 이상의 공기흡입구 및 배기구를 항상 열려있는 상태로 바깥공기에 접하도록 설치할 것(다만 전기보일러의 경우 제외)

3) 보일러실과 거실사이 출입구는 그 출입구가 닫힌 경우 보일러가스가 거실로 들어갈 수 없는 구조

4) 기름보일러를 설치하는 경우 기름저장소를 보일러실외의 다른 곳에 설치할 것

5) 오피스텔의 경우 난방구획을 방화구획으로 구획할 것

6) 보일러의 연도는 내화구조로서 공동연도로 설치할 것

4 배연설비

1) 건축물의 방화구획으로 구획된 경우 그 구획마다 1개소 이상의 배연창 설치

2) 배연창의 유효면적은 1제곱미터 이상

3) 배연구는 연기감지기 또는 열감지기에 의하여 자동으로 열 수 있는 구조

4) 배연구는 예비전원에 의하여 열 수 있도록 할 것

5) 배연설비의 구조
   (1) 배연구 및 배연풍도는 불연재료
   (2) 배연구에 설치하는 수동개방장치 또는 자동개방장치는 손으로도 열고 닫을 수 있을 것
   (3) 배연구는 평상시 닫힌 상태 유지
   (4) 연 경우에는 배연에 의한 기류로 인하여 닫히지 않도록 할 것
   (5) 배연구가 외기에 접하지 아니하는 경우에는 배연기를 설치할 것
   (6) 배연기는 배연구의 열림에 따라 자동적으로 작동, 충분한 공기배출, 가압능력 있을 것
   (7) 배연기에는 예비전원 설치

※ 상업지역 및 주거지역에서 건축물에 설치하는 냉방시설 및 환기시설의 배기구 : 도로면으로부터 최소 2미터 높이에 설치

5 피뢰설비

1) 한국산업표준이 정하는 피뢰레벨 등급에 적합한 피뢰설비일 것
2) 위험물저장 및 처리시설에 : 한국산업표준이 정하는 피뢰시스템레벨 Ⅱ 이상
3) 낙뢰의 우려가 있는 건축물, 높이 20미터 이상의 건축물에 피뢰설비 설치

6 주거용 건축물 급수관의 지름

가구 또는 세대수	1	2~3	4~5	6~8	9~16	17 이상
급수관 지름의 최소기준 (밀리미터)	15	20	25	32	40	50

[비고]
1. 가구 또는 세대의 구분이 불분명한 건축물에 있어서는 주거에 쓰이는 바닥면적의 합계에 따라 다음과 같이 가구 수를 산정한다.
   가. 바닥면적 85제곱미터 이하 : 1가구
   나. 바닥면적 85제곱미터 초과 150제곱미터 이하 : 3가구
   다. 바닥면적 150제곱미터 초과 300제곱미터 이하 : 5가구
   라. 바닥면적 300제곱미터 초과 500제곱미터 이하 : 16가구
   마. 바닥면적 500제곱미터 초과 : 17가구

7 승용 승강기의 설치기준

건축물의 용도 \ 면적의 합계 (6층 이상의 거실)	3천 제곱미터 이하	3천 제곱미터 초과
1. 가. 문화 및 집회시설(공연장·집회장 및 관람장만 해당한다) 나. 판매시설 다. 의료시설	2대	2대에 3천 제곱미터를 초과하는 2천 제곱미터 이내마다 1대를 더한 대수
2. 가. 문화 및 집회시설(전시장 및 동·식물원만 해당한다) 나. 업무시설 다. 숙박시설 라. 위락시설	1대	1대에 3천 제곱미터를 초과하는 2천 제곱미터 이내마다 1대를 더한 대수

면적의 합계 건축물의 용도		6층 이상의 거실	3천 제곱미터 이하	3천 제곱미터 초과
3.	가. 공동주택 나. 교육연구시설 다. 노유자시설 라. 그 밖의 시설		1대	1대에 3천 제곱미터를 초과하는 3천 제곱미터 이내마다 1대를 더한 대수

※ 8인승 이상 15인승 이하의 승강기는 1대의 승강기로 보고, 16인승 이상의 승강기는 2대의 승강기로 본다.

04 건축물의 에너지절약설계기준

1 용어의 정의

1) 투광부 : 창, 문면적의 50 % 이상이 투과체로 구성된 문, 유리블럭, 플라스틱패널 등과 같이 투과재료로 구성되며, 외기에 접하여 채광이 가능한 부위를 말한다.

2) 대수분할운전 : 기기를 여러 대 설치하여 부하상태에 따라 최적 운전상태를 유지할 수 있도록 기기를 조합하여 운전하는 방식

3) 비례제어운전 : 기기의 출력값과 목표값의 편차에 비례하여 입력량을 조절하여 최적운전상태를 유지할 수 있도록 운전하는 방식

2 건축부문의 권장사항

1) 배치계획
   (1) 건축물은 대지의 향, 일조 및 주풍향 등을 고려하여 배치하며 남향 또는 남동향 배치를 한다.
   (2) 공동주택은 인동간격을 넓게 하여 저층부의 태양열 취득을 최대한 증대시킨다.

2) 평면계획
   (1) 거실의 층고 및 반자 높이는 실의 용도와 기능에 지장을 주지 않는 범위 내에서 가능한 낮게 한다.

⑵ 건축물의 체적에 대한 외피면적의 비 또는 연면적에 대한 외피면적의 비는 가능한 작게 한다.

⑶ 실의 냉난방 설정온도, 사용스케줄 등을 고려하여 에너지절약적 조닝계획을 한다.

3) 단열계획

⑴ 건축물 용도 및 규모를 고려하여 건축물 외벽, 천장 및 바닥으로의 열손실이 최소화되도록 설계한다.

⑵ 외벽 부위는 외단열로 시공한다.

⑶ 외피의 모서리 부분은 열교가 발생하지 않도록 단열재를 연속적으로 설치하고 기타 열교부위는 별표 11의 외피 열교부위별 선형 열관류율 기준에 따라 충분히 단열되도록 한다.

⑷ 건물의 창 및 문은 가능한 작게 설계하고 특히 열손실이 많은 북측 거실의 창 및 문의 면적은 최소화한다.

⑸ 발코니 확장을 하는 공동주택이나 창 및 문의 면적이 큰 건물에는 단열성이 우수한 로이(Low-E) 복층창이나 삼중창 이상의 단열성능을 갖는 창을 설치한다.

⑹ 태양열 유입에 의한 냉·난방부하를 저감 할 수 있도록 일사조절장치, 태양열취득률(SHGC), 창 및 문의 면적비 등을 고려한 설계를 한다. 건축물 외부에 일사조절장치를 설치하는 경우에는 비, 바람, 눈, 고드름 등의 낙하 및 화재 등의 사고에 대비하여 안전성을 검토하고 주변 건축물에 빛 반사에 의한 피해 영향을 고려하여야 한다.

⑺ 건물 옥상에는 조경을 하여 최상층 지붕의 열저항을 높이고 옥상면에 직접 도달하는 일사를 차단하여 냉방부하를 감소시킨다.

4) 기밀계획

⑴ 틈새바람에 의한 열손실을 방지하기 위하여 외기에 직접 또는 간접으로 면하는 거실 부위에는 기밀성 창 및 문을 사용한다.

⑵ 공동주택의 외기에 접하는 주동의 출입구와 각 세대의 현관은 방풍구조로 한다.

⑶ 기밀성을 높이기 위하여 외기에 직접 면한 거실의 창 및 문 등 개구부 둘레를 기밀테이프 등을 활용하여 외기가 침입하지 못하도록 기밀하게 처리한다.

5) 자연 채광계획

자연 채광을 적극적으로 이용할 수 있도록 계획한다. 특히 학교의 교실, 문화 및 집회시설의 공용부분(복도, 화장실, 휴게실, 로비 등)은 1면 이상 자연 채광이 가능하도록 한다.

3 기계부문의 의무사항

난방 및 냉방설비의 용량계산을 위한 외기조건은 냉방기 및 난방기를 분리한 온도 출현분포를 사용할 경우 각 지역별로 위험률 2.5 %로 한다.

4 기계부문의 권장사항

1) 설계용 실내온도 조건

   난방 및 냉방설비의 용량계산을 위한 설계기준 실내온도는 난방의 경우 20 ℃, 냉방의 경우 28 ℃를 기준으로 하되(목욕장 및 수영장은 제외) 각 건축물 용도 및 개별실의 특성에 따라 별표 8에서 제시된 범위를 참고하여 설비의 용량이 과다해지지 않도록 한다.

2) 열원설비

   (1) 열원설비는 부분부하 및 전부하 운전효율이 좋은 것을 선정한다.
   (2) 난방기기, 냉방기기, 냉동기, 송풍기, 펌프 등은 부하조건에 따라 최고의 성능을 유지할 수 있도록 대수분할 또는 비례제어운전이 되도록 한다.
   (3) 난방기기, 냉방기기, 급탕기기는 고효율제품 또는 이와 동등 이상의 효율을 가진 제품을 설치한다.

3) 환기 및 제어설비

   환기를 통한 에너지손실 저감을 위해 성능이 우수한 열회수형 환기장치를 설치한다.

05 건축물의 피난·방화구조 등의 기준에 관한 규칙

1 구조 및 재료

1) 구조 및 재료

   (1) 내수재료 : 벽돌·자연석·인조석·콘크리트·아스팔트·도자기질 재료·유리 및 그 밖에 이와 비슷한 내수성 건축재료
   (2) 내화구조
   ① 벽
   ㉠ 철근콘크리트조 또는 철골철근콘크리트조 로서 두께가 10센티미터 이상인 것
   ㉡ 골구를 철골조로 하고 그 양면을 두께 4센티미터 이상의 철망모르타르(그 바름바탕을 불연재료로 한 것으로 한정한다. 이하 이 조에서 같다) 또는 두께 5센티

미터 이상의 콘크리트블록·벽돌 또는 석재로 덮은 것
　ⓒ 철재로 보강된 콘크리트블록조·벽돌조 또는 석조로서 철재에 덮은 콘크리트블록 등의 두께가 5센티미터 이상인 것
　② 벽돌조로서 두께가 19센티미터 이상인 것
　⑩ 고온·고압의 증기로 양생된 경량기포 콘크리트패널 또는 경량기포 콘크리트블록조로서 두께가 10센티미터 이상인 것
② 기둥 : 기둥의 경우에는 그 작은 지름이 25 센티미터 이상인 것으로서 다음 각 목의 어느 하나에 해당하는 것
　㉠ 철근콘크리트조 또는 철골철근콘크리트조
　㉡ 철골을 두께 6센티미터(경량골재를 사용하는 경우에는 5센티미터) 이상의 철망모르타르 또는 두께 7센티미터 이상의 콘크리트블록·벽돌 또는 석재로 덮은 것
　㉢ 철골을 두께 5센티미터 이상의 콘크리트로 덮은 것
③ 바닥 : 바닥의 경우에는 다음 어느 하나에 해당하는 것
　㉠ 철근콘크리트조 또는 철골철근콘크리트조로서 두께가 10센티미터 이상인 것
　㉡ 철재로 보강된 콘크리트 블록조·벽돌조 또는 석조로서 철재에 덮은 콘크리트 블록 등의 두께가 5센티미터 이상인 것
　㉢ 철재의 양면을 두께 5센티미터 이상의 철망모르타르 또는 콘크리트로 덮은 것
④ 보 : 보(지붕틀을 포함한다)의 경우에는 다음 어느 하나에 해당하는 것
　㉠ 철근콘크리트조 또는 철골철근콘크리트조
　㉡ 철골을 두께 6센티미터(경량골재를 사용하는 경우에는 5센티미터) 이상의 철망모르타르 또는 두께 5센티미터 이상의 콘크리트로 덮은 것
　㉢ 철골조의 지붕틀(바닥으로부터 그 아랫부분까지의 높이가 4미터 이상인 것에 한한다)로서 바로 아래에 반자가 없거나 불연재료로 된 반자가 있는 것
⑤ 지붕 : 지붕의 경우에는 다음 어느 하나에 해당하는 것
　㉠ 철근콘크리트조 또는 철골철근콘크리트조
　㉡ 철재로 보강된 콘크리트 블록조·벽돌조 또는 석조
　㉢ 철재로 보강된 유리블록 또는 망입유리(두꺼운 판유리에 철망을 넣은 것을 말한다)로 된 것
⑥ 계단 : 계단의 경우에는 다음 어느 하나에 해당하는 것
　㉠ 철근콘크리트조 또는 철골철근콘크리트조
　㉡ 무근콘크리트조·콘크리트 블록조·벽돌조 또는 석조
　㉢ 철재로 보강된 콘크리트 블록조·벽돌조 또는 석조

ⓔ 철골조
(3) 방화구조
① 철망모르타르로서 그 바름두께가 2센티미터 이상인 것
② 석고판 위에 시멘트모르타르 또는 회반죽을 바른 것으로서 그 두께의 합계가 2.5센티미터 이상인 것
③ 시멘트모르타르 위에 타일을 붙인 것으로서 그 두께의 합계가 2.5센티미터 이상인 것
④ 심벽에 흙으로 맞벽치기한 것

2 피난계단의 구조

1) 피난계단의 구조 : 건축물의 5층 이상 또는 지하 2층 이하의 층으로부터 피난층 또는 지상으로 통하는 직통계단(지하 1층인 건축물의 경우에는 5층 이상의 층으로부터 피난층 또는 지상으로 통하는 직통계단과 직접 연결된 지하 1층의 계단을 포함)은 피난계단(또는 특별피난계단)으로 설치해야 한다.

2) 건축물의 내부에 설치하는 피난계단의 구조
   (1) 계단실은 창문·출입구 기타 개구부(이하 "창문 등"이라 한다)를 제외한 당해 건축물의 다른 부분과 내화구조의 벽으로 구획할 것
   (2) 계단실의 실내에 접하는 부분(바닥 및 반자 등 실내에 면한 모든 부분을 말한다)의 마감(마감을 위한 바탕을 포함한다)은 불연재료로 할 것
   (3) 계단실에는 예비전원에 의한 조명설비를 할 것
   (4) 계단실의 바깥쪽과 접하는 창문 등(망이 들어 있는 유리의 붙박이창으로서 그 면적이 각각 1제곱미터 이하인 것을 제외한다)은 당해 건축물의 다른 부분에 설치하는 창문 등으로부터 2미터 이상의 거리를 두고 설치할 것
   (5) 건축물의 내부와 접하는 계단실의 창문 등(출입구를 제외한다)은 망이 들어 있는 유리의 붙박이창으로서 그 면적을 각각 1제곱미터 이하로 할 것
   (6) 건축물의 내부에서 계단실로 통하는 출입구의 유효너비는 0.9미터 이상으로 하고, 그 출입구에는 피난의 방향으로 열 수 있는 것으로서 언제나 닫힌 상태를 유지하거나 화재로 인한 연기 또는 불꽃을 감지하여 자동적으로 닫히는 구조로 된 60분+ 방화문 또는 60분 방화문 설치할 것
   (7) 계단은 내화구조로 하고 피난층 또는 지상까지 직접 연결되도록 할 것

3) 건축물의 바깥쪽에 설치하는 피난계단의 구조
   (1) 계단은 그 계단으로 통하는 출입구 외의 창문 등(망이 들어 있는 유리의 붙박이창으로서 그 면적이 각각 1제곱미터 이하인 것을 제외한다)으로부터 2미터 이상의 거리를 두고 설치할 것
   (2) 건축물의 내부에서 계단으로 통하는 출입구에는 60분+ 방화문 또는 60분 방화문을 설치할 것
   (3) 계단의 유효너비는 0.9미터 이상으로 할 것
   (4) 계단은 내화구조로 하고 지상까지 직접 연결되도록 할 것

4) 특별피난계단의 구조
   (1) 건축물의 내부와 계단실은 노대를 통하여 연결하거나 외부를 향하여 열 수 있는 면적 1제곱미터 이상인 창문(바닥으로부터 1미터 이상의 높이에 설치한 것에 한한다) 또는 「건축물의 설비기준 등에 관한 규칙」 제14조의 규정에 적합한 구조의 배연설비가 있는 면적 3제곱미터 이상인 부속실을 통하여 연결할 것
   (2) 계단실·노대 및 부속실(「건축물의 설비기준 등에 관한 규칙」 제10조 제2호 가목의 규정에 의하여 비상용 승강기의 승강장을 겸용하는 부속실을 포함한다)은 창문 등을 제외하고는 내화구조의 벽으로 각각 구획할 것
   (3) 계단실 및 부속실의 실내에 접하는 부분(바닥 및 반자 등 실내에 면한 모든 부분을 말한다)의 마감(마감을 위한 바탕을 포함한다)은 불연재료로 할 것
   (4) 계단실에는 예비전원에 의한 조명설비를 할 것
   (5) 계단실·노대 또는 부속실에 설치하는 건축물의 바깥쪽에 접하는 창문 등(망이 들어 있는 유리의 붙박이창으로서 그 면적이 각각 1제곱미터 이하인 것을 제외한다)은 계단실·노대 또는 부속실외의 당해 건축물의 다른 부분에 설치하는 창문 등으로부터 2미터 이상의 거리를 두고 설치할 것
   (6) 계단실에는 노대 또는 부속실에 접하는 부분 외에는 건축물의 내부와 접하는 창문 등을 설치하지 아니할 것
   (7) 계단실의 노대 또는 부속실에 접하는 창문 등(출입구를 제외한다)은 망이 들어 있는 유리의 붙박이창으로서 그 면적을 각각 1제곱미터 이하로 할 것
   (8) 노대 및 부속실에는 계단실외의 건축물의 내부와 접하는 창문 등(출입구를 제외한다)을 설치하지 아니할 것
   (9) 건축물의 내부에서 노대 또는 부속실로 통하는 출입구에는 60분 방화문을 설치하고, 노대 또는 부속실로부터 계단실로 통하는 출입구에는 60분 방화문 또는 30분 방화문

을 설치할 것. 이 경우 방화문은 언제나 닫힌 상태를 유지하거나 화재로 인한 연기 또는 불꽃을 감지하여 자동적으로 닫히는 구조로 해야 하고, 연기 또는 불꽃으로 감지하여 자동적으로 닫히는 구조로 할 수 없는 경우에는 온도를 감지하여 자동적으로 닫히는 구조로 할 수 있다.

⑩ 계단은 내화구조로 하되, 피난층 또는 지상까지 직접 연결되도록 할 것

⑪ 출입구의 유효너비는 0.9미터 이상으로 하고 피난의 방향으로 열 수 있을 것

3 설치기준

1) 출구

   (1) 관람실 집회실로부터 바깥쪽으로의 출구로 쓰이는 문은 안여닫이로 해서는 안 된다.

   → 관람실 또는 집회실로부터의 출구를 설치해야 하는 건축물

   ① 제2종 근린생활시설 중 공연장·종교집회장(바닥면적의 합계가 각각 300제곱미터 이상인 경우)

   ② 문화 및 집회시설(전시장 및 동·식물원은 제외)

   ③ 종교시설

   ④ 위락시설

   ⑤ 장례시설

   (2) 문화 및 집회시설 중 공연장의 개별 관람실(바닥면적 300제곱미터 이상)의 출구

   ① 관람실별로 2개소 이상 설치

   ② 각 출구의 유효너비 1.5미터 이상

   ③ 개별 관람실 출구의 유효너비의 합계 : 개별 관람실 바닥면적 100제곱미터마다 0.6미터 비율로 산정한 너비 이상

   (3) 건축물 바깥쪽으로 나가는 출구로 쓰이는 문을 안여닫이로 해서는 아니 된다.

   → 문화 및 집회시설(전시장 및 동·식물원 제외), 종교시설, 장례식장, 위락시설

2) 회전문

   (1) 계단이나 에스컬레이터로부터 2 m 이상의 거리

   (2) 회전문과 문틀 사이 및 바닥 사이는 다음 각 목에서 정하는 간격을 확보하고 틈 사이를 고무와 고무펠트의 조합체 등을 사용하여 신체나 물건 등에 손상이 없도록 할 것

   ① 회전문과 문틀 사이는 5 cm 이상

   ② 회전문과 바닥 사이는 3 cm 이하

   (3) 출입에 지장이 없도록 일정한 방향으로 회전하는 구조로 할 것

⑷ 회전문의 중심축에서 회전문과 문틀 사이의 간격을 포함한 회전문날개 끝부분까지의 길이는 140 cm 이상이 되도록 할 것

⑸ 회전문의 회전속도는 분당 회전수가 8회를 넘지 아니하도록 할 것

⑹ 자동회전문은 충격이 가해지거나 사용자가 위험한 위치에 있는 경우에는 전자감지장치 등을 사용하여 정지하는 구조로 할 것

3) 헬리포트 및 구조공간

⑴ 헬리포트

① 헬리포트의 길이와 너비는 각각 22미터 이상으로 할 것. 다만 건축물의 옥상바닥의 길이와 너비가 각각 22미터 이하인 경우에는 헬리포트의 길이와 너비를 각각 15미터까지 감축할 수 있음

② 헬리포트의 중심으로부터 반경 12미터 이내에는 헬리콥터의 이·착륙에 장애가 되는 건축물, 공작물, 조경시설 또는 난간 등을 설치하지 아니할 것

③ 헬리포트의 주위한계선은 백색으로 하되, 그 선의 너비는 38센티미터로 할 것

④ 헬리포트의 중앙부분에는 지름 8미터의 "ⓗ"표지를 백색으로 하되, "H"표지의 선의 너비는 38센티미터로, "○"표지의 선의 너비는 60센티미터로 할 것

⑤ 헬리포트로 통하는 출입문에 비상문자동개폐장치(비상문자동개폐장치)를 설치할 것

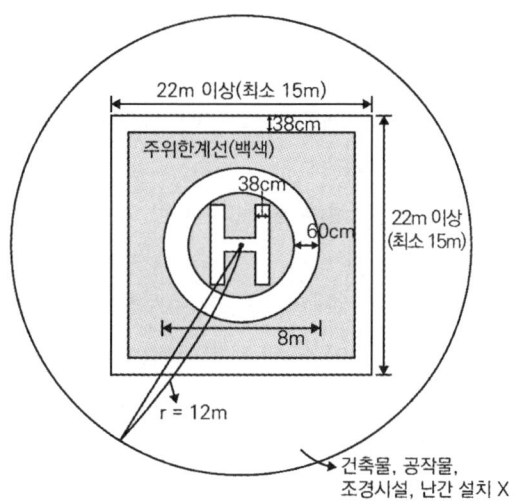

⑵ 구조공간

옥상에 헬리콥터를 통하여 인명 등을 구조할 수 있는 공간을 설치하는 경우에는 직경 10미터 이상의 구조공간을 확보해야 하며, 구조공간에는 구조활동에 장애가 되는 건축물, 공작물 또는 난간 등을 설치해서는 안 된다.

(3) 대피공간
① 대피공간의 면적은 지붕 수평투영면적의 10분의 1 이상 일 것
② 특별피난계단 또는 피난계단과 연결되도록 할 것
③ 출입구·창문을 제외한 부분은 해당 건축물의 다른 부분과 내화구조의 바닥 및 벽으로 구획할 것
④ 출입구는 유효너비 0.9미터 이상으로 하고, 그 출입구에는 60분+ 방화문 또는 60분 방화문을 설치할 것, 방화문에 비상문자동개폐장치를 설치할 것
⑤ 내부마감재료는 불연재료로 할 것
⑥ 예비전원으로 작동하는 조명설비를 설치할 것
⑦ 관리사무소 등과 긴급 연락이 가능한 통신시설을 설치할 것

4) 복합건축물의 피난시설

같은 건축물 안에 공동주택·의료시설·아동 관련 시설 또는 노인복지시설(이하 이 조에서 "공동주택 등"이라 한다) 중 하나 이상과 위락시설·위험물저장 및 처리시설·공장 또는 자동차정비공장(이하 이 조에서 "위락시설 등"이라 한다) 중 하나 이상을 함께 설치하고자 하는 경우 출입구와 출입구는 서로 그 보행거리가 30미터 이상이 되도록 설치해야 한다.

5) 계단

(1) 계단의 구조
① 높이가 3미터를 넘는 계단에는 높이 3미터 이내마다 유효너비 120센티미터 이상의 계단참을 설치할 것
② 높이가 1미터를 넘는 계단 및 계단참의 양옆에는 난간(벽 또는 이에 대치되는 것을 포함한다)을 설치할 것
③ 너비가 3미터를 넘는 계단에는 계단의 중간에 너비 3미터 이내마다 난간을 설치할 것. 다만 계단의 단 높이가 15센티미터 이하이고 계단의 단 너비가 30센티미터 이상인 경우에는 그러하지 아니하다.
④ 계단의 유효 높이(계단의 바닥 마감면부터 상부 구조체의 하부 마감면까지의 연직방향의 높이를 말한다)는 2.1미터 이상으로 할 것

(2) 계단 단 높이 및 단 너비의 치수(돌음계단의 단 너비는 그 좁은 너비의 끝부분으로부터 30센티미터의 위치에서 측정)
① 초등학교의 계단 및 계단참의 유효너비는 150센티미터 이상, 단 높이는 16센티미터 이하, 단 너비는 26센티미터 이상

② 중·고등학교의 계단 및 계단참의 유효너비는 150센티미터 이상, 단 높이는 18센티미터 이하, 단 너비는 26센티미터 이상
③ 문화 및 집회시설(공연장·집회장 및 관람장에 한한다)·판매시설 기타 이와 유사한 용도에 쓰이는 건축물의 계단 및 계단참의 유효너비를 120센티미터 이상
④ 그 외의 건축물의 계단 및 계단참은 유효너비를 120센티미터 이상

(3) 공동주택(기숙사를 제외)·제1종 근린생활시설·제2종 근린생활시설·문화 및 집회시설·종교시설·판매시설·운수시설·의료시설·노유자시설·업무시설·숙박시설·위락시설 또는 관광휴게시설의 용도에 쓰이는 건축물의 주계단·피난계단 또는 특별피난계단에 설치하는 난간 및 바닥은 아동의 이용에 안전하고 노약자 및 신체장애인의 이용에 편리한 구조로 하여야 하며, 양쪽에 벽등이 있어 난간이 없는 경우에는 손잡이를 설치하여야 한다.

(4) 손잡이 기준
① 손잡이는 최대지름이 3.2센티미터 이상 3.8센티미터 이하인 원형 또는 타원형의 단면으로 할 것
② 손잡이는 벽등으로부터 5센티미터 이상 떨어지도록 하고, 계단으로부터의 높이는 85센티미터가 되도록 할 것
③ 계단이 끝나는 수평부분에서의 손잡이는 바깥쪽으로 30센티미터 이상 나오도록 설치할 것

(5) 계단을 대체하여 설치하는 경사로
① 경사도는 1 : 8을 넘지 아니할 것
② 표면을 거친 면으로 하거나 미끄러지지 아니하는 재료로 마감할 것

6) 복도의 너비

구분	양옆에 거실이 있는 복도	기타의 복도
유치원 ~ 고등학교	2.4 m 이상	1.8 m 이상
공동주택, 오피스텔	1.8 m 이상	1.2 m 이상
당해 층 거실의 바닥면적 합계가 200 m² 이상인 경우	1.5 m 이상 (의료시설 1.8 m 이상)	1.2 m 이상

7) 거실의 반자높이
(1) 거실의 반자는 그 높이를 2.1미터 이상이어야 한다.
(2) 문화 및 집회시설(전시장 및 동·식물원은 제외한다), 종교시설, 장례식장 또는 위락시설 중 유흥주점의 용도에 쓰이는 건축물의 관람실 또는 집회실로서 그 바닥면적이

200제곱미터 이상인 것의 반자의 높이는 4미터(노대의 아랫부분의 높이는 2.7미터) 이상이어야 한다. 단, 기계환기장치를 설치하는 경우에는 그렇지 않다.

8) 채광 및 환기를 위한 창문
   (1) 채광을 위하여 거실에 설치하는 창문 등의 면적은 그 거실의 바닥면적의 10분의 1 이상이어야 한다.
   (2) 환기를 위하여 거실에 설치하는 창문 등의 면적은 그 거실의 바닥면적의 20분의 1 이상이어야 한다.

9) 피난안전구역 : 건축물의 피난 안전을 위하여 건축물 중간층에 설치하는 대피공간
   (1) 내부마감재료는 불연재료로 설치할 것
   (2) 피난안전구역으로 통하는 계단은 특별피난계단의 구조로 설치할 것
   (3) 비상용 승강기는 피난안전구역에서 승하차 할 수 있는 구조로 설치할 것
   (4) 식수공급을 위한 급수전을 1개소 이상 설치하고 예비전원에 의한 조명설비를 설치할 것
   (5) 긴급연락이 가능한 경보 및 통신시설을 설치할 것
   (6) 높이는 2.1미터 이상일 것
   (7) 배연설비를 설치할 것
   (8) 소방 등 재난 관리를 위한 설비를 갖출 것

10) 방습 및 내수 기준
    (1) 건축물의 최하층에 있는 거실바닥의 높이는 지표면으로부터 45센티미터 이상으로 방습 하여야 한다. 다만 지표면을 콘크리트바닥으로 설치하는 등 방습을 위한 조치를 하는 경우에는 그러하지 아니하다.
    (2) 다음 욕실 또는 조리장의 바닥과 그 바닥으로부터 높이 1미터까지의 안쪽벽의 마감은 이를 내수재료로 해야 한다.
        ① 제1종 근린생활시설 중 목욕장의 욕실과 휴게음식점의 조리장
        ② 제2종 근린생활시설 중 일반음식점 및 휴게음식점의 조리장과 숙박시설의 욕실

11) 경계벽
    (1) 철근콘크리트조·철골철근콘크리트조 : 두께가 10센티미터 이상
    (2) 무근콘크리트조, 석조 : 두께가 10센티미터 이상(시멘트모르타르, 회반죽, 석고플라스터 바름두께 포함)
    (3) 콘크리트블록조, 벽돌조 : 두께 19센티미터 이상

12) 굴뚝
   (1) 굴뚝의 옥상 돌출부는 지붕면으로부터의 수직거리를 1미터 이상으로 할 것. 다만 용마루·계단탑·옥탑 등이 있는 건축물에 있어서 굴뚝의 주위에 연기의 배출을 방해하는 장애물이 있는 경우에는 그 굴뚝의 상단을 용마루·계단탑·옥탑 등보다 높게 하여야 한다.
   (2) 굴뚝의 상단으로부터 수평거리 1미터 이내에 다른 건축물이 있는 경우에는 그 건축물의 처마보다 1미터 이상 높게 할 것
   (3) 금속제 굴뚝으로서 건축물의 지붕 속·반자위 및 가장 아랫바닥 밑에 있는 굴뚝의 부분은 금속외의 불연재료로 덮을 것
   (4) 금속제 굴뚝은 목재 기타 가연재료로부터 15센티미터 이상 떨어져서 설치할 것. 다만 두께 10센티미터 이상인 금속외의 불연재료로 덮은 경우에는 그러하지 아니하다.

13) 지하층의 구조
   (1) 지하층에 설치해야 할 설비
      ① 거실의 바닥면적이 50제곱미터 이상인 층에는 직통계단 외에 피난층 또는 지상으로 통하는 비상탈출구 및 환기통을 설치할 것. 다만 직통계단이 2개소 이상 설치되어 있는 경우에는 제외
      ② 제2종 근린생활시설 중 공연장·단란주점·당구장·노래연습장, 문화 및 집회시설 중 예식장·공연장, 수련시설 중 생활권수련시설·자연권수련시설, 숙박시설 중 여관·여인숙, 위락시설 중 단란주점·유흥주점 또는 「다중이용업소의 안전관리에 관한 특별법 시행령」 제2조에 따른 다중이용업의 용도에 쓰이는 층으로서 그 층의 거실의 바닥면적의 합계가 50제곱미터 이상인 건축물에는 직통계단을 2개소 이상 설치
      ③ 바닥면적이 1천 제곱미터 이상인 층에는 피난층 또는 지상으로 통하는 직통계단을 방화구획으로 구획되는 각 부분마다 1개소 이상 설치하되, 이를 피난계단 또는 특별피난계단의 구조로 할 것
      ④ 거실의 바닥면적의 합계가 1천 제곱미터 이상인 층에는 환기설비를 설치할 것
      ⑤ 지하층의 바닥면적이 300제곱미터 이상인 층에는 식수공급을 위한 급수전을 1개소 이상 설치할 것
   (2) 지하층의 비상탈출구 기준(주택 제외)
      ① 비상탈출구의 유효너비는 0.75미터 이상으로 하고, 유효높이는 1.5미터 이상으로 할 것

② 비상탈출구의 문은 피난방향으로 열리도록 하고, 실내에서 항상 열 수 있는 구조로 하여야 하며, 내부 및 외부에는 비상탈출구의 표시를 할 것

③ 비상탈출구는 출입구로부터 3미터 이상 떨어진 곳에 설치할 것

④ 지하층의 바닥으로부터 비상탈출구의 아랫부분까지의 높이가 1.2미터 이상이 되는 경우에는 벽체에 발판의 너비가 20센티미터 이상인 사다리를 설치할 것

⑤ 비상탈출구는 피난층 또는 지상으로 통하는 복도나 직통계단에 직접 접하거나 통로 등으로 연결될 수 있도록 설치하여야 하며, 피난층 또는 지상으로 통하는 복도나 직통계단까지 이르는 피난통로의 유효너비는 0.75미터 이상으로 하고, 피난통로의 실내에 접하는 부분의 마감과 그 바탕은 불연재료로 할 것

⑥ 비상탈출구의 진입부분 및 피난통로에는 통행에 지장이 있는 물건을 방치하거나 시설물을 설치하지 아니할 것

⑦ 비상탈출구의 유도등과 피난통로의 비상조명등의 설치는 소방법령이 정하는 바에 의할 것

4 방화구획(Fire-Fighting Partition)

1) 정의 : 화재 시 화염의 확산을 방지하기 위한 건축물 특정 부분과 다른 특정 부분을 내화구조로 된 바닥, 벽 또는 방화문으로 구획하는 것

2) 대상 : 주요구조부가 내화구조 또는 불연재료로 된 건축물로서 연면적이 1000 m^2 이상

3) 구획

   (1) 10층 이하의 층 바닥면적 1000 m^2(스프링클러 등 자동식 소화설비를 설치한 경우 바닥면적 3000 m^2) 이내마다 구획 및 층마다 구획

   (2) 3층 이상의 층과 지하층은 층마다 구획

   (3) 11층 이상의 층 바닥면적 200 m^2(스프링클러 등 자동식 소화설비를 설치한 경우 바닥면적 600 m^2) 이내마다 구획

4) 방화문과 방화벽

   (1) 방화벽의 구조

      ① 내화구조로서 홀로 설 수 있는 구조일 것

      ② 방화벽의 양쪽 끝과 윗쪽 끝을 건축물의 외벽면 및 지붕면으로부터 0.5미터 이상 튀어 나오게 할 것

      ③ 방화벽에 설치하는 출입문의 너비 및 높이는 각각 2.5미터 이하로 하고, 해당 출입문에는 60+ 방화문 또는 60분 방화문을 설치할 것

(2) 방화문의 구분
　① 60분+ 방화문 : 연기 및 불꽃을 차단할 수 있는 시간이 60분 이상이고, 열을 차단할 수 있는 시간이 30분 이상인 방화문
　② 60분 방화문 : 연기 및 불꽃을 차단할 수 있는 시간이 60분 이상인 방화문
　③ 30분 방화문 : 연기 및 불꽃을 차단할 수 있는 시간이 30분 이상 60분 미만인 방화문

Chapter 02 기계설비법

01 기계설비법의 목적과 정의

1 목적

기계설비산업의 발전을 위한 기반을 조성하고 기계설비의 안전하고 효율적인 유지관리를 위하여 필요한 사항을 정함으로써 국가경제의 발전과 국민의 안전 및 공공복리 증진에 이바지한다.

2 정의

1) 기계설비 : 건축물, 시설물 등(이하 "건축물등"이라 한다)에 설치된 기계·기구·배관 및 그 밖에 건축물등의 성능을 유지하기 위한 설비로서 대통령령으로 정하는 설비

2) 기계설비산업 : 기계설비 관련 연구개발, 계획, 설계, 시공, 감리, 유지관리, 기술진단, 안전관리 등의 경제활동을 하는 산업

3) 기계설비사업 : 기계설비 관련 활동을 수행하는 사업

4) 기계설비사업자 : 기계설비사업을 경영하는 자

5) 기계설비기술자 : 「국가기술자격법」, 「건설기술 진흥법」 또는 대통령령으로 정하는 법령에 따라 기계설비 관련 분야의 기술자격을 취득하거나 기계설비에 관한 기술 또는 기능을 인정받은 사람

6) 기계설비유지관리자 : 기계설비 유지관리(기계설비의 점검 및 관리를 실시하고 운전·운용하는 모든 행위를 말한다)를 수행하는 자

02 기계설비 안전관리를 위한 조치

1 기계설비의 착공 전

1) 국토교통부령으로 정하는 기계설비공사 착공 전 확인신청서를 해당 기계설비공사를 시작하기 전에 특별자치시장·특별자치도지사·시장·군수·구청장(구청장은 자치구의 구청장을 말하며, 이하 "시장·군수·구청장"이라 한다)에게 제출해야 한다.
   (1) 기계설비공사 착공 전 확인신청서의 첨부하여야 할 서류
      ① 기계설비공사 설계도서 사본
      ② 기계설비설계자 등록증 사본
      ③ 「건축법」 등 관계 법령에 따라 기계설비에 대한 감리업무를 수행하는 자가 확인한 기계설비 착공 적합 확인서

2) 시장·군수·구청장은 제1항에 따른 기계설비공사 착공 전 확인신청서를 받은 경우에는 해당 설계도서의 내용이 기술기준에 적합한지를 확인해야 한다.

3) 시장·군수·구청장은 제2항에 따른 확인을 마친 경우에는 국토교통부령으로 정하는 기계설비공사 착공 전 확인 결과 통보서에 검토의견 등을 적어 해당 신청인에게 통보해야 하며, 해당 설계도서의 내용이 기술기준에 미달하는 등 시공에 부적합하다고 인정하는 경우에는 보완이 필요한 사항을 함께 적어 통보해야 한다.

4) 시장·군수·구청장은 제3항에 따라 기계설비공사 착공 전 확인 결과를 통보한 경우에는 그 내용을 기록하고 관리해야 한다.

2 기계설비의 사용 전

1) 국토교통부령으로 정하는 기계설비 사용 전 검사신청서를 시장·군수·구청장에게 제출해야 한다.
   (1) 기계설비 사용 전 검사신청서 첨부하여야 할 서류
      ① 기계설비공사 준공설계도서 사본
      ② 「건축법」 등 관계 법령에 따라 기계설비에 대한 감리업무를 수행한 자가 확인한 기계설비 사용 적합 확인서
      ③ 영 제13조제1항 각 호에 대한 검사 결과서(해당하는 검사 결과가 있는 경우로 한정한다)

2) 시장·군수·구청장은 제1항 각 호 외의 부분 전단에 따른 기계설비 사용 전 검사신청서를 받은 경우에는 해당 기계설비가 기술기준에 적합한지를 검사해야 한다. 이 경우 검사 대상 기계설비 중 제1항 각 호 외의 부분 후단에 따라 합격한 검사 결과가 제출된 기계설비 부분에 대해서는 기술기준에 적합한 것으로 검사해야 한다.

3) 시장·군수·구청장은 제2항에 따른 검사 결과 해당 기계설비가 기술기준에 적합하다고 인정하는 경우에는 국토교통부령으로 정하는 기계설비 사용 전 검사 확인증을 해당 신청인에게 발급해야 한다.

4) 시장·군수·구청장은 제2항에 따른 검사 결과 해당 기계설비가 기술기준에 미달하는 등 사용에 부적합하다고 인정하는 경우에는 그 사유와 보완기한을 명시하여 보완을 지시해야 한다.

5) 시장·군수·구청장은 제4항에 따른 보완 지시를 받은 자가 보완기한까지 보완을 완료한 경우에는 제1항에 따른 신청 절차를 다시 거치지 않고 제2항 및 제3항에 따라 사용 전 검사를 다시 실시하여 기계설비 사용 전 검사 확인증을 발급할 수 있다.

03 기계설비 유지관리

1 기계설비의 유지관리 및 점검을 위하여 필요한 유지관리 기준

1) 기계설비 유지관리 및 점검에 대한 계획 수립

2) 기계설비 유지관리 및 점검 참여자의 자격, 역할 및 업무내용

3) 기계설비 유지관리 및 점검의 종류, 항목, 방법 및 주기

4) 기계설비 유지관리 및 점검의 기록 및 문서보존 방법

5) 그 밖에 유지관리기준의 관리, 운영, 조사, 연구 및 개선업무에 관한 사항

2 기계설비 유지관리자 선임

1) 관리주체는 국토교통부령으로 정하는 바에 따라 기계설비유지관리자를 선임하여야 한다. 다만, 기계설비유지관리업무를 위탁한 경우 기계설비유지관리자를 선임한 것으로 본다.

2) 기계설비유지관리자를 선임한 관리주체는 정당한 사유 없이 대통령령으로 정하는 일정 횟수 이상 유지관리교육을 받지 아니한 기계설비유지관리자를 해임하여야 한다.

3) 관리주체가 기계설비유지관리자를 선임 또는 해임한 경우 국토교통부령으로 정하는 바에 따라 지체 없이 그 사실을 특별자치시장·특별자치도지사·시장·군수·구청장에게 신고하여야 한다.

4) 기계설비유지관리자의 선임신고를 한 자가 선임신고증명서의 발급을 요구하는 경우에는 특별자치시장·특별자치도지사·시장·군수·구청장은 국토교통부령으로 정하는 바에 따라 선임신고증명서를 발급하여야 한다.

5) 기계설비유지관리자의 해임신고를 한 자는 해임한 날부터 30일 이내에 기계설비유지관리자를 새로 선임하여야 한다.

6) 특별자치시장·특별자치도지사·시장·군수·구청장은 신고를 받은 경우에는 그 사실을 국토교통부장관에게 통보하여야 한다.

7) 기계설비유지관리자의 자격과 등급은 대통령령으로 정한다.

8) 기계설비유지관리자는 근무처·경력·학력 및 자격 등의 관리에 필요한 사항을 국토교통부장관에게 신고하여야 한다. 신고사항이 변경된 경우에도 같다.

04 기계설비성능점검업

1 기계설비성능점검업의 등록

1) 성능점검과 관련된 업무를 하려는 자는 자본금, 기술인력의 확보 등 대통령령으로 정하는 요건을 갖추어 특별시장·광역시장·특별자치시장·도지사 또는 특별자치도지사(이하 "시·도지사"라 한다)에게 등록하여야 한다.

2) 기계설비성능점검업을 등록한 자(이하 "기계설비성능점검업자"라 한다)는 제1항에 따라 등록한 사항 중 대통령령으로 정하는 사항이 변경된 경우에는 변경 사유가 발생한 날부터 30일 이내에 변경등록을 하여야 한다.

3) 시·도지사가 제1항 및 제2항에 따라 기계설비성능점검업의 등록 또는 변경등록을 받은 경우에는 등록신청자에게 등록증을 발급하여야 한다.

4) 기계설비성능점검업의 등록과 관련하여 다음 각 호의 어느 하나의 행위를 하거나 제3자로 하여금 이를 하게 하여서는 아니 된다.

　(1) 다른 사람에게 자기의 성명을 사용하여 기계설비성능점검 업무를 수행하게 하거나 자신의 등록증을 빌려주는 행위

　(2) 다른 사람의 성명을 사용하여 기계설비성능점검 업무를 수행하거나 다른 사람의 등록증을 빌리는 행위

5) 기계설비성능점검업자는 휴업하거나 폐업하는 경우에는 대통령령으로 정하는 바에 따라 시·도지사에게 신고하여야 한다. 이 경우 폐업신고를 받은 시·도지사는 그 등록을 말소하여야 한다.

6) 시·도지사는 제1항부터 제5항까지에 따라 기계설비성능점검업자가 등록 또는 변경등록을 하거나 기계설비성능점검업자로부터 휴업 또는 폐업신고를 받은 경우에는 그 사실을 국토교통부장관에게 통보하여야 한다.

7) 기계설비성능점검업의 등록 및 변경등록, 휴업·폐업의 절차 등에 필요한 사항은 국토교통부령으로 정한다.

2 기계설비성능점검업자의 지위승계

1) 기계설비성능점검업자가 사망한 경우 그 상속인

2) 기계설비성능점검업자가 그 영업을 양도하는 경우 그 양수인

3) 법인인 기계설비성능점검업자가 합병하는 경우 합병 후 존속하는 법인이나 합병에 따라 설립되는 법인

3 등록의 결격사유

1) 피성년후견인

2) 파산선고를 받고 복권되지 아니한 사람

3) 이 법을 위반하여 징역 이상의 실형을 선고받고 그 집행이 종료(집행이 종료된 것으로 보는 경우를 포함한다)되거나 집행이 면제된 날부터 2년이 지나지 아니한 사람

4) 이 법을 위반하여 징역 이상의 형의 집행유예를 선고받고 그 유예기간 중에 있는 사람

5) 제2항에 따라 등록이 취소(제1호 또는 제2호의 결격사유에 해당하여 등록이 취소된 경우는 제외한다)된 날부터 2년이 지나지 아니한 자(법인인 경우 그 등록취소의 원인이 된 행위를 한 사람과 대표자를 포함한다)

6) 대표자가 제1호부터 제5호까지의 어느 하나에 해당하는 법인

4 기계설비성능점검업의 변경등록 사항

1) 상호

2) 대표자

3) 영업소 소재지

4) 기술인력

Chapter 03 소방법규

01 소방시설설치 및 관리에 관한 법률(법률, 시행령, 시행규칙)

1 무창층

지상층 중 다음을 모두 갖춘 개구부의 면적의 합계가 해당 층의 바닥면적의 30분의 1 이하가 되는 층을 말한다.

1) 크기는 지름 50센티미터 이상의 원이 통과할 수 있을 것
2) 해당 층의 바닥면으로부터 개구부 밑부분까지의 높이가 1.2미터 이내일 것
3) 도로 또는 차량이 진입할 수 있는 빈터를 향할 것
4) 화재 시 건축물로부터 쉽게 피난할 수 있도록 창살이나 그 밖의 장애물이 설치되지 않을 것
5) 내부 또는 외부에서 쉽게 부수거나 열 수 있을 것

2 건축허가등의 동의대상물의 범위 등

미리 소방본부장 또는 소방서장의 동의를 받아야 하는 건축물

1) 연면적이 400제곱미터 이상인 건축물과 다음 기준 이상인 건축물
   (1) 학교시설 : 100제곱미터
   (2) 노유자시설(노유자시설) 및 수련시설 : 200제곱미터
   (3) 정신의료기관(입원실이 없는 경우 제외) : 300제곱미터
   (4) 장애인 의료재활시설 : 300제곱미터
2) 지하층 또는 무창층이 있는 건축물로서 바닥면적이 150제곱미터(공연장 : 100제곱미터) 이상인 층이 있는 것
3) 차고·주차장 또는 주차 용도로 사용되는 시설
   (1) 차고·주차장으로 사용되는 층 중 바닥면적이 200제곱미터 이상인 층이 있는 시설
   (2) 승강기 등 기계장치에 의한 주차시설로서 자동차 20대 이상을 주차할 수 있는 시설

4) 층수가 6층 이상인 건축물

5) 항공기격납고, 관망탑, 항공관제탑, 방송용 송수신탑

6) 위험물 저장 및 처리 시설, 지하구

7) 노유자시설 중(단독주택 또는 공동주택에 설치되는 시설은 제외)
    (1) 노인 관련 시설
    (2) 아동복지시설
    (3) 장애인거주시설
    (4) 정신질환자 관련 시설
    (5) 노숙인 관련 시설
    (6) 결핵환자나 한센인이 24시간 생활하는 노유자시설

8) 요양병원

3 소방시설의 구분

1) 소화설비 : 물 또는 그 밖의 소화약제를 사용하여 소화하는 기계·기구 또는 설비
    (1) 소화기구
        ① 소화기
        ② 간이소화용구 : 에어로졸식 소화용구, 투척용 소화용구, 소공간용 소화용구 및 소화약제 외의 것을 이용한 간이소화용구
        ③ 자동확산소화기
    (2) 자동 소화장치
        ① 주거용 주방 자동소화장치
        ② 상업용 주방 자동소화장치
        ③ 캐비닛형 자동소화장치
        ④ 가스 자동소화장치
        ⑤ 분말 자동소화장치
        ⑥ 고체 에어로졸 자동소화장치
    (3) 옥내소화전설비[호스릴(Hose Reel) 옥내소화전설비를 포함한다]

(4) 스프링클러설비 등
　① 스프링클러설비
　② 간이스프링클러설비(캐비닛형 간이스프링클러설비를 포함한다)
　③ 화재조기진압용 스프링클러설비
(5) 물분무등소화설비
　① 물분무소화설비
　② 미분무소화설비
　③ 포소화설비
　④ 이산화탄소소화설비
　⑤ 할론소화설비
　⑥ 할로겐화합물 및 불활성기체(다른 원소와 화학반응을 일으키기 어려운 기체를 말한다. 이하 같다)소화설비
　⑦ 분말소화설비
　⑧ 강화액소화설비
　⑨ 고체에어로졸소화설비
(6) 옥외 소화전설비

2) 경보설비 : 화재발생 사실을 통보하는 기계·기구 또는 설비로서 다음 각 목의 것
(1) 단독경보형 감지기
(2) 비상경보설비
　① 비상벨설비
　② 자동식 사이렌설비
(3) 자동화재탐지설비
(4) 시각경보기
(5) 화재알림설비
(6) 비상방송설비
(7) 자동화재속보설비
(8) 통합감시시설
(9) 누전경보기
(10) 가스누설경보기

3) 피난구조설비 : 화재가 발생할 경우 피난하기 위하여 사용하는 기구 또는 설비로서 다음 각 목의 것
    (1) 피난기구
        ① 피난사다리
        ② 구조대
        ③ 완강기
        ④ 간이완강기
        ⑤ 그 밖에 화재안전기준으로 정하는 것
    (2) 인명구조기구
        ① 방열복, 방화복(안전모, 보호장갑 및 안전화를 포함한다)
        ② 공기호흡기
        ③ 인공소생기
    (3) 유도등
        ① 피난유도선
        ② 피난구유도등
        ③ 통로유도등
        ④ 객석유도등
        ⑤ 유도표지
    (4) 비상조명등 및 휴대용 비상조명등

4) 소화용수설비 : 화재를 진압하는 데 필요한 물을 공급하거나 저장하는 설비로서 다음 각 목의 것
    (1) 상수도소화용수설비
    (2) 소화수조·저수조, 그 밖의 소화용수설비

5) 소화활동설비 : 화재를 진압하거나 인명구조 활동을 위하여 사용하는 설비로서 다음 각 목의 것
    (1) 제연설비
    (2) 연결송수관설비
    (3) 연결살수설비
    (4) 비상콘센트설비
    (5) 무선통신보조설비
    (6) 연소방지설비

4 소방시설의 내진설계기준

1) 「지진·화산재해대책법」 제14조 제1항 각 호의 시설 중 대통령령으로 정하는 특정소방대상물에 대통령령으로 정하는 소방시설을 설치하려는 자는 지진이 발생할 경우 소방시설이 정상적으로 작동될 수 있도록 소방청장이 정하는 내진설계기준에 맞게 소방시설을 설치하여야 한다.

2) 대통령령으로 정하는 소방시설
   (1) 옥내소화전설비
   (2) 스프링클러설비
   (3) 물분무등소화설비

5 특정소방대상물의 수용인원

1) 숙박시설이 있는 특정소방대상물
   (1) 침대가 있는 숙박시설 : 해당 특정소방대상물의 종사자 수에 침대 수(2인용 침대는 2개로 산정한다)를 합한 수
   (2) 침대가 없는 숙박시설 : 해당 특정소방대상물의 종사자 수에 숙박시설 바닥면적의 합계를 3 m^{2}로 나누어 얻은 수를 합한 수

2) 제1호 외의 특정소방대상물
   (1) 강의실·교무실·상담실·실습실·휴게실 용도로 쓰는 특정소방대상물 : 해당 용도로 사용하는 바닥면적의 합계를 1.9 m^{2}로 나누어 얻은 수
   (2) 강당, 문화 및 집회시설, 운동시설, 종교시설 : 해당 용도로 사용하는 바닥면적의 합계를 4.6 m^{2}로 나누어 얻은 수(관람석이 있는 경우 고정식 의자를 설치한 부분은 그 부분의 의자 수로 하고, 긴 의자의 경우에는 의자의 정면너비를 0.45 m로 나누어 얻은 수로 한다)
   (3) 그 밖의 특정소방대상물 : 해당 용도로 사용하는 바닥면적의 합계를 3 m^{2}로 나누어 얻은 수

6 소방시설설치(소화설비)

1) 소화기구 : 소화기구 설치대상

   연면적 33 m² 이상

2) 주방용 자동소화장치 : 주거용 주방자동소화장치 설치대상

   아파트 및 오피스텔의 모든 층

3) 옥내소화전설비 설치대상

   (1) 연면적 3000 m² 이상인 소방대상물 이거나 지하층, 무창층 또는 층수가 4층 이상인 층 중 바닥면적이 600 m² 이상인 모든층

   (2) 근린생활시설, 판매시설, 운수시설, 의료시설, 노유자 시설, 업무시설, 숙박시설, 위락시설, 공장, 창고시설, 항공기 및 자동차 관련 시설, 교정 및 군사시설, 방송통신시설, 발전시설, 장례시설 또는 복합건축물

   ① 연면적 1500 m² 이상

   ② 지하층, 무창층 또는 층수가 4층 이상인 층 중 바닥면적이 300 m² 이상인 모든 층

4) 스프링클러 설비

   (1) 문화 및 집회시설(동·식물원 제외), 종교시설, 운동시설로 수용인원 100인 이상

   (2) 판매시설, 운수시설 및 창고시설 중 물류터미널

   ① 바닥면적의 합계 5000 m² 이상

   ② 수용인원 500인 이상

5) 옥외소화전설비 설치대상

   지상 1층 및 2층의 바닥면적의 합계가 9000 m² 이상

7 소방시설설치(경보설비)

1) 비상경보설비

   연면적 400 m² 이상인 모든 층

2) 자동화재탐지설비

   (1) 공동주택 중 아파트등·기숙사 및 숙박시설의 모든 층

   (2) 층수가 6층 이상인 건축물의 모든 층

   (3) 근린생활시설(목욕장 제외), 의료시설(정신의료기관, 요양병원 제외), 위락시설, 장례시설 및 복합건축물로서 연면적 600 m² 이상인 모든 층

(4) 근린생활시설 중 목욕장, 문화 및 집회시설, 종교시설, 판매시설, 운수시설, 운동시설, 업무시설, 관광휴게시설, 지하상가 등으로서 연면적 1000 m² 이상인 모든 층

3) 비상경보 설비

연면적 400 m² 이상인 것

4) 자동화재속보설비

노유자생활시설

5) 소화활동설비

  (1) 제연설비 설치

    ① 문화 및 집회시설, 종교시설, 운동시설 중 무대부의 바닥면적이 200 m² 이상인 경우에는 해당 무대부

    ② 문화 및 집회시설 중 영화상영관으로서 수용인원 100명 이상인 경우에는 해당 영화상영관

    ③ 지하층이나 무창층에 설치된 근린생활시설, 판매시설, 운수시설, 숙박시설, 위락시설, 의료시설 노유자 시설 또는 창고시설로 사용되는 바닥면적의 합계가 1000 m² 이상인 경우 모든 층

    ④ 지하상가로서 연면적 1000 m² 이상

  (2) 연결송수관설비

    층수가 5층 이상으로서 연면적 6000 m² 이상인 모든 층

  (3) 연결살수설비

  (4) 비상콘센트설비

    ① 층수가 11층 이상인 특정소방대상물의 경우에는 11층 이상의 층

    ② 지하층의 층수가 3층 이상이고 지하층의 바닥면적의 합계가 1000 m² 이상인 것은 지하층의 모든 층

    ③ 터널로서 길이가 500 m 이상인 것

  (5) 무선통신보조설비

  (6) 연소방지설비

8 소방시설 설치의 면제 기준

물분무등소화설비	물분무등소화설비를 설치해야 하는 차고·주차장에 스프링클러설비를 화재안전기준에 적합하게 설치한 경우에는 그 설비의 유효범위에서 설치가 면제된다.
비상경보설비 또는 단독경보형 감지기	비상경보설비 또는 단독경보형 감지기를 설치해야 하는 특정소방대상물에 자동화재탐지설비 또는 화재알림설비를 화재안전기준에 적합하게 설치한 경우에는 그 설비의 유효범위에서 설치가 면제된다.
연소방지설비	연소방지설비를 설치해야 하는 특정소방대상물에 스프링클러설비, 물분무소화설비 또는 미분무소화설비를 화재안전기준에 적합하게 설치한 경우에는 그 설비의 유효범위에서 설치가 면제된다.

9 방염

1) 방염대상 및 기준
  (1) 방염대상 : 방염성능 기준 이상의 실내장식물 등을 설치해야 하는 특정소방대상물
    ① 근린생활시설 중 의원, 조산원, 산후조리원, 체력단련장, 공연장 및 종교집회장
    ② 건축물의 옥내에 있는 다음 시설
      ㉠ 문화 및 집회시설
      ㉡ 종교시설
      ㉢ 운동시설(수영장은 제외한다)
    ③ 의료시설
    ④ 교육연구시설 중 합숙소
    ⑤ 노유자 시설
    ⑥ 숙박이 가능한 수련시설
    ⑦ 숙박시설
    ⑧ 방송통신시설 중 방송국 및 촬영소
    ⑨ 「다중이용업소의 안전관리에 관한 특별법」 제2조 제1항 제1호에 따른 다중이용업의 영업소(이하 "다중이용업소"라 한다)
    ⑩ 제1호부터 제9호까지의 시설에 해당하지 않는 것으로서 층수가 11층 이상인 것(아파트 등은 제외한다)

(2) 방염물품
   ① 창문에 설치하는 커텐류
   ② 카페트, 두께가 2 mm 미만인 벽지류(종이벽지 제외)
   ③ 전시용 합판 또는 섬유판, 무대용 합판 또는 섬유판
   ④ 암막, 무대막

10 특급 소방안전관리대상물의 범위

1) 지하층을 제외하고 50층 이상이거나 지상으로부턴 높이가 200 m 이상인 아파트

2) 지하층을 포함하고 30층 이상이거나 지상으로부터 높이가 120 m 이상인 아파트를 제외한 특정소방대상물

3) 2)에 해당하지 않는 특정소방대상물로서 연면적이 10만 m^2 이상인 아파트를 제외한 특정소방대상물

건·축·설·비·기·사

Part 04

CBT 모의고사

※ 해설에 인용된 조문은 원문의 표현을 그대로 따랐기에 본문의 번호 체계와 일치하지 않을 수 있습니다.

CBT 모의고사 — 제1회

1과목 건축설비계획

1회독 시간: 점수:
2회독 시간: 점수:
3회독 시간: 점수:

01 실내외의 온도차에 의하여 발생하는 환기는?

① 중력 환기
② 개별 환기
③ 송풍 환기
④ 기계 환기

해설

[환기]
- 중력 환기 : 실내외 온도차(밀도차)에 의해 발생하는 자연환기
- 개별 환기 : 특정 구역(주방 후드, 국소 배기장치 등)에만 적용되는 환기 방식
- 송풍 환기 : 팬·블로워로 공기를 불어넣는 기계적 급기 방식
- 기계 환기 : 팬·덕트를 이용해 강제적으로 환기하는 방식

02 서울지방의 TAC 위험률 2.5 %에 상당하는 난방설계용 외기온도는 -11 ℃이다. 실제 외기온도가 이 온도 이하로 내려갈 수 있는 총 시간은? (단, 난방시기는 12월부터 3월까지이다)

① 72.6 시간
② 102.4 시간
③ 204.8 시간
④ 365.7 시간

해설

[TAC위험률과 난방설계 외기온도]
- 난방시기
  12월 ~ 3월 → 총 4개월 ≈ 121일 = 2904시간
- TAC 위험률
  주어진 위험률 = 2.5 %
  의미 : 설계 외기온도 이하로 내려가는 시간의 비율이 2.5 %라는 뜻
- 2904 × 0.025 = 72.6

03 다음 중 고층건물에서 급수설비의 조닝 목적과 가장 관계가 먼 것은?

① 공사비의 절감
② 소음과 진동의 방지
③ 배관의 적절한 수압유지
④ 기구 부속품의 파손 방지

해설

[고층건물에서 조닝을 하는 이유]
- 배관 수압 유지 : 너무 높은 수압으로 인한 문제 방지
- 기구 및 부속품 파손 방지 : 변기, 세면기 등 설비 기구 보호
- 소음과 진동 방지 : 수격작용(Water Hammer) 억제

정답 01 ① 02 ① 03 ①

04 열역학 제3법칙에 대한 내용으로 알맞은 것은?

① 제1종 영구기관을 부정한다.
② 0 K에 이를 수는 없다.
③ 고립된 계의 에너지 양은 일정하다.
④ 에너지의 전달 방향에 관한 법칙이다.

해설

[열역학 제3법칙]
- 절대온도 0 K일 때 엔트로피는 0이 된다.
- 절대온도 0도에 이르게 할 수 없다.

05 측창채광에 관한 설명으로 옳지 않은 것은?

① 비막이에 유리하다.
② 개폐조작이 용이하고 유지관리가 쉽다.
③ 균일한 조도를 얻을 수 있다.
④ 주변 건물들에 의해 채광이 방해받을 수 있다.

해설

[측창 채광]
- 건축물의 측창으로부터 이루어지는 채광이다.
- 벽면에 위치한 개구부(창문 등)를 통한 자연 채광을 실내로 들여오는 방법이다.
- 측창은 보통 외벽창이며 이는 비막이에 좋고 개폐조작 및 청소 등이 편리하다.
- 균일한 조도는 천창 채광이 유리하며 통풍은 측창 채광이 유리하다.

06 다음 냉방부하 중 재열부하에 관한 설명으로 옳지 않은 것은?

① 냉각시킨 공기를 취출온도까지 가열하는 부하를 의미한다.
② 현열부하이다.
③ 장마철 등 잠열부하가 많은 경우 주로 발생한다.
④ 냉각코일의 용량과는 무관하다.

해설

[재열부하]
습도 조절이 필요한 경우, 공조기는 공기를 과냉각시켜 수분을 제거한 후, 다시 쾌적한 취출온도까지 재가열하는데 이때 필요한 부하를 재열부하라고 한다.
- 현열부하에 해당
- 잠열부하가 큰 경우(예 장마철) 발생
- 냉각코일에서 수분을 충분히 제거해야 하므로 냉각코일 용량과 직결됨

07 태양광선 중 자외선에 의한 효과에 해당되는 것은?

① 광원으로서의 밝기효과
② 난방에 필요한 에너지를 절감할 수 있는 열효과
③ 물체의 형태와 색채를 구분할 수 있도록 하는 가시효과
④ 살균작용 등의 보건효과

정답 04 ② 05 ③ 06 ④ 07 ④

해설

[자외선]
- 자외선 : 살균·소독 효과, 인체에 비타민D 합성 촉진, 과다 노출 시 피부·눈 손상
- 가시광선 : 채광, 시각 활동, 생리·심리적 안정
- 적외선 : 열효과 큼, 건축 열부하에 직접 작용

08 잔향시간에 관한 설명으로 옳은 것은?

① 강당의 최적 잔향시간은 음악당보다 길다.
② 잔향시간은 실내 공간의 용적에 비례한다.
③ 강당의 내부벽 재료는 잔향시간에는 영향을 주지 않는다.
④ 잔향시간은 정상상태에서 90 dB의 음이 감쇠하는 데 소요되는 시간을 말한다.

해설

[잔향시간]
※ 사빈공식
$$R.T = K\frac{V}{A}$$
　R.T : 잔향시간, V : 실용적, A : 흡음률(표면적)
- 잔향시간이란 음원으로부터 발생되는 소리가 정지했을 때 음압레벨이 60 dB 감쇠하는 데 소요되는 시간을 말한다.

09 다음 중 새집증후군의 원인과 가장 관계가 먼 것은?

① 건물의 기밀성 증대로 인한 환기 부족 현상
② 건자재, 시공재에서 화학물질 사용의 증가
③ 생활용품으로 화학제품 사용의 증가
④ 시공결함으로 인한 침기(침입공기)의 증가

해설

[새집증후군(Sick House Syndrome)의 원인]
- 건물의 기밀성 증가로 인한 환기 부족으로 오염물질 축적
- 건축자재·시공재의 화학물질 사용 증가
- 생활용품에서 방출되는 화학제품

10 실내공기오염의 종합적 지표로 사용되는 오염 물질은?

① 미세먼지
② 이산화탄소
③ 포름알데히드
④ 휘발성 유기화합물

해설

[이산화탄소]
이산화탄소는 실내 공기 오염의 종합적 지표로 사용된다. CO_2 농도가 높으면 환기 부족을 의미한다.

정답　08 ②　09 ④　10 ②

11 증기난방에 관한 설명으로 옳은 것은?

① 온수난방에 비하여 열용량이 커 예열시간이 길게 소요된다.
② 온수난방에 비하여 부하변동에 따른 방열량 조절이 곤란하다.
③ 온수난방에 비하여 한랭지에서 운전 정지 중에 동결의 위험이 크다.
④ 온수난방에 비하여 소요방열면적과 배관경이 크게 되므로 설비비가 높다.

해설

[증기난방]
- 응축잠열 이용하기 때문에 단위 질량당 열효과가 커 예열시간이 짧다.
- 배관 내 유속이 크고 전열효율이 좋아서 배관경, 방열면적이 작다.
- 한랭지에서도 동결 우려가 없다.
- 열용량이 작아 부하변동에 따른 방열량 제어가 곤란하다.
- 온도 조절이 정밀하지 못해 쾌적성이 떨어진다.
- 소음과 진동의 발생 가능성이 있다.

12 유체에 관한 설명으로 옳지 않은 것은?

① 동점성계수는 점성계수에 비례하고 밀도에 반비례한다.
② 레이놀즈수는 동점성계수 및 관경에 비례하고 유속에 반비례한다.
③ 연속의 법칙에 의하면 관의 단면적이 큰 곳은 유속이 작고, 역으로 단면적이 작은 곳에서는 유속이 크게 된다.
④ 베르누이의 정리에 의하면 유체가 가지고 있는 속도에너지, 위치에너지 및 압력에너지의 총합은 흐름 내 어디에서나 일정하다.

해설

[레이놀즈수]

$$Re = \frac{\rho VD}{\mu} = \frac{VD}{\nu} = \frac{관성력}{점성력}$$

레이놀즈수는 동점성계수에 반비례하고 관경과 유속에 비례한다.

여기서, ρ : 밀도[kg/m³]
V : 유속[m/s]
D : 직경[m]
μ : 점성계수[N·s/m²]
ν : 동점성계수[m²/s]

13 섭씨온도와 화씨온도의 관계식을 옳게 나타낸 것은?

① $t_F = t_C + 32$ ② $t_F = \frac{9}{5}t_C + 32$

③ $t_F = \frac{5}{9}t_C + 32$ ④ $t_F = t_C - 32$

해설

[섭씨온도와 화씨온도]

$t_F = \dfrac{9}{5} t_C + 32$

- 섭씨온도(℃) : 물의 어는 점(빙점)을 0℃로 물의 끓는점(비점)을 100℃로 100등분하여 사용한 것
- 화씨온도(℉) : 물의 어는점을 32℉로, 물의 끓는점을 212℉로 180등분하여 사용한 것

14 다음의 공기조화방식 중 전공기방식에 속하지 않는 것은?

① 단일덕트방식
② 이중덕트방식
③ 유인유니트방식
④ 멀티존유니트방식

해설

[전공기방식]
공기를 중앙 공기조화기에서 처리하여, 공기만을 덕트를 통해 실내로 공급하는 방식
- 단일덕트방식(Single Duct System)
- 이중덕트방식(Double Duct System)
- 멀티존유니트방식(Multi-zone Unit System)
- VAV(Variable Air Volume)방식
※ 유인유니트방식(Induction Unit System) : 기본적으로 공기·수방식에 속함

15 정수처리 과정에서 물을 뿜으면서 불용해성 철분을 제거하는 처리과정은?

① 침전
② 폭기
③ 여과
④ 급수

해설

[폭기]
물을 뿜어 산소를 공급해 철분을 불용성으로 산화시키는 정수처리과정

16 주철관의 이음 방법에 속하지 않는 것은?

① 소켓이음
② 빅토릭이음
③ 타이톤이음
④ 스위블이음

해설

[이음방법]
- 주철관이음에는 소켓·빅토릭·타이톤방식이 있다.
- 스위블이음은 회전 열결부로, 주로 기계장치나 유연한 연결부에서 사용되며 주철관 전용 이음법은 아니다.

17 다음 중 환기설비 적산 대상에 해당하지 않는 것은?

① 송풍기
② 덕트
③ 환기용 그릴 및 레지스터
④ 콘크리트 구조체

해설

[환기설비 적산]
- 환기설비 적산 대상에는 송풍기, 덕트, 환기구(그릴, 레지스터 등), 댐퍼, 소음기 등이 포함된다.
- 건축 구조체는 건축공사 적산 대상이지 환기설비 적산에는 포함되지 않는다.

정답 14 ③ 15 ② 16 ④ 17 ④

18 통기설비에 관한 설명으로 옳은 것은?

① 간접배수계통의 통기관은 다른 통기계통에 접속하여 대기 중에 개구한다.
② 각개통기방식 및 로프통기방식에는 통기수직관을 설치하지 않는다.
③ 통기수직관의 상부는 관경을 축소하여 그 위쪽 끝은 단독으로 대기 중에 개구한다.
④ 통기수직관의 하부는 최저위치에 있는 배수수평지관보다 낮은 위치에서 배수수직관에 접속하거나 또는 배수수평주관에 접속한다.

해설
[통기설비]
- 간접배수계통이라 하더라도 통기관은 반드시 대기 중에 직접 개구해야 한다.
- 각개통기방식과 루프통기방식에서도 기본적인 통기수직관은 필요하다
- 상부에서 관경을 축소하지 않고 그대로 유지해야 한다.

19 다음과 같은 배관도에서 엘보와 티의 수량은?

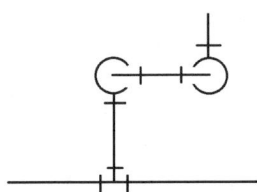

① 엘보 1개, 티 1개
② 엘보 3개, 티 2개
③ 엘보 1개, 티 4개
④ 엘보 4개, 티 1개

해설
[배관도]

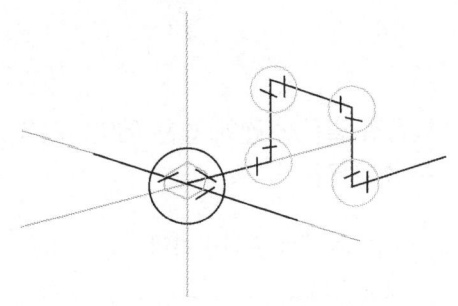

- 평면도를 입체도(겨냥도)로 그려보면 다음과 같다.
- 엘보 : 4개, 티 : 1개

20 건물을 세로로 절단한 후 수평방향에서 본 도면으로 실내 공간의 바닥, 천정 등의 내부구조를 나타내주는 도면은?

① 입면도 ② 측면도
③ 전개도 ④ 단면도

해설
[설계도면]
- 단면도 : 건물을 세로로 절단한 후 수평방향에서 본 그림
- 입면도 : 건물의 외부 형태(정면·측면·배면)를 외부에서 바라본 그림
- 측면도 : 입면도의 일종으로 건물 옆모습을 외부에서 나타낸 것
- 전개도 : 벽, 바닥, 천장을 평면으로 펼쳐서 표현하는 도면

정답 18 ④ 19 ④ 20 ④

2과목 건축설비설계

21 다음과 같은 조건에 있는 에어와셔의 입구 수온은?

- 에어와셔의 통과공기량 : 20000 kg/h
- 에어와셔의 수량(水量) : 15600 kg/h
- 에어와셔 입구공기 엔탈피 : 23.9 kJ/kg
- 에어와셔 출구공기 엔탈피 : 26.8 kJ/kg
- 에어와셔 출구 수온 : 9.3℃
- 물의 비열 : 4.2 kJ/kg·K

① 약 8.4℃   ② 약 9.7℃
③ 약 10.2℃   ④ 약 11.5℃

해설

[에어와셔의 입구 수온]
에어와셔의 공기가열량과 물의 냉각열량은 같다.
그러므로 열량을 구하면
1) 열량 q
$q = G(h_{출구} - h_{입구})$
$= 20000 \times (26.8 - 23.9) = 58000 kJ$
2) 에어와셔의 입구 수온 x
$q = G \times C \times \triangle t$
$58000\,kJ = 15600 \times 4.2(x - 9.3)$
∴ $x = 10.19$

22 다음 설명에 알맞은 밸브의 종류는?

- 유체를 일정한 방향으로만 흐르게 하고 역류를 방지하는 데 사용한다.
- 시트의 고정핀을 축으로 회전하여 개폐되며 수평·수직 어느 배관에도 사용할 수 있다.

① 게이트밸브
② 풋형 체크밸브
③ 스윙형 체크밸브
④ 리프트형 체크밸브

해설

[스윙형 체크밸브(Swing Check Valve)]
디스크가 고정핀을 중심으로 회전(스윙)하여 개폐, 수평·수직배관 모두 설치 가능. 역류방지 기능을 갖는다.

스윙형 체크밸브 (수직, 수평배관에 사용)	리프트형 체크밸브 (수평배관에 사용)

정답 21 ③ 22 ③

23 다음 중 간접배수로 하여야 하는 기기에 속하지 않는 것은?

① 세탁기　　② 대변기
③ 제빙기　　④ 식기세척기

해설

[간접배수와 직접배수]
- 간접배수 필요 기구 : <u>식기세척기, 제빙기, 세탁기</u>, 냉장·제빙 드레인 등
- 직접배수 가능 기구 : 세면기, <u>대변기</u>, 소변기, 욕조 등 위생기구

24 수도직결방식 급수설비에서 수도본관에서 1층에 설치된 샤워기까지의 높이가 2 m이고, 마찰손실압력이 20 kPa, 수도본관의 수압이 150 kPa 인 경우 샤워기 입구에서의 수압은? (단, 10 kPa = 1 m)

① 약 110 kPa
② 약 130 kPa
③ 약 150 kPa
④ 약 170 kPa

해설

[샤워기 입구에서의 수압]
$H = h_1 + h_2 + h_3$
$150 = 20 + 20 + x$
$x = 110 \text{ kPa}$

25 배관설비에 사용되는 신축이음쇠의 종류에 속하지 않는 것은?

① 루프형　　② 플랜지형
③ 슬리브형　④ 벨로우즈형

해설

[신축이음쇠의 종류]
플랜지는 유지보수를 위해 분해가 필요한 곳에 설치하는 배관이음

[플랜지(Flange)]

26 중앙식 급탕방식에 관한 설명으로 옳지 않은 것은?

① 배관으로부터 열손실이 많다.
② 급탕 개소마다 가열기의 설치 스페이스가 필요하다.
③ 시공 후 기구 증설에 따른 배관 변경 공사를 하기 어렵다.
④ 기계실 등에 다른 설비 기계와 함께 가열장치 등이 설치되기 때문에 관리가 용이하다.

해설

[중앙식 급탕방식]
② 이는 개별식(직접가열식)의 설명이다. 중앙식은 공동 가열 후 배관 공급이므로 급탕 개소마다 가열기 설치공간이 필요하지 않다.

정답　23 ②　24 ①　25 ②　26 ②

27 온도 10 ℃, 길이 100 m인 강관에 탕이 흘러 70 ℃가 되었을 때, 강관의 팽창량은? (단, 강관의 선팽창계수는 1.0×10^{-5}/℃이다)

① 6 mm ② 12 mm
③ 6 cm ④ 12 cm

해설

[강관의 팽창량]

※ 팽창 길이 λ
$\lambda[mm] = \ell \times \alpha \times \triangle t$
여기서 $\lambda[mm]$: 팽창한 배관의 길이,
$\ell[mm]$: 배관의 길이
$\alpha[mm/mm \cdot ℃]$: 선팽창계수,
$\triangle t[℃]$: 온도 차

관의 팽창 길이 λ
= $100 \times 1.0 \times 10^{-5} \times (70 - 10)$
= 0.06 m = 6 cm

28 동시 사용률이 높은 건물과 급탕설비에 관한 설명으로 옳은 것은?

① 가열부하와 최대부하의 차이가 크다.
② 일반적으로 최대부하 사용시간이 짧다.
③ 일반적으로 하루에 1시간 정도의 일정시간에 사용된다.
④ 가열기 능력을 크게 하고 저탕탱크는 소용량으로 계획하는 것이 효율적이다.

해설

[동시 사용률이 높은 건물과 급탕설비]
① 동시 사용률이 높으면 가열부하(평균)와 최대부하가 유사해 차이가 작다.
③ 반드시 1시간만 사용하는 것은 아니며, 용도별로 다르다.
④ 동시 사용률이 높으면 저탕탱크도 충분한 용량으로 계획해야 한다.

보충 학교, 체육관, 공중목욕탕 등은 짧은 시간에 집중 사용되어 최대부하 사용시간이 짧다.

29 공기선도상의 상태점(건구온도 26 ℃, 상대습도 50 %)에서 건구온도만을 낮출 경우 상승하는 것은?

① 상대습도 ② 습구온도
③ 비체적   ④ 엔탈피

해설

[습공기선도]
건구온도만 낮출 경우 공기의 포화능력이 적어져 결과적으로 상대습도가 높아진다.

정답 27 ③ 28 ② 29 ①

30 보일러의 출력 중 난방부하, 급탕부하, 배관부하, 예열부하의 합으로 표시되는 것은?

① 정미출력　② 정격출력
③ 상용출력　④ 과부하출력

해설

[보일러의 출력]
- 정미출력 = 난방부하 + 급탕부하
- 상용출력 = 정미출력 + 배관부하
- 정격출력 = 상용출력 + 예열부하
- 과부하출력 = 정격출력의 1.1 ~ 1.2

보충 과부하출력은 운전 초기나 과부하 발생 시의 출력

31 건물의 냉방부하 발생요인 중 현열만으로 구성된 것은?

① 인체의 발생열량
② 벽체로부터의 취득열량
③ 극간풍에 의한 취득열량
④ 외기의 도입으로 인한 취득열량

해설

[냉방부하 발생요인]
① 인체의 발생열량 : 현열 + 잠열
② 벽체로부터의 취득열량 : 현열
③ 극간풍에 의한 취득열량 : 현열 + 잠열
④ 외기의 도입으로 인한 취득열량 : 현열 + 잠열

32 압축식 냉동기의 구성요소 중 냉동의 목적을 직접적으로 달성하는 것은?

① 흡수기　② 증발기
③ 발생기　④ 응축기

해설

[증발기]
냉동의 목적(냉각)을 직접적으로 달성
냉매가 증발하면서 주위에서 열을 흡수
→ 냉각효과

33 건구온도 30 ℃, 절대습도 0.015 kg/kg'인 습공기 5 kg의 전체 엔탈피는? (단, 공기의 정압비열 1.01 kJ/kg·K, 수증기정압비열 1.85 kJ/kg·K, 0 ℃에서 포화수의 증발잠열 2501 kJ/kg)

① 228.77 kJ
② 343.24 kJ
③ 349.62 kJ
④ 425.24 kJ

해설

[습공기의 전체 엔탈피]
현열 = 5 × 1.01 × 30 = 151.5
잠열 = 5 × 0.015(2501 + 1.85 × 30) = 191.74
그러므로 합은 343.24

34 공기 취출구에서의 토출공기(1차 공기)량을 Q_1, 토출공기에 의해 유인된 실내공기(2차 공기)량을 Q_2라고 할 때 유인비는?

① $\dfrac{Q_1 + Q_2}{Q_2}$ ② $\dfrac{Q_1 + Q_2}{Q_1}$

③ $\dfrac{Q_1}{Q_1 + Q_2}$ ④ $\dfrac{Q_2}{Q_1 + Q_2}$

해설

[유인비]

유인비 = $\dfrac{전 공기량}{1차 공기량}$ = $\dfrac{1차 공기량 + 2차 공기량}{1차 공기량}$

= $\dfrac{Q_1 + Q_2}{Q_1}$

35 온수난방과 증기난방의 비교 설명으로 옳지 않은 것은?

① 온수난방은 증기난방에 비하여 운전정지 중에 동결의 위험이 크다.
② 온수난방은 증기난방에 비하여 소요 방열 면적과 배관경이 크게 된다.
③ 증기난방은 온수난방에 비하여 열용량이 커 예열시간이 길게 소요된다.
④ 온수난방은 증기난방에 비하여 난방부하 변동에 따른 온도조절이 용이하다.

해설

[온수난방과 증기난방의 비교]
증기난방은 열용량(축열)이 작고 온수난방은 열용량이 커서 예열시간이 길다.
• 온수난방 : 열용량 크다. → 예열시간 길다.
• 증기난방 : 열용량 작다. → 예열시간 짧다.

36 팬코일 유닛방식과 단일덕트방식을 병용하여 사용하는 경우에 관한 설명으로 옳지 않은 것은?

① 창면에 콜드 드래프트를 방지할 수 있다.
② 팬코일 유닛방식은 건물의 외부존의 부하를 담당한다.
③ 대형 건축물의 내부존과 외부존을 구분하여 공조하는 시스템이 적용된다.
④ 팬코일 유닛방식을 단독으로 설치한 것과 비교하여 설비비가 적게 든다.

해설

[팬코일 유닛방식과 단일덕트방식의 병용]
④ 병용 시 팬코일 + 공조기 + 덕트 등 이중 설비가 필요하므로 초기 설비비가 증가하는 경향이 있다.

37 환기방법 중 열기나 유해물질이 실내에 널리 산재되어 있거나 이동되는 경우에 사용하며, 전체환기라고도 불리는 것은?

① 집중환기   ② 희석환기
③ 국소환기   ④ 자연환기

해설

[희석환기]
희석환기는 열기나 유해물질이 실내 전역에 분포된 경우 신선한 외기를 공급해 농도를 희석시키는 방식. 전체환기(General Ventilation)라고도 불린다.

정답 34 ② 35 ③ 36 ④ 37 ②

38 중앙식 공기조화기에서 가습방식의 분류 중 수분무식에 속하지 않는 것은?

① 원심식
② 분무식
③ 초음파식
④ 적외선식

해설

[가습방식의 분류]
- 수분무식 : 원심식, 초음파식, 분무식
- 증기발생식 : 전열식, 전극식, 적외선식

39 다음 중 증기와 응축수 사이의 온도차를 이용하는 온도조절식 증기트랩에 속하는 것은?

① 버킷트랩   ② 벨로즈트랩
③ 열동식 트랩   ④ 플로트트랩

해설

[온도조절식 증기트랩]

구분	응축수 회수 원리	종류
기계식	응축수의 부력을 이용	플로트트랩, 버킷트랩
열동식 (온도조절식)	증기와 응축수의 온도 차이	바이메탈식 트랩, 벨로스 트랩
열역학	증기와 응축수의 열역학적 특성 차이	디스크트랩, 오리피스트랩

40 기구급수부하단위(Fu)가 1 Fu인 위생기구의 종류 및 접속관경으로 옳은 것은?

① 세면기, 15 mm
② 세면기, 25 mm
③ 대변기, 15 mm
④ 대변기, 25 mm

해설

[기구급수부하단위(Fu) 기준]
- 세면기 : 1 Fu, 15 mm 접속
- 대변기 : 3 ~ 4 Fu, 25 mm 접속

정답 38 ④ 39 ② 40 ①

3과목 전기설비 및 소방시설 일반

1회독 시간 :   점수 :
2회독 시간 :   점수 :
3회독 시간 :   점수 :

41 어떤 전열기가 10분 동안에 600000 J의 일을 했다고 한다. 이 전열기에서 소비한 전력은?

① 500 W   ② 1000 W
③ 1500 W ④ 3000 W

해설

[소비전력]

전력 = $\dfrac{일}{시간} = \dfrac{600000\,[J]}{600\,[\sec]} = 1000\,[W]$

42 실횻값이 220 V인 교류전압의 최댓값은?

① 약 245 V   ② 약 275 V
③ 약 311 V   ④ 약 325 V

해설

[교류전압 최댓값]

$V_m = \sqrt{2}\,V = \sqrt{2} \times 220 = 311\,V$

43 다음의 자동제어방식 중 각종 연산제어 및 에너지 절약제어가 가능하며 정밀도 및 신뢰도가 가장 높은 것은?

① 전기식   ② 전자식
③ 공기식   ④ DDC방식

해설

[DDC방식(Direct Digital Control방식)]
센서에서 입력된 아날로그 또는 디지털신호를 마이크로컴퓨터(컨트롤러)에서 디지털신호로 변환하여 수치화하고, 이를 바탕으로 자동제어를 수행하는 시스템

44 작업구역에는 전용의 국부조명방식으로 조명하고, 기타 주변 환경에 대하여는 간접조명과 같은 낮은 조도레벨로 조명하는 방식은?

① TAL 조명방식
② 건축화 조명방식
③ 반직접 조명방식
④ 전반확산 조명방식

해설

[TAL(Task-Ambient Lighting) 조명방식]
작업(Task) 공간은 국부적으로 밝게 하고, 주변(Ambient) 공간은 낮은 조도로 조명하여 에너지 절약 및 작업 효율성을 높이는 방식

45 4 H의 코일에 5 A의 직류전류가 흐를 때 코일에 축적되는 에너지는?

① 10 J   ② 20 J
③ 50 J   ④ 100 J

해설

[자기에너지]

코일에 저장되는 에너지 = $\dfrac{1}{2}LI^2\,[J]$

$= \dfrac{4 \times 5^2}{2} = 50\,J$

정답 41 ② 42 ③ 43 ④ 44 ① 45 ③

46 누전차단기에서 검출기구로 사용되는 것은?

① 계전기 ② 콘덴서
③ 영상변류기 ④ 유입차단기

해설
[영상변류기]
두 개 이상의 전선에 변류기를 설치하여 정상적인 상태라면 교류로 상호 보완된 0상이 검출되나 한 선 중 지락이 발생되면 상이 달라 지락을 검지하게 되는 장치

47 건축물의 주위를 적당한 간격의 그물눈을 가진 도체로 새장과 같이 감싸는 피뢰방식은?

① 돌침방식 ② 케이지방식
③ 수직도체방식 ④ 수평도체방식

해설
[피뢰방식]
- 돌침방식 : 건물 꼭대기에 돌침을 세우는 방식
- 수직도체방식 : 높은 구조물에 수직 도체 설치
- 수평도체방식 : 건축물 지붕에 수평 도체 설치

48 다음 중 안정기와 점등관이 필요한 것은?

① BL전구 ② 형광등
③ 백열전구 ④ 할로겐전구

해설
[형광등]
방전 방식으로 빛을 내기 때문에 안정기와 점등관이 필요

49 다음 설명에 알맞은 법칙은?

> 회로 내 임의의 한 점에 들어오고 나가는 전류의 합은 같다.

① 렌쯔의 법칙
② 옴의 법칙
③ 플레밍의 오른손법칙
④ 키르히호프의 제1법칙

해설
[키르히호프법칙]
- 제1법칙 : 회로 내 임의의 한 점에 들어오고 나가는 전류의 합은 같음
- 제2법칙 : 임의 폐회로에서 기전력과 전압강하의 합은 같음

50 전기 부하에 인가되는 전압이 증가될 때 허용되는 내압의 범위 내에서 함께 증가되는 것은?

① 주파수 ② 허용전력
③ 소비전력 ④ 전압강하

해설
[소비전력]
소비전력 $P = V^2/R$
따라서 전압이 증가될 때 함께 증가

정답 46 ③ 47 ② 48 ② 49 ④ 50 ③

51 다음 설명에 알맞은 전동기는?

- 교류용 전동기이다.
- 구조가 간단하여 취급이 용이하다.
- 슬립링이 없기 때문에 불꽃의 염려가 없다.

① 분권전동기
② 타여자전동기
③ 농형 유도전동기
④ 권선형 유도전동기

해설

[농형 유도전동기]
슬립링에서 불꽃이 나올 우려가 있는 것은 권선형 유도전동기(농형 유도전동기는 회전자에 슬립링이 없음)

52 다음 설명에 알맞은 배선공사는?

- 열적영향이나 기계적 외상을 받기 쉬운 곳이 아니면 광범위하게 사용 가능하다.
- 관자체가 절연체이므로 감전의 우려가 없으며 시공이 쉽다.

① 금속관공사
② 버스덕트공사
③ 플로어덕트공사
④ 합성수지관공사(CD관 제외)

해설

[합성수지관공사]
절연성이 높고 시공이 쉽기 때문에 광범위하게 사용한다.

53 20 Ω과 30 Ω의 저항이 병렬로 연결되어 있을 때 합성저항은?

① 12 Ω
② 30 Ω
③ 50 Ω
④ 64 Ω

해설

[병렬 합성저항]

$$R_0 = \frac{1}{\frac{1}{20}+\frac{1}{30}} = 12$$

54 자동화재탐지설비의 하나의 경계구역의 면적은 최대 얼마 이하로 하는가? (단, 해당 특정소방대상물의 주된 출입구에서 그 내부 전체가 보이는 것 제외)

① 150 m²
② 300 m²
③ 500 m²
④ 600 m²

해설

[경계구역]
특정소방대상물 중 화재신호를 발신하고 그 신호를 수신 및 유효하게 제어할 수 있는 구역
① 하나의 경계구역이 2개 이상의 건축물 및 각 층에 미치지 아니하도록 할 것(단, 500 m² 이하 범위 안에서는 2개 층을 하나의 경계구역으로 산정)
② 하나의 경계구역의 면적은 600 m² 이하, 한 변의 길이는 50 m 이하로 할 것(단, 주된 출입구에서 그 내부 전체가 보이는 것에 있어서는 한 변의 길이가 50 m의 범위 내에서 1000 m² 이하)

정답 51 ③ 52 ④ 53 ① 54 ④

55 변압기에서 입력전력에 대한 출력전력의 비율을 의미하는 것은?

① 부하율 ② 수용률
③ 역률   ④ 효율

해설
[효율]
변압기 & 발전기 규약효율

$$\eta = \frac{출력}{출력 + 손실} \times 100\ \%$$

56 옥내소화전설비의 수원의 저수량은 최소 얼마 이상이 되도록 하여야 하는가? (단, 옥내소화전의 설치개수가 가장 많은 층의 설치개수는 5개이다)

① $5.2\ m^3$ ② $13\ m^3$
③ $26.2\ m^3$ ④ $39\ m^3$

해설
[수원의 저수량]
옥내소화전의 설치개수가 가장 많은 설치개수 N(2개 이상 설치된 경우 2개, 고층건축물의 경우 최대 5개)에 $2.6\ m^3$(130 L/min · 개 × 20 min)를 곱한 양 이상(호스릴 옥내소화전설비 포함)
∴ $2.6 \times 2 = 5.2\ m^3$

57 빛의 분광특성이 색의 보임에 미치는 효과를 무엇이라고 하는가?

① 연색성 ② 색온도
③ 시감도 ④ 순응도

해설
[분광특성]
• 연색성 : 빛의 분광특성이 색의 보임에 미치는 효과
• 색온도 : 빛의 색깔을 나타내는 척도
• 시감도 : 사람 눈이 파장별 밝기를 느끼는 감도
• 순응도 : 눈이 밝기와 어둠에 적응하는 능력

58 엘리베이터의 구성장치 중 일정 이상의 속도가 되었을 때 브레이크나 안전장치를 작동시키는 기능을 하는 것은?

① 완충기 ② 조속기
③ 권상기 ④ 가이드 슈

해설
[엘리베이터]
• 조속기 : 속도를 조절하는 기기
• 가이드 슈 : 배관의 축방향으로만 신축할 수 있도록 유도
• 슬랙로프세이프티 : 소형 저속 엘리베이터, 로프에 걸리는 장력이 없어진 경우 즉시 비상정지장치 작동

정답 ● 55 ④ 56 ① 57 ① 58 ②

59 유입 변압기에서 콘서베이터의 주된 사용 목적은?

① 열화 방지 ② 아크 방지
③ 과전압 방지 ④ 과전류 방지

해설

[콘서베이터(Conservator)]
변압기 상부에 설치된 밀폐형 탱크이며 내부 절연유의 팽창, 수축을 보완하기 위한 공간 제공

60 무접점 계전기에 사용되는 전력전자소자(트랜지스터, 다이오드)의 장점으로 옳지 않은 것은?

① 스위칭 속도가 빠르다.
② 전력소비가 대단히 작다.
③ 잡음(Noise)의 영향을 받지 않는다.
④ 접점의 개폐동작으로 인한 마모현상이 없다.

해설

[무접점 계전기]
전자소자는 외부 전자기 잡음에 민감하므로 영향을 받음

4과목 건축설비 관련법규

61 건축물의 설비기준 등에 관한 규칙에 따라 피뢰설비를 설치하여야 하는 건축물의 높이 기준은?

① 10 m 이상 ② 15 m 이상
③ 20 m 이상 ④ 31 m 이상

해설

[피뢰설비]
[건축물의 설비기준 등에 관한 규칙]
제20조(피뢰설비)
영 제87조 제2항에 따라 낙뢰의 우려가 있는 건축물, 높이 20미터 이상의 건축물 또는 영 제118조 제1항에 따른 공작물로서 높이 20미터 이상의 공작물(건축물에 영 제118조 제1항에 따른 공작물을 설치하여 그 전체 높이가 20미터 이상인 것을 포함한다)에는 다음 각 호의 기준에 적합하게 피뢰설비를 설치해야 한다.

62 문화 및 집회시설 중 공연장의 개별관람석의 바닥면적이 500 m^2인 경우 개별관람석 출구의 유효너비의 합계는 최소 얼마 이상이어야 하는가?

① 1 m ② 2 m
③ 3 m ④ 4 m

정답 59 ① 60 ③ 61 ③ 62 ③

해설

[유효너비]
[건축물의 피난·방화구조 등의 기준에 관한 규칙]
제10조(관람실 등으로부터의 출구의 설치기준)
② 영 제38조에 따라 문화 및 집회시설 중 공연장의 개별 관람실(바닥면적이 300제곱미터 이상인 것만 해당한다)의 출구는 다음 각 호의 기준에 적합하게 설치해야 한다.
1. 관람실별로 2개소 이상 설치할 것
2. 각 출구의 유효너비는 1.5미터 이상일 것
3. 개별 관람실 출구의 유효너비의 합계는 개별 관람실의 바닥면적 100제곱미터마다 0.6미터의 비율로 산정한 너비 이상으로 할 것

63 건축법령상 단독주택에 속하지 않는 것은?

① 공관　　② 기숙사
③ 다중주택　　④ 다가구주택

해설

[용도별 건축물]
[건축법 시행령] 별표 1 : 용도별 건축물의 종류
1. 단독주택[단독주택의 형태를 갖춘 가정어린이집·공동생활가정·지역아동센터·공동육아나눔터(「아이돌봄 지원법」 제19조에 따른 공동육아나눔터를 말한다. 이하 같다)·작은도서관(「도서관법」 제4조 제2항 제1호 가목에 따른 작은도서관을 말하며, 해당 주택의 1층에 설치한 경우만 해당한다. 이하 같다) 및 노인복지시설(노인복지주택은 제외한다)을 포함한다]
 가. 단독주택
 나. 다중주택 : 다음의 요건을 모두 갖춘 주택을 말한다.

 다. 다가구주택 : 다음의 요건을 모두 갖춘 주택으로서 공동주택에 해당하지 아니하는 것을 말한다.
 라. 공관(公館)
※ 기숙사는 공동주택에 속한다.

64 다음 중 제연설비를 설치하여야 하는 특정소방대상물에 속하지 않는 것은?

① 지하가(터널 제외)로서 연면적 1000 m²인 것
② 문화 및 집회시설로서 무대부의 바닥면적이 200 m²인 것
③ 문화 및 집회시설 중 영화상영관으로서 수용 인원 100명인 것
④ 지하층에 설치된 숙박시설로서 해당 용도로 사용되는 바닥면적의 합계가 500 m²인 층

해설

[제연설비를 설치해야 하는 특정소방대상물]
[소방시설설치 및 관리에 관한 법률 시행령]
별표 4 : 특정소방대상물의 관계인이 특정소방대상물에 설치·관리해야 하는 소방시설의 종류
5. 소화활동설비
 가. 제연설비를 설치해야 하는 특정소방대상물은 다음의 어느 하나에 해당하는 것으로 한다.
  1) 문화 및 집회시설, 종교시설, 운동시설 중 무대부의 바닥면적이 200 m² 이상인 경우에는 해당 무대부
  2) 문화 및 집회시설 중 영화상영관으로서 수용인원 100명 이상인 경우에는 해당 영화상영관
  3) 지하층이나 무창층에 설치된 근린생활시설, 판매시설, 운수시설, 숙박시설, 위락

정답　63 ②　64 ④

시설, 의료시설, 노유자시설 또는 창고시설(물류터미널로 한정한다)로서 해당 용도로 사용되는 바닥면적의 합계가 1천 m² 이상인 경우 해당 부분
4) 운수시설 중 시외버스정류장, 철도 및 도시철도 시설, 공항시설 및 항만시설의 대기실 또는 휴게시설로서 지하층 또는 무창층의 바닥면적이 1천 m² 이상인 경우에는 모든 층
5) 지하상가로서 연면적 1천 m² 이상인 것
6) 예상 교통량, 경사도 등 터널의 특성을 고려하여 행정안전부령으로 정하는 터널
7) 특정소방대상물(갓복도형 아파트등은 제외한다)에 부설된 특별피난계단, 비상용 승강기의 승강장 또는 피난용 승강기의 승강장

65 건축물의 바깥쪽으로의 출구로 쓰이는 문을 안여닫이로 하여서는 안 되는 대상 건축물에 속하지 않는 것은?

① 종교시설
② 위락시설
③ 문화 및 집회시설 중 관람장
④ 문화 및 집회시설 중 전시장

해설

[개별 관람실 출구]
[건축물의 피난·방화구조 등의 기준에 관한 규칙]
제11조(건축물의 바깥쪽으로의 출구의 설치기준)
② 영 제39조 제1항에 따라 건축물의 바깥쪽으로 나가는 출구를 설치하는 건축물 중 문화 및 집회시설(전시장 및 동·식물원을 제외한다), 종교시설, 장례식장 또는 위락시설의 용도에 쓰이는 건축물의 바깥쪽으로의 출구로 쓰이는 문은 안여닫이로 하여서는 아니 된다.

66 층 이상의 거실면적의 합계가 5000 m² 인 경우 설치하여야 하는 승용 승강기의 최소 대수가 가장 많은 것은? (단, 8인승 승강기의 경우)

① 업무시설　　② 숙박시설
③ 위락시설　　④ 의료시설

해설

[승용 승강기의 최소 대수]
[건축물의 설비기준 등에 관한 규칙]
별표 1의2(승용 승강기의 설치기준)

건축물의 용도	6층 이상의 거실 면적의 합계 3천 제곱미터 이하	3천 제곱미터 초과
1. 가. 문화 및 집회시설(공연장·집회장 및 관람장만 해당한다) 나. 판매시설 다. 의료시설	2대	2대에 3천 제곱미터를 초과하는 2천 제곱미터 이내마다 1대를 더한 대수
2. 가. 문화 및 집회시설(전시장 및 동·식물원만 해당한다) 나. 업무시설 다. 숙박시설 라. 위락시설	1대	1대에 3천 제곱미터를 초과하는 2천 제곱미터 이내마다 1대를 더한 대수
3. 가. 공동주택 나. 교육연구시설 다. 노유자시설 라. 그 밖의 시설	1대	1대에 3천 제곱미터를 초과하는 3천 제곱미터 이내마다 1대를 더한 대수

• 의료시설 : 3대
• 업무, 숙박, 위락시설 : 2대

정답 65 ④　66 ④

67 모든 층에 주거용 주방 자동소화장치를 설치하여야 하는 특정소방대상물은?

① 기숙사 ② 아파트 등
③ 일반음식점 ④ 휴게음식점

해설

[특정소방대상물의 소방시설설치]
[소방시설설치 및 관리에 관한 법률 시행령]
별표 4 : 특정소방대상물의 관계인이 특정소방대상물에 설치·관리해야 하는 소방시설의 종류
나. 자동소화장치를 설치해야 하는 특정소방대상물은 다음의 어느 하나에 해당하는 특정소방대상물 중 후드 및 덕트가 설치되어 있는 주방이 있는 특정소방대상물로 한다. 이 경우 해당 주방에 자동소화장치를 설치해야 한다.
1) 주거용 주방자동소화장치를 설치해야 하는 것 : 아파트등 및 오피스텔의 모든 층
2) 상업용 주방자동소화장치를 설치해야 하는 것
   가) 판매시설 중 「유통산업발전법」 제2조 제3호에 해당하는 대규모점포에 입점해 있는 일반음식점
   나) 「식품위생법」 제2조 제12호에 따른 집단급식소
3) 캐비닛형 자동소화장치, 가스자동소화장치, 분말자동소화장치 또는 고체에어로졸자동소화장치를 설치해야 하는 것 : 화재안전기준에서 정하는 장소

68 건축물의 에너지 절약설계기준에 따른 건축부문의 권장사항으로 옳지 않은 것은?

① 태양열 유입에 의한 냉·난방부하를 저감할 수 있도록 일사조절장치, 태양열투과율, 창 및 문의 면적비 등을 고려한 설계를 한다.
② 건축물의 체적에 대한 외피면적의 비 또는 연면적에 대한 외피면적의 비는 가능한 크게 한다.
③ 거실의 층고 및 반자 높이는 실의 용도와 기능에 지장을 주지 않는 범위 내에서 가능한 낮게 한다.
④ 건물의 창 및 문은 가능한 작게 설계하고, 특히 열손실이 많은 북측 거실의 창 및 문의 면적은 최소화한다.

해설

[권장사항]
[건축물 에너지절약설계기준]
제7조(건축부문의 권장사항)
에너지절약계획서 제출대상 건축물의 건축주와 설계자 등은 다음 각 호에서 정하는 사항을 제15조의 규정에 적합하도록 선택적으로 채택할 수 있다.
2. 평면계획
   가. 거실의 층고 및 반자 높이는 실의 용도와 기능에 지장을 주지 않는 범위 내에서 가능한 낮게 한다.
   나. 건축물의 체적에 대한 외피면적의 비 또는 연면적에 대한 외피면적의 비는 가능한 작게 한다.
   다. 실의 냉난방 설정온도, 사용스케줄 등을 고려하여 에너지절약적 조닝계획을 한다.

정답 67 ② 68 ②

3. 단열계획
   라. 건물의 창 및 문은 가능한 작게 설계하고, 특히 열손실이 많은 북측 거실의 창 및 문의 면적은 최소화한다.
   바. 태양열 유입에 의한 냉·난방부하를 저감 할 수 있도록 일사조절장치, 태양열취득률(SHGC), 창 및 문의 면적비 등을 고려한 설계를 한다. 건축물 외부에 일사조절장치를 설치하는 경우에는 비, 바람, 눈, 고드름 등의 낙하 및 화재 등의 사고에 대비하여 안전성을 검토하고 주변 건축물에 빛 반사에 의한 피해 영향을 고려하여야 한다.

69 건축물의 거실(피난층 거실 제외)에 국토교통부령으로 정하는 기준에 따라 배연설비를 하여야 하는 대상 건축물에 속하지 않는 것은? (단, 층수가 6층인 건축물의 경우)

① 판매시설
② 종교시설
③ 문화 및 집회시설
④ 제1종 근린생활시설

해설

[배연설비]
[건축법 시행령] 제51조(거실의 채광)
② 법 제49조 제2항 본문에 따라 다음 각 호에 해당하는 건축물의 거실(피난층의 거실은 제외한다)에는 배연설비를 해야 한다.
  1. 6층 이상인 건축물로서 다음 각 목에 해당하는 용도로 쓰는 건축물
    가. 제2종 근린생활시설 중 공연장, 종교집회장, 인터넷컴퓨터게임시설제공업소 및 다중생활시설

나. 문화 및 집회시설
다. 종교시설
라. 판매시설
마. 운수시설
바. 의료시설(요양병원 및 정신병원은 제외함)
사. 교육연구시설 중 연구소
아. 노유자시설 중 아동 관련 시설, 노인복지시설(노인요양시설은 제외한다)
자. 수련시설 중 유스호스텔
차. 운동시설
카. 업무시설
타. 숙박시설
파. 위락시설
하. 관광휴게시설
거. 장례시설

70 녹색건축 인증의 유효기간으로 옳은 것은?

① 녹색건축 인증서를 발급한 날부터 3년
② 녹색건축 인증서를 발급한 날부터 5년
③ 녹색건축 인증서를 발급한 날부터 10년
④ 녹색건축 인증서를 발급한 날부터 15년

해설

[녹색건축 인증]
[녹색건축 인증에 관한 규칙]
제5조(인증기관 지정서의 발급 및 인증기관 지정의 갱신 등)
① 국토교통부장관은 제4조 제6항에 따라 인증기관으로 지정받은 자에게 별지 제2호 서식의 녹색건축 인증기관 지정서를 발급하여야 한다.
② 제4조 제6항에 따른 인증기관 지정의 유효기간은 녹색건축 인증기관 지정서를 발급한 날부터 5년으로 한다.

정답 69 ④ 70 ②

③ 국토교통부장관은 환경부장관과 협의한 후 인증운영위원회의 심의를 거쳐 제2항에 따른 지정의 유효기간을 5년마다 갱신할 수 있다. 이 경우 갱신기간은 갱신할 때마다 5년을 초과할 수 없다.

71 공동주택의 난방설비를 개별난방방식으로 하는 경우에 관한 기준 내용으로 옳지 않은 것은?

① 보일러의 연도는 방화구조로서 개별연도로 설치할 것
② 보일러실의 윗부분에는 면적이 0.5m² 이상인 환기창을 설치할 것
③ 기름보일러를 설치하는 경우에는 기름저장소를 보일러실 외의 다른 곳에 설치할 것
④ 보일러를 설치하는 곳과 거실 사이의 경계벽은 출입구를 제외하고는 내화구조의 벽으로 구획할 것

해설

[개별난방방식]
[건축물의 설비기준 등에 관한 규칙]
제13조(개별난방설비 등)
① 영 제87조 제2항의 규정에 의하여 공동주택과 오피스텔의 난방설비를 개별난방방식으로 하는 경우에는 다음 각 호의 기준에 적합하여야 한다.
1. 보일러는 거실 외의 곳에 설치하되, 보일러를 설치하는 곳과 거실 사이의 경계벽은 출입구를 제외하고는 내화구조의 벽으로 구획할 것
2. 보일러실의 윗부분에는 그 면적이 0.5제곱미터 이상인 환기창을 설치하고, 보일러실의 윗부분과 아랫부분에는 각각 지름 10센티미터 이상의 공기흡입구 및 배기구를 항상 열려 있는 상태로 바깥공기에 접하도록 설치할 것. 다만 전기보일러의 경우에는 그러하지 아니하다.
4. 보일러실과 거실 사이의 출입구는 그 출입구가 닫힌 경우에는 보일러가스가 거실에 들어갈 수 없는 구조로 할 것
5. 기름보일러를 설치하는 경우에는 기름저장소를 보일러실외의 다른 곳에 설치할 것
6. 오피스텔의 경우에는 난방구획을 방화구획으로 구획할 것
7. 보일러의 연도는 내화구조로서 공동연도로 설치할 것

72 건축물을 특별시나 광역시에 건축하는 경우 특별시장이나 광역시장의 허가를 받아야 하는 대상 건축물이 연면적 기준은?

① 연면적 합계가 1만 제곱미터 이상
② 연면적 합계가 5만 제곱미터 이상
③ 연면적 합계가 10만 제곱미터 이상
④ 연면적 합계가 20만 제곱미터 이상

해설

[건축허가]
[건축법 시행령] 제8조(건축허가)
① 법 제11조 제1항 단서에 따라 특별시장 또는 광역시장의 허가를 받아야 하는 건축물의 건축은 층수가 21층 이상이거나 연면적의 합계가 10만 제곱미터 이상인 건축물의 건축(연면적의 10분의 3 이상을 증축하여 층수가 21층 이상으로 되거나 연면적의 합계가 10만 제곱미터 이상으로 되는 경우를 포함한다)을 말한다.

정답 71 ① 72 ③

73 공사의 공사감리자가 필요하다고 인정하면 공사시공자에게 상세시공도면 작성을 요청할 수 있는 건축공사의 연면적 기준은?

① 연면적의 합계가 1000 m² 이상인 건축공사
② 연면적의 합계가 2000 m² 이상인 건축공사
③ 연면적의 합계가 5000 m² 이상인 건축공사
④ 연면적의 합계가 10000 m² 이상인 건축공사

해설

[공사감리]
[건축법 시행령] 제19조(공사감리)
④ 법 제25조 제5항에서 "대통령령으로 정하는 용도 또는 규모의 공사"란 연면적의 합계가 5천제곱미터 이상인 건축공사를 말한다.
[건축법] 제25조(건축물의 공사감리)
⑤ 대통령령으로 정하는 용도 또는 규모의 공사의 공사감리자는 필요하다고 인정하면 공사시공자에게 상세시공도면을 작성하도록 요청할 수 있다.

74 다음은 특정소방대상물의 소방시설설치의 면제에 관한 기준 내용이다. ( ) 안에 포함되지 않은 소방시설은?

> 연소방지설비를 설치하여야 하는 특정소방대상물에 (   )를 화재안전기준에 적합하게 설치한 경우에는 그 설비의 유효범위에서 설치가 면제된다.

① 스프링클러설비
② 옥내소화전설비
③ 물분무소화설비
④ 미분무소화설비

해설

[특정소방대상물의 소방시설설치]
[소방시설설치 및 관리에 관한 법률 시행령]
별표 5 : 특정소방대상물의 소방시설설치의 면제기준

21. 연소방지설비	연소방지설비를 설치해야 하는 특정소방대상물에 스프링클러설비, 물분무소화설비 또는 미분무소화설비를 화재안전기준에 적합하게 설치한 경우에는 그 설비의 유효범위에서 설치가 면제된다.

정답 73 ③ 74 ②

75 건축물에 설치하여야 하는 비상용 승강기의 승강장 및 승강로의 구조에 관한 기준 내용으로 옳지 않은 것은?

① 승강장은 각 층의 내부와 연결될 수 있도록 할 것
② 승강로는 당해 건축물의 다른 부분과 내화구조로 구획할 것
③ 벽 및 반자가 실내에 접하는 부분의 마감 재료는 난연재료로 할 것
④ 각 층으로부터 피난층까지 이르는 승강로는 단일구조로 연결하여 설치할 것

해설

[비상용 승강기의 승강장 및 승강로의 구조]
[건축물의 설비기준 등에 관한 규칙]
제10조(비상용 승강기의 승강장 및 승강로의 구조)
1. 법 제64조 제2항에 따른 비상용 승강기의 승강장 및 승강로의 구조는 다음 각 호의 기준에 적합하여야 한다.
2. 비상용 승강기 승강장의 구조
　나. 승강장은 각 층의 내부와 연결될 수 있도록 하되, 그 출입구(승강로의 출입구를 제외한다)에는 60분+ 방화문 또는 60분 방화문을 설치할 것. 다만 피난층에는 60분+ 방화문 또는 60분 방화문을 설치하지 않을 수 있다.
　라. 벽 및 반자가 실내에 접하는 부분의 마감재료(마감을 위한 바탕을 포함한다)는 불연재료로 할 것
3. 비상용 승강기의 승강로의 구조
　가. 승강로는 당해 건축물의 다른 부분과 내화구조로 구획할 것
　나. 각 층으로부터 피난층까지 이르는 승강로를 단일구조로 연결하여 설치할 것

76 기계설비성능점검업의 변경등록의 사항으로 알맞지 않은 것은?

① 대표자
② 상호
③ 임직원
④ 영업소 소재지

해설

[기계설비성능점검업의 변경등록 사항]
[기계설비법 시행령]
제18조(기계설비성능점검업의 변경등록 사항)
법 제21조 제2항에서 "대통령령으로 정하는 사항"이란 다음 각 호의 어느 하나에 해당하는 사항을 말한다.
1. 상호
2. 대표자
3. 영업소 소재지
4. 기술인력

77 연면적 200 m²를 초과하는 건축물에 설치하는 계단의 유효 높이(계단의 바닥 마감면부터 상부 구조체의 하부 마감면까지의 연직방향의 높이)는 최소 얼마 이상으로 하여야 하는가?

① 1.8 m　　② 2.1 m
③ 2.4 m　　④ 2.7 m

정답　75 ③　76 ③　77 ②

> 해설

[유효 높이]
[건축물의 피난·방화구조 등의 기준에 관한 규칙]
제15조(계단의 설치기준)
4. 계단의 유효 높이(계단의 바닥 마감면부터 상부 구조체의 하부 마감면까지의 연직방향의 높이를 말한다)는 <u>2.1미터 이상</u>으로 할 것

78 다음 중 준다중이용 건축물에 속하지 않는 것은? (단, 해당 용도로 쓰는 바닥면적의 합계가 1000 m²인 건축물의 경우)

① 종교시설   ② 판매시설
③ 위락시설   ④ 수련시설

> 해설

[정의 – 준다중이용 건축물]
[건축법 시행령] 제2조(정의)
17의2. "<u>준다중이용 건축물</u>"이란 다중이용 건축물 외의 건축물로서 다음 각 목의 어느 하나에 해당하는 용도로 쓰는 바닥면적의 합계가 1천 제곱미터 이상인 건축물을 말한다.
가. 문화 및 집회시설(동물원 및 식물원은 제외한다)
나. <u>종교시설</u>
다. <u>판매시설</u>
라. 운수시설 중 여객용 시설
마. 의료시설 중 종합병원
바. 교육연구시설
사. 노유자시설
아. 운동시설
자. 숙박시설 중 관광숙박시설
차. <u>위락시설</u>
카. 관광휴게시설
타. 장례시설

79 특별피난계단의 구조에 관한 기준 내용으로 옳지 않은 것은?

① 계단은 내화구조로 하되, 피난층 또는 지상까지 직접 연결되도록 할 것
② 출입구의 유효너비는 0.9 m 이상으로 하고 피난의 방향으로 열 수 있을 것
③ 건축물의 내부에서 노대 또는 부속실로 통하는 출입구에는 60분 방화문 또는 30분 방화문을 설치할 것
④ 계단실에는 노대 또는 부속실에 접하는 부분 외에는 건축물의 내부와 접하는 창문 등을 설치하지 아니할 것

> 해설

[특별피난계단의 구조]
[건축물의 피난·방화구조 등의 기준에 관한 규칙]
제9조(피난계단 및 특별피난계단의 구조)
② 제1항에 따른 피난계단 및 <u>특별피난계단의 구조</u>는 다음 각 호의 기준에 적합해야 한다.
  1. 건축물의 내부에 설치하는 피난계단의 구조
    바. 건축물의 내부에서 계단실로 통하는 <u>출입구의 유효너비는 0.9미터 이상</u>으로 하고, 그 출입구에는 <u>피난의 방향으로 열 수 있는 것</u>으로서 언제나 닫힌 상태를 유지하거나 화재로 인한 연기 또는 불꽃을 감지하여 자동적으로 닫히는 구조로 된 영 제64조 제1항 제1호의 60분+ 방화문(이하 "60분+ 방화문"이라 한다) 또는 같은 항 제2호의 60분 방화문(이하 "60분 방화문"이라 한다)을 설치할 것. 다만 연기 또는 불꽃을 감지하여 자동적으로 닫히는 구조로 할 수 없는 경우에는 온도를 감지하여 자동적으로 닫히는 구조로 할 수 있다.
    사. <u>계단은 내화구조로 하고 피난층 또는 지상까지 직접 연결되도록 할 것</u>

정답 78 ④ 79 ③

3. 특별피난계단의 구조
   아. 노대 및 부속실에는 계단실 외의 건축물의 내부와 접하는 창문등(출입구를 제외한다)을 설치하지 아니할 것
   자. 건축물의 내부에서 노대 또는 부속실로 통하는 출입구에는 60분+ 방화문 또는 60분 방화문을 설치하고, 노대 또는 부속실로부터 계단실로 통하는 출입구에는 60분+ 방화문, 60분 방화문 또는 영 제64조 제1항 제3호의 30분 방화문을 설치할 것. 이 경우 방화문은 언제나 닫힌 상태를 유지하거나 화재로 인한 연기 또는 불꽃을 감지하여 자동적으로 닫히는 구조로 해야 하고, 연기 또는 불꽃으로 감지하여 자동적으로 닫히는 구조로 할 수 없는 경우에는 온도를 감지하여 자동적으로 닫히는 구조로 할 수 있다.

80 다음은 건축설비설치의 원칙에 관한 기준 내용이다. ( ) 안에 알맞은 것은?

> 연면적이 (   ) 이상인 건축물의 대지에는 국토교통부령으로 정하는 바에 따라「전기사업법」제2조 제2호에 따른 전기사업자가 전기를 배전(配電)하는 데 필요한 전기설비를 설치할 수 있는 공간을 확보하여야 한다.

① 100 m²
② 500 m²
③ 1000 m²
④ 5000 m²

해설

[건축설비설치의 원칙]
[건축법 시행령] 제87조
⑥ 연면적이 500제곱미터 이상인 건축물의 대지에는 국토교통부령으로 정하는 바에 따라「전기사업법」제2조 제2호에 따른 전기사업자가 전기를 배전(配電)하는 데 필요한 전기설비를 설치할 수 있는 공간을 확보하여야 한다.

정답 80 ②

CBT 모의고사 제2회

1과목 건축설비계획

01 ΔU = 50 kJ, Q = 20 kJ일 때 W는?

① 70 kJ ② 30 kJ
③ -70 kJ ④ -30 kJ

해설

[열역학 제1법칙]
- 에너지보존의 법칙
- Q = ΔU + W
- W = Q - ΔU = 20 - 50 = -30

02 고가수조를 설치하는 경우의 조닝방법 중 중간수조를 설치하는 방법에 관한 설명으로 옳지 않은 것은?

① 급수압이 일정하다.
② 정밀한 조닝이 용이하다.
③ 세퍼레이트방식이 일반적이다.
④ 중간수조실, 양수펌프 등이 필요하다.

해설

[중간수조 설치]
중간수조방식은 수압은 안정적이지만, 감압밸브방식보다 정밀한 조닝이 어렵다

03 다음의 습공기에 대한 설명 중 옳지 않은 것은?

① 건공기와 수증기의 혼합기체로 구성되어 있다.
② 습공기를 가습할 경우 엔탈피와 비체적은 커진다.
③ 비오는 날의 공기는 습공기, 맑은 날의 공기는 건공기이다.
④ 건구온도, 습구온도, 노점온도, 비체적, 엔탈피 등의 상태량을 가지고 있다.

해설

[습공기]
- 건공기(Dry Air) + 수증기(Water Vapor)의 혼합기체
- 공기의 열·수분 특성을 다룰 때 사용하는 개념
- 상태량 : 건구온도, 습구온도, 노점온도, 비체적, 엔탈피, 상대습도, 절대습도 등
- 현실의 대기 중 공기는 항상 일정량의 수증기를 포함하고 있으므로, 날씨와 상관없이 대부분 습공기임

정답 01 ④ 02 ② 03 ③

04 환기방식에 관한 설명으로 옳지 않은 것은?

① 제3종 환기방식은 지붕에 설치된 모니터를 이용한다.
② 중력환기에 의한 환기량은 실내외 온도차에 비례한다.
③ 치환환기는 실내 온도보다 낮은 온도의 공기를 이용하는 방식이다.
④ 제2종 환기방식은 오염 공기의 침입을 방지하거나 연소용 공기가 필요한 경우에 적합하다.

해설

[환기방식]
• 제1종 환기방식
 - 급기, 배기 모두 기계로 하는 방식
 - 환기량 제어가 정확함
• 제2종 환기방식
 - 급기만 기계, 배기는 자연 배기
 - 오염공기 침입 방지, 연소용 공기 공급에 적합
• 제3종 환기방식
 - 배기만 기계, 급기는 자연 급기
 - 주방·화장실 등 오염공기 제거에 적합
• 중력 환기
 - 환기량은 실내외 온도차 및 높이차에 비례
 - 지붕 모니터 이용
• 치환 환기
 - 바닥 근처에서 상대적으로 차갑고 깨끗한 공기를 공급하여 상부로 오염공기를 밀어 올려 배기하는 방식

05 그림과 같은 습공기선도에서 표시된 P점의 상태량이 옳지 않은 것은?

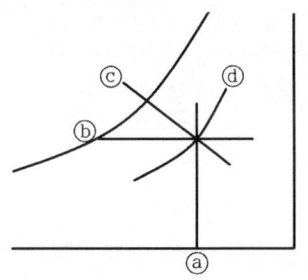

① ⓐ : 건구온도　② ⓑ : 노점온도
③ ⓒ : 엔탈피　　④ ⓓ : 절대습도

해설

[습공기선도]
ⓓ : 상대습도

06 건구온도는 33 ℃, 절대습도 0.021 kg/kg'의 공기 20 kg과 건구온도 25 ℃, 절대습도 0.012 kg/kg'의 공기 80 kg을 단열혼합하였을 때, 혼합공기의 건구온도와 절대습도는?

① 건구온도 : 26.6 ℃
　절대습도 : 0.0138 kg/kg'
② 건구온도 : 26.6 ℃
　절대습도 : 0.0192 kg/kg'
③ 건구온도 : 31.4 ℃
　절대습도 : 0.0138 kg/kg'
④ 건구온도 : 31.4 ℃
　절대습도 : 0.0192 kg/kg'

해설

[혼합공기의 건구온도와 절대습도]

- $w = \dfrac{m_1 w_1 + m_2 w_2}{m_1 + m_2} = \dfrac{20 \times 0.021 + 80 \times 0.012}{20 + 80}$
  $= 0.0138 [kg/kg']$
- $t = \dfrac{m_1 t_1 + m_2 t_2}{m_1 + m_2} = \dfrac{20 \times 33 + 80 \times 25}{20 + 80} = 26.6℃$

07 열의 전달에 관한 기본 3가지 형태에 속하지 않는 것은?

① 전도 ② 대류
③ 복사 ④ 증발

해설

[열의 이동]
열의 이동은 전도, 대류, 복사 이렇게 기본 3가지 형태로 이루어져 있다.

08 실내공기 중에 부유하는 직경 10 μm 이하의 미세먼지를 의미하는 것은?

① VOC10 ② PMV10
③ PM10   ④ SS10

해설

[PM10]
직경 10 μm 이하의 미세먼지
- VOC(Volatile Organic Compounds) : 휘발성 유기화합물
- PMV(Predicted Mean Vote) : 열쾌적 지표
- SS(Suspended Solids) : 수질검사에서 부유물질(물속 고형물)

09 10 m × 8 m × 3 m 의 크기의 강의실의 환기횟수가 1.2 회/h일 때, 이 실의 환기량은? (단, 공기의 밀도는 1.2 kg/m³이다)

① 240.0 kg/h   ② 288.0 kg/h
③ 345.6 kg/h   ④ 468.8 kg/h

해설

[환기량]
- 강의실의 크기 : 10 × 8 × 3 = 240 m³
- 환기횟수 : 1.2 회/h
- 공기의 밀도는 1.2 kg/m³
∴ 240 × 1.2 × 1.2 = 345.6 kg/h

10 다음 중 증기난방의 응축수 환수방식에 속하지 않는 것은?

① 중력식 ② 상향식
③ 기계식 ④ 진공식

해설

[증기난방의 응축수 환수방식]
- 중력식(자연 환수식)
  응축수가 중력에 의해 보일러로 자연 환수되는 방식
- 기계식(펌프 환수식)
  응축수를 펌프로 보일러에 강제로 환수하는 방식
- 진공식
  진공펌프를 사용하여 응축수를 흡입·환수하는 방식

11 다음 중 천장 높이가 높거나 외기에 자주 개방되는 공간에 가장 적합한 난방방식은?

① 증기난방　② 복사난방
③ 온풍난방　④ 온수난방

해설

[복사난방]
- 공기 자체를 덥히는 게 아니라 사람·물체 표면을 직접 가열
- 공기 대류 손실이 적어, 천장이 높거나 문이 자주 열려도 효과적

12 실내음향에 관한 설명으로 옳지 않은 것은?

① 음의 계속시간이 길어지면 높이 감각은 둔해진다.
② 직접음은 전파경로가 가장 짧으므로 수음점에 최초로 도래한다.
③ 계획상 멀리 전달되게 하기도 하고 가까이에서 소멸되도록 하기도 한다.
④ 청중이 많을수록 흡음력이 커서 잔향시간이 적어진다.

해설

[실내음향]
음의 계속시간이 길어지면 높이 감각이 둔해지기 보다는 오히려 뚜렷하게 느껴지도록 도와주어 특정 음 높이 정보를 더 분명하게 인지할 수 있어 높이 감각은 예민해진다.
- 음의 계속시간 : 음이 계속 지속되는 릴리즈 타임(Release Time)

13 수평의 지붕 또는 수평에 가까운 지붕에 설치된 창을 천창이라 하며 천창을 이용한 채광을 천창채광이라 한다. 이러한 천창채광방식을 측창채광방식과 비교하여 설명한 내용 중 옳지 않은 것은?

① 시공 및 유지관리가 용이하지 않은 편이다.
② 개방감과 함께 통풍에도 유리하다.
③ 실내의 조도가 균일하다.
④ 바닥면적이 매우 넓어 효율적인 측창을 설치하기 어려울 때 바람직한 방식이다.

해설

[천창채광]
균일한 조도는 천창 채광이 유리하며, 통풍은 측창 채광이 유리하다.

14 다음 중 냉난방 설계용 외기온도 설정 시 TAC온도를 적용하는 이유와 가장 관계가 먼 것은?

① 에너지 절약
② 합리적인 적용
③ 과대 장치용량 지양
④ 혹한기나 혹서기 대비

해설

[TAC(Temperature Annual Cumulative)온도]
- 현실적으로 자주 발생하는 기상조건에 맞춰 합리적인 설계를 하기 위한 온도
- TAC온도는 합리적 설계와 에너지 절약을 위해 쓰이며, 극한 상황 대비 목적은 아님

정답 ▸ 11 ②　12 ①　13 ②　14 ④

15 통기방식 중 트랩마다 통기되기 때문에 가장 안정도가 높은 방식은?

① 각개통기방식 ② 루프통기방식
③ 신정통기방식 ④ 결합통기방식

해설

[통기방식]
- 각개통기방식
  - 트랩마다 개별적으로 통기관을 설치하는 방식
  - 모든 트랩이 독립적으로 통기되므로 가장 안정도가 높음
  - 배관이 복잡하고 공사비가 많이 듦
- 루프통기방식
  - 여러 위생기구를 하나의 루프형 통기관으로 연결하는 방식
  - 시공은 간단하지만 각개통기에 비해 안정성은 다소 낮음
- 신정통기방식
  - 위생기구에서 가장 먼 곳에 통기관을 설치하여 전체 배관을 통기하는 방식
  - 경제적이지만 안정성은 떨어짐
- 결합통기방식
  - 인접한 위생기구의 배수관을 서로 연결하여 통기 효과를 얻는 방식
  - 배관이 단순하지만 일부 조건에서 봉수 파괴 우려가 있음

16 다음은 개폐 방법을 표시한 그림이다. 알맞은 것은?

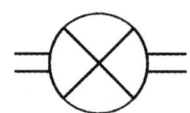

① 통행불가 표시 ② 셔터창
③ 회전문   ④ 쌍여닫이문

해설

[회전문]
다음 표시기호는 회전문의 평면을 나타낸 것이다.

17 5 kg의 물을 20 ℃에서 60 ℃로 올리는 데 필요한 열량 값은? (단, 물의 비열은 4.2 kJ/kg·℃이다)

① 420 kJ   ② 630 kJ
③ 840 kJ   ④ 1050 kJ

해설

[열량]
$Q = m \cdot C \cdot \Delta t = 5 \times 4.2 \times (60-20) = 840 kJ$

18 다음 중 설계기호 R은 무엇을 나타내는가?

① 지름   ② 반지름
③ 두께   ④ 길이

해설

[설계기호]
- 지름(∅ : Diameter)
- 반지름(R : Radius)
- 두께(t : Thickness)
- 길이(L : Length)

19 채광에서 실내의 조도가 옥외의 조도 몇 %에 해당하는가를 나타내는 값은?

① 촉광량   ② 주광률
③ 균광률   ④ 창유효율

정답 ● 15 ① 16 ③ 17 ③ 18 ② 19 ②

해설

[주광률]
- 실내의 조도가 옥외 천공(天空) 조도에 대해 몇 %인가를 나타내는 값
- 채광 성능을 평가하는 기본 지표
- 촉광량 : 광원의 세기(광도)에 해당하는 개념
- 균광률 : 조도의 균일도
- 창유효율 : 창의 크기, 위치, 형상 등에 따른 채광효율

20 그림과 같은 배관도에서 엘보와 티의 수량은?

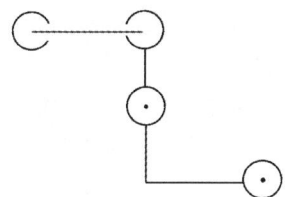

① 티 : 1개, 엘보 : 5개
② 티 : 2개, 엘보 : 2개
③ 티 : 1개, 엘보 : 3개
④ 티 : 2개, 엘보 : 3개

해설

[배관도]

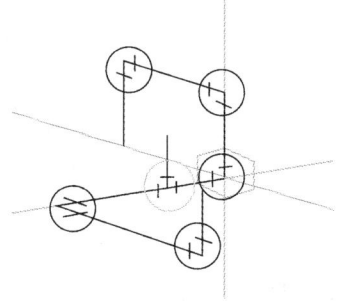

- 평면도를 입체도(겨냥도)로 그리면 다음과 같다.
- 티 : 1개, 엘보 : 5개

2과목 건축설비설계

1회독 시간 :   점수 :
2회독 시간 :   점수 :
3회독 시간 :   점수 :

21 통기관의 최소 관경에 관한 설명으로 옳지 않은 것은?

① 각개통기관은 그것이 접속되는 배수관 관경의 1/2 이상으로 한다.
② 결합통기관은 통기수직관과 배수수직관 중 작은 쪽의 관경 이상으로 한다.
③ 도피통기관은 배수수평지관의 관경 이상으로 하되 최소 75 mm 이상으로 한다.
④ 루프통기관은 배수수평지관과 통기수직관 중 작은 쪽 관경의 1/2 이상으로 한다.

해설

[통기관의 최소 관경]
③ 도피통기관의 규정은 "배수수평지관 관경의 1/2 이상, 최소 32 mm 이상"이다.

22 급탕배관에 관한 설명으로 옳지 않은 것은?

① 급탕관의 최상부에는 공기빼기 장치를 설치한다.
② 중앙식 급탕설비는 원칙적으로 강제순환방식으로 한다.
③ 상향배관인 경우 급탕관은 하향구배, 반탕관은 상향구배로 한다.
④ 관의 신축을 고려하여 건물의 벽 관통부분의 배관에는 슬리브를 끼운다.

해설

[급탕관 구배 방향]
③ 상향배관(상향식 배관법)에서는 급탕관을 상향구배(상향 경사)로 하고, 반탕관(환수관)은 하향구배(하향 경사)로 설계한다.

23 급수관 내에 공기실(Air Chamber)을 설치하는 이유는?

① 배관의 신축을 위해서
② 수압시험을 하기 위해서
③ 누출시험을 하기 위해서
④ 수격작용의 방지를 위해서

해설

[공기실(Air Chamber)]
공기실(Air Chamber)은 수격작용(워터해머) 완화 장치로, 물이 급정지할 때 충격을 완충한다.

24 다음 중 통기관의 설치 목적과 가장 거리가 먼 것은?

① 배수계통내의 배수 및 공기의 흐름을 원활히 한다.
② 배수관 계통의 환기를 도모하여 관 내를 청결하게 유지한다.
③ 사이폰작용 및 배압에 의해서 트랩봉수가 파괴되는 것을 방지한다.
④ 배수트랩의 봉수부에 가해지는 압력과 배수관 내의 압력차를 크게 하여 배수작용을 돕는다.

해설

[통기관의 설치 목적]
통기관은 압력차를 작게 하여 봉수 파괴를 방지하는 것이 목적이며, 압력차를 크게 하는 것은 오히려 봉수 손실의 원인이 된다.

25 매시간 15 m³의 물을 고가수조에 공급하고자 할 때 양수펌프에 요구되는 축동력은? (단, 펌프의 전양정 33 m, 펌프의 효율 45 %)

① 1 kW   ② 1.5 kW
③ 2 kW   ④ 3 kW

해설

[펌프에 요구되는 축동력]
$$P[kW] = \frac{1000HQ}{102 \times \eta}$$
$$= \frac{1000 \times 33 \times \frac{15}{3600}}{102 \times 0.45} = 2.995\ kW$$

정답 ● 22 ③ 23 ④ 24 ④ 25 ④

26 고가수조방식의 건물에서 최상층에 세정밸브식 대변기가 설치되어 있다. 이 세정밸브의 사용을 위해 필요한 세정밸브로부터 고가수조 저수면까지의 최소 높이는? (단, 고가수조에서 세정밸브까지의 총 배관 길이는 15 m이고, 마찰손실수두는 5 mAq, 세정밸브의 필요압력은 70 kPa이다. 단 10 kPa = 1 mAq)

① 약 5 m
② 약 7 m
③ 약 12 m
④ 약 27 m

해설

[고가수조 저수면까지의 최소 높이]
H = 기구필요압 + 배관마찰손실수두
= 7 mAq + 5 mAq
= 12 mAq

27 급배수설비의 기본 원칙으로 옳지 않은 것은?

① 우수는 공공하수도에 배수하지 않도록 한다.
② 상수의 급수계통은 크로스 커넥션이 되어서는 안 된다.
③ 탱크 및 배수계통에는 통기관 등과 같은 적절한 통기 조치를 한다.
④ 급수계통은 역류나 역사이펀작용의 위험이 생기지 않도록 한다.

해설

[급배수설비의 기본 원칙]
① 우수(빗물)는 공공하수도에 배수하는 것이 원칙이다. 「하수도법」 등 관련 규정에서도 우수와 오수 모두 공공하수도에 연결·배수하도록 명시하고 있다.

28 다음 중 고층건물에서 급수조닝을 하지 않을 경우 생길 수 있는 현상과 가장 거리가 먼 것은?

① 수격작용 발생
② 크로스 커넥션 발생
③ 물 흐르는 소리에 의한 소음 발생
④ 배관이나 기구에 큰 압력이 가해져 배관과 기구의 수명 단축

해설

[크로스 커넥션]
크로스 커넥션 발생은 급수조닝 미실시와는 직접적 관련이 없다. 크로스 커넥션(Cross Connection)은 급수와 오수 계통의 연결에서 발생하는 문제이다.

정답 26 ③ 27 ① 28 ②

29 정화조에서 유입수의 BOD가 150 mg/L, 유출수의 BOD가 60 mg/L일 때, 이 정화조의 BOD 제거율은?

① 30 % ② 45 %
③ 60 % ④ 90 %

해설

[정화조의 BOD 제거율]

BOD 제거율(%)

$= \dfrac{유입수 BOD - 유출수 BOD}{유입수 BOD} \times 100$

$= \dfrac{150 - 60}{150} \times 100 = 60\%$

31 덕트 내의 풍속이 20 m/s, 정압이 200 Pa일 경우 전압의 크기는? (단, 공기의 밀도는 1.2 kg/m³이다)

① 212 Pa ② 220 Pa
③ 330 Pa ④ 440 Pa

해설

[덕트 내 전압의 크기]

- 동압 $= \dfrac{v^2}{2}\rho$
- 전압 = 정압 + 동압

$= 200 + \dfrac{20^2}{2} \times 1.2 = 440\ Pa$

30 강관이음류 중 부싱(Bushing)의 용도로 옳은 것은?

① 배관의 말단부
② 관을 분기할 때
③ 배관을 90 ℃로 구부릴 때
④ 구경이 다른 관을 접속하고자 할 때

해설

[부싱(Bushing)의 용도]
부싱(Bushing)은 큰 구경의 부속에 작은 구경 관을 연결할 때 사용한다.

[부싱]

32 다음 중 냉각수 배관재료로 가장 부적절한 것은?

① 동관
② 아연도강관
③ 스테인리스관
④ 경질염화비닐관

해설

[냉각수 배관재료]
경질염화비닐관은 냉각수(순환수)배관의 압력과 온도 조건에 적합하지 않다. 냉각수 계통은 일반적으로 펌프 순환에 의한 압력이 존재하며, PVC관은 압력과 온도에 약해 냉각수배관에 사용하지 않는다. 주로 배수관, 통기관, 비압배관에 사용된다.

33 건구온도 26 ℃인 습공기 1000 m³/h를 14 ℃로 냉각시키는 데 필요한 열량은? (단, 현열만에 의한 냉각이며, 공기의 정압비열은 1.01 kJ/kg·K, 공기의 밀도는 1.2 kg/m³)이다.

① 약 2 kW ② 약 3 kW
③ 약 4 kW ④ 약 5 kW

해설

[냉각시키는 데 필요한 열량]
$q = 1000 \times 1.2 \times 1.01 \times 12$
$= 14544 \, kJ/h = 4.04 \, kW$

34 다음 중 펌프운전에서 캐비테이션이 발생하기 쉬운 조건과 가장 거리가 먼 것은?

① 흡입 양정이 클 경우
② 유체의 온도가 높을 경우
③ 펌프가 흡입수면보다 위에 있을 경우
④ 흡입 측 배관의 손실수두가 작을 경우

해설

[펌프운전에서 캐비테이션이 발생하기 쉬운 조건]
④ 흡입 측 배관의 손실수두가 클수록 캐비테이션이 발생하기 쉽다.

35 다음 중 온도 조절식 증기트랩에 속하는 것은?

① 버킷트랩
② 드럼트랩
③ 플로트트랩
④ 벨로즈트랩

해설

[온도 조절식 증기트랩]

구분	응축수 회수 원리	종류
기계식	응축수의 부력을 이용	플로트트랩, 버킷트랩
열동식 (온도조절식)	증기와 응축수의 온도 차이	바이메탈식 트랩, 벨로스 트랩
열역학	증기와 응축수의 열역학적 특성 차이	디스크트랩, 오리피스트랩

36 온도 20 ℃, 길이 100 m인 동관에 탕이 흘러 60℃가 되었을 때, 이 동관의 팽창된 길이는? (단, 동관의 선팽창계수는 $0.171 \times 10^{-4}/℃$이다)

① 34.2 mm
② 136.8 mm
③ 68.4 mm
④ 171 mm

해설

[동관의 팽창량]

※ 팽창 길이 λ
$$\lambda[mm] = \ell \times \alpha \times \Delta t$$
여기서 $\lambda[mm]$: 팽창한 배관의 길이,
$\ell[mm]$: 배관의 길이
$\alpha[mm/mm \cdot ℃]$: 선팽창계수,
$\Delta t[℃]$: 온도 차

관의 팽창 길이 λ
$= 100 \times 0.171 \times 10^{-4} \times (60 - 20)$
$= 0.0684$ m $= 68.4$ mm

37 빙축열 등을 이용하는 축열시스템에 관한 설명으로 옳지 않은 것은?

① 열손실이 줄어든다.
② 운전비를 줄일 수 있다.
③ 심야전력을 이용할 수 있다.
④ 주간 피크 시간대에 전력부하를 절감할 수 있다.

해설

[축열시스템]
① 열손실은 늘어난다. 빙축열 저장으로부터 사용 시까지의 시간 동안 열손실이 발생할 수밖에 없다.

38 다음과 같은 조건에서 실내 CO_2의 허용 농도를 1000 ppm으로 할 때, 필요 환기량은?

- 재실인원 : 10인
- 실내 1인당 CO_2 배출량 : 0.02 m³/h
- 외기 CO_2 농도 : 350 ppm

① 249.2 m³/h ② 275.4 m³/h
③ 307.7 m³/h ④ 356.8 m³/h

해설

[환기량]
$$Q = \frac{M}{C_r - D_d} = \frac{10 \times 0.02}{1000 \times 10^{-6} - 350 \times 10^{-6}}$$
$= 307.7$ m³/h

39 습공기를 냉각하였을 경우 상태 변화 내용으로 옳은 것은?

① 비체적은 감소한다.
② 엔탈피는 증가한다.
③ 건구온도는 변화 없다.
④ 습구온는 높아진다.

해설

[습공기를 냉각하였을 경우 상태 변화]
② 냉각 시 공기가 보유한 엔탈피는 감소한다.
③ 냉각하면 건구온도도 낮아진다.
④ 냉각하면 습구온도도 함께 낮아진다.

보충 냉각하면 공기의 온도가 낮아지고, 공기의 밀도가 증가하므로 비체적은 감소한다.

정답 ▶ 37 ① 38 ③ 39 ①

40 증기난방에 관한 설명으로 옳은 것은?

① 온수난방에 비하여 열용량이 커 예열시간이 길게 소요된다.
② 온수난방에 비하여 부하변동에 따른 방열량 조절이 곤란하다.
③ 온수난방에 비하여 한랭지에서 운전정지 중에 동결의 위험이 크다.
④ 온수난방에 비하여 소요방열면적과 배관경이 크게 되므로 설비비가 높다.

해설

[증기난방]
① 증기난방은 온수난방보다 예열시간이 짧고, 열용량은 물이 더 크다.
③ 증기는 기체 상태라 동결 위험이 없고, 온수난방이 동결 위험이 있다.
④ 증기난방은 소요방열면적, 배관경이 작고 설비비도 낮은 편이다.

보충 증기난방은 방열량 조절이 어렵다.

3과목 전기설비 및 소방시설 일반

1회독 시간 :   점수 :
2회독 시간 :   점수 :
3회독 시간 :   점수 :

41 다음 설명에 알맞은 직류 전동기의 종류는?

• 속도가 거의 일정한 전동기이므로 정속도 전동기라고도 한다.
• 계자 조정기로 넓은 범위로 속도를 제어할 수 있어 권선기, 제지기 등에 사용된다.

① 분권전동기
② 3상 유도전동기
③ 단상 유도전동기
④ 세이딩 코일형 전동기

해설

[전동기]
구조가 간단하여 취급이 용이하나 기동전류가 커서 소손의 우려가 있음
• 동기전동기 : 대형설비에 역률 보상용으로 사용
• 분권전동기 : DC전동기로 속도제어 용이
• 직권전동기 : 기동토크가 크며 전차 등에 사용

42 알칼리축전지에 관한 설명으로 옳지 않은 것은?

① 저온특성이 좋다.
② 공칭전압은 2 [V/셀]이다.
③ 극판의 기계적 강도가 강하다.
④ 부식성의 가스가 발생하지 않는다.

해설

[축전지]
• 연(납) 축전지

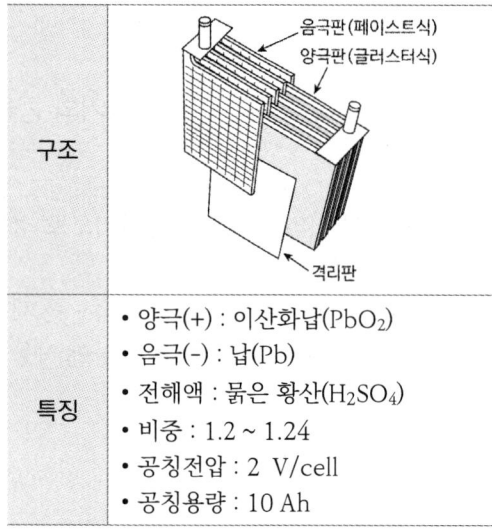

구조	
특징	• 양극(+) : 이산화납(PbO_2) • 음극(-) : 납(Pb) • 전해액 : 묽은 황산(H_2SO_4) • 비중 : 1.2 ~ 1.24 • 공칭전압 : 2 V/cell • 공칭용량 : 10 Ah

• 알칼리 축전지

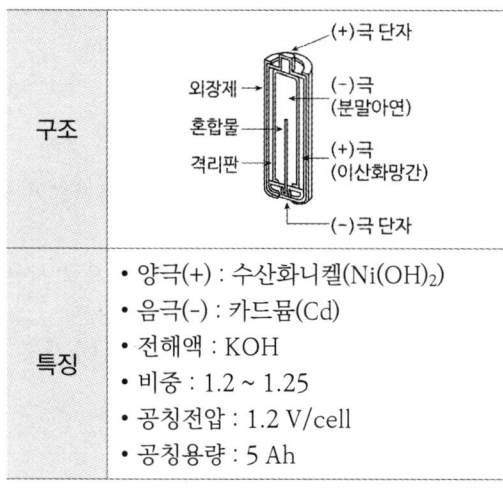

구조	
특징	• 양극(+) : 수산화니켈($Ni(OH)_2$) • 음극(-) : 카드뮴(Cd) • 전해액 : KOH • 비중 : 1.2 ~ 1.25 • 공칭전압 : 1.2 V/cell • 공칭용량 : 5 Ah

43 다음 중 "옴(ohm)의 법칙"을 바르게 표현한 식은? (단, 전압 = V, 전류 = I, 저항 = R, 정전용량 = C)

① V = IR ② I = VR
③ R = CV ④ C = IR

해설

[옴의 법칙]

$$V = IR$$

V : 전압[V]   I : 전류[A]
R : 저항[Ω]

44 전기식 자동제어시스템에서 사용되는 압력검출소자에 속하지 않은 것은?

① 벨로즈 ② 브르돈관
③ 다이어프램 ④ 나일론 리본

해설

[나일론 리본]
전기식 자동제어와 무관
• 벨로즈 : 주름관 형태의 압력 검출 소자
• 부르돈관 : 일반적인 압력계 소자
• 다이어프램 : 얇은 금속판이 압력에 의해 변형

45 어떤 저항에 100 V의 전압을 가하여 10 A의 전류가 흘렀다. 95 V의 전압을 가하면 몇 [A]의 전류가 흐르는가?

① 5.5 A ② 9.5 A
③ 12.5 A ④ 14.5 A

정답 43 ① 44 ④ 45 ②

해설

[전류]
- V = IR에서
  R = V/I = 100/10 = 10 Ω
- I = V/R = 95/10 = 9.5

46 다음 중 변전실 면적에 영향을 주는 요소로 볼 수 없는 것은?

① 발전기 용량
② 건축물의 구조적 여건
③ 수전전압 및 수전방식
④ 설치 기기와 큐비클의 종류와 시방

해설

[발전기 용량]
발전기 용량은 별도 발전기실 설계에 관련된 것

47 전기력선의 성질에 관한 설명으로 옳지 않은 것은?

① 2개의 전기력선은 교차하지 않는다.
② 전기력선은 등전위면과 교차하지 않는다.
③ 전기력선은 정(正)전하에서 부(負)전하로 들어간다.
④ 전기력선의 접선 방향은 그 점에서의 전기장의 방향과 일치한다.

해설

[전기력선]
(1) 전기력선은 양전하의 표면에서 나와 음전하의 표면에서 끝난다.
(2) 전하가 없는 곳에서는 전기력선의 발생소멸이 없고 연속적이다.
(3) 임의의 점에서 전기력선의 접선방향은 그 점에서의 전계방향과 일치한다.
(4) 전기력선은 그 자신만으로 폐곡선이 되지 않으며 서로 교차하지 않는다.
(5) 전기력선은 도체의 표면(등전위면)에 수직으로 출입하며 도체 내부에는 전기력선이 없다.
(6) 단위전하에서는 $\frac{1}{\varepsilon_0}$개의 전기력선이 출입한다.
(7) 전위가 높은 점에서 낮은 점으로 향한다.

48 중유의 공급량을 변화시키면서 보일러의 온도를 300 ℃로 일정하게 유지하고자 할 경우, 이 온도는 자동제어의 용어 중 어느 것에 해당하는가?

① 외란
② 제어량
③ 조작량
④ 조작대상

해설

[자동제어]

용어	설명
목푯값	제어량이 어떤 값을 갖도록 목표를 설정하여 외부에서 주어지는 신호
기준입력요소(장치)	목푯값을 제어할 수 있는 기준입력 신호로 변환하는 장치
기준입력(신호)	제어계를 동작시키는 기준(목푯값에 비례)
동작신호	기준입력신호와 주궤환신호의 편차신호(제어동작을 일으키는 신호)
제어요소	조절부와 조작부로 구성, 동작신호를 조작량으로 변환시키는 요소
조작량	제어요소가 제어대상에 주는 양
제어량	제어대상이 속하는 양

정답 46 ① 47 ② 48 ②

용어	설명
검출부	제어대상으로부터 제어량을 검출하고, 기준입력신호와 비교하는 부분

49 인터폰 설비의 접속방식에 따른 분류에 속하지 않는 것은?

① 모자식　② 상호식
③ 교차식　④ 복합식

해설

[인터폰]
- 모자식 : 하나의 주기(親機, 마스터폰)와 여러 개의 종기(子機, 서브폰)가 연결된 방식
- 상호식 : 각 기기들 간에 서로 직접 통화 가능한 방식
- 복합식 : 모자식과 상호식을 혼합한 방식

50 반도체를 사용한 무접점 시퀀스제어회로에 관한 설명으로 옳지 않은 것은?

① 동작 속도가 빠르다.
② 온도 변화에 약하다.
③ 소형화가 불가능하다.
④ 전기적 노이즈나 서어지에 약하다.

해설

[무접점 시퀀스제어]
반도체는 소형화와 고집적화가 가능

51 영상변류기(ZCT)의 주된 사용목적은?

① 과전압 검출　② 과전류 검출
③ 지락전류 검출　④ 부하전류 검출

해설

[영상변류기]
두 개 이상의 전선에 변류기를 설치하여 정상적인 상태라면 교류로 상호 보완된 0상이 검출되나 한 선 중 지락이 발생되면 0상이 달라 지락을 검지하게 되는 장치

52 인파 교류의 실횻값이 V, 최댓값이 V_m일 때 평균값은?

① $V_m/2\pi$　② $2V_m/\pi$
③ $\sqrt{2}V_m/\pi$　④ V_m/π

해설

[평균값]
교류의 1주기를 평균하면 0이므로 평균값은 반주기의 평균을 취함

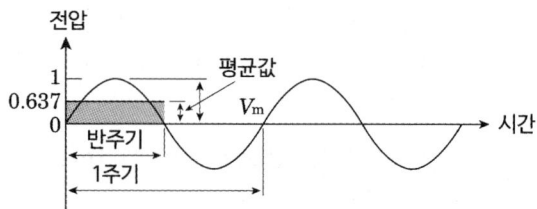

$$V_a = V_{av} = \frac{2}{\pi}V_m = 0.637V_m \text{ [V]}$$

$$I_a = I_{av} = \frac{2}{\pi}I_m = 0.637I_m \text{ [A]}$$

V_{av} : 전압의 평균값 [V]
V_m : 전압의 최댓값 [V]
I_{av} : 전류의 평균값 [A]
I_m : 전류의 최댓값 [A]

53 임피던스 전압강하 5 %의 변압기가 운전 중 단락되었을 때 단락전류는 정격전류의 몇 배가 흐르는가?

① 20배　② 25배
③ 30배　④ 35배

해설

[단락전류]
$$I_{sc} = \frac{100}{Z\%} \times I_{rated} = \frac{100}{5} \times I_{rated} = 20I$$

54 자동화재탐지설비의 감지기 중 불꽃감지기에 속하는 것은?

① 차동식　② 정온식
③ 보상식　④ 자외선식

해설

[감지기]
1) 연기감지기
   (1) 이온화식 스포트형 : 이온전류 변화하여 작동
   (2) 광전식 : 광전 소자에 접하는 광량의 변화로 작동
   (3) 공기흡입식(1종, 2종, 3종)
2) 불꽃감지기
   불꽃자외선식, 불꽃적외선식, 불꽃자외선·적외선 겸용식, 불꽃영상 분석식(옥내형, 옥내·옥외형, 도로형)

55 다음의 제어동작 중 ON-OFF동작이라고도 하며, 항상 목표치와 제어결과가 일치하지 않는 동작간극을 일으키는 결점이 있는 것은?

① PI제어동작　② 비례제어동작
③ 2위치제어동작　④ 다위치제어동작

해설

[제어동작에 의한 분류]

구분		내용
불연속 제어	ON-OFF 제어	단속적 제어동작
	샘플링 (Sampling)	전압, 전류, 위상을 제어
연속 제어	비례제어 (P제어)	잔류 편차(Off Set) 발생
	적분제어 (I제어)	• 잔류 편차(Off Set) 개선 • 시간지연(속응성) 발생
	미분제어 (D제어)	• 시간지연 개선, 잔류 편차(Off Set) 존재, 오차 방지 • 진동방지, 오버슈트가 커진다.
	비례적분 제어 (PI제어)	• 잔류 편차는 제거되지만 시간지연이 길다. • 간헐현상 존재, 지상보상 요소에 대응한다.
	비례미분 제어 (PD제어)	• 시간지연(응답속응성)을 개선, 잔류 편차는 있다.
	비례미분 적분제어 (PID제어)	시간지연도 향상시키고 잔류 편차도 제거한 제어계로 가장 안정적인 제어계

정답　53 ①　54 ④　55 ③

56 물분무소화설비를 설치하는 차고 또는 주차장의 배수설비에 관한 설명으로 옳지 않은 것은?

① 차량이 주차하는 바닥은 배수구를 향하여 100분의 2 이상의 기울기를 유지할 것
② 차량이 주차하는 장소의 적당한 곳에 높이 7 cm 이하의 경계턱으로 배수구를 설치할 것
③ 배수설비는 가압송수장치의 최대송수능력의 수량을 유효하게 배수할 수 있는 크기 및 기울기로 할 것
④ 배수구에는 새어나온 기름을 모아 소화할 수 있도록 길이 40 m 이하마다 집수관·소화핏트 등 기름분리장치를 설치할 것

해설

[물분무소화설비의 화재안전기술기준(NFTC 104) 배수설비]
2.8.1 물분무소화설비를 설치하는 차고 또는 주차장에는 다음의 기준에 따라 배수설비를 해야 한다.
　2.8.1.1 차량이 주차하는 장소의 적당한 곳에 높이 10 cm 이상의 경계턱으로 배수구를 설치할 것
　2.8.1.2 배수구에는 새어 나온 기름을 모아 소화할 수 있도록 길이 40 m 이하마다 집수관·소화핏트 등 기름분리장치를 설치할 것
　2.8.1.3 차량이 주차하는 바닥은 배수구를 향하여 100분의 2 이상의 기울기를 유지할 것
　2.8.1.4 배수설비는 가압송수장치의 최대송수능력의 수량을 유효하게 배수할 수 있는 크기 및 기울기로 할 것

57 교류전력간의 관계식으로 옳은 것은?

① 피상전력 = 유효전력 + 무효전력
② 피상전력 = $\sqrt{유효전력 \times 무효전력}$
③ 피상전력 = $\sqrt{유효전력^2 + 무효전력^2}$
④ 피상전력 = $\sqrt{유효전력^2 - 무효전력^2}$

해설

[피상전력(Pa)]
(1) 단위 : VA, kVA
(2) 전원에 공급되는 전력
(3) 임피던스에 의해 소비되는 전력

$$P_a = VI = I^2 Z = \frac{V^2}{Z} = \frac{P}{\cos\theta},$$
$$P_a = P \pm jP_r = \sqrt{P^2 + P_r^2} \ [VA]$$

P : 유효전력
Pr : 무효전력

58 다음 중 옥내배선의 전선 굵기 결정 요소와 가장 거리가 먼 것은?

① 전압 강하　② 허용 전류
③ 외부 온도　④ 기계적 강도

해설

[전선의 굵기 결정]
• 허용전류
• 전압강하
• 기계적 강도

정답　56 ②　57 ③　58 ③

59 75 kVA 단상변압기 2대를 V결선한 경우 3상의 출력은?

① 90 kVA   ② 110 kVA
③ 130 kVA   ④ 150 kVA

해설

[출력]

V결선 이용률 = $\frac{\sqrt{3}}{2}$ = 0.866이고 3상의 출력은 0.866 × 2 × 75 = 129.90

60 전기시설물의 감전방지, 기기손상방지, 보호계전기의 동작확보를 위해 실시하는 공사는?

① 접지공사
② 승압공사
③ 전압강하공사
④ 트래킹(Tracking)공사

해설

[공사]
- 승압공사 : 전압을 높이는 공사
- 전압강하공사 : 전압 손실 보정
- 트래킹공사 : 트래킹 방지를 위한 절연보호공사

4과목 건축설비 관련법규

61 다음은 건축물의 에너지 절약설계기준에 따른 방습층의 정의이다. ( ) 안에 알맞은 것은?

> 방습층이라 함은 습한 공기가 구조체에 침투하여 결로발생의 위험이 높아지는 것을 방지하기 위해 설치하는 투습도가 24시간당 (　　) 이하 또는 투습계수 0.28 g/m²·h·mmHg

① 10 g/m²   ② 20 g/m²
③ 30 g/m²   ④ 50 g/m²

해설

[용어의 정의 – 방습층]
[건축물 에너지 절약 설계기준]
제5조(용어의 정의)

카. "방습층"이라 함은 습한 공기가 구조체에 침투하여 결로발생의 위험이 높아지는 것을 방지하기 위해 설치하는 투습도가 24시간당 30 g/m² 이하 또는 투습계수 0.28 g/m²·h·mmHg 이하의 투습저항을 가진 층을 말한다. (시험방법은 한국산업규격 KS T 1305 방습포장재료의 투습도 시험방법 또는 KS F 2607 건축 재료의 투습성 측정 방법에서 정하는 바에 따른다) 다만 단열재 또는 단열재의 내측에 사용되는 마감재가 방습층으로서 요구되는 성능을 가지는 경우에는 그 재료를 방습층으로 볼 수 있다.

정답 ● 59 ③ 60 ① 61 ③

62 기계설비의 안전관리를 위해 기계설비 착공 전 확인신청서를 제출하여야 한다. 이때 첨부하여야 할 서류가 아닌 것은?

① 기계설비공사 설계도서 사본
② 기계설비설계자 등록증 사본
③ 기계설비의 예상금액 내역서
④ 기계설비 착공 적합 확인서

해설

[확인신청서의 첨부 서류]
[기계설비시행규칙] 제5조(착공 전 확인 등)
① 영 제12조 제1항에 따른 기계설비공사 착공 전 확인신청서는 별지 제4호 서식에 따르며, 신청인은 이를 제출할 때에는 다음 각 호의 서류를 첨부해야 한다.
1. 기계설비공사 설계도서 사본
2. 기계설비설계자 등록증 사본
3. 「건축법」 등 관계 법령에 따라 기계설비에 대한 감리업무를 수행하는 자가 확인한 기계설비 착공 적합 확인서

63 건축법령상 숙박시설에 속하지 않는 것은?

① 호스텔
② 청소년수련원
③ 의료관광 호텔
④ 휴양 콘도미니엄

해설

[용도별 건축물]
[건축법 시행령] 별표 1 : 용도별 건축물의 종류
15. 숙박시설
 가. 일반숙박시설 및 생활숙박시설(「공중위생관리법」 제3조 제1항 전단에 따라 숙박업 신고를 해야 하는 시설로서 국토교통부장관이 정하여 고시하는 요건을 갖춘 시설을 말한다)
 나. 관광숙박시설(관광 호텔, 수상관광 호텔, 한국전통 호텔, 가족 호텔, <u>호스텔</u>, 소형 호텔, <u>의료관광 호텔</u> 및 <u>휴양 콘도미니엄</u>)
 다. 다중생활시설(제2종 근린생활시설에 해당하지 아니하는 것을 말한다)
 라. 그 밖에 가목부터 다목까지의 시설과 비슷한 것

64 신축 또는 리모델링하는 100세대 이상의 공동주택은 시간당 최소 몇 회 이상의 환기가 이루어질 수 있도록 자연환기설비 또는 기계환기설비를 설치하여야 하는가?

① 0.5회   ② 0.7회
③ 1.2회   ④ 1.5회

해설

[환기설비 기준]
[건축물의 설비기준 등에 관한 규칙]
제11조(공동주택 및 다중이용시설의 환기설비 기준 등)
① 영 제87조 제2항의 규정에 따라 신축 또는 리모델링하는 다음 각 호의 어느 하나에 해당하는 주택 또는 건축물(이하 "신축공동주택등"이라 한다)은 시간당 <u>0.5회</u> 이상의 환기가 이루어질 수 있도록 자연환기설비 또는 기계환기설비를

정답 62 ③ 63 ② 64 ①

설치해야 한다.
1. 30세대 이상의 공동주택
2. 주택을 주택 외의 시설과 동일건축물로 건축하는 경우로서 주택이 30세대 이상인 건축물

65 건축물의 내부에 설치하는 피난계단의 구조에 관한 기준 내용으로 옳지 않은 것은?

① 계단실의 실내에 접하는 부분의 마감은 불연재료로 할 것
② 계단은 내화구조로 하고 피난층 또는 지상까지 직접 연결되도록 할 것
③ 건축물의 내부와 접하는 계단실의 창문 등의 면적은 각각 3 m 이하로 할 것
④ 건축물의 내부에서 계단실로 통하는 출입구의 유효너비는 0.9 m 이상으로 할 것

해설

[특별피난계단의 구조]
[건축물의 피난·방화구조 등의 기준에 관한 규칙]
제9조(피난계단 및 특별피난계단의 구조)
1. 건축물의 내부에 설치하는 피난계단의 구조
   가. 계단실은 창문·출입구 기타 개구부(이하 "창문등"이라 한다)를 제외한 당해 건축물의 다른 부분과 내화구조의 벽으로 구획할 것
   나. 계단실의 실내에 접하는 부분(바닥 및 반자 등 실내에 면한 모든 부분을 말한다)의 마감(마감을 위한 바탕을 포함한다)은 불연재료로 할 것
   다. 계단실에는 예비전원에 의한 조명설비를 할 것
   라. 계단실의 바깥쪽과 접하는 창문등(망이 들어 있는 유리의 붙박이창으로서 그 면적이 각각 1제곱미터 이하인 것을 제외한다)은 당해 건축물의 다른 부분에 설치하는 창문등으로부터 2미터 이상의 거리를 두고 설치할 것
   마. 건축물의 내부와 접하는 계단실의 창문등(출입구를 제외한다)은 망이 들어 있는 유리의 붙박이창으로서 그 면적을 각각 1제곱미터 이하로 할 것
   바. 건축물의 내부에서 계단실로 통하는 출입구의 유효너비는 0.9미터 이상으로 하고, 그 출입구에는 피난의 방향으로 열 수 있는 것으로서 언제나 닫힌 상태를 유지하거나 화재로 인한 연기 또는 불꽃을 감지하여 자동적으로 닫히는 구조로 된 영 제64조 제1항 제1호의 60분+ 방화문(이하 "60분+ 방화문"이라 한다) 또는 같은 항 제2호의 60분 방화문(이하 "60분 방화문"이라 한다)을 설치할 것. 다만 연기 또는 불꽃을 감지하여 자동적으로 닫히는 구조로 할 수 없는 경우에는 온도를 감지하여 자동적으로 닫히는 구조로 할 수 있다.
   사. 계단은 내화구조로 하고 피난층 또는 지상까지 직접 연결되도록 할 것

66 같은 건축물 안에 공동주택과 위락시설을 함께 설치하고자 하는 경우 공동주택의 출입구와 위락시설의 출입구는 서로 그 보행거리가 최소 얼마 이상이 되도록 설치하여야 하는가?

① 10 m   ② 20 m
③ 30 m   ④ 50 m

정답 65 ③ 66 ③

해설

[보행거리]
[건축물의 피난·방화구조 등의 기준에 관한 규칙]
제14조의2(복합건축물의 피난시설 등)
영 제47조 제1항 단서의 규정에 의하여 같은 건축물 안에 공동주택·의료시설·아동 관련 시설 또는 노인복지시설(이하 이 조에서 "공동주택등"이라 한다) 중 하나 이상과 위락시설·위험물저장 및 처리시설·공장 또는 자동차정비공장(이하 이 조에서 "위락시설등"이라 한다) 중 하나 이상을 함께 설치하고자 하는 경우에는 다음 각 호의 기준에 적합하여야 한다.
1. 공동주택등의 출입구와 위락시설등의 출입구는 서로 그 보행거리가 30미터 이상이 되도록 설치할 것

67 다음은 지하층과 피난층 사이의 개방공간 설치에 관한 기준 내용이다. ( ) 안에 알맞은 것은?

> 바닥면적의 합계가 (　　) 이상인 공연장·집회장·관람장 또는 전시장을 지하층에 설치하는 경우에는 각 실의 있는 자가 지하층 각 층에서 건축물 밖으로 피난하여 옥외 계단 또는 경사로 등을 이용하여 피난층으로 대피할 수 있도록 천장이 개방된 외부 공간을 설치하여야 한다.

① 1000 m² ② 2000 m²
③ 3000 m² ④ 4000 m²

해설

[개방공간]
[건축법 시행령]
제37조(지하층과 피난층 사이의 개방공간 설치)
바닥면적의 합계가 3천 제곱미터 이상인 공연장·집회장·관람장 또는 전시장을 지하층에 설치하는 경우에는 각 실에 있는 자가 지하층 각 층에서 건축물 밖으로 피난하여 옥외 계단 또는 경사로 등을 이용하여 피난층으로 대피할 수 있도록 천장이 개방된 외부 공간을 설치하여야 한다.

68 연면적 200 m²을 초과하는 중·고등학교에 설치하는 복도의 유효너비는 최소 얼마 이상으로 하여야 하는가? (단, 양옆에 거실이 있는 복도의 경우)

① 1.5 m 이상　② 1.8 m 이상
③ 2.1 m 이상　④ 2.4 m 이상

해설

[복도의 유효너비]
[건축물의 피난·방화구조 등의 기준에 관한 규칙]
제15조의2(복도의 너비 및 설치기준)

구분	양옆에 거실이 있는 복도	기타의 복도
유치원·초등학교 중학교·고등학교	2.4미터 이상	1.8미터 이상
공동주택· 오피스텔	1.8미터 이상	1.2미터 이상
당해 층 거실의 바닥면적 합계가 200제곱미터 이상인 경우	1.5미터 이상 (의료시설의 복도 1.8미터 이상)	1.2미터 이상

정답 ● 67 ③ 68 ④

69 판매시설로서 옥내소화전설비를 모든 층에 설치하여야 하는 특정소방대상물의 연면적 기준은?

① 500 m² 이상   ② 1000 m² 이상
③ 1500 m² 이상   ④ 2000 m² 이상

해설

[옥내소화전설비]
[소방시설설치 및 관리에 관한 법률 시행령]
별표 4 : 특정소방대상물의 관계인이 특정소방대상물에 설치·관리해야 하는 소방시설의 종류
다. 옥내소화전설비를 설치해야 하는 특정소방대상물은 다음의 어느 하나에 해당하는 것으로 한다.
1) 다음의 어느 하나에 해당하는 경우에는 모든 층
  가) 연면적 3천 m² 이상인 것(터널은 제외한다)
  나) 지하층·무창층(축사는 제외한다)으로서 바닥면적이 600m² 이상인 층이 있는 것
  다) 4층 이상인 층 중에서 바닥면적이 600 m² 이상인 층이 있는 것
2) 1)에 해당하지 않는 근린생활시설, 판매시설, 운수시설, 의료시설, 노유자시설, 업무시설, 숙박시설, 위락시설, 공장, 창고시설, 항공기 및 자동차 관련 시설, 교정 및 군사시설 중 국방·군사시설, 방송통신시설, 발전시설, 장례시설 또는 복합건축물로서 다음의 어느 하나에 해당하는 경우에는 모든 층
  가) 연면적 1천 5백m² 이상인 것
  나) 지하층·무창층으로서 바닥면적이 300 m² 이상인 층이 있는 것
  다) 4층 이상인 층 중에서 바닥면적이 300 m² 이상인 층이 있는 것

70 피난 용도로 쓸 수 있는 광장을 옥상에 설치하여야 하는 대상에 속하지 않는 것은?

① 5층 이상인 층이 종교시설의 용도로 쓰는 경우
② 5층 이상인 층이 판매시설의 용도로 쓰는 경우
③ 5층 이상인 층이 문화 및 집회시설 중 공연장의 용도로 쓰는 경우
④ 5층 이상인 층이 문화 및 집회시설 중 전시장의 용도로 쓰는 경우

해설

[옥상광장]
[건축법 시행령] 제40조(옥상광장 등의 설치)
② 5층 이상인 층이 제2종 근린생활시설 중 공연장·종교집회장·인터넷컴퓨터게임시설제공업소(해당 용도로 쓰는 바닥면적의 합계가 각각 300제곱미터 이상인 경우만 해당한다), 문화 및 집회시설(전시장 및 동·식물원은 제외한다), 종교시설, 판매시설, 위락시설 중 주점영업 또는 장례시설의 용도로 쓰는 경우에는 피난 용도로 쓸 수 있는 광장을 옥상에 설치하여야 한다.

71 방송 공동수신설비를 설치하여야 하는 대상 건축물에 속하지 않는 것은?

① 연립주택
② 다가구주택
③ 바닥면적의 합계가 5000 m²로서 업무시설의 용도로 쓰는 건축물
④ 바닥면적의 합계가 5000 m²로서 숙박시설의 용도로 쓰는 건축물

정답 69 ③ 70 ④ 71 ②

> 해설

[방송 공동수신설비]
[건축법 시행령] 제87조(건축설비설치의 원칙)
④ 건축물에는 방송수신에 지장이 없도록 공동시청 안테나, 유선방송 수신시설, 위성방송 수신설비, 에프엠(FM)라디오방송 수신설비 또는 방송 공동수신설비를 설치할 수 있다. 다만 다음 각 호의 건축물에는 <u>방송 공동수신설비를 설치하여야 한다.</u>
  1. <u>공동주택</u>
  2. <u>바닥면적의 합계가 5천 제곱미터 이상으로서 업무시설이나 숙박시설의 용도로 쓰는 건축물</u>
⑤ 제4항에 따른 방송 수신설비의 설치기준은 과학기술정보통신부장관이 정하여 고시하는 바에 따른다.

- 공동주택(아파트, 연립주택, 다세대주택)
  바닥면적의 합계가 5천 제곱미터 이상으로서 업무시설이나 숙박시설의 용도로 쓰는 건축물
- 다가구주택은 공동주택이 아님

72 비상용 승강기의 승강장 및 승강로의 구조에 관한 기준 내용으로 옳지 않은 것은?

① 승강장은 각 층의 내부와 연결될 수 있도록 할 것
② 승강로는 당해 건축물의 다른 부분과 내화구조로 구획할 것
③ 벽 및 반자가 실내에 접하는 부분의 마감재료는 불연재료로 할 것
④ 옥외 승강장의 바닥면적은 비상용 승강기 1대에 대하여 5 m² 이상으로 할 것

> 해설

[비상용 승강기의 승강장 및 승강로의 구조]
[건축물의 설비기준 등에 관한 규칙]
제10조(비상용 승강기의 승강장 및 승강로의 구조)
법 제64조 제2항에 따른 비상용 승강기의 승강장 및 승강로의 구조는 다음 각 호의 기준에 적합하여야 한다.
2. 비상용 승강기 승강장의 구조
  나. <u>승강장은 각 층의 내부와 연결될 수 있도록 하되, 그 출입구(승강로의 출입구를 제외한다)에는 60분+ 방화문 또는 60분 방화문을 설치할 것. 다만 피난층에는 60분+ 방화문 또는 60분 방화문을 설치하지 않을 수 있다.</u>
  라. <u>벽 및 반자가 실내에 접하는 부분의 마감재료(마감을 위한 바탕을 포함한다)는 불연재료로 할 것</u>
  바. <u>승강장의 바닥면적은 비상용 승강기 1대에 대하여 6제곱미터 이상으로 할 것. 다만 옥외에 승강장을 설치하는 경우에는 그러하지 아니하다.</u>
3. 비상용 승강기의 승강로의 구조
  가. <u>승강로는 당해 건축물의 다른 부분과 내화구조로 구획할 것</u>

73 건축물을 특별시나 광역시에 건축하는 경우 특별시장이나 광역시장의 허가를 받아야 하는 대상 건축물의 층수 기준은?

① 15층 이상
② 21층 이상
③ 30층 이상
④ 41층 이상

> **해설**

[건축허가]
[건축법 시행령] 제8조(건축허가)
① 법 제11조 제1항 단서에 따라 특별시장 또는 광역시장의 허가를 받아야 하는 건축물의 건축은 층수가 21층 이상이거나 연면적의 합계가 10만 제곱미터 이상인 건축물의 건축(연면적의 10분의 3 이상을 증축하여 층수가 21층 이상으로 되거나 연면적의 합계가 10만 제곱미터 이상으로 되는 경우를 포함한다)을 말한다.

74 판매시설로서 옥내소화전설비를 모든 층에 설치하여야 하는 특정소방대상물의 연면적 기준은?

① 500 m² 이상 ② 1000 m² 이상
③ 1500 m² 이상 ④ 2000 m² 이상

> **해설**

[옥내소화전설비]
[소방시설설치 및 관리에 관한 법률 시행령]
별표 4 : 특정소방대상물의 관계인이 특정소방대상물에 설치·관리해야 하는 소방시설의 종류
다. 옥내소화전설비를 설치해야 하는 특정소방대상물은 다음의 어느 하나에 해당하는 것으로 한다.
  1) 다음의 어느 하나에 해당하는 경우에는 모든 층
    가) 연면적 3천 m² 이상인 것(터널은 제외한다)
    나) 지하층·무창층(축사는 제외한다)으로서 바닥면적이 600 m² 이상인 층이 있는 것
    다) 4층 이상인 층 중에서 바닥면적이 600 m² 이상인 층이 있는 것

  2) 1)에 해당하지 않는 근린생활시설, 판매시설, 운수시설, 의료시설, 노유자시설, 업무시설, 숙박시설, 위락시설, 공장, 창고시설, 항공기 및 자동차 관련 시설, 교정 및 군사시설 중 국방·군사시설, 방송통신시설, 발전시설, 장례시설 또는 복합건축물로서 다음의 어느 하나에 해당하는 경우에는 모든 층
    가) 연면적 1천 5백 m² 이상인 것
    나) 지하층·무창층으로서 바닥면적이 300 m² 이상인 층이 있는 것
    다) 4층 이상인 층 중에서 바닥면적이 300 m² 이상인 층이 있는 것

75 다음 중 허가 대상에 속하는 건축물의 용도 변경은?

① 장례시설에서 발전시설로의 용도변경
② 위락시설에서 숙박시설로의 용도변경
③ 종교시설에서 운동시설로의 용도변경
④ 업무시설에서 교육연구시설로의 용도변경

> **해설**

[용도변경]
[건축법]
제19조(용도변경)
1. 허가 대상 : 제4항 각 호의 어느 하나에 해당하는 시설군(施設群)에 속하는 건축물의 용도를 상위군(제4항 각 호의 번호가 용도변경하려는 건축물이 속하는 시설군보다 작은 시설군을 말한다)에 해당하는 용도로 변경하는 경우
[건축법 시행령]
제14조(용도변경)
1. 자동차 관련 시설군
   자동차 관련 시설

정답 74 ③ 75 ④

2. 산업 등 시설군
   가. 운수시설
   나. 창고시설
   다. 공장
   라. 위험물저장 및 처리시설
   마. 자원순환 관련 시설
   바. 묘지 관련 시설
   사. 장례시설
3. 전기통신시설군
   가. 방송통신시설
   나. 발전시설
4. 문화집회시설군
   가. 문화 및 집회시설
   나. 종교시설
   다. 위락시설
   라. 관광휴게시설
5. 영업시설군
   가. 판매시설
   나. 운동시설
   다. 숙박시설
   라. 제2종 근린생활시설 중 다중생활시설
6. 교육 및 복지시설군
   가. 의료시설
   나. 교육연구시설
   다. 노유자시설(老幼者施設)
   라. 수련시설
   마. 야영장시설
7. 근린생활시설군
   가. 제1종 근린생활시설
   나. 제2종 근린생활시설(다중생활시설은 제외한다)
8. 주거업무시설군
   가. 단독주택   나. 공동주택
   다. 업무시설   라. 교정시설
   마. 국방·군사시설
9. 그 밖의 시설군
   가. 동물 및 식물 관련 시설

76 다음은 소방시설의 내진설계에 관한 기준 내용이다. 밑줄 친 대통령령으로 정하는 소방시설에 속하지 않는 것은?

> 「지진·화산재해대책법」 제14조 제1항 각 호의 시설 중 대통령령으로 정하는 특정소방대상물에 <u>대통령령으로 정하는 소방시설</u>을 설치하려는 자는 지진이 발생할 경우 소방시설이 정상적으로 작동될 수 있도록 소방청장이 정하는 내진설계기준에 맞게 소방시설을 설치하여야 한다.

① 옥내소화전설비
② 스프링클러설비
③ 자동화재탐지설비
④ 물분무등소화설비

해설

[소방시설의 내진설계에 관한 기준]
[소방시설설치 및 관리에 관한 법률 시행령]
제8조(소방시설의 내진설계)
② 법 제7조에서 "대통령령으로 정하는 소방시설"이란 소방시설 중 옥내소화전설비, 스프링클러설비 및 물분무등소화설비를 말한다.

[소방시설설치 및 관리에 관한 법률]
제7조(소방시설의 내진설계기준)
「지진·화산재해대책법」 제14조 제1항 각 호의 시설 중 대통령령으로 정하는 특정소방대상물에 대통령령으로 정하는 소방시설을 설치하려는 자는 지진이 발생할 경우 소방시설이 정상적으로 작동될 수 있도록 소방청장이 정하는 내진설계기준에 맞게 소방시설을 설치하여야 한다.

77 특별피난계단에 설치하는 배연설비의 구조에 관한 기준 내용으로 옳지 않은 것은?

① 배연구 및 배연풍도는 불연재료로 할 것
② 배연구는 평상시에는 닫힌 상태를 유지할 것
③ 배연구는 평상시에 사용하는 굴뚝에 연결할 것
④ 배연기는 배연구의 열림에 따라 자동적으로 작동할 것

해설

[배연설비]
[건축물의 설비기준 등에 관한 규칙]
제14조(배연설비)
② 특별피난계단 및 영 제90조 제3항의 규정에 의한 비상용 승강기의 승강장에 설치하는 배연설비의 구조는 다음 각 호의 기준에 적합하여야 한다.
1. 배연구 및 배연풍도는 불연재료로 하고, 화재가 발생한 경우 원활하게 배연시킬 수 있는 규모로서 외기 또는 평상시에 사용하지 아니하는 굴뚝에 연결할 것
2. 배연구에 설치하는 수동개방장치 또는 자동개방장치(열감지기 또는 연기감지기에 의한 것을 말한다)는 손으로도 열고 닫을 수 있도록 할 것
3. 배연구는 평상시에는 닫힌 상태를 유지하고, 연 경우에는 배연에 의한 기류로 인하여 닫히지 아니하도록 할 것
4. 배연구가 외기에 접하지 아니하는 경우에는 배연기를 설치할 것
5. 배연기는 배연구의 열림에 따라 자동적으로 작동하고, 충분한 공기배출 또는 가압능력이 있을 것
6. 배연기에는 예비전원을 설치할 것
7. 공기유입방식을 급기가압방식 또는 급·배기방식으로 하는 경우에는 제1호 내지 제6호의 규정에 불구하고 소방관계법령의 규정에 적합하게 할 것

78 승강기 설치 대상 건축물로서 각 층의 거실면적이 500 m²인 8층 병원에 설치하여야 하는 승용 승강기의 최소 대수는? (단, 8인승 승강기인 경우)

① 1대   ② 2대
③ 3대   ④ 4대

해설

[승용 승강기의 최소 대수]
[건축물의 설비기준 등에 관한 규칙]
별표 1의2(승용 승강기의 설치기준)

건축물의 용도	6층 이상의 거실 면적의 합계	3천 제곱미터 이하	3천 제곱미터 초과
1. 가. 문화 및 집회시설(공연장·집회장 및 관람장만 해당한다) 나. 판매시설 다. 의료시설		2대	2대에 3천 제곱미터를 초과하는 2천 제곱미터 이내마다 1대를 더한 대수

정답 77 ③ 78 ②

건축물의 용도	6층 이상의 거실 면적의 합계	3천 제곱미터 이하	3천 제곱미터 초과
2. 가. 문화 및 집회시설(전시장 및 동·식물원만 해당한다) 나. 업무시설 다. 숙박시설 라. 위락시설		1대	1대에 3천 제곱미터를 초과하는 2천 제곱미터 이내마다 1대를 더한 대수
3. 가. 공동주택 나. 교육연구시설 다. 노유자시설 라. 그 밖의 시설		1대	1대에 3천 제곱미터를 초과하는 3천 제곱미터 이내마다 1대를 더한 대수

- 6층 이상 거실면적 = 500 × 3 = 1500 m^2
- 3000 m^2 이하이므로 총 2대

해설

[정의 – 다중이용 건축물]
[건축법 시행령] 제2조(정의)
17. "다중이용 건축물"이란 다음 각 목의 어느 하나에 해당하는 건축물을 말한다.
   가. 다음의 어느 하나에 해당하는 용도로 쓰는 바닥면적의 합계가 5천 제곱미터 이상인 건축물
   1) 문화 및 집회시설(동물원 및 식물원은 제외한다)
   2) 종교시설
   3) 판매시설
   4) 운수시설 중 여객용 시설
   5) 의료시설 중 종합병원
   6) 숙박시설 중 관광숙박시설
   나. 16층 이상인 건축물
※ 위락시설은 준다중이용건축물

79 다음 중 다중이용건축물에 속하지 않는 것은? (단, 층수가 10층이며, 해당 용도로 쓰는 바닥면적의 합계가 500 m^2인 경우)

① 종교시설
② 판매시설
③ 위락시설
④ 숙박시설 중 관광숙박시설

80 다음은 소방시설의 내진설계에 관한 기준 내용이다. 밑줄 친 대통령으로 정하는 소방시설에 속하지 않는 것은?

「지진·화산재해대책법」 제14조 제1항 각 호의 시설 중 대통령령으로 정하는 특정 소방대상물에 <u>대통령령으로 정하는 소방시설</u>을 설치하려는 자는 지진이 발생할 경우 소방시설이 정상적으로 작동될 수 있도록 소방청장이 정하는 내진설계기준에 맞게 소방시설을 설치하여야 한다.

① 옥내소화전설비
② 스프링클러설비
③ 자동화재탐지설비
④ 물분무등소화설비

정답 → 79 ③ 80 ③

해설

[소방시설의 내진설계에 관한 기준]
[소방시설설치 및 관리에 관한 법률 시행령]
제8조(소방시설의 내진설계)
② 법 제7조에서 "대통령령으로 정하는 소방시설"이란 소방시설 중 <u>옥내소화전설비</u>, <u>스프링클러설비</u> 및 <u>물분무등소화설비</u>를 말한다.

[소방시설설치 및 관리에 관한 법률]
제7조(소방시설의 내진설계기준)
「지진·화산재해대책법」 제14조 제1항 각 호의 시설 중 대통령령으로 정하는 특정소방대상물에 대통령령으로 정하는 소방시설을 설치하려는 자는 지진이 발생할 경우 소방시설이 정상적으로 작동될 수 있도록 소방청장이 정하는 내진설계기준에 맞게 소방시설을 설치하여야 한다.

CBT 모의고사 제3회

1과목 건축설비계획

1회독 시간: 점수:
2회독 시간: 점수:
3회독 시간: 점수:

01 습공기가 냉각될 때 어느 정도의 온도에 다다르면 공기 중에 포함되어 있던 수증기가 작은 물방울로 변화하는데, 이때의 온도를 무엇이라 하는가?

① 노점온도   ② 상대온도
③ 엔탈피   ④ 유효온도

해설
[노점온도(Dew Point Temperature)]
어떤 온도에 도달하면 공기가 포화 상태(상대습도 100%)가 되고, 그 이하로 내려가면 수증기가 응축하여 물방울이 맺히게 되는 온도

02 실내 환기의 주된 목적이 아닌 것은?

① 적절한 산소공급
② 습기 제거
③ 기류속도 조정
④ CO_2 제거

해설
[실내 환기의 목적]
적절한 산소공급, 습기제거, 오염물질 제거가 주된 목적이다.
기류속도 조정은 환기의 목적이 아니다.

03 공기량 300 kg/h, 절대습도 0.006 kg/kg'인 공기를 0.012 kg/kg'까지 가습하는 경우 필요한 공급 수량은?

① 0.9 kg/h   ② 1.8 kg/h
③ 2.7 kg/h   ④ 3.6 kg/h

해설
[공급 수량]
$L = G \cdot \Delta x = \rho \cdot Q \cdot \Delta x$
$= 300 \times (0.012 - 0.006) = 1.8$ kg/h

04 겨울철 건물의 외벽체를 통한 열손실을 감소시키는 방법으로 옳지 않은 것은?

① 외단열로 시공한다.
② 벽체에 면적을 작게 한다.
③ 벽체의 열관류율을 작게 한다.
④ 실내의 설계기준 온도를 높인다.

해설
[외벽 열손실]
- 단열성능 강화, 벽체 면적 축소, 외단열 시공이 필요하다.
- 실내 온도를 높이는 것은 오히려 열손실을 증가시킨다.

05 습공기의 상태변화량 중 수분의 변화량과 엔탈피 변화량 비율을 의미하는 것은?

① 현열비   ② 열수분비
③ 접촉계수   ④ 바이패스계수

정답 01 ① 02 ③ 03 ② 04 ④ 05 ②

해설
[열수분비(熱水分比)]
공기의 상태변화에서 수분 변화량(잠열)과 엔탈피 변화량(총열) 비율을 뜻한다.

06 냉방부하의 종류 중 현열 성분만을 갖는 것은?

① 조명부하 ② 인체부하
③ 실내기구부하 ④ 틈새바람부하

해설
[냉방부하]
- 조명부하(Lighting load)
 전등에서 전기 에너지가 전부 열로 변함
 발생열은 모두 현열
- 인체부하(Occupant Load)
 대사열(Sensible) + 발한(Perspiration, Latent)
 현열 + 잠열 둘 다 있음
- 실내기구부하(Equipment Load)
 기기 표면에서 발열은 현열
 증기 발생기나 조리 기구라면 잠열도 가능
- 틈새바람부하(Infiltration Load)
 외부 공기 유입으로 인해 외부 공기의 수분이 함께 들어옴
 잠열(제습 부하) + 현열 동시에 존재

07 열역학 제2법칙에 의하여 설명되지 않는 것은?

① 엔트로피 증가 법칙
② 열은 일로 완전히 변환되지 않는다.
③ 에너지보존 법칙
④ 자연현상은 비가역적이다.

해설
[열역학 제2법칙]
에너지보존의 법칙은 열역학 제1법칙의 내용이다.

08 눈부심(Glare)의 방지방법으로 옳지 않은 것은?

① 휘도가 낮은 광원을 사용한다.
② 플라스틱 커버가 장착된 조명기구를 사용한다.
③ 글래어 존(Glare Zone)에 광원을 설치한다.
④ 광원 주위를 밝게 한다.

해설
[눈부심 방지방법]
글래어 존(Glare Zone) : 눈의 수평 위치에서 상방 30도, 좌우 각각 30도 정도 범위 내의 영상이 반사되어 눈부심을 느끼는 시각의 범위를 말한다.

09 사무실의 체적이 1000 m³이고, 공기가 1시간에 40회 비율로 틈새바람에 의해 자연환기 될 때 풍량 Q [m³/min]은?

① 444 m³/min ② 480 m³/min
③ 667 m³/min ④ 725 m³/min

해설
[풍량]
Q = V × N = 1000 × 40 = 40000 m³/h
- 분당 환기량
40000 ÷ 60 = 666.7 m³/min

10 난방장치의 용량계산을 위한 설계용 외기온도를 설정할 때 "TAC온도 위험률 2.5 % 온도"의 의미로 가장 알맞은 것은? (단, 난방기간은 연간 121일이다)

① 난방기간 동안의 외기온도가 설계 외기온도보다 2.5 % 높을 가능성이 있다.
② 난방기간 동안의 외기온도가 설계 외기온도보다 2.5 % 낮을 가능성이 있다.
③ 2.5 %의 시간에 해당하는 약 72시간의 외기온도가 설계 외기온도보다 높을 가능성이 있다.
④ 2.5 % 의 시간에 해당하는 약 72시간의 외기온도가 설계 외기온도보다 낮을 가능성이 있다.

해설

[TAC온도 위험률 2.5 % 온도]
④ 난방기간 121일 × 24시간 = 2904시간이고, 이 중 2.5 %는 약 72시간이다. 이는 설계 외기온도보다 낮은 온도가 발생할 가능성이 있는 시간으로, 위험률의 의미와 정확히 일치한다. 따라서 옳다.
1) TAC 온도의 의미 : TAC는 Temperature Annual Cumulative 또는 Temperature Annual Curve 개념에서 나온 것으로, 과거 기상 데이터(외기온도)를 시간별로 누적해 확률분포를 만든 뒤, 특정 위험률에 해당하는 온도를 설계 기준으로 삼는 방식이다.
2) 위험률 2.5 %의 의미 : 난방기간 전체 시간 중 설계 온도보다 낮아지는 시간이 전체의 2.5 %에 해당하도록 정한 외기온도이다. 즉, 97.5 %의 시간 동안은 외기온도가 이 설계 온도보다 높고, 2.5 %의 시간동안은 더 낮다.

11 내경 40 mm, 길이 20 m인 급수관에 유속 2 m/s로 물을 보내는 경우 마찰손실수두는? (단, 관마찰계수는 0.02이다)

① 0.5 mAq　② 1.0 mAq
③ 1.5 mAq　④ 2.0 mAq

해설

[마찰손실수두]
$$h = f\frac{L}{D}\frac{v^2}{2g} = 0.02 \times \frac{20}{0.04} \times \frac{2^2}{2 \times 9.8}$$
$$= 2.04 \, mAq$$

12 중앙식 공기조화방식 중 전수방식의 일반적 특징으로 옳지 않은 것은?

① 덕트 스페이스가 필요 없다.
② 팬코일 유닛방식 등이 있다.
③ 실내의 배관에 의해 누수될 우려가 있다.
④ 송풍 공기량이 많아서 실내 공기의 오염이 적다.

해설

[중앙식 공기조화방식 중 전수방식]
• 각 실에는 팬코일 유닛(FCU) 등이 설치되고, 거기에 냉·온수를 공급하여 냉난방
• 중앙에서는 냉온수만 공급하므로 덕트가 필요 없다
• 각 실마다 배관이 들어가므로 누수 우려가 있다
• 공급되는 매체가 물이라 송풍 공기량은 적다
※ 실내공기 오염이 적다 : 전공기방식

13 겨울철 중력환기를 위한 급기구와 배기구의 설치위치로 가장 알맞은 것은?

① 급기구 및 배기구를 모두 낮은 곳에 설치
② 급기구 및 배기구를 모두 높은 곳에 설치
③ 급기구는 낮은 곳, 배기구는 높은 곳에 설치
④ 급기구는 높은 곳, 배기구는 낮은 곳에 설치

해설

[겨울철 중력환기]
- 겨울철 : 실내가 따뜻(고온·저비중), 외기는 차가움(저온·고비중)
- 외기는 아래쪽 급기구로 들어오고, 실내 더운 공기는 위쪽 배기구로 나가게 하는 것이 자연스러운 환기
- 급기구는 낮은 곳, 배기구는 높은 곳에 설치한다.

14 건축물에 루버(Louver)를 설치하는 가장 주된 이유는?

① 자연환기를 유지하기 위하여
② 외관상 변화를 주기 위하여
③ 직사광선을 막기 위하여
④ 비를 막기 위하여

해설

[루버(Louver)]
- 일정한 각도의 슬랫(날개판)을 연속적으로 배열한 설비
- 건축물에서 채광·차양·환기의 목적을 가짐
- 가장 큰 목적은 직사광선을 차단하면서 간접광을 받아 눈부심을 줄이고 실내 쾌적성을 높이는 것

15 중수의 사용용도에 해당하지 않는 것은?

① 화장실 세척수   ② 냉각탑 보급수
③ 세차   ④ 세탁

해설

[중수]
- 건물에서 발생하는 생활오수(세면·세족·목욕·세탁 등) 중 오염 정도가 비교적 낮은 물을 처리하여 다시 사용하는 물
- 세탁은 의복이 인체와 직접 접촉하므로 반드시 상수를 사용해야 함

16 설비적산에서 원형 덕트의 철판 소요면적을 산출할 때, 직경별로 직관부와 부속류를 구분하여 계산한다. 이때 직관부는 절단 및 접속 과정에서 발생하는 손실을 고려하여 일정 비율을 가산하는데, 일반적으로 적용되는 가산율은 얼마인가?

① 10 %   ② 20 %
③ 25 %   ④ 28 %

정답 ● 13 ③ 14 ③ 15 ④ 16 ①

해설

[원형덕트의 가산율]
원형덕트 직관부 소요 철판 면적은 절단·접속 손실을 고려해 10 % 가산한다.

17 평면도에서 알 수 있는 사항이 아닌 것은?

① 공간의 배치
② 공간의 형태와 크기
③ 동선
④ 문의 디자인

해설

[평면도]
건축물을 일정 높이에서 수평으로 절단하여 위에서 내려다본 도면
- 공간의 배치 : 방, 거실, 주방, 화장실 등 각 공간이 어떻게 배치되어 있는지
- 공간의 형태와 크기 : 방의 모양(사각형, ㄱ자형 등)과 치수(폭, 길이)
- 동선 : 문의 위치와 공간의 연결 상태를 통해 사용자의 이동 동선을 파악

18 만약 실내공기 중의 CO_2 농도가 1000 ppm이라 하면 실내의 공기 중에 CO_2가 차지하는 비율은 몇 %에 해당하는가?

① 0.01 %   ② 0.1 %
③ 1 %   ④ 10 %

해설

[비율]
ppm(parts per million) : 백만분의 1
CO_2농도 $= \dfrac{1000}{1000000} \times 100\% = 0.1\%$

19 오배수·통기설비 적산에서 배관 물량 산출 기준으로 옳은 것은?

① 배관은 개수로 산출한다.
② 트랩은 길이로 산출한다.
③ 배관은 연장(m) × 관경별로 구분하여 산출한다.
④ 집수정과 펌프는 연장으로 산출한다.

해설

[오배수·통기설비 적산의 산출 기준]
배관 : 연장(m) × 관경별 구분

20 동일한 관경의 관을 직선 연결할 때 사용되는 강관 이음쇠는?

① 유니온   ② 크로스
③ 벤드   ④ 플러그

해설

[유니온]
- 동일한 관경의 두 관을 직선으로 연결할 때 사용하는 이음쇠
- 볼트너트 구조로 되어 있어 분해·재조립이 용이하므로 수리·교체가 편리

정답 17 ④ 18 ② 19 ③ 20 ①

2과목 건축설비설계

1회독 시간: 점수:
2회독 시간: 점수:
3회독 시간: 점수:

21 급탕설비에 있어서 순환펌프 순환수량을 산출하는 데 필요한 값이 아닌 것은?

① 배관 길이
② 급탕 사용수량
③ 급탕과 반탕의 온도차
④ 배관 단위길이당 열손실량

해설

[순환펌프 순환수량 산출]
순환펌프 순환수량은 배관의 열손실을 보충하기 위한 것으로 사용 수량과는 관계없다.

22 중앙식 급탕방식에 관한 설명으로 옳지 않은 것은?

① 배관에 의해 필요 개소에 급탕할 수 있다.
② 급탕 개수마다 가열기의 설치 스페이스가 필요하다.
③ 기구의 동시이용률을 고려하여 가열장치의 총용량을 적게 할 수 있다.
④ 호텔, 병원 등 급탕 개소가 많고 소요 급탕량도 많이 필요한 대규모 건축물에 채용된다.

해설

[중앙식 급탕방식]
② 이는 개별식(직접가열식)의 설명이다. 중앙식은 공동 가열 후 배관 공급이므로 급탕 개소마다 가열기 설치공간이 필요하지 않다.

23 다음 그림에서 Ⓐ 부분의 통기관의 명칭은?

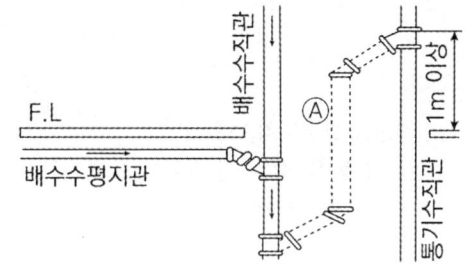

① 각개통기관   ② 신정통기관
③ 회로통기관   ④ 결합통기관

해설

[결합통기관]
결합통기관 : 배수수직관과 통기수직관을 연결

※ 통기관
1) 각개통기관 : 각 위생기구별 개별 통기관
2) 신정통기관 : 배수수직관을 지붕 위까지 그대로 연장하여 통기관으로 사용하는 방식
3) 회로통기관 : 여러 개의 위생기구를 하나의 통기관으로 연결하는 방식

정답 21 ② 22 ② 23 ④

24 역류를 방지하여 오염으로부터 상수계통을 보호하기 위한 방법으로 적절하지 않은 것은?

① 토수구 공간을 둔다.
② 역류방지밸브를 설치한다.
③ 대기압식 또는 가압식 진공브레이커를 설치한다.
④ 수압이 0.4 MPa을 초과하는 계통에는 감압밸브를 부착한다.

해설
[상수계통을 보호하기 위한 방법]
④ 수압이 높을 때는 감압밸브로 기기 보호와 수격·소음을 저감한다. 이는 역류 방지 대책이 아니다.

25 트랩의 봉수 파괴 원인 중 위생기구에서 트랩을 통하여 배수가 만수상태로 흐를 때 주로 발생하는 것은?

① 모세관현상
② 자기 사이펀작용
③ 감압에 의한 흡인작용
④ 역압에 의한 분출작용

해설
[자기 사이펀작용(Self-Siphonage)]
위생기구 배수가 만수상태로 트랩을 빠르게 통과할 때, 트랩 내 봉수가 함께 흡입되어 자기 사이펀작용으로 봉수가 파괴된다.

26 물의 특성에 관한 설명으로 옳지 않은 것은?

① 물은 비압축성 유체이다.
② 물에는 체적의 탄성이 없다.
③ 물의 점성은 온도가 상승하면 감소한다.
④ 순수한 물이 얼게 되면 약 4 %의 체적감소가 발생한다.

해설
[물의 특성]
순수한 물이 얼면 약 9 % 체적이 팽창한다.

27 통기설비에 관한 설명으로 옳지 않은 것은?

① 신정통기관의 관경은 배수수직관의 관경보다 작게 해서는 안 된다.
② 각개통기관의 관경은 그것이 접속되는 배수관 관경의 1/2 이상으로 한다.
③ 소벤트시스템은 특수통기방식으로 통기수직관을 사용한 루프통기방식의 일종이다.
④ 간접배수계통의 통기관은 다른 통기계통에 접속하지 말고 단독으로 대기 중에 개구한다.

해설
[통기설비]
③ 소벤트시스템은 특수통기방식으로, 통기수직관을 사용하는 단일수직관방식의 일종이다.

정답 ● 24 ④ 25 ② 26 ④ 27 ③

28 위생기구의 동시 사용률은 기구의 수량과 어떤 관계가 있는가?

① 기구수와 관계없다.
② 기구수가 증가하면 커진다.
③ 기구수가 증가하면 작아진다.
④ 기구수가 증가하면 처음에는 커지다가 작아진다.

해설
[위생기구의 동시 사용률]
기구 수가 많아질수록 각 기구의 동시 사용 가능성은 낮아져, 전체 동시사용률은 감소한다.

29 다음 중 위생설비를 유니트화하여 얻는 이점과 가장 관계가 먼 것은?

① 공기의 단축
② 품질의 향상
③ 공장 작업의 최소화
④ 현장 작업의 안정성 향상

해설
[위생설비를 유니트화하여 얻는 이점]
③ 유니트화는 오히려 공장 작업을 최대화하고 현장 작업을 최소화하는 방식이다.

30 원심식 펌프로 회전차 주위에 디퓨저인 안내 날개를 가지고 있는 펌프는?

① 터빈펌프
② 기어펌프
③ 피스톤펌프
④ 볼류트펌프

해설
[원심펌프의 종류 및 특성]

구분	안내날개	유량	양정
볼류트펌프	없음	대유량	저양정
터빈펌프	있음	소유량	고양정

31 습공기의 건구온도와 습구온도를 알 경우 습공기선도상에서 파악할 수 없는 것은?

① 비체적
② 노점온도
③ 열수분비
④ 수증기분압

해설
[습공기선도상에서 파악할 수 없는 것]
열수분비(u)는 선도에서 바로 읽는 값이 아니며, 공기 상태 변화에 따른 엔탈피 변화량과 수분변화량의 계산이 필요하다.

정답 28 ③ 29 ③ 30 ① 31 ③

32 펌프의 운전점 결정방법으로 옳은 것은?

① 펌프의 정양정이 최소가 되는 점으로 결정된다.
② 펌프의 양정곡선이 교점으로 결정된다.
③ 펌프의 축동력곡선과 효율곡선의 교점으로 결정된다.
④ 펌프의 양정곡선과 배관의 저항곡선의 교점으로 결정된다.

해설

[펌프의 운전점 결정방법]
펌프 운전점은 펌프의 양정곡선과 배관 저항곡선의 교점에서 가장 합리적이다.

33 다음의 송풍기 풍량제어방법 중 축동력이 가장 많이 소요되는 것은?

① 회전수제어
② 흡입베인제어
③ 흡입댐퍼제어
④ 토출댐퍼제어

해설

[송풍기 풍량제어방법]
• 토출댐퍼제어 > 흡입댐퍼제어 > 흡입베인제어 > 회전수제어
• 회전수제어가 가장 경제적, 토출댐퍼제어가 가장 비경제적

34 다음 중 다단펌프를 사용하는 가장 주된 목적은?

① 흡입양정이 큰 경우
② 토출량을 줄이기 위한 경우
③ 높은 토출양정이 필요한 경우
④ 수중에 펌프를 설치하는 경우

해설

[다단펌프를 사용하는 목적]
다단펌프(Multi-stage Pump)는 임펠러를 직렬로 여러 개 배치하여 각 단에서 발생한 압력을 합산하므로, 높은 양정(Head)을 얻는 데 유리하다.

35 유체의 흐름이 밸브의 아래에서 위로 흐르며 유량조절용으로 사용되는 밸브는?

① 볼밸브　　　② 체크밸브
③ 게이트밸브　④ 글로브밸브

해설

[유량조절용 밸브]
• 글로브밸브 : 유량조절용
• 게이트밸브 : On/Off용

정답 ● 32 ④　33 ④　34 ③　35 ④

36 공기의 가습에 관한 설명으로 옳은 것은?

① 온수를 분사하면 공기온도는 올라간다.
② 스팀을 계속 분사하면 상대습도가 100 %를 초과하게 된다.
③ 초음파 가습기로 분무할 경우 공기온도는 변화하지 않는다.
④ 공기온도와 같은 순환수로 가습할 경우 공기의 엔탈피 변화는 거의 없다.

해설

[공기의 가습]
① 온수를 분사하더라도 잠열이 더 크기 때문에 공기온도는 내려간다.
② 스팀을 계속 분사하더라도 상대습도가 100 %를 초과할 수 없다. 과포화 상태가 지속될 수 없다.
③ 초음파 가습기로 분무할 경우 공기온도는 떨어진다. 공기온도와 같은 순환수로 가습할 경우(단열 순환수 분무 - 외기 도입이 없는 경우) 공기의 엔탈피 변화는 거의 없다.

37 공기조화방식 중 유인유닛방식에 관한 설명으로 옳지 않은 것은?

① 각 유닛마다 수배관을 해야 하므로 누수의 우려가 있다.
② 고속덕트를 사용하므로 덕트 스페이스를 작게 할 수 있다.
③ 각 유닛마다 제어가 가능하므로 개별 실제어가 가능하다.
④ 중앙공조기는 1차, 2차 공기를 처리해야 하므로 규모가 커야 한다.

해설

[유인유닛방식]
유인유닛방식에서 중앙공조기는 1차 공기만 처리하고 유닛에서 2차 공기를 처리하므로 상대적으로 중앙공조기의 규모가 작다.

38 축열시스템에 관한 설명으로 옳지 않은 것은?

① 심야전력의 이용이 가능하다.
② 냉동기의 용량을 감소시킬 수 있다.
③ 호텔의 공공부분과 같이 간헐운전이 심한 경우에는 적용할 수 없다.
④ 빙축열시스템은 냉각을 위한 냉동기, 축열을 위한 빙축열조, 외부와의 열교환을 위한 열교환기 등으로 구성된다.

해설

[축열시스템]
축열시스템은 야간의 심야전력을 이용하며, 보조적 역할로 간헐운전이 심한 경우에 적합하다.

정답 36 ④ 37 ④ 38 ③

39 천장 취출구에서 하향 취출을 하는 경우의 확산반경에 관한 설명으로 옳지 않은 것은?

① 거주영역에 최대 확산반경이 미치지 않는 영역이 없도록 취출구를 배치한다.
② 최소 확산반경 내에 보나 벽 등의 장애물이 있으면 드리프트(Drift)가 발생하지 않는다.
③ 최소 확산반경 내에 인접한 취출구의 최소 확산반경이 겹치면 편류현상이 발생할 수 있다.
④ 거주영역에서 평균풍속이 0.125 ~ 0.25 m/s로 되는 최대 단면적의 반경을 최소 확산반경이라 한다.

해설

[드리프트(drift, 편류)]
② 최소 확산반경 내에 보·벽·조명 등 장애물이 있으면 제트가 굴절되어 드리프트(Drift, 편류)가 발생한다.

보충 드리프트(편류) : 제트가 장애물·벽면 영향으로 방향이 치우치는 현상

40 다음과 같은 조건에 있는 냉각수 배관계통에서 냉각수펌프의 전양정(mAq)은 (단, 1 mAq = 10 kPa)?

[조건]
• 배관계통 마찰저항 : 10.4 mAq
• 냉동기 응축기 저항 : 8 mAq
• 냉각탑 살수압력 : 40 kPa

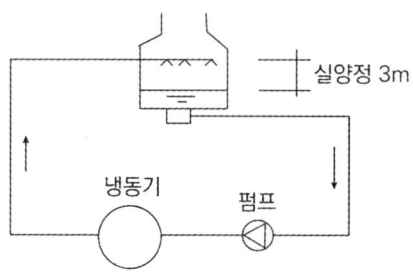

① 21.8　② 22.4
③ 25.4　④ 61.4

해설

[냉각수펌프의 전양정]
• 전양정 H = 실양정 + 배관 및 부속마찰손실 + 부속기기저항 + 살수압력
• H = 3 + 10.4 + 8 + (40/10) = 25.4

정답 39 ② 40 ③

3과목: 전기설비 및 소방시설 일반

41 다음 설명에 알맞은 광원의 종류는?

> - 점등장치를 필요로 하며, 광질이 좋고 고효율로서 경제적이며 취급도 쉬워 현재 일반 조명광원의 주류를 이루고 있다.
> - 옥내외 전반조명, 국부조명에 적합하다.

① 형광램프
② 블랙라이트램프
③ 저압나트륨램프
④ 고압나트륨램프

해설

[광원]
- 블랙라이트램프 : 자외선 계열
- 저압나트륨램프 : 연색성이 나쁨
- 고압나트륨램프 : 연색성이 다소 개선

42 수전방식 중 스폿 네트워크방식의 특징으로 옳지 않은 것은?

① 저가의 시설
② 무정전 공급이 가능
③ 전압 변동률이 감소
④ 부하 증가에 대한 적응성 향상

해설

[스폿 네트워크방식]
두 대 이상의 변압기를 병렬로 연결하여 하나의 부하에 전력 공급
여러 변압기와 보호장치가 필요하므로 설비비가 높음

43 변압기의 병렬운전조건으로 옳지 않은 것은?

① 권선비가 같을 것
② 1차, 2차 정격전압 및 극성이 같을 것
③ 3상에서는 상회전 방향 및 위상 변위가 같을 것
④ 순환전류와 부하 전류치의 합이 정격부하의 110 %를 넘을 것

해설

[변압기 병렬운전]
두 대 이상의 변압기를 병렬로 연결하여 하나의 부하에 전력 공급
순환전류와 부하 전류치의 합이 정격부하를 넘으면 과부하와 고장의 원인이므로 넘지 않을 것

44 접지의 종류 중 기능상 목적이 같은 접지들끼리 전기적으로 연결한 접지는?

① 개별접지
② 공통접지
③ 독립접지
④ 종별접지

정답 41 ① 42 ① 43 ④ 44 ②

해설

[접지]
- 개별접지 : 각 설비별로 별도 독립된 접지극 설치
- 독립접지 : 다른 접지와 완전 분리된 접지
- 종별접지 : 기기나 목적에 따라 분류하여 따로 접지

45 콘센트아웃렛에 관한 설명으로 옳지 않은 것은?

① 일반용의 콘센트아웃렛은 15 A 정격을 사용한다.
② 물 사용 장소에서는 일반적으로 바닥에 설치한다.
③ 벽에 설치하는 경우 일반적으로 바닥 위 30 cm 정도의 높이에 설치한다.
④ 전원이 빠지면 중대한 문제가 발생하는 경우는 걸림형 콘센트아웃렛을 사용한다.

해설

[콘센트아웃렛]
습기가 많은 장소에는 바닥에 설치하지 않으며 방수형 콘센트를 설치할 것

46 다음 중 피드백 제어방식의 제어동작에 의한 분류에 속하지 않는 것은?

① 비례동작 ② 적분동작
③ 정치동작 ④ 다위치동작

해설

[제어]

구분		내용
불연속 제어	ON-OFF 제어	단속적 제어동작
	샘플링 (Sampling)	전압, 전류, 위상을 제어
연속 제어	비례제어 (P제어)	잔류 편차(Off Set) 발생
	적분제어 (I제어)	• 잔류 편차(Off Set) 개선 • 시간지연(속응성) 발생
	미분제어 (D제어)	• 시간지연 개선, 잔류 편차(Off Set) 존재, 오차 방지 • 진동방지, 오버슈트가 커진다.
	비례적분 제어 (PI제어)	• 잔류 편차는 제거되지만 시간지연이 길다. • 간헐현상 존재, 지상보상 요소에 대응한다.
	비례미분 제어 (PD제어)	• 시간지연(응답속응성)을 개선, 잔류 편차는 있다.
	비례미분 적분제어 (PID제어)	시간지연도 향상시키고 잔류 편차도 제거한 제어계로 가장 안정적인 제어계

정답 45 ② 46 ③

47 전압과 전류의 위상차 θ가 있는 경우, 교류 전력 중 유효전력을 나타낸 것은?

① VI [W] ② VI [VA]
③ VIcosθ [W] ④ VIsinθ [VAR]

해설

[전력]
1) 유효전력(P) : 단위[W, kW]
   (1) 부하에서 유효하게 사용되는 전력
   (2) 저항에 의해 소비되는 전력
   $P = P_a \cos\theta = VI\cos\theta = I^2R = I^2Z\cos\theta$
2) 무효전력(Pr) : 단위[Var, kVar]
   (1) 실제부하에 사용되지 않는 전력
   (2) 리액턴스에 의해 소비되는 전력
   $P_r = P_a \sin\theta = VI\sin\theta = I^2X = I^2Z\sin\theta$
3) 피상전력(Pa) : 단위[VA, kVA]
   (1) 전원에 공급되는 전력
   (2) 임피던스에 의해 소비되는 전력
   $P_a = VI = I^2Z = \dfrac{V^2}{Z} = \dfrac{P}{\cos\theta}$

48 전선에 흐르는 전류가 누설되지 않으려면 다음 중 어떤 값이 커야 되는가?

① 도체저항 ② 접촉저항
③ 접지저항 ④ 절연저항

해설

[저항]
- 도체저항 : 전선도체 자체가 가지는 저항
- 접촉저항 : 전기접점 사이 발생하는 저항
- 접지저항 : 접지선과 대지 사이의 저항
- 절연저항 : 절연물이 가지는 전기 저항

49 반경 10 cm, 권수 100회인 원형코일의 중심에서의 자계의 세기가 200 AT/m 이었다. 이때 코일에 흐른 전류는?

① 0.4 A ② 0.8 A
③ 0.4π A ④ 0.8π A

해설

[코일에 흐르는 전류 계산]
$H = \dfrac{NI}{2R}$
$I = \dfrac{H \times 2 \times R}{N} = \dfrac{200 \times 2 \times 0.1}{100} = 0.4\,A$

50 다음 중 시퀀스제어의 적용이 가장 곤란한 것은?

① 팬의 기동/정지
② 엘리베이터의 기동/정지
③ 공기조화기의 경보시스템
④ 부스터 펌프의 압력제어

해설

[부스터 펌프]
부스터 펌프는 연속적인 제어이므로 시퀀스제어의 적용이 곤란

51 조명설비에서 광원에 의해 비춰진 면의 밝기 정도를 나타내는 용어는?

① 조도 ② 광도
③ 휘도 ④ 광속

정답 ● 47 ③ 48 ④ 49 ① 50 ④ 51 ①

> 해설

[조명설비]
(1) 조명의 정의 : 발산되는 빛의 양(광속), 빛의 세기(광도), 밝기(조도), 표면의 밝기(휘도)
(2) 광원의 종류 : 형광등(F), 수은등(H), 나트륨등(N), 메탈 헬라이드등(M)

52 다음 중 1암페어를 바르게 정의한 것은?

① 1초당 6.24×10^6개의 자유전자의 이동
② 1초당 6.24×10^9의 자유전자의 이동
③ 1초당 6.24×10^{12}개의 자유전자의 이동
④ 1초당 6.24×10^{18}개의 자유전자의 이동

> 해설

[1 A]
1초당 6.24×10^{18}개의 자유전자의 이동

53 3.3 kΩ과 4.7 kΩ저항을 직렬로 연결하였을 경우 합성저항은?

① 1.9 kΩ ② 3.3 kΩ
③ 4.7 kΩ ④ 8 kΩ

> 해설

[합성저항]
저항을 직렬로 연결한 경우의 합성저항은 R1과 R2의 합이다.
따라서 3.3 + 4.7 = 8

54 유접점 시퀀스제어회로에서 접점의 개폐를 만드는 소자가 아닌 것은?

① 스위치   ② 타이머
③ 릴레이   ④ 다이오드

> 해설

[다이오드]
전류의 방향을 한 방향으로만 흐르게 하는 반도체 소자

55 단권 변압기에서 1차 권선의 수가 100회, 공통 코일(2차 코일) 권수가 60회일 때 2차 측 전압은 얼마인가? (단, 1차 측 전압은 100 V이다)

① 40 V   ② 60 V
③ 100 V   ④ 160 V

> 해설

[변압기]
$$\frac{N_2}{N_1} = \frac{V_2}{V_1}$$
$$\frac{60}{100} = \frac{V_2}{100}$$
∴ $V_2 = 60\ V$

정답 ● 52 ④ 53 ④ 54 ④ 55 ②

56 다음의 옥외소화전설비의 배관 등에 관한 설명 중 ( ) 안에 알맞은 것은?

> 호스접결구는 지면으로부터 높이가 0.5 m 이상 1 m 이하의 위치에 설치하고 특정소방대상물의 각 부분으로부터 하나의 호스접결구까지의 수평거리가 최대 ( ) 이하가 되도록 설치하여야 한다.

① 15 m ② 30 m
③ 40 m ④ 50 m

해설

[옥외소화전설비]
(1) 호스접결구 : 지면으로부터 높이가 0.5 m 이상, 1 m 이하의 위치
(2) 수평거리 : 대상물의 각 부분으로부터 하나의 호스접결구까지 40 m 이하
(3) 옥외소화전함의 호스와 노즐

호스의 구경	65 mm
노즐의 구경	19 mm

57 평형 3상 교류에서 각 상 간의 위상차는?

① 60° ② 90°
③ 120° ④ 180°

해설

[위상차]
3상 교류에서 각 상 간의 위상차는 사인파 360°을 3으로 나눈 = 120°

58 교류전압 파형을 관찰할 수 있는 계측기는?

① 전압계 ② 전류계
③ 주파수계 ④ 오실로스코프

해설

[오실로스코프]
교류전압의 형태(사인파, 구형파 등)를 시각적으로 관찰할 수 있는 계측기

59 다음 그림에서 합성 정전용량은?

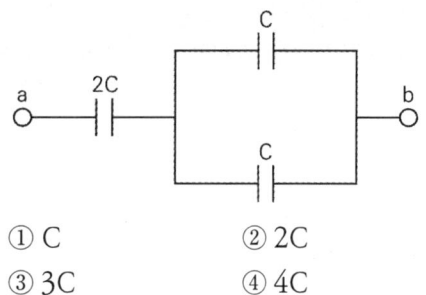

① C ② 2C
③ 3C ④ 4C

해설

[합성 정전용량]
병렬 C = C + C = 2C

직렬 C = $\dfrac{1}{\dfrac{1}{2C}+\dfrac{1}{2C}} = C$

정답 56 ③ 57 ③ 58 ④ 59 ①

60 소화기구의 능력단위에 관한 설명으로 옳지 않은 것은?

① 소형소화기의 능력단위는 1단위 이하이다.
② 대형소화기의 능력단위는 A급 10단위 이상이다.
③ 대형소화기의 능력단위는 B급 20단위 이상이다.
④ 소화약제 외의 것을 이용한 간이소화용구의 능력단위는 0.5단위이다.

해설

[소화기]
물이나 소화약제를 압력에 의하여 방사하는 기구로서 사람이 조작하여 소화하는 것(소화약제에 의한 간이소화용구를 제외)으로 다음의 소화기를 말한다.

종류	기준
소형소화기	능력단위가 1단위 이상이고 대형소화기의 능력단위 미만인 소화기
대형소화기	화재 시 사람이 운반할 수 있도록 운반대와 바퀴가 설치되어 있고 능력단위가 A급 10단위 이상, B급 20단위 이상인 소화기

4과목 건축설비 관련법규

61 다음은 건축법령상 건축신고와 관련된 기준 내용이다. ( ) 안에 속하지 않는 것은?

> 허가 대상 건축물이라 하더라도 바닥면적의 합계가 85 m² 이내의 (   )의 경우에는 미리 특별자치시장·특별자치도지사 또는 시장·군수·구청장에게 신고를 하면 건축허가를 받은 것으로 본다.

① 신축　　　　② 증축
③ 개축　　　　④ 재축

해설

[건축신고]
[건축법] 제14조(건축신고)
① 제11조에 해당하는 허가 대상 건축물이라 하더라도 다음 각 호의 어느 하나에 해당하는 경우에는 미리 특별자치시장·특별자치도지사 또는 시장·군수·구청장에게 국토교통부령으로 정하는 바에 따라 신고를 하면 건축허가를 받은 것으로 본다.

1. 바닥면적의 합계가 <u>85제곱미터 이내의 증축</u>·<u>개축</u> 또는 <u>재축</u>. 다만 3층 이상 건축물인 경우에는 증축·개축 또는 재축하려는 부분의 바닥면적의 합계가 건축물 연면적의 10분의 1 이내인 경우로 한정한다.
2. 「국토의 계획 및 이용에 관한 법률」에 따른 관리지역, 농림지역 또는 자연환경보전지역에서 연면적이 200제곱미터 미만이고 3층 미만인 건축물의 건축. 다만 다음 각 목의 어느 하나에 해당하는 구역에서의 건축은 제외한다.

정답 60 ① 61 ①

가. 지구단위계획구역
나. 방재지구 등 재해취약지역으로서 대통령령으로 정하는 구역
3. 연면적이 200제곱미터 미만이고 3층 미만인 건축물의 대수선
4. 주요구조부의 해체가 없는 등 대통령령으로 정하는 대수선
5. 그 밖에 소규모 건축물로서 대통령령으로 정하는 건축물의 건축

62 각 층의 거실면적의 합계가 1000 m²로 동일한 15층의 문화 및 집회시설 중 공연장에 설치하여야 하는 승용 승강기의 최소 대수는? (단, 15인승 승강기의 경우)

① 4대 ② 5대
③ 6대 ④ 7대

해설

[승용 승강기의 최소 대수]
[건축물의 설비기준 등에 관한 규칙]
별표 1의2(승용 승강기의 설치기준)

건축물의 용도 \ 6층 이상의 거실 면적의 합계	3천 제곱미터 이하	3천 제곱미터 초과
1. 가. 문화 및 집회시설(공연장·집회장 및 관람장만 해당한다) 나. 판매시설 다. 의료시설	2대	2대에 3천 제곱미터를 초과하는 2천 제곱미터 이내마다 1대를 더한 대수
2. 가. 문화 및 집회시설(전시장 및 동·식물원만 해당한다) 나. 업무시설 다. 숙박시설 라. 위락시설	1대	1대에 3천 제곱미터를 초과하는 2천 제곱미터 이내마다 1대를 더한 대수
3. 가. 공동주택 나. 교육연구시설 다. 노유자시설 라. 그 밖의 시설	1대	1대에 3천 제곱미터를 초과하는 3천 제곱미터 이내마다 1대를 더한 대수

위 표에 따라 승강기의 대수를 계산할 때 8인승 이상 15인승 이하의 승강기는 1대의 승강기로 보고, 16인승 이상의 승강기는 2대의 승강기로 본다.

- 6층 이상 거실면적 = 1000 × 10 = 10000 m²
- 3000 m²까지 기본 2대
- 초과 2000 m²마다 1대 : 7000 ÷ 2000 = 3.5
  ∴ 4대
- 총 6대(15인승 이하)

63 다음 중 축냉식 전기냉방설비의 설계기준 내용으로 옳지 않은 것은?

① 열교환기는 시간당 평균냉방열량을 처리할 수 있는 용량 이하로 설치하여야 한다.
② 자동제어설비는 필요한 경우 수동조작이 가능하도록 하여야 하며 감시기능 등을 갖추어야 한다.
③ 축열조는 축냉 및 냉방운전을 반복적으로 수행하는 데 적합한 재질의 축냉재를 사용하여야 한다.
④ 부분축냉방식의 경우에는 냉동기가 축냉운전 또는 냉동기와 축열조의 동시운전이 반복적으로 수행하는 데 아무런 지장이 없어야 한다.

해설

[축냉식 전기냉방설비]
[건축물의 냉방설비에 대한 설치 및 설계기준]
별표 1 : 축냉식 전기냉방설비의 설계기준

구분	설계기준
가. 냉동기	① 냉동기는 "고압가스 안전관리법 시행규칙" 제8조 별표 7의 규정에 따른 "냉동제조의 시설기준 및 기술기준"에 적합하여야 한다. ② 냉동기의 용량은 제4조에 근거하여 결정한다. ③ <u>부분축냉방식의 경우에는 냉동기가 축냉운전과 방냉운전 또는 냉동기와 축열조의 동시운전이 반복적으로 수행하는 데 아무런 지장이 없어야 한다.</u>
나. 축열조	① 축열조는 축냉 및 방냉운전을 반복적으로 수행하는 데 적합한 재질의 축냉재를 사용해야 하며, 내부청소가 용이하고 부식되지 않는 재질을 사용하거나 방청 및 방식처리를 하여야 한다. ② 축열조의 용량은 제5조에 근거하여 결정한다. ③ 축열조는 내부 또는 외부의 응력에 충분히 견딜 수 있는 구조이어야 한다. ④ 축열조를 여러 개로 조립하여 설치하는 경우에는 관리 또는 운전이 용이하도록 설계하여야 한다. ⑤ <u>축열조는 보온을 철저히 하여 열손실과 결로를 방지해야 하며, 맨홀 등 점검을 위한 부분은 해체와 조립이 용이하도록 하여야 한다.</u>
다. 열교환기	① <u>열교환기는 시간당 최대냉방열량을 처리할 수 있는 용량 이상으로 설치하여야 한다.</u> ② 열교환기는 보온을 철저히 하여 열손실과 결로를 방지하여야 하며, 점검을 위한 부분은 해체와 조립이 용이하도록 하여야 한다.
라. 자동제어설비	자동제어설비는 축냉운전, 방냉운전 또는 냉동기와 축열조를 동시에 이용하여 냉방운전이 가능한 기능을 갖추어야 하고, 필요할 경우 수동조작이 가능하도록 하여야 하며 감시기능 등을 갖추어야 한다.

64 헬리포트의 설치에 관한 기준 내용으로 옳은 것은?

① 헬리포트의 길이와 너비는 각각 9 m 이상으로 한다.
② 헬리포트의 중앙부분에는 지름 6 m 의 "ⓗ" 표지를 황색으로 한다.
③ 헬리포트의 주위한계선은 백색으로 하되, 그 선의 너비는 38 cm로 한다.
④ 헬리포트의 중심으로부터 반경 15 m 이내에는 이·착륙에 장애가 되는 건축물 등을 설치하지 아니한다.

해설

[헬리포트]
[건축물의 피난·방화구조 등의 기준에 관한 규칙]
제13조(헬리포트 및 구조공간설치 기준)
① 영 제40조 제4항 제1호에 따라 건축물에 설치하는 헬리포트는 다음 각 호의 기준에 적합해야 한다.
  1. 헬리포트의 길이와 너비는 각각 22미터 이상으로 할 것. 다만 건축물의 옥상바닥의 길이와 너비가 각각 22미터 이하인 경우에는 헬리포트의 길이와 너비를 각각 15미터까지 감축할 수 있다.
  2. 헬리포트의 중심으로부터 반경 12미터 이내에는 헬리콥터의 이·착륙에 장애가 되는 건축물, 공작물, 조경시설 또는 난간 등을 설치하지 아니할 것
  3. 헬리포트의 주위한계선은 백색으로 하되, 그 선의 너비는 38센티미터로 할 것
  4. 헬리포트의 중앙부분에는 지름 8미터의 "ⓗ" 표지를 백색으로 하되, "H"표지의 선의 너비는 38센티미터로, "○"표지의 선의 너비는 60센티미터로 할 것

5. 헬리포트로 통하는 출입문에 영 제40조 제3항 각 호 외의 부분에 따른 비상문자동개폐장치(이하 "비상문자동개폐장치"라 한다)를 설치할 것

65 건축물에 설치하는 복도의 유효너비 기준이 옳지 않은 것은? (단, 연면적 200 m²를 초과하는 건축물이며, 양옆에 거실이 있는 복도의 경우)

① 초등학교 - 1.8 m 이상
② 오피스텔 - 1.8 m 이상
③ 공동주택 - 1.8 m 이상
④ 고등학교 - 2.4 m 이상

해설

[복도의 유효너비]
[건축물의 피난·방화구조 등의 기준에 관한 규칙]
제15조의2(복도의 너비 및 설치기준)

구분	양옆에 거실이 있는 복도	기타의 복도
유치원·초등학교 중학교·고등학교	2.4미터 이상	1.8미터 이상
공동주택·오피스텔	1.8미터 이상	1.2미터 이상
당해 층 거실의 바닥면적 합계가 200제곱미터 이상인 경우	1.5미터 이상 (의료시설의 복도 1.8미터 이상)	1.2미터 이상

정답 • 64 ③ 65 ①

66 용도변경과 관련된 시설군 중 영업시설군에 속하지 않는 것은?

① 판매시설 ② 운동시설
③ 숙박시설 ④ 교육연구시설

해설

[영업시설군]
[건축법 시행령] 제14조(용도변경)
5. 영업시설군
　가. 판매시설
　나. 운동시설
　다. 숙박시설
　라. 제2종 근린생활시설 중 다중생활시설

67 세대수가 4세대인 주거용 건축물의 급수관 지름의 최소 기준은? (단, 가압설비 등을 설치하지 않은 경우)

① 20 mm ② 25 mm
③ 32 mm ④ 40 mm

해설

[급수관 최소 지름]
[건축물의 설비기준 등에 관한 규칙]
별표 3 : 주거용 건축물 급수관의 지름

가구 또는 세대수	1	2~3	4~5	6~8	9~16	17 이상
급수관 지름의 최소기준 (밀리미터)	15	20	25	32	40	50

68 건축물의 에너지 절약설계기준상 단열계획에 대한 건축부분의 권장사항으로 옳지 않은 것은?

① 외벽 부위는 내단열로 시공한다.
② 외피의 모서리 부분은 열교가 발생하지 않도록 단열재를 연속적으로 설치한다.
③ 건물의 창 및 문은 가능한 작게 설계하고, 특히 열손실이 많은 북측 거실의 창 및 문의 면적은 최소화한다.
④ 태양열 유입에 의한 냉·난방부하를 저감할 수 있도록 일사조절장치, 태양열투과율, 창 및 문의 면적비 등을 고려한 설계를 한다.

해설

[권장사항]
[건축물 에너지절약설계기준]
제7조(건축부문의 권장사항)
에너지절약계획서 제출대상 건축물의 건축주와 설계자 등은 다음 각 호에서 정하는 사항을 제15조의 규정에 적합하도록 선택적으로 채택할 수 있다.
3. 단열계획
　가. 건축물 용도 및 규모를 고려하여 건축물 외벽, 천장 및 바닥으로의 열손실이 최소화되도록 설계한다.
　나. 외벽 부위는 외단열로 시공한다.
　다. 외피의 모서리 부분은 열교가 발생하지 않도록 단열재를 연속적으로 설치하고, 기타 열교부위는 별표 11의 외피 열교부위별 선형 열관류율 기준에 따라 충분히 단열되도록 한다.
　라. 건물의 창 및 문은 가능한 작게 설계하고, 특히 열손실이 많은 북측 거실의 창 및 문의 면적은 최소화한다.

정답 ▶ 66 ④ 67 ② 68 ①

마. 발코니 확장을 하는 공동주택이나 창 및 문의 면적이 큰 건물에는 단열성이 우수한 로이(Low - E) 복층창이나 삼중창 이상의 단열성능을 갖는 창을 설치한다.
바. 태양열 유입에 의한 냉·난방부하를 저감 할 수 있도록 일사조절장치, 태양열취득률(SHGC), 창 및 문의 면적비 등을 고려한 설계를 한다. 건축물 외부에 일사조절장치를 설치하는 경우에는 비, 바람, 눈, 고드름 등의 낙하 및 화재 등의 사고에 대비하여 안전성을 검토하고 주변 건축물에 빛 반사에 의한 피해 영향을 고려하여야 한다.
사. 건물 옥상에는 조경을 하여 최상층 지붕의 열저항을 높이고, 옥상면에 직접 도달하는 일사를 차단하여 냉방부하를 감소시킨다.

69 지하층의 비상탈출구에 관한 기준 내용으로 옳지 않은 것은?

① 비상탈출구의 문은 피난방향으로 열리도록 할 것
② 비상탈출구는 출입구로부터 3 m 이상 떨어진 곳에 설치할 것
③ 비상탈출구의 유효너비는 0.75 m 이상으로 하고, 유효높이는 1.5 m 이상으로 할 것
④ 비상탈출구에서 피난층 또는 지상으로 통하는 복도나 직통계단까지 이르는 피난통로의 유효 너비는 0.65 m 이상으로 할 것

해설

[지하층 비상탈출구]
[건축물의 피난·방화구조등의 기준에 관한 규칙]
제25조(지하층의 구조)
② 제1항 제1호에 따른 지하층의 비상탈출구는 다음 각 호의 기준에 적합하여야 한다. 다만 주택의 경우에는 그러하지 아니하다.
1. <u>비상탈출구의 유효너비는 0.75미터 이상으로 하고, 유효높이는 1.5미터 이상으로 할 것</u>
2. <u>비상탈출구의 문은 피난방향으로 열리도록 하고</u>, 실내에서 항상 열 수 있는 구조로 하여야 하며, 내부 및 외부에는 비상탈출구의 표시를 할 것
3. <u>비상탈출구는 출입구로부터 3미터 이상 떨어진 곳에 설치할 것</u>
4. 지하층의 바닥으로부터 비상탈출구의 아랫부분까지의 높이가 1.2미터 이상이 되는 경우에는 벽체에 발판의 너비가 20센티미터 이상인 사다리를 설치할 것
5. 비상탈출구는 피난층 또는 지상으로 통하는 복도나 직통계단에 직접 접하거나 통로 등으로 연결될 수 있도록 설치하여야 하며, <u>피난층 또는 지상으로 통하는 복도나 직통계단까지 이르는 피난통로의 유효너비는 0.75미터 이상으로 하고</u>, 피난통로의 실내에 접하는 부분의 마감과 그 바탕은 불연재료로 할 것
6. 비상탈출구의 진입부분 및 피난통로에는 통행에 지장이 있는 물건을 방치하거나 시설물을 설치하지 아니할 것
7. 비상탈출구의 유도등과 피난통로의 비상조명등의 설치는 소방법령이 정하는 바에 의할 것

정답 69 ④

70 다음은 스프링클러 설비를 설치하여야 하는 특정 소방대상물에 관한 기준 내용이다. ( ) 안에 알맞은 것은?

> 판매시설로서 바닥면적의 합계가 (㉠) 이상이거나 수용인원이 (㉡) 이상인 경우에는 모든 층

① ㉠ 5000 m², ㉡ 300명
② ㉠ 5000 m², ㉡ 500명
③ ㉠ 10000 m², ㉡ 300명
④ ㉠ 10000 m², ㉡ 500명

해설

[소방설비시설]
[소방시설설치 및 관리에 관한 법률 시행령]
별표 4 : 특정소방대상물의 관계인이 특정소방대상물에 설치·관리해야 하는 소방시설의 종류
1. 소화설비
　라. 스프링클러설비를 설치해야 하는 특정소방대상물(위험물 저장 및 처리 시설 중 가스시설 및 지하구는 제외한다)은 다음의 어느 하나에 해당하는 것으로 한다.
　　4) 판매시설, 운수시설 및 창고시설(물류터미널로 한정한다)로서 바닥면적의 합계가 5천 m² 이상이거나 수용인원이 500명 이상인 경우에는 모든 층

71 다음의 소방시설 중 경보설비에 속하지 않는 것은?

① 비상방송설비
② 자동화재속보설비
③ 자동화재탐지설비
④ 무선통신보조설비

해설

[경보설비]
[소방시설설치 및 관리에 관한 법률 시행령]
별표 1 : 소방시설
2. 경보설비 : 화재발생 사실을 통보하는 기계·기구 또는 설비로서 다음 각 목의 것
　가. 단독경보형 감지기
　나. 비상경보설비
　　1) 비상벨설비
　　2) 자동식 사이렌설비
　다. 자동화재탐지설비
　라. 시각경보기
　마. 화재알림설비
　바. 비상방송설비
　사. 자동화재속보설비
　아. 통합감시시설
　자. 누전경보기
　차. 가스누설경보기
※ 무선통신보조설비는 소방대가 사용하는 소방활동설비이다.

72 자동화재탐지설비를 설치하여야 하는 특정 소방대상물에 속하지 않는 것은?

① 장례시설로서 연면적 600 m²인 것
② 숙박시설로서 연면적 600 m²인 것
③ 위락시설로서 연면적 600 m²인 것
④ 판매시설로서 연면적 600 m²인 것

해설

[특정소방대상물]
[소방시설설치 및 관리에 관한 법률 시행령]
별표 4 : 특정소방대상물의 관계인이 특정소방대상물에 설치·관리해야 하는 소방시설의 종류
다. 자동화재탐지설비를 설치해야 하는 특정소방대상물은 다음의 어느 하나에 해당하는 것으로 한다.
 1) 공동주택 중 아파트등·기숙사 및 숙박시설의 경우에는 모든 층
 2) 층수가 6층 이상인 건축물의 경우에는 모든 층
 3) 근린생활시설(목욕장은 제외한다), 의료시설(정신의료기관 및 요양병원은 제외한다), 위락시설, 장례시설 및 복합건축물로서 연면적 600 m² 이상인 경우에는 모든 층
 4) 근린생활시설 중 목욕장, 문화 및 집회시설, 종교시설, 판매시설, 운수시설, 운동시설, 업무시설, 공장, 창고시설, 위험물 저장 및 처리 시설, 항공기 및 자동차 관련 시설, 교정 및 군사시설 중 국방·군사시설, 방송통신시설, 발전시설, 관광휴게시설, 지하상가로서 연면적 1천 m² 이상인 경우에는 모든 층

73 공동주택에서 환기를 위하여 거실에 설치하는 창문 등의 면적은 그 거실의 바닥면적의 최소 얼마 이상이어야 하는가? (단, 기계환기장치 및 중앙관리방식의 공기 조화설비를 설치하지 않은 경우)

① 10분의 1 ② 20분의 1
③ 30분의 1 ④ 50분의 1

해설

[건축물피난방화구조기준]
제17조(채광 및 환기를 위한 창문등)
② 영 제51조의 규정에 의하여 환기를 위하여 거실에 설치하는 창문등의 면적은 그 거실의 바닥면적의 20분의 1 이상이어야 한다. 다만 기계환기장치 및 중앙관리방식의 공기조화설비를 설치하는 경우에는 그러하지 아니하다.

74 기계설비법의 목적으로 알맞지 않은 것은?

① 기계설비산업의 발전을 위한 기반을 조성하기 위하여
② 효율적인 유지관리를 위하여
③ 국가경제의 발전과는 관계없다.
④ 국민의 안전 및 공공복리 증진에 이바지하기 위하여

해설

[기계설비법의 목적]
[기계설비법] 제1조(목적)
이 법은 기계설비산업의 발전을 위한 기반을 조성하고 기계설비의 안전하고 효율적인 유지관리를 위하여 필요한 사항을 정함으로써 국가경제의 발전과 국민의 안전 및 공공복리 증진에 이바지함을 목적으로 한다.

정답 72 ④ 73 ② 74 ③

75 종교시설의 용도에 쓰이는 건축물의 집회실로서 그 바닥면적이 200 m² 이상인 경우 반자의 높이는 최소 얼마 이상으로 하여야 하는가? (단, 기계환기장치를 설치하지 않는 경우)

① 2.1 m ② 2.4 m
③ 3 m   ④ 4 m

해설

[반자높이]
[건축물의 피난·방화구조 등의 기준에 관한 규칙]
제16조(거실의 반자높이)
① 영 제50조의 규정에 의하여 설치하는 거실의 반자(반자가 없는 경우에는 보 또는 바로 윗층의 바닥판의 밑면 기타 이와 유사한 것을 말한다. 이하 같다)는 그 높이를 2.1미터 이상으로 하여야 한다.
② 문화 및 집회시설(전시장 및 동·식물원은 제외한다), 종교시설, 장례식장 또는 위락시설 중 유흥주점의 용도에 쓰이는 건축물의 관람실 또는 집회실로서 그 바닥면적이 200제곱미터 이상인 것의 반자의 높이는 제1항에도 불구하고 4미터(노대의 아랫부분의 높이는 2.7미터) 이상이어야 한다. 다만 기계환기장치를 설치하는 경우에는 그렇지 않다.

76 건축법령상 제1종 근린생활시설에 속하지 않는 것은?

① 미용원   ② 치과의원
③ 마을회관 ④ 일반음식점

해설

[제1종 근린생활시설]
[건축법 시행령] 별표 1 : 용도별 건축물의 종류
3. 제1종 근린생활시설
 다. 이용원, 미용원, 목욕장, 세탁소 등 사람의 위생관리나 의류 등을 세탁·수선하는 시설(세탁소의 경우 공장에 부설되는 것과 「대기환경보전법」, 「물환경보전법」 또는 「소음·진동관리법」에 따른 배출시설의 설치 허가 또는 신고의 대상인 것은 제외한다)
 라. 의원, 치과의원, 한의원, 침술원, 접골원(接骨院), 조산원, 안마원, 산후조리원 등 주민의 진료·치료 등을 위한 시설
 사. 마을회관, 마을공동작업소, 마을공동구판장, 공중화장실, 대피소, 지역아동센터(단독주택과 공동주택에 해당하는 것은 제외한다) 등 주민이 공동으로 이용하는 시설
※ 일반음식점은 제2종 근린생활시설이다.

정답 75 ④ 76 ④

77 건축법령상 다음과 같이 정의되는 용어는?

> 건축물의 내부와 외부를 연결하는 완충공간으로서 전망이나 휴식 등의 목적으로 건축물 외벽에 접하여 부가적으로 설치되는 공간

① 노대 ② 차양
③ 테라스 ④ 발코니

해설

[정의 - 발코니]
[건축법 시행령] 제2조(정의)
14. "발코니"란 건축물의 내부와 외부를 연결하는 완충공간으로서 전망이나 휴식 등의 목적으로 건축물 외벽에 접하여 부가적(附加的)으로 설치되는 공간을 말한다. 이 경우 주택에 설치되는 발코니로서 국토교통부장관이 정하는 기준에 적합한 발코니는 필요에 따라 거실·침실·창고 등의 용도로 사용할 수 있다.

78 건축물의 피난층 외의 층에서 피난 또는 지상으로 통하는 직통계단을 설치할 경우 거실의 각 부분으로부터 계단에 이르는 보행거리가 원칙적으로 최대 얼마 이하가 되도록 설치하여야 하는가? (단, 거실로부터 가장 가까운 거리에 있는 계단의 경우)

① 5 m   ② 10 m
③ 20 m ④ 30 m

해설

[직통계단의 설치]
[건축법 시행령] 제34조(직통계단의 설치)
① 건축물의 피난층(직접 지상으로 통하는 출입구가 있는 층 및 제3항과 제4항에 따른 피난안전구역을 말한다. 이하 같다) 외의 층에서는 피난층 또는 지상으로 통하는 직통계단(경사로를 포함한다. 이하 같다)을 거실의 각 부분으로부터 계단(거실로부터 가장 가까운 거리에 있는 1개소의 계단을 말한다)에 이르는 보행거리가 30미터 이하가 되도록 설치해야 한다. 다만 건축물(지하층에 설치하는 것으로서 바닥면적의 합계가 300제곱미터 이상인 공연장·집회장·관람장 및 전시장은 제외한다)의 주요구조부가 내화구조 또는 불연재료로 된 건축물은 그 보행거리가 50미터(층수가 16층 이상인 공동주택의 경우 16층 이상인 층에 대해서는 40미터) 이하가 되도록 설치할 수 있으며, 자동화 생산시설에 스프링클러 등 자동식 소화설비를 설치한 공장으로서 국토교통부령으로 정하는 공장인 경우에는 그 보행거리가 75미터(무인화 공장인 경우에는 100미터) 이하가 되도록 설치할 수 있다.

79 방염성능 기준 이상의 실내장식물 등을 설치하여야 하는 특정소방대상물에 속하지 않는 것은?

① 수영장
② 숙박시설
③ 의료시설 중 종합병원
④ 방송통신시설 중 방송국

정답 ● 77 ④ 78 ④ 79 ①

해설

[방염성능 기준]
[소방시설설치 및 관리에 관한 법률 시행령]
제30조(방염성능 기준 이상의 실내장식물 등을 설치해야 하는 특정소방대상물)
법 제20조 제1항에서 "대통령령으로 정하는 특정소방대상물"이란 다음 각 호의 것을 말한다.
1. 근린생활시설 중 의원, 치과의원, 한의원, 조산원, 산후조리원, 체력단련장, 공연장 및 종교집회장
2. 건축물의 옥내에 있는 다음 각 목의 시설
  가. 문화 및 집회시설
  나. 종교시설
  다. 운동시설(수영장은 제외한다)
3. 의료시설
4. 교육연구시설 중 합숙소
5. 노유자시설
6. 숙박이 가능한 수련시설
7. 숙박시설
8. 방송통신시설 중 방송국 및 촬영소
9. 「다중이용업소의 안전관리에 관한 특별법」 제2조 제1항 제1호에 따른 다중이용업의 영업소(이하 "다중이용업소"라 한다)
10. 제1호부터 제9호까지의 시설에 해당하지 않는 것으로서 층수가 11층 이상인 것(아파트등은 제외한다)

80 건축물에 급수·배수·환기·난방 등의 건축설비를 설하는 경우 건축기계설비기술사 또는 공조냉동기계기술사의 협력을 받아야 하는 대상 건축물에 속하지 않는 것은?

① 아파트
② 연립주택
③ 숙박시설로서 해당 용도에 사용되는 바닥면적의 합계가 2000 m²인 건축물
④ 판매시설로서 해당 용도에 사용되는 바닥면적의 합계가 2000 m²인 건축물

해설

[협력을 받아야 하는 건축물]
[건축물의 설비기준 등에 관한 규칙]
제2조(관계전문기술자의 협력을 받아야 하는 건축물)
1. 냉동냉장시설·항온항습시설 또는 특수청정시설로서 당해 용도에 사용되는 바닥면적의 합계가 5백 제곱미터 이상인 건축물
2. 아파트 및 연립주택
3. 바닥면적의 합계가 5백 제곱미터 이상
  가. 목욕장
  나. 물놀이형 시설(실내에 설치된 경우로 한정한다) 및 같은 호 다목에 따른 수영장(실내에 설치된 경우로 한정한다)
4. 바닥면적의 합계가 2천 제곱미터 이상
  가. 기숙사
  나. 의료시설
  다. 유스호스텔
  라. 숙박시설

정답 80 ④

5. 바닥면적의 합계가 <u>3천 제곱미터</u> 이상
   가. <u>판매시설</u>
   나. 연구소
   다. 업무시설
6. 바닥면적의 합계가 1만 제곱미터 이상
   가. 문화 및 집회시설
   나. 종교시설
   다. 교육연구시설(연구소는 제외한다)
   라. 장례식장

CBT 모의고사 제4회

1과목 건축설비계획

1회독 시간 : 점수 :
2회독 시간 : 점수 :
3회독 시간 : 점수 :

01 다음 중 열교(Thermal Bridge)현상에 관한 설명으로 옳지 않은 것은?

① 벽이나 바닥, 지붕 등의 건축물 부위에 단열이 연속되지 않는 부분이 있을 때 생긴다.
② 열교현상을 줄이기 위해서는 콘크리트 라멘조의 경우 가능한 한 내단열로 시공한다.
③ 열교현상이 발생하는 부위는 표면 온도가 낮아져서 결로가 쉽게 발생한다.
④ 열교현상이 발생하면 전체 단열성이 저하된다.

해설
[열교현상]
- 건축 부위 중에서 열전도율이 큰 부분을 통해 주위보다 집중적으로 열이 이동하는 현상으로 단열이 약하거나 끊긴 지점에서 열이 새어나가는 "열의 지름길(Bridge)"이 형성되는 것
- 내단열은 구조체(콘크리트)가 외기에 직접 노출되므로, 기둥·보와 벽체의 접합부에서 열교가 크게 발생한다.
- 발생하는 문제점
  (1) 열손실·에너지 낭비
  (2) 결로 발생 : 열교 부위의 표면 온도가 낮아져 공기 중 수증기가 응축됨
  (3) 곰팡이, 곰팡이로 인한 실내 공기질 악화
  (4) 거주자의 불쾌감, 유지관리 비용 증가

02 간접조명의 특징에 관한 설명으로 옳지 않은 것은?

① 조명효율이 좋다.
② 음영이 적다.
③ 음산한 감을 주기 쉽다.
④ 물건에 입체감을 주기 어렵다.

해설
[간접조명]
- 천장이나 벽 등 반사면을 이용해 빛을 확산시키는 방식
- 장점
  - 빛이 부드럽고 균일하게 분포되어 음영이 적음
  - 눈부심(Glare)이 거의 없음
  - 차분하고 편안한 분위기를 형성
- 단점
  - 반사 손실 때문에 조명효율은 낮음
  - 물체의 명암 대비가 약해져서 입체감 부족
  - 경우에 따라서는 음산한 느낌을 줄 수 있음

정답 01 ② 02 ①

03 상대습도 60 %인 습공기의 건구온도(a), 습구온도(b), 노점온도(c)의 크기 관계가 옳은 것은?

① a > b > c
② b > a > c
③ b > c > a
④ c > b > a

해설

[건구·습구·노점 온도]
- 건구온도(Dry-bulb) : 일반 온도계로 측정한 실제 기온
- 습구온도(Wet-bulb) : 기온에서 수분 증발로 인한 냉각 효과가 반영된 온도로 항상 건구온도보다 낮거나 같다.
- 노점온도(Dew-point) : 공기 중 수증기가 응축되기 시작하는 온도

04 다음 중 유효온도의 구성요소로 옳은 것은?

① 온도, 습도, 복사열
② 온도, 습도, 기류
③ 온도, 습도, 착의량
④ 온도, 기류, 복사열

해설

[유효온도]
- 실내 온도와 같은 온도를 주게 되는 정지 상태의 포화공기의 온도
- 유효온도 요소 : 기온, 기류, 습도

05 다음의 냉방부하 발생 요인 중 현열과 잠열 모두 갖는 것은?

① 인체발생열량
② 벽체로부터의 취득열량
③ 유리로부터의 취득열량
④ 덕트로부터의 취득열량

해설

[냉방부하 발생 요인]
- 인체는 대사작용에 의한 현열과 발한(땀 증발)에 의한 잠열을 동시에 발생한다.
- 태양복사와 외기 온도차로 인해 발생하는 전도열은 현열만 해당한다.

06 사무실에 시간당 9000 kJ의 열을 방출하는 복사기가 있다. 실내온도를 22 °C로 유지하기 위한 환기량은? (단, 외기온도 10 °C, 공기의 밀도 1.2 kg/m³, 공기의 정압비열 1.01 kJ/kg·K, 열관류율은 무시한다)

① 618.8 m³/h
② 678.4 m³/h
③ 720.2 m³/h
④ 754.6 m³/h

해설

[환기량]
- 실내 발열량 : Q = 9000 kJ/h
- 실내온도 : t_{in} = 22 °C
- 외기온도 : t_{out} = 10 °C
- 공기의 밀도 : ρ = 1.2 kg/m³
- 공기 정압 비열 : C_p = 1.01 kJ/kg·K

정답 03 ① 04 ② 05 ① 06 ①

- 환기량 : V

$$Q = V \cdot \rho \cdot C_p \cdot (t_{in} - t_{out})$$

$$V = \frac{Q}{\rho \cdot C_p \cdot (t_{in} - t_{out})}$$

$$= \frac{9000}{1.2 \times 1.01 \times (22-10)} = 618.8 \, m^3/h$$

07 건축 음환경 설계 시 주안점으로 옳지 않은 것은?

① 청중의 일부에게 소리를 집중하기 위한 실의 단면, 평면계획
② 외부로부터 소음을 차단하기 위한 차음계획
③ 소리의 명료도와 효과도를 위한 잔향시간계획
④ 소리의 반향, 음영부분이 없도록 음향조건계획

해설

[건축 음환경 설계 시 주안점]
- 차음계획 : 외부 소음 차단
- 잔향시간 계획 : 명료도와 음향효과 확보
- 음향조건 계획 : 반향·음영 방지, 균일한 음 분포

08 열역학 제1법칙은 기본적으로 무엇에 관한 내용인가?

① 열의 전달   ② 온도의 정의
③ 엔트로피의 정의 ④ 에너지의 보존

해설

[열역학 제1법칙]
- 에너지보존의 법칙이다.
- 일은 열로, 열은 일로 교환할 수 있다.

09 온수난방과 비교한 증기난방의 특징으로 옳은 것은?

① 예열시간이 짧다.
② 소요방열면적과 배관경이 크므로 설비비가 높다.
③ 부하변동에 따른 실내방열량의 제어가 용이하다.
④ 한랭지에서 동결의 우려가 크다.

해설

[증기난방]
- 응축잠열을 이용하여 단위 질량당 방열효과가 커서 예열시간이 짧다.
- 배관 내 증기 유속이 크므로 비교적 배관경이 작고, 방열면적도 작다.
- 한랭지에서도 동결 우려가 없다.
- 열용량이 크지 않아 부하변동에 따른 제어가 어렵다.
- 소음, 진동 발생 우려가 있다.
- 온도 제어가 정밀하지 못해 쾌적성이 떨어진다.

10 복사난방방식에 관한 설명으로 옳지 않은 것은?

① 다른 난방방식에 비하여 쾌적감이 높다.
② 실내 상하의 온도차가 크다는 단점이 있다.
③ 외기침입이 있는 곳에서도 난방감을 얻을 수 있다.
④ 열용량이 크기 때문에 간헐난방에는 그다지 적합하지 않다.

정답 07 ① 08 ④ 09 ① 10 ②

해설

[복사난방방식]
② 복사난방은 상하온도차가 작다는 장점이 있다.

11 다음의 공기조화방식 중 중앙방식에 속하지 않는 것은?

① 수방식　　② 냉매방식
③ 전공기방식　④ 공기·수방식

해설

[중앙방식]
중앙방식은 열원·냉원, 공기조화기(AHU)가 기계실 중앙에 설치되고, 거기서 처리된 매체(공기/물)를 각 실에 보내는 방식
- 전공기방식(All-air System) : 모든 부하를 공기로 처리
- 수방식(All-water System) : 각 실의 팬코일 유닛에 냉·온수를 공급, 공기는 실내에서만 순환
- 공기·수방식(Air-water System) : 기본부하는 공기, 세밀한 조절은 팬코일로 물 공급

12 물의 경도는 물속에 녹아있는 칼슘, 마그네슘 등의 염류의 양을 무엇의 농도로 환산하여 나타낸 것인가?

① 탄산칼슘　　② 탄산나트륨
③ 염화나트륨　④ 염화마그네슘

해설

[경도]
물속에 녹아 있는 칼슘(Ca^{2+}), 마그네슘(Mg^{2+}) 등의 염류 양을 기준으로 탄산칼슘($CaCO_3$)의 농도로 환산하여 나타낸다.

13 다음 중 도면에 반드시 기입하지 않아도 되는 것은?

① 축척　② 단위
③ 재료　④ 방위

해설

[도면에 표시]
보통 건축도면의 치수는 mm(밀리미터)를 기본 단위로 하며, 특별한 경우가 아니면 단위를 따로 표시하지 않는다.

14 공기조화설비의 조닝계획에 관한 설명으로 옳은 것은?

① 조닝계획은 실 사용시간과는 무관하다.
② 조닝을 세분화할수록 에너지 소비가 많아진다.
③ 조닝을 세분화할수록 공사비를 감소시킬 수 있다.
④ 조닝계획은 별도의 공조계통을 구분하고자 하는 것이다.

해설

[조닝계획]
- 조닝(Zoning) : 건물의 공조설비 설계 시, 건물의 용도·사용시간·부하 특성 등을 고려하여 공조구역을 나누는 것
- 목적
  - 서로 다른 열부하 조건(방향, 창면적, 인원 밀집도 등)에 따른 효율적 제어
  - 사용 시간에 맞춘 제어(예 사무실 vs 회의실)
  - 에너지 절약(불필요한 시간대·구역의 공조 중지)
  - 쾌적성 유지(온도 불균형 최소화)

정답　11 ②　12 ①　13 ②　14 ④

15 시방서란?

① 재료와 치수를 나타낸 것
② 실내의 모양구조를 설명한 것
③ 도면만으로 설명할 수 없는 사항을 더욱 명확하게 설명한 것
④ 실내 설계공사의 계획표를 나타낸 것

해설
[시방서]
도면만으로는 충분히 표현하기 어려운 재료, 시공방법, 품질기준, 검사방법 등을 글로 상세히 규정한 문서

16 건축물을 도면에 나타내고자 할 때, 굵은 실선을 사용하는 것은?

① 치수선 ② 외형선
③ 숨은선 ④ 상상선

해설
[굵은 실선]
건축물을 도면에 표현할 때는 외형선을 굵은 실선으로 사용한다.

17 서로 다른 음원에서의 음이 중첩되면 합성되어 음은 쌍방의 상황에 따라 강해지거나 약해지는데 이와 같은 현상을 무엇이라 하는가?

① 음의 간섭 ② 음의 반사
③ 음의 회절 ④ 음의 굴절

해설
[음의 성질]
- 음의 간섭 : 두 개 이상의 음파가 서로 중첩되면 위상이 맞을 때는 강해지고(보강간섭), 위상이 어긋나면 약해지거나 상쇄(상쇄간섭) 되는 현상
- 음의 반사 : 음파가 벽·천장 등 경계면에서 되돌아오는 현상
- 음의 회절 : 음파가 장애물의 모서리나 좁은 틈을 돌아서 전파되는 현상
- 음의 굴절 : 음파가 온도나 매질의 성질 차이에 의해 진행 방향이 바뀌는 현상

18 설비도서 작성의 주된 목적으로 옳은 것은?

① 설비 시공 시 사용되는 재료를 생산하기 위함
② 설비 설계 내용을 시공자와 발주자에게 명확히 전달하기 위함
③ 설비의 유지관리 비용을 산출하기 위함
④ 건축 구조체의 배근 상태를 확인하기 위함

해설
[설비도서 작성의 목적]
설비도서란 설비 설계자가 작성하는 도면 및 시방서 등으로, 설계 의도를 시공자·발주자·감리자에게 명확히 전달하는 것이 가장 큰 목적이다.

정답 15 ③ 16 ② 17 ① 18 ②

19 직관 내의 마찰손실수두와 관련된 달시 바이스바하의 식에서 유체의 흐름이 층류일 경우 마찰 계수 λ는? (단, Re는 레이놀즈수)

① $\lambda = \dfrac{32}{Re}$ ② $\lambda = \dfrac{64}{Re}$

③ $\lambda = \dfrac{Re}{32}$ ④ $\lambda = \dfrac{Re}{64}$

해설

[층류일 경우 마찰계수 λ]
층류일 경우
마찰계수 $\lambda = \dfrac{64}{Re(\text{레이놀즈수})}$

20 직경 200 mm의 강관에 2400 L/min의 물이 흐를 때 강관 내의 유속은?

① 0.04 m/sec
② 0.40 m/sec
③ 1.27 m/sec
④ 1.72 m/sec

해설

[강관 내의 유속]
$Q = AV$
$\dfrac{2.4}{60} m^3/s = \dfrac{\pi}{4} 0.2^2 \, m^2 \times V[m/s]$
$\therefore V = 1.27 \, m/s$

2과목 건축설비설계

1회독 시간 :   점수 :
2회독 시간 :   점수 :
3회독 시간 :   점수 :

21 다음 중 난방용 온수배관 설계 순서에 있어서 가장 먼저 이루어져야 하는 작업은?

① 배관경 결정
② 난방부하 계산
③ 온수순환펌프 결정
④ 각 구간별 온수 순환량 산출

해설

[난방용 온수배관 설계 순서]
계산된 난방부하를 기준으로 각 구간에 필요한 온수 순환량이 산출되고, 산출된 유량에 따라 적정 배관경이 결정된다. 최종적으로 시스템 전체의 유량과 마찰 손실을 감당할 수 있는 온수순환펌프를 선정하게 된다. 따라서 가장 먼저 수행되어야 할 작업은 난방부하 계산이다.

22 급탕설비에서 보일러, 저탕조 등 밀폐 가열장치 내의 압력상승을 도피시키기 위해 설치되는 것은?

① 팽창탱크 ② 용해전
③ 신축이음 ④ 스트레이너

해설

[팽창탱크]
밀폐형 급탕설비에서 보일러나 저탕조 내부의 물은 가열됨에 따라 부피가 팽창한다. 이때 설비 내부는 밀폐되어 있기 때문에 압력이 급격히 상승하

정답 ● 19 ② 20 ③ 21 ② 22 ①

게 되며, 이를 방치할 경우 배관, 탱크, 보일러 등에 파손 위험이 발생한다.
따라서 이 팽창으로 인한 압력 상승을 완화하고 흡수하기 위하여 팽창탱크(Expansion Tank)를 설치한다. 팽창탱크는 내부에 공기층 또는 다이어프램을 두어 압력 변화를 흡수함으로써 설비를 안전하게 보호하는 역할을 한다.

23 10 ℃의 물 150 kg과 80 ℃의 물 100 kg을 혼합할 경우, 혼합된 물의 온도는?

① 28℃ ② 38℃
③ 45℃ ④ 63.2℃

해설

[혼합된 물의 온도]

혼합된 물의 온도 $= \dfrac{10 \times 150 + 80 \times 100}{150 + 100} = 38$

24 실외 용적이 5000 m³이고 필요 환기량이 10000 m³/h일 때, 환기횟수는 시간당 몇 회인가?

① 0.5회 ② 1회
③ 2회   ④ 4회

해설

[환기횟수]
환기 횟수에 의한 필요 환기량

$Q[m^3/h] = n \cdot V$ n : 환기횟수(회/h)
V : 실의 체적(m³)

$n[회/h] = \dfrac{Q}{V} = \dfrac{10000[m^3/h]}{5000[m^3]} = 2[회/h]$

25 덕트 경로 중 풍량이 일정한 상태에서 덕트의 크기가 축소되었을 경우 압력변화에 관한 설명으로 옳은 것은?

① 정압이 증가한다.
② 동압이 증가한다.
③ 전압과 정압이 증가한다.
④ 전압, 동압, 정압이 모두 증가한다.

해설

[덕트 내 압력변화]
덕트 내 풍량이 일정하다고 가정하면, 연속 방정식에 따라 유속은 단면적에 반비례한다.
즉, 덕트의 크기(단면적)가 축소되면 유속이 증가하게 된다.

26 길이 20 m의 증기난방 배관에서 관의 온도를 30 ℃에서 109 ℃로 높였을 경우 늘어난 길이는? (단, 선팽창계수 1.3×10^{-5} /℃이다)

① 18.54 mm ② 19.54 mm
③ 20.54 mm ④ 21.54 mm

해설

[선팽창길이]

※ 팽창 길이 λ
$\lambda[mm] = \ell \times \alpha \times \triangle t$
여기서 $\lambda[mm]$: 팽창한 배관의 길이,
$\ell[mm]$: 배관의 길이
$\alpha[mm/mm \cdot ℃]$: 선팽창계수,
$\triangle t[℃]$: 온도 차

정답 ● 23 ② 24 ③ 25 ② 26 ③

관의 팽창 길이 λ
= 20 m × 1000 mm/m × 1.3 × 10⁻⁵ /℃ × (109 - 30) ℃
= 20.54 mm

27 2 m/s의 유속으로 35 L/min의 유량이 흐르는 배관의 관경을 계산에 의해 구한 값은?

① 약 15.4 mm ② 약 19.3 mm
③ 약 22.7 mm ④ 약 25.2 mm

해설

[배관의 관경]
Q = AV
$$\frac{35 \times 10^{-3}}{60}[m^3/s] = \frac{\pi D^2}{4} \times 2$$
∴ D = 0.0193 m = 19.3 mm

28 겨울철 중력환기를 위한 급기구와 배기구의 설치위치로 가장 알맞은 것은?

① 급기구 및 배기구를 모두 낮은 곳에 설치
② 급기구 및 배기구를 모두 높은 곳에 설치
③ 급기구는 낮은 곳, 배기구는 높은 곳에 설치
④ 급기구는 높은 곳, 배기구는 낮은 곳에 설치

해설

[중력환기를 위한 급기구와 배기구의 설치위치]
중력환기는 실내·외 공기 밀도 차이(온도차, 굴뚝 효과)를 이용하여 환기하는 방식이다. 겨울철에는 실내가 따뜻하고 실외가 차가워 밀도 차가 생긴다. 찬 외기는 무겁기 때문에 아래쪽에서 공급(급기)하고, 따뜻한 실내 공기는 위로 상승하여 상부에서 배기된다.
따라서 겨울철에는 급기구는 낮은 위치, 배기구는 높은 위치에 설치하는 것이 가장 효율적이다.

29 온수난방에 관한 설명으로 옳은 것은?

① 온수순환펌프는 반드시 진공펌프를 사용한다.
② 증기난방보다 열용량이 적으므로 예열시간이 짧다.
③ 증기난방에 비하여 난방부하 변동에 따른 온도 조절이 어렵다.
④ 보일러 정지 후에도 여열이 남아 있어 실내 난방이 어느 정도 지속된다.

해설

[온수난방]
1) 온수난방은 물의 비열이 커서 열용량이 크다.
→ 예열시간이 길다.
2) 증기난방은 증기의 잠열이 커서 순간적으로 많은 열을 전달한다. → 예열시간이 짧다.

정답 27 ② 28 ③ 29 ②

30 다음의 송풍기 풍량제어법 중 축동력이 가장 적게 소요되는 것은?

① 회전수제어
② 토출댐퍼제어
③ 흡입댐퍼제어
④ 흡입베인제어

해설

[송풍기 풍량제어방법]
- 토출댐퍼제어 > 흡입댐퍼제어 > 흡입베인제어 > 회전수제어
- 회전수제어가 가장 경제적, 토출댐퍼제어가 가장 비경제적

31 다음의 배관부속 중 관의 말단을 막을 때 사용하는 것은?

① 부싱
② 니플
③ 엘보
④ 플러그

해설

[플러그, 캡]
플러그와 캡은 관의 끝단을 막는 용도로 쓰인다.

플러그(Plug)	캡(Cap)

32 건구온도 20 ℃, 절대습도 0.015 kg/kg'인 습공기 6 kg의 엔탈피는? (단, 건공기 정압비열 1.01 kJ/kg·K, 수증기 정압비열 1.85 kJ/kg·K, 0 ℃에서 포화수의 증발 잠열 2501 kJ/kg)

① 58.24 kJ
② 120.67 kJ
③ 228.77 kJ
④ 349.62 kJ

해설

[습공기의 엔탈피]
1) 습공기 1 kg당 엔탈피
$$h[kJ/kg] = 1.01t + x(2501 + 1.85t)$$
$$= 1.01 \times 20 + 0.015(2501 + 1.85 \times 20)$$
$$= 58.27 kJ/kg$$

2) 총 엔탈피 계산
$$H[kJ] = \text{단위 엔탈피} \times \text{건공기 질량}$$
$$= 58.27 kJ/kg \times 6 kg$$
$$= 349.62 kJ$$

33 다음의 냉동기 중 소음 진동이 가장 적은 것은?

① 흡수식
② 터보식
③ 왕복동식
④ 스크류식

해설

[소음 진동이 가장 적은 냉동기]
① 흡수식 : 압축기가 없으므로 소음·진동이 가장 적다.
② 터보식 : 고속 회전으로 인해 소음·진동이 크다.
③ 왕복동식 : 피스톤 운동으로 인해 소음·진동이 크다.
④ 스크류식 : 비교적 조용하나 흡수식보다는 크다.

정답 ● 30 ① 31 ④ 32 ④ 33 ①

34 화장실에서 배출되는 오수를 정화시설을 통해 정화하는 가장 주된 이유는?

① 화학적 산소요구량을 줄이기 위해
② 화학적 산소요구량을 늘리기 위해
③ 생물화학적 산소요구량을 줄이기 위해
④ 생물화학적 산소요구량을 늘리기 위해

해설

[오수를 정화하는 가장 주된 이유]
화장실 오수에는 유기물질이 다량 포함되어 있다. 이 유기물이 그대로 하천이나 호수로 유입되면, 미생물에 의해 분해되는 과정에서 다량의 산소를 소비한다. 이때의 산소 요구량을 BOD(Biochemical Oxygen Demand, 생물화학적 산소요구량)이라 한다. BOD가 높으면 수중 용존산소(DO)가 급격히 줄어들어, 수질 오염과 수생 생물의 생존 위협을 초래한다.
따라서 정화시설의 주된 목적은 오수 속 유기물을 제거하여 BOD를 낮추는 것이다.

35 배수관 관경결정에 이용되는 기구배수부하 단위의 기준이 되는 기구는?

① 욕조   ② 소변기
③ 세면기   ④ 대변기

해설

[기구배수부하 단위의 기준]
기구배수부하 단위(FU)는 세면기의 배수량(28.5 L/min)을 기준으로 단위화한 것이다.
배수관의 관경을 산정할 때는 각 위생기구에서 발생하는 배수의 양과 사용 빈도를 고려해야 한다.

이를 기구배수부하단위(FU : Fixture Unit)로 환산하여 합산 후 관경을 결정한다.
세면기의 배수부하를 1 FU로 하여, 다른 기구들의 배수부하를 상대적으로 환산한다.

36 연관에 관한 설명으로 옳지 않은 것은?

① 내식성이 작다.
② 가공이 용이하다.
③ 전성, 연성이 풍부하다.
④ 건조한 공기 중에서는 침식되지 않는다.

해설

[연관]
연관은 내식성이 크다. 특히 물·산·알칼리 등에 잘 견디는 특성을 가진다.

37 다음 중 공기조화 설비계획 시 외부 존의 조닝방법으로 가장 적합한 것은?

① 소음별 조닝
② 방위별 조닝
③ 공기의 청정도별 조닝
④ 관리에 따른 시간별 조닝

해설

[외부 존의 조닝방법]
공조 설비에서 조닝(Zoning)이란 건물 내 공간을 여러 특성에 따라 구분하여 각각 적합한 공조 방식을 적용하는 것을 말한다.

정답 34 ③ 35 ③ 36 ① 37 ②

특히 외부 존(Perimeter Zone)은 외기 조건의 영향을 직접 받는 부분으로, 일사(태양복사)와 외기 온도 변화의 영향을 크게 받는다. <u>외부 존은 방위(동·서·남·북)에 따라 일사량, 냉·난방 부하의 변동이 크므로 방위별 조닝이 가장 합리적이다.</u>
내부 존(Internal Zone)은 외기 영향을 거의 받지 않고, 주로 조명·인체·기기 발열에 의해 부하가 형성된다.

해설

[물의 경도(Hardness of Water)]
물의 경도는 물속에 포함된 칼슘(Ca^{2+}), 마그네슘(Mg^{2+}) 등의 염류 성분에 의해 결정된다. 이온 농도를 어떤 기준 물질의 농도로 환산하여 나타내는데, <u>일반적으로 탄산칼슘($CaCO_3$)의 농도로 환산</u>한다.
물의 경도가 높으면 비누가 잘 녹지 않고, 보일러·배관 등에 스케일(석회질)을 생성한다.

38 펌프의 전양정이 25 m, 양수량이 60 m³/h일 때 펌프의 축동력은? (단, 펌프의 효율은 70 %)

① 5.84 kW ② 6.84 kW
③ 58.4 kW ④ 68.4 kW

해설

[펌프의 축동력]
$$P[kW] = \frac{1000HQ}{102\eta}$$
$$= \frac{1000 \times 25 \times \frac{60}{3600}}{102 \times 0.7} = 5.84\,kW$$

39 다음의 물의 경도에 관한 설명 중 ( ) 안에 알맞은 용도는?

> 물의 경도는 물속에 녹아있는 칼슘, 마그네슘 등의 염류의 양을 (　　　)의 농도로 환산하여 나타낸다.

① 불소   ② 탄산칼슘
③ 탄산나트륨   ④ 탄산마그네슘

40 통기관의 설치에 관한 설명으로 옳지 않은 것은?

① 바닥 아래의 통기관은 금해야 한다.
② 오물정화조의 통기관은 일반 통기관과 연결해서는 안 된다.
③ 우수 계통의 통기관은 일반 가정 오수 계통의 통기관에 연결한다.
④ 오수 피트 및 잡배수 피트 통기관은 양자 모두 개별 통기관을 갖도록 한다.

해설

[통기관의 설치]
③ 우수와 오수는 분리 배관이 원칙이므로 연결하면 안 된다

정답 ● 38 ① 39 ② 40 ③

3과목 전기설비 및 소방시설 일반

41 스프링클러설비에서 스프링클러헤드의 방수구에서 유출되는 물을 세분시키는 작용을 하는 것은?

① 익져스터
② 디프렉터
③ 리타딩챔버
④ 액설러레이터

해설

[스프링클러설비]
① 감열체 : 정상상태에서는 방수구를 막고 있으나 열에 의해서 일정온도 도달 시 파괴 또는 용융되어 방수구가 열려 스프링클러헤드가 작동(퓨즈블링크형, 유리벌브형)
② 프레임(Frame) : 헤드 나사부분과 디플렉터의 연결이음쇠
③ 반사판(디프렉터, Deflector) : 헤드의 방수구에서 유출되는 물을 세분화시키는 작용

[헤드의 구조]

42 정보통신설비를 정보설비와 통신설비로 구분할 경우 다음 중 정보설비에 속하는 것은?

① 인터폰설비
② TV공청설비
③ 홈네트워크설비
④ 구내방송(PA)설비

해설

[정보통신설비]
• 정보설비 : 정보의 저장, 처리, 제어, 보안, 자동화, 네트워크 등 정보 관련 기능을 수행하는 설비 (홈네트워크설비 : 주택 내 정보통신 및 가전기기 등의 상호 연계를 통해 통합된 주거서비스를 제공하는 설비)
• 통신설비 : 음성, 데이터, 영상 등 정보를 송수신하는 설비

43 다음 설명에 알맞은 피드백제어계의 구성요소는?

> 제어계의 상태를 교란시키는 외적작용으로서, 실내온도제어에서는 인체·조명 등에 의한 발생열, 창문을 통한 태양일사, 틈새바람, 외기온도 등을 의미한다.

① 외란
② 제어대상
③ 제어편차
④ 주 피드백신호

정답 ● 41 ② 42 ③ 43 ①

해설

[피드백제어]

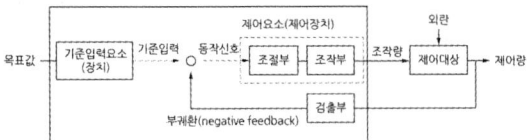

※ 외란 : 예측할 수 없는 외부환경의 방해요소

44 10 Ω의 저항 10개를 접속하여 얻을 수 있는 합성저항 중 가장 작은 값은?

① 1 Ω ② 2 Ω
③ 5 Ω ④ 100 Ω

해설

[합성저항]
저항 10개를 접속하여 얻을 수 있는 합성저항 중 가장 작은 값은 병렬연결 시 가장 큰 것은 직렬연결 시
따라서 10/10 = 1 Ω

45 분전반을 설치하는 전기샤프트(ES)에 관한 설명으로 옳지 않은 것은?

① 각 층마다 같은 위치에 설치한다.
② ES의 면적은 보, 기둥 부분을 제외하고 산정한다.
③ 설치장비 공급의 편리성을 우선하여 각층의 모서리 부분에 설치한다.
④ 전력용과 정보통신용과 같이 용도별로 구분하여 설치하되, 작은 규모일 경우는 공용으로 사용한다.

해설

[분전반]
분전반은 전력 공급의 효율성을 우선하며 각층의 중앙 부분에 설치

46 보호계전기의 종류에 속하지 않는 것은?

① 방향계전기
② 과전류계전기
③ 부족 전압계전기
④ 갭 저항형 계전기

해설

[보호계전기]
갭 저항형 계전기 : 피뢰기로 사용되는 계전기

47 DDC방식에서 밸브나 댐퍼 등을 비례적으로 동작시키는 신호는?

① AI ② DI
③ AO ④ DO

해설

[신호]
- AI : Analog Input 아날로그 입력신호(온도, 습도, 압력 등 연속적인 값 감지)
- DI : Digital Input 디지털 입력신호(스위치 ON/OFF, 접점신호 등)
- AO : Analog Output 아날로그 출력신호(밸브, 댐퍼 등을 비례적으로 제어)
- DO : Digital Output 디지털 출력신호(모터 ON/OFF, 펌프작동 등 단순 ON/OFF제어)

정답 ● 44 ① 45 ③ 46 ④ 47 ③

48 다음의 자동화재탐지설비의 감지기 중 열감지기에 속하지 않는 것은?

① 보상식　　② 정온식
③ 차동식　　④ 이온화식

해설

[감지기]
광전식, 이온화식은 연기감지

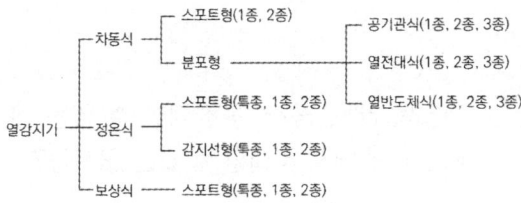

49 옥내소화전방수구는 바닥으로부터의 높이가 최대 얼마 이하가 되도록 설치하여야 하는가?

① 0.9 m　　② 1.2 m
③ 1.5 m　　④ 1.8 m

해설

[옥내소화전방수구 높이]
0.8 m 이상 ~ 1.5 m 이하

50 인터폰설비의 접속방식에 따른 분류에 속하지 않는 것은?

① 모자식　　② 상호식
③ 교차식　　④ 복합식

해설

[인터폰설비]
- 모자식 : 하나의 주기(親機, 마스터폰)와 여러 개의 종기(子機, 서브폰)가 연결된 방식
- 상호식 : 각 기기들 간에 서로 직접 통화 가능한 방식
- 복합식 : 모자식과 상호식을 혼합한 방식

51 3상 Y결선에서 선간전압이 220 V인 3상 교류의 상전압은?

① 127 V　　② 346 V
③ 453 V　　④ 600 V

해설

[상전압]
선간전압 = $\sqrt{3}$ × 상전압
$220 = \sqrt{3} \times V$, $V = 127.02\,V$
Y결선에서 선간전압은 상전압의 $\sqrt{3}$ 배이고 전류량은 같음

52 무접점계전기에 사용되는 전력전자소자(트랜지스터, 다이오드)에 관한 설명으로 옳지 않은 것은?

① 스위칭속도가 빠르다.
② 전력소비가 대단히 작다.
③ 잡음(Noise)의 영향을 받지 않는다.
④ 접점의 개폐동작으로 인한 마모현상이 없다.

정답　48 ④　49 ③　50 ③　51 ①　52 ③

해설

[전력전자소자]
트랜지스터, SCR, 다이오드 등은 외부 전자기 잡음(EMI)에 영향을 받을 수 있으며, 민감한 회로에서는 노이즈에 의해 오동작할 가능성이 있음

53 어느 학교에서 면적인 400 m²인 교실에 32 W형광램프를 설치하여 평균조도를 500 lx로 설계하고자 할 때 소요 램프수는? (단, 형광램프 1개 광속은 2500 lm, 조명률은 0.6, 보수율은 0.8이다)

① 140개 ② 157개
③ 127개 ④ 167개

해설

[조명수]
FUN = AED

조명수 $N = \dfrac{AED}{FU}$

$= \dfrac{400 \times 500 \times \dfrac{1}{0.8}}{2500 \times 0.6} = 166.67 \rightarrow 167개$

F : 광속, U : 조명률
A : 면적, E : 조도
D : 감광보상률 $= \dfrac{1}{보수율}$

54 연결살수설비에 설치되는 송수구의 구경 기준은?

① 32 mm ② 40 mm
③ 50 mm ④ 65 mm

해설

[연결살수설비]
소방대가 쓰게 되는 접속부는 모두 65 mm

55 저압옥내배선공사 중 점검할 수 없는 은폐된 장소에서 시설할 수 없는 공사는?

① 금속관공사
② 금속덕트공사
③ 2종 가요전선관공사
④ 합성수지관(CD관 제외)공사

해설

[은폐된 장소]
은폐된 장소에는 금속관 또는 가요전선관을 사용함

56 교류전압을 사용하는 전동기의 인덕턴스 성분인 코일에 관한 설명으로 옳은 것은?

① 주파수를 빠르게 한다.
② 코일에서는 전류보다 전압이 앞선다.
③ 코일에서는 전압보다 전류가 앞선다.
④ 용량성 저항으로 용량 리액턴스라 한다.

해설
[코일]
- 주파수는 전원에서 정해지는 값임
- 코일에서는 전압이 전류보다 앞섬
- 코일은 유도성 리액턴스임

57 전선에서 전류가 누설되지 않도록 전선을 비닐이나 고무 등의 저항률이 매우 큰 재료로 피복하는데, 이처럼 전류가 누설되지 않도록 하는 재료 자체의 저항을 의미하는 것은?

① 도체저항　　② 접촉저항
③ 접지저항　　④ 절연저항

해설
[저항]
- 도체저항 : 전선도체 자체가 가지는 저항
- 접촉저항 : 전기 접점 사이 발생하는 저항
- 접지저항 : 접지선과 대지 사이의 저항

58 스프링클러설비의 설치장소가 공장으로서 특수가연물을 저장·취급하는 경우 스프링클러헤드의 기준개수는? (단, 폐쇄형 스프링클러헤드를 사용하는 경우)

① 10개　　② 20개
③ 30개　　④ 40개

해설
[헤드 기준개수]

스프링클러설비 설치장소			기준개수
10층 이하 (지하층 제외)	공장	특수가연물 저장·취급	30
		그 밖의 것	20
	근린생활시설 판매시설 운수시설 복합건축물	판매시설 또는 복합건축물 (판매시설이 설치되는 복합건축물)	30
		그 밖의 것	20
그 밖의 것		헤드부착높이가 8 m 이상	20
		헤드부착높이가 8 m 미만	10
지하층을 제외한 층수가 11층 이상(아파트 제외), 지하가 또는 지하역사			30

※ 아파트 : 기준개수 10개(단, 아파트등의 각 동이 주차장으로 서로 연결된 구조인 경우 해당 주차장 부분의 기준개수는 30개이다)

59 각종 광원에 관한 설명으로 옳지 않은 것은?

① 형광램프는 점등장치를 필요로 한다.
② 저압나트륨램프는 인공광원 중에서 연색성이 가장 우수하다.
③ 고압수은램프는 광속이 큰 것과 수명이 긴 것이 특징이다.
④ 메탈핼라이드램프는 고압수은램프보다 효율과 연색성이 우수하다.

정답　57 ④　58 ④　59 ②

해설
[저압나트륨램프]
저압나트륨램프는 단일 파장(노란색)에 가까운 빛을 방출하기 때문에 연색성이 나쁨

60 농형 유도전동기에 관한 설명으로 옳지 않은 것은?

① 슬립링에서 불꽃이 나올 우려가 있다.
② VVVF방식으로 속도제어를 할 수 있다.
③ 권선형에 비해 구조가 간단하여 취급 방법이 용이하다.
④ 기동전류가 커서 전동기 권선을 과열시키거나 전원전압의 변동을 일으킬 수 있다.

해설
[농형 유도전동기]
슬립링에서 불꽃이 나올 우려가 있는 것은 권선형 유도전동기(농형 유도전동기는 회전자에 슬립링이 없음)

4과목 건축설비 관련법규

1회독 시간 :   점수 :
2회독 시간 :   점수 :
3회독 시간 :   점수 :

61 건축물의 에너지 절약설계기준상 다음과 같이 정의되는 용어는?

> 기기를 여러 대 설치하여 부하상태에 따라 최적 운전상태를 유지할 수 있도록 기기를 조합하여 운전하는 방식

① 대수제어운전   ② 대수분할운전
③ 비례제어운전   ④ 가변속제어운전

해설
[정의]
[건축물의 에너지절약설계기준]
제5조(용어의 정의)
11. 기계설비부문
  라. "대수분할운전"이라 함은 기기를 여러 대 설치하여 부하상태에 따라 최적 운전상태를 유지할 수 있도록 기기를 조합하여 운전하는 방식을 말한다.

62 소리를 차단하는 데 장애가 되는 부분이 없도록 건축물의 피난·방화구조 등의 기준에 관한 규칙에서 정하는 구조로 하여야 하는 대상에 속하지 않는 것은?

① 숙박시설의 객실 간 경계벽
② 의료시설의 병실 간 경계벽
③ 업무시설의 사무실 간 경계벽
④ 교육연구시설 중학교의 교실 간 경계벽

정답 60 ① 61 ② 62 ③

해설

[경계벽]

[건축법 시행령] 제53조(경계벽 등의 설치)

① 법 제49조 제4항에 따라 다음 각 호의 어느 하나에 해당하는 건축물의 경계벽은 국토교통부령으로 정하는 기준에 따라 설치해야 한다.
  1. 단독주택 중 다가구주택의 각 가구 간 또는 공동주택(기숙사는 제외한다)의 각 세대 간 경계벽(제2조 제14호 후단에 따라 거실·침실 등의 용도로 쓰지 아니하는 발코니 부분은 제외한다)
  2. 공동주택 중 기숙사의 침실, 의료시설의 병실, 교육연구시설 중 학교의 교실 또는 숙박시설의 객실 간 경계벽
  3. 제1종 근린생활시설 중 산후조리원(가. 임산부실 간, 나. 신생아실 간 경계벽, 다. 임산부실과 신생아실 간 경계벽)
  4. 제2종 근린생활시설 중 다중생활시설의 호실 간 경계벽
  5. 노유자시설 중 「노인복지법」 제32조 제1항 제3호에 따른 노인복지주택(이하 "노인복지주택"이라 한다)의 각 세대 간 경계벽
  6. 노유자시설 중 노인요양시설의 호실 간 경계벽

63 녹색건축 인증의 유효기간으로 옳은 것은?

① 녹색건축 인증서를 발급한 날부터 3년
② 녹색건축 인증서를 발급한 날부터 5년
③ 녹색건축 인증서를 발급한 날부터 10년
④ 녹색건축 인증서를 발급한 날부터 15년

해설

[녹색건축 인증 유효기간]

[녹색건축 인증에 관한 규칙]

제9조(인증기준 등)

① 인증기관의 장은 녹색건축 인증을 할 때에는 건축주등에게 별지 제4호서식의 녹색건축 인증서와 별표 2에 따라 제작된 인증명판(認證名板)을 발급해야 한다. 이 경우 법 제16조 제7항 및 영 제11조의3에 따른 건축물의 건축주등은 인증명판을 건축물 현관 및 로비 등 공공이 볼 수 있는 장소에 게시해야 한다.

② 녹색건축 인증을 받은 건축물의 건축주등은 자체적으로 별표 2에 따라 인증명판을 제작하여 활용할 수 있다.

③ 녹색건축 인증의 유효기간은 제1항에 따라 녹색건축 인증서를 발급한 날부터 10년으로 한다.

④ 인증기관의 장은 제1항에 따라 인증서를 발급했을 때에는 인증 대상, 인증 날짜, 인증 등급 및 인증심사단과 인증심사위원회의 구성원 명단을 포함한 인증 심사 결과를 운영기관의 장에게 제출하고, 제7조 제1항에 따른 인증심사 결과서를 인증관리시스템에 등록해야 한다.

64 헬리포트의 설치에 관한 기준 내용으로 옳은 것은?

① 헬리포트의 길이와 너비는 각각 9 m 이상으로 한다.
② 헬리포트의 중앙부분에는 지름 6 m의 "ⓗ" 표지를 황색으로 한다.
③ 헬리포트의 주위한계선은 백색으로 하되, 그 선의 너비는 38 cm로 한다.
④ 헬리포트의 중심으로부터 반경 15 m 이내에는 이·착륙에 장애가 되는 건축물 등을 설치하지 아니한다.

정답 ● 63 ③ 64 ③

> 해설

[헬리포트]
[건축물의 피난·방화구조 등의 기준에 관한 규칙]
제13조(헬리포트 및 구조공간설치 기준)
① 영 제40조 제4항 제1호에 따라 건축물에 설치하는 헬리포트는 다음 각 호의 기준에 적합해야 한다.
1. 헬리포트의 길이와 너비는 각각 22미터 이상으로 할 것. 다만 건축물의 옥상바닥의 길이와 너비가 각각 22미터 이하인 경우에는 헬리포트의 길이와 너비를 각각 15미터까지 감축할 수 있다.
2. 헬리포트의 중심으로부터 반경 12미터 이내에는 헬리콥터의 이·착륙에 장애가 되는 건축물, 공작물, 조경시설 또는 난간 등을 설치하지 아니할 것
3. 헬리포트의 주위한계선은 백색으로 하되, 그 선의 너비는 38센티미터로 할 것
4. 헬리포트의 중앙부분에는 지름 8미터의 "ⓗ" 표지를 백색으로 하되, "H"표지의 선의 너비는 38센티미터로, "○"표지의 선의 너비는 60센티미터로 할 것
5. 헬리포트로 통하는 출입문에 영 제40조 제3항 각 호 외의 부분에 따른 비상문자동개폐장치(이하 "비상문자동개폐장치"라 한다)를 설치할 것

65 공작물을 축조할 때 특별자치도지사 또는 시장·군수·구청장에게 신고를 하여야 하는 대상 공작물에 속하지 않는 것은?

① 높이가 8 m인 굴뚝
② 높이가 3 m인 장식탑
③ 높이가 5 m인 광고탑
④ 높이가 2.5 m인 옹벽

> 해설

[신고하여야 하는 대상 공작물]
[건축법 시행령]
제118조(옹벽 등의 공작물에의 준용)
① 법 제83조 제1항에 따라 공작물을 축조(건축물과 분리하여 축조하는 것을 말한다. 이하 이 조에서 같다)할 때 특별자치시장·특별자치도지사 또는 시장·군수·구청장에게 신고를 해야 하는 공작물은 다음 각 호와 같다.
1. 높이 6미터를 넘는 굴뚝
3. 높이 4미터를 넘는 장식탑, 기념탑, 첨탑, 광고탑, 광고판, 그 밖에 이와 비슷한 것
4. 높이 8미터를 넘는 고가수조나 그 밖에 이와 비슷한 것
5. 높이 2미터를 넘는 옹벽 또는 담장
6. 바닥면적 30제곱미터를 넘는 지하대피호
7. 높이 6미터를 넘는 골프연습장 등의 운동시설을 위한 철탑, 주거지역·상업지역에 설치하는 통신용 철탑, 그 밖에 이와 비슷한 것
8. 높이 8미터(위험을 방지하기 위한 난간의 높이는 제외한다) 이하의 기계식 주차장 및 철골 조립식 주차장(바닥면이 조립식이 아닌 것을 포함한다)으로서 외벽이 없는 것
9. 건축조례로 정하는 제조시설, 저장시설(시멘트사일로를 포함한다), 유희시설, 그 밖에 이와 비슷한 것
10. 건축물의 구조에 심대한 영향을 줄 수 있는 중량물로서 건축조례로 정하는 것
11. 높이 5미터를 넘는 「신에너지 및 재생에너지 개발·이용·보급 촉진법」 제2조 제2호 가목에 따른 태양에너지를 이용하는 발전설비와 그 밖에 이와 비슷한 것

정답 65 ②

66 건축법령상 설계도서의 정의로 옳은 것은?

① 건축물의 건축등에 관한 공사용 도면, 구조 계산서, 시방서(示方書), 그 밖에 국토교통부령으로 정하는 공사에 필요한 서류
② 건축물의 건축허가 신청을 위해 제출하는 배치도, 평면도, 입면도 등 기본 설계도면
③ 건축물의 준공검사 시 제출하는 완공도면 및 시설관리계획서
④ 건축설계자가 참고용으로 작성하는 예산내역서 및 공사비 산출서

해설

[정의-설계도서]
[건축법] 제2조(정의)
14. "설계도서"란 건축물의 건축 등에 관한 공사용 도면, 구조 계산서, 시방서(示方書), 그 밖에 국토교통부령으로 정하는 공사에 필요한 서류를 말한다.

67 건축물의 냉방설비에 대한 설치 및 설계기준상 다음과 같이 정의되는 용어는?

> 심야시간에 물을 냉각시켜 축열조에 저장하였다가 그 밖의 시간이 이를 냉방에 이용하는 냉방설비

① 전체축냉방식
② 빙축열식 냉방설비
③ 수축열식 냉방설비
④ 잠열축열식 냉방설비

해설

[정의]
[건축물의 냉방설비에 대한 설치 및 설계기준]
제3조(정의)
2. "빙축열식 냉방설비"라 함은 심야시간에 얼음을 제조하여 축열조에 저장하였다가 그 밖의 시간에 이를 녹여 냉방에 이용하는 냉방설비를 말한다.
3. "수축열식 냉방설비"라 함은 심야시간에 물을 냉각시켜 축열조에 저장하였다가 그 밖의 시간에 이를 냉방에 이용하는 냉방설비를 말한다.
4. "잠열축열식 냉방설비"라 함은 포접화합물(Clathrate)이나 공융염(Eutectic Salt) 등의 상변화물질을 심야시간에 냉각시켜 동결한 후 그 밖의 시간에 이를 녹여 냉방에 이용하는 냉방설비를 말한다.

68 층수가 9층이고, 각 층의 거실면적이 3000 m²인 판매시설을 건축하고자 할 때 설치하여야 하는 승용 승강기의 최소 대수는? (단, 16인승 승용 승강기를 설치하는 경우)

① 4대 ② 5대
③ 6대 ④ 7대

정답 66 ① 67 ③ 68 ①

해설

[승용 승강기의 최소 대수]
[건축물의 설비기준 등에 관한 규칙]
별표 1의2(승용 승강기의 설치기준)

건축물의 용도	6층 이상의 거실 면적의 합계 3천 제곱미터 이하	3천 제곱미터 초과
1. 가. 문화 및 집회시설(공연장·집회장 및 관람장만 해당한다) 나. 판매시설 다. 의료시설	2대	2대에 3천 제곱미터를 초과하는 2천 제곱미터 이내마다 1대를 더한 대수
2. 가. 문화 및 집회시설(전시장 및 동·식물원만 해당한다) 나. 업무시설 다. 숙박시설 라. 위락시설	1대	1대에 3천 제곱미터를 초과하는 2천 제곱미터 이내마다 1대를 더한 대수
3. 가. 공동주택 나. 교육연구시설 다. 노유자시설 라. 그 밖의 시설	1대	1대에 3천 제곱미터를 초과하는 3천 제곱미터 이내마다 1대를 더한 대수

위 표에 따라 승강기의 대수를 계산할 때 8인승 이상 15인승 이하의 승강기는 1대의 승강기로 보고, 16인승 이상의 승강기는 2대의 승강기로 본다.

• 6층 이상 거실면적 = 3000 × 4 = 12000 m²
• 3000 m²까지 기본 2대
• 초과 2000 m²마다 1대 :
  (12000 - 3000) ÷ 2000 = 4.5
⇒ 7대(15인승 이하)
⇒ 16인승 이상이므로 7 ÷ 2 = 3.5대 ⇒ 4대이다.

69 그림과 같은 직사각형 대지의 대지면적은?

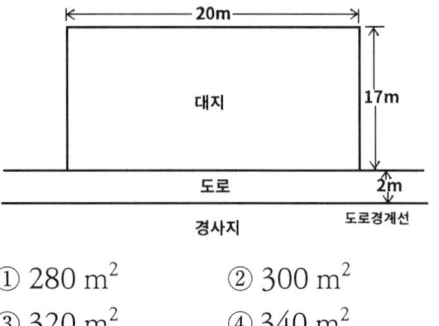

① 280 m² ② 300 m²
③ 320 m² ④ 340 m²

해설

[대지면적]
[건축법] 제46조(건축선의 지정)
① 도로와 접한 부분에 건축물을 건축할 수 있는 선[이하 "건축선(建築線)"이라 한다]은 대지와 도로의 경계선으로 한다. 다만, 제2조 제1항 제11호에 따른 소요 너비에 못 미치는 너비의 도로인 경우에는 그 중심선으로부터 그 소요 너비의 2분의 1의 수평거리만큼 물러난 선을 건축선으로 하되, 그 도로의 반대쪽에 경사지, 하천, 철도, 선로부지, 그 밖에 이와 유사한 것이 있는 경우에는 그 경사지 등이 있는 쪽의 도로 경계선에서 소요 너비에 해당하는 수평거리의 선을 건축선으로 하며, 도로의 모퉁이에서는 대통령령으로 정하는 선을 건축선으로 한다.

[건축법 시행령] 제119조(면적 등의 산정방법)
① 법 제84조에 따라 건축물의 면적·높이 및 층수 등은 다음 각 호의 방법에 따라 산정한다.
  1. 대지면적 : 대지의 수평투영면적으로 한다. 다만, 다음 각 목의 어느 하나에 해당하는 면적은 제외한다.
    가. 법 제46조 제1항 단서에 따라 대지에 건축선이 정하여진 경우 : 그 건축선과 도로 사이의 대지면적
    나. 대지에 도시·군계획시설인 도로·공원

등이 있는 경우 : 그 도시·군계획시설에 포함되는 대지(「국토의 계획 및 이용에 관한 법률」 제47조 제7항에 따라 건축물 또는 공작물을 설치하는 도시·군계획시설의 부지는 제외한다)면적

[건축법] 제2조(정의)
11. "도로"란 보행과 자동차 통행이 가능한 너비 <u>4미터 이상의 도로</u>(지형적으로 자동차 통행이 불가능한 경우와 막다른 도로의 경우에는 대통령령으로 정하는 구조와 너비의 도로)로서 다음 각 목의 어느 하나에 해당하는 도로나 그 예정도로를 말한다.

- 전체 면적 = 20 × 17 = 340 m²
- 제외 면적 = 20 × (4 - 2) = 40 m²
- 실제 대지면적 = 340 - 40 = 300 m²

2. 건축물의 옥내에 있는 다음 각 목의 시설
   가. 문화 및 집회시설
   나. 종교시설
   다. 운동시설(수영장은 제외한다)
3. <u>의료시설</u>
4. 교육연구시설 중 합숙소
5. 노유자시설
6. 숙박이 가능한 수련시설
7. <u>숙박시설</u>
8. <u>방송통신시설 중 방송국 및 촬영소</u>
9. 「다중이용업소의 안전관리에 관한 특별법」 제2조 제1항 제1호에 따른 다중이용업의 영업소(이하 "다중이용업소"라 한다)
10. 제1호부터 제9호까지의 시설에 해당하지 않는 것으로서 층수가 11층 이상인 것(아파트 등은 제외한다)

70
방염성능 기준 이상의 실내장식물 등을 설치하여야 하는 특정소방대상물에 속하지 않는 것은?

① 수영장
② 숙박시설
③ 의료시설 중 종합병원
④ 방송통신시설 중 방송국

해설

[방염성능 기준]
[소방시설설치 및 관리에 관한 법률 시행령]
제30조(방염성능 기준 이상의 실내장식물 등을 설치해야 하는 특정소방대상물)
법 제20조 제1항에서 "대통령령으로 정하는 특정소방대상물"이란 다음 각 호의 것을 말한다.
1. 근린생활시설 중 의원, 치과의원, 한의원, 조산원, 산후조리원, 체력단련장, 공연장 및 종교집회장

71
100세대 이상의 공동주택 신축 시 시간당 최소 얼마 이상의 환기가 이루어질 수 있도록 자연 환기설비 또는 기계환기설비를 설치하여야 하는가?

① 0.5회   ② 1.2회
③ 1.5회   ④ 1.8회

해설

[환기설비 기준]
[건축물의 설비기준 등에 관한 규칙]
제11조(공동주택 및 다중이용시설의 환기설비 기준 등)
① 영 제87조 제2항의 규정에 따라 신축 또는 리모델링하는 다음 각 호의 어느 하나에 해당하는 주택 또는 건축물(이하 "신축공동주택등"이라 한다)은 시간당 <u>0.5회</u> 이상의 환기가 이루어질 수 있도록 자연환기설비 또는 기계환기설비를 설치해야 한다.

정답 70 ① 71 ①

1. 30세대 이상의 공동주택
2. 주택을 주택 외의 시설과 동일건축물로 건축하는 경우로서 주택이 30세대 이상인 건축물

72 다음은 건축물의 에너지절약 설계 기준상의 용어의 정의이다. 이에 알맞은 용어는?

> 중간기 또는 동계에 발생하는 냉방부하를 실내엔탈피보다 낮은 도입 외기에 의하여 제거 또는 감소 시키는 시스템

① 이코노마이저시스템
② 설비형태양열시스템
③ 태양광발전시스템
④ 지열시스템

해설

[이코노마이저시스템]
[건축물의 에너지절약설계기준]
제5조(용어의 정의)
11. 기계설비부문
아. "이코노마이저시스템"이라 함은 중간기 또는 동계에 발생하는 냉방부하를 실내 엔탈피 보다 낮은 도입 외기에 의하여 제거 또는 감소시키는 시스템을 말한다.

73 다음 중 방송 공동수신설비를 설치하여야 하는 대상 건축물에 속하는 것은?

① 종교시설   ② 고등학교
③ 다세대주택 ④ 유스호스텔

해설

[방송 공동수신설비]
[건축법 시행령] 제87조(건축설비설치의 원칙)
④ 건축물에는 방송수신에 지장이 없도록 공동시청 안테나, 유선방송 수신시설, 위성방송 수신설비, 에프엠(FM)라디오방송 수신설비 또는 방송 공동수신설비를 설치할 수 있다. 다만 다음 각 호의 건축물에는 방송 공동수신설비를 설치하여야 한다.
1. 공동주택
2. 바닥면적의 합계가 5천 제곱미터 이상으로서 업무시설이나 숙박시설의 용도로 쓰는 건축물
⑤ 제4항에 따른 방송 수신설비의 설치기준은 과학기술정보통신부장관이 정하여 고시하는 바에 따른다.

• 공동주택(아파트, 연립주택, 다세대주택)
  바닥면적의 합계가 5천 제곱미터 이상으로서 업무시설이나 숙박시설의 용도로 쓰는 건축물
• 다가구주택은 공동주택이 아님

74 다음 중 지능형 건축물로 인증을 받은 경우 건축법 완화적용에 해당되지 않는 것은?

① 조경설치 면적 ② 용적률
③ 건폐율   ④ 건축물의 높이

해설

[건축법 완화적용]
[건축법] 제65조의2(지능형건축물의 인증)
⑥ 허가권자는 지능형건축물로 인증을 받은 건축물에 대하여 제42조에 따른 조경설치면적을 100분의 85까지 완화하여 적용할 수 있으며, 제56조 및 제60조에 따른 용적률 및 건축물의 높이를 100분의 115의 범위에서 완화하여 적용할 수 있다.

정답 ● 72 ① 73 ③ 74 ③

75 비상경보설비를 설치하여야 하는 특정소방대상물의 연면적 기준은? (단, 특정소방대상물이 판매시설인 경우)

① 400 m² 이상
② 600 m² 이상
③ 1500 m² 이상
④ 3500 m² 이상

해설

[비상경보설비]
[소방시설설치 및 관리에 관한 법률 시행령]
별표 4 : 특정소방대상물의 관계인이 특정소방대상물에 설치·관리해야 하는 소방시설의 종류
나. 비상경보설비를 설치해야 하는 특정소방대상물(모래·석재 등 불연재료 공장 및 창고시설, 위험물 저장 및 처리 시설 중 가스시설, 사람이 거주하지 않거나 벽이 없는 축사 등 동물 및 식물 관련 시설 및 지하구는 제외한다)은 다음의 어느 하나에 해당하는 것으로 한다.
1) 연면적 400 m² 이상인 것은 모든 층
2) 지하층 또는 무창층의 바닥면적이 150 m²(공연장의 경우 100 m²) 이상인 것은 모든 층
3) 터널로서 길이가 500 m 이상인 것
4) 50명 이상의 근로자가 작업하는 옥내 작업장

76 기계설비법상 기계설비성능점검업을 등록한 자는 등록한 사항이 변경된 경우에는 변경등록을 하여야 한다. 그 내용에 해당하지 않는 것은?

① 영업소 소재지
② 기술자명부
③ 상호
④ 대표자

해설

[변경등록]
[기계설비법 시행령]
제18조(기계설비성능점검업의 변경등록 사항) 법 제21조제2항에서 "대통령령으로 정하는 사항"이란 다음 각 호의 어느 하나에 해당하는 사항을 말한다.
1. 상호
2. 대표자
3. 영업소 소재지
4. 기술인력

77 다음은 건축물의 에너지 절약설계기준에 따른 설계용 실내온도 조건에 관한 기준 내용이다. ( ) 안에 알맞은 것은?

> 난방 및 냉방설비의 용량계산을 위한 설계기준 실내온도는 난방의 경우 (㉠), 냉방의 경우 (㉡)를 기준으로 하되(목욕장 및 수영장은 제외) 각 건축물 용도 및 개별 실의 특성에 따라 별표 8에서 제시된 범위를 참고하여 설비의 용량이 과다해지지 않도록 한다.

① ㉠ 18 ℃, ㉡ 25 ℃
② ㉠ 18 ℃, ㉡ 28 ℃
③ ㉠ 20 ℃, ㉡ 25 ℃
④ ㉠ 20 ℃, ㉡ 28 ℃

정답 75 ① 76 ② 77 ④

해설

[기계부문의 권장사항]
[건축물의 에너지절약설계기준]
제9조(기계부문의 권장사항)
에너지절약계획서 제출대상 건축물의 건축주와 설계자 등은 다음 각 호에서 정하는 사항을 제15조의 규정에 적합하도록 선택적으로 채택할 수 있다.
1. 설계용 실내온도 조건
   난방 및 냉방설비의 용량계산을 위한 설계기준 실내온도는 난방의 경우 20 ℃, 냉방의 경우 28 ℃를 기준으로 하되(목욕장 및 수영장은 제외) 각 건축물 용도 및 개별 실의 특성에 따라 별표 8에서 제시된 범위를 참고하여 설비의 용량이 과다해지지 않도록 한다.

78 장례식장의 집회실로서 그 바닥면적이 200 m² 이상인 경우 반자의 높이는 최소 얼마 이상이어야 하는가? (단, 기계환기장치를 설치하지 않은 경우)

① 2.1 m　② 2.7 m
③ 3.5 m　④ 4 m

해설

[반자높이]
[건축물의 피난·방화구조 등의 기준에 관한 규칙]
제16조(거실의 반자높이)
① 영 제50조의 규정에 의하여 설치하는 거실의 반자(반자가 없는 경우에는 보 또는 바로 윗층의 바닥판의 밑면 기타 이와 유사한 것을 말한다. 이하 같다)는 그 높이를 2.1미터 이상으로 하여야 한다.

② 문화 및 집회시설(전시장 및 동·식물원은 제외한다), 종교시설, 장례식장 또는 위락시설 중 유흥주점의 용도에 쓰이는 건축물의 관람실 또는 집회실로서 <u>그 바닥면적이 200제곱미터 이상인 것의 반자의 높이는</u> 제1항에도 불구하고 <u>4미터</u>(노대의 아랫부분의 높이는 2.7미터) <u>이상이어야 한다.</u> 다만 기계환기장치를 설치하는 경우에는 그렇지 않다.

79 건축물의 용도에 따른 승용승강기의 최소 설치 대수가 옳지 않은 것은? (단, 6층 이상의 거실면적 합계가 3000 m²이며, 15인승 승강기를 설치하는 경우)

① 위락시설 : 1대
② 업무시설 : 1대
③ 숙박시설 : 2대
④ 문화 및 집회시설 중 공연장 : 2대

해설

[승용승강기의 최소 설치 대수]
[건축물의 설비기준 등에 관한 규칙]
별표 1의2(승용 승강기의 설치기준)

건축물의 용도	6층 이상의 거실 면적의 합계 3천 제곱미터 이하	3천 제곱미터 초과
1. 가. <u>문화 및 집회시설</u>(공연장·집회장 및 관람장만 해당한다) 나. 판매시설 다. 의료시설	2대	2대에 3천 제곱미터를 초과하는 2천 제곱미터 이내마다 1대를 더한 대수

정답 ● 78 ④　79 ③

건축물의 용도	6층 이상의 거실 면적의 합계	3천 제곱미터 이하	3천 제곱미터 초과
2. 가. 문화 및 집회시설(전시장 및 동·식물원만 해당한다) 나. 업무시설 다. 숙박시설 라. 위락시설		1대	1대에 3천 제곱미터를 초과하는 2천 제곱미터 이내마다 1대를 더한 대수
3. 가. 공동주택 나. 교육연구시설 다. 노유자시설 라. 그 밖의 시설		1대	1대에 3천 제곱미터를 초과하는 3천 제곱미터 이내마다 1대를 더한 대수

80 다음의 창문 등의 차면시설의 설치에 관한 기준 내용 중 ( ) 안에 알맞은 것은?

> 인접 대지경계선으로부터 직선거리 ( ) 이내에 이웃 주택의 내부가 보이는 창문 등을 설치하는 경우에는 차면시설을 설치하여야 한다.

① 1 m ② 2 m
③ 3 m ④ 4 m

해설

[차면시설]
[건축법 시행령]
제56조(창문 등의 차면시설)
인접 대지경계선으로부터 직선거리 2미터 이내에 이웃 주택의 내부가 보이는 창문 등을 설치하는 경우에는 차면시설(遮面施設)을 설치하여야 한다.

정답 80 ②

CBT 모의고사 제5회

1과목 건축설비계획

01
기온, 기류 및 주위 벽면온도의 3요소의 조합과 체감과의 관계를 나타내는 열환경 지표는?

① 유효온도 ② 불쾌지수
③ 등온지수 ④ 작용온도

해설
[작용온도]
- 실내 공기 환경이 인체의 생리면에 미치는 영향을 고려한 척도
- 작용온도 요소 : 기온, 기류, 복사열
- 주위 벽면온도 = 복사열 영향 요소

02
건구온도 30 ℃, 수증기 분압 1.69 kPa인 습공기의 상대습도는? (단, 30 ℃ 포화공기의 수증기 분압은 4.23 kPa이다)

① 20 % ② 30 %
③ 40 % ④ 50 %

해설
[상대습도]
$$\phi = \frac{P_w}{P_s} \times 100\ \% = \frac{1.69}{4.23} \times 100\% = 39.95\%$$

03
습공기선도의 표시사항에 속하지 않는 것은?

① 엔탈피 ② 건구온도
③ 상대습도 ④ 엔트로피

해설
[습공기선도의 주요 표시 항목]
- 건구온도(Dry-bulb Temperature)
- 습구온도(Wet-bulb Temperature)
- 노점온도(Dew-point Temperature)
- 비체적(Specific Volume)
- 엔탈피(Enthalpy)
- 절대습도(습공기 중 수분량)
- 상대습도(Relative Humidity)
- 습도비(Humidity Ratio)

04
광속이 3000 lm인 백열전구로부터 1 m 떨어진 책상에서 조도가 400 lx로 측정되었다. 이 책상을 백열전구로부터 2 m 떨어진 곳에 놓았을 때 조도는?

① 200 lx ② 100 lx
③ 50 lx ④ 40 lx

해설
[조도]
- 단위 면적에 도달하는 빛의 양
- 1 lux(lx) = 1 lm/m^2
- 조도는 거리 제곱에 반비례한다.

$\therefore \dfrac{400}{2^2} = 100$

정답 01 ④ 02 ③ 03 ④ 04 ②

※ 3000 lm은 전구에서 사방으로 방출되는 총 광속으로 책상에 도달하는 건 그 중 일부일 뿐이다.

05 온도계 A와 물체 B가 열평형에 있고, 온도계 A와 물체 C가 열평형에 있다면, 물체 B와 물체 C의 관계는?

① 열평형이다.
② 압력이 같다.
③ 부피가 같다.
④ 엔트로피가 같다.

■ 해설
[열역학 제0법칙]
• 열평형법칙
• A가 B와 열평형 상태이고, B가 C와 열평형 상태이면, A와 C도 열평형 상태에 있다.

06 다음 중 유리창에 의한 일사 냉방부하 산정과 가장 관계가 먼 것은?

① 위도　　　　② 창의 유리 면적
③ 차폐의 종류　④ 열관류율

■ 해설
[유리창 일사부하 산정]
• 위도 : 태양 고도, 일사량과 직결
• 창의 유리 면적 : 면적이 넓을수록 일사 취득열 많음
• 차폐의 종류 : 블라인드, 차양, 커튼 등에 따라 투과 일사량 달라짐

07 남향의 외벽 면적 100 m²에 대한 난방시 관류에 의한 손실열량은? (단, 벽체의 열관류율은 0.5 W/m²·K, 실내외온도는 각각 26 ℃, 0 ℃이며 복사에 대한 외기의 온도보정은 없다.

① 960 W　　　② 1300 W
③ 1820 W　　④ 2380 W

■ 해설
[손실열량]
$Q = K \cdot A \cdot \Delta t = 0.5 \times 100 \times (26 - 0) = 1,300$ W

08 다음 중 남측 유리창을 통한 일사량이 가장 많을 때는?

① 5월　　　　② 7월
③ 9월　　　　④ 12월

■ 해설
[일사량]
남향 유리창은 태양고도가 낮은 겨울철(12월)에 가장 많은 일사량을 받는다.

09 다음 중 외부존의 공조 조닝의 종류에 속하는 것은?

① 방위별 조닝
② 현열비별 조닝
③ 부하 특성별 조닝
④ 용도에 따른 시간별 조닝

해설

[외부존 조닝]
건물의 외부 방향(남향, 북향, 동향, 서향 등)에 따라 일사(태양복사)에 의한 열부하가 다르므로, 이를 기준으로 나누는 방식

---

10 내경이 150 mm인 직선배관에 0.06 m³/sec의 물이 흐를 때, 배관길이가 100 m일 경우 관 내 마찰손실수두는? (단, 마찰손실계수 f = 0.03)

① 1.2 m ② 3.4 m
③ 5.9 m ④ 11.8 m

해설

[관 내 마찰손실수두]
$Q = AV$
$0.06 = \frac{\pi}{4}(0.15)^2 \times V$
$V = 3.395 \, m/s$
$h = f\frac{L}{D}\frac{V^2}{2g} = 0.03 \times \frac{100}{0.15} \times \frac{3.395^2}{2 \times 9.8} = 11.76$

---

11 실내공기 오염을 평가하는 종합적인 지표로서 이산화탄소 농도를 사용하는 가장 주된 이유는?

① 이산화탄소가 인체에 가장 유해함
② 이산화탄소의 측정이 비교적 쉬움
③ 이산화탄소의 양이 다른 오염물질보다 많음
④ 이산화탄소의 양에 비례해서 다른 오염원의 정도가 변화된다고 판단됨

해설

[실내공기 오염]
- 이산화탄소는 인체 대사활동(호흡)에서 항상 배출됨
- 실내에 사람이 많고 환기가 부족하면 이산화탄소의 농도가 상승하여 환기 부족의 지표가 됨
- 사람의 활동과 함께 발생하는 다른 오염물질(체취, VOC, 미세먼지 등)의 축적 정도와 비슷한 경향을 보임

---

12 다음 중 반드시 상수를 사용하지 않아도 되는 것은?

① 세면용   ② 음료용
③ 기계냉각수 ④ 의복 세탁용

해설

[상수를 사용해야 하는 것]
- 세면용, 음료용, 의복 세탁용은 모두 인체와 접촉하거나 섭취되는 경우이므로 상수를 써야 한다.
- 기계냉각수는 공업용수나 재이용수 등을 활용할 수 있다.

---

13 수압 0.1 MPa은 수두 얼마에 해당하는가?

① 0.1 mAq ② 1 mAq
③ 10 mAq   ④ 15 mAq

해설

[수압(P)과 수두(H)]
H mAq = 100 × P MPa
       = 100 × 0.1 MPa = 10 mAq
- 1 MPa = 10 kgf/cm² = 100 mAq
        = 1000 kPa = 1000000 Pa

정답 ▶ 10 ④ 11 ④ 12 ③ 13 ③

14 다음 중 간접배수로 하지 않아도 되는 것은?

① 세탁기에서의 배수
② 세면기에서의 배수
③ 냉각탑에서의 배수
④ 식기세정기에서의 배수

해설

[간접배수와 직접배수]
- 직접배수 : 위생기구와 배수관이 연결된 일반 위생기구에서의 배수
  - 세면기 : 일반 위생기구로 오염도가 크지 않아 직접배수도 가능하다.
- 간접배수 : 냉장고, 세탁기, 음료기, 공기정화기 등에서 배수방식으로 기구의 오염을 막기 위해 일반배수관으로 직접 연결하지 않고, 물받이 사이에 공간을 두어 공기 중에 노출시켰다가 배수관으로 흘려보내는 배수
  - 냉각탑은 단순한 "기계 배수"가 아니라, 오염된 순환수가 대량으로 배출되는 설비라서 반드시 간접배수를 해야 한다.

15 음의 성질에 관련된 용어에 대한 설명 중 틀린 것은?

① 파동이 진행 중에 장애물이 있으면 직진하지 않고 그 뒤쪽으로 돌아가는 현상을 회절이라 한다.
② 진동수가 조금 다른 두 음이 간섭에 의해서 생기는 현상을 울림이라 한다.
③ 발음체로부터 나오는 음파를 다른 물체가 흡수하여 같이 소리를 내는 현상을 간섭이라 한다.
④ 실내에서 음을 갑자기 멈추면 그 음이 수 초간 남아 있는 현상을 잔향이라 한다.

해설

[음의 성질]
- 공명(공진) : 발음체의 음파를 다른 물체가 흡수해 같은 소리를 내는 현상
- 간섭 : 두 개 이상의 파동(음파, 빛, 물결 등) 이 같은 공간에서 동시에 겹쳐질 때, 그 위상이 어떻게 맞느냐에 따라 파동의 세기가 강해지거나 약해지는 현상

16 다음 중 입면도에 속하지 않는 것은?

① 정면도   ② 측면도
③ 배면도   ④ 단면도

해설

[입면도]
건축물이나 설비를 외부에서 바라본 모양을 나타내는 도면
- 정면도 : 건축물의 앞면을 나타낸 입면도
- 측면도 : 건축물의 옆면을 나타낸 입면도
- 배면도 : 건축물의 뒷면을 나타낸 입면도
- 단면도는 건축물을 수직으로 절단하여 내부 구조를 나타내는 도면이다.

17 다음 겨냥도에 알맞은 평면도는 무엇인가?

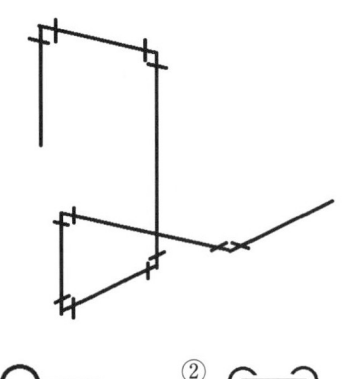

① 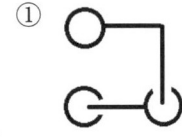 ②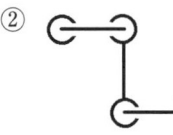

③ 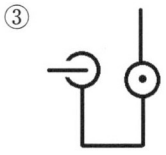 ④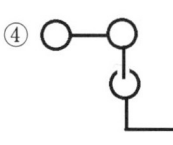

해설
[평면도]
알맞은 평면도는 ②이다.

18 건조공기의 조성 중 질소(N_2), 산소(O_2) 다음으로 많은 성분은

① 아르곤 ② 탄산가스
③ 네온   ④ 헬륨

해설
[건조공기의 조성]

성분	N_2	O_2	Ar	CO_2
용적 조성 (%)	78.09	20.95	0.93	0.03
중량 조성 (%)	75.53	23.14	1.28	0.05

19 습윤공기의 상태에 대한 설명 중 옳은 것은?

① 공기를 가열하면 상대습도는 높아진다.
② 공기의 습구온도는 건구온도보다 높다.
③ 공기를 냉각하면 절대습도는 낮아진다.
④ 건구온도와 습구온도가 동일하면 상대습도는 100 %가 된다.

해설
[습윤공기의 상태]
- 공기를 가열하면 공기의 수증기 포화능력이 커지므로, 같은 수증기량일 때 상대습도는 낮아진다.
- 습구온도는 증발 냉각 효과 때문에 항상 건구온도보다 같거나 낮다.
- 냉각만으로는 절대습도(공기 1 kg 중 포함된 수증기량)는 변하지 않는다.
- 이슬점 이하로 냉각하면 응축이 발생하여 절대습도가 줄어든다.
- 습구온도는 증발로 인한 냉각 효과를 반영한 온도이므로, 건구온도와 같다는 것은 증발이 일어나지 않는 상태, 즉 공기가 포화 상태(상대습도 100 %)임을 의미한다.

20 다음 중 일반적으로 도면에 표시하는 치수의 단위는?

① mm ② cm
③ inch ④ 자(尺)

해설
[도면의 단위]
치수는 밀리미터(mm)를 단위로 하며, 일반적으로 "mm"라는 단위를 도면에 따로 쓰지 않고 숫자만 표기한다.

2과목 건축설비설계

1회독 시간: 점수:
2회독 시간: 점수:
3회독 시간: 점수:

21 배수배관에서 트랩의 가장 주된 역할은?

① 배수관 내의 유속을 조정한다.
② 급수관 내의 급수 흐름을 원활히 한다.
③ 유도 사이펀 작용에 의한 봉수 파괴를 방지한다.
④ 배수관 내의 악취나 가스가 실내로 유입되는 것을 방지한다.

해설
[배수배관에서 트랩의 가장 주된 역할]
트랩(Trap)은 배수기구와 배수관 사이에 설치되는 장치로, 일정한 높이의 물(봉수, 水封)을 유지하여 실내 위생을 지키는 중요한 역할을 한다.
트랩의 주된 역할은 배수관 내 악취나 유해가스, 해충의 유입을 방지하는 것이다.

22 복사난방에 관한 설명으로 옳지 않은 것은?

① 실내 상하의 온도차가 적다.
② 열용량이 작기 때문에 간헐난방에 적합하다.
③ 천정고가 높은 공간에서도 난방감을 얻을 수 있다.
④ 실내에 방열기를 설치하지 않으므로 바닥이나 벽면을 유용하게 이용할 수 있다.

정답 20 ① 21 ④ 22 ②

[해설]

[복사난방]
② 축열에 의한 열용량이 크기 때문에 간헐난방에 부적합하다.

23 공기조화기 내 냉각코일은 통과하는 공기와 열교환을 하게 된다. 이와 관련된 설명으로 옳지 않은 것은?

① 바이패스 팩트와 컨택트 팩트의 곱은 1이다.
② 코일 핀의 형상에 따라 바이패스 팩트의 곱은 1이다.
③ 냉각코일의 열수가 많을수록 바이패스 팩트는 작아진다.
④ 냉각코일을 통과하는 공기의 속도가 빠를수록 바이패스 팩트는 커진다.

[해설]

[바이패스 팩터]
공기조화기(AHU)의 냉각코일에서는 공기와 냉수가 열교환을 하게 된다. 이때 코일을 통과하는 공기 중 일부는 코일 표면과 접촉하지 않고 그냥 지나가는데, 이를 바이패스 팩터(Bypass Factor, BF)라 한다. 반대로 코일과 실제로 접촉하여 열교환을 한 부분은 컨택트 팩터(CF : Contact Factor)라 한다.
① 바이패스 팩트와 컨택트 팩트의 합은 1이다.
　(BF + CF = 1)

24 펌프 1개를 운전하는 경우와 비교한 펌프 2개를 병렬로 연결하여 운전하는 경우에 관한 설명으로 옳은 것은? (단, 배관의 마철저항은 없으며, 펌프는 동일한 특성을 갖는다)

① 유량과 양정 모두 2배가 된다.
② 유량은 변하지 않고 양정이 2배가 된다.
③ 양정은 변하지 않고 유량이 2배가 된다.
④ 유량과 양정은 모두 변하지 않고 동일하다.

[해설]

[펌프의 직·병렬 운전]
1) 펌프 2대의 직렬 운전
　⑴ 동일 성능의 펌프를 직렬로 연결하여 운전
　⑵ 유량은 거의 변화 없고 양정만 2배 정도 증가
2) 펌프 2대의 병렬 운전
　⑴ 동일 성능의 펌프를 병렬로 연결하여 운전
　⑵ 양정은 거의 변화 없고 유량만 2배 정도 증가

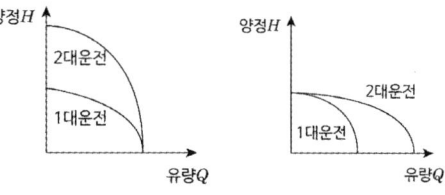

[펌프 2대 직렬 운전]　[펌프 2대 병렬 운전]

25 대변기의 세정방식 중 세정 밸브식에 관한 설명으로 옳지 않은 것은?

① 소음이 큰 편이다.
② 수압의 제한이 있다.
③ 연속사용이 가능하다.
④ 급수오염의 우려가 없다.

해설

[세정 밸브식]
세정 밸브식은 상부에 물탱크를 두지 않고, 수도관의 수압을 직접 이용하여 세정수를 공급하는 방식이다.
④ 급수관과 변기 사이가 직접 연결되므로 역류·오염 우려가 있다.

26 통기관에 관한 설명으로 옳지 않은 것은?

① 습통기관은 통기의 목적 외에 배수관으로도 이용되는 부분을 말한다.
② 결합통기관은 배수수직관 내의 압력 변화를 방지 또는 완화하기 위해 설치한다.
③ 도피통기관은 각개통기방식에서 담당하는 기구수가 많은 경우 발생하는 하수가스를 도피시키기 위하여 통기수직관에 연결시킨 관이다.
④ 신정통기관은 최상부의 배수수평관이 배수수직관에 접속된 위치보다도 더욱 위로 배수수직관을 끌어올려 대기 중에 개구하여 통기관으로 사용하는 부분이다.

해설

[도피통기관]
도피통기관은 가장 아래층 기구에서 오수 넘침을 방지하기 위함

※ 통기관
1) 결합통기관 : 배수수직관과 통기수직관을 연결
2) 각개통기관 : 각 위생기구별 개별 통기관
3) 공용통기관 : 다수 기구의 배수통기관을 공용으로 하는 방식
4) 신정통기관 : 배수수직관을 지붕 위까지 그대로 연장하여 통기관으로 사용하는 방식
5) 회로통기관 : 여러 개의 위생기구를 하나의 통기관으로 연결하는 방식

27 음료용 급수의 오염원인에 따른 방지대책으로 옳지 않은 것은?

① 정체수 : 적정한 탱크 용량으로 설계한다.
② 조류의 증식 : 투광성 재료로 탱크를 제작한다.
③ 크로스 커넥션 : 각 계통마다의 배관을 색깔로 구분한다.
④ 곤충 등의 침입 : 맨홀 및 오버플로우관의 관리를 철저히 한다.

해설

[음료용 급수의 오염원인에 따른 방지대책]
투광성 재료는 광합성 조류의 번식을 키운다.
조류 증식을 방지하려면 불투광(차광) 재료를 사용해야 한다.

정답 25 ④   26 ③   27 ②

28 양수량이 600 L/min, 양정이 36 m인 양수펌프의 축동력은? (단, 펌프의 효율은 70 %이다)

① 4.5 kW ② 5.0 kW
③ 6.4 kW ④ 7.1 kW

해설

[펌프의 축동력]

$$P[kW] = \frac{1000HQ}{102\eta}$$

$$= \frac{1000 \times 36 \times \frac{0.6}{60}}{102 \times 0.7} = 5.04\,kW$$

29 배관설비에 사용되는 신축이음쇠의 종류에 속하지 않는 것은?

① 루프형   ② 플랜지형
③ 슬리브형 ④ 벨로우즈형

해설

[신축이음쇠의 종류]
플랜지는 유지보수를 위해 분해가 필요한 곳에 설치하는 배관이음

[플랜지(Flange)]

30 증기 또는 물을 고속으로 노즐로부터 분사하면 노즐 주위의 압력이 떨어지는 것을 이용하여 물을 흡상·양수하는 펌프는?

① 마찰펌프
② 제트펌프
③ 기어펌프
④ 볼류트펌프

해설

[제트펌프]
노즐에서 유체를 고속으로 분사하면, 베르누이 정리에 의해 분사된 유체 주위의 압력이 낮아진다. 이때 생긴 진공 작용을 이용하여 다른 유체를 흡입·이송하는 장치를 제트펌프(Jet Pump)라고 한다.
1) 원리
   (1) 동력 유체(증기, 물, 공기 등)를 노즐로 고속 분사
   (2) 노즐 주위 압력이 저하 → 다른 유체가 흡입됨 혼합 후 확산관에서 속도를 압력으로 변환하여 양수
2) 특징
   (1) 구조가 간단하고 움직이는 부품이 없음
   (2) 깊은 우물 양수, 보일러 급수 보조, 진공 형성 등에 사용

31 다음 중 통기효과 측면에서 가장 이상적인 통기방식은?

① 습윤통기 ② 회로통기
③ 도피통기 ④ 각개통기

정답 ● 28 ② 29 ② 30 ② 31 ④

해설

[통기효과 측면에서 가장 이상적인 통기방식]

방식	설명	통기효과
습윤통기	배수관 자체를 통기관 겸용으로 사용하는 방식	간단하고 경제적이지만 효과는 낮음
회로통기	여러 위생기구를 하나의 루프형 통기관으로 연결	경제성은 있으나 개별 효과는 제한적
도피통기	수직 배수관의 중간 압력 완화를 위해 설치	보조적 효과
각개통기	모든 위생기구에 개별적으로 통기관 설치	통기효과 가장 우수(이상적 방식)

32 취출구의 취출기류 4영역 중 취출거리의 대부분을 차지하며, 1차 공기(취출공기)가 취출풍속에 의해 도착되는 한계영역은?

① 제1영역 ② 제2영역
③ 제3영역 ④ 제4영역

해설

[취출기류의 속도분포]
- 제1영역 - 취출구의 최초 풍속을 유지하는 구간
- 제2영역 - 제1영역 이후 2차 공기가 유입되기 시작하는 사이 구간(취출속도는 거리의 제곱근에 반비례) - 천이구역
- 제3영역 - 2차 공기가 유입되기 시작하여 제4영역 전까지 취출속도가 거리에 반비례하는 구간
- 제4영역 - 취출기류의 에너지가 소모되고 주위로 확산되는 구간으로 도달거리의 마지막 구간

33 다음 설명에 알맞은 보일러의 출력 표시 방법은?

- 일반적으로 보일러 선정 시 기준이 된다.
- 연속해서 운전할 수 있는 보일러의 능력으로서 난방부하, 급탕부하, 배관부하, 예열부하의 합이다.

① 정격출력 ② 상용출력
③ 정미출력 ④ 과부하출력

해설

[보일러의 출력]
- 정미출력 = 난방부하 + 급탕부하
- 상용출력 = 정미출력 + 배관부하
- 정격출력 = 상용출력 + 예열부하
- 과부하출력 = 정격출력의 1.1 ~ 1.2

과부하출력은 운전 초기나 과부하 발생 시 출력

34 국소식 급탕방법에 관한 설명으로 옳지 않은 것은?

① 배관 및 기기로부터의 열손실이 많다.
② 건물완공 후에도 급탕개소의 증설이 비교적 쉽다.
③ 급탕개소마다 가열기의 설치 스페이스가 필요하다.
④ 주택 등에서는 난방 겸용의 온수보일러, 순간 온수기를 사용할 수 있다.

해설

[국소식 급탕방법]
급탕개소에 직접 가열기를 설치하는 방식 → 배관 짧음 → 열손실 적음

35 단일덕트 정풍량방식에 관한 설명으로 옳은 것은?

① 전수방식의 특성이 있다.
② 중간기에 외기냉방이 가능하다.
③ 냉풍과 온풍을 혼합하는 혼합상자가 필요하다.
④ 부하특성이 다른 다수의 실의 공조에 적합하다.

해설

[단일덕트 정풍량방식]
단일덕트 정풍량방식은 전공기방식의 특성, 중간기에 외기냉방이 가능하다. 냉풍과 온풍을 혼합하는 혼합상자가 필요한 방식은 이중덕트방식이다.

36 공기조화방식 중 단일덕트 변풍량방식(V.A.V System)에 관한 설명으로 옳은 것은?

① 전수방식의 특성이 있다.
② 페리미터 존 보다는 인테리어 존에 적합하다.
③ 각 실이나 존의 온도를 개별 제어할 수 없다.
④ 실내부하가 적어지면 송풍량이 적어지므로 실내공기의 오염도가 높아진다.

해설

[단일덕트 변풍량방식(V.A.V System)]
변풍량방식은 전공기방식으로 부하변동이 큰 존에 적합하다(강당, 실내체육관). 실내부하가 적어지면 송풍량이 적어지므로 실내공기의 오염도는 증가한다.

37 습공기에 관한 설명으로 옳지 않은 것은?

① 습공기를 가열할 경우 상대습도는 낮아진다.
② 절대습도가 커질수록 수증기 분압은 커진다.
③ 습공기의 비체적은 건구온도가 높을수록 작아진다.
④ 건습구온도차가 클수록 습공기의 상태습도는 낮아진다.

해설

[습공기]
온도가 높을수록 공기는 팽창하므로, 수증기의 비체적은 커진다.

38 다음 중 냉난방 설계용 외기온도 설정 시 TAC온도를 적용하는 이유와 가장 관계가 먼 것은?

① 에너지 절약
② 합리적인 적용
③ 과대 장치용량 지양
④ 혹한기나 혹서기 대비

해설

[TAC 온도(Thermal Acceptable Condition 온도, 통계적 설계 외기조건)]
TAC 온도는 과거 수년간의 기상데이터를 토대로 일정 확률에 해당하는 외기조건을 설정한 값이다. 설계 시 가장 극한의 조건(혹한기, 혹서기)을 기준으로 하면 설비 용량이 지나치게 커져 비경제적·비효율적이 된다. 따라서 TAC 온도 적용의 목적은 다음과 같다.

정답 ● 35 ② 36 ④ 37 ③ 38 ④

1) 에너지 절약 → 불필요하게 큰 장치 가동을 줄임
2) 합리적 적용 → 통계적으로 타당한 기상 조건을 반영
3) 과대 장치 용량 지양 → 초기 투자비와 운전비 절감

반면, 혹한기나 혹서기 대비는 TAC 온도 설정과는 거리가 멀다.

39 온수난방 배관에서 역환수방식(Reverse Return System)을 채택하는 가장 주된 이유는?

① 재료비 절감 ② 수격작용 방지
③ 펌프동력 절감 ④ 균등한 유량분배

해설

[역환수방식(= 리버스리턴방식)]
각 유닛마다 온수 공급관에서부터 환수관까지의 총 길이를 동일하게 하므로 배관저항이 같게 되어 각 유닛에 유량 공급도 균일하다.

보충 역환수방식 채택 이유 : 온수의 유량분배를 균일하게 하기 위하여

40 공기조화기의 에어필터에 관한 설명으로 옳지 않은 것은?

① 송풍기의 흡입 측이면서 코일의 흡입 측에 설치한다.
② 필터에 공기의 흐름방향이 있는 경우에는 역방향으로 설치한다.
③ 필터의 설치 위치 전후에는 점검과 보수를 위한 충분한 공간과 점검문을 설치한다.
④ 유닛형 필터를 여러 개 조합하여 설치하는 경우에는 지그재그로 하여 통과면적을 크게 한다.

해설

[공기조화기의 에어필터]
② 필터에 공기의 흐름방향이 있는 경우에는 순방향으로 설치한다. 역방향 설치 시 여과 성능 저하, 압력손실 증가, 필터 손상 위험이 있다.

정답 39 ④ 40 ②

3과목 전기설비 및 소방시설 일반

1회독 시간 :   점수 :
2회독 시간 :   점수 :
3회독 시간 :   점수 :

41 조도계산방식 중 광원에서 나온 전광속이 작업면에서 비춰지는 비율(조명률)에 의해 평균조도를 구하는 것으로 실내전반 조명설계에 사용되는 것은?

① 광속법   ② 광도법
③ 배광법   ④ 축점법

해설
[조명설계]
광원에서 나온 전 광속이 작업면에서 비춰지는 비율(조명률)에 의해 평균조도를 구하는 것으로 조명기구의 배광, 방의 형상, 천정, 벽, 마루의 반사율, 조명기구 등을 고려하여 종합적 판단을 할 수 있는 방법으로 보편적으로 쓰임

42 전기용접기의 주된 원리는 무엇을 응용한 것인가?

① 전자력   ② 자기유도
③ 전자유도 ④ 줄(Joule)열

해설
[줄열]
전기 저항을 이용하여 발생하는 줄열을 이용하여 금속을 국부적으로 가열, 융해시키는 접합장치임

43 자동화재탐지설비의 하나의 경계구역의 길이는 최대 얼마 이하로 하는가? (단, 해당 특정소방대상물의 주된 출입구에서 그 내부 전체가 보이는 것 제외)

① 150m   ② 30 m
③ 50 m   ④ 60 m

해설
[경계구역]
특정소방대상물 중 화재신호를 발신하고 그 신호를 수신 및 유효하게 제어할 수 있는 구역
① 하나의 경계구역이 2개 이상의 건축물 및 각 층에 미치지 아니하도록 할 것(단, 500 m² 이하 범위 안에서는 2개 층을 하나의 경계구역으로 산정)
② 하나의 경계구역의 면적은 600 m² 이하, 한 변의 길이는 50 m 이하로 할 것(단, 주된 출입구에서 그 내부 전체가 보이는 것에 있어서는 한 변의 길이가 50 m의 범위 내에서 1000 m² 이하)

44 교류전압을 사용하는 전동기의 인덕턴스 성분인 코일에 관한 설명으로 옳은 것은?

① 주파수를 빠르게 한다.
② 코일에서는 전류보다 전압이 앞선다.
③ 코일에서는 전압보다 전류가 앞선다.
④ 용량성 저항으로 용량 리액턴스라 한다.

정답 41 ① 42 ④ 43 ③ 44 ②

해설

[코일]
- 주파수는 전원에서 정해지는 값임
- 코일에서는 전압이 전류보다 앞섬
- 코일은 유도성 리액턴스임

45 3대의 전동기에 모두 같은 크기의 전압을 인가하기 위한 결선방법은?

① 직렬결선
② 병렬결선
③ 직렬결선 1회로와 병렬결선 2회로
④ 직렬결선 2회로와 병렬결선 1회로

해설

[결선]
전동기의 임피던스, 저항 등 세부 조건이 없기 때문에 병렬결선

46 소화의 종류 중 화학적 소화에 속하는 것은?

① 질식소화
② 제거소화
③ 냉각소화
④ 부촉매소화

해설

[소화]

구분	소화	내용
물리적 소화	냉각 소화	• 점화원을 냉각하여 소화 • 주수로 물의 증발잠열(기화잠열)을 이용 • CO_2 소화설비 : 줄-톰슨효과에 의한 냉각 • 적용 : 스프링클러설비, 옥내·옥외소화전, 포소화설비 등
	질식 소화	• 산소 농도를 15 % 이하로 희박하게 하여 소화 • 유류화재에서의 포소화설비 • CO_2 소화설비 : 피복을 입혀 소화 • 적용 : 마른모래, 팽창질석, 팽창진주암
	제거 소화	• 가연물을 이동·제거하여 소화 • 적용 : 산림벌목, 촛불 끄기
화학적 소화	부촉매 소화	• 연쇄반응 차단에 의한 소화 • 적용 : 할론 소화설비, 청정할로겐 강화액 및 분말소화설비 등

47 제연설비의 비상전원에 관한 설명으로 옳지 않은 것은?

① 비상전원은 실내에 설치하지 않는다.
② 제연설비를 유효하게 20분 이상 작동할 수 있도록 한다.
③ 비상전원의 설치장소는 다른 장소와 방화구획으로 구획한다.
④ 상용전원으로부터 전력의 공급이 중단된 때에는 자동으로 비상전원으로부터 전력을 공급받을 수 있도록 한다.

정답 45 ② 46 ④ 47 ①

해설

[제연설비]
예비전원을 내장하지 않는 비상조명등의 비상전원은 자가발전설비, 축전지설비 또는 전기저장장치를 다음 각 목의 기준에 따라 설치할 것
① 점검 편리하고 화재 및 침수 등의 재해로 인한 피해를 받을 우려가 없는 곳에 설치
② 상용전원으로부터 전력의 공급이 중단된 때에는 자동으로 비상전원으로부터 전력을 공급받을 수 있도록 할 것
③ 비상전원의 설치장소는 다른 장소와 방화구획할 것(이 경우 그 장소에는 비상전원의 공급에 필요한 기구나 설비 외의 것을 두어서는 안 된다)
④ 비상전원을 실내에 설치하는 때에는 그 실내에 비상조명등을 설치할 것

48 콘덴서에서 극판의 면적을 4배로 증가시키면 정전용량은 몇 배가 되는가?

① 1.5배 ② 2배
③ 3배   ④ 4배

해설

[정전용량의 계산]
(1) 구도체의 정전용량 : $C = 4\pi\varepsilon r\,[F]$
  $r[m]$: 구도체의 반지름
(2) 평판도체의 정전용량 : $C = \varepsilon \dfrac{A}{d}\,[F]$
  $d[m]$: 극판의 간격
  $A[m^2]$: 면적
* 극판의 면적과 정전용량은 비례

49 다음은 옥외소화전설비의 호스접결구에 관한 기준내용이다. ( ) 안에 알맞은 것은?

> 호스접결구는 지면으로부터 높이가 0.5 m 이상 1 m 이하의 위치에 설치하고 특정소방대상물의 각 부분으로부터 하나의 호스접결구까지의 수평거리가 ( ) 이하가 되도록 설치하여야 한다.

① 30 m ② 40 m
③ 50 m ④ 60 m

해설

[옥외소화전설비]
① 호스접결구 : 지면으로부터 높이가 0.5 m 이상, 1 m 이하의 위치
② 수평거리 : 대상물의 각 부분으로부터 하나의 호스접결구까지 40 m 이하
③ 옥외소화전함의 호스와 노즐

호스의 구경	65 mm
노즐의 구경	19 mm

50 어떤 회로에서 유효전력 100 W, 무효전력 80 Var일 때 역률은?

① 78 % ② 80 %
③ 92 % ④ 97 %

정답 48 ④ 49 ② 50 ①

해설

[역률]

역률 = $\dfrac{\text{유효전력}}{\text{피상전력}} = \dfrac{\text{유효전력}}{\sqrt{\text{유효전력}^2 + \text{무효전력}^2}}$

$= \dfrac{100}{\sqrt{100^2 + 80^2}} = 0.78$

51 전기력선에 관한 설명으로 옳지 않은 것은?

① 전기력선은 교차하지 않는다.
② 양전하에서 나와 음전하로 들어간다.
③ 전기력선의 방향은 등전위면과 일치한다.
④ 전기력선의 밀도는 그 점에서의 전기장의 세기이다.

해설

[전기력선]
(1) 전기력선은 양전하의 표면에서 나와 음전하의 표면에서 끝난다.
(2) 전하가 없는 곳에서는 전기력선의 발생소멸이 없고 연속적이다.
(3) 임의의 점에서 전기력선의 접선방향은 그 점에서의 전계방향과 일치한다.
(4) 전기력선은 그 자신만으로 폐곡선이 되지 않으며 서로 교차하지 않는다.
(5) 전기력선은 도체의 표면(등전위면)에 수직으로 출입하며 도체 내부에는 전기력선이 없다.
(6) 단위전하에서는 $\dfrac{1}{\varepsilon_0}$ 개의 전기력선이 출입한다.
(7) 전위가 높은 점에서 낮은 점으로 향한다.

52 도선의 길이를 5배, 단면적을 5배로 크게 했을 때 전기저항의 크기는 어떻게 되는가?

① 2배 증가한다.
② 10배 증가한다.
③ 100배 증가한다.
④ 변하지 않는다.

해설

[저항]
도선의 저항은 길이에 비례하고 단면적에 반비례

• 수식 : $R = \rho \dfrac{l}{A} = \rho \dfrac{l}{\pi r^2}$

$= \rho \dfrac{l}{\pi \left(\dfrac{D}{2}\right)^2} = \rho \dfrac{l}{\dfrac{\pi D^2}{4}}$

$= \rho \dfrac{4l}{\pi D^2}$ [Ω]

$\rho\,[\Omega \cdot mm^2/m,\ \Omega \cdot m]$: 도선의 고유저항
$A\,[m^2]$: 도체의 단면적
$l\,[m]$: 도선의 길이
$r\,[m]$: 전선의 반경
$D\,[m]$: 전선의 직경

따라서 $R = \rho \dfrac{5l}{5A} = \rho \dfrac{l}{A}$ 이므로 변하지 않는다.

정답 51 ③ 52 ④

53 다음 설명에 알맞은 건축화 조명방식은?

> - 천장과 벽면의 경계구석에 등기구를 배치하여 조명하는 방식이다.
> - 천장과 벽면을 동시에 투사하는 실내 조명방식이다.

① 코너조명
② 코퍼조명
③ 광천장조명
④ 밸런스조명

해설

[조명]
- 코너조명 : 천정과 벽면의 경계구석, 즉 코너(모서리)에 등기구를 설치해서 천정과 벽면을 동시에 간접조명하는 방식
- 코퍼조명(코브조명) : 홈을 파서 등기구를 숨기고 간접적으로 비추는 조명
- 광천장조명 : 천장 전체를 광원으로 만드는 조명
- 밸런스조명 : 천정과 벽을 균형 있게 조명

54 다음의 설명에 알맞은 법칙은?

> 두 개의 전하 사이에 작용하는 전기력은 두 전하의 세기의 곱에 비례하고 거리의 제곱에 반비례한다.

① 옴의 법칙
② 렌츠의 법칙
③ 쿨롱의 법칙
④ 키르히호프의 제1법칙

해설

[쿨롱의법칙]

$$F = \frac{1}{4\pi r^2} \times \frac{Q_1 Q_2}{\varepsilon} \ [N]$$
$$= \frac{1}{4\pi\varepsilon_0 \varepsilon_s} \times \frac{Q_1 Q_2}{r^2} \ [N]$$
$$= 9 \times 10^9 \times \frac{Q_1 Q_2}{r^2} \ [N]$$

55 변압기에서 철심(Core)이 하는 역할은?

① 자속의 이동통로
② 전류의 이동통로
③ 전압의 이동통로
④ 전력량의 이동통로

해설

[변압기]
철심은 1차 코일에서 발생한 자속을 2차 코일로 전달해주는 자속의 통로 역할을 함

56 물분무소화설비에 관한 설명으로 옳지 않은 것은?

① 물의 입자를 미세하게 분무시키는 시스템이다.
② 물을 사용하므로 전기화재에는 적응성이 없다.
③ 냉각작용을 이용하여 소화효과를 얻을 수 있다.
④ 화재 시 발생하는 수증기에 의한 질식작용을 이용하여 소화효과를 얻을 수 있다.

정답 ● 53 ① 54 ③ 55 ① 56 ②

해설
[물분무소화설비]
미분무와 물분무소화설비는 물입자가 작으므로 절연성이 확보되어 C급 화재에 적응성이 있음

57 차동식 분포형 화재감지기에 속하지 않는 것은?

① 스폿식 2종 ② 공기관식 1종
③ 열전대식 2종 ④ 열반도체식 1종

해설
[감지기]

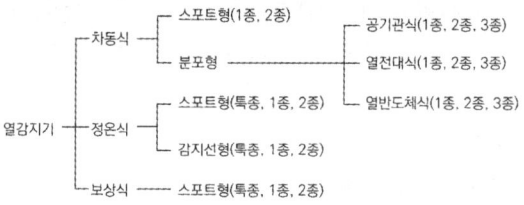

- 차동식 스포트형 : 일국소의 열효과를 검출하여 감지부와 검출부가 통합되어 있는 구조
- 차동식 분포형 : 넓은 범위의 열효과를 검출

58 경사도가 30° 이하인 에스컬레이터의 공칭속도는 최대 얼마 이하이어야 하는가?

① 0.25 m/s ② 0.5 m/s
③ 0.75 m/s ④ 1 m/s

해설
[승강기시설안전관리법]
에스컬레이터 공칭속도는 경사도 a가 30° 이하인 경우 0.75 m/s 이하, 경사도 a가 30°를 초과하고 35° 이하인 경우 0.5 m/s 이하

59 가압송수장치 또는 송수구 등과 직접 연결되어 소화수를 이송하는 주된 배관으로 정의되는 것은?

① 주배관
② 교차배관
③ 가지배관
④ 급수배관

해설
[스프링클러설비의 화재안전기술기준(NFTC 103)]
〈용어의 정의〉
1. "가지배관"이란 헤드가 설치되어 있는 배관을 말한다.
2. "교차배관"이란 가지배관에 급수하는 배관을 말한다.
3. "주배관"이란 가압송수장치 또는 송수구 등과 직접 연결되어 소화수를 이송하는 주된 배관을 말한다.
4. "신축배관"이란 가지배관과 스프링클러헤드를 연결하는 구부림이 용이하고 유연성을 가진 배관을 말한다.
5. "급수배관"이란 수원 또는 송수구 등으로부터 소화설비에 급수하는 배관을 말한다.

정답 ● 57 ① 58 ③ 59 ①

60 다음 설명에 알맞은 법칙은?

> 회로 내 임의의 한 점에 들어오고 나가는 전류의 합은 같다.

① 옴의 법칙
② 렌츠의 법칙
③ 플레밍의 오른손법칙
④ 키르히호프의 제1법칙

해설

[키르히호프의 제1법칙]
(1) 임의의 한 접속점을 기준으로 유입되는 전류와 유출되는 전류의 대수합은 0임
(2) 수식 표현
$I_1 + I_2 + I_3 - I_4 = 0$
$\sum I = 0$

4과목 | 건축설비 관련법규

1회독 시간: 점수:
2회독 시간: 점수:
3회독 시간: 점수:

61 건축법령상 초고층 건축물의 정의로 옳은 것은?

① 층수가 30층 이상이거나 높이가 100미터 이상인 건축물을 말한다.
② 층수가 40층 이상이거나 높이가 150미터 이상인 건축물을 말한다.
③ 층수가 50층 이상이거나 높이가 200미터 이상인 건축물을 말한다.
④ 층수가 30층 이상이거나 높이가 150미터 이상인 건축물을 말한다.

해설

[정의 – 초고층 건축물]
[건축법 시행령] 제2조(정의)
15. "초고층 건축물"이란 층수가 50층 이상이거나 높이가 200미터 이상인 건축물을 말한다.

62 다음은 건축물의 에너지 절약설계기준에 따른 기계부분의 의무사항 중 설계용 외기조건에 관한 기준 내용이다. ( ) 안에 알맞은 것은?

> 난방 및 냉방설비의 용량계산을 위한 외기조건은 냉방기 및 난방기를 분리한 온도 출현분포를 사용할 경우 각 지역별로 위험률 ( )로 한다.

① 1 %   ② 1.5 %
③ 2 %   ④ 2.5 %

정답 ● 60 ④ 61 ③ 62 ④

해설

[설계용 외기조건]
[건축물의 에너지절약설계기준]
제8조(기계부문의 의무사항)
에너지절약계획서 제출대상 건축물의 건축주와 설계자 등은 다음 각 호에서 정하는 기계부문의 설계기준을 따라야 한다.
1. 설계용 외기조건
    난방 및 냉방설비의 용량계산을 위한 외기조건은 각 지역별로 위험률 2.5 %(냉방기 및 난방기를 분리한 온도출현분포를 사용할 경우) 또는 1%(연간 총시간에 대한 온도출현 분포를 사용할 경우)로 하거나 별표 7에서 정한 외기온·습도를 사용한다. 별표 7 이외의 지역인 경우에는 상기 위험률을 기준으로 하여 가장 유사한 기후조건을 갖는 지역의 값을 사용한다. 다만 지역난방공급방식을 채택할 경우에는 산업통상자원부 고시 「집단에너지시설의 기술기준」에 의하여 용량계산을 할 수 있다.

63 세대수가 10세대인 주거용 건축물에 설치하는 음용수용 급수관의 지름은 최소 얼마 이상이어야 하는가?

① 30 mm ② 40 mm
③ 50 mm ④ 60 mm

해설

[음용수용 급수관 최소 지름]
[건축물의 설비기준 등에 관한 규칙]
별표 3 : 주거용 건축물 급수관의 지름

가구 또는 세대수	1	2~3	4~5	6~8	9~16	17 이상
급수관 지름의 최소기준 (밀리미터)	15	20	25	32	40	50

64 다음의 소방시설 중 소화활동설비에 속하지 않는 것은?

① 옥내소화전설비
② 비상콘센트설비
③ 연결송수관설비
④ 무선통신보조설비

해설

[소화활동설비]
[소방시설설치 및 관리에 관한 법률 시행령]
별표 1 : 소방시설
5. 소화활동설비 : 화재를 진압하거나 인명구조활동을 위하여 사용하는 설비로서 다음 각 목의 것
  가. 제연설비
  나. 연결송수관설비
  다. 연결살수설비
  라. 비상콘센트설비
  마. 무선통신보조설비
  바. 연소방지설비

65 건축물의 내부에 설치하는 피난계단의 구조에 관한 기준 내용으로 옳지 않은 것은?

① 계단실의 실내에 접하는 부분의 마감은 불연재료로 할 것
② 계단은 내화구조로 하고 피난층 또는 지상까지 직접 연결되도록 할 것
③ 건축물의 내부와 접하는 계단실의 창문 등의 면적은 각각 3 m² 이하로 할 것
④ 건축물의 내부에서 계단실로 통하는 출입구의 유효너비는 0.9 m 이상으로 할 것

정답 ● 63 ② 64 ① 65 ③

해설

[특별피난계단의 구조]
[건축물의 피난·방화구조 등의 기준에 관한 규칙]
제9조(피난계단 및 특별피난계단의 구조)
1. 건축물의 내부에 설치하는 피난계단의 구조
   가. 계단실은 창문·출입구 기타 개구부(이하 "창문등"이라 한다)를 제외한 당해 건축물의 다른 부분과 내화구조의 벽으로 구획할 것
   나. 계단실의 실내에 접하는 부분(바닥 및 반자 등 실내에 면한 모든 부분을 말한다)의 마감(마감을 위한 바탕을 포함한다)은 불연재료로 할 것
   다. 계단실에는 예비전원에 의한 조명설비를 할 것
   라. 계단실의 바깥쪽과 접하는 창문등(망이 들어 있는 유리의 붙박이창으로서 그 면적이 각각 1제곱미터 이하인 것을 제외한다)은 당해 건축물의 다른 부분에 설치하는 창문등으로부터 2미터 이상의 거리를 두고 설치할 것
   마. 건축물의 내부와 접하는 계단실의 창문등(출입구를 제외한다)은 망이 들어 있는 유리의 붙박이창으로서 그 면적을 각각 1제곱미터 이하로 할 것
   바. 건축물의 내부에서 계단실로 통하는 출입구의 유효너비는 0.9미터 이상으로 하고, 그 출입구에는 피난의 방향으로 열 수 있는 것으로서 언제나 닫힌 상태를 유지하거나 화재로 인한 연기 또는 불꽃을 감지하여 자동적으로 닫히는 구조로 된 영 제64조 제1항 제1호의 60분+ 방화문(이하 "60분+ 방화문"이라 한다) 또는 같은 항 제2호의 60분 방화문(이하 "60분 방화문"이라 한다)을 설치할 것. 다만 연기 또는 불꽃을 감지하여 자동적으로 닫히는 구조로 할 수 없는 경우에는 온도를 감지하여 자동적으로 닫히는 구조로 할 수 있다.
   사. 계단은 내화구조로 하고 피난층 또는 지상까지 직접 연결되도록 할 것

66 건축법령상 공동주택에 속하지 않는 것은?

① 기숙사 ② 연립주택
③ 다가구주택 ④ 다세대주택

해설

[정의]
[건축법 시행령] 별표 1 : 용도별 건축물의 종류
   다. 다가구주택 : 다음의 요건을 모두 갖춘 주택으로서 공동주택에 해당하지 아니하는 것을 말한다.
2. 공동주택
   가. 아파트 : 주택으로 쓰는 층수가 5개 층 이상인 주택
   나. 연립주택 : 주택으로 쓰는 1개 동의 바닥면적(2개 이상의 동을 지하주차장으로 연결하는 경우에는 각각의 동으로 본다) 합계가 660제곱미터를 초과하고, 층수가 4개 층 이하인 주택
   다. 다세대주택 : 주택으로 쓰는 1개 동의 바닥면적 합계가 660제곱미터 이하이고, 층수가 4개 층 이하인 주택(2개 이상의 동을 지하주차장으로 연결하는 경우에는 각각의 동으로 본다)
   라. 기숙사 : 다음의 어느 하나에 해당하는 건축물로서 공간의 구성과 규모 등에 관하여 국토교통부장관이 정하여 고시하는 기준에 적합한 것. 다만 구분소유된 개별 실(室)은 제외한다.

정답 66 ③

67 건축법령상 건축물과 해당 건축물의 용도가 옳게 연결된 것은?

① 의원 - 의료시설
② 도매시장 - 판매시설
③ 유스호스텔 - 숙박시설
④ 장례식장 - 묘지 관련 시설

해설

[용도별 건축물]
[건축법 시행령] - 별표 1 : 용도별 건축물의 종류
7. 판매시설
  가. 도매시장
  나. 소매시장
  다. 상점
9. 의료시설
  가. 병원(종합병원, 병원, 치과병원, 한방병원, 정신병원 및 요양병원을 말한다)
  나. 격리병원(전염병원, 마약진료소, 그 밖에 이와 비슷한 것을 말한다)
15. 숙박시설
  가. 일반숙박시설 및 생활숙박시설
  나. 관광숙박시설(관광호텔, 수상관광호텔, 한국전통호텔, 가족호텔, 호스텔, 소형호텔, 의료관광호텔 및 휴양 콘도미니엄)
  다. 다중생활시설
26. 묘지 관련 시설
  가. 화장시설
  나. 봉안당(종교시설에 해당하는 것은 제외한다)
  다. 묘지와 자연장지에 부수되는 건축물
  라. 동물화장시설, 동물건조장(乾燥葬)시설 및 동물 전용의 납골시설

68 축냉식 전기냉방설비의 설계기준 내용으로 옳지 않은 것은?

① 축열조는 보온을 철저히 하여 열손실과 결로를 방지해야 한다.
② 열교환기에서 점검을 위한 부분은 해체와 조립이 용이하도록 하여야 한다.
③ 열교환기는 시간당 최대냉방열량을 처리할 수 있는 용량 이상으로 설치하여야 한다.
④ 자동제어설비는 수동조작을 할 수 없도록 하여야 하며 감시기능 등을 갖추어야 한다.

해설

[축냉식 전기냉방설비]
[건축물의 냉방설비에 대한 설치 및 설계기준]
별표 1 : 축냉식 전기냉방설비의 설계기준

구분	설계기준
가. 냉동기	① 냉동기는 "고압가스 안전관리법 시행규칙" 제8조 별표 7의 규정에 따른 "냉동제조의 시설기준 및 기술기준"에 적합하여야 한다. ② 냉동기의 용량은 제4조에 근거하여 결정한다. ③ 부분축냉방식의 경우에는 냉동기가 축냉운전과 방냉운전 또는 냉동기와 축조의 동시운전이 반복적으로 수행하는 데 아무런 지장이 없어야 한다.

정답 ● 67 ② 68 ④

구분	설계기준
나. 축열조	① 축열조는 축냉 및 방냉운전을 반복적으로 수행하는 데 적합한 재질의 축냉재를 사용해야 하며, 내부청소가 용이하고 부식되지 않는 재질을 사용하거나 방청 및 방식처리를 하여야 한다. ② 축열조의 용량은 제5조에 근거하여 결정한다. ③ 축열조는 내부 또는 외부의 응력에 충분히 견딜 수 있는 구조이어야 한다. ④ 축열조를 여러 개로 조립하여 설치하는 경우에는 관리 또는 운전이 용이하도록 설계하여야 한다. ⑤ 축열조는 보온을 철저히 하여 열손실과 결로를 방지해야 하며, 맨홀 등 점검을 위한 부분은 해체와 조립이 용이하도록 하여야 한다.
다. 열교환기	① 열교환기는 시간당 최대냉방열량을 처리할 수 있는 용량 이상으로 설치하여야 한다. ② 열교환기는 보온을 철저히 하여 열손실과 결로를 방지하여야 하며, 점검을 위한 부분은 해체와 조립이 용이하도록 하여야 한다.
라. 자동 제어설비	자동제어설비는 축냉운전, 방냉운전 또는 냉동기와 축열조를 동시에 이용하여 냉방운전이 가능한 기능을 갖추어야 하고, 필요할 경우 수동조작이 가능하도록 하여야 하며 감시기능 등을 갖추어야 한다.

69 태양열을 주된 에너지원으로 이용하는 주택의 건축 면적 산정 시 이용하는 중심선의 기준으로 옳은 것은?

① 건축물의 외벽 경계선
② 건축물 기둥 사이의 중심선
③ 건축물 외벽 중 내측 내력벽의 중심선
④ 건축물의 외벽 중 외측 내력벽의 중심선

해설

[건축 면적 산정]
[건축법 시행규칙]
제43조(태양열을 이용하는 주택 등의 건축면적 산정방법 등)

① 영 제119조 제1항 제2호 나목 1) 및 3)에 따라 태양열을 주된 에너지원으로 이용하는 주택의 건축면적과 단열재를 구조체의 외기 측에 설치하는 단열공법으로 건축된 건축물의 건축면적은 건축물의 외벽 중 내측 내력벽의 중심선을 기준으로 한다. 이 경우 태양열을 주된 에너지원으로 이용하는 주택의 범위는 국토교통부장관이 정하여 고시하는 바에 따른다.

② 영 제119조 제1항 제2호 나목 2)에 따라 창고 또는 공장 중 물품을 입출고하는 부위의 상부에 설치하는 한쪽 끝은 고정되고 다른 끝은 지지되지 않은 구조로 된 돌출차양의 면적 중 건축면적에 산입하는 면적은 다음 각 호에 따라 산정한 면적 중 작은 값으로 한다.

1. 해당 돌출차양을 제외한 창고의 건축면적의 10퍼센트를 초과하는 면적
2. 해당 돌출차양의 끝부분으로부터 수평거리 6미터를 후퇴한 선으로 둘러싸인 부분의 수평투영면적

70 건축물의 냉방설비에 대한 설치 및 설계 기준상 다음과 같이 정의되는 것은?

> 포접화합물(Clathrate)이나 공융염(Eutectic Salt) 등의 상변화물질을 심야시간에 냉각시켜 동결한 후 그 밖의 시간에 이를 녹여 냉방에 이용하는 냉방설비

① 빙축열식 냉방설비
② 수축열식 냉방설비
③ 잠열축열식 냉방설비
④ 현열축열식 냉방설비

해설

[정의]
[건축물의 냉방설비에 대한 설치 및 설계기준]
제3조(정의)
2. "빙축열식 냉방설비"라 함은 심야시간에 얼음을 제조하여 축열조에 저장하였다가 그 밖의 시간에 이를 녹여 냉방에 이용하는 냉방설비를 말한다.
3. "수축열식 냉방설비"라 함은 심야시간에 물을 냉각시켜 축열조에 저장하였다가 그 밖의 시간에 이를 냉방에 이용하는 냉방설비를 말한다.
4. "잠열축열식 냉방설비"라 함은 포접화합물(Clathrate)이나 공융염(Eutectic Salt) 등의 상변화물질을 심야시간에 냉각시켜 동결한 후 그 밖의 시간에 이를 녹여 냉방에 이용하는 냉방설비를 말한다.

71 녹색건축물 인증 등급에서 우량등급은?

① 그린 1등급 ② 그린 2등급
③ 그린 3등급 ④ 그린 4등급

해설

[우량등급]
[녹색건축 인증에 관한 규칙]
제8조(인증기준 등)
① 녹색건축 인증은 해당 전문분야별로 국토교통부장관과 환경부장관이 공동으로 정하여 고시하는 인증기준에 따라 부여된 종합점수를 기준으로 심사하여야 한다.
② 녹색건축 인증 등급은 최우수(그린1등급), 우수(그린2등급), 우량(그린3등급) 또는 일반(그린4등급)으로 한다.
③ 인증기관의 장은 법 제21조 제2항에 따라 지정된 전문기관에서 운영하는 일정한 교육과정을 이수한 사람이 인증대상 건축물의 설계에 참여한 경우 또는 혁신적인 설계방식을 도입한 경우 등 녹색건축 관련 기술의 발전을 위하여 필요하다고 인정하는 경우에는 국토교통부장관과 환경부장관이 공동으로 정하여 고시하는 바에 따라 가산점을 부여할 수 있다.
④ 제1항에 따른 인증기준은 「건축법」 제22조에 따른 사용승인(이하 "사용승인"이라 한다) 또는 「주택법」 제49조에 따른 사용검사(이하 "사용검사"라 한다)를 받은 날부터 5년이 지난 건축물과 그 밖의 건축물로 구분하여 정할 수 있다.

72 다음의 소방시설 중 경보설비에 속하지 않는 것은?

① 비상방송설비
② 자동화재속보설비
③ 자동화재탐지설비
④ 무선통신보조설비

정답 ● 70 ③ 71 ③ 72 ④

해설

[경보설비]
[소방시설설치 및 관리에 관한 법률 시행령]
별표 1 : 소방시설
2. 경보설비 : 화재발생 사실을 통보하는 기계·기구 또는 설비로서 다음 각 목의 것
   가. 단독경보형 감지기
   나. 비상경보설비
     1) 비상벨설비
     2) 자동식 사이렌설비
   다. 자동화재탐지설비
   라. 시각경보기
   마. 화재알림설비
   바. 비상방송설비
   사. 자동화재속보설비
   아. 통합감시시설
   자. 누전경보기
   차. 가스누설경보기
※ 무선통신보조설비는 소방대가 사용하는 소방활동설비이다.

73 다음 중 건축기준의 허용오차로 옳지 않은 것은?

① 건축선의 후퇴거리 : 3 % 이내
② 건축물의 벽체두께 : 3 % 이내
③ 건축물의 출구너비 : 5 % 이내
④ 인접건축물과의 거리 : 3 % 이내

해설

[건축허용오차]
[건축법 시행규칙] - 별표 5 : 건축허용오차
1. 대지 관련 건축기준의 허용오차

항목	허용되는 오차의 범위
건축선의 후퇴거리	3퍼센트 이내
인접대지 경계선과의 거리	3퍼센트 이내
인접건축물과의 거리	3퍼센트 이내
건폐율	0.5퍼센트 이내(건축면적 5제곱미터를 초과할 수 없다)
용적률	1퍼센트 이내(연면적 30제곱미터를 초과할 수 없다)

2. 건축물 관련 건축기준의 허용오차

항목	허용되는 오차의 범위
건축물 높이	2퍼센트 이내(1미터를 초과할 수 없다)
평면길이	2퍼센트 이내(건축물 전체길이는 1미터를 초과할 수 없고, 벽으로 구획된 각 실의 경우에는 10센티미터를 초과할 수 없다)
출구너비	2퍼센트 이내
반자높이	2퍼센트 이내
벽체두께	3퍼센트 이내
바닥판두께	3퍼센트 이내

정답 73 ③

74 다음 중 건축물의 피난·방화구조 등의 기준에 관한 규칙상 거실의 용도에 따른 최소 조도 기준이 가장 높은 것은? (단, 바닥에서 85 cm의 높이에 있는 수평면의 조도)

① 집회(집회) ② 집무(설계)
③ 작업(포장) ④ 거주(독서)

해설

[최소 조도 기준]
[건축물의 피난·방화구조 등의 기준에 관한 규칙]
별표 1의3(거실의 용도에 따른 조도기준)

거실의 용도구분	조도구분	바닥에서 85센티미터의 높이에 있는 수평면의 조도(룩스)
1. 거주	독서·식사·조리	150
	기타	70
2. 집무	설계·제도·계산	700
	일반사무	300
	기타	150
3. 작업	검사·시험·정밀검사·수술	700
	일반작업·제조·판매	300
		150
	포장·세척	70
	기타	
4. 집회	회의	300
	집회	150
	공연·관람	70
5. 오락	오락일반	150
	기타	30

75 건축법의 정의에서 건축설비에 해당되지 않는 것은?

① 국기게양대
② 유선방송수신시설
③ 오물처리설비
④ 비상방송설비

해설

[건축설비]
[건축법] 제2조(정의)
4. "건축설비"란 건축물에 설치하는 전기·전화 설비, 초고속 정보통신 설비, 지능형 홈네트워크 설비, 가스·급수·배수(配水)·배수(排水)·환기·난방·냉방·소화(消火)·배연(排煙) 및 오물처리의 설비, 굴뚝, 승강기, 피뢰침, 국기 게양대, 공동시청 안테나, 유선방송 수신시설, 우편함, 저수조(貯水槽), 방범시설, 그 밖에 국토교통부령으로 정하는 설비를 말한다.

76 건축법령상 다음과 같은 건축물의 높이는? (단, 가로구역에서의 건축물의 높이 제한과 관련된 건축물의 높이)

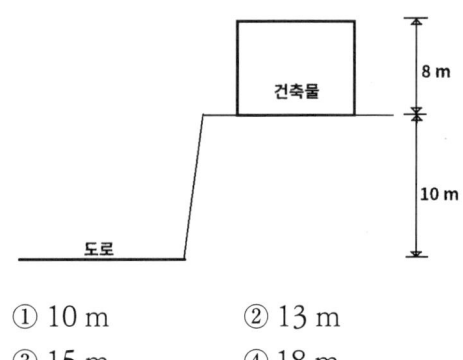

① 10 m ② 13 m
③ 15 m ④ 18 m

해설

[건축물의 높이]
[건축법 시행령] 제119조(면적 등의 산정방법)
① 법 제84조에 따라 건축물의 면적·높이 및 층수 등은 다음 각 호의 방법에 따라 산정한다.
　5. 건축물의 높이 : 지표면으로부터 그 건축물의 상단까지의 높이[건축물의 1층 전체에 필로티(건축물을 사용하기 위한 경비실, 계단실, 승강기실, 그 밖에 이와 비슷한 것을 포함한다)가 설치되어 있는 경우에는 법 제60조 및 법 제61조 제2항을 적용할 때 필로티의 층고를 제외한 높이]로 한다. 다만, 다음 각 목의 어느 하나에 해당하는 경우에는 각 목에서 정하는 바에 따른다.
　　가. 법 제60조에 따른 건축물의 높이는 전면도로의 중심선으로부터의 높이로 산정한다. 다만, 전면도로가 다음의 어느 하나에 해당하는 경우에는 그에 따라 산정한다.
　　　1) 건축물의 대지에 접하는 전면도로의 노면에 고저차가 있는 경우에는 그 건축물이 접하는 범위의 전면도로부분의 수평거리에 따라 가중평균한 높이의 수평면을 전면도로면으로 본다.
　　　2) 건축물의 대지의 지표면이 전면도로보다 높은 경우에는 그 고저차의 2분의 1의 높이만큼 올라온 위치에 그 전면도로의 면이 있는 것으로 본다.

- $H = h + \dfrac{h'}{2} = 8 + \dfrac{10}{2} = 13\,m$

77 건축물의 에너지절약 설계기준에 대한 용어 중 틀린 것은?

① 외피 : 거실 또는 거실외 공간을 둘러싸고 있는 벽·지붕·바닥·창 및 문 등으로서 외기에 직접 면하는 부위
② 거실의 외벽 : 거실의 벽 중 외기에 직접 면하는 부위만을 말함
③ 방풍구조 : 출입구에서 실내의 공기 교환에 의한 열출입을 방지할 목적으로 설치하는 완충공간
④ 일사조절장치 : 태양열의 실내 유입을 조절하기 위한 목적으로 설치하는 장치

해설

[에너지절약 설계기준]
[건축물의 에너지절약설계기준]
제5조(용어의 정의)
10. 건축부문
　나. "외피"라 함은 거실 또는 거실 외 공간을 둘러싸고 있는 벽·지붕·바닥·창 및 문 등으로서 외기에 직접 면하는 부위를 말한다.
　다. "거실의 외벽"이라 함은 거실의 벽 중 외기에 직접 또는 간접 면하는 부위를 말한다. 다만, 복합용도의 건축물인 경우에는 해당 용도로 사용하는 공간이 다른 용도로 사용하는 공간과 접하는 부위를 외벽으로 볼 수 있다.
　아. "방풍구조"라 함은 출입구에서 실내외 공기 교환에 의한 열출입을 방지할 목적으로 설치하는 방풍실 또는 회전문 등을 설치한 방식을 말한다.

정답 77 ②

너. "일사조절장치"라 함은 태양열의 실내 유입을 조절하기 위한 차양, 구조체 또는 태양열취득률이 낮은 유리를 말한다. 이 경우 차양은 설치위치에 따라 외부 차양과 내부 차양 그리고 유리 간 차양으로 구분하며, 가동여부에 따라 고정형과 가동형으로 나눌 수 있다.

78 지능형 건축물의 인증에 관한 설명으로 옳지 않은 것은?

① 지능형 건축물 인증기준에는 인증표시 홍보기준, 유효기간 등의 사항이 포함된다.
② 산업통상자원부장관은 지능형 건축물의 인증을 위하여 인증기관을 지정할 수 있다.
③ 국토교통부장관은 지능형 건축물의 건축을 활성화하기 위하여 지능형 건축물 인증제도를 실시한다.
④ 허가권자는 지능형 건축물로 인증 받은 건축물에 대하여 조경설치면적을 100분의 85까지 완화하여 적용할 수 있다.

해설

[지능형 건축물의 인증]
[건축법] 제65조의2(지능형건축물의 인증)
① 국토교통부장관은 지능형 건축물[Intelligent Building]의 건축을 활성화하기 위하여 지능형 건축물 인증제도를 실시한다.
② 국토교통부장관은 제1항에 따른 지능형 건축물의 인증을 위하여 인증기관을 지정할 수 있다.
③ 지능형 건축물의 인증을 받으려는 자는 제2항에 따른 인증기관에 인증을 신청하여야 한다.

④ 국토교통부장관은 건축물을 구성하는 설비 및 각종 기술을 최적으로 통합하여 건축물의 생산성과 설비 운영의 효율성을 극대화할 수 있도록 다음 각 호의 사항을 포함하여 지능형 건축물 인증기준을 고시한다.
 1. 인증기준 및 절차
 2. 인증표시 홍보기준
 3. 유효기간
 4. 수수료
 5. 인증 등급 및 심사기준 등
⑤ 제2항과 제3항에 따른 인증기관의 지정 기준, 지정 절차 및 인증 신청 절차 등에 필요한 사항은 국토교통부령으로 정한다.
⑥ 허가권자는 지능형건축물로 인증을 받은 건축물에 대하여 제42조에 따른 조경설치면적을 100분의 85까지 완화하여 적용할 수 있으며, 제56조 및 제60조에 따른 용적률 및 건축물의 높이를 100분의 115의 범위에서 완화하여 적용할 수 있다.

79 화재안전기준에 따라 소화기구를 설치하여야 하는 특정소방대상물의 연면적 기준은?

① $10\ m^2$ 이상
② $25\ m^2$ 이상
③ $33\ m^2$ 이상
④ $45\ m^2$ 이상

해설

[소화기구 설치]
[소방시설설치 및 관리에 관한 법률 시행령]
별표 4 : 특정소방대상물의 관계인이 특정소방대상물에 설치·관리해야 하는 소방시설의 종류
1. 소화설비
 가. 화재안전기준에 따라 소화기구를 설치해야 하는 특정소방대상물은 다음의 어느 하나에 해당하는 것으로 한다.

정답 ● 78 ② 79 ③

1) 연면적 33 m² 이상인 것. 다만 노유자시설의 경우에는 투척용 소화용구 등을 화재안전기준에 따라 산정된 소화기 수량의 2분의 1 이상으로 설치할 수 있다.

80 기계설비의 착공 전 확인과 사용 전 검사의 대상 건축물 또는 시설물 중 에너지를 대량으로 소비하는 건축물에 속하지 않는 것은? (단, 해당 용도에 사용되는 바닥면적의 합계가 2000 m² 이상인 경우)

① 숙박시설
② 기숙사
③ 판매시설
④ 유스호스텔

해설

[에너지 대량 소비 건축물]
[기계설비법 시행령]
별표 5(기계설비의 착공 전 확인과 사용 전 검사의 대상 건축물 또는 시설물)
라. 다음의 어느 하나에 해당하는 건축물로서 해당 용도에 사용되는 바닥면적의 합계가 2천 제곱미터 이상인 건축물
 1) 「건축법 시행령」 별표 1 제2호 라목에 따른 기숙사
 2) 「건축법 시행령」 별표 1 제9호에 따른 의료시설
 3) 「건축법 시행령」 별표 1 제12호 다목에 따른 유스호스텔
 4) 「건축법 시행령」 별표 1 제15호에 따른 숙박시설

건·축·설·비·기·사

Part 05
과년도 기출문제

※ 해설에 인용된 조문은 원문의 표현을 그대로 따랐기에 본문의 번호 체계와 일치하지 않을 수 있습니다.
※ 법률 개정으로 인해 폐지된 규정과 연관된 기출문제의 경우 정답 없음으로 표기했습니다.

2025 제1회

1과목 건축일반

01 병원의 수술실과 같이 외부 오염공기와 침입을 피하고자 할 때 가장 적합한 환기방법은?

① 압입식 환기법
② 흡출식 환기법
③ 병용식 환기법
④ 자연식 환기법

해설

[환기방법]
① 제1종 환기(병용식) : 급기기기와 배기기기를 동시에 사용 - 병원, 수술실, 거실, 지하극장
② 제2종 환기(압입식) : 급기기기만 사용 - 수술실, 무균실, 반도체공장, 식당, 창고
③ 제3종 환기(흡출식) : 배기기기만 사용 - 유해가스 발생장소, 화장실, 욕실, 주방, 흡연실
※ 압입식 환기방법은 2종 환기라 하며 실내의 압력을 외부보다 높게 하여 오염된 외부 공기가 깨끗한 실내로 유입되지 않게 해 외부 오염물질의 유입을 막는다.
※ 수술실은 1종 환기를 사용하기도 하지만 2종 환기를 선호하는 경우가 더 많다.

02 건물에서의 열전달에 관련된 용어의 단위 중 옳지 않은 것은?

① 열전도율 : $W/(m^2 \cdot K)$
② 대류열전달율 : $W/(m^2 \cdot K)$
③ 열저항 : $(m^2 \cdot K)/W$
④ 열관류율 : $W/(m^2 \cdot K)$

해설

[단위]
열전도율은 고체와 고체 간 열이동 정도를 말하며 단위는 $W/(m \cdot K)$이다. 이는 두께를 계산에 넣어야 한다는 단위의 의미이다.
※ 열전도율은 두께가 계산되어야 하기 때문에 단위 분모 미터단위에 2승으로 들어가지 않는다.

$$\lambda[W/m \cdot K] \times \frac{A[m^2]}{l[m]} \times \triangle t[K] = [W]$$

03 유효온도에서 고려하지 않는 요소는?

① 기온
② 습도
③ 기류
④ 복사열

해설

[유효온도]
실내 온도와 같은 온도를 주게 되는 정지 상태의 포화공기의 온도
• 유효온도 요소 : 기온, 기류, 습도
• 작용온도 요소 : 기온, 기류, 복사열

정답 01 ① 02 ① 03 ④

04 학교 교실의 음 환경에 관한 설명으로 옳지 않은 것은?

① 교실과 복도의 접촉면이 큰 평면이 소음을 막는 데 유리하다.
② 소리를 잘 듣기 위해서는 적당한 잔향시간이 필요하다.
③ 운동장에서의 소음은 배치계획으로 이를 방지할 수 있다.
④ 반자는 교실 내의 음향이 조절될 수 있도록 설계되어야 한다.

해설

[학교 - 교실(소리)]
소음을 막기 위해서는 교실과 복도의 접촉면을 최소화하여 차단해야 한다.
소리는 일정 시간 머무르면서 퍼져나가게 해야 잘 전달되며, 이러한 적당한 잔향시간이 필요하다.
또한 운동장의 소음을 줄이기 위해서는 운동장과 교실을 멀리 떨어뜨려 놓는 등 배치계획으로 소음을 방지할 수 있다.
※ 반자 : 지붕 밑이나 위층 바닥 밑을 편평하게 하여 치장한 각 방의 윗면

05 건축음향 및 소음에 관한 설명으로 옳지 않은 것은?

① 강연이나 연극 등 언어를 주사용 목적으로 할 경우 잔향시간은 비교적 짧게 처리한다.
② 다목적용 오디토리엄에는 가변 흡음 구조가 되도록 음향설계를 한다.
③ 반사음과 직접음과의 시간차가 가능한 한 크게 하여 충분한 음 보강이 되도록 한다.
④ 소음이 심한 도로변에 위치한 건물의 소음대책으로 방음벽을 설치한다.

해설

[건축음향 및 소음]
반사음과 직접음과의 시간차는 가능한 한 작게 하여야 음 보강이 된다.
※ 오디토리엄(Auditorium) : 극장과 콘서트 홀 등 안에 있으며, 퍼포먼스를 듣고 하는 장소를 가리키는 말이다.

06 건축물에 작용하는 풍압력의 크기 산정과 가장 거리가 먼 요소는?

① 풍속
② 건축물의 형상
③ 건축물의 높이
④ 건축물의 중량

해설

[풍압력]
바람으로 인하여 건축물의 외주면에 작용하는 힘으로 건축물의 중량이 크면 풍압력을 견디는 힘은 증가하나 풍압력의 크기 산정에는 큰 영향을 끼치지 않는다.

정답 04 ① 05 ③ 06 ④

07 주택공간의 기능적 구성에 따른 평면계획에 관한 설명으로 옳지 않은 것은?

① 전 가족을 위한 거실공간은 남쪽에 배치하여 겨울철 충분한 일광을 받게 해야 한다.
② 소규모주택에 있어서 복도의 설치는 비경제적이다.
③ 화장실, 저장실 등은 종일 햇빛이 들지 않는 북쪽에 배치하는 것이 좋다.
④ 부엌은 겨울철 작업에 유리하도록 남쪽에 배치하는 것이 바람직하다.

해설

[평면계획]
건물의 평면 상태에서 층별 구성 및 각 층의 공간 배치 따위에 대하여 세우는 계획 또는 그 평면도를 말한다.
부엌의 겨울철 작업이 특별히 있는 것이 아니다.

08 측창채광에 관한 설명으로 옳지 않은 것은?

① 비막이에 유리하다.
② 개폐조작이 용이하고 유지관리가 쉽다.
③ 균일한 조도를 얻을 수 있다.
④ 주변 건물들에 의해 채광이 방해받을 수 있다.

해설

[측창 채광]
- 건축물의 측창으로부터 이루어지는 채광이다.
- 벽면에 위치한 개구부(창문 등)을 통한 자연 채광을 실내로 들여오는 방법이다.
- 측창은 보통 외벽창이며 이는 비막이에 좋고 개폐조작 및 청소 등이 편리하다.
- 균일한 조도는 천창 채광이 유리하며 통풍은 측창 채광이 유리하다.

2026년 출제범위를 벗어난 문제를 모두 삭제하고, 최신 출제기준에 해당하는 문제만 엄선하여 수록했습니다. 따라서 1과목 문제 수는 실제 출제 수와 다를 수 있습니다.

정답 07 ④ 08 ③

2과목 | 위생설비

1회독 시간: 점수:
2회독 시간: 점수:
3회독 시간: 점수:

21 다음 중 배수트랩이 구비해야 할 조건과 가장 관계가 먼 것은?

① 가능한 한 구조가 간단할 것
② 배수 시에 자기세정이 가능할 것
③ 가동부분이 있으며 가동부분에 봉수를 형성할 것
④ 유효 봉수 깊이(50 mm 이상 100 mm 이하)를 가질 것

해설

[배수트랩이 구비해야 할 조건]
③ 트랩은 가동부 없이 고정 구조로 봉수를 형성하는 것이 일반적이며, 가동부가 필수 조건은 아니다.

22 통기와 배수의 역할을 동시에 하는 통기관은?

① 루프통기관
② 결합통기관
③ 공용통기관
④ 습윤통기관

해설

[습윤통기관]
하나의 관이 통기와 배수 기능을 겸하도록 설치된 것으로, 세면기·세탁기 등 배수관이 동시에 통기관 역할을 한다. 따라서 통기와 배수를 동시에 하는 통기관은 습윤통기관이다.

※ 통기관
1) 루프통기관 : 여러 개의 위생기구를 하나의 통기관으로 연결하는 방식으로 통기와 배수를 동시에 하지 않음
2) 결합통기관 : 2개 이상의 위생기구 배수관을 연결하여 하나의 통기관으로 합치는 방식
3) 공용통기관 : 여러 배수계통이 함께 사용하는 통기관으로, 통기 기능이 주목적이며 배수 기능은 수행하지 않음

23 2개 이상의 엘보(Elbows)를 사용하여 배관의 신축을 흡수하는 신축이음쇠는?

① 루프형
② 스위블형
③ 슬리브형
④ 벨로즈형

해설

[신축이음쇠 중 스위블형]
스위블형은 엘보 부위가 서로 회전하면서 배관의 축 방향 길이 변화(열팽창·수축)를 흡수한다.

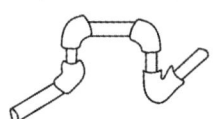

[스위블형]

정답 21 ③ 22 ④ 23 ②

24 경도가 높은 물이 보일러 용수로 적절하지 못한 이유는?

① 스케일이 많이 발생한다.
② 물의 팽창량이 많아진다.
③ 유체의 흐름 저항이 낮아진다.
④ 비등점이 낮아 물의 증발량이 많아진다.

해설

[보일러 용수]
경도 성분(칼슘, 마그네슘)은 스케일(Scale, 물때)을 형성하여 열전달 저하 및 과열, 손상을 유발한다.

25 양수펌프로 사용되는 원심펌프에서 유효흡입수두가 이론치에 미치지 못하는 가장 큰 이유는?

① 대기압
② 관로손실
③ 펌프의 동력
④ 토출양정의 변화

해설

[관로손실]
흡입관 내 마찰손실, 밸브·엘보 등의 부속품 손실이 커지면 흡입측 압력이 낮아져 $NPSH_{av}$(유효흡입수두)이 감소한다. 이 때문에 실제 유효흡입수두가 이론치보다 작아지는 주요 원인이 된다.

26 90 ℃의 물 500 kg과 30 ℃의 물 1000 kg을 단열 혼합하였을 때 혼합된 물의 온도는?

① 20 ℃   ② 30 ℃
③ 40 ℃   ④ 50 ℃

해설

[혼합된 물의 온도]
$$t_{혼합} = \frac{t_1 \times G_1 + t_2 \times G_2}{G_1 + G_2}$$
$$= \frac{90 \times 500 + 30 \times 1000}{1500} = 50℃$$

27 급탕설비에 관한 설명으로 옳지 않은 것은?

① 급탕배관에는 팽창관이 필요하다.
② 급탕순환방식에는 중력식과 강제식이 있다.
③ 급탕규모가 큰 곳에는 환탕관에 순환펌프를 설치한다.
④ 급탕배관에는 보온재를 사용해야 하나 환탕배관은 보온하지 않는다.

해설

[급탕설비]
④ 환탕배관 역시 열손실 방지를 위해 반드시 보온해야 하며, 보온하지 않으면 온수 온도 저하와 에너지 손실이 커진다. 따라서 이 설명은 옳지 않다.

정답 24 ① 25 ② 26 ④ 27 ④

28 급수배관 설계 및 시공상의 주의점에 관한 설명으로 옳지 않은 것은?

① 급수주관으로부터 분기하는 경우 T 이음쇠를 사용한다.
② 수격작용(Water Hammering) 방지를 위해서 기구류 가까이에 통기관을 설치한다.
③ 음료용 급수관과 다른 용도의 배관을 크로스커넥션(Cross Connection)하지 않도록 한다.
④ 수평배관에는 공기가 정체하지 않도록 하며, 어쩔 수 없이 공기정체가 일어나는 곳에는 공기빼기밸브를 설치한다.

해설
[급수배관 설계 및 시공상의 주의점]
② 수격작용(Water Hammering) 방지는 에어챔버·수격방지기 설치, 완폐밸브 채택, 관속도 저감, 급폐 방지 제어 등으로 수행해야 한다. 통기관은 배수계통의 공기 유통용으로 급수 수격 억제와 무관하다.

29 급수방식 중 수도직결방식에 관한 설명으로 옳지 않은 것은?

① 고층으로의 급수가 어렵다.
② 일반적으로 하향급수 배관방식을 사용한다.
③ 저수조가 없으므로 단수 시에 급수가 불가능하다.
④ 위생성 및 유지·관리 측면에서 가장 바람직한 방식이다.

해설
[급수방식 중 수도직결방식]
② 수도직결방식은 상수도 관망에서 직접 기구로 급수하므로, 일반적으로 수평 또는 상향 배관이 사용되며, 저수조를 거쳐 위에서 아래로 공급하는 하향급수 방식은 적용되지 않는다.

30 고가수조방식의 급수법에서 최고층에 세정밸브식 대변기가 설치되어 있다. 세정밸브에서 고가수조의 최저수면까지의 높이는 최소 얼마 이상으로 하여야 하는가? (단, 고가수조에서 세정밸브까지의 전마찰 손실 수두는 10 kPa이다)

① 약 8 m   ② 약 12 m
③ 약 14 m   ④ 약 16 m

해설
[세정밸브에서 고가수조의 최저수면까지의 높이]
세정밸브 필요압은 7 mAq(70 kPa)이고, 전마찰 손실 수두는 1 mAq(10 kPa)이므로
∴ 총 필요 높이 = 7 m + 1 m = 8 m

31 정화조에서 호기성 미생물의 활동이 가장 활발한 것은?

① 부패조 ② 산화조
③ 소독조 ④ 여과조

해설

[산화조]
산화조는 공기나 산소를 주입해 호기성 미생물이 유기물을 분해하도록 하는 구역으로, 호기성 미생물 활동이 가장 활발하다.

32 양수량이 1 m³/min, 양정이 10 m인 펌프의 회전수를 10% 증가시켰을 경우 양정은 얼마가 되겠는가?

① 약 9 m ② 약 10 m
③ 약 12 m ④ 약 14 m

해설

[상사법칙]
상사법칙에 의해 양정은 회전수비의 제곱, 직경비의 제곱에 비례한다.
직경의 변화 없이 회전수를 10 % 증가시켰으므로

$$P_2 = \left(\frac{N_1 \times 1.1}{N_1}\right)^2 \times P_1$$
$$= (1.1)^2 \times 10 = 12.1 \, m$$

※ 상사의 법칙
1) 풍량(유량)[m^3/s]
$$Q_2 = \left(\frac{N_2}{N_1}\right)^1 \times \left(\frac{D_2}{D_1}\right)^3 \times Q_1$$
2) 전압[Pa](양정[m])
$$P_2 = \left(\frac{N_2}{N_1}\right)^2 \times \left(\frac{D_2}{D_1}\right)^2 \times P_1$$
3) 동력[kW]
$$L_2 = \left(\frac{N_2}{N_1}\right)^3 \times \left(\frac{D_2}{D_1}\right)^5 \times L_1$$

33 직관 내의 마찰손실수두와 관련된 달시 바이스바하의 식에서 유체의 흐름이 층류일 경우 마찰 계수 λ는? (단, Re는 레이놀즈수)

① $\lambda = \dfrac{32}{Re}$ ② $\lambda = \dfrac{64}{Re}$
③ $\lambda = \dfrac{Re}{32}$ ④ $\lambda = \dfrac{Re}{64}$

해설

[층류일 경우 마찰계수 λ]
층류일 경우
마찰계수 $\lambda = \dfrac{64}{Re(\text{레이놀즈수})}$

34 급탕설비의 온수순환에 관한 설명으로 옳은 것은?

① 순환펌프에 의한 강제순환은 물의 밀도차에 따른 순환이다.
② 강제순환수두는 배관의 길이와 마찰손실수두에 반비례한다.
③ 배관의 마찰손실수두가 자연순환수두보다 커지면 자연순환이 안 된다.
④ 중력순환수두는 순환높이에 비례하고, 공급관과 반탕관에서의 물의 밀도 차이에 반비례한다.

정답 ● 31 ② 32 ③ 33 ② 34 ③

해설

[급탕설비의 온수순환]
① 강제순환은 펌프의 동력으로 유체를 순환시키는 방식이며, 밀도차에 의한 자연순환이 아니다.
② 강제순환수두는 배관 길이가 길어지고 마찰손실이 커질수록 더 많이 필요하므로, 반비례가 아니라 비례 관계이다.
④ 중력순환수두는 순환높이와 밀도 차에 모두 비례하며, 밀도차가 클수록 순환력이 커진다.

35 고층건물의 배수입관(수직관)에 인접되어 접속되는 위생기구는 다음 중 어떤 원인에 의하여 봉수가 파괴될 가능성이 가장 높은가?

① 증발작용
② 모세관 현상
③ 자기사이펀
④ 감압에 의한 흡인작용

해설

[감압에 의한 흡인작용]
감압에 의한 흡인작용은 고층 배수입관에서 다량의 배수가 급속히 흘러내릴 때, 인접된 가지배관과 트랩 내부에 순간적인 감압이 발생하여 봉수가 흡인되어 사라지는 현상이다. 고층건물에서 가장 흔하고 심각한 봉수 파괴 원인이다.

36 위생설비 유닛화의 목적과 가장 거리가 먼 것은?

① 인건비를 절약하기 위하여
② 시공의 질적 향상을 위하여
③ 현장에서의 작업량 확대를 위하여
④ 공기단축과 공정의 단순화를 위하여

해설

[위생설비 유닛화의 목적]
③ 유닛화는 현장 작업량을 줄이고 공정 효율을 높이는 것이 목적이므로, 작업량을 확대하는 것은 목적과 거리가 멀다.

37 수격작용에 관한 설명으로 옳지 않은 것은?

① 수격작용의 크기는 유속에 반비례한다.
② 양정이 높은 펌프를 사용할 때 발생하기 쉽다.
③ 수격작용은 에어챔버를 설치함으로써 완화시킬 수 있다.
④ 밸브를 급히 열어 정지 중인 배관 내의 물을 급격히 유동시킨 경우에도 발생한다.

해설

[수격작용]
① 수격작용(Water Hammer)의 압력 상승은 유속 변화량에 비례한다.

정답 35 ④ 36 ③ 37 ①

38 펌프의 서징(Surging)현상에 관한 설명으로 옳지 않은 것은?

① 토출배관 중에 수조 또는 공기체류가 있는 경우에 발생할 수 있다.
② 서징이 발생되면 유량 및 압력이 주기적으로 변동되면서 진동과 소음을 수반한다.
③ 토출량을 조절하는 밸브 위치가 수조 또는 공기가 체류하는 곳보다 하류에 있는 경우에 발생할 수 있다.
④ 펌프의 양정 특성곡선이 산형 특성이고, 그 사용범위가 오른쪽으로 감소하는 특성을 갖는 범위에서 사용하는 경우에 주로 발생한다.

해설
[펌프의 서징(Surging)현상]
④ 일반적으로 안정 운전은 우측으로 갈수록 양정이 감소하는 음의 기울기 구간에서 가능하고, 서징은 산형 곡선의 불안정 구간(양의 기울기)에서 잘 발생한다.

39 다음의 위생기구를 배수부하 단위가 큰 것부터 작은 순으로 올바르게 나열한 것은?

㉠ 대변기(세정밸브 형식)
㉡ 세면기
㉢ 샤워기(주택용)
㉣ 소변기

① ㉠ > ㉣ > ㉢ > ㉡
② ㉠ > ㉡ > ㉣ > ㉢
③ ㉢ > ㉠ > ㉣ > ㉡
④ ㉢ > ㉣ > ㉠ > ㉡

해설
[위생기구]
㉠ 대변기(세정밸브식) → 세정 시 순간적으로 많은 유량이 필요하므로 배수부하단위가 가장 크다.
㉡ 세면기 → 급수량은 적지만 순간 배수량이 비교적 큰 편이어서 샤워기보다 배수부하단위가 크다.
㉢ 샤워기(주택용) → 사용 시간이 길어 평균 유량은 크지만, 위생기구 단위 배수부하는 세면기보다 작다.
㉣ 소변기 → 세정수량이 적으므로 네 기구 중 배수부하단위가 가장 작다.
※ 배수부하단위 대소
㉠ 대변기 > ㉡ 세면기 > ㉢ 샤워기 > ㉣ 소변기

정답 38 ④ 39 ①

40 관 속을 흐르는 유체에 관한 설명으로 옳은 것은?

① 유속에 비례하여 유량은 증가한다.
② 유체의 점도가 클수록 유량은 증가한다.
③ 관의 마찰계수가 크면 유량은 증가한다.
④ 관경의 제곱에 반비례해서 유량은 증가한다.

해설

[관 속을 흐르는 유체]
② 점도가 크면 내부 마찰이 커져 흐름이 방해받으므로 유량은 감소한다.
③ 마찰계수가 크면 압력손실이 커져 유량은 감소한다.
④ 관경이 커지면 단면적이 제곱에 비례하여 증가하므로 유량은 반비례가 아니라 비례 관계이다.

3과목 공기조화설비

1회독 시간 :   점수 :
2회독 시간 :   점수 :
3회독 시간 :   점수 :

41 원형 덕트와 장방형 덕트의 환산식으로 옳은 것은? (단, d : 원형 덕트의 직경 또는 환산직경, a : 장방형 덕트의 장변길이, b : 장방형 덕트의 단변길이)

① $d = 1.3 \left[\dfrac{(a \cdot b)^5}{(a+b)^2} \right]^{1/8}$

② $d = 1.3 \left[\dfrac{(a \cdot b)^5}{(a-b)^2} \right]^{1/8}$

③ $d = 1.3 \left[\dfrac{(a \cdot b)^2}{(a+b)^5} \right]^{1/8}$

④ $d = 1.3 \left[\dfrac{(a \cdot b)^2}{(a-b)^5} \right]^{1/8}$

해설

[장방형 덕트의 환산식]

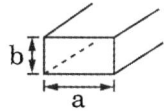 ⇨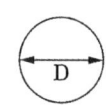

[장방형 덕트]   [원형 덕트]

$$d = 1.3 \left[\dfrac{(a \cdot b)^5}{(a+b)^2} \right]^{\frac{1}{8}}$$

여기서, d : 원형 덕트의 직경 또는 환산 직경
a : 장방형 덕트의 장변
b : 장방형 덕트의 단변

정답 40 ① 41 ①

42 공기조화방식 중 전공기 방식에 관한 설명으로 옳지 않은 것은?

① 실내에 배관으로 인한 누수의 우려가 없다.
② 대형덕트 공간이 필요 없어 설치가 용이하다.
③ 병원의 수술실, 공장의 클린룸과 같이 청정을 필요로 하는 곳에 적용이 가능하다.
④ 실내에 취출구나 흡입구를 설치하면 되므로 팬코일 유닛과 같은 기구의 노출이 없어서 실내 유효면적을 넓힐 수 있다.

해설

[전공기 방식]
② 전공기 방식은 모든 열원과 환기·제습·가습을 공기 덕트를 통해 공급하므로, 대유량의 공기를 이송할 수 있는 대형덕트 공간이 반드시 필요하다.

43 다음과 같은 조건에서 실체적 3000 m³인 어떤 실의 틈새바람에 의한 냉방부하는?

- 환기 횟수 = 0.5 회/h
- 외기의 온도 t_0 = 32 ℃
- 실내공기의 온도 t_i = 26 ℃
- 외기 절대습도 X_0 = 0.018 kg/kg'
- 실내공기의 절대습도
  X_i = 0.011 kg/kg'
- 공기의 밀도 : 1.2 kg/m³
- 공기의 정압비열 : 1.01 kJ/kg·K
- 0 ℃에서 물의 증발잠열
   : 2501 kJ/kg

① 약 2592 W   ② 약 7560 W
③ 약 11784 W ④ 약 14523 W

해설

[틈새바람에 의한 냉방부하]
1) 틈새바람의 풍량
   풍량 : $3000 \times 0.5 = 1500 \ m^3/h$
   ∴ $1500 \times 1.2 \ kg/m^3 = 1800 \ kg/h$
2) 현열
   현열은 풍량과 건구온도차를 가지고 구함
   현열 : $q[W] = 1800 \times 1.01(32-26) \ kJ/h$
   $\times \dfrac{1000 J/kJ}{3600 s/h} = 3030 \ W$
3) 잠열
   잠열은 풍량과 절대습도차를 가지고 구함
   잠열 : $q[W] = 1800 \times 2501(0.018-0.011) \ kJ/h$
   $\times \dfrac{1000 \ J/kJ}{3600 \ s/h} = 8753.5 \ W$
4) 냉방부하
   냉방부하 = 3030 + 8753.5 = 11783.5
   따라서 약 11784 W

정답 ● 42 ② 43 ③

44 다음 중 외주부(Perimeter Zone)의 부하변동에 가장 효과적으로 대응할 수 있는 공기조화방식은?

① 단일덕트방식
② 각층 유닛방식
③ 팬코일 유닛방식
④ 멀티존 유닛방식

해설

[팬코일 유닛방식]
외주부는 외기의 영향이 지배적인 곳으로 부하는 크고, 변동이 심하여 많은 열량을 공급하는 팬코일 유닛방식이 유리하다.

45 관로의 마찰손실에 관한 설명으로 옳지 않은 것은?

① 유속이 빠를수록 관로의 마찰손실은 커진다.
② 관로의 길이가 길수록 관로의 마찰손실은 커진다.
③ 유체의 밀도가 클수록 관로의 마찰손실은 작아진다.
④ 관로의 내경이 클수록 관로의 마찰손실은 작아진다.

해설

[관로의 마찰손실]
달시 바이스바하 공식 $h_L = f \times \dfrac{L}{D} \times \dfrac{v^2}{2g}$

여기서, f : 관마찰계수, L : 관의 길이
D : 관경, v : 유속, g : 중력가속도

③ 마찰손실은 유체의 밀도가 클수록 커진다, 밀도와 비례 관계이다.

46 수관보일러에 관한 설명으로 옳은 것은?

① 지역난방에는 사용할 수 없다.
② 부하변동에 대한 추종성이 높다.
③ 사용압력이 연관식보다 낮으며 예열시간이 길다.
④ 연관식보다 설치면적이 작고, 초기 투자비가 적게 든다.

해설

[수관보일러]
① 수관보일러는 고압·대용량 증기와 온수를 생산할 수 있어 지역난방에도 사용 가능하다.
③ 수관보일러는 연관식보다 고압 운전이 가능하고, 물 보유량이 적어 예열시간도 짧다.
④ 수관보일러는 연관식보다 설치면적은 작지만, 구조가 복잡하고 재질이 고급이어서 초기 투자비는 더 많이 든다.

47 냉동기의 증발기에서 일어나는 상태변화에 관한 설명으로 옳지 않은 것은?

① 압력이 높아진다.
② 비엔탈피가 증가한다.
③ 비엔트로피가 증가한다.
④ 액체냉매가 기체냉매로 상이 변한다.

해설

[증발기에서 일어나는 상태변화]
증발기 내에서 증발압력은 일정하다.

정답 ● 44 ③ 45 ③ 46 ② 47 ①

48 증기난방용 방열기의 표준 방열량은?

① 450 W/m² ② 523 W/m²
③ 650 W/m² ④ 756 W/m²

해설

[표준방열량]
증기난방 표준방열량 : 756 W/m²
온수난방 표준방열량 : 523 W/m²

49 난방장치의 용량계산을 위한 설계용 외기온도를 설정할 때 "TAC온도 위험률 2.5 % 온도"의 의미로 가장 알맞은 것은? (단, 난방기간은 연간 121일이다)

① 난방기간 동안의 외기온도가 설계 외기온도보다 2.5 % 높을 가능성이 있다.
② 난방기간 동안의 외기온도가 설계 외기온도보다 2.5 % 낮을 가능성이 있다.
③ 2.5 %의 시간에 해당하는 약 72시간의 외기온도가 설계 외기온도보다 높을 가능성이 있다.
④ 2.5 %의 시간에 해당하는 약 72시간의 외기온도가 설계 외기온도보다 낮을 가능성이 있다.

해설

[TAC온도 위험률 2.5% 온도]
① TAC 위험률은 낮은 온도 구간을 기준으로 하며, "높을 가능성"이 아니라 "더 낮을 가능성"을 의미한다.
② 시간 환산(약 72시간)이라는 개념이 빠져 있어 불완전하다. 시험에서는 "몇 % 시간에 해당한다"라는 설명이 반드시 포함되어야 한다.
③ 2.5 %의 시간에 해당하는 약 72시간의 외기온도가 설계 외기온도보다 낮을 가능성이 있다.
④ 난방기간 121일 × 24시간 = 2904시간이고, 이 중 2.5 %는 약 72시간이다. 이는 설계 외기온도보다 낮은 온도가 발생할 가능성이 있는 시간으로, 위험률의 의미와 정확히 일치한다. 따라서 옳다.

1) TAC 온도의 의미
TAC (Thermal Acceptable Condition)는 과거 기상데이터를 통계적으로 처리하여, 일정 확률(위험률)에 해당하는 외기조건을 설계 기준으로 삼는 값이다.
2) 위험률 2.5 %의 의미
난방기간 전체 시간 중 하위 2.5 % 시간에서만 설계 외기온도보다 더 낮은 온도가 나타난다는 뜻이다. 즉, 난방기간 중 97.5 %의 시간은 설계 외기온도 이상이므로, 경제적이고 합리적인 설계가 가능하다.

50 축류형 송풍기의 종류에 속하지 않는 것은?

① 베인형
② 후곡형
③ 튜브형
④ 프로펠러형

해설

[후곡형]
후곡형(Backward-curved)은 날개의 곡률 방향에 따른 분류이며, 주로 원심형 송풍기에 해당한다.

정답 48 ④ 49 ④ 50 ②

51 습공기에 관한 설명으로 옳지 않은 것은?

① 절대습도가 일정할 경우 건구온도가 높을수록 비체적은 커진다.
② 절대습도가 일정할 경우 건구온도가 높을수록 엔탈피는 커진다.
③ 건구온도가 일정할 경우 상대습도가 높을수록 노점온도는 높아진다.
④ 건구온도가 일정할 경우 상대습도가 높을수록 절대습도는 낮아진다.

해설
[습공기]
④ 같은 건구온도에서는 상대습도가 높을수록 실제 포함된 수증기량(절대습도)이 많아진다.

52 냉동창고의 벽체가 두께 15 cm, 열전도율 1.6 W/m·℃인 콘크리트와 두께 5 cm, 열전도율이 1.4 W/m·℃인 모르타르로 구성되어 있다면 벽체의 열통과율 W/m²·℃은? (단, 내벽 측 표면 열전달률은 9.3 W/m²·℃, 외벽 측 표면 열전달률은 23.2 W/m²·℃이다)

① 1.11
② 2.58
③ 3.57
④ 5.91

해설
[열통과율]
$$\frac{1}{K} = \frac{1}{\alpha_i} + \frac{l_1}{\lambda_1} + \frac{l_2}{\lambda_2} + \frac{1}{\alpha_o}$$
$$\frac{1}{K} = \frac{1}{9.3} + \frac{0.15}{1.6} + \frac{0.05}{1.4} + \frac{1}{23.2}$$
$$\therefore K = 3.57 \text{ W/m}^2 \cdot \text{℃}$$

53 30 ℃의 외기 40 %와 23 ℃의 환기 60 %를 혼합하여 냉각코일로 냉각감습하는 경우 바이패스팩터가 0.2이면 코일의 출구 온도는? (단, 코일 표면온도는 10℃ 이다)

① 12.16 ℃
② 13.16 ℃
③ 14.16 ℃
④ 15.16 ℃

해설
[코일의 출구온도]
1) 혼합공기온도 $= \frac{30 \times 40 + 23 \times 60}{100} = 25.8$℃
2) 코일의 출구온도
= 코일표면온도 + BF × (혼합공기온도 - 코일표면온도)
= 10 + 0.2 × (25.8 - 10)
= 13.16 ℃

정답 51 ④ 52 ③ 53 ②

54 공조배관계에 부압방지를 위한 배관법으로 옳지 않은 것은?

① 순환펌프 토출 측에 팽창탱크가 접속되는 것을 피한다.
② 순환펌프는 배관 도중 온도가 가장 높은 곳에 설치한다.
③ 팽창탱크는 장치의 가장 높은 곳보다 더 높은 위치로 한다.
④ 순환펌프는 배관 도중 가능한 한 압입양정이 높은 곳에 설치한다.

해설

[부압방지를 위한 배관법]
② 온도가 높은 곳은 포화증기압이 높아 부압과 공동현상이 발생하기 쉽다. 펌프는 보통 저온부, 즉 보일러나 열교환기 출구의 반대쪽에 설치하는 것이 바람직하다.

55 다음의 냉방부하 발생요인 중 현열과 잠열 모두 갖는 것은?

① 인체발생열량
② 벽체로부터의 취득열량
③ 유리로부터의 취득열량
④ 덕트로부터의 취득열량

해설

[인체발생열량]
① 인체발생열량 : 현열 + 잠열
② 벽체로부터의 취득열량 : 현열
③ 유리로부터의 취득열량 : 현열
④ 덕트로부터의 취득열량 : 현열

56 온수배관에 관한 설명으로 옳지 않은 것은?

① 배관의 신축을 고려한다.
② 배관재료는 내식성을 고려한다.
③ 온수배관에는 공기가 고이지 않도록 구배를 준다.
④ 온수보일러의 팽창관에는 게이트 밸브를 설치한다.

해설

[온수배관]
④ 팽창관은 계통의 압력 완화와 팽창수 유출을 위해 항상 개방 상태여야 하므로, 밸브(특히 차단밸브)를 설치하면 위험하다.

57 급수로부터 각 유닛을 거쳐 나오는 총길이가 동일하므로 기기마다의 저항이 균일하게 되고, 따라서 유량을 균일하게 할 수 있는 배관회로방식은?

① 역환수방식
② 자연환수방식
③ 간접환수방식
④ 건식환수방식

해설

[역환수방식(= 리버스리턴방식)]
각 유닛마다 온수 공급관에서부터 환수관까지의 총 길이를 동일하게 하므로 배관저항이 같게 되어 각 유닛에 유량 공급도 균일하다.

보충 역환수방식 채택 이유 : 온수의 유량분배를 균일하게 하기 위하여

정답 54 ② 55 ① 56 ④ 57 ①

58 온수난방과 비교한 증기난방의 특징으로 옳은 것은?

① 예열시간이 짧다
② 한랭지에서 동결의 우려가 크다
③ 부하변동에 따른 실내방열량의 제어가 용이하다.
④ 소요방열면적과 배관경이 크므로 설비비가 높다.

해설

[증기난방]
② 증기난방은 운전 중 배관 내부가 증기 상태이므로 동결 위험이 거의 없으며, 오히려 온수난방이 동결 위험이 크다.
③ 증기난방은 제어 특성이 온수난방보다 떨어지며, 부하변동 대응이 어렵다.
④ 증기난방은 방열면적과 배관경이 작아도 충분한 열을 공급할 수 있으므로, 이 설명은 온수난방의 특징에 가깝다.

59 덕트 내의 풍속이 20 m/s, 정압이 200 Pa일 경우 전압의 크기는? (단, 공기의 밀도는 1.2 kg/m³이다)

① 212 Pa ② 220 Pa
③ 330 Pa ④ 440 Pa

해설

[덕트 내 전압의 크기]

- 동압 = $\dfrac{v^2}{2}\rho$
- 전압 = 정압 + 동압
  $= 200 + \dfrac{20^2}{2} \times 1.2 = 440\ Pa$

60 정확한 급기량과 배기량 변화에 의해 실내압을 정압(+) 또는 부압(-)으로 유지할 수 있는 환기방식은?

① 급기팬과 배기팬의 조합
② 급기팬과 자연배기의 조합
③ 자연급기와 배기팬의 조합
④ 자연급기와 자연배기의 조합

해설

[급기팬과 배기팬의 조합]
① 급기량과 배기량을 모두 기계적으로 제어할 수 있어, 실내 압력을 정압(+) 또는 부압(-)으로 원하는 대로 유지할 수 있다.

정답 ● 58 ① 59 ④ 60 ①

4과목 전기설비 및 소방시설 일반

1회독 시간: 점수:
2회독 시간: 점수:
3회독 시간: 점수:

61 할로겐램프에 관한 설명으로 옳지 않은 것은?

① 흑화가 거의 일어나지 않는다.
② 연색성이 좋고 설치가 용이하다.
③ 휘도가 낮아 현위가 발생하지 않는다.
④ 광속이나 색온도의 저하가 극히 적다.

해설

[할로겐램프]
할로겐램프는 휘도가 높아 자동차 라이트 등으로도 사용된다.

62 어떤 회로에 전압 220 V로 전류 6 A가 흐르고 있다. 그 위상차가 30°일 때 전력[W]은?

① 659 ② 1143
③ 1257 ④ 1319

해설

[소비전력 계산]
$P = VI\cos\theta = 220 \times 6 \times \cos 30$
$= 1143[W]$

63 다음 중 3상 유도전동기의 기동법에 속하지 않는 것은?

① Y-△기동법
② 2차 저항법
③ 직입기동법
④ 리액터기동법

해설

[3상 유도전동기의 기동]
(1) 전전압기동법
(2) 저항기동법
(3) 리액터기동법
(4) Y-D기동법 : 기동 시 Y결선으로 전류를 1/3으로 줄이고 D결선으로 정상운전으로 유도하는 방법
(5) 기동보상기법

64 수용장소의 충전기설비 용량에 대한 최대 수용전력의 비율을 백분율로 나타낸 것은?

① 수용률
② 부등률
③ 역률
④ 부하율

해설

[수용률]
수용률 = 최대수요전력 / 총부하설비용량 × 100

정답 61 ③ 62 ② 63 ② 64 ①

65 전기설비의 특별고압 측에서 사고전류를 차단하는 장치인 전력퓨즈(Power Fuse)에 관한 설명으로 옳은 것은?

① 고속도 차단은 불가능하나 비한류 특성이 있다.
② 소형이고 비교적 경량이지만 재투입이 불가능하다.
③ 계전기나 변성기가 필요하며 특성을 조정할 수 있으므로 편리하다.
④ 소형으로 큰 차단용량을 갖지만 유지보수가 어려운 단점이 있다.

해설

[전력 퓨즈]
• 전력퓨즈는 고속도 차단 가능
• 계전기나 변성기가 필요한 것 : 차단기(CB)
• 소형이며 유지보수가 용이함

66 온도 변화를 검출하는 열전대에 적용되는 법칙은?

① 주울효과　② 제백효과
③ 퍼킨제효과　④ 펠티에효과

해설

[열전현상]

구분	개념	설명
제어백 효과 (Seeback Effect)	열접점 A　냉접점 B	서로 다른 두 금속 A와 B를 접합하고, 온도차를 주면 기전력이 발생하여 전류가 흐르는 현상
펠티에 효과 (Peliter Effect)	열의 발생 정점　안티몬　열의 흡수 정점　비스무트	서로 다른 두 금속 A와 B를 접합하고 전류를 흘리면 접합부에서 열의 흡수 또는 발생이 일어나는 현상
톰슨 효과 (Thomson Effect)	T_1　$I \rightarrow$　T_2	동일금속에 전류를 흘리면 펠티에효과와 같이 열의 흡수 또는 발생이 일어나는 현상

67 비상콘센트설비에서 비상콘센트의 설치 높이로 옳은 것은?

① 바닥으로부터 높이 0.5 m 이상 1.5 m 이하의 위치
② 바닥으로부터 높이 0.8 m 이상 1.5 m 이하의 위치
③ 바닥으로부터 높이 0.5 m 이상 1.8 m 이하의 위치
④ 바닥으로부터 높이 0.9 m 이상 1.8 m 이하의 위치

해설

[비상콘센트설비]
(1) 설치높이
바닥으로부터 높이 0.8 m 이상 1.5 m 이하의 위치에 설치

정답 ● 65 ② 66 ② 67 ②

(2) 비상콘센트 배치
바닥면적이 1000 m² 미만인 층은 계단의 출입구(계단의 부속실을 포함하며 계단이 2 이상 있는 경우에는 그중 1개의 계단을 말한다)로부터 5 m 이내에, 바닥면적 1000 m² 이상인 층은 각 계단의 출입구 또는 계단부속실의 출입구(계단의 부속실을 포함하며 계단이 3 이상 있는 층의 경우에는 그중 2개의 계단을 말한다)로부터 5 m 이내에 설치하되, 그 비상콘센트로부터 그 층의 각 부분까지의 거리가 다음의 기준을 초과하는 경우에는 그 기준 이하가 되도록 비상콘센트를 추가하여 설치할 것

68 어느 도체의 단면에 2시간 동안 7200 C의 전기량이 이동했다고 하면 이때 흐르는 전류는?

① 1 A ② 2 A
③ 3 A ④ 4 A

해설

[전류]

$$I = \frac{Q}{t} = \frac{7200}{3600 \times 2} = 1$$

69 고휘도(HID : High Intensity Discharge) 램프에 속하지 않는 것은?

① 할로겐램프
② 형광 수은램프
③ 고압나트륨램프
④ 메탈 할라이드램프

해설

[고휘도램프]
고전압 방전과 아크를 통해 밝은 빛을 방출하는 램프
• 할로겐램프는 내부에 할로겐가스를 주입하여 방전형 램프가 아닌 필라멘트형 램프임

70 3 Ω의 저항과 4 Ω의 유도 리액턴스가 병렬로 접속되어 있을 때, 이 회로의 합성 임피던스는?

① 2.0 Ω ② 2.2 Ω
③ 2.4 Ω ④ 2.6 Ω

해설

[합성 임피던스]
임피던스의 값은 교류회로에서 저항 개념 확장으로, 크기 값만 갖는 저항과 달리 크기와 위상의 값을 가짐
• 저항과 코일의 합성 임피던스

$$\frac{1}{Z} = \sqrt{\frac{1}{R^2} + \frac{1}{X_L^2}} = \sqrt{\frac{1}{3^2} + \frac{1}{4^2}} = 2.4\ \Omega$$

71 플레밍의 왼손법칙을 응용한 기기는?

① 펌프 ② 전동기
③ 발전기 ④ 변압기

해설

[플레밍법칙]
• 발전기(오른손) : 코일 주위의 자속 변화에 따라 코일을 통과하는 자속이 변화하여 코일에 기전력이 흐름
• 전동기(왼손) : 자계 중에 도체를 놓고 전류를 흘리면, 전류 및 자계와 직각 방향으로 도체를 움직이는 힘 발생

정답 ● 68 ① 69 ① 70 ③ 71 ②

72 다음 가스계량기 설치에 관한 설명 중 ( ) 안에 알맞은 내용은?

> 가스계량기와 전기계량기 및 전기개폐기와의 거리는 (㉠) 이상, 전기점멸기 및 전기접속기와의 거리는 (㉡) 이상, 절연조치를 하지 아니한 전선과의 거리는 (㉢) 이상의 거리를 유지하여야 한다.

① ㉠ 10 cm, ㉡ 20 cm, ㉢ 40 cm
② ㉠ 15 cm, ㉡ 30 cm, ㉢ 60 cm
③ ㉠ 40 cm, ㉡ 20 cm, ㉢ 10 cm
④ ㉠ 60 cm, ㉡ 30 cm, ㉢ 15 cm

해설

[가스계량기]
- 가스계량기와 전기계량기 및 전기개폐기 60 cm 이상
- 가스계량기와 전기점멸기 및 전기접속기 30 cm 이상
- 가스계량기와 절연조치를 하지 아니한 전선 15 cm 이상

73 $A + A \cdot B$의 논리식을 부울 대수의 법칙에 따라 간소화시킨 것은?

① A   ② B
③ 1   ④ 0

해설

[간소화]
$A + AB = A(1 + B) = A$

74 암페어의 오른손법칙이 적용되는 기기는?

① 저항   ② 축전지
③ 난방코일   ④ 솔레노이드밸브

해설

[암페어의 오른손법칙]
암페어의 오른손법칙은 전류에 의해 발생되는 자계의 방향에 관한 법칙으로 암페어의 오른나사법칙이라고도 함. 솔레노이드밸브에 응용됨

75 제어동작 중에서 잔류편차(Off Set)를 일으키는 동작은?

① 미분제어   ② 비례제어
③ 적분제어   ④ 비례적분제어

해설

[제어]
비례, 미분, 적분제어동작은 연속동작이며 2위치, 다위치는 단속(불연속)동작

구분		내용
불연속 제어	ON – OFF 제어	단속적 제어동작
	샘플링 (Sampling)	전압, 전류, 위상을 제어
연속 제어	비례제어 (P제어)	잔류 편차(Off Set) 발생
	적분제어 (I제어)	• 잔류 편차(Off Set) 개선 • 시간지연(속응성) 발생

정답 ● 72 ④ 73 ① 74 ④ 75 ②

구분		내용
연속 제어	미분제어 (D제어)	• 시간지연 개선, 잔류 편차(Off Set) 존재, 오차 방지 • 진동방지, 오버슈트가 커진다.
	비례적분 제어 (PI제어)	• 잔류 편차는 제거되지만 시간지연이 길다. • 간헐현상 존재, 지상보상요소에 대응한다.
	비례미분 제어 (PD제어)	• 시간지연(응답속응성)을 개선, 잔류 편차는 있다.
	비례미분 적분제어 (PID제어)	시간지연도 향상시키고 잔류 편차도 제거한 제어계로 가장 안정적인 제어계

76 정풍량 방식에서 냉난방 밸브의 제어기준이 되는 현재 실내의 온·습도를 측정하는 검출기의 설치 위치는?

① 외기 측　　② 급기 측
③ 혼합기 측　　④ 환기 측

해설

[정풍량]
풍량은 일정하게 유지하고 냉난방밸브를 조절해 온도를 제어

77 다음 그림의 회로도와 같이 논리식이 Y = $X_1 \cdot X_2$로 표시되는 논리회로의 종류는?

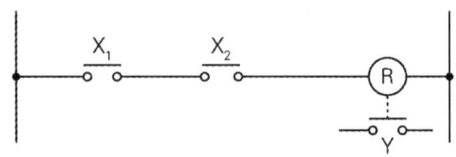

① AND회로　　② OR회로
③ NOT회로　　④ NAND회로

해설

[논리회로]
직렬 : AND회로
병렬 : OR회로

78 20 Ω과 30 Ω의 저항이 병렬로 연결되어 있을 때 총 저항은?

① 12 Ω　　② 30 Ω
③ 50 Ω　　④ 64 Ω

해설

[병렬 합성저항]
$$R_0 = \frac{1}{\frac{1}{20} + \frac{1}{30}} = 12$$

정답 76 ④　77 ①　78 ①

79 공기조화기, 급·배수 펌프, 엘리베이터 등의 기기에 전력을 공급하는 간선을 무엇이라 하는가?

① 동력 간선 ② 전등 간선
③ 은폐 간선 ④ 특수용 간선

해설

[간선]
전력을 분기 회로로 공급하기 위한 전선로
- 전등 간선 : 조명설비나 콘센트 등의 소규모 부하에 공급
- 특수용 간선 : 방폭 등 특수 환경에 사용

80 절연물의 손상이 없이 안전하게 흐를 수 있는 최대전류의 값을 무엇이라 하는가?

① 피상전류 ② 부하전류
③ 절연전류 ④ 허용전류

해설

[허용전류]
절연물 손상 없이 흐를 수 있는 최대전류

5과목 건축설비 관계법규

1회독	시간 :	점수 :
2회독	시간 :	점수 :
3회독	시간 :	점수 :

81 문화 및 집회시설 중 공연장의 개별관람실의 바닥면적이 1500 m^2인 경우 이 관람실에 설치하여야 하는 출구의 최소 개수는? (단, 각 출구의 유효너비는 3 m이다)

① 2개소
② 3개소
③ 4개소
④ 5개소

해설

[개별 관람실 출구]
[건축물의 피난·방화구조 등의 기준에 관한 규칙]
제10조(관람실 등으로부터의 출구의 설치기준)
② 영 제38조에 따라 문화 및 집회시설 중 공연장의 개별 관람실(바닥면적이 300제곱미터 이상인 것만 해당한다)의 출구는 다음 각 호의 기준에 적합하게 설치해야 한다.
1. 관람실별로 2개소 이상 설치할 것
2. 각 출구의 유효너비는 1.5미터 이상일 것
3. 개별 관람실 출구의 유효너비의 합계는 개별 관람실의 바닥면적 100제곱미터마다 0.6미터의 비율로 산정한 너비 이상으로 할 것

- 1500 m^2 ÷ 100 m^2 = 15
- 15 × 0.6 = 9 m
- 9 ÷ 3 = 3개소

정답 79 ① 80 ④ 81 ②

82 100세대 이상의 공동주택 신축 시 시간당 최소 얼마 이상의 환기가 이루어질 수 있도록 자연 환기설비 또는 기계환기설비를 설치하여야 하는가?

① 0.5회
② 1.2회
③ 1.5회
④ 1.8회

해설

[환기설비 기준]
[건축물의 설비기준 등에 관한 규칙]
제11조(공동주택 및 다중이용시설의 환기설비 기준 등)
① 영 제87조 제2항의 규정에 따라 신축 또는 리모델링하는 다음 각 호의 어느 하나에 해당하는 주택 또는 건축물(이하 "신축공동주택등"이라 한다)은 시간당 0.5회 이상의 환기가 이루어질 수 있도록 자연환기설비 또는 기계환기설비를 설치해야 한다.
1. 30세대 이상의 공동주택
2. 주택을 주택 외의 시설과 동일건축물로 건축하는 경우로서 주택이 30세대 이상인 건축물

83 건축물의 에너지 절약설계기준에 따른 권장사항 내용으로 옳지 않은 것은? (건축부분에 한정한다)

① 건축물의 체적에 대한 외피면적의 비 또는 연면적에 대한 외피면적의 비는 가능한 작게 한다.
② 건축물 용도 및 규모를 고려하여 건축물 외벽, 천장 및 바닥으로의 열손실이 최소화되도록 설계한다.
③ 기밀성을 줄이기 위하여 외기에 직접 면한 거실의 창 및 문 등 개구부 둘레를 기밀테이프 등을 활용하여 외기가 침입하지 못하도록 기밀하게 처리한다.
④ 학교의 교실, 문화 및 집회시설의 공용부분(복도, 화장실, 휴게실, 로비 등)은 1면 이상 자연 채광이 가능하도록 한다.

해설

[권장사항]
[건축물 에너지절약설계기준]
제7조(건축부문의 권장사항)
에너지절약계획서 제출대상 건축물의 건축주와 설계자 등은 다음 각 호에서 정하는 사항을 제15조의 규정에 적합하도록 선택적으로 채택할 수 있다.
2. 평면계획
  나. 건축물의 체적에 대한 외피면적의 비 또는 연면적에 대한 외피면적의 비는 가능한 작게 한다.
3. 단열계획
  가. 건축물 용도 및 규모를 고려하여 건축물 외벽, 천장 및 바닥으로의 열손실이 최소화되도록 설계한다.

정답 82 ① 83 ③

4. 기밀계획
  다. 기밀성을 높이기 위하여 외기에 직접 면한 거실의 창 및 문 등 개구부 둘레를 기밀테이프 등을 활용하여 외기가 침입하지 못하도록 기밀하게 처리한다.
5. 자연 채광계획
  가. 자연 채광을 적극적으로 이용할 수 있도록 계획한다. 특히 학교의 교실, 문화 및 집회시설의 공용부분(복도, 화장실, 휴게실, 로비 등)은 1면 이상 자연 채광이 가능하도록 한다.

84 건축물의 냉방설비에 대한 설치 및 설계기준상 다음과 같이 정의되는 것은?

> 포접화합물(Clathrate)이나 공용염(Eutectic Salt) 등의 상변화물질을 심야시간에 냉각시켜 동결한 후 그 밖의 시간에 이를 녹여 냉방에 이용하는 냉방설비

① 빙축열식 냉방설비
② 수축열식 냉방설비
③ 잠열축열식 냉방설비
④ 현열축열식 냉방설비

해설

[정의]
[건축물의 냉방설비에 대한 설치 및 설계기준]
제3조(정의)
2. "빙축열식 냉방설비"라 함은 심야시간에 얼음을 제조하여 축열조에 저장하였다가 그 밖의 시간에 이를 녹여 냉방에 이용하는 냉방설비를 말한다.
3. "수축열식 냉방설비"라 함은 심야시간에 물을 냉각시켜 축열조에 저장하였다가 그 밖의 시간에 이를 냉방에 이용하는 냉방설비를 말한다.
4. "잠열축열식 냉방설비"라 함은 포접화합물(Clathrate)이나 공용염(Eutectic Salt) 등의 상변화물질을 심야시간에 냉각시켜 동결한 후 그 밖의 시간에 이를 녹여 냉방에 이용하는 냉방설비를 말한다.

85 각 층의 거실면적이 3000 m²이며 층수가 12층인 호텔 건축물에 설치하여야 하는 승용 승강기의 최소 대수는? (단, 24인승 승강기를 설치하는 경우)

① 3대　　② 4대
③ 5대　　④ 6대

해설

[승용 승강기의 최소 대수]
[건축물의 설비기준 등에 관한 규칙]
별표 1의2(승용 승강기의 설치기준)

건축물의 용도 \ 6층 이상의 거실 면적의 합계	3천 제곱미터 이하	3천 제곱미터 초과
1. 가. 문화 및 집회시설(공연장·집회장 및 관람장만 해당한다) 나. 판매시설 다. 의료시설	2대	2대에 3천 제곱미터를 초과하는 2천 제곱미터 이내마다 1대를 더한 대수
2. 가. 문화 및 집회시설(전시장 및 동·식물원만 해당한다) 나. 업무시설 다. 숙박시설 라. 위락시설	1대	1대에 3천 제곱미터를 초과하는 2천 제곱미터 이내마다 1대를 더한 대수

정답 ● 84 ③　85 ③

건축물의 용도	6층 이상의 거실 면적의 합계 3천 제곱미터 이하	3천 제곱미터 초과
3. 가. 공동주택 나. 교육연구시설 다. 노유자시설 라. 그 밖의 시설	1대	1대에 3천 제곱미터를 초과하는 3천 제곱미터 이내마다 1대를 더한 대수

위 표에 따라 승강기의 대수를 계산할 때 8인승 이상 15인승 이하의 승강기는 1대의 승강기로 보고, 16인승 이상의 승강기는 2대의 승강기로 본다.

- 6층 이상 거실면적 = 3000 × 7 = 21000 m²
- 3000 m²까지 기본 1대
- 초과 2000 m²마다 1대 : 18000 ÷ 2000 = 9
- → 10대(15인승 이하)
- → 16인승 이상이므로 10 ÷ 2 = 5대이다.

86 건축물의 출입구에 설치하는 회전문에 관한 기준 내용으로 옳지 않은 것은?

① 계단이나 에스컬레이터로부터 2 m 이상의 거리를 둘 것
② 출입에 지장이 없도록 일정한 방향으로 회전하는 구조로 할 것
③ 회전문의 회전속도는 분당회전수가 10회를 넘지 아니하도록 할 것
④ 자동회전문은 충격이 가하여지거나 사용자가 위험한 위치에 있는 경우에는 전자감지장치 등을 사용하여 정지하는 구조로 할 것

해설

[회전문]
[건축물의 피난·방화구조 등의 기준에 관한 규칙]
제12조(회전문의 설치기준)
영 제39조 제2항의 규정에 의하여 건축물의 출입구에 설치하는 회전문은 다음 각 호의 기준에 적합하여야 한다.
1. 계단이나 에스컬레이터로부터 2미터 이상의 거리를 둘 것
2. 회전문과 문틀 사이 및 바닥 사이는 다음 각 목에서 정하는 간격을 확보하고 틈 사이를 고무와 고무펠트의 조합체 등을 사용하여 신체나 물건 등에 손상이 없도록 할 것
 가. 회전문과 문틀 사이는 5센티미터 이상
 나. 회전문과 바닥 사이는 3센티미터 이하
3. 출입에 지장이 없도록 일정한 방향으로 회전하는 구조로 할 것
4. 회전문의 중심축에서 회전문과 문틀 사이의 간격을 포함한 회전문날개 끝부분까지의 길이는 140센티미터 이상이 되도록 할 것
5. 회전문의 회전속도는 분당회전수가 8회를 넘지 아니하도록 할 것
6. 자동회전문은 충격이 가하여지거나 사용자가 위험한 위치에 있는 경우에는 전자감지장치 등을 사용하여 정지하는 구조로 할 것

87 높이 기준이 60 m인 건축물에서 허용되는 높이의 최대 오차는?

① 0.6 m   ② 0.9 m
③ 1.0 m   ④ 1.2 m

정답 ● 86 ③ 87 ③

해설

[건축허용오차]
[건축법 시행규칙] - 별표 5 : 건축허용오차
2. 건축물관련 건축기준의 허용오차

항목	허용되는 오차의 범위
건축물 높이	2퍼센트 이내(1미터를 초과할 수 없다)
평면길이	2퍼센트 이내(건축물 전체길이는 1미터를 초과할 수 없고, 벽으로 구획된 각 실의 경우에는 10센티미터를 초과할 수 없다)
출구너비	2퍼센트 이내
반자높이	2퍼센트 이내
벽체두께	3퍼센트 이내
바닥판두께	3퍼센트 이내

$60 \times 0.02 = 1.2\ m \Rightarrow 1\ m$

88 건축법령상 교육연구시설에 속하지 않는 것은?

① 교육원　　② 유치원
③ 어린이집　④ 직업훈련소

해설

[교육연구시설]
[건축법 시행령]
별표 1 : 용도별 건축물의 종류
10. 교육연구시설(제2종 근린생활시설에 해당하는 것은 제외한다)
　가. 학교(유치원, 초등학교, 중학교, 고등학교, 전문대학, 대학, 대학교, 그 밖에 이에 준하는 각종 학교를 말한다)
　나. 교육원(연수원, 그 밖에 이와 비슷한 것을 포함한다)
　다. 직업훈련소(운전 및 정비 관련 직업훈련소는 제외한다)
　라. 학원(자동차학원·무도학원 및 정보통신기술을 활용하여 원격으로 교습하는 것은 제외한다), 교습소(자동차교습·무도교습 및 정보통신기술을 활용하여 원격으로 교습하는 것은 제외한다)
　마. 연구소(연구소에 준하는 시험소와 계측계량소를 포함한다)
　바. 도서관
※ 어린이집은 아동 관련 시설로 노유자시설에 속한다.

89 판매시설로서 옥내소화전설비를 모든 층에 설치하여야 하는 특정소방대상물의 연면적 기준은?

① 500 m² 이상　② 1000 m² 이상
③ 1500 m² 이상　④ 2000 m² 이상

해설

[옥내소화전설비]
[소방시설설치 및 관리에 관한 법률 시행령]
별표 4 : 특정소방대상물의 관계인이 특정소방대상물에 설치·관리해야 하는 소방시설의 종류
다. 옥내소화전설비를 설치해야 하는 특정소방대상물은 다음의 어느 하나에 해당하는 것으로 한다.
　1) 다음의 어느 하나에 해당하는 경우에는 모든 층
　　가) 연면적 3천 m² 이상인 것(터널은 제외한다)
　　나) 지하층·무창층(축사는 제외한다)으로서 바닥면적이 600 m² 이상인 층이 있는 것

정답　88 ③　89 ③

다) 4층 이상인 층 중에서 바닥면적이 600 m² 이상인 층이 있는 것
2) 1)에 해당하지 않는 근린생활시설, 판매시설, 운수시설, 의료시설, 노유자시설, 업무시설, 숙박시설, 위락시설, 공장, 창고시설, 항공기 및 자동차 관련 시설, 교정 및 군사시설 중 국방·군사시설, 방송통신시설, 발전시설, 장례시설 또는 복합건축물로서 다음의 어느 하나에 해당하는 경우에는 모든 층가) 연면적 1천 5백 m² 이상인 것
나) 지하층·무창층으로서 바닥면적이 300 m² 이상인 층이 있는 것
다) 4층 이상인 층 중에서 바닥면적이 300 m² 이상인 층이 있는 것

90 건축법령상 아파트는 주택으로 쓰는 층수가 최소 얼마 이상인 주택을 말하는가?

① 3개 층　　② 5개 층
③ 7개 층　　④ 10개 층

해설

[아파트의 정의]
[건축법 시행령] 별표 1 : 용도별 건축물의 종류
2. 공동주택
  가. 아파트 : 주택으로 쓰는 층수가 5개 층 이상인 주택

91 건축물에 설치하는 굴뚝의 옥상 돌출부는 지붕면으로부터의 수직거리를 최소 얼마 이상으로 하여야 하는가?

① 0.5 m 이상　　② 0.7 m 이상
③ 0.9 m 이상　　④ 1.0 m 이상

해설

[굴뚝의 옥상 돌출부]
[건축물의 피난·방화구조 등의 기준에 관한 규칙]
제20조(건축물에 설치하는 굴뚝)
영 제54조에 따라 건축물에 설치하는 굴뚝은 다음 각 호의 기준에 적합하여야 한다.
1. 굴뚝의 옥상 돌출부는 지붕면으로부터의 수직거리를 1미터 이상으로 할 것. 다만 용마루·계단탑·옥탑등이 있는 건축물에 있어서 굴뚝의 주위에 연기의 배출을 방해하는 장애물이 있는 경우에는 그 굴뚝의 상단을 용마루·계단탑·옥탑등보다 높게 하여야 한다.

92 건축법령상 방송 공동수신설비를 설치하여야 하는 대상 건축물에 속하는 것은?

① 수련시설
② 공동주택
③ 노유자시설
④ 문화 및 집회시설

해설

[방송 공동수신설비]
[건축법 시행령]
제87조(건축설비설치의 원칙)
④ 건축물에는 방송수신에 지장이 없도록 공동시청 안테나, 유선방송 수신시설, 위성방송 수신

정답 90 ② 91 ④ 92 ②

설비, 에프엠(FM)라디오방송 수신설비 또는 방송 공동수신설비를 설치할 수 있다. 다만 다음 각 호의 건축물에는 방송 공동수신설비를 설치하여야 한다.
1. 공동주택
2. 바닥면적의 합계가 5천 제곱미터 이상으로서 업무시설이나 숙박시설의 용도로 쓰는 건축물

93 화재안전기준에 따라 소화기구를 설치하여야 하는 특정소방대상물의 연면적 기준은?

① 10 m² 이상 ② 25 m² 이상
③ 33 m² 이상 ④ 45 m² 이상

해설

[소화기구 설치]
[소방시설설치 및 관리에 관한 법률 시행령]
별표 4 : 특정소방대상물의 관계인이 특정소방대상물에 설치·관리해야 하는 소방시설의 종류
1. 소화설비
  가. 화재안전기준에 따라 소화기구를 설치해야 하는 특정소방대상물은 다음의 어느 하나에 해당하는 것으로 한다.
    1) 연면적 33 m² 이상인 것. 다만 노유자시설의 경우에는 투척용 소화용구 등을 화재안전기준에 따라 산정된 소화기 수량의 2분의 1 이상으로 설치할 수 있다.

94 건축물의 출입구에 설치하는 회전문에 관한 기준 내용으로 옳지 않은 것은?

① 계단이나 에스컬레이터로부터 2 m 이상의 거리를 둘 것
② 출입에 지장이 없도록 일정한 방향으로 회전하는 구조로 할 것
③ 회전문의 회전속도는 분당회전수가 10회를 넘지 아니하도록 할 것
④ 회전문의 중심축에는 회전문과 문틀 사이의 간격을 포함한 회전문날개 끝부분까지의 길이는 140 cm 이상이 되도록 할 것

해설

[회전문]
[건축물의 피난·방화구조 등의 기준에 관한 규칙]
제12조(회전문의 설치기준)
영 제39조 제2항의 규정에 의하여 건축물의 출입구에 설치하는 회전문은 다음 각 호의 기준에 적합하여야 한다.
1. 계단이나 에스컬레이터로부터 2미터 이상의 거리를 둘 것
2. 회전문과 문틀 사이 및 바닥 사이는 다음 각 목에서 정하는 간격을 확보하고 틈 사이를 고무와 고무펠트의 조합체 등을 사용하여 신체나 물건 등에 손상이 없도록 할 것
   가. 회전문과 문틀 사이는 5센티미터 이상
   나. 회전문과 바닥 사이는 3센티미터 이하
3. 출입에 지장이 없도록 일정한 방향으로 회전하는 구조로 할 것
4. 회전문의 중심축에서 회전문과 문틀 사이의 간격을 포함한 회전문날개 끝부분까지의 길이는 140센티미터 이상이 되도록 할 것
5. 회전문의 회전속도는 분당회전수가 8회를 넘지 아니하도록 할 것

정답 93 ③ 94 ③

6. 자동회전문은 충격이 가하여지거나 사용자가 위험한 위치에 있는 경우에는 전자감지장치 등을 사용하여 정지하는 구조로 할 것

95 다음의 창문 등의 차면시설의 설치에 관한 기준 내용 중 ( ) 안에 알맞은 것은?

> 인접 대지경계선으로부터 직선거리 ( ) 이내에 이웃 주택의 내부가 보이는 창문 등을 설치하는 경우에는 차면시설을 설치하여야 한다.

① 1 m ② 2 m
③ 3 m ④ 4 m

해설

[차면시설]
[건축법 시행령] 제56조(창문 등의 차면시설)
인접 대지경계선으로부터 직선거리 2미터 이내에 이웃 주택의 내부가 보이는 창문 등을 설치하는 경우에는 차면시설(遮面施設)을 설치하여야 한다.

96 용도변경과 관련된 시설군 중 문화집회시설군에 속하는 건축물의 용도가 아닌 것은?

① 종교시설 ② 수련시설
③ 위락시설 ④ 관광휴게시설

해설

[용도변경]
[건축법] 제19조(용도변경)
1. 허가 대상 : 제4항 각 호의 어느 하나에 해당하는 시설군(施設群)에 속하는 건축물의 용도를 상위군(제4항 각 호의 번호가 용도변경하려는 건축물이 속하는 시설군보다 작은 시설군을 말한다)에 해당하는 용도로 변경하는 경우

[건축법 시행령] 제14조(용도변경)
4. 문화집회시설군
  가. 문화 및 집회시설
  나. 종교시설
  다. 위락시설
  라. 관광휴게시설
6. 교육 및 복지시설군
  가. 의료시설
  나. 교육연구시설
  다. 노유자시설(老幼者施設)
  라. 수련시설
  마. 야영장시설

정답 ● 95 ② 96 ②

97 건축물의 옥상에 헬리포트를 설치하거나 헬리콥터를 통하여 인명 등을 구조할 수 있는 공간을 확보하여야 하는 대상 건축물 기준으로 옳은 것은? (단, 층수가 11층 이상인 건축물로서 건축물의 지붕을 평지붕으로 하는 경우)

① 11층 이상인 층의 바닥면적의 합계가 3000 m² 이상인 건축물
② 11층 이상인 층의 바닥면적의 합계가 5000 m² 이상인 건축물
③ 11층 이상인 층의 바닥면적의 합계가 8000 m² 이상인 건축물
④ 11층 이상인 층의 바닥면적의 합계가 10000 m² 이상인 건축물

해설

[옥상광장]
[건축법 시행령]
제40조(옥상광장 등의 설치)
④ 층수가 11층 이상인 건축물로서 11층 이상인 층의 바닥면적의 합계가 1만 제곱미터 이상인 건축물의 옥상에는 다음 각 호의 구분에 따른 공간을 확보하여야 한다.
1. 건축물의 지붕을 평지붕으로 하는 경우 : 헬리포트를 설치하거나 헬리콥터를 통하여 인명 등을 구조할 수 있는 공간
2. 건축물의 지붕을 경사지붕으로 하는 경우 : 경사지붕 아래에 설치하는 대피공간

98 특정소방대상물이 판매시설인 경우 모든 층에 스프링클러 설비를 설치하여야 하는 수용인원 기준은?

① 100명 이상 ② 200명 이상
③ 500명 이상 ④ 1000명 이상

해설

[소방설비시설]
[소방시설설치 및 관리에 관한 법률 시행령]
- 별표 4 : 특정소방대상물의 관계인이 특정소방대상물에 설치·관리해야 하는 소방시설의 종류
1. 소화설비
 4) 판매시설, 운수시설 및 창고시설(물류터미널로 한정한다)로서 바닥면적의 합계가 5천 m² 이상이거나 수용인원이 500명 이상인 경우에는 모든 층

99 용도변경과 관련된 시설군 중 문화집회시설군에 속하는 건축물의 용도가 아닌 것은?

① 종교시설 ② 수련시설
③ 위락시설 ④ 관광휴게시설

해설

[용도변경]
[건축법] 제19조(용도변경)
1. 허가 대상 : 제4항 각 호의 어느 하나에 해당하는 시설군(施設群)에 속하는 건축물의 용도를 상위군(제4항 각 호의 번호가 용도변경하려는 건축물이 속하는 시설군보다 작은 시설군을 말한다)에 해당하는 용도로 변경하는 경우

정답 97 ④ 98 ③ 99 ②

[건축법 시행령] 제14조(용도변경)
4. 문화집회시설군
　가. 문화 및 집회시설
　나. 종교시설
　다. 위락시설
　라. 관광휴게시설
6. 교육 및 복지시설군
　가. 의료시설
　나. 교육연구시설
　다. 노유자시설(老幼者施設)
　라. 수련시설
　마. 야영장시설

100 다음은 소방시설의 내진설계에 관한 기준 내용이다. 밑줄 친 대통령령으로 정하는 소방시설에 속하지 않는 것은?

> 「지진·화산재해대책법」 제14조 제1항 각 호의 시설 중 대통령령으로 정하는 특정소방대상물에 <u>대통령령으로 정하는 소방시설</u>을 설치하려는 자는 지진이 발생할 경우 소방시설이 정상적으로 작동될 수 있도록 소방청장이 정하는 내진설계 기준에 맞게 소방시설을 설치하여야 한다.

① 옥내소화전설비
② 스프링클러설비
③ 자동화재탐지설비
④ 물분무등소화설비

해설
[소방시설의 내진설계에 관한 기준]
[소방시설설치 및 관리에 관한 법률 시행령]
제8조(소방시설의 내진설계)
② 법 제7조에서 "대통령령으로 정하는 소방시설" 이란 소방시설 중 옥내소화전설비, 스프링클러설비 및 물분무등소화설비를 말한다.

[소방시설설치 및 관리에 관한 법률]
제7조(소방시설의 내진설계기준)
「지진·화산재해대책법」 제14조 제1항 각 호의 시설 중 대통령령으로 정하는 특정소방대상물에 대통령령으로 정하는 소방시설을 설치하려는 자는 지진이 발생할 경우 소방시설이 정상적으로 작동될 수 있도록 소방청장이 정하는 내진설계기준에 맞게 소방시설을 설치하여야 한다.

정답 100 ③

2025 제2회

1과목 건축일반

01 공기환경 측정과 관련된 측정방법이 잘못 연결된 것은?

① 유속측정 - 프로펠러 풍속계
② 압력측정 - 다이어프램 차압계
③ 환기량측정 - 가스추적법
④ 가스농도측정 - 피토우관

해설

[공기환경 측정]
피토관(피토우관) : 풍량 등 유속을 측정하기 위해 사용한다.

02 다음 중 실내조명설계의 순서에서 가장 먼저 이루어지는 것은?

① 조명기구의 배치결정
② 소요조도의 결정
③ 조명방식의 결정
④ 소요전등의 결정

해설

[실내조명설계]
① 소요조도 결정 ② 광원의 선택
③ 조명기구 선택 ④ 기구배치 ⑤ 검토

03 건축음향 및 소음에 관한 설명으로 옳지 않은 것은?

① 강연이나 연극 등 언어를 주사용 목적으로 할 경우 잔향시간은 비교적 짧게 처리한다.
② 다목적용 오디토리엄에는 가변 흡음 구조가 되도록 음향설계를 한다.
③ 반사음과 직접음과의 시간차가 가능한 한 크게 하여 충분한 음 보강이 되도록 한다.
④ 소음이 심한 도로변에 위치한 건물의 소음대책으로 방음벽을 설치한다.

해설

[건축음향 및 소음]
반사음과 직접음과의 시간차는 가능한 한 작게 해야 반향이 적다.
※ 오디토리엄(Auditorium) : 극장과 콘서트 홀 등 안에 있으며, 퍼포먼스를 듣고 하는 장소를 가리키는 말이다.

정답 01 ④ 02 ② 03 ③

04 다음 중 광속을 표시하는 단위는?

① lumen ② Candela/n²
③ Candela ④ lux

해설

[광속]
광속은 광원에 의해 초당 방출되는 가시광의 전체 양을 나타내는 의미로 단위는 lumen(루멘)이다.
- Candela : 광도 측정하는 SI 단위
- Lux : 빛의 조도를 나타내는 SI 단위

05 축열시스템에 관한 설명으로 옳지 않은 것은?

① 심야전력의 이용이 가능하다.
② 냉동기의 용량을 감소시킬 수 있다.
③ 호텔의 공공부분과 같이 간헐운전이 심한 경우에는 적용할 수 없다.
④ 빙축열시스템은 냉각을 위한 냉동기, 축열을 위한 빙축열조, 외부와의 열교환을 위한 열교환기 등으로 구성된다.

해설

[축열시스템]
열에너지를 저장 후 필요시 사용하는 시스템으로 피크가 많고 간헐운전이 많은 곳에 유리하게 사용된다.

2과목 위생설비

1회독	시간 :	점수 :
2회독	시간 :	점수 :
3회독	시간 :	점수 :

21 중앙식 급탕방식에 관한 설명으로 옳은 것은?

① 가열기, 배관 등 설비규모가 작다.
② 배관 및 기기로부터의 열손실이 거의 없다.
③ 건물 완공 후 급탕개소의 증설이 용이하다.
④ 기구의 동시이용률을 고려하여 가열장치의 총용량을 적게 할 수 있다.

해설

[중앙식 급탕방식]
① 중앙식 급탕방식은 한 개소의 중앙 가열 장치에서 여러 급탕 개소에 공급하므로, 설비 규모는 개별식보다 커지는 경향이 있다.
② 배관 길이가 길고 급탕 배관이 넓게 분포하므로 열손실이 발생하기 쉽다.
③ 중앙식은 배관망과 설비가 이미 설계된 범위 내에서만 유연하게 대응할 수 있으며, 증설은 개별식보다 어렵다.

2026년 출제범위를 벗어난 문제를 모두 삭제하고, 최신 출제기준에 해당하는 문제만 엄선하여 수록했습니다. 따라서 1과목 문제 수는 실제 출제 수와 다를 수 있습니다.

정답 ● 04 ① 05 ③ 21 ④

22 온도 20 ℃, 길이 100 m인 동관에 탕이 흘러 60℃가 되었을 때, 이 동관의 팽창된 길이는? (단, 동관의 선팽창계수는 0.171×10^{-4}/℃이다)

① 34.2 mm ② 68.4 mm
③ 136.8 mm ④ 171 mm

해설

[동관의 팽창량]

※ 팽창 길이 λ
$\lambda[mm] = \ell \times \alpha \times \triangle t$
여기서 $\lambda[mm]$: 팽창한 배관의 길이,
$\ell[mm]$: 배관의 길이,
$\alpha[mm/mm \cdot ℃]$: 선팽창계수,
$\triangle t[℃]$: 온도 차

관의 팽창 길이 λ
= $100 \times 0.171 \times 10^{-4} \times (60 - 20)$
= 0.0684 m = 68.4 mm

23 세정수의 급수방식에 따른 대변기의 종류에 속하지 않은 것은?

① 로탱크식
② 하이탱크식
③ 전동밸브식
④ 세정밸브식

해설

[전동밸브식]
③ 급수제어에 전동밸브를 사용하는 방식은 일반적인 대변기 세정수 공급방식 분류에 포함되지 않는다. 주로 특수 자동제어 설비에서 사용된다. 따라서 대변기 종류로는 속하지 않는다.

24 수질 오염의 지표로 사용되는 것으로서 오수 중에 현탁되어 있는 부유물질을 의미하는 것은?

① DO ② SS
③ BOD ④ COD

해설

[수질 오염의 지표]
① DO(Dissolved Oxygen)
용존산소량, 수질의 자정능력 평가에 사용된다.
② SS(Suspended Solids)
부유물질로, 오수 중에 현탁된 입자상 물질을 의미한다.
③ BOD(Biochemical Oxygen Demand)
생물화학적 산소요구량, 유기물 오염 지표이다.
④ COD(Chemical Oxygen Demand)
화학적 산소요구량, 산화제로 산화되는 유기물·무기물 양을 나타낸다.

25 먹는물의 수소이온농도 기준으로 옳은 것은? (단, 샘물, 먹는샘물 및 먹는물공동시설의 물이 아닌 경우)

① pH 4.8 이상 pH 8.4 이하
② pH 4.8 이상 pH 8.5 이하
③ pH 5.8 이상 pH 8.4 이하
④ pH 5.8 이상 pH 8.5 이하

해설

[먹는물의 수소이온농도 기준]
평상시 물은 pH 5.8 이상 pH 8.5 이하 정도이고 먹는물 기준도 이와 같다.

정답 22 ② 23 ③ 24 ② 25 ④

26 증기를 사일렌서(Silencer) 등에 의해 물과 혼합시켜 탕을 만드는 급탕방식은?

① 순간식   ② 저탕식
③ 기수혼합식   ④ 간접가열식

해설

[기수혼합식]
증기가 사일렌서(Silencer) 등을 거쳐 물과 직접 혼합되어 온수를 만드는 방식이다. 대용량 급탕이 가능하지만, 수질 위생상 주의가 필요하다.

27 다음 중 급수배관이 벽체 또는 건축의 구조부를 관통하는 부분에 슬리브(Sleeve)를 설치하는 이유로 가장 알맞은 것은?

① 관의 방동을 위하여
② 관의 방로를 위하여
③ 관의 부식방지를 위하여
④ 관의 수리·교체를 용이하게 하기 위하여

해설

[구조부를 관통하는 부분에 슬리브를 설치하는 이유]
슬리브는 벽이나 슬래브를 관통하는 배관 주위에 여유 공간을 마련하여, 관이 구조물과 직접 접촉해 고정되는 것을 방지하고, 추후 관의 수리·교체 시 용이하도록 하기 위한 장치이다.

28 사무실 건물의 화장실에 세면기 8개, 청소싱크 1개가 설치되어 있는 경우 배수 배출량은? (단, 세면기 fuD = 1, 청소싱크 fuD = 3, 전체의 동시사용률은 55%이며, 1 fuD = 28.5 L/min이다)

① 약 127 L/min
② 약 172 L/min
③ 약 285 L/min
④ 약 570 L/min

해설

[배수 배출량]
(1) 세면기 8개는 배수부하단위가 각 1이므로 합계가 8이다.
(2) 청소싱크 1개는 배수부하단위가 3이므로 합계가 3이다.
(3) 총 배출량
$$Q = (1 \times 8 + 3) \times 28.5 \times 0.55 = 172 \, L/min$$

보충 fuD(Fixture Unit Drainage) : 배수부하단위

29 위생기구가 갖추어야 할 구비조건으로 옳지 않은 것은?

① 흡수성이 클 것
② 제작 및 설치가 쉬울 것
③ 내식성, 내마모성이 있을 것
④ 항상 청결을 유지할 수 있을 것

해설

[위생기구가 갖추어야 할 구비조건]
① 위생기구는 흡수성이 작아야 위생적이다.

정답 26 ③ 27 ④ 28 ② 29 ①

30 수격현상의 방지대책으로 옳지 않은 것은?

① 펌프계통의 유속을 증가시킨다.
② 위생기구 연결 시 에어챔버를 사용한다.
③ 수전의 급작스런 On-off 작동을 피한다.
④ 입상관 말단에 워터해머 흡수기를 설치한다.

해설
[수격현상의 방지대책]
① 유속이 커질수록 밸브 개폐 시 압력변화가 커져 수격현상(Water Hammer)이 심해진다.

31 다음 중 간접배수로 하여야 하는 기구는?

① 욕조   ② 세면기
③ 대변기   ④ 세탁기

해설
[간접배수와 직접배수]
• 간접배수 필요 기구 : 식기세척기, 제빙기, 세탁기, 냉장·제빙 드레인 등
• 직접배수 가능 기구 : 세면기, 대변기, 소변기, 욕조 등 위생기구

32 배관의 수리, 교체를 편리하게 하기 위해 사용하는 배관 부속품은?

① 부싱   ② 플러그
③ 유니온   ④ 크로스

해설
[유니온과 플랜지]
유니온은 배관 중간을 분리할 수 있도록 만들어, 수리나 교체가 필요할 때 배관 전체를 해체하지 않고 부분적으로 분리할 수 있게 하는 이음쇠이다.

유니온(Union)	플랜지(Flange)

보충 플랜지(flange) : 배관, 밸브, 펌프 등과 같은 설비를 서로 탈·부착하기 위해 끝부분에 설치하는 원판형 연결부속품이다.

33 유체의 흐름에 관한 설명으로 옳지 않은 것은?

① 난류는 유체분자가 불규칙하게 서로 섞이는 혼란된 흐름이다.
② 일반적으로 층류에서 난류로 천이할 때의 유속을 임계유속이라 한다.
③ 레이놀즈수에 의해 관 내의 흐름이 층류인지 난류인지 판별할 수 있다.
④ 관 내에 유체가 흐를 때, 어느 장소에서 흐름의 상태가 시간에 따라 변화하는 흐름을 정상류라 한다.

정답 30 ① 31 ④ 32 ③ 33 ④

해설

[유체의 흐름]
- 정상류(Steady Flow) : 시간에 따라 흐름 상태 (속도, 압력 등)가 변하지 않는 흐름
- 비정상류(Unsteady Flow) : 시간에 따라 변화하는 흐름

34 다음과 같은 조건에서 급탕순환펌프의 순환 수량은?

- 배관계통의 전열손실량 : 4000 W
- 급탕온도 : 65 ℃, 환탕온도 : 55 ℃
- 물의 비열 : 4.2 kJ/kg·K

① 5.7 L/min
② 10.5 L/min
③ 20.9 L/min
④ 30.4 L/min

해설

[급탕순환펌프의 순환 수량]
$q[kW] = W[kg/s] \times C[kJ/(kg \cdot K)] \times \Delta t[K]$
$4[kW] = W[kg/s] \times 4.2\,kJ/(kg \cdot K)] \times (65-55)\,K$
∴ $W = 0.0952\,kg/s = 0.0952\,L/s$
$= 0.0952\,L/s \times \dfrac{60\,s}{1\,\min} = 5.712\,L/\min$

보충 물 1 L = 1 kg

35 다음 중 S트랩에서 자기사이펀 작용에 의한 봉수의 파괴를 방지하기 위한 방법으로 가장 알맞은 것은?

① 트랩의 내표면을 매끄럽게 한다.
② 트랩을 정기적으로 청소하여 이물질을 제거 한다.
③ 트랩과 위생기구가 연결되는 관의 관경을 트랩의 관경보다 더 크게 한다.
④ 트랩의 유출부분 단면적이 유입부분 단면적보다 큰 것을 설치한다.

해설

[봉수의 파괴를 방지하기 위한 방법]
④ 유출부 단면적을 크게 하면 트랩 내부의 유속이 완만해지고 진공 형성 가능성이 줄어 자기사이펀 작용에 의한 봉수 파괴를 방지할 수 있다.

36 관 내에 유체가 흐르고 있을 때 유체마찰에 의해 손실되는 압력강하(△P)를 다음과 같은 식으로 표현할 수 있다. 다음 깃에서 λ가 의미하는 것은? (단, L은 관의 길이, d는 관의 직경, v는 유체의 유속, ρ는 유체의 밀도를 의미한다)

$$\Delta P = \lambda \times \dfrac{L}{d} \times \dfrac{v^2}{2}\rho$$

① 점성계수
② 관마찰계수
③ 레이놀즈수
④ 동점성계수

정답 ● 34 ① 35 ④ 36 ②

> **해설**

[유체마찰에 의해 손실되는 압력강하(△P)]

$$\triangle P = \lambda \times \frac{L}{d} \times \frac{v^2}{2} \rho$$

여기서, L : 관의 길이,
d : 관의 직경,
v : 유체의 유속,
ρ : 유체의 밀도

37 통기배관에 관한 설명으로 옳지 않은 것은?

① 통기수직관을 우수수직관과 연결해서는 안 된다.
② 통기수직관의 하단은 배수수직관에 60° 이상의 각도로 접속한다.
③ 루프통기관의 인출 위치는 배수수평지관 최상류 기구의 하단 측으로 한다.
④ 루프통기관에 연결되는 기구수가 많을 경우 도피통기관을 추가로 설치한다.

> **해설**

[통기배관]
통기관과 우수수직관은 겸용하는 경우는 없다. 겸용하는 경우는 배수수직관(오수)이다.

38 급수배관의 관경 결정법에 관한 설명으로 옳지 않은 것은?

① 같은 급수기구 중에서도 개인용과 공중용에 대한 기구급수부하단위는 공중용이 개인용보다 값이 크다.
② 유량선도에 의한 방법으로 관경을 결정하고자 할 때의 부하유량(급수량)은 기구급수부하 단위로 산정한다.
③ 소규모 건물에는 유량선도에 의한 방법이, 중규모 이상의 건물에는 관균등표에 의한 방법이 주로 이용된다.
④ 기구급수부하단위는 각 급수기구의 표준 토출량, 사용빈도, 사용시간을 고려하여 1개의 급수 기구에 대한 부하의 정도를 예상하여 단위화한 것이다.

> **해설**

[급수배관의 관경 결정법]
③ 일반적으로는 소규모에는 단순한 관균등표나 경험식을 적용하고, 중·대규모에는 기구급수부하단위 합산 후 유량선도를 사용하여 관경을 결정한다.

정답 ● 37 ② 38 ③

39 처리대상인원 1000인, 1인 1일당 오수량 0.2 m³ 오수의 평균 BOD 200 ppm, BOD 제거율 85 %인 오수처리 시설에서 유출수의 BOD량은?

① 1.5 kg/day ② 6 kg/day
③ 30 kg/day   ④ 200 kg/day

해설

[BOD]
1) 유출수 BOD 농도 계산
$C_{유출} = 200 \times (1-0.85) = 30\,ppm$

> 보충 200 ppm 중 85 %가 제거되었으니 15 %가 남음

2) 유출수 총량 계산
$Q_{총량} = 1000 \times 200\,L/day \times 30\,mg/L$
$= 6000000\,mg/day = 6\,kg/day$

여기서, 인원 : 1000명
1인당 오수량 : 0.2 m³/day = 200 L/day
농도 : 30 ppm = 30 mg/L

40 다음 중 양수 펌프로 사용되는 원심펌프에서 흡입 양정이 이론치에 미치지 못하는 가장 큰 이유는?

① 대기압
② 관로손실
③ 펌프의 동력
④ 토출양정관의 차이

해설

[관로손실]
흡입관 내 마찰손실, 밸브·엘보 등의 부속품 손실이 커지면 흡입 측 압력이 낮아져 NPSH$_{av}$(유효흡입수두)이 감소한다. 이 때문에 실제 유효흡입수두가 이론치보다 작아지는 주요 원인이 된다.

3과목 공기조화설비

1회독 시간 :   점수 :
2회독 시간 :   점수 :
3회독 시간 :   점수 :

41 다음 중 동관의 용도로 가장 부적절한 것은?

① 급수관   ② 급탕관
③ 증기관   ④ 냉온수관

해설

[동관의 용도]
증기는 온도와 압력이 높아 동관의 내압·내열 성능 한계를 초과할 수 있으며, 장기 사용 시 열팽창과 부식 문제가 발생할 수 있어 부적절하다. 따라서 가장 부적절한 용도이다.

42 다음 중 혼합·냉각·재열의 과정을 거치는 공기 조화 시스템의 냉각코일 용량으로 알맞은 것은?

① 실내현열부하 + 실내잠열부하
② 실내현열부하 + 외기현열부하
③ 실내전열부하 + 외기전열부하 + 재열부하
④ 실내현열부하 + 외기현열부하 + 재열부하

해설

[냉각코일 용량]
③ 실내전열부하 + 외기전열부하 + 재열부하
혼합공기 상태에서 냉각코일이 처리해야 하는 부하는 실내 전열부하(현열 + 잠열)와 외기 전열부하(현열+잠열)의 합이며, 냉각 후 재열이 필요할 경우 재열부하까지 포함해야 한다.

정답 39 ② 40 ② 41 ③ 42 ③

43 덕트와 부속기구에 관한 설명으로 옳지 않은 것은?

① 고속덕트는 가급적 원형 덕트로 한다.
② 점검구는 풍량조정이나 점검을 해야 하는 곳에 설치한다.
③ 같은 양의 공기가 덕트를 통해 송풍될 때 풍속을 높게 하면 덕트의 단면치수도 크게 하여야 한다.
④ 방화댐퍼는 화재 시에 덕트를 통해 방화구역으로 불이 번지지 않도록 덕트의 통로를 차단하는 역할을 한다.

해설

[덕트와 부속기구]
③ 유량 $Q = A \times V$에서 유량이 같다면, 속도가 증가했을 때 단면적은 작아진다. 따라서 풍속이 커질수록 덕트 치수는 작아진다.

44 기준면보다 20 m 높이에 있는 관 내에 물이 압력 60 kPa, 유속 3 m/s로 흐를 때 이 물의 전수두는? (단, 물의 밀도는 1 kg/L이다)

① 약 18.7 m ② 약 26.5 m
③ 약 38.7 m ④ 약 83.1 m

해설

[전수두]
전수두 = 압력수두 + 속도수두 + 높이수두
$$H = 6 + h = 6 + \frac{3^2}{2 \times 9.8} + 20 = 26.459$$

45 실내공기오염의 종합적 지표로 사용되는 오염 물질은?

① 미세먼지
② 이산화탄소
③ 포름알데히드
④ 휘발성 유기화합물

해설

[이산화탄소]
이산화탄소는 실내 공기 오염의 종합적 지표로 사용된다. CO_2 농도가 높으면 환기 부족을 의미한다.

46 공기조화부하 계산에 있어서 인체 발생열에 관한 설명으로 옳은 것은?

① 인체 발생열은 난방부하에서만 고려한다.
② 인체 발생열은 현열과 잠열 모두 발생한다.
③ 실내온도가 높아질수록 잠열 발생열량이 감소
④ 인체 발생열은 재실자의 작업상태에 관계없이 항상 일정하다.

해설

[인체 발생열]
① 인체는 냉방·난방 시 모두 열을 방출하며, 특히 냉방부하 계산에서 내부발생부하로 중요한 요소가 된다.
③ 실내온도가 높으면 발한량이 증가하여 잠열 발생이 오히려 늘어난다.
④ 작업 강도, 활동량, 착의 상태 등에 따라 인체 발생열은 크게 달라진다.

정답 ● 43 ③ 44 ② 45 ② 46 ②

47 다음과 같은 조건에서 바닥면적이 200 m²인 일반 사무실의 조명기구로부터 취득되는 열량은?

- 조명기구 : 형광등
- 점등률 : 100%
- 바닥면적당 조명 소비전력 : 30 W/m²
- 안정기 발열량 25% 할증

① 6500W ② 7500W
③ 8000W ④ 10000W

해설

[조명기구로부터 취득되는 열량]
$q = 200 \times 30 \times 1.25 = 7500\,W$

48 다음 중 공기조화설비 배관에서 압력계의 설치 위치로 가장 알맞은 곳은?

① 펌프 출구   ② 급수관 입구
③ 냉수코일 출구   ④ 열교환기 출구

해설

[압력계의 설치 위치]
압력계는 일반적으로 펌프 토출 측에 설치하여 펌프 운전 시 토출압력을 확인하고, 계통의 정상 운전 여부 및 성능을 점검할 수 있다. 따라서 설치 위치로 가장 적합하다.

49 표준적인 단일덕트 정풍량 방식에서 실내부하의 현열비(SHF) 선상에 있는 점이 아닌 것은?

① 실내공기 상태점
② 토출공기 상태점
③ 코일출구공기 상태점
④ 실내외공기 혼합공기 상태점

해설

[실내외공기 혼합공기 상태점]
혼합공기 상태점은 실내공기와 외기 조건의 비율로 결정되며, 이는 실내 부하 현열비와 직접적으로 일치하지 않을 수 있다.

50 난방도일(Heating Degree Day)에 관한 설명으로 옳지 않은 것은?

① 추운 날이 많은 지역일수록 난방도일은 커진다.
② 난방도일의 계산에 있어서 일사량은 고려하지 않는다.
③ 난방도일은 난방용 장치부하를 결정하기 위한 것이다.
④ 일반적으로 난방도일이 큰 지역일수록 연료 소비량은 증가한다.

해설

[난방도일(Heating Degree Day)]
③ 난방도일은 주로 연간 또는 월간 난방에너지 소비량 예측이나 지역 비교, 연료비 산정 등에 사용된다. 설비의 순간 최대 부하(장치부하)는 난방도일이 아니라 설계외기온도 등을 이용해 결정한다.

정답 ● 47 ② 48 ① 49 ④ 50 ③

51 기기나 배관 내의 유량조절을 빈번하게 하지 않고 일정량으로 고정시키는 경우에 사용되는 밸브는?

① 유니온 ② 볼밸브
③ 체크밸브 ④ 플러그 콕

해설

[플러그 콕(Plug Cock)]
원통 또는 테이퍼형 플러그를 회전시켜 개구 면적을 조절하며, 빈번한 조작 없이 일정 유량으로 고정해 사용하는 데 적합하다.

52 국소환기 설계에 관한 설명으로 옳지 않은 것은?

① 배출된 오염물질에 의한 대기오염이 되지 않도록 정화장치를 부착한다.
② 국소환기의 계통은 공간의 절약을 위해 공조 장치의 환기덕트와 연결한다.
③ 배기장치는 배기가스에 의해 부식하기 쉬우므로 그에 상응한 재료를 사용한다.
④ 배풍기는 배기계통의 말단부에 두어 덕트 내 압력이 부(-)로 되도록 해서 다른 쪽으로의 누출을 방지한다.

해설

[국소환기 설계]
② 국소환기 덕트는 공조장치의 덕트와 절대 연결하지 않고 별도의 배기계통으로 설치한다.
보충 국소환기는 오염물질을 발생원에서 즉시 포집하여 외부로 배출하는 것이 목적

53 대향류형 냉각탑과 비교한 직교류형 냉각탑의 특징에 관한 설명으로 옳지 않은 것은?

① 설치면적이 크다.
② 열교환 효율이 좋다.
③ 팬 소요동력이 작다.
④ 점검·보수가 용이하다.

해설

[직교류형 냉각탑의 특징]
② 대향류형은 물과 공기가 반대 방향으로 흐르면서 평균 온도차가 커져 열교환 효율이 높다. 직교류형은 효율이 상대적으로 낮다.

54 공조되고 있는 실에서 콜드 드래프트(Cold Draft)의 원인과 가장 거리가 먼 것은?

① 습도가 낮을 때
② 기류의 속도가 낮을 때
③ 주위 벽면의 온도가 낮을 때
④ 겨울에 창문의 틈새바람이 많을 때

해설

[콜드 드래프트(Cold Draft)의 원인]
② 기류 속도가 낮으면 인체에 대한 대류열 손실이 적어져 찬바람을 느끼기 어렵다. 콜드 드래프트는 오히려 기류 속도가 높을 때 잘 발생한다.

정답 51 ④ 52 ② 53 ② 54 ②

55 다음과 같은 조건으로 냉방운전을 하고 있을 경우 필요 송풍량은?

> ㉠ 실내현열부하 : 72 kW
> ㉡ 공기의 비열 : 1.0 kJ/kg·K
> ㉢ 공기의 밀도 : 1.2 kg/m³
> ㉣ 실내취출 공기온도 : 16 ℃
> ㉤ 실내 공기온도 : 26 ℃

① 6 m³/s   ② 7 m³/s
③ 8 m³/s   ④ 9 m³/s

해설

[송풍량]
$q = G \times C \times \triangle t = Q \times \rho \times C \times \triangle t$
$72\,kW = Q \times 1.2 \times 1.0 \times (26 - 10)$
$\therefore Q = 6\,m^3/s$

56 송풍기에 의해 수분이 급기덕트 내로 유입하는 것을 방지하기 위해 설치하는 공기조화기의 구성요소는?

① 가습기   ② 공기세정기
③ 공기여과기   ④ 엘리미네이터

해설

[엘리미네이터(Eliminator)]
주로 공기세정기나 가습기 후단에 설치하여 송풍 시 수분 비말이 덕트로 넘어가는 것을 방지하는 장치이다. 물방울을 휩쓸려 나가지 않게 하여 급기덕트 내부에 수분이 유입되는 것을 차단한다.

57 취출기류의 속도분포와 관련된 4단계 영역 중 제2영역에 관한 설명으로 옳은 것은?

① 천이구역이라고도 한다.
② 취출거리의 대부분을 차지한다.
③ 혼합된 공기(1차 공기 + 2차 공기)가 주위로 확산되는 영역이다.
④ 취출기류의 속도가 급격히 감소되어 주위 공기를 유인하는 힘이 없어진다.

해설

[취출기류의 속도분포]
① 취출기류의 4단계 중 제2영역은 토출 직후의 초기가속 구역(1영역) 다음에 위치하며, 토출 기류가 점차 주위 공기와 혼합되기 시작하는 구간으로 '천이구역(Transition Zone)'이라고 부른다.
② 취출거리 대부분을 차지하는 구역은 제3영역(완전 발달구역)이다.
③ 제3영역(완전 발달된 난류 확산구역)에 해당한다.
④ 이는 제4영역(소멸구역)의 특징이다.

정답 55 ① 56 ④ 57 ①

58 다음 중 축동력이 가장 적게 소요되는 송풍기 풍량제어방식은?

① 회전수제어
② 흡입베인제어
③ 토출댐퍼제어
④ 슬라이드베인제어

해설

[송풍기 풍량제어방법]
- 토출댐퍼제어 > 흡입댐퍼제어 > 흡입베인제어 > 회전수제어
- 회전수제어가 가장 경제적, 토출댐퍼제어가 가장 비경제적

59 틈새바람량의 산출 방법에 속하지 않는 것은?

① 환기횟수법
② 창문면적법
③ 실내면적법
④ 창문틈새길이법

해설

[실내면적법]
③ 실내 전체 면적만으로 틈새바람량을 직접 계산하는 방법은 일반적으로 사용되지 않는다.

60 증기난방에서 방열기의 상당방열면적(EDR) 계산에 사용되는 표준 방열량은?

① 450 W/m²
② 523 W/m²
③ 650 W/m²
④ 756 W/m²

해설

[표준방열량]
증기난방 표준방열량 : 756 W/m²
온수난방 표준방열량 : 523 W/m²

정답 58 ① 59 ③ 60 ④

4과목 전기설비 및 소방시설 일반

1회독 시간 :   점수 :
2회독 시간 :   점수 :
3회독 시간 :   점수 :

61 DDC제어방식에 관한 설명으로 옳지 않은 것은?

① 신뢰성이 우수하다.
② 응용성이 풍부하다.
③ 정밀한 제어를 할 수 있다.
④ 유지, 보수에 비용이 많이 든다.

해설

[DCC(Direct Digital Control)]
DCC제어 AI(아날로그 입력), I(디지털 입력), AO(아날로그 출력), DO(디지털 출력)을 의미함. 벨브 조작은 아날로그 출력에 해당됨
• 제어의 폭이 넓고 광범위하며, 고도의 정밀제어가 가능하므로 건물 자동제어에 가장 일반적인 자동제어 형식

62 자동화재 탐지설비의 감지기에 관한 설명으로 옳지 않은 것은?

① 차동식 스포트형 감지기는 주변온도가 일전한 온도상승률 이상으로 되었을 경우에 작동한다.
② 이온화식 감지기는 화재신호 감지 후 신호를 발생하는 시간에 따라 축적형과 비축적형으로 분류할 수 있다.
③ 광전식 감지기는 외부의 빛에 영향을 받지 않는 암실형태의 체임버 속에 광원과 수광소자를 설치해놓은 것이다.
④ 보상식 열감지기는 차동식의 기능과 정온식의 기능을 혼합한 것으로 두 기능이 모두 만족되었을 경우에만 작동한다.

해설

[감지기]

감지기 종류	작동원리	감지범위	특이구조
차동식 스포트형	주위 온도가 일정 상승률 이상	일국소 열	-
차동식 분포형	주위 온도가 일정 상승률 이상	넓은 범위 열 누적	-
정온식 감지선형	주위 온도가 일정한 온도 이상	일국소 열	외관이 전선
정온식 스포트형	주위 온도가 일정한 온도 이상	일국소 열	외관이 전선 아닌 것
보상식 스포트형	차동식과 정온식의 OR 동작	일국소 열	차동식 + 정온식 겸한 것
이온화식 스포트형	일정한 농도의 연기 포함 시	일국소 연기	연기에 의하여 이온전류가 변화하여 작동
광전식 스포트형	일정한 농도의 연기 포함 시	일국소 연기	-
광전식 분리형	발광부와 수광부 사이 공간에 일정 연기농도 시 작동	넓은 구획장소의 연기	발광부와 수광부로 구성된 구조
공기 흡입식	감지위치의 공기를 흡입하여 공기 중 연기농도 측정	넓은 구획장소의 연기	감지기 내부에 장착된 공기흡입장치로 감지
아날로그식	온도 또는 연기 양의 변화에 따른 전류·전압값 출력을 발하는 방식		

정답 61 ④ 62 ④

감지기 종류	작동원리	감지범위	특이구조
다신호식	1개의 감지기 내에 서로 다른 종별 또는 감도 등의 기능을 갖춘 것으로서 일정시간 간격을 두고 각각 다른 2개 이상의 화재신호를 발하는 감지기		
열·연기 복합형	차동식 + 이온화식, 차동식 + 광전식 정온식 + 이온화식, 정온식 + 광전식	AND, OR 신호에 발신	-
열 복합형	차동식 + 정온식의 성능이 있는 것	AND, OR 신호에 발신	-
연 복합형	이온화식 + 광전식의 성능이 있는 것	AND, OR 신호에 발신	-
단독 경보형	감지기에 음향장치가 내장되어 일체		

63 미리 정해진 순서에 따라 제어의 각 단계를 순차적으로 행하는 자동 제어는?

① 공정제어   ② 폐회로제어
③ 피드백제어 ④ 시퀀스제어

[해설]
[목푯값에 의한 분류]

구분		내용
정치제어		목푯값이 일정한 자동제어에 적용
추치 제어	추종 제어	미지의 임의 시간적 변화를 하는 목푯값에 제어량을 추종시키는 제어

구분		내용
추치 제어	프로그램 제어	미리 정해진 시간변화에 따라 정해진 순서대로 제어
	비율 제어	목푯값이 서로 다른 어떤 양과 일정한 비율관계를 가지는 제어
	시퀀스 제어	미리 정해진 순서에 따라 각 단계가 순차적으로 진행

64 다음 회로의 합성저항은?

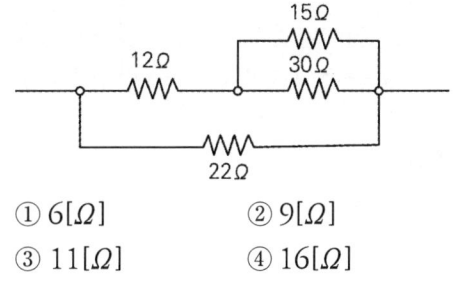

① 6[Ω]   ② 9[Ω]
③ 11[Ω] ④ 16[Ω]

[해설]
[합성저항]
$12 + \dfrac{15 \times 30}{15 + 35} = 22$

∴ $\dfrac{22}{2} = 11$

65 다음의 엘리베이터 조작방식 중 무운전원방식에 속하는 것은?

① 카 스위치방식
② 승합전자동방식
③ 레코드 컨트롤방식
④ 시그널 컨트롤방식

해설

[엘리베이터 조작방식]
- 카 스위치방식 : 운전원이 직접 조작
- 승합전자동방식 : 운전원이 탑승하여 운행
- 레코드 컨트롤방식 : 승강 기록을 메모리에 저장하고 처리하는 방식, 운전원 필요
- 시그널 컨트롤방식 : 승객이 버튼을 눌러 운행

66 저압옥내배선 공사 중 점검할 수 없는 은폐된 장소에서 할 수 없는 공사는?

① 케이블공사 ② 금속관공사
③ 금속덕트공사 ④ 합성수지관공사

해설

[은폐된 장소]
은폐 장소에는 금속관 또는 가요전선관을 사용한다.

67 광원에서 나가는 전광속 대비 피조면에 도달하는 광속의 비율을 의미하는 것은?

① 이용률 ② 조명률
③ 유지율 ④ 감광보상률

해설

[광원]
FUN = AED에서
F : 등1개의 광속, U : 조명률, N : 등개수
A : 면적, E : 조도, D : 감광보상률

68 몰드변압기(Mold TR)에 관한 설명으로 옳지 않은 것은?

① 난연성이다.
② 내습성이 좋다.
③ 내진성이 좋다.
④ 유지보수가 필요 없다.

해설

[몰드변압기]
절연유 대신 에폭시수지로 코일을 몰드처리한 변압기이며 유지보수가 필요

69 V = 154sin(314t - 90°) [V]인 사인파 교류의 주파수[Hz]는?

① 30 ② 40
③ 50 ④ 60

해설

[주파수]
$\omega = 314$이므로 $2\pi f = 314$
$\therefore f = 50\ Hz$

70 다음의 자동화재탐지설비의 감지기 중 열감지기에 속하지 않는 것은?

① 광전식 ② 보상식
③ 차동식 ④ 정온식

정답 66 ③ 67 ② 68 ④ 69 ③ 70 ①

해설

[감지기]
광전식, 이온화식은 연기감지

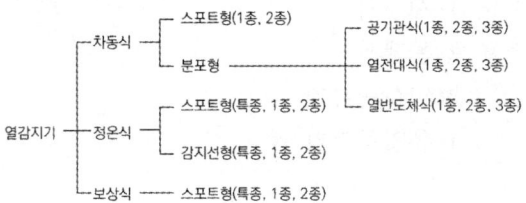

71 물분무소화설비에 관한 설명으로 옳지 않은 것은?

① 물의 입자를 미세하게 분무시키는 시스템이다.
② 물을 사용하므로 전기화재에는 적응성이 없다.
③ 냉각작용을 이용하여 소화효과를 얻을 수 있다.
④ 화재 시 발생하는 수증기에 의한 질식작용을 이용하여 소화효과를 얻을 수 있다.

해설

[물분무소화설비]
미분무와 물분무소화설비는 물입자가 작으므로 절연성이 확보되어 C급 화재에 적응성이 있음

72 옥내소화전설비의 가압송수장치에 순환배관을 설치하는 이유는?

① 배관 내 압력변동을 검지하기 위해
② 체절운전 시 수온의 상승을 방지하기 위해
③ 각 소화전에 균등한 수압이 부여되도록 하기 위해
④ 배관 내 압력손실에 따른 펌프의 빈번한 기동을 방지하기 위해

해설

[순환배관]
체절운전은 출구밸브를 모두 폐쇄하고 펌프를 가동하여 압력을 조정하는 운전으로 고압에 따른 수온상승이 따름. 최종적으로 펌프의 손상이나 배관 파열의 위험이 있으므로 이를 방지하기 위해 순환배관을 설치하여 수온 상승을 억제함

73 에보나이트 막대를 천으로 문지르면 에보나이트 막대에는 양(+)의 전기, 천에는 음(-)의 전기가 생긴다. 이러한 현상을 무엇이라 하는가?

① 대전　　　② 충전
③ 정전차폐　④ 전자유도

해설

[대전]
마찰에 의해 전기를 띠는 현상

정답　71 ②　72 ②　73 ①

74 할로겐램프에 관한 설명으로 옳지 않은 것은?

① 휘도가 낮다.
② 흑화가 거의 일어나지 않는다.
③ 백열전구에 비해 수명이 길다.
④ 광속이나 색온도의 저하가 극히 적다.

해설

[할로겐램프]
할로겐램프는 휘도가 높아 자동차 라이트 등으로도 사용됨

75 가동코일형 계기에 관한 설명으로 옳은 것은?

① 고주파용이다.
② 교류 전용이다.
③ 직류 전용이다.
④ 직류, 교류 양용이다.

해설

[가동코일형 계기]
가동코일형 계기란 영구 자석에 의한 자계 속에 코일을 매달고 이에 측정할 전류를 흐르게 하여 지침이 지시하게 되는 직류전용 계기

76 누전차단기에서 검출기구로 사용되는 것은?

① 계전기
② 콘덴서
③ 영상변류기
④ 유입차단기

해설

[영상변류기]
두 개 이상의 전선에 변류기를 설치하여 정상적인 상태라면 교류로 상호 보완된 0상이 검출되나 한 선 중 지락이 발생되면 상이 달라 지락을 검지하게 되는 장치

77 조도계산방식 중 광원에서 나온 전광속이 작업면에서 비춰지는 비율(조명률)에 의해 평균조도를 구하는 것으로 실내전반 조명설계에 사용되는 것은?

① 광속법
② 광도법
③ 배광법
④ 축점법

해설

[조명설계]
광원에서 나온 전 광속이 작업면에서 비춰지는 비율(조명률)에 의해 평균조도를 구하는 것으로 조명기구의 배광, 방의 형상, 천정, 벽, 마루의 반사율, 조명기구 등을 고려하여 종합적 판단을 할 수 있는 방법으로 보편적으로 쓰임

정답 74 ① 75 ③ 76 ③ 77 ①

78 어떤 회로에서 유효전력 80 W, 무효전력 60 Var일 때 역률은?

① 70 %
② 80 %
③ 90 %
④ 100 %

해설
[역률]
$$역률 = \frac{유효전력}{피상전력} = \frac{유효전력}{\sqrt{유효전력^2 + 무효전력^2}}$$
$$= \frac{80}{\sqrt{80^2 + 60^2}} = 0.8$$

79 전기누전에 의한 감전을 방지하기 위하여 행하는 전기공사는?

① 접지공사
② 피뢰공사
③ 표시설비공사
④ 옥내배선공사

해설
[공사]
- 피뢰공사 : 낙뢰 전류를 대지로 방류
- 표시설비공사 : 경고 표지판 설치
- 옥내배선공사 : 실내 배선공사

80 격전압 220 V에서 1210 W의 전력을 소비하는 단상전열기를 200 V에서 사용하면 소비전력[W]은?

① 1000
② 1089
③ 1100
④ 1210

해설
[소비전력]
P = VI, V = IR
$P = \frac{V^2}{R}$ 이므로 $1210 = \frac{220^2}{R}$
$R = 40$
$P_2 = \frac{V_2^2}{R} = \frac{200^2}{40} = 1000$

정답 ● 78 ② 79 ① 80 ①

5과목 건축설비 관계법규

81 배연설비의 설치에 관한 기준 내용으로 옳지 않은 것은?

① 배연창의 유효면적은 1 m² 이상으로 할 것
② 배연구는 예비전원에 의하여 열 수 있도록 할 것
③ 배연구는 연기감지기 또는 열감지기에 의해 자동으로 열 수 있는 구조로 할 것
④ 관련 규정에 따라 건축물이 방화구획으로 구획된 경우 그 구획마다 2개소 이상의 배연창을 설치할 것

해설

[배연설비]
[건축물의 설비기준 등에 관한 규칙]
제14조(배연설비)
① 법 제49조 제2항에 따라 배연설비를 설치하여야 하는 건축물에는 다음 각 호의 기준에 적합하게 배연설비를 설치해야 한다. 다만 피난층인 경우에는 그렇지 않다.
 1. 영 제46조 제1항에 따라 <U>건축물이 방화구획으로 구획된 경우에는 그 구획마다 1개소 이상의 배연창을 설치</U>하되, 배연창의 상변과 천장 또는 반자로부터 수직거리가 0.9미터 이내일 것. 다만 반자높이가 바닥으로부터 3미터 이상인 경우에는 배연창의 하변이 바닥으로부터 2.1미터 이상의 위치에 놓이도록 설치하여야 한다.
 2. <U>배연창의 유효면적은 별표 2의 산정기준에 의하여 산정된 면적이 1제곱미터 이상</U>으로서 그 면적의 합계가 당해 건축물의 바닥면적(영 제46조 제1항 또는 제3항의 규정에 의하여 방화구획이 설치된 경우에는 그 구획된 부분의 바닥면적을 말한다)의 100분의 1이상일 것. 이 경우 바닥면적의 산정에 있어서 거실바닥면적의 20분의 1 이상으로 환기창을 설치한 거실의 면적은 이에 산입하지 아니한다.
 3. <U>배연구는 연기감지기 또는 열감지기에 의하여 자동으로 열 수 있는 구조로 하되, 손으로도 열고 닫을 수 있도록 할 것</U>
 4. <U>배연구는 예비전원에 의하여 열 수 있도록 할 것</U>
 5. 기계식 배연설비를 하는 경우에는 제1호 내지 제4호의 규정에 불구

82 비상용 승강기의 승강장 및 승강로의 구조에 관한 기준 내용으로 옳지 않은 것은?

① 승강로는 당해 건축물의 다른 부분과 방화구조로 구획할 것
② 각 층으로부터 피난층까지 이르는 승강로를 단일구조로 연결하여 설치할 것
③ 승강장에는 노대 또는 외부를 향하여 열 수 있는 창문이나 배연설비를 설치할 것
④ 옥내에 있는 승강자의 바닥면적은 비상용 승강기 1대에 대하여 6 m² 이상으로 설치할 것

> **해설**
>
> [비상용 승강기의 승강장 및 승강로의 구조]
> [건축물의 설비기준 등에 관한 규칙]
> 제10조(비상용 승강기의 승강장 및 승강로의 구조) 법 제64조 제2항에 따른 비상용 승강기의 승강장 및 승강로의 구조는 다음 각 호의 기준에 적합하여야 한다.
> 2. 비상용 승강기 승강장의 구조
>   다. 노대 또는 외부를 향하여 열 수 있는 창문이나 제14조 제2항의 규정에 의한 배연설비를 설치할 것
>   바. 승강장의 바닥면적은 비상용 승강기 1대에 대하여 6제곱미터 이상으로 할 것. 다만 옥외에 승강장을 설치하는 경우에는 그러하지 아니하다.
> 3. 비상용 승강기의 승강로의 구조
>   가. 승강로는 당해 건축물의 다른 부분과 내화구조로 구획할 것
>   나. 각 층으로부터 피난층까지 이르는 승강로를 단일구조로 연결하여 설치할 것

83 연결송수관설비를 설치하여야 하는 특정소방대상물 기준으로 옳은 것은? (단, 위험물 저장 및 처리 시설 중 가스시설 또는 지하구는 제외)

① 층수가 3층 이상으로서 연면적 5000 m² 이상인 것
② 층수가 3층 이상으로서 연면적 6000 m² 이상인 것
③ 층수가 5층 이상으로서 연면적 5000 m² 이상인 것
④ 층수가 5층 이상으로서 연면적 6000 m² 이상인 것

> **해설**
>
> [연결송수관설비]
> [소방시설설치 및 관리에 관한 법률 시행령]
> 별표 4 : 특정소방대상물의 관계인이 특정소방대상물에 설치·관리해야 하는 소방시설의 종류
> 연결송수관설비 : 층수가 5층 이상으로서 연면적 6000 m² 이상인 것
> 5. 소화활동설비
>   나. 연결송수관설비를 설치해야 하는 특정소방대상물(위험물 저장 및 처리 시설 중 가스시설 및 지하구는 제외한다)은 다음의 어느 하나에 해당하는 것으로 한다.
>   1) 층수가 5층 이상으로서 연면적 6천 m² 이상인 경우에는 모든 층
>   2) 1)에 해당하지 않는 특정소방대상물로서 지하층을 포함하는 층수가 7층 이상인 경우에는 모든 층
>   3) 1) 및 2)에 해당하지 않는 특정소방대상물로서 지하층의 층수가 3층 이상이고 지하층의 바닥면적의 합계가 1천 m² 이상인 경우에는 모든 층
>   4) 터널로서 길이가 1천 m 이상인 것

84 다음 중 건축법령에 따른 용도별 건축물의 종류가 옳지 않은 것은?

① 단독주택 - 다중주택
② 묘지 관련 시설 - 장례식장
③ 문화 및 집회시설 - 수족관
④ 자원순환 관련 시설 - 고물상

정답 83 ④ 84 ②

해설

[용도별 건축물]
[건축법 시행령] 별표 1 : 용도별 건축물의 종류
28. 장례시설
  가. 장례식장[의료시설의 부수시설(「의료법」 제36조 제1호에 따른 의료기관의 종류에 따른 시설을 말한다)에 해당하는 것은 제외한다]
  나. 동물 전용의 장례식장

85 다음의 무창층과 관련된 기준 내용 중 밑줄 친 요건으로 옳지 않은 것은?

> "무창층"이란 지상층 중 다음 각 목의 요건을 모두 갖춘 개구부의 면적의 합계가 해당 층의 바닥면적의 30분의 1 이하가 되는 층을 말한다.

① 도로 또는 차량이 진입할 수 있는 빈터를 향할 것
② 내부 또는 외부에서 쉽게 개방 또는 파괴할 수 없을 것
③ 크기는 지름 50 cm 이상의 원이 통과할 수 있을 것
④ 해당 층의 바닥면으로부터 개구부 밑부분까지의 높이가 1.2 m 이내일 것

해설

[무창층]
[소방시설설치 및 관리에 관한 법률 시행령]
제2조(정의)
이 영에서 사용하는 용어의 뜻은 다음과 같다.
1. "무창층"(無窓層)이란 지상층 중 다음 각 목의 요건을 모두 갖춘 개구부(건축물에서 채광·환기·통풍 또는 출입 등을 위하여 만든 창·출입구, 그 밖에 이와 비슷한 것을 말한다. 이하 같다)의 면적의 합계가 해당 층의 바닥면적(「건축법 시행령」 제119조 제1항 제3호에 따라 산정된 면적을 말한다. 이하 같다)의 30분의 1 이하가 되는 층을 말한다.
  가. 크기는 지름 50센티미터 이상의 원이 통과할 수 있을 것
  나. 해당 층의 바닥면으로부터 개구부 밑부분까지의 높이가 1.2미터 이내일 것
  다. 도로 또는 차량이 진입할 수 있는 빈터를 향할 것
  라. 화재 시 건축물로부터 쉽게 피난할 수 있도록 창살이나 그 밖의 장애물이 설치되지 않을 것
  마. 내부 또는 외부에서 쉽게 부수거나 열 수 있을 것

86 방송 공동수신설비를 설치하여야 하는 대상 건축물에 속하지 않는 것은?

① 아파트   ② 연립주택
③ 다가구주택   ④ 다세대주택

해설

[방송 공동수신설비]
[건축법 시행령] 제87조(건축설비설치의 원칙)
④ 건축물에는 방송수신에 지장이 없도록 공동시청 안테나, 유선방송 수신시설, 위성방송 수신설비, 에프엠(FM)라디오방송 수신설비 또는 방송 공동수신설비를 설치할 수 있다. 다만 다음 각 호의 건축물에는 방송 공동수신설비를 설치하여야 한다.
 1. 공동주택
 2. 바닥면적의 합계가 5천 제곱미터 이상으로서 업무시설이나 숙박시설의 용도로 쓰는 건축물
⑤ 제4항에 따른 방송 수신설비의 설치기준은 과학기술정보통신부장관이 정하여 고시하는 바

정답 85 ② 86 ③

에 따른다.
- 공동주택(아파트, 연립주택, 다세대주택) 바닥면적의 합계가 5천 제곱미터 이상으로서 업무시설이나 숙박시설의 용도로 쓰는 건축물
- 다가구주택은 공동주택이 아님

87 헬리포트의 설치에 관한 기준 내용으로 옳은 것은?

① 헬리포트의 길이와 너비는 각각 9 m 이상으로 한다.
② 헬리포트의 중앙부분에는 지름 6 m 의 "ⓗ" 표지를 황색으로 한다.
③ 헬리포트의 주위한계선은 백색으로 하되, 그 선의 너비는 38 cm로 한다.
④ 헬리포트의 중심으로부터 반경 15 m 이내에는 이·착륙에 장애가 되는 건축물 등을 설치하지 아니한다.

해설

[헬리포트]
[건축물의 피난·방화구조 등의 기준에 관한 규칙]
제13조(헬리포트 및 구조공간 설치 기준)
① 영 제40조 제4항 제1호에 따라 건축물에 설치하는 헬리포트는 다음 각 호의 기준에 적합해야 한다.
 1. 헬리포트의 길이와 너비는 각각 22미터 이상으로 할 것. 다만 건축물의 옥상바닥의 길이와 너비가 각각 22미터 이하인 경우에는 헬리포트의 길이와 너비를 각각 15미터까지 감축할 수 있다.
 2. 헬리포트의 중심으로부터 반경 12미터 이내에는 헬리콥터의 이·착륙에 장애가 되는 건축물, 공작물, 조경시설 또는 난간 등을 설치하지 아니할 것

3. 헬리포트의 주위한계선은 백색으로 하되, 그 선의 너비는 38센티미터로 할 것
4. 헬리포트의 중앙부분에는 지름 8미터의 "ⓗ" 표지를 백색으로 하되, "H"표지의 선의 너비는 38센티미터로, "○"표지의 선의 너비는 60센티미터로 할 것
5. 헬리포트로 통하는 출입문에 영 제40조 제3항 각 호 외의 부분에 따른 비상문자동개폐장치(이하 "비상문자동개폐장치"라 한다)를 설치할 것

88 판매시설로서 옥내소화전설비를 모든 층에 설치하여야 하는 특정소방대상물의 연면적 기준은?

① 500 m² 이상
② 1000 m² 이상
③ 1500 m² 이상
④ 2000 m² 이상

해설

[옥내소화전설비]
[소방시설설치 및 관리에 관한 법률 시행령]
별표 4 : 특정소방대상물의 관계인이 특정소방대상물에 설치·관리해야 하는 소방시설의 종류
다. 옥내소화전설비를 설치해야 하는 특정소방대상물은 다음의 어느 하나에 해당하는 것으로 한다.
 1) 다음의 어느 하나에 해당하는 경우에는 모든 층
  가) 연면적 3천 m² 이상인 것(터널은 제외한다)
  나) 지하층·무창층(축사는 제외한다)으로서 바닥면적이 600 m² 이상인 층이 있는 것
  다) 4층 이상인 층 중에서 바닥면적이 600 m² 이상인 층이 있는 것

정답 ● 87 ③ 88 ③

2) 1)에 해당하지 않는 근린생활시설, 판매시설, 운수시설, 의료시설, 노유자시설, 업무시설, 숙박시설, 위락시설, 공장, 창고시설, 항공기 및 자동차 관련 시설, 교정 및 군사시설 중 국방·군사시설, 방송통신시설, 발전시설, 장례시설 또는 복합건축물로서 다음의 어느 하나에 해당하는 경우에는 모든 층
   가) 연면적 1천 5백 m² 이상인 것
   나) 지하층·무창층으로서 바닥면적이 300m² 이상인 층이 있는 것
   다) 4층 이상인 층 중에서 바닥면적이 300 m² 이상인 층이 있는 것

89 화재안전기준에 따라 소화기구를 설치하여야 하는 특정소방대상물의 연면적 기준은?

① 10 m² 이상　② 25 m² 이상
③ 33 m² 이상　④ 45 m² 이상

해설

[소화기구 설치]
[소방시설설치 및 관리에 관한 법률 시행령]
별표 4 : 특정소방대상물의 관계인이 특정소방대상물에 설치·관리해야 하는 소방시설의 종류
1. 소화설비
   가. 화재안전기준에 따라 소화기구를 설치해야 하는 특정소방대상물은 다음의 어느 하나에 해당하는 것으로 한다.
      1) 연면적 33 m² 이상인 것. 다만 노유자시설의 경우에는 투척용 소화용구 등을 화재안전기준에 따라 산정된 소화기 수량의 2분의 1 이상으로 설치할 수 있다.

90 상업지역 및 주거지역에서 건축물에 설치하는 냉방시설 및 환기시설의 배기구는 도로면으로부터 최소 얼마 이상의 높이에 설치하여야 하는가?

① 1 m　　　② 1.5 m
③ 1.8 m　　④ 2 m

해설

[건축물의 냉방설비]
[건축물의 설비기준 등에 관한 규칙]
제23조(건축물의 냉방설비 등)
③ 상업지역 및 주거지역에서 건축물에 설치하는 냉방시설 및 환기시설의 배기구와 배기장치의 설치는 다음 각 호의 기준에 모두 적합하여야 한다.
1. 배기구는 도로면으로부터 2미터 이상의 높이에 설치할 것
2. 배기장치에서 나오는 열기가 인근 건축물의 거주자나 보행자에게 직접 닿지 아니하도록 할 것
3. 건축물의 외벽에 배기구 또는 배기장치를 설치할 때에는 외벽 또는 다음 각 목의 기준에 적합한 지지대 등 보호장치와 분리되지 아니하도록 견고하게 연결하여 배기구 또는 배기장치가 떨어지는 것을 방지할 수 있도록 할 것
   가. 배기구 또는 배기장치를 지탱할 수 있는 구조일 것
   나. 부식을 방지할 수 있는 자재를 사용하거나 도장(塗裝)할 것

정답 ● 89 ③　90 ④

91 다음은 옥내소화전설비를 설치하여야 하는 특정소방대상물에 대한 기준 내용이다. (   ) 안에 알맞은 것은?

> 연면적 3000 m² 이상(지하각 중 터널은 제외한다)이거나 지하층·무창층(축사는 제외한다) 또는 층수가 4층 이상인 것 중 바닥면적이 (   ) 이상인 층이 있는 것은 모든 층

① 300 m²　　② 600 m²
③ 1000 m²　　④ 1200 m²

해설

[옥내소화전설비]
[소방시설설치 및 관리에 관한 법률 시행령]
별표 4 : 특정소방대상물의 관계인이 특정소방대상물에 설치·관리해야 하는 소방시설의 종류
다. 옥내소화전설비를 설치해야 하는 특정소방대상물은 다음의 어느 하나에 해당하는 것으로 한다.
1) 다음의 어느 하나에 해당하는 경우에는 모든 층
　가) 연면적 3천 m² 이상인 것(터널은 제외한다)
　나) 지하층·무창층(축사는 제외한다)으로서 바닥면적이 600 m² 이상인 층이 있는 것
　다) 4층 이상인 층 중에서 바닥면적이 600 m² 이상인 층이 있는 것

92 다음 중 신고 대상에 속하는 용도변경은?
① 전기통신시설군에서 자동차 관련 시설군으로의 용도변경
② 근린생활시설군에서 주거업무시설군으로의 용도변경
③ 영업시설군에서 문화 및 집회시설군으로의 용도변경
④ 교육 및 복지시설군에서 산업 등의 시설군으로의 용도변경

해설

[용도변경]
[건축법] 제19조(용도변경)
1. 허가 대상 : 제4항 각 호의 어느 하나에 해당하는 시설군(施設群)에 속하는 건축물의 용도를 상위군(제4항 각 호의 번호가 용도변경하려는 건축물이 속하는 시설군보다 작은 시설군을 말한다)에 해당하는 용도로 변경하는 경우

[건축법 시행령] 제14조(용도변경)
1. 자동차 관련 시설군
2. 산업 등 시설군
3. 전기통신시설군
4. 문화집회시설군
5. 영업시설군
6. 교육 및 복지시설군
7. 근린생활시설군
8. 주거업무시설군
9. 그 밖의 시설군

정답　91 ②　92 ②

93 연면적 200 m²를 초과하는 공동주택에 설치하는 복도의 유효너비는 최소 얼마 이상으로 하여야 하는가? (단, 양옆에 거실이 있는 복도의 경우)

① 1.2 m ② 1.6 m
③ 1.8 m ④ 2.4 m

해설

[복도의 유효너비]
[건축물의 피난·방화구조 등의 기준에 관한 규칙]
제15조의2(복도의 너비 및 설치기준)

구분	양옆에 거실이 있는 복도	기타의 복도
유치원·초등학교 중학교·고등학교	2.4미터 이상	1.8미터 이상
공동주택· 오피스텔	1.8미터 이상	1.2미터 이상
당해 층 거실의 바닥면적 합계가 200제곱미터 이상인 경우	1.5미터 이상 (의료시설의 복도 1.8미터 이상)	1.2미터 이상

94 다음의 소방시설 중 경보설비에 속하지 않는 것은?

① 누전경보기
② 비상방송설비
③ 무선통신보조설비
④ 자동화재탐지설비

해설

[경보설비]
[소방시설설치 및 관리에 관한 법률 시행령]
별표 1 : 소방시설
2. 경보설비 : 화재발생 사실을 통보하는 기계·기구 또는 설비로서 다음 각 목의 것
  가. 단독경보형 감지기
  나. 비상경보설비
    1) 비상벨설비
    2) 자동식사이렌설비
  다. 자동화재탐지설비
  라. 시각경보기
  마. 화재알림설비
  바. 비상방송설비
  사. 자동화재속보설비
  아. 통합감시시설
  자. 누전경보기
  차. 가스누설경보기
※ 무선통신보조설비는 소방대가 사용하는 소방활동설비이다.

95 건축물에 건축설비를 설치하는 경우 관계전문기술자의 협력을 받아야 하는 대상 건축물의 연면적 기준은? (단, 창고시설 제외)

① 1000 m² 이상
② 2000 m² 이상
③ 5000 m² 이상
④ 10000 m² 이상

정답 ● 93 ③ 94 ③ 95 ④

해설

[관계전문기술자의 협력]
[건축법 시행령]
제91조의3(관계전문기술자와의 협력)
② 연면적 1만 제곱미터 이상인 건축물(창고시설은 제외한다) 또는 에너지를 대량으로 소비하는 건축물로서 국토교통부령으로 정하는 건축물에 건축설비를 설치하는 경우에는 국토교통부령으로 정하는 바에 따라 다음 각 호의 구분에 따른 관계전문기술자의 협력을 받아야 한다.

96 다음은 건축법령상 건축신고와 관련된 기준 내용이다. ( ) 안에 속하지 않는 것은?

> 허가 대상 건축물이라 하더라도 바닥면적의 합계 85 m² 이내의 (   )의 경우에는 미리 특별자치시장·특별자치도지사 또는 시장·군수·구청장에게 국토교통부령으로 정하는 바에 따라 신고를 하면 건축허가를 받은 것으로 본다.

① 신축 ② 증축
③ 개축 ④ 재축

해설

[건축신고]
[건축법] 제14조(건축신고)
① 제11조에 해당하는 허가 대상 건축물이라 하더라도 다음 각 호의 어느 하나에 해당하는 경우에는 미리 특별자치시장·특별자치도지사 또는 시장·군수·구청장에게 국토교통부령으로 정하는 바에 따라 신고를 하면 건축허가를 받은 것으로 본다.

1. 바닥면적의 합계가 85제곱미터 이내의 증축·개축 또는 재축. 다만 3층 이상 건축물인 경우에는 증축·개축 또는 재축하려는 부분의 바닥면적의 합계가 건축물 연면적의 10분의 1 이내인 경우로 한정한다.
2. 「국토의 계획 및 이용에 관한 법률」에 따른 관리지역, 농림지역 또는 자연환경보전지역에서 연면적이 200제곱미터 미만이고 3층 미만인 건축물의 건축. 다만 다음 각 목의 어느 하나에 해당하는 구역에서의 건축은 제외한다.
   가. 지구단위계획구역
   나. 방재지구 등 재해취약지역으로서 대통령령으로 정하는 구역
3. 연면적이 200제곱미터 미만이고 3층 미만인 건축물의 대수선
4. 주요구조부의 해체가 없는 등 대통령령으로 정하는 대수선
5. 그 밖에 소규모 건축물로서 대통령령으로 정하는 건축물의 건축

97 다음 경계벽 중 소리를 차단하는 데 장애가 되는 부분이 없도록 그 구조를 갖추어야 하는 대상에 속하지 않는 것은?

① 숙박시설의 객실 간 경계벽
② 의료시설의 병실 간 경계벽
③ 업무시설의 사무실 간 경계벽
④ 교육연구시설 중 학교의 교실 간 경계벽

정답 96 ① 97 ③

해설

[경계벽]
[건축법 시행령] 제53조(경계벽 등의 설치)
① 법 제49조 제4항에 따라 다음 각 호의 어느 하나에 해당하는 건축물의 경계벽은 국토교통부령으로 정하는 기준에 따라 설치해야 한다.
   1. 단독주택 중 다가구주택의 각 가구 간 또는 공동주택(기숙사는 제외한다)의 각 세대 간 경계벽(제2조 제14호 후단에 따라 거실·침실 등의 용도로 쓰지 아니하는 발코니 부분은 제외한다)
   2. 공동주택 중 기숙사의 침실, 의료시설의 병실, 교육연구시설 중 학교의 교실 또는 숙박시설의 객실 간 경계벽
   3. 제1종 근린생활시설 중 산후조리원(가. 임산부실 간, 나. 신생아실 간 경계벽, 다. 임산부실과 신생아실 간 경계벽)
   4. 제2종 근린생활시설 중 다중생활시설의 호실 간 경계벽
   5. 노유자시설 중 「노인복지법」 제32조 제1항 제3호에 따른 노인복지주택(이하 "노인복지주택"이라 한다)의 각 세대 간 경계벽
   6. 노유자시설 중 노인요양시설의 호실 간 경계벽

98 문화 및 집회시설 중 공연장이 특정소방대상물인 경우, 모든 층에 스프링클러설비를 설치하여야 하는 수용인원 기준은?

① 50명 이상   ② 100명 이상
③ 200명 이상 ④ 500명 이상

해설

[스프링클러설비 수용인원 기준]
[소방시설설치 및 관리에 관한 법률 시행령]
별표 4 : 특정소방대상물의 관계인이 특정소방대상물에 설치·관리해야 하는 소방시설의 종류
1. 소화설비
   라. 스프링클러설비를 설치해야 하는 특정소방대상물
      3) 문화 및 집회시설(동·식물원은 제외한다), 종교시설(주요구조부가 목조인 것은 제외한다), 운동시설(물놀이형 시설 및 바닥이 불연재료이고 관람석이 없는 운동시설은 제외한다)로서 다음의 어느 하나에 해당하는 경우에는 모든 층
         가) 수용인원이 100명 이상인 것
         나) 영화상영관의 용도로 쓰는 층의 바닥면적이 지하층 또는 무창층인 경우에는 500 m² 이상, 그 밖의 층의 경우에는 1천 m² 이상인 것
         다) 무대부가 지하층·무창층 또는 4층 이상의 층에 있는 경우에는 무대부의 면적이 300 m² 이상인 것
         라) 무대부가 다) 외의 층에 있는 경우에는 무대부의 면적이 500 m² 이상인 것

정답 98 ②

99 다음은 환기구의 안전 기준 내용이다. ( ) 안에 알맞은 것은?

> 영 제87조 제2항에 따라 환기구[건축물의 환기 설비에 부속된 급기(給氣) 및 배기(排氣)를 위한 건축구조물의 개구부(開口部)를 말한다]는 보행자 및 건축물 이용자의 안전이 확보되도록 바닥으로부터 (   ) 이상의 높이에 설치하여야 한다.

① 1 m ② 2 m
③ 3 m ④ 4 m

해설

[환기구]
[건축물의 설비기준 등에 관한 규칙]
제11조의2(환기구의 안전 기준)
① 영 제87조 제2항에 따라 환기구[건축물의 환기 설비에 부속된 급기(給氣) 및 배기(排氣)를 위한 건축구조물의 개구부(開口部)를 말한다. 이하 같다]는 보행자 및 건축물 이용자의 안전이 확보되도록 바닥으로부터 2미터 이상의 높이에 설치해야 한다.

100 다음 중 철근 콘크리트조로서 두께와 상관없이 내화구조로 인정되는 것에 속하지 않는 것은?

① 보 ② 계단
③ 바닥 ④ 지붕

해설

[내화구조]
[건축물의 피난·방화구조 등의 기준에 관한 규칙]
제3조(내화구조)
4. 바닥의 경우에는 다음 각 목의 어느 하나에 해당하는 것
  가. 철근 콘크리트조 또는 철골철근 콘크리트조로서 두께가 10센티미터 이상인 것
5. 보(지붕틀을 포함한다)의 경우에는 다음 각 목의 어느 하나에 해당하는 것. 다만 고강도 콘크리트를 사용하는 경우에는 국토교통부장관이 정하여 고시하는 고강도 콘크리트내화성능 관리기준에 적합해야 한다.
  가. 철근 콘크리트조 또는 철골철근 콘크리트조
6. 지붕의 경우에는 다음 각 목의 어느 하나에 해당하는 것
  가. 철근 콘크리트조 또는 철골철근 콘크리트조
7. 계단의 경우에는 다음 각 목의 어느 하나에 해당하는 것
  가. 철근 콘크리트조 또는 철골철근 콘크리트조

정답 99 ② 100 ③

2025 제3회

1과목 건축일반

01 빛에 관련된 항목과 그 단위로 옳지 않은 것은?

① 광속 : W/m²
② 조도 : Lx
③ 휘도 : cd/m²
④ 광도 : cd

해설

[광속]
광속은 광원에 의해 초당 방출되는 가시광의 전체 양을 의미하며 단위는 lumen(루멘)이다.

02 병원의 수술실과 같이 외부 오염공기와 침입을 피하고자 할 때 가장 적합한 환기방법은?

① 압입식 환기법
② 흡출식 환기법
③ 병용식 환기법
④ 자연식 환기법

해설

[환기방법]
① 제1종 환기(병용식) : 급기기기와 배기기기를 동시에 사용 - 병원, 수술실, 거실, 지하극장
② 제2종 환기(압입식) : 급기기기만 사용 - 수술실, 무균실, 반도체공장, 식당, 창고
③ 제3종 환기(흡출식) : 배기기기만 사용 - 유해가스 발생장소, 화장실, 욕실, 주방, 흡연실

※ 압입식 환기방법은 2종 환기라 하며 실내의 압력을 외부보다 높게 하여 오염된 외부 공기가 깨끗한 실내로 유입되지 않게 해 외부 오염물질의 유입을 막는다.

※ 수술실은 1종 환기를 사용하기도 하지만 2종 환기를 선호하는 경우가 더 많다.

03 결로에 관한 설명 중 부적합한 것은?

① 결로의 발생원인은 건물의 표면온도가 접촉하고 있는 공기의 노점온도보다 높을 경우 그 표면에 발생한다.
② 일시적 결로는 절대습도가 표면온도 조건에 비해서 급속히 증가하는 경우에 발생한다.
③ 내부 결로의 방지책 중에 하나는 벽체 내부의 수증기압을 포화 수증기압보다 작게 한다.
④ 결로의 발생원인 중 하나는 단열시공 불완전과 시공직후 미건조에 의한다.

해설

[결로]
• 표면결로는 실내공간을 이루는 건축부의 표면온도가 실내 공기의 온도보다 낮을 경우 건축부의 표면에 물이 생기는 현상이다.
• 결로의 발생원인은 건물의 표면온도가 접촉하고 있는 공기의 노점온도보다 낮을 경우이다.

정답 01 ① 02 ① 03 ①

04 실내 공기오염의 원인이 아닌 것은?

① 온도의 상승
② 산소의 증가
③ 먼지의 증가
④ 이산화탄소의 증가

해설

[실내 공기오염]
산소의 증가는 오염이라고 볼 수 없다.

05 조도에 관한 설명으로 옳은 것은?

① 빛을 발하는 점에서 어느 방향으로 향한 단위 입체각 당의 발산광속을 말한다.
② 빛의 방향과 수직인 면의 빛의 조도는 광원의 광도에 비례하고 거리의 제곱에 반비례한다.
③ 어느 면의 조도는 광도를 그 면의 겉보기 면적으로 나눈 값이다.
④ 조도의 측정단위는 칸델라이다.

해설

[조도(illuminance)]
어떤 면에 입사하는 빛의 밝기 정도를 나타내는 값
단위 : 럭스(lux, lx) = 루멘(lm)/m^2
① 광도의 정의
③ 휘도의 정의

2026년 출제범위를 벗어난 문제를 모두 삭제하고, 최신 출제기준에 해당하는 문제만 엄선하여 수록했습니다. 따라서 1과목 문제 수는 실제 출제 수와 다를 수 있습니다.

2과목 위생설비

1회독 시간: 점수:
2회독 시간: 점수:
3회독 시간: 점수:

21 오수정화시설의 처리공법 중 활성오니법에 속하는 것은?

① 장기폭기방법
② 접촉산화방법
③ 살수여상방법
④ 회전원판접촉방법

해설

[활성오니법]
활성오니법은 공기(산소)를 충분히 공급하여 호기성 미생물이 오수를 분해하도록 하는 대표적인 호기성 처리공법이다. 장기폭기방법은 활성오니법의 변형 공법 중 하나로, 폭기 시간을 길게 유지해 처리 효율을 높이고 슬러지 발생을 줄이는 특징이 있다.
반면, 접촉산화법, 살수여상법, 회전원판접촉법은 모두 생물막법에 해당되므로 활성오니법에 속하지 않는다.

정답 ● 04 ② 05 ② 21 ①

22 양수펌프 중심으로부터 2 m 위에 저수조 수위가 일정하게 있고, 고가수조 수위는 펌프 중심으로 부터 30 m위에 있다. 양수배관 전체길이가 38 m, 펌프의 토출압력이 15 kPa일 때 최저 필요양정은? (단, 양수배관의 마찰손실수두는 50 mmAq/m, 관이음 및 밸브류의 상당길이는 배관길이의 50 %로 한다)

① 30.85 m
② 32.35 m
③ 34.85 m
④ 36.35 m

해설

[최저 필요양정]
1) 실양정 = 2 m + 30 m = 32 m
2) 마찰손실수두
   (1) 직선 배관 길이 : 38 m
   (2) 관이음 및 밸브류의 상당길이(직선 배관 길이의 50 %) : 38 m × 0.5 = 19 m
   (3) 총 상당길이 = 38 m + 19 m = 57 m
   따라서
   총 마찰손실수두 = 57 m × 0.05 m/m
                  = 2.85 m
3) 토출압력 환산수두 계산
   $15 kPa \times \dfrac{10.332m}{101.325 kPa} ≒ 1.53m$
4) 최저 필요양정 (전양정) 계산
   최저 필요양정
   = 실양정 + 마찰손실수두 + 토출압력 환산수두
   = 32 m + 2.85 m + 1.53 m = 36.38 m

23 수도본관으로부터 저수탱크에 저수한 후 급수 펌프로 건물 내에 급수하는 방식은?

① 고가탱크방식   ② 펌프직송방식
③ 수도직결방식   ④ 압력탱크방식

해설

[펌프직송방식]
① 고가탱크방식 : 수도본관에서 고가탱크(옥상탱크)로 직접 급수한 후 중력으로 건물 내부에 공급하는 방식이다.
② 펌프직송방식 : 수도본관에서 저수탱크에 저장 후, 급수펌프로 건물 내 각 세대로 직접 급수하는 방식이다.
③ 수도직결방식 : 수도본관의 수압을 이용해 직접 건물에 공급하는 방식이다.
④ 압력탱크방식 : 압력탱크에 압축공기를 저장하여 압력을 이용해 건물에 공급하는 방식이다.

24 다음 중 간접배수로 하여야 하는 기구에 속하지 않는 것은?

① 세탁기   ② 세면기
③ 제빙기   ④ 식기세정기

해설

[간접배수와 직접배수]
• 간접배수 필요 기구 : 식기세척기, 제빙기, 세탁기, 냉장·제빙 드레인 등
• 직접배수 가능 기구 : 세면기, 대변기, 소변기, 욕조 등 위생기구

정답 22 ② 23 ② 24 ②

25 관 균등표에 의한 관경 결정 시 필요 없는 것은?

① 균등수
② 유량선도
③ 기구의 접속관경
④ 기구의 동시사용률

해설

[관 균등표에 의한 관경 결정]
급수관의 관경을 결정하는 방법은 크게 두 가지로 나뉜다. 관 균등표를 이용하는 방법과 마찰저항선도를 이용하는 방법이며, 각 방법은 적용 대상과 필요 요소가 다르다.
1) 관 균등표에 의한 방법
  이 방법은 주로 소규모 건물의 급수관이나 분기 지관의 관경을 결정할 때 사용된다. 계산 과정은 기구의 접속관경, 균등수, 기구의 동시사용률과 같은 요소들을 필요로 한다.
2) 마찰저항선도에 의한 방법
  이 방법은 주로 대규모 건물의 급수 주관이나 급수 입관의 관경을 결정하는 데 사용된다. 이 방법을 사용할 때 유량선도(마찰저항선도)가 필요하며, 유량과 허용 마찰 손실 수두를 이용하여 적절한 관경을 찾는다.
⇨ 결론적으로 유량선도는 마찰저항선도법에서 사용하는 도구이므로 관 균등표를 이용한 관경 결정 방법에는 필요하지 않다.

26 다음 중 수자원 절약을 위한 배수 재이용시에 검토할 사항과 가장 거리가 먼 것은?

① 공급시설의 안정성
② 재이용수의 사용범위
③ 상수(上水)기구의 구성요소
④ 배수의 수량과 수질의 안정성

해설

[수자원 절약을 위한 배수 재이용]
배수 재이용 설비를 계획할 때는 공급의 안정성, 재이용 가능 범위, 수량과 수질의 변화 등을 철저히 검토해야 한다. 그러나 상수도 기구의 구성요소는 재이용수 설비의 계획이나 검토와는 직접적인 관련이 없으므로 가장 거리가 먼 항목이다.

보충 상수(上水)기구 : 마시는 물과 같이 깨끗한 물을 공급하는 수도 시스템

27 급수배관시스템에서 수격작용 발생에 따른 압력 상승에 관한 설명으로 옳지 않은 것은?

① 관두께에 비례한다.
② 배관경에 비례한다.
③ 유체의 속도에 비례한다.
④ 압력파의 전달속도에 비례한다.

해설

[수격작용]
② 배관경이 커지면 압력상승은 오히려 감소한다. 이는 관경이 크면 유체 속도가 낮아지고 압력 상승폭이 줄어들기 때문이다.

정답 ● 25 ② 26 ③ 27 ②

28 세정밸브식 대변기에서 토수된 물이나 이미 사용된 물이 역사이폰 작용에 의해 상수계통으로 역류하는 것을 방지하는 기구는?

① 볼탭
② 슬리브
③ 스트레이너
④ 버큠 브레이커

해설

[버큠 브레이커(Vacuum Breaker)]
세정밸브식 대변기에서는 물이 역류할 위험이 있기 때문에 버큠 브레이커를 설치한다. 이 장치는 배관 내부 압력이 대기압보다 낮아질 때 외부 공기를 흡입해 진공 형성을 방지하며, 그 결과 상수도 계통으로의 오염수 역류를 차단한다.

29 기구급수부하단위(Fu)가 1 Fu인 위생기구의 종류 및 접속관경으로 옳은 것은?

① 세면기, 15 mm
② 세면기, 25 mm
③ 대변기, 15 mm
④ 대변기, 25 mm

해설

[기구급수부하단위(Fu) 기준]
• 세면기 : 1 Fu, 15 mm 접속
• 대변기 : 3 ~ 4 Fu, 25 mm 접속

30 펌프의 전양정이 41.6 m, 양수량이 400 L/min일 때, 펌프의 축동력은? (단, 펌프의 효율은 55 %이다)

① 3.94 kW
② 4.54 kW
③ 4.94 kW
④ 5.44 kW

해설

[펌프의 축동력]
$$P[kW] = \frac{1000HQ}{102\eta}$$

$$= \frac{1000 \times 41.6 \times \frac{0.4}{60}}{102 \times 0.55} = 4.94\,kW$$

31 급배수설비의 기본 원칙으로 옳지 않은 것은?

① 우수는 공공하수도에 배수하지 않도록 한다.
② 상수의 급수계통은 크로스 커넥션이 되어서는 안 된다.
③ 탱크 및 배수계통에는 통기관 등과 같은 적절한 통기 조치를 한다.
④ 급수계통은 역류나 역사이폰 작용의 위험이 생기지 않도록 한다.

해설

[급배수설비의 기본 원칙]
① 우수(빗물)는 공공하수도에 배수하는 것이 원칙이다. 「하수도법」 등 관련 규정에서도 우수와 오수 모두 공공하수도에 연결·배수하도록 명시하고 있다.

정답 ● 28 ④ 29 ① 30 ③ 31 ①

32 배수트랩에 관한 설명으로 옳지 않은 것은?

① P트랩은 세면기 배수에 주로 이용된다.
② U트랩은 옥내 배수 수평주관 계통에 이용된다.
③ S트랩은 욕실 및 다용도실의 바닥배수에 주로 이용 된다.
④ 트랩은 하수 유해 가스가 역류해서 실내로 침입하는 것을 방지하기 위해서 설치한다.

해설

[배수트랩]
① P트랩 : 세면기, 싱크대 등에서 주로 사용하는 일반적인 트랩 형태이다.
② U트랩 : 배수 수평관에서 봉수를 유지하기 위해 많이 사용된다.
③ S트랩 : 기구의 배수구가 바닥을 향해 있을 때 사용하며, 주로 대변기나 일부 바닥 배수형 세면기에 연결된다. S트랩은 자기 사이펀 작용으로 봉수가 쉽게 파괴될 수 있는 단점이 있어 바닥 배수용으로는 잘 쓰이지 않는다. 따라서 ③번 설명은 옳지 않다.
④ 트랩의 기본 목적은 봉수(물막이)로 냄새와 가스를 차단하는 것이다.

33 물의 경도에 관한 설명으로 옳지 않은 것은?

① 경도의 표시는 도(度) 또는 ppm이 사용된다.
② 경도가 큰 물을 경수, 경도가 낮은 물을 연수라고 한다.
③ 일반적으로 물이 접하고 있는 지층의 종류와 관계없이 지표수는 경수, 지하수는 연수로 간주된다.
④ 물의 경도는 물속에 녹아있는 칼슘, 마그네슘 등의 염류의 양을 탄산칼슘의 농도로 환산하여 나타낸 것이다.

해설

[물의 경도]
- 지표수(하천수 등)는 일반적으로 연수, 지하수(암반수, 우물물 등)는 경수인 경우가 많음
- 물의 경도는 칼슘, 마그네슘 등 미네랄 성분으로 판단됨

34 배수 및 통기배관에 관한 설명으로 옳지 않은 것은?

① 기구배수관의 통기는 트랩위어 위로 연결한다.
② 배수수직관의 관경은 배수의 흐름방향으로 축소하지 않는다.
③ 배수수평관에는 배수와 그것에 포함되어 있는 고형물을 신속하게 배출하기 위하여 구배를 두어야 한다.
④ 간접배수계통 및 특수배수계통의 통기관은 다른 통기계통과 접속하여 공동으로 대기 중에 개구한다.

해설

[배수 및 통기배관]
간접배수계통이나 특수배수계통은 병원, 실험실 등에서 발생하는 배수처럼 오염도가 높아 위생 안전을 위해 독립 통기관을 두어야 한다. 이를 다른 통기계통과 연결할 경우 오염 확산이나 악취 문제를 일으킬 수 있기 때문에 공동 개구는 금지된다.

35 중앙식 급탕방법 중 간접가열식에 관한 설명으로 옳지 않은 것은?

① 고압보일러가 필요하다.
② 대규모 급탕설비에 적합하다.
③ 보일러를 난방설비와 겸용할 수 있다.
④ 저탕조에는 온도조절장치 (Thermostat)를 설치하여 온도를 조절한다.

해설

[간접가열식]
중앙식 급탕의 간접가열식은 저탕조(저장탱크)와 열교환기를 이용해 보일러의 난방수나 증기를 이용하여 급탕을 가열하는 방식이다.
저압보일러로 충분히 가열이 가능하고, 온도조절장치로 안정적인 온도 유지가 가능하며, 난방과 급탕을 겸용할 수 있는 효율적인 시스템이다.

36 4 ℃ 물을 100 ℃로 가열하였을 때 팽창한 체적의 비율은? (단, 4 ℃ 물의 밀도는 1 kg/L, 100 ℃ 물의 밀도는 0.9586 kg/L)

① 2.78 %   ② 3.13 %
③ 4.32 %   ④ 5.42 %

해설

[가열시 팽창한 체적의 비율]

팽창비율 $[\%] = (\frac{1}{\rho_2} - \frac{1}{\rho_1}) \times 100$

$= (\frac{1}{0.9586} - \frac{1}{1}) \times 100$

$= 0.0432 \times 100$

$= 4.32 [\%]$

37 신축곡관이라고도 하며, 구부림을 이용하여 배관의 신축을 흡수하는 신축이음쇠는?

① 루프형   ② 벨로즈형
③ 슬리브형   ④ 스위블형

해설

[신축이음쇠]
배관은 온도 변화로 인해 열팽창과 수축이 반복되는데, 이때 응력을 완화하기 위해 신축이음쇠를 사용한다. 루프형(신축곡관)은 배관을 U자 또는 루프 형태로 굽혀 자연스럽게 변형되도록 하여 신축을 흡수하는 방식으로, 고온배관이나 장거리 배관에서 널리 사용된다.

정답 35 ① 36 ③ 37 ①

38 관내유동에서 층류와 난류를 판단하는 기준이 되는 것은?

① 마하(Mach)수
② 프란틀(Prandtl)수
③ 그라쇼프(Grashof)수
④ 레이놀즈(Reynolds)수

해설

[층류와 난류를 판단하는 기준]
레이놀즈수는 층류와 난류를 구분하는 척도로 2000 이하이면 층류, 4000 이상 난류, 그 사이는 임계영역이다.

39 급탕설비에 관한 설명으로 옳지 않은 것은?

① 급탕사용량을 기준으로 급탕순환펌프의 유량을 산정한다.
② 급수압력과 급탕압력이 동일하도록 배관 구성을 하는 것이 바람직하다.
③ 급탕부하단위수는 일반적으로 급수부하단위수의 3/4을 기준으로 한다.
④ 급탕 배관 시 수평주관은 상향 배관법에서는 급탕관은 앞올림구배로 하고 환탕관은 앞내림 구배로 한다.

해설

[급탕설비]
① 급탕순환펌프의 유량은 급탕사용량이 아니라 급탕배관의 열손실을 보충하는 데 필요한 순환유량을 기준으로 산정한다.

40 다음과 같은 조건에 있는 사무실 건물의 1일 급수량은?

- 건물의 연면적 : 2000 m^2
- 건물의 유효면적과 연면적의 비 : 60 %
- 유효면적당 인원 : 0.2 인/m^2
- 1인 1일당 평균사용수량 : 100 L/(d·인)

① 20000 L/d ② 24000 L/d
③ 40000 L/d ④ 120000 L/d

해설

[1일 급수량]
1일 급수량 = 2000 × 0.6 × 0.2 × 100
= 24000 L/d

보충 사무실 건물의 급수량 산정은 유효면적 → 유효면적 기준 인원 → 1인 1일 급수량 순서로 계산한다.

정답 38 ④ 39 ① 40 ②

3과목 공기조화설비

1회독 시간: 점수:
2회독 시간: 점수:
3회독 시간: 점수:

41 공기조화방식 중 팬코일 유닛방식에 관한 설명으로 옳지 않은 것은?

① 각 유닛의 수동제어가 불가능하다.
② 덕트 방식에 비해 유닛의 위치 변경이 쉽다.
③ 각 실에 수배관으로 인한 누수의 우려가 있다.
④ 유닛을 창문 밑에 설치하면 콜드 드래프트를 줄일 수 있다.

해설

[팬코일 유닛방식]
① 팬코일 유닛 방식은 각 유닛마다 온도 및 풍량을 개별적으로 수동·자동 제어할 수 있는 것이 특징이다.

42 다음 중 동관의 사용용도로 가장 부적합한 것은?

① 급수관   ② 급탕관
③ 증기관   ④ 냉온수관

해설

[동관의 사용용도]
동관은 급수, 급탕, 냉온수 배관에서 널리 사용되지만, 고온·고압 조건의 증기관에는 적합하지 않다. 증기관은 일반적으로 강관(흑강관, 스테인리스 강관 등)을 사용하여 내열성과 내압성을 확보해야 한다.

43 다음과 같은 조건에서 실내 CO_2의 허용농도를 1000 ppm으로 할 때, 필요 환기량은?

- 재실인원 : 10인
- 실내 1인당 CO_2 배출량 : 0.02 m^3/h
- 외기 CO_2 농도 : 350 ppm

① 249.2 m^3/h ② 275.4 m^3/h
③ 307.7 m^3/h ④ 356.8 m^3/h

해설

[환기량]
$$Q = \frac{M}{C_r - D_d} = \frac{10 \times 0.02}{1000 \times 10^{-6} - 350 \times 10^{-6}}$$
$$= 307.7 \ m^3/h$$

44 온수난방방식의 분류에 관한 설명으로 옳지 않은 것은?

① 순환방식에 따라 중력식과 강제식으로 분류할 수 있다.
② 배관방식에 따라 단관식과 복관식으로 분류할 수 있다.
③ 온수온도에 따라 저온수식과 고온수식으로 분류할수 있다.
④ 팽창탱크방식에 따라 상향식과 하향식으로 분류할수 있다.

해설

[온수난방방식]
④ 온수난방에서 상향식과 하향식은 배관의 기울기 방향에 따른 배관 시공 방식의 분류로, 팽창탱크 방식과는 무관하다.

정답 ● 41 ③ 42 ③ 43 ③ 44 ④

45 건구온도 20 ℃, 절대습도 0.015 kg/kg′인 습공기 6 kg의 엔탈피는? (단, 건공기 정압비열 1.01 kJ/kg·K, 수증기 정압비열 1.85 kJ/kg·K, 0 ℃에서 포화수의 증발 잠열 2501 kJ/kg)

① 58.24 kJ　　② 120.67 kJ
③ 228.77 kJ　　④ 349.62 kJ

해설

[습공기의 엔탈피]
1) 습공기 1 kg당 엔탈피
$h[kJ/kg] = 1.01t + x(2501 + 1.85t)$
$= 1.01 \times 20 + 0.015(2501 + 1.85 \times 20)$
$= 58.27 kJ/kg$

2) 총 엔탈피 계산
$H[kJ] =$ 단위 엔탈피 × 건공기 질량
$= 58.27 kJ/kg \times 6kg$
$= 349.62 kJ$

46 다음의 송풍기 풍량제어법 중 축동력이 가장 적게 소요되는 것은?

① 회전수제어
② 토출댐퍼제어
③ 흡입댐퍼제어
④ 흡입베인제어

해설

[송풍기 풍량제어방법]
- 토출댐퍼제어 > 흡입댐퍼제어 > 흡입베인제어 > 회전수제어
- 회전수제어가 가장 경제적, 토출댐퍼제어가 가장 비경제적

47 각 방열기에 온수를 균등하게 공급하기 위해 각 방열기에 대한 공급관과 환수관의 길이를 대체로 같게 하는 배관방식은?

① 재순환방식　　② 역환수방식
③ 변유량방식　　④ 직접환수방식

해설

[역환수방식(= 리버스리턴방식)]
각 유닛마다 온수 공급관에서부터 환수관까지의 총 길이를 동일하게 하므로 배관저항이 같게 되어 각 유닛에 유량 공급도 균일하다.

보충 역환수방식 채택 이유 : 온수의 유량분배를 균일하게 하기 위하여

48 공기조화기용 코일에 관한 설명으로 옳지 않은 것은?

① 더블서킷코일은 유량이 많을 때 사용된다.
② 대향류보다는 평행류로 하는 것이 전열효과가 좋다.
③ 냉수코일과 온수코일을 겸용으로 사용하는 경우, 선정은 냉수코일을 기준으로 한다.
④ 튜브 내의 유속은 1.0 m/s 전후로 하는 것이 펌프의 설비비 및 효율상 적당하다.

해설

[코일의 설계]
② 대향류 방식이 평행류 방식보다 전열효과가 더 우수하다.

정답　45 ④　46 ①　47 ②　48 ②

49 각종 보일러에 관한 설명으로 옳지 않은 것은?

① 수관보일러는 대형건물이나 지역난방 등에 사용된다.
② 관류보일러는 보유수량이 많아 주로 공조용으로 사용된다.
③ 주철제보일러는 규모가 비교적 작은 건물의 난방용으로 사용된다.
④ 연관보일러는 예열시간이 길고 반입 시 분할이 어렵다는 단점이 있다.

해설

[보일러]
② 관류보일러는 보유수량이 적고 기동이 빠르며, 소형 공조 설비에 주로 사용된다.

50 공기조화기의 가열코일 입구와 출구에서 공기의 상태값이 변화하지 않는 것은?

① 엔탈피 ② 상대습도
③ 건구온도 ④ 절대습도

해설

[절대습도의 변화]
온도 상승 시 포화범위가 넓어지기 때문에 절대습도의 변화는 거의 없다.

51 다음 중 벽 취출구에서 동일한 취출풍속일 때 상승거리가 가장 긴 시기는?

① 난방 시 ② 냉방 시
③ 중간기 ④ 어느 때나 동일

해설

[상승거리가 가장 긴 시기]
① 난방 시 : 공기의 부력 효과로 인해 상승력이 강해져 상승거리가 길어진다.
② 냉방 시 : 하강 기류가 형성되어 상승거리가 짧아진다.
③ 중간기 : 온도차가 거의 없어 상승거리가 가장 짧다.
④ 어느 때나 동일 : 현실적으로 존재하지 않는다.

52 다음 중 송풍량이나 장비용량 결정을 주된 목적으로 하는 부하계산법은?

① 표준 bin법
② 냉난방도일법
③ 최대부하계산법
④ 동적열부하계산법

해설

[부하계산법]
냉난방 부하계산법 중 최대부하계산법은 피크 부하 조건을 기준으로 하여 공조설비의 송풍량과 장비 용량을 결정할 때 사용한다.
반면, bin법이나 냉난방도일법은 연간 에너지 소비 분석이나 운전패턴 평가에 적합하며, 동적열부하계산법은 시뮬레이션을 통해 시간별 변화를 정밀하게 분석할 때 활용된다.

53 다음 중 다단펌프를 사용하는 가장 주된 목적은?

① 흡입양정이 큰 경우
② 토출량을 줄이기 위한 경우
③ 높은 토출양정이 필요한 경우
④ 수중에 펌프를 설치하는 경우

해설

[다단펌프를 사용하는 목적]
다단펌프(Multi-stage Pump)는 임펠러를 직렬로 여러 개 배치하여 각 단에서 발생한 압력을 합산하므로, 높은 양정(Head)을 얻는 데 유리하다.

54 수배관에서 위치수두 10 mAq, 압력수두 30 mAq, 속도 2.5 m/s로 관 속을 흐르는 물의 전수두는?

① 13.06 m   ② 13.24 m
③ 40.32 m   ④ 42.54 m

해설

[전수두]
h = 위치수두 + 압력수두 + 속도수두
$= 10 + 30 + \dfrac{2.5^2}{2 \times 9.8} = 40.32$ m

보충 속도수두 $= \dfrac{V^2}{2g}$

55 다음과 같은 조건에서 코일로 제거되는 전열량에 대한 현열량의 비는?

㉠ 코일 입구공기의 온도 t_1 = 35 ℃
㉡ 코일 입구공기의 엔탈피 h_1 = 72 kJ/kg
㉢ 코일 출구공기의 온도 t_2 = 17 ℃
㉣ 코일 출구공기의 엔탈피 h_2 = 42 kJ/kg
㉤ 공기의 비열 1.0 kJ/kg·K

① 0.606   ② 0.701
③ 0.806   ④ 0.901

해설

[현열비]

$$\text{현열비(SHF)} = \dfrac{\text{현열량}}{\text{전열량}}$$

1) 전열량(Total Heat)
 전열량은 공기의 엔탈피 변화량과 같다.
 전열량 = 입구 공기 엔탈피(h_1)
    - 출구 공기 엔탈피(h_2)
  = 72 kJ/kg - 42 kJ/kg = 30 kJ/kg
2) 현열량(Sensible Heat)
 현열량 = 공기의 비열 × (입구 공기 온도(t_1)
    - 출구 공기 온도(t_2))
  = 1.01 kJ/kg·K × (35℃ - 17℃)
  = 18.18 kJ/kg
3) 현열비
 현열비 = $\dfrac{18.18}{30} = 0.606$

정답 53 ③ 54 ③ 55 ①

56 온수난방에 관한 설명으로 옳지 않은 것은?

① 온수의 현열을 이용하여 난방하는 방식이다.
② 한랭지에서는 운전정지 중 동결의 우려가 있다.
③ 증기난방에 비해 예열시간이 짧아 간헐운전에 적합하다.
④ 증기난방에 비해 난방부하 변동에 따른 온도 조절이 용이하다.

해설
[온수난방]
③ 온수난방은 열관성(열용량)이 커서 예열시간이 길어 간헐운전에 부적합하다.

57 주방, 공장, 실험실에서와 같이 오염물질의 확산을 가능한 극소화시키기 위해 사용하는 환기방식은?

① 희석환기   ② 전체환기
③ 집중환기   ④ 국소환기

해설
[국소환기]
국소환기는 오염원에서 발생 즉시 배출하여, 확산·방산을 최소화한다. 주방 후드, 실험대 국소배기, 공장 국소배기장치가 이에 해당한다.

58 표준상태의 공기가 12 m/s로 장방형 덕트 내로 흐르고 있다. 덕트 내에 풍량조절댐퍼가 30° 각도로 설치되어 있을 때 댐퍼의 국부저항계수가 3.73이라면 댐퍼에 의한 압력손실은? (단, 공기의 밀도는 1.2 kg/m³이다)

① 164.5 Pa   ② 284.2 Pa
③ 322.3 Pa   ④ 474.6 Pa

해설
[댐퍼에 의한 압력손실]

$$\text{국부저항손실 } \triangle P = \zeta \times \frac{V^2}{2}\rho$$

$\triangle P = 3.73 \times \frac{12^2}{2} \times 1.2 = 322.272\, Pa$

59 체크밸브에 관한 설명으로 옳지 않은 것은?

① 유체의 역류를 방지하기 위한 것이다.
② 스윙형 체크밸브는 수평배관에 사용할 수 없다.
③ 스윙형 체크밸브는 유수에 대한 마찰저항이 리프트형보다 적다.
④ 리프트형 체크밸브는 글로브 밸브와 같은 밸브 시트의 구조로써 유체의 압력에 밸브가 수직으로 올라가게 되어 있다.

해설
[체크밸브]
② 스윙형 체크밸브는 수평, 수직배관에 모두 사용할 수 있다.

정답 56 ③ 57 ④ 58 ③ 59 ②

60 송풍기의 크기를 나타내는 송풍기 번호의 결정 방법으로 옳은 것은? (단, 원심송풍기의 경우)

① No(#)
= 회전날개의 지름(mm)/100(mm)
② No(#)
= 회전날개의 지름(mm)/120(mm)
③ No(#)
= 회전날개의 지름(mm)/150(mm)
④ No(#)
= 회전날개의 지름(mm)/180(mm)

해설

[송풍기 번호]
1) 원심형(다익형) 송풍기 번호 :
$$No. = \frac{임펠러\ 지름(mm)}{150}$$
2) 축류형 송풍기 번호 :
$$No. = \frac{임펠러\ 지름(mm)}{100}$$

4과목 전기설비 및 소방시설 일반

1회독 시간 : 점수 :
2회독 시간 : 점수 :
3회독 시간 : 점수 :

61 옥내소화전설비를 설치하여야 하는 특정소방대상물에서 각 층마다 옥내소화전을 5개 설치한 경우 옥내소화전설비의 수원의 저수량은 최소 얼마 이상이 되도록 하여야 하는가? (단, 29층 이하 특정소방대상물의 경우)

① 3 m³   ② 5.2 m³
③ 10.4 m³   ④ 20 m³

해설

[저수량]
$2 \times 130\ L/\min \times 20\ \min = 5.2\ m^3$

> 소화수조 수원의 양 = 옥내소화전 설치 개수(최대 2개) × 2.6 m³ 이상
> • 30 ~ 49층 : 설치 개수(최대 5개) × 5.2 m³ 이상
> • 50층 이상 : 설치 개수(최대 5개) × 7.8 m 이상

㉠ 방수량 : 130 L/min 이상
㉡ 방수압력 : 0.17 MPa 이상 0.7 MPa 이하
㉢ 펌프 토출량 : 130 L/min × 설치개수
㉣ 수원의 양 : 130 L/min × 설치개수 × 20분 (40분, 60분)

62 정전용량이 C_1, C_2인 두 콘덴서를 직렬로 연결한 회로에 전압 V를 인가할 경우 C_1에 걸리는 전압은?

① $(C_1 + C_2)V$ ② $\dfrac{V}{C_1 + C_2}$

③ $\dfrac{C_1 V}{C_1 + C_2}$ ④ $\dfrac{C_2 V}{C_1 + C_2}$

해설

[콘덴서]
직렬콘덴서에 전압은 용량에 반비례함

C_1에 걸리는 전압 $= \dfrac{1}{\dfrac{1}{C_1} + \dfrac{1}{C_2}} V \times \dfrac{1}{C_1}$

$= \dfrac{C_2}{C_1 + C_2} V$

C_2에 걸리는 전압 $= \dfrac{1}{\dfrac{1}{C_1} + \dfrac{1}{C_2}} V \times \dfrac{1}{C_2}$

$= \dfrac{C_1}{C_1 + C_2} V$

63 어느 사무실의 크기가 폭 12 m, 안길이 10 m이고 피조면에서 광원까지의 높이가 2.75 m인 경우 이 사무실의 실지수는?

① 0.34   ② 1.98
③ 2.86   ④ 4.36

해설

[사무실 실지수]
실지수는 조명률을 구하기 위한 지수

실지수 $= \dfrac{XY}{H(X+Y)} = \dfrac{12 \times 10}{2.75(12+10)} = 1.98$

64 도선의 길이를 10배, 단면적을 10배로 크게 했을 때 전기저항의 크기는 어떻게 되는가?

① 2배 증가한다.
② 10배 증가한다.
③ 100배 증가한다.
④ 변하지 않는다.

해설

[저항]
도선의 저항은 길이에 비례하고 단면적에 반비례

• 수식 : $R = \rho \dfrac{l}{A} = \rho \dfrac{l}{\pi r^2}$

$= \rho \dfrac{l}{\pi \left(\dfrac{D}{2}\right)^2} = \rho \dfrac{l}{\dfrac{\pi D^2}{4}}$

$= \rho \dfrac{4l}{\pi D^2} [\Omega]$

$\rho\,[\Omega \cdot mm^2/m,\ \Omega \cdot m]$: 도선의 고유저항
$A\,[m^2]$: 도체의 단면적
$l\,[m]$: 도선의 길이
$r\,[m]$: 전선의 반경
$D\,[m]$: 전선의 직경

65 납축전지가 방전되면 양(+)극은 어떠한 물질로 되는가?

① Pb ② $PbSO_4$
③ PbO ④ PbO_2

해설

[납축전지]
납축전지가 방전되면 양(+)극, 음극 모두 황산납($PbSO_4$)이 되며, 반대로 충전되면 양극은 과산화납(PbO_2) 음극은 납(Pb)이 됨

정답 62 ④ 63 ② 64 ④ 65 ②

66 소방차로부터 스프링클러설비에 송수할 수 있는 송수구에 관한 기준 내용으로 옳지 않은 것은?

① 구경 65 mm의 단구형으로 할 것
② 송수구에는 이물질을 막기 위한 마개를 씌울 것
③ 지면으로부터 높이가 0.5 m 이상 1 m 이하의 위치에 설치할 것
④ 송수구의 가까운 부분에 자동배수밸브(또는 직경 5 mm의 배수공) 및 체크밸브를 설치할 것

해설

[스프링클러설비의 화재안전기술기준(NFTC 103)]
2.8 송수구
2.8.1 스프링클러설비에는 소방차로부터 그 설비에 송수할 수 있는 송수구를 다음의 기준에 따라 설치해야 한다.
  2.8.1.1 소방차가 쉽게 접근할 수 있고 잘 보이는 장소에 설치하고, 화재층으로부터 지면으로 떨어지는 유리창 등이 송수 및 그 밖의 소화작업에 지장을 주지 않는 장소에 설치할 것
  2.8.1.2 송수구로부터 스프링클러설비의 주배관에 이르는 연결배관에 개폐밸브를 설치한 때에는 그 개폐상태를 쉽게 확인 및 조작할 수 있는 옥외 또는 기계실 등의 장소에 설치할 것
  2.8.1.3 송수구는 구경 65 mm의 쌍구형으로 할 것
  2.8.1.4 송수구에는 그 가까운 곳의 보기 쉬운 곳에 송수압력범위를 표시한 표지를 할 것
  2.8.1.5 폐쇄형 스프링클러헤드를 사용하는 스프링클러설비의 송수구는 하나의 층의 바닥면적이 3000 m^2를 넘을 때마다 1개 이상(5개를 넘을 경우에는 5개로 한다)을 설치할 것
  2.8.1.6 지면으로부터 높이가 0.5 m 이상 1 m 이하의 위치에 설치할 것
  2.8.1.7 송수구의 부근에는 자동배수밸브(또는 직경 5 mm의 배수공) 및 체크밸브를 설치할 것. 이 경우 자동배수밸브는 배관 안의 물이 잘 빠질 수 있는 위치에 설치하되, 배수로 인하여 다른 물건이나 장소에 피해를 주지 않아야 한다.
  2.8.1.8 송수구에는 이물질을 막기 위한 마개를 씌울 것

67 액면조절장치의 감지부의 종류 중 액체 내의 전극봉 사이의 통전 상태로서 액면을 조절하며 저수조용으로 사용하는 것은?

① 액면식   ② 전극식
③ 플로트식 ④ 오뚜기식

해설

[액면조절장치]
- 전극식 : 전극봉 사이 전류가 흐르는지 감지, 전도성이 있을 때만 가능한 방식
- 플로트식, 오뚜기식 : 기계식

68 역률에 관한 설명으로 옳은 것은?

① 백열전등이나 전열기의 역률은 100%이다.
② 무효전력에 대한 유효전력의 비를 역률이라 한다.
③ 역률은 부하의 종류와는 관계가 없으며 공급전력의 질을 의미한다.
④ 역률산정 시 필요한 피상전력은 유효전력과 무효전력의 산술합이다.

해설

[역률]
백열전등, 전열기에는 코일이나 콘덴서가 존재하지 않는다.
② 피상전력에 대한 유효전력의 비를 역률이라 한다.
③ 역률은 부하의 종류와는 관계가 없으며 공급전력의 손실을 의미한다.
④ 역률산정 시 필요한 피상전력은 유효전력과 무효전력의 산술합이 아니다.

69 각종 센서로부터 전자식 신호를 받아 수치화된 디지털신호로 제어하는 방식은?

① 전기식   ② 공기식
③ 기계식   ④ DDC방식

해설

[DDC방식(Direct Digital Control방식)]
센서에서 입력된 아날로그 또는 디지털신호를 마이크로컴퓨터(컨트롤러)에서 디지털신호로 변환하여 수치화하고, 이를 바탕으로 자동제어를 수행하는 시스템

70 평형 3상 교류에서 각 상 간의 위상차는?

① 60°
② 90°
③ 120°
④ 180°

해설

[위상차]
3상 교류에서 각 상 간의 위상차는 사인파 360°을 3으로 나눈 = 120°

71 피뢰침에 근접한 뇌격을 흡인하여 전극으로 확실하게 방류하기 위한 요구조건으로 옳은 것은?

① 도체저항이 커야 한다.
② 접촉저항이 커야 한다.
③ 접지저항이 작아야 한다.
④ 돌침의 보호각이 작아야 한다.

해설

[피뢰침]
낙뢰 전류가 저항이 낮은 경로를 따라 흐르기 때문에 접지저항이 작아야 함
• 도체저항이 크면 전압강하가 커짐
• 접촉저항이 작아야 전류가 잘 흐름
• 일반적으로 45°

정답 68 ① 69 ④ 70 ③ 71 ③

72 플레밍의 왼손법칙을 응용한 기기는?

① 펌프
② 전동기
③ 발전기
④ 변압기

해설

[플레밍법칙]
- 발전기(오른손) : 코일 주위의 자속 변화에 따라 코일을 통과하는 자속이 변화하여 코일에 기전력이 흐름
- 전동기(왼손) : 자계 중에 도체를 놓고 전류를 흘리면, 전류 및 자계와 직각 방향으로 도체를 움직이는 힘이 발생함

73 전기용접기의 주된 원리는 무엇을 응용한 것인가?

① 전자력
② 자기유도
③ 전자유도
④ 줄(Joule)열

해설

[줄열]
전기 저항을 이용하여 발생하는 줄열을 이용하여 금속을 국부적으로 가열, 융해시키는 접합장치임

74 천장면을 사각이나 원형으로 오려내고 매입기구를 취부하여 실내의 단조로움을 피하는 조명방식은?

① 코퍼조명
② 광천장조명
③ 코니스조명
④ 밸런스조명

해설

[조명]
- 코퍼조명은 조명기구를 매입하여 천장면에서 반사광으로 조명하는 건축조명
- 코너조명 : 천정과 벽면의 경계구석, 즉 코너(모서리)에 등기구를 설치해서 천정과 벽면을 동시에 간접조명하는 방식
- 코퍼조명(코브조명) : 홈을 파서 등기구를 숨기고 간접적으로 비추는 조명
- 광천장조명 : 천장 전체를 광원으로 만드는 조명
- 밸런스조명 : 천정과 벽을 균형 있게 조명
- 코니스조명 : 벽면 상부에 설치된 선반 등에 광원을 넣고 아래로 비추는 간접조명

75 변압기에서 철심(Core)이 하는 역할은?

① 자속의 이동통로
② 전류의 이동통로
③ 전압의 이동통로
④ 전력량의 이동통로

해설

[변압기]
철심은 1차 코일에서 발생한 자속을 2차 코일로 전달해주는 자속의 통로 역할을 함

정답 72 ② 73 ④ 74 ① 75 ①

76 접속방식에 따라 분류한 인터폰설비의 종류에 속하지 않는 것은?

① 모자식　　② 복합식
③ 상호식　　④ 교호통화식

해설

[인터폰설비]
- 모자식 : 하나의 주기(親機, 마스터폰)와 여러 개의 종기(子機, 서브폰)가 연결된 방식
- 상호식 : 각 기기들 간에 서로 직접 통화 가능한 방식
- 복합식 : 모자식과 상호식을 혼합한 방식

77 다음 설명에 알맞은 배선공사는?

> - 열정영향이나 기계적 외상을 받기 쉬운 곳이 아니면 광범위하게 사용 가능하다.
> - 관자체가 절연체이므로 감전의 우려가 없으며 시공이 쉽다.

① 금속관공사
② 버스덕트공사
③ 플로어덕트공사
④ 합성수지관공사

해설

[합성수지관공사]
절연성이 높고 시공이 쉽기 때문에 광범위하게 사용함

78 포소화설비의 구성 요소에 속하지 않는 것은?

① 약제탱크
② 혼합장치
③ 가압송수장치
④ 정압작동장치

해설

[포소화설비]
정압 작동장치는 고체 분말로 되어 있는 분말소화약제의 관막힘을 방지하기 위한 장치로 일정 압력이 형성되어야 작동되는 장치
- 약제탱크 : 포소화약제 저장
- 혼합장치 : 물과 포소화약제를 정해진 비율로 혼합
- 가압송수장치 : 용액을 압력으로 보내는 펌프

79 v = 100 sin(314 t + 60°) V인 교류전압의 주기는?

① 0.017초　　② 0.02초
③ 50초　　　④ 60초

해설

[주기]
$wt = 314t$
$w = 2\pi f = 314 \qquad f = 50Hz$
$\therefore 주기 = \dfrac{1}{f} = \dfrac{1}{50Hz} = 0.02초$

정답 76 ④　77 ④　78 ④　79 ②

80 다음 중 조명률에 영향을 끼치는 요소와 가장 거리가 먼 것은?

① 방의 크기
② 출입문의 위치
③ 등기구의 배광
④ 천장의 반사율

해설

[조명률]
조명률 공식 : FUN = AED
F : 등1개의 광속
U : 조명률
N : 등개수
A : 면적
E : 조도
D : 감광보상률으로 출입문과 관계없다.

5과목 건축설비 관계법규

1회독	시간 :	점수 :
2회독	시간 :	점수 :
3회독	시간 :	점수 :

81 욕실 또는 조리장의 바닥과 그 바닥으로부터 높이 1 m까지의 안벽의 마감을 내수재료로 하여야 하는 대상에 속하지 않는 것은?

① 아파트의 욕실
② 숙박시설의 욕실
③ 제1종 근린생활시설 중 목욕장
④ 휴게음식점의 조리장

해설

[방습 조치]
[건축물의 피난·방화구조 등의 기준에 관한 규칙]
제18조(거실등의 방습)
② 영 제52조에 따라 다음 각 호의 어느 하나에 해당하는 욕실 또는 조리장의 바닥과 그 바닥으로부터 높이 1미터까지의 안쪽벽의 마감은 이를 내수재료로 해야 한다.
 1. 제1종 근린생활시설 중 목욕장의 욕실과 휴게음식점의 조리장
 2. 제2종 근린생활시설 중 일반음식점 및 휴게음식점의 조리장과 숙박시설의 욕실

정답 80 ② 81 ①

82 건축법령상 단독주택에 속하지 않는 것은?

① 공관
② 기숙사
③ 다중주택
④ 다가구주택

> **해설**
>
> [용도별 건축물]
> [건축법 시행령] 별표 1 : 용도별 건축물의 종류
> 1. <u>단독주택</u>[단독주택의 형태를 갖춘 가정어린이집 · 공동생활가정 · 지역아동센터 · 공동육아나눔터(「아이돌봄 지원법」 제19조에 따른 공동육아나눔터를 말한다. 이하 같다)·작은도서관(「도서관법」 제4조 제2항 제1호 가목에 따른 작은도서관을 말하며, 해당 주택의 1층에 설치한 경우만 해당한다. 이하 같다) 및 노인복지시설(노인복지주택은 제외한다)을 포함한다]
>   가. 단독주택
>   나. <u>다중주택</u> : 다음의 요건을 모두 갖춘 주택을 말한다.
>   다. <u>다가구주택</u> : 다음의 요건을 모두 갖춘 주택으로서 공동주택에 해당하지 아니하는 것을 말한다.
>   라. <u>공관(公館)</u>
> ※ 기숙사는 공동주택에 속한다.

83 다음은 피난안전구역에 관한 기준 내용이다. ( ) 안에 알맞은 것은?

> 초고층 건축물에는 피난층 또는 지상으로 통하는 직통계단과 직접 연결되는 피난안전구역을 지상층으로부터 최대 ( )층마다 1개소 이상 설치하여야 한다.

① 20개 ② 40개
③ 10개 ④ 30개

> **해설**
>
> [피난안전구역]
> [건축법 시행령] 제34조(직통계단의 설치)
> ③ 초고층 건축물에는 피난층 또는 지상으로 통하는 직통계단과 직접 연결되는 피난안전구역(건축물의 피난·안전을 위하여 건축물 중간층에 설치하는 대피공간을 말한다. 이하 같다)을 지상층으로부터 최대 <u>30개</u> 층마다 1개소 이상 설치하여야 한다.

84 같은 건축물 안에 공동주택과 위락시설을 함께 설치하고자 하는 경우 공동주택의 출입구와 위락시설의 출입구는 서로 그 보행거리가 최소 얼마 이상이 되도록 설치하여야 하는가?

① 20 m ② 40 m
③ 10 m ④ 30 m

정답 82 ② 83 ④ 84 ④

해설

[보행거리]
[건축물의 피난·방화구조 등의 기준에 관한 규칙]
제14조의2(복합건축물의 피난시설 등)
영 제47조 제1항 단서의 규정에 의하여 같은 건축물 안에 공동주택·의료시설·아동 관련 시설 또는 노인복지시설(이하 이 조에서 "공동주택등"이라 한다) 중 하나 이상과 위락시설·위험물저장 및 처리시설·공장 또는 자동차정비공장(이하 이 조에서 "위락시설등"이라 한다) 중 하나 이상을 함께 설치하고자 하는 경우에는 다음 각 호의 기준에 적합하여야 한다.
1. 공동주택등의 출입구와 위락시설등의 출입구는 서로 그 보행거리가 30미터 이상이 되도록 설치할 것

85 다음 경계벽 중 소리를 차단하는 데 장애가 되는 부분이 없도록 그 구조를 갖추어야 하는 대상에 속하지 않는 것은?

① 숙박시설의 객실 간 경계벽
② 의료시설의 병실 간 경계벽
③ 업무시설의 사무실 간 경계벽
④ 교육연구시설 중 학교의 교실 간 경계벽

해설

[경계벽]
[건축법 시행령] 제53조(경계벽 등의 설치)
① 법 제49조 제4항에 따라 다음 각 호의 어느 하나에 해당하는 건축물의 경계벽은 국토교통부령으로 정하는 기준에 따라 설치해야 한다.
  2. 공동주택 중 기숙사의 침실, 의료시설의 병실, 교육연구시설 중 학교의 교실 또는 숙박시설의 객실 간 경계벽

86 용도변경과 관련된 시설군 중 영업시설군에 속하지 않는 것은?

① 판매시설
② 운동시설
③ 숙박시설
④ 교육연구시설

해설

[영업시설군]
[건축법 시행령] 제14조(용도변경)
5. 영업시설군
  가. 판매시설
  나. 운동시설
  다. 숙박시설
  라. 제2종 근린생활시설 중 다중생활시설

87 건축물의 출입구에 설치하는 회전문에 관한 기준 내용으로 옳지 않은 것은?

① 계단이나 에스컬레이터로부터 1.5 m 이상의 거리를 둘 것
② 회전문의 회전속도는 분당회전수가 8회를 넘지 아니하도록 할 것
③ 출입에 지장이 없도록 일정한 방향으로 회전하는 구조로 할 것
④ 회전문의 중심축에서 회전문과 문틀 사이의 간격을 포함한 회전문날개 끝부분까지의 길이는 140 cm 이상이 되도록 할 것

정답 85 ③ 86 ④ 87 ①

> 해설

[회전문]
[건축물의 피난·방화구조 등의 기준에 관한 규칙]
제12조(회전문의 설치기준)
영 제39조 제2항의 규정에 의하여 건축물의 출입구에 설치하는 회전문은 다음 각 호의 기준에 적합하여야 한다.
1. 계단이나 에스컬레이터로부터 2미터 이상의 거리를 둘 것
2. 회전문과 문틀 사이 및 바닥 사이는 다음 각 목에서 정하는 간격을 확보하고 틈 사이를 고무와 고무펠트의 조합체 등을 사용하여 신체나 물건 등에 손상이 없도록 할 것
   가. 회전문과 문틀 사이는 5센티미터 이상
   나. 회전문과 바닥 사이는 3센티미터 이하
3. 출입에 지장이 없도록 일정한 방향으로 회전하는 구조로 할 것
4. 회전문의 중심축에서 회전문과 문틀 사이의 간격을 포함한 회전문날개 끝부분까지의 길이는 140센티미터 이상이 되도록 할 것
5. 회전문의 회전속도는 분당회전수가 8회를 넘지 아니하도록 할 것
6. 자동회전문은 충격이 가하여지거나 사용자가 위험한 위치에 있는 경우에는 전자감지장치 등을 사용하여 정지하는 구조로 할 것

> 해설

[승용 승강기의 최소 대수]
[건축물의 설비기준 등에 관한 규칙]
별표 1의2(승용 승강기의 설치기준)

건축물의 용도	6층 이상의 거실 면적의 합계 3천 제곱미터 이하	3천 제곱미터 초과
1. 가. 문화 및 집회시설(공연장·집회장 및 관람장만 해당한다) 나. 판매시설 다. 의료시설	2대	2대에 3천 제곱미터를 초과하는 2천 제곱미터 이내마다 1대를 더한 대수
2. 가. 문화 및 집회시설(전시장 및 동·식물원만 해당한다) 나. 업무시설 다. 숙박시설 라. 위락시설	1대	1대에 3천 제곱미터를 초과하는 2천 제곱미터 이내마다 1대를 더한 대수
3. 가. 공동주택 나. 교육연구시설 다. 노유자시설 라. 그 밖의 시설	1대	1대에 3천 제곱미터를 초과하는 3천 제곱미터 이내마다 1대를 더한 대수

88 다음 중 6층 이상의 거실면적의 합계가 6000 m²인 경우 설치하여야 하는 승용 승강기의 최소대수가 가장 많은 것은? (단, 8인승 승용 승강기의 경우)

① 업무시설
② 숙박시설
③ 문화 및 집회시설 중 전시장
④ 문화 및 집회시설 중 공연장

89 건축법령상 제1종 근린생활시설에 속하지 않는 것은?

① 미용원   ② 치과의원
③ 마을회관 ④ 일반음식점

> 해설

[제1종 근린생활시설]
[건축법 시행령] 별표 1 : 용도별 건축물의 종류
3. 제1종 근린생활시설

정답 88 ④ 89 ④

다. 이용원, 미용원, 목욕장, 세탁소 등 사람의 위생관리나 의류 등을 세탁·수선하는 시설(세탁소의 경우 공장에 부설되는 것과 「대기환경보전법」, 「물환경보전법」 또는 「소음·진동관리법」에 따른 배출시설의 설치 허가 또는 신고의 대상인 것은 제외한다)

라. 의원, 치과의원, 한의원, 침술원, 접골원(接骨院), 조산원, 안마원, 산후조리원 등 주민의 진료·치료 등을 위한 시설

사. 마을회관, 마을공동작업소, 마을공동구판장, 공중화장실, 대피소, 지역아동센터(단독주택과 공동주택에 해당하는 것은 제외한다) 등 주민이 공동으로 이용하는 시설

※ 일반음식점은 제2종 근린생활시설이다.

90 건축물의 설비기준 등에 관한 규칙에 따라 피뢰설비를 설치하여야 하는 건축물의 높이 기준은?

① 10 m 이상 ② 15 m 이상
③ 20 m 이상 ④ 31 m 이상

해설

[피뢰설비]
[건축물의 설비기준 등에 관한 규칙]
제20조(피뢰설비)
영 제87조 제2항에 따라 낙뢰의 우려가 있는 건축물, 높이 20미터 이상의 건축물 또는 영 제118조 제1항에 따른 공작물로서 높이 20미터 이상의 공작물(건축물에 영 제118조 제1항에 따른 공작물을 설치하여 그 전체 높이가 20미터 이상인 것을 포함한다)에는 다음 각 호의 기준에 적합하게 피뢰설비를 설치해야 한다.

91 건축물의 냉방설비에 대한 설치 및 설계기준상 다음과 같이 정의되는 용어는?

> 심야시간에 물을 냉각시켜 축열조에 저장하였다가 그 밖의 시간이 이를 냉방에 이용하는 냉방설비

① 전체축냉방식
② 빙축열식 냉방설비
③ 수축열식 냉방설비
④ 잠열축열식 냉방설비

해설

[정의]
[건축물의 냉방설비에 대한 설치 및 설계기준]
제3조(정의)

2. "빙축열식 냉방설비"라 함은 심야시간에 얼음을 제조하여 축열조에 저장하였다가 그 밖의 시간에 이를 녹여 냉방에 이용하는 냉방설비를 말한다.

3. "수축열식 냉방설비"라 함은 심야시간에 물을 냉각시켜 축열조에 저장하였다가 그 밖의 시간에 이를 냉방에 이용하는 냉방설비를 말한다.

4. "잠열축열식 냉방설비"라 함은 포접화합물(Clathrate)이나 공융염(Eutectic Salt) 등의 상변화물질을 심야시간에 냉각시켜 동결한 후 그 밖의 시간에 이를 녹여 냉방에 이용하는 냉방설비를 말한다.

92 다음은 스프링클러 설비를 설치하여야 하는 특정 소방대상물에 관한 기준 내용이다. ( ) 안에 알맞은 것은?

> 판매시설로서 바닥면적의 합계가 (㉠) 이상이거나 수용인원이 (㉡) 이상인 경우에는 모든 층

① ㉠ 5000 m², ㉡ 300명
② ㉠ 5000 m², ㉡ 500명
③ ㉠ 10000 m², ㉡ 300명
④ ㉠ 10000 m², ㉡ 500명

해설

[소방설비시설]
[소방시설설치 및 관리에 관한 법률 시행령]
별표 4 : 특정소방대상물의 관계인이 특정소방대상물에 설치·관리해야 하는 소방시설의 종류
1. 소화설비
 라. 스프링클러설비를 설치해야 하는 특정소방대상물(위험물 저장 및 처리 시설 중 가스시설 및 지하구는 제외한다)은 다음의 어느 하나에 해당하는 것으로 한다.
  4) 판매시설, 운수시설 및 창고시설(물류터미널로 한정한다)로서 바닥면적의 합계가 5천 m² 이상이거나 수용인원이 500명 이상인 경우에는 모든 층

93 문화 및 집회시설 중 공연장의 개별관람실의 바닥면적이 1500 m²인 경우 이 관람실에 설치하여야 하는 출구의 최소 개수는? (단, 각 출구의 유효너비는 2 m이다)

① 5개소 ② 6개소
③ 4개소 ④ 3개소

해설

[개별 관람실 출구]
[건축물의 피난·방화구조 등의 기준에 관한 규칙]
제10조(관람실 등으로부터의 출구의 설치기준)
② 영 제38조에 따라 문화 및 집회시설 중 공연장의 개별 관람실(바닥면적이 300제곱미터 이상인 것만 해당한다)의 출구는 다음 각 호의 기준에 적합하게 설치해야 한다.
1. 관람실별로 2개소 이상 설치할 것
2. 각 출구의 유효너비는 1.5미터 이상일 것
3. 개별 관람실 출구의 유효너비의 합계는 개별 관람실의 바닥면적 100제곱미터마다 0.6미터의 비율로 산정한 너비 이상으로 할 것

• 1500 m² ÷ 100 m² = 15
• 15 × 0.6 = 9 m
• 9 ÷ 2 = 4.5 ⇒ 5개소

94 방송 공동수신설비를 설치하여야 하는 대상 건축물에 속하지 않는 것은?

① 아파트
② 연립주택
③ 다가구주택
④ 다세대주택

정답 92 ② 93 ① 94 ④

> **해설**

[방송 공동수신설비]
[건축법 시행령] 제87조(건축설비설치의 원칙)
④ 건축물에는 방송수신에 지장이 없도록 공동시청 안테나, 유선방송 수신시설, 위성방송 수신설비, 에프엠(FM)라디오방송 수신설비 또는 방송 공동수신설비를 설치할 수 있다. 다만 다음 각 호의 건축물에는 방송 공동수신설비를 설치하여야 한다.
  1. 공동주택
  2. 바닥면적의 합계가 5천 제곱미터 이상으로서 업무시설이나 숙박시설의 용도로 쓰는 건축물
⑤ 제4항에 따른 방송 수신설비의 설치기준은 과학기술정보통신부장관이 정하여 고시하는 바에 따른다.
- 공동주택(아파트, 연립주택, 다세대주택) 바닥면적의 합계가 5천 제곱미터 이상으로서 업무시설이나 숙박시설의 용도로 쓰는 건축물
- 다가구주택은 공동주택이 아님

95 다음 중 제연설비를 설치하여야 하는 특정소방대상물에 속하지 않는 것은?

① 문화 및 집회시설로서 무대부의 바닥면적이 200 m²인 것
② 종교시설로서 무대부의 바닥면적이 200 m²인 것
③ 운동시설로서 무대부의 바닥면적이 200 m²인 것
④ 지하층에 설치된 숙박시설로서 해당 용도로 사용되는 바닥면적의 합계가 500 m²인 층

> **해설**

[제연설비를 설치해야 하는 특정소방대상물]
[소방시설설치 및 관리에 관한 법률 시행령]
별표 4 : 특정소방대상물의 관계인이 특정소방대상물에 설치·관리해야 하는 소방시설의 종류
5. 소화활동설비
  가. 제연설비를 설치해야 하는 특정소방대상물은 다음의 어느 하나에 해당하는 것으로 한다.
    1) 문화 및 집회시설, 종교시설, 운동시설 중 무대부의 바닥면적이 200 m² 이상인 경우에는 해당 무대부
    2) 문화 및 집회시설 중 영화상영관으로서 수용인원 100명 이상인 경우에는 해당 영화상영관
    3) 지하층이나 무창층에 설치된 근린생활시설, 판매시설, 운수시설, 숙박시설, 위락시설, 의료시설, 노유자시설 또는 창고시설(물류터미널로 한정한다)로서 해당 용도로 사용되는 바닥면적의 합계가 1천 m² 이상인 경우 해당 부분
    4) 운수시설 중 시외버스정류장, 철도 및 도시철도 시설, 공항시설 및 항만시설의 대기실 또는 휴게시설로서 지하층 또는 무창층의 바닥면적이 1천 m² 이상인 경우에는 모든 층
    5) 지하상가로서 연면적 1천 m² 이상인 것
    6) 예상 교통량, 경사도 등 터널의 특성을 고려하여 행정안전부령으로 정하는 터널
    7) 특정소방대상물(갓복도형 아파트등은 제외한다)에 부설된 특별피난계단, 비상용 승강기의 승강장 또는 피난용 승강기의 승강장

정답 95 ④

96 판매시설로서 옥내소화전설비를 모든 층에 설치하여야 하는 특정소방대상물의 연면적 기준은?

① 500 m² 이상 ② 2000 m² 이상
③ 1500 m² 이상 ④ 1000 m² 이상

해설

[옥내소화전설비]
[소방시설설치 및 관리에 관한 법률 시행령]
별표 4 : 특정소방대상물의 관계인이 특정소방대상물에 설치·관리해야 하는 소방시설의 종류
다. 옥내소화전설비를 설치해야 하는 특정소방대상물은 다음의 어느 하나에 해당하는 것으로 한다.
  1) 다음의 어느 하나에 해당하는 경우에는 모든 층
    가) 연면적 3천 m² 이상인 것(터널은 제외한다)
    나) 지하층·무창층(축사는 제외한다)으로서 바닥면적이 600m² 이상인 층이 있는 것
    다) 4층 이상인 층 중에서 바닥면적이 600 m² 이상인 층이 있는 것
  2) 1)에 해당하지 않는 근린생활시설, 판매시설, 운수시설, 의료시설, 노유자시설, 업무시설, 숙박시설, 위락시설, 공장, 창고시설, 항공기 및 자동차 관련 시설, 교정 및 군사시설 중 국방·군사시설, 방송통신시설, 발전시설, 장례시설 또는 복합건축물로서 다음의 어느 하나에 해당하는 경우에는 모든 층
    가) 연면적 1천 5백m² 이상인 것
    나) 지하층·무창층으로서 바닥면적이 300 m² 이상인 층이 있는 것
    다) 4층 이상인 층 중에서 바닥면적이 300 m² 이상인 층이 있는 것

97 연면적 400 m²을 초과하는 중·고등학교에 설치하는 복도의 유효너비는 최소 얼마 이상으로 하여야 하는가? (단, 양옆에 거실이 있는 복도의 경우)

① 1.5 m 이상 ② 1.8 m 이상
③ 2.1 m 이상 ④ 2.4 m 이상

해설

[복도의 유효너비]
[건축물의 피난·방화구조 등의 기준에 관한 규칙]
제15조의2(복도의 너비 및 설치기준)

구분	양옆에 거실이 있는 복도	기타의 복도
유치원·초등학교 중학교·고등학교	2.4미터 이상	1.8미터 이상
공동주택· 오피스텔	1.8미터 이상	1.2미터 이상
당해 층 거실의 바닥면적 합계가 200제곱미터 이상인 경우	1.5미터 이상 (의료시설의 복도 1.8미터 이상)	1.2미터 이상

98 다음 중 방화구조에 속하지 않는 것은?

① 심벽에 흙으로 맞벽치기한 것
② 철망모르타르로서 그 바름두께가 2 cm인 것
③ 석고판 위에 회반죽을 바른 것으로서 그 두께의 합계가 2 cm인 것
④ 시멘트모르타르 위에 타일을 붙인 것으로서 그 두께의 합계가 2.5 cm인 것

정답 96 ③ 97 ④ 98 ③

해설

[방화구조]
[건축물의 피난·방화구조 등의 기준에 관한 규칙]
제4조(방화구조)
영 제2조 제8호에서 "국토교통부령으로 정하는 기준에 적합한 구조"란 다음 각 호의 어느 하나에 해당하는 것을 말한다.

1. 철망모르타르로서 그 바름두께가 2센티미터 이상인 것
2. 석고판 위에 시멘트모르타르 또는 회반죽을 바른 것으로서 그 두께의 합계가 2.5센티미터 이상인 것
3. 시멘트모르타르 위에 타일을 붙인 것으로서 그 두께의 합계가 2.5센티미터 이상인 것
6. 심벽에 흙으로 맞벽치기한 것
7. 「산업표준화법」에 따른 한국산업표준(이하 "한국산업표준"이라 한다)에 따라 시험한 결과 방화 2급 이상에 해당하는 것

99 세대수가 17세대인 다세대주택에 설치하는 음용수용 급수관의 지름은 최소 얼마 이상으로 하여야 하는가?

① 25 mm   ② 32 mm
③ 40 mm   ④ 50 mm

해설

[음용수용 급수관 최소 지름]
[건축물의 설비기준 등에 관한 규칙]
별표 3 : 주거용 건축물 급수관의 지름

가구 또는 세대수	1	2~3	4~5	6~8	9~16	17 이상
급수관 지름의 최소기준 (밀리미터)	15	20	25	32	40	50

100 건축법령상 아파트는 주택으로 쓰는 층수가 최소 얼마 이상인 주택을 말하는가?

① 3개 층   ② 5개 층
③ 7개 층   ④ 10개 층

해설

[아파트의 정의]
[건축법 시행령] 별표 1 : 용도별 건축물의 종류

2. 공동주택
 가. 아파트 : 주택으로 쓰는 층수가 5개 층 이상인 주택

정답 ● 99 ④   100 ②

2024 제1회

1과목 건축일반

01 일사계획에 관한 설명으로 옳지 않은 것은?

① 특수유리나 루버 등을 활용하여 일사를 조절한다.
② 건물 주변에 활엽수보다는 침엽수를 심는 것이 유리하다.
③ 겨울철의 난방 부하를 줄이기 위해 직달일사를 최대한 도입해야 한다.
④ 난방 기간 중에 최대의 일사를 받기 위해서는 남향이 유리하다.

해설

[일사계획]
- 건물 주변에 침엽수보다는 활엽수를 심는 것이 일사 조절에 유리하다
- 여름철에 직사광선을 차단하고 겨울철에 직사광선을 도입할 수 있다.

02 공기환경 측정과 관련된 측정방법이 잘못 연결된 것은?

① 유속측정 - 프로펠라 풍속계
② 압력측정 - 다이어프램 차압계
③ 환기량측정 - 가스추적법
④ 가스농도측정 - 피토관

해설

[공기환경 측정]
피토관 : 풍량 등 유속을 측정하기 위해 사용한다.

03 도시 열섬현상의 원인으로 가장 거리가 먼 것은?

① 큰 강을 끼고 도시가 발달되어 있다.
② 건축물과 포장도로가 많다.
③ 연료소비에 의한 인공열 및 오염물질의 방출량이 크다.
④ 도심부는 고층건물이 많고 요철이 심해서 환기가 어렵다.

해설

[열섬현상]
도시에서 열섬현상은 열이 정체되는 현상을 말한다. 큰 강의 흐름에 따라 열의 정체는 감소한다.

정답 01 ② 02 ④ 03 ①

04 표면결로의 방지대책으로 옳지 않은 것은?

① 냉교(Cold Bridge)가 생기지 않도록 주의한다.
② 환기로 실내절대습도를 저하시킨다.
③ 실내에서 수증기 발생을 억제한다.
④ 외벽의 단열강화로 실내 측 표면온도를 저하시킨다.

해설

[표면결로]
물체의 표면에 작은 물방울이 서리는 현상이다. 이를 방지하기 위해서는 외벽의 단열강화로 실내 측 표면온도를 저하를 방지하는 방법이 있다.

05 유효온도에서 고려하지 않는 요소는?

① 기온
② 습도
③ 기류
④ 복사열

해설

[유효온도]
- 실내 온도와 같은 온도를 주게 되는 정지 상태의 포화공기의 온도
- 유효온도 요소 : 기온, 기류, 습도
※ 복사열은 작용온도의 요소에 속한다.

06 전열에 관한 다음의 설명 중 틀린 것은?

① 고체와 이에 접하는 유체 사이의 열 이동을 열관류라 한다.
② 복사는 열이 고온의 물체표면으로부터 저온의 물체표면으로 공간을 통하여 전달되는 현상을 말한다.
③ 열전도는 열에너지가 주로 고체 속을 고온부에서 저온부로 이동하는 현상이다.
④ 물체 내부를 전도로 전달되는 열량은 전열면적, 온도차, 시간에 비례한다.

해설

[전열]
- 유체와 고체 사이에 일어나는 열 이동은 대류라고 한다.
- 열관류는 열통과라고도 하며 복합체의 전도, 대류가 복합적으로 작용되어 열이 흐르는 현상으로 고체를 사이에 두고 양쪽의 유체 사이에 열이 이동하는 현상이다.

07 천장의 채광 효과를 얻기 위하여 천장의 위치에 설치하고, 비막이에 좋은 측창의 구조적 장점을 살리기 위하여 연직에 가까운 방향으로 한 창에 의한 채광법으로 주광률 분포의 균일성이 요구되는 곳에 사용되는 것은?

① 측광
② 정광
③ 정측광
④ 산란광

해설

[정측광]
지붕면에 있는 수직창에 의한 채광으로, 전시에 가장 효과적인 채광방식이다.
- 정광 : 직사광선
- 측광 : 측면(벽면)에서 들어오는 자연광
- 산란광 : 구름에 의해 산란된 자연광

08 건축음향 및 소음에 관한 설명으로 옳지 않은 것은?

① 강연이나 연극 등 언어를 주사용 목적으로 할 경우 잔향시간은 비교적 짧게 처리한다.
② 다목적용 오디토리엄에는 가변 흡음구조가 되도록 음향설계를 한다.
③ 반사음과 직접음과의 시간차가 가능한 한 크게 하여 충분한 음 보강이 되도록 한다.
④ 소음이 심한 도로변에 위치한 건물의 소음대책으로 방음벽을 설치한다.

해설

[건축음향 및 소음]
반사음과 직접음과의 시간차는 가능한 한 작게 해야 반향이 적다.
※ 오디토리엄(Auditorium) : 극장과 콘서트 홀 등 안에 있으며, 퍼포먼스를 듣고 하는 장소를 가리키는 말이다.

09 표면결로 방지대책으로 옳지 않은 것은?

① 습한 공기를 제거하기 위해 환기가 잘 되게 한다.
② 벽의 단열성을 좋게 하여 열관류 저항을 크게 한다.
③ 실내수증기압을 낮추어 실내공기의 노점온도를 낮게 한다.
④ 방습재는 저온 측(실외)에, 단열재는 고온 측(실내)에 배치한다.

해설

[표면결로 방지대책]
- 표면결로는 실내공간을 이루는 건축부의 표면온도가 실내 공기의 온도보다 낮을 경우 건축부의 표면에 물이 생기는 현상이다.
- 방습재는 고온 측(실내)에, 단열재는 저온 측(실외)에 배치한다.

10 열교(Thermal Bridge)현상에 관한 설명으로 옳지 않은 것은?

① 벽이나 바닥, 지붕 등의 건축물 부위에 단열이 연속되지 않는 부분이 있을 때 생긴다.
② 열교현상을 줄이기 위해서는 콘크리트 라멘조의 경우 가능한 한 내단열로 시공한다.
③ 열교현상이 발생하는 부위는 표면온도가 낮아져서 결로가 쉽게 발생한다.
④ 열교현상이 발생하면 전체 단열성이 저하된다.

정답 ▶ 08 ③   09 ④   10 ②

해설

[열교현상]
- 열교현상은 열이 전달되는 경로(다리)가 발생하는 것이다.
- 콘크리트 라멘조 구조는 내력벽이 아닌 기둥과 보로 뼈대를 구성하는 경우로 내단열의 경우 열교현상이 생길우려가 있어 박스를 구성하듯 외단열로 시공하여야 열교현상을 줄일 수 있다.

11 실내 음향설계 시 각 부재의 설계방법으로 옳지 않은 것은?

① 충분한 직접음을 확보하기 위해서는 음원에서 수음점에 이르는 경로에 장애물이 없이 음원을 전망할 수 있어야 한다.
② 반향의 발생을 없게 하기 위해서는 17 m 이하의 거리 차이로 하면 양호하나 그렇게 하면 매우 작은 콘서트홀이 만들어지므로 벽이나 천장을 흡음처리하거나 확선처리를 하는 것으로 회피한다.
③ 음을 실 전체에 균일하게 분포시키기 위해서는 볼록면이나 확산면으로 하는 것이 바람직하다.
④ 다목적 홀 등에서는 무대에 가까운 천장을 높게 처리하여 천장에서의 1차 반사음이 객석 내에 효과적으로 도달하도록 천장반사면의 형태나 위치를 고려한다.

해설

[실내 음향설계]
다목적 홀 등에서는 무대에 가까운 천장을 낮게 처리하여 천장에서의 1차 반사음이 객석 내에 효과적으로 도달하도록 천장반사면의 형태나 위치를 고려한다.

※ 반향 : 송출된 음파가 물체에 의하여 반사 또는 산란되어 되돌아오는 음파

12 건축화조명에 관한 설명으로 옳지 않은 것은?

① 광천장은 천정 전면에 루버를 갖고 그 뒤쪽에 광원을 배치한 것이다.
② 조명기구를 천장, 벽 등의 실 구성면 중에 장치하여 건축 내장의 일부와 같이 취급한 조명방식을 말한다.
③ 조명기구로 인한 위화감을 없애고 실내의장에 통일성을 갖도록 하기 위해 사용한다.
④ 벽면조명으로는 코니스조명이 있다.

해설

[건축화조명]
- 조명이 건축 구조물과 일체 되어 빛을 표현하는 방식
- 천정 전면에 루버를 갖고, 그 뒤쪽에 광원을 배치한 것은 루버조명이다.
※ 광천장(Luminous Ceiling) : 천장 전면에 광원 또는 조명 기구를 배치하고 발광면을 유리나 플라스틱 등의 반투명 확산판 등으로 전면을 가리는 조명방법이다.

2026년 출제범위를 벗어난 문제를 모두 삭제하고, 최신 출제기준에 해당하는 문제만 엄선하여 수록했습니다. 따라서 1과목 문제 수는 실제 출제 수와 다를 수 있습니다.

정답 ● 11 ④ 12 ①

2과목 | 위생설비

1회독 시간: 점수:
2회독 시간: 점수:
3회독 시간: 점수:

21 급수방식 중 수도직결방식에 관한 설명으로 옳은 것은?

① 전력 차단 시 급수가 불가능하다.
② 3층 이상의 고층으로의 급수가 용이하다.
③ 저수조가 있으므로 단수 시에도 급수가 가능하다.
④ 수도 본관의 영향을 그대로 받아 수압 변화가 심하다.

해설

[수도직결방식]
① 수도직결방식은 펌프를 사용하지 않으므로 전력 차단과 무관하다.
② 수도압력만으로 급수하므로 고층 급수는 어려움이 있다.
③ 수도직결방식은 저수조가 없기 때문에 단수 시 급수 불가능하다.

22 먹는물의 수질기준에 따른 건강상 유해영향 무기물질에 속하지 않는 것은?

① 납　　② 페놀
③ 불소　④ 수은

해설

[먹는물의 수질기준]
• 무기물질 : 납, 불소, 수은, 비소 등
• 유기물질 : 페놀, 트리할로메탄 등

23 대변기의 세정방식 중 로탱크(Low Tank)식에 관한 설명으로 옳은 것은?

① 바닥으로부터 1.6 m 이상 높은 위치에 탱크를 설치한다.
② 단시간에 다량의 물이 필요하기 때문에 일반 가정용으로는 사용하지 않는다.
③ 사용빈도가 많거나 일시적으로 많은 사람들이 연속하여 사용하는 장소에 적합하다.
④ 세정의 경우 탱크로의 급수압력에 관계없이 대변기로의 공급수량이나 압력이 일정하다.

해설

[대변기의 세정방식]
① 이는 하이탱크(High Tank)식의 설명이다. 로탱크식은 변기 바로 뒤 낮은 위치에 설치한다.
② 로탱크식은 일반 가정용으로 가장 많이 사용된다.
③ 이는 플러시밸브식에 적합한 설명이다. 로탱크식은 연속 사용 시 재충전 시간이 필요해 부적합하다.

24 기구배수부하단위 산정의 기준이 되는 기구는?

① 욕조
② 세면기
③ 싱크대
④ 샤워기

정답 ● 21 ④　22 ②　23 ④　24 ②

해설

[기구배수부하단위 산정의 기준]
기구배수부하 단위(FU)는 세면기의 배수량(28.5 L/min)을 기준으로 단위화한 것

25 원심펌프의 일종으로 날개의 바깥쪽에 가이드 베인(Guide Vane)을 설치한 것은?

① 터빈펌프
② 기어펌프
③ 베인펌프
④ 피스톤펌프

해설

[원심펌프]
원심펌프의 일종으로, 임펠러 바깥쪽에 가이드 베인(Guide Vane)을 설치하여 효율을 높인다.

보충 가이드 베인 = 안내날개 = 안내깃

26 직경 200 mm의 강관에 2400 L/min 의 물이 흐를 때 강관 내의 유속은?

① 0.04 m/sec
② 0.40 m/sec
③ 1.27 m/sec
④ 1.72 m/sec

해설

[강관 내의 유속]
$Q = AV$
$\frac{2.4}{60} m^3/s = \frac{\pi}{4} 0.2^2 m^2 \times V [m/s]$
$\therefore V = 1.27 \, m/s$

27 수질과 관련된 용어의 설명으로 옳지 않은 것은?

① SS란 오수 중에 떠 있는 부유물질을 말하며, 탁도의 원인이 되기도 한다.
② DO란 오수 중의 산소요구량을 말하며, 오염도가 높을수록 산소요구량이 적다.
③ COD란 화학적 산소요구량을 말하며, COD값은 일반적으로 BOD값보다 높게 나타난다.
④ BOD란 생물화학적 산소요구량을 말하며, 오수중의 분해가능한 유기물 함유 정도를 간접적으로 측적하는 데 이용된다.

해설

[수질과 관련된 용어]
DO는 용존산소량으로, 산소요구량이 아니라 물속에 녹아 있는 산소의 농도를 말한다. 또한 오염도가 높을수록 산소요구량(BOD)이 많아지고 DO는 낮아진다.

정답 25 ① 26 ③ 27 ②

28 급탕배관에 관한 설명으로 옳은 것은?

① 배관은 하향구배로 하는 것이 원칙이다.
② 탕비기 주위의 급탕배관은 가능한 짧게 하고 공기가 체류하지 않도록 한다.
③ 배관은 신축에 견디도록 가능하면 요철부가 많도록 배관하는 것이 원칙이다.
④ 물이 뜨거워지면 수중에 포함된 공기가 분리되기 쉽고, 이 공기는 배관의 상부에 모여서 급탕의 순환을 원활하게 한다.

해설

[급탕배관]
① 급탕배관은 배수·배기·배공이 원활하도록 상향구배로 설치한다.
③ 신축 흡수는 곡관, 루프, 신축이음 등을 적절히 배치하지만, 불필요한 요철부를 많이 만드는 것은 오히려 문제가 된다.
④ 공기가 상부에 모이면 순환을 방해한다(공기빼기밸브 설치 필요).

29 슬루스밸브에 관한 설명으로 옳지 않은 것은?

① 게이트밸브라고도 한다.
② 리프트가 커서 개폐에 시간이 걸린다.
③ 유체의 흐름을 단속하는 대표적인 밸브이다.
④ 유체의 흐름이 90°로 바뀌기 때문에 유체에 대한 저항이 크다.

해설

[슬루스밸브]
④는 앵글밸브의 설명

30 10 ℃의 냉수 100 kg과 70 ℃의 탕 100 kg을 혼합할 경우 혼합수의 온도는?

① 36 ℃   ② 38 ℃
③ 40 ℃   ④ 42 ℃

해설

[혼합수의 온도]
$$\frac{10 \times 100 + 70 \times 100}{200} = 40$$

31 유체의 성질과 관련하여 다음 설명이 의미하는 것은?

> 에너지보존의 법칙을 유체의 흐름에 적용한 것으로서 유체가 갖고 있는 운동에너지, 중력에 의한 위치에너지 및 압력에너지의 총합은 흐름 내 어디에서나 일정하다.

① 파스칼의 원리
② 스토크스의 법칙
③ 뉴턴의 점성법칙
④ 베르누이의 정리

해설

[베르누이 방정식(또는 정리)]
베르누이의 정리는 유체의 운동에너지, 위치에너지, 압력에너지의 합은 일정하다는 에너지보존법칙의 유체흐름 적용식이다.

정답 28 ② 29 ④ 30 ③ 31 ④

32 통기관의 관경에 관한 설명으로 옳지 않은 것은?

① 신정통기관의 관경은 배수수직관 관경의 1/2 이상으로 한다.
② 루프통기관의 관경은 담당 배수수평지관의 1/2 이상으로 한다.
③ 건물의 배수탱크에 설치하는 통기관의 관경은 50 mm 이상으로 한다.
④ 결합통기관의 관경은 통기수직관과 배수수직관 중 작은 쪽 관경 이상으로 한다.

해설

[통기관의 관경]
신정통기관의 관경은 배수수직관의 관경보다 작게 해서는 안 된다.

※ 통기관
1) 결합통기관 : 배수수직관과 통기수직관을 연결
2) 각개통기관 : 각 위생기구별 개별 통기관
3) 공용통기관 : 다수 기구의 배수통기관을 공용으로 하는 방식
4) 신정통기관 : 배수수직관을 지붕 위까지 그대로 연장하여 통기관으로 사용하는 방식
5) 회로(루프)통기관 : 여러 개의 위생기구를 하나의 통기관으로 연결하는 방식

33 워터해머의 방지방법으로 옳지 않은 것은?

① 대기압식 또는 가압식 진공브레이커를 설치한다.
② 관 내의 수압은 평상 시 높아지지 않도록 구획한다.
③ 배관은 가능한 한 우회하지 않고 직선이 되도록 계획한다.
④ 수압이 0.4 MPa을 초과하는 계통에는 감압밸브를 부착하여 적절한 압력으로 감압한다.

해설

[워터해머]
대기압식 또는 가압식 진공브레이커를 설치는 역류방지방법이다.

34 급탕설비의 팽창관 및 팽창탱크에 관한 설명으로 옳지 않은 것은?

① 팽창관 도중에는 밸브를 설치하지 않는다.
② 가열장치의 과도한 수온 상승을 방지하기 위해 설치한다.
③ 개방식 팽창탱크는 급수방식이 고가탱크방식일 경우에 적합하며 급탕 보급탱크와 겸용할 수 있다.
④ 급수방식이 압력탱크방식이나 펌프직송방식의 중앙식 급탕설비의 경우에는 밀폐식 팽창탱크를 사용한다.

정답 32 ① 33 ① 34 ②

해설

[급탕설비의 팽창관 및 팽창탱크]
팽창탱크는 온도 상승에 따른 체적 팽창을 흡수하기 위한 것으로, 수온 상승 자체를 방지하는 목적은 아니다.

35 유체의 점성에 관한 설명으로 옳지 않은 것은?

① 유체의 동점성계수는 점성계수와 밀도와의 비로 표시된다.
② 기체의 점성계수는 일반적으로 온도의 상승과 함께 증가한다.
③ 점성이 유체운동에 미치는 영향은 동점성계수값에 의해 결정된다.
④ 점성력은 상호 접하는 층의 면적과 그 관계속도의 제곱에 비례한다.

해설

[뉴턴의 점성법칙]
$F = \mu \dfrac{du}{dy} A$
면적과 속도에 비례한다.

36 배수수직관 내부가 부압으로 되는 곳에 배수수평지관이 접속되어 있는 경우 배수수평지관 내의 공기가 수직관으로 유인되어 봉수가 파괴되는 현상(작용)은?

① 증발현상
② 모세관현상
③ 유도사이폰작용
④ 자기사이폰작용

해설

[유도사이폰작용(Induced Siphonage)]
배수 수직관이 부압일 때, 수평지관의 봉수가 수직관으로 유인되어 파괴되는 현상이다.

37 양수펌프의 흡수면으로부터 토출수면까지의 실제 높이는 20 m이고, 흡입관과 토출관의 관경이 같은 경우 펌프의 전양정은? (단, 관로의 전손실수두는 실양정의 20 %로 한다)

① 20 m ② 22 m
③ 24 m ④ 26 m

해설

[펌프의 전양정]
H = 20 m × 1.2 = 24 m

정답 35 ④ 36 ③ 37 ③

38 배관의 마찰저항에 관한 설명으로 옳은 것은?

① 유속의 제곱에 비례한다.
② 관이 길이에 반비례한다.
③ 관 내경의 제곱에 비례한다.
④ 유체의 점성이 클수록 감소한다.

해설

[배관의 마찰저항]
달시 바이스바하 공식 $h_L = f \times \dfrac{L}{D} \times \dfrac{v^2}{2g}$

여기서, f : 관마찰계수, L : 관의 길이
D : 관경, v : 유속, g : 중력가속도

① 유속의 제곱에 비례한다.
② 관이 길이에 비례한다.
③ 관 내경에 반비례한다.
④ 유체의 점성이 클수록 증가한다.

39 중앙식 급탕방식에 관한 설명으로 옳지 않은 것은?

① 배관에 의해 필요 개소에 급탕할 수 있다.
② 급탕 개소마다 가열기의 설치 스페이스가 필요하다.
③ 기구의 동시이용률을 고려하여 가열장치의 총용량을 적게 할 수 있다.
④ 호텔, 병원 등 급탕 개소가 많고 소요 급탕량도 많이 필요한 대규모 건축물에 채용된다.

해설

[중앙식 급탕방식]
② 이는 개별식(직접가열식)의 설명이다. 중앙식은 공동 가열 후 배관 공급이므로 급탕 개소마다 가열기 설치공간이 필요하지 않다.

40 다음 중 원칙적으로 청소구(Clean Out)를 설치하여야 하는 곳에 속하지 않는 것은?

① 배수수직관의 최상부
② 배수수평주관의 기점
③ 배수수평지관의 기점
④ 배수관이 45° 이상의 각도로 방향을 바꾸는 곳

해설

[청소구]
청소구는 수직관 최상부가 아닌 최하부(바닥면과 접하는 부분)에 설치한다.

정답 38 ① 39 ② 40 ①

3과목 | 공기조화설비

41 다음 설명에 알맞은 보일러의 출력 표시 방법은?

- 일반적으로 보일러 선정 시 기준이 된다.
- 연속해서 운전할 수 있는 보일러의 능력으로서 난방부하, 급탕부하, 배관부하, 예열부하의 합이다.

① 정격출력　② 상용출력
③ 정미출력　④ 과부하출력

해설

[보일러의 출력]
정미출력 = 난방부하 + 급탕부하
상용출력 = 정미출력 + 배관부하
정격출력 = 상용출력 + 예열부하
과부하출력 = 정격출력의 1.1 ~ 1.2
과부하출력은 운전 초기나 과부하 발생 시의 출력

42 공조기의 저항이 30 mmAq, 덕트의 필요 전압이 11 mmAq, 송풍기의 토출구 풍속이 6 m/s일 때, 송풍기의 정압은?

① 약 35 mmAq
② 약 39 mmAq
③ 약 43 mmAq
④ 약 45 mmAq

해설

[송풍기의 정압]
- 덕트정압 = 덕트전압 - 덕트동압

$$= 11 - \left(\frac{6^2}{2 \times 9.8} \times 1.2\right) = 8.8$$

- 송풍기정압 = 부속저항 + 덕트정압
$$= 30 + 8.8 = 38.8$$

43 창의 틈새바람 계산법에 속하지 않는 것은?

① 균열법
② 면적법
③ 환기횟수법
④ 굴뚝효과에 의한 계산법

해설

[틈새바람 계산법]
굴뚝효과는 자연환기 계산의 요소이며 틈새바람 계산법으로는 분류되지 않는다.

44 여과기 통과 전 분진량은 0.32 mg/m³, 통과 후 분진량은 0.08 mg/m³이었다면 이 여과장치의 효율은?

① 25 %　② 66 %
③ 75 %　④ 83 %

해설

[여과장치의 효율]

$$\frac{0.32 - 0.08}{0.32} \times 100\% = 75\%$$

정답 41 ①　42 ②　43 ④　44 ③

45 다음 그림과 같은 엘보의 국부저항은? (단, 곡관부의 국부저항 손실계수는 0.35, 공기의 밀도는 1.2 kg/m³이다)

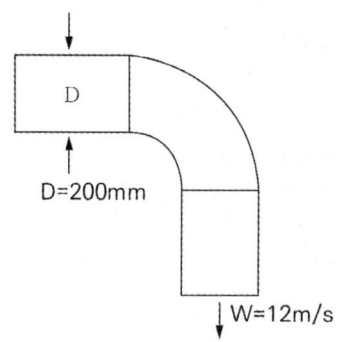

① 약 10 Pa   ② 약 20 Pa
③ 약 30 Pa   ④ 약 40 Pa

해설

[엘보의 국부저항]

$$\text{국부저항손실 } \triangle P = \zeta \times \frac{V^2}{2}\rho$$

국부저항 $= \zeta \frac{V^2}{2}\rho = 0.35 \frac{12^2}{2} \times 1.2 = 30.24\,Pa$

46 건물의 냉방부하의 종류 중 현열과 잠열 성분을 모두 갖는 것은?

① 인체의 발생열량
② 벽체로부터의 취득열량
③ 유리로부터의 취득열량
④ 덕트로부터의 취득열량

해설

[냉방부하의 종류]
인체는 현열(대류, 복사) + 잠열(발한, 호흡수분) 모두 발생한다.

47 온수난방방식에 관한 설명으로 옳은 것은?

① 용량제어가 어렵고 응축수에 의한 열손실이 크다.
② 실내온도의 상승이 빠르고 예열손실이 적어 간헐난방에 적합하다.
③ 증기난방에 비하여 소요방열면적과 배관경이 작으므로 설비비가 낮다.
④ 열용량이 크므로 보일러를 정지시켜도 실내난방이 어느 정도 지속된다.

해설

[온수난방방식]
온수난방은 열용량(축열성)이 커서 보일러 정지 후에도 난방효과가 일정 시간 유지된다.

48 정압 재취득법에 관한 설명으로 옳지 않은 것은?

① 고속덕트의 경우 부적합하다.
② 취출구 직전의 정압이 대략 일정해진다.
③ 등압법에 비해 송풍기 동력이 절약되며 풍량조절이 용이하다.
④ 덕트구간에서 앞 구간의 동압감소로 인해 얻은 정압을 다음 구간에서 이용하는 방법이다.

해설

[정압 재취득법]
정압재취득법은 각 취출구에서 정압이 균등하여 예정된 취출풍량을 얻는 데 가장 유리하며 특히 등속변화가 큰 고속덕트의 경우에 적합하다.

정답 ● 45 ③ 46 ① 47 ④ 48 ①

49 다음 중 일사를 받는 외벽·지붕으로부터의 취득열량을 계산하는 데 필요한 요소가 아닌 것은?

① 면적
② 열관류율
③ 상당외기온도차
④ 표준일사열취득열량

해설
[표준일사열취득열량]
창, 유리 등 개구부 계산 시 사용하는 값으로, 벽·지붕의 취득열량 계산에는 사용하지 않는다.

50 송풍기의 회전수 500 rpm에서 풍량은 200 m³/min이었다. 회전수를 600 rpm으로 올렸을 경우 풍량은?

① 210 m³/min
② 240 m³/min
③ 288 m³/min
④ 356 m³/min

해설
[상사의 법칙]
$\dfrac{\chi}{200} = \dfrac{600}{500}$
$\chi = 240$
풍량은 회전수에 비례

※ 상사의 법칙
1) 풍량(유량)[m^3/s]
$$Q_2 = \left(\dfrac{N_2}{N_1}\right)^1 \times \left(\dfrac{D_2}{D_1}\right)^3 \times Q_1$$
2) 전압[Pa](양정[m])
$$P_2 = \left(\dfrac{N_2}{N_1}\right)^2 \times \left(\dfrac{D_2}{D_1}\right)^2 \times P_1$$
3) 동력[kW]
$$L_2 = \left(\dfrac{N_2}{N_1}\right)^3 \times \left(\dfrac{D_2}{D_1}\right)^5 \times L_1$$

51 냉각코일의 용량 결정 시 고려되는 요소와 가장 거리가 먼 것은?

① 배관부하   ② 재열부하
③ 외기부하   ④ 실내 취득열량

해설
[냉각코일의 용량 결정 시 고려]
배관손실에 따른 배관부하의 배관은 냉각코일의 구성요소가 아니다.

52 배관 일부의 교환 및 수리를 용이하게 하기 위하여 사용하는 배관 부속품은?

① 티   ② 엘보
③ 플러그   ④ 유니온

해설
[배관 부속품]
배관 일부의 교환 및 수리를 용이하게 하기 위하여 사용하는 배관 부속은 유니온, 플랜지이음이 대표적

정답 49 ④ 50 ② 51 ① 52 ④

유니온(Union)	플랜지(Flange)
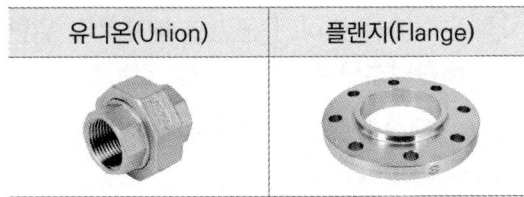	

53 개방식 배관의 펌프 흡입관 선단에 부착하여 펌프 운전 중에는 물론 펌프 정지 시에도 흡입관 내를 만수상태로 유지하기 위해 설치하는 것은?

① 관트랩 ② 박스트랩
③ 스트레이너 ④ 풋형 체크밸브

[해설]
[풋형 체크밸브(Foot Check Valve)]
흡입관 선단에 설치하여 역류 방지 + 흡입관 만수 유지 기능을 한다.

54 습공기의 상태변화량 중 수분의 변화량과 엔탈피 변화량 비율을 의미하는 것은?

① 현열비 ② 열수분비
③ 접촉계수 ④ 바이패스계수

[해설]
[열수분비(熱水分比)]
공기의 상태변화에서 수분 변화량(잠열)과 엔탈피 변화량(총열) 비율을 뜻한다.

55 다음의 증기압축 냉동사이클의 압력(P)-엔탈피(h)선도에 관한 설명으로 옳지 않은 것은?

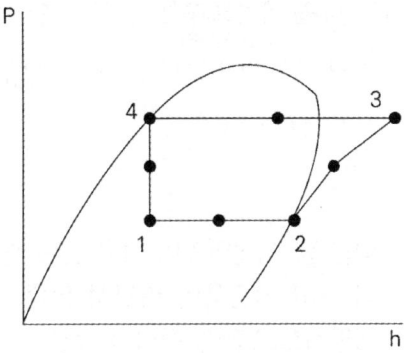

① 과정 1 → 2는 정압증발과정이다.
② 과정 2 → 3은 단열압축과정이다.
③ 과정 3 → 4는 정압응축과정이다.
④ 과정 4 → 1은 가열팽창과정이다.

[해설]
[압력(P) - 엔탈피(h)선도]
④ 과정 4 → 1은 단열팽창과정이다

56 다음과 같은 조건에서 어느 작업장의 발생 현열량이 4000 W일 때 필요 환기량(m^3/h)은?

- 허용 실내온도 : 35 ℃
- 외기온도 : 25 ℃
- 공기의 밀도 : 1.2 kg/m^3
- 공기의 정압비열 : 1.01 kJ/kg·K

① 411.3 ② 698.8
③ 872.5 ④ 1188.1

해설

[필요 환기량]
풍량은 현열과 실내온도와 취출온도 차이(여기서는 외기100 % 환기를 의미하므로 실내온도와 외기온도 차이)를 가지고 구한다.

$4[kW] = Q \times 1.2 \times 1.01 \times (35-25) \times \dfrac{1}{3600}$

$\therefore Q = 1188.12 \ m^3/h$

57 다음 중 재실인원이 적은 실에 부하변동이 크고 극간풍이 비교적 많은 경우 공조방식으로 가장 적절한 것은?

① FCU방식
② 멀티존 유니트방식
③ 2중덕트 정풍량방식
④ 단일덕트 정풍량방식

해설

[공조방식]
FCU방식은 신선공기 공급은 안 되므로 재실인원이 적은 실에 적합하고, 전수식으로 열공급량이 크기 때문에 부하변동이 크고 극간풍이 비교적 많은 경우 공조방식으로 가장 적절함

58 온수에서 분리된 공기를 배제하기 위한 배관방법으로 가장 알맞은 것은?

① 배수밸브를 설치한다.
② 감압밸브를 설치한다.
③ 팽창관에 밸브를 설치한다.
④ 팽창탱크를 향하여 선상향구배로 한다.

해설

[배관방법]
① 배수밸브는 배수용으로 공기배출 목적에는 적합하지 않다.
② 감압밸브는 압력조절용으로 공기제거와 무관하다.
③ 팽창관은 항상 개방되어야 하므로 밸브를 설치하지 않는다.

59 응축수의 드레인배관이 필요 없는 곳은?

① 재열기
② 팬코일 유닛
③ 패키지 공조기
④ 에어 핸들링 유닛

해설

[재열기(Reheater)]
공기를 가열하는 기기이므로 응축수가 발생하지 않는다. 따라서 드레인배관이 필요 없다.

정답 57 ① 58 ④ 59 ①

60. 다음과 같은 조건에 있는 에어와셔의 입구 수온은?

- 에어와셔의 통과공기량 : 20000 kg/h
- 에어와셔의 수량(水量) : 15600 kg/h
- 에어와셔 입구공기 엔탈피 : 23.9 kJ/kg
- 에어와셔 출구공기 엔탈피 : 26.8 kJ/kg
- 에어와셔 출구 수온 : 9.3℃
- 물의 비열 : 4.2 kJ/kg·K

① 약 8.4℃ ② 약 9.7℃
③ 약 10.2℃ ④ 약 11.5℃

해설

[에어와셔의 입구 수온]
에어와셔의 공기가열량과 물의 냉각열량은 같다.
그러므로 열량을 구하면
$q = 20000 \times (26.8 - 23.9) = 58000 kJ$
∴ $58000 \, kJ = 15600 \times 4.2(x - 9.3)$
$x = 10.19$

4과목 소방 및 전기설비

61. 3상 유도전동기의 기동법으로 Y-△기동법을 사용하는 가장 주된 목적은?

① 전압을 높이기 위하여
② 기동전류를 줄이기 위하여
③ 전동기의 출력을 높이기 위하여
④ 전동기의 동기속도를 높이기 위하여

해설

[Y-△기동법]
- 기동전류를 줄여 전동기의 소손과 과부하로부터 보호
- Y-△기동법을 이용하면 기동전류를 1/3로 줄일 수 있음

62. 피드백제어방식을 제어동작에 의해 분류할 경우 다음 중 불연속동작에 속하는 것은?

① 비례동작 ② 미분동작
③ 적분동작 ④ 다위치동작

정답 ● 60 ③ 61 ② 62 ④

해설

[제어]

구분		내용
불연속 제어	ON-OFF 제어	단속적 제어동작
	샘플링 (Sampling)	전압, 전류, 위상을 제어
연속 제어	비례제어 (P제어)	잔류 편차(Off Set) 발생
	적분제어 (I제어)	• 잔류 편차(Off Set) 개선 • 시간지연(속응성) 발생
	미분제어 (D제어)	• 시간지연 개선, 잔류 편차(Off Set) 존재, 오차 방지 • 진동방지, 오버슈트가 커진다.
	비례적분 제어 (PI제어)	• 잔류 편차는 제거되지만 시간지연이 길다. • 간헐현상 존재, 지상보상 요소에 대응한다.
	비례미분 제어 (PD제어)	• 시간지연(응답속응성)을 개선, 잔류 편차는 있다.
	비례미분 적분제어 (PID제어)	시간지연도 향상시키고 잔류 편차도 제거한 제어계로 가장 안정적인 제어계

63 교류회로에서 전압 220 V, 전류 5 A일 때 저항은 얼마인가?

① 22 Ω ② 33 Ω
③ 44 Ω ④ 55 Ω

해설

[저항 계산]
V = IR에서
220 = 5R 그러므로 R = 44

64 정현파 교류의 파형률은 얼마인가?

① 1.0   ② 1.11
③ 1.414 ④ 1.571

해설

[파형률]

파형률 = $\dfrac{실효값}{평균값} = \dfrac{0.707}{0.636} = 1.11$

* 파고율 = $\dfrac{최댓값}{실횻값}$

65 반대의 극을 갖는 영구 막대자석을 가까이 놓았을 때 상호 간에 작용하는 힘의 종류는?

① 흡인력 ② 반발력
③ 회전력 ④ 마찰력

해설

[극성]
(1) 같은 극 : 반발력
(2) 다른 극 : 흡인력

정답 ● 63 ③ 64 ② 65 ①

66 현행 한국전기설비규정에 따라 감전방지를 위하여 3상 380 V 농형 유도전동기의 금속제 외함에 실시하는 접지공사는?

① 종별접지공사
② 보호접지공사
③ 계통접지공사
④ 피뢰시스템접지공사

해설

[접지]
- 계통접지 : 전력계통의 이상현상에 대비하여 대지와 계통을 접속
- 보호접지 : 감전보호를 목적으로 기기의 한 점 이상을 접지
- 피뢰시스템접지 : 뇌격전류를 안전하게 대지로 방류하기 위한 접지
- 종별접지 : 접지대상에 따라 일괄 적용한 종별접지로 폐지됨

해설

용어	설명
목푯값	제어량이 어떤 값을 갖도록 목표를 설정하여 외부에서 주어지는 신호
기준입력요소 (장치)	목푯값을 제어할 수 있는 기준입력신호로 변환하는 장치
기준입력 (신호)	제어계를 동작시키는 기준(목푯값에 비례)
동작신호	기준입력신호와 주궤환신호의 편차신호(제어동작을 일으키는 신호)
제어요소	조절부와 조작부로 구성, 동작신호를 조작량으로 변환시키는 요소
조작량	제어요소가 제어대상에 주는 양
제어량	제어대상이 속하는 양
검출부	제어대상으로부터 제어량을 검출하고, 기준입력신호와 비교하는 부분

67 피드백제어에서 제어요소는 무엇으로 구성되는가?

① 비교부와 조작부
② 비교부와 검출부
③ 조절부와 조작부
④ 조절부와 검출부

68 우리나라의 가정용 전압은 단상 교류 220 V이다. 이 전압의 최댓값은 몇 [V]인가?

① 220
② 220 × $\sqrt{2}$
③ 220 × $\sqrt{3}$
④ 440

해설

[최댓값]
(1) 교류의 순싯값 중에서 가장 큰 값 : V_m, I_m
(2) 실횻값에 $\sqrt{2}$ 배한 값

정답 66 ② 67 ③ 68 ②

69 가스계량기는 전기점멸기와 최소 얼마 이상의 거리를 유지하여야 하는가?

① 30 cm ② 45 cm
③ 60 cm ④ 90 cm

해설
[유지거리]
가스계량기는 전기점멸기 및 전기접속기와는 30 cm 이상을, 전기계량기 및 전기개폐기와는 60 cm 이상 이격거리를 유지함

70 전류가 도선을 통하여 흐를 때 도선의 둘레에 발생하는 것은?

① 전계 ② 자계
③ 정전계 ④ 중력계

해설
[플레밍법칙]
전류가 흐르는 도선 주위에는 자기장 발생

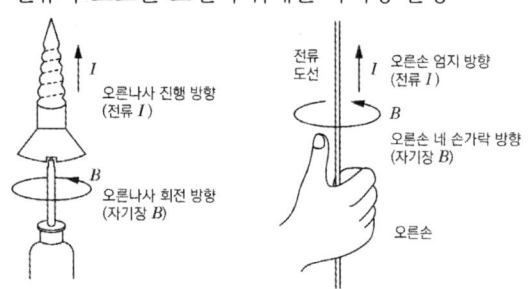

• 엄지손가락 : 전류 방향
• 나머지 손가락 : 자기력선의 방향

71 수전설비에서 인입구 개폐기로 사용되지 않는 것은?

① LBS ② ASS
③ DS   ④ PF

해설
[PF]
PF(Power Fuse)는 특고압 기기의 단락전류 차단과 선로의 개폐가 목적인 퓨즈

72 인공광원 중 효율이 높지만 등황색의 단색광으로 색채의 식별이 곤란하므로 주로 터널조명에 사용되는 것은?

① 형광램프
② 할로겐램프
③ 저압나트륨램프
④ 메탈헬라이드램프

해설
[저압나트륨램프]
저압나트륨램프는 연색성이 나쁘다.
= 색채의 식별이 곤란

73 C급 화재가 의미하는 화재의 종류는?

① 일반화재 ② 전기화재
③ 유류화재 ④ 주방화재

해설

등급	화재	표시색	적응물질
A급 화재	일반 화재	백색	목재, 섬유, 합성섬유
B급 화재	유류 화재	황색	인화성 액체
C급 화재	전기 화재	청색	통전 중인 전기설비, 기기화재
D급 화재	금속 화재	무색	가연성 금속
K급 화재	식용유 화재	황색	식용유

74 스프링클러설비의 알람밸브에 리타딩챔버를 설치하는 주된 목적은?

① 오보를 방지한다.
② 자동배수를 한다.
③ 방수압을 시험한다.
④ 가압수의 온도를 검지한다.

해설

[리타딩챔버]
비화재 시 알람밸브의 경보로 인한 혼선 방지를 위한 장치
① 구형 : 리타딩챔버 설치
② 신형 : 최근 생산되는 알람밸브는 대부분 압력스위치 내부에 지연회로가 설치(약 4 ~ 7초 정도 지연)되어 출고되고 있으며, 일부 제품의 경우 지연시간 조절 가능

75 3층 건물의 각층에 옥내소화전이 2개씩 설치되어 있는 경우 옥내소화전설비의 수원의 저수량은 최소 얼마 이상이 되도록 하여야 하는가?

① $3.2\ m^3$ ② $3.4\ m^3$
③ $5.2\ m^3$ ④ $14\ m^3$

해설

[저수량]
$2 \times 130\ L/min \times 20\ min = 5.2\ m^3$

76 스프링클러설비에 관한 설명으로 옳지 않은 것은?

① 초기 화재 진압에 효과적이다.
② 소화약제가 물이므로 경제적이다.
③ 감지부의 구조가 기계적이므로 오보 및 오동작이 적다.
④ 다른 소화설비에 비해 시공이 단순하여 초기에 시설비용이 적게 든다.

해설

[스프링클러설비]
스프링클러설비는 배관, 헤드, 펌프, 감지기 등 초기 시설비용이 많이 듦

정답 74 ① 75 ③ 76 ④

77 작업면에 필요한 평균조도가 300 lx, 면적이 50 m², 램프 한 개의 광속이 2500 lm, 감광보상률이 1.5, 조명률이 0.5일 때 전등의 소요수량은?

① 6개　② 12개
③ 18개　④ 24개

해설

[조명수]
FUN = AED

조명수 $N = \dfrac{AED}{FU} = \dfrac{50 \times 300 \times 1.5}{2500 \times 0.5} = 18$

F : 광속[lm], U : 조명률[%]
N : 등가구 수, A : 단면적[m²]
E : 조도[lx], D : 감광보상률($\dfrac{1}{M}$)[%]
M : 유지율

78 정보통신설비를 정보설비와 통신설비로 구분할 경우 다음 중 통신설비에 속하지 않는 것은?

① 인터폰설비　② CCTV설비
③ TV공청설비　④ 화상회의설비

해설

[CCTV]
CCTV는 정보설비

79 단상 유도전동기의 종류에 속하는 것은?

① 분권 전동기
② 타여자 전동기
③ 권선형 유도전동기
④ 콘덴서 기동형 전동기

해설

[전동기]
- 콘덴서 기동형 전동기 : 단상 유도전동기
- 분권 전동기, 타여자 전동기 : 직류전동기
- 권선형 유도전동기 : 3상전동기

80 20 W 형광램프 2개를 하루에 6시간씩 30일 동안 사용하였을 경우 사용전력량은?

① 0.24 kWh　② 3.6 kWh
③ 7.2 kWh　④ 10.4 kWh

해설

[사용전력량]
- 전력량W : 전기 기구가 일정시간 동안 사용한 전기적 에너지의 양
- W = Pt
  = 20 × 2 × 6 × 30
  = 7200 Wh
  = 7.2 kWh

5과목 건축설비 관계법규

81 문화 및 집회시설 중 공연장의 개별관람석의 바닥면적이 500 m²인 경우 개별 관람석 출구의 유효너비의 합계는 최소 얼마 이상이어야 하는가?

① 1 m ② 2 m
③ 3 m ④ 4 m

해설

[유효너비]
[건축물의 피난·방화구조 등의 기준에 관한 규칙]
제10조(관람실 등으로부터의 출구의 설치기준)
② 영 제38조에 따라 문화 및 집회시설 중 공연장의 개별 관람실(바닥면적이 300제곱미터 이상인 것만 해당한다)의 출구는 다음 각 호의 기준에 적합하게 설치해야 한다.
1. 관람실별로 2개소 이상 설치할 것
2. 각 출구의 유효너비는 1.5미터 이상일 것
3. 개별 관람실 출구의 유효너비의 합계는 개별 관람실의 바닥면적 100제곱미터마다 0.6미터의 비율로 산정한 너비 이상으로 할 것

82 6층 이상의 거실면적의 합계가 5000 m²인 경우 설치하여야 하는 승용 승강기의 최소 대수가 가장 많은 것은? (단, 8인승 승강기의 경우)

① 업무시설 ② 숙박시설
③ 위락시설 ④ 의료시설

해설

[승용 승강기의 최소 대수]
[건축물의 설비기준 등에 관한 규칙]
별표 1의2(승용 승강기의 설치기준)

건축물의 용도	6층 이상의 거실 면적의 합계	3천 제곱미터 이하	3천 제곱미터 초과
1. 가. 문화 및 집회시설(공연장·집회장 및 관람장만 해당한다) 나. 판매시설 다. 의료시설		2대	2대에 3천 제곱미터를 초과하는 2천 제곱미터 이내마다 1대를 더한 대수
2. 가. 문화 및 집회시설(전시장 및 동·식물원만 해당한다) 나. 업무시설 다. 숙박시설 라. 위락시설		1대	1대에 3천 제곱미터를 초과하는 2천 제곱미터 이내마다 1대를 더한 대수
3. 가. 공동주택 나. 교육연구시설 다. 노유자시설 라. 그 밖의 시설		1대	1대에 3천 제곱미터를 초과하는 3천 제곱미터 이내마다 1대를 더한 대수

정답 ● 81 ③ 82 ④

83 연면적 200 m²를 초과하는 건축물에 설치하는 계단의 유효 높이(계단의 바닥 마감면부터 상부 구조체의 하부 마감면까지의 연직방향의 높이)는 최소 얼마 이상으로 하여야 하는가?

① 1.8 m　② 2.1 m
③ 2.4 m　④ 2.7 m

해설

[유효 높이]
[건축물의 피난·방화구조 등의 기준에 관한 규칙]
제15조(계단의 설치기준)
4. 계단의 유효 높이(계단의 바닥 마감면부터 상부 구조체의 하부 마감면까지의 연직방향의 높이를 말한다)는 <u>2.1미터 이상</u>으로 할 것

84 특별피난계단의 구조에 관한 기준 내용으로 옳지 않은 것은?

① 계단은 내화구조로 하되, 피난층 또는 지상까지 직접 연결되도록 할 것
② 출입구의 유효너비는 0.9 m 이상으로 하고 피난의 방향으로 열 수 있을 것
③ 건축물의 내부에서 노대 또는 부속실로 통하는 출입구에는 60분 방화문 또는 30분 방화문을 설치할 것
④ 계단실에는 노대 또는 부속실에 접하는 부분 외에는 건축물의 내부와 접하는 창문 등을 설치하지 아니할 것

해설

[특별피난계단의 구조]
[건축물의 피난·방화구조 등의 기준에 관한 규칙]
제9조(피난계단 및 특별피난계단의 구조)
② 제1항에 따른 피난계단 및 <u>특별피난계단의 구조</u>는 다음 각 호의 기준에 적합해야 한다.
1. 건축물의 내부에 설치하는 피난계단의 구조
　바. 건축물의 내부에서 계단실로 통하는 <u>출입구의 유효너비는 0.9미터 이상</u>으로 하고, 그 출입구에는 <u>피난의 방향으로 열 수 있는 것</u>으로서 언제나 닫힌 상태를 유지하거나 화재로 인한 연기 또는 불꽃을 감지하여 자동적으로 닫히는 구조로 된 영 제64조 제1항 제1호의 60분+ 방화문(이하 "60분+ 방화문"이라 한다) 또는 같은 항 제2호의 60분 방화문(이하 "60분 방화문"이라 한다)을 설치할 것. 다만 연기 또는 불꽃을 감지하여 자동적으로 닫히는 구조로 할 수 없는 경우에는 온도를 감지하여 자동적으로 닫히는 구조로 할 수 있다.
　사. <u>계단은 내화구조로 하고 피난층 또는 지상까지 직접 연결되도록 할 것</u>
3. 특별피난계단의 구조
　아. 노대 및 부속실에는 계단실 외의 건축물의 내부와 접하는 창문등(출입구를 제외한다)을 설치하지 아니할 것
　자. <u>건축물의 내부에서 노대 또는 부속실로 통하는 출입구에는 60분+ 방화문 또는 60분 방화문을 설치하고</u>, 노대 또는 부속실로부터 계단실로 통하는 출입구에는 60분+ 방화문, 60분 방화문 또는 영 제64조 제1항 제3호의 30분 방화문을 설치할 것. 이 경우 방화문은 언제나 닫힌 상태를 유지하거나 화재로 인한 연기 또는 불꽃을 감지하여 자동적으로 닫히는 구조로 해야 하고, 연기 또는 불꽃으로 감지하여 자동적으로 닫히는 구조로 할 수 없는 경우에는 온도를 감지하여 자동적으로 닫히는 구조로 할 수 있다.

정답　83 ②　84 ③

85 건축법령상 공동주택 중 아파트의 정의로 옳은 것은?

① 주택으로 쓰는 층수가 5개 층 이상인 주택
② 주택으로 쓰는 층수가 6개 층 이상인 주택
③ 주택으로 쓰는 1개 동의 바닥면적 합계가 660 m²를 초과하고, 층수가 5개 층 이상인 주택
④ 주택으로 쓰는 1개 동의 바닥면적 합계가 660 m²를 초과하고, 층수가 6개 층 이상인 주택

해설

[아파트의 정의]
[건축법 시행령] - 별표 1 : 용도별 건축물의 종류
2. 공동주택
　가. 아파트 : 주택으로 쓰는 층수가 5개 층 이상인 주택

86 다음은 건축법상 지하층의 정의이다. ( ) 안에 알맞은 것은?

"지하층"이란 건축물의 바닥이 지표면 아래에 있는 층으로서 바닥에서 지표면까지 평균 높이가 해당 층 높이의 ( ) 이상인 것을 말한다.

① 2분의 1　② 3분의 1
③ 3분의 2　④ 4분의 3

해설

[정의]
[건축법] 제2조
5. '지하층'이란 건축물의 바닥이 지표면 아래에 있는 층으로서 바닥에서 지표면까지 평균높이가 해당 층 높이의 2분의 1 이상인 것을 말한다.

87 건축법령에 따른 건축물의 용도분류 중 숙박시설에 속하지 않는 것은?

① 호스텔　② 유스호스텔
③ 의료관광 호텔　④ 휴양 콘도미니엄

해설

[숙박시설]
[건축법 시행령] 별표 1 : 용도별 건축물의 종류
12. 수련시설
　가. 생활권 수련시설(「청소년활동진흥법」에 따른 청소년수련관, 청소년문화의집, 청소년특화시설, 그 밖에 이와 비슷한 것을 말한다)
　나. 자연권 수련시설(「청소년활동진흥법」에 따른 청소년수련원, 청소년야영장, 그 밖에 이와 비슷한 것을 말한다)
　다. 「청소년활동진흥법」에 따른 유스호스텔
　라. 「관광진흥법」에 따른 야영장시설로서 제29호에 해당하지 아니하는 시설
15. 숙박시설
　가. 일반숙박시설 및 생활숙박시설(「공중위생관리법」 제3조 제1항 전단에 따라 숙박업 신고를 해야 하는 시설로서 국토교통부장관이 정하여 고시하는 요건을 갖춘 시설을 말한다)
　나. 관광숙박시설(관광 호텔, 수상관광 호텔, 한국전통 호텔, 가족호텔, 호스텔, 소형호텔, 의료관광 호텔 및 휴양 콘도미니엄)

정답　85 ①　86 ①　87 ②

다. 다중생활시설(제2종 근린생활시설에 해당하지 아니하는 것을 말한다)
라. 그 밖에 가목부터 다목까지의 시설과 비슷한 것

88 다음 중 건축법령에 따른 용도별 건축물의 종류가 옳지 않은 것은?

① 단독주택 - 다중주택
② 묘지 관련 시설 - 장례식장
③ 문화 및 집회시설 - 수족관
④ 자원순환 관련 시설 - 고물상

[해설]
[용도별 건축물]
[건축법 시행령] 별표 1 : 용도별 건축물의 종류
28. 장례시설
　가. 장례식장[의료시설의 부수시설(「의료법」제36조 제1호에 따른 의료기관의 종류에 따른 시설을 말한다)에 해당하는 것은 제외한다]
　나. 동물 전용의 장례식장

89 업무시설로서 건축허가등을 할 때 미리 소방본부장 또는 소방서장의 동의를 받아야 하는 대상 건축물의 연면적 기준은?

① 연면적이 200 m² 이상인 건축물
② 연면적이 400 m² 이상인 건축물
③ 연면적이 600 m² 이상인 건축물
④ 연면적이 800 m² 이상인 건축물

[해설]
[건축허가]
[소방시설설치 및 관리에 관한 법률 시행령]
제7조(건축허가등의 동의대상물의 범위 등)
① 법 제6조 제1항에 따라 건축물 등의 신축·증축·개축·재축·이전·용도변경 또는 대수선의 허가·협의 및 사용승인(「주택법」 제15조에 따른 승인 및 같은 법 제49조에 따른 사용검사, 「학교시설사업 촉진법」 제4조에 따른 승인 및 같은 법 제13조에 따른 사용승인을 포함하며, 이하 "건축허가등"이라 한다)을 할 때 미리 소방본부장 또는 소방서장의 동의를 받아야 하는 건축물 등의 범위는 다음 각 호와 같다.
1. 연면적(「건축법 시행령」 제119조 제1항 제4호에 따라 산정된 면적을 말한다. 이하 같다)이 400제곱미터 이상인 건축물이나 시설. 다만 다음 각 목의 어느 하나에 해당하는 건축물이나 시설은 해당 목에서 정한 기준 이상인 건축물이나 시설로 한다.

90 공동주택과 오피스텔의 난방설비를 개별난방방식으로 하는 경우에 관한 기준 내용으로 옳지 않은 것은?

① 보일러의 연도는 내화구조로서 공동연도로 설치할 것
② 오피스텔의 경우에는 난방구획을 방화구획으로 구획할 것
③ 전기보일러의 경우, 보일러실의 윗부분에 지름 10cm 이상의 공기흡입구를 설치할 것
④ 보일러는 거실 외의 곳에 설치하되, 보일러를 설치하는 곳과 거실 사이의 경계벽은 출입구를 제외하고는 내화구조의 벽으로 구획할 것

정답 88 ② 89 ② 90 ③

해설

[개별난방방식]
[건축물의 설비기준 등에 관한 규칙]
제13조(개별난방설비 등)
① 영 제87조 제2항의 규정에 의하여 공동주택과 오피스텔의 난방설비를 개별난방방식으로 하는 경우에는 다음 각 호의 기준에 적합하여야 한다.
1. 보일러는 거실 외의 곳에 설치하되, 보일러를 설치하는 곳과 거실 사이의 경계벽은 출입구를 제외하고는 내화구조의 벽으로 구획할 것
2. 보일러실의 윗부분에는 그 면적이 0.5제곱미터 이상인 환기창을 설치하고, 보일러실의 윗부분과 아랫부분에는 각각 지름 10센티미터 이상의 공기흡입구 및 배기구를 항상 열려 있는 상태로 바깥공기에 접하도록 설치할 것. 다만 전기보일러의 경우에는 그러하지 아니하다.
4. 보일러실과 거실 사이의 출입구는 그 출입구가 닫힌 경우에는 보일러가스가 거실에 들어갈 수 없는 구조로 할 것
5. 기름보일러를 설치하는 경우에는 기름저장소를 보일러실외의 다른 곳에 설치할 것
6. 오피스텔의 경우에는 난방구획을 방화구획으로 구획할 것
7. 보일러의 연도는 내화구조로서 공동연도로 설치할 것

91. 다음 중 건축기준의 허용오차로 옳지 않은 것은?

① 건축선의 후퇴거리 : 3 % 이내
② 건축물의 벽체두께 : 3 % 이내
③ 건축물의 출구너비 : 5 % 이내
④ 인접건축물과의 거리 : 3 % 이내

해설

[건축허용오차]
[건축법 시행규칙] - 별표 5 : 건축허용오차
1. 대지 관련 건축기준의 허용오차

항목	허용되는 오차의 범위
건축선의 후퇴거리	3퍼센트 이내
인접대지 경계선과의 거리	3퍼센트 이내
인접건축물과의 거리	3퍼센트 이내
건폐율	0.5퍼센트 이내(건축면적 5제곱미터를 초과할 수 없다)
용적률	1퍼센트 이내(연면적 30제곱미터를 초과할 수 없다)

2. 건축물 관련 건축기준의 허용오차

항목	허용되는 오차의 범위
건축물 높이	2퍼센트 이내(1미터를 초과할 수 없다)
평면길이	2퍼센트 이내(건축물 전체길이는 1미터를 초과할 수 없고, 벽으로 구획된 각 실의 경우에는 10센티미터를 초과할 수 없다)
출구너비	2퍼센트 이내
반자높이	2퍼센트 이내
벽체두께	3퍼센트 이내
바닥판두께	3퍼센트 이내

정답 91 ③

92 건축물에 설치하는 굴뚝의 옥상 돌출부는 지붕면으로부터의 수직거리를 최소 얼마 이상으로 하여야 하는가?

① 0.5 m 이상   ② 0.7 m 이상
③ 0.9 m 이상   ④ 1.0 m 이상

해설
[굴뚝의 옥상 돌출부]
[건축물의 피난·방화구조 등의 기준에 관한 규칙]
제20조(건축물에 설치하는 굴뚝)
영 제54조에 따라 건축물에 설치하는 굴뚝은 다음 각 호의 기준에 적합하여야 한다.
1. 굴뚝의 옥상 돌출부는 지붕면으로부터의 수직거리를 <U>1미터 이상</U>으로 할 것. 다만 용마루·계단탑·옥탑등이 있는 건축물에 있어서 굴뚝의 주위에 연기의 배출을 방해하는 장애물이 있는 경우에는 그 굴뚝의 상단을 용마루·계단탑·옥탑등보다 높게 하여야 한다.

93 건축물의 출입구에 설치하는 회전문은 계단이나 에스컬레이터로부터 최소 얼마 이상의 거리를 두어야 하는가?

① 1 m   ② 2 m
③ 3 m   ④ 4 m

해설
[회전문]
[건축물의 피난·방화구조 등의 기준에 관한 규칙]
제12조(회전문의 설치기준)
영 제39조 제2항의 규정에 의하여 건축물의 출입구에 설치하는 회전문은 다음 각 호의 기준에 적합하여야 한다.
1. 계단이나 에스컬레이터로부터 2미터 이상의 거리를 둘 것

94 가구수가 20가구인 주거용 건축물에서 음용수용 급수관의 최소 지름은?

① 25 mm   ② 32 mm
③ 40 mm   ④ 50 mm

해설
[음용수용 급수관 최소 지름]
[건축물의 설비기준 등에 관한 규칙]
별표 3 : 주거용 건축물 급수관의 지름

가구 또는 세대수	1	2~3	4~5	6~8	9~16	17 이상
급수관 지름의 최소기준 (밀리미터)	15	20	25	32	40	50

95 다음 경계벽 중 소리를 차단하는 데 장애가 되는 부분이 없도록 그 구조를 갖추어야 하는 대상에 속하지 않는 것은?

① 숙박시설의 객실 간 경계벽
② 의료시설의 병실 간 경계벽
③ 업무시설의 사무실 간 경계벽
④ 교육연구시설 중학교의 교실 간 경계벽

해설
[경계벽]
[건축법 시행령] 제53조(경계벽 등의 설치)
① 법 제49조 제4항에 따라 다음 각 호의 어느 하나에 해당하는 건축물의 경계벽은 국토교통부령으로 정하는 기준에 따라 설치해야 한다.
1. 단독주택 중 다가구주택의 각 가구 간 또는 공동주택(기숙사는 제외한다)의 각 세대 간 경계벽(제2조 제14호 후단에 따라 거실·침실 등의 용도로 쓰지 아니하는 발코니 부분

정답 92 ④ 93 ② 94 ④ 95 ③

은 제외한다)
2. 공동주택 중 기숙사의 침실, 의료시설의 병실, 교육연구시설 중 학교의 교실 또는 숙박시설의 객실 간 경계벽
3. 제1종 근린생활시설 중 산후조리원(가. 임산부실 간, 나. 신생아실 간 경계벽, 다. 임산부실과 신생아실 간 경계벽)
4. 제2종 근린생활시설 중 다중생활시설의 호실 간 경계벽
5. 노유자시설 중 「노인복지법」 제32조 제1항 제3호에 따른 노인복지주택(이하 "노인복지주택"이라 한다)의 각 세대 간 경계벽
6. 노유자시설 중 노인요양시설의 호실 간 경계벽

해설

[소방시설의 내진설계에 관한 기준]
[소방시설설치 및 관리에 관한 법률 시행령]
제8조(소방시설의 내진설계)
② 법 제7조에서 "대통령령으로 정하는 소방시설"이란 소방시설 중 옥내소화전설비, 스프링클러설비 및 물분무등소화설비를 말한다.

[소방시설설치 및 관리에 관한 법률]
제7조(소방시설의 내진설계기준)
「지진·화산재해대책법」 제14조 제1항 각 호의 시설 중 대통령령으로 정하는 특정소방대상물에 대통령령으로 정하는 소방시설을 설치하려는 자는 지진이 발생할 경우 소방시설이 정상적으로 작동될 수 있도록 소방청장이 정하는 내진설계기준에 맞게 소방시설을 설치하여야 한다.

96 다음은 소방시설의 내진설계에 관한 기준 내용이다. 밑줄 친 대통령령으로 정하는 소방시설에 속하지 않는 것은?

「지진·화산재해대책법」 제14조 제1항 각 호의 시설 중 대통령령으로 정하는 특정소방대상물에 대통령령으로 정하는 소방시설을 설치하려는 자는 지진이 발생할 경우 소방시설이 정상적으로 작동될 수 있도록 소방청장이 정하는 내진설계 기준에 맞게 소방시설을 설치하여야 한다.

① 옥내소화전설비
② 스프링클러설비
③ 자동화재탐지설비
④ 물분무등소화설비

97 건축물의 냉방설비에 대한 설치 및 설계기준상 다음과 같이 정의되는 것은?

포접화합물(Clathrate)이나 공융염(Eutectic Salt) 등의 상변화물질을 심야시간에 냉각시켜 동결한 후 그 밖의 시간에 이를 녹여 냉방에 이용하는 냉방설비

① 빙축열식 냉방설비
② 수축열식 냉방설비
③ 잠열축열식 냉방설비
④ 현열축열식 냉방설비

정답 96 ③ 97 ③

해설

[정의]
[건축물의 냉방설비에 대한 설치 및 설계기준]
제3조(정의)
2. "빙축열식 냉방설비"라 함은 심야시간에 얼음을 제조하여 축열조에 저장하였다가 그 밖의 시간에 이를 녹여 냉방에 이용하는 냉방설비를 말한다.
3. "수축열식 냉방설비"라 함은 심야시간에 물을 냉각시켜 축열조에 저장하였다가 그 밖의 시간에 이를 냉방에 이용하는 냉방설비를 말한다.
4. "잠열축열식 냉방설비"라 함은 포접화합물(Clathrate)이나 공융염(Eutectic Salt) 등의 상변화물질을 심야시간에 냉각시켜 동결한 후 그 밖의 시간에 이를 녹여 냉방에 이용하는 냉방설비를 말한다.

98 건축물에 건축설비를 설치하는 경우 관계전문기술자의 협력을 받아야 하는 대상 건축물의 연면적 기준은? (단, 창고시설 제외)

① 1000 m² 이상 ② 2000 m² 이상
③ 5000 m² 이상 ④ 10000 m² 이상

해설

[관계전문기술자의 협력]
[건축법 시행령]
제91조의3(관계전문기술자와의 협력)
② <u>연면적 1만 제곱미터 이상인 건축물(창고시설은 제외한다)</u> 또는 에너지를 대량으로 소비하는 건축물로서 국토교통부령으로 정하는 건축물에 건축설비를 설치하는 경우에는 국토교통부령으로 정하는 바에 따라 다음 각 호의 구분에 따른 관계전문기술자의 협력을 받아야 한다.

99 다음 중 외기에 면하고 1층 또는 지상으로 연결된 출입문을 방풍구조로 하지 않아도 되는 것은? (단, 사람의 통행을 주목적으로 하며, 너비가 1.2 m를 초과하는 출입문의 경우)

① 호텔의 주 출입문
② 아파트의 출입문
③ 공기조화를 하는 업무시설의 출입문
④ 바닥면적의 합계가 500 m²인 상점의 주 출입문

해설

[방풍구조]
[건축물의 에너지절약기준]
제6조(건축부문의 의무사항)
라. 외기에 직접 면하고 1층 또는 지상으로 연결된 출입문은 방풍구조로 하여야 한다. 다만 다음 각 호에 해당하는 경우에는 그러하지 않을 수 있다.
 1) 바닥면적 3백 제곱미터 이하의 개별 점포의 출입문
 2) <u>주택의 출입문</u>(단, 기숙사는 제외)
 3) 사람의 통행을 주목적으로 하지 않는 출입문
 4) 너비 1.2미터 이하의 출입문
마. 방풍구조를 설치하여야 하는 출입문에서 회전문과 일반문이 같이 설치되어진 경우, 일반문 부위는 방풍실 구조의 이중문을 설치하여야 한다.
바. 건축물의 거실의 창이 외기에 직접 면하는 부위인 경우에는 기밀성 창을 설치하여야 한다.

정답 98 ④ 99 ②

100 건축물의 에너지 절약설계기준상 다음과 같이 정의되는 용어는?

> 기기를 여러 대 설치하여 부하상태에 따라 최적 운전상태를 유지할 수 있도록 기기를 조합하여 운전하는 방식

① 인버터운전
② 간헐제어운전
③ 비례제어운전
④ 대수분할운전

해설

[정의]
[건축물의 에너지절약설계기준]
제5조(용어의 정의)
11. 기계설비부문
  라. "대수분할운전"이라 함은 기기를 여러 대 설치하여 부하상태에 따라 최적 운전상태를 유지할 수 있도록 기기를 조합하여 운전하는 방식을 말한다.

정답 100 ④

2024 제2회

1과목 건축일반

01 천장의 채광 효과를 얻기 위하여 천장의 위치에 설치하고, 비막이에 좋은 측창의 구조적 장점을 살리기 위하여 연직에 가까운 방향으로 한 창에 의한 채광법으로 주광률 분포의 균일성이 요구되는 곳에 사용되는 것은?

① 측광   ② 정광
③ 정측광 ④ 산란광

해설

[정측광]
지붕면에 있는 수직창에 의한 채광으로 전시에 가장 효과적인 채광방식이다.
- 정광 : 직사광선
- 측광 : 측면(벽면)에서 들어오는 자연광
- 산란광 : 구름에 의해 산란된 자연광

02 홀 용적 5000m³, 잔향시간 1.6초인 실에서 잔향시간을 1초로 만들기 위해 추가적으로 필요한 흡음력은?

① 220 sabin
② 275 sabin
③ 300 sabin
④ 450 sabin

해설

[사빈공식]
잔향시간 R.T는 Sabine식을 이용하여 계산한다.
$$R.T = K\frac{V}{A}$$
잔향계수 K = 0.163, 홀 용적 V = 5000 m³
잔향시간 R.T = 1.6일 때
흡음력 A = 509.375 sabin
잔향시간 R.T = 1일 때 흡음력 A = 815 sabin이므로 이것의 차는 305.625 sabin
※ 잔향계수를 0.16으로 계산할 시 정확하게 300이 나온다.

03 풍력환기가 일어나고 있는 실에서 어느 개구부의 풍압계수가 0.3이라고 할 때, 풍압계수 0.3의 의미로 가장 정확한 것은?

① 외부풍의 전압(全壓)의 3 %가 풍압력으로 가해진다.
② 외부풍의 전압(全壓)의 30 %가 풍압력으로 가해진다.
③ 외부풍의 동압(動壓)의 3 %가 풍압력으로 가해진다.
④ 외부풍의 동압(動壓)의 30 %가 풍압력으로 가해진다.

정답 ● 01 ③ 02 ③ 03 ④

해설

[풍압계수]

바람이 물체에 부딪쳐 속도가 변할 때 생기는 정압의 변화량을 속도에 대한 비율로 나타낸 계수로 풍압을 조건에 따라 실험적으로 구하는 상수이다. 흐름의 방향과 관계가 있는 압력은 동압이므로 '풍압계수 0.3'이라는 것은 '외부풍의 동압의 30 %가 개구부에 풍압력으로 가해진다'라는 의미이다.

04 단열에 관한 설명 중 옳지 않은 것은?

① 일반적으로 열전도율이 작은 재료를 사용하는 것이 단열효과가 있다.
② 공기층은 기밀성이 떨어져도 단열효과에는 영향이 없다.
③ 단열재에 수분이 침투하면 단열성이 매우 나빠진다.
④ 10 cm 공기층을 1개 층 설치하는 것보다 5 cm 공기층을 2개 층 설치하는 것이 단열에 유리하다.

해설

[단열]
- 물체와 물체 사이에 열이 서로 통하지 않도록 막는 것을 말한다.
- 기밀성이 떨어지게 되면 공기와 수분이 침투하게 되어 단열성이 나빠진다.

05 결로에 관한 설명 중 부적합한 것은?

① 결로의 발생원인은 건물의 표면온도가 접촉하고 있는 공기의 노점온도보다 높을 경우 그 표면에 발생한다.
② 일시적 결로는 절대습도가 표면온도 조건에 비해서 급속히 증가하는 경우에 발생한다.
③ 내부 결로의 방지책 중에 하나는 벽체 내부의 수증기압을 포화 수증기압보다 작게 한다.
④ 결로의 발생원인 중 하나는 단열시공 불완전과 시공직후 미건조에 의한다.

해설

[결로]
물체의 표면온도가 공기 노점 온도 이하로 내려가 이슬이 맺히는 것을 말한다.
따라서 결로의 발생원인은 건물의 표면온도가 접촉하고 있는 공기의 노점온도보다 낮을 경우이다.

06 기온, 기류 및 주 벽면온도의 3요소의 조합과 체감과의 관계를 나타내는 열환경 지표는?

① 유효온도   ② 불쾌지수
③ 등온지수   ④ 작용온도

해설

[작용온도]
- 작용온도 : 실내 공기 환경이 인체의 생리면에 미치는 영향을 고려한 척도
- 작용온도 요소 : 기온, 기류, 복사열

정답 ● 04 ② 05 ① 06 ④

07 건축물에 작용하는 풍압력의 크기 산정과 가장 거리가 먼 요소는?

① 풍속
② 건축물의 형상
③ 건축물의 높이
④ 건축물의 중량

해설

[풍압력]
바람으로 인하여 건축물의 외주면에 작용하는 힘으로 건축물의 중량이 크면 풍압력을 견디는 힘은 증가하나 풍압력의 크기 산정에는 큰 영향을 끼치지 않는다.

08 자연환기(통풍)에 관련된 설명으로 옳지 않은 것은?

① 환기란 실내 공기질 유지의 목적이 강하며, 통풍이란 실내 발생열을 제거하는 의미가 강하다.
② 야간에 창을 개방하여 외기를 도입함으로써 건물의 축열부하를 제거하고 구조체를 냉각하는 것을 나이트 퍼지(Night Purge)라고 한다.
③ 연돌효과 또는 굴뚝효과(Stack Effect)에 의한 환기는 겨울철보다 여름철에 더 활발하게 발생한다.
④ 통풍을 발생시키는 근원은 바람에 의해 건물에 가해지는 풍압력이며 외벽에 가해지는 압력과 실내압력의 차가 크면 클수록 환기량은 많아진다.

해설

[자연통풍(환기)]
자연통풍은 공기의 밀도차에 의하여 발생하는 것으로 온도의 차이가 많이 날수록 그 효과가 크다. 따라서 겨울철에 효과가 있다.

09 쌓기 전 시멘트벽돌을 물축이기하는 가장 주된 이유는?

① 벽돌의 파손 방지
② 모르타르의 수분흡수 방지
③ 화재 방지
④ 백화 방지

해설

[시멘트벽돌]
시멘트벽돌은 흡수율이 커서 물축임을 안하는 경우는 건조한 벽돌은 모르타르의 수분을 다 빼앗아 접착력을 약화시키게 된다. 따라서 벽돌을 적절히 수분에 노출시키되 과포화되지 않도록 조절하는 것이 중요하다.

10 학교 교실의 음 환경에 관한 설명으로 옳지 않은 것은?

① 교실과 복도의 접촉면이 큰 평면이 소음을 막는 데 유리하다.
② 소리를 잘 듣기 위해서는 적당한 잔향시간이 필요하다.
③ 운동장에서의 소음은 배치계획으로 이를 방지할 수 있다.
④ 반자는 교실 내의 음향이 조절될 수 있도록 설계되어야 한다.

정답 ● 07 ④ 08 ③ 09 ② 10 ①

해설

[학교 – 교실(소리)]
소음을 막기 위해서는 교실과 복도의 접촉면을 최소화하여 차단해야 한다.
소리는 일정 시간 머무르면서 퍼져나가게 해야 잘 전달되며, 이러한 적당한 잔향시간이 필요하다.
또한 운동장의 소음을 줄이기 위해서는 운동장과 교실을 멀리 떨어뜨려 놓는 등 배치계획으로 소음을 방지할 수 있다.

※ 반자 : 지붕 밑이나 위층 바닥 밑을 편평하게 하여 치장한 각 방의 윗면

11 건축의 성립에 영향을 미치는 요소들에 관한 설명으로 옳지 않은 것은?

① 자연 조건이 비슷한 여러 나라가 서로 다른 건축형태를 갖는 것은 기후 및 풍토적 요소 때문이다.
② 지붕의 형태, 경사 등은 기후 및 풍토적 요소의 영향을 받는다.
③ 건축 재료와 이를 구성하는 방법에 따라 건물 형태가 변화하는 것은 기술적 요소에서 기인한다.
④ 봉건시대에는 신을 위한 건축이 주류를 이루었고, 민주주의 시대에는 대중을 위한 학교, 병원 등의 건축이 많아진 것은 정치 및 종교적 요소의 영향 때문이다.

해설

[건축의 성립에 영향]
자연 조건이 비슷한 나라이므로 기후 풍토는 다르지 않고 문화적 차이이다.

12 측창채광에 관한 설명으로 옳지 않은 것은?

① 비막이에 유리하다.
② 개폐조작이 용이하고 유지관리가 쉽다.
③ 균일한 조도를 얻을 수 있다.
④ 주변 건물들에 의해 채광이 방해받을 수 있다.

해설

[측창 채광]
- 건축물의 측창으로부터 이루어지는 채광이다.
- 벽면에 위치한 개구부(창문 등)을 통한 자연 채광을 실내로 들여오는 방법이다.
- 측창은 보통 외벽창이며 이는 비막이에 좋고 개폐조작 및 청소 등이 편리하다.
- 균일한 조도는 천창 채광이 유리하며 통풍은 측창 채광이 유리하다.

13 잔향시간이란 음원으로부터 발생되는 소리가 정지했을 때 음압레벨이 몇 dB 감쇠하는 데 소요되는 시간인가?

① 40 dB
② 55 dB
③ 60 dB
④ 70 dB

해설

[잔향시간]
잔향시간이란 음원으로부터 발생되는 소리가 정지했을 때 음압레벨이 60 dB 감쇠하는 데 소요되는 시간을 말한다.

정답 11 ① 12 ③ 13 ③

14 Sabine의 잔향식에 관한 설명으로 옳지 않은 것은?

① 잔향 시간은 실내 흡음량에 비례한다.
② 잔향 시간은 실용적에 비례한다.
③ 비례상수는 보통 0.16이다.
④ 잔향 시간은 흡음 재료의 설치 위치와는 무관하다.

해설

[사빈공식]

$R.T = K\dfrac{V}{A}$

잔향 시간(R.T)은 실내 흡음량(A)에 반비례한다.

15 다음 중 광속을 표시하는 단위는?

① lumen   ② Candela/n^2
③ Candela ④ lux

해설

[광속]
- 광속은 광원에 의해 초당 방출되는 가시광의 전체 양을 의미하며 단위는 lumen(루멘)이다.
- Candela : 광도 측정하는 SI 단위
  Lux : 빛의 조도를 나타내는 SI 단위

16 다음 중 건조공기 1 kg을 포함한 습공기 중의 수증기량을 의미하는 것은?

① 절대습도   ② 수증기 분압
③ 노점온도   ④ 상대습도

해설

[절대습도]
절대습도의 기본단위는 [kg/kg]으로
절대습도[kg/kg] = 수증기[kg] ÷ 건공기[kg]이다.

17 열의 이동에 관한 설명으로 옳지 않은 것은?

① 유체를 사이에 두고 양쪽의 고체 사이에 열이 이동하는 현상을 열관류라 한다.
② 복사는 열이 고온의 몸체표면으로부터 저온의 물체표면으로 공간을 통하여 전달되는 현상이다.
③ 열전도는 열에너지가 주로 고체 속을 고온부에서 저온부로 이동하는 현상이다.
④ 물체 내부 열전도로 전달되는 열량은 전열면적, 온도차, 시간에 비례한다.

해설

[열의 이동]
열관류는 열통과라고도 하며 복합체의 전도, 대류가 복합적으로 작용되어 열이 흐르는 현상으로 고체를 사이에 두고 양쪽의 유체 사이에 열이 이동하는 현상이다.

정답 14 ① 15 ① 16 ① 17 ①

18 제3종 기계 환기방식이 적합하지 않은 실은?

① 화장실　　② 수술실
③ 주방　　　④ 욕실

해설

[제3종 기계환기방식]
제3종 기계환기방식은 배풍기(배기기기)만 설치하고 급기구에 동력을 사용하지 않는 방식으로 유해가스 발생장소, 화장실, 욕실, 주방, 흡연실 등이 적합하다.
※ 수술실은 제1종 환기방식으로 급기기기와 배기기기를 동시에 사용한다.

2과목 위생설비

1회독	시간 :	점수 :
2회독	시간 :	점수 :
3회독	시간 :	점수 :

21 배수수직관 내의 압력변화를 방지 또는 완화하기 위해 배수수직관으로부터 분기·입상하여 통기수직관에 접속하는 도피통기관은?

① 습통기관　　② 신정통기관
③ 공용통기관　④ 결합통기관

해설

[결합통기관]
배수수직관의 압력변화를 방지 또는 완화하기 위해 수평으로 분기하여 통기수직관에 접속하는 통기관으로, 도피통기관의 다른 명칭이다. 결합통기관은 고층 건물 등에서 배수수직관과 통기수직관을 일정 층마다 연결하는 방식으로 설치하며, 이로써 배수 시 발생하는 관내의 압력 변동을 완화하고 트랩 봉수 파괴를 방지하는 역할을 한다.

※ 통기관
1) 결합통기관 : 배수수직관과 통기수직관을 연결
2) 각개통기관 : 각 위생기구별 개별 통기관
3) 공용통기관 : 다수 기구의 배수통기관을 공용으로 하는 방식
4) 신정통기관 : 배수수직관을 지붕 위까지 그대로 연장하여 통기관으로 사용하는 방식
5) 회로(루프)통기관 : 여러 개의 위생기구를 하나의 통기관으로 연결하는 방식

2026년 출제범위를 벗어난 문제를 모두 삭제하고, 최신 출제기준에 해당하는 문제만 엄선하여 수록했습니다. 따라서 1과목 문제 수는 실제 출제 수와 다를 수 있습니다.

정답 18 ② 21 ④

22 다음 중 주철관의 접합방법에 속하는 것은?

① 나팔식 접합
② 메커니컬 접합
③ 플레어 너트 접합
④ 시멘트 모르타르 접합

해설

[주철관의 접합방법]
주철관 접합은 메커니컬 접합을 주로 하며, 허브이음과 노허브이음이 주요방식이다.

23 트랩의 봉수 파괴 원인 중 위생기구에서 트랩을 통하여 배수가 만수상태로 흐를 때 주로 발생하는 것은?

① 모세관현상
② 자기 사이펀작용
③ 감압에 의한 흡인작용
④ 역압에 의한 분출작용

해설

[자기 사이펀작용(Self-Siphonage)]
위생기구 배수가 만수상태로 트랩을 빠르게 통과할 때, 트랩 내 봉수가 함께 흡입되어 자기 사이펀작용으로 봉수가 파괴된다.

24 관 내에 유체가 흐를 때, 어느 장소에서의 흐름의 상태(유속, 압력, 밀도 등)가 시간에 따라 변화하지 않는 흐름을 무엇이라 하는가?

① 층류
② 난류
③ 정상류
④ 비정상류

해설

[정상류(Steady Flow)]
시간에 따라 흐름 상태(유속, 압력, 밀도 등)가 변하지 않는 흐름이다.

25 다음 중 경도가 높은 물을 보일러 용수로 사용하지 않는 가장 주된 이유는?

① 비등점이 낮다.
② 전열량이 너무 커진다.
③ 부유물질이 많이 포함되어 있다.
④ 보일러 내면에 스케일이 발생된다.

해설

[보일러 용수]
경도 성분(칼슘, 마그네슘)은 스케일(Scale, 물때)을 형성하여 열전달 저하 및 과열, 손상을 유발한다.

정답 ● 22 ② 23 ② 24 ③ 25 ④

26 수질 오염의 지표로 사용되는 것으로서 오수 중에 현탁되어 있는 부유물질을 의미하는 것은?

① DO
② SS
③ BOD
④ COD

해설

[수질 오염의 지표]
① DO(Dissolved Oxygen)
  용존산소량, 수질의 자정능력 평가에 사용된다.
② SS(Suspended Solids)
  부유물질로, 오수 중에 현탁된 입자상 물질을 의미한다.
③ BOD(Biochemical Oxygen Demand)
  생물화학적 산소요구량, 유기물 오염 지표이다.
④ COD(Chemical Oxygen Demand)
  화학적 산소요구량, 산화제로 산화되는 유기물·무기물 양을 나타낸다.

27 연면적 3000 m²의 사무소 건축에 필요한 급수량은? (단, 이 건물의 유효 면적은 연면적의 60 %이고, 유효 면적 당 인원은 0.2 인/m², 1인 1일당 급수량은 100 L이다)

① 3600 L/d
② 3600 m³/d
③ 36000 L/d
④ 36000 m²/d

해설

[1인 1일당 급수량]
Q = 3000 × 0.6 × 0.2 × 100 = 36000 L/d

28 경질염화비닐관에 관한 설명으로 옳지 않은 것은?

① 전기절연성이 크고 금속관과 같은 전식작용을 일으키지 않는다.
② 열팽창률이 강관에 비해 작으며 온도변화에 따른 신축이 거의 없다.
③ 저온에 약하며 한랭지에서는 외부로부터 조금만 충격을 주어도 파괴되기 쉽다.
④ 내식성이 크고 염산, 황산, 가성소다 등의 부식성 약품에 의해 거의 부식되지 않는다.

해설

[경질염화비닐관]
PVC관은 열팽창률이 강관보다 크고 온도변화에 따른 신축이 크다.

29 중앙식 급탕방식의 설계상 유의사항으로 옳지 않은 것은?

① 각 계통 및 지관의 순환유량이 균등하게 되도록 한다.
② 수평배관의 길이가 가능한 한 길게 되도록 수직관을 배치한다.
③ 순환펌프는 과대하게 되지 않도록 설계하며 환탕관 측에 설치한다.
④ 열원기기 및 저탕조의 압력 상승, 배관의 신축에 대한 안전대책을 고려한다.

정답 ● 26 ② 27 ③ 28 ② 29 ②

해설

[중앙식 급탕방식의 설계상 유의사항]
마찰손실을 고려하여 수평배관의 길이가 가능한 한 짧게 되도록 수직관을 배치

30 온도 20 ℃, 길이가 100 m인 동관에 탕이 흘러 60 ℃가 되었을 때, 동관의 팽창량은 얼마인가? (단, 동관의 선팽창계수는 $0.171 \times 10^{-4}/℃$이다)

① 66.4 mm
② 68.4 mm
③ 76.4 mm
④ 78.4 mm

해설

[동관의 팽창량]

> ※ 팽창 길이 λ
> $\lambda[mm] = \ell \times \alpha \times \Delta t$
> 여기서 $\lambda[mm]$: 팽창한 배관의 길이
> $\ell[mm]$: 배관의 길이
> $\alpha[mm/mm \cdot ℃]$: 선팽창계수
> $\Delta t[℃]$: 온도 차

관의 팽창 길이 λ
$= 100 \times 0.171 \times 10^{-4} \times (60 - 20)$
$= 0.0684$ m $= 68.4$ mm

31 원심식 펌프에 관한 설명으로 옳지 않은 것은?

① 터보형 펌프의 일종이다.
② 유체가 회전차의 반경류 방향으로 흐른다.
③ 건축설비분야의 급수, 급탕, 배수 등에 주로 이용된다.
④ 원심식 펌프에는 피스톤펌프와 로터리펌프 등이 있다.

해설

[원심식 펌프]
피스톤펌프, 로터리펌프는 체적형(Positive Displacement Pump)으로 원심식 펌프에 속하지 않는다.

32 역류를 방지하여 오염으로부터 상수계통을 보호하기 위한 방법으로 적절하지 않은 것은?

① 토수구 공간을 둔다.
② 역류방지밸브를 설치한다.
③ 대기압식 또는 가압식 진공브레이커를 설치한다.
④ 수압이 0.4 MPa을 초과하는 계통에는 감압밸브를 부착한다.

해설

[상수계통을 보호하기 위한 방법]
④ 수압이 높을 때는 감압밸브로 기기 보호와 수격·소음을 저감한다. 이는 역류 방지대책이 아니다.

정답 ● 30 ② 31 ④ 32 ④

33 급탕설비에서 급탕기기의 부속장치에 관한 설명으로 옳지 않은 것은?

① 안전밸브와 팽창탱크 및 배관 사이에는 차단밸브를 설치한다.
② 온수탱크 상단에는 진공방지밸브를, 하부에는 배수밸브를 설치한다.
③ 순간식 급탕가열기에는 이상고온의 경우 가열원(열매체 등)을 차단하는 장치나 기구를 설치한다.
④ 밀폐형 가열장치에는 일정 압력 이상이면 압력을 도피시킬 수 있도록 도피밸브나 안전밸브를 설치한다.

해설

[급탕기기의 부속장치]
안전밸브와 팽창탱크는 항상 개통되어 있어야 하므로 차단밸브나 체크밸브를 설치하지 않는다. 설치 시 과압 폭발 위험이 있다.

34 다음 중 간접배수로 하여야 하는 기기·기구에 속하지 않는 것은?

① 제빙기   ② 세탁기
③ 세면기   ④ 식기세정기

해설

[간접배수와 직접배수]
- 간접배수 필요 기구 : 식기세척기(식기세정기), 제빙기, 세탁기, 냉장·제빙 드레인 등
- 직접배수 가능 기구 : 세면기, 대변기, 소변기, 욕조 등 위생기구

35 중앙식 급탕방식 중 간접가열식에 관한 설명으로 옳지 않은 것은?

① 대규모 급탕설비에 적합하다.
② 고압용 보일러를 설치하여야 한다.
③ 가열보일러는 난방용 보일러와 겸용할 수 있다.
④ 저탕조 내에 설치한 코일을 통해서 관 내의 물을 간접적으로 가열한다.

해설

[간접가열식]
간접가열식은 저압보일러 사용도 가능하며 고압보일러가 반드시 필요한 것은 아니다.

36 스위블형 신축이음쇠에 관한 설명으로 옳은 것은?

① 패클리스 신축이음쇠라고도 한다.
② 이음부의 나사회전을 이용해서 배관의 신축을 흡수한다.
③ 고온고압용 증기배관에 주로 사용되며 온수난방용 배관에는 사용하지 않는다.
④ 강관 또는 동관을 곡관으로 구부려, 구부림을 이용하여 배관의 신축을 흡수한다.

정답 ● 33 ① 34 ③ 35 ② 36 ②

해설

[스위블형 신축이음쇠]
스위블형은 여러 개의 엘보를 사용하고, 이음부의 나사 회전을 통해 배관의 열팽창·수축을 흡수하는 구조이다. 주로 온수난방배관, 방열기 주변 연결배관에 사용되며, 고온고압배관에는 신축곡관(루프형)이나 벨로즈형을 사용한다.

보충 패클리스(Pacless)는 밸브 종류에서 글랜드 패킹이 없는 구조를 의미하며, 신축이음쇠와는 관계없다.

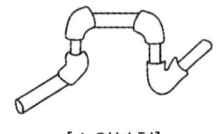

[스위블형]

37 유체가 관경 50 cm인 관 속을 2 m/s의 속도로 흐를 때의 유량은?

① 0.39 m³/s
② 1.0 m³/s
③ 3.14 m³/s
④ 10 m³/s

해설

[체적유량]
Q = AV에서
$Q = \dfrac{0.5^2 \pi}{4} \times 2 = 0.39 \, m^3/s$

38 수도 본관에서 5 m 높이에 있는 샤워기의 사용에 필요한 수도 본관의 최저 압력은? (단, 급수방식은 수도직결방식이며, 샤워기의 최저 필요압력은 100 kPa, 배관 등의 마찰 손실은 무시하며, 10 kPa = 1 mAq이다)

① 약 105 kPa   ② 약 150 kPa
③ 약 600 kPa   ④ 약 5100 kPa

해설

[수도 본관의 최저 압력]
수도본관 최저 압력 = 100 + 50 = 150 kPa

39 대변기의 세정방식 중 플러시밸브식에 관한 설명으로 옳지 않은 것은?

① 대변기의 연속 사용이 가능하다.
② 일반 가정용으로는 거의 사용되지 않는다.
③ 급수관경 및 수압과 관계없이 사용 가능하다.
④ 세정음에 유수음이 포함되기 때문에 소음이 크다.

해설

[플러시밸브식]
대변기 플러시밸브식은 수도 본관에서 일정 수압(7 mAq) 이상이 요구된다.

40 배수관 내 배수의 흐름에 관한 설명으로 옳지 않은 것은?

① 배수수직관의 관경이 작을수록 종국 길이는 짧다.
② 일반적으로 배수수직관의 허용유량은 30 % 정도를 한도로 하고 있다.
③ 배수수직관 내를 배수가 관벽에 따라 나선형의 상태로 하강하는 현상을 수력도약현상(도수현상)이라고 한다.
④ 배수수평지관으로부터 배수수직관에 배수가 유입하면 배수량이 적을 때에는 배수는 수직관 관벽을 따라 지그재그로 강하한다.

해설

[배수관 내 배수의 흐름]
수력도약현상(점핑현상)은 수평배관에서 흐름이 막히면 배수 흐름이 튀어 오르는 현상

3과목 공기조화설비

41 히트펌프에 관한 설명으로 옳지 않은 것은?

① 1대의 기기로 냉방과 난방을 겸용할 수 있다.
② 냉동사이클에서 응축기의 방열을 난방에 이용한다.
③ 냉동기의 성적계수가 히트펌프의 성적계수보다 1만큼 크다.
④ 히트펌프의 성적계수를 향상시키기 위해 지열 등을 이용할 수 있다.

해설

[히트펌프]
히트펌프의 성적계수(COP)가 냉동기의 COP보다 1만큼 크다.
히트펌프 COP = 냉동기 COP + 1이다.

정답 40 ③ 41 ③

42 그림과 같은 전열교환기의 전열효율(η)을 올바르게 나타낸 것은? (단, 난방의 경우이며, X_1, X_2, X_3, X_4는 각 공기 상태의 엔탈피를 나타낸다)

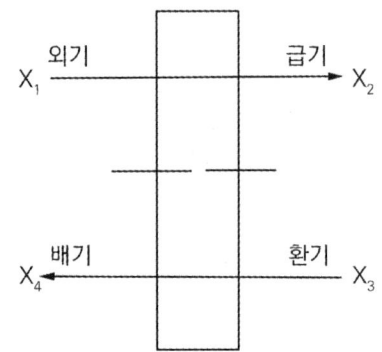

① $\eta = \dfrac{X_3 - X_1}{X_2 - X_1}$ ② $\eta = \dfrac{X_3 - X_4}{X_2 - X_4}$

③ $\eta = \dfrac{X_2 - X_1}{X_3 - X_1}$ ④ $\eta = \dfrac{X_3 - X_4}{X_3 - X_1}$

해설

[전열교환기의 전열효율(η)]

전열효율 = $\dfrac{\text{회수엔탈피}}{\text{최대엔탈피}} = \dfrac{\text{급기} - \text{외기}}{\text{환기} - \text{외기}}$

43 다음 중 습공기를 가열하였을 경우 증가하지 않는 것은?

① 엔탈피   ② 비체적
③ 건구온도   ④ 절대습도

해설

[습공기]
가열만 할 경우 수분량에는 변화가 없다. 즉, 절대습도는 일정하다.

44 공기에 관한 설명으로 옳은 것은?

① 0℃ 건공기의 엔탈피는 0 kJ/kg이다.
② 절대습도가 0 kg/kg'인 공기를 포화공기라고 한다.
③ 현열비가 1이라면 잠열부하만 있다는 것을 의미한다.
④ 열수분비가 0이라면 공기의 상태변화에 절대습도의 변화가 없었다는 의미이다.

해설

[공기의 상태]
② 절대습도가 0 kg/kg'인 공기를 건공기라고 한다.
③ 현열비가 1이라면 현열부하만 있다는 것을 의미한다.
④ 열수분비가 0이라면 공기의 상태변화에 엔탈피 변화가 없었다는 의미이다.

45 바이패스형 변풍량 유닛(VAV unit)에 관한 설명으로 옳지 않은 것은?

① 유닛의 소음발생이 적다.
② 송풍덕트 내의 정압제어가 필요 없다.
③ 덕트계통의 증설이나 개설에 대한 적응성이 적다.
④ 천장 내의 조명으로 인한 발생열을 제거할 수 없다.

해설

[바이패스형 변풍량 유닛]
천장 내의 조명으로 인한 발생열을 제거할 수 있는 특징이 있다.

정답 → 42 ③   43 ④   44 ①   45 ④

46 다음과 같은 몰리에르(Mollier)선도의 상태에서 운전하는 히트펌프의 성적계수는?

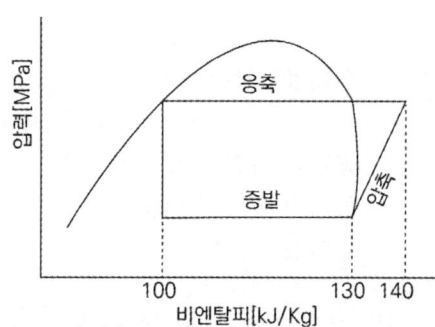

① 3.0 ② 3.5
③ 4.0 ④ 4.5

해설

[히트펌프의 성적계수]

성적계수 = 응축열량/압축일량 = $\dfrac{Q_{응축}}{W} = \dfrac{140-100}{140-130} = 4$

47 다음 중 인체의 열쾌적에 영향을 미치는 물리적 온열요소에 속하는 것은?

① 엔탈피 ② 현열비
③ 상대습도 ④ 노점온도

해설

[인체의 열쾌적에 영향을 미치는 온열요소]
상대습도는 인체 열쾌적 요소로 건구온도, 습도, 평균복사온도, 기류속도 등과 함께 영향을 준다.

48 배관재료의 일반적인 용도가 옳게 연결된 것은?

① 동관 - 증기배관
② 주철관 - 냉각수배관
③ 경질염화비닐관 - 냉매배관
④ 스테인리스강관 - 급수배관

해설

[배관재료의 일반적인 용도]
① 동관은 급수, 냉매배관 등에 사용되며 고온 증기배관에는 적합하지 않다.
② 주철관은 배수관, 우수관에 사용되고 냉각수배관에는 내식성이 부족해 적합하지 않다.
③ 경질염화비닐관(Hard PVC Pipe)은 배수관, 통기관 용도로 냉매배관에는 사용할 수 없다.

> **보충** 스테인리스관은 내식성이 뛰어나 급수배관, 위생배관 등에 적합하다.

49 10 × 8 × 3.5 m 크기의 강의실에 35명의 사람이 있을 때 실내의 CO_2 농도를 0.1 %로 하기 위한 필요 환기량은? (단, 1인당 CO_2 발생량은 0.02 m^3/인·h이며, 외기의 CO_2의 농도는 0.03 %이다)

① 1000 m^3/h ② 1400 m^3/h
③ 1600 m^3/h ④ 2000 m^3/h

해설

[필요 환기량]

$Q = \dfrac{M}{C_i - C_o} = \dfrac{35 \times 0.02}{0.001 - 0.0003} = 1000\ m^3/h$

50 공기 여과기의 종류 중 일명 전자식 공기청정기라고도 하며, 먼지의 제거효율이 높고, 미세한 먼지라든지 세균도 제거되므로 병원, 정밀기계 공장 등에서 사용이 가능한 것은?

① 전기식　　② 건성여과식
③ 충돌점착식　④ 활성탄 흡착식

해설

[공기 여과기의 종류]
전기식은 정전기력을 이용해 먼지, 미세입자, 세균 제거 효율이 매우 높아 병원, 클린룸, 정밀기계 공장 등에서 사용된다.

51 진공환수식 증기난방에서 리프트이음(Lift Fitting)을 적용하는 경우는?

① 방열기보다 환수주관이 높을 때
② 환수배관법을 역환수식으로 할 때
③ 방열기보다 응축수온도가 너무 높을 때
④ 진공펌프를 환수주관보다 낮게 설치할 때

해설

[리프트이음]
방열기보다 환수주관이 높을 때 리프트이음(Lift Fitting)을 적용한다. 방열기에서 발생한 응축수가 환수주관보다 낮아 자연 배수가 되지 않을 때, 리프트이음을 설치해 진공차에 의해 응축수를 들어 올린다.

52 다음과 같은 조건에 있는 체적이 2000 m³인 실의 환기에 의한 현열부하는?

- 외기상태 $t_0 = 0\ ℃$, $x_0 = 0.002\ kg/kg'$
- 실내공기상태 $t_r = 24\ ℃$, $x_r = 0.010\ kg/kg'$
- 공기의 비열 $1.01\ kJ/kg \cdot K$
- 공기의 밀도 $1.2\ kg/m^3$
- 환기횟수 2 회/h

① 16.32 kW　② 26.69 kW
③ 32.32 kW　④ 59.33 kW

해설

[환기에 의한 현열부하]
$q = Q \times \rho \times C \times \triangle t$
$= (2000 \times 2) \times 1.2 \times 1.01 \times (24-0) \times \dfrac{1}{3600}$
$= 32.32\ kW$

53 취출구의 허용풍속을 제한하는 가장 주된 이유는?

① 확산반경을 줄이기 위하여
② 송풍동력을 줄이기 위하여
③ 소음발생을 억제하기 위하여
④ 단락류 발생을 억제하기 위하여

해설

[허용풍속을 제한하는 주된 이유]
풍속이 높으면 소음이 크게 발생하므로, 허용풍속을 제한하는 주된 이유는 소음발생을 억제하기 위한 것이다.

정답 50 ① 51 ① 52 ③ 53 ③

54 덕트의 배치방식 중 개별 덕트방식에 관한 설명으로 옳지 않은 것은?

① 덕트 스페이스가 많이 요구된다.
② 각 실의 개별제어성이 우수하다.
③ 공사비가 적어 일반적으로 가장 많이 사용되는 방식이다.
④ 입상덕트(주덕트)에서 각개의 취출구로 덕트를 통해 분산하여 송풍하는 방식이다.

해설

[개별 덕트방식]
③ 개별 덕트방식은 덕트 수량이 많아 공사비가 증가하며, 일반적으로 주덕트방식이 더 많이 사용된다.

55 상당외기온도차 (ETD : Equivalent Temperature Difference)에 관한 설명으로 옳은 것은?

① 난방부하의 계산에 있어서, 벽체를 통한 손실열량을 계산할 때 사용한다.
② 냉방부하의 계산에 있어서, 벽체를 통한 취득열량을 계산할 때 사용한다.
③ 벽체 외부에 흐르는 공기의 속도에 따른 열전달량을 고려한 온도차이다.
④ 주로 외기에 접하고 있지 않은 간막이 벽, 천장, 바닥 등으로부터 열전달량을 구하는 데 사용한다.

해설

[상당외기온도차]
① ETD는 냉방부하 계산(취득열량)에 사용된다.
③ ETD는 일사, 축열, 색상, 방향 등을 고려한 등가 온도차 개념으로, 공기속도 영향은 직접 포함되지 않는다.
④ ETD는 외기에 접하는 외벽, 지붕 등에서 사용된다.

56 증기난방에 관한 설명으로 옳지 않은 것은?

① 예열시간이 짧다.
② 온수난방에 비하여 쾌감도가 떨어진다.
③ 부하변동에 따른 실내 방열양의 제어가 곤란하다.
④ 극장, 영화관 등 천장고가 높은 건물에 주로 사용된다.

해설

[증기난방]
증기난방은 상층부에 고온의 공기가 하부에 차가운 공기가 자리하여 상하부의 온도차가 커진다. 따라서 극장·영화관 같은 쾌적성이 중요한 고천장 공간에는 증기난방이 부적합하다.

정답 ● 54 ③　55 ②　56 ④

57 다음의 냉방부하 발생요인 중 현열과 잠열 모두 갖는 것은?

① 인체발생열량
② 벽체로부터의 취득열량
③ 유리로부터의 취득열량
④ 덕트로부터의 취득열량

해설

[냉방부하 발생요인]
인체에서 현열(대류, 복사) + 잠열(발한, 수분 증발)이 모두 발생한다.

58 1개의 실에 설치된 온수용 주철제 방열기의 상당방열면적(EDR)이 20 m²이다. 동일한 방열기를 5개 실에 설치할 경우 필요한 전온수 순환량(L/min)은? (단, 방열기의 표준방열량 0.523 kW/m², 방열기 입구온도 80 ℃, 출구온도 70 ℃, 온수의 비열 4.2 kJ/kg·K, 온수의 밀도 1 kg/L이다)

① 15.2 L/min ② 21.7 L/min
③ 74.7 L/min ④ 108.3 L/min

해설

[전온수 순환량]
1) 5개 실의 총 방열량
   q = (20 m² × 5개) × 0.523 kW/m²
     = 52.3 kW
2) 순환량
   $52.3\ kW = m\ [L/min] \times 4.2 \times 10 \times \dfrac{1}{60}$
   ∴ $m = 74.7\ L/min$

59 스모크타워배연법에 관한 설명으로 옳은 것은?

① 송풍기와 덕트를 사용해서 외부로 연기를 배출하는 방식이다.
② 풍력에 의한 흡인효과와 부력을 이용한 배연탑을 사용하여 연기를 배출하는 방식이다.
③ 부력에 의하여 연기를 실의 상부벽이나 천장에 설치된 개구에서 옥외로 배출하는 방식이다.
④ 연기를 일정구획 내에 한정하도록 피난이 완전히 끝난 뒤에 개구부를 자동으로 완전 밀폐하는 방식이다.

해설

[스모크타워배연법]
• 스모크타워배연법 : 타워(배연탑)를 설치하여 굴뚝효과(부력) + 외부 풍력으로 연기를 배출하는 자연배연방식의 일종이다.
• 기계배연법 : 송풍기와 덕트를 이용해 강제로 연기를 외부로 배출하는 기계식 배연이다.
• 밀폐배연법 : 연기를 일정 구획 내에 한정하고, 피난 후 개구부를 완전 밀폐시키는 연기제어방식이다.

정답 ● 57 ① 58 ③ 59 ②

60 흡수식 냉동기에 관한 설명으로 옳은 것은?

① 냉매로는 LiBr을 사용하고 흡수제로 물을 사용한다.
② 증발기, 압축기, 재생기, 응축기 등으로 구성되어 있다.
③ 기계적 에너지가 아닌 열에너지에 의해 냉동효과를 얻는다.
④ 1중 효용 흡수식 냉동기가 2중 효용 흡수식 냉동기보다 효율이 좋다.

해설

[흡수식 냉동기]
① 냉매는 물(Water), 흡수제는 LiBr(브롬화리튬)이다. 냉매·흡수제 역할이 바뀌었다.
② 압축기가 아닌 흡수기, 펌프, 발생기(재생기), 응축기, 증발기 구성이다.
④ 2중 효용(Double-Effect) > 1중 효용(Single-Effect)이 효율이 높다.

4과목 소방 및 전기설비

1회독	시간 :	점수 :
2회독	시간 :	점수 :
3회독	시간 :	점수 :

61 현행 한국전기설비규정에 따라 감전방지를 위하여 3상 380V 농형 유도전동기의 금속제 외함에 실시하는 접지공사는?

① 종별접지공사
② 보호접지공사
③ 계통접지공사
④ 피뢰시스템접지공사

해설

[접지]
- 계통접지 : 전력계통의 이상현상에 대비하여 대지와 계통을 접속
- 보호접지 : 감전보호를 목적으로 기기의 한 점 이상을 접지
- 피뢰시스템접지 : 뇌격전류를 안전하게 대지로 방류하기 위한 접지
- 종별접지 : 접지대상에 따라 일괄 적용한 종별접지로 폐지됨

62 정보통신설비를 정보설비와 통신설비로 구분할 경우 다음 중 정보설비에 속하지 않는 것은?

① TV공청설비
② 전기시계설비
③ 원격검침설비
④ 홈네트워크설비

정답 60 ③ 61 ② 62 ①

해설

[정보통신설비]
- 정보설비 : 홈네트워크설비
- 통신설비 : 인터폰설비, TV공청설비

63 할로겐램프에 관한 설명으로 옳지 않은 것은?

① 휘도가 낮다.
② 흑화가 거의 일어나지 않는다.
③ 백열전구에 비해 수명이 길다.
④ 광속이나 색온도의 저하가 극히 적다.

해설

[할로겐램프]
할로겐램프는 휘도가 높아 자동차 라이트 등으로도 사용된다.

64 변압기에서 자기유도작용으로 발생한 자속을 이동시키는 통로의 역할을 하는 것은?

① 철심
② 부싱
③ 1차 측 코일
④ 2차 측 코일

해설

[변압기]
변압기는 1차 측 코일의 자기장 변화가 2차 코일로 전달되는 원리를 이용함. 철심은 2차 코일에 자기장의 변화를 전달하고 전자기유도에 의해 2차 코일에 교류가 유도됨

65 합성 최대 수용전력이 1500 kW, 부하율이 0.7일 때 부하의 평균전력[kW]은?

① 1050
② 1500
③ 2142
④ 3000

해설

[전력]
평균전력 = 합성최대수용전력 × 부하율
= 1500 × 0.7 = 1050 kW

66 다음 설명에 알맞은 화재의 종류는?

> 인화성 액체, 가연성 액체, 석유 그리스, 타르, 오일, 유성도료, 솔벤트, 래커, 알코올 및 인화성 가스와 같은 유류가 타고 나서 재가 남지 않는 화재

① A급 화재
② B급 화재
③ C급 화재
④ K급 화재

해설

등급	화재	표시색	적응물질
A급 화재	일반 화재	백색	목재, 섬유, 합성섬유
B급 화재	유류 화재	황색	인화성 액체
C급 화재	전기 화재	청색	통전 중인 전기설비, 기기화재
D급 화재	금속 화재	무색	가연성 금속
K급 화재	식용유 화재	황색	식용유

정답 63 ① 64 ① 65 ① 66 ②

67 스프링클러설비에서 스프링클러헤드의 방수구에서 유출되는 물을 세분시키는 작용을 하는 것은?

① 익져스터
② 디프렉터
③ 리타딩챔버
④ 액셀러레이터

해설

[스프링클러설비]
① 감열체 : 정상상태에서는 방수구를 막고 있으나 열에 의해서 일정온도 도달 시 파괴 또는 용융되어 방수구가 열려 스프링클러헤드가 작동(퓨즈블링크형, 유리벌브형)
② 프레임(Frame) : 헤드 나사부분과 디플렉터의 연결이음쇠
③ 반사판(디플렉터, Deflector) : 헤드의 방수구에서 유출되는 물을 세분화시키는 작용

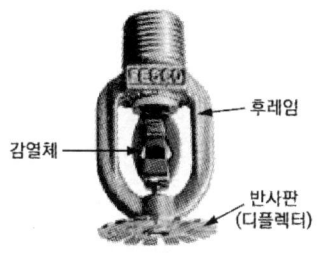

[헤드의 구조]

68 자기인덕턴스 4 H의 코일에 8 A의 전류를 흘릴 때 코일에 저장되는 자기에너지는?

① 32 J ② 64 J
③ 128 J ④ 256 J

해설

[자기에너지]
코일에 저장되는 에너지 $= \frac{1}{2}LI^2 [J]$
$= \frac{4 \times 8^2}{2} = 128\,J$

69 다음 중 옥내소화전설비의 화재안전기준상 배관 내 사용압력이 1.2 MPa 이상인 경우 배관 재료로 가장 적합한 것은?

① 배관용 탄소강관
② 압력배관용 탄소강관
③ 배관용 스테인리스강관
④ 이음매 없는 구리 및 구리합금관

해설

[배관 재료]
• 압력배관용 탄소강관 : 일반적으로 1.0 ~ 9.8 MPa 까지 작용하는 수압관에 사용
• 배관용 탄소강관 : 사용압력이 비교적 낮은(10 kgf/cm² 이하) 증기, 물, 기름 가스 및 공기 등의 각종 유체를 수송하는

정답 67 ② 68 ③ 69 ②

70 엘리베이터설비에서 케이지가 최종 층에서 정지 위치를 지나쳤을 경우 바로 작동해서 제어회로를 개방, 전동기 전원을 차단하고, 전자 브레이크를 작동시켜 엘리베이터를 정지시키는 기능을 하는 것은?

① 조속기
② 가이드 슈
③ 최종 리밋 스위치
④ 슬랙 로프 세이프티

해설

[엘리베이터]
- 조속기 : 속도를 조절하는 기기
- 가이드 슈 : 배관의 축방향으로만 신축할 수 있도록 유도
- 슬랙로프세이프티 : 소형 저속 엘리베이터, 로프에 걸리는 장력이 없어진 경우 즉시 비상정지장치 작동

71 보호구간으로 유입하는 전류와 보호구간에서 유출되는 전류의 벡터차와 출입하는 전류와의 관계비로 동작하는 보호계전기는?

① 거리계전기
② 과전압계전기
③ 과전류계전기
④ 비율차동계전기

해설

[계전기]
- 거리계전기 : 송전선에 사고발생 시 고장구간의 전류 차단
- 과전압계전기 : 과전압으로부터 기기보호
- 과전류계전기 : 과전류로부터 기기보호

72 최대 방수구역에 설치된 스프링클러헤드의 개수가 20개인 경우 스프링클러설비의 수원의 저수량은 최소 얼마 이상이 되도록 하여야 하는가? (단, 개방형 스프링클러헤드를 사용하는 경우이며, 특정소방대상물의 층수는 29층 이하, 수리계산에 의한 방법을 따르지 않는다)

① $17\ m^3$
② $32\ m^3$
③ $48\ m^3$
④ $64\ m^3$

해설

[저수량]
$20 \times 80\ L/min \times 20\ min = 32\ m^3$

스프링클러설비 설치장소			기준개수
10층 이하 (지하층 제외)	공장	특수가연물 저장·취급	30
		그 밖의 것	20
	근린생활시설 판매시설 운수시설 복합건축물	판매시설 또는 복합건축물 (판매시설이 설치되는 복합건축물)	30
		그 밖의 것	20

정답 ● 70 ③ 71 ④ 72 ②

스프링클러설비 설치장소		기준개수
10층 이하 (지하층 제외)	그 밖의 것 — 헤드부착높이가 8 m 이상	20
	헤드부착높이가 8 m 미만	10
지하층을 제외한 층수가 11층 이상(아파트 제외), 지하가 또는 지하역사		30

※ 아파트등 : 기준개수 10개(단, 아파트등의 각 동이 주차장으로 서로 연결된 구조인 경우 해당 주차장 부분의 기준개수는 30개이다)

73 다음 설명에 알맞은 피드백제어계의 구성요소는?

제어계의 상태를 교란시키는 외적작용으로서, 실내온도제어에서는 인체·조명 등에 의한 발생열, 창문을 통한 태양일사, 틈새바람, 외기온도 등을 의미한다.

① 외란
② 제어대상
③ 제어편차
④ 주 피드백신호

해설

[피드백제어]

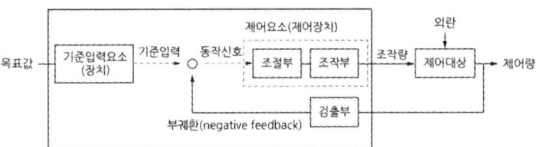

• 외란 : 예측할 수 없는 외부환경의 방해요소

74 220 V용 200 W 전구에 흐르는 전류는?

① 약 0.5 A
② 약 0.9 A
③ 약 2.2 A
④ 약 4.4 A

해설

[전류계산]
P = VI
200 = 220 × I
I = 0.9 A

75 다음의 설명에 알맞은 법칙은?

두 개의 전하 사이에 작용하는 전기력은 두 전하의 세기의 곱에 비례하고 거리의 제곱에 반비례한다.

① 옴의 법칙
② 렌츠의 법칙
③ 쿨롱의 법칙
④ 키르히호프의 제1법칙

해설

[쿨롱의 법칙]
$$F = \frac{1}{4\pi r^2} \times \frac{Q_1 Q_2}{\varepsilon} [N]$$
$$= \frac{1}{4\pi\varepsilon_0\varepsilon_s} \times \frac{Q_1 Q_2}{r^2} [N]$$
$$= 9 \times 10^9 \times \frac{Q_1 Q_2}{r^2} [N]$$

정답 ● 73 ① 74 ② 75 ③

76 자동제어방식 중 디지털방식에 관한 설명으로 옳지 않은 것은?

① 자기진단 기능을 보유하고 있다.
② 기능의 고급화를 도모할 수 있다.
③ 제어의 정밀도가 낮으며 신뢰성이 다소 떨어진다.
④ 각종 제어로직은 손쉽게 소프트웨어에 의해 조정될 수 있다.

해설
[자동제어]
디지털신호는 0과 1의 이진수를 사용하므로 노이즈에 강하며, 비트 수 증가로 제어의 정밀도가 높음

77 LPG에 관한 설명으로 옳지 않은 것은?

① 발열량이 크다.
② 액화석유가스를 의미한다.
③ 연소 시 다량의 공기가 필요하다.
④ 공기보다 가벼워 누설이 되어도 안전성이 높다.

해설
[LPG]
액화석유가스의 주성분은 프로페인으로 그 분자량은 44이며 공기분자량 29보다 무겁기 때문에 비중이 1보다 커서 폭발의 위험성이 큼

78 다음과 같은 RLC 직렬회로에서 역률은?

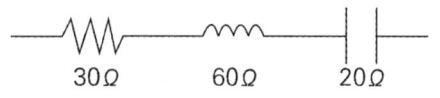

① 0.6　　② 0.7
③ 0.78　　④ 0.85

해설
[역률]
역률 $\cos\theta = \dfrac{R}{Z} = \dfrac{30}{\sqrt{30^2 + (60-20)^2}} = 0.6$

79 변압기의 1차 측을 Y결선, 2차 측을 △결선으로 했을 경우 1·2차 간 전압의 위상차는?

① 30°　　② 45°
③ 60°　　④ 90°

해설
[위상차]
3상 교류에서 각 상과 각 선 간 위상차는 30°임

80 동일한 저항을 가진 3개의 도선을 병렬로 연결하였을 때의 합성저항은?

① 1개 도선저항의 1/3
② 1개 도선저항의 2/3
③ 1개 도선저항의 1배
④ 1개 도선저항의 3배

해설

[합성저항]
1 Ω 3개 병렬로 가정하면
$$\frac{1}{\frac{1}{1}+\frac{1}{1}+\frac{1}{1}}=\frac{1}{3}$$
동일한 저항을 여러 개 병렬로 연결하면 그 개수만큼 저항값에서 나누면 된다.

5과목 건축설비 관계법규

1회독	시간 :	점수 :
2회독	시간 :	점수 :
3회독	시간 :	점수 :

81 다음 중 제연설비를 설치하여야 하는 특정소방대상물에 속하지 않는 것은?

① 지하가(터널 제외)로서 연면적 1000 m^2인 것
② 문화 및 집회시설로서 무대부의 바닥면적이 200 m^2인 것
③ 문화 및 집회시설 중 영화상영관으로서 수용 인원 100명인 것
④ 지하층에 설치된 숙박시설로서 해당 용도로 사용되는 바닥면적의 합계가 500 m^2인 층

해설

[제연설비를 설치해야 하는 특정소방대상물]
[소방시설설치 및 관리에 관한 법률 시행령]
별표 4 : 특정소방대상물의 관계인이 특정소방대상물에 설치·관리해야 하는 소방시설의 종류
5. 소화활동설비
　가. 제연설비를 설치해야 하는 특정소방대상물은 다음의 어느 하나에 해당하는 것으로 한다.
　　1) 문화 및 집회시설, 종교시설, 운동시설 중 무대부의 바닥면적이 200 m^2 이상인 경우에는 해당 무대부
　　2) 문화 및 집회시설 중 영화상영관으로서 수용인원 100명 이상인 경우에는 해당 영화상영관
　　3) 지하층이나 무창층에 설치된 근린생활시설, 판매시설, 운수시설, 숙박시설, 위락시설, 의료시설, 노유자시설 또는 창고시

정답 ● 80 ① 81 ④

설(물류터미널로 한정한다)로서 해당 용도로 사용되는 바닥면적의 합계가 1천 m² 이상인 경우 해당 부분
4) 운수시설 중 시외버스정류장, 철도 및 도시철도 시설, 공항시설 및 항만시설의 대기실 또는 휴게시설로서 지하층 또는 무창층의 바닥면적이 1천 m² 이상인 경우에는 모든 층
5) 지하상가로서 연면적 1천 m² 이상인 것
6) 예상 교통량, 경사도 등 터널의 특성을 고려하여 행정안전부령으로 정하는 터널
7) 특정소방대상물(갓복도형 아파트등은 제외한다)에 부설된 특별피난계단, 비상용 승강기의 승강장 또는 피난용 승강기의 승강장

82 건축물의 바깥쪽으로의 출구로 쓰이는 문을 안여닫이로 하여서는 안 되는 대상 건축물에 속하지 않는 것은?

① 종교시설
② 위락시설
③ 문화 및 집회시설 중 관람장
④ 문화 및 집회시설 중 전시장

해설

[출구 설치]
[건축물의 피난·방화구조 등의 기준에 관한 규칙]
제10조(관람실 등으로부터의 출구의 설치기준)
① 영 제38조 각 호의 어느 하나에 해당하는 건축물의 관람실 또는 집회실로부터 <u>바깥쪽으로의 출구로 쓰이는 문은 안여닫이로 해서는 안 된다.</u>

[건축법 시행령]
제38조(관람실 등으로부터의 출구 설치)
법 제49조 제1항에 따라 다음 각 호의 어느 하나에 해당하는 건축물에는 국토교통부령으로 정하는 기준에 따라 관람실 또는 집회실로부터의 출구를 설치해야 한다.
1. 제2종 근린생활시설 중 공연장·종교집회장(해당 용도로 쓰는 바닥면적의 합계가 각각 300제곱미터 이상인 경우만 해당한다)
2. <u>문화 및 집회시설(전시장 및 동·식물원은 제외한다)</u>
3. <u>종교시설</u>   4. <u>위락시설</u>   5. 장례시설

83 건축물의 거실(피난층 거실 제외)에 국토교통부령으로 정하는 기준에 따라 배연설비를 하여야 하는 대상 건축물에 속하지 않는 것은? (단, 층수가 6층인 건축물의 경우)

① 판매시설
② 종교시설
③ 문화 및 집회시설
④ 제1종 근린생활시설

해설

[배연설비]
[건축법 시행령] 제51조(거실의 채광)
② 법 제49조 제2항 본문에 따라 다음 각 호에 해당하는 건축물의 거실(피난층의 거실은 제외한다)에는 배연설비를 해야 한다.
1. 6층 이상인 건축물로서 다음 각 목에 해당하는 용도로 쓰는 건축물
   가. 제2종 근린생활시설 중 공연장, 종교집회장, 인터넷컴퓨터게임시설제공업소 및 다중생활시설

정답 82 ④ 83 ④

나. 문화 및 집회시설
다. 종교시설
라. 판매시설
마. 운수시설
바. 의료시설(요양병원 및 정신병원은 제외한다)
사. 교육연구시설 중 연구소
아. 노유자시설 중 아동 관련 시설, 노인복지시설(노인요양시설은 제외한다)
자. 수련시설 중 유스호스텔
차. 운동시설
카. 업무시설
타. 숙박시설
파. 위락시설
하. 관광휴게시설
거. 장례시설

84 건축물을 특별시나 광역시에 건축하는 경우 특별시장이나 광역시장의 허가를 받아야 하는 대상 건축물이 연면적 기준은?

① 연면적 합계가 1만 제곱미터 이상
② 연면적 합계가 5만 제곱미터 이상
③ 연면적 합계가 10만 제곱미터 이상
④ 연면적 합계가 20만 제곱미터 이상

해설

[건축허가]
[건축법 시행령] 제8조(건축허가)
① 법 제11조 제1항 단서에 따라 특별시장 또는 광역시장의 허가를 받아야 하는 건축물의 건축은 층수가 21층 이상이거나 연면적의 합계가 10만 제곱미터 이상인 건축물의 건축(연면적의 10분의 3 이상을 증축하여 층수가 21층 이상으로 되거나 연면적의 합계가 10만 제곱미터 이상으로 되는 경우를 포함한다)을 말한다.

85 다음은 건축법령상 건축신고와 관련된 기준 내용이다. ( ) 안에 속하지 않는 것은?

> 허가 대상 건축물이라 하더라도 바닥면적의 합계 85 m² 이내의 ( )의 경우에는 미리 특별자치시장·특별자치도지사 또는 시장·군수·구청장에게 국토교통부령으로 정하는 바에 따라 신고를 하면 건축허가를 받은 것으로 본다.

① 신축   ② 증축
③ 개축   ④ 재축

해설

[건축신고]
[건축법] 제14조(건축신고)
① 제11조에 해당하는 허가 대상 건축물이라 하더라도 다음 각 호의 어느 하나에 해당하는 경우에는 미리 특별자치시장·특별자치도지사 또는 시장·군수·구청장에게 국토교통부령으로 정하는 바에 따라 신고를 하면 건축허가를 받은 것으로 본다.
1. 바닥면적의 합계가 85제곱미터 이내의 증축·개축 또는 재축. 다만 3층 이상 건축물인 경우에는 증축·개축 또는 재축하려는 부분의 바닥면적의 합계가 건축물 연면적의 10분의 1 이내인 경우로 한정한다.
2. 「국토의 계획 및 이용에 관한 법률」에 따른 관리지역, 농림지역 또는 자연환경보전지역에서 연면적이 200제곱미터 미만이고 3층 미만인 건축물의 건축. 다만 다음 각 목의 어느 하나에 해당하는 구역에서의 건축은 제외한다.
가. 지구단위계획구역
나. 방재지구 등 재해취약지역으로서 대통령령으로 정하는 구역

정답 84 ③   85 ①

3. 연면적이 200제곱미터 미만이고 3층 미만인 건축물의 대수선
4. 주요구조부의 해체가 없는 등 대통령령으로 정하는 대수선
5. 그 밖에 소규모 건축물로서 대통령령으로 정하는 건축물의 건축

86 지능형 건축물의 인증에 관한 설명으로 옳지 않은 것은?

① 지능형 건축물 인증기준에는 인증표시 홍보기준, 유효기간 등의 사항이 포함된다.
② 산업통상자원부장관은 지능형 건축물의 인증을 위하여 인증기관을 지정할 수 있다.
③ 국토교통부장관은 지능형 건축물의 건축을 활성화하기 위하여 지능형 건축물 인증제도를 실시한다.
④ 허가권자는 지능형 건축물로 인증 받은 건축물에 대하여 조경설치면적을 100분의 85까지 완화하여 적용할 수 있다.

해설

[지능형 건축물]
[건축법] 제65조의2(지능형 건축물의 인증)
① 국토교통부장관은 지능형 건축물[Intelligent Building]의 건축을 활성화하기 위하여 지능형 건축물 인증제도를 실시한다.
② 국토교통부장관은 제1항에 따른 지능형 건축물의 인증을 위하여 인증기관을 지정할 수 있다.
③ 지능형 건축물의 인증을 받으려는 자는 제2항에 따른 인증기관에 인증을 신청하여야 한다.
④ 국토교통부장관은 건축물을 구성하는 설비 및 각종 기술을 최적으로 통합하여 건축물의 생산성과 설비 운영의 효율성을 극대화할 수 있도록 다음 각 호의 사항을 포함하여 지능형 건축물 인증기준을 고시한다.
 1. 인증기준 및 절차
 2. 인증표시 홍보기준
 3. 유효기간
 4. 수수료
 5. 인증 등급 및 심사기준 등
⑤ 제2항과 제3항에 따른 인증기관의 지정 기준, 지정 절차 및 인증 신청 절차 등에 필요한 사항은 국토교통부령으로 정한다.
⑥ 허가권자는 지능형 건축물로 인증을 받은 건축물에 대하여 제42조에 따른 조경설치면적을 100분의 85까지 완화하여 적용할 수 있으며, 제56조 및 제60조에 따른 용적률 및 건축물의 높이를 100분의 115의 범위에서 완화하여 적용할 수 있다.

87 같은 건축물 안에 공동주택과 위락시설을 함께 설치하고자 하는 경우, 공동주택의 출입구와 위락시설의 출입구는 서로 그 보행거리가 최소 얼마 이상이 되도록 설치하여야 하는가?

① 10 m ② 20 m
③ 30 m ④ 50 m

해설

[보행거리]
[건축물의 피난·방화구조 등의 기준에 관한 규칙]
제14조의2(복합건축물의 피난시설 등)
영 제47조 제1항 단서의 규정에 의하여 같은 건축물 안에 공동주택·의료시설·아동 관련 시설 또는 노인복지시설(이하 이 조에서 "공동주택등"이라 한

정답 ● 86 ② 87 ③

다) 중 하나 이상과 위락시설·위험물저장 및 처리시설·공장 또는 자동차정비공장(이하 이 조에서 "위락시설등"이라 한다) 중 하나 이상을 함께 설치하고자 하는 경우에는 다음 각 호의 기준에 적합하여야 한다.
1. 공동주택등의 출입구와 위락시설등의 출입구는 서로 그 보행거리가 30미터 이상이 되도록 설치할 것

88 문화 및 집회시설 중 공연장이 특정소방대상물인 경우, 모든 층에 스프링클러설비를 설치하여야 하는 수용인원 기준은?

① 50명 이상
② 100명 이상
③ 200명 이상
④ 500명 이상

해설

[스프링클러설비 수용인원 기준]
소방시설설치 및 관리에 관한 법률 시행령
별표 4 : 특정소방대상물의 관계인이 특정소방대상물에 설치·관리해야 하는 소방시설의 종류
1. 소화설비
   라. 스프링클러설비를 설치해야 하는 특정소방대상물
      3) 문화 및 집회시설(동·식물원은 제외한다), 종교시설(주요구조부가 목조인 것은 제외한다), 운동시설(물놀이형 시설 및 바닥이 불연재료이고 관람석이 없는 운동시설은 제외한다)로서 다음의 어느 하나에 해당하는 경우에는 모든 층
         가) 수용인원이 100명 이상인 것
         나) 영화상영관의 용도로 쓰는 층의 바닥면적이 지하층 또는 무창층인 경우에는 500 m² 이상, 그 밖의 층의 경우

에는 1천 m² 이상인 것
         다) 무대부가 지하층·무창층 또는 4층 이상의 층에 있는 경우에는 무대부의 면적이 300 m² 이상인 것
         라) 무대부가 다) 외의 층에 있는 경우에는 무대부의 면적이 500 m² 이상인 것

89 특정소방대상물에 설치하여야 하는 소방시설에 관한 설명으로 옳지 않은 것은?

① 노유자생활시설에는 자동화재속보설비를 설치하여야 한다.
② 연면적 33 m²인 음식점에는 소화기구를 설치하여야 한다.
③ 연면적 600 m²인 종교시설에는 자동화재탐지설비를 설치하여야 한다.
④ 바닥면적의 합계가 5000 m²인 판매시설의 모든 층에는 스프링클러설비를 설치하여야 한다.

해설

[소방설비시설]
[소방시설설치 및 관리에 관한 법률 시행령]
별표 4 : 특정소방대상물의 관계인이 특정소방대상물에 설치·관리해야 하는 소방시설의 종류
1. 소화설비
   가. 화재안전기준에 따라 소화기구를 설치해야 하는 특정소방대상물은 다음의 어느 하나에 해당하는 것으로 한다.
      1) 연면적 33 m² 이상인 것. 다만 노유자시설의 경우에는 투척용 소화용구 등을 화재안전기준에 따라 산정된 소화기 수량의 2분의 1 이상으로 설치할 수 있다.

정답 88 ② 89 ③

라. 스프링클러설비를 설치해야 하는 특정소방대상물(위험물 저장 및 처리 시설 중 가스시설 및 지하구는 제외한다)은 다음의 어느 하나에 해당하는 것으로 한다.
 4) 판매시설, 운수시설 및 창고시설(물류터미널로 한정한다)로서 바닥면적의 합계가 5천 m^2 이상이거나 수용인원이 500명 이상인 경우에는 모든 층

2. 경보설비
다. 자동화재탐지설비를 설치해야 하는 특정소방대상물은 다음의 어느 하나에 해당하는 것으로 한다.
 3) 근린생활시설(목욕장은 제외한다), 의료시설(정신의료기관 및 요양병원은 제외한다), 위락시설, 장례시설 및 복합건축물로서 연면적 600 m^2 이상인 경우에는 모든 층
 4) 근린생활시설 중 목욕장, 문화 및 집회시설, 종교시설, 판매시설, 운수시설, 운동시설, 업무시설, 공장, 창고시설, 위험물 저장 및 처리 시설, 항공기 및 자동차 관련 시설, 교정 및 군사시설 중 국방·군사시설, 방송통신시설, 발전시설, 관광휴게시설, 지하상가로서 연면적 1천 m^2 이상인 경우에는 모든 층
사. 자동화재속보설비를 설치해야 하는 특정소방대상물은 다음의 어느 하나에 해당하는 것으로 한다. 다만 방재실 등 화재 수신기가 설치된 장소에 24시간 화재를 감시할 수 있는 사람이 근무하고 있는 경우에는 자동화재속보설비를 설치하지 않을 수 있다.
 1) 노유자생활시설

90 배연설비의 설치에 관한 기준 내용으로 옳지 않은 것은?

① 배연창의 유효면적은 2 m^2 이상으로 할 것
② 배연구는 예비전원에 의하여 열 수 있도록 할 것
③ 배연구는 연기감지기 또는 열감지기에 의하여 자동으로 열 수 있는 구조로 할 것
④ 건축물이 방화구획으로 구획된 경우에는 그 구획마다 1개소 이상의 배연창을 설치할 것

해설

[배연설비]
[건축물의 설비기준 등에 관한 규칙]
제14조(배연설비)
① 법 제49조 제2항에 따라 배연설비를 설치하여야 하는 건축물에는 다음 각 호의 기준에 적합하게 배연설비를 설치해야 한다. 다만 피난층인 경우에는 그렇지 않다.
1. 영 제46조 제1항에 따라 건축물이 방화구획으로 구획된 경우에는 그 구획마다 1개소 이상의 배연창을 설치하되, 배연창의 상변과 천장 또는 반자로부터 수직거리가 0.9미터 이내일 것. 다만 반자높이가 바닥으로부터 3미터 이상인 경우에는 배연창의 하변이 바닥으로부터 2.1미터 이상의 위치에 놓이도록 설치하여야 한다.
2. 배연창의 유효면적은 별표 2의 산정기준에 의하여 산정된 면적이 1제곱미터 이상으로서 그 면적의 합계가 당해 건축물의 바닥면적(영 제46조 제1항 또는 제3항의 규정에 의하여 방화구획이 설치된 경우에는 그 구획된 부분의 바닥면적을 말한다)의 100분의 1이

정답 90 ①

상일 것. 이 경우 바닥면적의 산정에 있어서 거실바닥면적의 20분의 1 이상으로 환기창을 설치한 거실의 면적은 이에 산입하지 아니한다.
3. 배연구는 연기감지기 또는 열감지기에 의하여 자동으로 열 수 있는 구조로 하되, 손으로도 열고 닫을 수 있도록 할 것
4. 배연구는 예비전원에 의하여 열 수 있도록 할 것
5. 기계식 배연설비를 하는 경우에는 제1호 내지 제4호의 규정에 불구하고 소방관계법령의 규정에 적합하도록 할 것

91 건축법령상 제1종 근린생활시설에 속하지 않는 것은?

① 이용원 ② 치과의원
③ 마을회관 ④ 일반음식점

해설

[제1종 근린생활시설]
[건축법 시행령] 별표 1 : 용도별 건축물의 종류
3. 제1종 근린생활시설
   다. 이용원, 미용원, 목욕장, 세탁소 등 사람의 위생관리나 의류 등을 세탁·수선하는 시설(세탁소의 경우 공장에 부설되는 것과「대기환경보전법」,「물환경보전법」또는「소음·진동관리법」에 따른 배출시설의 설치 허가 또는 신고의 대상인 것은 제외한다)
   라. 의원, 치과의원, 한의원, 침술원, 접골원(接骨院), 조산원, 안마원, 산후조리원 등 주민의 진료·치료 등을 위한 시설
   사. 마을회관, 마을공동작업소, 마을공동구판장, 공중화장실, 대피소, 지역아동센터(단독주택과 공동주택에 해당하는 것은 제외한다) 등 주민이 공동으로 이용하는 시설
※ 일반음식점은 제2종 근린생활시설이다.

92 건축법령상 다중이용 건축물에 속하지 않는 것은? (단, 15층 이하이며, 해당 용도로 쓰는 바닥면적의 합계가 5000 m^2 이상인 건축물)

① 종교시설
② 판매시설
③ 위락시설
④ 의료시설 중 종합병원

해설

[정의 – 다중이용 건축물]
[건축법 시행령] 제2조(정의)
17. "다중이용 건축물"이란 다음 각 목의 어느 하나에 해당하는 건축물을 말한다.
   가. 다음의 어느 하나에 해당하는 용도로 쓰는 바닥면적의 합계가 5천 제곱미터 이상인 건축물
      1) 문화 및 집회시설(동물원 및 식물원은 제외한다)
      2) 종교시설
      3) 판매시설
      4) 운수시설 중 여객용 시설
      5) 의료시설 중 종합병원
      6) 숙박시설 중 관광숙박시설
   나. 16층 이상인 건축물
※ 위락시설은 '준다중이용건축물'이다.

정답 91 ④ 92 ③

93 욕실 또는 조리장의 바닥과 그 바닥으로부터 높이 1 m까지의 안벽의 마감을 내수재료로 하여야 하는 대상에 속하지 않는 것은?

① 아파트의 욕실
② 숙박시설의 욕실
③ 제1종 근린생활시설 중 목욕장의 욕실
④ 제1종 근린생활시설 중 휴게음식점의 조리장

해설

[방습 조치]
[건축물의 피난·방화구조 등의 기준에 관한 규칙]
제18조(거실등의 방습)
② 영 제52조에 따라 다음 각 호의 어느 하나에 해당하는 욕실 또는 조리장의 바닥과 그 바닥으로부터 높이 1미터까지의 안쪽벽의 마감은 이를 내수재료로 해야 한다.
1. 제1종 근린생활시설 중 목욕장의 욕실과 휴게음식점의 조리장
2. 제2종 근린생활시설 중 일반음식점 및 휴게음식점의 조리장과 숙박시설의 욕실

94 다음은 건축물의 에너지절약 설계기준에 따른 용어의 정의이다. ( ) 안에 알맞은 것은?

> "투광부"라 함은 창, 문면적의 ( ) 이상이 투과체로 구성된 문, 유리블럭, 플라스틱패널 등과 같이 투과재료로 구성되며, 외기에 접하여 채광이 가능한 부위를 말한다.

① 50 %   ② 60 %
③ 70 %   ④ 80 %

해설

[용어의 정의 – 투광부]
[건축물 에너지 절약 설계기준]
제5조(용어의 정의)
하. "투광부"라 함은 창, 문면적의 50 % 이상이 투과체로 구성된 문, 유리블럭, 플라스틱패널 등과 같이 투과재료로 구성되며, 외기에 접하여 채광이 가능한 부위를 말한다.

95 다음 건축물의 에너지 절약설계기준에 따른 용어의 정의 내용으로 괄호 안에 알맞은 것은?

> "방습층"이라 함은 습한 공기가 구조체에 침투하여 결로발생의 위험이 높아지는 것을 방지하기 위해 설치하는 습도가 24시간당 ( ) 이하 또는 투습계수 0.28 g/m²h·mmHg 이하의 투습저항을 가진 층을 말한다.

① 10 g/m²   ② 20 g/m²
③ 30 g/m²   ④ 50 g/m²

정답 ● 93 ① 94 ① 95 ③

해설

[용어의 정의 - 방습층]
[건축물 에너지 절약 설계기준]
제5조(용어의 정의)
카. "방습층"이라 함은 습한 공기가 구조체에 침투하여 결로발생의 위험이 높아지는 것을 방지하기 위해 설치하는 투습도가 24시간당 30 g/m² 이하 또는 투습계수 0.28 g/m²·h·mmHg 이하의 투습저항을 가진 층을 말한다. (시험방법은 한국산업규격 KS T 1305 방습포장재료의 투습도 시험방법 또는 KS F 2607 건축 재료의 투습성 측정 방법에서 정하는 바에 따른다) 다만 단열재 또는 단열재의 내측에 사용되는 마감재가 방습층으로서 요구되는 성능을 가지는 경우에는 그 재료를 방습층으로 볼 수 있다.

96 다음 용도 변경 중 허가 대상인 것은?

① 문화 및 집회시설에서 업무시설로의 용도변경
② 판매시설에서 문화집회시설로의 용도변경
③ 방송통신시설에서 교육연구시설로의 용도변경
④ 자동차 관련 시설에서 문화 및 집회시설로의 용도변경

해설

[용도변경]
[건축법] 제19조(용도변경)
1. 허가 대상 : 제4항 각 호의 어느 하나에 해당하는 시설군(施設群)에 속하는 건축물의 용도를 상위군(제4항 각 호의 번호가 용도변경하려는 건축물이 속하는 시설군보다 작은 시설군을 말한다)에 해당하는 용도로 변경하는 경우

[건축법 시행령] 제14조(용도변경)
1. 자동차 관련 시설군
   자동차 관련 시설
2. 산업 등 시설군
   가. 운수시설
   나. 창고시설
   다. 공장
   라. 위험물저장 및 처리시설
   마. 자원순환 관련 시설
   바. 묘지 관련 시설
   사. 장례시설
3. 전기통신시설군
   가. 방송통신시설
   나. 발전시설
4. 문화집회시설군
   가. 문화 및 집회시설
   나. 종교시설
   다. 위락시설
   라. 관광휴게시설
5. 영업시설군
   가. 판매시설
   나. 운동시설
   다. 숙박시설
   라. 제2종 근린생활시설 중 다중생활시설
6. 교육 및 복지시설군
   가. 의료시설
   나. 교육연구시설
   다. 노유자시설(老幼者施設)
   라. 수련시설
   마. 야영장시설
7. 근린생활시설군
   가. 제1종 근린생활시설
   나. 제2종 근린생활시설(다중생활시설은 제외한다)
8. 주거업무시설군
   가. 단독주택
   나. 공동주택
   다. 업무시설

정답 96 ②

라. 교정시설
마. 국방·군사시설
9. 그 밖의 시설군
가. 동물 및 식물 관련 시설

97 건축물의 에너지 절약설계기준에 따른 기계부문의 권장사항으로 옳지 않은 것은?

① 열원설비는 부분부하 및 전부하 운전효율이 좋은 것을 선정한다.
② 냉방설비의 용량계산을 위한 설계기준 실내온도는 28℃를 기준으로 한다.
③ 난방설비의 용량계산을 위한 설계기준 실내온도는 22℃를 기준으로 한다.
④ 난방기기, 냉방기기, 급탕기기는 고효율제품 또는 이와 동등 이상의 효율을 가진 제품을 설치한다.

해설

[기계부문의 권장사항]
[건축물의 에너지절약설계기준]
제9조(기계부문의 권장사항)
에너지절약계획서 제출대상 건축물의 건축주와 설계자 등은 다음 각 호에서 정하는 사항을 제15조의 규정에 적합하도록 선택적으로 채택할 수 있다.
1. 설계용 실내온도 조건
   난방 및 냉방설비의 용량계산을 위한 설계기준 실내온도는 난방의 경우 20℃, 냉방의 경우 28℃를 기준으로 하되(목욕장 및 수영장은 제외) 각 건축물 용도 및 개별 실의 특성에 따라 별표 8에서 제시된 범위를 참고하여 설비의 용량이 과다해지지 않도록 한다.
2. 열원설비
   가. 열원설비는 부분부하 및 전부하 운전효율이 좋은 것을 선정한다.
   나. 난방기기, 냉방기기, 냉동기, 송풍기, 펌프 등은 부하조건에 따라 최고의 성능을 유지할 수 있도록 대수분할 또는 비례제어운전이 되도록 한다.
   다. 난방기기, 냉방기기, 급탕기기는 고효율제품 또는 이와 동등 이상의 효율을 가진 제품을 설치한다.
   라. 보일러의 배출수·폐열·응축수 및 공조기의 폐열, 생활배수 등의 폐열을 회수하기 위한 열회수설비를 설치한다. 폐열회수를 위한 열회수설비를 설치할 때에는 중간기에 대비한 바이패스(by-pass)설비를 설치한다.
   마. 냉방기기는 전력피크 부하를 줄일 수 있도록 하여야 하며, 상황에 따라 심야전기를 이용한 축열·축냉시스템, 가스 및 유류를 이용한 냉방설비, 집단에너지를 이용한 지역냉방방식, 소형열병합발전을 이용한 냉방방식, 신·재생에너지를 이용한 냉방방식을 채택한다.

98 다음 중 철근 콘크리트조로서 두께와 상관없이 내화구조로 인정되는 것에 속하지 않는 것은?

① 보   ② 계단
③ 바닥   ④ 지붕

정답 ▶ 97 ③ 98 ③

해설

[내화구조]
[건축물의 피난·방화구조 등의 기준에 관한 규칙]
제3조(내화구조)
4. 바닥의 경우에는 다음 각 목의 어느 하나에 해당하는 것
   가. 철근 콘크리트조 또는 철골철근 콘크리트조로서 두께가 10센티미터 이상인 것
5. 보(지붕틀을 포함한다)의 경우에는 다음 각 목의 어느 하나에 해당하는 것. 다만 고강도 콘크리트를 사용하는 경우에는 국토교통부장관이 정하여 고시하는 고강도 콘크리트내화성능 관리기준에 적합해야 한다.
   가. 철근 콘크리트조 또는 철골철근 콘크리트조
6. 지붕의 경우에는 다음 각 목의 어느 하나에 해당하는 것
   가. 철근 콘크리트조 또는 철골철근 콘크리트조
7. 계단의 경우에는 다음 각 목의 어느 하나에 해당하는 것
   가. 철근 콘크리트조 또는 철골철근 콘크리트조

99 특별피난계단에 설치하는 배연설비의 구조에 관한 기준 내용으로 옳지 않은 것은?

① 배연구 및 배연풍도는 불연재료로 할 것
② 배연구가 외기에 접하지 아니하는 경우에는 배연기를 설치할 것
③ 배연구에 설치하는 수동개방장치 또는 자동개방장치는 손으로도 열고 닫을 수 있도록 할 것
④ 배연구는 평상시에는 닫힌 상태를 유지하고 연 경우에는 배연의 의한 기류로 인하여 닫히도록 할 것

해설

[배연설비]
[건축물의 설비기준 등에 관한 규칙]
제14조(배연설비)
② 특별피난계단 및 영 제90조 제3항의 규정에 의한 비상용 승강기의 승강장에 설치하는 배연설비의 구조는 다음 각 호의 기준에 적합하여야 한다. 〈개정 1996.2.9., 1999.5.11.〉
1. 배연구 및 배연풍도는 불연재료로 하고, 화재가 발생한 경우 원활하게 배연시킬 수 있는 규모로서 외기 또는 평상시에 사용하지 아니하는 굴뚝에 연결할 것
2. 배연구에 설치하는 수동개방장치 또는 자동개방장치(열감지기 또는 연기감지기에 의한 것을 말한다)는 손으로도 열고 닫을 수 있도록 할 것
3. 배연구는 평상시에는 닫힌 상태를 유지하고, 연 경우에는 배연에 의한 기류로 인하여 닫히지 아니하도록 할 것
4. 배연구가 외기에 접하지 아니하는 경우에는 배연기를 설치할 것
5. 배연기는 배연구의 열림에 따라 자동적으로 작동하고, 충분한 공기배출 또는 가압능력이 있을 것
6. 배연기에는 예비전원을 설치할 것
7. 공기유입방식을 급기가압방식 또는 급·배기방식으로 하는 경우에는 제1호 내지 제6호의 규정에 불구하고 소방관계법령의 규정에 적합하게 할 것

정답 99 ④

100 건축법령상 다음과 같이 정의되는 주택의 종류는?

> 주택으로 쓰는 1개 동의 바닥면적 합계가 660m² 이하이고, 층수가 4개 층 이하인 주택

① 연립주택 ② 단독주택
③ 다가구주택 ④ 다세대주택

해설

[정의 - 다세대주택]
[건축법 시행령] 별표 1 : 용도별 건축물의 종류
2. 공동주택
　다. 다세대주택 : 주택으로 쓰는 1개 동의 바닥면적 합계가 660제곱미터 이하이고, 층수가 4개 층 이하인 주택(2개 이상의 동을 지하주차장으로 연결하는 경우에는 각각의 동으로 본다)

정답 100 ④

2024 제3회

1과목 건축일반

1회독 시간: 점수:
2회독 시간: 점수:
3회독 시간: 점수:

01 도시가스 배관 중 지상배관의 표면은 색상은 원칙적으로 어떤 색으로 하는가?

① 적색   ② 황색
③ 청색   ④ 녹색

해설

[배관색상]

구분	배관색상
지상배관	황색
지하배관	저압 : 황색 중압 & 고압 : 적색

02 작용온도에서 고려하지 않는 요소는?

① 기온   ② 습도
③ 기류   ④ 복사열

해설

[작용온도]
- 작용온도 : 실내 공기 환경이 인체의 생리면에 미치는 영향을 고려한 척도
  작용온도 요소 : 기온, 기류, 복사열
- 유효온도 : 실내 온도와 같은 온도를 주게 되는 정지 상태의 포화공기의 온도
  유효온도 요소 : 기온, 기류, 습도

03 두께 20 cm인 콘크리트벽에서 내벽표면온도 18 ℃, 외벽표면온도 –2 ℃ 일 때 벽체의 열전도율로 맞는 것은? (단, 단위면적 당 열전도량은 400 W)

① 3.6 $W/m \cdot K$
② 4 $W/m \cdot K$
③ 14 $W/m \cdot K$
④ 36 $W/m \cdot K$

해설

[열전도율]
열전도량은 고온의 물체에서 저온의 물체로 전도에 의해 이동하는 열의 양이다.

$q = \lambda \dfrac{A}{l} \Delta t$

$400[W] = \lambda \times \dfrac{1[m^2]}{0.2[m]} \times 20[℃]$

$\therefore \lambda = 4[W/m \cdot ℃] = 4[W/m \cdot K]$

정답 ● 01 ② 02 ② 03 ②

04 건물에서의 열전달에 관련된 용어의 단위 중 옳지 않은 것은?

① 열전도율 : W/(m²·K)
② 대류열전달율 : W/(m²·K)
③ 열저항 : (m²·K)/W
④ 열관류율 : W/(m²·K)

해설

[단위]
열전도율은 고체와 고체 간 열이동 정도를 말하며 단위는 W/(m·K)이다. 이는 두께를 계산에 넣어야 한다는 단위의 의미이다.
※ 열전도율은 두께가 계산되어야 하기 때문에 단위 분모 미터단위에 2승으로 들어가지 않는다.

$$\lambda[W/m \cdot K] \times \frac{A[m^2]}{l[m]} \times \triangle t[K] = [W]$$

05 공기환경 측정과 관련된 측정방법이 잘못 연결된 것은?

① 유속측정 - 프로펠라 풍속계
② 압력측정 - 다이어프램 차압계
③ 환기량측정 - 가스추적법
④ 가스농도측정 - 부르동관

해설

[공기환경 측정]
부르동관 - 압력을 측정하기 위한 대표적인 방법이다.

06 음에 관한 설명으로 옳지 않은 것은?

① 음의 높이는 음의 주파수에 따라 달라진다.
② 음의 크기는 진폭이 큰 음이 진폭이 작은 음보다 크게 느껴진다.
③ 음의 크기를 객관적인 물리적 양의 개념으로 표현하기 위한 단위로 손(Sone)이 있다.
④ 큰 소리와 작은 소리를 동시에 들을 때 큰 소리만 들리고 작은 소리는 들리지 않는 현상을 마스킹효과(Masking Effect)라고 한다.

해설

[소리(음)]
사람의 감각적(청각적) 음의크기가 손(Sone)이다.

07 인체의 열적 쾌적감에 영향을 미치는 환경요소에 속하지 않는 것은?

① 기온
② 공기의 청정도
③ 기류
④ 습도

해설

[열적 쾌적감(환경요소)]
청정도는 열적요소가 아니다.

정답 04 ① 05 ④ 06 ③ 07 ②

08 일사계획에 관한 설명으로 옳지 않은 것은?

① 특수유리나 루버 등을 활용하여 일사를 조절한다.
② 건물 주변에 침엽수보다는 활엽수를 심는 것이 유리하다.
③ 겨울철의 난방 부하를 줄이기 위해 직달일사를 최대한 도입해야 한다.
④ 냉방 기간 중에 최대의 일사를 받기 위해서는 남향이 유리하다.

> **해설**
>
> [일사량]
> 남향이 유리한 것은 난방기간일 경우이다.

09 측창 채광에 관한 설명으로 옳지 않은 것은?

① 비막이에 유리하다.
② 개폐조작이 용이하고 유지관리가 쉽다.
③ 균일한 조도를 얻을 수 있다.
④ 주변 건물들에 의해 채광이 방해받을 수 있다.

> **해설**
>
> [측창 채광]
> - 건축물의 측창으로부터 이루어지는 채광이다.
> - 벽면에 위치한 개구부(창문 등)를 통한 자연 채광을 실내로 들여오는 방법이다.
> - 측창은 보통 외벽창이며 이는 비막이에 좋고 개폐조작 및 청소 등이 편리하다.
> - 균일한 조도는 천창 채광이 유리하며 통풍은 측창 채광이 유리하다.

10 학교 교실의 실내 조도를 균일하게 하는 대책으로 적당하지 않은 것은?

① 천창   ② 스포트라이트
③ 차양   ④ 유리블럭

> **해설**
>
> [학교 교실의 실내 조도]
> 스포트라이트는 국소조명으로 실내 조도를 균일하게 하는 것과는 거리가 멀다.

11 설계도서가 없는 건물의 구조물 조사진단 시 설계도서 작성과 관련하여 우선적으로 조사하지 않아도 되는 것은?

① 구조체의 치수
② 철근의 치수 및 배근상황
③ 재료의 강도
④ 균열위치 및 상태

> **해설**
>
> [설계도서]
> 건축물의 건축 등에 관한 공사용 도면과 구조계산서 및 시방서 기타 다음 각 호의 서류를 이야기한다.
> - 건축설비계산 관계서류
> - 토질 및 지질 관계서류
> - 기타 공사에 필요한 서류
>
> 따라서 우선적으로 조사하지 않아도 되는 것은 균열위치 및 상태이다.

정답 08 ④ 09 ③ 10 ② 11 ④

12 일사량에 관한 설명으로 옳지 않은 것은?

① 일사량은 지면부근의 수평 평면에 입사하는 태양에너지의 단위면적당 양이다.
② 전천일사량은 단위면적의 수평면에 입사하는 태양복사의 총량이며, 직달일사, 천공의 전 방향에서 입사하는 산란일사 및 구름에서의 반사일사를 합한 것이다.
③ 직달일사량은 단위면적의 수평면에 입사하는 태양복사 중 산란광 및 반사광만을 포함한 일사량이다.
④ 산란일사량은 단위면적의 수평면에 입사하는 태양복사 중 직달일사를 제외하고, 대기 중에서 공기분자, 수증기, 에어로졸 등으로 산란된 빛의 에너지양이다.

해설

[일사량]
직달일사량은 단위면적의 수평면에 입사하는 태양복사 중 산란광 및 반사광을 제외한 순수한 태양광이 직접 수평면에 도달되는 것이다.

2026년 출제범위를 벗어난 문제를 모두 삭제하고, 최신 출제기준에 해당하는 문제만 엄선하여 수록했습니다. 따라서 1과목 문제 수는 실제 출제 수와 다를 수 있습니다.

2과목 위생설비

1회독 시간: 점수:
2회독 시간: 점수:
3회독 시간: 점수:

21 원심식 펌프로 회전차 주위에 디퓨저인 안내 날개를 가지고 있는 펌프는?

① 터빈펌프 ② 기어펌프
③ 피스톤펌프 ④ 볼류트펌프

해설

[원심펌프의 종류 및 특성]

구분	안내날개	유량	양정
볼류트펌프	없음	대유량	저양정
터빈펌프	있음	소유량	고양정

22 먹는물의 수질기준에 따른 경도 기준으로 옳은 것은? (단, 수돗물의 경우)

① 100 mg/L를 넘지 아니할 것
② 300 mg/L를 넘지 아니할 것
③ 1000 mg/L를 넘지 아니할 것
④ 1200 mg/L를 넘지 아니할 것

해설

[먹는 물의 수질기준]
(1) 색도는 5도를 넘지 아니할 것
(2) 수은은 0.001 mg/L를 넘지 아니할 것
(3) 시안은 0.01 mg/L를 넘지 아니할 것
(4) 수돗물의 경우 경도는 300 mg/L를 넘지 아니할 것

정답 12 ③ 21 ① 22 ②

23 급수관경 결정 시 필요 없는 사항은?

① 수압표
② 관경균등표
③ 동시 사용율표
④ 마찰저항선도

해설

[급수관경 결정]
급수관경 결정에는 동시사용유량, 마찰저항선도, 허용유속 등을 이용한다. 수압표는 급수압력 검토 시 참고하나 관경 산정 자체에는 직접 사용되지 않는다.

24 압력탱크방식 급수법에 관한 설명으로 옳은 것은?

① 취급이 비교적 쉽고 고장도 없다.
② 전력 차단 시에는 사용할 수 없다.
③ 항상 일정한 수압을 유지할 수 있다.
④ 고가탱크방식에 비하여 관리비용이 저렴하고 저양정의 펌프를 사용한다.

해설

[압력탱크방식 급수법]
① 압력탱크방식은 펌프, 압력조절기, 압력탱크 관리 필요로 취급이 간단하지 않고, 고장 빈도도 있다.
③ 압력탱크방식은 탱크 내 압력 변화 범위 내에서 수압이 변동한다.
④ 압력탱크방식은 고양정의 펌프 필요, 유지관리 비도 더 높음이다.

25 간접가열식 급탕법에 관한 설명으로 옳지 않은 것은?

① 대규모의 급탕설비에 사용할 수 없다.
② 보일러 내면에 스케일 발생이 적다.
③ 탱크 내의 가열코일을 이용하여 가열한다.
④ 난방용 보일러를 사용하여 급탕할 수 있다.

해설

[간접가열식 급탕법]
간접가열식 급탕에서 대규모의 급탕설비를 사용한다.

26 아파트 1동 50세대의 급탕설비를 중앙공급식으로 하는 경우 1시간당 최대 급탕량은? (단, 각 세대마다 세면기(40 L/h), 부엌싱크대(70 L/h), 욕조(110 L/h)가 1개씩 설치되며, 기구의 동시 사용률은 30 %로 가정한다)

① 2700 L/h   ② 3300 L/h
③ 3700 L/h   ④ 4300 L/h

해설

[시간당 최대 급탕량]
시간당 급탕량 = 50(110 + 40 + 70) × 0.3
= 3300

정답 23 ① 24 ② 25 ① 26 ②

27 다음 중 사이폰트랩에 속하는 것은?

① P트랩 ② 벨트랩
③ 드럼트랩 ④ 그리스트랩

해설
[P트랩(P Trap)]
사이폰트랩의 대표적 형태로, 수평배관에서 많이 사용된다.

28 다음 중 배관의 피복 목적과 가장 관계가 먼 것은?

① 방로 ② 방음
③ 방동 ④ 방진

해설
[배관의 피복 목적]
먼지를 막으려 피복하는 것과는 관계가 멀다.

29 2개 이상의 엘보를 사용하여 이음부의 나사 회전을 이용해서 배관의 신축을 흡수하는 신축이음쇠는?

① 루프형 ② 슬리브형
③ 벨로즈형 ④ 스위블형

해설
[신축이음쇠 중 스위블형]
스위블형은 엘보 부위가 서로 회전하면서 배관의 축 방향 길이 변화(열팽창·수축)를 흡수한다.

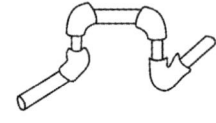
[스위블형]

30 급탕배관에서 콘크리트벽의 관통 부위에 슬리브(Sleeve)배관을 하는 가장 주된 이유는?

① 관 내의 유속을 낮추기 위하여
② 관의 도장공사를 손쉽게 하기 위하여
③ 관 표면에 생기는 결로를 막기 위하여
④ 관이 자유롭게 신축할 수 있도록 하기 위하여

해설
[슬리브(Sleeve)배관]
슬리브는 배관의 열팽창·수축 시 벽체 손상을 방지하고, 관이 자유롭게 신축되도록 설치한다.

31 밀폐된 용기에 넣은 유체의 일부에 압력을 가하면, 이 압력은 모든 방향으로 동일하게 전달되어 벽면에 작용한다. 다음 설명에 알맞은 유체 정역학 관련 이론은?

> 밀폐된 용기에 넣은 유체의 일부에 압력을 가하면, 이 압력은 모든 방향으로 동일하게 전달되어 벽면에 작용한다.

① 파스칼의 원리
② 피토관의 원리
③ 베르누이의 정리
④ 토리첼리의 정리

해설
[파스칼의 원리(Pascal's Principle)]
밀폐된 용기 속 유체에 가한 압력은 방향과 관계없이 모든 면에 동일하게 전달된다.

정답 ● 27 ① 28 ④ 29 ④ 30 ④ 31 ①

32 결합통기관에 관한 설명으로 옳은 것은?

① 각 기구마다 설치하는 통기관
② 배수·통기 양 계통 간의 공기 유통을 원활하게 하기위해 배수수평지관과 루프통기관을 연결시키는 통기관
③ 배수수직관의 상부를 그대로 연장하여 대기에 개방되게 한 것으로 배수수직관이 통기관의 역할까지 하도록 한 통기관
④ 배수수직관이 길 경우 발생할 수 있는 배수수직관 내의 압력변화를 방지하기 위해 배수수직관과 통기수직관을 연결한 통기관

해설

[결합통기관]
결합통기관은 배수수직관이 길 경우 배수수직관 내의 통기성능 향상을 위하여 배수수직관과 통기수직관을 연결하는 통기관이다.

33 급수배관 설계 및 시공 시 주의사항으로 옳지 않은 것은?

① 수평배관에서 물이 고일 수 있는 부분에는 진공방지밸브를 설치한다.
② 상향 급수배관방식의 경우 진행방향에 따라 올라가는 기울기로 한다.
③ 기구의 접속관지름은 기구의 구경과 동일한 것을 원칙으로 하며 이것보다 작게 해서는 안 된다.
④ 수직배관에는 25~30 m 구간마다 체크밸브를 설치하여 유동 정지시의 역류에너지의 작용을 분산한다.

해설

[급수배관 설계 및 시공 시 주의사항]
급수배관 설계 시 수평배관에서 물이 고일 수 있는 부분에는 배수(드레인)밸브를 설치한다.

34 대변기의 세정급수방식 중 하이탱크식과 로우탱크식에 관한 설명으로 옳은 것은?

① 하이탱크식은 로우탱크식보다 세정 소음이 작다
② 로우탱크식과 하이탱크식은 연속 사용이 가능하다.
③ 로우탱크식은 하이탱크식보다 화장실 내의 공간을 적게 차지하여 유리하다.
④ 하이탱크식과 로우탱크식은 탱크로의 급수 수압이 다소 낮아도 사용이 가능하다.

해설

[대변기의 세정급수방식]
플러시밸브식은 고수압 필요하지만, 탱크식은 낮은 수압으로도 탱크에 급수 후 세정 가능하다

35 양수펌프가 수면으로부터 2.5 m 높은 지점에 설치되어 있다. 이때 수온은 32.5 ℃이고. 32.5 ℃ 물의 포화증기압은 5 kPa이며, 수면 위에는 표준대기압이 작용하고 있다. 이 양수펌프의 유효 흡입양정은? (단, 마찰저항은 2.37 mAq이며 물의 밀도는 0.996 kg/L이다)

① 약 2.5 m ② 약 5.0 m
③ 약 7.5 m ④ 약 10.0 m

정답 ● 32 ④ 33 ① 34 ④ 35 ②

해설

[유효 흡입양정]
유효 흡입양정 = 10.332 m
$$= \text{유효 흡입양정}$$
$$= 10.332 - \frac{5kPa}{9.8kN/m^3} - 2.37 - 2.5$$
$$= 4.95\ m$$

36 배수배관에서 청소구의 원칙적인 설치 위치에 속하지 않는 것은?

① 배수횡주관 및 배수횡지관의 기점
② 배수수직관의 최상부 또는 그 부근
③ 배수횡주관과 부지 배수관의 접속점에 가까운 곳
④ 배수관이 45°를 넘는 각도로 방향을 전환하는 개수

해설

[청소구]
청소구는 수직관 최상부가 아닌 최하부(바닥면과 접하는 부분)에 설치한다.

37 층류와 난류에 관한 설명으로 옳지 않은 것은?

① 층류영역에서 난류영역 사이를 천이영역이라고 한다.
② 층류에서 난류로 천이할 때의 유속을 평균 유속이라고 한다.
③ 레이놀즈수에 의한 관 내의 흐름이 층류인지 난류인지 판별할 수 있다.
④ 유체 유동 중 층류는 유체분자가 규칙적으로 층을 이루면서 흐르는 것이다.

해설

[층류와 난류에 관한 설명]
② 층류에서 난류로 천이할 때의 유속을 임계유속(critical velocity)이라고 한다.

38 다음 중 펌프에서 캐비테이션현상의 방지대책과 가장 거리가 먼 것은?

① 관 내에 공기가 체류하지 않도록 배관한다.
② 양정에 필요 이상의 여유를 주지 않도록 한다.
③ 흡수관을 가능한 길게 하고 관경을 작게 한다.
④ 흡입조건이 나쁜 경우 회전수가 작은 펌프를 사용한다.

해설

[캐비테이션현상의 방지대책]
흡수관은 가능한 짧게 관경은 크게 하여 유속을 낮춘다.

39 1000 L/h의 급탕을 전기온수기를 사용하여 공급할 때 시간당 전력사용량은? (단, 물의 비열 4.2 kJ/kg·K, 밀도 1 kg/L, 급탕온도 70 ℃, 급수온도 10 ℃, 전기온수기의 전열효율은 95 %로 한다)

① 63.4 kWh ② 66.5 kWh
③ 70.2 kWh ④ 73.7 kWh

해설

[시간당 전력사용량]

$$Q = G \times C \times \Delta T \times \frac{1}{\eta}$$

$$= \frac{\frac{1000}{3600}[kg/s] \times 4.2[kJ/kg \cdot K] \times (70-10)[K]}{0.95}$$

$$= 73.7 kW$$

따라서
1시간당 전력사용량은
$= 73.7 kW \times 1h = 73.7 kWh$

40 수질에 관한 설명으로 옳은 것은?

① SS값이 클수록 탁도가 작다
② COD값이 클수록 오염도가 작다.
③ BOD값이 클수록 오염도가 작다.
④ BOD 제거율값이 클수록 처리능력이 양호하다.

해설

[수질]
① SS(Suspended Solids)값이 클수록 탁도는 크다.
② COD(Chemical Oxygen Demand)값이 클수록 오염도가 크다.
③ BOD(Biochemical Oxygen Demand)값이 클수록 오염도가 크다.

3과목 공기조화설비

41 유량조절용으로 사용되며 유체의 흐름 방향을 90°로 전환시킬 수 있는 밸브는?

① 볼밸브   ② 앵글밸브
③ 체크밸브 ④ 게이트밸브

해설

[앵글밸브(Angle Valve)]
유량조절용으로 사용되며 밸브 구조상 유체의 흐름을 90°로 전환한다.

42 다음 그림과 같은 냉수배관계통에서 ㉠점의 냉수 순환량은? (단, 펜코일 유닛의 단위는 와트(W)이며, 물의 비열은 4.2 kJ/kg·K, 물의밀도는 1 kg/L이다)

- 펜코일 유닛의 입구, 출구온도차 : 5℃
- 배관 및 기기의 열손실은 10 %로 한다.

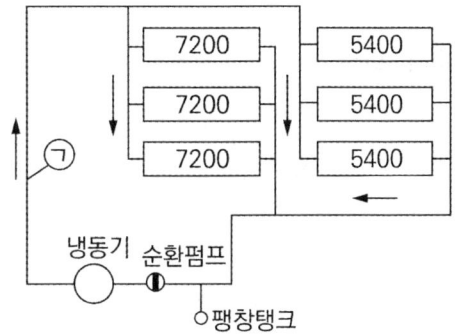

① 약 61 L/min   ② 약 119 L/min
③ 약 122 L/min ④ 약 134 L/min

해설

[냉수 순환량]
$(7200 \times 3 + 5400 \times 3) \times 1.1 \ W$
$= m \times 4.2 \times 5 \times \dfrac{1000 J/kJ}{60 s/min}$
$m = 118.8$

43 보일러에 관한 설명으로 옳지 않은 것은?

① 연관보일러는 예열시간이 길고 수명이 짧다.
② 입형보일러는 설치면적이 작고 취급이 용이하다.
③ 수관보일러는 지역난방 또는 대형건물에 주로 이용된다.
④ 관류보일러는 보유수량이 많으므로 일반 공조용에 많이 이용된다.

해설

[보일러]
관류보일러는 보유수량이 적고 응답성이 빠르다.

44 다음과 같은 특징을 갖는 천장취출구는?

- 확산형 취출구의 일종을 몇 개의 콘(Cone)이 있어서 1차 공기에 의한 2차 공기의 유인성능이 좋다.
- 확산반경이 크고 도달거리가 짧기 때문에 천장 취출구로 많이 사용된다.

① 팬형 ② 노즐형
③ 펑커형 ④ 아네모스탯형

해설

[아네모스탯형(Anemostat Type)]
여러 개의 콘(Cone)으로 구성된 확산형 취출구, 유인 성능이 우수하고 확산 반경이 크며 도달거리가 짧아 천장취출구로 널리 사용된다.

45 급기온도를 일정하게 하고 송풍량을 변화시켜서 실내온도를 조절하는 공기조화방식은?

① 냉매방식
② 이중덕트방식
③ 정풍량 단일덕트방식
④ 변풍량 단일덕트방식

해설

[변풍량 단일덕트방식]
급기온도를 일정하게 유지하고 송풍량(VAV)을 변화시켜 실내온도를 조절하는 방식이다.

46 1인당 소요면적이 5 m²이고, 사무실의 면적이 500 m²일 때 인체 발생열량은? (단, 1인당 발생 현열량은 56 W/인, 잠열량은 46 W/인이다)

① 9400 W ② 9900 W
③ 10000 W ④ 10200 W

해설

[인체 발생열량]
$\dfrac{500}{5/\text{인}} = 100 \text{인}$
$q = 100(56 + 46) = 10200$

정답 43 ④ 44 ④ 45 ④ 46 ④

47 축열시스템에 관한 설명으로 옳지 않은 것은?

① 심야전력의 이용이 가능하다.
② 냉동기의 용량을 감소시킬 수 있다.
③ 호텔의 공공부분과 같이 간헐운전이 심한 경우에는 적용할 수 없다.
④ 빙축열시스템은 냉각을 위한 냉동기, 축열을 위한 빙축열조, 외부와의 열교환을 위한 열교환기 등으로 구성된다.

해설

[축열시스템]
간헐운전에도 적용 가능하며, 오히려 간헐부하 대응에 유리하다

48 진공환수식 증기난방에서 리프트 피팅(Lift Fitting)을 해야 하는 경우는?

① 방열기보다 환수주관이 높을 때
② 방열기보다 환수주관이 낮을 때
③ 배관 내의 유체온도가 너무 높을 때
④ 배관 내의 유체온도가 너무 낮을 때

해설

[리프트이음]
방열기보다 환수주관이 높을 때 리프트이음(Lift Fitting)을 적용한다. 방열기에서 발생한 응축수가 환수주관보다 낮아 자연 배수가 되지 않을 때, 리프트이음을 설치해 진공차에 의해 응축수를 들어 올린다.

49 전열교환기에 관한 설명으로 옳지 않은 것은?

① 공기 대 공기의 열교환기로서, 습도차에 의한 잠열은 교환 대상이 아니다.
② 공기방식의 중앙공조시스템이나 공장 등에서 환기에서의 에너지 회수방식으로 사용된다.
③ 공조시스템에서 배기와 도입되는 외기와의 전열교환으로 공조기의 용량을 줄일 수 있다.
④ 전열교환기를 사용한 공조시스템에서 중간기(봄, 가을)를 제외한 냉방기와 난방기의 열회수량은 실내·외의 온도차가 클수록 많다.

해설

[전열교환기]
전열교환기는 현열 + 잠열 모두 교환 대상이다.

50 덕트의 치수결정법에 관한 설명으로 옳지 않은 것은?

① 등속법은 덕트 내의 풍속을 일정하게 유지할 수 있도록 덕트 치수를 결정하는 방법이다.
② 등마찰손실법은 덕트의 단위길이당 마찰손실이 일정한 상태가 되도록 덕트마찰손실 선도에서 직경을 구하는 방법이다.
③ 등속법에 의한 덕트는 각 구간마다 압력 손실이 다르므로 송풍기 용량을 구하기 위해서는 전체 구간의 압력 손실을 구해야하는 번거로움이 있다.

정답 47 ③ 48 ① 49 ① 50 ④

④ 등속법에 의한 덕트에 많은 풍량을 송풍하면 소음발생이나 덕트의 강도상에 문제가 발생하므로 일정 풍량 이상인 경우 등마찰손실법으로 결정한다.

해설

[덕트의 치수결정법]
등속법에서 미분탄 및 시멘트 분말의 이송에는 덕트 내에 분말이 침적되지 않도록 풍속 20 ~ 35 m/s 정도로 설계하는 방법으로 선택의 여지가 따로 없다.

51 사무실 크기가 10 m × 10 m × 3 m이고 재실자 25명, 가스난로의 CO_2 발생량이 0.5 m³/h일 때, 실내평균 CO_2 농도를 5000 ppm으로 유지하기 위한 최소 환기횟수는? (단, 재실자 1인당 CO_2 발생량은 18 L/h, 외기의 CO_2 농도는 800 ppm이다)

① 약 0.75 회/h
② 약 1.25 회/h
③ 약 1.50 회/h
④ 약 2.00 회/h

해설

[최소 환기횟수]
$(25 \times 18) \times 10^{-3} + 0.5 = Q(5000 - 800) \times 10^{-6}$
$Q = 226.19$
실의 체적 $300 m^3$
그러므로 $\dfrac{226.19}{300} = 0.753$

52 증기트랩의 작동원리에 따른 분류 중 기계식 트랩에 속하는 것은?

① 버킷트랩
② 디스크트랩
③ 벨로즈식 트랩
④ 바이메탈식 트랩

해설

[기계식 트랩]

구분	응축수 회수 원리	종류
기계식	응축수의 부력을 이용	플로트트랩, 버킷트랩
열동식 (온도조절식)	증기와 응축수의 온도 차이	바이메탈식 트랩, 벨로스 트랩
열역학	증기와 응축수의 열역학적 특성 차이	디스크트랩, 오리피스트랩

53 수증기를 만드는 원리에 따라 가습장치를 구분할 경우 다음 중 수분무식에 속하는 것은?

① 전열식
② 모세관식
③ 초음파식
④ 적외선식

해설

[가습장치의 구분]
• 수분무식 : 원심식, 초음파식, 분무식
• 증기발생식 : 전열식, 전극식, 적외선식

정답 51 ① 52 ① 53 ③

54 공기조화방식 중 전공기방식의 일반적인 특징으로 옳은 것은?

① 덕트 스페이스가 필요하다.
② 실내공기의 오염이 심하다.
③ 실내에 누수의 염려가 많다.
④ 중간기에 외기냉방을 할 수 없다.

해설

[전공기방식]
① 전공기방식은 공기를 덕트로 공급하므로 덕트 설치공간이 필요하다.
② 전공기방식은 공기조화기로 외기 처리 후 공급하므로 오염이 적다.
③ 누수 위험은 전수방식(FCU 등)에서 발생하고, 전공기방식은 해당 없다.
④ 전공기방식은 외기냉방 운전이 가능하다.

55 환기방식에 관한 설명으로 옳지 않은 것은?

① 화장실, 주방 등은 제3종 환기가 유리하다
② 상향식 환기는 바닥면의 먼지 등을 일으킬 수 있다.
③ 제2종 환기란 급기팬과 배기팬이 모두 설치되는 것을 말한다.
④ 국소환기는 주방, 실험실에서와 같이 오염물질의 확산 및 방산을 가능한 극소화시키려고 할 때 적용된다.

해설

[환기방식]
제1종 환기가 급기팬과 배기팬이 모두 설치되는 것을 말한다.

56 다음 중 송풍기의 풍량제어 시 축동력이 가장 많이 소요되는 제어방법은?

① 회전수제어
② 흡입베인제어
③ 흡입댐퍼제어
④ 토출댐퍼제어

해설

[송풍기 풍량제어방법]
• 토출댐퍼제어 > 흡입댐퍼제어 > 흡입베인제어 > 회전수제어
• 회전수제어가 가장 경제적, 토출댐퍼제어가 가장 비경제적

57 냉동기에 관한 설명으로 옳지 않은 것은?

① 터보식 냉동기는 임펠러의 원심력에 의해 냉매가스를 압축한다.
② 터보식 냉동기는 대용량에서는 압축효율이 좋고 비례제어가 가능하다.
③ 압축식 냉동기의 냉매순환 사이클은 압축기 → 응축기 → 팽창밸브 → 증발기이다.
④ 흡수식 냉동기는 열에너지가 아닌 기계적 에너지에 의해 냉동효과를 얻는다.

해설

[냉동기]
흡수식 냉동기는 열에너지(보일러, 폐열 등)로 구동되며, 기계적 에너지를 주동력으로 사용하지 않는다.

정답 54 ① 55 ③ 56 ④ 57 ④

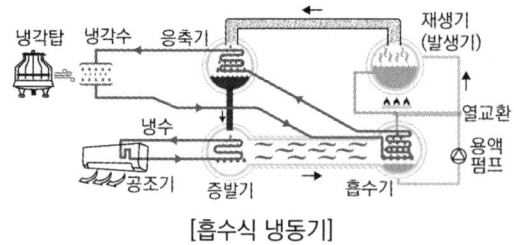

[흡수식 냉동기]

58 냉방부하계산에 관한 설명으로 옳지 않은 것은?

① 외벽구조에 따라 상당온도차는 다르게 나타난다.
② 틈새바람에 의한 부하는 현열과 잠열 모두 고려한다.
③ 틈새바람량 계산법으로는 틈새법, 면적법, 환기횟수법 등이 있다.
④ 유리를 통한 열부하는 일사에 의한 직접 열 취득만을 고려한다.

해설

[냉방부하계산]
④ 유리를 통한 열부하는 일사에 의한 직접 열 취득뿐만 아니라 유리의 열관류도 고려해야 한다.

59 다음 중 상당외기온도의 산정과 가장 거리가 먼 것은?

① 외기온도
② 일사의 세기
③ 구조체의 열관류율
④ 표면재료의 일사흡수율

해설

[상당외기온도의 산정]
상당외기온도 계산에는 구조체의 열관류율이 직접 포함되지 않으며, 열관류율은 열관류량 계산 요소이다.

60 습공기선도와 관련된 설명으로 옳지 않은 것은?

① 현열비는 전열량에 대한 현열량의 비율을 의미한다.
② 습공기선도에서 현열비 상태선이 수평일 때 현열비는 1이다.
③ 습공기를 등온 가습하였을 경우 노점온도는 낮아지나 상대습도는 높아진다.
④ 열수분비는 습공기의 상태변화에 따른 전열량의 변화량과 절대습도의 변화량의 비를 나타낸다.

해설

[습공기선도]
등온 가습하면 수증기량 증가로 노점온도는 상승, 상대습도도 상승한다. 노점온도가 낮아지지 않는다.

정답 ● 58 ④ 59 ③ 60 ③

4과목 소방 및 전기설비

61 나무, 섬유, 종이, 고무, 플라스틱류와 같은 일반 가연물이 타고 나서 재가 남는 화재를 의미하는 것은?

① A급 화재 ② B급 화재
③ C급 화재 ④ K급 화재

해설

[화재]

등급	화재	표시색	적응물질
A급 화재	일반 화재	백색	목재, 섬유, 합성섬유
B급 화재	유류 화재	황색	인화성 액체
C급 화재	전기 화재	청색	통전 중인 전기설비, 기기화재
D급 화재	금속 화재	무색	가연성 금속
K급 화재	식용유 화재	황색	식용유

62 공동주택 부지 내에서 도시가스 사용시설의 배관을 지하에 매설하는 경우 지면으로부터 최소 얼마 이상의 거리를 유지하여야 하는가?

① 0.3 m
② 0.6 m
③ 0.8 m
④ 1.2 m

해설

[배관 매설깊이]
(1) 공동주택 부지 내 : 0.6 m 이상
(2) 폭 4 m 이상 8 m 미만의 도로 : 1 m 이상
(3) 폭 8 m 이상의 도로 : 1.2 m 이상
(4) 위에 해당하지 않는 곳 : 0.8 m 이상

63 100 Ω인 전열기가 5대 100 V 전지에 병렬로 연결되어 있을 때 전열기 1대에서 소비되는 전력은?

① 20 W   ② 40 W
③ 100 W ④ 500 W

해설

[전력 계산]
V = IR에서 100 = I × 100
그러므로 전류(I) = 1 A
P = VI에서 100 × 1 = 100

정답 61 ① 62 ② 63 ③

64 정보통신설비를 정보설비와 통신설비로 구분할 경우 다음 중 정보설비에 속하는 것은?

① 인터폰설비
② TV공청설비
③ 홈네트워크설비
④ 구내방송(PA)설비

해설

[정보통신설비]
- 정보설비 : 정보의 저장, 처리, 제어, 보안, 자동화, 네트워크 등 정보 관련 기능을 수행하는 설비 (홈네트워크설비 : 주택 내 정보통신 및 가전기기 등의 상호 연계를 통해 통합된 주거서비스를 제공하는 설비)
- 통신설비 : 음성, 데이터, 영상 등 정보를 송수신하는 설비

65 자속의 단위로 사용되는 것은?

① 헨리[H] ② 패럿[F]
③ 클롱[C] ④ 웨버[wb]

해설

[단위]
- 헨리[H] : 인덕턴스(Inductance) 단위
- 패럿[F] : 정전용량(Capacitance) 단위
- 클롱[C] : 전하(Charge) 단위
- 웨버[Wb] : 자속(Magnetic Flux) 단위

66 가동코일형 계기에 관한 설명으로 옳은 것은?

① 고주파용이다.
② 교류 전용이다.
③ 직류 전용이다.
④ 직류, 교류 양용이다.

해설

[가동코일형 계기]
가동코일형 계기란 영구 자석에 의한 자계 속에 코일을 매달고 이에 측정할 전류를 흐르게 하여 지침이 지시하게 되는 직류전용 계기

67 차동식 분포형 화재감지기에 속하지 않는 것은?

① 스폿식 ② 공기관식
③ 열전대식 ④ 열반도체식

해설

[감지기]

- 차동식 스포트형 : 일국소의 열효과를 검출하여 감지부와 검출부가 통합되어 있는 구조
- 차동식 분포형 : 넓은 범위의 열효과를 검출

정답 64 ③ 65 ④ 66 ③ 67 ①

68 옥내소화전설비에 관한 설명으로 옳지 않은 것은?

① 영하 10 ℃ 이하의 추운 곳에서의 배관은 습식으로 한다.
② 주배관 중 수직배관의 구경은 50 mm 이상의 것으로 한다.
③ 방수구는 바닥으로부터 높이가 1.5 m 이하가 되도록 한다.
④ 건물의 각 부분으로부터 하나의 옥내소화전 방수구까지의 수평거리가 25 m 이하가 되도록 한다.

해설
[옥내소화전설비]
동결을 방지하기 위해 건식으로 한다.

69 각종 센서로부터 전자식 신호를 받아 수치화된 디지털신호로 제어하는 방식은?

① 전기식 ② 공기식
③ 기계식 ④ DDC방식

해설
[DDC방식(Direct Digital Control방식)]
센서에서 입력된 아날로그 또는 디지털신호를 마이크로컴퓨터(컨트롤러)에서 디지털신호로 변환하여 수치화하고, 이를 바탕으로 자동제어를 수행하는 시스템

70 어느 공장에 주파수 60 Hz, 50 kW인 4극 유도전동기가 운전되고 있다. 이 전동기의 동기속도는?

① 1500 rpm ② 1800 rpm
③ 2500 rpm ④ 3600 rpm

해설
[동기속도]
$$N = \frac{120f}{P} = \frac{120 \times 60}{4} = 1800$$

f : 주파수[Hz]
P : 극수

71 콘덴서에서 극판의 면적을 2배로 증가시키면 정전용량은 몇 배가 되는가?

① 1.5배 ② 2배
③ 3배   ④ 4배

해설
[정전용량의 계산]
(1) 구도체의 정전용량 : $C = 4\pi\varepsilon r \, [F]$
　　　　　　　　$r[m]$: 구도체의 반지름
(2) 평판도체의 정전용량 : $C = \varepsilon \frac{A}{d} \, [F]$
　　　　　　　　$d[m]$: 극판의 간격
　　　　　　　　$A[m^2]$: 면적

정답 ● 68 ① 69 ④ 70 ② 71 ②

72 공조설비의 밸브나 댐퍼의 구동을 위하여 비례제어용으로 주로 사용되는 조작기는?

① 히트펌프　　② 서보모터
③ 모듀트럴모터　④ 직동식 전자밸브

해설

[모듀트럴모터]
모듀트럴모터 = 전동모터는 조절기의 신호(릴레이 접점 등)를 받아 밸브나 댐퍼의 개도를 비례적으로 제어

73 단상 변압기의 2차 무부하 전압이 220 V이고, 정격부하에서의 2차 단자전압이 200 V일 경우 전압변동률은?

① 5 %　　② 7 %
③ 10 %　 ④ 12 %

해설

[전압변동률]
$$전압변동률 = \frac{무부하전압 - 단자전압}{단자전압}$$
$$= \frac{220 - 200}{200} \times 100\% = 10\%$$

74 단권 변압기에서 1차 권선의 수가 100회, 공통 코일(2차 코일) 권수가 60회일 때 2차 측 전압은 얼마인가? (단, 1차 측 전압은 100 V이다)

① 40 V　　② 60 V
③ 100 V　 ④ 160 V

해설

[변압기]
$$\frac{N_2}{N_1} = \frac{V_2}{V_1}$$
$$\frac{60}{100} = \frac{60}{100}$$

권수비 : $a = \dfrac{N_1}{N_2} = \dfrac{V_1}{V_2} = \dfrac{E_1}{E_2} = \dfrac{I_2}{I_1}$

75 다음은 옥외소화전설비의 호스접결구에 관한 기준내용이다. ( ) 안에 알맞은 것은?

> 호스접결구는 지면으로부터 높이가 0.5 m 이상 1 m 이하의 위치에 설치하고 특정소방대상물의 각 부분으로부터 하나의 호스접결구까지의 수평거리가 ( ) 이하가 되도록 설치하여야 한다.

① 30 m　　② 40 m
③ 50 m　　④ 60 m

정답 → 72 ③　73 ③　74 ②　75 ②

> **해설**

[옥외소화전설비]
① 호스접결구 : 지면으로부터 높이가 0.5 m 이상, 1 m 이하의 위치
② 수평거리 : 대상물의 각 부분으로부터 하나의 호스접결구까지 40 m 이하
③ 옥외소화전함의 호스와 노즐

호스의 구경	65 mm
노즐의 구경	19 mm

76 각종 광원에 관한 설명으로 옳지 않은 것은?

① 형광램프는 점등장치를 필요로 한다.
② 저압나트륨램프는 인공광원 중에서 연색성이 가장 우수하다.
③ 고압수은램프는 광속이 큰 것과 수명이 긴 것이 특징이다.
④ 메탈핼라이드램프는 고압수은램프보다 효율과 연색성이 우수하다.

> **해설**

[광원]
저압나트륨램프는 단일 파장(노란색)에 가까운 빛을 방출하기 때문에 연색성이 나쁘다.

77 평형 3상 교류에서 각 상 간의 위상차는?

① 60°   ② 90°
③ 120°   ④ 180°

> **해설**

[위상차]
3상 교류에서 각 상 간의 위상차는 사인파 360°를 3으로 나눈 120°

78 엘리베이터설비에서 도어의 안전장치로서 승강장 도어가 열림 상태에서 모든 제약이 풀리면 자동으로 도어가 닫히도록 하는 장치는?

① 도어 머신   ② 도어 클로저
③ 도어 인터록   ④ 도어 스위치

> **해설**

[엘리베이터]
• 도어 클로저는 문이 열려있을 때 자동으로 닫히도록 하는 장치이다.
• 도어 머신 : 엘리베이터 문을 자동 개폐시키는 장치
• 도어 인터록 : 엘리베이터 문이 닫히지 않았을 때 움직이지 않도록 하는 장치
• 도어 스위치 : 엘리베이터 문의 열림/닫힘 상태를 감지하는 스위치

정답 ● 76 ② 77 ③ 78 ②

79 스프링클러설비를 구성하는 배관에 관한 설명으로 옳지 않은 것은?

① 가지배관이란 스프링클러헤드가 설치되어 있는 배관을 말한다.
② 주배관이란 직접 또는 수직배관을 통하여 가지배관에 급수하는 배관을 말한다.
③ 급수배관이란 수원 및 옥외송수구로부터 스프링클러헤드에 급수하는 배관을 말한다.
④ 신축배관이란 가지배관과 스프링클러헤드를 연결하는 구부림이 용이하고 유연성을 가진 배관을 말한다.

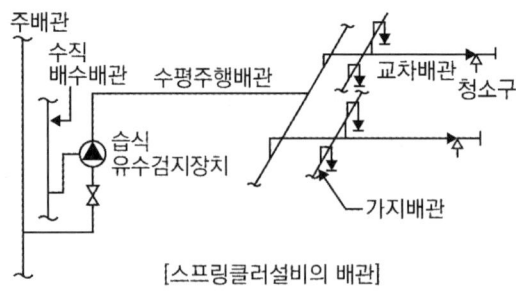

[스프링클러설비의 배관]

해설

[스프링클러설비의 화재안전기술기준(NFTC 103)]
〈용어의 정의〉
1. "가지배관"이란 헤드가 설치되어 있는 배관을 말한다.
2. "교차배관"이란 가지배관에 급수하는 배관을 말한다.
3. "주배관"이란 가압송수장치 또는 송수구 등과 직접 연결되어 소화수를 이송하는 주된 배관을 말한다.
4. "신축배관"이란 가지배관과 스프링클러헤드를 연결하는 구부림이 용이하고 유연성을 가진 배관을 말한다.
5. "급수배관"이란 수원 또는 송수구 등으로부터 소화설비에 급수하는 배관을 말한다.

80 전기 관련 용어에 관한 설명으로 옳지 않은 것은?

① 전력은 열량으로 환산이 가능하다.
② 전류는 단위시간에 이동한 전기량을 말한다.
③ 저항의 크기는 물체의 단면적이 비례하고 길이에 반비례한다.
④ 전기회로에서 두 극 사이에 생기는 전기적인 고저차를 전위차 또는 전압이라 한다.

해설

[용어]
수식

$$R = \rho \frac{l}{A} = \rho \frac{l}{\pi r^2}$$
$$= \rho \frac{l}{\pi \left(\frac{D}{2}\right)^2} = \rho \frac{l}{\frac{\pi D^2}{4}} \ [\Omega]$$

$\rho\,[\Omega \cdot mm^2/m,\ \Omega \cdot m]$: 도선의 고유저항
$A\,[m^2]$: 도체의 단면적
$l\,[m]$: 도선의 길이, $r\,[m]$: 전선의 반경
$D\,[m]$: 전선의 직경

정답 79 ② 80 ③

5과목 건축설비 관계법규

81 방송 공동수신설비를 설치하여야 하는 대상 건축물에 속하지 않는 것은?

① 아파트　　② 연립주택
③ 다가구주택　④ 다세대주택

해설

[방송 공동수신설비]
[건축법 시행령] 제87조(건축설비설치의 원칙)
④ 건축물에는 방송수신에 지장이 없도록 공동시청 안테나, 유선방송 수신시설, 위성방송 수신설비, 에프엠(FM)라디오방송 수신설비 또는 방송 공동수신설비를 설치할 수 있다. 다만 다음 각 호의 건축물에는 방송 공동수신설비를 설치하여야 한다.
　1. 공동주택
　2. 바닥면적의 합계가 5천 제곱미터 이상으로서 업무시설이나 숙박시설의 용도로 쓰는 건축물
⑤ 제4항에 따른 방송 수신설비의 설치기준은 과학기술정보통신부장관이 정하여 고시하는 바에 따른다.

- 공동주택(아파트, 연립주택, 다세대주택) 바닥면적의 합계가 5천 제곱미터 이상으로서 업무시설이나 숙박시설의 용도로 쓰는 건축물
- 다가구주택은 공동주택이 아님

82 화재안전기준에 따라 소화기구를 설치하여야 하는 특정소방대상물의 연면적 기준은?

① 10 m^2 이상　② 25 m^2 이상
③ 33 m^2 이상　④ 45 m^2 이상

해설

[소화기구 설치]
[소방시설설치 및 관리에 관한 법률 시행령]
별표 4 : 특정소방대상물의 관계인이 특정소방대상물에 설치·관리해야 하는 소방시설의 종류
1. 소화설비
　가. 화재안전기준에 따라 소화기구를 설치해야 하는 특정소방대상물은 다음의 어느 하나에 해당하는 것으로 한다.
　　1) 연면적 33 m^2 이상인 것. 다만 노유자시설의 경우에는 투척용 소화용구 등을 화재안전기준에 따라 산정된 소화기 수량의 2분의 1 이상으로 설치할 수 있다.

83 특별시나 광역시에 건축하는 경우 특별시장이나 광역시장의 허가를 받아야 하는 대상건축물의 층수 기준은?

① 층수가 10층 이상인 건축물
② 층수가 15층 이상인 건축물
③ 층수가 21층 이상인 건축물
④ 층수가 31층 이상인 건축물

정답　81 ④　82 ③　83 ③

해설

[건축허가]
[건축법 시행령] 제8조(건축허가)
① 법 제11조 제1항 단서에 따라 특별시장 또는 광역시장의 허가를 받아야 하는 건축물의 건축은 층수가 21층 이상이거나 연면적의 합계가 10만 제곱미터 이상인 건축물의 건축(연면적의 10분의 3 이상을 증축하여 <u>층수가 21층 이상</u>으로 되거나 연면적의 합계가 10만 제곱미터 이상으로 되는 경우를 포함한다)을 말한다.

84 다음 중 준다중이용 건축물에 속하지 않는 것은? (단, 해당 용도로 쓰는 바닥면적의 합계가 1000 m²인 건축물의 경우)

① 종교시설 ② 판매시설
③ 위락시설 ④ 수련시설

해설

[정의 - 준다중이용 건축물]
[건축법 시행령] 제2조(정의)
17의2. "<u>준다중이용 건축물</u>"이란 다중이용 건축물 외의 건축물로서 다음 각 목의 어느 하나에 해당하는 용도로 쓰는 바닥면적의 합계가 1천 제곱미터 이상인 건축물을 말한다.
　가. 문화 및 집회시설(동물원 및 식물원은 제외한다)
　나. <u>종교시설</u>
　다. <u>판매시설</u>
　라. 운수시설 중 여객용 시설
　마. 의료시설 중 종합병원
　바. 교육연구시설
　사. 노유자시설
　아. 운동시설
　자. 숙박시설 중 관광숙박시설
　차. <u>위락시설</u>

카. 관광휴게시설
타. 장례시설

85 건축법령상 공동주택에 속하지 않는 것은?

① 기숙사
② 연립주택
③ 다가구주택
④ 다세대주택

해설

[정의]
[건축법 시행령] 별표 1 : 용도별 건축물의 종류
다. <u>다가구주택</u> : 다음의 요건을 모두 갖춘 주택으로서 <u>공동주택에 해당하지 아니하는 것</u>을 말한다.
2. 공동주택
　가. <u>아파트</u> : 주택으로 쓰는 층수가 5개 층 이상인 주택
　나. <u>연립주택</u> : 주택으로 쓰는 1개 동의 바닥면적(2개 이상의 동을 지하주차장으로 연결하는 경우에는 각각의 동으로 본다) 합계가 660제곱미터를 초과하고, 층수가 4개 층 이하인 주택
　다. <u>다세대주택</u> : 주택으로 쓰는 1개 동의 바닥면적 합계가 660제곱미터 이하이고, 층수가 4개 층 이하인 주택(2개 이상의 동을 지하주차장으로 연결하는 경우에는 각각의 동으로 본다)
　라. <u>기숙사</u> : 다음의 어느 하나에 해당하는 건축물로서 공간의 구성과 규모 등에 관하여 국토교통부장관이 정하여 고시하는 기준에 적합한 것. 다만 구분소유된 개별 실(室)은 제외한다.

정답 ● 84 ④　85 ③

86 방염성능 기준 이상의 실내장식물 등을 설치하여야 하는 특정소방대상물에 속하지 않는 것은?

① 수영장
② 숙박시설
③ 의료시설
④ 방송통신시설 중 방송국

해설

[방염성능 기준]
[소방시설설치 및 관리에 관한 법률 시행령]
제30조(방염성능 기준 이상의 실내장식물 등을 설치해야 하는 특정소방대상물)
법 제20조 제1항에서 "대통령령으로 정하는 특정소방대상물"이란 다음 각 호의 것을 말한다.
1. 근린생활시설 중 의원, 치과의원, 한의원, 조산원, 산후조리원, 체력단련장, 공연장 및 종교집회장
2. 건축물의 옥내에 있는 다음 각 목의 시설
   가. 문화 및 집회시설
   나. 종교시설
   다. 운동시설(수영장은 제외한다)
3. 의료시설
4. 교육연구시설 중 합숙소
5. 노유자시설
6. 숙박이 가능한 수련시설
7. 숙박시설
8. 방송통신시설 중 방송국 및 촬영소
9. 「다중이용업소의 안전관리에 관한 특별법」제2조 제1항 제1호에 따른 다중이용업의 영업소(이하 "다중이용업소"라 한다)
10. 제1호부터 제9호까지의 시설에 해당하지 않는 것으로서 층수가 11층 이상인 것(아파트등은 제외한다)

87 다음은 환기구의 안전 기준 내용이다. ( ) 안에 알맞은 것은?

영 제87조 제2항에 따라 환기구[건축물의 환기 설비에 부속된 급기(給氣) 및 배기(排氣)를 위한 건축구조물의 개구부(開口部)를 말한다.]는 보행자 및 건축물 이용자의 안전이 확보되도록 바닥으로부터 ( ) 이상의 높이에 설치하여야 한다.

① 1 m ② 2 m
③ 3 m ④ 4 m

해설

[환기구]
[건축물의 설비기준 등에 관한 규칙]
제11조의2(환기구의 안전 기준)
① 영 제87조 제2항에 따라 환기구[건축물의 환기 설비에 부속된 급기(給氣) 및 배기(排氣)를 위한 건축구조물의 개구부(開口部)를 말한다. 이하 같다]는 보행자 및 건축물 이용자의 안전이 확보되도록 바닥으로부터 2미터 이상의 높이에 설치해야 한다. 다만 다음 각 호의 어느 하나에 해당하는 경우에는 예외로 한다.

88 용도변경과 관련된 시설군 중 문화집회시설군에 속하는 건축물의 용도가 아닌 것은?

① 종교시설   ② 수련시설
③ 위락시설   ④ 관광휴게시설

정답 86 ① 87 ② 88 ②

해설

[문화집회시설군]
[건축법 시행령] 제14조(용도변경)
4. 문화집회시설군
  가. 문화 및 집회시설
  나. 종교시설
  다. 위락시설
  라. 관광휴게시설

89 비상용 승강기의 승강장 및 승강로의 구조에 관한 기준 내용으로 옳지 않은 것은?

① 승강로는 당해 건축물의 다른 부분과 방화구조로 구획할 것
② 각 층으로부터 피난층까지 이르는 승강로를 단일구조로 연결하여 설치할 것
③ 승강장에는 노대 또는 외부를 향하여 열 수 있는 창문이나 배연설비를 설치할 것
④ 옥내에 있는 승강자의 바닥면적은 비상용 승강기 1대에 대하여 6 m² 이상으로 설치할 것

해설

[비상용 승강기의 승강장 및 승강로의 구조]
[건축물의 설비기준 등에 관한 규칙]
제10조(비상용 승강기의 승강장 및 승강로의 구조)
법 제64조 제2항에 따른 비상용 승강기의 승강장 및 승강로의 구조는 다음 각 호의 기준에 적합하여야 한다.
2. 비상용 승강기 승강장의 구조
  다. 노대 또는 외부를 향하여 열 수 있는 창문이나 제14조 제2항의 규정에 의한 배연설비를 설치할 것
  바. 승강장의 바닥면적은 비상용 승강기 1대에 대하여 6제곱미터 이상으로 할 것. 다만 옥외에 승강장을 설치하는 경우에는 그러하지 아니하다.
3. 비상용 승강기의 승강로의 구조
  가. 승강로는 당해 건축물의 다른 부분과 내화구조로 구획할 것
  나. 각 층으로부터 피난층까지 이르는 승강로를 단일구조로 연결하여 설치할 것

90 다음은 초고층 건축물에 설치하는 피난안전구역에 관한 기준 내용이다. ( ) 안에 알맞은 것은?

> 초고층 건축물에는 피난층 또는 지상을 통하는 직통계단과 직접 연결되는 피난안전구역(건축물의 피난·안전을 위하여 건축물 중간층에 설치하는 대피공간을 말한다)을 지상층으로부터 최대 ( )층마다 1개소 이상 설치하여야 한다.

① 10개   ② 20개
③ 30개   ④ 40개

해설

[피난안전구역]
[건축법 시행령] 제34조(직통계단의 설치)
③ 초고층 건축물에는 피난층 또는 지상으로 통하는 직통계단과 직접 연결되는 피난안전구역(건축물의 피난·안전을 위하여 건축물 중간층에 설치하는 대피공간을 말한다. 이하 같다)을 지상층으로부터 최대 30개 층마다 1개소 이상 설치하여야 한다.

정답 89 ① 90 ③

91 다음은 특정소방대상물의 소방시설설치의 면제기준 내용이다. ( ) 안에 알맞은 것은?

> 물분무등소화설비를 설치하여야 하는 차고·주차장에 (　　　)를 화재 안전기준에 적합하게 설치한 경우에는 그 설비의 유효범위에서 설치가 면제된다.

① 연결살수설비
② 옥외소화전설비
③ 옥내소화전설비
④ 스프링클러설비

해설

[특정소방대상물의 소방시설설치]
[소방시설설치 및 관리에 관한 법률 시행령]
별표 5 : 특정소방대상물의 소방시설설치의 면제기준

5. 물분무등 소화설비	물분무등소화설비를 설치해야 하는 차고·주차장에 <u>스프링클러설비</u>를 화재안전기준에 적합하게 설치한 경우에는 그 설비의 유효범위에서 설치가 면제된다.

92 건축물에 설치하는 복도의 유효너비 기준이 옳지 않은 것은? (단, 연면적 200 m²를 초과하는 건축물이며, 양옆에 거실이 있는 복도의 경우)

① 초등학교 - 1.8 m 이상
② 오피스텔 - 1.8 m 이상
③ 공동주택 - 1.8 m 이상
④ 고등학교 - 2.4 m 이상

해설

[복도의 유효너비]
[건축물의 피난·방화구조 등의 기준에 관한 규칙]
제15조의2(복도의 너비 및 설치기준)

구분	양옆에 거실이 있는 복도	기타의 복도
유치원·초등학교 중학교·고등학교	2.4미터 이상	1.8미터 이상
공동주택· 오피스텔	1.8미터 이상	1.2미터 이상
당해 층 거실의 바닥면적 합계가 200제곱미터 이상인 경우	1.5미터 이상 (의료시설의 복도 1.8미터 이상)	1.2미터 이상

93 건축법령상 리모델링이 쉬운 구조에 속하지 않는 것은? (단, 공동주택의 경우)

① 구조체에서 건축설비, 내부 마감재료 및 외부 마감재료를 분리할 수 있을 것
② 개별 세대 안에서 구획된 실의 크기, 개수 또는 위치 등을 변경할 수 있을 것
③ 각 층에 시공된 보, 기둥 등의 구조부재의 개수 또는 위치를 변경할 수 있을 것
④ 각 세대는 인접한 세대와 수직 또는 수평 방향으로 통합하거나 분할할 수 있을 것

해설

[리모델링이 쉬운 구조]
[건축법 시행령]
제6조의5(리모델링이 쉬운 구조 등)
① 법 제8조에서 "대통령령으로 정하는 구조"란 다음 각 호의 요건에 적합한 구조를 말한다. 이 경우 다음 각 호의 요건에 적합한지에 관한 세부적인 판단 기준은 국토교통부장관이 정하여 고시한다.
  1. 각 세대는 인접한 세대와 수직 또는 수평 방향으로 통합하거나 분할할 수 있을 것
  2. 구조체에서 건축설비, 내부 마감재료 및 외부 마감재료를 분리할 수 있을 것
  3. 개별 세대 안에서 구획된 실(室)의 크기, 개수 또는 위치 등을 변경할 수 있을 것
② 법 제8조에서 "대통령령으로 정하는 비율"이란 100분의 120을 말한다. 다만 건축조례에서 지역별 특성 등을 고려하여 그 비율을 강화한 경우에는 건축조례로 정하는 기준에 따른다.

94 건축물의 용도변경과 관련된 시설군 중 영업시설군에 속하지 않는 것은?

① 판매시설 ② 운동시설
③ 의료시설 ④ 숙박시설

해설

[영업시설군]
[건축법 시행령] 제14조(용도변경)
5. 영업시설군
  가. 판매시설
  나. 운동시설
  다. 숙박시설
  라. 제2종 근린생활시설 중 다중생활시설

95 세대수가 4세대인 주거용 건축물의 급수관 지름의 최소 기준은? (단, 가압설비 등을 설치하지 않은 경우)

① 20 mm ② 25 mm
③ 32 mm ④ 40 mm

해설

[급수관 최소 지름]
[건축물의 설비기준 등에 관한 규칙]
별표 3 : 주거용 건축물 급수관의 지름

가구 또는 세대수	1	2~3	4~5	6~8	9~16	17 이상
급수관 지름의 최소기준 (밀리미터)	15	20	25	32	40	50

96 다음 공동주택의 환기설비 기준에 관한 내용 중 괄호 안에 알맞은 것은?

> 신축 또는 리모델링하는 다음 각 호의 어느 하나에 해당하는 주택 또는 건축물(이하 "신축공동주택등"이라 한다)은 시간당 ( ) 이상의 환기가 이루어질 수 있도록 자연환기설비 또는 기계환기설비를 설치해야 한다.

① 0.5회 ② 1.0회
③ 1.2회 ④ 1.5회

해설

[환기설비 기준]
[건축물의 설비기준 등에 관한 규칙]
제11조(공동주택 및 다중이용시설의 환기설비 기준 등)

정답 ● 94 ③ 95 ② 96 ①

① 영 제87조 제2항의 규정에 따라 신축 또는 리모델링하는 다음 각 호의 어느 하나에 해당하는 주택 또는 건축물(이하 "신축공동주택등"이라 한다)은 시간당 0.5회 이상의 환기가 이루어질 수 있도록 자연환기설비 또는 기계환기설비를 설치해야 한다.
1. 30세대 이상의 공동주택
2. 주택을 주택 외의 시설과 동일건축물로 건축하는 경우로서 주택이 30세대 이상인 건축물

97 동일 건축물 안에 공동주택과 위락시설을 함께 설치하고자 하는 경우 공동주택의 출입구와 위락시설의 출입구는 서로 그 보행거리가 최소 얼마 이상이 되도록 설치하여야 하는가?

① 10 m ② 20 m
③ 30 m ④ 50 m

해설

[보행거리]
[건축물의 피난·방화구조 등의 기준에 관한 규칙]
제14조의2(복합건축물의 피난시설 등)
영 제47조 제1항 단서의 규정에 의하여 같은 건축물 안에 공동주택·의료시설·아동 관련 시설 또는 노인복지시설(이하 이 조에서 "공동주택등"이라 한다) 중 하나 이상과 위락시설·위험물저장 및 처리시설·공장 또는 자동차정비공장(이하 이 조에서 "위락시설등"이라 한다) 중 하나 이상을 함께 설치하고자 하는 경우에는 다음 각 호의 기준에 적합하여야 한다.
1. 공동주택등의 출입구와 위락시설등의 출입구는 서로 그 보행거리가 30미터 이상이 되도록 설치할 것

98 다음은 숙박시설이 있는 특정소방대상물의 경우 갖추어야 하는 소방시설 등의 종류를 결정할 때 고려하여야 하는 수용인원의 산정방법에 관한 기준 내용이다. ( ) 안에 알맞은 것은? (단, 침대가 없는 숙박시설의 경우)

> 해당 특정소방대상물의 종사자 수에 숙박시설 바닥면적의 합계를 ( )로 나누어 얻은 수를 합한 수

① 3 m² ② 4 m²
③ 5 m² ④ 6 m²

해설

[수용인원의 산정]
[소방시설설치 및 관리에 관한 법률 시행령]
제17조(특정소방대상물의 수용인원 산정)
법 제14조 제1항에 따른 특정소방대상물의 수용인원은 별표 7에 따라 산정한다.

별표 7 : 수용인원의 산정방법
1. 숙박시설이 있는 특정소방대상물
   가. 침대가 있는 숙박시설 : 해당 특정소방대상물의 종사자 수에 침대 수(2인용 침대는 2개로 산정한다)를 합한 수
   나. 침대가 없는 숙박시설 : 해당 특정소방대상물의 종사자 수에 숙박시설 바닥면적의 합계를 3 m²로 나누어 얻은 수를 합한 수

정답 97 ③ 98 ①

99 건축허가신청에 필요한 설계도서에 속하지 않는 것은?

① 배치도　　② 동선도
③ 단면도　　④ 건축계획서

해설

[설계도서]
[건축법 시행규칙]
별표 2 : 건축허가신청에 필요한 설계도서

도서의 종류	표시하여야 할 사항
건축계획서	1. 개요(위치·대지면적 등) 2. 지역·지구 및 도시계획사항 3. 건축물의 규모(건축면적·연면적·높이·층수 등) 4. 건축물의 용도별 면적 5. 주차장규모 6. 에너지절약계획서(해당건축물에 한한다) 7. 노인 및 장애인 등을 위한 편의시설 설치계획서(관계법령에 의하여 설치의무가 있는 경우에 한한다)
배치도	1. 축척 및 방위 2. 대지에 접한 도로의 길이 및 너비 3. 대지의 종·횡단면도 4. 건축선 및 대지경계선으로부터 건축물까지의 거리 5. 주차동선 및 옥외주차계획 6. 공개공지 및 조경계획
단면도	1. 종·횡단면도 2. 건축물의 높이, 각 층의 높이 및 반자높이

100 건축물의 피난층 외의 층에서 피난 또는 지상으로 통하는 직통계단을 설치할 경우 거실의 각 부분으로부터 계단에 이르는 보행거리가 원칙적으로 최대 얼마 이하가 되도록 설치하여야 하는가? (단, 거실로부터 가장 가까운 거리에 있는 계단의 경우)

① 5 m　　② 10 m
③ 20 m　　④ 30 m

해설

[직통계단의 설치]
[건축법 시행령] 제34조(직통계단의 설치)
① 건축물의 피난층(직접 지상으로 통하는 출입구가 있는 층 및 제3항과 제4항에 따른 피난안전구역을 말한다. 이하 같다) 외의 층에서는 피난층 또는 지상으로 통하는 직통계단(경사로를 포함한다. 이하 같다)을 거실의 각 부분으로부터 계단(거실로부터 가장 가까운 거리에 있는 1개소의 계단을 말한다)에 이르는 보행거리가 30미터 이하가 되도록 설치해야 한다. 다만 건축물(지하층에 설치하는 것으로서 바닥면적의 합계가 300제곱미터 이상인 공연장·집회장·관람장 및 전시장은 제외한다)의 주요구조부가 내화구조 또는 불연재료로 된 건축물은 그 보행거리가 50미터(층수가 16층 이상인 공동주택의 경우 16층 이상인 층에 대해서는 40미터) 이하가 되도록 설치할 수 있으며, 자동화 생산시설에 스프링클러 등 자동식 소화설비를 설치한 공장으로서 국토교통부령으로 정하는 공장인 경우에는 그 보행거리가 75미터(무인화 공장인 경우에는 100미터) 이하가 되도록 설치할 수 있다.

정답 99 ② 100 ④

2023 제1회

1과목 건축일반

01 다음 중 결로의 방지방법이 아닌 것은?

① 실내에서 수증기 발생을 억제한다.
② 비난방실 등으로의 수증기 침입을 억제한다.
③ 적절한 투습저항을 갖춘 방습층을 단열재의 저온 측에 설치한다.
④ 벽체의 표면온도를 실내공기의 노점온도보다 크게 한다.

해설

[결로(結露)]
- 결로는 이슬이 맺히는 것을 가리키는 말이다. 포화 수증기압보다 현재의 수증기압이 높아질 때 물체 표면에 물이 응결되어 맺힌다.
- 투습저항을 갖춘 방습층을 단열재 저온 측에 설치하면 재료가 습기를 통과시키지 않고 수분을 가두게 되어 결로의 방지방법으로 옳지 않다.

02 도시 열섬현상의 원인으로 가장 거리가 먼 것은?

① 큰 강을 끼고 도시가 발달되어 있다.
② 건축물과 포장도로가 많다.
③ 연료소비에 의한 인공열 및 오염물질의 방출량이 크다.
④ 도심부는 고층건물이 많고 요철이 심해서 환기가 어렵다.

해설

[열섬현상]
도시에서 열섬현상은 열이 정체되는 현상을 말한다. 큰 강의 흐름에 따라 열의 정체는 감소한다.

03 건축음향 및 소음에 관한 설명으로 옳지 않은 것은?

① 강연이나 연극 등 언어를 주사용 목적으로 할 경우 잔향시간은 비교적 짧게 처리한다.
② 다목적용 오디토리엄에는 가변 흡음구조가 되도록 음향설계를 한다.
③ 반사음과 직접음과의 시간차가 가능한 한 크게 하여 충분한 음 보강이 되도록 한다.
④ 소음이 심한 도로변에 위치한 건물의 소음대책으로 방음벽을 설치한다.

해설

[건축음향 및 소음]
반사음과 직접음과의 시간차는 가능한 한 작게 하여야 음 보강이 된다.
※ 오디토리엄(Auditorium) : 극장과 콘서트 홀 등 안에 있으며, 퍼포먼스를 듣고 하는 장소를 가리키는 말이다.

정답 01 ③ 02 ① 03 ③

04 학교 교실의 음 환경에 관한 설명으로 옳지 않은 것은?

① 교실과 복도의 접촉면이 큰 평면이 소음을 막는 데 유리하다.
② 소리를 잘 듣기 위해서는 적당한 잔향시간이 필요하다.
③ 운동장에서의 소음은 배치계획으로 이를 방지할 수 있다.
④ 반자는 교실내의 음향이 조절될 수 있도록 설계되어야 한다.

해설

[학교 교실의 음 환경]
교실과 복도의 접촉면이 큰 평면은 반향을 일으킨다.
• 반향 : 소리가 진행하던 중 어떠한 장애물에 부딪쳐서 되울리는 현상
• 반자 : 지붕 밑이나 위층 바닥 밑을 편평하게 하여 치장한 각 방의 윗면

05 천장의 채광 효과를 얻기 위하여 천장의 위치에 설치하고, 비막이에 좋은 측창의 구조적 장점을 살리기 위하여 연직에 가까운 방향으로 한 창에 의한 채광법으로 주광률 분포의 균일성이 요구되는 곳에 사용되는 것은?

① 측광 ② 정광
③ 정측광 ④ 산란광

해설

[정측광]
지붕면에 있는 수직창에 의한 채광으로 전시에 가장 효과적인 채광방식이다.
• 정광 : 직사광선
• 측광 : 측면(벽면)에서 들어오는 자연광
• 산란광 : 구름에 의해 산란된 자연광

06 다음과 같은 조건에서 실내 측 벽면의 표면온도는?

• 벽체의 크기 : 1 m × 1 m
• 벽체의 두께 : 100 mm
• 외기온도 : 12 ℃
• 실내 공기온도(평균치) : 20 ℃
• 벽체 열관류율 : 2 W/m²·K
• 실내 측 표면 열전달율 : 8 W/m²·K

① 18 ℃ ② 19 ℃
③ 20 ℃ ④ 21 ℃

해설

[표면온도]
관류율에 의한 열량과 열전달율에 의한 열량이 같다.
$2 \times 1 \times (20-12) = 8 \times 1 \times (20-X)$
$X = 18$

07 다음 중 광속을 표시하는 단위는?

① lumen
② Candela/n²
③ Candela
④ lux

[해설]

[광속의 단위]
광속은 광원에 의해 초당 방출되는 가시광의 전체 양을 의미로 단위는 lm(루멘)이다.

08 공기환경 측정과 관련된 측정방법이 잘못 연결된 것은?

① 유속측정 - 프로펠라 풍속계
② 압력측정 - 다이어프램 차압계
③ 환기량측정 - 가스추적법
④ 가스농도측정 - 피토우관

[해설]

[공기환경 측정]
피토우관(피토관) - 풍량 등 유속을 측정하는 기기이다.

09 풍력환기가 일어나고 있는 실에서 어느 개구부의 풍압계수가 0.3이라고 할 때, 풍압계수 0.3의 의미로 가장 정확한 것은?

① 외부풍의 전압(全壓)의 3 %가 풍압력으로 가해진다.
② 외부풍의 전압(全壓)의 30 %가 풍압력으로 가해진다.
③ 외부풍의 동압(動壓)의 3 %가 풍압력으로 가해진다.
④ 외부풍의 동압(動壓)의 30 %가 풍압력으로 가해진다.

[해설]

[풍압계수]
- 바람이 물체에 부딪쳐 속도가 변할 때 생기는 정압의 변화량을 속도에 대한 비율로 나타낸 계수로 풍압을 조건에 따라 실험적으로 구하는 상수이다.
- 흐름의 방향과 관계가 있는 압력은 동압이므로 '풍압계수 0.3'이라는 것은 '외부풍의 동압의 30 %가 개구부에 풍압력으로 가해진다'라는 의미이다.

정답 07 ① 08 ④ 09 ④

10 건축화 조명에 관한 설명으로 옳지 않은 것은?

① 광천장은 천정 전면에 루버를 갖고 그 뒤쪽에 광원을 배치한 것이다.
② 조명기구를 천장, 벽 등의 실 구성면 중에 장치하여 건축 내장의 일부와 같이 취급한 조명방식을 말한다.
③ 조명기구로 인한 위화감을 없애고 실내의장에 통일성을 갖도록 하기 위해 사용한다.
④ 벽면조명으로는 코니스 조명이 있다.

해설

[건축화 조명]
- 조명이 건축 구조물과 일체 되어 빛을 표현하는 방식
- 천정 전면에 루버를 갖고, 그 뒤쪽에 광원을 배치한 것은 루버조명이다.
※ 광천장(Luminous Ceiling) : 천장 전면에 광원 또는 조명 기구를 배치하고, 발광면을 유리나 플라스틱 등의 반투명 확산판 등으로 전면을 가리는 조명방법이다.

11 실내 공기오염의 원인이 아닌 것은?

① 온도의 상승
② 산소의 증가
③ 먼지의 증가
④ 이산화탄소의 증가

해설

[실내 공기오염]
산소의 증가는 오염이라고 볼 수 없다.

12 병원의 수술실과 같이 외부 오염공기와 침입을 피하고자 할 때 가장 적합한 환기방법은?

① 압입식 환기법
② 흡출식 환기법
③ 병용식 환기법
④ 자연식 환기법

해설

[환기방법]
① 제1종 환기(병용식) : 급기기기와 배기기기를 동시에 사용 - 병원, 수술실, 거실, 지하극장
② 제2종 환기(압입식) : 급기기기만 사용 - 수술실, 무균실, 반도체공장, 식당, 창고
③ 제3종 환기(흡출식) : 배기기기만 사용 - 유해가스 발생장소, 화장실, 욕실, 주방, 흡연실
※ 압입식 환기방법은 2종 환기라 하며 실내의 압력을 외부보다 높게 하여 오염된 외부 공기가 깨끗한 실내로 유입되지 않게 해 외부 오염물질의 유입을 막는다.
※ 수술실은 1종 환기를 사용하기도 하지만 2종 환기를 선호하는 경우가 더 많다.

정답 ● 10 ① 11 ② 12 ①

13 홀 용적 5000 m³, 잔향시간 1.6초인 실에서 잔향시간을 1초로 만들기 위해 추가적으로 필요한 흡음력은?

① 220 sabin
② 275 sabin
③ 300 sabin
④ 450 sabin

해설

[사빈공식]
잔향시간 R.T는 Sabine식을 이용하여 계산한다.

$$R.T = K\frac{V}{A}$$

잔향계수 K = 0.163, 홀 용적 V = 5000 m³
잔향시간 R.T = 1.6일 때
흡음력 A = 509.375 sabin
잔향시간 R.T = 1일 때 흡음력 A = 815 sabin이므로 이것의 차는 305.625 sabin
※ 잔향계수를 0.16으로 계산할 시 정확하게 300이 나온다.

14 일사계획에 관한 설명으로 옳지 않은 것은?

① 특수유리나 루버 등을 활용하여 일사를 조절한다.
② 건물 주변에 활엽수보다는 침엽수를 심는 것이 유리하다.
③ 겨울철의 난방 부하를 줄이기 위해 직달일사를 최대한 도입해야 한다.
④ 난방 기간 중에 최대의 일사를 받기 위해서는 남향이 유리하다.

해설

[일사계획]
• 건물 주변에 침엽수보다는 활엽수를 심는 것이 일사 조절에 유리하다
• 여름철에 직사광선을 차단하고 겨울철에 직사광선을 도입할 수 있다.

정답 13 ③ 14 ②

2과목 위생설비

1회독 시간 : 점수 :
2회독 시간 : 점수 :
3회독 시간 : 점수 :

21 위생기구의 동시사용률은 기구의 수량과 어떤 관계가 있는가?

① 기구수와 관계없다.
② 기구수가 증가하면 커진다.
③ 기구수가 증가하면 작아진다.
④ 기구수가 증가하면 처음에는 커지다가 작아진다.

해설

[위생기구의 동시사용률]
위생기구 동시사용률은 1개소일 때 100 %로부터 기구수 증가 시 작아진다.

22 다음 중 간접배수로 하지 않아도 되는 것은?

① 세탁기에서의 배수
② 세면기에서의 배수
③ 냉각탑에서의 배수
④ 식기세정기에서의 배수

해설

[간접배수와 직접배수]
- 세면기의 배수 : 간접배수가 아닌 직접배수방식을 사용한다. 위생기구와 배수관이 직접 연결되어 있기 때문이다.
- 세탁기, 냉각탑, 식기세정기의 배수 : 배수 역류 시 위생상 심각한 문제를 일으키거나 기기 자체에 손상을 줄 수 있어 간접배수가 필수적이다.

23 건물 내의 급수방식에 관한 설명으로 옳은 것은?

① 수도직결방식은 고층의 급수방법에 적합하다.
② 고가수조방식에서의 급수압력은 항상 변동한다.
③ 압력수조방식에서는 수조를 건물 상부에 설치해야 하므로 건축 구조상 부담이 된다.
④ 펌프직송방식에서 펌프 운전방식은 펌프의대수를 제어하는 정속방식과 회전수를 제어하는 변속방식으로 분류할 수 있다.

해설

[건물 내의 급수방식]
수도직결방식은 3층 이하, 고가수조 압력은 높이에 따른다. 압력수조방식은 건물 위치와 관계없이 설치할 수 있다.

24 기구배수부하단위 산정의 기준이 되는 기구는?

① 욕조 ② 세면기
③ 싱크대 ④ 샤워기

해설

[기구배수부하단위 산정의 기준]
기구배수부하 단위(FU)는 세면기의 배수량(28.5 L/min)을 기준으로 단위화한 것

정답 21 ③ 22 ② 23 ④ 24 ②

25 직경 200 mm의 강관에 2400 L/min의 물이 흐를 때 강관 내의 유속은?

① 0.04 m/sec
② 0.40 m/sec
③ 1.27 m/sec
④ 1.72 m/sec

해설

[강관 내의 유속]
$Q = AV$
$\frac{2.4}{60} m^3/s = \frac{\pi}{4} 0.2^2 m^2 \times V[m/s]$
$\therefore V = 1.27 \, m/s$

26 급탕설비의 안전장치에 관한 설명으로 옳지 않은 것은?

① 팽창관의 배수는 간접배수로 한다.
② 팽창관의 도중에는 체크밸브를 설치하여 개폐를 원활하게 한다.
③ 팽창관은 보일러, 저탕조 등 밀폐 가열장치 내의 압력상승을 도피시키는 역할을 한다.
④ 안전밸브는 가열장치 내의 압력이 설정압력을 넘는 경우에 압력을 도피시키기 위해 탕을 방출하는 밸브이다.

해설

[급탕설비의 안전장치]
② 팽창관 도중에는 어떠한 밸브도 설치하지 않는다.

27 급수방식에 관한 설명으로 옳은 것은?

① 수도직결방식은 단수 시에도 지속적인 급수가 가능하다.
② 압력수조방식은 전력 차단 시에도 지속적인 급수가 가능하다.
③ 펌프직송방식에서 변속방식은 펌프의 회전수를 제어하는 방식이다.
④ 고가수조방식은 고층으로의 급수가 불가능하다는 단점이 있다.

해설

[급수방식]
• 펌프직송방식(부스터펌프방식)에서 변속은 펌프의 회전수를 제어하는 방식이다.
• 압력수조방식도 수조 내 탱크 압력까지는 소량 급수가 가능하나 지속적이지는 않다.

28 내경이 150 mm인 직선배관에 0.06 m³/sec의 물이 흐를 때, 배관길이가 50 m일 경우 관 내 마찰손실수두는? (단, 마찰손실계수 f = 0.03)

① 1.2 m   ② 3.4 m
③ 5.9 m   ④ 11.8 m

해설

[관 내 마찰손실수두]
$Q = AV$
$0.06 = \frac{\pi}{4}(0.15)^2 \times V$
$V = 3.395 \, m/s$
$h = f \frac{L}{D} \frac{V^2}{2g} = 0.03 \times \frac{50}{0.15} \times \frac{3.395^2}{2 \times 9.8} = 5.88$

정답 ● 25 ③ 26 ② 27 ③ 28 ③

29 급수방식에 관한 설명으로 옳지 않은 것은?

① 수도직결방식은 급수압력이 일정하다.
② 펌프직송방식은 저수조의 수질관리가 필요하다.
③ 압력수조방식은 단수 시에 일정량의 급수가 가능하다.
④ 고가수조방식은 저수시간이 길어지면 수질이 나빠지기 쉽다.

해설

[급수방식]
수도직결방식은 공급압력변화와 사용량에 따라 압력의 변동이 생긴다.

30 양수량 Q = 15 L/s, 유속 V = 2 m/s인 펌프의 구경으로 적당한 것은?

① 50 mm   ② 100 mm
③ 150 mm ④ 200 mm

해설

[펌프의 구경]
$Q = AV$
$15 \times 10^{-3} = \frac{\pi}{4} D^2 \times 2$
$D = 0.09772\ m = 97.72\ mm ≒ 100\ mm$

31 다음 중 특수통기방식의 일종인 소벤트 시스템에 사용되는 이음쇠는?

① 팽창관
② 섹스티아 밴드관
③ 섹스티아이음쇠
④ 공기분리이음쇠

해설

[소벤트시스템]
수직 배수관에 공기 주입과 공기 분리를 하도록 이음쇠를 사용하여 통기관의 수를 줄일 수 있다.

32 탕의 사용상태가 간헐적이며 일시적으로 사용량이 많은 건물에서 급탕설비의 설계방법으로 가장 알맞은 것은? (단, 중앙식 급탕방식이며 증기를 열원하는 열교환기 사용)

① 저탕용량을 크게 하고 가열능력도 크게 한다.
② 저탕용량을 크게 하고 가열능력은 작게 한다.
③ 저탕용량을 작게 하고 가열능력은 크게 한다.
④ 저탕용량을 작게 하고 가열능력도 작게 한다.

해설

[급탕설비의 설계방법]
• 일시적으로 사용량이 많은 건물 : 저탕 용량을 크게 가열능력은 작게
• 연속적으로 사용량이 많은 건물 : 저탕 용량은 작게 가열능력은 크게

정답 ▶ 29 ① 30 ② 31 ④ 32 ②

33 물을 수송하는 직선관로의 마찰손실수두에 관한 설명으로 옳은 것은?

① 마찰손실수두는 관경에 정비례한다.
② 마찰손실수두는 속도수두에 반비례한다.
③ 관 내 유속이 2배로 되면 마찰손실은 4배로 된다.
④ 배관 길이가 2배로 되면 마찰손실은 8배로 된다.

해설

[직선관로의 마찰손실수두]
마찰손실은 동압에 비례하므로 유속 제곱에 비례한다.

34 간접가열식 급탕설비에 증기트랩을 설치하는 가장 주된 이유는?

① 신축을 흡수시키기 위하여
② 배관 내의 소음을 줄이기 위하여
③ 응축수만을 보일러에 환수시키기 위하여
④ 보일러에서 역류하는 악취를 방지하기 위하여

해설

[증기트랩을 설치하는 주된 이유]
증기트랩의 주된 이유는 증기를 손실 없이 사용하고, 응축수만을 환수하여 보일러 효율을 높이기 위함이다.

보충 증기트랩은 증기를 통과시키지 않고 응축수만 배출해 보일러에 환수시키는 장치이다.

35 물의 특성에 관한 설명으로 옳지 않은 것은?

① 물은 비압축성 유체이다.
② 물에는 체적의 탄성이 없다.
③ 물의 점성은 온도가 상승하면 감소한다.
④ 순수한 물이 얼게 되면 약 4 %의 체적감소가 발생한다.

해설

[물의 특성]
순수한 물이 얼면 약 9% 체적이 팽창한다.

36 동시사용률이 높은 건물과 급탕설비에 관한 설명으로 옳은 것은?

① 가열부하와 최대부하의 차이가 크다.
② 일반적으로 최대부하 사용시간이 짧다.
③ 일반적으로 하루에 1시간 정도의 일정시간에 사용된다.
④ 가열기 능력을 크게 하고 저탕탱크는 소용량으로 계획하는 것이 효율적이다.

해설

[동시사용률이 높은 경우의 급탕설비]
동시사용률이 높은 경우의 급탕설비는 가열부하와 최대부하가 동등하고, 최대부하 사용시간이 길다. 동시사용률이 높은 경우 가열기 능력을 크게 하고 저장탱크는 소용량으로 계획하는 것이 효율적이다.

정답 ● 33 ③ 34 ③ 35 ④ 36 ④

37 배수배관에서 청소구의 원칙적인 설치 위치에 속하지 않는 것은?

① 배수횡주관 및 배수횡지관의 기점
② 배수수직관의 최상부 또는 그 부근
③ 배수횡주관과 부지 배수관의 접속점에 가까운 곳
④ 배수관이 45°를 넘는 각도로 방향을 전환 하는 개수

해설

[청소구]
청소구는 수직관 최상부가 아닌 최하부(바닥면과 접하는 부분)에 설치한다.

38 통기관의 설치목적으로 옳지 않은 것은?

① 배수계통 내의 배수 및 공기의 흐름을 원활히 한다.
② 배수관 계통의 환기를 도모하여 관 내를 청결하게 유지한다.
③ 모세관현상이나 증발에 의해 트랩의 봉수가 파괴되는 것을 방지한다.
④ 배수트랩의 봉수부에 가해지는 배수관 내의 압력과 대기압과의 차에 의해 트랩의 봉수가 파괴되지 않도록 한다.

해설

[통기관의 설치목적]
모세관현상이나 증발에 의해 트랩의 봉수가 파괴되는 것을 방지할 수는 없다.

39 급배수설비의 기본 원칙으로 옳지 않은 것은?

① 우수는 공공하수도에 배수하지 않도록 한다.
② 상수의 급수계통은 크로스 커넥션이 되어서는 안 된다.
③ 탱크 및 배수계통에는 통기관 등과 같은 적절 한 통기 조치를 한다.
④ 급수계통은 역류나 역사이펀작용의 위험이 생기지 않도록 한다.

해설

[급배수설비의 기본 원칙]
① 우수(빗물)는 공공하수도에 배수하는 것이 원칙이다. 「하수도법」 등 관련 규정에서도 우수와 오수 모두 공공하수도에 연결·배수하도록 명시하고 있다.

보충 크로스 커넥션(Cross Connection)
: 급수배관과 오수·유해배관이 연결되어 오염될 위험을 뜻함

정답 ● 37 ② 38 ③ 39 ①

40 먹는 물의 수질기준에 관한 설명으로 옳지 않은 것은?

① 색도는 5도를 넘지 아니할 것
② 수은은 0.01 mg/L를 넘지 아니할 것
③ 시안은 0.01 mg/L를 넘지 아니할 것
④ 수돗물의 경우 경도는 300 mg/L를 넘지 아니할 것

해설

[먹는 물의 수질기준]
(1) 색도는 5도를 넘지 아니할 것
(2) 수은은 <u>0.001 mg/L</u>를 넘지 아니할 것
(3) 시안은 0.01 mg/L를 넘지 아니할 것
(4) 수돗물의 경우 경도는 300 mg/L를 넘지 아니할 것

3과목 공기조화설비

41 냉방부하계산에 관한 설명으로 옳지 않은 것은?

① 외벽구조에 따라 상당온도차는 다르게 나타난다.
② 틈새바람에 의한 부하는 현열과 잠열 모두 고려한다.
③ 틈새바람량 계산법으로는 틈새법, 면적법, 환기횟수법 등이 있다.
④ 유리를 통한 열부하는 일사에 의한 직접 열취득만을 고려한다.

해설

[냉방부하계산]
④ 유리를 통한 열부하는 일사에 의한 직접 열 취득뿐만 아니라 유리의 열관류도 고려해야 한다.

42 열펌프(Heat Pump)에 관한 설명으로 옳지 않은 것은?

① 공기조화에서 냉방 또는 난방기능을 수행한다.
② 냉동사이클에서 응축기의 방열량을 이용하기 위한 것이다.
③ EHP(Electric Heat Pump)는 흡수식 냉동기의 원리를 이용한 열펌프이다.
④ 냉동기를 냉각목적으로 할 경우의 성적계수보다 열펌프로 사용될 경우의 성적계수가 크다.

정답 40 ② 41 ④ 42 ③

해설

[열펌프(Heat Pump)]
EHP는 전기모터를 이용한 증기압축식 냉동기의 원리를 이용한 열펌프이다.

43 원형 덕트와 장방형 덕트의 환산식으로 옳은 것은? (단, d : 원형 덕트의 직경 또는 환산 직경, a : 장방형 덕트의 장변길이, b : 장방형 덕트의 단변길이)

① $d = 1.3\left[\dfrac{(a \cdot b)^5}{(a+b)^2}\right]^{1/8}$

② $d = 1.3\left[\dfrac{(a \cdot b)^5}{(a-b)^2}\right]^{1/8}$

③ $d = 1.3\left[\dfrac{(a \cdot b)^2}{(a+b)^5}\right]^{1/8}$

④ $d = 1.3\left[\dfrac{(a \cdot b)^2}{(a-b)^5}\right]^{1/8}$

해설

[원형 덕트와 장방형 덕트의 환산식]

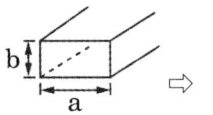

[장방형 덕트]   [원형 덕트]

$$d = 1.3\left[\dfrac{(a \cdot b)^5}{(a+b)^2}\right]^{\frac{1}{8}}$$

여기서, d : 원형 덕트의 직경 또는 환산 직경
a : 장방형 덕트의 장변
b : 장방형 덕트의 단변

44 다음과 같은 특징을 갖는 축류형 취출구는?

- 도달거리가 길기 때문에 실내공간이 넓은 경우에 벽면에 부착하여 횡방향으로 취출하는 경우가 많다.
- 소음이 적기 때문에 방송국의 스튜디오나 음악 감상실 등에 저속취출을 하여 사용된다.

① 팬형
② 노즐형
③ 아네모스탯형
④ 브리즈라인형

해설

[노즐형 취출구(Nozzle Diffuser)]
(1) 축류형으로 도달거리가 김
(2) 벽면 취출 가능
(3) 저소음으로 방송국, 음악감상실에 사용

45 취출기류의 속도분포와 관련하여 4단계의 영역으로 구분할 경우, 제2영역에 관한 설명으로 옳은 것은?

① 일명 천이구역이라고도 한다.
② 취출기류의 속도 변화가 없는 영역이다.
③ 취출거리의 대부분을 차지하며 취출구의 종류에 따라 특성이 현저하다.
④ 취출기류의 속도가 급격히 감소되어 혼합된 공기(1차 공기 + 2차 공기)까지도 주위로 환산되는 영역이다.

정답 ● 43 ③ 44 ② 45 ①

해설
[취출기류의 속도분포]
- 제1영역 - 취출구의 최초 풍속을 유지하는 구간
- 제2영역 - 제1영역 이후 2차 공기가 유입되기 시작하는 사이 구간(취출속도는 거리의 제곱근에 반비례) - 천이구역
- 제3영역 - 2차 공기가 유입되기 시작하여 제4영역 전까지 취출속도가 거리에 반비례하는 구간
- 제4영역 - 취출 기류의 에너지가 소모되고 주위로 확산되는 구간으로 도달거리의 마지막 구간

46 다음 중 다단펌프를 사용하는 가장 주된 목적은?

① 흡입양정이 큰 경우
② 토출량을 줄이기 위한 경우
③ 높은 토출양정이 필요한 경우
④ 수중에 펌프를 설치하는 경우

해설
[다단펌프 사용 목적]
다단펌프는 고양정에 가장 유리

47 습공기의 건구온도와 습구온도를 알 경우 습공기선도상에서 파악할 수 없는 것은?

① 비체적
② 노점온도
③ 열수분비
④ 수증기분압

해설
[습공기선도상에서 파악할 수 없는 것]
열수분비(u)는 선도에서 바로 읽는 값이 아니며, 공기 상태 변화에 따른 엔탈피 변화량과 수분변화량의 계산이 필요하다.

48 배관재료의 일반적인 용도가 옳게 연결된 것은?

① 동관 - 증기배관
② 주철관 - 냉각수배관
③ 경질염화비닐관 - 냉매배관
④ 스테인리스강관 - 급수배관

해설
[배관재료의 용도]
위생적인 급수를 유지하기 위하여 스테인리스 강관을 사용하는 것이 유리하다.

49 다음과 같은 조건에 있는 체적이 2000 m^3인 실의 환기에 의한 현열부하는?

- 외기상태 t_0 = 0 ℃
  x_0 = 0.002 kg/kg'
- 실내공기상태
  t_r = 24 ℃, x_r = 0.010 kg/kg'
- 공기의 비열 1.01 kJ/kg·K
- 공기의 밀도 1.2 kg/m^3
- 환기횟수 2 회/h

① 16.32 kW   ② 26.69 kW
③ 32.32 kW   ④ 59.33 kW

정답 46 ③ 47 ③ 48 ④ 49 ③

해설

[환기에 의한 현열부하]
$q = Q \times \rho \times C \times \triangle t$
$= (2000 \times 2) \times 1.2 \times 1.01 \times (24-0) \times \dfrac{1}{3600}$
$= 32.32 \, kW$

50 습공기선도와 관련된 설명으로 옳지 않은 것은?

① 현열비는 전열량에 대한 현열량의 비율을 의미한다.
② 습공기선도에서 현열비 상태선이 수평일 때 현열비는 1 이다.
③ 습공기를 등온 가습하였을 경우 노점온도는 낮아지나 상대습도는 높아진다.
④ 열수분비는 습공기의 상태변화에 따른 전열량의 변화량과 절대습도의 변화량의 비를 나타낸다.

해설

[습공기선도]
등온 가습하면 수증기량 증가로 노점온도는 상승, 상대습도도 상승한다. 노점온도가 낮아지지 않는다.

51 다음과 같은 조건에 있는 사무실 건물의 1일 급수량은?

- 건물의 연면적 : 2000 m²
- 건물의 유효면적과 연면적의 비 : 60 %
- 유효면적당 인원 : 0.2 인/m²
- 1인 1일당 평균사용수량 : 100 L/(d·인)

① 20000 L/d ② 24000 L/d
③ 40000 L/d ④ 120000 L/d

해설

[사무실 건물의 1일 급수량]
1일 급수량 = 2000 × 0.6 × 0.2 × 100
= 24000 L/d

52 배관 일부의 교환 및 수리를 용이하게 하기 위하여 사용하는 배관 부속품은?

① 티   ② 엘보
③ 플러그   ④ 유니온

해설

[교환 및 수리를 용이하게 하는 배관 부속품]
배관 일부의 교환 및 수리를 용이하게 하기 위하여 사용하는 배관 부속은 유니온, 플랜지이음이 대표적

유니온(Union)	플랜지(Flange)

53 환기방법 중 열기나 유해물질이 실내에 널리 산재되어 있거나 이동되는 경우에 사용하며, 전체환기라고도 불리는 것은?

① 집중환기　② 희석환기
③ 국소환기　④ 자연환기

해설

[희석환기]
희석환기는 열기나 유해물질이 실내 전역에 분포된 경우 신선한 외기를 공급해 농도를 희석시키는 방식. 전체환기(General Ventilation)라고도 불린다.

54 공조방식 중 변풍량방식에 사용되는 변풍량 유닛에 관한 설명으로 옳지 않은 것은?

① 바이패스형은 덕트 내 정압변동이 없다.
② 유인유닛형은 실내의 2차 공기를 유인하므로 집진효과가 크다.
③ 교축형은 덕트 내의 정압변동이 크므로 정압제어방식이 필요하다.
④ 교축형은 부하변동에 따라 송풍량을 변화시키고 송풍기를 제어하므로 동력이 절약된다.

해설

[변풍량 유닛]
유인유닛형(Induction Unit)은 실내 2차 공기를 유인하여 공조효과(온도조절)가 크다는 장점이 있다. 하지만 집진(Air Cleaning) 기능과는 직접적 관련이 없다.

55 습공기의 상태변화량 중 수분의 변화량과 엔탈피 변화량 비율을 의미하는 것은?

① 현열비
② 열수분비
③ 접촉계수
④ 바이패스계수

해설

[열수분비(熱水分比)]
공기의 상태변화에서 수분 변화량(잠열)과 엔탈피 변화량(총열) 비율을 뜻한다.

56 증기난방에 관한 설명으로 옳지 않은 것은?

① 예열시간이 짧다.
② 온수난방에 비하여 쾌감도가 떨어진다.
③ 부하변동에 따른 실내 방열양의 제어가 곤란하다.
④ 극장, 영화관 등 천장고가 높은 건물에 주로 사용된다.

해설

[증기난방]
증기난방은 상층부에 고온의 공기가 하부에 차가운 공기가 자리하여 상하부의 온도차가 커진다. 따라서 극장·영화관 같은 쾌적성이 중요한 고천장 공간에는 증기난방이 부적합하다.

정답　53 ②　54 ②　55 ②　56 ④

57 다음 중 현열만을 취득하게 되는 냉방부하는?

① 인체의 발생열량
② 벽체로부터의 취득열량
③ 외기로부터의 취득열량
④ 틈새바람에 의한 취득열량

해설
[현열만을 취득하게 되는 냉방부하]
벽체로부터 습기가 침투하기는 어렵다.

58 증기난방에서 방열기의 상당방열면적(EDR)계산에 사용되는 표준방열량은?

① 450 W/m² ② 523 W/m²
③ 650 W/m² ④ 756 W/m²

해설
[표준방열량]
• 증기난방 표준방열량 : 756 W/m²
• 온수난방 표준방열량 : 523 W/m²

59 밸브를 완전히 열면 유체 흐름의 단면적 변화가 없기 때문에 마찰 저항이 적어서 흐름의 단속용으로 사용되는 밸브로, 게이트밸브(Gate valve)라고도 불리는 것은?

① 앵글밸브   ② 체크밸브
③ 글로브밸브   ④ 슬루스밸브

해설
[게이트밸브(Gate valve)]
• 게이트밸브 = 슬루스밸브
          = 개폐용(ON/OFF용) 밸브
• 글로브밸브 = 유량조절밸브

60 송풍기의 회전속도를 일정하게 하고 날개의 직경을 d_1에서 d_2로 변경했을 때, 동력 L_2를 구하는 식으로 알맞은 것은? (단, L_1은 직경 d_1에서의 동력이다)

① $L_2 = (\frac{d_2}{d_1})L_1$ ② $L_2 = (\frac{d_1}{d_2})L_1$

③ $L_2 = (\frac{d_2}{d_1})^6 L_1$ ④ $L_2 = (\frac{d_2}{d_1})^5 L_1$

해설
[상사법칙]
상사법칙 동력은 회전수비의 3제곱, 직경비의 5제곱에 비례한다.
$\frac{L_2}{L_1} = (\frac{N_2}{N_1})^3 \times (\frac{d_2}{d_1})^5$에서 회전수의 변화가 없으므로 $\frac{L_2}{L_1} = (\frac{d_2}{d_1})^5$이다.

※ 상사의 법칙
1) 풍량(유량)[m^3/s]
$$Q_2 = \left(\frac{N_2}{N_1}\right)^1 \times \left(\frac{D_2}{D_1}\right)^3 \times Q_1$$
2) 전압[Pa](양정 [m])
$$P_2 = \left(\frac{N_2}{N_1}\right)^2 \times \left(\frac{D_2}{D_1}\right)^2 \times P_1$$
3) 동력[kW]
$$L_2 = \left(\frac{N_2}{N_1}\right)^3 \times \left(\frac{D_2}{D_1}\right)^5 \times L_1$$

정답 ● 57 ② 58 ④ 59 ④ 60 ④

4과목 소방 및 전기설비

61 나무, 섬유, 종이, 고무, 플라스틱류와 같은 일반 가연물이 타고 나서 재가 남는 화재를 의미하는 것은?

① A급 화재
② B급 화재
③ C급 화재
④ K급 화재

해설

[화재]

등급	화재	표시색	적응물질
A급 화재	일반 화재	백색	목재, 섬유, 합성섬유
B급 화재	유류 화재	황색	인화성 액체
C급 화재	전기 화재	청색	통전 중인 전기설비, 기기화재
D급 화재	금속 화재	무색	가연성 금속
K급 화재	식용유 화재	황색	식용유

62 어느 공장에 주파수 60 Hz, 50 kW인 4극 유도전동기가 운전되고 있다. 이 전동기의 동기속도는?

① 1500 rpm
② 1800 rpm
③ 2500 rpm
④ 3600 rpm

해설

[동기속도]
회전자계의 회전수를 동기속도라 하며 주파수와 극수에 의해 정해짐

$$N = \frac{120f}{P} = \frac{120 \times 60}{4} = 1800$$

f : 주파수[Hz]
P : 극수

63 현행 한국전기설비규정에 따라 감전방지를 위하여 3상 380 V 농형유도전동기의 금속제 외함에 실시하는 접지공사는?

① 종별접지공사
② 보호접지공사
③ 계통접지공사
④ 피뢰시스템접지공사

해설

[접지]
- 계통접지 : 전력계통의 이상현상에 대비하여 대지와 계통을 접속
- 보호접지 : 감전보호를 목적으로 기기의 한 점 이상을 접지
- 피뢰시스템접지 : 뇌격전류를 안전하게 대지로 방류하기 위한 접지
- 종별접지 : 접지대상에 따라 일괄 적용한 종별접지로 폐지됨

정답 61 ① 62 ② 63 ②

64 정보통신설비를 정보설비와 통신설비로 구분할 경우, 다음 중 통신설비에 속하지 않는 것은?

① 인터폰설비
② CCTV설비
③ TV공청설비
④ 화상회의설비

해설

[정보통신설비]
- 정보설비 : 정보의 저장, 처리, 제어, 보안, 자동화, 네트워크 등 정보 관련 기능을 수행하는 설비 (홈네트워크설비 : 주택 내 정보통신 및 가전기기 등의 상호 연계를 통해 통합된 주거서비스를 제공하는 설비)
- 통신설비 : 음성, 데이터, 영상 등 정보를 송수신하는 설비

65 건축물의 설비기준 등에 관한 규칙에 따라 피뢰설비를 설치하여야 하는 건축물의 높이기준은?

① 10 m 이상 ② 15 m 이상
③ 20 m 이상 ④ 31 m 이상

해설

[건축물설비기준등에 관한 규칙]
피뢰설비 : 20 m 이상 건물, 낙뢰의 우려가 있는 건축물 등에 대해 피뢰설비를 설치

66 정보통신설비를 정보설비와 통신설비로 구분할 경우, 다음 중 정보설비에 속하지 않는 것은?

① TV공청설비
② 전기시계설비
③ 원격검침설비
④ 홈네트워크설비

해설

[정보통신설비]
- 정보설비 : 정보의 저장, 처리, 제어, 보안, 자동화, 네트워크 등 정보 관련 기능을 수행하는 설비 (홈네트워크설비 : 주택 내 정보통신 및 가전기기 등의 상호 연계를 통해 통합된 주거서비스를 제공하는 설비)
- 통신설비 : 음성, 데이터, 영상 등 정보를 송수신하는 설비

67 단상 변압기의 2차 무부하 전압이 220 V이고, 정격부하에서의 2차 단자전압이 200 V일 경우 전압 변동률은?

① 5 %   ② 7 %
③ 10 % ④ 12 %

해설

[전압변동률]

$$전압변동률 = \frac{무부하전압 - 부하전압}{부하전압}$$

$$= 10 \%$$

정답 64 ② 65 ③ 66 ① 67 ③

68 병원 등에 설치되는 모자식 전기시계에 관한 설명으로 옳은 것은?

① 자시계의 설치 높이는 하단부가 1.5 m 이상으로 한다.
② 탁상형 모시계는 자시계회로수가 3회로 이상인 경우 사용한다.
③ 모시계와 자시계를 연결하는 배선의 전압 강하는 15 % 이하가 되도록 한다.
④ 벽걸이형 모시계는 소규모 모시계로 자시계회로수가 3회로 이내인 경우 사용한다.

> 해설

[모자식 전기시계]
(1) 자시계의 설치 높이는 하단부가 2 m 이상으로 함
(2) 탁상형 모시계는 자시계회로수가 2회로 이상인 경우 사용함
(3) 모시계와 자시계를 연결하는 배선의 전압 강하는 10 % 이하가 되도록 함

69 스프링클러설비의 배관 중 스프링클러헤드가 설치되어 있는 배관을 의미하는 것은?

① 주배관
② 교차배관
③ 가지배관
④ 급수배관

> 해설

[스프링클러설비의 화재안전기술기준(NFTC 103)]
〈용어의 정의〉
1. "가지배관"이란 헤드가 설치되어 있는 배관을 말한다.
2. "교차배관"이란 가지배관에 급수하는 배관을 말한다.
3. "주배관"이란 가압송수장치 또는 송수구 등과 직접 연결되어 소화수를 이송하는 주된 배관을 말한다.
4. "신축배관"이란 가지배관과 스프링클러헤드를 연결하는 구부림이 용이하고 유연성을 가진 배관을 말한다.
5. "급수배관"이란 수원 또는 송수구 등으로부터 소화설비에 급수하는 배관을 말한다.

70 물질이 양(+) 또는 음(−)으로 대전되어 양전기나 음전기를 띠는 현상의 원인은?

① 전자의 이동
② 양성자의 이동
③ 중성자의 이동
④ 원핵자의 이동

> 해설

[대전]
대전에 따라 전하가 발생되어 도체 한쪽에 +가 다른 한쪽에 −의 전자가 이동 완성됨

정답 ● 68 ④ 69 ③ 70 ①

71 포소화설비의 구성 요소에 속하지 않는 것은?

① 약제탱크　　② 혼합장치
③ 가압송수장치　④ 정압작동장치

해설

[포소화설비]
정압 작동장치는 고체 분말로 되어 있는 분말소화약제의 관막힘을 방지하기 위한 장치로 일정 압력이 형성되어야 작동되는 장치
- 약제탱크 : 포소화약제 저장
- 혼합장치 : 물과 포소화약제를 정해진 비율로 혼합
- 가압송수장치 : 용액을 압력으로 보내는 펌프

72 소방시설 관련 설비의 설치 위치에 관한 설명으로 옳지 않은 것은?

① 옥내소화전 방수구는 바닥으로부터의 높이가 1.5 m 이하가 되도록 설치한다.
② 소화기구(자동확산소화기 제외)는 바닥으로부터 높이 1.5 m 이하의 곳에 비치한다.
③ 연결살수설비의 송수구는 지면으로부터 높이가 0.5 m 이상 1.5 m 이하의 위치에 설치한다.
④ 연결송수관설비의 송수구는 지면으로부터 높이가 0.5 m 이상 1 m 이하의 위치에 설치한다.

해설

[연결살수설비]
연결살수설비의 송수구는 지면으로부터 높이가 0.5 m 이상 ~ 1.0 m 이하

73 스프링클러설비의 설치장소가 아파트인 경우, 스프링클러설비 수원의 저수량 산정 시 기준이 되는 스프링클러헤드의 기준개수는? (단, 폐쇄형 스프링클러헤드를 사용하는 경우)

① 10개　　② 20개
③ 30개　　④ 40개

해설

[헤드 기준개수]

스프링클러설비 설치장소			기준개수
10층 이하 (지하층 제외)	공장	특수가연물 저장·취급	30
		그 밖의 것	20
	근린생활시설 판매시설 운수시설 복합건축물	판매시설 또는 복합건축물 (판매시설이 설치되는 복합건축물)	30
		그 밖의 것	20
	그 밖의 것	헤드부착높이가 8 m 이상	20
		헤드부착높이가 8 m 미만	10
지하층을 제외한 층수가 11층 이상(아파트 제외), 지하가 또는 지하역사			30

※ 아파트등 : 기준개수 10개(단, 아파트등의 각 동이 주차장으로 서로 연결된 구조인 경우 해당 주차장 부분의 기준개수는 30개이다)

정답　71 ④　72 ③　73 ①

74 무대부에 개방형 스프링클러 헤드를 수평거리 1.7 m, 정방형으로 설치하는 경우 헤드 간 거리는?

① 1.8 m ② 2.1 m
③ 2.4 m ④ 3.4 m

해설

[헤드 간 거리]
S = 2Rcos 45°(정방형)
S = 헤드 간 거리 R = 유효 수평거리(살수반경)
S = 2 × 1.7 × cos 45° = 2.4

75 다음의 옥외소화전설비의 수원에 관한 설명 중 ( ) 안에 알맞은 것은?

> 옥외소화전설비의 수원은 그 저수량이 옥외소화전의 설치개수(옥외소화전이 2개 이상 설치된 경우에는 2개)에 ( )를 곱한 양 이상이 되도록 하여야 한다.

① 1.7 m^3 ② 2.6 m^3
③ 7 m^3 ④ 12 m^3

해설

[수원의 양]

수원의 양
= 옥외소화전 설치개수(최대 2개) × 7 m^3

(1) 방수압력 : 2개의 소화전(설치개수가 1개인 경우에는 1개)을 동시 사용할 경우 각 노즐선단 방수압력 0.25 MPa 이상 0.7 MPa 이하(0.7 MPa 초과 시 감압)
(2) 방수량 : 350 L/min 이상
(3) 펌프 토출량 : 350 L/min × 옥외소화전 설치개수(최대 2개)
(4) 수원의 양 : 350 L/min × 옥외소화전 설치개수(최대 2개) × 20분
350 L/min × 20 min = 7000 L = 7 m^3

76 "회로 내 임의의 한 점에 들어오고 나가는 전류의 합은 같다"와 관련된 법칙으로 전류의 법칙이라고도 불리는 것은?

① 옴의 법칙
② 키르히호프의 제1법칙
③ 키르히호프의 제2법칙
④ 앙페르의 오른나사의 법칙

해설

[키르히호프 법칙]
• 제1법칙 : 회로 내 임의의 한 점에 들어오고 나가는 전류의 합은 같음
• 제2법칙 : 임의 폐회로에서 기전력과 전압강하의 합은 같음

77 다음의 엘리베이터 조작방식 중 무운전원방식에 속하는 것은?

① 카 스위치방식
② 승합전자동방식
③ 레코드 컨트롤방식
④ 시그널 컨트롤방식

해설

[엘리베이터]
• 승객 스스로 운전하는 전자동방식
• 호출 순서 관계없이 각 호출에 응하여 자동적으로 정지
• 승강장 호출신호로 기동 및 정지

정답 ● 74 ③ 75 ③ 76 ② 77 ②

78 동선의 길이를 2배 증가, 단면적을 1/2로 감소시키면 동선의 저항은 어떻게 변하는가?

① 2배 증가 ② 1/2로 감소
③ 4배 증가 ④ 1/4로 감소

해설

[저항]
도선의 저항은 길이에 비례하고 단면적에 반비례

[수식]
$$R = \rho\frac{l}{A} = \rho\frac{l}{\pi r^2}$$
$$= \rho\frac{l}{\pi\left(\frac{D}{2}\right)^2} = \rho\frac{l}{\frac{\pi D^2}{4}} = \rho\frac{4l}{\pi D^2} \ [\Omega]$$

$\rho\,[\Omega \cdot mm^2/m,\ \Omega \cdot m]$: 도선의 고유저항
$A\,[m^2]$: 도체의 단면적
$l\,[m]$: 도선의 길이, $r\,[m]$: 전선의 반경
$D\,[m]$: 전선의 직경

79 10 Ω의 저항 5개를 접속하여 얻을 수 있는 합성저항 중 가장 큰 값은?

① 0.5 Ω ② 2 Ω
③ 5 Ω   ④ 50 Ω

해설

[합성저항]
저항 5개를 접속하여 얻을 수 있는 합성저항 중 가장 작은 값은 병렬연결 시이고, 가장 큰 것은 직렬연결 시 10 + 10 + 10 + 10 + 10 = 50 Ω임

80 농형 유도전동기에 관한 설명으로 옳지 않은 것은?

① 구조가 간단하여 취급방법이 간단하다.
② VVVF방식으로 속도제어가 가능하다.
③ 기동전류가 커서 전동기 권선을 과열시키거나 전원전압의 변동을 일으킬 수 있다.
④ 슬립링에서 불꽃이 나올 염려가 있기 때문에 인화성 또는 폭발성 가스가 있는 곳에서는 사용할 수 없다.

해설

[농형 유도전동기]
슬립링에서 불꽃이 나올 우려가 있는 것은 권선형 유도전동기(농형 유도전동기는 회전자에 슬립링이 없음)

정답 78 ③ 79 ④ 80 ④

5과목 건축설비 관계법규

81 배연설비의 설치에 관한 기준 내용으로 옳지 않은 것은?

① 배연창의 유효면적은 2 m² 이상으로 할 것
② 배연구는 예비전원에 의하여 열 수 있도록 할 것
③ 배연구는 연기감지기 또는 열감지기에 의하여 자동으로 열 수 있는 구조로 할 것
④ 건축물이 방화구획으로 구획된 경우에는 그 구획마다 1개소 이상의 배연창을 설치할 것

해설

[배연설비]
[건축물의 설비기준 등에 관한 규칙]
제14조(배연설비)
① 법 제49조 제2항에 따라 배연설비를 설치하여야 하는 건축물에는 다음 각 호의 기준에 적합하게 배연설비를 설치해야 한다. 다만 피난층인 경우에는 그렇지 않다.
  1. 영 제46조 제1항에 따라 건축물이 방화구획으로 구획된 경우에는 그 구획마다 1개소 이상의 배연창을 설치하되, 배연창의 상변과 천장 또는 반자로부터 수직거리가 0.9미터 이내일 것. 다만 반자높이가 바닥으로부터 3미터 이상인 경우에는 배연창의 하변이 바닥으로부터 2.1미터 이상의 위치에 놓이도록 설치하여야 한다.
  2. 배연창의 유효면적은 별표 2의 산정기준에 의하여 산정된 면적이 1제곱미터 이상으로서 그 면적의 합계가 당해 건축물의 바닥면적(영 제46조 제1항 또는 제3항의 규정에 의하여 방화구획이 설치된 경우에는 그 구획된 부분의 바닥면적을 말한다)의 100분의 1이상일 것. 이 경우 바닥면적의 산정에 있어서 거실바닥면적의 20분의 1 이상으로서 환기창을 설치한 거실의 면적은 이에 산입하지 아니한다.
  3. 배연구는 연기감지기 또는 열감지기에 의하여 자동으로 열 수 있는 구조로 하되, 손으로도 열고 닫을 수 있도록 할 것
  4. 배연구는 예비전원에 의하여 열 수 있도록 할 것
  5. 기계식 배연설비를 하는 경우에는 제1호 내지 제4호의 규정에 불구하고 소방관계법령의 규정에 적합하도록 할 것

82 방송 공동수신설비를 설치하여야 하는 대상 건축물에 속하지 않는 것은?

① 아파트   ② 연립주택
③ 다가구주택   ④ 다세대주택

해설

[방송 공동수신설비]
[건축법 시행령] 제87조(건축설비설치의 원칙)
④ 건축물에는 방송수신에 지장이 없도록 공동시청 안테나, 유선방송 수신시설, 위성방송 수신설비, 에프엠(FM)라디오방송 수신설비 또는 방송 공동수신설비를 설치할 수 있다. 다만 다음 각 호의 건축물에는 방송 공동수신설비를 설치하여야 한다.
  1. 공동주택
  2. 바닥면적의 합계가 5천 제곱미터 이상으로서 업무시설이나 숙박시설의 용도로 쓰는 건축물

정답 81 ① 82 ③

⑤ 제4항에 따른 방송 수신설비의 설치기준은 과학기술정보통신부장관이 정하여 고시하는 바에 따른다.
• 공동주택(아파트, 연립주택, 다세대주택) 바닥면적의 합계가 5천 제곱미터 이상으로서 업무시설이나 숙박시설의 용도로 쓰는 건축물
• 다가구주택은 공동주택이 아님

83 숙박시설이 있는 특정소방대상물의 수용인원 산정 방법으로 옳은 것은? (단, 침대가 있는 숙박시설의 경우)

① 숙박시설 바닥면적의 합계를 3 m²로 나누어 얻은 수
② 해당 특정소방대상물의 침대수(2인용 침대는 2개로 산정)
③ 해당 특정소방대상물의 종사자수에 침대수(2인용 침대는 2개로 산정)를 합한 수
④ 해당 특정소방대상물의 종사자수에 숙박시설 바닥면적의 합계를 3 m²로 나누어 얻은 수를 합한 수

해설

[수용인원의 산정]
[소방시설설치 및 관리에 관한 법률 시행령]
제17조(특정소방대상물의 수용인원 산정)
법 제14조 제1항에 따른 특정소방대상물의 수용인원은 별표 7에 따라 산정한다.
- 별표 7 : 수용인원의 산정 방법
1. 숙박시설이 있는 특정소방대상물
  가. 침대가 있는 숙박시설 : 해당 특정소방대상물의 종사자 수에 침대 수(2인용 침대는 2개로 산정한다)를 합한 수
  나. 침대가 없는 숙박시설 : 해당 특정소방대상물의 종사자 수에 숙박시설 바닥면적의 합계를 3 m²로 나누어 얻은 수를 합한 수

84 헬리포트의 설치에 관한 기준 내용으로 옳은 것은?

① 헬리포트의 길이와 너비는 각각 9 m 이상으로 한다.
② 헬리포트의 중앙부분에는 지름 6 m 의 "ⓗ" 표지를 황색으로 한다.
③ 헬리포트의 주위한계선은 백색으로 하되, 그 선의 너비는 38 cm로 한다.
④ 헬리포트의 중심으로부터 반경 15 m 이내에는 이·착륙에 장애가 되는 건축물 등을 설치하지 아니한다.

해설

[헬리포트]
[건축물의 피난·방화구조 등의 기준에 관한 규칙]
제13조(헬리포트 및 구조공간 설치 기준)
① 영 제40조 제4항 제1호에 따라 건축물에 설치하는 헬리포트는 다음 각 호의 기준에 적합해야 한다.
  1. 헬리포트의 길이와 너비는 각각 22미터 이상으로 할 것. 다만 건축물의 옥상바닥의 길이와 너비가 각각 22미터 이하인 경우에는 헬리포트의 길이와 너비를 각각 15미터까지 감축할 수 있다.
  2. 헬리포트의 중심으로부터 반경 12미터 이내에는 헬리콥터의 이·착륙에 장애가 되는 건축물, 공작물, 조경시설 또는 난간 등을 설치하지 아니할 것
  3. 헬리포트의 주위한계선은 백색으로 하되, 그 선의 너비는 38센티미터로 할 것

4. 헬리포트의 중앙부분에는 지름 8미터의 "ⓗ" 표지를 백색으로 하되, "H"표지의 선의 너비는 38센티미터로, "○"표지의 선의 너비는 60센티미터로 할 것
5. 헬리포트로 통하는 출입문에 영 제40조 제3항 각 호 외의 부분에 따른 비상문자동개폐장치(이하 "비상문자동개폐장치"라 한다)를 설치할 것

85 건축물의 에너지절약설계기준상 단열계획에 대한 건축부문의 권장사항으로 옳지 않은 것은?

① 외벽 부위는 내단열로 시공한다.
② 외피의 모서리 부분은 열교가 발생하지 않도록 단열재를 연속적으로 설치한다.
③ 건물의 창 및 문은 가능한 작게 설계하고, 특히 열손실이 많은 북측 거실의 창 및 문의 면적은 최소화한다.
④ 태양열 유입에 의한 냉·난방부하를 저감할 수 있도록 일사조절장치, 태양열취득률, 창 및 문의 면적비 등을 고려한 설계를 한다.

해설

[권장사항]
[건축물 에너지절약설계기준]
제7조(건축부문의 권장사항)
에너지절약계획서 제출대상 건축물의 건축주와 설계자 등은 다음 각 호에서 정하는 사항을 제15조의 규정에 적합하도록 선택적으로 채택할 수 있다.
3. 단열계획
   가. 건축물 용도 및 규모를 고려하여 건축물 외벽, 천장 및 바닥으로의 열손실이 최소화되도록 설계한다.
   나. 외벽 부위는 외단열로 시공한다.
   다. 외피의 모서리 부분은 열교가 발생하지 않도록 단열재를 연속적으로 설치하고, 기타 열교부위는 별표11의 외피 열교부위별 선형 열관류율 기준에 따라 충분히 단열되도록 한다.
   라. 건물의 창 및 문은 가능한 작게 설계하고, 특히 열손실이 많은 북측 거실의 창 및 문의 면적은 최소화한다.
   마. 발코니 확장을 하는 공동주택이나 창 및 문의 면적이 큰 건물에는 단열성이 우수한 로이(Low-E) 복층창이나 삼중창 이상의 단열성능을 갖는 창을 설치한다.
   바. 태양열 유입에 의한 냉·난방부하를 저감 할 수 있도록 일사조절장치, 태양열취득률(SHGC), 창 및 문의 면적비 등을 고려한 설계를 한다. 건축물 외부에 일사조절장치를 설치하는 경우에는 비, 바람, 눈, 고드름 등의 낙하 및 화재 등의 사고에 대비하여 안전성을 검토하고 주변 건축물에 빛반사에 의한 피해 영향을 고려하여야 한다.
   사. 건물 옥상에는 조경을 하여 최상층 지붕의 열저항을 높이고, 옥상면에 직접 도달하는 일사를 차단하여 냉방부하를 감소시킨다.

86 건축물의 용도변경과 관련된 시설군 중 영업시설군에 속하지 않는 것은?

① 판매시설   ② 운동시설
③ 의료시설   ④ 숙박시설

해설

[용도변경]
[건축법] 제19조(용도변경)
1. 허가 대상 : 제4항 각 호의 어느 하나에 해당하는 시설군(施設群)에 속하는 건축물의 용도를

정답 ● 85 ① 86 ③

상위군(제4항 각 호의 번호가 용도변경하려는 건축물이 속하는 시설군보다 작은 시설군을 말한다)에 해당하는 용도로 변경하는 경우

[건축법 시행령] 제14조(용도변경)
5. 영업시설군
   가. 판매시설 나. 운동시설 다. 숙박시설
   라. 제2종 근린생활시설 중 다중생활시설

87 모든 층에 주거용 주방자동소화장치를 설치하여야 하는 특정소방대상물은?

① 기숙사 ② 아파트
③ 일반음식점 ④ 휴게음식점

해설
[특정소방대상물의 소방시설설치]
[소방시설설치 및 관리에 관한 법률 시행령]
별표 4 : 특정소방대상물의 관계인이 특정소방대상물에 설치·관리해야 하는 소방시설의 종류
나. 자동소화장치를 설치해야 하는 특정소방대상물은 다음의 어느 하나에 해당하는 특정소방대상물 중 후드 및 덕트가 설치되어 있는 주방이 있는 특정소방대상물로 한다. 이 경우 해당 주방에 자동소화장치를 설치해야 한다.
  1) 주거용 주방자동소화장치를 설치해야 하는 것 : 아파트등 및 오피스텔의 모든 층
  2) 상업용 주방자동소화장치를 설치해야 하는 것
    가) 판매시설 중 「유통산업발전법」 제2조 제3호에 해당하는 대규모점포에 입점해 있는 일반음식점
    나) 「식품위생법」 제2조 제12호에 따른 집단급식소
  3) 캐비닛형 자동소화장치, 가스자동소화장치, 분말자동소화장치 또는 고체에어로졸자동소화장치를 설치해야 하는 것 : 화재안전기준에서 정하는 장소

88 다음 경계벽 중 소리를 차단하는 데 장애가 되는 부분이 없도록 그 구조를 갖추어야 하는 대상에 속하지 않는 것은?

① 숙박시설의 객실 간 경계벽
② 의료시설의 병실 간 경계벽
③ 업무시설의 사무실 간 경계벽
④ 교육연구시설 중 학교의 교실 간 경계벽

해설
[경계벽]
[건축법 시행령] 제53조(경계벽 등의 설치)
① 법 제49조 제4항에 따라 다음 각 호의 어느 하나에 해당하는 건축물의 경계벽은 국토교통부령으로 정하는 기준에 따라 설치해야 한다.
  1. 단독주택 중 다가구주택의 각 가구 간 또는 공동주택(기숙사는 제외한다)의 각 세대 간 경계벽(제2조 제14호 후단에 따라 거실·침실 등의 용도로 쓰지 아니하는 발코니 부분은 제외한다)
  2. 공동주택 중 기숙사의 침실, 의료시설의 병실, 교육연구시설 중 학교의 교실 또는 숙박시설의 객실 간 경계벽
  3. 제1종 근린생활시설 중 산후조리원(가. 임산부실 간, 나. 신생아실 간 경계벽, 다. 임산부실과 신생아실 간 경계벽)
  4. 제2종 근린생활시설 중 다중생활시설의 호실 간 경계벽
  5. 노유자시설 중 「노인복지법」 제32조 제1항 제3호에 따른 노인복지주택(이하 "노인복지주택"이라 한다)의 각 세대 간 경계벽
  6. 노유자시설 중 노인요양시설의 호실 간 경계벽

정답 ● 87 ② 88 ③

89 각 층의 거실면적의 합계가 1000m²로 동일한 15층의 문화 및 집회시설 중 공연장에 설치하여야 하는 승용 승강기의 최소 대수는? (단, 15인승 승강기의 경우)

① 4대 ② 5대
③ 6대 ④ 7대

해설

[승용 승강기의 최소 대수]
[건축물의 설비기준 등에 관한 규칙]
별표 1의2(승용 승강기의 설치기준)

건축물의 용도 \ 6층 이상의 거실 면적의 합계	3천 제곱미터 이하	3천 제곱미터 초과
1. 가. 문화 및 집회시설(공연장·집회장 및 관람장만 해당한다) 나. 판매시설 다. 의료시설	2대	2대에 3천 제곱미터를 초과하는 2천 제곱미터 이내마다 1대를 더한 대수
2. 가. 문화 및 집회시설(전시장 및 동·식물원만 해당한다) 나. 업무시설 다. 숙박시설 라. 위락시설	1대	1대에 3천 제곱미터를 초과하는 2천 제곱미터 이내마다 1대를 더한 대수
3. 가. 공동주택 나. 교육연구시설 다. 노유자시설 라. 그 밖의 시설	1대	1대에 3천 제곱미터를 초과하는 3천 제곱미터 이내마다 1대를 더한 대수

위 표에 따라 승강기의 대수를 계산할 때 8인승 이상 15인승 이하의 승강기는 1대의 승강기로 보고, 16인승 이상의 승강기는 2대의 승강기로 본다.

- 6층 이상 거실면적 = 1000 × 10 = 10000 m²
- 3000 m²까지 기본 2대
- 초과 2000 m²마다 1대 : 7000 ÷ 2000 = 3.5 ∴ 4대
- 총 6대(15인승 이하)

90 장례식장의 집회실로서 그 바닥면적이 200 m² 이상인 경우 반자의 높이는 최소 얼마 이상 이어야 하는가? (단, 기계환기장치를 설치하지 않은 경우)

① 2.1 m ② 2.7 m
③ 3.5 m ④ 4 m

해설

[반자높이]
[건축물의 피난·방화구조 등의 기준에 관한 규칙]
제16조(거실의 반자높이)

① 영 제50조의 규정에 의하여 설치하는 거실의 반자(반자가 없는 경우에는 보 또는 바로 윗층의 바닥판의 밑면 기타 이와 유사한 것을 말한다. 이하 같다)는 그 높이를 2.1미터 이상으로 하여야 한다.

② 문화 및 집회시설(전시장 및 동·식물원은 제외한다), 종교시설, 장례식장 또는 위락시설 중 유흥주점의 용도에 쓰이는 건축물의 관람실 또는 집회실로서 그 바닥면적이 200제곱미터 이상인 것의 반자의 높이는 제1항에도 불구하고 4미터(노대의 아랫부분의 높이는 2.7미터) 이상이어야 한다. 다만 기계환기장치를 설치하는 경우에는 그렇지 않다.

정답 ● 89 ③ 90 ④

91 업무시설로서 건축허가등을 할 때 미리 소방본부장 또는 소방서장의 동의를 받아야 하는 대상 건축물의 연면적 기준은?

① 연면적이 200 m² 이상인 건축물
② 연면적이 400 m² 이상인 건축물
③ 연면적이 600 m² 이상인 건축물
④ 연면적이 800 m² 이상인 건축물

해설

[건축허가]
[소방시설설치 및 관리에 관한 법률 시행령]
제7조(건축허가등의 동의대상물의 범위 등)
① 법 제6조 제1항에 따라 건축물 등의 신축·증축·개축·재축·이전·용도변경 또는 대수선의 허가·협의 및 사용승인(「주택법」 제15조에 따른 승인 및 같은 법 제49조에 따른 사용검사, 「학교시설사업 촉진법」 제4조에 따른 승인 및 같은 법 제13조에 따른 사용승인을 포함하며, 이하 "건축허가등"이라 한다)을 할 때 <u>미리 소방본부장 또는 소방서장의 동의를 받아야 하는 건축물 등의 범위</u>는 다음 각 호와 같다.
1. <u>연면적</u>(「건축법 시행령」 제119조 제1항 제4호에 따라 산정된 면적을 말한다. 이하 같다)<u>이 400제곱미터 이상인 건축물</u>이나 시설. 다만 다음 각 목의 어느 하나에 해당하는 건축물이나 시설은 해당 목에서 정한 기준 이상인 건축물이나 시설로 한다.

92 6층 이상의 거실면적의 합계가 11000 m²인 교육연구시설에 설치하여야 하는 승용 승강기의 최소 대수는? (단, 8인승 승용 승강기인 경우)

① 3대 ② 4대
③ 5대 ④ 6대

해설

[승용 승강기의 최소 대수]
[건축물의 설비기준 등에 관한 규칙]
별표 1의2(승용 승강기의 설치기준)

건축물의 용도	6층 이상의 거실 면적의 합계	3천 제곱미터 이하	3천 제곱미터 초과
1. 가. 문화 및 집회시설(공연장·집회장 및 관람장만 해당한다) 나. 판매시설 다. 의료시설		2대	2대에 3천 제곱미터를 초과하는 2천 제곱미터 이내마다 1대를 더한 대수
2. 가. 문화 및 집회시설(전시장 및 동·식물원만 해당한다) 나. 업무시설 다. 숙박시설 라. 위락시설		1대	1대에 3천 제곱미터를 초과하는 2천 제곱미터 이내마다 1대를 더한 대수
3. 가. 공동주택 나. <u>교육연구시설</u> 다. 노유자시설 라. 그 밖의 시설		1대	<u>1대에 3천 제곱미터를 초과하는 3천 제곱미터 이내마다 1대를 더한 대수</u>

위 표에 따라 승강기의 대수를 계산할 때 <u>8인승 이상 15인승 이하의 승강기는 1대의 승강기로 보고</u>, 16인승 이상의 승강기는 2대의 승강기로 본다.

정답 91 ② 92 ②

- 3000 m²까지 기본 1대
- 초과 3000 m²마다 1대 :
  (11000 - 3000) ÷ 3000 = 2.666 ⋯   ∴ 3대
  → 총 4대

93 다음 중 다중이용건축물에 속하지 않는 것은? (단, 16층 미만인 건축물)

① 종교시설로 쓰는 바닥면적의 합계가 50000 m² 이상인 건축물
② 판매시설로 쓰는 바닥면적의 합계가 50000 m² 이상인 건축물
③ 업무시설로 쓰는 바닥면적의 합계가 50000 m² 이상인 건축물
④ 의료시설 중 종합병원으로 쓰는 바닥면적의 합계가 50000 m² 이상인 건축물

해설

[정의 - 다중이용 건축물]
[건축법 시행령] 제2조(정의)
17. "다중이용 건축물"이란 다음 각 목의 어느 하나에 해당하는 건축물을 말한다.
  가. 다음의 어느 하나에 해당하는 용도로 쓰는 바닥면적의 합계가 5천 제곱미터 이상인 건축물
    1) 문화 및 집회시설(동물원 및 식물원은 제외한다)
    2) 종교시설
    3) 판매시설
    4) 운수시설 중 여객용 시설
    5) 의료시설 중 종합병원
    6) 숙박시설 중 관광숙박시설
  나. 16층 이상인 건축물
※ 업무시설은 다중이용건축물에 해당 없다.

94 세대수가 4세대인 주거용 건축물의 급수관 지름의 최소 기준은? (단, 가압설비 등을 설치하지 않은 경우)

① 20 mm ② 25 mm
③ 32 mm ④ 40 mm

해설

[급수관 최소 지름]
[건축물의 설비기준 등에 관한 규칙]
별표 3 : 주거용 건축물 급수관의 지름

가구 또는 세대수	1	2~3	4~5	6~8	9~16	17 이상
급수관 지름의 최소기준 (밀리미터)	15	20	25	32	40	50

95 건축법령상 제1종 근린생활시설에 속하지 않는 것은?

① 미용원 ② 치과의원
③ 마을회관 ④ 일반음식점

해설

[제1종 근린생활시설]
[건축법 시행령] 별표 1 : 용도별 건축물의 종류
3. 제1종 근린생활시설
  다. 이용원, 미용원, 목욕장, 세탁소 등 사람의 위생관리나 의류 등을 세탁·수선하는 시설 (세탁소의 경우 공장에 부설되는 것과 「대기환경보전법」, 「물환경보전법」 또는 「소음·진동관리법」에 따른 배출시설의 설치 허가 또는 신고의 대상인 것은 제외한다)
  라. 의원, 치과의원, 한의원, 침술원, 접골원(接骨院), 조산원, 안마원, 산후조리원 등 주민의 진료·치료 등을 위한 시설

정답 93 ③ 94 ② 95 ④

사. 마을회관, 마을공동작업소, 마을공동구판장, 공중화장실, 대피소, 지역아동센터(단독주택과 공동주택에 해당하는 것은 제외한다) 등 주민이 공동으로 이용하는 시설
※ 일반음식점은 제2종 근린생활시설이다.

96 바닥면적이 100 m²인 초등학교 교실에 채광을 위하여 설치하여야 하는 창문 등의 면적은 최소 얼마 이상이어야 하는가? (단, 거실의 용도에 따른 조도기준 이상의 조명장치를 설치하지 않은 경우)

① 5 m²
② 10 m²
③ 20 m²
④ 50 m²

해설

[창문등의 면적]
[건축물의 피난·방화구조 등의 기준에 관한 규칙]
제17조(채광 및 환기를 위한 창문등)
① 영 제51조에 따라 채광을 위하여 거실에 설치하는 창문등의 면적은 그 거실의 바닥면적의 10분의 1 이상이어야 한다. 다만 거실의 용도에 따라 별표 1의3에 따라 조도 이상의 조명장치를 설치하는 경우에는 그러하지 아니하다.
② 영 제51조의 규정에 의하여 환기를 위하여 거실에 설치하는 창문등의 면적은 그 거실의 바닥면적의 20분의 1 이상이어야 한다. 다만 기계환기장치 및 중앙관리방식의 공기조화설비를 설치하는 경우에는 그러하지 아니하다.
③ 제1항 및 제2항의 규정을 적용함에 있어서 수시로 개방할 수 있는 미닫이로 구획된 2개의 거실은 이를 1개의 거실로 본다.
④ 영 제51조 제3항에서 "국토교통부령으로정하는 기준"이란 높이 1.2미터 이상의 난간이나 그 밖에 이와 유사한 추락방지를 위한 안전시설을 말한다.

97 다음 공동주택의 환기설비 기준에 관한 내용 중 괄호 안에 알맞은 것은?

> 신축 또는 리모델링하는 다음 각 호의 어느 하나에 해당하는 주택 또는 건축물(이하 "신축공동주택등"이라 한다)은 시간당 (   ) 이상의 환기가 이루어질 수 있도록 자연환기설비 또는 기계환기설비를 설치해야 한다.

① 0.5회
② 1.0회
③ 1.2회
④ 1.5회

해설

[환기설비 기준]
[건축물의 설비기준 등에 관한 규칙]
제11조(공동주택 및 다중이용시설의 환기설비 기준 등)
① 영 제87조 제2항의 규정에 따라 신축 또는 리모델링하는 다음 각 호의 어느 하나에 해당하는 주택 또는 건축물(이하 "신축공동주택등"이라 한다)은 시간당 0.5회 이상의 환기가 이루어질 수 있도록 자연환기설비 또는 기계환기설비를 설치해야 한다.
1. 30세대 이상의 공동주택
2. 주택을 주택 외의 시설과 동일건축물로 건축하는 경우로서 주택이 30세대 이상인 건축물

정답 96 ② 97 ①

98 특별시나 광역시에 건축하는 경우 특별시장이나 광역시장의 허가를 받아야 하는 대상건축물의 층수 기준은?

① 층수가 10층 이상인 건축물
② 층수가 15층 이상인 건축물
③ 층수가 21층 이상인 건축물
④ 층수가 31층 이상인 건축물

해설

[건축허가]
[건축법 시행령] 제8조(건축허가)
① 법 제11조 제1항 단서에 따라 특별시장 또는 광역시장의 허가를 받아야 하는 건축물의 건축은 층수가 21층 이상이거나 연면적의 합계가 10만 제곱미터 이상인 건축물의 건축(연면적의 10분의 3 이상을 증축하여 층수가 21층 이상으로 되거나 연면적의 합계가 10만 제곱미터 이상으로 되는 경우를 포함한다)을 말한다.

99 공사감리자가 공사시공자로 하여금 상세시공도면을 작성하도록 요청할 수 있는 건축공사의 연면적 기준으로 옳은 것은?

① 1500 m² 이상
② 3000 m² 이상
③ 5000 m² 이상
④ 10000 m² 이상

해설

[공사감리]
[건축법 시행령] 제19조(공사감리)
④ 법 제25조 제5항에서 "대통령령으로 정하는 용도 또는 규모의 공사"란 연면적의 합계가 5천 제곱미터 이상인 건축공사를 말한다.

[건축법]
제25조(건축물의 공사감리)
⑤ 대통령령으로 정하는 용도 또는 규모의 공사의 공사감리자는 필요하다고 인정하면 공사시공자에게 상세시공도면을 작성하도록 요청할 수 있다.

100 공동주택과 오피스텔의 난방설비를 개별난방방식으로 하는 경우에 관한 기준 내용으로 옳지 않은 것은?

① 보일러의 연도는 내화구조로서 공동연도로 설치할 것
② 오피스텔의 경우에는 난방구획을 방화구획으로 구획할 것
③ 전기보일러의 경우 보일러실의 윗부분에 지름 10 cm 이상의 공기흡입구를 설치할 것
④ 보일러는 거실 외의 곳에 설치하되, 보일러를 설치하는 곳과 거실 사이의 경계벽은 출입구를 제외하고는 내화구조의 벽으로 구획할 것

정답 98 ③ 99 ③ 100 ③

> 해설

[개별난방방식]
[건축물의 설비기준 등에 관한 규칙]
제13조(개별난방설비 등)
① 영 제87조 제2항의 규정에 의하여 공동주택과 오피스텔의 난방설비를 개별난방방식으로 하는 경우에는 다음 각 호의 기준에 적합하여야 한다.
1. 보일러는 거실 외의 곳에 설치하되, 보일러를 설치하는 곳과 거실 사이의 경계벽은 출입구를 제외하고는 내화구조의 벽으로 구획할 것
2. 보일러실의 윗부분에는 그 면적이 0.5제곱미터 이상인 환기창을 설치하고, 보일러실의 윗부분과 아랫부분에는 각각 지름 10센티미터 이상의 공기흡입구 및 배기구를 항상 열려 있는 상태로 바깥공기에 접하도록 설치할 것. 다만 전기보일러의 경우에는 그러하지 아니하다.
4. 보일러실과 거실 사이의 출입구는 그 출입구가 닫힌 경우에는 보일러가스가 거실에 들어갈 수 없는 구조로 할 것
5. 기름보일러를 설치하는 경우에는 기름저장소를 보일러실외의 다른 곳에 설치할 것
6. 오피스텔의 경우에는 난방구획을 방화구획으로 구획할 것
7. 보일러의 연도는 내화구조로서 공동연도로 설치할 것

2023 제2회

1과목 건축일반

01 전열에 관한 다음의 설명 중 틀린 것은?

① 고체와 이에 접하는 유체 사이의 열 이동을 열관류라 한다.
② 복사는 열이 고온의 물체표면으로부터 저온의 물체표면으로 공간을 통하여 전달되는 현상을 말한다.
③ 열전도는 열에너지가 주로 고체 속을 고온부에서 저온부로 이동하는 현상이다.
④ 물체 내부를 전도로 전달되는 열량은 전열면적, 온도차, 시간에 비례한다.

해설

[전열]
- 유체와 고체 사이 일어나는 열 이동은 대류라고 한다.
- 열관류는 열통과라고도 하며 복합체의 전도, 대류가 복합적으로 작용되어 열이 흐르는 현상으로 고체를 사이에 두고 양쪽의 유체 사이에 열 이동하는 현상이다.

02 제3종 기계환기방식이 적합하지 않은 실은?

① 화장실 ② 수술실
③ 주방   ④ 욕실

해설

[제3종 기계환기방식]
제3종 기계환기방식은 배풍기(배기기기)만 설치하고 급기구에 동력을 사용하지 않는 방식으로 유해가스 발생장소, 화장실, 욕실, 주방, 흡연실 등이 적합하다.
※ 수술실은 제1종 환기방식으로 급기기기와 배기기기를 동시에 사용한다.

03 작용온도에서 고려하지 않는 요소는?

① 기온 ② 습도
③ 기류 ④ 복사열

해설

[작용온도]
- 작용온도 : 실내 공기 환경이 인체의 생리면에 미치는 영향을 고려한 척도
- 작용온도 요소 : 기온, 기류, 복사열
- 유효온도 요소 : 기온, 기류, 습도

정답 01 ① 02 ② 03 ②

04 음에 관한 설명으로 옳지 않은 것은?

① 음의 높이는 음의 주파수에 따라 달라진다.
② 음의 크기는 진폭이 큰 음이 진폭이 작은 음보다 크게 느껴진다.
③ 음의 크기를 객관적인 물리적 양의 개념으로 표현하기 위한 단위로 손(Sone)이 있다.
④ 큰 소리와 작은 소리를 동시에 들을 때 큰 소리만 들리고 작은 소리는 들리지 않는 현상을 마스킹효과(Masking Effect)라고 한다.

해설

[소리(음)]
사람의 감각적(청각적) 음의크기가 손(Sone)이다.

05 온도, 습도, 기류를 조합하여 인체의 실제 체감(體感)을 표시하는 척도가 되는 것은?

① TAC온도 ② 임계온도
③ 절대온도 ④ 유효온도

해설

[유효온도]
• 유효온도 : 실내 온도와 같은 온도를 주게 되는 정지 상태의 포화공기의 온도
• 유효온도 요소 : 기온, 기류, 습도

06 결로 발생의 원인이 될 수 있는 요소와 가장 거리가 먼 것은?

① 실내외의 온도차
② 실내의 환기상태
③ 건물지붕의 기울기
④ 건물외피의 단열상태

해설

[결로]
표면결로는 실내공간을 이루는 건축부의 표면온도가 실내 공기의 온도보다 낮을 경우 건축부의 표면에 물이 생기는 현상이다.
※ 지붕의 기울기는 우천에 의한 우수량이나 적설량에 따른 하중의 문제가 될 뿐 결로현상과 관계없다.

07 결로에 관한 설명 중 부적합한 것은?

① 결로의 발생원인은 건물의 표면온도가 접촉하고 있는 공기의 노점온도보다 높을 경우 그 표면에 발생한다.
② 일시적 결로는 절대습도가 표면온도 조건에 비해서 급속히 증가하는 경우에 발생한다.
③ 내부 결로의 방지책 중에 하나는 벽체 내부의 수증기압을 포화 수증기압보다 작게 한다.
④ 결로의 발생원인 중 하나는 단열시공 불완전과 시공직후 미건조에 의한다.

해설
[결로]
- 표면결로는 실내공간을 이루는 건축부의 표면온도가 실내 공기의 온도보다 낮을 경우 건축부의 표면에 물이 생기는 현상이다.
- 결로의 발생원인은 건물의 표면온도가 접촉하고 있는 공기의 노점온도보다 낮을 경우이다.

08 건축음향 및 소음에 관한 설명으로 옳지 않은 것은?

① 강연이나 연극 등 언어를 주사용 목적으로 할 경우 잔향시간은 비교적 짧게 처리한다.
② 다목적용 오디토리엄에는 가변 흡음구조가 되도록 음향설계를 한다.
③ 반사음과 직접음과의 시간차가 가능한 한 크게 하여 충분한 음 보강이 되도록 한다.
④ 소음이 심한 도로변에 위치한 건물의 소음대책으로 방음벽을 설치한다.

해설
[건축음향 및 소음]
반사음과 직접음과의 시간차는 가능한 한 작게 하여야 음 보강이 된다.
※ 오디토리엄(Auditorium) : 극장과 콘서트 홀 등 안에 있으며, 퍼포먼스를 듣고 하는 장소를 가리키는 말이다.

09 열환경 지표 중 기온과 주벽의 복사열 및 기류의 영향을 조합시킨 지표로서 습도의 영향이 고려되어 있지 않은 것은?

① 작용온도
② 등온지수
③ 유효온도
④ 합성온도

해설
[작용온도]
- 작용온도(효과온도) : 온도, 기류, 복사열 요소로 습도영향을 고려하지 않는다.
- 등온지수 : 온도, 기류, 복사열, 습도
- 유효온도(쾌적지표) : 온도, 기류, 습도

10 잔향시간은 실내에 일정한 세기의 음을 공급하여 정상상태가 된 후, 음원을 정지시키고 나서 실내의 평균에너지 밀도가 처음 값에서 얼마 감쇠하는 데 소요되는 시간으로 산정하는가?

① 40 dB ② 50 dB
③ 60 dB ④ 70 dB

해설
[잔향시간]
잔향시간이란 음원으로부터 발생되는 소리가 정지했을 때 음압레벨이 60 dB 감쇠하는 데 소요되는 시간을 말한다.

정답 08 ③ 09 ① 10 ③

11 표면결로의 방지대책으로 옳지 않은 것은?

① 냉교(Cold Bridge)가 생기지 않도록 주의한다.
② 환기로 실내절대습도를 저하시킨다.
③ 실내에서 수증기 발생을 억제한다.
④ 외벽의 단열강화로 실내 측 표면온도를 저하시킨다.

해설

[표면결로]
표면결로는 실내공간을 이루는 건축부의 표면온도가 실내 공기의 온도보다 낮을 경우 건축부의 표면에 물이 생기는 현상이다.
※ 외벽의 단열강화로 실내 측 표면온도를 저하를 방지한다.

12 자연환기(통풍)에 관련된 설명으로 옳지 않은 것은?

① 환기란 실내 공기질 유지의 목적이 강하며, 통풍이란 실내발생열을 제거하는 의미가 강하다.
② 야간에 창을 개방하여 외기를 도입함으로써 건물의 축열부하를 제거하고 구조체를 냉각하는 것을 나이트 퍼지(Night Purge)라고 한다.
③ 연돌효과 또는 굴뚝효과(Stack Effect)에 의한 환기는 겨울철보다 여름철에 더 활발하게 발생한다.
④ 통풍을 발생시키는 근원은 바람에 의해 건물에 가해지는 풍압력이며, 외벽에 가해지는 압력과 실내압력의 차가 크면 클수록 환기량은 많아진다.

해설

[자연통풍(환기)]
자연통풍은 공기의 밀도차에 의하여 발생하는 것으로 온도의 차이가 많이 날수록 그 효과가 크다. 따라서 겨울철에 효과가 있다.

13 두께 20 cm인 콘크리트벽에서 내벽표면온도 18 ℃, 외벽표면온도 −2 ℃ 일 때 벽체의 열전도율로 맞는 것은? (단, 단위평방미터 당 열전도량은 400 W)

① $3.6\ W/m \cdot K$
② $4\ W/m \cdot K$
③ $14\ W/m \cdot K$
④ $36\ W/m \cdot K$

해설

[열전도율]
$q = \dfrac{\lambda}{l} A \triangle t$
$400[W] = \dfrac{\lambda}{0.2[m]} \times 1[m^2] \times (18-(-2))[℃]$
$\therefore \lambda = 4\,[W/m \cdot ℃] = 4\,[W/m \cdot K]$

정답 11 ④ 12 ③ 13 ②

14 단열에 관한 설명 중 옳지 않은 것은?

① 일반적으로 열전도율이 작은 재료를 사용하는 것이 단열효과가 있다.
② 공기층은 기밀성이 떨어져도 단열효과에는 영향이 없다.
③ 단열재에 수분이 침투하면 단열성이 매우 나빠진다.
④ 10 cm 공기층을 1개 층 설치하는 것보다 5 cm 공기층을 2개 층 설치하는 것이 단열에 유리하다.

해설

[단열]
- 물체와 물체 사이에 열이 서로 통하지 않도록 막는 것을 말한다.
- 기밀성이 떨어지게 되면 공기와 수분이 침투하게 되어 단열성이 나빠진다.

2과목 위생설비

21 결합통기관에 관한 설명으로 옳은 것은?

① 각 기구마다 설치하는 통기관
② 배수·통기 양 계통 간의 공기 유통을 원활하게 하기 위해 배수수평지관과 루프통기관을 연결시키는 통기관
③ 배수수직관의 상부를 그대로 연장하여 대기에 개방되게 한 것으로 배수수직관이 통기관의 역할까지 하도록 한 통기관
④ 배수수직관이 길 경우 발생할 수 있는 배수수직관 내의 압력변화를 방지하기 위해 배수수직관과 통기수직관을 연결한 통기관

해설

[결합통기관]
결합통기관은 배수수직관이 길 경우 배수수직관 내의 통기성능 향상을 위하여 배수수직관과 통기수직 관을 연결하는 통기관이다.

정답 14 ② 21 ④

22 통기관의 최소 관경에 관한 설명으로 옳지 않은 것은?

① 각개통기관은 그것이 접속되는 배수관 관경의 1/2 이상으로 한다.
② 결합통기관은 통기수직관과 배수수직관 중 작은 쪽의 관경 이상으로 한다.
③ 도피통기관은 배수수평지관의 관경 이상으로 하되 최소 75 mm 이상으로 한다.
④ 루프통기관은 배수수평지관과 통기수직관 중 작은 쪽 관경의 1/2 이상으로 한다.

해설

[통기관의 최소 관경]
③ 도피통기관의 규정은 "배수수평지관 관경의 1/2 이상, 최소 32mm 이상"이다.

23 대변기의 세정방식 중 플러시밸브식에 관한 설명으로 옳지 않은 것은?

① 대변기의 연속 사용이 가능하다.
② 일반 가정용으로는 거의 사용되지 않는다.
③ 급수관경 및 수압과 관계없이 사용 가능하다.
④ 세정음에 유수음이 포함되기 때문에 소음이 크다.

해설

[대변기의 세정방식 중 플러시밸브식]
대변기 플러시밸브식은 수도 본관에서 일정 수압(7 mAq) 이상이 요구된다.

24 배수수직관 내부가 부압으로 되는 곳에 배수수평지관이 접속되어 있는 경우, 배수수평지관 내의 공기가 수직관으로 유인되어 봉수가 파괴되는 현상(작용)은?

① 증발현상
② 모세관현상
③ 유도사이폰작용
④ 자기사이폰작용

해설

[유도사이폰작용]
(1) 부압이 다른 배수관 흐름에서 유도됨
  → 유도사이폰작용
(2) 유도사이폰작용은 다른 배수기구나 관로에서 배수 시 부압이 발생하여 인접 기구 트랩 봉수가 흡출되는 현상

보충 자기사이폰작용 : 같은 배수기구에서 급격한 배수로 인해 자기 트랩의 봉수가 흡출되는 현상

25 관 내 유동에서 층류와 난류를 판단하는 기준이 되는 것은?

① 마하(Mach)수
② 프란틀(Prandtl)수
③ 그라쇼프(Grashof)수
④ 레이놀즈(Reynolds)수

해설

[층류와 난류를 판단하는 기준]
레이놀즈수는 층류와 난류를 구분하는 척도로 2100 이하이면 층류, 4000 이상이면 난류, 그 사이는 임계영역(천이영역)이다.

정답 ● 22 ③ 23 ③ 24 ③ 25 ④

구분	Re수 범위
층류	Re > 4000
천이류(임계영역)	2100 < Re < 4000
난류	Re > 4000

26 다음 설명에 알맞은 통기관의 종류는?

> 오배수 입상관으로부터 취출하여 취 쪽의 통기관에 연결되는 배관으로, 오배수 입상관 내의 압력을 같게 하기 위한 도피통기관

① 습통기관
② 각개통기관
③ 결합통기관
④ 루프통기관

해설

[통기관]
결합통기관은 통기관 중 가장 중요한 통기관으로 시험에 자주 출제된다.

27 급수배관에서 유속을 제한하는 이유와 가장 거리가 먼 것은?

① 캐비테이션 발생 방지
② 크로스 커넥션 발생 방지
③ 유수(流水)에 의한 소음 발생 방지
④ 워터해머로 인한 관 및 관이음쇠의 손상 발생 방지

해설

[급수배관에서 유속을 제한하는 이유]
크로스 커넥션 발생 방지는 유속 제한과 무관하다.
크로스 커넥션은 배관 오접속, 역류오염 문제이다.

보충 크로스 커넥션(Cross Connection)
: 급수배관과 오수·유해배관이 연결되어 오염될 위험을 뜻함

28 주철관의 이음방법에 속하지 않는 것은?

① 소켓이음
② 빅토릭이음
③ 타이톤이음
④ 플레어이음

해설

[주철관의 이음방법]
플레어이음은 동관이음방식

29 가로 2 m, 세로 2 m, 높이 10 m인 직육면체 수조에 물이 가득 차 있을 때, 바닥면에 작용하는 전압력은?

① 2 ton
② 4 ton
③ 20 ton
④ 40 ton

해설

[바닥면에 작용하는 전압력(F)]
$F = \gamma h A = 1000[kg_f/m^3] \times 10[m] \times 4[m^2]$
$= 40000 \ kg_f = 40 \ ton$

보충 이 문제에서의 ton은 질량이 아니라 '톤중(tonf)'이라는 힘 단위를 뜻하는 것

정답 ● 26 ③ 27 ② 28 ④ 29 ④

30 수격작용의 방지대책으로 옳지 않은 것은?

① 감압밸브 설치
② 수격방지기 설치
③ 바이패스관 설치
④ 펌프의 수평주관 길이 증가

해설

[수격작용의 방지대책]
수평주관 길이 증가는 수격작용을 촉진한다.

31 배수와 통기 간의 공기의 유통을 원활히 하기 위해 설치하는 것으로 배수횡지관의 최하류에 설치하는 통기관은?

① 습통기관
② 도피통기관
③ 반송통기관
④ 루프통기관

해설

[도피통기관]
배수횡지관(수평지관) 최하류에 설치하여 배수와 통기관의 공기 유통을 원활히 함
루프통기관과 함께 사용되며, 최하류 공기 흐름 보조 역할

32 배수트랩과 통기관에 관한 설명으로 옳지 않은 것은?

① 통기관을 설치하면 배수능력이 향상된다.
② 배수트랩을 설치하면 배수능력이 향상된다.
③ 배수트랩은 봉수가 파괴되지 않는 구조로 한다.
④ 통기관은 사이폰작용에 의해서 트랩 봉수가 파괴되는 것을 방지한다.

해설

[배수트랩과 통기관]
배수트랩은 봉수 유지(냄새차단) 목적으로 설치되며, 오히려 배수저항이 되어 배수능력을 저하시킨다.

33 호텔의 주방이나 레스토랑의 주방 등에서 배출되는 배수 중의 지방분을 포집하기 위하여 사용되는 포집기는?

① 오일포집기
② 가솔린포집기
③ 그리스포집기
④ 플라스터포집기

해설

[그리스포집기]
그리스포집기는 주방 배수에서 발생하는 동·식물성 기름과 지방을 분리·포집하는 장치이다.

정답 → 30 ④ 31 ② 32 ② 33 ③

34 동 및 동합금관에 관한 설명으로 옳지 않은 것은?

① 담수에 내식성은 크나 연수에는 부식된다.
② 탄산가스를 포함한 공기중에서는 푸른 녹이 생긴다.
③ 동관은 두께별로 K, L, M형 등으로 구분할 수 있다.
④ 가성소다, 가성알칼리 등 알칼리성에 심하게 침식된다.

해설

[동 및 동합금관]
동 및 동합금관은 가성소다, 가성알칼리 등 강알칼리에도 비교적 안정하다. 그러나 암모니아에 심하게 침식된다.

35 급탕배관 내에 흐르는 유체의 온도변화로 인하여 발생하는 관의 신축을 흡수할 목적으로 사용되는 신축이음쇠에 속하는 것은?

① 레듀서   ② 소켓이음
③ 스트레이너   ④ 스위블 조인트

해설

[신축이음쇠 중 스위블형]
스위블형은 엘보 부위가 서로 회전하면서 배관의 축 방향 길이 변화(열팽창·수축)를 흡수한다.

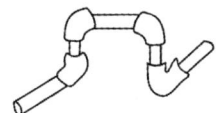

[스위블형]

36 펌프에 관한 설명으로 옳은 것은?

① 펌프의 축동력은 회전수에 반비례한다.
② 볼류트펌프는 임펠러 주위에 안내날개를 갖고 있기 때문에 고양정을 얻을 수 있다.
③ 펌프 1대에 임펠러 1개를 갖고 있는 것을 단단(單段)펌프라 하며 양정이 그다지 높지 않은 경우에 사용된다.
④ 캐비테이션을 방지하기 위해서는 흡수관을 가능한 한 길고 가늘게 함과 동시에 관 내에 공기가 체류할 수 있도록 배관한다.

해설

[펌프]
• 펌프의 축동력은 회전수에 3제곱에 비례한다.
• 안내날개를 가지고 있는 펌프는 터빈펌프다.
• 캐비테이션현상을 방지하기 위해서 유속을 낮추고 흡수관의 높이는 짧게 공기고임의 우려가 없게 하여야 한다.

37 동시사용률이 높은 건물과 급탕설비에 관한 설명으로 옳은 것은?

① 가열부하와 최대부하의 차이가 크다.
② 일반적으로 최대부하 사용시간이 짧다.
③ 일반적으로 하루에 1시간 정도의 일정시간에 사용된다.
④ 가열기 능력을 크게 하고 저탕탱크는 소용량으로 계획하는 것이 효율적이다.

정답 ● 34 ④   35 ④   36 ③   37 ④

해설

[동시사용률이 높은 건물과 급탕설비]
동시사용률이 높은 경우의 급탕설비는 가열부하와 최대부하가 동등하고, 최대부하 사용시간이 길다. 동시사용률이 높은 경우, 가열기 능력을 크게 하고 저장탱크는 소용량으로 계획하는 것이 효율적이다.

38 배관의 마찰저항에 관한 설명으로 옳은 것은?

① 유속의 제곱에 비례한다.
② 관이 길이에 반비례한다.
③ 관 내경의 제곱에 비례한다.
④ 유체의 점성이 클수록 감소한다.

해설

[배관의 마찰저항]

달시 바이스바하 공식 $h_L = f \times \dfrac{L}{D} \times \dfrac{v^2}{2g}$

여기서, f : 관마찰계수, L : 관의 길이
D : 관경, v : 유속, g : 중력가속도

② 마찰손실은 관 길이에 비례하므로, 길이가 길수록 손실이 커진다.
③ 마찰손실은 관 내경의 제곱에 반비례한다.
④ 유체의 점성이 클수록 유동 저항이 증가하여 마찰손실이 커진다.

39 다음 중 트랩의 봉수 파괴 원인이 아닌 것은?

① 수격작용
② 증발현상
③ 모세관현상
④ 자기사이폰작용

해설

[트랩의 봉수 파괴 원인]
수격작용은 급격한 유속의 변화 또는 압력변화에 따른 작용이다.

40 이종관의 접합에 관한 설명으로 옳지 않은 것은?

① 연관과 동관의 접합은 납땜 접합한다.
② 강관과 동관의 접합에는 절연이음쇠를 사용하지 않는다.
③ 강관과 스테인리스강관의 접합은 원칙적으로 절연이음쇠를 사용한다.
④ 주철관과 강관의 접합은 각각 이음을 코킹하여 나사 또는 플랜지 접합한다.

해설

[이종관의 접합]
강관과 동관의 접합에는 절연이음쇠를 사용하여야만 한다. 두 금속의 이온화 경향에 강관이 부식된다.

정답 38 ① 39 ① 40 ②

3과목 | 공기조화설비

41 냉방부하계산에 관한 설명으로 옳지 않은 것은?

① 외벽구조에 따라 상당온도차는 다르게 나타난다.
② 틈새바람에 의한 부하는 현열과 잠열 모두 고려한다.
③ 틈새바람량 계산법으로는 틈새법, 면적법, 환기횟수법 등이 있다.
④ 유리를 통한 열부하는 일사에 의한 직접 열 취득만을 고려한다.

해설

[냉방부하계산]
④ 유리를 통한 열부하는 일사에 의한 직접 열 취득뿐만 아니라 유리의 열관류도 고려해야 한다.

42 공기조화방식 중 전공기방식의 일반적인 특징으로 옳은 것은?

① 덕트 스페이스가 필요하다.
② 실내공기의 오염이 심하다.
③ 실내에 누수의 염려가 많다.
④ 중간기에 외기냉방을 할 수 없다.

해설

[전공기방식]
① 전공기방식은 공기를 덕트로 공급하므로 덕트 설치공간이 필요하다.
② 전공기방식은 공기조화기로 외기 처리 후 공급하므로 오염이 적다.
③ 누수 위험은 전수방식(FCU 등)에서 발생하고 전공기방식은 해당 없다.
④ 전공기방식은 외기냉방 운전이 가능하다.

43 보일러의 출력 중 난방부하, 급탕부하, 배관부하, 예열부하의 합으로 표시되는 것은?

① 정미출력
② 정격출력
③ 상용출력
④ 과부하출력

해설

[보일러의 출력]
- 정미출력 = 난방부하 + 급탕부하
- 상용출력 = 정미출력 + 배관부하
- 정격출력 = 상용출력 + 예열부하
- 과부하출력 = 정격출력의 1.1 ~ 1.2
  과부하출력은 운전 초기나 과부하 발생 시 출력

정답 41 ④ 42 ① 43 ②

44 온수난방방식에 관한 설명으로 옳은 것은?

① 용량제어가 어렵고 응축수에 의한 열손실이 크다.
② 실내온도의 상승이 빠르고 예열손실이 적어 간헐난방에 적합하다.
③ 증기난방에 비하여 소요방열면적과 배관경이 작으므로 설비비가 낮다.
④ 열용량이 크므로 보일러를 정지시켜도 실내난방이 어느 정도 지속된다.

해설

[온수난방방식]
온수난방은 열용량이 크므로 실내온도의 상승은 느리고 예열손실이 커서 간헐난방에 부적합하나 보일러를 정지시켜도 실내난방이 어느 정도 지속되므로 연속난방에 유리하다.

45 증기트랩 중 플로트트랩에 관한 설명으로 옳지 않은 것은?

① 다량의 응축수를 처리할 수 있다.
② 급격한 압력변화에도 잘 작동한다.
③ 동결의 우려가 있는 곳에 주로 사용된다.
④ 증기해머에 의해 내부손상을 입을 수 있다.

해설

[플로트트랩]
플로트트랩은 수면상 부유로 작동을 하는 트랩으로 동결 시 작동하지 않는다.

구분	응축수 회수 원리	종류
기계식	응축수의 부력을 이용	플로트트랩, 버킷트랩
열동식 (온도조절식)	증기와 응축수의 온도 차이	바이메탈식 트랩, 벨로스 트랩
열역학	증기와 응축수의 열역학적 특성 차이	디스크트랩, 오리피스트랩

46 건물의 냉방부하의 종류 중 현열과 잠열 성분을 모두 갖는 것은?

① 인체의 발생열량
② 벽체로부터의 취득열량
③ 유리로부터의 취득열량
④ 덕트로부터의 취득열량

해설

[냉방부하의 종류]
신체 발열은 땀과 열로 잠열, 현열 모두 갖는다.

47 유량조절용으로 사용되며 유체의 흐름 방향을 90°로 전환시킬 수 있는 밸브는?

① 볼밸브
② 앵글밸브
③ 체크밸브
④ 게이트밸브

정답 44 ④　45 ③　46 ①　47 ②

해설

[앵글밸브]
각도를 의미하는 앵글밸브가 각도를 가지고 있는 밸브다.

48 다음과 같은 조건에서 재실인원이 50명인 회의실의 외기 현열부하는?

- 1인당 필요한 외기량 : 80 m³/h
- 실내온도 : 26 ℃, 외기온도 : 32 ℃
- 공기의 밀도 : 1.2 kg/m³
- 공기의 정압비열 : 1.01 kJ/kg · K

① 6270 W ② 7240 W
③ 8080 W ④ 9120 W

해설

[외기 현열부하]
$q = G \times C \times \triangle T = Q \times \rho \times C \times \triangle T$
$= (80 \times 50) \times 1.2 \times 1.01 \times (32 - 26) \times \dfrac{1000}{3600}$
$= 8080\, W$

49 냉방부하 계산 시 구조체의 축열부하에 관한 설명으로 옳지 않은 것은?

① 구조체의 열용량과 관련이 있다.
② 시간지연(time - lag)현상을 유발한다.
③ 간헐냉방을 하는 경우 예냉부하를 필요로 한다.
④ 구조체의 열용량이 클수록 피크로드는 증가한다.

해설

[구조체의 축열부하]
④ 열용량이 큰 구조체는 외부 열을 저장했다가 서서히 방출하므로 순간 최대 냉방부하(피크로드)는 줄어든다.

50 덕트의 치수결정법 등 등속법에 관한 설명으로 옳지 않은 것은?

① 덕트를 통해 먼지나 산업용 분말을 이송시키는 데 적당하다.
② 덕트 내의 풍속을 일정하게 유지할 수 있도록 덕트 치수를 결정하는 방법이다.
③ 송풍기 용량을 구하기 위해서는 전체 구간의 압력 손실을 구해야 하는 번거로움이 있다.
④ 미분탄 및 시멘트 분말의 이송에는 덕트 내에 분말이 침적되지 않도록 풍속 5 m/s 로 설계한다.

해설

[등속법]
등속법에서 미분탄 및 시멘트 분말의 이송에는 덕트 내에 분말이 침적되지 않도록 속도가 필요하여 풍속 20 ~ 35 m/s 정도로 설계한다.

정답 ● 48 ③ 49 ④ 50 ④

51 수도직결방식 급수설비에서 수도본관에서 1층에 설치된 샤워기까지의 높이가 2 m이고, 마찰손실압력이 20 kPa, 수도본관의 수압이 150 kPa인 경우 샤워기 입구에서의 수압은? (단, 10 kPa = 1 m)

① 약 110 kPa
② 약 130 kPa
③ 약 150 kPa
④ 약 170 kPa

해설

[샤워기 입구에서의 수압]
$H = h_1 + h_2 + h_3$
$150 = 20 + 20 + x$
$\therefore x = 110 \text{ kPa}$

52 증기트랩의 작동원리에 따른 분류 중 기계식 트랩에 속하는 것은?

① 버킷트랩   ② 열동식 트랩
③ 벨로스트랩 ④ 바이메탈트랩

해설

[기계식 트랩]

구분	응축수 회수 원리	종류
기계식	응축수의 부력을 이용	플로트트랩, 버킷트랩
열동식 (온도조절식)	증기와 응축수의 온도 차이	바이메탈식 트랩, 벨로스 트랩
열역학	증기와 응축수의 열역학적 특성 차이	디스크트랩, 오리피스트랩

53 다음 중 유리창에 의한 일사 냉방부하 산정과 가장 관계가 먼 것은?

① 방위   ② 유리면적
③ 차폐계수 ④ 열관류율

해설

[유리창에 의한 일사 냉방부하 산정]
유리창 일사부하는 일사량(방위와 시간함수), 유리면적, 차폐계수로 구한다.

보충 열관류율(U)은 유리의 전도·대류 열부하 계산 요소이며, 일사냉방부하(직사광 투과)에 직접 영향은 없다.

54 온도 35 ℃의 외기 30 %와 26 ℃의 환기 70 %를 단열혼합하는 경우 혼합공기의 온도는?

① 27.9 ℃   ② 28.7 ℃
③ 30.5 ℃   ④ 32.3 ℃

해설

[혼합공기의 온도]
$$t_{혼합} = \frac{t_1 \times G_1 + t_2 \times G_2}{G_1 + G_2}$$
$$= \frac{35 \times 30 + 26 \times 70}{100} = 28.7$$

55 습공기에 관한 설명으로 옳은 것은?

① 습공기를 가열하면 상대습도가 증가한다.
② 습공기를 가열하면 상대습도가 감소한다.
③ 습공기를 가열하면 절대습도가 증가한다.
④ 습공기를 가열하면 절대습도가 감소한다.

해설
[습공기]
습공기를 가열하면 상대습도가 감소하고 절대습도는 변함이 없다.

56 에어필터의 효율 측정법에 속하지 않는 것은?

① 중량법
② 비색법
③ 체적법
④ DOP법

해설
[에어필터의 효율 측정법]
중량법(저성능필터), 비색법(중성능필터), DOP법(고성능필터) 3가지

57 증기트랩 중 플로트트랩에 관한 설명으로 옳지 않은 것은?

① 대용량에도 적합하다.
② 응축수를 연속으로 배출시킬 수 있다.
③ 플로트를 트랩 내부에 갖고 있어 외형이 크다.
④ 증기와 응축수 사이의 온도차를 이용하는 온도조절식 트랩이다.

해설
[플로트트랩]
④ 플로트트랩은 온도조절식 트랩이 아니라 응축수의 부력 원리를 이용한다.

구분	응축수 회수 원리	종류
기계식	응축수의 부력을 이용	플로트트랩, 버킷트랩
열동식 (온도조절식)	증기와 응축수의 온도 차이	바이메탈식 트랩, 벨로스 트랩
열역학	증기와 응축수의 열역학적 특성 차이	디스크트랩, 오리피스트랩

58 공기의 가습에 관한 설명으로 옳은 것은?

① 온수를 분사하면 공기온도는 올라간다.
② 스팀을 계속 분사하면 상대습도가 100 %를 초과하게 된다.
③ 초음파 가습기로 분무할 경우 공기온도는 변화하지 않는다.
④ 공기온도와 같은 순환수로 가습할 경우, 공기의 엔탈피 변화는 거의 없다.

정답 55 ② 56 ③ 57 ④ 58 ④

해설

[공기의 가습]
① 온수를 분사하더라도 잠열이 더 크기 때문에 공기온도는 내려간다.
② 스팀을 계속 분사하더라도 상대습도가 100 %를 초과할 수 없다. 과포화 상태가 지속될 수 없다.
③ 초음파 가습기로 분무할 경우 공기온도는 떨어진다. 공기온도와 같은 순환수로 가습할 경우 (단열 순환수 분무 - 외기 도입이 없는 경우) 공기의 엔탈피 변화는 거의 없다.

59 용량이 400 kW인 터보 냉동기에 순환되는 냉수량은? (단, 냉동기 입구의 냉수온도 12 ℃, 출구의 냉수온도 6 ℃, 물의 비열 4.2 kJ/kg·K)

① 46.2 m³/h
② 57.1 m³/h
③ 83.6 m³/h
④ 98.6 m³/h

해설

[터보 냉동기에 순환되는 냉수량]
$q = m[kg/s] \times C[kJ/kg \cdot K] \times \triangle t[K]$
$400\ kW = m[kg/s] \times 4.2\ kJ/kg \cdot K \times (12-6)\ K$
$\therefore m = 15.873\ kg/s$
물 1 kg은 1 L이므로
냉수량 $Q = 15.873\ L/s$
이를 $[m^3/h]$으로 단위 변환 시,
$Q[m^3/h] = 15.873\ L/s \times \dfrac{1\ m^3}{1000\ L} \times \dfrac{3600\ s}{1\ h}$
$\therefore Q ≒ 57.1\ m^3/h$

60 취출구에서 수평취출기류의 도달·강하 및 상승거리에 관한 설명으로 옳지 않은 것은?

① 상승거리는 기류의 풍속 및 실내공기와의 온도차에 비례한다.
② 강하거리는 기류의 풍속 및 실내공기와의 온도차에 반비례한다.
③ 취출구로부터 기류의 중심속도가 0.5 m/s로 되는 곳까지의 수평거리를 최소 도달거리라고 한다.
④ 취출구로부터 기류의 중심속도가 0.25 m/s로 되는 곳까지의 수평거리를 최대 도달거리라고 한다.

해설

[수평취출기류의 도달·강하 및 상승거리]
냉풍일 때 가깝게 하강, 온풍일 때 상승하여 멀리 하강, 같을 때 수평으로 취출되어 비례를 말할 수 없다.

정답 59 ② 60 ①

4과목 소방 및 전기설비

61 10대의 전동기에 모두 공급되는 전압과 동일한 전압을 인가하려면 어떻게 연결하면 되는가?

① 직렬결선
② 병렬결선
③ 직렬결선 2회로와 병렬결선 8회로
④ 직렬결선 2회로와 병렬결선 4회로

해설

[전압]
- 병렬연결 시 : 동일전압 다른 전류
- 직렬연결 시 : 다른 전압 동일전류

건전지 연결과 같음

62 차동식 분포형 화재감지기에 속하지 않는 것은?

① 스폿식
② 공기관식
③ 열전대식
④ 열반도체식

해설

[열감지기]

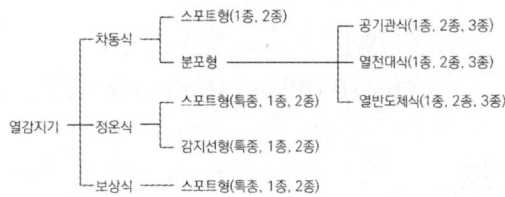

- 차동식 스포트형 : 일국소의 열효과를 검출하여 감지부와 검출부가 통합되어 있는 구조
- 차동식 분포형 : 넓은 범위의 열효과를 검출

63 각종 광원에 관한 설명으로 옳지 않은 것은?

① 형광램프는 점등장치를 필요로 한다.
② 저압나트륨램프는 인공광원 중에서 연색성이 가장 우수하다.
③ 고압수은램프는 광속이 큰 것과 수명이 긴 것이 특징이다.
④ 메탈핼라이드램프는 고압수은램프보다 효율과 연색성이 우수하다.

해설

[저압나트륨램프]
저압나트륨램프는 단일 파장(노란색)에 가까운 빛을 방출하기 때문에 연색성이 나쁨

정답 ● 61 ② 62 ① 63 ②

64 전압과 전류의 위상차 θ가 있는 경우, 교류전력 중 유효전력을 나타낸 것은?

① VI [W]　　② VI [VA]
③ VIcosθ [W]　④ VIsinθ [VAR]

해설

[전력]
- 유효전력 단위 : [W]
- 무효전력 단위 : [VAR]
- 피상전력 단위 : [VA]

65 어떤 회로에서 유효전력 80 W, 무효전력 60 Var일 때 역률은?

① 70 %　　② 80 %
③ 90 %　　④ 100 %

해설

[역률]

$$역률 = \frac{유효전력}{피상전력} = \frac{유효전력}{\sqrt{유효전력^2 + 무효전력^2}}$$

$$= \frac{80}{\sqrt{80^2 + 60^2}} = 0.8$$

66 어떤 저항에 100 V의 전압을 가했더니 10 A의 전류가 흘렀다. 이 저항에 95 V의 전압을 가했을 경우 흐르는 전류는?

① 5 A　　② 9.5 A
③ 10.5 A　④ 15 A

해설

[전류]
- V = IR에서
  R = V/I = 100/10 = 10 Ω
- I = V/R = 95/10 = 9.5

67 다음 중 일반적으로 시퀀스제어가 적용되는 것은?

① 정전압장치
② 자동평형기록계
③ 커피자동판매기
④ 레이더위치추적장치

해설

[시퀀스제어]
- 시퀀스제어는 정해진 순서대로 작동하는 커피자동판매기에 알맞다.
- 커피자동판매기 : 돈 투입 - 커피선택 - 추출 - 종료 등 정해진 순서대로 동작

68 다음은 교류의 표현에 관한 설명이다. ( ) 안에 알맞은 용어는?

> 전기에서는 서로 한 일이 비교될 수 있도록 교류의 크기를 나타낼 때에는 그 교류와 같은 일을 하는 직류의 크기로 대신 나타내며 그때 직류의 크기를 그 교류의 ( )라고 한다.

① 실효치　　② 평균치
③ 비교치　　④ 균등치

정답 ● 64 ③　65 ②　66 ②　67 ③　68 ①

해설

[교류]
- 평균치 : 한 주기 동안의 평균값
- 비교치 : 전기에서 잘 쓰이지 않음
- 균등치 : 전기에서 잘 쓰이지 않음

69 건축설비 자동제어 중 피드백제어방식을 제어동작에 의해 분류하였을 때 조절기가 연속동작을 하지 않는 것은?

① 비례동작　② 적분동작
③ 미분동작　④ 다위치동작

해설

[제어]

구분		내용
불연속 제어	ON-OFF 제어	단속적 제어동작
	샘플링 (Sampling)	전압, 전류, 위상을 제어
연속 제어	비례제어 (P제어)	잔류 편차(Off Set) 발생
	적분제어 (I제어)	• 잔류 편차(Off Set) 개선 • 시간지연(속응성) 발생
	미분제어 (D제어)	• 시간지연 개선, 잔류 편차(Off Set) 존재, 오차 방지 • 진동방지, 오버슈트가 커진다.
	비례적분 제어 (PI제어)	• 잔류 편차는 제거되지만 시간지연이 길다. • 간헐현상 존재, 지상보상 요소에 대응한다.

구분		내용
연속 제어	비례미분 제어 (PD제어)	• 시간지연(응답속응성)을 개선, 잔류 편차는 있다.
	비례미분 적분제어 (PID제어)	시간지연도 향상시키고 잔류 편차도 제거한 제어계로 가장 안정적인 제어계

70 영상변류기[ZCT]의 주된 사용목적은?

① 과전압 검출
② 과전류 검출
③ 지락전류 검출
④ 부하전류 검출

해설

[영상변류기]
두 개 이상의 전선에 변류기를 설치하여 정상적인 상태라면 교류로 상호 보완된 0상이 검출되나 한 선 중 지락이 발생되면 상이 달라 지락을 검지하게 되는 장치

71 역률이 나쁘다는 결점이 있으나 구조와 취급이 간단하여 건축설비에서 가장 널리 사용되고 있는 전동기는?

① 동기전동기　② 분권전동기
③ 직권전동기　④ 유도전동기

정답　69 ④　70 ③　71 ④

해설

[전동기]
구조가 간단하여 취급이 용이하나 기동전류가 커서 소손의 우려가 있음
- 동기전동기 : 대형설비에 역률 보상용으로 사용
- 분권전동기 : DC전동기로 속도제어 용이
- 직권전동기 : 기동토크가 크며 전차 등에 사용

72 농형 유도전동기에 관한 설명으로 옳지 않은 것은?

① 슬립링에서 불꽃이 나올 우려가 있다.
② VVVF방식으로 속도제어를 할 수 있다.
③ 권선형에 비해 구조가 간단하여 취급 방법이 용이하다.
④ 기동전류가 커서 전동기 권선을 과열시키거나 전원전압의 변동을 일으킬 수 있다.

해설

[농형 유도전동기]
슬립링에서 불꽃이 나올 우려가 있는 것은 권선형 유도전동기(농형 유도전동기는 회전자에 슬립링이 없음)

73 변압기에서 자기유도작용으로 발생한 자속을 이동시키는 통로의 역할을 하는 것은?

① 철심   ② 부싱
③ 1차 측 코일   ④ 2차 측 코일

해설

[변압기]
1차 측 코일의 전류가 유도로 자속이 되어 철심을 자로로 이동하여 2차 측 코일에서 코일 회전 정도에 따라 다시 전류로 변하는 과정에서 전압을 올리거나 내리는 역할을 하게 됨

74 금속관 배선공사에 관한 설명으로 옳지 않은 것은?

① 외부에 대한 고조파의 영향이 없다.
② 사용 목적에 따라 적합한 접지가 필요하다.
③ 외부적 응력에 대해 전선보호의 신뢰성이 높다.
④ 옥내의 습기가 많은 은폐장소에서는 사용이 불가능하다.

해설

[배선공사]
- 고조파에 의한 유도전류, 누설전류의 영향을 받을 수 있음
- 금속관은 부식의 우려가 있으므로 습기가 많은 장소에서는 사용이 불가능

75 자동화재탐지설비의 감지기 중 열감지기에 속하지 않는 것은?

① 광전식 감지기
② 차동식 감지기
③ 정온식 감지기
④ 보상식 감지기

정답 ● 72 ① 73 ① 74 ① 75 ①

해설

[감지기]
광전식, 이온화식 감지기는 연기감지기

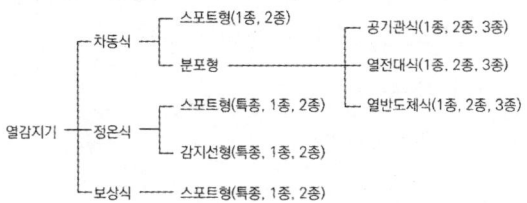

76 옥내소화전설비의 가압송수장치에 순환배관을 설치하는 이유는?

① 배관 내 압력변동을 검지하기 위해
② 체절운전 시 수온의 상승을 방지하기 위해
③ 각 소화전에 균등한 수압이 부여되도록 하기 위해
④ 배관 내 압력손실에 따른 펌프의 빈번한 기동을 방지하기 위해

해설

[옥내소화전설비]
체절운전은 출구밸브를 모두 폐쇄하고 펌프를 가동하여 압력을 조정하는 운전으로 고압에 따른 수온상승이 따름. 최종적으로 펌프의 손상이나 배관 파열의 위험이 있으므로 이를 방지하기 위해 순환배관을 설치하여 수온 상승을 억제함

77 전기력선에 관한 설명으로 옳지 않은 것은?

① 전기력선은 교차하지 않는다.
② 양전하에서 나와 음전하로 들어간다.
③ 전기력선의 방향은 등전위면과 일치한다.
④ 전기력선의 밀도는 그 점에서의 전기장의 세기이다.

해설

[전기력선]
(1) 전기력선은 양전하의 표면에서 나와 음전하의 표면에서 끝난다.
(2) 전하가 없는 곳에서는 전기력선의 발생소멸이 없고 연속적이다.
(3) 임의의 점에서 전기력선의 접선방향은 그 점에서의 전계방향과 일치한다.
(4) 전기력선은 그 자신만으로 폐곡선이 되지 않으며 서로 교차하지 않는다.
(5) 전기력선은 도체의 표면(등전위면)에 수직으로 출입하며 도체 내부에는 전기력선이 없다.
(6) 단위전하에서는 $\frac{1}{\varepsilon_0}$개의 전기력선이 출입한다.
(7) 전위가 높은 점에서 낮은 점으로 향한다.

78 200 V, 1 kW의 전열기를 100 V의 전압으로 사용할 때 소비되는 전력(W)은?

① 100   ② 200
③ 250   ④ 500

정답 ● 76 ② 77 ③ 78 ③

해설

[전력]
- $P = VI$이고 $V = IR$
- $P = \dfrac{V^2}{R}$

$R = \dfrac{40000}{1000} = 40$

$\therefore P_2 = \dfrac{V_2^2}{R} = \dfrac{10000}{40} = 250\ W$

79 사인파 교류의 실횻값이 V, 최댓값이 V_m일 때 평균값은?

① $\dfrac{V_m}{2\pi}$ ② $\dfrac{2V_m}{\pi}$
③ $\dfrac{\sqrt{2}\,V_m}{\pi}$ ④ $\dfrac{V_m}{\pi}$

해설

[평균값]
교류의 1주기를 평균하면 0이므로 평균값은 반주기의 평균을 취함

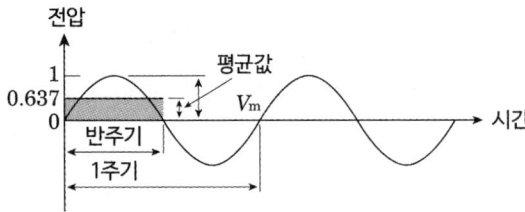

$$V_a = V_{av} = \dfrac{2}{\pi} V_m = 0.637\, V_m\ [V]$$

$$I_a = I_{av} = \dfrac{2}{\pi} I_m = 0.637\, I_m\ [A]$$

V_{av} : 전압의 평균값 [V]
V_m : 전압의 최댓값 [V]
I_{av} : 전류의 평균값 [A]
I_m : 전류의 최댓값 [A]

80 조도계산방식 중 광원에서 나온 전광속이 작업면에서 비춰지는 비율(조명률)에 의해 평균조도를 구하는 것으로 실내전반 조명설계에 사용되는 것은?

① 광속법
② 광도법
③ 배광법
④ 죽점법

해설

[조명설계]
광원에서 나온 전 광속이 작업면에서 비춰지는 비율(조명률)에 의해 평균조도를 구하는 것으로 조명기구의 배광, 방의 형상, 천정, 벽, 마루의 반사율, 조명기구 등을 고려하여 종합적 판단을 할 수 있는 방법으로 보편적으로 쓰임

정답 79 ② 80 ①

5과목 건축설비 관계법규

81 다음은 건축법령상 건축신고와 관련된 기준 내용이다. ( ) 안에 속하지 않는 것은?

> 허가 대상 건축물이라 하더라도 바닥면적의 합계 85 m² 이내의 ( )의 경우에는 미리 특별자치시장·특별자치도지사 또는 시장·군수·구청장에게 국토교통부령으로 정하는 바에 따라 신고를 하면 건축허가를 받은 것으로 본다.

① 신축 ② 증축
③ 개축 ④ 재축

해설

[건축신고]
[건축법] 제14조(건축신고)
① 제11조에 해당하는 허가 대상 건축물이라 하더라도 다음 각 호의 어느 하나에 해당하는 경우에는 미리 특별자치시장·특별자치도지사 또는 시장·군수·구청장에게 국토교통부령으로 정하는 바에 따라 신고를 하면 건축허가를 받은 것으로 본다.

1. 바닥면적의 합계가 <u>85제곱미터 이내의 증축·개축 또는 재축</u>. 다만 3층 이상 건축물인 경우에는 증축·개축 또는 재축하려는 부분의 바닥면적의 합계가 건축물 연면적의 10분의 1 이내인 경우로 한정한다.
2. 「국토의 계획 및 이용에 관한 법률」에 따른 관리지역, 농림지역 또는 자연환경보전지역에서 연면적이 200제곱미터 미만이고 3층 미만인 건축물의 건축. 다만 다음 각 목의 어느 하나에 해당하는 구역에서의 건축은 제외한다.
   가. 지구단위계획구역
   나. 방재지구 등 재해취약지역으로서 대통령령으로 정하는 구역
3. 연면적이 200제곱미터 미만이고 3층 미만인 건축물의 대수선
4. 주요구조부의 해체가 없는 등 대통령령으로 정하는 대수선
5. 그 밖에 소규모 건축물로서 대통령령으로 정하는 건축물의 건축

82 건축물에 건축설비를 설치하는 경우 관계전문기술자의 협력을 받아야 하는 대상 건축물의 연면적 기준은? (단, 창고시설 제외) [법령 개정으로 인한 문제 교체]

① 1000 m² 이상
② 2000 m² 이상
③ 5000 m² 이상
④ 10000 m² 이상

해설

[관계전문기술자의 협력]
[건축법 시행령]
제91조의3(관계전문기술자와의 협력)
② <u>연면적 1만 제곱미터 이상인 건축물</u>(창고시설은 제외한다) 또는 에너지를 대량으로 소비하는 건축물로서 국토교통부령으로 정하는 건축물에 건축설비를 설치하는 경우에는 국토교통부령으로 정하는 바에 따라 다음 각 호의 구분에 따른 관계전문기술자의 협력을 받아야 한다.

정답 ● 81 ① 82 ④

83 용도변경과 관련된 시설군 중 문화집회시설군에 속하는 건축물의 용도가 아닌 것은?

① 종교시설 ② 수련시설
③ 위락시설 ④ 관광휴게시설

해설

[문화집회시설군]
[건축법 시행령] 제14조(용도변경)
4. 문화집회시설군
　가. 문화 및 집회시설
　나. 종교시설
　다. 위락시설
　라. 관광휴게시설

84 같은 건축물 안에 공동주택과 위락시설을 함께 설치하고자 하는 경우, 공동주택의 출입구와 위락시설의 출입구는 서로 그 보행거리가 최소 얼마 이상이 되도록 설치하여야 하는가?

① 10 m ② 20 m
③ 30 m ④ 50 m

해설

[보행거리]
[건축물의 피난·방화구조 등의 기준에 관한 규칙]
제14조의2(복합건축물의 피난시설 등)
영 제47조 제1항 단서의 규정에 의하여 같은 건축물 안에 공동주택·의료시설·아동 관련 시설 또는 노인복지시설(이하 이 조에서 "공동주택등"이라 한다) 중 하나 이상과 위락시설·위험물저장 및 처리시설·공장 또는 자동차정비공장(이하 이 조에서 "위락시설등"이라 한다) 중 하나 이상을 함께 설치하고자 하는 경우에는 다음 각 호의 기준에 적합하여야 한다.
1. 공동주택등의 출입구와 위락시설등의 출입구는 서로 그 보행거리가 30미터 이상이 되도록 설치할 것

85 비상용 승강기의 승강장 및 승강로의 구조에 관한 기준 내용으로 옳지 않은 것은?

① 승강로는 당해 건축물의 다른 부분과 방화구조로 구획할 것
② 각 층으로부터 피난층까지 이르는 승강로를 단일구조로 연결하여 설치할 것
③ 승강장에는 노대 도는 외부를 향하여 열 수 있는 창문이나 배연설비를 설치할 것
④ 옥내에 있는 승강자의 바닥면적은 비상용 승강기 1대에 대하여 $6\,m^2$ 이상으로 설치할 것

해설

[비상용 승강기의 승강장 및 승강로의 조]
[건축물의 설비기준 등에 관한 규칙]
제10조(비상용 승강기의 승강장 및 승강로의 구조)
법 제64조 제2항에 따른 비상용 승강기의 승강장 및 승강로의 구조는 다음 각 호의 기준에 적합하여야 한다.
2. 비상용 승강기 승강장의 구조
　다. 노대 또는 외부를 향하여 열 수 있는 창문이나 제14조 제2항의 규정에 의한 배연설비를 설치할 것

정답 ● 83 ② 84 ③ 85 ①

바. 승강장의 바닥면적은 비상용 승강기 1대에 대하여 6제곱미터 이상으로 할 것. 다만 옥외에 승강장을 설치하는 경우에는 그러하지 아니하다.
3. 비상용 승강기의 승강로의 구조
    가. 승강로는 당해 건축물의 다른 부분과 내화구조로 구획할 것
    나. 각 층으로부터 피난층까지 이르는 승강로를 단일구조로 연결하여 설치할 것

86 신축하는 공동주택의 환기횟수를 확보하기 위하여 설치되는 기계환기설비의 설계·시공 미 성능평가방법 내용으로 옳지 않은 것은? (단, 100세대 이상의 공동주택의 경우)

① 세대의 환기량 조절을 위하여 환기설비의 정격풍량을 최소·최대의 2단계로 조절할 수 있는 체계를 갖추어야 한다.
② 기계환기설비는 공동주택의 모든 세대가 규정에 의한 환기횟수를 만족시킬 수 있도록 24시간 가동할 수 있어야 한다.
③ 하나의 기계환기설비로 세대 내 2 이상의 실에 바깥공기를 공급할 경우의 필요 환기량은 각 실에 필요한 환기량의 합계 이상이 되도록 하여야 한다.
④ 기계환기설비의 환기기준은 시간당 실내공기교환횟수(환기설비에 의한 최종 공기흡입구에서 세대의 실내로 공급되는 시간당 총 체적풍량을 실내 총 체적으로 나눈 환기횟수를 말한다)로 표시하여야 한다.

해설

[기계환기설비]
[건축물의 설비기준 등에 관한 규칙]
별표 1의5 : 신축공동주택등의 기계환기설비의 설치기준
제11조 제1항의 규정에 의한 신축공동주택등의 환기횟수를 확보하기 위하여 설치되는 기계환기설비의 설계·시공 및 성능평가방법은 다음 각 호의 기준에 적합하여야 한다.
1. 기계환기설비의 환기기준은 시간당 실내공기교환횟수(환기설비에 의한 최종 공기흡입구에서 세대의 실내로 공급되는 시간당 총 체적풍량을 실내 총 체적으로 나눈 환기횟수를 말한다)로 표시하여야 한다.
2. 하나의 기계환기설비로 세대 내 2 이상의 실에 바깥공기를 공급할 경우의 필요 환기량은 각 실에 필요한 환기량의 합계 이상이 되도록 하여야 한다.
3. 세대의 환기량 조절을 위하여 환기설비의 정격풍량을 최소·적정·최대의 3단계 또는 그 이상으로 조절할 수 있는 체계를 갖추어야 하고, 적정 단계의 필요 환기량은 신축공동주택등의 세대를 시간당 0.5회로 환기할 수 있는 풍량을 확보하여야 한다.
5. 기계환기설비는 신축공동주택등의 모든 세대가 제11조 제1항의 규정에 의한 환기횟수를 만족시킬 수 있도록 24시간 가동할 수 있어야 한다.

정답 86 ①

87 건축법령에 따른 건축물의 용도분류 중 숙박시설에 속하지 않는 것은?

① 호스텔 ② 유스호스텔
③ 의료관광 호텔 ④ 휴양 콘도미니엄

해설

[숙박시설]
[건축법 시행령] 별표 1 : 용도별 건축물의 종류
12. 수련시설
　가. 생활권 수련시설(「청소년활동진흥법」에 따른 청소년수련관, 청소년문화의집, 청소년특화시설, 그 밖에 이와 비슷한 것을 말한다)
　나. 자연권 수련시설(「청소년활동진흥법」에 따른 청소년수련원, 청소년야영장, 그 밖에 이와 비슷한 것을 말한다)
　다. 「청소년활동진흥법」에 따른 유스호스텔
　라. 「관광진흥법」에 따른 야영장시설로서 제29호에 해당하지 아니하는 시설
15. 숙박시설
　가. 일반숙박시설 및 생활숙박시설(「공중위생관리법」 제3조 제1항 전단에 따라 숙박업 신고를 해야 하는 시설로서 국토교통부장관이 정하여 고시하는 요건을 갖춘 시설을 말한다)
　나. 관광숙박시설(관광 호텔, 수상관광 호텔, 한국전통 호텔, 가족 호텔, 호스텔, 소형 호텔, 의료관광 호텔 및 휴양 콘도미니엄)
　다. 다중생활시설(제2종 근린생활시설에 해당하지 아니하는 것을 말한다)
　라. 그 밖에 가목부터 다목까지의 시설과 비슷한 것

88 방염성능 기준 이상의 실내장식물 등을 설치하여야 하는 특정소방대상물에 속하지 않는 것은?

① 수영장
② 숙박시설
③ 의료시설
④ 방송통신시설 중 방송국

해설

[방염성능 기준]
[소방시설설치 및 관리에 관한 법률 시행령]
제30조(방염성능 기준 이상의 실내장식물 등을 설치해야 하는 특정소방대상물)
법 제20조 제1항에서 "대통령령으로 정하는 특정소방대상물"이란 다음 각 호의 것을 말한다.
1. 근린생활시설 중 의원, 치과의원, 한의원, 조산원, 산후조리원, 체력단련장, 공연장 및 종교집회장
2. 건축물의 옥내에 있는 다음 각 목의 시설
　가. 문화 및 집회시설
　나. 종교시설
　다. 운동시설(수영장은 제외한다)
3. 의료시설
4. 교육연구시설 중 합숙소
5. 노유자시설
6. 숙박이 가능한 수련시설
7. 숙박시설
8. 방송통신시설 중 방송국 및 촬영소
9. 「다중이용업소의 안전관리에 관한 특별법」 제2조 제1항 제1호에 따른 다중이용업의 영업소(이하 "다중이용업소"라 한다)
10. 제1호부터 제9호까지의 시설에 해당하지 않는 것으로서 층수가 11층 이상인 것(아파트등은 제외한다)

정답 87 ② 88 ①

89 다음은 초고층 건축물에 설치하는 피난안전구역에 관한 기준 내용이다. ( ) 안에 알맞은 것은?

> 초고층 건축물에는 피난층 또는 지상을 통하는 직통계단과 직접 연결되는 피난안전구역(건축물의 피난·안전을 위하여 건축물 중간층에 설치하는 대피공간을 말한다)을 지상층으로부터 최대 ( )층마다 1개소 이상 설치하여야 한다.

① 10개　　　② 20개
③ 30개　　　④ 40개

해설

[피난안전구역]
[건축법 시행령] 제34조(직통계단의 설치)
③ 초고층 건축물에는 피난층 또는 지상으로 통하는 직통계단과 직접 연결되는 피난안전구역(건축물의 피난·안전을 위하여 건축물 중간층에 설치하는 대피공간을 말한다. 이하 같다)을 지상층으로부터 최대 30개 층마다 1개소 이상 설치하여야 한다.

90 장례식장의 용도로 쓰이는 건축물의 집회실로서 그 바닥면적이 200 m²인 경우 반자의 높이는 최소 얼마 이상이어야 하는가? (단, 기계환기장치를 설치하지 않은 경우)

① 2.1 m　　　② 2.4 m
③ 2.7 m　　　④ 4.0 m

해설

[반자높이]
[건축물의 피난·방화구조 등의 기준에 관한 규칙]
제16조(거실의 반자높이)
① 영 제50조의 규정에 의하여 설치하는 거실의 반자(반자가 없는 경우에는 보 또는 바로 윗층의 바닥판의 밑면 기타 이와 유사한 것을 말한다. 이하 같다)는 그 높이를 2.1미터 이상으로 하여야 한다.
② 문화 및 집회시설(전시장 및 동·식물원은 제외한다), 종교시설, 장례식장 또는 위락시설 중 유흥주점의 용도에 쓰이는 건축물의 관람실 또는 집회실로서 그 바닥면적이 200제곱미터 이상인 것의 반자의 높이는 제1항에도 불구하고 4미터(노대의 아랫부분의 높이는 2.7미터) 이상이어야 한다. 다만 기계환기장치를 설치하는 경우에는 그렇지 않다.

91 각 층의 거실면적이 3000 m²이며 층수가 12층인 호텔 건축물에 설치하여야 하는 승용 승강기의 최소 대수는? (단, 24인승 승강기를 설치하는 경우)

① 3대　　　② 4대
③ 5대　　　④ 6대

정답　89 ③　90 ④　91 ③

> **해설**

[승용 승강기의 최소 대수]
[건축물의 설비기준 등에 관한 규칙]
별표 1의2(승용 승강기의 설치기준)

건축물의 용도 \ 6층 이상의 거실 면적의 합계	3천 제곱미터 이하	3천 제곱미터 초과
1. 가. 문화 및 집회시설(공연장·집회장 및 관람장만 해당한다) 나. 판매시설 다. 의료시설	2대	2대에 3천 제곱미터를 초과하는 2천 제곱미터 이내마다 1대를 더한 대수
2. 가. 문화 및 집회시설(전시장 및 동·식물원만 해당한다) 나. 업무시설 다. 숙박시설 라. 위락시설	1대	1대에 3천 제곱미터를 초과하는 2천 제곱미터 이내마다 1대를 더한 대수
3. 가. 공동주택 나. 교육연구시설 다. 노유자시설 라. 그 밖의 시설	1대	1대에 3천 제곱미터를 초과하는 3천 제곱미터 이내마다 1대를 더한 대수

위 표에 따라 승강기의 대수를 계산할 때 8인승 이상 15인승 이하의 승강기는 1대의 승강기로 보고, 16인승 이상의 승강기는 2대의 승강기로 본다.

- 6층 이상 거실면적 = 3000 × 7 = 21000 m²
- 3000 m²까지 기본 1대
- 초과 2000 m²마다 1대 : 18000 ÷ 2000 = 9
  → 10대(15인승 이하)
  → 16인승 이상이므로 10 ÷ 2 = 5대이다.

92 문화 및 집회시설 중 공연장이 특정소방대상물인 경우, 모든 층에 스프링클러설비를 설치하여야 하는 수용인원 기준은?

① 50명 이상
② 100명 이상
③ 200명 이상
④ 500명 이상

> **해설**

[스프링클러설비 수용인원 기준]
[소방시설설치 및 관리에 관한 법률 시행령]
별표 4 : 특정소방대상물의 관계인이 특정소방대상물에 설치·관리해야 하는 소방시설의 종류
1. 소화설비
   라. 스프링클러설비를 설치해야 하는 특정소방대상물
      3) 문화 및 집회시설(동·식물원은 제외한다), 종교시설(주요구조부가 목조인 것은 제외한다), 운동시설(물놀이형 시설 및 바닥이 불연재료이고 관람석이 없는 운동시설은 제외한다)로서 다음의 어느 하나에 해당하는 경우에는 모든 층
      가) 수용인원이 100명 이상인 것
      나) 영화상영관의 용도로 쓰는 층의 바닥면적이 지하층 또는 무창층인 경우에는 500 m² 이상, 그 밖의 층의 경우에는 1천 m² 이상인 것
      다) 무대부가 지하층·무창층 또는 4층 이상의 층에 있는 경우에는 무대부의 면적이 300 m² 이상인 것
      라) 무대부가 다) 외의 층에 있는 경우에는 무대부의 면적이 500 m² 이상인 것

정답 ● 92 ②

93 비상경보설비를 설치하여야 하는 특정소방대상물의 연면적 기준은? (단, 특정소방대상물이 판매시설인 경우)

① 400 m² 이상   ② 600 m² 이상
③ 1500 m² 이상 ④ 3500 m² 이상

해설

[비상경보설비]
[소방시설설치 및 관리에 관한 법률 시행령]
별표 4 : 특정소방대상물의 관계인이 특정소방대상물에 설치·관리해야 하는 소방시설의 종류
나. 비상경보설비를 설치해야 하는 특정소방대상물(모래·석재 등 불연재료 공장 및 창고시설, 위험물 저장 및 처리 시설 중 가스시설, 사람이 거주하지 않거나 벽이 없는 축사 등 동물 및 식물 관련 시설 및 지하구는 제외한다)은 다음의 어느 하나에 해당하는 것으로 한다.
1) 연면적 400 m² 이상인 것은 모든 층
2) 지하층 또는 무창층의 바닥면적이 150 m²(공연장의 경우 100 m²) 이상인 것은 모든 층
3) 터널로서 길이가 500 m 이상인 것
4) 50명 이상의 근로자가 작업하는 옥내 작업장

94 다음은 특정소방대상물의 소방시설설치의 면제기준 내용이다. ( ) 안에 알맞은 것은?

> 물분무등소화설비를 설치하여야 하는 차고·주차장에 (   )를 화재안전기준에 적합하게 설치한 경우에는 그 설비의 유효범위에서 설치가 면제된다.

① 연결살수설비
② 옥외소화전설비
③ 옥내소화전설비
④ 스프링클러설비

해설

[특정소방대상물의 소방시설설치]
[소방시설설치 및 관리에 관한 법률 시행령]
별표 5 : 특정소방대상물의 소방시설설치의 면제기준

5. 물분무등 소화설비	물분무등소화설비를 설치해야 하는 차고·주차장에 스프링클러설비를 화재안전기준에 적합하게 설치한 경우에는 그 설비의 유효범위에서 설치가 면제된다.

정답 ● 93 ①   94 ④

95 특정소방대상물에 설치하여야 하는 소방시설에 관한 설명으로 옳지 않은 것은?

① 노유자생활시설에는 자동화재속보설비를 설치하여야 한다.
② 연면적 33 m²인 음식점에는 소화기구를 설치하여야 한다.
③ 연면적 600 m²인 종교시설에는 자동화재탐지설비를 설치하여야 한다.
④ 바닥면적의 합계가 5000 m²인 판매시설의 모든 층에는 스프링클러설비를 설치하여야 한다.

해설

[소방설비시설]
[소방시설설치 및 관리에 관한 법률 시행령]
별표 4 : 특정소방대상물의 관계인이 특정소방대상물에 설치·관리해야 하는 소방시설의 종류
1. 소화설비
    가. 화재안전기준에 따라 <u>소화기구를 설치</u>해야 하는 특정소방대상물은 다음의 어느 하나에 해당하는 것으로 한다.
        1) <u>연면적 33 m² 이상인 것</u>. 다만 노유자시설의 경우에는 투척용 소화용구 등을 화재안전기준에 따라 산정된 소화기 수량의 2분의 1 이상으로 설치할 수 있다.
    라. <u>스프링클러설비</u>를 설치해야 하는 특정소방대상물(위험물 저장 및 처리 시설 중 가스시설 및 지하구는 제외한다)은 다음의 어느 하나에 해당하는 것으로 한다.
        4) <u>판매시설</u>, 운수시설 및 창고시설(물류터미널로 한정한다)로서 <u>바닥면적의 합계가 5천 m² 이상</u>이거나 수용인원이 500명 이상인 경우에는 <u>모든 층</u>

2. 경보설비
    다. <u>자동화재탐지설비</u>를 설치해야 하는 특정소방대상물은 다음의 어느 하나에 해당하는 것으로 한다.
        3) 근린생활시설(목욕장은 제외한다), 의료시설(정신의료기관 및 요양병원은 제외한다), 위락시설, 장례시설 및 복합건축물로서 <u>연면적 600 m² 이상인 경우</u>에는 모든 층
        4) 근린생활시설 중 목욕장, 문화 및 집회시설, <u>종교시설</u>, 판매시설, 운수시설, 운동시설, 업무시설, 공장, 창고시설, 위험물 저장 및 처리 시설, 항공기 및 자동차 관련 시설, 교정 및 군사시설 중 국방·군사시설, 방송통신시설, 발전시설, 관광휴게시설, 지하상가로서 <u>연면적 1천 m² 이상인 경우</u>에는 모든 층
    사. <u>자동화재속보설비</u>를 설치해야 하는 특정소방대상물은 다음의 어느 하나에 해당하는 것으로 한다. 다만 방재실 등 화재 수신기가 설치된 장소에 24시간 화재를 감시할 수 있는 사람이 근무하고 있는 경우에는 자동화재속보설비를 설치하지 않을 수 있다.
        1) <u>노유자생활시설</u>

96 건축물에 설치하는 복도의 유효너비 기준이 옳지 않은 것은? (단, 연면적 200 m²를 초과하는 건축물이며, 양옆에 거실이 있는 복도의 경우)

① 초등학교 - 1.8 m 이상
② 오피스텔 - 1.8 m 이상
③ 공동주택 - 1.8 m 이상
④ 고등학교 - 2.4 m 이상

정답 95 ③ 96 ①

> 해설

[복도의 유효너비]
[건축물의 피난·방화구조 등의 기준에 관한 규칙]
제15조의2(복도의 너비 및 설치기준)

구분	양옆에 거실이 있는 복도	기타의 복도
유치원·초등학교 중학교·고등학교	2.4미터 이상	1.8미터 이상
공동주택· 오피스텔	1.8미터 이상	1.2미터 이상
당해 층 거실의 바닥면적 합계가 200제곱미터 이상인 경우	1.5미터 이상 (의료시설의 복도 1.8미터 이상)	1.2미터 이상

97 다음은 환기구의 안전 기준 내용이다. ( ) 안에 알맞은 것은?

> 영 제87조 제2항에 따라 환기구[건축물의 환기 설비에 부속된 급기(給氣) 및 배기(排氣)를 위한 건축구조물의 개구부(開口部)를 말한다]는 보행자 및 건축물 이용자의 안전이 확보되도록 바닥으로부터 ( ) 이상의 높이에 설치하여야 한다.

① 1 m ② 2 m
③ 3 m ④ 4 m

> 해설

[환기구]
[건축물의 설비기준 등에 관한 규칙]
제11조의2(환기구의 안전 기준)
① 영 제87조 제2항에 따라 환기구[건축물의 환기 설비에 부속된 급기(給氣) 및 배기(排氣)를 위한 건축구조물의 개구부(開口部)를 말한다. 이하 같다]는 보행자 및 건축물 이용자의 안전이 확보되도록 바닥으로부터 <u>2미터 이상</u>의 높이에 설치해야 한다. 다만 다음 각 호의 어느 하나에 해당하는 경우에는 예외로 한다.

98 건축법령상 리모델링이 쉬운 구조에 속하지 않는 것은? (단, 공동주택의 경우)

① 구조체에서 건축설비, 내부 마감재료 및 외부 마감재료를 분리할 수 있을 것
② 개별 세대 안에서 구획된 실의 크기, 개수 또는 위치 등을 변경할 수 있을 것
③ 각 층에 시공된 보, 기둥 등의 구조부재의 개수 또는 위치를 변경할 수 있을 것
④ 각 세대는 인접한 세대와 수직 또는 수평 방향으로 통합하거나 분할할 수 있을 것

> 해설

[리모델링이 쉬운 구조]
[건축법 시행령]
제6조의5(리모델링이 쉬운 구조 등)
① 법 제8조에서 "대통령령으로 정하는 구조"란 다음 각 호의 요건에 적합한 구조를 말한다. 이 경우 다음 각 호의 요건에 적합한지에 관한 세부적인 판단 기준은 국토교통부장관이 정하여 고시한다.
1. <u>각 세대는 인접한 세대와 수직 또는 수평 방향으로 통합하거나 분할할 수 있을 것</u>
2. <u>구조체에서 건축설비, 내부 마감재료 및 외부 마감재료를 분리할 수 있을 것</u>

정답 ● 97 ② 98 ③

3. 개별 세대 안에서 구획된 실(室)의 크기, 개수 또는 위치 등을 변경할 수 있을 것
② 법 제8조에서 "대통령령으로 정하는 비율"이란 100분의 120을 말한다. 다만 건축조례에서 지역별 특성 등을 고려하여 그 비율을 강화한 경우에는 건축조례로 정하는 기준에 따른다.

99 다음의 소방시설 중 소화활동설비에 속하지 않는 것은?

① 옥내소화전설비
② 비상콘센트설비
③ 연결송수관설비
④ 무선통신보조설비

해설

[소화활동설비]
[소방시설설치 및 관리에 관한 법률 시행령]
별표 1 : 소방시설
5. 소화활동설비 : 화재를 진압하거나 인명구조활동을 위하여 사용하는 설비로서 다음 각 목의 것
 가. 제연설비
 나. 연결송수관설비
 다. 연결살수설비
 라. 비상콘센트설비
 마. 무선통신보조설비
 바. 연소방지설비

100 다음 중 건축법령에 따른 용도별 건축물의 종류가 옳지 않은 것은?

① 단독주택 - 다중주택
② 묘지 관련 시설 - 장례식장
③ 문화 및 집회시설 - 수족관
④ 자원순환 관련 시설 - 고물상

해설

[용도별 건축물]
[건축법 시행령] - 별표 1 : 용도별 건축물의 종류
28. 장례시설
 가. 장례식장[의료시설의 부수시설(「의료법」 제36조 제1호에 따른 의료기관의 종류에 따른 시설을 말한다)에 해당하는 것은 제외한다]
 나. 동물 전용의 장례식장

정답 99 ① 100 ②

2023 제4회

1과목 건축일반

01 건물에서의 열전달에 관련된 용어의 단위 중 옳지 않은 것은?

① 열전도율 : W/(m² · K)
② 대류열전달율 : W/(m² · K)
③ 열저항 : (m² · K)/W
④ 열관류율 : W/(m² · K)

해설

[단위]
열전도율은 고체와 고체 간 열이동 정도를 말하며 단위는 W/(m · K)이다. 이는 두께를 계산에 넣어야 한다는 단위의 의미이다.
※ 열전도율은 두께가 계산되어야 하기 때문에 단위 분모 미터단위에 2승으로 들어가지 않는다.

$$\lambda [W/m \cdot K] \times \frac{A[m^2]}{l[m]} \times \Delta t[K] = [W]$$

02 축열시스템에 관한 설명으로 옳지 않은 것은?

① 심야전력의 이용이 가능하다.
② 냉동기의 용량을 감소시킬 수 있다.
③ 호텔의 공공부분과 같이 간헐운전이 심한 경우에는 적용할 수 없다.
④ 빙축열시스템은 냉각을 위한 냉동기, 축열을 위한 빙축열조, 외부와의 열교환을 위한 열교환기 등으로 구성된다.

해설

[축열시스템]
열에너지를 저장 후 필요시 사용하는 시스템으로 피크가 많고 간헐운전이 많은 곳에 유리하게 사용된다.

03 열교(Thermal Bridge)현상에 관한 설명으로 옳지 않은 것은?

① 벽이나 바닥, 지붕 등의 건축물 부위에 단열이 연속되지 않는 부분이 있을 때 생긴다.
② 열교현상을 줄이기 위해서는 콘크리트 라멘조의 경우 가능한 한 내단열로 시공한다.
③ 열교현상이 발생하는 부위는 표면온도가 낮아져서 결로가 쉽게 발생한다.
④ 열교현상이 발생하면 전체 단열성이 저하된다.

정답 01 ① 02 ③ 03 ②

해설

[열교현상]
- 열교현상은 열이 전달되는 경로(다리)가 발생하는 것이다.
- 콘크리트 라멘조구조는 내력벽이 아닌 기둥과 보로 뼈대를 구성하는 경우로 내단열의 경우 열교현상이 생길우려가 있어 박스를 구성하듯 외단열로 시공하여야 열교현상을 줄일 수 있다.

04 학교 교실의 실내 조도를 균일하게 하는 대책으로 적당하지 않은 것은?

① 천창　　② 스포트라이트
③ 차양　　④ 유리블럭

해설

[학교 교실의 실내 조도]
스포트라이트는 국소조명으로 실내 조도를 균일하게 하는 것과는 거리가 멀다.

05 유효온도에서 고려하지 않는 요소는?

① 기온　　② 습도
③ 기류　　④ 복사열

해설

[유효온도]
- 유효온도 : 실내 온도와 같은 온도를 주게 되는 정지 상태의 포화공기의 온도
- 유효온도 요소 : 기온, 기류, 습도
- 작용온도 요소 : 기온, 기류, 복사열

06 음에 관한 설명으로 옳지 않은 것은?

① 음의 높이는 음의 주파수에 따라 달라진다.
② 음의 크기는 진폭이 큰 음이 진폭이 작은 음보다 크게 느껴진다.
③ 음의 크기를 객관적인 물리적 양의 개념으로 표현하기 위한 단위로 손(Sone)이 있다.
④ 큰 소리와 작은 소리를 동시에 들을 때 큰 소리만 들리고 작은 소리는 들리지 않는 현상을 마스킹효과(Masking Effect)라고 한다.

해설

[소리(음)]
사람의 감각적(청각적) 음의크기가 손(Sone)이다.

07 기온, 기류 및 주벽 면 온도의 3요소의 조합과 체감과의 관계를 나타내는 열환경 지표는?

① 유효온도　　② 불쾌지수
③ 등온지수　　④ 작용온도

해설

[작용온도]
- 작용온도 : 실내 공기 환경이 인체의 생리면에 미치는 영향을 고려한 척도
작용온도 요소 : 기온, 기류, 복사열
- 유효온도 : 실내 온도와 같은 온도를 주게 되는 정지 상태의 포화공기의 온도
유효온도 요소 : 기온, 기류, 습도

정답　04 ②　05 ④　06 ③　07 ④

08 측창채광에 관한 설명으로 옳지 않은 것은?

① 비막이에 유리하다.
② 개폐조작이 용이하고 유지관리가 쉽다.
③ 균일한 조도를 얻을 수 있다.
④ 주변 건물들에 의해 채광이 방해받을 수 있다.

해설

[측창 채광]
- 건축물의 측창으로부터 이루어지는 채광이다.
- 벽면에 위치한 개구부(창문 등)을 통한 자연 채광을 실내로 들여오는 방법이다.
- 측창은 보통 외벽창이며 이는 비막이에 좋고 개폐조작 및 청소 등이 편리하다.
- 균일한 조도는 천창 채광이 유리하며 통풍은 측창 채광이 유리하다.

09 다음 중 실내조명설계의 순서에서 가장 먼저 이루어지는 것은?

① 조명기구의 배치결정
② 소요조도의 결정
③ 조명방식의 결정
④ 소요전등의 결정

해설

[실내조명설계]
- 소요조도결정
- 광원의 선택
- 조명기구 선택
- 기구배치
- 검토

10 다음 중 건조공기 1 kg을 포함한 습공기 중의 수증기량을 의미하는 것은?

① 절대습도   ② 수증기 분압
③ 노점온도   ④ 상대습도

해설

[절대습도]
절대습도의 기본단위는 [kg/kg]으로
절대습도[kg/kg] = 수증기[kg] ÷ 건공기[kg]이다.

11 흡음재료 및 구조의 특성을 설명한 내용으로 옳은 것은?

① 공명형 흡음재들은 특정주파수 대역의 흡음을 목적으로 하는 경우에 사용된다.
② 다공질 흡음재는 특히 저주파 대역에서 높은 흡음율을 나타낸다.
③ 섬유계열의 흡음재들은 그 두께를 증가시킬수록 저주파 대역의 음에 대한 흡음력이 감소된다.
④ 판진동형 흡음재들은 일반적으로 고주파 대역의 음에 대한 높은 흡음력을 나타낸다.

해설

[흡음재료 및 구조]
- 공명형 흡음제는 음파가 들어가 반사되어 나올 때 새로 들어오는 음파와 만나 상쇄되는 원리를 가지고 있어 공명현상이 두드러진 특정주파수 음파에 효과적이다.
- 다공질 흡음재는 많은 구멍들이 미세하게 뚫려 있어 소리를 흡수하여 소음을 감소시킨다.
- 저주파보다는 고주파에서 성능이 뛰어나다.

정답 08 ③　09 ②　10 ①　11 ①

- 섬유계열의 흡음재의 두께가 증가할수록 흡음력은 증가한다.
- 판진동형 흡음재는 벽의 두께, 밀도 등을 조절하여 다양한 대역대에 대한 흡음 성능을 가진다. 소리를 흡수하기보다는 저주파의 진동음을 소멸시켜주는 것으로 흡음률이 다른 마감재에 비해 높지 않다.

12 열의 이동에 관한 설명으로 옳지 않은 것은?

① 유체를 사이에 두고 양쪽의 고체 사이에 열이 이동하는 현상을 열관류라 한다.
② 복사는 열이 고온의 몸체표면으로부터 저온의 물체표면으로 공간을 통하여 전달되는 현상이다.
③ 열전도는 열에너지가 주로 고체 속을 고온부에서 저온부로 이동하는 현상이다.
④ 물체 내부 열전도로 전달되는 열량은 전열면적, 온도차, 시간에 비례한다.

해설

[열의 이동]
열관류는 열통과라고도 하며 복합체의 전도, 대류가 복합적으로 작용되어 열이 흐르는 현상으로 고체를 사이에 두고 양쪽의 유체 사이에 열이 이동하는 현상이다.

13 다음 중 결로발생의 원인과 가장 관계가 먼 것은?

① 실내외의 온도차
② 실내에 습기의 과다 발생
③ 건물지반의 기울기
④ 건물외피의 단열상태

해설

[결로]
물체의 표면온도가 공기 노점 온도 이하로 내려가 이슬이 맺히는 것을 말한다. 따라서 결로의 발생원인은 지반의 기울기는 관계가 없다.

14 건축물에 작용하는 풍압력의 크기 산정과 가장 거리가 먼 요소는?

① 풍속
② 건축물의 형상
③ 건축물의 높이
④ 건축물의 중량

해설

[풍압력]
바람으로 인하여 건축물의 외주면에 작용하는 힘으로 건축물의 중량이 크면 풍압력을 견디는 힘은 증가하나 풍압력의 크기 산정에는 큰 영향을 끼치지 않는다.

정답 12 ① 13 ③ 14 ④

15 도시가스 배관 중 지상배관의 표면은 색상은 원칙적으로 어떤 색으로 하는가?

① 적색　　② 황색
③ 청색　　④ 녹색

해설
[배관색상]

구분	배관색상
지상배관	황색
지하배관	저압 : 황색 중압&고압 : 적색

2과목　위생설비

1회독　시간 :　　　점수 :
2회독　시간 :　　　점수 :
3회독　시간 :　　　점수 :

21 원심식 펌프로 회전차 주위에 디퓨저인 안내 날개를 가지고 있는 펌프는?

① 터빈펌프　　② 기어펌프
③ 피스톤펌프　④ 볼류트펌프

해설
[원심펌프의 종류 및 특성]

구분	안내날개	유량	양정
볼류트펌프	없음	대유량	저양정
터빈펌프	있음	소유량	고양정

22 다음은 기구배수부하 단위에 관한 설명이다. ( ) 안에 알맞은 내용은?

> 세면기 기준의 배수관지름을 DN32로 할 때 평균 배수량이 ( )이라고 가정하고, 이 값을 1로 정한 다음 각종 위생기구의 배수량을 이 값의 배수로 표시한 것이 기구배수부하 단위이다.

① 12.5 L/min
② 22.5 L/min
③ 28.5 L/min
④ 35.5 L/min

2026년 출제범위를 벗어난 문제를 모두 삭제하고, 최신 출제기준에 해당하는 문제만 엄선하여 수록했습니다. 따라서 1과목 문제 수는 실제 출제 수와 다를 수 있습니다.

정답　15 ②　21 ①　22 ③

해설

[기구배수부하 단위]
- 기구배수부하 단위(FU)는 세면기의 배수량(28.5 L/min)을 기준으로 단위화한 것
- 기구급수부하 단위(FU)는 세면기의 급수량(14 L/min)을 기준으로 단위화한 것

23 물의 경도에 관한 설명으로 옳지 않은 것은?

① 경도의 표시는 도(度) 또는 ppm이 사용된다.
② 경도가 큰 물을 경수, 경도가 낮은 물을 연수라고 한다.
③ 일반적으로 물이 접하고 있는 지층의 종류와 관계없이 지표수는 경수, 지하수는 연수로 간주된다.
④ 물의 경도는 물속에 녹아있는 칼슘, 마그네슘 등의 염류의 양을 탄산칼슘의 농도로 환산하여 나타낸 것이다.

해설

[물의 경도]
- 지표수(하천수 등)는 일반적으로 연수, 지하수(암반수, 우물물 등)는 경수인 경우가 많음
- 물의 경도는 칼슘, 마그네슘 등 미네랄 성분으로 판단됨

24 펌프의 전양정이 30 m이며, 양수량이 2000 L/min일 때, 양수펌프의 축동력은? (단, 펌프의 효율은 80 %이다)

① 약 9.8 kW   ② 약 12.3 kW
③ 약 13.3 kW   ④ 약 16.7 kW

해설

[양수펌프의 축동력]

$$P[kW] = \frac{1000HQ}{102\eta}$$

$$= \frac{1000 \times 30 \times \frac{2}{60}}{102 \times 0.8} = 12.25\,kW$$

25 어느 배관에 15 mm 세면기 1개, 20 mm 소변기 2개, 25 mm 대변기 2개가 연결될 때 이 배관의 관경은?

[동시 사용률표]

기구수	2	3	4	5	10
동시 사용률 (%)	100	80	75	70	53

[관균등표]

관경 (mm)	15	20	25	32	40	50
사용 기구수	1	2	3.7	7.2	11	20

① 20 mm   ② 25 mm
③ 32 mm   ④ 40 mm

해설

[배관의 관경]
(1) 동시개구수
   15 mm 세면기 : 1
   20 mm 소변기 : 2 × 2 = 4
   25 mm 대변기 : 3.7 × 2 = 7.4
   → 합계 : 1 + 4 + 7.4 = 12.4
(2) 기구수 5개의 동시사용률은 70 %
   12.4 × 0.7 = 8.68
   관균등표에서 8.68보다 큰 사용기구 수 11개
   40 mm를 선정

26 다음의 급수방식 중 수질오염 가능성이 가장 큰 것은?

① 수도직결방식
② 고가수조방식
③ 압력수조방식
④ 펌프직송방식

해설

[고가수조]
고가수조는 공기와 접촉, 관리 불량 시 이물·세균 발생으로 수질오염 가능성이 가장 크다.

보충 수도직결방식 : 수질오염 가능성 매우 낮음
(직결이므로 오염 위험 적음)

27 음료용 급수의 오염원인에 따른 방지대책으로 옳지 않은 것은?

① 정체수 : 적정한 탱크 용량으로 설계한다.
② 조류의 증식 : 투광성 재료로 탱크를 제작한다.
③ 크로스 커넥션 : 각 계통마다의 배관을 색깔로 구분한다.
④ 곤충 등의 침입 : 맨홀 및 오버플로우관의 관리를 철저히 한다.

해설

[음료용 급수의 오염원인에 따른 방지대책]
투광성 재료는 광합성 조류의 번식을 키운다. 조류 증식을 방지하려면 불투광(차광) 재료를 사용해야 한다.

28 다음 설명에 알맞은 통기관의 종류는?

> 배수수직관에서 최상부의 배수수평관이 접속한 지점보다 더 상부 방향으로 그 배수수직관을 지붕 위까지 연장하여 이것을 통기관으로 사용하는 관을 말한다.

① 신정통기관
② 결합통기관
③ 각개통기관
④ 공용통기관

정답 26 ② 27 ② 28 ①

해설

[신정통기관]
신정통기관은 배수수직관 최상부를 지붕 위까지 연장 개구하여 통기관으로 사용하는 것으로 통기관 길이에 비하여 성능이 우수하다.

※ 통기관
1) 결합통기관 : 배수수직관과 통기수직관을 연결
2) 각개통기관 : 각 위생기구별 개별 통기관
3) 공용통기관 : 다수 기구의 배수통기관을 공용으로 하는 방식

29 수질과 관련된 용어에 관한 설명으로 옳지 않은 것은?

① COD는 화학적 산소요구량을 의미한다.
② BOD는 생물화학적 산소요구량을 의미한다.
③ SS는 오수 중의 용존산소량을 ppm으로 나타낸 것이다.
④ 경도는 물속에 녹아있는 염류의 양을 탄산칼슘의 농도로 환산하여 나타낸 것이다.

해설

[수질과 관련된 용어]
SS는 오수 중의 부유물질을 mg/L로 나타낸 것

30 급수배관의 설계 및 시공에 관한 설명으로 옳지 않은 것은?

① 급수주관으로부터 배관을 분기하는 경우는 엘보를 사용하여야 한다.
② 주배관에는 적당한 위치에 플랜지이음을 하여 보수점검을 용이하게 한다.
③ 배관의 수리 시 교체가 쉽고 열의 신축에도 대응할 수 있도록 벽이나 바닥을 관통하는 곳에는 슬리브를 설치한다.
④ 수평배관에는 공기가 정체하지 않도록 하며, 어쩔 수 없이 공기 정체가 일어나는 곳에는 공기빼기밸브를 설치한다.

해설

[급수배관의 설계 및 시공]
분기에는 티(Tee)를 사용하고, 엘보는 방향전환에 사용된다.

31 정화조의 성능을 나타내는 BOD 제거율(%)을 올바르게 나타낸 것은?

① $\dfrac{유출수 BOD}{유입수 BOD} \times 100$

② $\dfrac{유입수 BOD}{유출수 BOD} \times 100$

③ $\dfrac{유입수 BOD - 유출수 BOD}{유입수 BOD} \times 100$

④ $\dfrac{유출수 BOD - 유입수 BOD}{유출수 BOD} \times 100$

정답 ● 29 ③ 30 ① 31 ③

> **해설**

[BOD 제거율(%)]

BOD 제거율(%)

$= \dfrac{\text{유입수}BOD - \text{유출수}BOD}{\text{유입수}BOD} \times 100$

32 오수의 생물화학적 처리법 중 생물막법에 속하지 않는 것은?

① 접촉산화방식
② 살수여상방식
③ 표준활성오니방식
④ 회전원판 접촉방식

> **해설**

[생물막법]
표준활성오니방식은 고정된 막이 아닌 유동성 미생물을 이용한다.

33 펌프에 관한 설명으로 옳은 것은?

① 펌프의 축동력은 회전수에 반비례한다.
② 볼류트펌프는 임펠러 주위에 안내날개를 갖고 있기 때문에 고양정을 얻을 수 있다.
③ 펌프 1대에 임펠러 1개를 갖고 있는 것을 단단(單段)펌프라 하며 양정이 그다지 높지 않은 경우에 사용된다.
④ 캐비테이션을 방지하기 위해서는 흡수관을 가능한 한 길고 가늘게 함과 동시에 관 내에 공기가 체류할 수 있도록 배관한다.

> **해설**

[펌프]
① 펌프의 축동력은 회전수에 3승에 비례한다.
② 터빈펌프는 임펠러 주위에 안내날개를 갖고 있기 때문에 고양정을 얻을 수 있다.
④ 캐비테이션을 방지하기 위해서는 흡수관을 가능한 한 짧고 크게 함과 동시에 관 내에 공기가 체류할 수 없도록 배관한다.

34 대변기의 세정방식 중 플러시밸브식에 관한 설명으로 옳지 않은 것은?

① 대변기의 연속 사용이 가능하다.
② 일반 가정용으로는 거의 사용되지 않는다.
③ 급수관경 및 수압과 관계없이 사용 가능하다.
④ 세정음에 유수음이 포함되기 때문에 소음이 크다.

> **해설**

[대변기의 세정방식 중 플러시밸브식]
대변기 플러시밸브식은 수도 본관에서 일정 수압(7 mAq) 이상이 요구된다.

정답 32 ③ 33 ③ 34 ③

35 급수방식 중 펌프직송방식에 관한 설명으로 옳지 않은 것은?

① 전력차단 시에도 급수가 가능하다.
② 수도직결방식에 비하여 유지관리비용이 많다.
③ 정속방식은 급수관 내 압력 또는 유량을 탐지하여 펌프의 대수를 제어하는 방식이다.
④ 상수를 지하 저수탱크에 저장한 다음, 급수펌프로 필요한 장소로 직송하는 방식이다.

해설

[펌프직송방식]
① 펌프직송방식은 전기에 의존하므로 <u>전력 차단 시 급수가 불가하다.</u>

36 급탕설비에서 급탕기기의 부속장치에 관한 설명으로 옳지 않은 것은?

① 온수탱크 상단에는 배수밸브를, 하부에는 진공방지밸브를 설치하여야 한다.
② 안전밸브와 팽창탱크 및 배관 사이에는 차단밸브나 체크밸브 등 어떠한 밸브도 설치되어서는 안 된다.
③ 밀폐형 가열장치에는 일정 압력 이상이면 압력을 도피시킬 수 있도록 도피밸브나 안전밸브를 설치한다.
④ 온수탱크의 보급수관에는 급수관의 압력변화에 의한 환탕의 유입을 방지하도록 역류방지밸브를 설치한다.

해설

[급탕기기의 부속장치]
• 상단 : 진공방지밸브(Vacuum Relief Valve) → 탱크 내 진공 발생 방지
• 하단 : 배수밸브(Drain Valve) → 청소·배수용

37 다음 설명에 알맞은 유체역학 기초이론은?

> 밀폐된 용기에 넣은 유체의 일부에 압력을 가하면, 이 압력은 모든 방향으로 동일하게 전달되어 벽면에 작용한다.

① 연속의 법칙
② 파스칼의 원리
③ 피토관의 원리
④ 베르누이의 정리

해설

[파스칼의 원리(Pascal's Principle)]
밀폐된 용기 속 유체에 가한 압력은 방향과 관계없이 모든 면에 동일하게 전달된다.

38 국소식 급탕방식에 관한 설명으로 옳지 않은 것은?

① 배관길이가 길어 열손실이 크다.
② 급탕 개소마다 가열기의 설치공간이 필요하다.
③ 건물 완공 후에 급탕 개소의 증설이 비교적 용이하다.
④ 용도에 따라 필요한 개소에서 필요한 온도의 탕을 비교적 간단하게 얻을 수 있다.

정답 35 ① 36 ① 37 ② 38 ①

해설

[국소식 급탕방식]
국소식은 각 사용 개소에 설치하므로 배관길이가 짧고 열손실이 적다.

39 다음 중 급수설비에서 크로스 커넥션 방지대책으로 가장 알맞은 것은?

① 설비 내에 버큠 브레이커 및 역류방지 장치를 부착한다.
② 관 내 유속을 억제하고, 설비 내에 서지탱크(Surge Tank) 및 안전벨트를 설치한다.
③ 배관 계통별로 색깔로 구분하여 오접함을 방지하며 통수시험에 의해 체크한다.
④ 수평배관에는 공기나 오물이 정체하지 않도록 하며, 어쩔 수 없이 공기 정체나 일어나는 곳에는 공기빼기밸브를 설치한다.

해설

[크로스 커넥션 방지대책]
급수설비에서 크로스 커넥션(= 오접 연결)을 방지하기 위한 가장 알맞은 대책은 배관을 계통별로 색깔로 구분하여 오접함을 방지한다.

보충 크로스 커넥션(Cross Connection)
: 급수배관과 오수·유해배관이 연결되어 오염될 위험을 뜻함

40 먹는 물의 수질기준에 따른 경도 기준으로 옳은 것은? (단, 수돗물의 경우)

① 100 mg/L를 넘지 아니할 것
② 300 mg/L를 넘지 아니할 것
③ 1000 mg/L를 넘지 아니할 것
④ 1200 mg/L를 넘지 아니할 것

해설

[먹는 물의 수질기준]
(1) 색도는 5도를 넘지 아니할 것
(2) 수은은 0.001 mg/L를 넘지 아니할 것
(3) 시안은 0.01 mg/L를 넘지 아니할 것
(4) 수돗물의 경우 경도는 300 mg/L를 넘지 아니할 것

정답 39 ③ 40 ②

3과목 공기조화설비

41 증기난방방식에 관한 설명으로 옳지 않은 것은?

① 예열시간이 온수난방에 비해 짧다.
② 온수난방에 비해 실내의 쾌감도가 좋다.
③ 온수난방에 비해 한랭지에서 동결의 우려가 적다.
④ 온수난방에 비해 부하변동에 따른 실내방열량의 제어가 곤란하다.

해설

[증기난방방식]
증기난방은 방열기가 고온이라 대류 상승 기류가 강해 상하온도차가 커지고, 온수난방보다 쾌감도가 떨어진다.

42 다음의 습공기선도상에서 공기의 상태점 A가 C로 변하는 상태변화를 무엇이라 하는가?

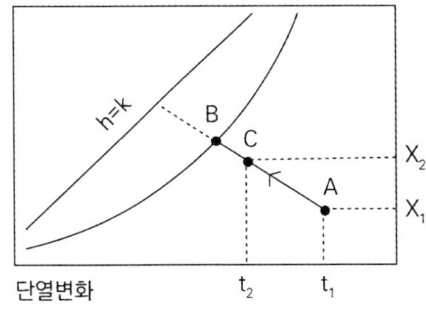

① 가열감습 ② 가열가습
③ 냉각감습 ④ 증발냉각

해설

[습공기의 상태변화]
• 건구온도가 떨어지고(냉각) 절대습도가 늘어남 (가습 또는 증발)
• 증발냉각 = 냉각가습

43 덕트의 치수결정법 등 등속법에 관한 설명으로 옳지 않은 것은?

① 덕트를 통해 먼지나 산업용 분말을 이송시키는 데 적당하다.
② 덕트 내의 풍속을 일정하게 유지할 수 있도록 덕트 치수를 결정하는 방법이다.
③ 송풍기 용량을 구하기 위해서는 전체 구간의 압력 손실을 구해야 하는 번거로움이 있다.
④ 미분탄 및 시멘트 분말의 이송에는 덕트 내에 분말이 침적되지 않도록 풍속 5 m/s 로 설계한다.

해설

[등속법]
등속법에서 미분탄 및 시멘트 분말의 이송에는 덕트 내에 분말이 침적되지 않도록 속도가 필요하여 풍속 20 ~ 35 m/s 정도로 설계한다.

정답 41 ② 42 ④ 43 ④

44 다음 설명에 알맞은 보일러의 출력 표시 방법은?

> • 일반적으로 보일러 선정 시 기준이 된다.
> • 연속해서 운전할 수 있는 보일러의 능력으로서 난방부하, 급탕부하, 배관부하, 예열부하의 합이다.

① 정격출력 ② 상용출력
③ 정미출력 ④ 과부하출력

해설

[보일러의 출력]
- 정미출력 = 난방부하 + 급탕부하
- 상용출력 = 정미출력 + 배관부하
- 정격출력 = 상용출력 + 예열부하
- 과부하출력=정격출력의 1.1 ~ 1.2
과부하출력은 운전 초기나 과부하 발생 시 출력

45 다음과 같은 몰리에르(Mollier)선도의 상태에서 운전하는 히트펌프의 성적계수는?

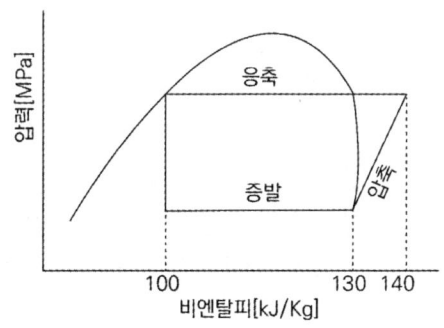

① 3.0 ② 3.5
③ 4.0 ④ 4.5

해설

[히트펌프의 성적계수]

$$\text{성적계수} = \frac{\text{응축열량}}{\text{압축일량}}$$

$$= \frac{Q_{\text{응축}}}{W} = \frac{140-100}{140-130} = 4$$

46 몰리에르(Mollier)선도를 나타낸 그림에서 히트펌프의 난방 시 성적계수를 산정하는 식은?

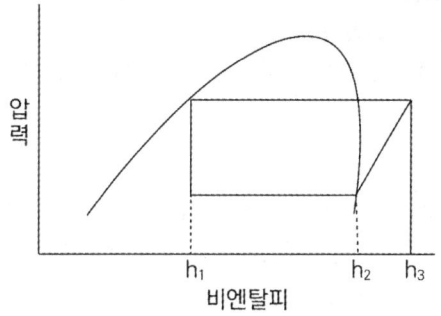

① $\dfrac{h_2 - h_1}{h_3 - h_2}$ ② $\dfrac{h_3 - h_1}{h_3 - h_2}$

③ $\dfrac{h_3 - h_1}{h_2 - h_1}$ ④ $\dfrac{h_3 - h_2}{h_2 - h_1}$

해설

[히트펌프의 난방 시 성적계수]

$$\text{성적계수} = \frac{\text{응축열량}}{\text{압축일량}} = \frac{h_3 - h_1}{h_3 - h_2}$$

보충 ①은 냉동기의 성적계수

47 복사난방방식에 관한 설명으로 옳지 않은 것은?

① 다른 난방방식에 비하여 쾌적감이 높다.
② 실내 상하의 온도차가 크다는 단점이 있다.
③ 외기침입이 있는 곳에서도 난방감을 얻을 수 있다.
④ 열용량이 크기 때문에 간헐난방에는 그다지 적합하지 않다.

해설

[복사난방방식]
② 복사난방은 상하온도차가 작다는 장점이 있다.

48 다음 습공기선도상에서 화살표 방향(A → B)으로 공기의 상태가 변화하는 것을 무엇이라고 하는가?

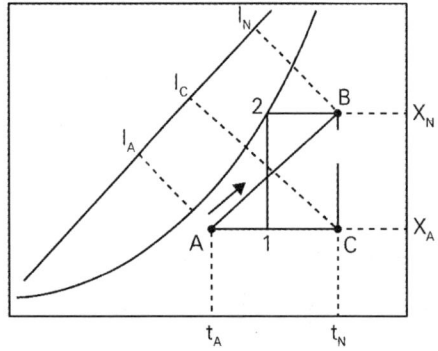

① 가열감습변화
② 가열가습변화
③ 냉각감습변화
④ 냉각가습변화

해설

[습공기의 상태변화]
A → B : 가열가습
B → A : 냉각감습
B → C : 감습
C → B : 가습
A → C : 가열
C → A : 냉각

49 습공기의 건구온도와 습구온도를 알 경우 습공기선도상에서 파악할 수 없는 것은?

① 비체적　　② 노점온도
③ 열수분비　④ 수증기분압

해설

[습공기선도상에서 파악할 수 없는 것]
열수분비(u)는 선도에서 바로 읽는 값이 아니며, 공기 상태 변화에 따른 엔탈피 변화량과 수분변화량의 계산이 필요하다.

50 냉각탑 주위의 배관에 관한 설명으로 옳지 않은 것은?

① 냉각탑 주위의 세균 감염에 유의하여야 한다.
② 냉각탑 입구 측 배관에는 스트레이너를 설치하여야 한다.
③ 냉각수의 출입구 측 및 보급수관의 입구 측에 플렉시블 조인트를 설치한다.
④ 냉각탑을 중간기 및 동절기에 사용하는 경우 냉각수의 동결방지 및 냉각수온도제어를 고려한다.

[해설]
[냉각탑 주위의 배관]
② 스트레이너는 보통 펌프 흡입 측(냉각탑 출구 측)에 설치하여 이물질이 펌프 임펠러로 유입되는 것을 방지한다.

51 냉각코일의 용량 결정 시 고려되는 요소와 가장 거리가 먼 것은?

① 배관부하　　② 재열부하
③ 외기부하　　④ 실내 취득열량

[해설]
[냉각코일의 용량 결정 시 고려되는 요소]
배관손실에 따른 배관부하의 배관은 냉각코일의 구성요소가 아니다.

52 환기방법 중 열기나 유해물질이 실내에 널리 산재되어 있거나 이동되는 경우에 사용하며, 전체환기라고도 불리는 것은?

① 집중환기　　② 희석환기
③ 국소환기　　④ 자연환기

[해설]
[희석환기]
희석환기는 열기나 유해물질이 실내 전역에 분포된 경우 신선한 외기를 공급해 농도를 희석시키는 방식. 전체환기(General Ventilation)라고도 불린다.

53 기온, 습도, 기류의 3요소의 조합에 의한 실내온열감각을 기온의 척도로 나타낸 것은?

① 작용온도(OT)
② 유효온도(ET)
③ 수정유효온도(CET)
④ 예상온냉감신고(PMV)

[해설]
[유효온도(Effective Temperature)]
유효온도는 기온(건구온도)·습도·기류 속도(풍속) 3요소를 종합하여, 인체가 느끼는 체감 온열감을 기온의 척도로 환산한 값이다. 주로 실내 쾌적 조건 평가나 냉난방 설계 시 인체 열쾌적 분석에 사용된다.

54 공기조화방식 중 유인유닛방식에 관한 설명으로 옳지 않은 것은?

① 각 유닛마다 수배관을 해야 하므로 누수의 우려가 있다.
② 고속덕트를 사용하므로 덕트 스페이스를 작게 할 수 있다.
③ 각 유닛마다 제어가 가능하므로 개별 실제어가 가능하다.
④ 중앙공조기는 1차, 2차 공기를 처리해야 하므로 규모가 커야 한다.

[해설]
[유인유닛방식]
유인유닛방식에서 중앙공조기는 1차 공기만 처리하고 유닛에서 2차 공기를 처리하므로 상대적으로 중앙공조기의 규모가 작다.

정답　51 ①　52 ②　53 ②　54 ④

55 환기방식에 관한 설명으로 옳지 않은 것은?

① 화장실, 주방 등은 제3종 환기가 유리하다.
② 상향식 환기는 바닥면의 먼지 등을 일으킬 수 있다.
③ 제2종 환기란 급기팬과 배기팬이 모두 설치되는 것을 말한다.
④ 국소환기는 주방, 실험실에서와 같이 오염물질의 확산 및 방산을 가능한 극소화시키려고 할 때 적용된다.

해설

[환기방식]
(1) 제1종 환기 : 송풍기와 배풍기를 설치하여 강제 급·배기하는 방식(강제급기 + 강제배기)
(2) 제2종 환기 : 송풍기만을 설치하여 강제 급기하는 방식(강제급기 + 자연배기)
(3) 제3종 환기 : 배풍기만 설치하여 강제 배기하는 방식(자연급기 + 강제배기)
(4) 제4종 환기 : 자연환기법으로 급·배기가 자연풍에 의해서 환기되는 방식(자연급기 + 자연배기)

56 냉동기의 증발기에서 일어나는 상태변화에 관한 설명으로 옳지 않은 것은?

① 압력이 높아진다.
② 비엔탈피가 증가한다.
③ 비엔트로피가 증가한다.
④ 액체냉매가 기체냉매로 상이 변한다.

해설

[증발기에서 일어나는 상태변화]
증발기 내에서 증발압력은 일정하다.

57 2개 이상의 엘보를 사용하여 이음부의 나사 회전을 이용해서 배관의 신축을 흡수하는 신축이음쇠는?

① 루프형 ② 벨로즈형
③ 슬리브형 ④ 스위블형

해설

[신축이음쇠 중 스위블형]
스위블형은 엘보 부위가 서로 회전하면서 배관의 축 방향 길이 변화(열팽창·수축)를 흡수한다.

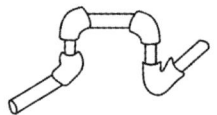

[스위블형]

58 1개의 실에 설치된 온수용 주철제 방열기의 상당방열면적(EDR)이 20 m²이다. 동일한 방열기를 5개 실에 설치할 경우, 필요한 전온수 순환량(L/min)은? (단, 방열기의 표준방열량 0.523 kW/m², 방열기 입구온도 80 ℃, 출구온도 70 ℃, 온수의 비열 4.2 kJ/kg·K, 온수의 밀도 1 kg/L이다)

① 15.2 L/min ② 21.7 L/min
③ 74.7 L/min ④ 108.3 L/min

해설

[전온수 순환량]
(1) 5개 실의 총 방열량
   q = (20 m² × 5개) × 0.523 kW/m²
     = 52.3 kW
(2) 순환량
   $52.3 kW = m[L/min] \times 4.2 \times 10 \times \dfrac{1}{60}$
   ∴ $m = 74.7\ L/min$

   보충 물 1 kg/min = 1 L/min

59 공기에 관한 설명으로 옳은 것은?

① 절대습도가 0 kg/kg'인 공기를 포화 공기라고 한다.
② 현열비가 1이라면 잠열부하만 있다는 것을 의미한다.
③ 건구온도 0 ℃, 절대습도 0 kg/kg'인 건공기의 엔탈피는 0 kJ/kg이다.
④ 열수분비가 0이라면 공기의 상태변화에 절대습도의 변화가 없었다는 의미이다.

해설

[공기의 상태]
② 절대습도가 0 kg/kg'인 공기를 <u>건공기</u>라고 한다.
③ 현열비가 1이라면 <u>현열부하만 있다는 것을 의</u>미한다.
④ 열수분비가 0이라면 공기의 상태변화에 <u>엔탈피 변화가 없었다는</u> 의미이다.

60 유리창을 통과하는 전열량에 관한 설명으로 옳지 않은 것은?

① 복사열량과 관류열량의 합이다.
② 반사율이 클수록 전열량은 작아진다.
③ 전열량은 유리의 열관류율이 클수록 크게 된다.
④ 일사취득열량은 유리창의 차폐계수에 반비례한다.

해설

[유리창을 통과하는 전열량]
유리창 일사취득열량은 유리창의 차폐계수에 비례한다. 즉, 차폐계수가 0.6일 때 일사취득열량은 60%이다.

정답 59 ① 60 ④

4과목 소방 및 전기설비

61 합성최대수요전력을 구하는 계수로서 각 부하의 최대수요전력 합계와 합성최대수요전력과의 비율로 나타내는 것은?

① 수용률
② 유효율
③ 부하율
④ 부등률

해설

[부등률]

부등률 = $\dfrac{\text{부하의 최대수요전력합계}}{\text{합성최대수요전력}}$

설비 용량에 비해 실제 사용하는 전력의 비율

62 도선의 길이를 10배, 단면적을 10배로 크게 했을 때 전기저항의 크기는 어떻게 되는가?

① 2배 증가한다.
② 10배 증가한다.
③ 100배 증가한다.
④ 변하지 않는다.

해설

[저항]
도선의 저항은 길이에 비례하고 단면적에 반비례

• 수식 : $R = \rho\dfrac{l}{A} = \rho\dfrac{l}{\pi r^2}$

$= \rho\dfrac{l}{\pi\left(\dfrac{D}{2}\right)^2} = \rho\dfrac{l}{\dfrac{\pi D^2}{4}}$

$= \rho\dfrac{4l}{\pi D^2}\ [\Omega]$

$\rho\ [\Omega \cdot mm^2/m,\ \Omega \cdot m]$: 도선의 고유저항
$A\ [m^2]$: 도체의 단면적
$l\ [m]$: 도선의 길이
$r\ [m]$: 전선의 반경
$D\ [m]$: 전선의 직경

63 건축물의 설비기준 등에 관한 규칙에 따라 피뢰설비를 설비하여야 하는 대상 건축물의 높이기준은?

① 10 m 이상
② 15 m 이상
③ 20 m 이상
④ 30 m 이상

해설

[건축설비기준등에 관한 규칙]
피뢰설비 : 20 m 이상 건물메시법, 보호각법, 회전구체법

정답 61 ④ 62 ④ 63 ③

64 피드백제어방식을 제어동작에 의해 분류할 경우, 연속동작에 해당하는 것은?

① 미분동작
② 2위치동작
③ 다위치동작
④ ON - OFF동작

해설

[제어]
비례, 미분, 적분제어동작은 연속동작이며 2위치, 다위치는 단속(불연속)동작이다.

구분		내용
불연속 제어	ON - OFF 제어	단속적 제어동작
	샘플링 (Sampling)	전압, 전류, 위상을 제어
연속 제어	비례제어 (P제어)	잔류 편차(Off Set) 발생
	적분제어 (I제어)	• 잔류 편차(Off Set) 개선 • 시간지연(속응성) 발생
	미분제어 (D제어)	• 시간지연 개선, 잔류 편차(Off Set) 존재, 오차 방지 • 진동방지, 오버슈트가 커진다.
	비례적분 제어 (PI제어)	• 잔류 편차는 제거되지만 시간지연이 길다. • 간헐현상 존재, 지상보상 요소에 대응한다.
	비례미분 제어 (PD제어)	• 시간지연(응답속응성)을 개선, 잔류 편차는 있다.
	비례미분 적분제어 (PID제어)	시간지연도 향상시키고 잔류 편차도 제거한 제어계로 가장 안정적인 제어계

65 다음은 옥내소화전설비의 방수구에 관한 기준내용이다. ( ) 안에 알맞은 것은?

> 특정소방대상물의 층마다 설치하되, 해당 특정서방대상물의 각 부분으로부터 하나의 옥내소화전방수구까지의 수평거리가 ( ) 이하가 되도록 할 것. 다만 복층형 구조의 공동주택의 경우에는 세 개의 출입국가 설치된 층에만 설치할 수 있다.

① 10 m ② 15 m
③ 20 m ④ 25 m

해설

[옥내소화전설비]

구분	옥내소화전	옥외소화전
호스구경	40 mm	65 mm
노즐	13 mm	19 mm
수평거리	25 m 이하	40 m 이하

66 유접점 시퀀스제어회로에 관한 설명으로 옳지 않은 것은?

① 동작상태의 확인이 쉽다.
② 전기적 노이즈(외란)에 대하여 안정적이다.
③ 기계적 진동에 강하여 개폐부하의 용량이 작다.
④ 독립된 다수의 출력회로를 동시에 얻을 수 있다.

정답 64 ① 65 ④ 66 ③

해설

[유접점 시퀀스제어]
유접점 시퀀스제어회로는 릴레이, 램프 등에 의해 눈으로 확인 가능함
무접점 제어회로(PLC제어)에 비하여 기계적 진동에 약하고, 접점의 접촉 불량이 발생할 수도 있으며 개폐 부하의 용량이 큼

67 할로겐램프에 관한 설명으로 옳지 않은 것은?

① 휘도가 낮다.
② 흑화가 거의 일어나지 않는다.
③ 백열전구에 비해 수명이 길다.
④ 광속이나 색온도의 저하가 극히 적다.

해설

[할로겐램프]
할로겐램프는 휘도가 높아 자동차 라이트 등으로도 사용된다.

68 3상유도 전동기의 기동법으로 Y-△기동법을 사용하는 가장 주된 목적은?

① 전압을 높이기 위하여
② 기동전류를 줄이기 위하여
③ 전동기의 출력을 높이기 위하여
④ 전동기의 동기속도를 높이기 위하여

해설

[유도 전동기]
3상 유도 전동기를 직입기동하면, 정격전압을 바로 인가하므로 기동전류가 정격전류가 크게 흘러 전원계통에 부담을 줌. 따라서 기동전류를 줄여 전동기의 소손과 과부하로부터 보호하기 위해 Y-△ 기동법을 사용함

69 다음 중 피드백제어방식의 제어동작에 의한 분류에 속하지 않는 것은?

① 비례동작   ② 적분동작
③ 정지동작   ④ 다위치동작

해설

[제어]

구분		내용
불연속 제어	ON-OFF 제어	단속적 제어동작
	샘플링 (Sampling)	전압, 전류, 위상을 제어
연속 제어	비례제어 (P제어)	잔류 편차(Off Set) 발생
	적분제어 (I제어)	• 잔류 편차(Off Set) 개선 • 시간지연(속응성) 발생
	미분제어 (D제어)	• 시간지연 개선, 잔류 편차(Off Set) 존재, 오차 방지 • 진동방지, 오버슈트가 커진다.
	비례적분 제어 (PI제어)	• 잔류 편차는 제거되지만 시간지연이 길다. • 간헐현상 존재, 지상보상 요소에 대응한다.

정답: 67 ① 68 ② 69 ③

구분		내용
연속 제어	비례미분 제어 (PD제어)	• 시간지연(응답속응성)을 개선, 잔류 편차는 있다.
	비례미분 적분제어 (PID제어)	시간지연도 향상시키고 잔류 편차도 제거한 제어계로 가장 안정적인 제어계

해설

[소비전력량]
전력 W = VIcosθ
$= W = 220\ V \times 10\ A \times \cos 60°$
$= 1100\ W = 1.1\ kW$
220 V, 10 A, 2시간 동안 소비전력은
1.1 × 2 = 2.2 kWh

70 부하설비의 역률을 개선하기 위해 설치하는 곳은?

① 다이오드
② 영상 변류기
③ 진상용 콘덴서
④ 유도전압 조정기

해설

[진상용 콘덴서]
부하코일의 지상을 보완하여 무효전력을 줄여주는 콘덴서
• 다이오드 : 정류용 소자
• 영상변류기 : 누전 보호용
• 유도전압 조정기 : 전압강하 보정

71 급기팬에 220 V의 교류전압을 가하니 10 A의 전류가 전압보다 60° 뒤져서 흐른다. 이 급기팬을 2시간 사용할 때의 소비전력량은?

① 0.55 kWh   ② 2.2 kWh
③ 4 kWh   ④ 792 kWh

72 다음 설명에 알맞은 건축화 조명방식은?

• 천장과 벽면의 경계구석에 등기구를 배치하여 조명하는 방식이다.
• 천장과 벽면을 동시에 투사하는 실내 조명방식이다.

① 코너조명
② 코퍼조명
③ 광천장조명
④ 밸런스조명

해설

[조명]
• 코너조명 : 천정과 벽면의 경계구석, 즉 코너(모서리)에 등기구를 설치해서 천정과 벽면을 동시에 간접조명하는 방식
• 코퍼조명(코브조명) : 홈을 파서 등기구를 숨기고 간접적으로 비추는 조명
• 광천장조명 : 천장 전체를 광원으로 만드는 조명
• 밸런스조명 : 천정과 벽을 균형 있게 조명

정답 ● 70 ③ 71 ② 72 ①

73 DDC방식에서 밸브나 댐퍼 등을 비례적으로 동작시키는 신호는?

① AI   ② DI
③ AO   ④ DO

해설
[아날로그출력 AO]
아날로그가 비례적인 동작

74 단권 변압기에서 1차 권선의 수가 100회, 공통 코일(2차 코일) 권수가 60회일 때 2차 측 전압은 얼마인가? (단, 1차 측 전압은 100 V이다)

① 40 V   ② 60 V
③ 100 V   ④ 160 V

해설
[변압기]
$$\frac{N_2}{N_1} = \frac{V_2}{V_1}$$
$$\frac{60}{100} = \frac{V_2}{100}$$
$$\therefore V_2 = 60\ V$$

75 콘덴서에서 극판의 면적을 2배로 증가시키면 정전용량은 몇 배가 되는가?

① 1.5배   ② 2배
③ 3배   ④ 4배

해설
[정전용량의 계산]
(1) 구도체의 정전용량
$$C = 4\pi\varepsilon r\ [F]$$
$r[m]$: 구도체의 반지름

(2) 평판도체의 정전용량
$$C = \varepsilon \frac{A}{d}\ [F]$$
$d[m]$: 극판의 간격, $A[m^2]$: 면적

76 건축화 조명방식 중 천장면에 유리, 플라스틱등과 같은 확산용 스크린판을 붙이고 천장 내부에 광원을 배치하여 천장을 건축화된 조명기구로 활용하는 방식은?

① 코브조명   ② 밸런스조명
③ 광천장조명   ④ 코니스조명

해설
[조명]
- 코브조명 : 홈을 파서 등기구를 숨기고 간접적으로 비추는 조명
- 밸런스조명 : 천정과 벽을 균형 있게 조명
- 코니스조명 : 벽면 상부에 설치된 선반 등에 광원을 넣고 아래로 비추는 간접조명

정답 73 ③ 74 ② 75 ② 76 ③

77 다음 중 강자성체에 속하지 않는 것은?

① 철 ② 니켈
③ 구리 ④ 코발트

해설

[자성체]

구분	비투자율	내용
강자성체	$\mu_s \gg 1$	① 외부 자기장 속에서 자기장의 방향으로 강하게 자화되는 물질 ② 외부 자기장을 제거해도 자성을 오래 유지함 예 철(Fe), 니켈(Ni), 코발트(Co)
상자성체	$\mu_s \geq 1$	① 외부 자기장 속에서 자기장의 방향으로 약하게 자화되는 물질 ② 외부 자기장을 제거하면 자성이 바로 사라짐 예 알루미늄(Al), 주석(Sn), 백금(Pt), 산소(O), 텅스텐(W)
반자성체	$\mu_s < 1$	① 외부 자기장 속에서 자기장과 반대 방향으로 자화되는 물질 ② 외부 자기장을 제거하면 자성이 바로 사라짐 예 물(H_2O), 금(Au), 은(Ag), 납(Pb), 구리(Cu), 아연(Zn), 비스무트(Bi)

78 다음과 같은 RLC 직렬회로에서 역률은?

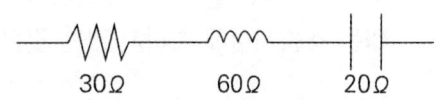

① 0.6 ② 0.7
③ 0.78 ④ 0.85

해설

[역률]

역률 $\cos\theta = \dfrac{R}{Z} = \dfrac{30}{\sqrt{30^2 + (60-20)^2}} = 0.6$

79 다음의 설명에 알맞은 법칙은?

> 두 개의 전하 사이에 작용하는 전기력은 두 전하의 세기의 곱에 비례하고 거리의 제곱에 반비례한다.

① 옴의 법칙
② 렌츠의 법칙
③ 쿨롱의 법칙
④ 키르히호프의 제1법칙

해설

[쿨롱의법칙]

$$F = \dfrac{1}{4\pi r^2} \times \dfrac{Q_1 Q_2}{\varepsilon} \, [N]$$
$$= \dfrac{1}{4\pi \varepsilon_0 \varepsilon_s} \times \dfrac{Q_1 Q_2}{r^2} \, [N]$$
$$= 9 \times 10^9 \times \dfrac{Q_1 Q_2}{r^2} \, [N]$$

정답 77 ③ 78 ① 79 ③

80 다음은 소방시설의 내진설계에 관한 기준 내용이다. 밑줄 친 대통령령으로 정하는 소방시설에 속하지 않는 것은?

> 「지진·화산재해대책법」 제14조 제1항 각 호의 시설 중 대통령령으로 정하는 특정 소방대상물에 <u>대통령령으로 정하는 소방시설</u>을 설치하려는 자는 지진이 발생할 경우 소방시설이 정상적으로 작동 될 수 있도록 소방청장이 정하는 내진설계기준에 맞게 소방시설을 설치하여야 한다.

① 옥내소화전설비
② 스프링클러설비
③ 자동화재탐지설비
④ 물분무등소화설비

해설

[소방시설의 내진설계 기준]
- 옥내소화전설비, 스프링클러설비, 물분무등소화설비는 이 기준에서 정하는 규정에 적합하게 설치하여야 함
- 내진설계 : 지진에 잘 견디도록 설계하는 것

5과목 건축설비 관계법규

1회독 시간 :   점수 :
2회독 시간 :   점수 :
3회독 시간 :   점수 :

81 다음은 건축법령상 건축신고와 관련된 기준 내용이다. ( ) 안에 속하지 않는 것은?

> 허가 대상 건축물이라 하더라도 바닥면적의 합계 85 m² 이내의 ( )의 경우에는 미리 특별자치시장·특별자치도지사 또는 시장·군수·구청장에게 국토교통부령으로 정하는 바에 따라 신고를 하면 건축허가를 받은 것으로 본다.

① 신축   ② 증축
③ 개축   ④ 재축

해설

[건축신고]
[건축법] 제14조(건축신고)
① 제11조에 해당하는 허가 대상 건축물이라 하더라도 다음 각 호의 어느 하나에 해당하는 경우에는 미리 특별자치시장·특별자치도지사 또는 시장·군수·구청장에게 국토교통부령으로 정하는 바에 따라 신고를 하면 건축허가를 받은 것으로 본다.
1. 바닥면적의 합계가 <u>85제곱미터 이내의 증축·개축 또는 재축</u>. 다만 3층 이상 건축물인 경우에는 증축·개축 또는 재축하려는 부분의 바닥면적의 합계가 건축물 연면적의 10분의 1 이내인 경우로 한정한다.
2. 「국토의 계획 및 이용에 관한 법률」에 따른 관리지역, 농림지역 또는 자연환경보전지역

정답 ● 80 ③ 81 ①

에서 연면적이 200제곱미터 미만이고 3층 미만인 건축물의 건축. 다만 다음 각 목의 어느 하나에 해당하는 구역에서의 건축은 제외한다.
  가. 지구단위계획구역
  나. 방재지구 등 재해취약지역으로서 대통령령으로 정하는 구역
3. 연면적이 200제곱미터 미만이고 3층 미만인 건축물의 대수선
4. 주요구조부의 해체가 없는 등 대통령령으로 정하는 대수선
5. 그 밖에 소규모 건축물로서 대통령령으로 정하는 건축물의 건축

82 건축법령상 공동주택에 속하지 않는 것은?

① 기숙사
② 연립주택
③ 다가구주택
④ 다세대주택

해설

[정의]
[건축법 시행령] 별표 1 : 용도별 건축물의 종류
  다. 다가구주택 : 다음의 요건을 모두 갖춘 주택으로서 공동주택에 해당하지 아니하는 것을 말한다.
2. 공동주택
  가. 아파트 : 주택으로 쓰는 층수가 5개 층 이상인 주택
  나. 연립주택 : 주택으로 쓰는 1개 동의 바닥면적(2개 이상의 동을 지하주차장으로 연결하는 경우에는 각각의 동으로 본다) 합계가 660제곱미터를 초과하고, 층수가 4개 층 이하인 주택
  다. 다세대주택 : 주택으로 쓰는 1개 동의 바닥면적 합계가 660제곱미터 이하이고, 층수가 4개 층 이하인 주택(2개 이상의 동을 지하주차장으로 연결하는 경우에는 각각의 동으로 본다)
  라. 기숙사 : 다음의 어느 하나에 해당하는 건축물로서 공간의 구성과 규모 등에 관하여 국토교통부장관이 정하여 고시하는 기준에 적합한 것. 다만 구분소유된 개별 실(室)은 제외한다.

83 욕실 또는 조리장의 바닥과 그 바닥으로부터 높이 1 m까지의 안벽의 마감을 내수재료로 하여야 하는 대상에 속하지 않는 것은?

① 아파트의 욕실
② 숙박시설의 욕실
③ 제1종 근린생활시설 중 목욕장의 욕실
④ 제1종 근린생활시설 중 휴게음식점의 조리장

해설

[방습 조치]
[건축물의 피난·방화구조 등의 기준에 관한 규칙]
제18조(거실등의 방습)
② 영 제52조에 따라 다음 각 호의 어느 하나에 해당하는 욕실 또는 조리장의 바닥과 그 바닥으로부터 높이 1미터까지의 안쪽벽의 마감은 이를 내수재료로 해야 한다.
1. 제1종 근린생활시설 중 목욕장의 욕실과 휴게음식점의 조리장
2. 제2종 근린생활시설 중 일반음식점 및 휴게음식점의 조리장과 숙박시설의 욕실

정답 ● 82 ③ 83 ①

84 건축법령상 공동주택 중 아파트의 정의로 옳은 것은?

① 주택으로 쓰는 층수가 5개 층 이상인 주택
② 주택으로 쓰는 층수가 6개 층 이상인 주택
③ 주택으로 쓰는 1개 동의 바닥면적 합계가 660 m²를 초과하고, 층수가 5개 층 이상인 주택
④ 주택으로 쓰는 1개 동의 바닥면적 합계가 660 m²를 초과하고, 층수가 6개 층 이상인 주택

해설

[아파트의 정의]
[건축법 시행령] - 별표 1 : 용도별 건축물의 종류
2. 공동주택
　가. 아파트 : 주택으로 쓰는 층수가 5개 층 이상인 주택

85 다음 중 철근 콘크리트조로서 두께와 상관없이 내화구조로 인정되는 것에 속하지 않는 것은?

① 보　　② 계단
③ 바닥　④ 지붕

해설

[내화구조]
[건축물의 피난·방화구조 등의 기준에 관한 규칙]
제3조(내화구조)
4. 바닥의 경우에는 다음 각 목의 어느 하나에 해당하는 것
　가. 철근 콘크리트조 또는 철골철근 콘크리트조로서 두께가 10센티미터 이상인 것
5. 보(지붕틀을 포함한다)의 경우에는 다음 각 목의 어느 하나에 해당하는 것. 다만 고강도 콘크리트를 사용하는 경우에는 국토교통부장관이 정하여 고시하는 고강도 콘크리트내화성능 관리기준에 적합해야 한다.
　가. 철근 콘크리트조 또는 철골철근 콘크리트조
6. 지붕의 경우에는 다음 각 목의 어느 하나에 해당하는 것
　가. 철근 콘크리트조 또는 철골철근 콘크리트조
7. 계단의 경우에는 다음 각 목의 어느 하나에 해당하는 것
　가. 철근 콘크리트조 또는 철골철근 콘크리트조

86 다음 중 외기에 면하고 1층 또는 지상으로 연결된 출입문을 방풍구조로 하지 않아도 되는 것은? (단, 사람의 통행을 주목적으로 하며, 너비가 1.2 m를 초과하는 출입문의 경우)

① 호텔의 주출입문
② 아파트의 출입문
③ 공기조화를 하는 업무시설의 출입문
④ 바닥면적의 합계가 500 m²인 상점의 주출입문

정답 ● 84 ① 85 ③ 86 ②

해설

[방풍구조]
[건축물의 에너지절약기준]
제6조(건축부문의 의무사항)
라. 외기에 직접 면하고 1층 또는 지상으로 연결된 출입문은 방풍구조로 하여야 한다. 다만 다음 각 호에 해당하는 경우에는 그러하지 아니할 수 있다.
   1) 바닥면적 3백 제곱미터 이하의 개별 점포의 출입문
   2) <u>주택의 출입문</u>(단, 기숙사는 제외)
   3) 사람의 통행을 주목적으로 하지 않는 출입문
   4) 너비 1.2미터 이하의 출입문
마. 방풍구조를 설치하여야 하는 출입문에서 회전문과 일반문이 같이 설치되어진 경우, 일반문 부위는 방풍실 구조의 이중문을 설치하여야 한다.
바. 건축물의 거실의 창이 외기에 직접 면하는 부위인 경우에는 기밀성 창을 설치하여야 한다.

87. 각종 주택에 관한 설명으로 옳은 것은?

① 다중주택은 공동주택에 속한다.
② 기숙사는 공동주택에 속하지 않는다.
③ 다중주택은 독립된 주거의 형태이어야 한다.
④ 다가구주택은 1개 동의 주택으로 쓰이는 바닥면적의 합계가 660 m^2 이하이다.

해설

[각종 주택]
[건축법 시행령] 별표 1 : 용도별 건축물의 종류
1. 단독주택
   가. 단독주택
   나. 다중주택 : 다음의 요건을 모두 갖춘 주택을 말한다.
      1) 학생 또는 직장인 등 여러 사람이 장기간 거주할 수 있는 구조로 되어 있는 것
      2) 독립된 주거의 형태를 갖추지 않은 것(각 실별로 욕실은 설치할 수 있으나, 취사시설은 설치하지 않은 것을 말한다)
   다. 다가구주택 : 다음의 요건을 모두 갖춘 주택으로서 공동주택에 해당하지 아니하는 것을 말한다.
      2) 1개 동의 주택으로 쓰이는 바닥면적의 합계가 660제곱미터 이하일 것
   라. 공관(公館)
2. 공동주택
   가. 아파트
   나. 연립주택
   다. 다세대주택
   라. 기숙사

88. 방염성능 기준 이상의 실내장식물 등을 설치하여야 하는 특정소방대상물에 속하지 않는 것은?

① 수영장
② 숙박시설
③ 의료시설 중 종합병원
④ 방송통신시설 중 방송국

해설

[방염성능 기준]
[소방시설설치 및 관리에 관한 법률 시행령]
제30조(방염성능 기준 이상의 실내장식물 등을 설치해야 하는 특정소방대상물)
법 제20조 제1항에서 "대통령령으로 정하는 특정소방대상물"이란 다음 각 호의 것을 말한다.
1. 근린생활시설 중 의원, 치과의원, 한의원, 조산원, 산후조리원, 체력단련장, 공연장 및 종교집회장
2. 건축물의 옥내에 있는 다음 각 목의 시설
   가. 문화 및 집회시설
   나. 종교시설
   다. 운동시설(수영장은 제외한다)
3. 의료시설
4. 교육연구시설 중 합숙소
5. 노유자시설
6. 숙박이 가능한 수련시설
7. 숙박시설
8. 방송통신시설 중 방송국 및 촬영소
9. 「다중이용업소의 안전관리에 관한 특별법」 제2조 제1항 제1호에 따른 다중이용업의 영업소(이하 "다중이용업소"라 한다)
10. 제1호부터 제9호까지의 시설에 해당하지 않는 것으로서 층수가 11층 이상인 것(아파트등은 제외한다)

89 문화 및 집회시설 중 공연장의 개별 관람실 출구의 설치기준 내용으로 옳지 않은 것은? (단, 개별 관람실의 바닥면적이 300 m² 이상인 경우)

① 관람실별로 2개소 이상 설치할 것
② 각 출구의 유효너비는 1.5 m 이상일 것
③ 관람실로부터 바깥쪽으로의 출구로 쓰이는 문은 안여닫이로 할 것
④ 개별 관람실 출구의 유효너비의 합계는 개별 관람실의 바닥면적 100 m²마다 0.6 m의 비율로 산정한 너비 이상으로 할 것

해설

[개별 관람실 출구]
[건축물의 피난·방화구조 등의 기준에 관한 규칙]
제10조(관람실 등으로부터의 출구의 설치기준)
② 영 제38조에 따라 문화 및 집회시설 중 공연장의 개별 관람실(바닥면적이 300제곱미터 이상인 것만 해당한다)의 출구는 다음 각 호의 기준에 적합하게 설치해야 한다.
1. 관람실별로 2개소 이상 설치할 것
2. 각 출구의 유효너비는 1.5미터 이상일 것
3. 개별 관람실 출구의 유효너비의 합계는 개별 관람실의 바닥면적 100제곱미터마다 0.6미터의 비율로 산정한 너비 이상으로 할 것

제11조(건축물의 바깥쪽으로의 출구의 설치기준)
② 영 제39조 제1항에 따라 건축물의 바깥쪽으로 나가는 출구를 설치하는 건축물 중 문화 및 집회시설(전시장 및 동·식물원을 제외한다), 종교시설, 장례식장 또는 위락시설의 용도에 쓰이는 건축물의 바깥쪽으로의 출구로 쓰이는 문은 안여닫이로 하여서는 아니 된다.

정답 89 ③

90 건축법령상 다중이용 건축물에 속하지 않는 것은? (단, 15층 이하이며, 해당 용도로 쓰는 바닥면적의 합계가 5000 m² 이상인 건축물)

① 종교시설
② 판매시설
③ 위락시설
④ 의료시설 중 종합병원

해설

[정의 – 다중이용 건축물]
[건축법 시행령] 제2조(정의)
17. "다중이용 건축물"이란 다음 각 목의 어느 하나에 해당하는 건축물을 말한다.
　가. 다음의 어느 하나에 해당하는 용도로 쓰는 바닥면적의 합계가 5천 제곱미터 이상인 건축물
　　1) 문화 및 집회시설(동물원 및 식물원은 제외한다)
　　2) 종교시설
　　3) 판매시설
　　4) 운수시설 중 여객용 시설
　　5) 의료시설 중 종합병원
　　6) 숙박시설 중 관광숙박시설
　나. 16층 이상인 건축물
※ 위락시설은 '준다중이용건축물'이다.

91 주요구조부를 내화구조로 하여야 하는 대상건축물에 속하지 않는 것은?

① 종교시설의 용도로 쓰는 건축물로서 집회실의 바닥면적의 합계가 200 m²인 건축물
② 판매시설의 용도로 쓰는 건축물로서 그 용도로 쓰는 바닥면적의 합계가 500 m²인 건축물
③ 운수시설의 용도로 쓰는 건축물로서 그 용도로 쓰는 바닥면적의 합계가 500 m²인 건축물
④ 문화 및 집회시설 중 전시장의 용도로 쓰는 건축물로서 그 용도로 쓰는 바닥면적의 합계가 200 m²인 건축물

해설

[내화구조로 하여야 하는 대상 건축물]
[건축법 시행령] 제56조
① 법 제50조 제1항 본문에 따라 다음 각 호의 어느 하나에 해당하는 건축물(제5호에 해당하는 건축물로서 2층 이하인 건축물은 지하층 부분만 해당한다)의 주요구조부와 지붕은 내화구조로 해야 한다. 다만 연면적이 50제곱미터 이하인 단층의 부속건축물로서 외벽 및 처마 밑면을 방화구조로 한 것과 무대의 바닥은 그렇지 않다.
1. 제2종 근린생활시설 중 공연장·종교집회장(해당 용도로 쓰는 바닥면적의 합계가 각각 300제곱미터 이상인 경우만 해당한다), 문화 및 집회시설(전시장 및 동·식물원은 제외한다), 종교시설, 위락시설 중 주점영업 및 장례시설의 용도로 쓰는 건축물로서 관람실 또는 집회실의 바닥면적의 합계가 200제곱미터(옥외관람석의 경우에는 1천 제곱미터) 이상인 건축물

정답 90 ③　91 ④

2. 문화 및 집회시설 중 전시장 또는 동·식물원, 판매시설, 운수시설, 교육연구시설에 설치하는 체육관·강당, 수련시설, 운동시설 중 체육관·운동장, 위락시설(주점영업의 용도로 쓰는 것은 제외한다), 창고시설, 위험물저장 및 처리시설, 자동차 관련 시설, 방송통신시설 중 방송국·전신전화국·촬영소, 묘지 관련 시설 중 화장시설·동물화장시설 또는 관광휴게시설의 용도로 쓰는 건축물로서 그 용도로 쓰는 바닥면적의 합계가 500제곱미터 이상인 건축물

92. 건축물에 설치하는 굴뚝에 관한 기준 내용으로 옳지 않은 것은?

① 금속제 굴뚝은 목재 기타 가연재료로부터 10 cm 이상 떨어져서 설치할 것
② 굴뚝의 옥상 돌출부는 지붕면으로부터의 수직 거리를 1 m 이상으로 할 것
③ 금속제 굴뚝으로서 건축물의 지붕속·반자위 및 가장 아랫바닥 밑에 있는 굴뚝의 부분은 금속 외의 불연재료로 덮을 것
④ 굴뚝의 상단으로부터 수평거리 1 m 이내에 다른 건축물이 있는 경우에는 그 건축물의 처마보다 1 m 이상 높게 할 것

해설

[굴뚝]
[건축물의 피난·방화구조 등의 기준에 관한 규칙]
제20조(건축물에 설치하는 굴뚝)
영 제54조에 따라 건축물에 설치하는 굴뚝은 다음 각 호의 기준에 적합하여야 한다.
1. 굴뚝의 옥상 돌출부는 지붕면으로부터의 수직 거리를 1미터 이상으로 할 것. 다만 용마루·계단탑·옥탑등이 있는 건축물에 있어서 굴뚝의 주위에 연기의 배출을 방해하는 장애물이 있는 경우에는 그 굴뚝의 상단을 용마루·계단탑·옥탑등보다 높게 하여야 한다.
2. 굴뚝의 상단으로부터 수평거리 1미터 이내에 다른 건축물이 있는 경우에는 그 건축물의 처마보다 1미터 이상 높게 할 것
3. 금속제 굴뚝으로서 건축물의 지붕속·반자위 및 가장 아랫바닥 밑에 있는 굴뚝의 부분은 금속 외의 불연재료로 덮을 것
4. 금속제 굴뚝은 목재 기타 가연재료로부터 15센티미터 이상 떨어져서 설치할 것. 다만 두께 10센티미터 이상인 금속 외의 불연재료로 덮은 경우에는 그러하지 아니하다.

93. 건축법령상 다음과 같이 정의되는 주택의 종류는?

주택으로 쓰는 1개 동의 바닥면적(2개 이상의 동을 지하주차장으로 연결하는 경우에는 각각의 동으로 본다) 합계가 660제곱미터를 초과하고, 층수가 4개 층 이하인 주택

① 다중주택   ② 연립주택
③ 다세대주택   ④ 다가구주택

정답 92 ① 93 ②

해설

[연립주택]
[건축법 시행령] 별표 1 : 용도별 건축물의 종류
2. 공동주택
　나. 연립주택 : 주택으로 쓰는 1개 동의 바닥면적(2개 이상의 동을 지하주차장으로 연결하는 경우에는 각각의 동으로 본다) 합계가 660제곱미터를 초과하고 층수가 4개 층 이하인 주택

94 피난안전구역의 구조 및 설비에 관한 기준 내용으로 옳지 않은 것은?

① 피난안전구역의 높이는 1.8 m 이상일 것
② 피난안전구역의 내부마감재료는 불연재료로 설치할 것
③ 비상용 승강기는 피난안전구역에서 승하차할 수 있는 구조로 설치할 것
④ 건축물의 내부에서 피난안전구역으로 통하는 계단은 특별피난계단의 구조로 설치할 것

해설

[피난안전구역]
[건축물의 피난·방화구조 등의 기준에 관한 규칙] 제8조2(피난안전구역의 설치기준)
① 영 제34조 제3항 및 제4항에 따라 설치하는 피난안전구역(이하 "피난안전구역"이라 한다)은 해당 건축물의 1개 층을 대피공간으로 하며, 대피에 장애가 되지 아니하는 범위에서 기계실, 보일러실, 전기실 등 건축설비를 설치하기 위한 공간과 같은 층에 설치할 수 있다. 이 경우 피난안전구역은 건축설비가 설치되는 공간과 내화구조로 구획하여야 한다.

② 피난안전구역에 연결되는 특별피난계단은 피난안전구역을 거쳐서 상·하층으로 갈 수 있는 구조로 설치하여야 한다.
③ 피난안전구역의 구조 및 설비는 다음 각 호의 기준에 적합하여야 한다.
　1. 피난안전구역의 바로 아래층 및 위층은 「녹색건축물 조성 지원법」 제15조 제1항에 따라 국토교통부장관이 정하여 고시한 기준에 적합한 단열재를 설치할 것. 이 경우 아래층은 최상층에 있는 거실의 반자 또는 지붕 기준을 준용하고, 위층은 최하층에 있는 거실의 바닥 기준을 준용할 것
　2. 피난안전구역의 내부마감재료는 불연재료로 설치할 것
　3. 건축물의 내부에서 피난안전구역으로 통하는 계단은 특별피난계단의 구조로 설치할 것
　4. 비상용 승강기는 피난안전구역에서 승하차할 수 있는 구조로 설치할 것
　5. 피난안전구역에는 식수공급을 위한 급수전을 1개소 이상 설치하고 예비전원에 의한 조명설비를 설치할 것
　6. 관리사무소 또는 방재센터 등과 긴급연락이 가능한 경보 및 통신시설을 설치할 것
　7. 별표 1의2에서 정하는 기준에 따라 산정한 면적 이상일 것
　8. 피난안전구역의 높이는 2.1미터 이상일 것
　9. 「건축물의 설비기준 등에 관한 규칙」 제14조에 따른 배연설비(이하 "배연설비"라 한다)를 설치할 것
　10. 그 밖에 소방청장이 정하는 소방 등 재난관리를 위한 설비를 갖출 것

정답 ● 94 ①

95 지능형 건축물의 인증에 관한 설명으로 옳지 않은 것은?

① 지능형 건축물 인증기준에는 인증표시 홍보기준, 유효기간 등의 사항이 포함된다.
② 산업통상자원부장관은 지능형 건축물의 인증을 위하여 인증기관을 지정할 수 있다.
③ 국토교통부장관은 지능형 건축물의 건축을 활성화하기 위하여 지능형 건축물 인증제도를 실시한다.
④ 허가권자는 지능형 건축물로 인증 받은 건축물에 대하여 조경설치면적을 100분의 85까지 완화하여 적용할 수 있다.

해설

[지능형 건축물]
[건축법] 제65조의2(지능형 건축물의 인증)
① 국토교통부장관은 지능형 건축물[Intelligent Building]의 건축을 활성화하기 위하여 지능형 건축물 인증제도를 실시한다.
② 국토교통부장관은 제1항에 따른 지능형 건축물의 인증을 위하여 인증기관을 지정할 수 있다.
③ 지능형 건축물의 인증을 받으려는 자는 제2항에 따른 인증기관에 인증을 신청하여야 한다.
④ 국토교통부장관은 건축물을 구성하는 설비 및 각종 기술을 최적으로 통합하여 건축물의 생산성과 설비 운영의 효율성을 극대화할 수 있도록 다음 각 호의 사항을 포함하여 지능형 건축물 인증기준을 고시한다.
1. 인증기준 및 절차
2. 인증표시 홍보기준
3. 유효기간
4. 수수료
5. 인증 등급 및 심사기준 등
⑤ 제2항과 제3항에 따른 인증기관의 지정 기준, 지정 절차 및 인증 신청 절차 등에 필요한 사항은 국토교통부령으로 정한다.
⑥ 허가권자는 지능형 건축물로 인증을 받은 건축물에 대하여 제42조에 따른 조경설치면적을 100분의 85까지 완화하여 적용할 수 있으며, 제56조 및 제60조에 따른 용적률 및 건축물의 높이를 100분의 115의 범위에서 완화하여 적용할 수 있다.

96 건축물 지하층에 설치하는 비상탈출구에 관한 기준 내용으로 옳지 않은 것은? (단, 주택이 아닌 경우)

① 비상탈출구는 출입구로부터 2 m 이상 떨어진 곳에 설치할 것
② 비상탈출구의 유효너비는 0.75 m 이상으로 하고, 유효높이는 1.5 m 이상으로 할 것
③ 비상탈출구의 문은 피난방향으로 열리도록 하고, 실내에서 항상 열 수 있는 구조라 할 것
④ 비상탈출구는 피난층 또는 지상으로 통하는 복도나 직통계단에 직접 접하거나 통로 등으로 연결될 수 있도록 설치할 것

정답 95 ② 96 ①

> **해설**

[지하층 비상탈출구]
[건축물의 피난·방화구조 등의 기준에 관한 규칙]
제25조(지하층의 구조)
② 제1항 제1호에 따른 지하층의 비상탈출구는 다음 각 호의 기준에 적합하여야 한다. 다만 주택의 경우에는 그러하지 아니하다.
1. 비상탈출구의 유효너비는 0.75미터 이상으로 하고, 유효높이는 1.5미터 이상으로 할 것
2. 비상탈출구의 문은 피난방향으로 열리도록 하고, 실내에서 항상 열 수 있는 구조로 하여야 하며, 내부 및 외부에는 비상탈출구의 표시를 할 것
3. 비상탈출구는 출입구로부터 3미터 이상 떨어진 곳에 설치할 것
4. 지하층의 바닥으로부터 비상탈출구의 아랫부분까지의 높이가 1.2미터 이상이 되는 경우에는 벽체에 발판의 너비가 20센티미터 이상인 사다리를 설치할 것
5. 비상탈출구는 피난층 또는 지상으로 통하는 복도나 직통계단에 직접 접하거나 통로 등으로 연결될 수 있도록 설치하여야 하며, 피난층 또는 지상으로 통하는 복도나 직통계단까지 이르는 피난통로의 유효너비는 0.75미터 이상으로 하고, 피난통로의 실내에 접하는 부분의 마감과 그 바탕은 불연재료로 할 것
6. 비상탈출구의 진입부분 및 피난통로에는 통행에 지장이 있는 물건을 방치하거나 시설물을 설치하지 아니할 것
7. 비상탈출구의 유도등과 피난통로의 비상조명등의 설치는 소방법령이 정하는 바에 의할 것

97 다음은 환기구의 안전 기준 내용이다. ( ) 안에 알맞은 것은?

> 영 제87조 제2항에 따라 환기구[건축물의 환기 설비에 부속된 급기(給氣) 및 배기(排氣)를 위한 건축구조물의 개구부(開口部)를 말한다]는 보행자 및 건축물 이용자의 안전이 확보되도록 바닥으로부터 ( ) 이상의 높이에 설치하여야 한다.

① 1 m   ② 2 m
③ 3 m   ④ 4 m

> **해설**

[환기구]
[건축물의 설비기준 등에 관한 규칙]
제11조의2(환기구의 안전 기준)
① 영 제87조 제2항에 따라 환기구[건축물의 환기 설비에 부속된 급기(給氣) 및 배기(排氣)를 위한 건축구조물의 개구부(開口部)를 말한다. 이하 같다]는 보행자 및 건축물 이용자의 안전이 확보되도록 바닥으로부터 2미터 이상의 높이에 설치해야 한다. 다만 다음 각 호의 어느 하나에 해당하는 경우에는 예외로 한다.

정답 97 ②

98 건축물의 바깥쪽에 설치하는 피난계단의 구조에 관한 기준 내용으로 옳지 않은 것은?

① 계단의 유효너비는 0.9 m 이상으로 할 것
② 계단은 내화구조로 하고 지상까지 직접 연결되도록 할 것
③ 건축물의 내부에서 계단으로 통하는 출입구에는 각종 방화문을 설치할 것
④ 계단은 그 계단으로 통하는 출입구와의 창문 등으로부터 1 m 이상의 거리를 두고 설치할 것

해설

[피난계단]
[건축물의 피난·방화구조 등의 기준에 관한 규칙]
제9조(피난계단 및 특별피난계단의 구조)
2. 건축물의 바깥쪽에 설치하는 피난계단의 구조
  가. 계단은 그 계단으로 통하는 출입구 외의 창문등(망이 들어 있는 유리의 붙박이창으로서 그 면적이 각각 1제곱미터 이하인 것을 제외한다)으로부터 2미터 이상의 거리를 두고 설치할 것
  나. 건축물의 내부에서 계단으로 통하는 출입구에는 60분+ 방화문 또는 60분 방화문을 설치할 것
  다. 계단의 유효너비는 0.9미터 이상으로 할 것
  라. 계단은 내화구조로 하고 지상까지 직접 연결되도록 할 것

99 건축물에 설치하는 지하층의 구조 및 설비에 관한 기준 내용으로 옳지 않은 것은?

① 거실의 바닥면적의 합계가 1000 m² 이상인 층에는 환기설비를 할 것
② 지하층의 바닥면적이 300 m² 이상인 층에는 식수공급을 위한 급수전을 1개소 이상 설치할 것
③ 거실의 바닥면적이 30 m² 이상인 층에는 직통 계단 외에 피난층 또는 지상으로 통하는 비상 탈출구 및 환기통을 설치할 것
④ 바닥면적이 1000 m² 이상인 층에는 피난층 또는 지상으로 통하는 직통계단을 방화구획으로 구획되는 각 부분마다 1개소 이상 설치할 것

해설

[지하층]
[건축물의 피난·방화구조 등의 기준에 관한 규칙]
제25조(지하층의 구조)
① 법 제53조에 따라 건축물에 설치하는 지하층의 구조 및 설비는 다음 각 호의 기준에 적합하여야 한다.
  1. 거실의 바닥면적이 50제곱미터 이상인 층에는 직통계단 외에 피난층 또는 지상으로 통하는 비상탈출구 및 환기통을 설치할 것. 다만 제8조 제2항 각 호의 기준에 적합한 직통계단이 2개소 이상 설치되어 있는 경우에는 그러하지 아니하다.
  1의2. 제2종근린생활시설 중 공연장·단란주점·당구장·노래연습장, 문화 및 집회시설 중 예식장·공연장, 수련시설 중 생활권수련시설·자연권수련시설, 숙박시설 중 여관·여인숙, 위락시설 중 단란주점·유흥주점 또는 「다중

이용업소의 안전관리에 관한 특별법 시행령」제2조에 따른 다중이용업의 용도에 쓰이는 층으로서 그 층의 거실의 바닥면적의 합계가 50제곱미터 이상인 건축물에는 제8조 제2항 각 호의 기준에 적합한 직통계단을 2개소 이상 설치할 것
2. 바닥면적이 1천 제곱미터 이상인 층에는 피난층 또는 지상으로 통하는 직통계단을 영 제46조의 규정에 의한 방화구획으로 구획되는 각 부분마다 1개소 이상 설치하되, 이를 피난계단 또는 특별피난계단의 구조로 할 것
3. 거실의 바닥면적의 합계가 1천 제곱미터 이상인 층에는 환기설비를 설치할 것
4. 지하층의 바닥면적이 300제곱미터 이상인 층에는 식수공급을 위한 급수전을 1개소이상 설치할 것

100 다음은 건축법상 지하층의 정의이다. ( ) 안에 알맞은 것은?

> "지하층"이란 건축물의 바닥이 지표면 아래에 있는 층으로서 바닥에서 지표면까지 평균 높이가 해당 층 높이의 ( ) 이상인 것을 말한다.

① 2분의 1   ② 3분의 1
③ 3분의 2   ④ 4분의 3

해설

[정의]
[건축법] 제2조
5. '지하층'이란 건축물의 바닥이 지표면 아래에 있는 층으로서 바닥에서 지표면까지 평균높이가 해당 층 높이의 <u>2분의 1</u> 이상인 것을 말한다.

정답 ● 100 ①

2022 제1회

1과목 건축일반

01 건물에서의 열전달에 관련된 용어의 단위 중 옳지 않은 것은?

① 열전도율 : $W/(m^2 \cdot K)$
② 대류열전달율 : $W/(m^2 \cdot K)$
③ 열저항 : $(m^2 \cdot K)/W$
④ 열관류율 : $W/(m^2 \cdot K)$

해설

[단위]
열전도율은 고체와 고체 간 열이동 정도를 말하며 단위는 $W/(m \cdot K)$이다. 이는 두께를 계산에 넣어야 한다는 단위의 의미이다.
※ 열전도율은 두께가 계산되어야 하기 때문에 단위 분모 미터단위에 2승으로 들어가지 않는다.
$\lambda[W/m \cdot K] \times \dfrac{A[m^2]}{l[m]} \times \Delta t[K] = [W]$

02 잔향시간이란 음원으로부터 발생되는 소리가 정지했을 때 음압레벨이 몇 dB 감쇠하는 데 소요되는 시간인가?

① 40 dB   ② 55 dB
③ 60 dB   ④ 70 dB

해설

[잔향시간]
잔향시간이란 음원으로부터 발생되는 소리가 정지했을 때 음압레벨이 60 dB 감쇠하는 데 소요되는 시간을 말한다.

03 유효온도에서 고려하지 않는 요소는?

① 기온   ② 습도
③ 기류   ④ 복사열

해설

[유효온도]
실내 온도와 같은 온도를 주게 되는 정지 상태의 포화공기의 온도
• 유효온도 요소 : 기온, 기류, 습도
• 작용온도 요소 : 기온, 기류, 복사열

정답 01 ① 02 ③ 03 ④

04 공기환경 측정과 관련된 측정방법이 잘못 연결된 것은?

① 유속측정 - 프로펠라 풍속계
② 압력측정 - 다이어프램 차압계
③ 환기량측정 - 가스추적법
④ 가스농도측정 - 피토우관

해설

[공기환경 측정]
피토관(피토우관) : 풍량 등 유속을 측정하기 위해 사용한다.

2과목 위생설비

21 급탕배관방식 중 헤더방식에 관한 설명으로 옳지 않은 것은?

① 슬리브 공법 채용 시 배관의 교환이 용이하다.
② 헤더로부터의 지관 도중에는 관이음을 사용할 필요가 없다.
③ 선분기방식에 비해 관의 표면적이 커서 손실열량이 많다.
④ 지관을 소구경으로 배관하면 유속이 빠르게 되어 일반적으로 공기 정체가 발생하지 않는다.

해설

[급탕배관방식 중 헤더방식]
③ 헤더방식은 관 길이가 짧고 배관 수가 적어 선분기방식에 비해 손실열량이 적다.

2026년 출제범위를 벗어난 문제를 모두 삭제하고, 최신 출제기준에 해당하는 문제만 엄선하여 수록했습니다. 따라서 1과목 문제 수는 실제 출제 수와 다를 수 있습니다.

정답 • 04 ④ 21 ③

22 통기배관에 관한 설명으로 옳지 않은 것은?

① 통기관과 우수수직관은 겸용하는 것이 좋다.
② 각개통기방식에서는 반드시 통기수직관을 설치한다.
③ 배수수직관의 상부는 연장하여 신정통기관으로 사용하며, 대기 중에 개구한다.
④ 간접배수계통의 통기관은 다른 통기계통에 접속하지 말고 단독으로 대기 중에 개구한다.

해설

[통기배관]
통기관과 우수수직관은 겸용하는 경우는 없다. 겸용하는 경우는 배수수직관(오수)이다.

23 물의 성질에 관한 설명으로 옳지 않은 것은?

① 물은 비압축성 유체로 분류한다.
② 물은 1기압 4℃에서 비체적이 가장 작다.
③ 4℃ 물을 가열하여 100℃ 물이 되면 그 부피가 팽창한다.
④ 4℃ 물을 냉각하여 0℃ 얼음이 되면 그 부피가 수축한다.

해설

[물의 성질]
물이 0℃에서 얼음으로 변하면 부피가 팽창한다. (밀도는 감소)

24 가스계량기는 전기점멸기와 최소 얼마 이상의 거리를 유지하여야 하는가?

① 30 cm
② 45 cm
③ 60 cm
④ 90 cm

해설

[가스계량기와 전기점멸기와의 거리]
가스계량기는 전기점멸기와 최소 30 cm 이상, 전기 개폐기와 최소 60 cm 이상, 화기와 최소 2 m 이상의 거리를 유지해야 한다.

25 어느 배관에 20 mm 소변기 2개, 25 mm 대변기 2개가 연결될 때 이 배관의 관경은?

[동시 사용률 표]

기구수	2	3	4	6	10
동시 사용률 (%)	100	80	75	70	53

[관균등 표]

관경 (mm)	15	20	25	32	40	50
사용 기구수	1	2	3.7	7.2	11	20

① 25 mm
② 32 mm
③ 40 mm
④ 50 mm

해설

[배관의 관경]
1) 동시개구수
   20 mm 소변기 : 2 × 2 = 4
   25 mm 대변기 : 3.7 × 2 = 7.4
   → 합계 : 4 + 7.4 = 11.4
2) 기구수 4개의 동시사용률은 75 %
   11.4 × 0.75 = 8.55
   관균등표에서 8.55보다 큰 사용기구 수 11개
   40 mm를 선정

26 수도 본관에서 수직 높이 6 m 위치에 있는 기구를 사용하고자 할 때 수도 본관의 최저 필요 수압은? (단, 관 내 마찰손실은 0.02 MPa, 기구의 최소 필요압력은 0.07 MPa이며 1 m = 10 kPa이다)

① 0.09 MPa
② 0.15 MPa
③ 0.69 MPa
④ 6.09 MPa

해설

[수도 본관의 최저 필요 수압]
수도 본관의 최저 필요 수압 P
= 수직높이 환산압 + 마찰손실 + 기구의 필요압
= 0.06 + 0.02 + 0.07
= 0.15 MPa

27 음료용 급수의 오염원인에 따른 방지대책으로 옳지 않은 것은?

① 정체수 : 적정한 탱크 용량으로 설계한다.
② 조류의 증식 : 투광성 재료로 탱크를 제작한다.
③ 크로스 커넥션 : 각 계통마다의 배관을 색깔로 구분한다.
④ 곤충 등의 침입 : 맨홀 및 오버플로우 관의 관리를 철저히 한다.

해설

[음료용 급수의 오염원인에 따른 방지대책]
투광성 재료는 광합성 조류의 번식을 키운다.
조류 증식을 방지하려면 불투광(차광) 재료를 사용해야 한다.

28 스위블형 신축이음쇠에 관한 설명으로 옳지 않은 것은?

① 굴곡부에서 압력강하를 가져온다.
② 신축량이 큰 배관에는 부적당하다.
③ 설치비가 싸고 쉽게 조립할 수 있다.
④ 고온, 고압의 옥외배관에 주로 사용된다.

정답 ● 26 ② 27 ② 28 ④

해설

[스위블형 신축이음쇠]
스위블형 신축이음쇠는 방열기 주변 연결배관에 주로 쓰인다. 고온, 고압의 옥외배관에는 신축곡관(루프형)이 주로 사용된다.

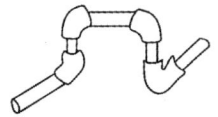

[스위블형]

29 동시 사용률이 높은 건물의 급탕설비에 관한 설명으로 옳은 것은?

① 가열부하와 최대부하의 차이가 크다.
② 일반적으로 최대부하 사용시간이 짧다.
③ 일반적으로 하루에 1시간 정도의 일정시간에만 온수가 사용된다.
④ 가열기 능력을 크게 하고 저탕탱크는 소용량으로 계획하는 것이 효율적이다.

해설

[동시 사용률이 높은 건물의 급탕설비]
① 동시 사용률이 높은 건물은 가열부하와 최대부하의 차이가 작다.
② 동시 사용률이 높은 건물은 최대부하 사용시간이 길다.
③ 동시 사용률이 높은 건물은 하루 동안 온수 사용 시간이 길고 고르게 분포한다.

30 내경이 50 mm인 급수배관에 물이 1.5 m/sec의 속도로 흐르고 있을 때 체적유량은?

① 약 0.09 m³/min
② 약 0.18 m³/min
③ 약 0.24 m³/min
④ 약 0.36 m³/min

해설

[체적유량]
Q = AV에서
$$Q = \frac{\pi \times (50 \times 10^{-3})^2}{4} \times 1.5 \times 60 = 0.177$$
$$\fallingdotseq 0.18 [m^3/min]$$

31 배관이음재료 중 시공한 후 배관 교체 등 수리를 편리하게 하기 위해 사용하는 것은?

① 티(Tee)
② 부싱(Bushing)
③ 플랜지(Flange)
④ 리듀서(Reducer)

해설

[플랜지(Flange)]
플랜지는 볼트 결합방식으로 유지보수 시 쉽게 분리 가능하다.

정답 ▶ 29 ④ 30 ② 31 ③

32 다음 중 간접배수로 하여야 하는 기기에 속하지 않는 것은?

① 세탁기　② 대변기
③ 제빙기　④ 식기세척기

해설
[간접배수와 직접배수]
- 간접배수 필요 기구 : 식기세척기, 제빙기, 세탁기, 냉장·제빙 드레인 등
- 직접배수 가능 기구 : 세면기, 대변기, 소변기, 욕조 등 위생기구

33 간접가열식 급탕방식에 관한 설명으로 옳은 것은?

① 고압보일러를 사용하여야 한다.
② 직접가열식에 비해 열효율이 높다.
③ 간접가열보일러는 난방용 보일러와 겸용할 수 있다.
④ 직접가열식에 비해 보일러 내면에 스케일이 부착하기 쉽다.

해설
[간접가열식 급탕방식]
① 간접가열식은 고압보일러가 필수는 아니며, 난방용 보일러와 병용이 가능하다.
② 간접가열식은 열교환 과정을 거치므로 직접가열식보다 열효율이 낮다.
④ 간접가열식은 급탕수가 보일러 내부를 직접 통과하지 않으므로 스케일 부착이 적다.

34 다음 중 배수트랩이 구비해야 할 조건과 가장 관계가 먼 것은?

① 가능한 한 구조가 간단할 것
② 배수 시에 자기세정이 가능할 것
③ 가동부분이 있으며 가동부분에 봉수를 형성할 것
④ 유효 봉수 깊이(50 mm 이상 100 mm 이하)를 가질 것

해설
[배수트랩이 구비해야 할 조건]
③ 트랩은 가동부 없이 고정 구조로 봉수를 형성하는 것이 일반적이며, 가동부가 필수 조건은 아니다.

35 급탕설비에 관한 설명으로 옳지 않은 것은?

① 급탕사용량을 기준으로 급탕순환펌프의 유량을 산정한다.
② 급탕부하단위수는 일반적으로 급수부하단위수의 3/4을 기준으로 한다.
③ 급수압력과 급탕압력이 동일하도록 배관구성을 하는 것이 바람직하다.
④ 급탕배관 시 수평주관은 상향배관법에서는 급탕관은 앞올림구배로 하고 환탕관은 앞내림 구배로 한다.

해설
[급탕설비]
① 급탕순환펌프의 유량은 급탕사용량이 아니라 급탕배관의 열손실을 보충하는 데 필요한 순환유량을 기준으로 산정한다.

정답　32 ②　33 ③　34 ③　35 ①

36 펌프의 양정에 관한 설명으로 옳지 않은 것은?

① 흡수면에서 펌프축 중심까지의 수직거리를 토출 실양정이라고 한다.
② 물이 흐를 때는 유속에 상당하는 에너지가 필요하며, 이 에너지를 속도수두라 한다.
③ 흡수면으로부터 토출수면까지의 거리만큼 물이 올라가는 데 필요한 에너지를 전양정이라고 한다.
④ 물을 높은 곳으로 보내는 경우 흡수면으로부터 토출수면까지의 수직거리를 실양정이라고 한다.

해설

[펌프의 양정]
(1) 흡입 실양정 : 흡수면에서 펌프 중심축까지의 수직거리
(2) 토출 실양정 : 펌프 중심축에서 토출면까지 수직거리

37 급수방식 중 수도직결방식에 관한 설명으로 옳은 것은?

① 전력 차단 시 급수가 불가능하다.
② 3층 이상의 고층으로의 급수가 용이하다.
③ 저수조가 있으므로 단수 시에도 급수가 가능하다.
④ 수도 본관의 영향을 그대로 받아 수압변화가 심하다.

해설

[수도직결방식]
① 수도직결방식은 펌프를 사용하지 않으므로 전력 차단과 무관하다.
② 수도압력만으로 급수하므로 고층 급수는 어려움이 있다.
③ 수도직결방식은 저수조가 없기 때문에 단수 시 급수 불가능하다.

38 다음 중 펌프의 분류상 터보형 펌프에 속하지 않는 것은?

① 마찰펌프   ② 사류펌프
③ 볼류트펌프   ④ 디퓨져펌프

해설

[터보형 펌프]
마찰펌프는 왕복동식·로터리식 등 용적형 펌프에 속하며, 터보형 펌프가 아니다.

39 다음 중 트랩의 봉수 파괴 원인이 아닌 것은?

① 수격작용
② 증발현상
③ 모세관현상
④ 자기사이폰작용

해설

[트랩의 봉수 파괴 원인]
수격작용은 관 내 급격한 압력변화로 소음과 진동을 일으키나 트랩 봉수 파괴의 직접 원인은 아니다.

정답 ● 36 ① 37 ④ 38 ① 39 ①

40 먹는 물의 수질기준에 관한 설명으로 옳지 않은 것은?

① 색도는 5도를 넘지 아니할 것
② 수은은 0.01 mg/L를 넘지 아니할 것
③ 시안은 0.01 mg/L를 넘지 아니할 것
④ 수돗물의 경우 경도는 300 mg/L를 넘지 아니할 것

해설
[먹는 물의 수질기준]
(1) 색도는 5도를 넘지 아니할 것
(2) 수은은 0.001 mg/L를 넘지 아니할 것
(3) 시안은 0.01 mg/L를 넘지 아니할 것
(4) 수돗물의 경우 경도는 300 mg/L를 넘지 아니할 것

3과목 공기조화설비

41 다음과 같은 조건에서 어느 작업장의 발생 현열량이 4000 W일 때 필요 환기량(m^3/h)은?

- 허용 실내온도 : 35 ℃
- 외기온도 : 25 ℃
- 공기의 밀도 : 1.2 kg/m^3
- 공기의 정압비열 : 1.01 kJ/kg·K

① 411.3 ② 698.8
③ 872.5 ④ 1188.1

해설
[필요 환기량]
풍량은 현열과 실내온도와 취출온도 차이(여기서는 외기100 % 환기를 의미하므로 실내온도와 외기온도 차이)를 가지고 구한다.

$4\,kW = Q \times 1.2 \times 1.01 \times (35-25) \times \dfrac{1}{3600}$

$\therefore Q = 1188.12\ m^3/h$

42 냉동기의 증발기에서 일어나는 상태변화에 관한 설명으로 옳지 않은 것은?

① 압력이 높아진다.
② 비엔탈피가 증가한다.
③ 비엔트로피가 증가한다.
④ 액체냉매가 기체냉매로 상이 변한다.

해설
[증발기에서 일어나는 상태변화]
증발기 내에서 증발압력은 일정하다.

정답 ● 40 ② 41 ④ 42 ①

43 스플릿댐퍼에 관한 설명으로 옳지 않은 것은?

① 주덕트의 압력강하가 적다.
② 폐쇄용으로 사용이 곤란하다.
③ 풍량조절의 정밀성이 우수하다.
④ 덕트의 분기부에 설치하여 풍량조절 용으로 사용된다.

해설
[스플릿댐퍼]
스플릿댐퍼는 분기관에 설치하여 풍량을 조절하는 댐퍼이다. 보통 두 개의 판(블레이드)으로 구성되어, 각 분기관의 개도를 조절한다. 정밀 조절에는 적합하지 않다.

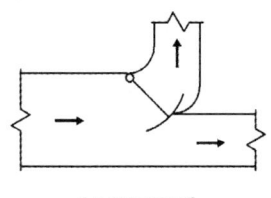

[스플릿댐퍼]

44 건구온도 33 ℃의 공기 20 kg과 건구온도 25 ℃의 공기 80 kg을 단열혼합하였을 때, 혼합공기의 건구온도는?

① 25.4 ℃ ② 26.6 ℃
③ 31.4 ℃ ④ 35.2 ℃

해설
[혼합공기의 건구온도]
계산 : $\dfrac{33 \times 20 + 25 \times 80}{100} = 26.6$

45 증기트랩의 작동원리에 따른 분류 중 기계식 트랩에 속하는 것은?

① 버킷트랩
② 열동식 트랩
③ 벨로즈트랩
④ 바이메탈트랩

해설
[기계식 트랩]

구분	응축수 회수 원리	종류
기계식	응축수의 부력을 이용	플로트트랩, 버킷트랩
열동식 (온도조절식)	증기와 응축수의 온도 차이	바이메탈식 트랩, 벨로스 트랩
열역학	증기와 응축수의 열역학적 특성 차이	디스크트랩, 오리피스트랩

46 다음 중 배관계통의 방진을 위해 고려해야 할 사항과 가장 거리가 먼 것은?

① 진동원의 기기를 지지한다.
② 배관을 밀고 당기는 힘이 작용되지 않도록 배치한다.
③ 소구경배관에서는 플렉시블 호스를 사용하는 경우가 있다.
④ 바닥, 벽 등을 관통하는 곳에서는 배관을 직접 건물에 고정한다.

해설
[배관계통의 방진]
바닥, 벽 등을 관통하는 곳에서는 슬리브를 설치하고 배관을 직접 건물에 고정하지 않도록 통과시킨다.

정답 43 ③ 44 ② 45 ① 46 ④

47 그림과 같은 전열교환기의 전열효율(η)을 올바르게 나타낸 것은? (단, 난방의 경우이며, X_1, X_2, X_3, X_4는 각 공기 상태의 엔탈피를 나타낸다)

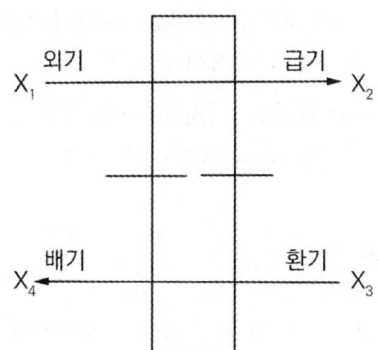

① $\eta = \dfrac{X_3 - X_1}{X_2 - X_1}$

② $\eta = \dfrac{X_3 - X_4}{X_2 - X_4}$

③ $\eta = \dfrac{X_2 - X_1}{X_3 - X_1}$

④ $\eta = \dfrac{X_3 - X_4}{X_3 - X_1}$

해설

[전열교환기의 전열효율(η)]

전열효율 = $\dfrac{회수엔탈피}{이론 최대엔탈피}$ = $\dfrac{급기 - 외기}{환기 - 외기}$

∴ 전열효율 $\eta = \dfrac{X_2 - X_1}{X_3 - X_1}$

48 전열교환기에 관한 설명으로 옳지 않은 것은?

① 공기 대 공기의 열교환기로서, 습도차에 의한 잠열은 교환 대상이 아니다.
② 공기방식의 중앙공조시스템이나 공장 등에서 환기에서의 에너지 회수방식으로 사용된다.
③ 공조시스템에서 배기와 도입되는 외기와의 전열교환으로 공조기의 용량을 줄일 수 있다.
④ 전열교환기를 사용한 공조시스템에서 중간기(봄, 가을)를 제외한 냉방기와 난방기의 열회수량은 실내·외의 온도차가 클수록 많다.

해설

[전열교환기]

공기 대 공기의 열교환기, 온도차의 현열과 습도차에 의한 잠열을 모두 회수할 수 있다.

49 습공기에 관한 설명으로 옳은 것은?

① 습구온도는 항상 건구온도보다 높다.
② 습공기를 가열하면 상대습도가 낮아진다.
③ 건구온도와 습구온도의 차가 클수록 습도는 높아진다.
④ 동일 건구온도에서 상대습도가 높을수록 비체적은 작아진다.

정답 47 ③ 48 ① 49 ②

해설

[습공기]
온도가 높아진다고 절대습도의 양이 달라지지 않고 포화할 수 있는 능력이 높아진다. 이에 따라 상대습도가 낮아진다.

50 정풍량 단일덕트방식에 관한 설명으로 옳지 않은 것은?

① 전공기방식에 속한다.
② 2중덕트방식에 비해 에너지 절약적이다.
③ 냉풍과 온풍을 혼합하는 혼합상자가 필요 없다.
④ 각 실이나 존의 부하변동에 즉시 대응할 수 있다.

해설

[정풍량 단일덕트방식]
정풍량 단일덕트는 존의 부하변동과 관계없이 항상 일정한 풍량으로 대규모 단일 존에 적합

51 다음 중 현열로만 구성된 냉방부하의 종류는?

① 인체의 발생열량
② 유리로부터의 취득열량
③ 극간풍에 의한 취득열량
④ 외기의 도입으로 인한 취득열량

해설

[냉방부하의 종류]
유리창으로부터 들어오는 복사열, 전도열은 순수 현열부하이다.

52 온수난방에 관한 설명으로 옳지 않은 것은?

① 증기난방에 비해 열용량이 작다.
② 증기난방에 비해 예열 시간이 길다.
③ 한랭 시 난방을 정지하였을 경우 동결의 우려가 있다.
④ 현열을 이용한 난방이므로 증기난방에 비해 쾌감도가 높다.

해설

[온수난방]
온수난방은 비열이 큰 물을 사용하므로, 증기난방보다 열용량(축열량)이 크다.

53 다음과 같은 조건에서 난방 시 도입 외기량이 500 kg/h일 때 도입외기에 의한 외기부하는?

- 외기 : 건구온도 5 ℃
  절대습도 0.002 kg/kg'
- 실내공기 : 건구온도 24 ℃
  절대습도 0.009 kg/kg'
- 공기의 정압비열 : 1.0 1 kJ/kg·k
- 물의 증발잠열 : 2501 kJ/kg

① 약 5097 W   ② 약 6088 W
③ 약 7418 W   ④ 약 9936 W

해설

[도입외기에 의한 외기부하]
- 외기부하 = 현열 + 잠열
- 현열 q = 500 × 1.01(24 - 5) = 9595 kJ/h
- 잠열 q = 500 × 2501(0.009 - 0.002)
  = 8753 kJ/h
- 외기부하 = 9595 + 8753 = 18348 kJ/h
  = 5096.67 W

54 바이패스형 변풍량 유닛(VAV Unit)에 관한 설명으로 옳지 않은 것은?

① 유닛의 소음발생이 적다.
② 송풍덕트 내의 정압제어가 필요 없다.
③ 덕트계통의 증설이나 개설에 대한 적응성이 적다.
④ 천장 내의 조명으로 인한 발생열을 제거할 수 없다.

해설

[바이패스형 변풍량 유닛]
④ 바이패스형 VAV 유닛은 천장 내 순환 공기를 일부 사용하므로 조명 발열 제거가 가능하다.

55 가습장치로 G(kg/h)의 공기를 가습할 때 가습량 L(kg/h)은? (단, 가습장치 입출구 공기의 절대습도는 X_1, X_2(kg/kg′)이고 가습효율은 100 %이다)

① $L = G(X_2 - X_1)$
② $L = 1.2G(X_2 - X_1)$
③ $L = 717G(X_2 - X_1)$
④ $L = 597.5G(X_2 - X_1)$

해설

[가습량 L(kg/h)]
가습량 L(kg/h)은 공기의 질량유량에 절대습도 변화량을 곱한 값으로 계산한다.
$L = G(X_2 - X_1)$

56 배관설계에 관한 설명으로 옳은 것은?

① 직관부의 마찰저항은 관경에 비례한다.
② 글로브밸브는 슬루스밸브에 비해 마찰저항이 적어 지름이 큰 배관에 많이 사용한다.
③ 배관 내의 유속이 낮으면 공사비는 절감되나 마찰저항이 커져서 펌프 소요동력이 증가한다.
④ 수배관의 관경은 마찰손실선도에서 유량, 단위 길이당 마찰손실, 유속 중 2개가 정해지면 결정할 수 있다.

해설

[배관설계]
① 직관부의 마찰저항은 관경이 커질수록 감소하며, 관경에 반비례한다.
② 글로브밸브는 슬루스밸브보다 마찰저항이 크며, 주로 조절용이나 소구경 배관에 사용한다.

정답 ● 54 ④ 55 ① 56 ④

③ 배관 내 유속이 낮으면 마찰저항이 감소해 펌프 소요동력이 줄어드나, 관경이 커져 공사비가 증가한다.

57 다음 중 상당외기온도 산정 시 고려하지 않는 것은?

① 외기온도
② 일사의 세기
③ 구조체의 열관류율
④ 표면재료의 일사흡수율

해설

[상당외기온도 산정 시 고려하지 않는 것]
상당외기온도 계산에는 구조체의 열관류율이 직접 포함되지 않으며, 열관류율은 열관류량 계산 요소이다.

58 고속덕트에 관한 설명으로 옳지 않은 것은?

① 소음과 진동 발생이 크다.
② 송풍기의 동력이 적게 든다.
③ 덕트재료를 절약할 수 있다.
④ 덕트설치공간을 적게 차지한다.

해설

[고속덕트]
고속덕트는 풍속이 커 동압분과 마찰손실분이 증가하여 동력이 크게 든다.

59 열펌프(Heat Pump)에 관한 설명으로 옳지 않은 것은?

① 공기조화에서 냉방 또는 난방기능을 수행한다.
② 냉동사이클에서 응축기의 방열량을 이용하기 위한 것이다.
③ EHP(Electric Heat Pump)는 흡수식 냉동기의 원리를 이용한 열펌프이다.
④ 냉동기를 냉각목적으로 할 경우의 성적계수보다 열펌프로 사용될 경우의 성적계수가 크다.

해설

[열펌프(Heat Pump)]
EHP는 증기압축식 냉동기의 원리를 이용한 열펌프이다.

60 습공기선도의 표시사항에 속하지 않는 것은?

① 엔탈피   ② 현열비
③ 상대습도   ④ 엔트로피

해설

[습공기선도의 표시사항]
습공기선도에는 엔트로피가 표시되지 않는다. 이는 열역학 T-s선도에 나타나는 값이다.

4과목 소방 및 전기설비

61 4 H의 코일에 5 A의 직류전류가 흐를 때 코일에 축적되는 에너지는?

① 10 J ② 20 J
③ 50 J ④ 100 J

해설

[코일에 축적되는 에너지]

코일에 축적되는 에너지 $= \frac{1}{2}LI^2 = \frac{4 \times 5^2}{2} = 50$

L : 자기인덕턴스[H]

62 소방시설 관련 설비의 설치 위치에 관한 설명으로 옳지 않은 것은?

① 옥내소화전 방수구는 바닥으로부터의 높이가 1.5 m 이하가 되도록 설치한다.
② 소화기구(자동확산소화기 제외)는 바닥으로부터 높이 1.5 m 이하의 곳에 비치한다.
③ 연결살수설비의 송수구는 지면으로부터 높이가 0.5 m 이상 1.5 m 이하의 위치에 설치한다.
④ 연결송수관설비의 송수구는 지면으로부터 높이가 0.5 m 이상 1 m 이하의 위치에 설치한다.

해설

[연결살수설비]
연결살수설비의 송수구는 지면으로부터 높이가 0.5 m 이상 ~ 1.0 m 이하

63 피뢰침에 근접한 뇌격을 흡인하여 전극으로 확실하게 방류하기 위한 요구조건으로 옳은 것은?

① 도체저항이 커야 한다.
② 접촉저항이 커야 한다.
③ 접지저항이 작아야 한다.
④ 돌침의 보호각이 작아야 한다.

해설

[피뢰침]
낙뢰 전류가 저항이 낮은 경로를 따라 흐르기 때문에 접지저항이 작아야 함
• 도체저항이 크면 전압강하가 커짐
• 접촉저항이 작아야 전류가 잘 흐름
• 일반적으로 45°

정답 ● 61 ③ 62 ③ 63 ③

64 특정소방대상물의 어느 층에 옥내소화전이 2개가 설치되어 2개의 옥내소화전을 동시에 사용할 경우 각 소화전의 노즐선단에서의 방수압력과 방수량은 최소 얼마 이상이어야 하는가?

① 방수압력 0.13 MPa
　방수량 100 L/min
② 방수압력 0.13 MPa
　방수량 130 L/min
③ 방수압력 0.17 MPa
　방수량 100 L/min
④ 방수압력 0.17 MPa
　방수량 130 L/min

해설

[소화수조]

소화수조 수원의 양
= 옥내소화전 설치 개수(최대 2개) × 2.6 m³ 이상
• 30 ~ 49층 : 설치 개수(최대 5개) × 5.2 m³ 이상
• 50층 이상 : 설치 개수(최대 5개) × 7.8 m 이상

㉠ 방수량 : 130 L/min 이상
㉡ 방수압력 : 0.17 MPa 이상 0.7 MPa 이하
㉢ 펌프 토출량 : 130 L/min × 설치개수
㉣ 수원의 양 : 130 L/min × 설치개수
　　　　　　× 20분(40분, 60분)

65 다음 중 피드백제어방식의 제어동작에 의한 분류에 속하지 않는 것은?

① 비례동작　　② 적분동작
③ 정지동작　　④ 다위치동작

해설

[제어]

구분		내용
불연속 제어	ON – OFF 제어	단속적 제어동작
	샘플링 (Sampling)	전압, 전류, 위상을 제어
연속 제어	비례제어 (P제어)	잔류 편차(Off Set) 발생
	적분제어 (I제어)	• 잔류 편차(Off Set) 개선 • 시간지연(속응성) 발생
	미분제어 (D제어)	• 시간지연 개선, 잔류 편차(Off Set) 존재, 오차 방지 • 진동방지, 오버슈트가 커진다.
	비례적분 제어 (PI제어)	• 잔류 편차는 제거되지만 시간지연이 길다. • 간헐현상 존재, 지상보상 요소에 대응한다.
	비례미분 제어 (PD제어)	• 시간지연(응답속응성)을 개선, 잔류 편차는 있다.
	비례미분 적분제어 (PID제어)	시간지연도 향상시키고 잔류 편차도 제거한 제어계로 가장 안정적인 제어계

정답 64 ④　65 ③

66 옥내소화전설비에서 충압펌프의 주된 사용 목적은?

① 주펌프의 토출량 증대
② 전력 공급 차단에 따른 주펌프 정지 시 비상운전
③ 주펌프 정지 시 지속적 운전으로 배관의 동결 방지
④ 배관 내 압력손실에 따른 주펌프의 빈번한 기동 방지

해설

[옥내소화전설비]

구분	주펌프	충압펌프(보조펌프)
설치 목적	화재 시 규정 방수압과 유량의 소화수 공급	배관 및 부속품의 연결부 등에서 정상적인 누수가 발생했을 때 기동하여 배관 내 압력을 채움
성능 시험 배관	필요	불필요

※ 예비펌프 : 주펌프의 고장, 수리 등에 대비하여 주펌프와 동등 이상의 성능을 가진 펌프로 추가 설치

67 다음 설명에 알맞은 축전지의 사용 중 충전방식은?

> 전지의 자기 방전을 보충함과 동시에 상용부하에 대한 전력 공급은 충전기가 부담하도록 하되, 충전기가 부담하기 어려운 일시적인 대전류 부하는 축전지로 하여금 부담하게 하는 방식

① 보통충전 ② 부동충전
③ 급속충전 ④ 균등충전

해설

[충전방식]

구분	내용
세류 충전방식	축전지의 자기방전을 보충하기 위해 부하를 제거한 상태로 늘 미소전류로 충전하는 방식(자기 방전량만 상시 충전)
균등 충전방식	부동충전방식 사용 시 Cell에서 일어나는 전위차를 균등하게 하기 위해 3주에 1회 정도 축전지 공칭전압의 120~125 %의 정전압으로 10~12시간 충전하는 방식
보통 충전방식	필요할 때마다 표준 시간율로 충전하는 방식
급속 충전방식	단시간에 2~3배의 전류로 충전하는 방식
부동 충전방식	(1) 전지의 자기방전을 보충함과 동시에 상용부하에 대한 전력공급은 충전기가 부담하도록 하되, 충전기가 부담하기 어려운 일시적인 대전류 부하는 축전지로 하여금 부담하게 하는 충전방식

정답 66 ④ 67 ②

구분	내용
부동 충전방식	(2) 회로 계통 교류 → 변압기 → 정류회로 → 필터 → 부하보상 → 부하 ↳ 전지 ※ 충전기 = 정류기

68 선간전압 220 V, 전류 70 A, 소비전력 18 kW인 3상 유도전동기의 역률은?

① 0.67   ② 0.72
③ 0.75   ④ 1.17

해설

[역률]

역률 = $\dfrac{\text{유효전력}[W]}{\text{피상전력}[VA]}$

$18000\ W = \sqrt{3} \times 220 \times 70 \times \cos\theta$
$\cos\theta = 0.67$

$\cos\theta$: 역률

69 다음 중 피드백제어시스템에서 반드시 필요한 장치는?

① 감도를 향상시키는 장치
② 안정도를 향상시키는 장치
③ 입력과 출력을 비교하는 장치
④ 응답속도를 빠르게 하는 장치

해설

[피드백제어]
피드백제어시스템에서 입력과 출력을 비교하는 비교부가 반드시 필요하다.

70 20 Ω의 저항에 또 다른 저항 R [Ω]을 병렬로 접속하였더니, 두 개의 합성저항이 4 Ω이 되었다. 이때 저항 R는 몇 Ω인가?

① 2
② 5
③ 10
④ 15

해설

[합성저항]

병렬합성저항 $R_t = \dfrac{1}{\dfrac{1}{20} + \dfrac{1}{x}} = 4$

∴ $x = 5\ \Omega$

정답 ● 68 ① 69 ③ 70 ②

71 역률이 나쁘다는 결점이 있으나 구조와 취급이 간단하여 건축설비에서 가장 널리 사용되고 있는 전동기는?

① 동기전동기
② 분권전동기
③ 직권전동기
④ 유도전동기

해설
[전동기]
구조가 간단하여 취급이 용이하나 기동전류가 커서 소손의 우려가 있음
- 동기전동기 : 대형설비에 역률 보상용으로 사용
- 분권전동기 : DC전동기로 속도제어 용이
- 직권전동기 : 기동토크가 크며 전차 등에 사용

72 방송공동수신설비의 일반적 구성에 속하지 않는 것은?

① 월패드
② 증폭기
③ 분배기
④ 수신안테나

해설
[월패드]
공동수신이 아닌 개별수신설비

73 인접 건물에 대한 연소확대 방지 목적으로 사용되는 소화설비는?

① 옥내소화전설비
② 옥외소화전설비
③ 스프링클러설비
④ 물분무소화설비

해설
[옥외소화전설비]
건축물의 외부에 설치하여 화재 시 외부에서 인접 건축물에 대한 연소 확대 방지를 위해 화재 초기에 소화활동을 할 수 있도록 설치한 소화설비

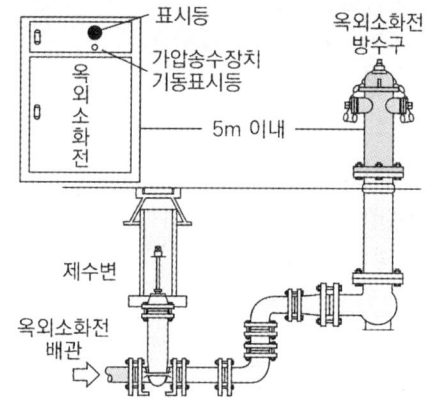

74 "회로 내 임의의 한 점에 들어오고 나가는 전류의 합은 같다"와 관련된 법칙으로 전류의 법칙이라고도 불리는 것은?

① 옴의 법칙
② 키르히호프의 제1법칙
③ 키르히호프의 제2법칙
④ 앙페르의 오른나사의 법칙

정답 71 ④ 72 ① 73 ② 74 ②

해설

[법칙]
- 제1법칙 : 회로 내 임의의 한 점에 들어오고 나가는 전류의 합은 같음
- 제2법칙 : 임의 폐회로에서 기전력과 전압강하의 합은 같음

75 정전용량이 C_1과 C_2인 콘덴서를 병렬로 접속시켰을 때 합성정전용량은?

① $C_1 + C_2$
② $1/(C_1 + C_2)$
③ $1/C_1 + 1/C_2$
④ $(C_1 \times C_2)/(C_1 + C_2)$

해설

[합성정전용량]
③은 병렬합성용량으로 저항의 합성과 식의 형식이(직렬, 병렬) 반대다.

76 수용장소의 총부하설비용량에 대한 최대수요전력의 비율을 백분율로 나타낸 것은?

① 역률　　　　② 부등률
③ 전류율　　　④ 수용률

해설

[수용률]
수용률 = 최대수요전력 / 총부하설비용량 × 100

77 전압과 전류의 위상차 θ가 있는 경우 교류전력 중 유효전력을 나타낸 것은?

① VI [W]　　　② VI [VA]
③ VIcosθ [W]　④ VIsinθ [VAR]

해설

[전력]
1) 유효전력(P) : 단위[W, kW]
   (1) 부하에서 유효하게 사용되는 전력
   (2) 저항에 의해 소비되는 전력
   $P = P_a\cos\theta = VI\cos\theta = I^2R = I^2Z\cos\theta$
2) 무효전력(Pr) : 단위[Var, kVar]
   (1) 실제부하에 사용되지 않는 전력
   (2) 리액턴스에 의해 소비되는 전력
   $P_r = P_a\sin\theta = VI\sin\theta = I^2X = I^2Z\sin\theta$
3) 피상전력(Pa) : 단위[VA, kVA]
   (1) 전원에 공급되는 전력
   (2) 임피던스에 의해 소비되는 전력
   $P_a = VI = I^2Z = \dfrac{V^2}{Z} = \dfrac{P}{\cos\theta}$

78 인터폰의 통화망 구성방식에 따른 분류에 속하지 않는 것은?

① 모자식　　　② 상호식
③ 복합식　　　④ 수정식

해설

[인터폰]
- 모자식 : 하나의 주기(親機, 마스터폰)와 여러 개의 종기(子機, 서브폰)가 연결된 방식
- 상호식 : 각 기기들 간에 서로 직접 통화 가능한 방식
- 복합식 : 모자식과 상호식을 혼합한 방식

정답 75 ① 76 ④ 77 ③ 78 ④

79 가연물질 주변의 공기 중 산소의 농도를 낮추어 소화하는 방법은?

① 냉각소화
② 제거소화
③ 질식소화
④ 부촉매소화

해설

[소화]

구분	소화	내용
물리적 소화	냉각 소화	• 점화원을 냉각하여 소화 • 주수로 물의 증발잠열(기화잠열)을 이용 • CO_2 소화설비 : 줄–톰슨효과에 의한 냉각 • 적용 : 스프링클러설비, 옥내·옥외소화전, 포소화설비 등
	질식 소화	• 산소 농도를 15 % 이하로 희박하게 하여 소화 • 유류화재에서의 포소화설비 • CO_2 소화설비 : 피복을 입혀 소화 • 적용 : 마른모래, 팽창질석, 팽창진주암
	제거 소화	• 가연물을 이동·제거하여 소화 • 적용 : 산림벌목, 촛불 끄기
화학적 소화	부촉매 소화	• 연쇄반응 차단에 의한 소화 • 적용 : 할론 소화설비, 청정할로겐 강화액 및 분말소화설비 등

80 어느 사무실의 크기가 폭 12 m, 안길이 10 m이고 피조면에서 광원까지의 높이가 2.75 m인 경우 이 사무실의 실지수는?

① 0.34
② 1.98
③ 2.86
④ 4.36

해설

[사무실 실지수]
실지수는 조명률을 구하기 위한 지수

$$실지수 = \frac{XY}{H(X+Y)} = \frac{12 \times 10}{2.75(12+10)} = 1.98$$

정답 79 ③ 80 ②

5과목　건축설비 관계법규

81 건축물의 에너지 절약설계기준에 따른 기계부문의 권장사항으로 옳지 않은 것은? [법령 개정으로 인한 문제 수정]

① 열원설비는 부분부하 및 전부하 운전효율이 좋은 것을 선정한다.
② 냉방설비의 용량계산을 위한 설계기준 실내온도는 28℃를 기준으로 한다.
③ 난방설비의 용량계산을 위한 설계기준 실내온도는 22℃를 기준으로 한다.
④ 난방기기, 냉방기기, 급탕기기는 고효율제품 또는 이와 동등 이상의 효율을 가진 제품을 설치한다.

해설

[기계부문의 권장사항]
[건축물의 에너지절약설계기준]
제9조(기계부문의 권장사항)
에너지절약계획서 제출대상 건축물의 건축주와 설계자 등은 다음 각 호에서 정하는 사항을 제15조의 규정에 적합하도록 선택적으로 채택할 수 있다.
1. 설계용 실내온도 조건
   난방 및 냉방설비의 용량계산을 위한 설계기준 실내온도는 난방의 경우 20℃, 냉방의 경우 28℃를 기준으로 하되(목욕장 및 수영장은 제외) 각 건축물 용도 및 개별 실의 특성에 따라 별표 8에서 제시된 범위를 참고하여 설비의 용량이 과다해지지 않도록 한다.
2. 열원설비
   가. 열원설비는 부분부하 및 전부하 운전효율이 좋은 것을 선정한다.
   나. 난방기기, 냉방기기, 냉동기, 송풍기, 펌프 등은 부하조건에 따라 최고의 성능을 유지할 수 있도록 대수분할 또는 비례제어운전이 되도록 한다.
   다. 난방기기, 냉방기기, 급탕기기는 고효율제품 또는 이와 동등 이상의 효율을 가진 제품을 설치한다.
   라. 보일러의 배출수·폐열·응축수 및 공조기의 폐열, 생활배수 등의 폐열을 회수하기 위한 열회수설비를 설치한다. 폐열회수를 위한 열회수설비를 설치할 때에는 중간기에 대비한 바이패스(by-pass)설비를 설치한다.
   마. 냉방기기는 전력피크 부하를 줄일 수 있도록 하여야 하며, 상황에 따라 심야전기를 이용한 축열·축냉시스템, 가스 및 유류를 이용한 냉방설비, 집단에너지를 이용한 지역냉방방식, 소형열병합발전을 이용한 냉방방식, 신·재생에너지를 이용한 냉방방식을 채택한다.

정답　81 ③

82 다음은 소방시설의 내진설계에 관한 기준 내용이다. 밑줄 친 대통령령으로 정하는 소방시설에 속하지 않는 것은?

> 「지진·화산재해대책법」제14조 제1항 각 호의 시설 중 대통령령으로 정하는 특정소방대상물에 <u>대통령령으로 정하는 소방시설</u>을 설치하려는 자는 지진이 발생할 경우 소방시설이 정상적으로 작동될 수 있도록 소방청장이 정하는 내진설계 기준에 맞게 소방시설을 설치하여야 한다.

① 옥내소화전설비
② 스프링클러설비
③ 자동화재탐지설비
④ 물분무등소화설비

해설

[소방시설의 내진설계에 관한 기준]
[소방시설설치 및 관리에 관한 법률 시행령]
제8조(소방시설의 내진설계)
② 법 제7조에서 "대통령령으로 정하는 소방시설"이란 소방시설 중 <u>옥내소화전설비, 스프링클러설비 및 물분무등소화설비</u>를 말한다.

[소방시설설치 및 관리에 관한 법률]
제7조(소방시설의 내진설계기준)
「지진·화산재해대책법」제14조 제1항 각 호의 시설 중 대통령령으로 정하는 특정소방대상물에 대통령령으로 정하는 소방시설을 설치하려는 자는 지진이 발생할 경우 소방시설이 정상적으로 작동될 수 있도록 소방청장이 정하는 내진설계기준에 맞게 소방시설을 설치하여야 한다.

83 다음은 숙박시설이 있는 특정소방대상물의 경우 갖추어야 하는 소방시설 등의 종류를 결정할 때 고려하여야 하는 수용인원의 산정방법에 관한 기준 내용이다. ( ) 안에 알맞은 것은? (단, 침대가 없는 숙박시설의 경우)

> 해당 특정소방대상물의 종사자 수에 숙박시설 바닥면적의 합계를 ( )로 나누어 얻은 수를 합한 수

① $3 m^2$
② $4 m^2$
③ $5 m^2$
④ $6 m^2$

해설

[수용인원의 산정]
[소방시설설치 및 관리에 관한 법률 시행령]
제17조(특정소방대상물의 수용인원 산정)
법 제14조 제1항에 따른 특정소방대상물의 수용인원은 별표 7에 따라 산정한다.

별표 7 : 수용인원의 산정방법
1. 숙박시설이 있는 특정소방대상물
   가. 침대가 있는 숙박시설 : 해당 특정소방대상물의 종사자 수에 침대 수(2인용 침대는 2개로 산정한다)를 합한 수
   나. 침대가 없는 숙박시설 : 해당 특정소방대상물의 종사자 수에 숙박시설 바닥면적의 합계를 <u>$3 m^2$</u>로 나누어 얻은 수를 합한 수

정답 82 ③ 83 ①

84 문화 및 집회시설 중 공연장의 개별 관람실로부터의 출구의 설치에 관한 기준 내용으로 옳지 않은 것은? (단, 개별 관람실의 바닥면적은 300 m²이다)

① 개별 관람실의 출구는 관람실별로 2개소 이상 설치하여야 한다.
② 개별 관람실의 각 출구의 유효너비는 1.5 m 이상으로 하여야 한다.
③ 관람실로부터 바깥쪽으로의 출구로 쓰이는 문은 안여닫이로 해서는 안 된다.
④ 개별 관람실 출구의 유효너비의 합계는 최소 3.6 m 이상으로 하여야 한다.

해설

[개별 관람실 출구]
[건축물의 피난·방화구조 등의 기준에 관한 규칙]
제10조(관람실 등으로부터의 출구의 설치기준)
② 영 제38조에 따라 문화 및 집회시설 중 공연장의 개별 관람실(바닥면적이 300제곱미터 이상인 것만 해당한다)의 출구는 다음 각 호의 기준에 적합하게 설치해야 한다.
1. 관람실별로 2개소 이상 설치할 것
2. 각 출구의 유효너비는 1.5미터 이상일 것
3. 개별 관람실 출구의 유효너비의 합계는 개별 관람실의 바닥면적 100제곱미터마다 0.6미터의 비율로 산정한 너비 이상으로 할 것

제11조(건축물의 바깥쪽으로의 출구의 설치기준)
② 영 제39조 제1항에 따라 건축물의 바깥쪽으로 나가는 출구를 설치하는 건축물 중 문화 및 집회시설(전시장 및 동·식물원을 제외한다), 종교시설, 장례식장 또는 위락시설의 용도에 쓰이는 건축물의 바깥쪽으로의 출구로 쓰이는 문은 안여닫이로 하여서는 아니 된다.

85 다음 중 철근 콘크리트조로서 두께와 상관없이 내화구조로 인정되는 것에 속하지 않는 것은?

① 보   ② 계단
③ 바닥 ④ 지붕

해설

[내화구조]
[건축물의 피난·방화구조 등의 기준에 관한 규칙]
제3조(내화구조)
4. 바닥의 경우에는 다음 각 목의 어느 하나에 해당하는 것
   가. 철근 콘크리트조 또는 철골철근 콘크리트조로서 두께가 10센티미터 이상인 것
5. 보(지붕틀을 포함한다)의 경우에는 다음 각 목의 어느 하나에 해당하는 것. 다만 고강도 콘크리트를 사용하는 경우에는 국토교통부장관이 정하여 고시하는 고강도 콘크리트내화성능 관리기준에 적합해야 한다.
   가. 철근 콘크리트조 또는 철골철근 콘크리트조
6. 지붕의 경우에는 다음 각 목의 어느 하나에 해당하는 것
   가. 철근 콘크리트조 또는 철골철근 콘크리트조
7. 계단의 경우에는 다음 각 목의 어느 하나에 해당하는 것
   가. 철근 콘크리트조 또는 철골철근 콘크리트조

정답 84 ④ 85 ③

86 건축물의 냉방설비에 대한 설치 및 설계기준상 다음과 같이 정의되는 것은?

> 포접화합물(Clathrate)이나 공융염(Eutectic Salt) 등의 상변화물질을 심야시간에 냉각시켜 동결한 후 그 밖의 시간에 이를 녹여 냉방에 이용하는 냉방설비

① 빙축열식 냉방설비
② 수축열식 냉방설비
③ 잠열축열식 냉방설비
④ 현열축열식 냉방설비

해설

[정의]
[건축물의 냉방설비에 대한 설치 및 설계기준]
제3조(정의)
2. "빙축열식 냉방설비"라 함은 심야시간에 얼음을 제조하여 축열조에 저장하였다가 그 밖의 시간에 이를 녹여 냉방에 이용하는 냉방설비를 말한다.
3. "수축열식 냉방설비"라 함은 심야시간에 물을 냉각시켜 축열조에 저장하였다가 그 밖의 시간에 이를 냉방에 이용하는 냉방설비를 말한다.
4. "잠열축열식 냉방설비"라 함은 포접화합물(Clathrate)이나 공융염(Eutectic Salt) 등의 상변화물질을 심야시간에 냉각시켜 동결한 후 그 밖의 시간에 이를 녹여 냉방에 이용하는 냉방설비를 말한다.

87 각 층의 거실면적이 3000 m²이며 층수가 12층인 호텔 건축물에 설치하여야 하는 승용 승강기의 최소 대수는? (단, 24인승 승강기를 설치하는 경우)

① 3대   ② 4대
③ 5대   ④ 6대

해설

[승용 승강기의 최소 대수]
[건축물의 설비기준 등에 관한 규칙]
별표 1의2(승용 승강기의 설치기준)

건축물의 용도	6층 이상의 거실 면적의 합계	3천 제곱미터 이하	3천 제곱미터 초과
1. 가. 문화 및 집회시설(공연장·집회장 및 관람장만 해당한다) 나. 판매시설 다. 의료시설		2대	2대에 3천 제곱미터를 초과하는 2천 제곱미터 이내마다 1대를 더한 대수
2. 가. 문화 및 집회시설(전시장 및 동·식물원만 해당한다) 나. 업무시설 다. 숙박시설 라. 위락시설		1대	1대에 3천 제곱미터를 초과하는 2천 제곱미터 이내마다 1대를 더한 대수
3. 가. 공동주택 나. 교육연구시설 다. 노유자시설 라. 그 밖의 시설		1대	1대에 3천 제곱미터를 초과하는 3천 제곱미터 이내마다 1대를 더한 대수

위 표에 따라 승강기의 대수를 계산할 때 8인승 이상 15인승 이하의 승강기는 1대의 승강기로 보고, 16인승 이상의 승강기는 2대의 승강기로 본다.

정답 86 ③ 87 ③

- 6층 이상 거실면적 = 3000 × 7 = 21000 m²
- 3000 m²까지 기본 1대
- 초과 2000 m²마다 1대 : 18000 ÷ 2000 = 9
→ 10대(15인승 이하)
→ 16인승 이상이므로 10 ÷ 2 = 5대이다.

88 소리를 차단하는 데 장애가 되는 부분이 없도록 건축물의 피난·방화구조 등의 기준에 관한 규칙에서 정하는 구조로 하여야 하는 대상에 속하지 않는 것은?

① 숙박시설의 객실 간 경계벽
② 의료시설의 병실 간 경계벽
③ 업무시설의 사무실 간 경계벽
④ 교육연구시설 중학교의 교실 간 경계벽

해설

[경계벽]
[건축법 시행령] 제53조(경계벽 등의 설치)
① 법 제49조 제4항에 따라 다음 각 호의 어느 하나에 해당하는 건축물의 경계벽은 국토교통부령으로 정하는 기준에 따라 설치해야 한다.
  1. 단독주택 중 다가구주택의 각 가구 간 또는 공동주택(기숙사는 제외한다)의 각 세대 간 경계벽(제2조 제14호 후단에 따라 거실·침실 등의 용도로 쓰지 아니하는 발코니 부분은 제외한다)
  2. 공동주택 중 기숙사의 침실, 의료시설의 병실, 교육연구시설 중 학교의 교실 또는 숙박시설의 객실 간 경계벽
  3. 제1종 근린생활시설 중 산후조리원(가. 임산부실 간, 나. 신생아실 간 경계벽, 다. 임산부실과 신생아실 간 경계벽)
  4. 제2종 근린생활시설 중 다중생활시설의 호실 간 경계벽
  5. 노유자시설 중「노인복지법」제32조 제1항 제3호에 따른 노인복지주택(이하 "노인복지주택"이라 한다)의 각 세대 간 경계벽
  6. 노유자시설 중 노인요양시설의 호실 간 경계벽

89 다음의 용도변경 중 허가 대상에 속하는 것은?

① 문화 및 집회시설에서 업무시설로의 용도변경
② 판매시설에서 문화 및 집회시설로의 용도변경
③ 방송통신시설에서 교육연구시설로의 용도변경
④ 자동차 관련 시설에서 문화 및 집회시설로의 용도변경

해설

[용도변경]
[건축법] 제19조(용도변경)
1. 허가 대상 : 제4항 각 호의 어느 하나에 해당하는 시설군(施設群)에 속하는 건축물의 용도를 상위군(제4항 각 호의 번호가 용도변경하려는 건축물이 속하는 시설군보다 작은 시설군을 말한다)에 해당하는 용도로 변경하는 경우

[건축법 시행령]
제14조(용도변경)
1. 자동차 관련 시설군
   자동차 관련 시설
2. 산업 등 시설군
   가. 운수시설
   나. 창고시설

정답 ● 88 ③ 89 ②

다. 공장
라. 위험물저장 및 처리시설
마. 자원순환 관련 시설
바. 묘지 관련 시설
사. 장례시설
3. 전기통신시설군
  가. 방송통신시설
  나. 발전시설
4. 문화집회시설군
  가. 문화 및 집회시설
  나. 종교시설
  다. 위락시설
  라. 관광휴게시설
5. 영업시설군
  가. 판매시설
  나. 운동시설
  다. 숙박시설
  라. 제2종 근린생활시설 중 다중생활시설
6. 교육 및 복지시설군
  가. 의료시설
  나. 교육연구시설
  다. 노유자시설(老幼者施設)
  라. 수련시설
  마. 야영장시설
7. 근린생활시설군
  가. 제1종 근린생활시설
  나. 제2종 근린생활시설(다중생활시설은 제외한다)
8. 주거업무시설군
  가. 단독주택
  나. 공동주택
  다. 업무시설
  라. 교정시설
  마. 국방·군사시설
9. 그 밖의 시설군
  가. 동물 및 식물 관련 시설

90 장례식장의 용도로 쓰이는 건축물의 집회실로서 그 바닥면적이 200 m²인 경우 반자의 높이는 최소 얼마 이상이어야 하는가? (단, 기계환기장치를 설치하지 않은 경우)

① 2.1 m
② 2.4 m
③ 2.7 m
④ 4.0 m

해설

[반자높이]
[건축물의 피난·방화구조 등의 기준에 관한 규칙]
제16조(거실의 반자높이)
① 영 제50조의 규정에 의하여 설치하는 거실의 반자(반자가 없는 경우에는 보 또는 바로 윗층의 바닥판의 밑면 기타 이와 유사한 것을 말한다. 이하 같다)는 그 높이를 2.1미터 이상으로 하여야 한다.
② 문화 및 집회시설(전시장 및 동·식물원은 제외한다), 종교시설, 장례식장 또는 위락시설 중 유흥주점의 용도에 쓰이는 건축물의 관람실 또는 집회실로서 그 바닥면적이 200제곱미터 이상인 것의 반자의 높이는 제1항에도 불구하고 4미터(노대의 아랫부분의 높이는 2.7미터) 이상이어야 한다. 다만 기계환기장치를 설치하는 경우에는 그렇지 않다.

91 건축허가신청에 필요한 설계도서에 속하지 않는 것은?

① 배치도 ② 동선도
③ 단면도 ④ 건축계획서

해설

[설계도서]
[건축법 시행규칙]
별표 2 : 건축허가신청에 필요한 설계도서

도서의 종류	표시하여야 할 사항
건축계획서	1. 개요(위치·대지면적 등) 2. 지역·지구 및 도시계획사항 3. 건축물의 규모(건축면적·연면적·높이·층수 등) 4. 건축물의 용도별 면적 5. 주차장규모 6. 에너지절약계획서(해당건축물에 한한다) 7. 노인 및 장애인 등을 위한 편의시설 설치계획서(관계법령에 의하여 설치의무가 있는 경우에 한한다)
배치도	1. 축척 및 방위 2. 대지에 접한 도로의 길이 및 너비 3. 대지의 종·횡단면도 4. 건축선 및 대지경계선으로부터 건축물까지의 거리 5. 주차동선 및 옥외주차계획 6. 공개공지 및 조경계획
단면도	1. 종·횡단면도 2. 건축물의 높이, 각 층의 높이 및 반자높이

92 특별피난계단에 설치하는 배연설비의 구조에 관한 기준 내용으로 옳지 않은 것은?

① 배연구 및 배연풍도는 불연재료로 할 것
② 배연구가 외기에 접하지 아니하는 경우에는 배연기를 설치할 것
③ 배연구에 설치하는 수동개방장치 또는 자동개방장치는 손으로도 열고 닫을 수 있도록 할 것
④ 배연구는 평상시에는 닫힌 상태를 유지하고 연 경우에는 배연의 의한 기류로 인하여 닫히도록 할 것

해설

[배연설비]
[건축물의 설비기준 등에 관한 규칙]
제14조(배연설비)
② 특별피난계단 및 영 제90조 제3항의 규정에 의한 비상용 승강기의 승강장에 설치하는 배연설비의 구조는 다음 각 호의 기준에 적합하여야 한다. 〈개정 1996.2.9., 1999.5.11.〉
 1. 배연구 및 배연풍도는 불연재료로 하고 화재가 발생한 경우 원활하게 배연시킬 수 있는 규모로서 외기 또는 평상시에 사용하지 아니하는 굴뚝에 연결할 것
 2. 배연구에 설치하는 수동개방장치 또는 자동개방장치(열감지기 또는 연기감지기에 의한 것을 말한다)는 손으로도 열고 닫을 수 있도록 할 것
 3. 배연구는 평상시에는 닫힌 상태를 유지하고, 연 경우에는 배연에 의한 기류로 인하여 닫히지 아니하도록 할 것
 4. 배연구가 외기에 접하지 아니하는 경우에는 배연기를 설치할 것

정답 91 ② 92 ④

5. 배연기는 배연구의 열림에 따라 자동적으로 작동하고, 충분한 공기배출 또는 가압능력이 있을 것
6. 배연기에는 예비전원을 설치할 것
7. 공기유입방식을 급기가압방식 또는 급·배기 방식으로 하는 경우에는 제1호 내지 제6호의 규정에 불구하고 소방관계법령의 규정에 적합하게 할 것

에는 1천 m² 이상인 것
다) 무대부가 지하층·무창층 또는 4층 이상의 층에 있는 경우에는 무대부의 면적이 300 m² 이상인 것
라) 무대부가 다) 외의 층에 있는 경우에는 무대부의 면적이 500 m² 이상인 것

93 특정소방대상물이 문화 및 집회시설 중 공연장인 경우 모든 층에 스프링클러 설비를 설치하여야 하는 수용인원 기준은?

① 수용인원이 50명 이상인 것
② 수용인원이 100명 이상인 것
③ 수용인원이 150명 이상인 것
④ 수용인원이 200명 이상인 것

해설

[스프링클러설비 수용인원 기준]
[소방시설설치 및 관리에 관한 법률 시행령]
별표 4 : 특정소방대상물의 관계인이 특정소방대상물에 설치·관리해야 하는 소방시설의 종류
1. 소화설비
   라. 스프링클러설비를 설치해야 하는 특정소방대상물
      3) 문화 및 집회시설(동·식물원은 제외한다), 종교시설(주요구조부가 목조인 것은 제외한다), 운동시설(물놀이형 시설 및 바닥이 불연재료이고 관람석이 없는 운동시설은 제외한다)로서 다음의 어느 하나에 해당하는 경우에는 모든 층
         가) 수용인원이 100명 이상인 것
         나) 영화상영관의 용도로 쓰는 층의 바닥면적이 지하층 또는 무창층인 경우에는 500 m² 이상, 그 밖의 층의 경우

94 세대수가 5세대인 주거용 건축물에 설치하는 음용수 급수관의 지름은 최소 얼마 이상으로 하여야 하는가?

① 20 mm
② 25 mm
③ 32 mm
④ 40 mm

해설

[음용수용 급수관 최소 지름]
[건축물의 설비기준 등에 관한 규칙]
별표 3 : 주거용 건축물 급수관의 지름

가구 또는 세대수	1	2~3	4~5	6~8	9~16	17 이상
급수관 지름의 최소기준 (밀리미터)	15	20	25	32	40	50

정답 93 ② 94 ②

95 건축물 지하층에 설치하는 비상탈출구에 관한 기준 내용으로 옳지 않은 것은? (단, 주택이 아닌 경우)

① 비상탈출구는 출입구로부터 2 m 이상 떨어진 곳에 설치할 것
② 비상탈출구의 유효너비는 0.75 m 이상으로 하고, 유효높이는 1.5 m 이상으로 할 것
③ 비상탈출구의 문은 피난방향으로 열리도록 하고, 실내에서 항상 열 수 있는 구조라 할 것
④ 비상탈출구는 피난층 또는 지상으로 통하는 복도나 직통계단에 직접 접하거나 통로 등으로 연결될 수 있도록 설치할 것

해설

[지하층 비상탈출구]
[건축물의 피난·방화구조 등의 기준에 관한 규칙] 제25조(지하층의 구조)
② 제1항 제1호에 따른 지하층의 비상탈출구는 다음 각 호의 기준에 적합하여야 한다. 다만 주택의 경우에는 그러하지 아니하다.
1. 비상탈출구의 유효너비는 0.75미터 이상으로 하고, 유효높이는 1.5미터 이상으로 할 것
2. 비상탈출구의 문은 피난방향으로 열리도록 하고, 실내에서 항상 열 수 있는 구조로 하여야 하며, 내부 및 외부에는 비상탈출구의 표시를 할 것
3. 비상탈출구는 출입구로부터 3미터 이상 떨어진 곳에 설치할 것
4. 지하층의 바닥으로부터 비상탈출구의 아랫부분까지의 높이가 1.2미터 이상이 되는 경우에는 벽체에 발판의 너비가 20센티미터 이상인 사다리를 설치할 것
5. 비상탈출구는 피난층 또는 지상으로 통하는 복도나 직통계단에 직접 접하거나 통로 등으로 연결될 수 있도록 설치하여야 하며, 피난층 또는 지상으로 통하는 복도나 직통계단까지 이르는 피난통로의 유효너비는 0.75미터 이상으로 하고, 피난통로의 실내에 접하는 부분의 마감과 그 바탕은 불연재료로 할 것
6. 비상탈출구의 진입부분 및 피난통로에는 통행에 지장이 있는 물건을 방치하거나 시설물을 설치하지 아니할 것
7. 비상탈출구의 유도등과 피난통로의 비상조명등의 설치는 소방법령이 정하는 바에 의할 것

96 건축법령상 다음과 같이 정의되는 주택의 종류는?

> 주택으로 쓰는 1개 동의 바닥면적 합계가 660 m² 이하이고, 층수가 4개 층 이하인 주택

① 연립주택　　② 단독주택
③ 다가구주택　④ 다세대주택

해설

[정의 - 다세대주택]
[건축법 시행령] 별표 1 : 용도별 건축물의 종류
2. 공동주택
　다. 다세대주택 : 주택으로 쓰는 1개 동의 바닥면적 합계가 660제곱미터 이하이고, 층수가 4개 층 이하인 주택(2개 이상의 동을 지하주차장으로 연결하는 경우에는 각각의 동으로 본다)

정답 95 ① 96 ④

97 건축물에 건축설비를 설치하는 경우 관계전문기술자의 협력을 받아야 하는 대상 건축물의 연면적 기준은? (단, 창고시설 제외)

① 1000 m² 이상
② 2000 m² 이상
③ 5000 m² 이상
④ 10000 m² 이상

해설
[관계전문기술자의 협력]
[건축법 시행령]
제91조의3(관계전문기술자와의 협력)
② 연면적 1만 제곱미터 이상인 건축물(창고시설은 제외한다) 또는 에너지를 대량으로 소비하는 건축물로서 국토교통부령으로 정하는 건축물에 건축설비를 설치하는 경우에는 국토교통부령으로 정하는 바에 따라 다음 각 호의 구분에 따른 관계전문기술자의 협력을 받아야 한다.

98 다음의 소방시설 중 경보설비에 속하지 않는 것은?

① 비상방송설비
② 자동화재탐지설비
③ 자동화재속보설비
④ 무선통신보조설비

해설
[경보설비]
[소방시설설치 및 관리에 관한 법률 시행령]
별표 1 : 소방시설
2. 경보설비 : 화재발생 사실을 통보하는 기계·기구 또는 설비로서 다음 각 목의 것

가. 단독경보형 감지기
나. 비상경보설비
　1) 비상벨설비
　2) 자동식사이렌설비
다. 자동화재탐지설비
라. 시각경보기
마. 화재알림설비
바. 비상방송설비
사. 자동화재속보설비
아. 통합감시시설
자. 누전경보기
차. 가스누설경보기
※ 무선통신보조설비는 소화활동설비에 속한다.

99 건축물의 설비기준 등에 관한 규칙에 따라 피뢰설비를 설치하여야 하는 대상 건축물의 높이 기준은?

① 10 m 이상
② 15 m 이상
③ 20 m 이상
④ 30 m 이상

해설
[피뢰설비]
[건축물의 설비기준 등에 관한 규칙]
제20조(피뢰설비)
영 제87조 제2항에 따라 낙뢰의 우려가 있는 건축물, 높이 20미터 이상의 건축물 또는 영 제118조 제1항에 따른 공작물로서 높이 20미터 이상의 공작물(건축물에 영 제118조 제1항에 따른 공작물을 설치하여 그 전체 높이가 20미터 이상인 것을 포함한다)에는 다음 각 호의 기준에 적합하게 피뢰설비를 설치해야 한다.

정답 ● 97 ④ 98 ④ 99 ③

100 다음은 건축법상 지하층의 정의이다.
( ) 안에 알맞은 것은?

> "지하층"이란 건축물의 바닥이 지표면 아래에 있는 층으로서 바닥에서 지표면까지 평균 높이가 해당 층 높이의 ( ) 이상인 것을 말한다.

① 2분의 1   ② 3분의 1
③ 4분의 1   ④ 3분의 2

해설

[정의 – 지하층]
[건축법] 제2조
5. '지하층'이란 건축물의 바닥이 지표면 아래에 있는 층으로서 바닥에서 지표면까지 평균높이가 해당 층 높이의 <u>2분의 1</u> 이상인 것을 말한다.

정답 100 ①

2022 제2회

1과목 건축일반

01 건축의 성립에 영향을 미치는 요소들에 관한 설명으로 옳지 않은 것은?

① 자연 조건이 비슷한 여러 나라가 서로 다른 건축형태를 갖는 것은 기후 및 풍토적 요소 때문이다.
② 지붕의 형태, 경사 등은 기후 및 풍토적 요소의 영향을 받는다.
③ 건축재료와 이를 구성하는 방법에 따라 건물 형태가 변화하는 것은 기술적 요소에서 기인한다.
④ 봉건시대에는 신을 위한 건축이 주류를 이루었고 민주주의 시대에는 대중을 위한 학교, 병원 등의 건축이 많아진 것은 정치 및 종교적 요소의 영향 때문이다.

해설
[건축의 성립에 영향]
자연 조건이 비슷한 나라이므로 기후 풍토는 다르지 않고 문화적 차이이다.

02 리조트 호텔(Resort Hotel)은 각종 관광지에서 관광객을 숙박대상으로 삼고 있는 데 그 종류에 해당되지 않는 것은?

① 해변 호텔(Beach Hotel)
② 산장 호텔(Mountain Hotel)
③ 철도역 호텔(Station Hotel)
④ 클럽 하우스(Club Hotel)

해설
[리조트 호텔]
철도역 호텔은 터미널 호텔의 일종이다.

03 쌓기 전 시멘트벽돌을 물축이기하는 가장 주된 이유는?

① 벽돌의 파손 방지
② 모르타르의 수분흡수 방지
③ 화재 방지
④ 백화 방지

해설
[시멘트벽돌]
시멘트벽돌은 흡수율이 커서 물축임을 안하는 경우는 건조한 벽돌은 모르타르의 수분을 다 빼앗아 접착력을 약화시키게 된다. 따라서 벽돌을 적절히 수분에 노출시키되 과포화되지 않도록 조절하는 것이 중요하다.

정답 ● 01 ① 02 ③ 03 ②

04 학교 교실의 음 환경에 관한 설명으로 옳지 않은 것은?

① 교실과 복도의 접촉면이 큰 평면이 소음을 막는 데 유리하다.
② 소리를 잘 듣기 위해서는 적당한 잔향시간이 필요하다.
③ 운동장에서의 소음은 배치계획으로 이를 방지할 수 있다.
④ 반자는 교실 내의 음향이 조절될 수 있도록 설계되어야 한다.

해설

[학교 - 교실(소리)]
소음을 막기 위해서는 교실과 복도의 접촉면을 최소화하여 차단해야 한다.
소리는 일정 시간 머무르면서 퍼져나가게 해야 잘 전달되며 이러한 적당한 잔향시간이 필요하다.
또한 운동장의 소음을 줄이기 위해서는 운동장과 교실을 멀리 떨어뜨려 놓는 등 배치계획으로 소음을 방지할 수 있다.
※ 반자 : 지붕 밑이나 위층 바닥 밑을 편평하게 하여 치장한 각 방의 윗면

05 1인당 필요한 신선공기량이 30 m³/h일 때 정원이 500명, 실용적이 5000 m³의 강당의 1시간당 환기 횟수는 얼마인가?

① 2회　　② 3회
③ 4회　　④ 5회

해설

[환기 횟수]
환기량 = 30 × 500 = 15000 m³/h이다. 실용적이 5000 m³이므로 1시간당 환기 횟수는 3회이다.

06 천장의 채광효과를 얻기 위하여 천장의 위치에 설치하고, 비막이에 좋은 측창의 구조적 장점을 살리기 위하여 연직에 가까운 방향으로 한 창에 의한 채광법으로 주광률 분포의 균일성이 요구되는 곳에 사용되는 것은?

① 측광　　② 정광
③ 정측광　④ 산란광

해설

[정측광]
지붕면에 있는 수직창에 의한 채광으로, 전시에 가장 효과적인 채광방식이다.
• 정광 : 직사광선
• 측광 : 측면(벽면)에서 들어오는 자연광
• 산란광 : 구름에 의해 산란된 자연광

07 기초의 계획 및 설치에 관한 유의사항으로 옳지 않은 것은?

① 지하실은 가급적 건물 전체에 균등히 설치하여 침하를 줄이는 데 유의한다.
② 지반의 상태가 고르지 못하거나 편심하중이 작용하는 건축물의 기초는 서로 다른 형태의 기초나 말뚝을 혼용하는 것이 좋다.
③ 기초를 땅속 경사가 심한 굳은 지반에 올려놓을 경우 슬라이딩의 위험성을 고려해야 한다.
④ 지중보를 충분히 설치하면 기초의 강성이 높아지므로 부동침하 방지에 도움이 된다.

해설

[기초의 계획 및 설치]
지반의 상태가 고르지 못하거나 편심 하중이 작용하는 건축물의 기초는 동일 형태의 기초나 말뚝을 사용해야 한다.

08 기온, 기류 및 주벽면온도의 3요소의 조합과 체감과의 관계를 나타내는 열환경 지표는?

① 유효온도
② 불쾌지수
③ 등온지수
④ 작용온도

해설

[작용온도]
- 실내 공기 환경이 인체의 생리면에 미치는 영향을 고려한 척도
- 작용온도 요소 : 기온, 기류, 복사열

2과목 위생설비

21 온도 20 ℃, 길이 100 m인 동관에 탕이 흘러 60 ℃가 되었을 때, 이 동관의 팽창된 길이는? (단, 동관의 선팽창계수는 0.171×10^{-4}/℃이다)

① 34.2 mm
② 68.4 mm
③ 136.8 mm
④ 171 mm

해설

[동관의 팽창된 길이]

※ 팽창 길이 λ
$\lambda[mm] = \ell \times \alpha \times \Delta t$
여기서 $\lambda[mm]$: 팽창한 배관의 길이
$\ell[mm]$: 배관의 길이
$\alpha[mm/mm \cdot ℃]$: 선팽창계수
$\Delta t[℃]$: 온도 차

관의 팽창 길이 λ
$= 100 \times 0.171 \times 10^{-4} \times (60 - 20)$
$= 0.0684$ m $= 68.4$ mm

2026년 출제범위를 벗어난 문제를 모두 삭제하고, 최신 출제기준에 해당하는 문제만 엄선하여 수록했습니다. 따라서 1과목 문제 수는 실제 출제 수와 다를 수 있습니다.

정답 08 ④ 21 ②

22 수도본관에서 수직높이 1 m인 곳에 대변기의 세정밸브를 설치하였다. 이 세정밸브의 사용을 위해 필요한 수도본관의 최저 압력은? (단, 수도직결방식이며, 본관에서 세정밸브까지의 마찰손실은 0.02 MPa, 세정밸브의 최저필요압력은 0.07 MPa이다)

① 0.07 MPa   ② 0.09 MPa
③ 0.1 MPa   ④ 0.19 MPa

해설

[수도 본관의 최저 필요 수압]
수도 본관의 최저 필요 수압 P
= 수직높이 환산압 + 마찰손실 + 기구의 필요압
= $\left(1\,mAq \times \dfrac{0.101325\,MPa}{10.332\,mAq}\right) + 0.02\,MPa + 0.07\,MPa$
≒ $0.1\,MPa$

23 고가탱크에 시간당 18 m³의 물을 보내려 할 때 유속을 2 m/s로 하기 위한 펌프의 구경은?

① 47.2 mm   ② 56.4 mm
③ 72.9 mm   ④ 94.5 mm

해설

[펌프의 구경]
$Q = AV$
$\dfrac{18}{3600}\,m^3/s = \dfrac{\pi D^2}{4}[m^2] \times 2\,m/s$
$D = 0.05642\,m = 56.42\,mm$

24 물의 경도에 관한 설명으로 옳지 않은 것은?

① 일반적으로 지하수는 경수로 간주한다.
② 경수는 단물이라고 하며 경도가 70 ppm 이상인 물을 말한다.
③ 경수를 보일러 용수로 사용하면 배관 내에 스케일 생성을 야기한다.
④ 물속에 녹아있는 칼슘, 마그네슘 등의 염류의 양을 탄산칼슘의 농도로 환산하여 나타낸 것이다.

해설

[물의 경도]
'단물'은 연수를 의미하고 일반적으로 경도 70 ppm 이하가 연수, 70 ~ 150 ppm은 중간, 150 ppm 이상이 경수로 분류된다.

보충 경수는 센물

25 플라스틱 위생기구에 관한 설명으로 옳지 않은 것은?

① 가공성이 좋고 대량생산이 가능하다.
② 형상을 비교적 자유롭게 제작할 수 있다.
③ 경량이나 경년변화로 변색의 우려가 있다.
④ 표면경도와 내마모성이 커서 흠이 생기지 않고, 열에 강하다.

해설

[플라스틱 위생기구]
표면경도와 내마모성이 작아 흠이 쉽게 생기고, 열에 약하다.

26 500 L/h의 급탕을 하는 건물에서 전기순간 온수기를 사용했을 때 전기소비량은? (단, 물의 비열 4.2 kJ/kg·K), 급탕온도 60 ℃, 급수온도 15 ℃, 효율 80 %)

① 27.2 kW   ② 29.8 kW
③ 32.8 kW   ④ 38.4 kW

해설

[전기소비량]
P = (m × c × ΔT) / η
 = (500 kg/h × 4.2 kJ/kg·K
   × (60 - 15) K) / 0.8
 = 118125 kJ/h = 32.8 kW

보충 물 1 L = 1 kg

27 급수방식 중 펌프직송방식에 관한 설명으로 옳지 않은 것은?

① 전력차단 시에도 급수가 가능하다.
② 수도직결방식에 비하여 유지관리비용이 많다.
③ 정속방식은 급수관 내 압력 또는 유량을 탐지하여 펌프의 대수를 제어하는 방식이다.
④ 상수를 지하 저수탱크에 저장한 다음, 급수펌프로 필요한 장소로 직송하는 방식이다.

해설

[펌프직송방식]
① 펌프직송방식은 전기에 의존하므로 전력 차단 시 급수가 불가하다.

28 다음과 같은 조건에서 급탕순환펌프의 순환 수량은?

- 배관계통의 전열손실량 : 4000 W
- 급탕온도 : 65 ℃, 환탕온도 : 55 ℃
- 물의 비열 : 4.2 kJ/kg·K

① 5.7 L/min   ② 10.5 L/min
③ 20.9 L/min   ④ 30.4 L/min

해설

[급탕순환펌프의 순환 수량]
$q[kW] = W[kg/s] \times C[kJ/(kg \cdot K)] \times \Delta t[K]$
$4[kW] = W[kg/s] \times 4.2\,kJ/(kg \cdot K)] \times (65-55)\,K$
$\therefore W = 0.0952\,kg/s = 0.0952\,L/s$
$= 0.0952\,L/s \times \dfrac{60\,s}{1\,min} = 5.712\,L/min$

보충 물 1 L = 1 kg

29 관 내 유동에서 층류와 난류를 판단하는 기준이 되는 것은?

① 마하(Mach)수
② 프란틀(Prandtl)수
③ 그라쇼프(Grashof)수
④ 레이놀즈(Reynolds)수

정답   26 ③   27 ①   28 ①   29 ④

> [해설]
>
> [층류와 난류를 판단하는 기준]
> 레이놀즈수는 층류와 난류를 구분하는 척도로 2000 이하이면 층류, 4000 이상 난류, 그 사이는 임계영역이다.

30 다음 설명에 알맞은 통기관의 종류는?

> 오배수 입상관으로부터 취출하여 취쪽의 통기관에 연결되는 배관으로, 오배수 입상관 내의 압력을 같게 하기 위한 도피통기관

① 습통기관　　② 각개통기관
③ 결합통기관　④ 루프통기관

> [해설]
>
> [결합통기관(Relief Vent, Combination Vent)]
> 배수수직관과 통기수직관을 연결해 압력변동을 완화하고 배수·통기의 기능을 보조하는 통기관
>
> ※ 통기관
> 1) 결합통기관 : 배수수직관과 통기수직관을 연결
> 2) 각개통기관 : 각 위생기구별 개별 통기관
> 3) 공용통기관 : 다수 기구의 배수통기관을 공용으로 하는 방식
> 4) 신정통기관 : 배수수직관을 지붕 위까지 그대로 연장하여 통기관으로 사용하는 방식
> 5) 회로(루프)통기관 : 여러 개의 위생기구를 하나의 통기관으로 연결하는 방식

31 급수배관에서 유속을 제한하는 이유와 가장 거리가 먼 것은?

① 캐비테이션 발생 방지
② 크로스 커넥션 발생 방지
③ 유수(流水)에 의한 소음 발생 방지
④ 워터해머로 인한 관 및 관이음쇠의 손상 발생 방지

> [해설]
>
> [급수배관에서 유속을 제한하는 이유]
> 크로스 커넥션 발생 방지는 유속 제한과 무관하다. 크로스 커넥션은 배관 오접속, 역류오염 문제이다.
>
> 보충 크로스 커넥션(Cross Connection)
> : 급수배관과 오수·유해배관이 연결되어 오염될 위험을 뜻함

32 오수처리방법 중 생물막법에 관한 설명으로 옳지 않은 것은?

① 생물학적 처리방법에 속한다.
② 살수여상방식은 쇄석, 플라스틱 여과재가 사용된다.
③ 살수여상방식, 회전원판접촉방식, 접촉폭기방식 등이 있다.
④ 오니가 폭기조 내부에서 부유하며 오수를 처리하는 방법이다.

> [해설]
>
> [오수처리방법 중 생물막법]
> ④ 오니가 부유하는 것은 활성오니법이다.
>
> 보충 오니는 회색조 진흙모양의 유기물 + 미생물이 뭉쳐있는 덩어리로 역한 냄새가 강하다.

정답 30 ③　31 ②　32 ④

33 간접배수로 하여야 하는 기구에 속하지 않는 것은?

① 세면기
② 제빙기
③ 세탁기
④ 식기세척기

해설

[간접배수와 직접배수]
- 간접배수 필요 기구 : 식기세척기, 제빙기, 세탁기, 냉장·제빙 드레인 등
- 직접배수 가능 기구 : 세면기, 대변기, 소변기, 욕조 등 위생기구

34 내경 40 mm, 길이 20 m인 급수관에 유속 2 m/s로 물을 보내는 경우 마찰손실수두는? (단, 관마찰계수는 0.02이다)

① 0.5 mAq
② 1.0 mAq
③ 1.5 mAq
④ 2.0 mAq

해설

[마찰손실수두]
$$h = f\frac{L}{D}\frac{v^2}{2g} = 0.02 \times \frac{20}{0.04} \times \frac{2^2}{2 \times 9.8}$$
$$= 2.04\ mAq$$

35 세정밸브식 대변기에 진공방지기(Vacuum Breaker)를 설치하는 주된 이유는?

① 사용수량을 줄이기 위하여
② 급수소음을 줄이기 위하여
③ 급수오염을 방지하기 위하여
④ 취기(냄새)를 방지하기 위하여

해설

[진공방지기(Vacuum Breaker)]
진공방지기와 역류방지밸브는 급수 오염을 방지

36 급탕기기의 부속장치에 관한 설명으로 옳지 않은 것은?

① 안전밸브와 팽창탱크 및 배관 사이에는 차단밸브나 체크밸브를 설치한다.
② 온수탱크 상단에는 진공방지밸브(Vacuum Relief Valve)를, 하부에는 배수밸브(Drain Valve)를 설치한다.
③ 밀폐형 가열장치에는 일정 압력 이상이면 압력을 도피시킬 수 있도록 도피밸브나 안전밸브를 설치한다.
④ 온수탱크의 보급수관에는 급수관의 압력변화에 의한 환탕의 유입을 방지하도록 역류방지밸브를 설치한다.

해설

[급탕기기의 부속장치]
안전밸브와 팽창탱크는 항상 개통되어 있어야 하므로 차단밸브나 체크밸브를 설치하지 않는다. 설치 시 과압 폭발 위험이 있다.

정답 33 ① 34 ④ 35 ③ 36 ①

37 다음 그림에서 배수트랩의 봉수 깊이를 올바르게 표현한 것은?

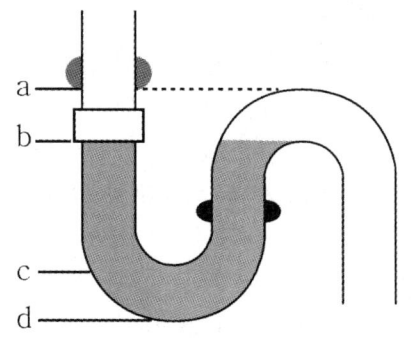

① a ~ b ② b ~ d
③ b ~ c ④ c ~ d

[해설]

[봉수 깊이(Water Seal Depth)]
트랩 내 봉수의 상단부터 하단까지의 수직 거리 (b ~ c)

38 통기관의 설치목적으로 옳지 않은 것은?

① 배수계통 내의 배수 및 공기의 흐름을 원활히 한다.
② 배수관 계통의 환기를 도모하여 관 내를 청결하게 유지한다.
③ 모세관현상이나 증발에 의해 트랩의 봉수가 파괴되는 것을 방지한다.
④ 배수트랩의 봉수부에 가해지는 배수관 내의 압력과 대기압과의 차에 의해 트랩의 봉수가 파괴되지 않도록 한다.

[해설]

[통기관의 설치목적]
모세관현상이나 증발에 의해 트랩의 봉수가 파괴되는 것을 방지할 수는 없다.

39 다음의 급수방식 중 수질오염 가능성이 가장 큰 것은?

① 수도직결방식 ② 고가수조방식
③ 압력수조방식 ④ 펌프직송방식

[해설]

[급수방식 중 수질오염 가능성이 가장 큰 것]
고가수조는 공기와 접촉, 관리 불량 시 이물·세균 발생으로 수질오염 가능성이 가장 크다.

보충 수도직결방식 : 수질오염 가능성 매우 낮음
(직결이므로 오염 위험 적음)

40 이종관의 접합에 관한 설명으로 옳지 않은 것은?

① 연관과 동관의 접합은 납땜 접합한다.
② 강관과 동관의 접합에는 절연이음쇠를 사용하지 않는다.
③ 강관과 스테인리스강관의 접합은 원칙적으로 절연이음쇠를 사용한다.
④ 주철관과 강관의 접합은 각각 이음을 코킹하여 나사 또는 플랜지 접합한다.

[해설]

[이종관의 접합]
강관과 동관의 접합에는 절연이음쇠를 사용하여야만 한다. 두 금속의 이온화 경향에 강관이 부식된다.

정답 37 ③ 38 ③ 39 ② 40 ②

3과목 공기조화설비

41 온수난방방식에 관한 설명으로 옳은 것은?

① 용량제어가 어렵고 응축수에 의한 열 손실이 크다.
② 실내온도의 상승이 빠르고 예열손실이 적어 간헐난방에 적합하다.
③ 증기난방에 비하여 소요방열면적과 배관경이 작으므로 설비비가 낮다.
④ 열용량이 크므로 보일러를 정지시켜도 실내난방이 어느 정도 지속된다.

해설
[온수난방방식]
온수난방은 열용량이 크므로 실내온도의 상승은 느리고 예열손실이 커서 간헐난방에 부적합하나 보일러를 정지시켜도 실내난방이 어느 정도 지속되므로 연속난방에 유리하다.

42 다음 중 공기조화설비배관에서 압력계의 설치 위치로 가장 알맞은 곳은?

① 펌프 출구
② 급수관 입구
③ 냉수코일 출구
④ 열교환기 출구

해설
[압력계의 설치 위치]
압력계는 일반적으로 펌프 토출 측에 설치하여 펌프 운전 시 토출압력을 확인하고, 계통의 정상 운전 여부 및 성능을 점검할 수 있다. 따라서 설치 위치로 가장 적합하다.

43 온수배관에 관한 설명으로 옳지 않은 것은?

① 배관의 신축을 고려한다.
② 배관재료는 내식성을 고려한다.
③ 온수배관에는 공기가 고이지 않도록 구배를 준다.
④ 온수보일러의 팽창관에는 게이트밸브를 설치한다.

해설
[온수배관]
④ 팽창관은 계통의 압력 조절과 팽창수 유출을 위해 항상 개방되어 있어야 하므로, 차단 밸브(게이트밸브 등)를 설치하면 위험하다.

44 덕트 내에 흐르는 공기의 풍속이 12 m/s, 정압 100 Pa일 경우 전압은? (단, 공기의 밀도는 1.2 kg/m³이다)

① 108.8 Pa   ② 186.4 Pa
③ 234.2 Pa   ④ 256.6 Pa

해설
[공기의 전압]

동압 $= \dfrac{v^2}{2}\rho = \dfrac{12^2}{2}1.2 = 86.41\ Pa$

전압 = 정압 + 동압 = 100 + 86.41 = 186.41 Pa

정답 41 ④ 42 ① 43 ④ 44 ②

45 증기트랩 중 플로트트랩에 관한 설명으로 옳지 않은 것은?

① 다량의 응축수를 처리할 수 있다.
② 급격한 압력변화에도 잘 작동한다.
③ 동결의 우려가 있는 곳에 주로 사용된다.
④ 증기해머에 의해 내부손상을 입을 수 있다.

해설

[플로트트랩]
플로트트랩은 수면상 부유로 작동을 하는 트랩으로 동결 시 작동하지 않는다.

구분	응축수 회수 원리	종류
기계식	응축수의 부력을 이용	플로트트랩, 버킷트랩
열동식 (온도조절식)	증기와 응축수의 온도 차이	바이메탈식 트랩, 벨로스 트랩
열역학	증기와 응축수의 열역학적 특성 차이	디스크트랩, 오리피스트랩

46 덕트설계법 중 정압재취득법에 관한 설명으로 옳지 않은 것은?

① 등손실법에 의한 경우보다 송풍기 동력이 절약된다.
② 각 취출구에서 댐퍼에 의한 조절을 하지 않을 경우 예정된 취출풍량을 얻을 수 없다.
③ 각 취출구 또는 분기부 직전의 정압을 균일하게 되도록 덕트 치수를 결정하는 설계법이다.
④ 각 분기부분에 있어서의 풍속의 감소에 의한 정압재취득을 다음 구간의 덕트저항손실에 이용한다.

해설

[정압재취득법]
정압재취득법은 각 취출구에서 정압 균등 취득을 전제로 설계되므로 댐퍼 조절 없이 풍량이 일정하다.

47 유량조절용으로 사용되며 유체의 흐름 방향을 90°로 전환시킬 수 있는 밸브는?

① 볼밸브   ② 체크밸브
③ 앵글밸브   ④ 게이트밸브

해설

[앵글밸브]
입구와 출구의 각도가 꺾여 있는(앵글이 있는) 밸브는 앵글밸브

48 대향류형 냉각탑과 비교한 직교류형 냉각탑의 특징에 관한 설명으로 옳지 않은 것은?

① 설치면적이 크다.
② 열교환 효율이 좋다.
③ 팬 소요동력이 작다.
④ 점검·보수가 용이하다.

해설

[직교류형 냉각탑의 특징]
② 대향류형은 물과 공기가 반대 방향으로 흐르면서 평균 온도차가 커져 열교환 효율이 높다. 직교류형은 효율이 상대적으로 낮다.

정답 ◆ 45 ③ 46 ② 47 ③ 48 ②

49 다음의 송풍기 풍량제어법 중 축동력이 가장 적게 소요되는 것은?

① 회전수제어
② 흡입베인제어
③ 흡입댐퍼제어
④ 토출댐퍼제어

해설

[송풍기 풍량제어방법]
- 토출댐퍼제어 > 흡입댐퍼제어 > 흡입베인제어 > 회전수제어
- 회전수제어가 가장 경제적, 토출댐퍼제어가 가장 비경제적

50 냉방부하계산에 관한 설명으로 옳지 않은 것은?

① 외벽구조에 따라 상당온도차는 다르게 나타난다.
② 틈새바람에 의한 부하는 현열과 잠열 모두 고려한다.
③ 틈새바람량 계산법으로는 틈새법, 면적법, 환기횟수법 등이 있다.
④ 유리를 통한 열부하는 일사에 의한 직접 열취득만을 고려한다.

해설

[냉방부하계산]
④ 유리를 통한 열부하는 일사에 의한 직접 열 취득뿐만 아니라 유리의 열관류도 고려해야 한다.

51 실내 설계온도가 20 ℃인 어떤 실의 난방부하를 계산한 결과 현열부하 q_s = 15000 W, 잠열부하 q_L = 3000 W이었다. 실내 송풍량이 10000 kg/h라 하면 이때 필요한 취출공기의 온도는? (단, 공기의 비열은 1.01 kJ/kg · K이다)

① 25.3 ℃ ② 26.6 ℃
③ 27.5 ℃ ④ 29.2 ℃

해설

[취출공기의 온도]
송풍량은 실내온도와 취출공기온도차로 구하는데 현열만을 고려한다.
$Q = G \times C \times \triangle T$
$15000\ W$
$= 10000 \times 1.01 \times (X - 20)\ kJ/h \times \dfrac{1000\ J/kJ}{3600\ s/h}$
∴ $X = 25.3$

52 송풍기의 회전속도를 일정하게 하고 날개의 직경을 d_1에서 d_2로 변경했을 때, 동력 L_2를 구하는 식으로 알맞은 것은? (단, L_1은 직경 d_1에서의 동력이다)

① $L_2 = (\dfrac{d_2}{d_1})L_1$

② $L_2 = (\dfrac{d_1}{d_2})L_1$

③ $L_2 = (\dfrac{d_2}{d_1})^6 L_1$

④ $L_2 = (\dfrac{d_2}{d_1})^5 L_1$

정답 ● 49 ① 50 ④ 51 ① 52 ④

해설

[상사법칙]
상사법칙 동력은 회전수비의 3제곱, 직경비의 5제곱에 비례한다.

$\frac{L_2}{L_1} = (\frac{N_2}{N_1})^3 \times (\frac{d_2}{d_1})^5$ 에서 회전수의 변화가 없으므로 $\frac{L_2}{L_1} = (\frac{d_2}{d_1})^5$ 이다.

※ 상사의 법칙
1) 풍량(유량)[m^3/s]
$$Q_2 = \left(\frac{N_2}{N_1}\right)^1 \times \left(\frac{D_2}{D_1}\right)^3 \times Q_1$$
2) 전압[Pa](양정[m])
$$P_2 = \left(\frac{N_2}{N_1}\right)^2 \times \left(\frac{D_2}{D_1}\right)^2 \times P_1$$
3) 동력[kW]
$$L_2 = \left(\frac{N_2}{N_1}\right)^3 \times \left(\frac{D_2}{D_1}\right)^5 \times L_1$$

53 10인이 재실하는 어떤 실내공간의 CO_2 농도를 외기(外氣)로 환기시켜 700 ppm 이하로 유지하고자 한다. CO_2 발생원인은 인체 이외에는 없으며 1인당 CO_2 발생량은 $0.022\ m^3/h$이라 할 때 필요 환기량은? (단, 외기의 CO_2 농도는 300 ppm이다)

① $400\ m^3/h$ ② $550\ m^3/h$
③ $700\ m^3/h$ ④ $900\ m^3/h$

해설

[필요 환기량]
$Q = \frac{M}{C_i - C_o} = \frac{10 \times 0.022}{0.0007 - 0.0003}$
$= 550\ m^3/h$

54 다음의 공기조화방식 중 공기·수방식에 속하는 것은?

① 유인 유닛방식
② 멀티존 유닛방식
③ 팬코일 유닛방식
④ 2중덕트 변풍량방식

해설

[공기·수방식]
① 유인 유닛방식(수공기식 = 공기·수방식)
② 멀티존 유닛방식(전공기식)
③ 팬코일 유닛방식(전수식)
④ 2중덕트 변풍량방식(전공기식)

55 온도 35 ℃, 절대습도 0.017 kg/kg'인 공기 150 kg과 온도 15 ℃, 절대습도 0.008 kg/kg'인 공기 200 kg을 단열혼합할 때 혼합공기의 상태는?

① 온도 23.6 ℃
   절대습도 0.012 kg/kg'
② 온도 23.6 ℃
   절대습도 0.014 kg/kg'
③ 온도 24.8 ℃
   절대습도 0.012 kg/kg'
④ 온도 24.8 ℃
   절대습도 0.014 kg/kg'

정답 53 ② 54 ① 55 ①

해설

[혼합공기의 상태]

(1) 혼합공기의 온도
$$= \frac{35 \times 150 + 15 \times 200}{150 + 200}$$
$$= 23.57℃$$

(2) 혼합공기의 절대습도
$$= \frac{0.017 \times 150 + 0.008 \times 200}{150 + 200}$$
$$= 0.012\, kg/kg'$$

56 스모크타워배연법에 관한 설명으로 옳은 것은?

① 송풍기와 덕트를 사용해서 외부로 연기를 배출하는 방식이다.
② 풍력에 의한 흡인효과와 부력을 이용한 배연탑을 사용하여 연기를 배출하는 방식이다.
③ 부력에 의하여 연기를 실의 상부벽이나 천장에 설치된 개구에서 옥외로 배출하는 방식이다.
④ 연기를 일정구획 내에 한정하도록 피난이 완전히 끝난 뒤에 개구부를 자동으로 완전 밀폐하는 방식이다.

해설

[스모크타워배연법]
- 스모크타워배연법 : 타워(배연탑)를 설치하여 굴뚝효과(부력) + 외부 풍력으로 연기를 배출하는 자연배연방식의 일종이다.
- 기계배연법 : 송풍기와 덕트를 이용해 강제로 연기를 외부로 배출하는 기계식 배연이다.
- 밀폐배연법 : 연기를 일정 구획 내에 한정하고, 피난 후 개구부를 완전 밀폐시키는 연기제어방식이다.

57 30 ℃의 외기 40 %와 23 ℃의 환기 60 %를 혼합하여 냉각코일로 냉각감습하는 경우 바이패스팩터가 0.2이면 코일의 출구온도는? (단, 코일 표면온도는 10 ℃이다)

① 12.16 ℃   ② 13.16 ℃
③ 14.16 ℃   ④ 15.16 ℃

해설

[코일의 출구온도]

(1) 혼합공기온도 = $\frac{30 \times 40 + 23 \times 60}{100} = 25.8℃$

(2) 코일의 출구온도
= 코일표면온도 + BF×(혼합공기온도 - 코일표면온도)
= 10 + 0.2×(25.8 - 10)
= 13.16 ℃

58 증기난방에서 방열기의 상당방열면적(EDR)계산에 사용되는 표준방열량은?

① 450 W/m²   ② 523 W/m²
③ 650 W/m²   ④ 756 W/m²

해설

[표준방열량]
증기난방 표준방열량 : 756 W/m²
온수난방 표준방열량 : 523 W/m²

정답 56 ② 57 ② 58 ④

59 공기에 관한 설명으로 옳은 것은?

① 절대습도가 0 kg/kg'인 공기를 포화공기라고 한다.
② 현열비가 1이라면 잠열부하만 있다는 것을 의미한다.
③ 건구온도 0 ℃, 절대습도 0 kg/kg'인 건공기의 엔탈피는 0 kJ/kg이다.
④ 열수분비가 0이라면 공기의 상태변화에 절대습도의 변화가 없었다는 의미이다.

해설

[공기의 상태]
① 절대습도가 0 kg/kg'인 공기를 <u>건공기</u>라고 한다.
② 현열비가 1이라면 <u>현열부하</u>만 있다는 것을 의미한다.
④ 열수분비가 0이라면 공기의 상태변화에 <u>엔탈피 변화가 없었다</u>는 의미이다.

60 공기조화 용어 중 엔탈피(Enthalpy)가 의미하는 것은?

① 비체적   ② 비습도
③ 전열량   ④ 현열량

해설

[엔탈피(Enthalpy)]
엔탈피는 물질이 가진 내부에너지와 유동에너지를 합한 <u>전열량</u>을 의미하며, 공기조화에서는 <u>건공기와 포함된 수증기가 가진 총 열량</u>을 말한다.

4과목 소방 및 전기설비

1회독 시간 :   점수 :
2회독 시간 :   점수 :
3회독 시간 :   점수 :

61 합성최대수요전력을 구하는 계수로서 각 부하의 최대수요전력 합계와 합성최대수요전력과의 비율로 나타내는 것은?

① 수용률   ② 유효율
③ 부하율   ④ 부등률

해설

[부등률]

• 부등률 = $\dfrac{\text{부하의 최대수요전력합계}}{\text{합성최대수요전력}}$

• 설비 용량에 비해 실제 사용하는 전력의 비율

62 인터폰설비의 통화방식에 따른 구분에 속하는 것은?

① 모자식
② 상호식
③ 전화스피커방식
④ 프레스토크방식

해설

[인터폰설비 통화방식에 따른 구분]
• 프레스토크방식 : 무전기와 같은 방법으로, 말할 때 통화단추를 누르고 들을 때 통화단추를 놓는 방식. 스피커와 마이크를 함께 사용
• 동시통화방식 : 전화와 같은 방법으로 마이크로폰과 스피커가 별도로 설치

정답 ● 59 ③ 60 ③ 61 ④ 62 ④

63 소화방법에 관한 설명으로 옳지 않은 것은?

① 희석소화는 가연물질 주변의 공기 중 산소의 농도를 낮추는 소화방법이다.
② 냉각소화는 가연물질의 온도를 낮추어 연소의 진행을 억제하는 소화방법이다.
③ 제거소화는 가연물질은 원천적으로 제거하여 연소반응이 진행되는 것을 제거하는 소화방법이다.
④ 부촉매소화는 연소반응에서 화학적 작용을 통해 연쇄적 반응으로 화재진행을 억제하는 소화방법이다.

해설

[소화]
희석소화는 가연물을 희석하여 연소범위를 벗어나게 하여 소화하는 방법이다.

64 유효전력과 무효전력의 단위와 구분하기 위하여 사용되는 피상전력의 단위는?

① [W]
② [Ah]
③ [VA]
④ [VAR]

해설

[전력]
1) 유효전력(P) : 단위[W, kW]
   (1) 부하에서 유효하게 사용되는 전력
   (2) 저항에 의해 소비되는 전력
   $P = P_a\cos\theta = VI\cos\theta = I^2R = I^2Z\cos\theta$
2) 무효전력(Pr) : 단위[Var, kVar]
   (1) 실제부하에 사용되지 않는 전력
   (2) 리액턴스에 의해 소비되는 전력
   $P_r = P_a\sin\theta = VI\sin\theta = I^2X = I^2Z\sin\theta$
3) 피상전력(Pa) : 단위[VA, kVA]
   (1) 전원에 공급되는 전력
   (2) 임피던스에 의해 소비되는 전력
   $P_a = VI = I^2Z = \dfrac{V^2}{Z} = \dfrac{P}{\cos\theta}$

65 조도계산방식 중 광원에서 나온 전광속이 작업면에서 비춰지는 비율(조명률)에 의해 평균조도를 구하는 것으로 실내전반 조명설계에 사용되는 것은?

① 광속법
② 광도법
③ 배광법
④ 축점법

해설

[조명설계]
광원에서 나온 전 광속이 작업면에서 비춰지는 비율(조명률)에 의해 평균조도를 구하는 것으로 조명기구의 배광, 방의 형상, 천정, 벽, 마루의 반사율, 조명기구 등을 고려하여 종합적 판단을 할 수 있는 방법으로 보편적으로 쓰임

66 단상 변압기의 2차 무부하 전압이 220 V이고, 정격부하에서의 2차 단자전압이 200 V일 경우 전압 변동률은?

① 5 % ② 7 %
③ 10 % ④ 12 %

해설

[전압변동률]

전압변동률 = $\dfrac{무부하전압-부하전압}{부하전압}$ = 10 %

67 3상 농형유도전동기에서 극수 4, 주파수 60 Hz, 슬립 4 %일 때 회전수는 얼마인가?

① 1728 rpm ② 1796 rpm
③ 1800 rpm ④ 1872 rpm

해설

[회전수]

회전수 $N = \dfrac{120f(1-S)}{P}$

$= \dfrac{120 \times 60(1-0.04)}{4} = 1728$

68 물질이 양(+) 또는 음(-)으로 대전되어 양전기나 음전기를 띠는 현상의 원인은?

① 전자의 이동
② 양성자의 이동
③ 중성자의 이동
④ 원핵자의 이동

해설

[대전]
대전에 따라 전하가 발생되어 도체 한쪽에 +가 다른 한쪽에 -의 전자가 이동 완성됨

69 포소화설비의 구성 요소에 속하지 않는 것은?

① 약제탱크 ② 혼합장치
③ 가압송수장치 ④ 정압작동장치

해설

[포소화설비]
정압 작동장치는 고체 분말로 되어 있는 분말소화 약제의 관막힘을 방지하기 위한 장치로 일정 압력이 형성되어야 작동되는 장치
• 약제탱크 : 포소화약제 저장
• 혼합장치 : 물과 포소화약제를 정해진 비율로 혼합
• 가압송수장치 : 용액을 압력으로 보내는 펌프

70 영상변류기[ZCT]의 주된 사용목적은?

① 과전압 검출
② 과전류 검출
③ 지락전류 검출
④ 부하전류 검출

해설

[영상변류기]
두 개 이상의 전선에 변류기를 설치하여 정상적인 상태라면 교류로 상호 보완된 0상이 검출되나 한 선 중 지락이 발생되면 0상이 달라 지락을 검지하게 되는 장치

정답 66 ③ 67 ① 68 ① 69 ④ 70 ③

71 최대 방수구역에 설치된 스프링클러헤드의 개수가 20개인 경우 스프링클러설비의 수원의 저수량은 최소 얼마 이상이 되도록 하여야 하는가? (단, 개방형 스프링클러헤드를 사용하는 경우)

① 17 m³ ② 32 m³
③ 48 m³ ④ 64 m³

해설

[저수량]
20 × 80 L/min × 20 min = 20 × 1600 L
= 32 m³

72 변압기에서 자기유도작용으로 발생한 자속을 이동시키는 통로의 역할을 하는 것은?

① 철심 ② 부싱
③ 1차 측 코일 ④ 2차 측 코일

해설

[변압기]
변압기는 1차 측 코일의 자기장 변화가 2차 코일로 전달되는 원리를 이용함. 철심은 2차 코일에 자기장의 변화를 전달하고 전자기유도에 의해 2차 코일에 교류가 유도됨

73 DDC방식에서 밸브나 댐퍼 등을 비례적으로 동작시키는 신호는?

① AI ② DI
③ AO ④ DO

해설

[DCC]
DCC(Direct Digital Control)제어 AI(아날로그 입력), I(디지털입력), AO(아날로그 출력), DO(디지털 출력)을 의미함. 벨브조작은 아날로그 출력에 해당됨

74 단상변압기 3대를 결선하고자 하는 경우 부하 측에 인가되는 전압을 $\sqrt{3}$배 승압시킬 수가 있으며 3상 4선식 중성점접지 배선방식으로 사용되는 결선방법은?

① △ - Y결선
② Y - △결선
③ △ - △결선
④ V - V결선

해설

[결선]
△ - Y결선은 작은 전압으로 시작하여 부하에 무리 없이 전압을 $\sqrt{3}$배 승압 정상적으로 사용할 수 있으며, Y결선 3상 4선식으로 중성점접지 배선을 사용할 수 있는 장점도 있음

정답 ▶ 71 ② 72 ① 73 ③ 74 ①

75 공조설비의 자동제어에서 압력검출소자로 사용되지 않는 것은?

① 모발
② 벨로즈
③ 브로돈관
④ 다이어프램

해설

[모발]
모발은 온도변화에 따른 팽창과 수축을 이용하는 소자

76 제연설비의 비상전원에 관한 설명으로 옳지 않은 것은?

① 비상전원은 실내에 설치하지 않는다.
② 제연설비를 유효하게 20분 이상 작동할 수 있도록 한다.
③ 비상전원의 설치장소는 다른 장소와 방화구획으로 구획한다.
④ 상용전원으로부터 전력의 공급이 중단된 때에는 자동으로 비상전원으로부터 전력을 공급받을 수 있도록 한다.

해설

[제연설비]
예비전원을 내장하지 않는 비상조명등의 비상전원은 자가발전설비, 축전지설비 또는 전기저장장치를 다음 각 목의 기준에 따라 설치할 것
① 점검 편리하고 화재 및 침수 등의 재해로 인한 피해를 받을 우려가 없는 곳에 설치
② 상용전원으로부터 전력의 공급이 중단된 때에는 자동으로 비상전원으로부터 전력을 공급받을 수 있도록 할 것
③ 비상전원의 설치장소는 다른 장소와 방화구획할 것(이 경우 그 장소에는 비상전원의 공급에 필요한 기구나 설비 외의 것을 두어서는 안 된다)
④ 비상전원을 실내에 설치하는 때에는 그 실내에 비상조명등을 설치할 것

77 다음은 상수도소화용수설비의 설치에 관한 기준내용이다. ( ) 안에 알맞은 것은?

- 호칭지름 75 mm 이상의 수도배관에 호칭지름 100 mm 이상의 소화전을 접속할 것
- 제1호에 따른 소화전은 특정소방대상물의 수평투영면의 각 부분으로부터 ( ) 이하가 되도록 설치할 것

① 50 m
② 100 m
③ 140 m
④ 180 m

해설

[상수도소화용수설비의 화재안전기준]
소화전은 특정소방대상물의 수평투영면의 각 부분으로부터 140 m 이하가 되도록 설치할 것

정답: 75 ① 76 ① 77 ③

78 교류회로의 역률을 올바르게 표현한 것은?

① $\dfrac{\text{피상전력}}{\text{무효전력}}$ ② $\dfrac{\text{피상전력}}{\text{유효전력}}$

③ $\dfrac{\text{무효전력}}{\text{피상전력}}$ ④ $\dfrac{\text{유효전력}}{\text{피상전력}}$

해설

[역률($\cos\theta$)]

(1) 교류회로에서 유효전력과 피상전력과의 비, 전압과 전류의 여현대칭(우함수)

(2) 수식 : $\cos\theta = \dfrac{P}{P_a}$,

$\cos\theta = \dfrac{P}{VI} \times 100(\%)$

$\cos\theta = \sqrt{1-\sin^2\theta}$

79 사인파 전압 V=134sin(314t－30°)의 주파수는?

① 50 Hz ② 60 Hz
③ 70 Hz ④ 80 Hz

해설

[주파수]

$\omega = 314$이므로 $2\pi f = 314$

$\therefore f = 50$ Hz

80 조명기구의 배치방식에 따른 조명방식의 분류에 속하지 않는 것은?

① 전반조명방식
② 국부조명방식
③ TAL조명방식
④ 반간접조명방식

해설

[조명기구]

• 조명배치방식에 따라 전반조명, 국부조명, TAL조명(작업부, 주변부 2원화)방식
• 광원배치에 따라 직접조명, 간접조명, 반간접조명, 확산조명

정답 ● 78 ④ 79 ① 80 ④

5과목 건축설비 관계법규

81 비상용 승강기 승강장의 바닥면적은 비상용 승강기 1대에 대하여 최소 얼마 이상으로 하여야 하는가? (단, 옥내에 승강장을 설치하는 경우에 한 한다)

① 5 m²   ② 6 m²
③ 7 m²   ④ 8 m²

해설

[비상용 승강기]
[건축물의 설비기준 등에 관한 규칙]
제10조(비상용 승강기의 승강장 및 승강로의 구조)
법 제64조 제2항에 따른 비상용 승강기의 승강장 및 승강로의 구조는 다음 각 호의 기준에 적합하여야 한다.
2. 비상용 승강기 승강장의 구조
　바. 승강장의 바닥면적은 비상용 승강기 1대에 대하여 6제곱미터 이상으로 할 것. 다만 옥외에 승강장을 설치하는 경우에는 그러하지 아니하다.

82 다음 건축물의 에너지 절약설계기준에 따른 용어의 정의 내용으로 괄호 안에 알맞은 것은?

> "방습층"이라 함은 습한 공기가 구조체에 침투하여 결로발생의 위험이 높아지는 것을 방지하기 위해 설치하는 습도가 24시간당 ( ) 이하 또는 투습계수 0.28 g/m²h·mmHg 이하의 투습저항을 가진 층을 말한다.

① 10 g/m²   ② 20 g/m²
③ 30 g/m²   ④ 50 g/m²

해설

[용어의 정의 – 방습층]
[건축물 에너지 절약 설계기준]
제5조(용어의 정의)
카. "방습층"이라 함은 습한 공기가 구조체에 침투하여 결로발생의 위험이 높아지는 것을 방지하기 위해 설치하는 투습도가 24시간당 30 g/m² 이하 또는 투습계수 0.28 g/m²·h·mmHg 이하의 투습저항을 가진 층을 말한다 (시험방법은 한국산업규격 KS T 1305 방습포장재료의 투습도 시험방법 또는 KS F 2607 건축 재료의 투습성 측정 방법에서 정하는 바에 따른다). 다만 단열재 또는 단열재의 내측에 사용되는 마감재가 방습층으로서 요구되는 성능을 가지는 경우에는 그 재료를 방습층으로 볼 수 있다.

정답 ● 81 ② 82 ③

83 다음은 건축설비설치의 원칙에 관한 기준 내용이다. ( ) 안에 알맞은 것은?

> 건축물에 설치하는 급수·배수·냉방·난방·환기·피뢰 등 건축설비의 설비설치에 관한 기술적 기준은 (㉠)으로 정하되, 에너지 이용합리화와 관련 건축설비의 기술적 기준에 관하여는 (㉡)과 협의하여 정한다.

① ㉠ 국토교통부령, ㉡ 산업통상자원부장관
② ㉠ 산업통상자원부령, ㉡ 국토교통부장관
③ ㉠ 국토교통부령, ㉡ 과학기술정보통신부장관
④ ㉠ 과학기술정보통신부령, ㉡ 국토교통부장관

해설

[건축설비 설치]
[건축법 시행령] 제87조(건축설비설치의 원칙)
② 건축물에 설치하는 급수·배수·냉방·난방·환기·피뢰 등 건축설비의 설치에 관한 기술적 기준은 국토교통부령으로 정하되, 에너지 이용 합리화와 관련한 건축설비의 기술적 기준에 관하여는 산업통상자원부장관과 협의하여 정한다.

84 문화 및 집회시설 중 공연장 개별관람실의 바닥면적이 1000 m^2인 경우 설치하여야 하는 출구의 최소 개소수는? (단, 각 출구의 유효너비를 1.5 m로 하는 경우)

① 3개소   ② 4개소
③ 5개소   ④ 6개소

해설

[개별 관람실 출구]
[건축물의 피난·방화구조 등의 기준에 관한 규칙]
제10조(관람실 등으로부터의 출구의 설치기준)
② 영 제38조에 따라 문화 및 집회시설 중 공연장의 개별 관람실(바닥면적이 300제곱미터 이상인 것만 해당한다)의 출구는 다음 각 호의 기준에 적합하게 설치해야 한다.
1. 관람실별로 2개소 이상 설치할 것
2. 각 출구의 유효너비는 1.5미터 이상일 것
3. 개별 관람실 출구의 유효너비의 합계는 개별 관람실의 바닥면적 100제곱미터마다 0.6미터의 비율로 산정한 너비 이상으로 할 것

- 1000 m^2 ÷ 100 m^2 = 10
- 10 × 0.6 = 6 m
- 6 ÷ 1.5 = 4개소

정답 83 ① 84 ②

85 다음 경계벽 중 소리를 차단하는 데 장애가 되는 부분이 없도록 그 구조를 갖추어야 하는 대상에 속하지 않는 것은?

① 숙박시설의 객실 간 경계벽
② 의료시설의 병실 간 경계벽
③ 업무시설의 사무실 간 경계벽
④ 교육연구시설 중학교의 교실 간 경계벽

해설

[경계벽]
[건축법 시행령] 제53조(경계벽 등의 설치)
① 법 제49조 제4항에 따라 다음 각 호의 어느 하나에 해당하는 건축물의 경계벽은 국토교통부령으로 정하는 기준에 따라 설치해야 한다.
1. 단독주택 중 다가구주택의 각 가구 간 또는 공동주택(기숙사는 제외한다)의 각 세대 간 경계벽(제2조 제14호 후단에 따라 거실·침실 등의 용도로 쓰지 아니하는 발코니 부분은 제외한다)
2. 공동주택 중 기숙사의 침실, 의료시설의 병실, 교육연구시설 중 학교의 교실 또는 숙박시설의 객실 간 경계벽
3. 제1종 근린생활시설 중 산후조리원(가. 임산부실 간, 나. 신생아실 간 경계벽, 다. 임산부실과 신생아실 간 경계벽)
4. 제2종 근린생활시설 중 다중생활시설의 호실 간 경계벽
5. 노유자시설 중 「노인복지법」 제32조 제1항 제3호에 따른 노인복지주택(이하 "노인복지주택"이라 한다)의 각 세대 간 경계벽
6. 노유자시설 중 노인요양시설의 호실 간 경계벽

86 4세대수 주거용 건축물의 먹는 물용 급수관 지름의 최소 기준은? (단, 가압설비 등을 설치하지 않은 경우)

① 20 mm   ② 25 mm
③ 32 mm   ④ 40 mm

해설

[음용수용 급수관 최소 지름]
[건축물의 설비기준 등에 관한 규칙]
별표 3 : 주거용 건축물 급수관의 지름

가구 또는 세대수	1	2~3	4~5	6~8	9~16	17 이상
급수관 지름의 최소기준 (밀리미터)	15	20	25	32	40	50

87 동일 건축물 안에 공동주택과 위락시설을 함께 설치하고자 하는 경우 공동주택의 출입구와 위락시설의 출입구는 서로 그 보행거리가 최소 얼마 이상이 되도록 설치하여야 하는가?

① 10 m   ② 20 m
③ 30 m   ④ 50 m

해설

[보행거리]
[건축물의 피난·방화구조 등의 기준에 관한 규칙]
제14조의2(복합건축물의 피난시설 등)
영 제47조 제1항 단서의 규정에 의하여 같은 건축물 안에 공동주택·의료시설·아동 관련 시설 또는 노인복지시설(이하 이 조에서 "공동주택등"이라 한다) 중 하나 이상과 위락시설·위험물저장 및 처리시설·공장 또는 자동차정비공장(이하 이 조에서 "위락시설등"이라 한다) 중 하나 이상을 함께

정답 85 ③ 86 ② 87 ③

설치하고자 하는 경우에는 다음 각 호의 기준에 적합하여야 한다.
1. 공동주택등의 출입구와 위락시설등의 출입구는 서로 그 보행거리가 30미터 이상이 되도록 설치할 것

88 문화 및 집회시설 중 공연장이 특정소방대상물인 경우 모든 층에 스프링클러 설비를 설치하여야 하는 수용인원 기준은?

① 50명 이상 ② 100명 이상
③ 200명 이상 ④ 500명 이상

해설

[스프링클러설비 수용인원 기준]
소방시설설치 및 관리에 관한 법률 시행령
별표 4 : 특정소방대상물의 관계인이 특정소방대상물에 설치·관리해야 하는 소방시설의 종류
1. 소화설비
  라. 스프링클러설비를 설치해야 하는 특정소방대상물
    3) 문화 및 집회시설(동·식물원은 제외한다), 종교시설(주요구조부가 목조인 것은 제외한다), 운동시설(물놀이형 시설 및 바닥이 불연재료이고 관람석이 없는 운동시설은 제외한다)로서 다음의 어느 하나에 해당하는 경우에는 모든 층
      가) 수용인원이 100명 이상인 것
      나) 영화상영관의 용도로 쓰는 층의 바닥면적이 지하층 또는 무창층인 경우에는 500 m² 이상, 그 밖의 층의 경우에는 1천 m² 이상인 것
      다) 무대부가 지하층·무창층 또는 4층 이상의 층에 있는 경우에는 무대부의 면적이 300 m² 이상인 것
      라) 무대부가 다) 외의 층에 있는 경우에는 무대부의 면적이 500 m² 이상인 것

89 방염성능 기준 이상의 실내장식물 등을 설치하여야 하는 특정소방대상물이 아닌 것은? (단, 층수가 11층 미만인 경우)

① 의료시설
② 교육연구시설 중 합숙소
③ 숙박이 가능한 수련시설
④ 업무시설 중 주민자치센터

해설

[방염성능 기준]
[소방시설설치 및 관리에 관한 법률 시행령]
제30조(방염성능 기준 이상의 실내장식물 등을 설치해야 하는 특정소방대상물)
법 제20조 제1항에서 "대통령령으로 정하는 특정소방대상물"이란 다음 각 호의 것을 말한다.
1. 근린생활시설 중 의원, 치과의원, 한의원, 조산원, 산후조리원, 체력단련장, 공연장 및 종교집회장
2. 건축물의 옥내에 있는 다음 각 목의 시설
  가. 문화 및 집회시설
  나. 종교시설
  다. 운동시설(수영장은 제외한다)
3. 의료시설
4. 교육연구시설 중 합숙소
5. 노유자시설
6. 숙박이 가능한 수련시설
7. 숙박시설
8. 방송통신시설 중 방송국 및 촬영소
9. 「다중이용업소의 안전관리에 관한 특별법」 제2조 제1항 제1호에 따른 다중이용업의 영업소(이하 "다중이용업소"라 한다)
10. 제1호부터 제9호까지의 시설에 해당하지 않는 것으로서 층수가 11층 이상인 것(아파트등은 제외한다)

정답 88 ② 89 ④

90 각 층 거실면적이 각각 2000 m²이며 층수가 8층인 백화점의 승용 승강기의 최소 설치 대수는? (단, 15인승 승강기의 경우)

① 2대　　② 3대
③ 4대　　④ 5대

해설

[승용 승강기의 최소 대수]
[건축물의 설비기준 등에 관한 규칙]
별표 1의2(승용 승강기의 설치기준)

건축물의 용도 \ 6층 이상의 거실 면적의 합계	3천 제곱미터 이하	3천 제곱미터 초과
1. 가. 문화 및 집회시설(공연장·집회장 및 관람장만 해당한다) 나. 판매시설 다. 의료시설	2대	2대에 3천 제곱미터를 초과하는 2천 제곱미터 이내마다 1대를 더한 대수
2. 가. 문화 및 집회시설(전시장 및 동·식물원만 해당한다) 나. 업무시설 다. 숙박시설 라. 위락시설	1대	1대에 3천 제곱미터를 초과하는 2천 제곱미터 이내마다 1대를 더한 대수
3. 가. 공동주택 나. 교육연구시설 다. 노유자시설 라. 그 밖의 시설	1대	1대에 3천 제곱미터를 초과하는 3천 제곱미터 이내마다 1대를 더한 대수

위 표에 따라 승강기의 대수를 계산할 때 8인승 이상 15인승 이하의 승강기는 1대의 승강기로 보고, 16인승 이상의 승강기는 2대의 승강기로 본다.

- 6층 이상 거실면적 = 2000 × 3 = 6000 m²
- 3000 m²까지 기본 2대
- 초과 3000 m²마다 1대 : 6000 ÷ 3000 = 2
→ 4대(15인승 이하)

91 다음 정의에 따른 건축법령상 용어는?

> 건축물의 노후화를 억제하거나 기능 향상 등을 위하여 대수선하거나 건축물의 일부를 증축 또는 개축하는 행위

① 재축　　② 리빌딩
③ 리모델링　④ 리노베이션

해설

[정의]
[건축법] 제2조(정의)
10. "리모델링"이란 건축물의 노후화를 억제하거나 기능 향상 등을 위하여 대수선하거나 건축물의 일부를 증축 또는 개축하는 행위를 말한다.

92 건축물에 설치하는 복도의 유효너비 기준이 아닌 것은? (단, 연면적 200 m²를 초과하는 건축물이며, 양옆에 거실이 있는 복도의 경우)

① 초등학교 - 1.8 m 이상
② 오피스텔 - 1.8 m 이상
③ 공동주택 - 1.8 m 이상
④ 고등학교 - 2.4 m 이상

정답 90 ③　91 ③　92 ①

해설

[복도의 유효너비]
[건축물의 피난·방화구조 등의 기준에 관한 규칙]
제15조의2(복도의 너비 및 설치기준)

구분	양옆에 거실이 있는 복도	기타의 복도
유치원·초등학교 중학교·고등학교	2.4미터 이상	1.8미터 이상
공동주택· 오피스텔	1.8미터 이상	1.2미터 이상
당해 층 거실의 바닥면적 합계가 200제곱미터 이상인 경우	1.5미터 이상 (의료시설의 복도 1.8미터 이상)	1.2미터 이상

93 건축법령상 다중이용 건축물이 아닌 것은? (단, 층수가 16층 미만인 경우)

① 종교시설의 용도로 쓰는 바닥면적의 합계가 5000 m²인 건축물
② 판매시설의 용도로 쓰는 바닥면적의 합계가 5000 m²인 건축물
③ 업무시설의 용도로 쓰는 바닥면적의 합계가 5000 m²인 건축물
④ 문화 및 집회시설 중 전시장의 용도로 쓰는 바닥면적의 합계가 5000 m²인 건축물

해설

[정의 - 다중이용 건축물]
[건축법 시행령] 제2조(정의)
17. "다중이용 건축물"이란 다음 각 목의 어느 하나에 해당하는 건축물을 말한다.
   가. 다음의 어느 하나에 해당하는 용도로 쓰는 바닥면적의 합계가 5천 제곱미터 이상인 건축물
   1) 문화 및 집회시설(동물원 및 식물원은 제외한다)
   2) 종교시설
   3) 판매시설
   4) 운수시설 중 여객용 시설
   5) 의료시설 중 종합병원
   6) 숙박시설 중 관광숙박시설
   나. 16층 이상인 건축물
※ 위락시설은 '준다중이용건축물'이다.

94 다음 소방 관련 시설 중 피난구조설비에 속하는 것은?

① 제연설비   ② 비상조명등
③ 비상방송설   ④ 비상콘센트설비

해설

[피난구조설비]
[소방시설설치 및 관리에 관한 법률 시행령]
별표 1 : 소방시설
3. 피난구조설비 : 화재가 발생할 경우 피난하기 위하여 사용하는 기구 또는 설비로서 다음 각 목의 것
   가. 피난기구
   1) 피난사다리
   2) 구조대
   3) 완강기
   4) 간이완강기
   5) 그 밖에 화재안전기준으로 정하는 것
   나. 인명구조기구
   1) 방열복, 방화복(안전모, 보호장갑 및 안전화를 포함한다)
   2) 공기호흡기
   3) 인공소생기

정답 ● 93 ③ 94 ②

다. 유도등
　1) 피난유도선
　2) 피난구유도등
　3) 통로유도등
　4) 객석유도등
　5) 유도표지
라. 비상조명등 및 휴대용비상조명등

95 다음 용도 변경 중 허가 대상인 것은?

① 장례시설에서 발전시설로의 용도변경
② 위락시설에서 숙박시설로의 용도변경
③ 종교시설에서 운동시설로의 용도변경
④ 업무시설에서 교육연구시설로의 용도변경

해설

[용도변경]
[건축법] 제19조(용도변경)
1. 허가 대상 : 제4항 각 호의 어느 하나에 해당하는 시설군(施設群)에 속하는 건축물의 용도를 상위군(제4항 각 호의 번호가 용도변경하려는 건축물이 속하는 시설군보다 작은 시설군을 말한다)에 해당하는 용도로 변경하는 경우

[건축법 시행령] 제14조(용도변경)
1. 자동차 관련 시설군
　자동차 관련 시설
2. 산업 등 시설군
　가. 운수시설
　나. 창고시설
　다. 공장
　라. 위험물저장 및 처리시설
　마. 자원순환 관련 시설
　바. 묘지 관련 시설
　사. 장례시설
3. 전기통신시설군
　가. 방송통신시설
　나. 발전시설
4. 문화집회시설군
　가. 문화 및 집회시설
　나. 종교시설
　다. 위락시설
　라. 관광휴게시설
5. 영업시설군
　가. 판매시설
　나. 운동시설
　다. 숙박시설
　라. 제2종 근린생활시설 중 다중생활시설
6. 교육 및 복지시설군
　가. 의료시설
　나. 교육연구시설
　다. 노유자시설(老幼者施設)
　라. 수련시설
　마. 야영장시설
7. 근린생활시설군
　가. 제1종 근린생활시설
　나. 제2종 근린생활시설(다중생활시설은 제외한다)
8. 주거업무시설군
　가. 단독주택
　나. 공동주택
　다. 업무시설
　라. 교정시설
　마. 국방·군사시설
9. 그 밖의 시설군
　가. 동물 및 식물 관련 시설

정답 95 ④

96 건축물의 경사지붕 아래에 설치하는 대피공간에 관한 기준 내용이다. 옳지 않은 것은?

① 특별피난계단 또는 피난계단과 연결되도록 할 것
② 출입구의 유효너비는 최소 1.2 m 이상으로 할 것
③ 관리사무소 등과 긴급 연락이 가능한 통신 시설을 설치할 것
④ 대피공간의 면적은 지붕 수평투영면적의 10분의 1 이상 일 것

해설

[대피 공간]
[건축물의 피난·방화구조 등의 기준에 관한 규칙]
제13조(헬리포트 및 구조공간 설치 기준)
③ 영 제40조 제4항 제2호에 따라 설치하는 대피공간은 다음 각 호의 기준에 적합해야 한다.
1. 대피공간의 면적은 지붕 수평투영면적의 10분의 1 이상 일 것
2. 특별피난계단 또는 피난계단과 연결되도록 할 것
3. 출입구·창문을 제외한 부분은 해당 건축물의 다른 부분과 내화구조의 바닥 및 벽으로 구획할 것
4. 출입구는 유효너비 0.9미터 이상으로 하고, 그 출입구에는 60분+ 방화문 또는 60분 방화문을 설치할 것
4의2. 제4호에 따른 방화문에 비상문자동개폐장치를 설치할 것
5. 내부마감재료는 불연재료로 할 것
6. 예비전원으로 작동하는 조명설비를 설치할 것
7. 관리사무소 등과 긴급 연락이 가능한 통신시설을 설치할 것

97 다음 공동주택의 환기설비 기준에 관한 내용 중 ( ) 안에 알맞은 것은?

> 신축 또는 리모델링하는 다음 각 호의 어느 하나에 해당하는 주택 또는 건축물(이하 "신축공동주택등"이라 한다)은 시간당 ( ) 이상의 환기가 이루어질 수 있도록 자연환기설비 또는 기계환기설비를 설치해야 한다.

① 0.5회 ② 1.0회
③ 1.2회 ④ 1.5회

해설

[환기설비 기준]
[건축물의 설비기준 등에 관한 규칙]
제11조(공동주택 및 다중이용시설의 환기설비 기준 등)
① 영 제87조 제2항의 규정에 따라 신축 또는 리모델링하는 다음 각 호의 어느 하나에 해당하는 주택 또는 건축물(이하 "신축공동주택등"이라 한다)은 시간당 0.5회 이상의 환기가 이루어질 수 있도록 자연환기설비 또는 기계환기설비를 설치해야 한다.
1. 30세대 이상의 공동주택
2. 주택을 주택 외의 시설과 동일건축물로 건축하는 경우로서 주택이 30세대 이상인 건축물

정답 96 ② 97 ①

98 건축물의 에너지 절약설계기준에 따른 권장사항 내용으로 옳지 않은 것은? (건축부분에 한정한다) [법령 개정으로 인한 문제 수정]

① 건축물의 체적에 대한 외피면적의 비 또는 연면적에 대한 외피면적의 비는 가능한 작게 한다.
② 건축물 용도 및 규모를 고려하여 건축물 외벽, 천장 및 바닥으로의 열손실이 최소화되도록 설계한다.
③ 기밀성을 줄이기 위하여 외기에 직접 면한 거실의 창 및 문 등 개구부 둘레를 기밀테이프 등을 활용하여 외기가 침입하지 못하도록 기밀하게 처리한다.
④ 학교의 교실, 문화 및 집회시설의 공용부분(복도, 화장실, 휴게실, 로비 등)은 1면 이상 자연 채광이 가능하도록 한다.

해설

[권장사항]
[건축물 에너지절약설계기준]
제7조(건축부문의 권장사항)
에너지절약계획서 제출대상 건축물의 건축주와 설계자 등은 다음 각 호에서 정하는 사항을 제15조의 규정에 적합하도록 선택적으로 채택할 수 있다.
2. 평면계획
  나. 건축물의 체적에 대한 외피면적의 비 또는 연면적에 대한 외피면적의 비는 가능한 작게 한다.
3. 단열계획
  가. 건축물 용도 및 규모를 고려하여 건축물 외벽, 천장 및 바닥으로의 열손실이 최소화되도록 설계한다.
4. 기밀계획
  다. 기밀성을 높이기 위하여 외기에 직접 면한 거실의 창 및 문 등 개구부 둘레를 기밀테이프 등을 활용하여 외기가 침입하지 못하도록 기밀하게 처리한다.
5. 자연 채광계획
  가. 자연 채광을 적극적으로 이용할 수 있도록 계획한다. 특히 학교의 교실, 문화 및 집회시설의 공용부분(복도, 화장실, 휴게실, 로비 등)은 1면 이상 자연 채광이 가능하도록 한다.

99 다음 건축공사 중 공사감리자가 공사시공자에게 상세시공도면의 작성을 요청할 수 있는 기준으로 옳은 것은?

① 연면적의 합계가 1000 m² 이상인 건축공사
② 연면적의 합계가 2000 m² 이상인 건축공사
③ 연면적의 합계가 3000 m² 이상인 건축공사
④ 연면적의 합계가 5000 m² 이상인 건축공사

해설

[공사감리]
[건축법 시행령] 제19조(공사감리)
④ 법 제25조 제5항에서 "대통령령으로 정하는 용도 또는 규모의 공사"란 연면적의 합계가 5천 제곱미터 이상인 건축공사를 말한다.

정답 98 ③ 99 ④

[건축법] 제25조(건축물의 공사감리)
⑤ 대통령령으로 정하는 용도 또는 규모의 공사의 공사감리자는 필요하다고 인정하면 공사시공자에게 상세시공도면을 작성하도록 요청할 수 있다.

100 다음 특정소방대상물 중 옥외소화전설비를 설치하여야 하는 특정소방대상물에 속하지 않는 것은? (단, 지상 1층 및 2층의 바닥면적의 합계가 9000 m²인 경우)

① 아파트 등
② 종교시설
③ 판매시설
④ 교육연구시설

해설

[특정소방대상물 – 옥외소화전설비]
[소방시설설치 및 관리에 관한 법률 시행령]
별표 4 : 특정소방대상물의 관계인이 특정소방대상물에 설치·관리해야 하는 소방시설의 종류
사. 옥외소화전설비를 설치해야 하는 특정소방대상물(아파트등, 위험물 저장 및 처리 시설 중 가스시설, 지하구 및 터널은 제외한다)은 다음의 어느 하나에 해당하는 것으로 한다.

정답 100 ①

2022 제4회

1과목 건축일반

01 실내음향설계 시 주의할 사항으로 옳지 않은 것은?

① 직접음과 반사음의 시간차를 가능한 크게 하여 충분한 음보강이 되도록 한다.
② 강연이나 연극 등 언어를 주사용 목적으로 할 경우 잔향시간은 비교적 짧게 처리한다.
③ 방해가 되는 소음이나 진동을 완전히 차단하도록 한다.
④ 실의 어느 위치에서나 음 분포가 균등하도록 한다.

해설

[실내음향설계]
실내음향설계에서 직접음과 반사음의 시간차를 크게 하면 잔향시간이 길어져 음의 보강은 약화된다.

02 Sabine의 잔향식에 관한 설명으로 옳지 않은 것은?

① 잔향 시간은 실내 흡음량에 비례한다.
② 잔향 시간은 실용적에 비례한다.
③ 비례상수는 0.16 이다.
④ 잔향 시간은 흡음 재료의 설치 위치와는 무관하다.

해설

[사빈공식]
$$R.T = K\frac{V}{A}$$
잔향 시간(R.T)은 실내 흡음량(A)에 반비례한다.

03 실내음향에 관한 설명으로 옳지 않은 것은?

① 음의 계속시간이 길어지면 높이 감각은 둔해진다.
② 직접음은 전파경로가 가장 짧으므로 수음점에 최초로 도래한다.
③ 계획상 멀리 전달되게 하기도 하고 가까이에서 소멸되도록 하기도 한다.
④ 청중이 많을수록 흡음력이 커서 잔향시간이 적어진다.

정답 01 ① 02 ① 03 ①

해설

[실내음향]
음의 계속시간이 길어지면 높이 감각이 둔해지기보다는 오히려 뚜렷하게 느껴지도록 도와주어 특정 음 높이 정보를 더 분명하게 인지할 수 있어 높이 감각은 예민해진다.
- 음의 계속시간 : 음이 계속 지속되는 릴리즈 타임(release time)

04 건축의 성립에 영향을 미치는 요소들에 관한 설명으로 옳지 않은 것은?

① 자연 조건이 비슷한 여러 나라가 서로 다른 건축형태를 갖는 것은 기후 및 풍토적 요소 때문이다.
② 지붕의 형태, 경사 등은 기후 및 풍토적 요소의 영향을 받는다.
③ 건축재료와 이를 구성하는 방법에 따라 건물 형태가 변화하는 것은 기술적 요소에서 기인한다.
④ 봉건시대에는 신을 위한 건축이 주류를 이루었고, 민주주의 시대에는 대중을 위한 학교, 병원 등의 건축이 많아진 것은 정치 및 종교적 요소의 영향 때문이다.

해설

[건축의 성립에 영향]
자연 조건이 비슷한 나라이므로 기후 풍토는 다르지 않고 문화적 차이이다.

05 잔향시간이란 음원으로부터 발생되는 소리가 정지했을 때 음압레벨이 몇 dB 감쇠하는 데 소요되는 시간인가?

① 40 dB ② 55 dB
③ 60 dB ④ 70 dB

해설

[잔향시간]
잔향시간이란 음원으로부터 발생되는 소리가 정지했을 때 음압레벨이 60 dB 감쇠하는 데 소요되는 시간을 말한다.

06 측창채광에 관한 설명으로 옳지 않은 것은?

① 비막이에 유리하다.
② 개폐조작이 용이하고, 유지관리가 쉽다.
③ 균일한 조도를 얻을 수 있다.
④ 주변 건물들에 의해 채광이 방해받을 수 있다.

해설

[측창 채광]
- 건축물의 측창으로부터 이루어지는 채광이다.
- 벽면에 위치한 개구부(창문 등)을 통한 자연 채광을 실내로 들여오는 방법이다.
- 측창은 보통 외벽창이며 이는 비막이에 좋고 개폐조작 및 청소 등이 편리하다.
- 균일한 조도는 천창 채광이 유리하며 통풍은 측창 채광이 유리하다.

2026년 출제범위를 벗어난 문제를 모두 삭제하고, 최신 출제기준에 해당하는 문제만 엄선하여 수록했습니다. 따라서 1과목 문제 수는 실제 출제 수와 다를 수 있습니다.

정답 04 ① 05 ③ 06 ③

2과목 | 위생설비

1회독 시간 :   점수 :
2회독 시간 :   점수 :
3회독 시간 :   점수 :

21 먹는물의 수질기준에 따른 건강상 유해영향 무기물질에 속하지 않는 것은?

① 납   ② 페놀
③ 불소   ④ 수은

해설

[먹는물의 수질기준]
- 무기물질 : 납, 불소, 수은, 비소 등
- 유기물질 : 페놀, 트리할로메탄 등

22 슬루스밸브에 관한 설명으로 옳지 않은 것은?

① 게이트밸브라고도 한다.
② 리프트가 커서 개폐에 시간이 걸린다.
③ 유체의 흐름을 단속하는 대표적인 밸브이다.
④ 유체의 흐름이 90°로 바뀌기 때문에 유체에 대한 저항이 크다.

해설

[슬루스밸브]
④ 앵글밸브의 설명이다.

23 유체의 성질과 관련하여 다음 설명이 의미하는 것은?

> 에너지보존의 법칙을 유체의 흐름에 적용한 것으로서 유체가 갖고 있는 운동에너지, 중력에 의한 위치에너지 및 압력에너지의 총합은 흐름 내 어디에서나 일정하다.

① 파스칼의 원리
② 스토크스의 법칙
③ 뉴턴의 점성법칙
④ 베르누이의 정리

해설

[베르누이 방정식(또는 정리)]
베르누이의 정리는 유체의 운동에너지, 위치에너지, 압력에너지의 합은 일정하다는 에너지보존법칙의 유체흐름 적용식이다.

24 급탕방식 중 기수혼합식에 관한 설명으로 옳은 것은?

① 물을 열원으로 사용한다.
② 열효율이 낮다는 단점이 있다.
③ 공장의 목욕탕 등에 적합하다.
④ 소음이 적어 사일렌서를 사용할 필요가 없다.

해설

[급탕방식 중 기수혼합식]
- 기수혼합식은 증기를 물에 직분사하여 급탕
- 열효율이 100 %로 좋으나 소음이 커서 사일렌서(소음기)를 사용해야 한다.

정답 ▶ 21 ② 22 ④ 23 ④ 24 ③

25 펌프의 전양정이 30 m이며, 양수량이 2000 L/min일 때, 양수펌프의 축동력은? (단, 펌프의 효율은 80 %이다)

① 약 9.8 kW ② 약 12.3 kW
③ 약 13.3 kW ④ 약 16.7 kW

해설

[펌프의 축동력]

$$P[kW] = \frac{1000HQ}{102\eta}$$

$$= \frac{1000 \times 30 \times \frac{2}{60}}{102 \times 0.8} = 12.25\ kW$$

26 급탕설비의 안전장치에 관한 설명으로 옳지 않은 것은?

① 팽창관의 배수는 간접배수로 한다.
② 팽창관의 도중에는 체크밸브를 설치하여 개폐를 원활하게 한다.
③ 팽창관은 보일러, 저탕조 등 밀폐 가열장치 내의 압력상승을 도피시키는 역할을 한다.
④ 안전밸브는 가열장치 내의 압력이 설정압력을 넘는 경우에 압력을 도피시키기 위해 탕을 방출하는 밸브이다.

해설

[급탕설비의 안전장치]
② 팽창관 도중에는 어떠한 밸브도 설치하지 않는다.

27 어느 사무소 건물의 연면적이 5000 m² 일 때 1일 예상 급수량은? (단, 이 건물의 유효면적과 연면적의 비는 60 %이고, 유효면적당 인원은 0.2 인/m²이며, 1인 1일당 급수량은 100 L이다)

① 30 m³/d ② 60 m³/d
③ 300 m³/d ④ 600 m³/d

해설

[1일 예상 급수량]
Q = 5000 × 0.6 × 0.2 × 100
  = 60000 L/d = 60 m³/d

28 직관 내의 마찰손실수두와 관련된 달시 바이스바하의 식에서 유체의 흐름이 층류일 경우 마찰계수 λ는?

① $\lambda = \frac{32}{Re}$ ② $\lambda = \frac{64}{Re}$
③ $\lambda = \frac{Re}{32}$ ④ $\lambda = \frac{Re}{64}$

해설

[층류일 경우 마찰계수 λ]
층류일 경우

마찰계수 $\lambda = \dfrac{64}{Re(레이놀즈수)}$

정답 25 ② 26 ② 27 ② 28 ②

29 다음 중 간접배수로 하여야 하는 것은?

① 세면기 ② 대변기
③ 소변기 ④ 식기세정기

해설

[간접배수와 직접배수]
- 간접배수 필요 기구 : 식기세척기(세정기), 제빙기, 세탁기, 냉장·제빙 드레인 등
- 직접배수 가능 기구 : 세면기, 대변기, 소변기, 욕조 등 위생기구

30 급수배관의 설계 및 시공에 관한 설명으로 옳지 않은 것은?

① 구조체의 관통부에는 슬리브를 사용한다.
② 물이 고일 수 있는 부분에는 퇴수밸브를 설치한다.
③ 음료용 배관과 비음료용 배관을 크로스 커넥션 하지 않는다.
④ 급수관과 배수관이 교차될 경우, 배수관은 급수관 위에 매설한다.

해설

[급수배관의 설계 및 시공]
급수관과 배수관이 교차될 경우, 배수관은 급수관 아래에 설치하여 매설 오염 가능성을 낮춘다.

보충 크로스 커넥션(cross connection)
: 급수배관과 오수·유해배관이 연결되어 오염될 위험을 뜻함

31 다음 설명에 알맞은 유체 정역학 관련 이론은?

> 밀폐된 용기에 넣은 유체의 일부에 압력을 가하면, 이 압력은 모든 방향으로 동일하게 전달되어 벽면에 작용한다.

① 파스칼의 원리
② 피토관의 원리
③ 베르누이의 정리
④ 토리첼리의 정리

해설

[파스칼의 원리(Pascal's Principle)]
밀폐된 용기 속 유체에 가한 압력은 방향과 관계없이 모든 면에 동일하게 전달된다.

32 급탕설비에 있어서 순환펌프 순환수량을 산출하는 데 필요한 값이 아닌 것은?

① 배관 길이
② 급탕 사용수량
③ 급탕과 반탕의 온도차
④ 배관 단위길이당 열손실량

해설

[순환펌프 순환수량 산출]
순환펌프 순환 수량은 배관의 열손실을 보충하기 위한 것으로 급탕 사용 수량과는 관계없다.

33 역류를 방지하여 오염으로부터 상수계통을 보호하기 위한 방법으로 적절하지 않은 것은?

① 토수구 공간을 둔다.
② 역류방지밸브를 설치한다.
③ 대기압식 또는 가압식 진공브레이커를 설치한다.
④ 수압이 0.4 MPa을 초과하는 계통에는 감압밸브를 부착한다.

해설
[상수계통을 보호하기 위한 방법]
④ 수압이 높을 때는 감압밸브로 기기 보호와 수격·소음을 저감한다. 이는 역류 방지 대책이 아니다.

34 간접가열식 급탕법에 관한 설명으로 옳은 것은?

① 대규모 급탕설비에는 사용할 수 없다.
② 저탕조 내면에 스케일의 발생이 심하다.
③ 급탕용 고압보일러만을 사용하여야 한다.
④ 보일러에서 만들어진 증기 또는 고온수를 열원으로 한다.

해설
[간접가열식 급탕법]
간접가열식 대규모 급탕설비에 주로 사용되며, 직접가열식은 저탕조 내면에 스케일의 발생이 심하나 간접가열식은 발생이 없다. 간접가열식 급탕과 난방 겸용이 가능하고 저압보일러를 사용할 수 있다.

35 배관설비에 사용되는 신축이음쇠에 속하지 않는 것은?

① 루프형
② 슬리브형
③ 벨로즈형
④ 플랜지형

해설
[플랜지]
플랜지는 일반적 배관이음으로 유지보수를 위한 이음으로 신축하지 않는다.

36 원심식 펌프로 회전차 주위에 디퓨저인 안내 날개를 가지고 있는 펌프는?

① 터빈펌프
② 기어펌프
③ 피스톤펌프
④ 볼류트펌프

해설
[원심펌프의 종류 및 특성]

구분	안내날개	유량	양정
볼류트펌프	없음	대유량	저양정
터빈펌프	있음	소유량	고양정

정답 33 ④ 34 ④ 35 ④ 36 ①

37 건물 내의 급수방식에 관한 설명으로 옳은 것은?

① 수도직결방식은 고층의 급수방법에 적합하다.
② 고가수조방식에서의 급수압력은 항상 변동한다.
③ 압력수조방식에서는 수조를 건물 상부에 설치해야 하므로 건축 구조상 부담이 된다.
④ 펌프직송방식에서 펌프 운전방식은 펌프의 대수를 제어하는 정속방식과 회전수를 제어하는 변속방식으로 분류할 수 있다.

> **해설**
>
> [건물 내의 급수방식]
> ① 수도직결방식은 저층 건물에 적합하며 고층 급수에는 부적합하다.
> ② 고가수조방식에서의 급수압력은 수두차에 의해 비교적 일정하다.
> ③ 압력수조방식은 수조를 건물 하부에 설치할 수 있어 건축 구조상 부담이 적다.

38 캐비테이션의 방지방법으로 옳지 않은 것은?

① 흡입양정을 필요 이상으로 높게 하지 않는다.
② 흡입 조건이 나쁜 경우는 비속도를 작게 하기 위해 회전수가 작은 펌프를 사용한다.
③ 흡수관을 가능한 한 짧고 굵게 함과 동시에 관 내에 공기가 체류하지 않도록 배관한다.
④ 설계상의 펌프 운전범위 내에서 항상 필요 NPSH가 유효 NPSH보다 크게 되도록 배관계획을 한다.

> **해설**
>
> [캐비테이션의 방지방법]
> ④ 설계상의 펌프 운전범위 내에서 항상 유효 NPSH가 필요 NPSH보다 크게 되도록 배관계획을 한다.

정답 ● 37 ④ 38 ④

39 워터해머를 방지하기 위한 방법으로 옳지 않은 것은?

① 급폐쇄형 수도꼭지를 사용한다.
② 관 내의 수압은 평상시 높아지지 않도록 구획한다.
③ 배관은 가능한 한 우회하지 않고 직선이 되도록 계획한다.
④ 수압이 0.4 MPa을 초과하는 계통에는 감압밸브를 부착하여 적절한 압력으로 감압한다.

해설
[워터해머를 방지대책]
(1) 워터해머 방지를 위해서는 완폐쇄형(서서히 닫히는) 수도꼭지를 사용한다.
(2) 급폐쇄형은 밸브를 빠르게 닫아 워터해머를 유발하므로 방지대책이 아니다.

40 고가수조의 유효용량 산정 시 기준이 되는 급수량은?

① 1일 급수량
② 시간평균예상급수량
③ 순간최대예상급수량
④ 시간최대예상급수량

해설
[고가수조의 유효용량 산정]
(1) 고가수조의 유효용량 산정 기준은 순간최대예상급수량이다.
(2) 고가수조의 유효용량 = 시간 최대 예상급수량 × 2~3시간

3과목 공기조화설비

41 국부저항의 상당길이에 관한 설명으로 옳지 않은 것은?

① 배관의 지름이 커질수록 상당길이는 길어진다.
② 45° 표준 엘보보다는 90° 표준 엘보의 상당 길이가 길다.
③ 밸브류의 경우 개폐도(開閉度)가 작을수록 상당길이는 길어진다.
④ 동일한 배관 지름, 전개(全開)일 경우 앵글밸브보다 게이트밸브의 상당길이가 길다.

해설
[국부저항의 상당길이]
게이트밸브는 전개 시 저항이 거의 없고, 앵글밸브는 방향전환이 있어 저항이 크다. 따라서 게이트밸브의 상당길이가 짧아야 옳다.

42 팬코일 유닛방식과 단일덕트방식을 병용하여 사용하는 경우에 관한 설명으로 옳지 않은 것은?

① 창면에 콜드 드래프트를 방지할 수 있다.
② 팬코일 유닛방식은 건물의 외부존의 부하를 담당한다.
③ 대형 건축물의 내부 존과 외부 존을 구분하여 공조하는 시스템이 적용된다.
④ 팬코일 유닛방식을 단독으로 설치한 것과 비교하여 설비비가 적게 든다.

> **해설**

[팬코일 유닛방식과 단일덕트방식의 병용]
병행설치 시 설비비가 증가하나, 부하변동에 적응하고 실내 청정도를 높일 수 있다.

43 500명을 수용하는 극장에서 1인당 이산화탄소 배출량이 20 L/h일 때, 이산화탄소 농도가 0.05 %인 외기를 도입하여 실내의 이산화탄소 농도를 0.1 %로 유지하는 데 필요한 환기량은?

① 15000 m³/h
② 20000 m³/h
③ 25000 m³/h
④ 30000 m³/h

> **해설**

[환기량]
$$Q = \frac{M}{C_i - C_o} = \frac{500 \times 20}{0.001 - 0.0005}$$
$$= 20,000,000 \; L/h = 20,000 \; m^3/h$$

44 흡수식 냉동기의 구성요소 중 용액으로부터 냉매인 수증기와 흡수제인 LiBr로 분리시키는 작용을 하는 곳은?

① 증발기　② 응축기
③ 발생기　④ 흡수기

> **해설**

[흡수식 냉동기]
발생기에서 끓는점의 차이와 가열에 의해 흡수액과 냉매인 수증기가 분리된다.

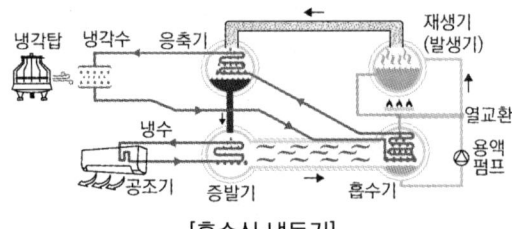

[흡수식 냉동기]

45 냉방부하 중 일사에 의한 유리로부터의 취득 열량에 관한 설명으로 옳지 않은 것은?

① 현열로만 구성되어 있다.
② 유리창의 범위에 따라 다르다.
③ 유리창의 차폐계수가 클수록 취득열량은 크다.
④ 북쪽 창은 햇빛이 닿지 않으므로 일사에 의한 취득열량은 생기지 않는다.

> **해설**

[유리로부터의 취득 열량]
④ 북쪽 창도 하절기 오전·오후, 또는 산란일사와 반사일사로 인해 취득열량이 발생한다.

46 동일 송풍기에서 회전수를 2배로 했을 경우 풍량, 정압 및 소요동력의 변화량으로 옳은 것은?

① 풍량 2배, 정압 4배, 소요동력 8배
② 풍량 2배, 정압 8배, 소요동력 4배
③ 풍량 4배, 정압 4배, 소요동력 8배
④ 풍량 4배, 정압 8배, 소요동력 2배

해설

[상사법칙]
풍량은 회전수에 비례하고 압력은 제곱에 비례, 소요동력은 3제곱에 비례한다. 따라서 회전수를 2배로 했을 경우, 풍량 2배, 정압 $4(=2^2)$배, 소요동력 $8(=2^3)$배가 된다.

※ 상사의 법칙
1) 풍량(유량)$[m^3/s]$
$$Q_2 = \left(\frac{N_2}{N_1}\right)^1 \times \left(\frac{D_2}{D_1}\right)^3 \times Q_1$$
2) 전압[Pa](양정[m])
$$P_2 = \left(\frac{N_2}{N_1}\right)^2 \times \left(\frac{D_2}{D_1}\right)^2 \times P_1$$
3) 동력[kW]
$$L_2 = \left(\frac{N_2}{N_1}\right)^3 \times \left(\frac{D_2}{D_1}\right)^5 \times L_1$$

47 다음과 같은 조건에서 재실인원이 50명인 회의실의 외기 현열부하는?

- 1인당 필요한 외기량 : 80 m^3/h
- 실내온도 : 26 ℃, 외기온도 : 32 ℃
- 공기의 밀도 : 1.2 kg/m^3
- 공기의 정압비열 : 1.01 kJ/kg·K

① 6270 W　② 7240 W
③ 8080 W　④ 9120 W

해설

[외기 현열부하]
$$q = G \times C \times \triangle T = Q \times \rho \times C \times \triangle T$$
$$= (80 \times 50) \times 1.2 \times 1.01 \times (32-26) \times \frac{1000}{3600}$$
$$= 8080\,W$$

48 다음 중 증기와 응축수 사이의 온도차를 이용하는 온도조절식 증기트랩에 속하는 것은?

① 버킷트랩　② 벨로즈트랩
③ 열동식 트랩　④ 플로트트랩

해설

[온도조절식 증기트랩]

구분	응축수 회수 원리	종류
기계식	응축수의 부력을 이용	플로트트랩, 버킷트랩
열동식 (온도조절식)	증기와 응축수의 온도 차이	바이메탈식 트랩, 벨로스트랩
열역학	증기와 응축수의 열역학적 특성 차이	디스크트랩, 오리피스트랩

정답 ● 46 ① 47 ③ 48 ②

49 벽면 취출구에서 공기를 수평으로 취출하는 경우, 취출공기의 이동에 관한 설명으로 옳지 않은 것은?

① 강하거리는 취출기류의 풍속에 비례한다.
② 상승거리는 취출기류의 풍속에 비례한다.
③ 도달거리는 취출기류의 풍속에 비례한다.
④ 강하거리는 취출공기와 실내공기의 온도차에 반비례한다.

해설
[취출공기의 이동]
④ 온도차가 클수록 부력(Thermal Buoyancy)에 의해 기류의 강하나 상승이 더 커진다. 즉, 온도차와 강하거리·상승거리는 비례 관계다.

50 증기난방에 관한 설명으로 옳은 것은?

① 온수난방에 비하여 열용량이 커 예열시간이 길게 소요된다.
② 온수난방에 비하여 부하변동에 따른 방열량 조절이 곤란하다.
③ 온수난방에 비하여 한랭지에서 운전정지 중에 동결의 위험이 크다.
④ 온수난방에 비하여 소요방열면적과 배관경이 크게 되므로 설비비가 높다.

해설
[증기난방]
① 증기난방은 온수난방보다 예열시간이 짧다, 열용량은 물이 더 크다.
③ 증기는 기체 상태라 동결 위험이 없고, 온수난방이 동결 위험이 있다.
④ 증기난방은 소요방열면적, 배관경이 작고 설비비도 낮은 편이다.
보충 증기난방은 방열량 조절이 어렵다.

51 수배관 내 유속에 관한 설명으로 옳지 않은 것은?

① 관 내에 흐르는 유속을 높이면 소음이 증가한다.
② 관 내에 흐르는 유속을 높이면 마찰손실이 감소한다.
③ 관 내에 흐르는 유속을 높이면 펌프의 소요동력이 증가한다.
④ 관 내에 흐르는 유속이 너무 낮으면 배관 내에 혼입된 공기를 밀어내지 못하여 물의 흐름에 대한 저항이 커진다.

해설
[유속과 마찰손실 관계]
마찰손실은 유속의 제곱에 비례하므로, 유속이 높아질수록 마찰손실은 증가한다.

정답 49 ④ 50 ② 51 ②

52 공기여과기를 통과하기 전의 오염 농도가 0.45 mg/m³, 통과한 후의 오염 농도가 0.12 mg/m³일 때, 이 여과기의 여과효율은?

① 약 35 % ② 약 42 %
③ 약 53 % ④ 약 73 %

해설

[여과기의 여과효율]

여과효율 $= \dfrac{0.45 - 0.12}{0.45} \times 100\% = 73.33\%$

53 다음 중 에어와셔에 엘리미네이터(Eliminator)를 설치하는 이유로 가장 알맞은 것은?

① 기내의 기류분포를 고르게 하기 위해
② 섬유 등의 먼지를 효율적으로 제거하기 위해
③ 공기의 감습이 효과적으로 이루어지게 하기 위해
④ 분무된 물방울이 밖으로 나가지 못하도록 하기 위해

해설

[에어와셔에 엘리미네이터]
엘리미네이터의 역할은 공기 중에 포함된 물방울을 제거하여 외부 배관 및 기기의 부식을 방지하고, 실내습도조절의 안정성을 높인다.

54 10 m × 10 m × 3.2 m 크기의 강의실에 35명의 사람이 있을 때 실내의 이산화탄소 농도를 0.1 %로 하기 위해 필요한 환기량은? (단, 1인당 CO_2 발생량은 0.02 m³/h·인이며, 외기의 CO_2 농도는 0.03 %이다)

① 1000 m³/h ② 1400 m³/h
③ 1600 m³/h ④ 2000 m³/h

해설

[환기량]

$Q = \dfrac{M}{C_i - C_o}$

$= \dfrac{35 \times 0.02}{0.001 - 0.0003} = 1000 \, m^3/h$

55 위치수두 10 mAq, 압력수두 30 mAq, 속도 2.5 m/s로 관 속을 흐르는 물의 전수두는?

① 13.06 mAq ② 13.24 mAq
③ 40.32 mAq ④ 42.54 mAq

해설

[전수두]
h = 위치수두 + 압력수두 + 속도수두

$= 10 + 30 + \dfrac{2.5^2}{2 \times 9.8} = 40.32 \, m$

보충 속도수두 $= \dfrac{V^2}{2g}$

정답 52 ④ 53 ④ 54 ① 55 ③

56 보일러에 관한 설명으로 옳지 않은 것은?

① 연관보일러는 예열시간이 길고 수명이 짧다.
② 입형보일러는 설치면적이 작고 취급이 용이하다.
③ 수관보일러는 지역난방 또는 대형건물에 주로 이용된다.
④ 관류보일러는 보유수량이 많으므로 일반 공조용에 많이 이용된다.

해설

[보일러]
관류보일러는 보유수량이 관 내에만 있어 보유수량이 적다.

57 다음 중 원심형 송풍기가 아닌 것은?

① 다익형
② 방사형
③ 후곡형
④ 축류형

해설

[원심형 송풍기]
축류형은 축방향으로 프로펠러와 같이 송풍하는 구조로 원심형이 아니다.

58 냉방부하계산에 관한 설명으로 옳지 않은 것은?

① 외벽구조에 따라 상당온도차는 다르게 나타난다.
② 틈새바람에 의한 부하는 현열과 잠열 모두 고려한다.
③ 틈새바람량 계산법으로는 틈새법, 면적법, 환기횟수법 등이 있다.
④ 유리를 통한 열부하는 일사에 의한 직접 열 취득만을 고려한다.

해설

[냉방부하계산]
④ 유리를 통한 열부하는 일사에 의한 직접 열 취득뿐만 아니라 유리의 열관류도 고려해야 한다.

59 수증기를 만드는 원리에 따라 가습장치를 구분할 경우 다음 중 수분무식에 속하는 것은?

① 전열식 ② 모세관식
③ 초음파식 ④ 적외선식

해설

[가습장치]
• 수분무식 : 원심식, 초음파식, 분무식
• 증기발생식 : 전열식, 전극식, 적외선식

정답 ● 56 ④ 57 ④ 58 ④ 59 ③

60 스모크타워배연법에 관한 설명으로 옳은 것은?

① 송풍기와 덕트를 사용해서 외부로 연기를 배출하는 방식이다.
② 풍력에 의한 흡인효과와 부력을 이용한 배연탑을 사용하여 연기를 배출하는 방식이다.
③ 부력에 의하여 연기를 실의 상부벽이나 천장에 설치된 개구에서 옥외로 배출하는 방식이다.
④ 연기를 일정구획 내에 한정하도록 피난이 완전히 끝난 뒤에 개구부를 자동으로 완전 밀폐하는 방식이다.

해설

[스모크타워배연법]
- 스모크타워배연법 : 타워(배연탑)를 설치하여 굴뚝효과(부력) + 외부 풍력으로 연기를 배출하는 자연배연방식의 일종이다.
- 기계배연법 : 송풍기와 덕트를 이용해 강제로 연기를 외부로 배출하는 기계식 배연이다.
- 밀폐배연법 : 연기를 일정 구획 내에 한정하고, 피난 후 개구부를 완전 밀폐시키는 연기제어방식이다.

4과목 소방 및 전기설비

61 정보통신설비를 정보설비와 통신설비로 구분할 경우, 다음 중 정보설비에 속하지 않는 것은?

① TV공청설비
② 전기시계설비
③ 원격검침설비
④ 홈네트워크설비

해설

[정보통신설비]
- 정보설비 : 정보의 저장, 처리, 제어, 보안, 자동화, 네트워크 등 정보 관련 기능을 수행하는 설비 (홈네트워크설비 : 주택 내 정보통신 및 가전기기 등의 상호 연계를 통해 통합된 주거서비스를 제공하는 설비)
- 통신설비 : 음성, 데이터, 영상 등 정보를 송수신하는 설비

정답 60 ② 61 ①

62 소화방법에 관한 설명으로 옳지 않은 것은?

① 희석소화는 가연물질 주변의 공기 중 산소의 농도를 낮추는 소화방법이다.
② 냉각소화는 가연물질의 온도를 낮추어 연소의 진행을 억제하는 소화방법이다.
③ 제거소화는 가연물질은 원천적으로 제거하여 연소반응이 진행되는 것을 제거하는 소화방법이다.
④ 부촉매소화는 연소반응에서 화학적 작용을 통해 연쇄적 반응으로 화재 진행을 억제하는 소화방법이다.

해설

[소화]
희석소화는 가연물을 희석하여 연소범위를 벗어나게 하여 소화하는 방법이다.

63 220 V용 200 W 전구에 흐르는 전류는?

① 약 0.5 A ② 약 0.9 A
③ 약 2.2 A ④ 약 4.4 A

해설

[전류]
$P = VI$
$200 = 220 \times I$
$I = 0.9 A$

64 제연설비의 비상전원에 관한 설명으로 옳지 않은 것은?

① 비상전원은 실내에 설치하지 않는다.
② 제연설비를 유효하게 20분 이상 작동할 수 있도록 한다.
③ 비상전원의 설치장소는 다른 장소와 방화구획으로 구획한다.
④ 상용전원으로부터 전력의 공급이 중단된 때에는 자동으로 비상전원으로부터 전력을 공급받을 수 있도록 한다.

해설

[제연설비]
예비전원을 내장하지 않는 비상조명등의 비상전원은 자가발전설비, 축전지설비 또는 전기저장장치를 다음 각 목의 기준에 따라 설치할 것
① 점검 편리하고 화재 및 침수 등의 재해로 인한 피해를 받을 우려가 없는 곳에 설치
② 상용전원으로부터 전력의 공급이 중단된 때에는 자동으로 비상전원으로부터 전력을 공급받을 수 있도록 할 것
③ 비상전원의 설치장소는 다른 장소와 방화구획할 것(이 경우 그 장소에는 비상전원의 공급에 필요한 기구나 설비 외의 것을 두어서는 안 된다)
④ 비상전원을 실내에 설치하는 때에는 그 실내에 비상조명등을 설치할 것

정답 62 ① 63 ② 64 ①

65 피드백제어방식을 제어동작에 의해 분류할 경우, 다음 중 불연속동작에 속하는 것은?

① 비례동작 ② 미분동작
③ 적분동작 ④ 다위치동작

해설

[제어]

구분		내용
불연속 제어	ON-OFF 제어	단속적 제어동작
	샘플링 (Sampling)	전압, 전류, 위상을 제어
연속 제어	비례제어 (P제어)	잔류 편차(Off Set) 발생
	적분제어 (I제어)	• 잔류 편차(Off Set) 개선 • 시간지연(속응성) 발생
	미분제어 (D제어)	• 시간지연 개선, 잔류 편차(Off Set)존재, 오차방지 • 진동방지, 오버슈트가 커진다.
	비례적분 제어 (PI제어)	• 잔류 편차는 제거되지만 시간지연이 길다. • 간헐현상 존재, 지상보상 요소에 대응한다.
	비례미분 제어 (PD제어)	• 시간지연(응답속응성)을 개선, 잔류 편차는 있다.
	비례미분 적분제어 (PID제어)	시간지연도 향상시키고 잔류 편차도 제거한 제어계로 가장 안정적인 제어계

66 소방시설 관련 설비의 설치 위치에 관한 설명으로 옳지 않은 것은?

① 옥내소화전 방수구는 바닥으로부터의 높이가 1.5 m 이하가 되도록 설치한다.
② 소화기구(자동확산소화기 제외)는 바닥으로부터 높이 1.5 m 이하의 곳에 비치한다.
③ 연결살수설비의 송수구는 지면으로부터 높이가 0.5 m 이상 1.5 m 이하의 위치에 설치한다.
④ 연결송수관설비의 송수구는 지면으로부터 높이가 0.5 m 이상 1 m 이하의 위치에 설치한다.

해설

[연결살수설비]
연결살수설비의 송수구는 지면으로부터 높이가 0.5 m 이상 ~ 1.0 m 이하

67 반대의 극을 갖는 영구 막대자석을 가까이 놓았을 때 상호 간에 작용하는 힘의 종류는?

① 흡인력 ② 반발력
③ 회전력 ④ 마찰력

해설

[정전기력]
(1) 같은 극 : 반발력
(2) 다른 극 : 흡인력

정답 65 ④ 66 ③ 67 ①

68 물분무소화설비에 관한 설명으로 옳지 않은 것은?

① 물의 입자를 미세하게 분무시키는 시스템이다.
② 물을 사용하므로 전기화재에는 적응성이 없다.
③ 냉각작용을 이용하여 소화효과를 얻을 수 있다.
④ 화재 시 발생하는 수증기에 의한 질식작용을 이용하여 소화효과를 얻을 수 있다.

해설

[물분무소화설비]
미분무와 물분무소화설비는 물입자가 작으므로 절연성이 확보되어 C급 화재에 적응성이 있음

69 20 W 형광램프 2개를 하루에 6시간씩 30일 동안 사용하였을 경우 사용전력량은?

① 0.24 kWh   ② 3.6 kWh
③ 7.2 kWh   ④ 10.4 kWh

해설

[전력량]
전기 기구가 일정시간 동안 사용한 전기적 에너지의 양
$W = P \cdot t [W \cdot \sec = J]$
= 20 W × 2 × 6 × 30 = 7200 Wh

70 옥내소화전방수구는 바닥으로부터의 높이가 최대 얼마 이하가 되도록 설치하여야 하는가?

① 0.9 m   ② 1.2 m
③ 1.5 m   ④ 1.8 m

해설

[옥내소화전방수구 높이]
0.8 m 이상 ~ 1.5 m 이하

71 유효전력과 무효전력의 단위와 구분하기 위하여 사용되는 피상전력의 단위는?

① [W]   ② [Ah]
③ [VA]   ④ [VAR]

해설

[전력]
1) 유효전력(P) : 단위[W, kW]
　(1) 부하에서 유효하게 사용되는 전력
　(2) 저항에 의해 소비되는 전력
　$P = P_a \cos\theta = VI\cos\theta = I^2 R = I^2 Z \cos\theta$
2) 무효전력(Pr) : 단위[Var, kVar]
　(1) 실제부하에 사용되지 않는 전력
　(2) 리액턴스에 의해 소비되는 전력
　$P_r = P_a \sin\theta = VI\sin\theta = I^2 X = I^2 Z \sin\theta$
3) 피상전력(Pa) : 단위[VA, kVA]
　(1) 전원에 공급되는 전력
　(2) 임피던스에 의해 소비되는 전력
　$P_a = VI = I^2 Z = \dfrac{V^2}{Z} = \dfrac{P}{\cos\theta}$

정답 ● 68 ② 69 ③ 70 ③ 71 ③

72 자동화재탐지설비의 감지기 중 주위의 공기에 일정 농도 이상의 연기가 포함되었을 때 동작하는 감지기는?

① 불꽃감지기
② 차동식 감지기
③ 이온화식 감지기
④ 보상식 스폿형 감지기

해설

[감지기]
연기감지기의 종류 : 이온화식, 광전식

73 공조설비의 자동제어에서 압력검출소자로 사용되지 않는 것은?

① 모발
② 벨로즈
③ 브로돈관
④ 다이어프램

해설

[모발]
모발은 온도변화에 따른 팽창과 수축을 이용하는 소자

74 C급 화재가 의미하는 화재의 종류는?

① 일반 화재   ② 유류 화재
③ 주방 화재   ④ 전기 화재

해설

[화재]

등급	화재	표시색	적응물질
A급 화재	일반 화재	백색	목재, 섬유, 합성섬유
B급 화재	유류 화재	황색	인화성 액체
C급 화재	전기 화재	청색	통전 중인 전기설비, 기기화재
D급 화재	금속 화재	무색	가연성 금속
K급 화재	식용유 화재	황색	식용유

75 물질이 양(+) 또는 음(-)으로 대전되어 양전기나 음전기를 띠는 현상의 원인은?

① 전자의 이동
② 양성자의 이동
③ 중성자의 이동
④ 원핵자의 이동

해설

[대전]
대전에 따라 전하가 발생되어 도체 한쪽에 +가 다른 한쪽에 -의 전자가 이동 완성됨

정답 72 ③ 73 ① 74 ④ 75 ①

76 다음은 옥외소화전설비의 소화전함 설치에 관한 설명이다. ( ) 안에 알맞은 것은?

> 옥외소화전이 10개 이하 설치된 때에는 옥외 소화전마다 ( ) 이내의 장소에 1개 이상의 소화전함을 설치하여야 한다.

① 5 m ② 10 m
③ 15 m ④ 20 m

해설

[옥외소화전함의 설치개수]

옥외소화전	옥외소화전함의 개수
10개 이하	5 m 이내의 장소에 각각 1개 이상 설치
11개 이상 30개 이하	11개 이상의 소화전함을 각각 분산하여 설치
31개 이상	옥외소화전 3개마다 1개 이상 설치

77 교류회로의 역률을 올바르게 표현한 것은?

① $\dfrac{피상전력}{무효전력}$ ② $\dfrac{피상전력}{유효전력}$

③ $\dfrac{무효전력}{피상전력}$ ④ $\dfrac{유효전력}{피상전력}$

해설

[역률($\cos\theta$)]
⑴ 교류회로에서 유효전력과 피상전력과의 비, 전압과 전류의 여현대칭(우함수)
⑵ 수식 : $\cos\theta = \dfrac{P}{P_a}$

$\cos\theta = \dfrac{P}{VI} \times 100(\%)$

$\cos\theta = \sqrt{1-\sin^2\theta}$

78 자동화재탐지설비의 감지기 설치에 관한 설명으로 옳지 않은 것은?

① 천장 또는 반자의 옥내에 면하는 부분에 설치한다.
② 정온식 및 보상식 감지기는 실내로의 공기유입구로부터 0.5 m 이상 떨어진 위치에 설치한다.
③ 보상식 스포트형 감지기는 정온점이 감지기 주위의 평상시 최고온도보다 20 ℃ 이상 높은 것으로 설치한다.
④ 정온식 감지기는 주방·보일러실 등으로서 다량의 화기를 취급하는 장소에 설치하되, 공칭작동온도가 최고주위온도보다 20 ℃ 이상 높은 것으로 설치한다.

해설

[열감지기 설치기준]
⑴ 천장 또는 반자의 옥내에 면하는 부분에 설치
⑵ 실내로의 공기유입구로부터 1.5 m 이상 이격 (차동식 분포형 제외)

정답 76 ① 77 ④ 78 ②

79 자동제어방식 중 디지털방식에 관한 설명으로 옳지 않은 것은?

① 자기진단 기능을 보유하고 있다.
② 기능의 고급화를 도모할 수 있다.
③ 제어의 정밀도가 낮으며 신뢰성이 다소 떨어진다.
④ 각종 제어로직은 손쉽게 소프트웨어에 의해 조정될 수 있다.

해설

[디지털방식]
디지털신호는 0과 1의 이진수를 사용하므로 노이즈에 강하며, 비트 수 증가로 제어의 정밀도가 높음

80 차동식 분포형 화재감지기에 속하지 않는 것은?

① 스폿식   ② 공기관식
③ 열전대식 ④ 열반도체식

해설

[감지기]

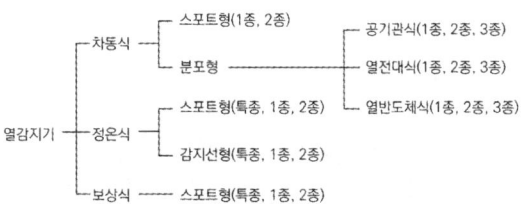

- 차동식 스폿형 : 일국소의 열효과를 검출하여 감지부와 검출부가 통합되어 있는 구조
- 차동식 분포형 : 넓은 범위의 열효과를 검출

5과목 건축설비 관계법규

81 건축물의 에너지절약설계기준에 따른 기계부분의 권장사항 내용으로 옳지 않은 것은? [법령 개정으로 인한 문제 수정]

① 열원설비는 부분부하 및 전부하 운전 효율이 좋은 것을 선정한다.
② 환기를 통한 에너지손실 저감을 위해 성능이 우수한 열회수형환기장치를 설치한다.
③ 난방기기, 냉방기기, 냉동기, 송풍기, 펌프 등은 부하조건에 따라 최고의 성능을 유지할 수 있도록 대수분할 또는 비례제어운전이 되도록 한다.
④ 난방 및 냉방설비의 용량계산을 위한 설계기준 실내온도는 난방의 경우 18℃, 냉방의 경우 26℃를 기준으로 한다.

해설

[기계부문의 권장사항]
[건축물의 에너지절약설계기준]
제9조(기계부문의 권장사항)
에너지절약계획서 제출대상 건축물의 건축주와 설계자 등은 다음 각 호에서 정하는 사항을 제15조의 규정에 적합하도록 선택적으로 채택할 수 있다.
1. 설계용 실내온도 조건
   난방 및 냉방설비의 용량계산을 위한 설계기준 실내온도는 난방의 경우 20℃, 냉방의 경우 28℃를 기준으로 하되(목욕장 및 수영장은 제외) 각 건축물 용도 및 개별 실의 특성에 따라 별표 8에서 제시된 범위를 참고하여 설비의 용량이

과다해지지 않도록 한다.
2. 열원설비
   가. 열원설비는 부분부하 및 전부하 운전효율이 좋은 것을 선정한다.
   나. 난방기기, 냉방기기, 냉동기, 송풍기, 펌프 등은 부하조건에 따라 최고의 성능을 유지할 수 있도록 대수분할 또는 비례제어운전이 되도록 한다.
5. 환기 및 제어설비
   가. 환기를 통한 에너지손실 저감을 위해 성능이 우수한 열회수형환기장치를 설치한다.

82 다음 중 건축기준의 허용오차로 옳지 않은 것은?

① 건축선의 후퇴거리 : 3 % 이내
② 건축물의 벽체두께 : 3 % 이내
③ 건축물의 출구너비 : 5 % 이내
④ 인접건축물과의 거리 : 3 % 이내

해설

[건축허용오차]
[건축법 시행규칙] - 별표5 : 건축허용오차
1. 대지 관련 건축기준의 허용오차

항목	허용되는 오차의 범위
건축선의 후퇴거리	3퍼센트 이내
인접대지 경계선과의 거리	3퍼센트 이내
인접건축물과의 거리	3퍼센트 이내
건폐율	0.5퍼센트 이내(건축면적 5제곱미터를 초과할 수 없다)
용적률	1퍼센트 이내(연면적 30제곱미터를 초과할 수 없다)

2. 건축물 관련 건축기준의 허용오차

항목	허용되는 오차의 범위
건축물 높이	2퍼센트 이내(1미터를 초과할 수 없다)
평면길이	2퍼센트 이내(건축물 전체길이는 1미터를 초과할 수 없고, 벽으로 구획된 각 실의 경우에는 10센티미터를 초과할 수 없다)
출구너비	2퍼센트 이내
반자높이	2퍼센트 이내
벽체두께	3퍼센트 이내
바닥판두께	3퍼센트 이내

83 건축물에 설치하는 굴뚝의 옥상 돌출부는 지붕면으로부터의 수직거리를 최소 얼마 이상으로 하여야 하는가?

① 0.5 m 이상
② 0.7 m 이상
③ 0.9 m 이상
④ 1.0 m 이상

해설

[굴뚝의 옥상 돌출부]
[건축물의 피난·방화구조 등의 기준에 관한 규칙]
제20조(건축물에 설치하는 굴뚝)
영 제54조에 따라 건축물에 설치하는 굴뚝은 다음 각 호의 기준에 적합하여야 한다.
1. 굴뚝의 옥상 돌출부는 지붕면으로부터의 수직거리를 1미터 이상으로 할 것. 다만 용마루·계단탑·옥탑등이 있는 건축물에 있어서 굴뚝의 주위에 연기의 배출을 방해하는 장애물이 있는 경우에는 그 굴뚝의 상단을 용마루·계단탑·옥탑등보다 높게 하여야 한다.

84 특별시나 광역시에 건축하는 경우 특별시장이나 광역시장의 허가를 받아야 하는 대상건축물의 층수 기준은?

① 층수가 10층 이상인 건축물
② 층수가 15층 이상인 건축물
③ 층수가 21층 이상인 건축물
④ 층수가 31층 이상인 건축물

해설

[건축허가]
[건축법 시행령] 제8조(건축허가)
① 법 제11조 제1항 단서에 따라 특별시장 또는 광역시장의 허가를 받아야 하는 건축물의 건축은 층수가 21층 이상이거나 연면적의 합계가 10만 제곱미터 이상인 건축물의 건축(연면적의 10분의 3 이상을 증축하여 층수가 21층 이상으로 되거나 연면적의 합계가 10만 제곱미터 이상으로 되는 경우를 포함한다)을 말한다.

85 건축법령상 다중이용 건축물에 속하지 않는 것은? (단, 15층 이하이며, 해당 용도로 쓰는 바닥면적의 합계가 5000 m^2 이상인 건축물)

① 종교시설
② 판매시설
③ 위락시설
④ 의료시설 중 종합병원

해설

[정의 - 다중이용 건축물]
[건축법 시행령] 제2조(정의)
17. "다중이용 건축물"이란 다음 각 목의 어느 하나에 해당하는 건축물을 말한다.
  가. 다음의 어느 하나에 해당하는 용도로 쓰는 바닥면적의 합계가 5천 제곱미터 이상인 건축물
    1) 문화 및 집회시설(동물원 및 식물원은 제외한다)
    2) 종교시설
    3) 판매시설
    4) 운수시설 중 여객용 시설
    5) 의료시설 중 종합병원
    6) 숙박시설 중 관광숙박시설
  나. 16층 이상인 건축물
※ 위락시설은 '준다중이용건축물'이다.

86 욕실 또는 조리장의 바닥과 그 바닥으로부터 높이 1 m까지의 안벽의 마감을 내수재료로 하여야 하는 대상에 속하지 않는 것은?

① 아파트의 욕실
② 숙박시설의 욕실
③ 제1종 근린생활시설 중 목욕장의 욕실
④ 제1종 근린생활시설 중 휴게음식점의 조리장

해설

[방습 조치]
[건축물의 피난·방화구조 등의 기준에 관한 규칙] 제18조(거실등의 방습)
② 영 제52조에 따라 다음 각 호의 어느 하나에 해당하는 욕실 또는 조리장의 바닥과 그 바닥으로

부터 높이 1미터까지의 안쪽벽의 마감은 이를 내수재료로 해야 한다.
1. 제1종 근린생활시설 중 목욕장의 욕실과 휴게음식점의 조리장
2. 제2종 근린생활시설 중 일반음식점 및 휴게음식점의 조리장과 숙박시설의 욕실

87 건축법령상 제1종 근린생활시설에 속하지 않는 것은?

① 미용원 ② 치과의원
③ 마을회관 ④ 일반음식점

해설

[제1종 근린생활시설]
[건축법 시행령] 별표 1 : 용도별 건축물의 종류
3. 제1종 근린생활시설
　다. 이용원, 미용원, 목욕장, 세탁소 등 사람의 위생관리나 의류 등을 세탁·수선하는 시설(세탁소의 경우 공장에 부설되는 것과 「대기환경보전법」, 「물환경보전법」 또는 「소음·진동관리법」에 따른 배출시설의 설치 허가 또는 신고의 대상인 것은 제외한다)
　라. 의원, 치과의원, 한의원, 침술원, 접골원(接骨院), 조산원, 안마원, 산후조리원 등 주민의 진료·치료 등을 위한 시설
　사. 마을회관, 마을공동작업소, 마을공동구판장, 공중화장실, 대피소, 지역아동센터(단독주택과 공동주택에 해당하는 것은 제외한다) 등 주민이 공동으로 이용하는 시설
※ 일반음식점은 제2종 근린생활시설이다.

88 건축물의 설비기준 등에 관한 규칙에 따라 피뢰설비를 설비하여야 하는 대상 건축물의 높이 기준은?

① 10 m 이상 ② 15 m 이상
③ 20 m 이상 ④ 30 m 이상

해설

[피뢰설비]
[건축물의 설비기준 등에 관한 규칙]
제20조(피뢰설비)
영 제87조 제2항에 따라 낙뢰의 우려가 있는 건축물, 높이 20미터 이상의 건축물 또는 영 제118조 제1항에 따른 공작물로서 높이 20미터 이상의 공작물(건축물에 영 제118조 제1항에 따른 공작물을 설치하여 그 전체 높이가 20미터 이상인 것을 포함한다)에는 다음 각 호의 기준에 적합하게 피뢰설비를 설치해야 한다.

89 자동화재탐지설비를 설치하여야 하는 특정소방대상물에 속하지 않는 것은?

① 위락시설로서 연면적 600 m² 이상인 것
② 숙박시설로서 연면적 600 m² 이상인 것
③ 문화 및 집회시설로서 연면적 1000 m² 이상인 것
④ 근린생활시설 중 목욕장으로서 연면적 800 m² 이상인 것

정답 ● 87 ④ 88 ③ 89 ④

> **해설**

[특정소방대상물]
[소방시설설치 및 관리에 관한 법률 시행령]
별표 4 : 특정소방대상물의 관계인이 특정소방대상물에 설치·관리해야 하는 소방시설의 종류
다. 자동화재탐지설비를 설치해야 하는 특정소방대상물은 다음의 어느 하나에 해당하는 것으로 한다.
  1) 공동주택 중 아파트등·기숙사 및 숙박시설의 경우에는 모든 층
  2) 층수가 6층 이상인 건축물의 경우에는 모든 층
  3) 근린생활시설(목욕장은 제외한다), 의료시설(정신의료기관 및 요양병원은 제외한다), 위락시설, 장례시설 및 복합건축물로서 연면적 600 m² 이상인 경우에는 모든 층
  4) 근린생활시설 중 목욕장, 문화 및 집회시설, 종교시설, 판매시설, 운수시설, 운동시설, 업무시설, 공장, 창고시설, 위험물 저장 및 처리 시설, 항공기 및 자동차 관련 시설, 교정 및 군사시설 중 국방·군사시설, 방송통신시설, 발전시설, 관광휴게시설, 지하상가로서 연면적 1천 m² 이상인 경우에는 모든 층

90 방염성능 기준 이상의 실내장식물 등을 설치하여야 하는 특정소방대상물에 속하는 것은?

① 수영장
② 판매시설
③ 숙박시설
④ 실내수영장

> **해설**

[방염성능 기준]
[소방시설설치 및 관리에 관한 법률 시행령]
제30조(방염성능 기준 이상의 실내장식물 등을 설치해야 하는 특정소방대상물)
법 제20조 제1항에서 "대통령령으로 정하는 특정소방대상물"이란 다음 각 호의 것을 말한다.
1. 근린생활시설 중 의원, 치과의원, 한의원, 조산원, 산후조리원, 체력단련장, 공연장 및 종교집회장
2. 건축물의 옥내에 있는 다음 각 목의 시설
   가. 문화 및 집회시설
   나. 종교시설
   다. 운동시설(수영장은 제외한다)
3. 의료시설
4. 교육연구시설 중 합숙소
5. 노유자시설
6. 숙박이 가능한 수련시설
7. 숙박시설
8. 방송통신시설 중 방송국 및 촬영소
9. 「다중이용업소의 안전관리에 관한 특별법」 제2조 제1항 제1호에 따른 다중이용업의 영업소(이하 "다중이용업소"라 한다)
10. 제1호부터 제9호까지의 시설에 해당하지 않는 것으로서 층수가 11층 이상인 것(아파트등은 제외한다)

정답 90 ③

91 지능형 건축물의 인증에 관한 설명으로 옳지 않은 것은?

① 지능형 건축물 인증기준에는 인증표시 홍보기준, 유효기간 등의 사항이 포함된다.
② 산업통상자원부장관은 지능형 건축물의 인증을 위하여 인증기관을 지정할 수 있다.
③ 국토교통부장관은 지능형 건축물의 건축을 활성화하기 위하여 지능형 건축물 인증제도를 실시한다.
④ 허가권자는 지능형 건축물로 인증 받은 건축물에 대하여 조경설치면적을 100분의 85까지 완화하여 적용할 수 있다.

해설

[지능형 건축물]
[건축법] 제65조의2(지능형 건축물의 인증)
① <u>국토교통부장관은 지능형 건축물[Intelligent Building]의 건축을 활성화하기 위하여 지능형 건축물 인증제도를 실시한다.</u>
② <u>국토교통부장관</u>은 제1항에 따른 <u>지능형 건축물의 인증을 위하여 인증기관을 지정할 수 있다.</u>
③ 지능형 건축물의 인증을 받으려는 자는 제2항에 따른 인증기관에 인증을 신청하여야 한다.
④ 국토교통부장관은 건축물을 구성하는 설비 및 각종 기술을 최적으로 통합하여 건축물의 생산성과 설비 운영의 효율성을 극대화할 수 있도록 다음 각 호의 사항을 포함하여 <u>지능형 건축물 인증기준</u>을 고시한다.
1. 인증기준 및 절차
2. <u>인증표시 홍보기준</u>
3. <u>유효기간</u>
4. 수수료
5. 인증 등급 및 심사기준 등
⑤ 제2항과 제3항에 따른 인증기관의 지정 기준, 지정 절차 및 인증 신청 절차 등에 필요한 사항은 국토교통부령으로 정한다.
⑥ <u>허가권자는 지능형 건축물로 인증을 받은 건축물에 대하여 제42조에 따른 조경설치면적을 100분의 85까지 완화하여 적용할 수 있으며,</u> 제56조 및 제60조에 따른 용적률 및 건축물의 높이를 100분의 115의 범위에서 완화하여 적용할 수 있다.

92 비상용 승강기의 승강장 및 승강로의 구조에 관한 기준 내용으로 옳지 않은 것은?

① 승강로는 당해 건축물의 다른 부분과 방화구조로 구획할 것
② 각 층으로부터 피난층까지 이르는 승강로를 단일구조로 연결하여 설치할 것
③ 승강장에는 노대 또는 외부를 향하여 열 수 있는 창문이나 배연설비를 설치할 것
④ 옥내에 있는 승강자의 바닥면적은 비상용 승강기 1대에 대하여 6 m² 이상으로 설치할 것

해설

[비상용 승강기의 승강장 및 승강로의 구조]
[건축물의 설비기준 등에 관한 규칙]
제10조(비상용 승강기의 승강장 및 승강로의 구조)
법 제64조 제2항에 따른 비상용 승강기의 승강장 및 승강로의 구조는 다음 각 호의 기준에 적합하여야 한다.

정답 ▶ 91 ② 92 ①

2. 비상용 승강기 승강장의 구조
   다. 노대 또는 외부를 향하여 열 수 있는 창문이나 제14조 제2항의 규정에 의한 배연설비를 설치할 것
   바. 승강장의 바닥면적은 비상용 승강기 1대에 대하여 6제곱미터 이상으로 할 것. 다만 옥외에 승강장을 설치하는 경우에는 그러하지 아니하다.
3. 비상용 승강기의 승강로의 구조
   가. 승강로는 당해 건축물의 다른 부분과 내화구조로 구획할 것
   나. 각 층으로부터 피난층까지 이르는 승강로를 단일구조로 연결하여 설치할 것

93 다음은 초고층 건축물에 설치하는 피난 안전구역에 관한 기준 내용이다. ( ) 안에 알맞은 것은?

> 초고층 건축물에는 피난층 또는 지상으로 통하는 직통계단과 직접 연결되는 피난 안전 구역을 지상층으로부터 최대 ( )개 층마다 1개소 이상 설치하여야 한다.

① 10　　② 20
③ 30　　④ 40

해설

[피난안전구역]
[건축법 시행령] 제34조(직통계단의 설치)
③ 초고층 건축물에는 피난층 또는 지상으로 통하는 직통계단과 직접 연결되는 피난안전구역(건축물의 피난·안전을 위하여 건축물 중간층에 설치하는 대피공간을 말한다. 이하 같다)을 지상층으로부터 최대 30개 층마다 1개소 이상 설치하여야 한다.

94 6층 이상의 거실면적의 합계가 11000 m^2인 교육연구시설에 설치하여야 하는 승용 승강기의 최소 대수는? (단, 8인승 승용 승강기인 경우)

① 3대　　② 4대
③ 5대　　④ 6대

해설

[승용 승강기의 최소 대수]
[건축물의 설비기준 등에 관한 규칙]
별표 1의2(승용 승강기의 설치기준)

건축물의 용도	6층 이상의 거실 면적의 합계 3천 제곱미터 이하	3천 제곱미터 초과
1. 가. 문화 및 집회시설(공연장·집회장 및 관람장만 해당한다) 나. 판매시설 다. 의료시설	2대	2대에 3천 제곱미터를 초과하는 2천 제곱미터 이내마다 1대를 더한 대수
2. 가. 문화 및 집회시설(전시장 및 동·식물원만 해당한다) 나. 업무시설 다. 숙박시설 라. 위락시설	1대	1대에 3천 제곱미터를 초과하는 2천 제곱미터 이내마다 1대를 더한 대수
3. 가. 공동주택 나. 교육연구시설 다. 노유자시설 라. 그 밖의 시설	1대	1대에 3천 제곱미터를 초과하는 3천 제곱미터 이내마다 1대를 더한 대수

위 표에 따라 승강기의 대수를 계산할 때 8인승 이상 15인승 이하의 승강기는 1대의 승강기로 보고, 16인승 이상의 승강기는 2대의 승강기로 본다.

정답 93 ③　94 ②

- 3000 m² 까지 기본 1대
- 초과 3000 m²마다 1대 :
  (11000 − 3000) ÷ 3000 = 2.666 …
  ∴ 3대 → 총 4대

95 화재안전기준에 따라 소화기구를 설치하여야 하는 특정소방대상물의 연면적 기준은?

① 10 m² 이상
② 25 m² 이상
③ 33 m² 이상
④ 45 m² 이상

해설

[소화기구 설치]
[소방시설설치 및 관리에 관한 법률 시행령]
별표 4 : 특정소방대상물의 관계인이 특정소방대상물에 설치·관리해야 하는 소방시설의 종류
1. 소화설비
   가. 화재안전기준에 따라 소화기구를 설치해야 하는 특정소방대상물은 다음의 어느 하나에 해당하는 것으로 한다.
   1) 연면적 33 m² 이상인 것. 다만 노유자시설의 경우에는 투척용 소화용구 등을 화재안전기준에 따라 산정된 소화기 수량의 2분의 1 이상으로 설치할 수 있다.

96 다음은 건축물의 에너지절약 설계기준에 따른 용어의 정의이다. ( ) 안에 알맞은 것은?

"투광부"라 함은 창, 문면적의 ( ) 이상이 투과체로 구성된 문, 유리블럭, 플라스틱패널 등과 같이 투과재료로 구성되며, 외기에 접하여 채광이 가능한 부위를 말한다.

① 50 %   ② 60 %
③ 70 %   ④ 80 %

해설

[용어의 정의 − 투광부]
[건축물 에너지 절약 설계기준]
제5조(용어의 정의)
하. "투광부"라 함은 창, 문면적의 50% 이상이 투과체로 구성된 문, 유리블럭, 플라스틱패널 등과 같이 투과재료로 구성되며 외기에 접하여 채광이 가능한 부위를 말한다.

97 건축물의 출입구에 설치하는 회전문은 계단이나 에스컬레이터로부터 최소 얼마 이상의 거리를 두어야 하는가?

① 1 m   ② 2 m
③ 3 m   ④ 4 m

해설

[회전문]
[건축물의 피난·방화구조 등의 기준에 관한 규칙]
제12조(회전문의 설치기준)
영 제39조 제2항의 규정에 의하여 건축물의 출입구에 설치하는 회전문은 다음 각 호의 기준에 적합

정답 95 ③   96 ①   97 ②

하여야 한다.
1. 계단이나 에스컬레이터로부터 2미터 이상의 거리를 둘 것

98 건축법령상 다음과 같이 정의되는 주택의 종류는?

> 주택으로 쓰는 1개 동의 바닥면적(2개 이상의 동을 지하주차장으로 연결하는 경우에는 각각의 동으로 본다) 합계가 660제곱미터를 초과하고, 층수가 4개 층 이하인 주택

① 다중주택 ② 연립주택
③ 다세대주택 ④ 다가구주택

해설

[연립주택]
[건축법 시행령] 별표 1 : 용도별 건축물의 종류
2. 공동주택
  나. 연립주택 : 주택으로 쓰는 1개 동의 바닥면적(2개 이상의 동을 지하주차장으로 연결하는 경우에는 각각의 동으로 본다) 합계가 660제곱미터를 초과하고 층수가 4개 층 이하인 주택

99 다음은 특정소방대상물의 소방시설설치의 면제기준 내용이다. ( ) 안에 알맞은 것은?

> 물분무등소화설비를 설치하여야 하는 차고·주차장에 (　　　)를 화재 안전기준에 적합하게 설치한 경우에는 그 설비의 유효범위에서 설치가 면제된다.

① 연결살수설비
② 옥외소화전설비
③ 옥내소화전설비
④ 스프링클러설비

해설

[특정소방대상물의 소방시설설치]
[소방시설설치 및 관리에 관한 법률 시행령]
별표 5 : 특정소방대상물의 소방시설설치의 면제기준

5. 물분무등 소화설비	물분무등소화설비를 설치해야 하는 차고·주차장에 스프링클러설비를 화재안전기준에 적합하게 설치한 경우에는 그 설비의 유효범위에서 설치가 면제된다.

정답 98 ② 99 ④

100 가구수가 20가구인 주거용 건축물에서 음용수용 급수관의 최소 지름은?

① 25 mm ② 32 mm
③ 40 mm ④ 50 mm

해설

[음용수용 급수관 최소 지름]
[건축물의 설비기준 등에 관한 규칙]
별표 3 : 주거용 건축물 급수관의 지름

가구 또는 세대수	1	2~3	4~5	6~8	9~16	17 이상
급수관 지름의 최소기준 (밀리미터)	15	20	25	32	40	50

정답 100 ④

2021 제1회

건·축·설·비·기·사

1과목 건축일반

01 호텔건축의 조닝(Zoning)에서 공간적으로 성격이 나머지 셋과 다른 하나는?

① 클로크룸 ② 보이실
③ 린넨실   ④ 트렁크실

해설

[조닝(Zoning)]
건축 설계에서 공간을 사용 용도와 법적 규제에 따라 기능별로 나누어 배치하는 일
※ 린넨실, 보이실, 트렁크실은 객실부이다.
• 린넨실 : 린넨류나 침구류를 보관해두는 방
• 보이실 : 객실의 청소, 정비, 정돈 등의 전반적인 업무를 수행하는 '보이(Boy)'들의 대기실
• 트렁크실 : 큰 가방이나 짐을 넣는 장기체류자의 수하물 보관하는 방
※ 클로크룸은 관리부로 호텔에서 겉옷이나 짐, 휴대품을 맡겨두는 임시 보관소이다.

02 3종 기계환기방식이 적합하지 않은 실은?

① 화장실 ② 수술실
③ 주방   ④ 욕실

해설

[제3종 기계환기방식]
제3종 기계환기방식은 배풍기(배기기기)만 설치하고 급기구에 동력을 사용하지 않는 방식으로 유해가스 발생장소, 화장실, 욕실, 주방, 흡연실 등이 적합하다.
※ 수술실은 제1종 환기방식으로 급기기기와 배기기기를 동시에 사용한다.

03 음에 관한 설명으로 옳지 않은 것은?

① 음의 높이는 음의 주파수에 따라 달라진다.
② 음의 크기는 진폭이 큰 음이 진폭이 작은 음보다 크게 느껴진다.
③ 음의 크기를 객관적인 물리적 양의 개념으로 표현하기 위한 단위로 손(Sone)이 있다.
④ 큰 소리와 작은 소리를 동시에 들을 때 큰 소리만 들리고 작은 소리는 들리지 않는 현상을 마스킹효과(Masking Effect)라고 한다.

해설

[소리(음)]
사람의 감각적(청각적) 음의크기가 손(Sone)이다.

정답 01 ① 02 ② 03 ③

04 일사계획에 관한 설명으로 옳지 않은 것은?

① 특수유리나 루버 등을 활용하여 일사를 조절한다.
② 건물 주변에 활엽수보다는 침엽수를 심는 것이 유리하다.
③ 겨울철의 난방 부하를 줄이기 위해 직달일사를 최대한 도입해야 한다.
④ 난방 기간 중에 최대의 일사를 받기 위해서는 남향이 유리하다.

해설

[일사계획]
- 건물 주변에 침엽수보다는 활엽수를 심는 것이 일사 조절에 유리하다
- 여름철에 직사광선을 차단하고 겨울철에 직사광선을 도입할 수 있다.

05 인체의 열적 쾌적감에 영향을 미치는 환경요소에 속하지 않는 것은?

① 기온 ② 공기의 청정도
③ 기류 ④ 습도

해설

[열적 쾌적감(환경요소)]
청정도는 열적요소가 아니다.

2026년 출제범위를 벗어난 문제를 모두 삭제하고, 최신 출제기준에 해당하는 문제만 엄선하여 수록했습니다. 따라서 1과목 문제 수는 실제 출제 수와 다를 수 있습니다.

2과목 위생설비

1회독 시간: 점수:
2회독 시간: 점수:
3회독 시간: 점수:

21 위생기구의 동시 사용률은 기구의 수량과 어떤 관계가 있는가?

① 기구수와 관계없다.
② 기구수가 증가하면 커진다.
③ 기구수가 증가하면 작아진다.
④ 기구수가 증가하면 처음에는 커지다가 작아진다.

해설

[위생기구의 동시 사용률]
기구 수가 많아질수록 각 기구의 동시 사용 가능성은 낮아져, 전체 동시사용률은 감소한다.

22 급탕설비에 있어서 순환펌프 순환수량을 산출하는 데 필요한 값이 아닌 것은?

① 배관 길이
② 급탕 사용수량
③ 급탕과 반탕의 온도차
④ 배관 단위길이당 열손실량

해설

[순환펌프 순환수량 산출]
순환펌프 순환수량은 배관의 열손실을 보충하기 위한 것으로 사용 수량과는 관계없다.

정답 04 ② 05 ② 21 ③ 22 ②

23 급탕설비에서 급탕기기의 부속장치에 관한 설명으로 옳지 않은 것은?

① 온수탱크 상단에는 배수밸브를, 하부에는 진공방지밸브를 설치하여야 한다.
② 안전밸브와 팽창탱크 및 배관 사이에는 차단밸브나 체크밸브 등 어떠한 밸브도 설치되어서는 안 된다.
③ 밀폐형 가열장치에는 일정 압력 이상이면 압력을 도피시킬 수 있도록 도피밸브나 안전밸브를 설치한다.
④ 온수탱크의 보급수관에는 급수관의 압력변화에 의한 환탕의 유입을 방지하도록 역류방지밸브를 설치한다.

해설

[급탕기기의 부속장치]
- 상단 : 진공방지밸브(Vacuum Relief Valve)
  → 탱크 내 진공 발생 방지
- 하단 : 배수밸브(Drain Valve) → 청소·배수용

24 중앙식 급탕방식에 관한 설명으로 옳지 않은 것은?

① 배관에 의해 필요 개소에 급탕할 수 있다.
② 급탕 개수마다 가열기의 설치 스페이스가 필요하다.
③ 기구의 동시이용률을 고려하여 가열장치의 총용량을 적게 할 수 있다.
④ 호텔, 병원 등 급탕 개소가 많고 소요 급탕량도 많이 필요한 대규모 건축물에 채용된다.

해설

[중앙식 급탕방식]
② 이는 개별식(직접가열식)의 설명이다. 중앙식은 공동 가열 후 배관 공급이므로 급탕 개소마다 가열기 설치공간이 필요하지 않다.

25 압력탱크방식 급수법에 관한 설명으로 옳은 것은?

① 취급이 비교적 쉽고 고장도 없다.
② 전력 차단 시에는 사용할 수 없다.
③ 항상 일정한 수압을 유지할 수 있다.
④ 고가탱크방식에 비하여 관리비용이 저렴하고 저양정의 펌프를 사용한다.

해설

[압력탱크방식 급수법]
압력탱크방식은 펌프와 에어컴프레서의 작동을 위해 전력이 필요하므로 전력 차단(정전) 시에는 급수가 불가능하다.

정답 ● 23 ① 24 ② 25 ②

26 다음 그림에서 Ⓐ 부분의 통기관의 명칭은?

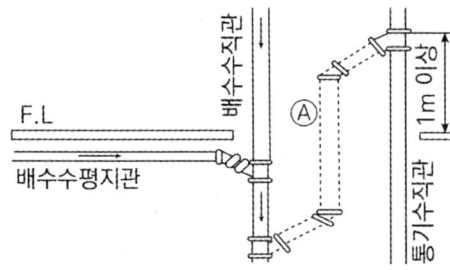

① 각개통기관 ② 신정통기관
③ 회로통기관 ④ 결합통기관

해설
[결합통기관]
배수수직관과 통기수직관을 연결

※ 통기관
1) 각개통기관 : 각 위생기구별 개별 통기관
2) 신정통기관 : 배수수직관을 지붕 위까지 그대로 연장하여 통기관으로 사용하는 방식
3) 회로통기관 : 여러 개의 위생기구를 하나의 통기관으로 연결하는 방식

27 수도직결방식 급수설비에서 수도본관에서 1층에 설치된 샤워기까지의 높이가 2 m이고, 마찰손실압력이 20 kPa, 수도본관의 수압이 150 kPa인 경우 샤워기 입구에서의 수압은? (단, 10 kPa = 1 m)

① 약 110 kPa   ② 약 130 kPa
③ 약 150 kPa   ④ 약 170 kPa

해설
[샤워기 입구에서의 수압]
$H = h_1 + h_2 + h_3$
$150 = 20 + 20 + x$
$x = 110\ kPa$

28 역류를 방지하여 오염으로부터 상수계통을 보호하기 위한 방법으로 적절하지 않은 것은?

① 토수구 공간을 둔다.
② 역류방지밸브를 설치한다.
③ 대기압식 또는 가압식 진공브레이커를 설치한다.
④ 수압이 0.4 MPa을 초과하는 계통에는 감압밸브를 부착한다.

해설
[상수계통을 보호하기 위한 방법]
④ 수압이 높을 때는 감압밸브로 기기 보호와 수격·소음을 저감한다. 이는 역류 방지 대책이 아니다.

29 우리나라의 아파트, 주택에서 주로 사용되는 대변기 급수방식은?

① 세락식   ② 로탱크식
③ 세정밸브식   ④ 하이탱크식

해설
[대변기 급수방식]
주택용 대변기는 주로 로탱크형이다. 로탱크형은 저수압에서도 사용 가능하고 소음이 적어 주택에 적합하다.

정답 26 ④ 27 ① 28 ④ 29 ②

30 급탕배관의 설계 및 시공상의 주의점에 관한 설명으로 옳지 않은 것은?

① 배관에는 관의 신축을 방해받지 않도록 신축이음쇠를 설치한다.
② 상향배관의 경우 급탕관은 상향구배, 반탕관은 하향구배로 한다.
③ 하향배관의 경우는 급탕관은 하향구배, 반탕관은 상향구배로 한다.
④ 배관은 균등한 구배로 하고 역구배나 공기 정체가 일어나기 쉬운 배관 등을 피한다.

해설
[급탕배관의 설계 및 시공상의 주의점]
③ 하향배관의 경우 급탕관은 하향구배, 반탕관 또한 하향구배로 한다(공기정체와 배수불량을 방지하기 위하여).

31 BOD 제거율(%)의 산출 공식으로 옳은 것은?

① $\dfrac{\text{유출수의 } BOD}{\text{유입수의 } BOD} \times 100$

② $\dfrac{\text{유입수의 } BOD}{\text{유출수의 } BOD} \times 100$

③ $\dfrac{\text{유입수의 } BOD - \text{유출수의 } BOD}{\text{유입수의 } BOD} \times 100$

④ $\dfrac{\text{유출수의 } BOD - \text{유입수의 } BOD}{\text{유출수의 } BOD} \times 100$

해설
[BOD 제거율(%)의 산출 공식]
BOD 제거율(%)
$= \dfrac{\text{유입수}BOD - \text{유출수}BOD}{\text{유입수}BOD} \times 100$

32 배수배관의 관경과 구배에 관한 설명으로 옳지 않은 것은?

① 배수관 관경이 클수록 자기세정작용이 커진다.
② 배관의 구배가 너무 크면 유수가 빨리 흘러 고형물이 남게 된다.
③ 배관의 구배가 작으면 고형물을 밀어낼 수 있는 힘이 작아진다.
④ 배수관 관경이 필요 이상으로 크면 오히려 배수의 능력이 저하된다.

해설
[배수배관의 관경과 구배]
배수관은 자기세정을 위한 적정한 유속을 유지하기 위하여 유량에 대하여 관경이 적합해야 한다. 관경이 크면 유속이 느려져 자기세정작용은 작아진다.

정답 30 ③ 31 ③ 32 ①

33 층류와 난류에 관한 설명으로 옳지 않은 것은?

① 층류영역에서 난류영역 사이를 천이영역이라고 한다.
② 층류에서 난류로 천이할 때의 유속을 평균유속이라고 한다.
③ 레이놀즈수에 의해 관 내의 흐름이 층류인지 난류인지를 판별할 수 있다.
④ 유체유동 중 층류는 유체분자가 규칙적으로 층을 이루면서 흐르는 것이다.

해설

[층류와 난류에 관한 설명]
② 층류에서 난류로 천이할 때의 유속을 임계유속(Critical Velocity)이라고 한다.

34 물의 특성에 관한 설명으로 옳지 않은 것은?

① 물은 비압축성 유체이다.
② 물에는 체적의 탄성이 없다.
③ 물의 점성은 온도가 상승하면 감소한다.
④ 순수한 물이 얼게 되면 약 4%의 체적감소가 발생한다.

해설

[물의 특성]
순수한 물이 얼면 약 9% 체적이 팽창한다.

35 배관설비에 사용되는 신축이음쇠에 속하지 않는 것은?

① 루프형 ② 슬리브형
③ 벨로즈형 ④ 플랜지형

해설

[플랜지]
플랜지는 배관 연결용 부품으로, 신축이음쇠에 해당하지 않는다.

36 내경이 150 mm인 직선배관에 0.06 m³/sec의 물이 흐를 때, 배관길이가 50 m일 경우 관 내 마찰손실수두는? (단, 마찰손실계수 f = 0.03)

① 1.2 m ② 3.4 m
③ 5.9 m ④ 11.8 m

해설

[관 내 마찰손실수두]
(1) 배관 내 유속
$Q = AV$
$0.06 = \frac{\pi}{4}(0.15)^2 \times V$
$\therefore V = 3.395 \, m/s$

(2) 마찰손실수두
$h = f \frac{L}{D} \frac{V^2}{2g} = 0.03 \times \frac{50}{0.15} \times \frac{3.395^2}{2 \times 9.8} = 5.88 \, m$

정답 33 ② 34 ④ 35 ④ 36 ③

37 다음 중 간접배수로 하지 않아도 되는 것은?

① 세탁기에서의 배수
② 세면기에서의 배수
③ 냉각탑에서의 배수
④ 식기세정기에서의 배수

해설

[간접배수와 직접배수]
- 세면기의 배수 : 간접배수가 아닌 직접배수방식을 사용한다. 위생기구와 배수관이 직접 연결되어 있기 때문이다.
- 세탁기, 냉각탑, 식기세정기의 배수 : 배수 역류 시 위생상 심각한 문제를 일으키거나 기기 자체에 손상을 줄 수 있어 간접배수가 필수적이다.

38 다음 중 위생설비를 유니트화하여 얻는 이점과 가장 관계가 먼 것은?

① 공기의 단축
② 품질의 향상
③ 공장 작업의 최소화
④ 현장 작업의 안정성 향상

해설

[위생설비를 유니트화하여 얻는 이점]
③ 유니트화는 오히려 공장 작업을 최대화하고 현장 작업을 최소화하는 방식이다.

39 통기설비에 관한 설명으로 옳지 않은 것은?

① 신정통기관의 관경은 배수수직관의 관경보다 작게 해서는 안 된다.
② 각개통기관의 관경은 그것이 접속되는 배수관 관경의 1/2 이상으로 한다.
③ 소벤트시스템은 특수통기방식으로 통기수직관을 사용한 루프통기방식의 일종이다.
④ 간접배수계통의 통기관은 다른 통기계통에 접속하지 말고 단독으로 대기 중에 개구한다.

해설

[통기설비]
③ 소벤트시스템은 특수통기방식으로, 통기수직관을 사용하는 단일수직관방식의 일종이다.

40 원심식 펌프로 회전차 주위에 디퓨저인 안내 날개를 가지고 있는 펌프는?

① 터빈펌프   ② 기어펌프
③ 피스톤펌프 ④ 볼류트펌프

해설

[원심펌프의 종류 및 특성]

구분	안내날개	유량	양정
볼류트펌프	없음	대유량	저양정
터빈펌프	있음	소유량	고양정

정답 37 ② 38 ③ 39 ③ 40 ①

3과목 | 공기조화설비

41 습공기의 건구온도와 습구온도를 알 경우 습공기선도상에서 파악할 수 없는 것은?

① 비체적 ② 노점온도
③ 열수분비 ④ 수증기분압

해설
[습공기선도상에서 파악할 수 없는 것]
열수분비(u)는 선도에서 바로 읽는 값이 아니며, 공기 상태 변화에 따른 엔탈피 변화량과 수분변화량의 계산이 필요하다.

42 저압증기배관에 관한 설명으로 옳지 않은 것은?

① 증기주관 곡부에는 밴드관을 사용한다.
② 순구배 배관의 말단부에는 관말트랩을 설치한다.
③ 배관의 분기부에는 밸브를 설치하여서는 안 된다.
④ 분류·합류에 T이음쇠를 이용하는 경우는 90° T자형을 이용하지 않는다.

해설
[저압증기배관]
③ 배관의 분기부에는 밸브를 설치하여야 고장이나 수리 시 국소적으로 증기 공급을 차단할 수 있다.

43 원형 덕트와 장방형 덕트의 환산식으로 옳은 것은? (단, d : 원형 덕트의 직경 또는 환산 직경, a : 장방형 덕트의 장변길이, b : 장방형 덕트의 단변길이)

① $d = 1.3 \left[\dfrac{(a \cdot b)^5}{(a+b)^2} \right]^{1/8}$

② $d = 1.3 \left[\dfrac{(a \cdot b)^5}{(a-b)^2} \right]^{1/8}$

③ $d = 1.3 \left[\dfrac{(a \cdot b)^2}{(a+b)^5} \right]^{1/8}$

④ $d = 1.3 \left[\dfrac{(a \cdot b)^2}{(a-b)^5} \right]^{1/8}$

해설
[원형 덕트와 장방형 덕트의 환산식]

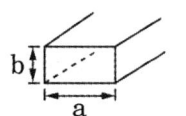 ⇨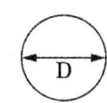
[장방형 덕트]   [원형 덕트]

$$d = 1.3 \left[\dfrac{(a \cdot b)^5}{(a+b)^2} \right]^{\frac{1}{8}}$$

여기서, d : 원형 덕트의 직경 또는 환산 직경
a : 장방형 덕트의 장변
b : 장방형 덕트의 단변

정답 41 ③ 42 ③ 43 ①

44 펌프의 운전점 결정방법으로 옳은 것은?

① 펌프의 정양정이 최소가 되는 점으로 결정된다.
② 펌프의 양정곡선이 교점으로 결정된다.
③ 펌프의 축동력곡선과 효율곡선의 교점으로 결정된다.
④ 펌프의 양정곡선과 배관의 저항곡선의 교점으로 결정된다.

해설

[펌프의 운전점 결정방법]
펌프 운전점은 펌프의 양정곡선과 배관 저항곡선의 교점에서 가장 합리적이다.

45 다음의 송풍기 풍량제어방법 중 축동력이 가장 많이 소요되는 것은?

① 회전수제어
② 흡입베인제어
③ 흡입댐퍼제어
④ 토출댐퍼제어

해설

[송풍기 풍량제어방법]
- 토출댐퍼제어 > 흡입댐퍼제어 > 흡입베인제어 > 회전수제어
- 회전수제어가 가장 경제적, 토출댐퍼제어가 가장 비경제적

46 다음 중 다단펌프를 사용하는 가장 주된 목적은?

① 흡입양정이 큰 경우
② 토출량을 줄이기 위한 경우
③ 높은 토출양정이 필요한 경우
④ 수중에 펌프를 설치하는 경우

해설

[다단펌프를 사용하는 목적]
다단펌프(Multi-stage Pump)는 임펠러를 직렬로 여러 개 배치하여 각 단에서 발생한 압력을 합산하므로, 높은 양정(Head)을 얻는 데 유리하다.

47 다음과 같은 조건에서 실체적 3000 m³인 어떤 실의 틈새바람에 의한 냉방부하는?

- 환기 횟수 = 0.5 회/h
- 외기의 온도 t_0 = 32 ℃
- 실내공기의 온도 t_i = 26 ℃
- 외기 절대습도 X_0 = 0.018 kg/kg'
- 실내공기의 절대습도 X_i = 0.011 kg/kg'
- 공기의 밀도 : 1.2 kg/m³
- 공기의 정압비열 : 1.01 kJ/kg·K
- 0 ℃에서 물의 증발잠열 : 2501 kJ/kg

① 약 2592 W   ② 약 7560 W
③ 약 11784 W   ④ 약 14523 W

해설

[틈새바람에 의한 냉방부하]
(1) 틈새바람의 풍량
 풍량 : $3000 \times 0.5 = 1500 \ m^3/h$
 $\therefore 1500 \times 1.2 \ kg/m^3 = 1800 \ kg/h$
(2) 현열
 현열은 풍량과 건구온도차를 가지고 구함
 현열 : $q[W] = 1800 \times 1.01(32-26) \ kJ/h$
 $\times \dfrac{1000 J/kJ}{3600 s/h} = 3030 \ W$
(3) 잠열
 잠열은 풍량과 절대습도차를 가지고 구함
 잠열 : $q[W] = 1800 \times 2501(0.018-0.011) \ kJ/h$
 $\times \dfrac{1000 \ J/kJ}{3600 \ s/h} = 8753.5 \ W$
(4) 냉방부하
 냉방부하 = 3030 + 8753.5 = 11783.5
 따라서 약 11784 W

48 냉방부하의 발생요인 중 현열부하만 발생하는 것은?

① 인체의 발생열량
② 유리로부터의 취득열량
③ 극간풍에 의한 취득열량
④ 외기의 도입에 의한 취득열량

해설

[냉방부하의 발생요인]
① 인체의 발생열량 : 현열 + 잠열
② 유리로부터의 취득열량 : 현열
③ 극간풍에 의한 취득열량 : 현열 + 잠열
④ 외기의 도입에 의한 취득열량 : 현열 + 잠열

49 냉각탑 주위의 배관에 관한 설명으로 옳지 않은 것은?

① 냉각탑 주위의 세균 감염에 유의하여야 한다.
② 냉각탑 입구 측 배관에는 스트레이너를 설치하여야 한다.
③ 냉각수의 출입구 측 및 보급수관의 입구 측에 플렉시블 조인트를 설치한다.
④ 냉각탑을 중간기 및 동절기에 사용하는 경우 냉각수의 동결방지 및 냉각수온도제어를 고려한다.

해설

[냉각탑 주위의 배관]
② 스트레이너는 보통 펌프 흡입 측(냉각탑 출구 측)에 설치하여 이물질이 펌프 임펠러로 유입되는 것을 방지한다.

50 벽체의 열관류율에 관한 설명으로 옳지 않은 것은?

① 열관류율이 높을수록 단열성능이 좋다.
② 벽체 구성재료의 열전도율이 높을수록 열관류율은 커진다.
③ 벽체에 사용되는 단열재의 두께가 두꺼울수록 열관류율은 낮아진다.
④ 열관류율이 높을수록 외벽의 실내 측 표면에 결로 발생 우려가 커진다.

정답 ▶ 48 ② 49 ② 50 ①

해설

[벽체의 열관류율]
낮아야 단열성능이 좋으며 열이 통과하는 것에 열관류율이 비례

51 습공기에 관한 설명으로 옳은 것은?

① 습공기를 가열하면 상대습도가 증가한다.
② 습공기를 가열하면 상대습도가 감소한다.
③ 습공기를 가열하면 절대습도가 증가한다.
④ 습공기를 가열하면 절대습도가 감소한다.

해설

[습공기]
습공기를 가열하면 상대습도가 감소하고 절대습도는 변함이 없다.

52 열펌프(Heat Pump)에 관한 설명으로 옳은 것은?

① 공기조화에 주로 냉방용으로 응용된다.
② 냉동사이클에서 응축기의 발열량을 이용하기 위한 것이다.
③ GHP(Gas Engine Heat Pump)는 흡수식 냉동기의 원리를 이용한 펌프이다.
④ 냉동기를 냉각목적으로 할 경우의 성적계수보다 열펌프로 사용될 경우의 성적계수가 작다.

해설

[열펌프(Heat Pump)]
GHP(Gas Engine Heat Pump)는 증기압축식 냉동기의 원리를 이용한 펌프이며, 냉동기를 냉각목적으로 할 경우의 성적계수보다 열펌프로 사용될 경우의 성적계수가 1만큼 크다. 열펌프는 냉방뿐만 아니라 난방에도 매우 널리 사용된다.

53 온도 35 ℃의 외기 30 %와 26 ℃의 환기 70 %를 단열혼합하는 경우 혼합공기의 온도는?

① 27.9 ℃   ② 28.7 ℃
③ 30.5 ℃   ④ 32.3 ℃

해설

[혼합공기의 온도]

$$t_{혼합} = \frac{t_1 \times G_1 + t_2 \times G_2}{G_1 + G_2}$$

$$= \frac{35 \times 30 + 26 \times 70}{100} = 28.7$$

정답 51 ②   52 ②   53 ②

54 덕트 내에 흐르는 공기의 풍속이 13 m/s, 정압이 20 mmAq일 때 전압은? (단, 공기의 밀도는 1.2 kg/m³이다)

① 20.34 mmAq ② 28.84 mmAq
③ 30.35 mmAq ④ 36.25 mmAq

해설

[공기의 전압]
- 전압 = 정압 + 동압
- 동압 = $\dfrac{v^2}{2}\rho[Pa] \times \dfrac{10332[mmAq]}{101325[Pa]}$
- 전압 $= 20 + \dfrac{13^2}{2} 1.2 \times \dfrac{10332}{101325} = 30.339\, mmAq$

55 덕트 부속기기 중 스플릿댐퍼에 관한 설명으로 옳지 않은 것은?

① 주덕트의 압력강하가 적다.
② 정밀한 풍량조절이 용이하다.
③ 폐쇄용으로는 사용이 곤란하다.
④ 분기부에 설치하여 풍량조절용으로 사용된다.

해설

[스플릿댐퍼]
스플릿댐퍼는 분기관에 설치하여 풍량을 조절하는 댐퍼이다. 보통 두 개의 판(블레이드)으로 구성되어, 각 분기관의 개도를 조절한다. 정밀 조절에는 적합하지 않다.

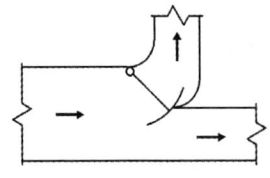

[스플릿댐퍼]

56 덕트의 치수결정법 등 등속법에 관한 설명으로 옳지 않은 것은?

① 덕트를 통해 먼지나 산업용 분말을 이송시키는 데 적당하다.
② 덕트 내의 풍속을 일정하게 유지할 수 있도록 덕트 치수를 결정하는 방법이다.
③ 송풍기 용량을 구하기 위해서는 전체 구간의 압력 손실을 구해야 하는 번거로움이 있다.
④ 미분탄 및 시멘트 분말의 이송에는 덕트 내에 분말이 침적되지 않도록 풍속 5 m/s로 설계한다.

해설

[등속법]
등속법에서 미분탄 및 시멘트 분말의 이송에는 덕트 내에 분말이 침적되지 않도록 속도가 필요하여 풍속 20 ~ 35 m/s 정도로 설계한다.

57 유체의 흐름이 밸브의 아래에서 위로 흐르며 유량조절용으로 사용되는 밸브는?

① 볼밸브   ② 체크밸브
③ 게이트밸브 ④ 글로브밸브

해설

[유량조절용 밸브]
- 글로브밸브 : 유량조절용
- 게이트밸브 : On/Off용

정답 54 ③ 55 ② 56 ④ 57 ④

58 공기의 가습에 관한 설명으로 옳은 것은?

① 온수를 분사하면 공기온도는 올라간다.
② 스팀을 계속 분사하면 상대습도가 100 %를 초과하게 된다.
③ 초음파 가습기로 분무할 경우 공기온도는 변화하지 않는다.
④ 공기온도와 같은 순환수로 가습할 경우 공기의 엔탈피 변화는 거의 없다.

해설

[공기의 가습]
① 온수를 분사하더라도 잠열이 더 크기 때문에 공기온도는 내려간다.
② 스팀을 계속 분사하더라도 상대습도가 100 %를 초과할 수 없다. 과포화 상태가 지속될 수 없다.
③ 초음파 가습기로 분무할 경우 공기온도는 떨어진다. 공기온도와 같은 순환수로 가습할 경우 (단열 순환수 분무 - 외기 도입이 없는 경우) 공기의 엔탈피 변화는 거의 없다.

59 용량이 400 kW인 터보 냉동기에 순환되는 냉수량은? (단, 냉동기 입구의 냉수온도 12 ℃, 출구의 냉수온도 6 ℃, 물의 비열 4.2 kJ/kg·K)

① 46.2 m³/h   ② 57.1 m³/h
③ 83.6 m³/h   ④ 98.6 m³/h

해설

[터보 냉동기에 순환되는 냉수량]
$q = m[kg/s] \times C[kJ/kg \cdot K] \times \Delta t[K]$
$400\,kW = m[kg/s] \times 4.2\,kJ/kg \cdot K \times (12-6)\,K$
$\therefore m = 15.873\,kg/s$
물 1 kg은 1 L이므로
냉수량 $Q = 15.873\,L/s$
이를 $[m^3/h]$으로 단위 변환 시,
$Q[m^3/h] = 15.873\,L/s \times \dfrac{1\,m^3}{1000\,L} \times \dfrac{3600\,s}{1\,h}$
$\therefore Q ≒ 57.1\,m^3/h$

60 공기조화방식 중 유인유닛방식에 관한 설명으로 옳지 않은 것은?

① 각 유닛마다 수배관을 해야 하므로 누수의 우려가 있다.
② 고속덕트를 사용하므로 덕트 스페이스를 작게 할 수 있다.
③ 각 유닛마다 제어가 가능하므로 개별 실제어가 가능하다.
④ 중앙공조기는 1차, 2차 공기를 처리해야 하므로 규모가 커야 한다.

해설

[유인유닛방식]
유인유닛방식에서 중앙공조기는 1차 공기만 처리하고 유닛에서 2차 공기를 처리하므로 상대적으로 중앙공조기의 규모가 작다.

정답 58 ④ 59 ② 60 ④

4과목 소방 및 전기설비

61 무대부에 개방형 스프링클러 헤드를 수평거리 1.7 m, 정방형으로 설치하는 경우 헤드 간 거리는?

① 1.8 m
② 2.1 m
③ 2.4 m
④ 3.4 m

해설

[헤드 간 거리]
S = 2Rcos 45°(정방형)
S = 헤드 간 거리 R = 유효 수평거리(살수반경)
S = 2 × 1.7 × cos 45° = 2.4

62 연결송수관설비에 관한 설명으로 옳은 것은?

① 송수구는 지면으로부터 1 m 이상 1.5 m 이하의 위치에 설치한다.
② 수직배관은 내화구조로 구획되지 않은 계단실 또는 파이프덕트 등에 설치한다.
③ 방수구는 특정소방대상물의 층마다 설치하되, 공동주택과 업무시설의 1층, 2층에는 설치하지 않는다.
④ 배관은 지면으로부터의 높이가 31 m 이상인 특정소방대상물 또는 지상 11층 이상인 특정소방대상물에 있어서는 습식설비로 한다.

해설

[연결송수관설비의 화재안전기술기준(NFTC 502)]
2.1 송수구
　2 지면으로부터 높이가 0.5 m 이상 1 m 이하의 위치에 설치할 것
2.2 배관 등
　연결송수관설비의 배관은 다음 각 호의 기준에 따라 설치하여야 한다.
　① 지면으로부터의 높이가 31 m 이상인 소방대상물 또는 지상 11층 이상인 소방대상물에 있어서는 습식설비로 할 것
　② 연결송수관설비의 수직배관은 내화구조로 구획된 계단실(부속실을 포함한다) 또는 파이프덕트 등 화재의 우려가 없는 장소에 설치해야 한다. 다만 학교 또는 공장이거나 배관주위를 1시간 이상의 내화성능이 있는 재료로 보호하는 경우에는 그렇지 않다.
2.3 방수구
　연결송수관설비의 방수구는 그 소방대상물의 층마다 설치할 것. 다만 다음에 해당하는 층에는 설치하지 아니할 수 있다.
　① 아파트의 1층 및 2층

정답 61 ③ 62 ④

63 습식 스프링클러설비 및 부압식 스프링클러설비 외의 설비에 하향식 스프링클러헤드를 설치할 수 있는 경우가 아닌 것은?

① 개방형 스프링클러헤드를 사용하는 경우
② 드라이펜던트 스프링클러헤드를 사용하는 경우
③ 스프링클러헤드의 설치장소가 동파의 우려가 없는 곳인 경우
④ 수원이 건축물의 최상층에 설치된 헤드보다 높은 위치에 설치된 경우

해설

[스프링클러설비의 화재안전기술기준(NFTC 103)]
2.7.7.7 습식 스프링클러설비 및 부압식 스프링클러설비 외의 설비에는 상향식 스프링클러헤드를 설치할 것. 다만 다음의 어느 하나에 해당하는 경우에는 그렇지 않다.
(1) 드라이펜던트스프링클러헤드를 사용하는 경우
(2) 스프링클러헤드의 설치장소가 동파의 우려가 없는 곳인 경우
(3) 개방형 스프링클러헤드를 사용하는 경우

64 변압기에 관한 설명으로 옳은 것은?

① 전압을 강압(Down)시킬 때만 사용한다.
② 건식 변압기는 화재의 위험성이 있는 장소에 사용이 곤란하다.
③ 몰드 변압기는 내수·내습성이 우수하나 소형, 경량화가 불가능하다는 단점이 있다.
④ 1차 측 코일과 2차 측 코일의 권수비는 1차 측 코일과 2차 측 코일의 교류전압의 비와 같다.

해설

[변압기]
변압기는 전압을 승압(Up)시킬 수 있으며, 건식 변압기는 화재의 위험성이 있는 장소에 사용이 가능하고, 몰드 변압기는 내수·내습성이 우수하고 소형, 경량화가 가능함

65 $v = 100\sin(314t + 60°)$ V인 교류전압의 주기는?

① 0.017초 ② 0.02초
③ 50초   ④ 60초

해설

[주기]
$wt = 314t$
$w = 2\pi f = 314$ $f = 50Hz$
∴ 주기 $= \dfrac{1}{f} = \dfrac{1}{50Hz} = 0.02$초

정답 63 ④ 64 ④ 65 ②

66 경사도가 30° 이하인 에스컬레이터의 공칭속도는 최대 얼마 이하이어야 하는가?

① 0.25 m/s ② 0.5 m/s
③ 0.75 m/s ④ 1 m/s

해설

[승강기시설안전관리법]
에스컬레이터 공칭속도는 경사도 a가 30° 이하인 경우 0.75 m/s 이하, 경사도 a가 30°를 초과하고 35° 이하인 경우 0.5 m/s 이하

67 75 kVA 단상변압기 2대를 V결선한 경우 3상의 출력은?

① 90 kVA ② 110 kVA
③ 130 kVA ④ 150 kVA

해설

[출력]
V결선 이용률 = $\frac{\sqrt{3}}{2}$ = 0.866이고 3상의 출력은 0.866 × 2 × 75 = 129.90

68 어떤 회로의 저항이 10 Ω이고 2 A의 전류가 흐른다면 전압은?

① 5 V ② 8 V
③ 12 V ④ 20 V

해설

[전압]
V = IR이므로 10 × 2 = 20 V

69 차동식 분포형 화재감지기에 속하지 않는 것은?

① 스폿식 ② 공기관식
③ 열전대식 ④ 열반도체식

해설

[감지기]
스폿식은 일국소형으로 분포형이 아니다.

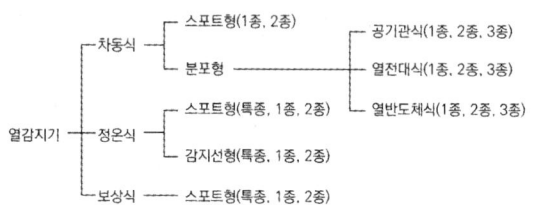

- 차동식 스포트형 : 일국소의 열효과를 검출하여 감지부와 검출부가 통합되어 있는 구조
- 차동식 분포형 : 넓은 범위의 열효과를 검출

70 부하설비의 역률을 개선하기 위해 설치하는 곳은?

① 다이오드
② 영상변류기
③ 진상용 콘덴서
④ 유도전압 조정기

해설

[진상용 콘덴서]
부하코일의 지상을 보완하여 무효전력을 줄여주는 콘덴서
- 다이오드 : 정류용 소자
- 영상변류기 : 누전 보호용
- 유도전압 조정기 : 전압강하 보정

71 옥내소화전설비를 설치하여야 하는 특정소방대상물에서 각 층마다 옥내소화전을 5개 설치한 경우 옥내소화전설비의 수원의 저수량은 최소 얼마 이상이 되도록 하여야 하는가? (단, 29층 이하 특정소방대상물의 경우)

① 3 m³　　② 5.2 m³
③ 10.4 m³　　④ 20 m³

해설
[저수량]
$2 \times 130\ L/min \times 20\ min = 5.2\ m^3$

72 다음의 제어동작 중 ON–OFF동작이라고도 하며, 항상 목표치와 제어결과가 일치하지 않는 동작간극을 일으키는 결점이 있는 것은?

① PI제어동작
② 비례제어동작
③ 2위치제어동작
④ 다위치제어동작

해설
[제어]
2위치제어동작 : ON – OFF제어이며, 제어간극(오차)이 항상 존재하는 단순제어방식

73 축전지의 충전방식 중 비교적 짧은 시간에 보통 충전전류의 2~3배의 전류로 충전하는 방식은?

① 보통충전　　② 급속충전
③ 부동충전　　④ 균등충전

해설
[충전방식]

구분	내용
세류 충전방식	축전지의 자기방전을 보충하기 위해 부하를 제거한 상태로 늘 미소전류로 충전하는 방식(자기 방전량만 상시 충전)
균등 충전방식	부동충전 방식 사용 시 Cell에서 일어나는 전위차를 균등하게 하기 위해 3주에 1회 정도 축전지 공칭전압의 120~125 %의 정전압으로 10~12시간 충전하는 방식
보통 충전방식	필요할 때마다 표준 시간율로 충전하는 방식
급속 충전방식	단시간에 2~3배의 전류로 충전하는 방식
부동 충전방식	(1) 전지의 자기방전을 보충함과 동시에 상용부하에 대한 전력공급은 충전기가 부담하도록 하되, 충전기가 부담하기 어려운 일시적인 대전류 부하는 축전지로 하여금 부담하게 하는 충전방식 (2) 회로 계통 교류 → 변압기 → 정류회로 → 필터 → 부하보상 → 부하 　　　　　　　　↳ 전지

정답　71 ②　72 ③　73 ②

구분	내용
부동 충전방식	(충전전류, 부하전류, AC 전원, 충전기(정류기), 충전전압, 축전지, 부하)

※ 충전기 = 정류기

74 소화기구의 능력단위에 관한 설명으로 옳지 않은 것은?

① 소형소화기의 능력단위는 1단위 이하이다.
② 대형소화기의 능력단위는 A급 10단위 이상이다.
③ 대형소화기의 능력단위는 B급 20단위 이상이다.
④ 소화약제 외의 것을 이용한 간이소화용구의 능력단위는 0.5단위이다.

해설

[소화기]
물이나 소화약제를 압력에 의하여 방사하는 기구로서 사람이 조작하여 소화하는 것(소화약제에 의한 간이소화용구를 제외)으로 다음의 소화기를 말함

종류	기준
소형소화기	능력단위가 1단위 이상이고 대형소화기의 능력단위 미만인 소화기
대형소화기	화재 시 사람이 운반할 수 있도록 운반대와 바퀴가 설치되어 있고 능력단위가 A급 10단위 이상, B급 20단위 이상인 소화기

75 다음의 회로에서 a, b 간의 합성 정전용량은?

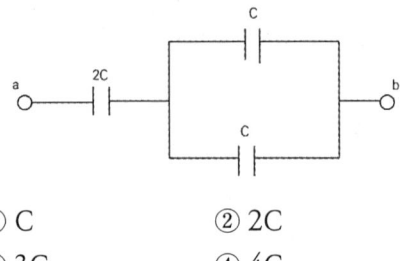

① C   ② 2C
③ 3C   ④ 4C

해설

[합성 정전용량]
병렬 $C = C + C = 2C$

직렬 $C = \dfrac{1}{\dfrac{1}{2C} + \dfrac{1}{2C}} = C$

76 인터폰설비의 접속방식에 따른 분류에 속하지 않는 것은?

① 모자식   ② 상호식
③ 교차식   ④ 복합식

해설

[인터폰설비]
• 모자식 : 하나의 주기(親機, 마스터폰)와 여러 개의 종기(子機, 서브폰)가 연결된 방식
• 상호식 : 각 기기들 간에 서로 직접 통화 가능한 방식
• 복합식 : 모자식과 상호식을 혼합한 방식

77 전기력선에 관한 설명으로 옳지 않은 것은?

① 전기력선은 교차하지 않는다.
② 양전하에서 나와 음전하로 들어간다.
③ 전기력선의 방향은 등전위면과 일치한다.
④ 전기력선의 밀도는 그 점에서의 전기장의 세기이다.

해설

[전기력선]
(1) 전기력선은 양전하의 표면에서 나와 음전하의 표면에서 끝난다.
(2) 전하가 없는 곳에서는 전기력선의 발생소멸이 없고, 연속적이다.
(3) 임의의 점에서 전기력선의 접선방향은 그 점에서의 전계방향과 일치한다.
(4) 전기력선은 그 자신만으로 폐곡선이 되지 않으며 서로 교차하지 않는다.
(5) 전기력선은 도체의 표면(등전위면)에 수직으로 출입하며 도체 내부에는 전기력선이 없다.
(6) 단위전하에서는 $\dfrac{1}{\varepsilon_0}$개의 전기력선이 출입한다.
(7) 전위가 높은 점에서 낮은 점으로 향한다.

78 유접점 시퀀스제어회로에 관한 설명으로 옳지 않은 것은?

① 온도특성이 양호하다.
② 개폐부하의 용량이 크다.
③ 전기적 노이즈에 대하여 안정적이다.
④ 기계적 진동, 충격 등에 비교적 강하다.

해설

[제어]
- 유접점 시퀀스제어회로는 릴레이, 램프 등에 의해 눈으로 확인 가능함
- 무접점 제어회로(PLC제어)에 비하여 기계적 진동에 약하고, 접점의 접촉 불량이 발생할 수도 있으며 개폐 부하의 용량이 큼

79 전기력이 미치고 있는 주위공간을 의미하는 용어는?

① 자로
② 자계
③ 전로
④ 전계

해설

[전계]
전기력이 미치고 있는 주위공간 전계, 자기력이 미치고 있는 주위공간 자계

정답 77 ③ 78 ④ 79 ④

80 다음 중 조명률에 영향을 끼치는 요소와 가장 거리가 먼 것은?

① 방의 크기
② 출입문의 위치
③ 등기구의 배광
④ 천장의 반사율

해설

[조명률]
조명률 공식 : FUN = AED

F : 등1개의 광속
U : 조명률
N : 등개수
A : 면적
E : 조도
D : 감광보상률으로 출입문과 관계없다.

5과목 건축설비 관계법규

1회독	시간 :	점수 :
2회독	시간 :	점수 :
3회독	시간 :	점수 :

81 문화 및 집회시설 중 공연장의 개별관람실의 출구를 관람실별로 2개소 이상 설치해야 하는 개별 관람실의 바닥면적 기준은?

① 150 m^2 이상   ② 300 m^2 이상
③ 450 m^2 이상   ④ 600 m^2 이상

해설

[개별 관람실 출구]
[건축물의 피난·방화구조 등의 기준에 관한 규칙] 제10조(관람실 등으로부터의 출구의 설치기준)
② 영 제38조에 따라 문화 및 집회시설 중 공연장의 개별 관람실(바닥면적이 300제곱미터 이상인 것만 해당한다)의 출구는 다음 각 호의 기준에 적합하게 설치해야 한다.
1. 관람실별로 2개소 이상 설치할 것
2. 각 출구의 유효너비는 1.5미터 이상일 것
3. 개별 관람실 출구의 유효너비의 합계는 개별 관람실의 바닥면적 100제곱미터마다 0.6미터의 비율로 산정한 너비 이상으로 할 것

정답 ● 80 ② 81 ②

82 건축물의 에너지 절약설계기준에 따른 기계부분의 권장사항 내용으로 옳지 않은 것은? [법령 개정으로 인한 문제 수정]

① 열원설비는 부분부하 및 전부하 운전효율이 좋은 것을 선정한다.
② 환기를 통한 에너지손실 저감을 위해 성능이 우수한 열회수형환기장치를 설치한다.
③ 난방기기, 냉방기기, 냉동기, 송풍기, 펌프 등은 부하조건에 따라 최고의 성능을 유지할 수 있도록 대수분할 또는 비례제어운전이 되도록 한다.
④ 난방 및 냉방설비의 용량계산을 위한 설계기준 실내온도는 난방의 경우 18℃, 냉방의 경우 26℃를 기준으로 한다.

해설

[기계부문의 권장사항]
[건축물의 에너지절약설계기준]
제9조(기계부문의 권장사항)
에너지절약계획서 제출대상 건축물의 건축주와 설계자 등은 다음 각 호에서 정하는 사항을 제15조의 규정에 적합하도록 선택적으로 채택할 수 있다.
1. 설계용 실내온도 조건
   난방 및 냉방설비의 용량계산을 위한 설계기준 실내온도는 난방의 경우 20℃, 냉방의 경우 28℃를 기준으로 하되(목욕장 및 수영장은 제외) 각 건축물 용도 및 개별 실의 특성에 따라 별표 8에서 제시된 범위를 참고하여 설비의 용량이 과다해지지 않도록 한다.
2. 열원설비
   가. 열원설비는 부분부하 및 전부하 운전효율이 좋은 것을 선정한다.
   나. 난방기기, 냉방기기, 냉동기, 송풍기, 펌프 등은 부하조건에 따라 최고의 성능을 유지할 수 있도록 대수분할 또는 비례제어운전이 되도록 한다.
5. 환기 및 제어설비
   가. 환기를 통한 에너지손실 저감을 위해 성능이 우수한 열회수형환기장치를 설치한다.

83 공동주택과 오피스텔의 난방설비를 개별난방 방식으로 하는 경우에 관한 기준 내용으로 옳지 않은 것은?

① 보일러의 연도는 내화구조로서 공동연도로 설치할 것
② 오피스텔의 경우에는 난방구획을 방화구획으로 구획할 것
③ 보일러의 윗부분에는 그 면적이 0.5 m² 이상인 환기창을 설치할 것
④ 보일러실의 윗부분과 아랫부분에는 공기 흡입구 및 배기구를 항상 닫혀 있도록 설치할 것

해설

[개별난방방식]
[건축물의 설비기준 등에 관한 규칙]
제13조(개별난방설비 등)
① 영 제87조 제2항의 규정에 의하여 공동주택과 오피스텔의 난방설비를 개별난방방식으로 하는 경우에는 다음 각 호의 기준에 적합하여야 한다.
 1. 보일러는 거실 외의 곳에 설치하되, 보일러를 설치하는 곳과 거실 사이의 경계벽은 출입구를 제외하고는 내화구조의 벽으로 구획할 것
 2. 보일러실의 윗부분에는 그 면적이 0.5제곱미터 이상인 환기창을 설치하고, 보일러실의 윗

정답 82 ④ 83 ④

부분과 아랫부분에는 각각 지름 10센티미터 이상의 공기흡입구 및 배기구를 항상 열려 있는 상태로 바깥공기에 접하도록 설치할 것. 다만 전기보일러의 경우에는 그러하지 아니하다.
4. 보일러실과 거실 사이의 출입구는 그 출입구가 닫힌 경우에는 보일러가스가 거실에 들어갈 수 없는 구조로 할 것
5. 기름보일러를 설치하는 경우에는 기름저장소를 보일러실외의 다른 곳에 설치할 것
6. 오피스텔의 경우에는 난방구획을 방화구획으로 구획할 것
7. 보일러의 연도는 내화구조로서 공동연도로 설치할 것

84 건축물을 건축하거나 대수선하는 경우 해당 건축물의 설계자가 국토교통부령으로 정하는 구조기준 등에 따라 그 구조의 안전을 확인한 건축물 중 건축물의 건축주가 해당 건축물의 설계자로부터 구조 안전의 확인 서류를 받아 착공신고 시 허가권자에게 제출하여야 하는 대상 건축물 기준으로 옳지 않은 것은? (단, 표준설계도서에 따라 건축하는 건축물은 제외)

① 단독주택
② 높이가 13 m 이상인 건축물
③ 처마높이가 8 m 이상인 건축물
④ 기둥과 기둥 사이의 거리가 10 m 이상인 건축물

해설

[건축물 기준]
[건축법 시행령] 제32조(구조 안전의 확인)
② 제1항에 따라 구조 안전을 확인한 건축물 중 다음 각 호의 어느 하나에 해당하는 건축물의 건축주는 해당 건축물의 설계자로부터 구조 안전의 확인 서류를 받아 법 제21조에 따른 착공신고를 하는 때에 그 확인 서류를 허가권자에게 제출하여야 한다. 다만 표준설계도서에 따라 건축하는 건축물은 제외한다.

1. 층수가 2층[주요구조부인 기둥과 보를 설치하는 건축물로서 그 기둥과 보가 목재인 목구조 건축물(이하 "목구조 건축물"이라 한다)의 경우에는 3층] 이상인 건축물
2. 연면적이 200제곱미터(목구조 건축물의 경우에는 500제곱미터) 이상인 건축물. 다만 창고, 축사, 작물 재배사는 제외한다.
3. 높이가 13미터 이상인 건축물
4. 처마높이가 9미터 이상인 건축물
5. 기둥과 기둥 사이의 거리가 10미터 이상인 건축물
6. 건축물의 용도 및 규모를 고려한 중요도가 높은 건축물로서 국토교통부령으로 정하는 건축물
7. 국가적 문화유산으로 보존할 가치가 있는 건축물로서 국토교통부령으로 정하는 것
8. 제2조 제18호 가목 및 다목의 건축물
9. 별표 1 제1호의 단독주택 및 같은 표 제2호의 공동주택

85 다음의 창문 등의 차면시설의 설치에 관한 기준 내용 중 ( ) 안에 알맞은 것은?

> 인접 대지경계선으로부터 직선거리 ( ) 이내에 이웃 주택의 내부가 보이는 창문 등을 설치하는 경우에는 차면시설을 설치하여야 한다.

① 1 m ② 2 m
③ 3 m ④ 4 m

해설

[차면시설]
[건축법 시행령]
제56조(창문 등의 차면시설)
인접 대지경계선으로부터 직선거리 2미터 이내에 이웃 주택의 내부가 보이는 창문 등을 설치하는 경우에는 차면시설(遮面施設)을 설치하여야 한다.

86 건축법령상 고층건물의 정의로 옳은 것은?

① 층수가 30층 이상이거나 높이가 90 m 이상인 건축물
② 층수가 30층 이상이거나 높이가 120 m 이상인 건축물
③ 층수가 50층 이상이거나 높이가 150 m 이상인 건축물
④ 층수가 50층 이상이거나 높이가 200 m 이상인 건축물

해설

[정의]
[건축법] 제2조(정의)
19. "고층건축물"이란 층수가 30층 이상이거나 높이가 120미터 이상인 건축물을 말한다.

87 다음은 특정소방대상물의 소방시설설치의 면제에 관한 기준 내용이다. ( ) 안에 알맞은 것은?

> 비상경보설비 또는 단독경보형 감지기를 설치하여야 하는 특정소방대상물에 ( )를 화재안전기준에 적합하게 설치한 경우에는 그 설비의 유효범위에서 설치가 면제된다.

① 비상방송설비
② 자동화재탐지설비
③ 자동화재속보설비
④ 무선통신보조설비

해설

[특정소방대상물의 소방시설설치의 면제]
[소방시설설치 및 관리에 관한 법률 시행령]
별표 5 : 특정소방대상물의 소방시설설치의 면제 기준

8. 비상경보설비 또는 단독경보형 감지기	비상경보설비 또는 단독경보형 감지기를 설치해야 하는 특정소방대상물에 자동화재탐지설비 또는 화재알림설비를 화재안전기준에 적합하게 설치한 경우에는 그 설비의 유효범위에서 설치가 면제된다.

정답 85 ② 86 ② 87 ②

88 건축물의 출입구에 설치하는 회전문에 관한 기준 내용으로 옳지 않은 것은?

① 계단이나 에스컬레이터로부터 2 m 이상의 거리를 둘 것
② 출입에 지장이 없도록 일정한 방향으로 회전하는 구조로 할 것
③ 회전문의 회전속도는 분당회전수가 10회를 넘지 아니하도록 할 것
④ 회전문의 중심축에는 회전문과 문틀 사이의 간격을 포함한 회전문날개 끝부분까지의 길이는 140 cm 이상이 되도록 할 것

해설

[회전문]
[건축물의 피난·방화구조 등의 기준에 관한 규칙]
제12조(회전문의 설치기준)
영 제39조 제2항의 규정에 의하여 건축물의 출입구에 설치하는 회전문은 다음 각 호의 기준에 적합하여야 한다.
1. 계단이나 에스컬레이터로부터 2미터 이상의 거리를 둘 것
2. 회전문과 문틀 사이 및 바닥 사이는 다음 각 목에서 정하는 간격을 확보하고 틈 사이를 고무와 고무펠트의 조립체 등을 사용하여 신체나 물건 등에 손상이 없도록 할 것
   가. 회전문과 문틀 사이는 5센티미터 이상
   나. 회전문과 바닥 사이는 3센티미터 이하
3. 출입에 지장이 없도록 일정한 방향으로 회전하는 구조로 할 것
4. 회전문의 중심축에서 회전문과 문틀 사이의 간격을 포함한 회전문날개 끝부분까지의 길이는 140센티미터 이상이 되도록 할 것
5. 회전문의 회전속도는 분당회전수가 8회를 넘지 아니하도록 할 것
6. 자동회전문은 충격이 가하여지거나 사용자가 위험한 위치에 있는 경우에는 전자감지장치 등을 사용하여 정지하는 구조로 할 것

89 다음 중 건축기준의 허용오차로 옳지 않은 것은?

① 건축선의 후퇴거리 : 3 % 이내
② 건축물의 벽체두께 : 3 % 이내
③ 건축물의 출구너비 : 5 % 이내
④ 인접건축물과의 거리 : 3 % 이내

해설

[건축허용오차]
[건축법 시행규칙] - 별표5 : 건축허용오차
1. 대지 관련 건축기준의 허용오차

항목	허용되는 오차의 범위
건축선의 후퇴거리	3퍼센트 이내
인접대지 경계선과의 거리	3퍼센트 이내
인접건축물과의 거리	3퍼센트 이내
건폐율	0.5퍼센트 이내(건축면적 5제곱미터를 초과할 수 없다)
용적률	1퍼센트 이내(연면적 30제곱미터를 초과할 수 없다)

정답 88 ③ 89 ③

2. 건축물 관련 건축기준의 허용오차

항목	허용되는 오차의 범위
건축물 높이	2퍼센트 이내(1미터를 초과할 수 없다)
평면길이	2퍼센트 이내(건축물 전체길이는 1미터를 초과할 수 없고, 벽으로 구획된 각 실의 경우에는 10센티미터를 초과할 수 없다)
출구너비	2퍼센트 이내
반자높이	2퍼센트 이내
벽체두께	3퍼센트 이내
바닥판두께	3퍼센트 이내

90 급수·배수·환기·난방설비를 설치하는 경우 건축기계설비기술사 또는 공조냉동기계기술사의 협력을 받아야 하는 건축물에 속하지 않는 것은?

① 아파트
② 의료시설로서 해당 용도에 사용되는 바닥면적의 합계가 2000 m²인 건축물
③ 업무시설로서 해당 용도에 사용되는 바닥면적의 합계가 2000 m²인 건축물
④ 숙박시설로서 해당 용도에 사용되는 바닥면적의 합계가 2000 m²인 건축물

해설

[협력을 받아야 하는 건축물]
[건축물의 설비기준 등에 관한 규칙]
제2조(관계전문기술자의 협력을 받아야 하는 건축물)
1. 냉동냉장시설·항온항습시설 또는 특수청정시설로서 당해 용도에 사용되는 바닥면적의 합계가 5백 제곱미터 이상인 건축물
2. 아파트 및 연립주택
3. 바닥면적의 합계가 5백 제곱미터 이상
   가. 목욕장
   나. 물놀이형 시설(실내에 설치된 경우로 한정한다) 및 같은 호 다목에 따른 수영장(실내에 설치된 경우로 한정한다)
4. 바닥면적의 합계가 2천 제곱미터 이상
   가. 기숙사
   나. 의료시설
   다. 유스호스텔
   라. 숙박시설
5. 바닥면적의 합계가 3천 제곱미터 이상
   가. 판매시설
   나. 연구소
   다. 업무시설
6. 바닥면적의 합계가 1만 제곱미터 이상
   가. 문화 및 집회시설
   나. 종교시설
   다. 교육연구시설(연구소는 제외한다)
   라. 장례식장

정답 90 ③

91 6층 이상의 건축물로서 판매시설의 거실에 설치하는 배연설비에 관한 기준 내용으로 옳지 않은 것은? (단, 피난층의 거실이 아닌 경우)

① 배연창의 유효면적은 최소 1.5 m² 이상으로 할 것
② 배연구는 예비전원에 의하여 열 수 있도록 할 것
③ 배연창의 상변과 천장 또는 반자로부터 수직거리가 0.9 m 이내일 것
④ 배연구는 연기감지기 또는 열감지기에 의하여 자동으로 열 수 있는 구조로 할 것

해설

[배연설비]
[건축물의 설비기준 등에 관한 규칙]
제14조(배연설비)
① 법 제49조 제2항에 따라 배연설비를 설치하여야 하는 건축물에는 다음 각 호의 기준에 적합하게 배연설비를 설치해야 한다. 다만 피난층인 경우에는 그렇지 않다.
  1. 영 제46조 제1항에 따라 건축물이 방화구획으로 구획된 경우에는 그 구획마다 1개소 이상의 배연창을 설치하되, <u>배연창의 상변과 천장 또는 반자로부터 수직거리가 0.9미터 이내일 것</u>. 다만 반자높이가 바닥으로부터 3미터 이상인 경우에는 배연창의 하변이 바닥으로부터 2.1미터 이상의 위치에 놓이도록 설치하여야 한다.
  2. <u>배연창의 유효면적</u>은 별표 2의 산정기준에 의하여 산정된 면적이 <u>1제곱미터 이상</u>으로서 그 면적의 합계가 당해 건축물의 바닥면적(영 제46조 제1항 또는 제3항의 규정에 의하여 방화구획이 설치된 경우에는 그 구획된 부분의 바닥면적을 말한다)의 100분의 1이상일 것. 이 경우 바닥면적의 산정에 있어서 거실바닥면적의 20분의 1 이상으로 환기창을 설치한 거실의 면적은 이에 산입하지 아니한다.
  3. <u>배연구는 연기감지기 또는 열감지기에 의하여 자동으로 열 수 있는 구조로 하되, 손으로도 열고 닫을 수 있도록 할 것</u>
  4. <u>배연구는 예비전원에 의하여 열 수 있도록 할 것</u>
  5. 기계식 배연설비를 하는 경우에는 제1호 내지 제4호의 규정에 불구하고 소방관계법령의 규정에 적합하도록 할 것

92 특정소방대상물이 아파트인 경우 특급 소방안전관리대상물 기준으로 옳은 것은? (단, 층수는 지하층을 제외한 층수이다)

① 30층 이상이거나 지상으로부터 높이가 90 m 이상인 아파트
② 30층 이상이거나 지상으로부터 높이가 120 m 이상인 아파트
③ 50층 이상이거나 지상으로부터 높이가 150 m 이상인 아파트
④ 50층 이상이거나 지상으로부터 높이가 200 m 이상인 아파트

해설

[특정소방대상물]
[화재의 예방 및 안전관리에 관한 법률 시행령]
별표 4 : 소방안전관리자를 선임해야 하는 소방안전관리대상물의 범위와 소방안전관리자의 선임 대상별 자격 및 인원기준

정답 91 ① 92 ④

1. 특급 소방안전관리대상물
   가. 특급 소방안전관리대상물의 범위
   「소방시설설치 및 관리에 관한 법률 시행령」 별표 2의 특정소방대상물 중 다음의 어느 하나에 해당하는 것
   1. 50층 이상(지하층은 제외한다)이거나 지상으로부터 높이가 200미터 이상인 아파트
   2. 30층 이상(지하층을 포함한다)이거나 지상으로부터 높이가 120미터 이상인 특정소방대상물(아파트는 제외한다)
   3. 2.에 해당하지 않는 특정소방대상물로서 연면적이 10만 제곱미터 이상인 특정소방대상물(아파트는 제외한다)

93 건축물에 설치하는 굴뚝의 옥상 돌출부는 지붕면으로부터의 수직거리를 최소 얼마 이상으로 하여야 하는가?

① 0.5 m 이상 ② 0.7 m 이상
③ 0.9 m 이상 ④ 1.0 m 이상

해설

[굴뚝의 옥상 돌출부]
[건축물의 피난·방화구조 등의 기준에 관한 규칙]
제20조(건축물에 설치하는 굴뚝)
영 제54조에 따라 건축물에 설치하는 굴뚝은 다음 각 호의 기준에 적합하여야 한다.
1. 굴뚝의 옥상 돌출부는 지붕면으로부터의 수직거리를 1미터 이상으로 할 것. 다만 용마루·계단탑·옥탑등이 있는 건축물에 있어서 굴뚝의 주위에 연기의 배출을 방해하는 장애물이 있는 경우에는 그 굴뚝의 상단을 용마루·계단탑·옥탑등보다 높게 하여야 한다.

94 비상콘센트설비를 설치하여야 하는 특정소방대상물 기준으로 옳지 않은 것은? (단, 위험물 저장 및 처리 시설 중 가스시설 또는 지하구는 제외)

① 터널로서 길이가 500 m 이상인 것
② 층수가 11층 이상인 특정소방대상물의 경우에는 11층 이상의 층
③ 판매시설로서 해당 용도로 사용되는 부분의 바닥면적의 합계가 1000 m² 이상인 것
④ 지하층의 층수가 3층 이상이고 지하층의 바닥면적의 합계가 1000m² 이상인 것은 지하층의 모든 층

해설

[특정소방대상물]
[소방시설설치 및 관리에 관한 법률 시행령]
별표 4 : 소방안전관리자를 선임해야 하는 소방안전관리대상물의 범위와 소방안전관리자의 선임 대상별 자격 및 인원기준
라. 비상콘센트설비를 설치해야 하는 특정소방대상물(위험물 저장 및 처리 시설 중 가스시설 및 지하구는 제외한다)은 다음의 어느 하나에 해당하는 것으로 한다.
1) 층수가 11층 이상인 특정소방대상물의 경우에는 11층 이상의 층
2) 지하층의 층수가 3층 이상이고 지하층의 바닥면적의 합계가 1천m² 이상인 것은 지하층의 모든 층
3) 터널로서 길이가 500m 이상인 것

정답 ● 93 ④ 94 ③

95 다음의 소방시설 중 피난구조설비에 속하지 않는 것은?

① 공기호흡기　　② 비상조명등
③ 피난유도선　　④ 비상콘센트설비

해설

[피난구조설비]
[소방시설설치 및 관리에 관한 법률 시행령]
별표 1 : 소방시설
3. 피난구조설비 : 화재가 발생할 경우 피난하기 위하여 사용하는 기구 또는 설비로서 다음 각 목의 것
　가. 피난기구
　　1) 피난사다리
　　2) 구조대
　　3) 완강기
　　4) 간이완강기
　　5) 그 밖에 화재안전기준으로 정하는 것
　나. 인명구조기구
　　1) 방열복, 방화복(안전모, 보호장갑 및 안전화를 포함한다)
　　2) 공기호흡기
　　3) 인공소생기
　다. 유도등
　　1) 피난유도선
　　2) 피난구유도등
　　3) 통로유도등
　　4) 객석유도등
　　5) 유도표지
　라. 비상조명등 및 휴대용비상조명등

96 바닥면적이 100 m²인 초등학교 교실에 채광을 위하여 설치하여야 하는 창문 등의 면적은 최소 얼마 이상이어야 하는가? (단, 거실의 용도에 따른 조도기준 이상의 조명장치를 설치하지 않은 경우)

① 5 m²　　② 10 m²
③ 20 m²　　④ 50 m²

해설

[창문등의 면적]
[건축물의 피난·방화구조 등의 기준에 관한 규칙]
제17조(채광 및 환기를 위한 창문등)
① 영 제51조에 따라 채광을 위하여 거실에 설치하는 창문등의 면적은 <u>그 거실의 바닥면적의 10분의 1 이상</u>이어야 한다. 다만 거실의 용도에 따라 별표 1의3에 따라 조도 이상의 조명장치를 설치하는 경우에는 그러하지 아니하다.
② 영 제51조의 규정에 의하여 환기를 위하여 거실에 설치하는 창문등의 면적은 그 거실의 바닥면적의 20분의 1 이상이어야 한다. 다만 기계환기장치 및 중앙관리방식의 공기조화설비를 설치하는 경우에는 그러하지 아니하다.
③ 제1항 및 제2항의 규정을 적용함에 있어서 수시로 개방할 수 있는 미닫이로 구획된 2개의 거실은 이를 1개의 거실로 본다.
④ 영 제51조 제3항에서 "국토교통부령으로정하는 기준"이란 높이 1.2미터 이상의 난간이나 그 밖에 이와 유사한 추락방지를 위한 안전시설을 말한다.

→ $100 \times \dfrac{1}{10} = 10$

정답 ● 95 ④　96 ②

97 건축물의 냉방설비에 대한 설치 및 설계기준상 다음과 같이 정의되는 용어는?

> 심야시간에 물을 냉각시켜 축열조에 저장하였다가 그 밖의 시간이 이를 냉방에 이용하는 냉방설비

① 전체축냉방식
② 빙축열식 냉방설비
③ 수축열식 냉방설비
④ 잠열축열식 냉방설비

해설

[정의]
[건축물의 냉방설비에 대한 설치 및 설계기준]
제3조(정의)
2. "빙축열식 냉방설비"라 함은 심야시간에 얼음을 제조하여 축열조에 저장하였다가 그 밖의 시간에 이를 녹여 냉방에 이용하는 냉방설비를 말한다.
3. "수축열식 냉방설비"라 함은 심야시간에 물을 냉각시켜 축열조에 저장하였다가 그 밖의 시간에 이를 냉방에 이용하는 냉방설비를 말한다.
4. "잠열축열식 냉방설비"라 함은 포접화합물(Clathrate)이나 공융염(Eutectic Salt) 등의 상변화물질을 심야시간에 냉각시켜 동결한 후 그 밖의 시간에 이를 녹여 냉방에 이용하는 냉방설비를 말한다.

98 특별시나 광역시에 건축하는 경우 특별시장이나 광역시장의 허가를 받아야 하는 대상건축물의 층수 기준은?

① 층수가 10층 이상인 건축물
② 층수가 15층 이상인 건축물
③ 층수가 21층 이상인 건축물
④ 층수가 31층 이상인 건축물

해설

[건축허가]
[건축법 시행령] 제8조(건축허가)
① 법 제11조 제1항 단서에 따라 특별시장 또는 광역시장의 허가를 받아야 하는 건축물의 건축은 층수가 21층 이상이거나 연면적의 합계가 10만 제곱미터 이상인 건축물의 건축(연면적의 10분의 3 이상을 증축하여 층수가 21층 이상으로 되거나 연면적의 합계가 10만 제곱미터 이상으로 되는 경우를 포함한다)을 말한다.

99 다음 건축물의 용도 중 6층 이상의 거실면적의 합계가 3000 m²인 경우 설치하여야 하는 승용 승강기의 최소 대수가 가장 적은 것은? (단, 8인승 승강기의 경우)

① 의료시설
② 판매시설
③ 숙박시설
④ 문화 및 집회시설 중 공연장

정답 97 ③ 98 ③ 99 ③

해설

[승용 승강기의 최소 대수]
[건축물의 설비기준 등에 관한 규칙]
별표 1의2(승용 승강기의 설치기준)

건축물의 용도	6층 이상의 거실 면적의 합계	3천 제곱미터 이하	3천 제곱미터 초과
1. 가. 문화 및 집회시설(공연장·집회장 및 관람장만 해당한다) 나. 판매시설 다. 의료시설		2대	2대에 3천 제곱미터를 초과하는 2천 제곱미터 이내마다 1대를 더한 대수
2. 가. 문화 및 집회시설(전시장 및 동·식물원만 해당한다) 나. 업무시설 다. 숙박시설 라. 위락시설		1대	1대에 3천 제곱미터를 초과하는 2천 제곱미터 이내마다 1대를 더한 대수
3. 가. 공동주택 나. 교육연구시설 다. 노유자시설 라. 그 밖의 시설		1대	1대에 3천 제곱미터를 초과하는 3천 제곱미터 이내마다 1대를 더한 대수

100 다음 중 건축법령에 따른 용도별 건축물의 종류가 옳지 않은 것은?

① 단독주택 - 다중주택
② 묘지 관련 시설 - 장례식장
③ 문화 및 집회시설 - 수족관
④ 자원순환 관련 시설 - 고물상

해설

[용도별 건축물]
[건축법 시행령] 별표 1 : 용도별 건축물의 종류
28. 장례시설
　가. 장례식장[의료시설의 부수시설(「의료법」 제36조 제1호에 따른 의료기관의 종류에 따른 시설을 말한다)에 해당하는 것은 제외한다]
　나. 동물 전용의 장례식장

정답 100 ②

2021 제2회

1과목 건축일반

01 건축화 조명에 관한 설명으로 옳지 않은 것은?

① 광천장은 천정 전면에 루버를 갖고, 그 뒤쪽에 광원을 배치한 것이다.
② 조명기구를 천장, 벽 등의 실 구성면 중에 장치하여 건축 내장의 일부와 같이 취급한 조명방식을 말한다.
③ 조명기구로 인한 위화감을 없애고 실내의장에 통일성을 갖도록 하기 위해 사용한다.
④ 벽면조명으로는 코니스 조명이 있다.

해설

[건축화 조명]
조명이 건축 구조물과 일체 되어 빛을 표현하는 방식으로 천정 전면에 루버를 갖고 그 뒤쪽에 광원을 배치한 것은 루버조명이다.
※ 광천장(luminous Ceiling) : 천장 전면에 광원 또는 조명 기구를 배치하고, 발광면을 유리나 플라스틱 등의 반투명 확산판 등으로 전면을 가리는 조명방법이다.

02 실내 공기오염의 원인이 아닌 것은?

① 온도의 상승
② 산소의 증가
③ 먼지의 증가
④ 이산화탄소의 증가

해설

[실내 공기오염]
산소의 증가는 오염이라고 볼 수 없다.

03 홀 용적 5000m³, 잔향시간 1.6초인 실에서 잔향시간을 1초로 만들기 위해 추가적으로 필요한 흡음력은?

① 220 m² ② 275 m²
③ 300 m² ④ 450 m²

해설

[사빈공식]
잔향시간 R.T는 Sabine 식을 이용하여 계산한다.
$$R.T = K\frac{V}{A}$$
잔향계수 K = 0.163, 홀 용적 V = 5000 m³
잔향시간 R.T = 1.6일 때
흡음력 A = 509.375 sabin
잔향시간 R.T = 1일 때 흡음력 A = 815 sabin이므로 이것의 차는 305.625 sabin
※ 잔향계수를 0.16으로 계산할시 정확하게 300이 나온다.

정답 01 ① 02 ② 03 ③

04 다음과 같은 조건에서 실내 측 벽면의 표면온도는?

- 벽체의 크기 : 1 m × 1 m
- 벽체의 두께 : 100 mm
- 외기온도 : 12 ℃
- 실내 공기온도(평균치) : 20 ℃
- 벽체 열관류율 : 2 W/m²·K
- 실내 측 표면 열전달률 : 8 W/m²·K

① 18 ℃   ② 19 ℃
③ 20 ℃   ④ 21 ℃

해설

[표면온도]
관류율에 의한 열량과 열전달률에 의한 열량이 같다.
$2 \times 1 \times (20 - 12) = 8 \times 1 \times (20 - X)$
$X = 18$

2과목 위생설비

21 어느 사무소 건물의 연면적이 5000 m² 일 때 1일 예상 급수량은? (단, 이 건물의 유효면적과 연면적의 비는 60 %이고, 유효면적당 인원은 0.2 인/m²이며, 1인 1일당 급수량은 100 L이다)

① 30 m³/d   ② 60 m³/d
③ 300 m³/d   ④ 600 m³/d

해설

[1일 예상 급수량]
Q = 5000 × 0.6 × 0.2 × 100
  = 60000 L/d = 60 m³/d

22 다음 중 간접배수로 하여야 하는 것은?

① 세면기   ② 대변기
③ 소변기   ④ 식기세정기

해설

[간접배수와 직접배수]
- 간접배수란 배수관에 직접 연결하지 않고 대기 중에 배출한 뒤 배수관에 유입시키는 방식
- 간접배수 필요 기구 : <u>식기세척기(식기세정기)</u>, 제빙기, 세탁기, 냉장·제빙 드레인 등
- 직접배수 가능 기구 : 세면기, 대변기, 소변기, 욕조 등 위생기구

2026년 출제범위를 벗어난 문제를 모두 삭제하고, 최신 출제기준에 해당하는 문제만 엄선하여 수록했습니다. 따라서 1과목 문제 수는 실제 출제 수와 다를 수 있습니다.

정답 ● 04 ① 21 ② 22 ④

23 직관 내의 마찰손실수두와 관련된 달시 바이스바하의 식에서 유체의 흐름이 층류일 경우 마찰계수 λ는?

① $\lambda = \dfrac{32}{Re}$

② $\lambda = \dfrac{64}{Re}$

③ $\lambda = \dfrac{Re}{32}$

④ $\lambda = \dfrac{Re}{64}$

해설

[층류일 경우 마찰계수 λ]
층류일 경우,
마찰계수 $\lambda = \dfrac{64}{Re(\text{레이놀즈수})}$

24 동관의 관에 두께에 따른 분류에 속하지 않는 것은?

① K형
② L형
③ M형
④ N형

해설

[동관의 관에 두께에 따른 분류]
동관 가장 두꺼운 관 K형이며 순서는 K > L > M N형이란 것은 없다.

25 생물학적 오수처리방법 중 활성오니법에 속하는 것은?

① 접촉산화방식
② 살수여상방식
③ 장기간폭기방식
④ 회전원판접촉방식

해설

[활성오니법]
표준활성오니법, 고율활성오니법, 장기간폭기방식, 순산소법, 산화구법

보충 활성오니법 : 미생물을 부유 상태로 유지하며 공기를 공급해 유기물을 분해하는 방식

26 직경 100 mm의 강관에 2.4 m³/min의 물을 통과시킬 때 강관 내의 평균 유속은?

① 2.4 m/s ② 4.2 m/s
③ 5.1 m/s ④ 7.2 m/s

해설

[강관 내의 평균 유속]
$Q = AV$

$\dfrac{2.4}{60} = \dfrac{0.1^2 \pi}{4} \times V$

∴ $V = 5.09$

정답 23 ② 24 ④ 25 ③ 26 ③

27 국소식 급탕방식에 관한 설명으로 옳은 것은?

① 배관 및 기기로부터의 열손실이 중앙식보다 많다.
② 배관에 의해 필요 개소 어디든지 급탕할 수 있다.
③ 건물 완공 후에도 급탕 개소의 증설이 중앙식보다 쉽다.
④ 기구의 동시이용률을 고려하므로 가열장치의 총용량을 적게 할 수 있다.

해설
[국소식 급탕방식]
가열장치가 사용장소에 설치되므로 배관 및 기기로부터의 열손실이 중앙식보다 적고, 배관이 적게 소요되고 건물 완공 후에도 급탕 개소의 증설이 중앙식보다 쉽다. 그러나 기구의 동시이용률을 고려하면 가열장치의 총용량은 커진다.

28 1000 L/h의 급탕을 전기온수기를 사용하여 공급할 때 시간당 전력사용량은? (단, 물의 비열 4.2 kJ/kg·K, 밀도 1 kg/L, 급탕온도 70 ℃, 급수온도 10 ℃, 전기온수기의 전열효율은 95 %로 한다)

① 63.4 kWh   ② 66.5 kWh
③ 70.2 kWh   ④ 73.7 kWh

해설
[시간당 전력사용량]
$$Q = G \times C \times \triangle T \times \frac{1}{\eta}$$
$$= \frac{\frac{1000}{3600}[kg/s] \times 4.2[kJ/kg \cdot K] \times (70-10)[K]}{0.95}$$
$$= 73.7 kW$$

따라서
1시간당 전력사용량은
$= 73.7 kW \times 1h = 73.7 kWh$

29 세정밸브식 대변기의 급수관 관경은 최소 얼마 이상으로 하여야 하는가?

① 20 A   ② 25 A
③ 30 A   ④ 40 A

해설
[세정밸브식 대변기의 급수관 관경]
세정밸브식 대변기의 급수관 관경은 25A 이상

30 급수배관의 설계 및 시공에 관한 설명으로 옳지 않은 것은?

① 구조체의 관통부에는 슬리브를 사용한다.
② 물이 고일 수 있는 부분에는 퇴수밸브를 설치한다.
③ 음료용 배관과 비음료용 배관을 크로스 커넥션하지 않는다.
④ 급수관과 배수관이 교차될 경우 배수관은 급수관 위에 매설한다.

해설
[급수배관의 설계 및 시공]
급수관과 배수관이 교차될 경우 배수관은 급수관 아래에 매설 오염 가능성을 낮춘다.

31 탕의 사용상태가 간헐적이며 일시적으로 사용량이 많은 건물에서 급탕설비의 설계방법으로 가장 알맞은 것은? (단, 중앙식 급탕방식이며 증기를 열원하는 열교환기 사용)

① 저탕용량을 크게 하고 가열능력도 크게 한다.
② 저탕용량을 크게 하고 가열능력은 작게 한다.
③ 저탕용량을 작게 하고 가열능력은 크게 한다.
④ 저탕용량을 작게 하고 가열능력도 작게 한다.

해설
[급탕설비의 설계방법]
• 일시적으로 사용량이 많은 건물 : 저탕 용량을 크게 가열능력은 작게
• 연속적으로 사용량이 많은 건물 : 저탕 용량은 작게 가열능력은 크게

32 펌프의 캐비테이션에 관한 설명으로 옳지 않은 것은?

① 비정상적인 소음과 진동이 발생한다.
② 캐비테이션을 방지하기 위해 펌프의 흡입양정을 크게 한다.
③ 캐비테이션이 진행되면 펌프의 양수량, 양정 및 효율이 저하되어 간다.
④ 캐비테이션을 방지하기 위해 설계상의 펌프 운전범위 내에서 항상 유효 NPSH가 필요 NPSH보다 크게 되도록 배관계획을 한다.

해설
[펌프의 캐비테이션]
② 흡입양정을 크게 하면 펌프 설치 높이가 올라가 흡입 측 압력이 더 낮아져 오히려 캐비테이션이 발생하기 쉽다. 방지를 위해서는 흡입양정을 낮추어야 한다.

33 펌프의 흡입양정이 10 m이고, 20 m 높이에 있는 옥상탱크에 양수할 때 전양정은 얼마인가? (단, 관로의 전손실수두는 100 kPa이며, 1 m=10 kPa로 한다)

① 약 31 m
② 약 40 m
③ 약 110 m
④ 약 130 m

해설
[전양정]
• 전양정 = 실양정 + 마찰손실수두 + (토출압력은 없다)
• H = 30 + 10 = 40

정답 ● 31 ② 32 ② 33 ②

34 플러시밸브식 대변기에 관한 설명으로 옳지 않은 것은?

① 대변기의 연속사용이 불가능하다.
② 일반 가정용으로 사용이 곤란하다.
③ 로탱크방식에 비해 최저 필요 수압이 크다.
④ 세정음은 유수음도 포함되기 때문에 소음이 크다.

해설
[플러시밸브식 대변기]
플러시밸브식 대변기 연속 사용이 가능하나 수량이 많이 든다.

35 급수방식에 관한 설명으로 옳은 것은?

① 수도직결방식은 단수 시에도 지속적인 급수가 가능하다.
② 압력수조방식은 전력 차단 시에도 지속적인 급수가 가능하다.
③ 펌프직송방식에서 변속방식은 펌프의 회전수를 제어하는 방식이다.
④ 고가수조방식은 고층으로의 급수가 불가능하다는 단점이 있다.

해설
[급수방식]
펌프직송방식(부스터펌프방식)에서 변속은 펌프의 회전수를 제어하는 방식이다. 압력수조방식도 수조 내 탱크 압력까지는 소량 급수가 가능하나 지속적이지는 않다.

36 급탕배관에서 일반적으로 환탕관의 관경은 급탕관 관경의 얼마 정도로 하는가?

① 1/3   ② 1/2
③ 2배   ④ 3배

해설
[환탕관의 관경]
환탕관은 급탕관 관경의 1/2 정도, 20 A 이상 사용

37 배수통기방식 중 공기혼합이음쇠 (Aerator Fitting)를 사용하는 방식은?

① 소벤트(Sovent)식
② 결합통기방식
③ 루프통기방식
④ 각개통기방식

해설
[공기혼합이음쇠(Aerator Fitting)]
소벤트방식은 배수수직관과 각층 배수수평지관의 접속부분에 공기혼합이음쇠와 배수수직관과 배수수평주관의 접속부분에 공기분리이음쇠를 설치하여 배수하는 방식으로 통기관을 절약하여 원가를 낮춘다.

정답 34 ① 35 ③ 36 ② 37 ①

38 다음 설명에 알맞은 유체 정역학 관련 이론은?

> 밀폐된 용기에 넣은 유체의 일부에 압력을 가하면, 이 압력은 모든 방향으로 동일하게 전달되어 벽면에 작용한다.

① 파스칼의 원리
② 피토관의 원리
③ 베르누이의 정리
④ 토리첼리의 정리

해설

[파스칼의 원리(Pascal's Principle)]
밀폐된 용기 속 유체에 가한 압력은 방향과 관계없이 모든 면에 동일하게 전달된다.

39 배수관 관경결정에 이용되는 기구배수부하단위의 기준(1 DFU)이 되는 기구는?

① 소변기　　② 세면기
③ 대변기　　④ 욕조

해설

[기구배수부하단위의 기준]
기구배수부하단위의 기준은 세면기이다.

보충　1 DFU = 30 L/min

40 최대강우량 120 mm/h의 지역에 있는 지붕의 수평투영면적이 1200 m²인 건물에 4개의 우수수직관을 설치할 경우 우수수직관의 관경은?

[강우량 100 mm/h일 때 우수수직관의 관경]

관경(mm)	허용최대지붕면적(m²)
50	67
65	121
75	204
100	427
125	804

① 50 mm　　② 65 mm
③ 75 mm　　④ 100 mm

해설

[우수수직관의 관경]

$$\frac{120mm/h \times 1200m^2}{100mm/h} = 1440\ m^2$$

$$\frac{1440}{4} = 360\ m^2$$

그러므로 427면적 100 mm 선정

정답　38 ①　39 ②　40 ④

3과목　공기조화설비

41 바닥면에서 1 m의 위치에 중성대가 있는 실에서 바닥면상 2 m 지점에서의 실내외 압력차는? (단, 실내공기의 밀도는 1.2 kg/m³이며, 실외공기의 밀도는 1.25 kg/m³이다)

① 실내가 0.1 mmAq 높다.
② 실외가 0.1 mmAq 높다.
③ 실내가 0.05 mmAq 높다.
④ 실외가 0.05 mmAq 높다.

해설

[실내외 압력차]
중성대는 실내 공기밀도와 실외 공기밀도가 같은 지점이다. 따라서 상위는 실외보다 밀도가 낮고 하위는 실외보다 밀도가 높다. 압력으로 말하면 상위로 더운 공기가 밀도가 낮아 올라가 위쪽 압력이 커진다. 중성대 상위의 실외와 밀도차는 중성대로부터의 높이와 실내외 밀도차의 곱으로 구한다.
상위밀도 = (1.25 - 1.2) × 1 = 0.05 mmAq 높다.

42 공기조화방식 중 전공기방식의 일반적인 특징으로 옳은 것은?

① 덕트 스페이스가 필요하다.
② 실내공기의 오염이 심하다.
③ 실내에 누수의 염려가 많다.
④ 중간기에 외기냉방을 할 수 없다.

해설

[전공기방식의 일반적인 특징]
① 전공기방식은 공기를 덕트로 공급하므로 덕트 설치공간이 필요하다.
② 전공기방식은 공기조화기로 외기 처리 후 공급하므로 오염이 적다.
③ 누수 위험은 전수방식(FCU 등)에서 발생하고, 전공기방식은 해당 없다.
④ 전공기방식은 외기냉방 운전이 가능하다.

43 축열시스템에 관한 설명으로 옳지 않은 것은?

① 심야전력의 이용이 가능하다.
② 냉동기의 용량을 감소시킬 수 있다.
③ 호텔의 공공부분과 같이 간헐운전이 심한 경우에는 적용할 수 없다.
④ 빙축열시스템은 냉각을 위한 냉동기, 축열을 위한 빙축열조, 외부와의 열교환을 위한 열교환기 등으로 구성된다.

해설

[축열시스템]
축열시스템은 야간의 심야전력을 이용하며, 보조적 역할로 간헐운전이 심한 경우에 적합하다.

44 다음과 같은 조건에 있는 체적이 200 m³인 실의 겨울철 환기횟수가 0.5 회/h 일 때 실내로 들어오는 틈새바람에 의한 현열손실량은?

[조건]
- 실내온도 20 ℃, 외기온도 -10 ℃
- 공기의밀도 1.2 kg/m³
- 공기의 비열 1.01 kJ/kg·K

① 337 W
② 1010 W
③ 1212 W
④ 3636 W

해설

[틈새바람에 의한 현열손실량]

풍량 $= 200 \times 0.5회/h = 100\ m^3/h$

$\therefore m = 100 \times 1.2 = 120\ kg/h$

현열 $q = m \times 1.01 \times 30$

$= 3636 kJ/h \times \dfrac{1000}{3600} = 1010\ W$

45 냉·난방부하 계산에 관한 설명으로 옳지 않은 것은?

① 투습으로 인한 열부하는 매우 작기 때문에 일반적으로 부하계산에서 제외한다.
② 유리창 종류와 블라인드 유무에 따라 달라지는 차폐계수는 그 최댓값이 1.0이다.
③ 작업상태가 동일한 경우 인체로부터의 발생열량은 실내 건구온도가 높을수록 현열량과 잠열량 모두 커진다.
④ 태양으로부터의 일사 열부하는 냉방부하 계산에서는 포함되나 난방부하 계산에서는 제외되는 것이 일반적이다.

해설

[냉·난방부하 계산]
인체로부터 땀이 발생되면 잠열량은 커지고 땀으로 인해 현열량은 줄어든다.

46 다음 중 날개(Blade)의 형상이 전곡형인 송풍기에 속하는 것은?

① 익형 송풍기
② 다익형 선풍기
③ 터보형 선풍기
④ 관류형 송풍기

해설

[날개(Blade)의 형상이 전곡형인 송풍기]
다익형(시로코) 팬
= 전곡형 팬 저압 대풍량의 특징

정답 44 ② 45 ③ 46 ②

47 천장 취출구에서 하향 취출을 하는 경우의 확산반경에 관한 설명으로 옳지 않은 것은?

① 거주영역에 최대 확산반경이 미치지 않는 영역이 없도록 취출구를 배치한다.
② 최소 확산반경 내에 보나 벽 등의 장애물이 있으면 드리프트(Drift)가 발생하지 않는다.
③ 최소 확산반경 내에 인접한 취출구의 최소 확산반경이 겹치면 편류현상이 발생할 수 있다.
④ 거주영역에서 평균풍속이 0.125 ~ 0.25 m/s로 되는 최대 단면적의 반경을 최소 확산반경이라 한다.

해설

[드리프트(drift, 편류)]
② 최소 확산반경 내에 보·벽·조명 등 장애물이 있으면 제트가 굴절되어 드리프트(Drift, 편류)가 발생한다.
　보충 드리프트(편류) : 제트가 장애물·벽면 영향으로 방향이 치우치는 현상

48 다음 습공기선도상에서 화살표 방향(A → B)으로 공기의 상태가 변화하는 것을 무엇이라고 하는가?

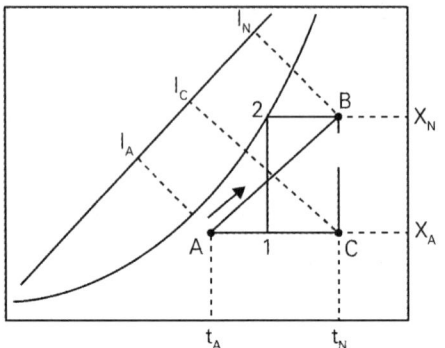

① 가열감습변화
② 가열가습변화
③ 냉각감습변화
④ 냉각가습변화

해설

[습공기의 상태변화]
A → B : 가열가습
B → A : 냉각감습
B → C : 감습
C → B : 가습
A → C : 가열
C → A : 냉각

49 다음과 같은 조건에 있는 냉각수 배관계통에서 냉각수펌프의 전양정(mAq)은 (단, 1 mAq = 10 kPa)?

[조건]
- 배관계통 마찰저항 : 10.4 mAq
- 냉동기 응축기 저항 : 8 mAq
- 냉각탑 살수압력 : 40 kPa

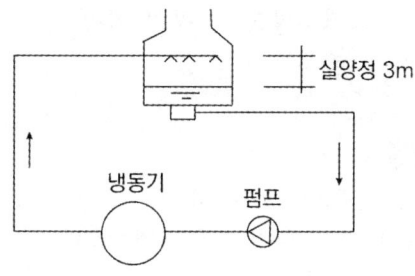

① 21.8 ② 22.4
③ 25.4 ④ 61.4

해설

[냉각수펌프의 전양정]
- 전양정 H = 실양정 + 배관 및 부속마찰손실 + 부속기기저항 + 살수압력
- H = 3 + 10.4 + 8 + (40/10) = 25.4

50 냉각탑이 응축기보다 낮은 위치에 있는 경우 냉각수펌프가 정지할 때마다 응축기 주변이 극단적인 부(-)압이 되지 않도록 설치하는 것은?

① 딥 튜브(Deep Tube)
② 더트 포켓(Dirt Pocket)
③ 플래시탱크(Flash Tank)
④ 사이폰 브레이크(Syphon Breaker)

해설

[사이폰 브레이크(Syphon Breaker)]
냉각탑이 응축기보다 낮은 위치에 있을 때, 펌프 정지 시, 응축기 쪽 배관의 물이 아래 냉각탑으로 흘러내리면서 사이폰 작용 발생해 응축기 주위가 심한 부(-)압 상태가 될 수 있다. 이를 방지하기 위해 사이폰 브레이크를 설치하여 공기를 주입, 배관 내 진공 형성을 차단한다.

51 몰리에르(Mollier)선도를 나타낸 그림에서 히트펌프의 난방 시 성적계수를 산정하는 식은?

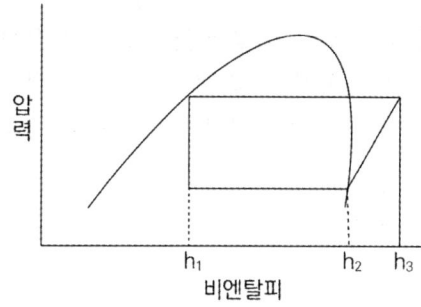

① $\dfrac{h_2 - h_1}{h_3 - h_2}$ ② $\dfrac{h_3 - h_1}{h_3 - h_2}$

③ $\dfrac{h_3 - h_1}{h_2 - h_1}$ ④ $\dfrac{h_3 - h_2}{h_2 - h_1}$

해설

[히트펌프의 난방 시 성적계수]

$$성적계수 = \dfrac{응축열량}{압축일량} = \dfrac{h_3 - h_1}{h_3 - h_2}$$

보충 ①은 냉동기의 성적계수

정답 49 ③ 50 ④ 51 ②

52 공기조화방식 중 단일덕트 변풍량방식의 구성기기에 속하지 않는 것은?

① V.A.V Uni
② 실내 서모스탯
③ 냉온풍 혼합상자
④ 송풍량 조절기기

해설
[단일덕트 변풍량방식의 구성기기]
냉온풍 혼합상자는 이중덕트방식에서 사용되는 기기

53 어떤 덕트 내부의 풍속을 측정한 결과 7 m/s이었다. 이때의 동압은 얼마인가? (단, 공기의 밀도는 1.2 kg/m³이다)

① 2.5 Pa   ② 24.5 Pa
③ 29.4 Pa   ④ 49 Pa

해설
[덕트 내부의 동압]
$\dfrac{v^2}{2}\rho = \dfrac{7^2}{2} \times 1.2 = 29.4 [Pa]$

54 공기조화방식의 열운송 동력의 크기 순서가 옳게 나열된 것은?

① 전공기방식 > 전수방식 > 공기·수방식
② 공기·수방식 > 전수방식 > 전공기방식
③ 전공기방식 > 공기·수방식 > 전수방식
④ 전수방식 > 공기·수방식 > 전공기방식

해설
[열운송 동력의 크기 순서]
전공기방식이 공기 자체는 가벼우나 풍량이 많아서 동력소비가 가장 크다. 전수식은 수송으로 동력 소비가 적다.

55 장방형 단면으로 된 4각 엘보의 국부저항 손실계수가 0.5이며 풍속이 6 m/s일 때, 이 엘보에서의 국부저항은? (단, 공기의 밀도는 1.2 kg/m³이다)

① 1.1 Pa   ② 2.2 Pa
③ 10.8 Pa   ④ 21.6 Pa

해설
[엘보의 국부저항]

국부저항손실 $\triangle P = \zeta \times \dfrac{V^2}{2}\rho$

국부저항 $= \zeta \dfrac{V^2}{2}\rho = 0.5 \dfrac{6^2}{2} \times 1.2 = 10.8\,Pa$

정답: 52 ③ 53 ③ 54 ③ 55 ③

56 에어필터의 효율 측정법에 속하지 않는 것은?

① 중량법　　② 비색법
③ 체적법　　④ DOP법

해설

[에어필터의 효율 측정법]
중량법(저성능필터), 비색법(중성능필터), DOP법(고성능필터) 3가지

57 2개 이상의 엘보를 사용하여 이음부의 나사 회전을 이용해서 배관의 신축을 흡수하는 신축이음쇠는?

① 루프형　　② 벨로즈형
③ 슬리브형　　④ 스위블형

해설

[신축이음쇠 중 스위블형]
스위블형은 엘보 부위가 서로 회전하면서 배관의 축 방향 길이 변화(열팽창·수축)를 흡수한다.

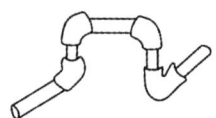

[스위블형]

58 실내에 80 W 용량의 형광등이 30개 있다. 조명 점등률을 50 %라고 하면 조명기구로부터의 취득 열량은? (단, 안정기는 실내에 있으며 발열계수는 1.2로 한다)

① 1000 W　　② 1200 W
③ 1440 W　　④ 2400 W

해설

[조명기구로부터의 취득 열량]
조명부하 = 80 × 30 × 0.5 × 1.2 = 1440 W

59 밸브를 완전히 열면 유체 흐름의 단면적 변화가 없기 때문에 마찰 저항이 적어서 흐름의 단속용으로 사용되는 밸브로, 게이트밸브(Gate Valve)라고도 불리는 것은?

① 앵글밸브　　② 체크밸브
③ 글로브밸브　　④ 슬루스밸브

해설

[게이트밸브(Gate valve)]
게이트밸브 = 슬루스밸브
　　　　　 = 개폐용(ON - OFF용) 밸브
글로브밸브 = 유량조절밸브

정답 ● 56 ③　57 ④　58 ③　59 ④

60 건구온도 20 ℃, 절대습도 0.012 kg/kg' 인 습공기의 엔탈피(kJ/kg)는? (단, 건공기의 정압비열 = 1.01 kJ/kg·K, 0 ℃에서 포화수의 증발잠열 = 2501 kJ/kg, 수증기의 정압비열 = 1.85 kJ/kg·K)

① 24.2　　② 32.6
③ 48.4　　④ 50.7

해설

[습공기의 엔탈피(kJ/kg)]
$$h[kJ/kg] = 1.01t + x(2501 + 1.85t)$$
$$= 1.01 \times 20 + 0.012(2501 + 1.85 \times 20)$$
$$= 50.656 \, kJ/kg$$

4과목 소방 및 전기설비

1회독　시간 :　　점수 :
2회독　시간 :　　점수 :
3회독　시간 :　　점수 :

61 C급 화재가 의미하는 화재의 종류는?

① 일반 화재　　② 유류 화재
③ 주방 화재　　④ 전기 화재

해설

[화재]

등급	화재	표시색	적응물질
A급 화재	일반 화재	백색	목재, 섬유, 합성섬유
B급 화재	유류 화재	황색	인화성 액체
C급 화재	전기 화재	청색	통전 중인 전기설비, 기기화재
D급 화재	금속 화재	무색	가연성 금속
K급 화재	식용유 화재	황색	식용유

정답　60 ④　61 ④

62 자계의 방향이나 도체에 흐르는 전류 방향이 바뀌면 도체가 움직이는 방향도 바뀌게 되는데, 이러한 도체가 움직이는 방향을 알 수 있는 것으로 전동기에 적용되는 법칙은?

① 렌츠의 법칙
② 앙페르의 법칙
③ 플레밍의 왼손법칙
④ 플레밍의 오른손법칙

해설

[플레밍법칙]
- 발전기(오른손) : 코일 주위의 자속 변화에 따라 코일을 통과하는 자속이 변화하여 코일에 기전력이 흐른다.
- 전동기(왼손) : 자계 중에 도체를 놓고 전류를 흘리면, 전류 및 자계와 직각 방향으로 도체를 움직이는 힘이 발생한다.

63 3상 유도전동기의 속도제어의 보편적 방법이 아닌 것은?

① 슬립을 변화시킨다.
② 전압을 변화시킨다.
③ 극수를 변화시킨다.
④ 주파수를 변화시킨다.

해설

[회전속도]
$N = \dfrac{120f}{P}(1-S)$

N : 전동기속도[rpm]
f : 주파수 P : 극수 S : 슬립

64 도선의 길이를 10배, 단면적을 10배로 크게 했을 때 전기저항의 크기는 어떻게 되는가?

① 2배 증가한다.
② 10배 증가한다.
③ 100배 증가한다.
④ 변하지 않는다.

해설

[저항]

수식 : $R = \rho\dfrac{l}{A} = \rho\dfrac{l}{\pi r^2}$

$= \rho\dfrac{l}{\pi\left(\dfrac{D}{2}\right)^2} = \rho\dfrac{l}{\dfrac{\pi D^2}{4}}$

$= \rho\dfrac{4l}{\pi D^2}\ [\Omega]$

$\rho\,[\Omega \cdot mm^2/m,\ \Omega \cdot m]$: 도선의 고유저항
$A\,[m^2]$: 도체의 단면적
$l\,[m]$: 도선의 길이
$r\,[m]$: 전선의 반경
$D\,[m]$: 전선의 직경

정답 62 ③ 63 ② 64 ④

65 220 V의 전압이 10 Ω의 저항에 작용했을 때 소비전력은?

① 2.42 kW
② 4.84 kW
③ 24.2 kW
④ 48.4 kW

해설

[전력]
P = VI, V = IR
$$P = \frac{V^2}{R} = \frac{220^2}{10} = 4840\ W = 4.84\ kW$$

66 다음 설명에 알맞은 배선공사는?

- 열정영향이나 기계적 외상을 받기 쉬운 곳이 아니면 광범위하게 사용 가능하다.
- 관자체가 절연체이므로 감전의 우려가 없으며 시공이 쉽다.

① 금속관공사
② 버스덕트공사
③ 플로어덕트공사
④ 합성수지관공사

해설

[합성수지관공사]
절연성이 높고 시공이 쉽기 때문에 광범위하게 사용함

67 할로겐램프에 관한 설명으로 옳지 않은 것은?

① 흑화가 거의 일어나지 않는다.
② 연색성이 좋고 설치가 용이하다.
③ 휘도가 낮아 현위가 발생하지 않는다.
④ 광속이나 색온도의 저하가 극히 적다.

해설

[할로겐램프]
할로겐램프는 백열전구의 종류로 내부에 브롬, 요오드 등 할로겐가스를 주입하는 고휘도 광원임

68 급기온도를 일정하게 하고 풍량을 변화시킴으로서 실내온도를 유지하는 가변풍량제어(VAV)에 적용되지 않는 것은?

① 정압제어
② 환기온도제어
③ 송풍기풍량 비례적분제어
④ VAV터미널 유닛 실온제어

해설

[환기온도제어]
정풍량방식(즉, Variable Air Volume 가변풍량 조절방식에 해당하지 않음)

정답 65 ② 66 ④ 67 ③ 68 ②

69 스프링클러헤드가 설치되어 있는 배관으로 정의 되는 것은?

① 주배관
② 교차배관
③ 가지배관
④ 급수배관

해설

[스프링클러설비의 화재안전기술기준(NFTC 103)]
〈용어의 정의〉

1. "가지배관"이란 헤드가 설치되어 있는 배관을 말한다.
2. "교차배관"이란 가지배관에 급수하는 배관을 말한다.
3. "주배관"이란 가압송수장치 또는 송수구 등과 직접 연결되어 소화수를 이송하는 주된 배관을 말한다.
4. "신축배관"이란 가지배관과 스프링클러헤드를 연결하는 구부림이 용이하고 유연성을 가진 배관을 말한다.
5. "급수배관"이란 수원 또는 송수구 등으로부터 소화설비에 급수하는 배관을 말한다.

70 스프링클러설비의 설치장소가 아파트인 경우 스프링클러설비 수원의 저수량 산정시 기준이 되는 스프링클러헤드의 기준개수는? (단, 폐쇄형 스피링클러헤드를 사용하는 경우)

① 10개　　② 20개
③ 30개　　④ 40개

해설

[헤드 기준개수]

스프링클러설비 설치장소			기준개수
10층 이하 (지하층 제외)	공장	특수가연물 저장·취급	30
		그 밖의 것	20
	근린생활시설 판매시설 운수시설 복합건축물	판매시설 또는 복합건축물 (판매시설이 설치되는 복합건축물)	30
		그 밖의 것	20
	그 밖의 것	헤드부착높이가 8 m 이상	20
		헤드부착높이가 8 m 미만	10
지하층을 제외한 층수가 11층 이상(아파트 제외), 지하가 또는 지하역사			30

※ 아파트등 : 기준개수 10개(단, 아파트등의 각 동이 주차장으로 서로 연결된 구조인 경우 해당 주차장 부분의 기준개수는 30개이다)

71 조명설비에서 눈부심의 발생원인과 가장 거리가 먼 것은?

① 순응의 결핍
② 시야 안의 저휘도 광원
③ 시설 부근에 노출된 광원
④ 눈에 입사하는 광속의 과다

해설
[저휘도 광원]
저휘도로 눈부심은 없다.

72 다음 중 일반적으로 시퀀스제어가 적용되는 것은?

① 정전압장치
② 자동평형기록계
③ 커피자동판매기
④ 레이더위치추적장치

해설
[시퀀스제어]
시퀀스제어는 순서대로 작동하는 기기에 알맞다.
커피자동판매기 : 돈 투입 – 커피선택 – 추출 – 종료 등 정해신 순서내로 동작

73 부동충전방식의 일종으로 자기방전량만을 항상 충전하는 축전지 충전방식은?

① 균등 충전   ② 보통 충전
③ 급속 충전   ④ 세류 충전

해설
[충전방식]

구분	내용
세류 충전방식	축전지의 자기방전을 보충하기 위해 부하를 제거한 상태로 늘 미소전류로 충전하는 방식(자기 방전량만 상시 충전)
균등 충전방식	부동충전 방식 사용 시 Cell에서 일어나는 전위차를 균등하게 하기 위해 3주에 1회 정도 축전지 공칭전압의 120~125 [%]의 정전압으로 10~12시간 충전하는 방식
보통 충전방식	필요할 때마다 표준 시간율로 충전하는 방식
급속 충전방식	단시간에 2~3배의 전류로 충전하는 방식
부동 충전방식	(1) 전지의 자기방전을 보충함과 동시에 상용부하에 대한 전력공급은 충전기가 부담하도록 하되, 충전기가 부담하기 어려운 일시적인 대전류 부하는 축전지로 하여금 부담하게 하는 충전방식 (2) 회로 계통 교류 → 변압기 → 정류회로 → 필터 → 부하보상 → 부하 ↳ 전지

※ 충전기 = 정류기

정답 71 ② 72 ③ 73 ④

74 다음은 옥외소화전설비의 소화전함 설치에 관한 설명이다. ( ) 안에 알맞은 것은?

> 옥외소화전이 10개 이하 설치된 때에는 옥외 소화전마다 ( ) 이내의 장소에 1개 이상의 소화전함을 설치하여야 한다.

① 5 m
② 10 m
③ 15 m
④ 20 m

해설

[옥외소화전함의 설치개수]

옥외소화전	옥외소화전함의 개수
10개 이하	5 m 이내의 장소에 각각 1개 이상 설치
11개 이상 30개 이하	11개 이상의 소화전함을 각각 분산하여 설치
31개 이상	옥외소화전 3개마다 1개 이상 설치

75 교류전력에 관한 설명으로 옳지 않은 것은?

① 무효전력이 크면 역률이 커진다.
② 유효전력은 실제로 소비되는 전력이다.
③ 역률이 1일 때 유효전력과 피상전력은 같다.
④ 전열기와 같이 순수하게 저항성분만으로 구성되는 부하인 경우 전력은 전압[V] × 전류[A]이다.

해설

[역률]
역률이 가장 좋을 때가 1이고 무효전력이 커지면 역률은 작아진다.

$\dfrac{유효}{무효} = 역률$

76 옥내소화전설비의 가압송수장치에 순환배관을 설치하는 이유는?

① 배관 내 압력변동을 검지하기 위해
② 체절운전 시 수온의 상승을 방지하기 위해
③ 각 소화전에 균등한 수압이 부여되도록 하기 위해
④ 배관 내 압력손실에 따른 펌프의 빈번한 기동을 방지하기 위해

해설

[순환배관]
체절운전은 출구밸브를 모두 폐쇄하고 펌프를 가동하여 압력을 조정하는 운전으로 고압에 따른 수온상승이 따름. 최종적으로 펌프의 손상이나 배관파열의 위험이 있으므로 이를 방지하기 위해 순환배관을 설치하여 수온 상승을 억제함

정답 ● 74 ① 75 ① 76 ②

77 10대의 전동기에 모두 공급되는 전압과 동일한 전압을 인가하려면 어떻게 연결하면 되는가?

① 직렬결선
② 병렬결선
③ 직렬결선 2회로와 병렬결선 8회로
④ 직렬결선 2회로와 병렬결선 4회로

해설
[전압]
• 병렬연결 시 : 동일전압 다른 전류
• 직렬연결 시 : 다른 전압 동일전류
건전지 연결과 같음

78 다음 중 천장이 높고 격납고, 아트리움, 공항 등과 같은 곳에서 가장 효과적인 화재 감지기는?

① 불꽃감지기
② 차동식 감지기
③ 보상식 감지기
④ 정온식 감지기

해설
[불꽃감지기]
연기나 열이 천장까지 도달하기 전, 불꽃만으로도 감지가 가능하기 때문에 천장이 높은 공간에서는 불꽃감지기가 효과적임

79 교류전력간의 관계식으로 옳은 것은?

① 피상전력 = 유효전력 + 무효전력
② 피상전력 = $\sqrt{유효전력 \times 무효전력}$
③ 피상전력 = $\sqrt{유효전력^2 + 무효전력^2}$
④ 피상전력 = $\sqrt{유효전력^2 - 무효전력^2}$

해설
[피상전력(Pa)]
(1) 단위 : VA, kVA
(2) 전원에 공급되는 전력
(3) 임피던스에 의해 소비되는 전력

$$P_a = VI = I^2 Z = \frac{V^2}{Z} = \frac{P}{\cos\theta},$$
$$P_a = P \pm jP_r = \sqrt{P^2 + P_r^2} \ [VA]$$

P : 유효전력
Pr : 무효전력

80 자동화재탐지설비의 감지기 설치에 관한 설명으로 옳지 않은 것은?

① 천장 또는 반자의 옥내에 면하는 부분에 설치한다.
② 정온식 및 보상식 감지기는 실내로의 공기유입구로부터 0.5 m 이상 떨어진 위치에 설치한다.
③ 보상식 스포트형 감지기는 정온점이 감지기 주위의 평상시 최고온도보다 20 ℃ 이상 높은 것으로 설치한다.
④ 정온식 감지기는 주방·보일러실 등으로서 다량의 화기를 취급하는 장소에 설치하되, 공칭작동온도가 최고주위온도보다 20 ℃ 이상 높은 것으로 설치한다.

정답 ● 77 ② 78 ① 79 ③ 80 ②

해설

[열감지기 설치기준]
(1) 천장 또는 반자의 옥내에 면하는 부분에 설치
(2) 실내로의 공기유입구로부터 1.5 m 이상 이격 (차동식 분포형 제외)

5과목 건축설비 관계법규

1회독	시간 :	점수 :
2회독	시간 :	점수 :
3회독	시간 :	점수 :

81 다음은 건축법령상 건축신고와 관련된 기준 내용이다. ( ) 안에 속하지 않는 것은?

> 허가 대상 건축물이라 하더라도 바닥면적의 합계 85 m² 이내의 ( )의 경우에는 미리 특별자치시장·특별자치도지사 또는 시장·군수·구청장에게 국토교통부령으로 정하는 바에 따라 신고를 하면 건축허가를 받은 것으로 본다.

① 신축　　② 증축
③ 개축　　④ 재축

해설

[건축신고]
[건축법] 제14조(건축신고)
① 제11조에 해당하는 허가 대상 건축물이라 하더라도 다음 각 호의 어느 하나에 해당하는 경우에는 미리 특별자치시장·특별자치도지사 또는 시장·군수·구청장에게 국토교통부령으로 정하는 바에 따라 신고를 하면 건축허가를 받은 것으로 본다.

1. 바닥면적의 합계가 <u>85제곱미터 이내의 증축·개축 또는 재축</u>. 다만 3층 이상 건축물인 경우에는 증축·개축 또는 재축하려는 부분의 바닥면적의 합계가 건축물 연면적의 10분의 1 이내인 경우로 한정한다.
2. 「국토의 계획 및 이용에 관한 법률」에 따른 관리지역, 농림지역 또는 자연환경보전지역에서 연면적이 200제곱미터 미만이고 3층 미만인 건축물의 건축. 다만 다음 각 목의 어

정답　81 ①

느 하나에 해당하는 구역에서의 건축은 제외한다.
  가. 지구단위계획구역
  나. 방재지구 등 재해취약지역으로서 대통령령으로 정하는 구역
3. 연면적이 200제곱미터 미만이고 3층 미만인 건축물의 대수선
4. 주요구조부의 해체가 없는 등 대통령령으로 정하는 대수선
5. 그 밖에 소규모 건축물로서 대통령령으로 정하는 건축물의 건축

라. 기숙사 : 다음의 어느 하나에 해당하는 건축물로서 공간의 구성과 규모 등에 관하여 국토교통부장관이 정하여 고시하는 기준에 적합한 것. 다만 구분소유된 개별 실(室)은 제외한다.

82 건축법령상 공동주택에 속하지 않는 것은?

① 기숙사   ② 연립주택
③ 다가구주택 ④ 다세대주택

해설

[정의]
[건축법 시행령] 별표 1 : 용도별 건축물의 종류
다. <u>다가구주택</u> : 다음의 요건을 모두 갖춘 주택으로서 공동주택에 해당하지 아니하는 것을 말한다.
2. <u>공동주택</u>
  가. 아파트 : 주택으로 쓰는 층수가 5개 층 이상인 주택
  나. <u>연립주택</u> : 주택으로 쓰는 1개 동의 바닥면적(2개 이상의 동을 지하주차장으로 연결하는 경우에는 각각의 동으로 본다) 합계가 660제곱미터를 초과하고, 층수가 4개 층 이하인 주택
  다. 다세대주택 : 주택으로 쓰는 1개 동의 바닥면적 합계가 660제곱미터 이하이고, 층수가 4개 층 이하인 주택(2개 이상의 동을 지하주차장으로 연결하는 경우에는 각각의 동으로 본다)

83 다음 중 건축법령상 다중이용 건축물에 속하지 않는 것은? (단, 층수가 16층 미만이며 해당 용도로 쓰는 바닥면적의 합계가 5000 m² 이상인 건축물의 경우)

① 종교시설
② 판매시설
③ 업무시설
④ 숙박시설 중 관광숙박시설

해설

[정의 - 다중이용 건축물]
[건축법 시행령] 제2조(정의)
17. "<u>다중이용 건축물</u>"이란 다음 각 목의 어느 하나에 해당하는 건축물을 말한다.
  가. 다음의 어느 하나에 해당하는 용도로 쓰는 바닥면적의 합계가 5천 제곱미터 이상인 건축물
    1) 문화 및 집회시설(동물원 및 식물원은 제외한다)
    2) <u>종교시설</u>
    3) <u>판매시설</u>
    4) 운수시설 중 여객용 시설
    5) <u>의료시설 중 종합병원</u>
    6) 숙박시설 중 관광숙박시설
  나. 16층 이상인 건축물
※ 업무시설은 다중이용건축물에 해당 없다.

정답 82 ③ 83 ③

84 공동주택에서 리모델링에 대비한 특례와 관련하여 리모델링이 쉬운 구조에 해당하지 않는 것은?

① 구조체는 철골구조 또는 목구조로 구성되어 있을 것
② 구조체에서 건축설비, 내부 마감재료 및 외부 마감재료를 분리할 수 있을 것
③ 개별 세대 안에서 구획된 실의 크기, 개수 또는 위치 등을 변경할 수 있을 것
④ 각 세대는 인접한 세대와 수직 또는 수평 방향으로 통합하거나 분할할 수 있을 것

해설

[리모델링이 쉬운 구조]
[건축법 시행령]
제6조의5(리모델링이 쉬운 구조 등)
① 법 제8조에서 "대통령령으로 정하는 구조"란 다음 각 호의 요건에 적합한 구조를 말한다. 이 경우 다음 각 호의 요건에 적합한지에 관한 세부적인 판단 기준은 국토교통부장관이 정하여 고시한다.
  1. 각 세대는 인접한 세대와 수직 또는 수평 방향으로 통합하거나 분할할 수 있을 것
  2. 구조체에서 건축설비, 내부 마감재료 및 외부 마감재료를 분리할 수 있을 것
  3. 개별 세대 안에서 구획된 실(室)의 크기, 개수 또는 위치 등을 변경할 수 있을 것
② 법 제8조에서 "대통령령으로 정하는 비율"이란 100분의 120을 말한다. 다만 건축조례에서 지역별 특성 등을 고려하여 그 비율을 강화한 경우에는 건축조례로 정하는 기준에 따른다.

85 건축물의 에너지 절약설계기준상 단열계획에 대한 건축부분의 권장사항으로 옳지 않은 것은?

① 외벽 부위는 내단열로 시공한다.
② 외피의 모서리 부분은 열교가 발생하지 않도록 단열재를 연속적으로 설치한다.
③ 건물의 창 및 문은 가능한 작게 설계하고, 특히 열손실이 많은 북측 거실의 창 및 문의 면적은 최소화한다.
④ 태양열 유입에 의한 냉·난방부하를 저감할 수 있도록 일사조절장치, 태양열투과율, 창 및 문의 면적비 등을 고려한 설계를 한다.

해설

[권장사항]
[건축물 에너지절약설계기준]
제7조(건축부문의 권장사항)
에너지절약계획서 제출대상 건축물의 건축주와 설계자 등은 다음 각 호에서 정하는 사항을 제15조의 규정에 적합하도록 선택적으로 채택할 수 있다.
3. 단열계획
  가. 건축물 용도 및 규모를 고려하여 건축물 외벽, 천장 및 바닥으로의 열손실이 최소화되도록 설계한다.
  나. 외벽 부위는 외단열로 시공한다.
  다. 외피의 모서리 부분은 열교가 발생하지 않도록 단열재를 연속적으로 설치하고, 기타 열교부위는 별표11의 외피 열교부위별 선형 열관류율 기준에 따라 충분히 단열되도록 한다.
  라. 건물의 창 및 문은 가능한 작게 설계하고, 특히 열손실이 많은 북측 거실의 창 및 문의 면적은 최소화한다.

정답 84 ① 85 ①

마. 발코니 확장을 하는 공동주택이나 창 및 문의 면적이 큰 건물에는 단열성이 우수한 로이(Low - E) 복층창이나 삼중창 이상의 단열성능을 갖는 창을 설치한다.
바. 태양열 유입에 의한 냉·난방부하를 저감 할 수 있도록 일사조절장치, 태양열취득률(SHGC), 창 및 문의 면적비 등을 고려한 설계를 한다. 건축물 외부에 일사조절장치를 설치하는 경우에는 비, 바람, 눈, 고드름 등의 낙하 및 화재 등의 사고에 대비하여 안전성을 검토하고 주변 건축물에 빛반사에 의한 피해 영향을 고려하여야 한다.
사. 건물 옥상에는 조경을 하여 최상층 지붕의 열저항을 높이고, 옥상면에 직접 도달하는 일사를 차단하여 냉방부하를 감소시킨다.

86 신축공동주택 등의 기계환기설비의 설치에 관한 기준 내용으로 옳지 않은 것은?

① 기계환기설비의 환기기준은 시간당 실내공기 교환횟수로 표시한다.
② 기계환기설비는 주방 가스대 위의 공기배출장치, 화장실의 공기배출 송풍기 등 급속환기설비와 함께 설치하여서는 안 된다.
③ 세대의 환기량 조절을 위하여 환기설비의 정격풍량을 최소·적정·최대의 3단계 또는 그 이상으로 조절할 수 있는 체계를 갖춘다.
④ 하나의 기계환기설비로 세대 내 2 이상의 실에 바깥공기를 공급할 경우의 필요 환기량은 각 실에 필요한 환기량의 합계 이상이 되도록 한다.

해설

[기계환기설비]
[건축물의 설비기준등에 관한 규칙]
별표 1의5 : 신축공동주택등의 기계환기설비의 설치기준
제11조 제1항의 규정에 의한 신축공동주택등의 환기횟수를 확보하기 위하여 설치되는 기계환기설비의 설계·시공 및 성능평가방법은 다음 각 호의 기준에 적합하여야 한다.
1. 기계환기설비의 환기기준은 시간당 실내공기 교환횟수(환기설비에 의한 최종 공기흡입구에서 세대의 실내로 공급되는 시간당 총 체적 풍량을 실내 총 체적으로 나눈 환기횟수를 말한다)로 표시하여야 한다.
2. 하나의 기계환기설비로 세대 내 2 이상의 실에 바깥공기를 공급할 경우의 필요 환기량은 각 실에 필요한 환기량의 합계 이상이 되도록 하여야 한다.
3. 세대의 환기량 조절을 위하여 환기설비의 정격풍량을 최소·적정·최대의 3단계 또는 그 이상으로 조절할 수 있는 체계를 갖추어야 하고, 적정 단계의 필요 환기량은 신축공동주택등의 세대를 시간당 0.5회로 환기할 수 있는 풍량을 확보하여야 한다.
11. 기계환기설비는 주방 가스대 위의 공기배출장치, 화장실의 공기배출 송풍기 등 급속 환기설비와 함께 설치할 수 있다.

87 다음의 소방시설 중 경보설비에 속하지 않는 것은?

① 통합감시시설
② 비상콘센트설비
③ 자동화재탐지설비
④ 자동화재속보설비

해설

[경보설비]
[소방시설설치 및 관리에 관한 법률 시행령]
별표 1 : 소방시설
2. 경보설비 : 화재발생 사실을 통보하는 기계·기구 또는 설비로서 다음 각 목의 것
  가. 단독경보형 감지기
  나. 비상경보설비
    1) 비상벨설비
    2) 자동식사이렌설비
  다. 자동화재탐지설비
  라. 시각경보기
  마. 화재알림설비
  바. 비상방송설비
  사. 자동화재속보설비
  아. 통합감시시설
  자. 누전경보기
  차. 가스누설경보기
※ 비상콘센트설비는 소화활동설비에 속한다.

1. 근린생활시설 중 의원, 치과의원, 한의원, 조산원, 산후조리원, 체력단련장, 공연장 및 종교집회장
2. 건축물의 옥내에 있는 다음 각 목의 시설
  가. 문화 및 집회시설
  나. 종교시설
  다. 운동시설(수영장은 제외한다)
3. 의료시설
4. 교육연구시설 중 합숙소
5. 노유자시설
6. 숙박이 가능한 수련시설
7. 숙박시설
8. 방송통신시설 중 방송국 및 촬영소
9. 「다중이용업소의 안전관리에 관한 특별법」 제2조 제1항 제1호에 따른 다중이용업의 영업소(이하 "다중이용업소"라 한다)
10. 제1호부터 제9호까지의 시설에 해당하지 않는 것으로서 층수가 11층 이상인 것(아파트등은 제외한다)

88 방염성능 기준 이상의 실내장식물 등을 설치하여야 하는 특정소방대상물에 속하지 않는 것은?

① 수영장
② 숙박시설
③ 의료시설
④ 방송통신시설 중 방송국

89 각 층의 거실면적의 합계가 1000 m² 로 동일한 15층의 문화 및 집회시설 중 공연장에 설치하여야 하는 승용 승강기의 최소 대수는? (단, 15인승 승강기의 경우)

① 4대   ② 5대
③ 6대   ④ 7대

해설

[방염성능 기준]
[소방시설설치 및 관리에 관한 법률 시행령]
제30조(방염성능 기준 이상의 실내장식물 등을 설치해야 하는 특정소방대상물)
법 제20조 제1항에서 "대통령령으로 정하는 특정소방대상물"이란 다음 각 호의 것을 말한다.

정답 88 ① 89 ③

> 해설

[승용 승강기의 최소 대수]
[건축물의 설비기준 등에 관한 규칙]
별표 1의2(승용 승강기의 설치기준)

건축물의 용도	6층 이상의 거실 면적의 합계	3천 제곱미터 이하	3천 제곱미터 초과
1. 가. 문화 및 집회시설(공연장·집회장 및 관람장만 해당한다) 나. 판매시설 다. 의료시설		2대	2대에 3천 제곱미터를 초과하는 2천 제곱미터 이내마다 1대를 더한 대수
2. 가. 문화 및 집회시설(전시장 및 동·식물원만 해당한다) 나. 업무시설 다. 숙박시설 라. 위락시설		1대	1대에 3천 제곱미터를 초과하는 2천 제곱미터 이내마다 1대를 더한 대수
3. 가. 공동주택 나. 교육연구시설 다. 노유자시설 라. 그 밖의 시설		1대	1대에 3천 제곱미터를 초과하는 3천 제곱미터 이내마다 1대를 더한 대수

위 표에 따라 승강기의 대수를 계산할 때 8인승 이상 15인승 이하의 승강기는 1대의 승강기로 보고, 16인승 이상의 승강기는 2대의 승강기로 본다.

- 6층 이상 거실면적 = 1000 × 10 = 10000 m²
- 3000 m²까지 기본 2대
- 초과 2000 m²마다 1대 : 7000 ÷ 2000 = 3.5
  ∴ 4대
- 총 6대(15인승 이하)

90 건축허가 등을 할 때 미리 소방본부장 또는 소방서장의 동의를 받아야 하는 대상 건축물의 층수 기준은? (단, 층수는 건축법령에 따라 산정된 층수를 말한다)

① 3층 이상인 건축물
② 6층 이상인 건축물
③ 10층 이상인 건축물
④ 12층 이상인 건축물

> 해설

[건축허가]
[소방시설설치 및 관리에 관한 법률 시행령]
제7조(건축허가등의 동의대상물의 범위 등)
① 법 제6조 제1항에 따라 건축물 등의 신축·증축·개축·재축·이전·용도변경 또는 대수선의 허가·협의 및 사용승인(「주택법」 제15조에 따른 승인 및 같은 법 제49조에 따른 사용검사, 「학교시설사업 촉진법」 제4조에 따른 승인 및 같은 법 제13조에 따른 사용승인을 포함하며, 이하 "건축허가등"이라 한다)을 할 때 미리 소방본부장 또는 소방서장의 동의를 받아야 하는 건축물 등의 범위는 다음 각 호와 같다.
4. 층수(「건축법 시행령」 제119조 제1항 제9호에 따라 산정된 층수를 말한다. 이하 같다)가 6층 이상인 건축물

정답 90 ②

91 주거에 쓰이는 바닥면적의 합계가 450 m²인 주거용 건축물에 배관하는 음용수용 급수관의 최소 지름은?

① 20 mm ② 25 mm
③ 32 mm ④ 40 mm

해설

[음용수용 급수관 최소 지름]
[건축물의 설비기준 등에 관한 규칙]
별표 3 : 주거용 건축물 급수관의 지름

가구 또는 세대수	1	2~3	4~5	6~8	9~16	17 이상
급수관 지름의 최소기준 (밀리미터)	15	20	25	32	40	50

※ 비고
1. 가구 또는 세대의 구분이 불분명한 건축물에 있어서는 주거에 쓰이는 바닥면적의 합계에 따라 다음과 같이 가구 수를 산정한다.
   가. 바닥면적 85제곱미터 이하 : 1가구
   나. 바닥면적 85제곱미터 초과 150제곱미터 이하 : 3가구
   다. 바닥면적 150제곱미터 초과 300제곱미터 이하 : 5가구
   라. 바닥면적 300제곱미터 초과 500제곱미터 이하 : 16가구
   마. 바닥면적 500제곱미터 초과 : 17가구

92 건축물에 설치하는 굴뚝에 관한 기준 내용으로 옳지 않은 것은?

① 금속제 굴뚝은 목재 기타 가연재료로부터 10 cm 이상 떨어져서 설치할 것
② 굴뚝의 옥상 돌출부는 지붕면으로부터의 수직 거리를 1 m 이상으로 할 것
③ 금속제 굴뚝으로서 건축물의 지붕 속·반자위 및 가장 아랫바닥 밑에 있는 굴뚝의 부분은 금속 외의 불연재료로 덮을 것
④ 굴뚝의 상단으로부터 수평거리 1 m 이내에 다른 건축물이 있는 경우에는 그 건축물의 처마보다 1 m 이상 높게 할 것

해설

[굴뚝]
[건축물의 피난·방화구조 등의 기준에 관한 규칙]
제20조(건축물에 설치하는 굴뚝)
영 제54조에 따라 건축물에 설치하는 굴뚝은 다음 각 호의 기준에 적합하여야 한다.
1. 굴뚝의 옥상 돌출부는 지붕면으로부터의 수직 거리를 1미터 이상으로 할 것. 다만 용마루·계단탑·옥탑등이 있는 건축물에 있어서 굴뚝의 주위에 연기의 배출을 방해하는 장애물이 있는 경우에는 그 굴뚝의 상단을 용마루·계단탑·옥탑등보다 높게 하여야 한다.
2. 굴뚝의 상단으로부터 수평거리 1미터 이내에 다른 건축물이 있는 경우에는 그 건축물의 처마보다 1미터 이상 높게 할 것
3. 금속제 굴뚝으로서 건축물의 지붕속·반자위 및 가장 아랫바닥 밑에 있는 굴뚝의 부분은 금속 외의 불연재료로 덮을 것

정답 ● 91 ④ 92 ①

4. 금속제 굴뚝은 목재 기타 가연재료로부터 15센티미터 이상 떨어져서 설치할 것. 다만 두께 10센티미터 이상인 금속 외의 불연재료로 덮은 경우에는 그러하지 아니하다.

93 문화 및 집회시설 중 공연장의 개별 관람실 출구의 설치기준 내용으로 옳지 않은 것은? (단, 개별 관람실의 바닥면적이 300 m² 이상인 경우)

① 관람실별로 2개소 이상 설치할 것
② 각 출구의 유효너비는 1.5 m 이상일 것
③ 관람실로부터 바깥쪽으로의 출구로 쓰이는 문은 안여닫이로 할 것
④ 개별 관람실 출구의 유효너비의 합계는 개별 관람실의 바닥면적 100 m²마다 0.6 m의 비율로 산정한 너비 이상으로 할 것

해설

[개별 관람실 출구]
[건축물의 피난·방화구조 등의 기준에 관한 규칙]
제10조(관람실 등으로부터의 출구의 설치기준)
② 영 제38조에 따라 문화 및 집회시설 중 공연장의 개별 관람실(바닥면적이 300제곱미터 이상인 것만 해당한다)의 출구는 다음 각 호의 기준에 적합하게 설치해야 한다.
1. 관람실별로 2개소 이상 설치할 것
2. 각 출구의 유효너비는 1.5미터 이상일 것
3. 개별 관람실 출구의 유효너비의 합계는 개별 관람실의 바닥면적 100제곱미터마다 0.6미터의 비율로 산정한 너비 이상으로 할 것

제11조(건축물의 바깥쪽으로의 출구의 설치기준)
② 영 제39조 제1항에 따라 건축물의 바깥쪽으로 나가는 출구를 설치하는 건축물 중 문화 및 집회시설(전시장 및 동·식물원을 제외한다), 종교시설, 장례식장 또는 위락시설의 용도에 쓰이는 건축물의 바깥쪽으로의 출구로 쓰이는 문은 안여닫이로 하여서는 아니 된다.

94 건축물의 옥상에 헬리포트를 설치하거나 헬리콥터를 통하여 인명 등을 구조할 수 있는 공간을 확보하여야 하는 대상 건축물 기준으로 옳은 것은? (단, 건축물의 지붕을 평지붕으로 하는 경우)

① 11층 이상인 층의 바닥면적의 합계가 3000 m² 이상인 건축물
② 11층 이상인 층의 바닥면적의 합계가 5000 m² 이상인 건축물
③ 11층 이상인 층의 바닥면적의 합계가 10000 m² 이상인 건축물
④ 11층 이상인 층의 바닥면적의 합계가 12000 m² 이상인 건축물

해설

[옥상광장]
[건축법 시행령] 제40조(옥상광장 등의 설치)
④ 층수가 11층 이상인 건축물로서 11층 이상인 층의 바닥면적의 합계가 1만 제곱미터 이상인 건축물의 옥상에는 다음 각 호의 구분에 따른 공간을 확보하여야 한다.
1. 건축물의 지붕을 평지붕으로 하는 경우 : 헬리포트를 설치하거나 헬리콥터를 통하여 인명 등을 구조할 수 있는 공간
2. 건축물의 지붕을 경사지붕으로 하는 경우 : 경사지붕 아래에 설치하는 대피공간

정답 ▶ 93 ③ 94 ③

95 건축물에 급수·배수·환기·난방설비를 설치하는 경우 건축기계설비기술사 또는 공조냉동기계기술사의 협력을 받아야 하는 대상 건축물의 연면적 기준은? (단, 창고시설은 제외)

① 3000 m² 이상
② 5000 m² 이상
③ 10000 m² 이상
④ 15000 m² 이상

해설

[협력을 받아야 하는 대상 건축물의 연면적]
[건축법 시행령]
제91조의3(관계전문기술자와의 협력)
② 연면적 1만 제곱미터 이상인 건축물(창고시설은 제외한다) 또는 에너지를 대량으로 소비하는 건축물로서 국토교통부령으로 정하는 건축물에 건축설비를 설치하는 경우에는 국토교통부령으로 정하는 바에 따라 다음 각 호의 구분에 따른 관계전문기술자의 협력을 받아야 한다.
1. 전기, 승강기(전기 분야만 해당한다) 및 피뢰침 : 「기술사법」에 따라 등록한 건축전기설비기술사 또는 발송배전기술사
2. 급수·배수(配水)·배수(排水)·환기·난방·소화·배연·오물처리 설비 및 승강기(기계 분야만 해당) : 「기술사법」에 따라 등록한 건축기계설비기술사 또는 공조냉동기계기술사

96 계단의 설치에 관한 기준 내용으로 옳지 않은 것은?

① 중학교의 계단인 경우 단 너비는 26 cm 이상으로 한다.
② 초등학교의 계단인 경우 단 너비는 26 cm 이상으로 한다.
③ 판매시설 중 상점인 경우 계단 및 계단참의 유효너비는 90 cm 이상으로 한다.
④ 문화 및 집회시설 중 공연장의 경우 계단 및 계단참의 유효너비는 120 cm 이상으로 한다.

해설

[건축물의 피난·방화구조 등의 기준에 관한 규칙]
제15조(계단의 설치기준)
② 제1항에 따라 계단을 설치하는 경우 계단 및 계단참의 너비(옥내계단에 한정한다), 계단의 단 높이 및 단 너비의 치수는 다음 각 호의 기준에 적합해야 한다. 이 경우 돌음계단의 단 너비는 그 좁은 너비의 끝부분으로부터 30센티미터의 위치에서 측정한다.
1. 초등학교의 계단인 경우에는 계단 및 계단참의 유효너비는 150센티미터 이상, 단 높이는 16센티미터 이하, 단 너비는 26센티미터 이상으로 할 것
2. 중·고등학교의 계단인 경우에는 계단 및 계단참의 유효너비는 150센티미터 이상, 단 높이는 18센티미터 이하, 단 너비는 26센티미터 이상으로 할 것
3. 문화 및 집회시설(공연장·집회장 및 관람장에 한한다)·판매시설 기타 이와 유사한 용도에 쓰이는 건축물의 계단인 경우에는 계단 및 계단참의 유효너비를 120센티미터 이상으로 할 것

정답 95 ③ 96 ③

97 판매시설로서 옥내소화전설비를 모든 층에 설치하여야 하는 특정소방대상물의 연면적 기준은?

① 500 m² 이상   ② 1000 m² 이상
③ 1500 m² 이상 ④ 2000 m² 이상

해설

[옥내소화전설비]
[소방시설설치 및 관리에 관한 법률 시행령]
별표 4 : 특정소방대상물의 관계인이 특정소방대상물에 설치·관리해야 하는 소방시설의 종류
다. 옥내소화전설비를 설치해야 하는 특정소방대상물은 다음의 어느 하나에 해당하는 것으로 한다.
 1) 다음의 어느 하나에 해당하는 경우에는 모든 층
  가) 연면적 3천 m² 이상인 것(터널은 제외한다)
  나) 지하층·무창층(축사는 제외한다)으로서 바닥면적이 600 m² 이상인 층이 있는 것
  다) 4층 이상인 층 중에서 바닥면적이 600 m² 이상인 층이 있는 것
 2) 1)에 해당하지 않는 근린생활시설, 판매시설, 운수시설, 의료시설, 노유자시설, 업무시설, 숙박시설, 위락시설, 공장, 창고시설, 항공기 및 자동차 관련 시설, 교정 및 군사시설 중 국방·군사시설, 방송통신시설, 발전시설, 장례시설 또는 복합건축물로서 다음의 어느 하나에 해당하는 경우에는 모든 층
  가) 연면적 1천 5백 m² 이상인 것
  나) 지하층·무창층으로서 바닥면적이 300 m² 이상인 층이 있는 것
  다) 4층 이상인 층 중에서 바닥면적이 300 m² 이상인 층이 있는 것

98 다음은 비상용 승강기의 승강장 구조에 관한 기준 내용이다. ( ) 안에 알맞은 것은?

> 승강장의 바닥면적은 비상용 승강기 1대에 대하여 ( ) 이상으로 할 것. 다만 옥외에 승강장을 설치하는 경우에는 그러하지 아니한다.

① 2 m²   ② 4 m²
③ 5 m²   ④ 6 m²

해설

[비상용 승강기]
[건축물의 설비기준 등에 관한 규칙]
제10조(비상용 승강기의 승강장 및 승강로의 구조)
법 제64조 제2항에 따른 비상용 승강기의 승강장 및 승강로의 구조는 다음 각 호의 기준에 적합하여야 한다.
2. 비상용 승강기 승강장의 구조
 바. 승강장의 바닥면적은 비상용 승강기 1대에 대하여 6제곱미터 이상으로 할 것. 다만 옥외에 승강장을 설치하는 경우에는 그러하지 아니하다.

정답 97 ③ 98 ④

99 축냉식 전기냉방설비의 설계기준 내용으로 옳지 않은 것은?

① 열교환기는 시간당 최소냉방열량을 처리할 수 있는 용량 이상으로 설치하여야 한다.
② 자동제어설비는 축냉운전, 방냉운전 또는 냉동기와 축열조를 동시에 이용하여 냉방운전이 가능한 기능을 갖추어야 한다.
③ 축열조는 보온을 철저히 하여 열손실과 결로를 방지해야 하며, 맨홀 등 점검을 위한 부분은 해체와 조립이 용이하도록 사용하여야 한다.
④ 부분축냉방식의 경우에는 냉동기가 축냉운전과 방냉운전 또는 냉동기와 축열조의 동시운전이 반복적으로 수행하는 데 아무런 지장이 없어야 한다.

해설

[축냉식 전기냉방설비]
[건축물의 냉방설비에 대한 설치 및 설계기준]
별표 1 : 축냉식 전기냉방설비의 설계기준

구분	설계기준
가. 냉동기	① 냉동기는 "고압가스 안전관리법 시행규칙" 제8조 별표 7의 규정에 따른 "냉동제조의 시설기준 및 기술기준"에 적합하여야 한다. ② 냉동기의 용량은 제4조에 근거하여 결정한다. ③ 부분축냉방식의 경우에는 냉동기가 축냉운전과 방냉운전 또는 냉동기와 축열조의 동시운전이 반복적으로 수행하는 데 아무런 지장이 없어야 한다.
나. 축열조	① 축열조는 축냉 및 방냉운전을 반복적으로 수행하는 데 적합한 재질의 축냉재를 사용해야 하며, 내부청소가 용이하고 부식되지 않는 재질을 사용하거나 방청 및 방식처리를 하여야 한다. ② 축열조의 용량은 제5조에 근거하여 결정한다. ③ 축열조는 내부 또는 외부의 응력에 충분히 견딜 수 있는 구조이어야 한다. ④ 축열조를 여러 개로 조립하여 설치하는 경우에는 관리 또는 운전이 용이하도록 설계하여야 한다. ⑤ 축열조는 보온을 철저히 하여 열손실과 결로를 방지해야 하며, 맨홀 등 점검을 위한 부분은 해체와 조립이 용이하도록 하여야 한다.
다. 열교환기	① 열교환기는 시간당 최대냉방열량을 처리할 수 있는 용량 이상으로 설치하여야 한다. ② 열교환기는 보온을 철저히 하여 열손실과 결로를 방지하여야 하며, 점검을 위한 부분은 해체와 조립이 용이하도록 하여야 한다.
라. 자동제어설비	자동제어설비는 축냉운전, 방냉운전 또는 냉동기와 축열조를 동시에 이용하여 냉방운전이 가능한 기능을 갖추어야 하고, 필요할 경우 수동조작이 가능하도록 하여야 하며 감시기능 등을 갖추어야 한다.

정답 99 ①

100 건축물의 출입구에 설치하는 회전문에 관한 기준 내용으로 옳지 않은 것은?

① 회전문과 바닥 사이의 간격은 5 cm 이하로 한다.
② 회전문과 문틀 사이의 간격은 5 cm 이상으로 한다.
③ 계단이나 에스컬레이터로부터 2 m 이상 거리를 두어야 한다.
④ 회전문의 회전속도는 분당회전수가 8회를 넘지 않도록 한다.

해설

[회전문]
[건축물의 피난·방화구조 등의 기준에 관한 규칙]
제12조(회전문의 설치기준)
영 제39조 제2항의 규정에 의하여 건축물의 출입구에 설치하는 회전문은 다음 각 호의 기준에 적합하여야 한다.
1. 계단이나 에스컬레이터로부터 2미터 이상의 거리를 둘 것
2. 회전문과 문틀 사이 및 바닥 사이는 다음 각 목에서 정하는 간격을 확보하고 틈 사이를 고무와 고무펠트의 조합체 등을 사용하여 신체나 물건 등에 손상이 없도록 할 것
   가. 회전문과 문틀 사이는 5센티미터 이상
   나. 회전문과 바닥 사이는 3센티미터 이하
3. 출입에 지장이 없도록 일정한 방향으로 회전하는 구조로 할 것
4. 회전문의 중심축에서 회전문과 문틀 사이의 간격을 포함한 회전문날개 끝부분까지의 길이는 140센티미터 이상이 되도록 할 것
5. 회전문의 회전속도는 분당회전수가 8회를 넘지 아니하도록 할 것
6. 자동회전문은 충격이 가하여지거나 사용자가 위험한 위치에 있는 경우에는 전자감지장치 등을 사용하여 정지하는 구조로 할 것

정답 100 ①

1과목 건축일반

01 표면결로 방지대책으로 옳지 않은 것은?

① 습한 공기를 제거하기 위해 환기가 잘 되게 한다.
② 벽의 단열성을 좋게 하여 열관류 저항을 크게 한다.
③ 실내수증기압을 낮추어 실내공기의 노점온도를 낮게 한다.
④ 방습재는 저온 측(실외)에, 단열재는 고온 측(실내)에 배치한다.

해설

[표면결로 방지대책]
- 표면결로는 실내공간을 이루는 건축부의 표면온도가 실내 공기의 온도보다 낮을 경우 건축부의 표면에 물이 생기는 현상이다.
- 방습재는 고온 측(실내)에, 단열재는 저온 측(실외)에 배치한다.

02 열교(Thermal Bridge)현상에 관한 설명으로 옳지 않은 것은?

① 벽이나 바닥, 지붕 등의 건축물 부위에 단열이 연속되지 않는 부분이 있을 때 생긴다.
② 열교현상을 줄이기 위해서는 콘크리트 라멘조의 경우 가능한 한 내단열로 시공한다.
③ 열교현상이 발생하는 부위는 표면온도가 낮아져서 결로가 쉽게 발생한다.
④ 열교현상이 발생하면 전체 단열성이 저하된다.

해설

[열교현상]
- 열교현상은 열이 전달되는 경로(다리)가 발생하는 것이다.
- 콘크리트 라멘조구조는 내력벽이 아닌 기둥과 보로 뼈대를 구성하는 경우로 내단열의 경우 열교현상이 생길우려가 있어 박스를 구성하듯 외단열로 시공하여야 열교현상을 줄일 수 있다.

정답 01 ④ 02 ②

03 실내 음향설계 시 각 부재의 설계방법으로 옳지 않은 것은?

① 충분한 직접음을 확보하기 위해서는 음원에서 수음점에 이르는 경로에 장애물이 없이 음원을 전망할 수 있어야 한다.
② 반향의 발생을 없게 하기 위해서는 17 m 이하의 거리 차이로 하면 양호하나 그렇게 하면 매우 작은 콘서트홀이 만들어지므로 벽이나 천장을 흡음처리하거나 확선처리를 하는 것으로 회피한다.
③ 음을 실 전체에 균일하게 분포시키기 위해서는 볼록면이나 확산면으로 하는 것이 바람직하다.
④ 다목적 홀 등에서는 무대에 가까운 천장을 높게 처리하여 천장에서의 1차 반사음이 객석 내에 효과적으로 도달하도록 천장반사면의 형태나 위치를 고려한다.

해설

[실내 음향설계]
다목적 홀 등에서는 무대에 가까운 천장을 낮게 처리하여 천장에서의 1차 반사음이 객석 내에 효과적으로 도달하도록 천장반사면의 형태나 위치를 고려한다.
※ 반향 : 송출된 음파가 물체에 의하여 반사 또는 산란되어 되돌아오는 음파

04 풍력환기가 일어나고 있는 실에서 어느 개구부의 풍압계수가 0.3이라고 할 때, 풍압계수 0.3의 의미로 가장 정확한 것은?

① 외부풍의 전압(全壓)의 3 %가 풍압력으로 가해진다.
② 외부풍의 전압(全壓)의 30 %가 풍압력으로 가해진다.
③ 외부풍의 동압(動壓)의 3 %가 풍압력으로 가해진다.
④ 외부풍의 동압(動壓)의 30 %가 풍압력으로 가해진다.

해설

[풍압계수]
바람이 물체에 부딪쳐 속도가 변할 때 생기는 정압의 변화량을 속도에 대한 비율로 나타낸 계수로 풍압을 조건에 따라 실험적으로 구하는 상수이다.
흐름의 방향과 관계가 있는 압력은 동압이므로 '풍압계수 0.3'이라는 것은 '외부풍의 동압의 30 %가 개구부에 풍압력으로 가해진다'라는 의미이다.

> 2026년 출제범위를 벗어난 문제를 모두 삭제하고, 최신 출제기준에 해당하는 문제만 엄선하여 수록했습니다. 따라서 1과목 문제 수는 실제 출제 수와 다를 수 있습니다.

정답 03 ④ 04 ④

2과목 위생설비

21 급탕방식 중 기수혼합식에 관한 설명으로 옳은 것은?

① 물을 열원으로 사용한다.
② 열효율이 낮다는 단점이 있다.
③ 공장의 목욕탕 등에 적합하다.
④ 소음이 적어 사일렌서를 사용할 필요가 없다.

해설

[급탕방식 중 기수혼합식]
기수혼합식은 증기를 물에 직분사하여 급탕 열효율이 100%로 좋으나 소음이 커서 사일렌서(소음기)를 사용해야 한다.

22 다음은 기구배수부하단위에 관한 설명이다. ( ) 안에 알맞은 내용은?

> 세면기 기준의 배수관지름을 DN32로 할 때 평균 배수량이 ( )이라고 가정하고, 이 값을 1로 정한 다음 각종 위생기구의 배수량을 이 값의 배수로 표시한 것이 기구배수부하단위이다.

① 12.5 L/min
② 22.5 L/min
③ 28.5 L/min
④ 35.5 L/min

해설

[기구배수부하단위]
기구배수부하 단위(FU)는 세면기의 배수량(28.5 L/min)을 기준으로 단위화한 것

23 다음 중 급수설비에서 크로스 커넥션의 방지대책으로 가장 알맞은 것은?

① 감압밸브를 설치한다.
② 볼탭을 수위조절밸브로 변경한다.
③ 각 계통마다의 배관을 색깔로 구분할 수 있게 한다.
④ 위생기구에 연결된 기구급수관에 차단밸브를 설치한다.

해설

[크로스 커넥션의 방지대책]
급수설비에서 크로스 커넥션이란 오염된 물이 급수되는 것을 방지하는 대책으로 착오 관결속이 발생하지 않도록 배관을 색깔로 구별한다.
크로스 커넥션 발생 방지는 유속 제한과 무관하다.
크로스 커넥션은 배관 오접속, 역류오염 문제이다.

보충 크로스 커넥션(cross connection)
: 급수배관과 오수·유해배관이 연결되어 오염될 위험을 뜻함

정답 21 ③ 22 ③ 23 ③

24 급수방식에 관한 설명으로 옳지 않은 것은?

① 압력탱크방식에서는 저수조가 필요하다.
② 압력탱크방식은 급수압력에 변동이 없는 것이 특징이다.
③ 고가탱크방식은 다른 방식에 비해 수질오염에 취약하다.
④ 고가탱크방식에서는 중력식으로 각 기구에 급수가 이루어진다.

해설

[급수방식]
압력탱크방식은 기압의 최고압, 최저압 사이에서 작동되므로 급수압력과 사용에 따라 변동이 많은 것이 단점

25 다음과 같은 조건에서 어느 건물의 시간 최대 예상급탕량이 4000 L/h일 때, 저탕조 내의 가열코일의 길이는?

┌─────────────────────────────────┐
│ ㉠ 급탕온도 : 65 ℃, 급수온도 : 5 ℃
│ ㉡ 가열코일 : 관경 32 mm의 동관, 단위 내측 표면적당 관길이 11.4 m/m²
│ ㉢ 열관류율 : 1000 W/m²·K
│ ㉣ 스케일에 따른 할증률 : 30 %
│ ㉤ 열원 : 온도 120 ℃ 증기
│ ㉥ 물의 비열 : 4.2 kJ/kg·K
└─────────────────────────────────┘

① 약 5.9 m   ② 약 30.9 m
③ 약 48.8 m   ④ 약 65.2 m

해설

[저탕조 내의 가열코일의 길이]
급탕부하와 가열코일 전열량은 같다.

• 급탕부하 q_1
$= 4000\ kg/h \times 4.2\ kJ/kgK \times 60\ K \times \dfrac{1}{3600s/h}$

∴ $q_1 = 280\ kW$

• 가열코일전열량
$280\ kW = 1\ kW/m^2K \times A \times 120 - (\dfrac{65+5}{2})$

∴ $A\ [m^2] = 3.294\ m^2$

• $A = \dfrac{L[m]}{11.4\ m/m^2} = 3.294\ m^2$

$L = 37.55$이고 1.3 할증하면
$L' = 48.82\ m$이다.

26 펌프의 전양정이 30 m이며 양수량이 2000 L/min일 때, 양수펌프의 축동력은? (단, 펌프의 효율은 80 %이다)

① 약 9.8 kW   ② 약 12.3 kW
③ 약 13.3 kW   ④ 약 16.7 kW

해설

[펌프의 축동력]
$P[kW] = \dfrac{1000HQ}{102\eta}$

$= \dfrac{1000 \times 30 \times \dfrac{2}{60}}{102 \times 0.8} = 12.25\ kW$

정답 24 ② 25 ③ 26 ②

27 먹는물의 수소이온 농도 기준으로 옳은 것은? (단, 샘물, 먹는샘물 및 먹는물공동시설의 물이 아닌 경우)

① pH 4.8 이상 pH 8.4 이하
② pH 4.8 이상 pH 8.5 이하
③ pH 5.8 이상 pH 8.4 이하
④ pH 5.8 이상 pH 8.5 이하

해설
[먹는 물 수질기준 및 검사 등에 관한 규칙]
pH 5.8 이상 pH 8.5 이하

28 다음 설명에 알맞은 통기관의 종류는?

> 배수수직관에서 최상부의 배수수평관이 접속한 지점보다 더 상부 방향으로 그 배수수직관을 지붕 위까지 연장하여 이것을 통기관으로 사용하는 관을 말한다.

① 신정통기관 ② 결합통기관
③ 각개통기관 ④ 공용통기관

해설
[신정통기관]
신정통기관은 배수수직관 최상부를 지붕 위까지 연장하여 통기관으로 사용하는 것으로 배수 시 배관 내부의 공기압을 조절하여 봉수 파괴를 방지하고 악취·가스 배출의 역할을 한다.

※ 통기관
1) 결합통기관 : 배수수직관과 통기수직관을 연결
2) 각개통기관 : 각 위생기구별 개별 통기관
3) 공용통기관 : 다수 기구의 배수통기관을 공용으로 하는 방식

29 간접가열식 급탕법에 관한 설명으로 옳지 않은 것은?

① 대규모의 급탕설비에 사용할 수 없다.
② 보일러 내면에 스케일의 발생이 적다.
③ 가열보일러를 난방용 보일러와 겸용할 수 있다.
④ 가열보일러로 저압보일러를 사용해도 되는 경우가 많다.

해설
[간접가열식 급탕법]
간접가열식 급탕법은 보일러 외부에 가열코일과 저탕조를 두는 것으로 대규모 급탕설비에 적합하다.

30 물의 경도에 관한 설명으로 옳지 않은 것은?

① 경도의 표시는 도(度) 또는 ppm이 사용된다.
② 경도가 큰 물을 경수, 경도가 낮은 물을 연수라고 한다.
③ 일반적으로 물이 접하고 있는 지층의 종류와 관계없이 지표수는 경수, 지하수는 연수로 간주된다.
④ 물의 경도는 물속에 녹아있는 칼슘, 마그네슘 등의 염류의 양을 탄산칼슘의 농도로 환산하여 나타낸 것이다.

정답 27 ④ 28 ① 29 ① 30 ③

해설

[물의 경도]
- 지표수(하천수 등)는 일반적으로 연수, 지하수(암반수, 우물물 등)는 경수인 경우가 많음
- 물의 경도는 칼슘, 마그네슘 등 미네랄 성분으로 판단됨

31 원심식 펌프로 회전차 주위에 디퓨저인 안내 날개를 가지고 있는 펌프는?

① 터빈펌프   ② 기어펌프
③ 피스톤펌프   ④ 볼류트펌프

해설

[원심펌프의 종류 및 특성]

구분	안내날개	유량	양정
볼류트펌프	없음	대유량	저양정
터빈펌프	있음	소유량	고양정

32 배수트랩에 관한 설명으로 옳지 않은 것은?

① 트랩의 봉수깊이는 50~100 mm가 적절하다.
② 위생기구 중 세면기에는 U트랩이 가장 널리 이용된다.
③ P트랩, S트랩 및 U트랩은 사이폰트랩이라고도 한다.
④ 트랩의 봉수깊이란 딥(Top Dip)과 웨어(Crown Weir)와의 수직거리를 의미한다.

해설

[배수트랩]
세면기에는 P와 S트랩이 가장 널리 이용된다.

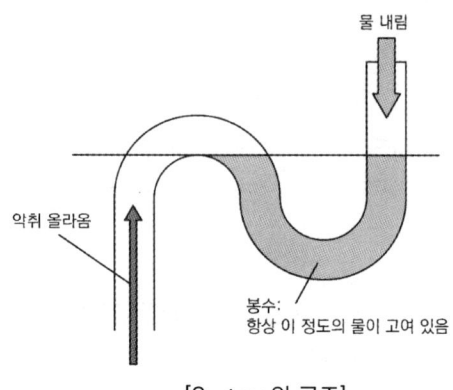

[S-trap의 구조]

33 급수배관의 설계 및 시공에 관한 설명으로 옳지 않은 것은?

① 급수주관으로부터 배관을 분기하는 경우는 엘보를 사용하여야 한다.
② 주배관에는 적당한 위치에 플랜지이음을 하여 보수점검을 용이하게 한다.
③ 배관의 수리 시 교체가 쉽고 열의 신축에도 대응할 수 있도록 벽이나 바닥을 관통하는 곳에는 슬리브를 설치한다.
④ 수평배관에는 공기가 정체하지 않도록 하며, 어쩔 수 없이 공기 정체가 일어나는 곳에는 공기빼기밸브를 설치한다.

정답   31 ①   32 ②   33 ①

해설

[급수배관의 설계 및 시공]
분기에는 티(Tee)를 사용하고, 엘보는 방향전환에 사용된다.

34 급수배관의 관경 결정법에 관한 설명으로 옳지 않은 것은?

① 같은 급수기구 중에서도 개인용과 공중용에 대한 기구급수부하단위는 공중용이 개인용 보다 값이 크다.
② 유량선도에 의한 방법으로 관경을 결정하고자 할 때의 부하유량(급수량)은 기구급수부하단위로 산정한다.
③ 소규모 건물에는 유량선도에 의한 방법이, 중규모 이상의 건물에는 관균등포에 의한 방법이 주로 이용된다.
④ 기구급수부하단위는 각 급수기구의 표준 토수량, 사용빈도, 사용시간을 고려하여 1개의 급수기구에 대한 부하의 정도를 예상하여 단위화한 것이다.

해설

[급수배관의 관경 결정법]
• 소규모 건물 : 관균등 표
• 중·대규모 건물 : 유량선도

35 유체에 관한 설명으로 옳지 않은 것은?

① 동점성계수는 점성계수에 비례하고 밀도에 반비례한다.
② 레이놀즈수는 동점성계수 및 관경에 비례하고 유속에 반비례한다.
③ 연속의 법칙에 의하면 관의 단면적이 큰 곳은 유속이 작고, 역으로 단면적이 작은 곳에서는 유속이 크게 된다.
④ 베르누이의 정리에 의하면 유체가 가지고 있는 속도에너지, 위치에너지 및 압력에너지의 총합은 흐름 내 어디에서나 일정하다.

해설

[레이놀즈수]

$$레이놀즈수\ Re = \frac{\rho VD}{\mu} = \frac{VD}{\nu} = \frac{관성력}{점성력}$$

레이놀즈수는 동점성계수에 반비례하고 관경과 유속에 비례한다.

여기서, ρ : 밀도[kg/m³]
V : 유속[m/s]
D : 직경[m]
μ : 점성계수[N·s/m²]
ν : 동점성계수[m²/s]

36 펌프에 관한 설명으로 옳은 것은?

① 비속도가 작은 펌프는 양수량의 변화에 따라 양정의 변화도 크다.
② 특성이 같은 펌프를 2대 병렬 운전하면 양정과 양수량은 1대일 경우의 2배가 된다.

정답 34 ③ 35 ② 36 ④

③ 특성이 같은 펌프를 2대 직렬 운전하면 양수량은 1대일 경우의 2배가 된다.
④ 동일펌프로 동일 송수계통에 양수하고 있는 경우 펌프의 회전수가 2배가 되면 양정은 4배가 된다.

해설

[펌프]
① 비속도가 큰 펌프는 양수량의 변화에 따라 양정의 변화도 크다.
② 특성이 같은 펌프를 2대 병렬 운전하면 양정은 거의 그대로이고, 양수량은 1대일 경우의 2배가 된다.
③ 특성이 같은 펌프를 2대 직렬 운전하면 양정은 1대일 경우의 2배가 된다.

※ 상사의 법칙
1) 풍량(유량)[m^3/s]
$$Q_2 = \left(\frac{N_2}{N_1}\right)^1 \times \left(\frac{D_2}{D_1}\right)^3 \times Q_1$$
2) 전압 [Pa] (양정[m])
$$P_2 = \left(\frac{N_2}{N_1}\right)^2 \times \left(\frac{D_2}{D_1}\right)^2 \times P_1$$
3) 동력[kW]
$$L_2 = \left(\frac{N_2}{N_1}\right)^3 \times \left(\frac{D_2}{D_1}\right)^5 \times L_1$$

37 호텔의 주방이나 레스토랑의 주방 등에서 배출되는 배수 중의 지방분을 포집하기 위하여 사용되는 포집기는?

① 오일포집기
② 가솔린포집기
③ 그리스포집기
④ 플라스터포집기

해설

[그리스포집기]
그리스포집기는 주방 배수에서 발생하는 동·식물성 기름과 지방을 분리·포집하는 장치이다.

38 급탕설비의 안전장치에 관한 설명으로 옳지 않은 것은?

① 팽창관의 배수는 간접배수로 한다.
② 팽창관의 도중에는 체크밸브를 설치하여 개폐를 원활하게 한다.
③ 팽창관은 보일러, 저탕조 등 밀폐 가열장치 내의 압력상승을 도피시키는 역할을 한다.
④ 안전밸브는 가열장치 내의 압력이 설정압력을 넘는 경우에 압력을 도피시키기 위해 탕을 방출하는 밸브이다.

해설

[급탕설비의 안전장치]
② 팽창관 도중에는 어떠한 밸브도 설치하지 않는다.

39 다음과 같은 특징을 갖는 대변기 세정 급수방식은?

- 세정의 경우에는 대변기로의 공급수량이나 압력이 일정하다.
- 세정효과가 양호하며 소음이 적다.
- 우리나라의 주택에 널리 사용되고 있다.

① 로탱크식 ② 기압탱크식
③ 하이탱크식 ④ 플러시밸브식

정답 37 ③ 38 ② 39 ①

해설

[로탱크식(Low Tank Type)]
(1) 세정수량과 압력이 일정
(2) 소음이 적고 세정효과 양호
(3) 우리나라 주택에 널리 사용

---

40 처리대상인원 1000인, 1인 1일당 오수량 0.2 m³, 오수의 평균 BOD 200 ppm, BOD 제거율 85%인 오수처리시설에서 유출수 중 BOD는?

① 1.5 kg/day　② 6 kg/day
③ 30 kg/day　④ 200 kg/day

해설

[BOD]
(1) 유출수 BOD 농도 계산
$$C_{유출} = 200 \times (1-0.85) = 30\,ppm$$

보충 200 ppm 중 85%가 제거되었으니 15%가 남음

(2) 유출수 총량 계산
$$Q_{총량} = 1000 \times 200\,L/day \times 30\,mg/L$$
$$= 6000000\,mg/day = 6\,kg/day$$

여기서, 인원 : 1000명
1인당 오수량 : 0.2 m³/day = 200 L/day
농도 : 30 ppm = 30 mg/L

3과목 공기조화설비

41 진공환수식 증기난방에서 리프트이음(Lift Fitting)을 적용하는 경우는?

① 방열기보다 환수주관이 높을 때
② 환수배관법을 역환수식으로 할 때
③ 방열기보다 응축수온도가 너무 높을 때
④ 진공펌프를 환수주관보다 낮게 설치할 때

해설

[리프트이음(Lift Fitting)]
방열기보다 환수주관이 높을 때 리프트이음을 적용한다. 방열기에서 발생한 응축수가 환수주관보다 낮아 자연 배수가 되지 않을 때, 리프트이음을 설치해 진공차에 의해 응축수를 들어올린다.

---

42 유리창을 통과하는 전열량에 관한 설명으로 옳지 않은 것은?

① 복사열량과 관류열량의 합이다.
② 반사율이 클수록 전열량은 작아진다.
③ 전열량은 유리의 열관류율이 클수록 크게 된다.
④ 일사취득열량은 유리창의 차폐계수에 반비례한다.

해설

[유리창을 통과하는 전열량]
유리창 일사취득열량은 유리창의 차폐계수에 비례한다. 즉, 차폐계수가 0.6일 때 일사취득열량은 60% 이다.

정답　40 ②　41 ①　42 ④

43 수증기를 만드는 원리에 따라 가습장치를 구분할 경우 다음 중 수분무식에 속하는 것은?

① 전열식
② 모세관식
③ 초음파식
④ 적외선식

해설

[가습방식의 분류]
- 수분무식 : 원심식, <u>초음파식</u>, 분무식
- 증기발생식 : 전열식, 전극식, 적외선식

44 체크밸브에 관한 설명으로 옳지 않은 것은?

① 유체의 역류를 방지하기 위한 것이다.
② 스윙형 체크밸브를 수평배관에 사용할 수 없다.
③ 스윙형 체크밸브는 유수에 대한 마찰저항이 리프트형보다 작다.
④ 리프트형 체크밸브는 글로브밸브와 같은 밸브시트의 구조를 갖는다.

해설

[체크밸브]
② 스윙형 체크밸브는 수평, 수직배관에 모두 사용할 수 있다.

45 증기트랩 중 플로트트랩에 관한 설명으로 옳지 않은 것은?

① 대용량에도 적합하다.
② 응축수를 연속으로 배출시킬 수 있다.
③ 플로트를 트랩 내부에 갖고 있어 외형이 크다.
④ 증기와 응축수 사이의 온도차를 이용하는 온도조절식 트랩이다.

해설

[플로트트랩]
④ 플로트트랩은 온도조절식 트랩이 아니라 응축수의 부력 원리를 이용한다.

구분	응축수 회수 원리	종류
기계식	응축수의 부력을 이용	플로트트랩, 버킷트랩
열동식 (온도조절식)	증기와 응축수의 온도 차이	바이메탈식 트랩, 벨로스 트랩
열역학	증기와 응축수의 열역학적 특성 차이	디스크트랩, 오리피스트랩

정답 ● 43 ③ 44 ② 45 ④

46 온수난방배관에서 리버스 리턴(Reverse Return)방식을 사용하는 주된 이유는?

① 배관의 신축을 흡수하기 위하여
② 배관의 길이를 짧게 하기 위하여
③ 온수의 유량분배를 균일하게 하기 위하여
④ 배관 내의 공기배출을 용이하게 하기 위하여

해설
[역환수방식(= 리버스리턴방식)]
각 유닛마다 온수 공급관에서부터 환수관까지의 총 길이를 동일하게 하므로 배관저항이 같게 되어 각 유닛에 유량 공급도 균일하다.

보충 역환수방식 채택 이유 : 온수의 유량분배를 균일하게 하기 위하여

47 복사난방방식에 관한 설명으로 옳지 않은 것은?

① 다른 난방방식에 비하여 쾌적감이 높다.
② 실내 상하의 온도차가 크다는 단점이 있다.
③ 외기침입이 있는 곳에서도 난방감을 얻을 수 있다.
④ 열용량이 크기 때문에 간헐난방에는 그다지 적합하지 않다.

해설
[복사난방방식]
② 복사난방은 상하온도차가 작다는 장점이 있다.

48 국소환기 설계에 관한 설명으로 옳지 않은 것은?

① 배출된 오염물질에 의한 대기오염이 되지 않도록 정화장치를 부착한다.
② 국소환기의 계통은 공간의 절약을 위해 공조장치의 환기덕트와 연결한다.
③ 배기장치는 배기가스에 의해 부식하기 쉬우므로 그에 상응한 재료를 사용한다.
④ 배풍기는 배기계통의 말단부에 두어 덕트 내 압력이 부(-)로 되도록 해서 다른 쪽으로의 누출을 방지한다.

해설
[국소환기 설계]
② 국소환기 덕트는 공조장치의 덕트와 절대 연결하지 않고 별도의 배기계통으로 설치한다.

보충 국소환기는 오염물질을 발생원에서 즉시 포집하여 외부로 배출하는 것이 목적

49 습공기의 엔탈피(Enthalpy)에 관한 설명으로 옳은 것은?

① 습공기의 전압을 나타낸다.
② 습공기의 잠열량을 나타낸다.
③ 습공기의 전열량을 나타낸다.
④ 습공기의 현열량을 나타낸다.

해설
[습공기의 엔탈피(Enthalpy)]
습공기의 엔탈피는 건공기와 포함된 수증기가 가진 현열 + 잠열을 합한 전열량이다.

정답 46 ③ 47 ② 48 ② 49 ③

50 사무실의 크기가 10 m × 10 m × 3 m 이고 재실자가 25명, 가스난로의 CO_2 발생량이 0.5 m³/h일 때, 실내평균 CO_2 농도를 5000 ppm으로 유지하기 위한 최소 환기횟수는? (단, 재실자 1인당의 CO_2 발생량은 18 L/h, 외기의 CO_2 농도는 800 ppm이다)

① 약 0.75회/h
② 약 1.25회/h
③ 약 1.50회/h
④ 약 2.00회/h

해설
[최소 환기횟수]
(1) 환기량
$$Q = \frac{M}{C_i - C_o}$$
$$Q = \frac{\frac{25 \times 18}{1000} + 0.5}{5000 \times 10^{-6} - 800 \times 10^{-6}} = 226.19 \, m^3/h$$
∴ $Q = 226.19 \, m^3/h$ 이므로
(2) 환기횟수
$$n = \frac{226.19}{10 \times 10 \times 3} = 0.7549 ≒ 0.75 \, 회/h$$

51 다음 중 콜드 드래프트의 발생원인과 가장 거리가 먼 것은?

① 주의 벽면의 온도가 낮을 때
② 인체 주위의 공기온도가 낮을 때
③ 인체 주위의 공기습도가 낮을 때
④ 인체 주위의 기류속도가 낮을 때

해설
[콜드 드래프트의 발생원인]
④ 콜드 드래프트는 대체로 기류속도가 높을 때 발생하며, 기류속도가 낮을 때는 발생 가능성이 작다.

52 건구온도 30 ℃, 수증기 분압 1.69 kPa인 습공기의 상대습도는? (단, 30 ℃ 포화공기의 수증기 분압은 4.23 kPa이다)

① 약 20 %
② 약 30 %
③ 약 40 %
④ 약 50 %

해설
[습공기의 상대습도]
$$상대습도 = \frac{수증기 \, 분압}{포화공기의 \, 수증기 \, 분압} \times 100\%$$
$$= \frac{1.69}{4.23} \times 100\% = 39.95\%$$

53 냉각탑에서 어프로치(Approach)에 관한 설명으로 옳은 것은?

① 냉각탑 출구와 입구 수온의 온도차
② 냉각탑 입구와 출구공기의 습구온도차
③ 냉각탑 입구의 수온과 출구공기의 습구온도와의 차
④ 냉각탑 출구의 수온과 입구공기의 습구온도와의 차

정답 50 ① 51 ④ 52 ③ 53 ④

해설

[냉각탑에서 어프로치(Approach)]
어프로치 = 냉각탑 출구온도 - 입구공기 습구온도
어프로치가 작을수록 냉각탑의 냉각능력이 우수함

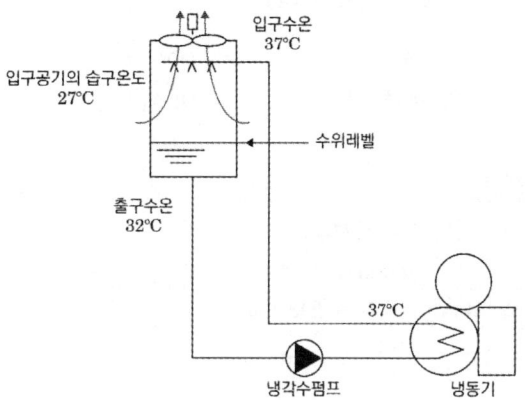

54
공기조화용 덕트의 분기부에 설치하여 풍량 조절용으로 사용되나, 정밀한 풍량 조절이 불가능하며, 누설이 많아 폐쇄용으로 사용이 곤란한 댐퍼는?

① 루버댐퍼 ② 볼륨댐퍼
③ 스플릿댐퍼 ④ 버터플라이댐퍼

해설

[스플릿댐퍼]
스플릿댐퍼는 분기관에 설치하여 풍량을 조절하는 댐퍼이다. 보통 두 개의 판(블레이드)으로 구성되어, 각 분기관의 개도를 조절한다. 정밀 조절에는 적합하지 않다.

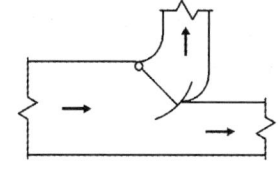

[스플릿댐퍼]

55
흡수식 냉동기에 관한 설명으로 옳지 않은 것은?

① 왕복동식 냉동기에 비해 소음이 적다.
② 일반적으로 리튬브로마이드(LiBr)가 냉매로 이용된다.
③ 증발기, 흡수기, 재생기(발생기), 응축기 등으로 구성되어 있다.
④ 기계적 에너지가 아닌 열에너지에 의해 냉동효과를 얻는다.

해설

[흡수식 냉동기]
리튬브로마이드(LiBr)는 흡수액으로 사용되고 냉매는 물이 사용

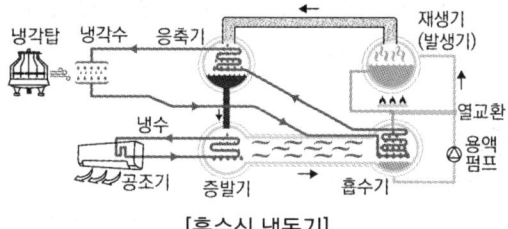

[흡수식 냉동기]

56
다음과 같은 특징을 갖는 천장취출구는?

- 확산형 취출구의 일종으로 몇 개의 콘(Cone)이 있어서 1차 공기에 의한 2차 공기의 유인성능이 좋다.
- 확산반경이 크고 도달거리가 짧기 때문에 천장취출구로 많이 사용된다.

① 팬형 ② 노즐형
③ 펑커형 ④ 아네모스탯형

정답 54 ③ 55 ② 56 ④

해설

[천장취출구]
아네모스탯형은 2차 공기의 유인성능이 우수, 보편적으로 사용한다.

57 2중 효용 흡수식 냉동기에 관한 설명으로 옳은 것은?

① 응축기가 저온, 고온 응축기로 분리되어 있다.
② 발생기가 저온, 고온 발생기로 분리되어 있다.
③ 흡수기가 저온, 고온 흡수기로 분리되어 있다.
④ 증발기가 저온, 고온 증발기로 분리되어 있다.

해설

[2중 효용 흡수식 냉동기]
2중 효용 흡수식 냉동기는 고온 발생기와 저온 발생기를 사용하여 열에너지를 단계적으로 이용하는 방식이다. 이 구조 덕분에 1중 효용에 비해 열 이용 효율(성적계수, COP)이 높아지고, 연료 절감 효과가 있다. 즉, 2중 효용 흡수식 냉동기의 핵심은 발생기만 이중 구조로 되어 있다는 점이다.

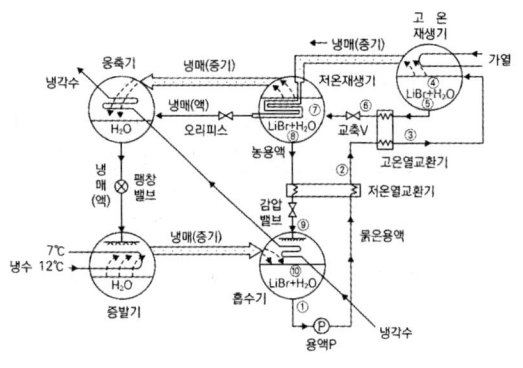

[2중 효용 흡수식 냉동기(H₂O + LiBr)]

58 실의 난방부하가 10 kW인 사무실에 설치할 온수난방용 방열기의 필요 섹션수는? (단, 방열기 섹션 1개의 방열면적은 0.20 m²로 한다)

① 74섹션   ② 85섹션
③ 90섹션   ④ 96섹션

해설

[방열기의 필요 섹션수]

$$\frac{10000\,W}{523\,W(\text{온수표준방열량})/m^2} = 19.12\,m^2$$

그러므로 $\frac{19.12}{0.2} = 95.6 ≒ 96$개

59 난방도일(Heating Degree Day)에 관한 설명으로 옳지 않은 것은?

① 추운 날이 많은 지역일수록 난방도일은 커진다.
② 난방도일이 계산에 있어서 일사량은 고려하지 않는다.
③ 난방도일은 난방용 장치부하를 결정하기 위한 것이다.
④ 일반적으로 난방도일이 큰 지역일수록 연료소비량은 증가한다.

해설

[난방도일(Heating Degree Day)]
난방도일은 일정기간의 난방부하총량, 연료소비량을 구하기 위함이다.

정답 57 ② 58 ④ 59 ③

60 다음과 같은 조건에서 환기에 의한 손실열량(현열)은?

- 실의 크기 : 10 m × 7 m × 3 m
- 환기횟수 : 1 회/h
- 공기의 정압비열 : 1.01 kJ/kg·K
- 공기의 밀도 : 1.2 kg/m³
- 실내의 공기온도차 : 30 ℃

① 1.06 kW   ② 2.12 kW
③ 3.82 kW   ④ 7.64 kW

해설

[환기에 의한 손실열량(현열)]

- 풍량 : $(10 \times 7 \times 3) \times 1$ 회/h $= 210\ m^3/h$
  $m = 210 \times 1.2 = 252\ kg/h$
- 현열 : $q = 252 \times 1.01\ kJ/kgK \times 30 \times \dfrac{1}{3600\ s/h}$
  $= 2.121\ kW$

4과목 소방 및 전기설비

61 물분무소화설비에 관한 설명으로 옳지 않은 것은?

① 물의 입자를 미세하게 분무시키는 시스템이다.
② 물을 사용하므로 전기화재에는 적응성이 없다.
③ 냉각작용을 이용하여 소화효과를 얻을 수 있다.
④ 화재 시 발생하는 수증기에 의한 질식작용을 이용하여 소화효과를 얻을 수 있다.

해설

[물분무소화설비]
미분무와 물분무소화설비는 물입자가 작으므로 절연성이 확보되어 C급 화재에 적응성이 있음

62 다음 설명에 알맞은 법칙은?

> 회로 내 임의의 한 점에 들어오고 나가는 전류의 합은 같다.

① 옴의 법칙
② 렌츠의 법칙
③ 플레밍의 오른손법칙
④ 키르히호프의 제1법칙

해설

[키르히호프의 제1법칙]
(1) 임의의 한 접속점을 기준으로 유입되는 전류와 유출되는 전류의 대수합은 0임
(2) 수식 표현
$I_1 + I_2 + I_3 - I_4 = 0$
$\sum I = 0$

63 어떤 회로에서 유효전력 80 W, 무효전력 60 Var일 때 역률은?

① 70 %
② 80 %
③ 90 %
④ 100 %

해설

[역률]
$= \dfrac{유효전력}{피상전력} = \dfrac{유효전력}{\sqrt{유효전력^2 + 무효전력^2}}$
$= \dfrac{80}{\sqrt{80^2 + 60^2}} = 0.8$

64 농형 유도전동기에 관한 설명으로 옳지 않은 것은?

① 슬립링에서 불꽃이 나올 우려가 있다.
② VVVF방식으로 속도제어를 할 수 있다.
③ 권선형에 비해 구조가 간단하여 취급방법이 용이하다.
④ 기동전류가 커서 전동기 권선을 과열시키거나 전원전압의 변동을 일으킬 수 있다.

해설

[농형 유도전동기]
슬립링에서 불꽃이 나올 우려가 있는 것은 권선형 유도전동기(농형 유도전동기는 회전자에 슬립링이 없음)

65 옥내소화전방수구는 바닥으로부터의 높이가 최대 얼마 이하가 되도록 설치하여야 하는가?

① 0.9 m
② 1.2 m
③ 1.5 m
④ 1.8 m

해설

[방수구]

구분	설치기준
위치	층마다 설치
수평거리	25 m 이하(호스릴함)
높이	0.8 m 이상 1.5 m 이하
호스구경	40 mm(호스릴 : 25 mm) 이상

정답 ▶ 62 ④ 62 ② 63 ① 64 ③

66 무접점 시퀀스제어회로에 관한 설명으로 옳지 않은 것은?

① 소형화가 가능하다.
② 동작속도가 빠르다.
③ 전기적 노이즈에 대하여 안정적이다.
④ 고빈도 사용이 가능하고 수명이 길다.

해설

[무접점 시퀀스제어]
무접점 시퀀스는 반도체 등을 이용한 전자적 회로로 전기 노이즈에 취약함

67 천장면을 여러 형태의 사각, 동그라미 등으로 오려내고 다양한 형태의 매입기구를 취부하여 실내의 단조로움을 피하는 건축화 조명방식은?

① 코퍼조명   ② 코브조명
③ 밸런스조명 ④ 코니스조명

해설

[조명]
- 코너조명 : 천정과 벽면의 경계구석, 즉 코너(모서리)에 등기구를 설치해서 천정과 벽면을 동시에 간접조명하는 방식
- 코퍼조명(코브조명) : 홈을 파서 등기구를 숨기고 간접적으로 비추는 조명
- 광천장조명 : 천장 전체를 광원으로 만드는 조명
- 밸런스조명 : 천정과 벽을 균형 있게 조명

68 3상유도전동기의 속도제어방법에 속하지 않는 것은?

① 극수를 변화시키는 방법
② 슬립을 변화시키는 방법
③ 주파수를 변화시키는 방법
④ 3상 중 2개의 상을 변환 접속하는 방법

해설

[속조제어]
실수에 의해 상을 바꾸는 경우가 빈번함. 속도제어법으로 사용하지 않음

69 배선설비공사에서 스위치 및 콘센트 시공에 관한 설명으로 옳지 않은 것은?

① 스위치는 회로의 비접지 측에 시설하여서는 안 된다.
② 매입형 콘센트 플레이트는 건축 마감면에 밀착되도록 설치하여야 한다.
③ 스위치 설치 높이는 일반적으로 바닥에서 중심까지 1.2 m를 기준으로 한다.
④ 일반형 콘센트 설치 높이는 바닥에서 기구 중심까지 30 cm를 기준으로 한다.

해설

[배선설비공사]
스위치는 반드시 회로의 비접지 측(Live, 전압이 있는 측)에 설치함. 접지 측에 설치하면 스위치를 off해도 기기에 전압이 존재할 수 있어서 감전의 위험이 존재함

정답 66 ③ 67 ① 68 ④ 69 ①

70 전기누전에 의한 감전을 방지하기 위하여 행하는 전기공사는?

① 접지공사
② 피뢰공사
③ 표시설비공사
④ 옥내배선공사

해설

[공사]
- 피뢰공사 : 낙뢰 전류를 대지로 방류
- 표시설비공사 : 경고 표지판 설치
- 옥내배선공사 : 실내 배선공사

71 어떤 저항에 100 V의 전압을 가했더니 10 A의 전류가 흘렀다. 이 저항에 95 V의 전압을 가했을 경우 흐르는 전류는?

① 5 A   ② 9.5 A
③ 10.5 A   ④ 15 A

해설

[전류]
- V = IR에서
  R = V/I = 100/10 = 10 Ω
- I = V/R = 95/10 = 9.5

72 옥내소화전설비가 갖춰진 10층 건물에 있어서 옥내소화전이 각층에 2개씩 설치되어 있다면, 옥내소화전설비의 수원의 저수량은 최소 얼마 이상이 되도록 하여야 하는가? (단, 29층 이하)

① 5.2 m^3 ② 10.4 m^3
③ 14 m^3 ④ 15.6 m^3

해설

[저수량]
$2 \times 130\ L/min \times 20\ min = 5.2\ m^3$

73 옥외소화전설비에 관한 설명으로 옳지 않은 것은?

① 호스는 구경 65 mm의 것으로 하여야 한다.
② 호스접결구는 지면으로부터 높이가 0.5 m 이상 1 m 이하의 위치에 설치한다.
③ 옥외소화전이 10개 설치된 때에는 옥외소화전마다 10 m 이내의 장소 1개 이상의 소화전함을 설치하여야 한다.
④ 호스접결구는 특정소방대상물의 각 부분으로부터 하나의 호스접결구까지의 수평거리가 40 m 이하가 되도록 설치하여야 한다.

정답 ● 70 ① 71 ② 72 ① 73 ③

해설

[옥외소화전함의 설치개수]

옥외소화전	옥외소화전함의 개수
10개 이하	5 m 이내의 장소에 각각 1개 이상 설치
11개 이상 30개 이하	11개 이상의 소화전함을 각각 분산하여 설치
31개 이상	옥외소화전 3개마다 1개 이상 설치

74 양측 금속박 사이에 유전체를 끼워 놓아둔 구조로 정전용량을 갖게 한 소자는?

① 저항　　② 콘덴서
③ 콘덕턴스　④ 인덕턴스

해설

[소자]
- 저항 : 전류의 흐름 제한
- 콘덕턴스 : 저항의 역수
- 인덕턴스 : 자기장에 의해 유도(코일)

75 자동화재탐지설비의 감지기 중 주위의 공기에 일정 농도 이상의 연기가 포함되었을 때 동작하는 감지기는?

① 불꽃감지기
② 차동식 감지기
③ 이온화식 감지기
④ 보상식 스폿형 감지기

해설

[연기감지기의 종류]
이온화식, 광전식

76 어떤 코일에 50 Hz의 교류 전압을 가할 때 유도 리액턴스가 628 Ω이었다. 이 코일의 자기인덕턴스(H)는?

① 2
② 50
③ 314
④ 628

해설

[자기인덕턴스]
$X_L = wL = 2\pi fL = 2\pi 50 L$
$L = \dfrac{X_L}{2\pi 50} = \dfrac{628}{314.16} = 1.998$

77 어느 도체의 단면에 10분간 360 C의 전하가 통과하였다면 전류의 크기는?

① 0.027 A
② 0.6 A
③ 1.67 A
④ 3.6 A

해설

[전류]
1 C = 1 A가 1초 동안 흐르는 양이므로
360 = 600 × A
A = 0.6

정답　74 ②　75 ③　76 ①　77 ②

78 인화성 액체, 가연성 액체, 타르, 오일 및 인화성 가스와 같은 유류가 타고 나서 재가 남지 않은 화재를 의미하는 것은?

① A급 화재　② B급 화재
③ C급 화재　④ K급 화재

해설

[화재]

등급	화재	표시색	적응물질
A급 화재	일반 화재	백색	목재, 섬유, 합성섬유
B급 화재	유류 화재	황색	인화성 액체
C급 화재	전기 화재	청색	통전 중인 전기설비, 기기화재
D급 화재	금속 화재	무색	가연성 금속
K급 화재	식용유 화재	황색	식용유

79 건물의 자동제어방식에서 디지털방식에 속하는 것은?

① 전기방식　② 공기방식
③ 자기방식　④ DDC방식

해설

[DDC방식]
Direct digital Control은 제어의 폭이 넓고 광범위하며, 고도의 정밀제어가 가능하므로 건물 자동제어에 가장 일반적인 자동제어 형식임

80 3상 유도전동기의 기동법으로 Y-△기동법을 사용하는 가장 주된 목적은?

① 전압을 높이기 위하여
② 기동전류를 줄이기 위하여
③ 전동기의 출력을 높이기 위하여
④ 전동기의 동기속도를 높이기 위하여

해설

[3상 유도전동기]
3상 유도전동기를 직입기동하면, 정격전압을 바로 인가하므로 기동전류가 정격전류가 크게 흘러 전원계통에 부담을 줌
따라서 기동전류를 줄여 전동기의 소손과 과부하로부터 보호하기 위해 Y-△기동법을 사용함

정답 78 ②　79 ④　80 ②

5과목 건축설비 관계법규

81 문화 및 집회시설 중 공연장의 개별 관람실의 출구에 관한 기준 내용으로 옳지 않은 것은? (단, 개별 관람실의 바닥면적이 300 m² 이상인 경우)

① 관람실별로 2개소 이상 설치하여야 한다.
② 각 출구의 유효너비는 1.2 m 이상으로 한다.
③ 관람실로부터 바깥쪽으로의 출구로 쓰이는 문은 안여닫이로 하여서는 안 된다.
④ 개별 관람실 출구의 유효너비의 합계는 개별관람실의 바닥면적 100 m² 마다 0.6 m의 비율로 산정한 너비 이상으로 한다.

해설

[출구 기준 내용]
[건축물의 피난·방화구조 등의 기준에 관한 규칙]
제10조(관람실 등으로부터의 출구의 설치기준)
① 영 제38조 각 호의 어느 하나에 해당하는 건축물의 관람실 또는 집회실로부터 바깥쪽으로의 출구로 쓰이는 문은 안여닫이로 해서는 안 된다.
② 영 제38조에 따라 문화 및 집회시설 중 공연장의 개별 관람실(바닥면적이 300제곱미터 이상인 것만 해당한다)의 출구는 다음 각 호의 기준에 적합하게 설치해야 한다.
1. 관람실별로 2개소 이상 설치할 것
2. 각 출구의 유효너비는 1.5미터 이상일 것
3. 개별 관람실 출구의 유효너비의 합계는 개별 관람실의 바닥면적 100제곱미터마다 0.6미터의 비율로 산정한 너비 이상으로 할 것

82 건축물에 급수·배수·환기·난방 등의 건축설비를 설치하는 경우 건축기계설비기술사 또는 공조냉동기계기술사의 협력을 받아야 하는 대상건축물에 속하지 않는 것은?

① 아파트
② 연립주택
③ 숙박시설로서 해당 용도에 사용되는 바닥면적의 합계가 2000 m²인 건축물
④ 판매시설로서 해당 용도에 사용되는 바닥면적의 합계가 2000 m²인 건축물

해설

[협력을 받아야 하는 건축물]
[건축물의 설비기준 등에 관한 규칙]
제2조(관계전문기술자의 협력을 받아야 하는 건축물)
1. 냉동냉장시설·항온항습시설 또는 특수청정시설로서 당해 용도에 사용되는 바닥면적의 합계가 5백 제곱미터 이상인 건축물
2. 아파트 및 연립주택
3. 바닥면적의 합계가 5백 제곱미터 이상
   가. 목욕장
   나. 물놀이형 시설(실내에 설치된 경우로 한정한다) 및 같은 호 다목에 따른 수영장(실내에 설치된 경우로 한정한다)

정답 ● 81 ② 82 ④

4. 바닥면적의 합계가 <u>2천 제곱미터</u> 이상
   가. 기숙사
   나. 의료시설
   다. 유스호스텔
   라. 숙박시설
5. 바닥면적의 합계가 <u>3천 제곱미터</u> 이상
   가. 판매시설
   나. 연구소
   다. 업무시설
6. 바닥면적의 합계가 1만 제곱미터 이상
   가. 문화 및 집회시설
   나. 종교시설
   다. 교육연구시설(연구소는 제외한다)
   라. 장례식장

83 위험물 저장 및 처리시설에 설치하는 피뢰설비는 한국산업표준이 정하는 피뢰시스템레벨이 최소 얼마 이상이어야 하는가?

① Ⅰ ② Ⅱ
③ Ⅲ ④ Ⅳ

해설

[피뢰설비]
[건축물의 설비기준 등에 관한 규칙]
제20조(피뢰설비)
영 제87조 제2항에 따라 낙뢰의 우려가 있는 건축물, 높이 20미터 이상의 건축물 또는 영 제118조 제1항에 따른 공작물로서 높이 20미터 이상의 공작물(건축물에 영 제118조 제1항에 따른 공작물을 설치하여 그 전체 높이가 20미터 이상인 것을 포함한다)에는 다음 각 호의 기준에 적합하게 피뢰설비를 설치해야 한다.
1. 피뢰설비는 한국산업표준이 정하는 피뢰레벨 등급에 적합한 피뢰설비일 것. 다만 위험물저장 및 처리시설에 설치하는 피뢰설비는 한국산업표준이 정하는 <u>피뢰시스템레벨 Ⅱ 이상</u>이어야 한다.

84 특별피난계단의 구조에 관한 기준 내용으로 옳지 않은 것은?

① 계단실에는 예비전원에 의한 조명설비를 할 것
② 계단은 내화구조로 하되, 피난층 또는 지상까지 직접 연결되도록 할 것
③ 출입구의 유효너비는 0.9 m 이상으로 하고 피난의 방향으로 열 수 있을 것
④ 계단실 및 부속실의 실내에 접하는 부분의 마감은 불연재료 또는 준불연재료로 할 것

해설

[특별피난계단의 구조]
[건축물의 피난·방화구조 등의 기준에 관한 규칙]
제9조(피난계단 및 특별피난계단의 구조)
② 제1항에 따른 피난계단 및 <u>특별피난계단의 구조</u>는 다음 각 호의 기준에 적합해야 한다.
 1. 건축물의 <u>내부</u>에 설치하는 피난계단의 구조
    가. 계단실은 창문·출입구 기타 개구부(이하 "창문등"이라 한다)를 제외한 당해 건축물의 다른 부분과 내화구조의 벽으로 구획할 것
    나. <u>계단실의 실내에 접하는 부분</u>(바닥 및 반자 등 실내에 면한 모든 부분을 말한다)<u>의 마감</u>(마감을 위한 바탕을 포함한다)은 <u>불연재료로 할 것</u>
    다. 계단실에는 예비전원에 의한 조명설비를 할 것

정답 83 ② 84 ④

라. 계단실의 바깥쪽과 접하는 창문등(망이 들어 있는 유리의 붙박이창으로서 그 면적이 각각 1제곱미터 이하인 것을 제외한다)은 당해 건축물의 다른 부분에 설치하는 창문등으로부터 2미터 이상의 거리를 두고 설치할 것
마. 건축물의 내부와 접하는 계단실의 창문등(출입구를 제외한다)은 망이 들어 있는 유리의 붙박이창으로서 그 면적을 각각 1제곱미터 이하로 할 것
바. 건축물의 내부에서 계단실로 통하는 출입구의 유효너비는 0.9미터 이상으로 하고, 그 출입구에는 피난의 방향으로 열 수 있는 것으로서 언제나 닫힌 상태를 유지하거나 화재로 인한 연기 또는 불꽃을 감지하여 자동적으로 닫히는 구조로 된 영 제64조 제1항 제1호의 60분+ 방화문(이하 "60분+ 방화문"이라 한다) 또는 같은 항 제2호의 60분 방화문(이하 "60분 방화문"이라 한다)을 설치할 것. 다만 연기 또는 불꽃을 감지하여 자동적으로 닫히는 구조로 할 수 없는 경우에는 온도를 감지하여 자동적으로 닫히는 구조로 할 수 있다.
사. 계단은 내화구조로 하고 피난층 또는 지상까지 직접 연결되도록 할 것

85 주요구조부를 내화구조로 하여야 하는 대상건축물에 속하지 않는 것은?

① 종교시설의 용도로 쓰는 건축물로서 집회실의 바닥면적의 합계가 200 m²인 건축물
② 판매시설의 용도로 쓰는 건축물로서 그 용도로 쓰는 바닥면적의 합계가 500 m²인 건축물
③ 운수시설의 용도로 쓰는 건축물로서 그 용도로 쓰는 바닥면적의 합계가 500 m²인 건축물
④ 문화 및 집회시설 중 전시장의 용도로 쓰는 건축물로서 그 용도로 쓰는 바닥면적의 합계가 200 m²인 건축물

해설

[내화구조로 하여야 하는 대상 건축물]
[건축법 시행령] 제56조
① 법 제50조 제1항 본문에 따라 다음 각 호의 어느 하나에 해당하는 건축물(제5호에 해당하는 건축물로서 2층 이하인 건축물은 지하층 부분만 해당한다)의 주요구조부와 지붕은 내화구조로 해야 한다. 다만 연면적이 50제곱미터 이하인 단층의 부속건축물로서 외벽 및 처마 밑면을 방화구조로 한 것과 무대의 바닥은 그렇지 않다.
1. 제2종 근린생활시설 중 공연장·종교집회장(해당 용도로 쓰는 바닥면적의 합계가 각각 300제곱미터 이상인 경우만 해당한다), 문화 및 집회시설(전시장 및 동·식물원은 제외한다), 종교시설, 위락시설 중 주점영업 및 장례시설의 용도로 쓰는 건축물로서 관람실 또는 집회실의 바닥면적의 합계가 200제곱미터(옥외관람석의 경우에는 1천 제곱미터) 이상인 건축물

정답 ● 85 ④

2. 문화 및 집회시설 중 전시장 또는 동·식물원, 판매시설, 운수시설, 교육연구시설에 설치하는 체육관·강당, 수련시설, 운동시설 중 체육관·운동장, 위락시설(주점영업의 용도로 쓰는 것은 제외한다), 창고시설, 위험물저장 및 처리시설, 자동차 관련 시설, 방송통신시설 중 방송국·전신전화국·촬영소, 묘지 관련 시설 중 화장시설·동물화장시설 또는 관광휴게시설의 용도로 쓰는 건축물로서 그 용도로 쓰는 바닥면적의 합계가 500제곱미터 이상인 건축물

86 다음 중 외기에 면하고 1층 또는 지상으로 연결된 출입문을 방풍구조로 하지 않아도 되는 것은? (단, 사람의 통행을 주목적으로 하며, 너비가 1.2 m를 초과하는 출입문의 경우)

① 호텔의 주 출입문
② 아파트의 출입문
③ 공기조화를 하는 업무시설의 출입문
④ 바닥면적의 합계가 500 m²인 상점의 주 출입문

해설

[방풍구조]
[건축물의 에너지절약기준]
제6조(건축부문의 의무사항)
라. 외기에 직접 면하고 1층 또는 지상으로 연결된 출입문은 방풍구조로 하여야 한다. 다만 다음 각 호에 해당하는 경우에는 그러하지 않을 수 있다.
 1) 바닥면적 3백 제곱미터 이하의 개별 점포의 출입문
 2) 주택의 출입문(단, 기숙사는 제외)
 3) 사람의 통행을 주목적으로 하지 않는 출입문
 4) 너비 1.2미터 이하의 출입문
마. 방풍구조를 설치하여야 하는 출입문에서 회전문과 일반문이 같이 설치되어진 경우 일반문 부위는 방풍실 구조의 이중문을 설치하여야 한다.
바. 건축물의 거실의 창이 외기에 직접 면하는 부위인 경우에는 기밀성 창을 설치하여야 한다.

87 각종 주택에 관한 설명으로 옳은 것은?

① 다중주택은 공동주택에 속한다.
② 기숙사는 공동주택에 속하지 않는다.
③ 다중주택은 독립된 주거의 형태이어야 한다.
④ 다가구주택은 1개 동의 주택으로 쓰이는 바닥면적의 합계가 660m² 이하이다.

해설

[각종 주택]
[건축법 시행령] 별표 1 : 용도별 건축물의 종류
1. 단독주택
 가. 단독주택
 나. 다중주택 : 다음의 요건을 모두 갖춘 주택을 말한다.
  1) 학생 또는 직장인 등 여러 사람이 장기간 거주할 수 있는 구조로 되어 있는 것
  2) 독립된 주거의 형태를 갖추지 않은 것(각 실별로 욕실은 설치할 수 있으나, 취사시설은 설치하지 않은 것을 말한다)
 다. 다가구주택 : 다음의 요건을 모두 갖춘 주택으로서 공동주택에 해당하지 아니하는 것을 말한다.

정답 ● 86 ② 87 ④

2) 1개 동의 주택으로 쓰이는 바닥면적의 합계가 660제곱미터 이하일 것
라. 공관(公館)
2. 공동주택
가. 아파트
나. 연립주택
다. 다세대주택
라. 기숙사

88 건축물의 에너지 절약설계기준상 다음과 같이 정의되는 용어는?

> 기기를 여러 대 설치하여 부하상태에 따라 최적 운전상태를 유지할 수 있도록 기기를 조합하여 운전하는 방식

① 인버터운전
② 간헐제어운전
③ 비례제어운전
④ 대수분할운전

해설

[정의]
[건축물의 에너지절약설계기준]
제5조(용어의 정의)
11. 기계설비부문
라. "대수분할운전"이라 함은 기기를 여러 대 설치하여 부하상태에 따라 최적 운전상태를 유지할 수 있도록 기기를 조합하여 운전하는 방식을 말한다.

89 다음은 초고층 건축물에 설치하는 피난안전구역에 관한 기준 내용이다. ( ) 안에 알맞은 것은?

> 초고층 건축물에는 피난층 또는 지상을 통하는 직통계단과 직접 연결되는 피난안전구역(건축물의 피난·안전을 위하여 건축물 중간층에 설치하는 대피공간을 말한다)을 지상층으로부터 최대 ( ) 층마다 1개소 이상 설치하여야 한다.

① 10개
② 20개
③ 30개
④ 40개

해설

[피난안전구역]
[건축법 시행령] 제34조(직통계단의 설치)
③ 초고층 건축물에는 피난층 또는 지상으로 통하는 직통계단과 직접 연결되는 피난안전구역(건축물의 피난·안전을 위하여 건축물 중간층에 설치하는 대피공간을 말한다. 이하 같다)을 지상층으로부터 최대 30개 층마다 1개소 이상 설치하여야 한다.

90 다음 중 대수선에 속하지 않는 것은?

① 내력벽을 증설 또는 해체하는 것
② 기둥 2개를 수선 또는 변경하는 것
③ 다세대주택의 세대 간 경계벽을 증설 또는 해체하는 것
④ 주계단·피난계단 또는 특별피난계단을 수선 또는 변경하는 것

정답 88 ④ 89 ③ 90 ②

해설

[대수선]
[건축법 시행령] 제3조의2(대수선의 범위)
법 제2조 제1항 제9호에서 "대통령령으로 정하는 것"이란 다음 각 호의 어느 하나에 해당하는 것으로서 증축·개축 또는 재축에 해당하지 아니하는 것을 말한다.
1. 내력벽을 증설 또는 해체하거나 그 벽면적을 30제곱미터 이상 수선 또는 변경하는 것
2. 기둥을 증설 또는 해체하거나 세 개 이상 수선 또는 변경하는 것
3. 보를 증설 또는 해체하거나 세 개 이상 수선 또는 변경하는 것
4. 지붕틀(한옥의 경우에는 지붕틀의 범위에서 서까래는 제외한다)을 증설 또는 해체하거나 세 개 이상 수선 또는 변경하는 것
5. 방화벽 또는 방화구획을 위한 바닥 또는 벽을 증설 또는 해체하거나 수선 또는 변경하는 것
6. 주계단·피난계단 또는 특별피난계단을 증설 또는 해체하거나 수선 또는 변경하는 것
8. 다가구주택의 가구 간 경계벽 또는 다세대주택의 세대 간 경계벽을 증설 또는 해체하거나 수선 또는 변경하는 것
9. 건축물의 외벽에 사용하는 마감재료(법 제52조 제2항에 따른 마감재료를 말한다)를 증설 또는 해체하거나 벽면적 30제곱미터 이상 수선 또는 변경하는 것

91 높이 기준이 60 m인 건축물에서 허용되는 높이의 최대 오차는?

① 0.6 m ② 0.9 m
③ 1.0 m ④ 1.2 m

해설

[건축허용오차]
[건축법 시행규칙] 별표 5 : 건축허용오차
2. 건축물 관련 건축기준의 허용오차

항목	허용되는 오차의 범위
건축물 높이	2퍼센트 이내(1미터를 초과할 수 없다)
평면길이	2퍼센트 이내(건축물 전체길이는 1미터를 초과할 수 없고, 벽으로 구획된 각 실의 경우에는 10센티미터를 초과할 수 없다)
출구너비	2퍼센트 이내
반자높이	2퍼센트 이내
벽체두께	3퍼센트 이내
바닥판두께	3퍼센트 이내

60 × 0.02 = 1.2 m ⇒ 1 m

92 다음의 무창층과 관련된 기준 내용 중 밑줄 친 요건으로 옳지 않은 것은?

> "무창층"이란 지상층 중 다음 각 목의 요건을 모두 갖춘 개구부의 면적의 합계가 해당 층의 바닥면적의 30분의 1 이하가 되는 층을 말한다.

① 도로 또는 차량이 진입할 수 있는 빈 터를 향할 것
② 내부 또는 외부에서 쉽게 개방 또는 파괴할 수 없을 것
③ 크기는 지름 50 cm 이상의 원이 통과할 수 있을 것
④ 해당 층의 바닥면으로부터 개구부 밑부분까지의 높이가 1.2 m 이내일 것

정답 91 ③ 92 ②

> **해설**

[무창층]
[소방시설설치 및 관리에 관한 법률 시행령]
제2조(정의)
이 영에서 사용하는 용어의 뜻은 다음과 같다.
1. "무창층"(無窓層)이란 지상층 중 다음 각 목의 요건을 모두 갖춘 개구부(건축물에서 채광·환기·통풍 또는 출입 등을 위하여 만든 창·출입구, 그 밖에 이와 비슷한 것을 말한다. 이하 같다)의 면적의 합계가 해당 층의 바닥면적(「건축법 시행령」 제119조 제1항 제3호에 따라 산정된 면적을 말한다. 이하 같다)의 30분의 1 이하가 되는 층을 말한다.
   가. 크기는 지름 50센티미터 이상의 원이 통과할 수 있을 것
   나. 해당 층의 바닥면으로부터 개구부 밑부분까지의 높이가 1.2미터 이내일 것
   다. 도로 또는 차량이 진입할 수 있는 빈터를 향할 것
   라. 화재 시 건축물로부터 쉽게 피난할 수 있도록 창살이나 그 밖의 장애물이 설치되지 않을 것
   마. 내부 또는 외부에서 쉽게 부수거나 열 수 있을 것

93 특별피난계단에 설치하는 배연설비의 구조에 관한 기준 내용으로 옳지 않은 것은?

① 배연구 및 배연풍도는 불연재료로 할 것
② 배연구는 평상시에는 닫힌 상태를 유지할 것
③ 배연구는 평상시에 사용하는 굴뚝에 연결할 것
④ 배연기는 배연구의 열림에 따라 자동적으로 작동될 것

> **해설**

[배연설비]
[건축물의 설비기준 등에 관한 규칙]
제14조(배연설비)
② 특별피난계단 및 영 제90조 제3항의 규정에 의한 비상용 승강기의 승강장에 설치하는 배연설비의 구조는 다음 각 호의 기준에 적합하여야 한다. 〈개정 1996.2.9., 1999.5.11.〉
1. 배연구 및 배연풍도는 불연재료로 하고, 화재가 발생한 경우 원활하게 배연시킬 수 있는 규모로서 외기 또는 평상시에 사용하지 아니하는 굴뚝에 연결할 것
2. 배연구에 설치하는 수동개방장치 또는 자동개방장치(열감지기 또는 연기감지기에 의한 것을 말한다)는 손으로도 열고 닫을 수 있도록 할 것
3. 배연구는 평상시에는 닫힌 상태를 유지하고, 연 경우에는 배연에 의한 기류로 인하여 닫히지 아니하도록 할 것
4. 배연구가 외기에 접하지 아니하는 경우에는 배연기를 설치할 것
5. 배연기는 배연구의 열림에 따라 자동적으로 작동하고, 충분한 공기배출 또는 가압능력이 있을 것
6. 배연기에는 예비전원을 설치할 것
7. 공기유입방식을 급기가압방식 또는 급·배기방식으로 하는 경우에는 제1호 내지 제6호의 규정에 불구하고 소방관계법령의 규정에 적합하게 할 것

정답 93 ③

94 건축법령상 용도별 건축물의 종류가 옳지 않은 것은?

① 숙박시설 - 휴양 콘도미니엄
② 제1종 근린생활시설 - 치과의원
③ 동물 및 식물 관련 시설 - 동물원
④ 제2종 근린생활시설 - 노래연습장

해설

[용도별 건축물]
[건축법 시행령] 별표 1 : 용도별 건축물의 종류
동물원은 문화 집회시설에 속한다.
3. 제1종 근린생활시설
  라. 의원, 치과의원, 한의원, 침술원, 접골원(接骨院), 조산원, 안마원, 산후조리원 등 주민의 진료·치료 등을 위한 시설
4. 제2종 근린생활시설
  러. 안마시술소, 노래연습장
5. 문화 및 집회시설
  마. 동·식물원(동물원, 식물원, 수족관, 그 밖에 이와 비슷한 것을 말한다)
15. 숙박시설
  나. 관광숙박시설(관광 호텔, 수상관광 호텔, 한국전통 호텔, 가족 호텔, 호스텔, 소형 호텔, 의료관광 호텔 및 휴양 콘도미니엄)

95 특정소방대상물에 설치하여야 하는 소방시설에 관한 설명으로 옳지 않은 것은?

① 노유자생활시설에는 자동화재속보설비를 설치하여야 한다.
② 연면적 33 m²인 음식점에는 소화기구를 설치하여야 한다.
③ 연면적 600 m²인 종교시설에는 자동화재탐지설비를 설치하여야 한다.
④ 바닥면적의 합계가 5000 m²인 판매시설의 모든 층에는 스프링클러 설비를 설치하여야 한다.

해설

[소방설비시설]
[소방시설설치 및 관리에 관한 법률 시행령]
- 별표 4 : 특정소방대상물의 관계인이 특정소방대상물에 설치·관리해야 하는 소방시설의 종류
1. 소화설비
  가. 화재안전기준에 따라 소화기구를 설치해야 하는 특정소방대상물은 다음의 어느 하나에 해당하는 것으로 한다.
    1) 연면적 33 m² 이상인 것. 다만 노유자시설의 경우에는 투척용 소화용구 등을 화재안전기준에 따라 산정된 소화기 수량의 2분의 1 이상으로 설치할 수 있다.
  라. 스프링클러설비를 설치해야 하는 특정소방대상물(위험물 저장 및 처리 시설 중 가스시설 및 지하구는 제외한다)은 다음의 어느 하나에 해당하는 것으로 한다.
    4) 판매시설, 운수시설 및 창고시설(물류터미널로 한정한다)로서 바닥면적의 합계가 5천 m² 이상이거나 수용인원이 500명 이상인 경우에는 모든 층

정답 94 ③ 95 ③

2. 경보설비
  다. 자동화재탐지설비를 설치해야 하는 특정소방대상물은 다음의 어느 하나에 해당하는 것으로 한다.
    3) 근린생활시설(목욕장은 제외한다), 의료시설(정신의료기관 및 요양병원은 제외한다), 위락시설, 장례시설 및 복합건축물로서 연면적 600 m² 이상인 경우에는 모든 층
    4) 근린생활시설 중 목욕장, 문화 및 집회시설, 종교시설, 판매시설, 운수시설, 운동시설, 업무시설, 공장, 창고시설, 위험물 저장 및 처리 시설, 항공기 및 자동차 관련 시설, 교정 및 군사시설 중 국방·군사시설, 방송통신시설, 발전시설, 관광휴게시설, 지하상가로서 연면적 1천 m² 이상인 경우에는 모든 층
  사. 자동화재속보설비를 설치해야 하는 특정소방대상물은 다음의 어느 하나에 해당하는 것으로 한다. 다만 방재실 등 화재 수신기가 설치된 장소에 24시간 화재를 감시할 수 있는 사람이 근무하고 있는 경우에는 자동화재속보설비를 설치하지 않을 수 있다.
    1) 노유자생활시설

96 다음 중 방화구조에 속하지 않는 것은?

① 심벽에 흙으로 맞벽치기한 것
② 철망모르타르로서 그 바름두께가 2 cm인 것
③ 석고판 위에 회반죽을 바른 것으로서 그 두께의 합계가 2 cm인 것
④ 시멘트모르타르 위에 타일을 붙인 것으로서 그 두께의 합계가 2.5 cm인 것

해설

[방화구조]
[건축물의 피난·방화구조 등의 기준에 관한 규칙]
제4조(방화구조)
영 제2조 제8호에서 "국토교통부령으로 정하는 기준에 적합한 구조"란 다음 각 호의 어느 하나에 해당하는 것을 말한다.
1. 철망모르타르로서 그 바름두께가 2센티미터 이상인 것
2. 석고판 위에 시멘트모르타르 또는 회반죽을 바른 것으로서 그 두께의 합계가 2.5센티미터 이상인 것
3. 시멘트모르타르 위에 타일을 붙인 것으로서 그 두께의 합계가 2.5센티미터 이상인 것
6. 심벽에 흙으로 맞벽치기한 것
7. 「산업표준화법」에 따른 한국산업표준(이하 "한국산업표준"이라 한다)에 따라 시험한 결과 방화 2급 이상에 해당하는 것

97 연면적 200 m²을 초과하는 중·고등학교에 설치하는 복도의 유효너비는 최소 얼마 이상으로 하여야 하는가? (단, 양옆에 거실이 있는 복도의 경우)

① 1.5 m 이상
② 1.8 m 이상
③ 2.1 m 이상
④ 2.4 m 이상

정답 96 ③ 97 ④

> **해설**

[복도의 유효너비]
[건축물의 피난·방화구조 등의 기준에 관한 규칙]
제15조의2(복도의 너비 및 설치기준)

구분	양옆에 거실이 있는 복도	기타의 복도
유치원·초등학교 중학교·고등학교	2.4미터 이상	1.8미터 이상
공동주택·오피스텔	1.8미터 이상	1.2미터 이상
당해 층 거실의 바닥면적 합계가 200제곱미터 이상인 경우	1.5미터 이상 (의료시설의 복도 1.8미터 이상)	1.2미터 이상

98 모든 층에 주거용 주방 자동소화장치를 설치하여야 하는 특정소방대상물은?

① 기숙사
② 아파트
③ 견본주택
④ 학생복지주택

> **해설**

[특정소방대상물의 소방시설설치]
[소방시설설치 및 관리에 관한 법률 시행령]
별표 4 : 특정소방대상물의 관계인이 특정소방대상물에 설치·관리해야 하는 소방시설의 종류
나. 자동소화장치를 설치해야 하는 특정소방대상물은 다음의 어느 하나에 해당하는 특정소방대상물 중 후드 및 덕트가 설치되어 있는 주방이 있는 특정소방대상물로 한다. 이 경우 해당 주방에 자동소화장치를 설치해야 한다.
  1) 주거용 주방자동소화장치를 설치해야 하는 것 : 아파트등 및 오피스텔의 모든 층
  2) 상업용 주방자동소화장치를 설치해야 하는 것
    가) 판매시설 중 「유통산업발전법」 제2조 제3호에 해당하는 대규모점포에 입점해 있는 일반음식점
    나) 「식품위생법」 제2조 제12호에 따른 집단급식소
  3) 캐비닛형 자동소화장치, 가스자동소화장치, 분말자동소화장치 또는 고체에어로졸자동소화장치를 설치해야 하는 것 : 화재안전기준에서 정하는 장소

99 연결송수관설비를 설치하여야 하는 특정소방대상물 기준으로 옳은 것은? (단, 위험물 저장 및 처리 시설 중 가스시설 또는 지하구는 제외)

① 층수가 3층 이상으로서 연면적 5000 m² 이상인 것
② 층수가 3층 이상으로서 연면적 6000 m² 이상인 것
③ 층수가 5층 이상으로서 연면적 5000 m² 이상인 것
④ 층수가 5층 이상으로서 연면적 6000 m² 이상인 것

> **해설**

[연결송수관설비]
[소방시설설치 및 관리에 관한 법률 시행령]
별표 4 : 특정소방대상물의 관계인이 특정소방대상물에 설치·관리해야 하는 소방시설의 종류
연결송수관설비 : 층수가 5층 이상으로서 연면적 6000 m² 이상인 것

정답 ● 98 ② 99 ④

5. 소화활동설비
   나. 연결송수관설비를 설치해야 하는 특정소방대상물(위험물 저장 및 처리 시설 중 가스시설 및 지하구는 제외한다)은 다음의 어느 하나에 해당하는 것으로 한다.
   1) 층수가 5층 이상으로서 연면적 6천 m^2 이상인 경우에는 모든 층
   2) 1)에 해당하지 않는 특정소방대상물로서 지하층을 포함하는 층수가 7층 이상인 경우에는 모든 층
   3) 1) 및 2)에 해당하지 않는 특정소방대상물로서 지하층의 층수가 3층 이상이고 지하층의 바닥면적의 합계가 1천 m^2 이상인 경우에는 모든 층
   4) 터널로서 길이가 1천 m 이상인 것

100 공동주택과 오피스텔의 난방설비를 개별난방 방식으로 하는 경우에 대한 기준 내용으로 옳은 것은?

① 보일러실의 연도는 방화구조로서 개별연도로 설치할 것
② 보일러실의 윗부분과 아랫부분에는 지름 5 cm 이상의 공기흡입구 및 배기구를 설치할 것
③ 보일러를 설치하는 곳과 거실 사이의 경계벽은 출입구를 제외하고는 내화구조의 벽으로 구획할 것
④ 전기보일러를 사용하는 경우 보일러실의 윗부분에는 그 면적이 1 m^2 이상인 환기창을 설치할 것

해설

[개별난방방식]
[건축물의 설비기준 등에 관한 규칙]
제13조(개별난방설비 등)
① 영 제87조 제2항의 규정에 의하여 공동주택과 오피스텔의 난방설비를 개별난방방식으로 하는 경우에는 다음 각 호의 기준에 적합하여야 한다.
1. 보일러는 거실 외의 곳에 설치하되, 보일러를 설치하는 곳과 거실 사이의 경계벽은 출입구를 제외하고는 내화구조의 벽으로 구획할 것
2. 보일러실의 윗부분에는 그 면적이 0.5제곱미터 이상인 환기창을 설치하고, 보일러실의 윗부분과 아랫부분에는 각각 지름 10센티미터 이상의 공기흡입구 및 배기구를 항상 열려 있는 상태로 바깥공기에 접하도록 설치할 것. 다만 전기보일러의 경우에는 그러하지 아니하다.
4. 보일러실과 거실 사이의 출입구는 그 출입구가 닫힌 경우에는 보일러가스가 거실에 들어갈 수 없는 구조로 할 것
5. 기름보일러를 설치하는 경우에는 기름저장소를 보일러실외의 다른 곳에 설치할 것
6. 오피스텔의 경우에는 난방구획을 방화구획으로 구획할 것
7. 보일러의 연도는 내화구조로서 공동연도로 설치할 것

정답 100 ③

2020 제1, 2회

1과목 건축일반

01 열환경 지표 중 기온과 주벽의 복사열 및 기류의 영향을 조합시킨 지표로서 습도의 영향이 고려되어 있지 않은 것은?

① 작용온도   ② 등온지수
③ 유효온도   ④ 합성온도

해설

[작용온도]
- 작용온도(효과온도) : 온도, 기류, 복사열 요소로 습도영향을 고려하지 않음
- 등온지수 : 온도, 기류, 복사열, 습도
- 유효온도(쾌적지표) : 온도, 기류, 습도

02 학교 교실의 음 환경에 관한 설명으로 옳지 않은 것은?

① 교실과 복도의 접촉면이 큰 평면이 소음을 막는 데 유리하다.
② 소리를 잘 듣기 위해서는 적당한 잔향시간이 필요하다.
③ 운동장에서의 소음은 배치계획으로 이를 방지할 수 있다.
④ 교실의 천장 및 뒷벽의 다양한 마감재료에 따라 실내음향성능은 다르게 나타날 수 있다.

해설

[학교 - 교실(소리)]
소음을 막기 위해서는 교실과 복도의 접촉면을 최소화하여 차단해야 한다.
소리는 일정 시간 머무르면서 퍼져나가게 해야 잘 전달되며 이러한 적당한 잔향시간이 필요하다.
또한 운동장의 소음을 줄이기 위해서는 운동장과 교실을 멀리 떨어뜨려 놓는 등 배치계획으로 소음을 방지할 수 있다.

03 열의 이동에 관한 설명으로 옳지 않은 것은?

① 유체를 사이에 두고 양쪽의 고체사이에 열이 이동하는 현상을 열관류라 한다.
② 복사는 열이 고온의 몸체표면으로부터 저온의 물체표면으로 공간을 통하여 전달되는 현상이다.
③ 열전도는 열에너지가 주로 고체 속을 고온부에서 저온부로 이동하는 현상이나.
④ 물체 내부 열전도로 전달되는 열량은 전열면적, 온도차, 시간에 비례한다.

해설

[열의 이동]
열관류는 열통과라고도 하며 복합체의 전도, 대류가 복합적으로 작용되어 열이 흐르는 현상으로 고체를 사이에 두고 양쪽의 유체 사이에 열이 이동하는 현상이다.

정답 01 ① 02 ① 03 ①

- 안전개가식 : 자유개가식과 비슷하지만 열람실 출입 시 체크 시설을 거쳐 자료 도난을 예방하는 방식이다.
- 폐가식 : 열람자가 목록 카드 등을 통해 자료를 요청하고 사서가 서고에서 해당 자료를 찾아주는 방식으로 자료 관리가 체계적이며 안전하지만 이용자에게는 불편함이 있을 수 있는 방식이다.

2과목 위생설비

21 길이 50 m, 내경 25 mm인 직선배관에 물이 2 m/s의 속도로 흐르고 있다. 관 마찰계수가 0.03일 때 마찰저항손실은?

① 12.24 Pa ② 1224 kPa
③ 120 Pa   ④ 120 kPa

해설

[마찰저항손실]

$$h_L = f \frac{L}{D} \frac{v^2}{2g}$$

$$= 0.03 \times \frac{50}{25 \times 10^{-3}} \times \frac{2^2}{2 \times 9.8}$$

$$= 12.24 [mAq]$$

$$= 12.24 [mAq] \times 9.8 [kN/m^3] = 120 [kPa]$$

22 통기관의 최소 관경에 관한 설명으로 옳지 않은 것은?

① 각개통기관은 그것이 접속되는 배수관 관경의 1/2 이상으로 한다.
② 결합통기관은 통기수직관과 배수수직관 중 작은 쪽의 관경 이상으로 한다.
③ 도피통기관은 배수수평지관의 관경 이상으로 하되 최소 75 mm 이상으로 한다.
④ 루프통기관은 배수수평지관과 통기수직관 중 작은 쪽 관경의 1/2 이상으로 한다.

2026년 출제범위를 벗어난 문제를 모두 삭제하고, 최신 출제기준에 해당하는 문제만 엄선하여 수록했습니다. 따라서 1과목 문제 수는 실제 출제 수와 다를 수 있습니다.

정답 21 ④ 22 ③

해설
[통기관의 최소 관경]
③ 도피통기관의 규정은 "배수수평지관 관경의 1/2 이상, 최소 32mm 이상"이다.

23 청소구에 관한 설명으로 옳지 않은 것은?
① 배수수평지관 및 배수수평주관의 기점에 설치한다.
② 배수의 흐름과 반대 또는 직각방향으로 열 수 있도록 설치한다.
③ 배수관이 45°를 넘는 각도에서 방향을 전환하는 개소에 설치한다.
④ 배수관경이 100 mm이면 직경이 125 mm인 청소구를 설치하여야만 한다.

해설
[청소구]
배수관 관경과 같게 하되 100 mm 이상에서는 최소 100 mm로 한다.

24 급탕배관에 관한 설명으로 옳지 않은 것은?
① 급탕관의 최상부에는 공기빼기 장치를 설치한다.
② 중앙식 급탕설비는 원칙적으로 강제순환방식으로 한다.
③ 상향배관인 경우 급탕관은 하향구배, 반탕관은 상향구배로 한다.
④ 관의 신축을 고려하여 건물의 벽 관통부분의 배관에는 슬리브를 끼운다.

해설
[급탕관 구배 방향]
③ 상향배관(상향식 배관법)에서는 급탕관을 상향구배(상향 경사)로 하고, 반탕관(환수관)은 하향구배(하향 경사)로 설계한다.

25 급탕배관 내에 흐르는 유체의 온도변화로 인하여 발생하는 관의 신축을 흡수할 목적으로 사용되는 신축이음쇠에 속하는 것은?
① 레듀서　　② 소켓이음
③ 스트레이너　④ 스위블 조인트

해설
[신축이음쇠 중 스위블형]
스위블형은 엘보 2개 이상과 회전 이음으로 구성되어있다. 엘보 부위가 서로 회전하면서 배관의 축방향 길이 변화(열팽창·수축)를 흡수한다.

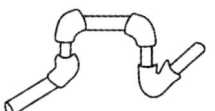

[스위블형]

26 급수관 내에 공기실(Air Chamber)을 설치하는 이유는?
① 배관의 신축을 위해서
② 수압시험을 하기 위해서
③ 누출시험을 하기 위해서
④ 수격작용의 방지를 위해서

해설

[공기실(Air Chamber)]
공기실(Air Chamber)은 수격작용(워터해머) 완화 장치로, 물이 급정지할 때 충격을 완충한다.

27 게이트밸브(Gate Valve)에 관한 설명으로 옳은 것은?

① 슬루스밸브라고도 하며 유체의 흐름을 완전 개폐하는 데 사용된다.
② 유체를 일정한 방향으로만 흐르고 하고 역류를 방지하는 데 주로 사용된다.
③ 수평배관에만 사용되며 핸들을 90° 회전시키면 볼이 회전하여 완전 개폐가 가능하다.
④ 밸브를 완전히 열 경우 단면적이 갑자기 작아지므로 유체에 대한 마찰저항이 크다.

해설

[게이트밸브(Gate Valve)]
② 유체를 일정한 방향으로만 흐르고 하고 역류를 방지하는 데 주로 사용된다.
　→ 체크밸브(Check Valve)
③ 수평배관에만 사용되며 핸들을 90° 회전시키면 볼이 회전하여 완전 개폐가 가능하다.
　→ 볼밸브(Ball Valve)
④ 밸브를 완전히 열 경우 관로와 같은 직선 흐름을 형성하므로 마찰저항이 매우 작다.

28 다음 중 통기관의 설치 목적과 가장 거리가 먼 것은?

① 배수계통 내의 배수 및 공기의 흐름을 원활히 한다.
② 배수관 계통의 환기를 도모하여 관 내를 청결하게 유지한다.
③ 사이폰작용 및 배압에 의해서 트랩봉수가 파괴되는 것을 방지한다.
④ 배수트랩의 봉수부에 가해지는 압력과 배수관 내의 압력차를 크게 하여 배수작용을 돕는다.

해설

[통기관의 설치 목적]
통기관은 압력차를 작게 하여 봉수 파괴를 방지하는 것이 목적이며, 압력차를 크게 하는 것은 오히려 봉수 손실의 원인이 된다.

29 급수방식에 관한 설명으로 옳지 않은 것은?

① 수도직결방식은 급수압력이 일정하다.
② 펌프직송방식은 저수조의 수질관리가 필요하다.
③ 압력수조방식은 단수 시에 일정량의 급수가 가능하다.
④ 고가수조방식은 저수시간이 길어지면 수질이 나빠지기 쉽다.

해설

[급수방식]
수도직결방식은 공급압력변화와 사용량에 따라 압력의 변동이 생긴다.

정답　27 ①　28 ④　29 ①

30 매시간 15 m³의 물을 고가수조에 공급하고자 할 때 양수펌프에 요구되는 축동력은? (단, 펌프의 전양정 33 m, 펌프의 효율 45 %)

① 1 kW   ② 1.5 kW
③ 2 kW   ④ 3 kW

해설
[펌프에 요구되는 축동력]
$$P[kW] = \frac{1000HQ}{102 \times \eta}$$
$$= \frac{1000 \times 33 \times \frac{15}{3600}}{102 \times 0.45} = 2.995\ kW$$

31 중앙식 급탕방식 중 간접가열식에 관한 설명으로 옳지 않은 것은?

① 대규모 급탕설비에 적합하다.
② 고압보일러를 설치하여야 한다.
③ 보일러를 난방설비와 겸용할 수 있다.
④ 저탕조에는 온도조절장치(Thermostat)를 설치하여 온도를 조절한다.

해설
[중앙식 급탕방식 중 간접가열식]
고압보일러는 필수사항이 아니며, 저압보일러로도 가능하다. 간접가열식의 조건이 아니다.

32 고가수조방식의 건물에서 최상층에 세정밸브식 대변기가 설치되어 있다. 이 세정밸브의 사용을 위해 필요한 세정밸브로부터 고가수조 저수면까지의 최소 높이는? (단, 고가수조에서 세정밸브까지의 총 배관 길이는 15 m이고, 마찰손실수두는 5 mAq, 세정밸브의 필요압력은 70 kPa이다. 단 10 kPa = 1 mAq)

① 약 5 m   ② 약 7 m
③ 약 12 m   ④ 약 27 m

해설
[고가수조 저수면까지의 최소 높이]
H = 기구필요압 + 배관마찰손실수두
= 7 mAq + 5 mAq
= 12 mAq

33 레스토랑의 주방 등에서 배출되는 지방분 등이 배수관에 유입되는 것을 막기 위하여 사용되는 포집기는?

① 샌드포집기
② 그리스포집기
③ 가솔린포집기
④ 플라스터포집기

해설
[그리스포집기]
그리스포집기는 주방 배수에서 발생하는 동·식물성 기름과 지방을 분리·포집하는 장치이다.

34 급배수설비의 기본 원칙으로 옳지 않은 것은?

① 우수는 공공하수도에 배수하지 않도록 한다.
② 상수의 급수계통은 크로스 커넥션이 되어서는 안 된다.
③ 탱크 및 배수계통에는 통기관 등과 같은 적절한 통기 조치를 한다.
④ 급수계통은 역류나 역사이펀작용의 위험이 생기지 않도록 한다.

해설

[급배수설비의 기본 원칙]
① 우수(빗물)는 공공하수도에 배수하는 것이 원칙이다. 「하수도법」등 관련 규정에서도 우수와 오수 모두 공공하수도에 연결·배수하도록 명시하고 있다.

35 급탕배관방식 중 헤더방식에 관한 설명으로 옳지 않은 것은?

① 지관을 소구경의 배관으로 할 수 있다.
② 슬리브, 공법을 채용하면 배관의 교환이 용이하다.
③ 헤더로 부터의 지관 도중에 관이음 시공부가 많아야 한다.
④ 한 계통마다 관로의 보유수량이 적어 급탕 대기시간을 단축할 수 있다.

해설

[급탕배관방식 중 헤더방식]
헤더방식은 중간이음 없이 직배관하므로 관이음 시공부가 적다.

36 다음 중 고층건물에서 급수조닝을 하지 않을 경우 생길 수 있는 현상과 가장 거리가 먼 것은?

① 수격작용 발생
② 크로스 커넥션 발생
③ 물 흐르는 소리에 의한 소음 발생
④ 배관이나 기구에 큰 압력이 가해져 배관과 기구의 수명 단축

해설

[크로스 커넥션]
크로스 커넥션 발생은 급수조닝 미실시와는 직접적 관련이 없다. 크로스 커넥션(Cross Connection)은 급수와 오수 계통의 연결에서 발생하는 문제이다.

37 급탕탱크(저탕조) 내에 1000 L의 물을 10 ℃에서 80 ℃로 온도를 높였을 때 체적 증가량은? (단, 물의 밀도는 10 ℃에서는 0.99973 kg/L, 80 ℃에서는 0.9718 kg/L이다)

① 29 L
② 40 L
③ 55 L
④ 37 L

해설

[체적 증가량]
$$\triangle V = \left(\frac{1}{\rho_2} - \frac{1}{\rho_1}\right)V$$
$$= \left(\frac{1}{0.9718} - \frac{1}{0.99973}\right)1000 = 29\ L$$

정답 34 ① 35 ③ 36 ② 37 ①

38 정화조에서 유입수의 BOD가 150 mg/L, 유출수의 BOD가 60 mg/L일 때, 이 정화조의 BOD 제거율은?

① 30 % ② 45 %
③ 60 % ④ 90 %

해설

[정화조의 BOD 제거율]
BOD 제거율(%)
$= \dfrac{유입수 BOD - 유출수 BOD}{유입수 BOD} \times 100$
$= \dfrac{150 - 60}{150} \times 100 = 60\%$

39 강관이음류 중 부싱(Bushing)의 용도로 옳은 것은?

① 배관의 말단부
② 관을 분기할 때
③ 배관을 90 ℃로 구부릴 때
④ 구경이 다른 관을 접속하고자 할 때

해설

[부싱(Bushing)의 용도]
부싱은 큰 구경의 부속에 작은 구경 관을 연결할 때 사용한다.

[부싱]

40 위생기구의 재질 중 위생도기에 관한 설명으로 옳지 않은 것은?

① 흡수성이 크다.
② 강도가 커서 내구력이 있다.
③ 오물이 부착되기 어려우며, 청소가 용이하다.
④ 복잡한 구조의 것을 일체화하여 제작할 수 있다.

해설

[위생도기]
도기는 흡수성이 없어 위생용 재질로 널리 사용된다.

정답 ● 38 ③ 39 ④ 40 ①

3과목 | 공기조화설비

41 습공기의 엔탈피(Enthalpy)를 설명한 것으로 옳은 것은?

① 습공기가 갖는 현열량
② 습공기가 갖는 현열량과 잠열량의 합계
③ 습공기가 갖는 현열량을 전열량으로 나눈 값
④ 습공기가 갖는 현열량을 현열량으로 나눈 값

해설

[습공기의 엔탈피(Enthalpy)]
습공기 엔탈피는 전열량으로 온도에 의한 현열량과 습도에 의한 잠열량의 합계

42 덕트 내의 풍속이 20 m/s, 정압이 200 Pa일 경우 전압의 크기는? (단, 공기의 밀도는 1.2 kg/m³이다)

① 212 Pa   ② 220 Pa
③ 330 Pa   ④ 440 Pa

해설

[덕트 내 전압의 크기]
- 동압 = $\dfrac{v^2}{2}\rho$
- 전압 = 정압 + 동압
  = $200 + \dfrac{20^2}{2} \times 1.2 = 440\ Pa$

43 흡수식 냉동기의 구성요소 중 용액으로부터 냉매인 수증기와 흡수제인 LiBr로 분리시키는 작용을 하는 곳은?

① 증발기   ② 응축기
③ 발생기   ④ 흡수기

해설

[흡수식 냉동기]
발생기에서 끓는점의 차이와 가열에 의해 흡수액과 냉매인 수증기가 분리된다.

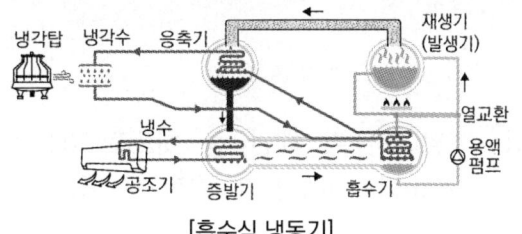

[흡수식 냉동기]

44 다음 중 냉각수 배관재료로 가장 부적절한 것은?

① 동관
② 아연도강관
③ 스테인리스관
④ 경질염화비닐관

해설

[냉각수 배관재료]
경질염화비닐관은 냉각수(순환수)배관의 압력과 온도 조건에 적합하지 않다. 냉각수 계통은 일반적으로 펌프 순환에 의한 압력이 존재하며, PVC관은 압력과 온도에 약해 냉각수배관에 사용하지 않는다. 주로 배수관, 통기관, 비압배관에 사용된다.

정답 41 ② 42 ④ 43 ③ 44 ④

45 취출풍량 360 m³/h, 취출구 풍속 3.5 m/s 개구율 0.7인 취출구의 면적은?

① 0.03 m² ② 0.04 m²
③ 0.05 m² ④ 0.06 m²

해설

[취출구의 면적]
$Q = AV$
$\dfrac{360}{3600} = (A \times 0.7) \times 3.5$
$A = 0.04\ m^2$

46 보일러 주위 배관 중 하트포드(Hart Ford)접속법에 관한 설명으로 옳은 것은?

① 배관이 온도변화에 의해 늘어나고 줄어드는 것을 흡수하기 위해 사용된다.
② 진공환수식에서 환수관보다 방열기가 낮은 위치에 있을 때 응축수를 끌어올리기 위해 사용된다.
③ 저압보일러에서 중력환수방식일 경우 환수관의 일부가 파손되었을 때 보일러수의 유실을 방지하기 위해 사용된다.
④ 열교환에 의해 생긴 응축수와 증기에 혼입되어 있는 공기를 배출하여 열교환기의 가열작용을 유지하기 위해 사용된다.

해설

[하트포드(Hart Ford)접속법]
중력환수식 저압 증기보일러의 하트포드접속법은 보일러수의 유실에 따른 과열안전장치

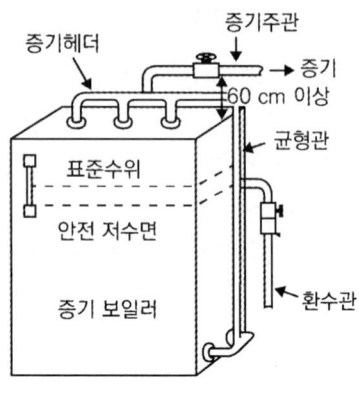

[하트포드 접속법]

47 건구온도 26 ℃인 습공기 1000 m³/h를 14 ℃로 냉각시키는 데 필요한 열량은? (단, 현열만에 의한 냉각이며, 공기의 정압비열은 1.01 kJ/kg·K, 공기의 밀도는 1.2 kg/m³)이다.

① 약 2 kW ② 약 3 kW
③ 약 4 kW ④ 약 5 kW

해설

[냉각시키는 데 필요한 열량]
$q = 1000 \times 1.2 \times 1.01 \times (26 - 14)$
$\quad = 14544\ kJ/h \times 1h/3600s = 4.04\ kW$

정답 ● 45 ② 46 ③ 47 ③

48 냉방부하 계산 시 인체로부터의 취득열량을 계산한다. 다음 공간 중 인체 1인으로부터의 취득열량이 상대적으로 가장 많은 장소는?

① 극장 ② 은행
③ 사무소 ④ 볼링장

해설

[인체 1인으로부터 취득열량이 가장 많은 장소]
인체로부터의 취득열량(발열량)은 활동량과 대사량(Metabolic Rate)에 비례한다.
(1) 극장, 은행, 사무소 : 상대적으로 정적인 활동(앉아 있는 시간 많음)이므로 발열량이 낮다.
(2) 볼링장 : 지속적인 신체 활동(볼링공 투구, 이동 등)으로 대사열이 크고, 단위 인원당 취득열량이 가장 많다.

49 다음 중 펌프운전에서 캐비테이션이 발생하기 쉬운 조건과 가장 거리가 먼 것은?

① 흡입 양정이 클 경우
② 유체의 온도가 높을 경우
③ 펌프가 흡입수면보다 위에 있을 경우
④ 흡입 측 배관의 손실수두가 작을 경우

해설

[펌프운전에서 캐비테이션이 발생하기 쉬운 조건]
④ 흡입 측 배관의 손실수두가 클수록 캐비테이션이 발생하기 쉽다.

50 그림과 같은 전열교환기의 전열효율(η)을 올바르게 나타낸 것은? (단, 난방의 경우이며, X_1, X_2, X_3, X_4는 각 공기상태의 엔탈피를 나타낸다)

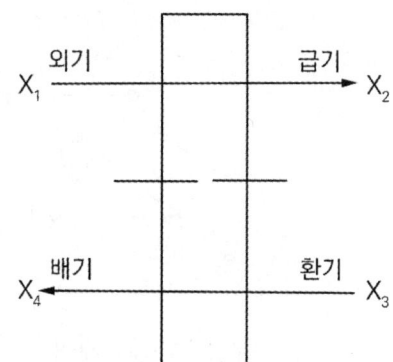

① $\eta = \dfrac{X_3 - X_1}{X_2 - X_1}$

② $\eta = \dfrac{X_3 - X_4}{X_2 - X_4}$

③ $\eta = \dfrac{X_2 - X_1}{X_3 - X_1}$

④ $\eta = \dfrac{X_3 - X_4}{X_3 - X_1}$

해설

[전열교환기의 전열효율(η)]

전열효율(η) = $\dfrac{외기도입시 \ 절약되는 \ 엔탈피}{가장 \ 큰 \ 엔탈피 \ 차이}$

= $\dfrac{외기와 \ 급기 \ 엔탈피 \ 차}{환기와 \ 외기 \ 엔탈피 \ 차}$

정답 ● 48 ④ 49 ④ 50 ③

51 공조기 내에서 습공기가 다음 그림과 같이 상태 변화를 할 때 변화과정으로 옳은 것은?

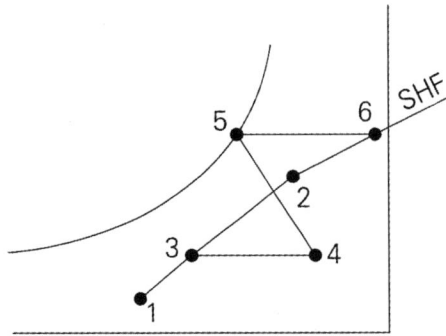

① 혼합 - 예열 - 가습 - 재열
② 혼합 - 가습 - 가열 - 재열
③ 혼합 - 냉각 - 가열 - 가습
④ 혼합 - 혼합 - 가열 - 가습

해설
[습공기의 상태 변화]
외기 1지점과 실내 환기 2지점의 공기가 혼합되어 3지점(혼합공기점)이 된다. 3지점에서 가열(예열)하여 4지점이 되고, 온수 가습하여 5지점이 된다. 5지점에서 다시 6지점까지 재열하여 6지점에서 실내(2지점)으로 취출하는 난방 프로세스이다.

52 다음 중 온도 조절식 증기트랩에 속하는 것은?

① 버킷트랩   ② 드럼트랩
③ 플로트트랩   ④ 벨로즈트랩

해설
[온도 조절식 증기트랩]

구분	응축수 회수 원리	종류
기계식	응축수의 부력을 이용	플로트트랩, 버킷트랩
열동식 (온도조절식)	증기와 응축수의 온도 차이	바이메탈식 트랩, 벨로스 트랩
열역학	증기와 응축수의 열역학적 특성 차이	디스크트랩, 오리피스트랩

53 냉동기를 냉각목적으로 할 경우의 성적계수를 COP_C, 가열목적 즉, 히트펌프로 사용 될 경우의 성적계수를 COP_H라 할 때, 두 성적계수의 관계를 바르게 나타낸 것은?

① $COP_H + COP_C = 1$
② $COP_H + 1 = COP_C$
③ $COP_H - COP_C = 1$
④ $COP_C / COP_H = 1$

해설
[냉동기와 히트펌프의 성적계수 관계]
$$COP_H = \frac{Q_H}{W} = \frac{Q_L + W}{W} = COP_C + 1$$
($COP_C = \frac{Q_L}{W}$ 이므로)

정답 51 ① 52 ④ 53 ③

따라서 열펌프의 성적계수는 냉동기의 성적계수보다 항상 1만큼 더 크다.
냉동기와 히트펌프의 성적계수 차이는 "1"이다.

54 빙축열 등을 이용하는 축열시스템에 관한 설명으로 옳지 않은 것은?

① 열손실이 줄어든다.
② 운전비를 줄일 수 있다.
③ 심야전력을 이용할 수 있다.
④ 주간 피크 시간대에 전력부하를 절감할 수 있다.

해설
[축열시스템]
① 열손실은 늘어난다. 빙축열 저장으로부터 사용 시까지의 시간 동안 열손실이 발생할 수밖에 없다.

55 냉방부하 중 일사에 의한 유리로부터의 취득 열량에 관한 설명으로 옳지 않은 것은?

① 현열로만 구성되어 있다.
② 유리창의 범위에 따라 다르다.
③ 유리창의 차폐계수가 클수록 취득열량은 크다.
④ 북쪽 창은 햇빛이 닿지 않으므로 일사에 의한 취득열량은 생기지 않는다.

해설
[일사에 의한 유리로부터의 취득 열량]
직사로만 일사부하가 구성되진 않는다.

56 취출기류의 속도분포와 관련하여 4단계의 영역으로 구분할 경우 제2영역에 관한 설명으로 옳은 것은?

① 일명 천이구역이라고도 한다.
② 취출기류의 속도 변화가 없는 영역이다.
③ 취출거리의 대부분을 차지하며 취출구의 종류에 따라 특성이 현저하다.
④ 취출기류의 속도가 급격히 감소되어 혼합된 공기(1차 공기 + 2차 공기)까지도 주위로 환산되는 영역이다.

해설
[취출기류의 속도분포]
- 제1영역 - 취출구의 최초 풍속을 유지하는 구간
- 제2영역 - 제1영역 이후 2차 공기가 유입되기 시작하는 사이 구간(취출속도는 거리의 제곱근에 반비례) - 천이구역
- 제3영역 - 2차 공기가 유입되기 시작하여 제4영역 전까지 취출속도가 거리에 반비례하는 구간
- 제4영역 - 취출기류의 에너지가 소모되고 주위로 확산되는 구간으로 도달거리의 마지막 구간

정답 54 ① 55 ④ 56 ①

57 다음과 같은 조건에서 실내 CO_2의 허용 농도를 1000 ppm으로 할 때, 필요 환기량은?

- 재실인원 : 10인
- 실내 1인당 CO_2 배출량 : 0.02 m³/h
- 외기 CO_2 농도 : 350 ppm

① 249.2 m³/h ② 275.4 m³/h
③ 307.7 m³/h ④ 356.8 m³/h

해설

[환기량]
$$Q = \frac{M}{C_r - D_d} = \frac{10 \times 0.02}{1000 \times 10^{-6} - 350 \times 10^{-6}}$$
$$= 307.7 \ m^3/h$$

58 습공기를 냉각하였을 경우 상태 변화 내용으로 옳은 것은?

① 비체적은 감소한다.
② 엔탈피는 증가한다.
③ 건구온도는 변화없다.
④ 습구온는 높아진다.

해설

[습공기를 냉각하였을 경우 상태 변화]
② 냉각 시 공기가 보유한 엔탈피는 감소한다.
③ 냉각하면 건구온도도 낮아진다.
④ 냉각하면 습구온도도 함께 낮아진다.

보충 냉각하면 공기의 온도가 낮아지고, 공기의 밀도가 증가하므로 비체적은 감소한다.

59 건구온도 20 ℃ 절대습도 0.015 kg/kg'인 습공기 6 kg의 엔탈피는? (단, 공기의 정압비열 = 1.01 kJ/kg·K, 수증기정압비열 = 1.85 kJ/kg·K, 0 ℃에서 포화수의 증발잠열 2501 kJ/kg)

① 58.24 kJ
② 120.67 kJ
③ 228.77 kJ
④ 349.62 kJ

해설

[습공기의 엔탈피]
1) 습공기 1 kg당 엔탈피
$h[kJ/kg] = 1.01t + x(2501 + 1.85t)$
$= 1.01 \times 20 + 0.015(2501 + 1.85 \times 20)$
$= 58.27 kJ/kg$

2) 총 엔탈피 계산
$H[kJ]$ = 단위 엔탈피 × 건공기 질량
$= 58.27 kJ/kg \times 6 kg$
$= 349.62 kJ$

정답 57 ③ 58 ① 59 ④

60 증기난방에 관한 설명으로 옳은 것은?

① 온수난방에 비하여 열용량이 커 예열시간이 길게 소요된다.
② 온수난방에 비하여 부하변동에 따른 방열량 조절이 곤란하다.
③ 온수난방에 비하여 한랭지에서 운전 정지 중에 동결의 위험이 크다.
④ 온수난방에 비하여 소요방열면적과 배관경이 크게 되므로 설비비가 높다.

해설

[증기난방]
① 증기난방은 온수난방보다 예열시간이 짧고, 열용량은 물이 더 크다.
③ 증기는 기체 상태라 동결 위험이 없고, 온수난방이 동결 위험이 있다.
④ 증기난방은 소요방열면적, 배관경이 작고 설비비도 낮은 편이다.

보충 증기난방은 방열량 조절이 어렵다.

4과목 소방 및 전기설비

	시간 :	점수 :
1회독	시간 :	점수 :
2회독	시간 :	점수 :
3회독	시간 :	점수 :

61 3상 Y결선에서 선간전압이 200 V인 3상 교류의 상전압은?

① 115 V ② 346 V
③ 453 V ④ 600 V

해설

[상전압]
선간전압 = $\sqrt{3}$ × 상전압
$200 = \sqrt{3} \times V$, $V = 115.47\,V$
Y결선에서 선간전압은 상전압의 $\sqrt{3}$ 배이고 전류량은 같음

62 도선의 길이를 10배, 단면적을 5배로 하면 전기저항의 크기는 몇 배로 되는가?

① 1배 ② 2배
③ 3배 ④ 5배

해설

[전기저항]
도선의 전기저항은 길이에 비례하고 단면적에 반비례함
R = 10/5 = 2

정답 60 ② 61 ① 62 ②

63 다음 중 3상 유도전동기의 회전속도를 증가시킬 수 있는 방법으로 가장 알맞은 것은?

① 극수를 증가시킨다.
② 슬립을 증가시킨다.
③ 주파수를 증가시킨다.
④ 기동법을 변화시킨다.

해설

[3상 유도전동기]
3상 유도전동기 극수가 증가하면 회전속도가 감소하며 슬립도 그러함. 주파수를 증가시키면 회전속도가 증가하며 또한 가장 쉬운 속도제어법임

64 다음과 같은 조건에서 가로 40 m, 세로 30 m인 사무실의 평균조도를 400 lx로 하기 위해 필요한 형광등의 개수는?

- 형광등 1개당 광속 : 4000 lm
- 조명률 : 0.6
- 감광보상률 : 1.7

① 240개   ② 260개
③ 280개   ④ 340개

해설

[등 개수]
FUN = AED
F : 광속, U : 조명률, N : 등기구 수, A : 면적
E : 조도, D : 감광보상률
$4000 \times 0.6 \times N = (30 \times 40) \times 400 \times 1.7$

65 스프링클러설비의 배관 중 스프링클러헤드가 설치되어 있는 배관을 의미하는 것은?

① 주배관   ② 교차배관
③ 가지배관 ④ 급수배관

해설

[스프링클러설비의 화재안전기술기준(NFTC 103)]
〈용어의 정의〉
1. "가지배관"이란 헤드가 설치되어 있는 배관을 말한다.
2. "교차배관"이란 가지배관에 급수하는 배관을 말한다.
3. "주배관"이란 가압송수장치 또는 송수구 등과 직접 연결되어 소화수를 이송하는 주된 배관을 말한다.
4. "신축배관"이란 가지배관과 스프링클러헤드를 연결하는 구부림이 용이하고 유연성을 가진 배관을 말한다.
5. "급수배관"이란 수원 또는 송수구 등으로부터 소화설비에 급수하는 배관을 말한다.

66 보호계전기의 종류에 속하지 않는 것은?

① 방향계전기
② 과전류계전기
③ 부족 전압계전기
④ 갭 저항형 계전기

해설

[보호계전기]
갭 저항형 계전기 : 피뢰기로 사용되는 계전기

정답 63 ③ 64 ④ 65 ③ 66 ④

67 교류의 크기를 표현하는 데 사용되는 용어에 속하지 않는 것은?

① 평균값　② 실횻값
③ 순싯값　④ 정상값

해설

[교류의 크기]

(1) 최댓값 : 교류 순싯값 중 가장 큰 값으로 V_m, I_m으로 표현

(2) 평균값 : 평균전력으로 정현파에서 $\frac{2}{\pi} ≒ 0.637$ 과 같음

$$V_a = V_{av} = \frac{2}{\pi}V_m = 0.637V_m \text{ [V]}$$

$$I_a = I_{av} = \frac{2}{\pi}I_m = 0.637I_m \text{ [A]}$$

V_{av} : 전압의 평균값 [V]
V_m : 전압의 최댓값 [V]
I_{av} : 전류의 평균값 [A]
I_m : 전류의 최댓값 [A]

(3) 실횻값 : 동일한 일을 하는 직류 크기로 환산한 값, 교류의 각 순싯값 $i(t)$의 제곱에 대한 1주기 평균(평균값)의 제곱근

68 직·병렬 전기회로에 관한 설명으로 옳지 않은 것은?

① 직렬회로에서는 각 저항에 흐르는 전류는 같다.
② 직렬회로에서 총저항은 접속되어 있는 모든 저항을 합한 것이다.
③ 저항의 병렬회로보다 저항의 직렬회로에서 전압강하가 적어진다.
④ 병렬회로에서 각 저항에서의 전압강하는 저항의 크기와 관계없이 모두 같다.

해설

[회로]
- 병렬연결 시 : 동일전압 다른 전류
- 직렬연결 시 : 다른 전압 동일전류
건전지 연결과 같음

69 다음 중 정풍량방식에서 냉난방밸브의 제어기준이 되는 현재 실내의 온·습도를 측정하는 검출기의 설치 위치로 가장 적정한 것은?

① 외기 측　② 급기 측
③ 환기 측　④ 혼합기 측

해설

[정풍량]
풍량은 일정하게 유지하고 냉난방밸브를 조절해 온도를 제어

정답　67 ④　68 ③　69 ③

70 다음은 옥외소화전설비의 옥외소화전함 설치에 관한 기준 내용이다. ( ) 안에 알맞은 것은?

> 옥외소화전이 10개 이하 설치된 때에는 옥외 소화전마다 ( ) 이내의 장소에 1개 이상의 소화전함을 설치하여야 한다.

① 5 m   ② 10 m
③ 15 m   ④ 20 m

해설

[옥외소화전]

옥외소화전	옥외소화전함의 개수
10개 이하	5 m 이내의 장소에 각각 1개 이상 설치
11개 이상 30개 이하	11개 이상의 소화전함을 각각 분산하여 설치
31개 이상	옥외소화전 3개마다 1개 이상 설치

71 연결살수설비의 송수구에 관한 기준 내용으로 옳지 않은 것은?

① 송수구는 구경 32 mm의 쌍구형으로 설치하여야 한다.
② 지면으로부터 높이가 0.5 m 이상 1.0 m 이하의 위치에 설치하여야 한다.
③ 소방차가 쉽게 접근할 수 있고 노출된 장소에 설치하는 것이 원칙이다.
④ 개방형 헤드를 사용하는 송수구의 호스접결구는 각 송수구역마다 설치하는 것이 원칙이다.

해설

[연결살수설비의 화재안전기술기준(NFTC 503)]
2.1 송수구 등
2.1.1 연결살수설비의 송수구는 다음의 기준에 따라 설치하여야 한다.
　2.1.1.1 소방차가 쉽게 접근할 수 있고 노출된 장소에 설치할 것
　2.1.1.2 가연성 가스의 저장·취급시설에 설치하는 연결살수설비의 송수구는 그 방호대상물로부터 20 m 이상의 거리를 두거나 방호대상물에 면하는 부분이 높이 1.5 m 이상 폭 2.5 m 이상의 철근콘크리트 벽으로 가려진 장소에 설치해야 한다.
　2.1.1.3 송수구는 구경 65 mm의 쌍구형으로 설치할 것. 다만 하나의 송수구역에 부착하는 살수헤드의 수가 10개 이하인 것은 단구형인 것으로 할 수 있다.
　2.1.1.4 개방형 헤드를 사용하는 송수구의 호스접결구는 각 송수구역마다 설치할 것. 다만 송수구역을 선택할 수 있는 선택밸브가 설치되어 있고 각 송수구역의 주요구조부가 내화구조로 되어 있는 경우에는 그렇지 않다.
　2.1.1.5 소방관의 호스연결 등 소화작업에 용이하도록 지면으로부터 높이가 0.5 m 이상 1 m 이하의 위치에 설치할 것
　2.1.1.6 송수구로부터 주배관에 이르는 연결배관에는 개폐밸브를 설치하지 않을 것. 다만 스프링클러설비·물분무소화설비·포소화설비 또는 연결송수관설비의 배관과 겸용하는 경우에는 그렇지 않다.
　2.1.1.7 송수구의 부근에는 "연결살수설비 송수구"라고 표시한 표지와 송수구역 일람표를 설치할 것. 다만 2.1.2에 따른 선택밸브를 설치한 경우에는 그렇지 않다.
　2.1.1.8 송수구에는 이물질을 막기 위한 마개를 씌울 것

72 스프링클러설비의 화재안전기준 상 다음과 같이 정의 되는 용어는?

> 가압된 물이 분사될 때 헤드의 축심을 중심으로 한 반원상에 균일하게 분산시키는 헤드

① 조기반응형 헤드
② 측벽형 스프링클러헤드
③ 개방형 스프링클러헤드
④ 폐쇄형 스프링클러헤드

해설

[스프링클러설비의 화재안전기술기준(NFTC 103)]
1.7 용어의 정의
1.7.1.10 "개방형 스프링클러헤드"란 감열체 없이 방수구가 항상 열려져 있는 헤드를 말한다.
1.7.1.11 "폐쇄형 스프링클러헤드"란 정상상태에서 방수구를 막고 있는 감열체가 일정온도에서 자동적으로 파괴·용융 또는 이탈됨으로써 방수구가 개방되는 헤드를 말한다.
1.7.1.12 "조기반응형 헤드"란 표준형스프링클러헤드 보다 기류온도 및 기류속도에 조기에 반응하는 것을 말한다.
1.7.1.13 "측벽형 스프링클러헤드"란 가압된 물이 분사될 때 헤드의 축심을 중심으로 한 반원상에 균일하게 분산시키는 헤드를 말한다.

73 자동화재탐지설비의 수신기에 설치에 관한 설명으로 옳지 않은 것은?

① 수위실 등 상시 사람이 근무하는 장소에 설치하는 것이 원칙이다.
② 수신기의 조작스위치는 바닥으로부터 높이가 1.5 m 이상 2.0 m 이하인 장소에 설치하여야 한다.
③ 수신기는 감지기·중계기 또는 발신기가 작동하는 경계구역을 표시할 수 있는 것으로 하여야 한다.
④ 수신기의 음향기구는 그 음량 및 음색이 다른 기기의 소음 등과 명확히 구별될 수 있는 것으로 하여야 한다.

해설

[자동화재탐지설비]
수신기의 조작스위치는 바닥으로부터 높이가 0.8 m 이상 1.5 m 이하인 장소에 설치하여야 함

74 금속관 배선공사에 관한 설명으로 옳지 않은 것은?

① 외부에 대한 고조파의 영향이 없다.
② 사용 목적에 따라 적합한 접지가 필요하다.
③ 외부적 응력에 대해 전선보호의 신뢰성이 높다.
④ 옥내의 습기가 많은 은폐장소에서는 사용이 불가능하다.

해설

[금속관 배선공사]
고조파에 의한 유도전류, 누설전류의 영향을 받을 수 있음
금속관은 부식의 우려가 있으므로 습기가 많은 장소에서는 사용이 불가능

75 다음은 옥내소화전설비의 방수구에 관한 기준내용이다. ( ) 안에 알맞은 것은?

> 특정소방대상물의 층마다 설치하되, 해당 특정서방대상물의 각 부분으로부터 하나의 옥내소화전방수구까지의 수평거리가 (   ) 이하가 되도록 할 것. 다만 복층형 구조의 공동주택의 경우에는 세 개의 출입구가 설치된 층에만 설치할 수 있다.

① 10 m ② 15 m
③ 20 m ④ 25 m

해설

[옥내/옥외소화전설비]

구분	옥내소화전	옥외소화전
호스구경	40 mm	65 mm
노즐	13 mm	19 mm
수평거리	25 m 이하	40 m 이하

76 건축화 조명방식 중 천장면에 유리, 플라스틱등과 같은 확산용 스크린판을 붙이고 천장 내부에 광원을 배치하여 천장을 건축화된 조명기구로 활용하는 방식은?

① 코브조명   ② 밸런스조명
③ 광천장조명 ④ 코니스조명

해설

[조명]
- 코너조명 : 천정과 벽면의 경계구석, 즉 코너(모서리)에 등기구를 설치해서 천정과 벽면을 동시에 간접조명하는 방식
- 코퍼조명(코브조명) : 홈을 파서 등기구를 숨기고 간접적으로 비추는 조명
- 광천장조명 : 천장 전체를 광원으로 만드는 조명
- 밸런스조명 : 천정과 벽을 균형 있게 조명
- 코니스조명 : 벽면 상부에 설치된 선반 등에 광원을 넣고 아래로 비추는 간접조명

77 시퀀스(Sequence)제어에 관한 설명으로 옳은 것은?

① 시퀀스제어는 일명 피드백(Feedback)제어라고도 한다.
② 시퀀스제어계의 신호처리방식은 유접점방식만 있다.
③ 미리 정해진 순서에 따라 제어의 각 단계를 순차적으로 제어한다.
④ 시퀀스제어회로의 주전원과 조작전원은 반드시 동일해야 한다.

정답 ● 75 ④ 76 ③ 77 ③

해설

[시퀀스제어]
미리 정해진 순서에 따라 순차적으로 제어하는 것으로 계전기회로, PLC제어 등에 활용함

78 200 V, 1 kW의 전열기를 100 V의 전압으로 사용할 때 소비되는 전력[W]은?

① 100 ② 200
③ 250 ④ 500

해설

[소비전력]
$P = VI$이고 $V = IR$

$$P = \frac{V^2}{R}$$

$$R = \frac{40000}{1000} = 40$$

$$\therefore P_2 = \frac{V_2^2}{R} = \frac{10000}{40} = 250\ W$$

79 정전용량이 C_1, C_2인 두 콘덴서를 직렬로 연결한 회로에 전압 V를 인가할 경우 C_1에 걸리는 전압은?

① $(C_1 + C_2)V$

② $\dfrac{V}{C_1 + C_2}$

③ $\dfrac{C_1 V}{C_1 + C_2}$

④ $\dfrac{C_2 V}{C_1 + C_2}$

해설

[콘덴서]
직렬콘덴서에 전압은 용량에 반비례함

C_1에 걸리는 전압 $= \dfrac{1}{\dfrac{1}{C_1}+\dfrac{1}{C_2}} V \times \dfrac{1}{C_1}$

$= \dfrac{C_2}{C_1 + C_2} V$

C_2에 걸리는 전압 $= \dfrac{1}{\dfrac{1}{C_1}+\dfrac{1}{C_2}} V \times \dfrac{1}{C_2}$

$= \dfrac{C_1}{C_1 + C_2} V$

80 변압기의 전부하 시의 2차 전압이 100 V, 무부하 시의 2차 전압이 102 V이라면 전압 변동률은?

① 1.96 %
② 2 %
③ 2.04 %
④ 4 %

해설

[전압 변동률]

$\dfrac{\text{무부하2차전압} - \text{전부하2차전압}}{\text{전부하2차전압}} \times 100\ \%$

정답 ● 78 ③ 79 ④ 80 ②

5과목 건축설비 관계법규

81 건축법령상 리모델링이 쉬운 구조에 속하지 않는 것은? (단, 공동주택의 경우)

① 구조체에서 건축설비, 내부 마감재료 및 외부 마감재료를 분리할 수 있을 것
② 개별 세대 안에서 구획된 실의 크기, 개수 또는 위치 등을 변경할 수 있을 것
③ 각 층에 시공된 보, 기둥 등의 구조부재의 개수 또는 위치를 변경할 수 있을 것
④ 각 세대는 인접한 세대와 수직 또는 수평 방향으로 통합하거나 분할할 수 있을 것

해설

[리모델링이 쉬운 구조]
[건축법 시행령]
제6조의5(리모델링이 쉬운 구조 등)
① 법 제8조에서 "대통령령으로 정하는 구조"란 다음 각 호의 요건에 적합한 구조를 말한다. 이 경우 다음 각 호의 요건에 적합한지에 관한 세부적인 판단 기준은 국토교통부장관이 정하여 고시한다.
1. 각 세대는 인접한 세대와 수직 또는 수평 방향으로 통합하거나 분할할 수 있을 것
2. 구조체에서 건축설비, 내부 마감재료 및 외부 마감재료를 분리할 수 있을 것
3. 개별 세대 안에서 구획된 실(室)의 크기, 개수 또는 위치 등을 변경할 수 있을 것

② 법 제8조에서 "대통령령으로 정하는 비율"이란 100분의 120을 말한다. 다만 건축조례에서 지역별 특성 등을 고려하여 그 비율을 강화한 경우에는 건축조례로 정하는 기준에 따른다.

82 건축물의 에너지절약 설계기준에서는 수영장에 자연 채광을 위한 개구부 설치를 권장하고 있다. 다음 중 권장 개구부 면적의 합계에 관한 기준 내용으로 옳은 것은?

① 수영장 바닥면적의 5분의 1 이상
② 수영장 바닥면적의 7분의 1 이상
③ 수영장 바닥면적의 10분의 1 이상
④ 수영장 바닥면적의 20분의 1 이상

해설

[권장 개구부 면적]
[건축물 에너지절약설계기준]이 개정됨에 따라 '수영장에 자연 채광을 위한 권장 개구부 면적의 합계'에 해당하는 내용은 폐지되었다.

83 용도변경과 관련된 시설군 중 문화집회시설군에 속하는 건축물의 용도가 아닌 것은?

① 종교시설
② 수련시설
③ 위락시설
④ 관광휴게시설

정답 81 ③ 82 정답 없음 83 ②

해설

[용도변경]

[건축법] 제19조(용도변경)

1. 허가 대상 : 제4항 각 호의 어느 하나에 해당하는 시설군(施設群)에 속하는 건축물의 용도를 상위군(제4항 각 호의 번호가 용도변경하려는 건축물이 속하는 시설군보다 작은 시설군을 말한다)에 해당하는 용도로 변경하는 경우

[건축법 시행령] 제14조(용도변경)

4. 문화집회시설군
 가. 문화 및 집회시설
 나. 종교시설
 다. 위락시설
 라. 관광휴게시설
6. 교육 및 복지시설군
 가. 의료시설
 나. 교육연구시설
 다. 노유자시설(老幼者施設)
 라. 수련시설
 마. 야영장시설

84 같은 건축물 안에 공동주택과 위락시설을 함께 설치하고자 하는 경우 공동주택의 출입구와 위락시설의 출입구는 서로 그 보행거리가 최소 얼마 이상이 되도록 설치하여야 하는가?

① 10 m ② 20 m
③ 30 m ④ 50 m

해설

[보행거리]

[건축물의 피난·방화구조 등의 기준에 관한 규칙] 제14조의2(복합건축물의 피난시설 등)

영 제47조 제1항 단서의 규정에 의하여 같은 건축물 안에 공동주택·의료시설·아동 관련 시설 또는 노인복지시설(이하 이 조에서 "공동주택등"이라 한다) 중 하나 이상과 위락시설·위험물저장 및 처리시설·공장 또는 자동차정비공장(이하 이 조에서 "위락시설등"이라 한다) 중 하나 이상을 함께 설치하고자 하는 경우에는 다음 각 호의 기준에 적합하여야 한다.

1. 공동주택등의 출입구와 위락시설등의 출입구는 서로 그 보행거리가 30미터 이상이 되도록 설치할 것

85 건축법령상 다음과 같이 정의되는 것은?

> 주택으로 쓰는 1개 동의 바닥면적 합계가 660 m² 이하이고, 층수가 4개 층 이하인 주택

① 아파트 ② 연립주택
③ 다세대주택 ④ 다가구주택

해설

[정의 - 다세대주택]

[건축법 시행령] 별표 1 : 용도별 건축물의 종류

2. 공동주택
 다. 다세대주택 : 주택으로 쓰는 1개 동의 바닥면적 합계가 660제곱미터 이하이고, 층수가 4개 층 이하인 주택(2개 이상의 동을 지하주차장으로 연결하는 경우에는 각각의 동으로 본다)

정답 84 ③ 85 ③

86 다음은 초고층 건축물에 설치하는 피난안전구역에 관한 기준 내용이다. ( ) 안에 알맞은 것은?

> 초고층 건축물에는 피난층 또는 지상으로 통하는 직통계단과 직접 연결되는 피난 안전 구역을 지상층으로부터 최대 ( )개 층마다 1개소 이상 설치하여야 한다.

① 10   ② 20
③ 30   ④ 40

해설

[피난안전구역]
[건축법 시행령] 제34조(직통계단의 설치)
③ 초고층 건축물에는 피난층 또는 지상으로 통하는 직통계단과 직접 연결되는 피난안전구역(건축물의 피난·안전을 위하여 건축물 중간층에 설치하는 대피공간을 말한다. 이하 같다)을 지상층으로부터 최대 30개 층마다 1개소 이상 설치하여야 한다.

87 다음의 소방시설 중 경보설비에 속하지 않는 것은?

① 누전경보기
② 비상방송설비
③ 무선통신보조설비
④ 자동화재탐지설비

해설

[경보설비]
[소방시설설치 및 관리에 관한 법률 시행령]
별표 1 : 소방시설
2. 경보설비 : 화재발생 사실을 통보하는 기계·기구 또는 설비로서 다음 각 목의 것
  가. 단독경보형 감지기
  나. 비상경보설비
    1) 비상벨설비
    2) 자동식사이렌설비
  다. 자동화재탐지설비
  라. 시각경보기
  마. 화재알림설비
  바. 비상방송설비
  사. 자동화재속보설비
  아. 통합감시시설
  자. 누전경보기
  차. 가스누설경보기
※ 무선통신보조설비는 소방대가 사용하는 소방활동설비이다.

88 건축물에 설치하는 지하층의 구조 및 설비에 관한 기준 내용으로 옳지 않은 것은?

① 거실의 바닥면적의 합계가 1000 m² 이상인 층에는 환기설비를 할 것
② 지하층의 바닥면적이 300 m² 이상인 층에는 식수공급을 위한 급수전을 1개소 이상 설치할 것
③ 거실의 바닥면적이 30 m² 이상인 층에는 직통계단 외에 피난층 또는 지상으로 통하는 비상 탈출구 및 환기통을 설치할 것

정답 ▶ 86 ③ 87 ③ 88 ③

④ 바닥면적이 1000 m² 이상인 층에는 피난층 또는 지상으로 통하는 직통계단을 방화구획으로 구획되는 각 부분마다 1개소 이상 설치할 것

해설

[지하층]
[건축물의 피난·방화구조 등의 기준에 관한 규칙]
제25조(지하층의 구조)
① 법 제53조에 따라 건축물에 설치하는 지하층의 구조 및 설비는 다음 각 호의 기준에 적합하여야 한다.
  1. 거실의 바닥면적이 50제곱미터 이상인 층에는 직통계단 외에 피난층 또는 지상으로 통하는 비상탈출구 및 환기통을 설치할 것. 다만 제8조 제2항 각 호의 기준에 적합한 직통계단이 2개소 이상 설치되어 있는 경우에는 그러하지 아니하다.
  1의2. 제2종근린생활시설 중 공연장·단란주점·당구장·노래연습장, 문화 및 집회시설 중 예식장·공연장, 수련시설 중 생활권수련시설·자연권수련시설, 숙박시설 중 여관·여인숙, 위락시설 중 단란주점·유흥주점 또는 「다중이용업소의 안전관리에 관한 특별법 시행령」 제2조에 따른 다중이용업의 용도에 쓰이는 층으로서 그 층의 거실의 바닥면적의 합계가 50제곱미터 이상인 건축물에는 제8조 제2항 각 호의 기준에 적합한 직통계단을 2개소 이상 설치할 것
  2. 바닥면적이 1천 제곱미터 이상인 층에는 피난층 또는 지상으로 통하는 직통계단을 영 제46조의 규정에 의한 방화구획으로 구획되는 각 부분마다 1개소 이상 설치하되, 이를 피난계단 또는 특별피난계단의 구조로 할 것
  3. 거실의 바닥면적의 합계가 1천 제곱미터 이상인 층에는 환기설비를 설치할 것

4. 지하층의 바닥면적이 300제곱미터 이상인 층에는 식수공급을 위한 급수전을 1개소 이상 설치할 것

89 상업지역 및 주거지역에서 건축물에 설치하는 냉방시설 및 환기시설의 배기구는 도로면으로부터 최소 얼마 이상의 높이에 설치하여야 하는가?

① 1 m　　② 1.5 m
③ 1.8 m　　④ 2 m

해설

[건축물의 냉방설비]
[건축물의 설비기준 등에 관한 규칙]
제23조(건축물의 냉방설비 등)
③ 상업지역 및 주거지역에서 건축물에 설치하는 냉방시설 및 환기시설의 배기구와 배기장치의 설치는 다음 각 호의 기준에 모두 적합하여야 한다.
  1. 배기구는 도로면으로부터 2미터 이상의 높이에 설치할 것
  2. 배기장치에서 나오는 열기가 인근 건축물의 거주자나 보행자에게 직접 닿지 아니하도록 할 것
  3. 건축물의 외벽에 배기구 또는 배기장치를 설치할 때에는 외벽 또는 다음 각 목의 기준에 적합한 지지대 등 보호장치와 분리되지 아니하도록 견고하게 연결하여 배기구 또는 배기장치가 떨어지는 것을 방지할 수 있도록 할 것
    가. 배기구 또는 배기장치를 지탱할 수 있는 구조일 것
    나. 부식을 방지할 수 있는 자재를 사용하거나 도장(塗裝)할 것

정답 ● 89 ④

90 다음 중 건축물의 관람실 또는 집회실로서 그 바닥면적이 200 m² 이상인 것의 반자의 높이를 4 m 이상으로 하여야 하는 건축물은? (단, 기계 환기장치를 설치하지 않은 경우)

① 종교시설의 용도에 쓰이는 건축물
② 공동주택 중 아파트의 용도에 쓰이는 건축물
③ 문화 집 집회시설 중 전시장의 용도에 쓰이는 건축물
④ 문화 및 집회시설 중 동물원의 용도에 쓰이는 건축물

해설

[건축물]
[건축물의 피난·방화구조 등의 기준에 관한 규칙]
제16조(거실의 반자높이)
① 영 제50조의 규정에 의하여 설치하는 거실의 반자(반자가 없는 경우에는 보 또는 바로 윗층의 바닥판의 밑면 기타 이와 유사한 것을 말한다. 이하 같다)는 그 높이를 2.1미터 이상으로 하여야 한다.
② 문화 및 집회시설(전시장 및 동·식물원은 제외한다), 종교시설, 장례식장 또는 위락시설 중 유흥주점의 용도에 쓰이는 건축물의 관람실 또는 집회실로서 그 바닥면적이 200제곱미터 이상인 것의 반자의 높이는 제1항에도 불구하고 4미터(노대의 아랫부분의 높이는 2.7미터) 이상이어야 한다. 다만 기계환기장치를 설치하는 경우에는 그렇지 않다.

91 건축물에 급수·배수·환기·난방설비를 설치하는 경우 건축기계설비기술사 또는 공조냉동 기계기술사의 협력을 받아야 하는 대상 건축물에 속하지 않는 것은? (단, 연면적 10000 m² 미만인 건축물의 경우)

① 아파트
② 업무시설로서 해당 용도에 사용되는 바닥면적의 합계가 2000 m²인 건축물
③ 의료시설로서 해당 용도에 사용되는 바닥면적의 합계가 2000 m²인 건축물
④ 숙박시설로서 해당 용도에 사용되는 바닥면적의 합계가 2000 m²인 건축물

해설

[협력을 받아야 하는 건축물]
[건축물의 설비기준 등에 관한 규칙]
제2조(관계전문기술자의 협력을 받아야 하는 건축물)
1. 냉동냉장시설·항온항습시설 또는 특수청정시설로서 당해 용도에 사용되는 바닥면적의 합계가 5백 제곱미터 이상인 건축물
2. 아파트 및 연립주택
3. 바닥면적의 합계가 5백 제곱미터 이상
   가. 목욕장
   나. 물놀이형 시설(실내에 설치된 경우로 한정한다) 및 같은 호 다목에 따른 수영장(실내에 설치된 경우로 한정한다)
4. 바닥면적의 합계가 2천 제곱미터 이상
   가. 기숙사
   나. 의료시설
   다. 유스호스텔

정답 90 ① 91 ②

라. 숙박시설
5. 바닥면적의 합계가 <u>3천 제곱미터</u> 이상
   가. 판매시설
   나. 연구소
   다. <u>업무시설</u>
6. 바닥면적의 합계가 1만 제곱미터 이상
   가. 문화 및 집회시설
   나. 종교시설
   다. 교육연구시설(연구소는 제외한다)
   라. 장례식장

92 6층 이상의 거실면적의 합계가 11000 m²인 교육연구시설에 설치하여야 하는 승용 승강기의 최소 대수는? (단, 8인승 승용 승강기인 경우)

① 3대 ② 4대
③ 5대 ④ 6대

해설

[승용 승강기의 최소 대수]
[건축물의 설비기준 등에 관한 규칙]
별표 1의2(승용 승강기의 설치기준)

건축물의 용도	6층 이상의 거실 면적의 합계	3천 제곱미터 이하	3천 제곱미터 초과
1. 가. 문화 및 집회시설(공연장·집회장 및 관람장만 해당한다) 나. 판매시설 다. 의료시설		2대	2대에 3천 제곱미터를 초과하는 2천 제곱미터 이내마다 1대를 더한 대수
2. 가. 문화 및 집회시설(전시장 및 동·식물원만 해당한다) 나. 업무시설 다. 숙박시설 라. 위락시설		1대	1대에 3천 제곱미터를 초과하는 2천 제곱미터 이내마다 1대를 더한 대수
3. 가. 공동주택 나. <u>교육연구시설</u> 다. 노유자시설 라. 그 밖의 시설		1대	<u>1대에 3천 제곱미터를 초과하는 3천 제곱미터 이내마다 1대를 더한 대수</u>

위 표에 따라 승강기의 대수를 계산할 때 <u>8인승 이상 15인승 이하의 승강기는 1대의 승강기</u>로 보고, 16인승 이상의 승강기는 2대의 승강기로 본다.

• 3000 m²까지 기본 1대
• 초과 3000 m²마다 1대 :
  (11000 - 3000) ÷ 3000 = 2.666 …
  ∴ 3대
→ 총 4대

93 특정소방대상물이 판매시설인 경우 모든 층에 스프링클러 설비를 설치하여야 하는 수용인원 기준은?

① 100명 이상
② 200명 이상
③ 500명 이상
④ 1000명 이상

정답 92 ② 93 ③

해설

[소방설비시설]
[소방시설설치 및 관리에 관한 법률 시행령]
별표 4 : 특정소방대상물의 관계인이 특정소방대상물에 설치·관리해야 하는 소방시설의 종류
1. 소화설비
   라. 스프링클러설비
      4) 판매시설, 운수시설 및 창고시설(물류터미널로 한정한다)로서 바닥면적의 합계가 5천 m² 이상이거나 수용인원이 500명 이상인 경우에는 모든 층

94 다음 중 다중이용건축물에 속하지 않는 것은? (단, 16층 미만인 건축물)

① 종교시설로 쓰는 바닥면적의 합계가 50000 m² 이상인 건축물
② 판매시설로 쓰는 바닥면적의 합계가 50000 m² 이상인 건축물
③ 업무시설로 쓰는 바닥면적의 합계가 50000 m² 이상인 건축물
④ 의료시설 중 종합병원으로 쓰는 바닥면적의 합계가 50000 m² 이상인 건축물

해설

[정의 - 다중이용 건축물]
[건축법 시행령] 제2조(정의)
17. "다중이용 건축물"이란 다음 각 목의 어느 하나에 해당하는 건축물을 말한다.
   가. 다음의 어느 하나에 해당하는 용도로 쓰는 바닥면적의 합계가 5천 제곱미터 이상인 건축물
      1) 문화 및 집회시설(동물원 및 식물원은 제외한다)
      2) 종교시설
      3) 판매시설
      4) 운수시설 중 여객용 시설
      5) 의료시설 중 종합병원
      6) 숙박시설 중 관광숙박시설
   나. 16층 이상인 건축물
※ 업무시설은 다중이용건축물에 해당 없다.

95 화재안전기준에 따라 소화기구를 설치하여야 하는 특정소방대상물의 연면적 기준은?

① 10 m² 이상
② 25 m² 이상
③ 33 m² 이상
④ 45 m² 이상

해설

[소방설비시설]
[소방시설설치 및 관리에 관한 법률 시행령]
별표 4 : 특정소방대상물의 관계인이 특정소방대상물에 설치·관리해야 하는 소방시설의 종류
1. 소화설비
   가. 화재안전기준에 따라 소화기구를 설치해야 하는 특정소방대상물은 다음의 어느 하나에 해당하는 것으로 한다.
      1) 연면적 33 m² 이상인 것. 다만 노유자시설의 경우에는 투척용 소화용구 등을 화재안전기준에 따라 산정된 소화기 수량의 2분의 1 이상으로 설치할 수 있다.

정답 94 ③ 95 ③

96 다음은 건축물의 에너지 절약설계기준에 따른 용어의 정의이다. ( ) 안에 알맞은 것은?

> "투광부"라 함은 창, 문면적의 ( ) 이상이 투과체로 구성된 문, 유리블럭, 플라스틱패널 등과 같이 투과재료로 구성되며, 외기에 접하여 채광이 가능한 부위를 말한다.

① 50 %   ② 60 %
③ 70 %   ④ 80 %

해설

[용어의 정의 – 투광부]
[건축물 에너지 절약 설계기준]
제5조(용어의 정의)
하. "투광부"라 함은 창, 문면적의 50 % 이상이 투과체로 구성된 문, 유리블럭, 플라스틱패널 등과 같이 투과재료로 구성되며, 외기에 접하여 채광이 가능한 부위를 말한다.

97 건축물의 출입구에 설치하는 회전문은 계단이나 에스컬레이터로부터 최소 얼마 이상의 거리를 두어야 하는가?

① 1 m   ② 2 m
③ 3 m   ④ 4 m

해설

[회전문]
[건축물의 피난·방화구조 등의 기준에 관한 규칙]
제12조(회전문의 설치기준)
영 제39조 제2항의 규정에 의하여 건축물의 출입구에 설치하는 회전문은 다음 각 호의 기준에 적합하여야 한다.
1. 계단이나 에스컬레이터로부터 2미터 이상의 거리를 둘 것

98 연면적 200 m² 를 초과하는 공동주택에 설치하는 복도의 유효너비는 최소 얼마 이상으로 하여야 하는가? (단, 양옆에 거실이 있는 복도의 경우)

① 1.2 m   ② 1.6 m
③ 1.8 m   ④ 2.4 m

해설

[복도의 유효너비]
[건축물의 피난·방화구조 등의 기준에 관한 규칙]
제15조의2(복도의 너비 및 설치기준)

구분	양옆에 거실이 있는 복도	기타의 복도
유치원·초등학교 중학교·고등학교	2.4미터 이상	1.8미터 이상
공동주택· 오피스텔	1.8미터 이상	1.2미터 이상
당해 층 거실의 바닥면적 합계가 200제곱미터 이상인 경우	1.5미터 이상 (의료시설의 복도 1.8미터 이상)	1.2미터 이상

정답 96 ① 97 ② 98 ③

99 건축허가 시 미리 소방본부장 또는 소방서장의 동의를 받아야 하는 건축물의 연면적 기준은? (단, 건축물이 노유자시설인 경우)

① 100 m² 이상   ② 200 m² 이상
③ 300 m² 이상   ④ 400 m² 이상

해설

[건축허가]
[소방시설설치 및 관리에 관한 법률 시행령]
제7조(건축허가등의 동의대상물의 범위 등)
① 법 제6조 제1항에 따라 건축물 등의 신축·증축·개축·재축·이전·용도변경 또는 대수선의 허가·협의 및 사용승인을 할 때 미리 소방본부장 또는 소방서장의 동의를 받아야 하는 건축물 등의 범위는 다음 각 호와 같다.
1. 연면적(「건축법 시행령」 제119조 제1항 제4호에 따라 산정된 면적을 말한다. 이하 같다)이 400제곱미터 이상인 건축물이나 시설. 다만 다음 각 목의 어느 하나에 해당하는 건축물이나 시설은 해당 목에서 정한 기준 이상인 건축물이나 시설로 한다.
  가. 「학교시설사업 촉진법」 제5조의2제1항에 따라 건축등을 하려는 학교시설 : 100제곱미터
  나. 별표 2의 특정소방대상물 중 노유자(老幼者) 시설 및 수련시설 : 200제곱미터
  다. 「정신건강증진 및 정신질환자 복지서비스 지원에 관한 법률」 제3조 제5호에 따른 정신의료기관(입원실이 없는 정신건강의학과 의원은 제외하며, 이하 "정신의료기관"이라 한다) : 300제곱미터
  라. 「장애인복지법」 제58조 제1항 제4호에 따른 장애인 의료재활시설(이하 "의료재활시설"이라 한다) : 300제곱미터

100 건축물의 옥상에 헬리포트를 설치하거나 헬리콥터를 통하여 인명 등을 구조할 수 있는 공간을 확보하여야 하는 대상 건축물 기준으로 옳은 것은? (단, 층수가 11층 이상인 건축물로서 건축물의 지붕을 평지붕으로 하는 경우)

① 11층 이상인 층의 바닥면적의 합계가 3000 m² 이상인 건축물
② 11층 이상인 층의 바닥면적의 합계가 5000 m² 이상인 건축물
③ 11층 이상인 층의 바닥면적의 합계가 8000 m² 이상인 건축물
④ 11층 이상인 층의 바닥면적의 합계가 10000 m² 이상인 건축물

해설

[옥상광장]
[건축법 시행령] 제40조(옥상광장 등의 설치)
④ 층수가 11층 이상인 건축물로서 11층 이상인 층의 바닥면적의 합계가 1만 제곱미터 이상인 건축물의 옥상에는 다음 각 호의 구분에 따른 공간을 확보하여야 한다.
1. 건축물의 지붕을 평지붕으로 하는 경우 : 헬리포트를 설치하거나 헬리콥터를 통하여 인명 등을 구조할 수 있는 공간
2. 건축물의 지붕을 경사지붕으로 하는 경우 : 경사지붕 아래에 설치하는 대피공간

2020 제3회

1과목 건축일반

01 빛에 관련된 항목과 그 단위로 옳지 않은 것은?

① 광속 : W/m² ② 조도 : Lx
③ 휘도 : cd/m² ④ 광도 : cd

해설

[광속]
- 광속은 광원에 의해 초당 방출되는 가시광의 전체 양을 의미하며 단위는 lumen(루멘)이다.
- 광속 : lm(루멘)

02 학교 교실의 실내 조도를 균일하게 하는 대책으로 적당하지 않은 것은?

① 천창 ② 스포트라이트
③ 차양 ④ 유리블럭

해설

[학교 교실의 실내 조도]
스포트라이트는 국소조명으로 실내 조도를 균일하게 하는 것과는 거리가 멀다.

03 결로발생의 원인이 될 수 있는 요소와 가장 거리가 먼 것은?

① 실내외의 온도차
② 실내의 환기상태
③ 건물지붕의 기울기
④ 건물외피의 단열상태

해설

[표면결로]
표면결로는 실내공간을 이루는 건축부의 표면온도가 실내 공기의 온도보다 낮을 경우 건축부의 표면에 물이 생기는 현상이다.
※ 지붕의 기울기는 우천에 의한 우수량이나 적설량에 따른 하중의 문제가 될 뿐 결로현상과 관계없다.

04 다음 그림과 같은 블록 내력벽체의 X방향 벽량은?

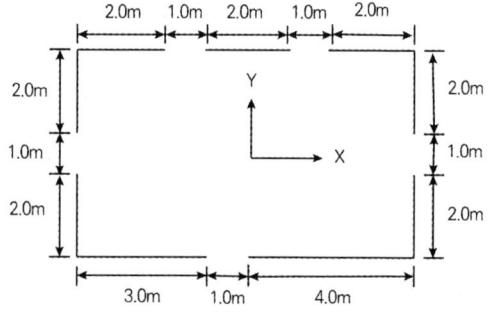

① 0.2 m/m² ② 0.225 m/m²
③ 0.325 m/m² ④ 0.525 m/m²

정답 01 ① 02 ② 03 ③ 04 ③

해설

[벽량]
내력벽 길이의 총합계를 그 층의 건물 면적으로 나눈 값

$$\text{벽량} = \frac{(x\text{방향})\text{내력벽 길이의 합}}{\text{바닥면적}} = \frac{7+6}{(5 \times 8)}$$

$$= 0.325$$

05 잔향시간이란 음의 음압레벨이 얼마 감쇠하는 데 소요되는 시간인가?

① 50 dB　② 60 dB
③ 70 dB　④ 80 dB

해설

[잔향시간]
잔향시간이란 음원으로부터 발생되는 소리가 정지했을 때 음압레벨이 60 dB 감쇠하는 데 소요되는 시간을 말한다.

06 설계도서가 없는 건물의 구조물 조사진단 시 설계도서 작성과 관련하여 우선적으로 조사하지 않아도 되는 것은?

① 구조체의 치수
② 철근의 치수 및 배근상황
③ 재료의 강도
④ 균열위치 및 상태

해설

[설계도서]
건축물의 건축 등에 관한 공사용 도면과 구조계산서 및 시방서 기타 다음 각 호의 서류를 이야기한다.

- 건축설비계산 관계서류
- 토질 및 지질 관계서류
- 기타 공사에 필요한 서류

따라서 우선적으로 조사하지 않아도 되는 것은 균열위치 및 상태이다.

07 건축음향 및 소음에 관한 설명으로 옳지 않은 것은?

① 강연이나 연극 등 언어를 주사용 목적으로 할 경우 잔향시간은 비교적 짧게 처리한다.
② 다목적용 오디토리엄에는 가변 흡음구조가 되도록 음향설계를 한다.
③ 반사음과 직접음과의 시간차가 가능한 한 크게 하여 충분한 음 보강이 되도록 한다.
④ 소음이 심한 도로변에 위치한 건물의 소음대책으로 방음벽을 설치한다.

해설

[건축음향 및 소음]
반사음과 직접음과의 시간차는 가능한 한 작게 하여야 음 보강이 된다.
※ 오디토리엄(Auditorium) : 극장과 콘서트 홀 등 안에 있으며, 퍼포먼스를 듣고 하는 장소를 가리키는 말이다.

2026년 출제범위를 벗어난 문제를 모두 삭제하고, 최신 출제기준에 해당하는 문제만 엄선하여 수록했습니다. 따라서 1과목 문제 수는 실제 출제 수와 다를 수 있습니다.

정답 05 ② 06 ④ 07 ③

2과목 위생설비

1회독 시간: 점수:
2회독 시간: 점수:
3회독 시간: 점수:

21 통기관의 관경 결정에 관한 설명으로 옳지 않은 것은?

① 신정통기관의 관경은 배수수직관의 관경보다 작게 해서는 안 된다.
② 각개통기관의 관경은 그것이 접속되는 배수관 관경의 1/2 이상으로 한다.
③ 결합통기관의 관경은 통기수직관과 배수수직관 중 작은 쪽 관경의 1/2 이상으로 한다.
④ 루프통기관의 관경은 배수수평지관과 통기수직관 중 작은 쪽 관경의 1/2 이상으로 한다.

해설

[통기관의 관경]
결합통기관의 관경은 통기수직관과 배수수직관 중 작은 쪽 관경 이상으로 한다.

※ 통기관
1) 결합통기관 : 배수수직관과 통기수직관을 연결
2) 각개통기관 : 각 위생기구별 개별 통기관
3) 공용통기관 : 다수 기구의 배수통기관을 공용으로 하는 방식
4) 신정통기관 : 배수수직관을 지붕 위까지 그대로 연장하여 통기관으로 사용하는 방식
5) 회로(루프)통기관 : 여러 개의 위생기구를 하나의 통기관으로 연결하는 방식

22 간접가열식 급탕방식에 관한 설명으로 옳지 않은 것은?

① 가열보일러는 난방용 보일러와 겸용할 수 있다.
② 가열보일러의 열효율이 직접가열식에 비해 높다.
③ 저탕조는 가열코일을 내장하는 등 구조가 약간 복잡하다.
④ 고온의 탕을 얻기 위해서는 증기보일러 또는 고온수보일러를 써야 한다.

해설

[간접가열식 급탕방식]
직접가열식은 연료를 직접 연소하여 물을 가열하므로 열효율이 좋다. 간접가열식은 열교환 손실이 있어, 직접가열식보다 열효율이 낮다.

23 대변기의 세정방식 중 플러시밸브식에 관한 설명으로 옳지 않은 것은?

① 대변기의 연속사용이 가능하다.
② 일반 가정용으로는 사용이 곤란하다.
③ 세정음은 유수음도 포함되기 때문에 소음이 크다.
④ 레버의 조작에 의해 낙차에 의한 수압으로 대변기를 세척하는 방식이다.

해설

[플러시밸브식]
수도관의 관수압으로 직접 세정. 낙차를 이용하지 않음

정답 21 ③ 22 ② 23 ④

24 다음 설명에 알맞은 트랩의 봉수파괴 원인은?

> 배수수직관 내가 부압으로 되는 곳에 배수 수평지관이 접속되어 있을 경우 배수수평지관 내의 공기가 수직관 쪽으로 유인되며 이에 따라 봉수가 이동하며 손실되는 현상

① 증발현상
② 모세관현상
③ 유도사이펀작용
④ 자기사이펀작용

[해설]
[유도사이펀작용(Induced Siphonage)]
배수수직관의 급속 배수 → 부압 발생 → 인접 수평지관의 공기 유동 → 트랩 봉수 유도 손실

25 워터해머를 방지하기 위한 방법으로 옳지 않은 것은?

① 급폐쇄형 수도꼭지를 사용한다.
② 관 내의 수압은 평상시 높아지지 않도록 구획한다.
③ 배관은 가능한 한 우회하지 않고 직선이 되도록 계획한다.
④ 수입이 0.4 MPa을 초과하는 계통에는 감압밸브를 부착하여 적절한 압력으로 감압한다.

[해설]
[워터해머를 방지하기 위한 방법]
- 워터해머 방지를 위해서는 완폐쇄형(서서히 닫히는) 수도꼭지를 사용한다.
- 급폐쇄형은 밸브를 빠르게 닫아 워터해머를 유발하므로 방지대책이 아니다.

26 급탕설비의 급탕배관 시 고려사항으로 옳지 않은 것은?

① 급탕계통에는 유지 관리를 위해 용이하게 조작할 수 있는 위치에 개폐밸브를 설치한다.
② 탕비기 주위 등의 급탕배관은 가능한 짧게 하고 공기가 체류하지 않도록 균일한 구배로 한다.
③ 배관 길이가 30 m를 초과하는 중앙식 급탕설비에서는 환탕관과 순환펌프를 설치하여 배관의 열손실을 보상한다.
④ 고층 건축물에서 급탕압력을 일정압력 이하로 제어하기 위해 감압밸브를 설치하는 경우 순환계통에 설치하도록 한다.

[해설]
[감압밸브 설치 위치]
감압밸브는 급탕공급계통(공급 측)에 설치해야 하며, 순환계통에 설치하면 순환 불능이나 압력 불균형이 발생할 수 있다.

정답 24 ③ 25 ① 26 ④

27 급탕배관에 관한 설명으로 옳지 않은 것은?

① 중앙식 급탕설비는 원칙적으로 강제순환방식으로 한다.
② 상향배관인 경우 급탕관은 하향구배, 환탕관은 상향구배를 한다.
③ 배관시공 시 굴곡배관을 해야 할 경우에는 공기빼기밸브를 설치한다.
④ 관의 신축을 고려하여 건물의 벽 관통부분 배관에는 슬리브를 끼운다.

해설
[급탕관 구배 방향]
② 상향배관(상향식 배관법)에서는 급탕관을 상향구배(상향 경사)로 하고, 반탕관(환수관)은 하향구배(하향 경사)로 설계한다.

28 안지름 100 mm의 관에서 2 m/sec의 유속으로 물이 흐를 때 마찰손실수두가 10 m라고 하면 이 관의 길이는 몇 m인가? (단, 마찰손실계수 f는 0.02로 한다)

① 184
② 245
③ 262
④ 294

해설
[관의 길이]

달시 바이스바하 공식 $h_L = f \times \dfrac{L}{D} \times \dfrac{v^2}{2g}$

여기서, f : 관마찰계수, L : 관의 길이
D : 관경, v : 유속, g : 중력가속도

$h_L = f \times \dfrac{L}{D} \times \dfrac{v^2}{2g}$

$10 = 0.02 \times \dfrac{L}{0.1} \times \dfrac{2^2}{2 \times 9.8}$

∴ $L = 245$

29 아파트 1동 90세대의 급탕설비를 중앙공급식으로 할 경우 시간당 최대 급탕량(A)과 저탕량(B)으로 옳은 것은? (단, 1세대당 기구급탕량은 샤워 110 L/h, 싱크 40 L/h, 세탁기 70 L/h를 기준으로 하고, 동시 사용률은 30 %를 저탕용량 계수는 1.25를 적용한다)

① A = 5940 L/h, B = 7425 L
② A = 7425 L/h, B = 5940 L
③ A = 25740 L/h, B = 7425 L
④ A = 25740 L/h, B = 32175 L

해설
[시간당 최대 급탕량(A)과 저탕량(B)]
• 시간당 급탕량 = 90(110 + 40 + 70) × 0.3
  = 5940
• 저탕량 = 5940 × 1.25 = 7425

30 급수배관방식에 관한 설명으로 옳지 않은 것은?

① 일반적으로 고가수조방식에서는 하향배관방식이 사용된다.
② 상향배관방식에서 수직관의 관경은 올라갈수록 크게 한다.
③ 혼합배관방식으로 하는 경우 저층부는 상향배관방식으로 한다.
④ 상향배관방식에서는 관 내의 공기를 배출하기 위해 관의 제일 윗부분에 공기빼기밸브 등을 설치한다.

해설

[급수배관방식]
② 상향배관방식에서 수직관의 관경은 올라갈수록 작게 한다.

31 정화조의 성능을 나타내는 BOD 제거율(%)을 올바르게 나타낸 것은?

① $\dfrac{유출수BOD}{유입수BOD} \times 100$
② $\dfrac{유입수BOD}{유출수BOD} \times 100$
③ $\dfrac{유입수BOD - 유출수BOD}{유입수BOD} \times 100$
④ $\dfrac{유출수BOD - 유입수BOD}{유출수BOD} \times 100$

해설

[BOD 제거율(%)]
BOD 제거율(%)
$= \dfrac{유입수BOD - 유출수BOD}{유입수BOD} \times 100$

32 트랩이 구비해야 할 조건으로 옳지 않은 것은?

① 가동부분이 있을 것
② 자정작용이 가능할 것
③ 기구내장트랩의 내벽 및 배수로의 단면 형상에 급격한 변화가 없을 것
④ 봉수부의 소제구는 나사식 플러그 및 적절한 가스켓을 이용한 구조일 것

해설

[트랩이 구비해야 할 조건]
트랩은 가동부분이 없어야 한다. 가동부분이 있으면 고장 및 누수 위험이 증가한다.

33 기구급수부하단위(Fu)가 1 Fu인 위생기구의 종류 및 접속관경으로 옳은 것은?

① 세면기, 15 mm
② 세면기, 25 mm
③ 대변기, 15 mm
④ 대변기, 25 mm

해설

[기구급수부하단위(Fu) 기준]
• 세면기 : 1 Fu, 15 mm 접속
• 대변기 : 3 ~ 4 Fu, 25 mm 접속

정답 30 ② 31 ③ 32 ① 33 ①

34 동 및 동합금관에 관한 설명으로 옳지 않은 것은?

① 담수에 내식성은 크나 연수에는 부식된다.
② 탄산가스를 포함한 공기 중에서는 푸른 녹이 생긴다.
③ 동관은 두께별로 K, L, M형 등으로 구분할 수 있다.
④ 가성소다, 가성알칼리 등 알칼리성에 심하게 침식된다.

해설
[동 및 동합금관]
동 및 동합금관은 가성소다, 가성알칼리 등 강알칼리에도 비교적 안정하다. 그러나 암모니아에 심하게 침식된다.

35 다음과 같은 조건에서 연면적인 20000 m²인 사무소에 필요한 1일 급수량(사용수량)은?

- 건물의 유효면적과 연면적의 비 : 56 %
- 유효면적당 인원 : 0.2 인/m²
- 1일 1인당 급수량(사용수량) : 150 L/d·인

① 33.6 m³/d ② 43.6 m³/d
③ 336 m³/d ④ 406 m³/d

해설
[1일 급수량]
1일 급수량 = 20000 × 0.56 × 0.2 × 150
= 336000 L/d
= 336 m³/d

36 강관이음쇠에 관한 설명으로 옳지 않은 것은?

① 엘보우(Elbow)는 관의 방향을 바꿀 때 사용된다.
② 티(Tee), 크로스(Cross)는 관을 도중에서 분기할 때 사용된다.
③ 레듀서(Reducer)는 관경이 서로 다른 관을 접속할 때 사용된다.
④ 플러그(Plug), 캡(Cap)은 동일 관경의 관을 직선 연결할 때 사용된다.

해설
[플러그, 캡]
관의 끝단을 막는 용도, 연결용 이음쇠가 아니다.

플러그(Plug)	캡(Cap)

정답 34 ④ 35 ③ 36 ④

37 다음 설명에 알맞은 유체역학 기초이론은?

> 밀폐된 용기에 넣은 유체의 일부에 압력을 가하면, 이 압력은 모든 방향으로 동일하게 전달되어 벽면에 작용한다.

① 연속의 법칙
② 파스칼의 원리
③ 피토관의 원리
④ 베르누이의 정리

해설

[파스칼의 원리(Pascal's Principle)]
밀폐된 용기 속 유체에 가한 압력은 방향과 관계없이 모든 면에 동일하게 전달된다.

38 유체의 흐름에 관한 설명으로 옳지 않은 것은?

① 난류는 유체분자가 불규칙하게 서로 섞이는 혼란된 흐름이다.
② 일반적으로 층류에서 난류로 천이할 때의 유속을 임계유속이라 한다.
③ 레이놀즈수에 의해 관 내의 흐름이 층류인지 난류인지를 판별할 수 있다.
④ 관 내에 유체가 흐를 때, 어느 장소에서 흐름의 상태가 시간에 따라 변화하는 흐름을 정상류라 한다.

해설

[유체의 흐름]
- 정상류(Steady Flow) : 시간에 따라 흐름 상태 (속도, 압력 등)가 변하지 않는 흐름
- 비정상류(Unsteady Flow) : 시간에 따라 변화하는 흐름

39 통기수직관이 없는 방식으로 유수에 선회력을 주어 공기 코어를 유지시켜 하나의 관으로 배수와 통기를 겸하는 통기방식은?

① 섹스티아방식
② 각개통기방식
③ 신정통기방식
④ 회로통기방식

해설

[섹스티아방식]
섹스티아방식은 유수에 선회력을 주어 공기 코어를 유지시켜 하나의 관으로 배수와 통기를 겸하는 통기방식으로 One Pipe 통기방식이라 한다.

40 고가수조의 유효용량 산정 시 기준이 되는 급수량은?

① 1일 급수량
② 시간평균예상급수량
③ 순간최대예상급수량
④ 시간최대예상급수량

해설

[고가수조의 유효용량 산정]
(1) 고가수조의 유효용량 산정 기준은 순간최대예상급수량이다.
(2) 고가수조의 유효용량 = 시간 최대 예상급수량 × 2~3시간

정답 37 ② 38 ④ 39 ① 40 ③

3과목 공기조화설비

41 냉온수배관의 기본회로방식에 관한 설명으로 옳지 않은 것은?

① 배관의 최저부에는 물빼기밸브를 설치한다.
② 배관의 분기부에는 원칙적으로 밸브를 설치한다.
③ 밀폐회로방식에 대해서는 1개의 순환계통에 팽창탱크는 최소 2기 이상으로 한다.
④ 개방회로방식에 대해서는 순환보일러 정지 시 기기, 배관 등을 만수상태로 유지한다.

해설

[냉온수배관의 기본회로방식]
밀폐회로방식은 1계통 1팽창탱크가 원칙이다. 2기 이상 필요하지 않다.

42 압축식 냉동기의 구성요소 중 냉동의 목적을 직접적으로 달성하는 것은?

① 흡수기 ② 증발기
③ 발생기 ④ 응축기

해설

[증발기]
냉동의 목적(냉각)을 직접적으로 달성
냉매가 증발하면서 주위에서 열을 흡수
→ 냉각효과

43 국부저항의 상당길이에 관한 설명으로 옳지 않은 것은?

① 배관의 지름이 커질수록 상당길이는 길어진다.
② 45° 표준 엘보보다는 90° 표준 엘보의 상당 길이가 길다.
③ 밸브류의 경우 개폐도(開閉度)가 작을수록 상당길이는 길어진다.
④ 동일한 배관 지름, 전개(全開)일 경우 앵글밸브보다 게이트밸브의 상당길이가 길다.

해설

[국부저항의 상당길이]
게이트밸브는 전개 시 저항이 거의 없고, 앵글밸브는 방향전환이 있어 저항이 크다. 따라서 게이트밸브의 상당길이가 짧아야 옳다.

44 취출공기의 이동과 관련된 유인비를 옳게 나타낸 것은?

① $\dfrac{전공기량}{1차공기량}$ ② $\dfrac{1차공기량}{전공기량}$
③ $\dfrac{2차공기량}{1차공기량}$ ④ $\dfrac{1차공기량}{2차공기량}$

해설

[유인비]

$$유인비 = \dfrac{전공기량}{1차공기량} = \dfrac{1차공기량 + 2차공기량}{1차공기량}$$

- 1차 공기 : 팬코일 등에서 공급되는 급기
- 2차 공기 : 실내에서 유도되어 혼합되는 공기

정답 41 ③ 42 ② 43 ④ 44 ①

45 다음 중 펌프의 흡입관에서 발생하는 공동현상의 방지방법과 가장 거리가 먼 것은?

① 흡입양정을 낮춘다.
② 양흡입 펌프를 사용한다.
③ 흡입관의 관경을 크게 한다.
④ 펌프의 회전수를 증가시킨다.

해설

[공동현상의 방지방법]
④ 회전수가 증가하면 펌프의 유속이 커져 공동현상이 발생하기 쉬워진다. 따라서 방지 방법과는 거리가 멀다.

46 온수난방과 증기난방의 비교 설명으로 옳지 않은 것은?

① 온수난방은 증기난방에 비하여 운전 정지 중에 동결의 위험이 크다.
② 온수난방은 증기난방에 비하여 소요 방열 면적과 배관경이 크게 된다.
③ 증기난방은 온수난방에 비하여 열용량이 커 예열시간이 길게 소요된다.
④ 온수난방은 증기난방에 비하여 난방부하 변동에 따른 온도조절이 용이하다.

해설

[온수난방과 증기난방의 비교]
증기난방은 열용량(축열)이 작고 온수난방은 열용량이 커서 예열시간이 길다.
• 온수난방 : 열용량 크다. → 예열시간 길다.
• 증기난방 : 열용량 작다. → 예열시간 짧다.

47 냉각탑의 냉각수 입구온도가 t_{w1}, 출구온도가 t_{w2}이고, 공기의 입구 습구온도가 t_1, 출구 습구온도가 t_2일 때, 어프로치(Approach)는?

① $t_{w1} - t_1$
② $t_{w2} - t_{w1}$
③ $t_2 - t_1$
④ $t_{w2} - t_1$

해설

[냉각탑에서 어프로치(Approach)]
어프로치 = 냉각탑 출구온도 - 입구공기 습구온도
= $t_{w2} - t_1$

보충 어프로치가 작을수록 냉각탑의 냉각능력이 우수함

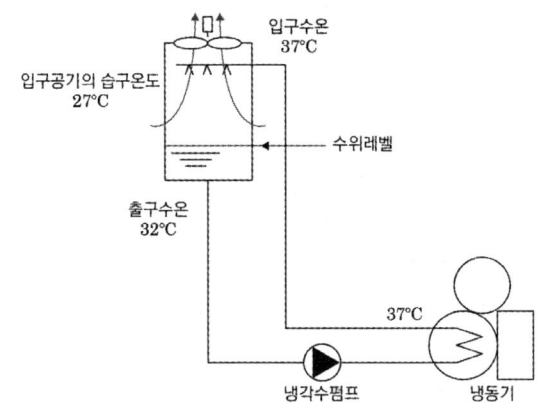

정답 45 ④ 46 ③ 47 ④

48 팬코일 유닛방식과 단일덕트방식을 병용하여 사용하는 경우에 관한 설명으로 옳지 않은 것은?

① 창면에 콜드 드래프트를 방지할 수 있다.
② 팬코일 유닛방식은 건물의 외부존의 부하를 담당한다.
③ 대형 건축물의 내부존과 외부존을 구분하여 공조하는 시스템이 적용된다.
④ 팬코일 유닛방식을 단독으로 설치한 것과 비교하여 설비비가 적게 든다.

해설
[팬코일 유닛방식과 단일덕트방식의 병용]
④ 병용 시 팬코일 + 공조기 + 덕트 등 이중 설비가 필요하므로 초기 설비비가 증가하는 경향이 있다.

49 냉방부하 계산 시 구조체의 축열부하에 관한 설명으로 옳지 않은 것은?

① 구조체의 열용량과 관련이 있다.
② 시간지연(Time - Lag)현상을 유발한다.
③ 간헐냉방을 하는 경우 예냉부하를 필요로 한다.
④ 구조체의 열용량이 클수록 피크로드는 증가한다.

해설
[구조체의 축열부하]
④ 열용량이 큰 구조체는 외부 열을 저장했다가 서서히 방출하므로 순간 최대 냉방부하(피크로드)는 줄어든다.

50 습공기선도에 관한 설명으로 옳지 않은 것은?

① 현열비 '1'은 수평상태의 기울기를 나타낸다.
② 열수분비 '0'의 기울기는 비엔탈피선과 동일한 기울기를 나타낸다.
③ 습공기선도상에서 건구온도 30℃, 습구온도 20℃인 습공기의 노점온도는 파악할 수 없다.
④ 습공기의 상태가 변화하고 이를 습공기선도에 표시하면 현열분만 아니라 잠열의 변화량도 알 수 있다.

해설
[습공기선도]
③ 습공기선도에서는 건구온도와 습구온도를 알면 절대습도와 노점온도를 바로 찾을 수 있으므로, '파악할 수 없다'는 설명은 틀리다. 따라서 옳지 않다.

51 다음과 같은 조건으로 냉방운전을 하고 있을 경우 필요 송풍량은?

㉠ 실내현열부하 : 72 kW
㉡ 공기의 비열 : 1.0 kJ/kg·K
㉢ 공기의 밀도 : 1.2 kg/m³
㉣ 실내취출 공기온도 : 16℃
㉤ 실내 공기온도 : 26℃

① 6 m³/s
② 7 m³/s
③ 8 m³/s
④ 9 m³/s

정답 48 ④ 49 ④ 50 ③ 51 ①

해설

[송풍량]
$q = G \times C \times \Delta t = Q \times \rho \times C \times \Delta t$
$72\,kW = Q \times 1.2 \times 1.0 \times (26-16)$
$\therefore Q = 6\,m^3/s$

52 환기방법 중 열기나 유해물질이 실내에 널리 산재되어 있거나 이동되는 경우에 사용하며, 전체환기라고도 불리는 것은?

① 집중환기 ② 희석환기
③ 국소환기 ④ 자연환기

해설

[희석환기]
희석환기는 열기나 유해물질이 실내 전역에 분포된 경우 신선한 외기를 공급해 농도를 희석시키는 방식. 전체환기(General Ventilation)라고도 불린다.

53 기온·습도·기류의 3요소의 조합에 의한 실내 온열감각을 기온의 척도로 나타낸 것은?

① 등가온도 ② 작용온도
③ 등온지수 ④ 유효온도

해설

[유효온도(Effective Temperature)]
유효온도는 기온(건구온도)·습도·기류 속도(풍속) 3요소를 종합하여, 인체가 느끼는 체감 온열감을 기온의 척도로 환산한 값이다. 주로 실내 쾌적조건 평가나 냉난방 설계 시 인체 열쾌적 분석에 사용된다.

54 500명을 수용하는 극장에서 1인당 이산화탄소 배출량이 20 L/h일 때, 이산화탄소 농도가 0.05 %인 외기를 도입하여 실내의 이산화탄소 농도를 0.1 %로 유지하는 데 필요한 환기량은?

① 15000 m³/h
② 20000 m³/h
③ 25000 m³/h
④ 30000 m³/h

해설

[환기량]
$Q = \dfrac{M}{C_i - C_o} = \dfrac{500 \times 20}{0.001 - 0.0005}$
$= 20,000,000\,L/h = 20,000\,m^3/h$

55 건구온도 20 ℃, 상대습도 50 %인 습공기(절대습도 0.0072 kg/kg', 엔탈피 39 kJ/kg') 8000 kg/h을 가열, 가습하여 건구온도 35 ℃, 상대습도 50 %인 습공기(절대습도 0.0179 kg/kg, 엔탈피 80.9 kJ/kg)로 만들었다. 이때의 열수분비는 얼마인가?

① 2854 kJ/kg ② 3242 kJ/kg
③ 3916 kJ/kg ④ 4582 kJ/kg

해설

[열수분비]
열수분비 $= \dfrac{\Delta h}{\Delta x} = \dfrac{(80.9-39)}{(0.0179-0.0072)} = 3916\,kJ/kg$

정답 52 ② 53 ④ 54 ② 55 ③

56 냉수코일을 통과하는 풍량이 10000 m³/h, 코일 입출구의 엔탈피는 각각 42 kJ/kg, 68.5 kJ/kg이고, 코일 정면면적이 1.2 m²일 때 코일의 열수는? (단, 코일의 열관류율은 880 W/(m²·K)이며 대수평균온도차는 12.57 ℃, 습면보정계수는 1.42, 공기의 밀도는 1.2 kg/m³이다)

① 4열 ② 5열
③ 8열 ④ 10열

해설
[코일의 열수]
냉각열량 = 열관류율 × 열수 × 코일정면면적 × 습면계수 × 온도차
10000 × 1.2 × (68.5 - 42) kJ/h
= 0.88 × x × 1.2 × 1.42 × 12.57 kW × 3600 s/h
x = 4.68 열수는 정수이므로 x = 5

57 다음 중 현열만을 취득하게 되는 냉방부하는?

① 인체의 발생열량
② 벽체로부터의 취득열량
③ 외기로부터의 취득열량
④ 틈새바람에 의한 취득열량

해설
[벽체 냉방부하]
① 인체의 발생열량 : 현열 + 잠열
② 벽체로부터의 취득열량 : 현열
③ 외기로부터의 취득열량 : 현열 + 잠열
④ 틈새바람에 의한 취득열량 : 현열 + 잠열

58 중앙식 공기조화기에서 가습방식의 분류 중 수분무식에 속하지 않는 것은?

① 원심식
② 분무식
③ 초음파식
④ 적외선식

해설
[가습방식의 분류]
• 수분무식 : 원심식, 초음파식, 분무식
• 증기발생식 : 전열식, 전극식, 적외선식

59 다음과 같은 특징을 갖는 축류형 취출구는?

• 도달거리가 길기 때문에 실내공간이 넓은 경우에 벽면에 부착하여 횡방향으로 취출하는 경우가 많다.
• 소음이 적기 때문에 방송국의 스튜디오나 음악 감상실 등에 저속취출을 하여 사용된다.

① 팬형
② 노즐형
③ 아네모스탯형
④ 브리즈라인형

해설
[노즐형 취출구(Nozzle Diffuser)]
(1) 축류형으로 도달거리가 김
(2) 벽면 취출 가능
(3) 저소음으로 방송국, 음악감상실에 사용

정답 ▶ 56 ② 57 ② 58 ④ 59 ②

60 다음 중 증기와 응축수 사이의 온도차를 이용하는 온도조절식 증기트랩에 속하는 것은?

① 버킷트랩 ② 벨로즈트랩
③ 열동식 트랩 ④ 플로트트랩

해설

[온도조절식 증기트랩]

구분	응축수 회수 원리	종류
기계식	응축수의 부력을 이용	플로트트랩, 버킷트랩
열동식 (온도조절식)	증기와 응축수의 온도 차이	바이메탈식 트랩, 벨로스트랩
열역학	증기와 응축수의 열역학적 특성 차이	디스크트랩, 오리피스트랩

4과목 소방 및 전기설비

1회독 시간 :   점수 :
2회독 시간 :   점수 :
3회독 시간 :   점수 :

61 무접점계전기에 사용되는 전력전자소자(트랜지스터, 다이오드)에 관한 설명으로 옳지 않은 것은?

① 스위칭속도가 빠르다.
② 전력소비가 대단히 작다.
③ 잡음(Noise)의 영향을 받지 않는다.
④ 접점의 개폐동작으로 인한 마모현상이 없다.

해설

[전력전자소자]
트랜지스터, SCR, 다이오드 등은 외부 전자기 잡음(EMI)에 영향을 받을 수 있으며, 민감한 회로에서는 노이즈에 의해 오동작할 가능성이 있음

62 다음 설명에 알맞은 건축화 조명방식은?

- 천장과 벽면의 경계구석에 등기구를 배치하여 조명하는 방식이다.
- 천장과 벽면을 동시에 투사하는 실내 조명방식이다.

① 코너조명 ② 코퍼조명
③ 광천장조명 ④ 밸런스조명

정답 60 ② 61 ③ 62 ①

> 해설

[조명]
- 코너조명 : 천정과 벽면의 경계구석, 즉 코너(모서리)에 등기구를 설치해서 천정과 벽면을 동시에 간접조명하는 방식
- 코퍼조명(코브조명) : 홈을 파서 등기구를 숨기고 간접적으로 비추는 조명
- 광천장조명 : 천장 전체를 광원으로 만드는 조명
- 밸런스조명 : 천정과 벽을 균형 있게 조명

63 다음 설명에 알맞은 화재의 종류는?

> 전류가 흐르고 있는 전기기기, 배선과 관련된 화재

① A급 화재 ② B급 화재
③ C급 화재 ④ K급 화재

> 해설

[화재]

등급	화재	표시색	적응물질
A급 화재	일반 화재	백색	목재, 섬유, 합성섬유
B급 화재	유류 화재	황색	인화성 액체
C급 화재	전기 화재	청색	통전 중인 전기설비, 기기화재
D급 화재	금속 화재	무색	가연성 금속
K급 화재	식용유 화재	황색	식용유

64 피드백제어방식을 제어동작에 의해 분류할 경우 연속동작에 해당하는 것은?

① 미분동작
② 2위치동작
③ 다위치동작
④ ON-OFF동작

> 해설

[제어]
비례, 미분, 적분제어동작은 연속동작이며 2위치, 다위치는 단속(불연속)동작이다.

구분		내용
불연속 제어	ON-OFF 제어	단속적 제어동작
	샘플링(Sampling)	전압, 전류, 위상을 제어
연속 제어	비례제어(P제어)	잔류 편차(Off Set) 발생
	적분제어(I제어)	• 잔류 편차(Off Set) 개선 • 시간지연(속응성) 발생
	미분제어(D제어)	• 시간지연 개선, 잔류 편차(Off Set) 존재, 오차방지 • 진동방지, 오버슈트가 커진다.
	비례적분제어(PI제어)	• 잔류 편차는 제거되지만 시간지연이 길다. • 간헐현상 존재, 지상보상요소에 대응한다.
	비례미분제어(PD제어)	• 시간지연(응답속응성)을 개선, 잔류 편차는 있다.
	비례미분적분제어(PID제어)	시간지연도 향상시키고 잔류 편차도 제거한 제어계로 가장 안정적인 제어계

정답 63 ③ 64 ①

65 어느 학교에서 면적인 200 m²인 교실에 32 W형광램프를 설치하여 평균조도를 400 lx로 설계하고자 할 때 소요 램프수는? (단, 형광램프 1개 광속은 3000 lm, 조명률은 0.6, 보수율은 0.8이다)

① 14개　　② 28개
③ 42개　　④ 56개

해설

[조명수]
FUN = AED

조명수 $N = \dfrac{AED}{FU}$

$= \dfrac{200 \times 400 \times \dfrac{1}{0.8}}{3000 \times 0.6} = 55.56 = 56$

F : 광속, U : 조명률
A : 면적, E : 조도
D : 감광보상률 = $\dfrac{1}{보수율}$

66 병원 등에 설치되는 모자식 전기시계에 관한 설명으로 옳은 것은?

① 자시계의 설치 높이는 하단부가 1.5 m 이상으로 한다.
② 탁상형 모시계는 자시계회로수가 3회로 이상인 경우 사용한다.
③ 모시계와 자시계를 연결하는 배선의 전압 강하는 15 % 이하가 되도록 한다.
④ 벽걸이형 모시계는 소규모 모시계로 자시계회로수가 3회로 이내인 경우 사용한다.

해설

[모자식 전기시계]
(1) 자시계의 설치 높이는 하단부가 2 m 이상으로 함
(2) 탁상형 모시계는 자시계회로수가 2회로 이상인 경우 사용함
(3) 모시계와 자시계를 연결하는 배선의 전압 강하는 10 % 이하가 되도록 함

67 다음 그림과 같은 회로의 합성 정전용량은?

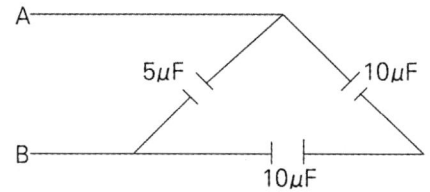

① 5 μF　　② 10 μF
③ 15 μF　　④ 20 μF

해설

[합성 정전용량]

$\dfrac{1}{\dfrac{1}{10}+\dfrac{1}{10}}+5 = 10$

직렬은 역수를 취해서 합하며 병렬은 바로 합한다.

68 다음은 교류의 표현에 관한 설명이다. ( ) 안에 알맞은 용어는?

> 전기에서는 서로 한 일이 비교될 수 있도록 교류의 크기를 나타낼 때에는 그 교류와 같은 일을 하는 직류의 크기로 대신 나타내며 그때 직류의 크기를 그 교류의 ( )라고 한다.

① 실효치　② 평균치
③ 비교치　④ 균등치

해설

[교류]
- 평균치 : 한 주기 동안의 평균값
- 비교치 : 전기에서 잘 쓰이지 않음
- 균등치 : 전기에서 잘 쓰이지 않음

69 납축전지가 방전되면 양(+)극은 어떠한 물질로 되는가?

① Pb　② $PbSO_4$
③ PbO　④ PbO_2

해설

[납축전지]
납축전지가 방전되면 양(+)극, 음극 모두 황산납($PbSO_4$)이 되며, 반대로 충전되면 양극은 과산화납(PbO_2) 음극은 납(Pb)이 됨

70 연결살수설비에 설치되는 송수구의 구경 기준은?

① 32 mm　② 40 mm
③ 50 mm　④ 65 mm

해설

[연결살수설비]
소방대가 쓰게 되는 접속부는 모두 65 mm

71 다음이 설명하는 법칙은?

> 회로망 중의 한 점에 흘러 들어오는 전류의 총합과 흘러 나가는 전류의 총합은 같다.

① 옴의 법칙
② 키르히호프 제1법칙
③ 키르히호프 제2법칙
④ 앙페르의 오른나사의 법칙

해설

[법칙]
- 키르히호프 제1법칙 : 한 점에 유입 전류의 총합과 유출 전류의 총합은 같음
- 키르히호프 제2법칙 : 폐회로에서 한 방향으로의 전압강하의 합은 기전력의 합과 같음

정답 68 ① 69 ② 70 ④ 71 ②

72 현행 한국전기설비규정에 따라 감전방지를 위하여 3상 380 V 농형 유도전동기의 금속제 외함에 실시하는 접지공사는?

① 종별접지공사
② 보호접지공사
③ 계통접지공사
④ 피뢰시스템접지공사

해설
[접지]
- 계통접지 : 전력계통의 이상현상에 대비하여 대지와 계통을 접속
- 보호접지 : 감전보호를 목적으로 기기의 한 점 이상을 접지
- 피뢰시스템접지 : 뇌격전류를 안전하게 대지로 방류하기 위한 접지
- 종별접지 : 접지대상에 따라 일괄 적용한 종별접지로 폐지됨

73 고압 이상 전로에서 단독으로 전로의 접속 또는 분리를 목적으로 하며 무전압이나 무전류에 가까운 상태에서 안전하게 전로를 기계적으로 개폐하는 것은?

① 퓨즈   ② 단로기
③ 변성기   ④ 콘덴서

해설
[기기]
- 퓨즈 : 과전류로부터 보호
- 변성기 : 전압,전류를 변환
- 콘덴서 : 전기를 저장

74 플레밍의 왼손법칙을 응용한 기기는?

① 펌프   ② 전동기
③ 발전기   ④ 변압기

해설
[플레밍법칙]
- 발전기(오른손) : 코일 주위의 자속 변화에 따라 코일을 통과하는 자속이 변화하여 코일에 기전력이 흐름
- 전동기(왼손) : 자계 중에 도체를 놓고 전류를 흘리면, 전류 및 자계와 직각 방향으로 도체를 움직이는 힘이 발생함

75 옥내소화전설비의 수조에 관한 설명으로 옳지 않은 것은?

① 수조의 상단에는 청소용 배수밸브 또는 배수관을 설치하여야 한다.
② 동결방지조치를 하거나 동결의 우려가 없는 장소에 설치하여야 한다.
③ 수조가 실내에 설치된 때에는 그 실내에 조명설비를 설치하여야 한다.
④ 수조의 상단이 바닥보다 높은 때에는 수조의 외측에 고정식 사다리를 설치하여야 한다.

해설
[옥내소화전설비 수조]
하단에 설치하여야 함

정답 72 ② 73 ② 74 ② 75 ①

76 다음의 옥외소화전설비의 수원에 관한 설명 중 ( ) 안에 알맞은 것은?

> 옥외소화전설비의 수원은 그 저수량이 옥외소화전의 설치개수(옥외소화전이 2개 이상 설치된 경우에는 2개)에 (   )를 곱한 양 이상이 되도록 하여야 한다.

① 1.7 m³   ② 2.6 m³
③ 7 m³   ④ 12 m³

해설
[저수량]
350 L/min × 20 min = 7000 L = 7 m³

77 3 Ω의 저항과 4 Ω의 유도 리액턴스가 병렬로 접속되어 있을 때, 이 회로의 합성 임피던스는?

① 2.0 Ω   ② 2.2 Ω
③ 2.4 Ω   ④ 2.6 Ω

해설
[합성 임피던스]
임피던스의 값은 교류회로에서 저항 개념 확장으로, 크기 값만 갖는 저항과 달리 크기와 위상의 값을 갖는다.
저항과 코일의 합성 임피던스
$$\frac{1}{Z} = \sqrt{\frac{1}{R^2} + \frac{1}{X_L^2}} = \sqrt{\frac{1}{3^2} + \frac{1}{4^2}} = 2.4\ \Omega$$

78 Y-△기동법은 어떤 전동기의 기동법인가?

① 직권전동기   ② 동기전동기
③ 유도전동기   ④ 타여자전동기

해설
[전동기]
• 동기전동기 : 대형설비에 역률 보상용으로 사용
• 직권전동기 : 기동토크가 크며 전차 등에 사용
• 타여자 전동기 : 직류전동기

79 스프링클러설비의 화재안전기준에 사용되는 교차배관의 정의로 옳은 것은?

① 각층을 수직으로 관통하는 수직배관
② 스프링클러헤드가 설치되어 있는 배관
③ 직접 또는 수직배관을 통하여 가지배관에 급수하는 배관
④ 수원 및 옥외송수구로부터 스프링클러헤드에 급수하는 배관

해설
[스프링클러설비의 화재안전기술기준(NFTC 103)]
〈용어의 정의〉
1. "가지배관"이란 헤드가 설치되어 있는 배관을 말한다.
2. "교차배관"이란 가지배관에 급수하는 배관을 말한다.
3. "주배관"이란 가압송수장치 또는 송수구 등과 직접 연결되어 소화수를 이송하는 주된 배관을 말한다.

4. "신축배관"이란 가지배관과 스프링클러헤드를 연결하는 구부림이 용이하고 유연성을 가진 배관을 말한다.
5. "급수배관"이란 수원 또는 송수구 등으로부터 소화설비에 급수하는 배관을 말한다.

80 역률에 관한 설명으로 옳은 것은?

① 백열전등이나 전열기의 역률은 100 %이다.
② 무효전력에 대한 유효전력의 비를 역률이라 한다.
③ 역률은 부하의 종류와는 관계가 없으며 공급전력의 질을 의미한다.
④ 역률산정 시 필요한 피상전력은 유효전력과 무효전력의 산술합이다.

해설

[역률]
백열전등, 전열기에는 코일이나 콘덴서가 존재하지 않는다.
② 피상전력에 대한 유효전력의 비를 역률이라 한다.
③ 역률은 부하의 종류와는 관계가 없으며 공급전력의 손실을 의미한다.
④ 역률산정 시 필요한 피상전력은 유효전력과 무효전력의 산술합이 아니다.

5과목 건축설비 관계법규

1회독 시간: 점수:
2회독 시간: 점수:
3회독 시간: 점수:

81 배연설비의 설치에 관한 기준 내용으로 옳지 않은 것은?

① 배연창의 유효면적은 $1\ m^2$ 이상으로 할 것
② 배연구는 예비전원에 의하여 열 수 있도록 할 것
③ 배연구는 연기감지기 또는 열감지기에 의해 자동으로 열 수 있는 구조로 할 것
④ 관련 규정에 따라 건축물이 방화구획으로 구획된 경우 그 구획마다 2개소 이상의 배연창을 설치할 것

해설

[배연설비]
[건축물의 설비기준 등에 관한 규칙]
제14조(배연설비)
① 법 제49조 제2항에 따라 배연설비를 설치하여야 하는 건축물에는 다음 각 호의 기준에 적합하게 배연설비를 설치해야 한다. 다만 피난층인 경우에는 그렇지 않다.
 1. 영 제46조 제1항에 따라 <u>건축물이 방화구획으로 구획된 경우에는 그 구획마다 1개소 이상의 배연창을 설치</u>하되, 배연창의 상변과 천장 또는 반자로부터 수직거리가 0.9미터 이내일 것. 다만 반자높이가 바닥으로부터 3미터 이상인 경우에는 배연창의 하변이 바닥으로부터 2.1미터 이상의 위치에 놓이도록 설치하여야 한다.

2. 배연창의 유효면적은 별표 2의 산정기준에 의하여 산정된 면적이 1제곱미터 이상으로서 그 면적의 합계가 당해 건축물의 바닥면적(영 제46조 제1항 또는 제3항의 규정에 의하여 방화구획이 설치된 경우에는 그 구획된 부분의 바닥면적을 말한다)의 100분의 1이상일 것. 이 경우 바닥면적의 산정에 있어서 거실바닥면적의 20분의 1 이상으로 환기창을 설치한 거실의 면적은 이에 산입하지 아니한다.
3. 배연구는 연기감지기 또는 열감지기에 의하여 자동으로 열 수 있는 구조로 하되, 손으로도 열고 닫을 수 있도록 할 것
4. 배연구는 예비전원에 의하여 열 수 있도록 할 것
5. 기계식 배연설비를 하는 경우에는 제1호 내지 제4호의 규정에 불구

로 한다.
1) 공동주택 중 아파트등·기숙사 및 숙박시설의 경우에는 모든 층
2) 층수가 6층 이상인 건축물의 경우에는 모든 층
3) 근린생활시설(목욕장은 제외한다), 의료시설(정신의료기관 및 요양병원은 제외한다), 위락시설, 장례시설 및 복합건축물로서 연면적 600 m² 이상인 경우에는 모든 층
4) 근린생활시설 중 목욕장, 문화 및 집회시설, 종교시설, 판매시설, 운수시설, 운동시설, 업무시설, 공장, 창고시설, 위험물 저장 및 처리 시설, 항공기 및 자동차 관련 시설, 교정 및 군사시설 중 국방·군사시설, 방송통신시설, 발전시설, 관광휴게시설, 지하상가로서 연면적 1천 m² 이상인 경우에는 모든 층

82 자동화재탐지설비를 설치하여야 하는 특정소방대상물에 속하지 않는 것은?

① 위락시설로서 연면적 600 m² 이상인 것
② 숙박시설로서 연면적 600 m² 이상인 것
③ 문화 및 집회시설로서 연면적 1000 m² 이상인 것
④ 근린생활시설 중 목욕장으로서 연면적 800 m² 이상인 것

해설

[특정소방대상물]
[소방시설설치 및 관리에 관한 법률 시행령]
별표 4 : 특정소방대상물의 관계인이 특정소방대상물에 설치·관리해야 하는 소방시설의 종류
다. 자동화재탐지설비를 설치해야 하는 특정소방대상물은 다음의 어느 하나에 해당하는 것으

83 건축법령상 공동주택 중 아파트의 정의로 옳은 것은?

① 주택으로 쓰는 층수가 5개 층 이상인 주택
② 주택으로 쓰는 층수가 6개 층 이상인 주택
③ 주택으로 쓰는 1개 동의 바닥면적 합계가 660 m²를 초과하고, 층수가 5개 층 이상인 주택
④ 주택으로 쓰는 1개 동의 바닥면적 합계가 660 m²를 초과하고, 층수가 6개 층 이상인 주택

해설

[아파트의 정의]
[건축법 시행령]
- 별표 1 : 용도별 건축물의 종류

정답 82 ④ 83 ①

2. 공동주택
    가. 아파트 : 주택으로 쓰는 층수가 5개 층 이상인 주택

회시설(전시장 및 동·식물원을 제외한다), 종교시설, 장례식장 또는 위락시설의 용도에 쓰이는 건축물의 바깥쪽으로의 출구로 쓰이는 문은 안여닫이로 하여서는 아니 된다.

84 문화 및 집회시설 중 공연장의 개별 관람실 출구의 설치기준 내용으로 옳지 않은 것은? (단, 개별 관람실의 바닥면적이 300 m² 이상인 경우)

① 관람실별로 2개소 이상 설치할 것
② 각 출구의 유효너비는 1.2 m 이상일 것
③ 관람실로부터 바깥쪽으로의 출구로 쓰이는 문은 안여닫이로 하지 않을 것
④ 개별 관람실 출구의 유효너비의 합계는 개별 관람실의 바닥면적 100 m² 마다 0.6 m의 비율로 산정한 너비 이상으로 할 것

85 외기에 직접 면하고 1층 또는 지상으로 연결된 출입문을 방풍구조로 하지 않아도 되는 경우에 관한 기준 내용으로 옳지 않은 것은?

① 기숙사의 출입문
② 너비 1.2 m 이하의 출입문
③ 바닥면적 300 m² 이하의 개별 점포의 출입문
④ 사람의 통행을 주목적으로 하지 않는 출입문

해설

[개별 관람실 출구]
[건축물의 피난·방화구조 등의 기준에 관한 규칙]
제10조(관람실 등으로부터의 출구의 설치기준)
② 영 제38조에 따라 문화 및 집회시설 중 공연장의 개별 관람실(바닥면적이 300제곱미터 이상인 것만 해당한다)의 출구는 다음 각 호의 기준에 적합하게 설치해야 한다.
1. 관람실별로 2개소 이상 설치할 것
2. 각 출구의 유효너비는 1.5미터 이상일 것
3. 개별 관람실 출구의 유효너비의 합계는 개별 관람실의 바닥면적 100제곱미터마다 0.6미터의 비율로 산정한 너비 이상으로 할 것

제11조(건축물의 바깥쪽으로의 출구의 설치기준)
② 영 제39조 제1항에 따라 건축물의 바깥쪽으로 나가는 출구를 설치하는 건축물 중 문화 및 집

해설

[방풍구조]
[건축물의 에너지절약기준]
제6조(건축부문의 의무사항)
라. 외기에 직접 면하고 1층 또는 지상으로 연결된 출입문은 방풍구조로 하여야 한다. 다만 다음 각 호에 해당하는 경우에는 그러하지 않을 수 있다.
1) 바닥면적 3백 제곱미터 이하의 개별 점포의 출입문
2) 주택의 출입문(단, 기숙사는 제외)
3) 사람의 통행을 주목적으로 하지 않는 출입문
4) 너비 1.2미터 이하의 출입문
마. 방풍구조를 설치하여야 하는 출입문에서 회전문과 일반문이 같이 설치되어진 경우, 일반문 부위는 방풍실 구조의 이중문을 설치하여야 한다.
바. 건축물의 거실의 창이 외기에 직접 면하는 부위인 경우에는 기밀성 창을 설치하여야 한다.

정답 84 ② 85 ①

86 방염성능 기준 이상의 실내장식물 등을 설치하여야 하는 특정소방대상물에 속하는 것은?

① 기숙사
② 판매시설
③ 숙박시설
④ 실내수영장

해설

[방염성능 기준]
[소방시설설치 및 관리에 관한 법률 시행령]
제30조(방염성능 기준 이상의 실내장식물 등을 설치해야 하는 특정소방대상물)
법 제20조 제1항에서 "대통령령으로 정하는 특정소방대상물"이란 다음 각 호의 것을 말한다.
1. 근린생활시설 중 의원, 치과의원, 한의원, 조산원, 산후조리원, 체력단련장, 공연장 및 종교집회장
2. 건축물의 옥내에 있는 다음 각 목의 시설
   가. 문화 및 집회시설
   나. 종교시설
   다. 운동시설(수영장은 제외한다)
3. 의료시설
4. 교육연구시설 중 합숙소
5. 노유자시설
6. 숙박이 가능한 수련시설
7. 숙박시설
8. 방송통신시설 중 방송국 및 촬영소
9. 「다중이용업소의 안전관리에 관한 특별법」 제2조 제1항 제1호에 따른 다중이용업의 영업소(이하 "다중이용업소"라 한다)
10. 제1호부터 제9호까지의 시설에 해당하지 않는 것으로서 층수가 11층 이상인 것(아파트등은 제외한다)

87 건축법령에 따른 건축물의 용도분류 중 숙박시설에 속하지 않는 것은?

① 호스텔
② 유스호스텔
③ 의료관광 호텔
④ 휴양 콘도미니엄

해설

[숙박시설]
[건축법 시행령] 별표 1 : 용도별 건축물의 종류
12. 수련시설
   가. 생활권 수련시설(「청소년활동진흥법」에 따른 청소년수련관, 청소년문화의집, 청소년특화시설, 그 밖에 이와 비슷한 것을 말한다)
   나. 자연권 수련시설(「청소년활동진흥법」에 따른 청소년수련원, 청소년야영장, 그 밖에 이와 비슷한 것을 말한다)
   다. 「청소년활동진흥법」에 따른 유스호스텔
   라. 「관광진흥법」에 따른 야영장시설로서 제29호에 해당하지 아니하는 시설
15. 숙박시설
   가. 일반숙박시설 및 생활숙박시설(「공중위생관리법」 제3조 제1항 전단에 따라 숙박업 신고를 해야 하는 시설로서 국토교통부장관이 정하여 고시하는 요건을 갖춘 시설을 말한다)
   나. 관광숙박시설(관광 호텔, 수상관광 호텔, 한국전통 호텔, 가족호텔, 호스텔, 소형 호텔, 의료관광 호텔 및 휴양 콘도미니엄)
   다. 다중생활시설(제2종 근린생활시설에 해당하지 아니하는 것을 말한다)
   라. 그 밖에 가목부터 다목까지의 시설과 비슷한 것

정답 ● 86 ③ 87 ②

88 건축물의 출입구에 설치하는 회전문에 관한 기준 내용으로 옳지 않은 것은?

① 계단이나 에스컬레이터로부터 1.5 m 이상의 거리를 둘 것
② 회전문의 회전속도는 분당회전수가 8회를 넘지 아니하도록 할 것
③ 출입에 지장이 없도록 일정한 방향으로 회전하는 구조로 할 것
④ 회전문의 중심축에서 회전문과 문틀 사이의 간격을 포함한 회전문날개 끝부분까지의 길이는 140 cm 이상이 되도록 할 것

해설

[회전문]
[건축물의 피난·방화구조 등의 기준에 관한 규칙]
제12조(회전문의 설치기준)
영 제39조 제2항의 규정에 의하여 건축물의 출입구에 설치하는 회전문은 다음 각 호의 기준에 적합하여야 한다.

1. 계단이나 에스컬레이터로부터 2미터 이상의 거리를 둘 것
2. 회전문과 문틀 사이 및 바닥 사이는 다음 각 목에서 정하는 간격을 확보하고 틈 사이를 고무와 고무펠트의 조합체 등을 사용하여 신체나 물건 등에 손상이 없도록 할 것
   가. 회전문과 문틀 사이는 5센티미터 이상
   나. 회전문과 바닥 사이는 3센티미터 이하
3. 출입에 지장이 없도록 일정한 방향으로 회전하는 구조로 할 것
4. 회전문의 중심축에서 회전문과 문틀 사이의 간격을 포함한 회전문날개 끝부분까지의 길이는 140센티미터 이상이 되도록 할 것
5. 회전문의 회전속도는 분당회전수가 8회를 넘지 아니하도록 할 것
6. 자동회전문은 충격이 가하여지거나 사용자가 위험한 위치에 있는 경우에는 전자감지장치 등을 사용하여 정지하는 구조로 할 것

89 세대수가 17세대인 다세대주택에 설치하는 음용수용 급수관의 지름은 최소 얼마 이상으로 하여야 하는가?

① 25 mm   ② 32 mm
③ 40 mm   ④ 50 mm

해설

[음용수용 급수관 최소 지름]
[건축물의 설비기준 등에 관한 규칙]
별표 3 : 주거용 건축물 급수관의 지름

가구 또는 세대수	1	2~3	4~5	6~8	9~16	17 이상
급수관 지름의 최소기준 (밀리미터)	15	20	25	32	40	50

90 바닥으로부터 높이 1 m까지의 안벽의 마감을 내수재료로 하여야 하는 대상건축물이 아닌 것은?

① 단독주택의 욕실
② 제1종 근린생활시설 중 휴게음식점의 조리장
③ 제2종 근린생활시설 중 휴게음식점의 조리장
④ 제2종 근린생활시설 중 일반음식점의 조리장

정답 88 ① 89 ④ 90 ①

해설

[방습 조치]
[건축물의 피난·방화구조 등의 기준에 관한 규칙]
제18조(거실등의 방습)
② 영 제52조에 따라 다음 각 호의 어느 하나에 해당하는 욕실 또는 조리장의 바닥과 그 바닥으로부터 높이 1미터까지의 안쪽벽의 마감은 이를 내수재료로 해야 한다.
  1. 제1종 근린생활시설 중 목욕장의 욕실과 휴게음식점의 조리장
  2. 제2종 근린생활시설 중 일반음식점 및 휴게음식점의 조리장과 숙박시설의 욕실

91 건축물의 냉방설비에 대한 설치 및 설계기준에 정의된 축냉식 전기냉방설비의 구분에 속하지 않는 것은?

① 지열식 냉방설비
② 수축열식 냉방설비
③ 빙축열식 냉방설비
④ 잠열축열식 냉방설비

해설

[정의]
[건축물의 냉방설비에 대한 설치 및 설계기준]
제3조(정의)
2. "빙축열식 냉방설비"라 함은 심야시간에 얼음을 제조하여 축열조에 저장하였다가 그 밖의 시간에 이를 녹여 냉방에 이용하는 냉방설비를 말한다.
3. "수축열식 냉방설비"라 함은 심야시간에 물을 냉각시켜 축열조에 저장하였다가 그 밖의 시간에 이를 냉방에 이용하는 냉방설비를 말한다.
4. "잠열축열식 냉방설비"라 함은 포접화합물(Clathrate)이나 공융염(Eutectic Salt) 등의 상변화물질을 심야시간에 냉각시켜 동결한 후 그 밖의 시간에 이를 녹여 냉방에 이용하는 냉방설비를 말한다.

92 신축하는 공동주택의 환기횟수를 확보하기 위하여 설치되는 기계환기설비의 설계·시공 미 성능평가방법 내용으로 옳지 않은 것은? (단, 100세대 이상의 공동주택의 경우)

① 세대의 환기량 조절을 위하여 환기설비의 정격풍량을 최소·최대의 2단계로 조절할 수 있는 체계를 갖추어야 한다.
② 기계환기설비는 공동주택의 모든 세대가 규정에 의한 환기횟수를 만족시킬 수 있도록 24시간 가동할 수 있어야 한다.
③ 하나의 기계환기설비로 세대 내 2 이상의 실에 바깥공기를 공급할 경우의 필요 환기량은 각 실에 필요한 환기량의 한계 이상이 되도록 하여야 한다.
④ 기계환기설비의 환기기준은 시간당 실내공기교환횟수(환기설비에 의한 최종 공기흡입구에서 세대의 실내로 공급되는 시간당 총 체적풍량을 실내 총 체적으로 나눈 환기횟수를 말한다)로 표시하여야 한다.

정답 91 ① 92 ①

해설

[기계환기설비]
[건축물의 설비기준 등에 관한 규칙]
별표 1의5 : 신축공동주택등의 기계환기설비의 설치기준
제11조 제1항의 규정에 의한 신축공동주택등의 환기횟수를 확보하기 위하여 설치되는 기계환기설비의 설계·시공 및 성능평가방법은 다음 각 호의 기준에 적합하여야 한다.
1. 기계환기설비의 환기기준은 시간당 실내공기 교환횟수(환기설비에 의한 최종 공기흡입구에서 세대의 실내로 공급되는 시간당 총 체적 풍량을 실내 총 체적으로 나눈 환기횟수를 말한다)로 표시하여야 한다.
2. 하나의 기계환기설비로 세대 내 2 이상의 실에 바깥공기를 공급할 경우의 필요 환기량은 각 실에 필요한 환기량의 합계 이상이 되도록 하여야 한다.
3. 세대의 환기량 조절을 위하여 환기설비의 정격풍량을 최소·적정·최대의 3단계 또는 그 이상으로 조절할 수 있는 체계를 갖추어야 하고, 적정 단계의 필요 환기량은 신축공동주택등의 세대를 시간당 0.5회로 환기할 수 있는 풍량을 확보하여야 한다.
5. 기계환기설비는 신축공동주택등의 모든 세대가 제11조 제1항의 규정에 의한 환기횟수를 만족시킬 수 있도록 24시간 가동할 수 있어야 한다.

93 공사감리자가 공사시공자로 하여금 상세시공도면을 작성하도록 요청할 수 있는 건축공사의 연면적 기준으로 옳은 것은?

① 1500 m² 이상
② 3000 m² 이상
③ 5000 m² 이상
④ 10000 m² 이상

해설

[공사감리]
[건축법 시행령] 제19조(공사감리)
④ 법 제25조 제5항에서 "대통령령으로 정하는 용도 또는 규모의 공사"란 연면적의 합계가 5천 제곱미터 이상인 건축공사를 말한다.

[건축법] 제25조(건축물의 공사감리)
⑤ 대통령령으로 정하는 용도 또는 규모의 공사의 공사감리자는 필요하다고 인정하면 공사시공자에게 상세시공도면을 작성하도록 요청할 수 있다.

94 다음의 소방시설 중 피난구조설비에 속하지 않은 것은?

① 완강기
② 인공소생기
③ 객석유도등
④ 시각경보기

해설

[피난구조설비]
[소방시설설치 및 관리에 관한 법률 시행령]
별표 1 : 소방시설
3. 피난구조설비 : 화재가 발생할 경우 피난하기 위하여 사용하는 기구 또는 설비로서 다음 각 목의 것
  가. 피난기구
    1) 피난사다리
    2) 구조대
    3) 완강기
    4) 간이완강기
    5) 그 밖에 화재안전기준으로 정하는 것
  나. 인명구조기구
    1) 방열복, 방화복(안전모, 보호장갑 및 안전화를 포함한다)
    2) 공기호흡기
    3) 인공소생기

정답 93 ③ 94 ④

다. 유도등
  1) 피난유도선
  2) 피난구유도등
  3) 통로유도등
  4) 객석유도등
  5) 유도표지
라. 비상조명등 및 휴대용비상조명등
※ 시각경보기는 경보설비에 속한다.

95 지능형 건축물의 인증에 관한 설명으로 옳지 않은 것은?

① 지능형 건축물 인증기준에는 인증표시 홍보기준, 유효기간 등의 사항이 포함된다.
② 산업통상자원부장관은 지능형 건축물의 인증을 위하여 인증기관을 지정할 수 있다.
③ 국토교통부장관은 지능형 건축물의 건축을 활성화하기 위하여 지능형 건축물 인증제도를 실시한다.
④ 허가권자는 지능형 건축물로 인증 받은 건축물에 대하여 조경설치면적을 100분의 85까지 완화하여 적용할 수 있다.

해설

[지능형 건축물]
[건축법] 제65조의2(지능형 건축물의 인증)
① 국토교통부장관은 지능형 건축물[Intelligent Building]의 건축을 활성화하기 위하여 지능형 건축물 인증제도를 실시한다.
② 국토교통부장관은 제1항에 따른 지능형 건축물의 인증을 위하여 인증기관을 지정할 수 있다.
③ 지능형 건축물의 인증을 받으려는 자는 제2항에 따른 인증기관에 인증을 신청하여야 한다.
④ 국토교통부장관은 건축물을 구성하는 설비 및 각종 기술을 최적으로 통합하여 건축물의 생산성과 설비 운영의 효율성을 극대화할 수 있도록 다음 각 호의 사항을 포함하여 지능형 건축물 인증기준을 고시한다.
 1. 인증기준 및 절차
 2. 인증표시 홍보기준
 3. 유효기간
 4. 수수료
 5. 인증 등급 및 심사기준 등
⑤ 제2항과 제3항에 따른 인증기관의 지정 기준, 지정 절차 및 인증 신청 절차 등에 필요한 사항은 국토교통부령으로 정한다.
⑥ 허가권자는 지능형 건축물로 인증을 받은 건축물에 대하여 제42조에 따른 조경설치면적을 100분의 85까지 완화하여 적용할 수 있으며, 제56조 및 제60조에 따른 용적률 및 건축물의 높이를 100분의 115의 범위에서 완화하여 적용할 수 있다.

96 다음 중 내화구조에 속하지 않는 것은? (단, 바닥의 경우)

① 철근 콘크리트조로서 두께가 10 cm인 것
② 철골철근 콘크리트조로서 두께가 10 cm인 것
③ 철재의 양면을 두께 5 cm의 철망모르타르로 덮은 것
④ 무근콘크리트조·벽돌조 또는 석조로서 그 두께가 7 cm인 것

정답 ● 95 ② 93 ④

> **해설**

[내화구조]
[건축물의 피난·방화구조 등의 기준에 관한 규칙]
제3조(내화구조)
4. 바닥의 경우에는 다음 각 목의 어느 하나에 해당하는 것
   가. 철근 콘크리트조 또는 철골철근 콘크리트조로서 두께가 10센티미터 이상인 것
   나. 철재로 보강된 콘크리트블록조·벽돌조 또는 석조로서 철재에 덮은 콘크리트블록등의 두께가 5센티미터 이상인 것
   다. 철재의 양면을 두께 5센티미터 이상의 철망모르타르 또는 콘크리트로 덮은 것

97 제연설비를 설치하여야 하는 특정소방대상물에 속하지 않는 것은?

① 지하가(터널은 제외)로서 연면적 1000 m²인 것
② 문화 및 집회시설로서 무대부의 바닥면적이 150 m²인 것
③ 문화 및 집회시설 중 영화상영관으로서 수용인원이 100명인 것
④ 지하층에 설치된 숙박시설로서 해당 용도로 사용되는 바닥면적의 합계가 1000 m²인 층

> **해설**

[제연설비를 설치해야 하는 특정소방대상물]
[소방시설설치 및 관리에 관한 법률 시행령]
별표 4 : 특정소방대상물의 관계인이 특정소방대상물에 설치·관리해야 하는 소방시설의 종류

5. 소화활동설비
   가. 제연설비를 설치해야 하는 특정소방대상물은 다음의 어느 하나에 해당하는 것으로 한다.
      1) 문화 및 집회시설, 종교시설, 운동시설 중 무대부의 바닥면적이 200 m² 이상인 경우에는 해당 무대부
      2) 문화 및 집회시설 중 영화상영관으로서 수용인원 100명 이상인 경우에는 해당 영화상영관
      3) 지하층이나 무창층에 설치된 근린생활시설, 판매시설, 운수시설, 숙박시설, 위락시설, 의료시설, 노유자시설 또는 창고시설(물류터미널로 한정한다)로서 해당 용도로 사용되는 바닥면적의 합계가 1천 m² 이상인 경우 해당 부분
      4) 운수시설 중 시외버스정류장, 철도 및 도시철도 시설, 공항시설 및 항만시설의 대기실 또는 휴게시설로서 지하층 또는 무창층의 바닥면적이 1천 m² 이상인 경우에는 모든 층
      5) 지하상가로서 연면적 1천 m² 이상인 것
      6) 예상 교통량, 경사도 등 터널의 특성을 고려하여 행정안전부령으로 정하는 터널
      7) 특정소방대상물(갓복도형 아파트등은 제외한다)에 부설된 특별피난계단, 비상용 승강기의 승강장 또는 피난용 승강기의 승강장

98 비상용 승강기의 승강장 및 승강로의 구조에 관한 기준 내용으로 옳지 않은 것은?

① 승강로는 당해 건축물의 다른 부분과 방화구조로 구획할 것
② 각 층으로부터 피난층까지 이르는 승강로를 단일구조로 연결하여 설치할 것
③ 승강장에는 노대 또는 외부를 향하여 열 수 있는 창문이나 배연설비를 설치할 것
④ 옥내에 있는 승강자의 바닥면적은 비상용 승강기 1대에 대하여 6 m² 이상으로 설치할 것

해설

[비상용 승강기의 승강장 및 승강로의 구조]
[건축물의 설비기준 등에 관한 규칙]
제10조(비상용 승강기의 승강장 및 승강로의 구조) 법 제64조 제2항에 따른 비상용 승강기의 승강장 및 승강로의 구조는 다음 각 호의 기준에 적합하여야 한다.
2. 비상용 승강기 승강장의 구조
  다. 노대 또는 외부를 향하여 열 수 있는 창문이나 제14조 제2항의 규정에 의한 배연설비를 설치할 것
  바. 승강장의 바닥면적은 비상용 승강기 1대에 대하여 6제곱미터 이상으로 할 것. 다만 옥외에 승강장을 설치하는 경우에는 그러하지 아니하다.
3. 비상용 승강기의 승강로의 구조
  가. 승강로는 당해 건축물의 다른 부분과 내화구조로 구획할 것
  나. 각 층으로부터 피난층까지 이르는 승강로를 단일구조로 연결하여 설치할 것

99 다음은 건축법상 건축허가에 관한 기준 내용이다. ( ) 안에 알맞은 것은?

> 건축물을 건축하거나 대수선하려는 자는 특별자치시장·특별자치도지사 또는 시장·군수·구청장의 허가를 받아야 한다. 다만 (　　) 이상의 건축물 등 대통령령으로 정하는 용도 및 규모의 건축물을 특별시나 광역시에 건축하려면 특별시장이나 광역시장의 허가를 받아야 한다.

① 6층　　② 11층
③ 16층　　④ 21층

해설

[건축허가]
[건축법 시행령] 제8조(건축허가)
① 법 제11조 제1항 단서에 따라 특별시장 또는 광역시장의 허가를 받아야 하는 건축물의 건축은 층수가 21층 이상이거나 연면적의 합계가 10만 제곱미터 이상인 건축물의 건축(연면적의 10분의 3 이상을 증축하여 층수가 21층 이상으로 되거나 연면적의 합계가 10만 제곱미터 이상으로 되는 경우를 포함한다)을 말한다.

정답　98 ①　99 ④

100 건축물의 바깥쪽에 설치하는 피난계단의 구조에 관한 기준 내용으로 옳지 않은 것은?

① 계단의 유효너비는 0.9 m 이상으로 할 것
② 계단은 내화구조로 하고 지상까지 직접 연결되도록 할 것
③ 건축물의 내부에서 계단으로 통하는 출입구에는 각종 방화문을 설치할 것
④ 계단은 그 계단으로 통하는 출입구와의 창문 등으로부터 1 m 이상의 거리를 두고 설치할 것

해설

[피난계단]
[건축물의 피난·방화구조 등의 기준에 관한 규칙] 제9조(피난계단 및 특별피난계단의 구조)
2. 건축물의 바깥쪽에 설치하는 피난계단의 구조
  가. 계단은 그 계단으로 통하는 출입구 외의 창문등(망이 들어 있는 유리의 붙박이창으로서 그 면적이 각각 1제곱미터 이하인 것을 제외한다)으로부터 2미터 이상의 거리를 두고 설치할 것
  나. 건축물의 내부에서 계단으로 통하는 출입구에는 60분+ 방화문 또는 60분 방화문을 설치할 것
  다. 계단의 유효너비는 0.9미터 이상으로 할 것
  라. 계단은 내화구조로 하고 지상까지 직접 연결되도록 할 것

정답 100 ④

2020 제4회

건·축·설·비·기·사

1과목 건축일반

01 열전달에 관한 설명으로 옳은 것은?

① 열류량은 온도구배와 물체의 열전도율에 반비례한다.
② 물체 중에 온도차가 발생하면 열은 저온 측에서 고온 측으로 흐른다.
③ 벽체표면과 이에 접하는 유체와의 전열현상을 대류에 의한 열전달이다.
④ 열류량은 표면온도와 유체온도의 차에 반비례한다.

해설

[열전달]
① 비례한다.
② 고온에서 저온으로
④ 열(관)류량, 열전달량은 표면온도와 유체온도의 차에 비례한다.

해설

[쇼윈도]
쇼윈도의 바닥높이는 귀금속점의 경우는 높을수록, 운동용품점의 경우는 낮을수록 좋다. 귀금속점과 같은 작은 상품은 높이 올려 시선을 끌게 하여 진열하고, 운동용품, 생활용품처럼 큰 상품은 바닥높이를 낮게 하여 눈높이를 맞춰 진열한다.
또한 쇼윈도의 크기는 상점과 제품의 종류에 따라 다르다.

02 다음 중 잔향시간 계산에 필요한 인자가 아닌 것은?

① 실용적
② 실내 전 표면적
③ 음원의 음압
④ 실의 평균 흡음률

해설

[사빈공식]
$$R.T = K\frac{V}{A}$$
R.T : 잔향시간, V : 실용적, A : 흡음률(표면적)

정답 01 ③ 02 ③

03 결로발생의 방지방법으로 옳지 않은 것은?

① 실내에서 수증기 발생을 억제한다.
② 비난방실 등으로의 수증기 침입을 억제한다.
③ 벽체의 표면온도를 실내공기의 노점 온도보다 크게 한다.
④ 적절한 투습저항을 갖춘 방습층을 단열재의 저온 측에 설치한다.

해설

[결로]
- 물체의 표면온도가 공기 노점 온도 이하로 내려가 이슬이 맺히는 것을 말한다.
- 결로는 벽체 중에 고온 측(실내 측)에 발생되므로 방습층을 고온 측에 설치한다.

04 건축물에 작용하는 풍압력의 크기 산정과 가장 거리가 먼 요소는?

① 풍속
② 건축물의 형상
③ 건축물의 높이
④ 건축물의 중량

해설

[풍압력]
바람으로 인하여 건축물의 외주면에 작용하는 힘으로 건축물의 중량이 크면 풍압력을 견디는 힘은 증가하나 풍압력의 크기 산정에는 큰 영향을 끼치지 않는다.

05 실외 용적이 5000 m³이고 필요 환기량이 10000 m³/h일 때, 환기횟수는 시간당 몇 회인가?

① 0.5회　② 1회
③ 2회　④ 4회

해설

[환기횟수]
10000 m³/h ÷ 5000 m³/회 = 2회/h
시간당 환기횟수는 2회이다.

2026년 출제범위를 벗어난 문제를 모두 삭제하고, 최신 출제기준에 해당하는 문제만 엄선하여 수록했습니다. 따라서 1과목 문제 수는 실제 출제 수와 다를 수 있습니다.

정답 03 ④　04 ④　05 ③

2과목 | 위생설비

21 90 ℃의 물 500 kg과 30 ℃의 물 1000 kg을 단열혼합하였을 때 혼합된 물의 온도는?

① 20 ℃ ② 30 ℃
③ 40 ℃ ④ 50 ℃

해설

[혼합된 물의 온도]

$$t_{혼합} = \frac{t_1 \times G_1 + t_2 \times G_2}{G_1 + G_2}$$

$$= \frac{90 \times 500 + 30 \times 1000}{1500} = 50$$

22 저탕조의 용량이 2 m³이고 급탕배관 내의 전체 수량이 1 m³일 때 개방형 팽창탱크의 용량은? (단, 급수의 밀도는 1.0 g/cm³이고, 온수의 밀도는 0.983 g/cm³이다)

① 약 0.03 m³ ② 약 0.04 m³
③ 약 0.05 m³ ④ 약 0.06 m³

해설

[개방형 팽창탱크의 용량]

팽창량 $\Delta v = (\frac{1}{\rho_2} - \frac{1}{\rho_1}) \times V$

$= (\frac{1}{0.983} - \frac{1}{1}) \times 3 = 0.0518 \ m^3$

23 수평주관 내의 공기가 감압되어 봉수가 파괴되는 현상으로 배수 수직관의 가까이에 설치된 세면기 등에서 일어나기 쉬운 봉수 파괴 원인은?

① 증발작용
② 모세관현상
③ 유도사이펀작용
④ 운동량에 의한 관성

해설

[유도사이펀작용(Induced Siphonage)]
배수 수직관의 급격한 유속으로 인해 주변 수평주관의 압력이 감소 → 인근 트랩의 봉수를 흡출 → 봉수 파괴

24 건물 내의 급수방식에 관한 설명으로 옳은 것은?

① 수도직결방식은 고층의 급수방법에 적합하다.
② 고가수조방식에서의 급수압력은 항상 변동한다.
③ 압력수조방식에서는 수조를 건물 상부에 설치해야 하므로 건축 구조상 부담이 된다.
④ 펌프직송방식에서 펌프 운전방식은 펌프의대수를 제어하는 정속방식과 회전수를 제어하는 변속방식으로 분류할 수 있다.

정답 21 ④ 22 ③ 23 ③ 24 ④

해설

[건물 내의 급수방식]
수도직결방식은 3층 이하, 고가수조압력은 높이에 따른다. 압력수조방식은 건물 위치와 관계없이 설치할 수 있다.

25 진공방지기(Vaccum Breaker)가 사용되는 대변기의 급수방식은?

① 하이탱크식   ② 세정밸브식
③ 사이펀식   ④ 로탱크식

해설

[세정밸브식 대변기]
(1) 급수관 직결방식
(2) 급수 중 압력저하 시 역류 오염 방지를 위해 진공방지기(버큠브레이커) 필수

26 통기관에 관한 설명으로 옳지 않은 것은?

① 습통기관은 통기의 목적 외에 배수관으로도 이용되는 부분을 말한다.
② 결합통기관은 배수수직관 내의 압력변화를 방지 또는 완화하기 위해 설치한다.
③ 도피통기관은 각개통기방식에서 담당하는 기구수가 많은 경우 발생하는 하수가스를 도피시키기 위하여 통기수직관에 연결시킨 관이다.
④ 신정통기관은 최상부의 배수수평관이 배수수직관에 접속된 위치보다도 더욱 위로 배수수직관을 끌어올려 대기 중에 개구하여 통기관으로 사용하는 부분이다.

해설

[도피통기관]
도피통기관은 가장 아래층 기구에서 오수 넘침을 방지하기 위함

※ 통기관
1) 결합통기관 : 배수수직관과 통기수직관을 연결
2) 각개통기관 : 각 위생기구별 개별 통기관
3) 공용통기관 : 다수 기구의 배수통기관을 공용으로 하는 방식
4) 신정통기관 : 배수수직관을 지붕 위까지 그대로 연장하여 통기관으로 사용하는 방식
5) 회로통기관 : 여러 개의 위생기구를 하나의 통기관으로 연결하는 방식

27 펌프의 비속도 n을 나타내는 식으로 옳은 것은? (단, 회전수를 N, 최고 효율점의 토출량을 Q, 최고 효율점의 전양정을 H로 나타낸다)

① $n = N \cdot \dfrac{Q^{\frac{3}{4}}}{H^{\frac{1}{2}}}$ ② $n = N \cdot \dfrac{Q^{\frac{1}{2}}}{H^{\frac{3}{4}}}$

③ $n = Q \cdot \dfrac{N^{\frac{3}{4}}}{H^{\frac{1}{2}}}$ ④ $n = Q \cdot \dfrac{N^{\frac{1}{2}}}{H^{\frac{3}{4}}}$

해설

[펌프의 비속도]
비속도란 펌프의 단위 유량과 단위 양정에 대한 회전수를 나타내며 펌프의 성능을 나타내는 지표이다.

• 비속도 $n = \dfrac{N\sqrt{Q}}{H^{\frac{3}{4}}}$

정답 ● 25 ②   26 ③   27 ②

28 다음 중 기구의 필요급수압력이 가장 작은 것은?

① 샤워
② 일반수전
③ 대변기 세정밸브
④ 소변기 세정밸브(스툴형 소변기)

해설

[필요급수압력]
- 일반수전 3 mAq
- 소변기 세정밸브 5 mAq
- 샤워와 대변기 세정밸브 7 mAq

29 지름 150 mm, 길이 320 m인 원형관에 매초 60 L의 물이 흐를 때, 관 내의 마찰손실수두는? (단, 관마찰계수 f = 0.03이다)

① 약 3.4 m   ② 약 10.2 m
③ 약 37.7 m ④ 약 40.8 m

해설

[관 내의 마찰손실수두]

$Q = AV$

$0.06 \, m^3/s = \frac{\pi}{4} 0.15^2 \times V$

$V = 3.4 \, m/s$

$h_L = 0.03 \times \frac{320}{0.15} \times \frac{3.4^2}{2 \times 9.8} = 37.7 \, m$

30 다음 중 급수관에서 수격작용의 발생 우려가 가장 높은 것은?

① 관의 분기
② 관경의 확대
③ 관의 방향 전환
④ 관 내 유수의 급정지

해설

[수격작용(워터해머)]
유체의 운동이 갑자기 멈출 때 관 내 압력이 급상승하여 충격과 소음을 유발. 관 내 유수의 급정지가 워터해머 발생의 대표적 원인

31 다음 중 간접배수로 하여야 하는 기구는?

① 욕조
② 세면기
③ 대변기
④ 세탁기

해설

[간접배수와 직접배수]
- 간접배수 필요 기구 : 식기세척기, 제빙기, 세탁기, 냉장·제빙 드레인 등
- 직접배수 가능 기구 : 세면기, 대변기, 소변기, 욕조 등 위생기구

정답 28 ② 29 ③ 30 ④ 31 ④

32 양수량이 600 L/min, 양정이 36 m인 양수펌프의 축동력은? (단, 펌프의 효율은 70 %이다)

① 4.5 kW ② 5.0 kW
③ 6.4 kW ④ 7.1 kW

해설

[펌프의 축동력]

$$P[kW] = \frac{1000 HQ}{102 \eta}$$

$$= \frac{1000 \times 36 \times \frac{0.6}{60}}{102 \times 0.7} = 5.04 \, kW$$

33 유체의 성질과 관련하여 다음 설명이 의미하는 것은?

> 에너지보존의 법칙을 유체의 흐름에 적용한 것으로서 유체가 갖고 있는 운동에너지, 중력에 의한 위치에너지 및 압력에너지의 총합은 흐름 내 어디에서나 일정하다.

① 파스칼의 원리
② 스토크스의 원리
③ 뉴턴의 점성법칙
④ 베르누이의 정리

해설

[베르누이 방정식(또는 정리)]
베르누이의 정리는 유체의 운동에너지, 위치에너지, 압력에너지의 합은 일정하다는 에너지보존법칙의 유체흐름 적용식이다.

34 간접가열식 급탕방식에 관한 설명으로 옳지 않은 것은?

① 난방용 보일러와 겸용할 수 있다.
② 보일러에서 만들어진 증기 또는 고온수를 열원으로 한다.
③ 저압보일러를 사용할 수 없으며 중압 또는 고압보일러를 사용하여야 한다.
④ 탱크에 가열코일을 설치하여 이 코일을 통해 물을 간접적으로 가열하는 방식이다.

해설

[간접가열식 급탕방식]
간접가열식 급탕방식에 저압보일러도 사용 가능하다. 온수난방용 보일러 등 저압보일러와 병용하여 급탕 가열이 가능하다.

35 캐비테이션의 방지방법으로 옳지 않은 것은?

① 흡입양정을 필요 이상으로 높게 하지 않는다.
② 흡입 조건이 나쁜 경우는 비속도를 작게 하기 위해 회전수가 작은 펌프를 사용한다.
③ 흡수관을 가능한 한 짧고 굵게 함과 동시에 관 내에 공기가 체류하지 않도록 배관한다.
④ 설계상의 펌프 운전범위 내에서 항상 필요NPSH가 유효NPSH보다 크게 되도록 배관계획을 한다.

정답 32 ② 33 ④ 34 ③ 35 ④

해설

[캐비테이션의 방지방법]
- 필요(요구)NPSH(흡입양정)이 유효NPSH보다 크면 송수불능으로 필연적으로 공동화현상 발생
- 유효 흡입양정보다 높은 위치는 절대진공이기 때문에 송수불능

36 터빈펌프에 관한 설명으로 옳지 않은 것은?

① 펌프의 양수량은 축동력에 비례하여 증가한다.
② 토출밸브를 닫고 펌프를 운전하면 양수량이 0이다.
③ 최대효율로 운전하고 있을 때의 양정을 상용양정이라 한다.
④ 펌프의 양정과 양수량은 펌프의 회전수가 변하여도 항상 일정하다.

해설

[상사법칙]
④ 펌프의 양정과 양수량은 펌프의 회전수가 변하면 양수량과 양정도 변한다.

※ 상사의 법칙
1) 풍량(유량)[m^3/s]
$$Q_2 = \left(\frac{N_2}{N_1}\right)^1 \times \left(\frac{D_2}{D_1}\right)^3 \times Q_1$$
2) 전압[Pa](양정[m])
$$P_2 = \left(\frac{N_2}{N_1}\right)^2 \times \left(\frac{D_2}{D_1}\right)^2 \times P_1$$
3) 동력[kW]
$$L_2 = \left(\frac{N_2}{N_1}\right)^3 \times \left(\frac{D_2}{D_1}\right)^5 \times L_1$$

37 정화조의 유입수 BOD가 1000 mg/L, 방류수 BOD가 400 mg/L일 때, BOD 제거율은?

① 40 %
② 50 %
③ 60 %
④ 70 %

해설

[BOD제거율]
- BOD(생물학적 산소요구량) : 세균번식의 정도 측정
- BOD제거율 = $\frac{유입BOD - 유출BOD}{유입BOD} \times 100$
  = $\frac{1000 - 400}{1000} \times 100 = 60\%$

38 물의 경도는 건축설비에서 중요하게 다루고 있다. 그 이유와 가장 거리가 먼 것은?

① 배관 내 스케일 발생 원인
② 급수펌프 소요 동력 증가 원인
③ 열교환기의 열교환 효율 감소 원인
④ 배관 내 유체의 흐름 저항 감소원인

해설

[물의 경도]
물의 경도 증가 → 스케일 생성 → 흐름 저항 증가, 열효율 저하, 펌프 동력 증가 등 불리한 영향만 있다.

39 국소식 급탕방법에 관한 설명으로 옳지 않은 것은?

① 배관 및 기기로부터의 열손실이 많다.
② 건물완공 후에도 급탕개소의 증설이 비교적 쉽다.
③ 급탕개소마다 가열기의 설치 스페이스가 필요하다.
④ 주택 등에서는 난방 겸용의 온수보일러, 순간 온수기를 사용할 수 있다.

해설

[국소식 급탕방법]
급탕개소에 직접 가열기를 설치하는 방식 → 배관 짧음 → 열손실 적다.

40 종국유속과 관계있는 배관은?

① 기구배수관
② 배수수직관
③ 배수수평지관
④ 배수수평주관

해설

[종국유속(Terminal Velocity)]
종국유속은 배수관이 한 곳에 모여 물이 자유롭게 흐르는 속도를 의미하며, 이 속도는 주로 배수수직관에서 관리된다.

3과목 공기조화설비

41 기온, 습도, 기류의 3요소의 조합에 의한 실내 온열감각을 기온의 척도로 나타낸 것은?

① 작용온도(OT)
② 유효온도(ET)
③ 수정유효온도(CET)
④ 예상온냉감신고(PMV)

해설

[유효온도(Effective Temperature)]
유효온도는 기온(건구온도) · 습도 · 기류 속도(풍속) 3요소를 종합하여, 인체가 느끼는 체감 온열감을 기온의 척도로 환산한 값이다. 주로 실내 쾌적 조건 평가나 냉난방 설계 시 인체 열쾌적 분석에 사용된다.

42 급수로부터 각 유닛을 거쳐 나오는 총길이가 동일하므로 기기마다의 저항이 균일하게 되고, 따라서 유량을 균일하게 할 수 있는 배관회로방식은?

① 역환수방식
② 자연환수방식
③ 간접환수방식
④ 건식환수방식

해설

[역환수방식(= 리버스리턴방식)]
각 유닛마다 온수 공급관에서부터 환수관까지의 총 길이를 동일하게 하므로 배관저항이 같게 되어 각 유닛에 유량 공급도 균일하다.

보충 역환수방식 채택 이유 : 온수의 유량분배를 균일하게 하기 위하여

정답 39 ① 40 ② 41 ② 42 ①

43 다음의 보일러 출력 표시방법 중 가장 큰 값을 갖는 것은?

① 정미출력　② 상용출력
③ 정격출력　④ 과부하출력

해설

[보일러의 출력]
- 정미출력 = 난방부하 + 급탕부하
- 상용출력 = 정미출력 + 배관부하
- 정격출력 = 상용출력 + 예열부하
- 과부하출력 = 정격출력의 1.1 ~ 1.2
- 과부하출력은 운전 초기나 과부하 발생 시의 출력

44 수배관에서 위치수두 10 mAq, 압력수두 30 mAq, 속도 2.5 m/s로 관 속을 흐르는 물의 전수두는?

① 13.06 m　② 13.24 m
③ 40.32 m　④ 42.54 m

해설

[전수두]

h = 위치수두 + 압력수두 + 속도수두

$= 10 + 30 + \dfrac{2.5^2}{2 \times 9.8} = 40.32$ m

보충　속도수두 $= \dfrac{V^2}{2g}$

45 온수난방에 관한 설명으로 옳지 않은 것은?

① 온수의 현열을 이용하여 난방하는 방식이다.
② 한랭지에서는 운전정지 중 동결의 우려가 있다.
③ 증기난방에 비해 예열시간이 짧아 간헐운전에 적합하다.
④ 증기난방에 비해 난방부하 변동에 따른 온도조절이 용이하다.

해설

[온수난방]
온수난방은 열관성(열용량)이 커서 예열시간이 길어 간헐운전에 부적합하다.

46 다음의 습공기선도상에서 공기의 상태점 A가 C로 변하는 상태변화를 무엇이라 하는가?

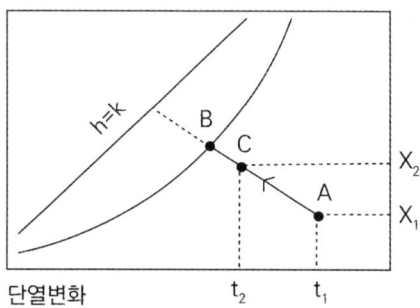

① 가열감습　② 가열가습
③ 냉각감습　④ 증발냉각

정답 43 ④　44 ③　45 ③　46 ④

해설

[습공기의 상태변화]
건구온도가 떨어지고(냉각) 절대습도가 늘어남(가습 또는 증발). 증발냉각 = 냉각가습

47 상당외기온도차(ETD, Equivalent Temperature Difference)에 관한 설명으로 옳은 것은?

① 난방부하의 계산에 있어서, 벽체를 통한 손실열량을 계산할 때 사용한다.
② 냉방부하의 계산에 있어서, 벽체를 통한 취득열량을 계산할 때 사용한다.
③ 벽체 외부에 흐르는 공기의 속도에 따른 열 전달량을 고려한 온도차이다.
④ 주로 외기에 접하고 있지 않은 칸막이 벽, 천장, 바닥 등으로부터 열전달량을 구하는 데 사용한다.

해설

[상당외기온도차 ETD
(Equivalent Temperature Difference)]
일사, 벽체 축열, 벽 색상, 방향 등을 고려한 냉방부하 계산용 가상온도차

48 공조배관계에 부압방지를 위한 배관법으로 옳지 않은 것은?

① 순환펌프 토출 측에 팽창탱크가 접속되는 것을 피한다.
② 순환펌프는 배관 도중 온도가 가장 높은 곳에 설치한다.
③ 팽창탱크는 장치의 가장 높은 곳보다 더 높은 위치로 한다.
④ 순환펌프는 배관 도중 가능한 한 압입양정이 높은 곳에 설치한다.

해설

[부압방지를 위한 배관법]
② 펌프는 온도가 낮고 정압이 높은 곳(보통 환수측, 저부)에 설치하여 NPSH 여유를 크게 해야 캐비테이션을 방지한다. 고온부는 증기압이 높아 부압·기포 발생 위험이 커진다.

49 공조방식 중 변풍량방식에 사용되는 변풍량 유닛에 관한 설명으로 옳지 않은 것은?

① 바이패스형은 덕트 내 정압변동이 없다.
② 유인유닛형은 실내의 2차 공기를 유인하므로 집진효과가 크다.
③ 교축형은 덕트 내의 정압변동이 크므로 정압제어방식이 필요하다.
④ 교축형은 부하변동에 따라 송풍량을 변화시키고 송풍기를 제어하므로 동력이 절약된다.

해설
[변풍량 유닛]
유인유닛형(Induction Unit)은 실내 2차 공기를 유인하여 공조효과(온도조절)가 크다는 장점이 있다. 하지만 집진(Air Cleaning) 기능과는 직접적 관련이 없다.

50 다음의 냉방부하 발생요인 중 현열과 잠열 모두 갖는 것은?

① 인체발생열량
② 벽체로부터의 취득열량
③ 유리로부터의 취득열량
④ 덕트로부터의 취득열량

해설
[인체발생열량]
① 인체발생열량 : 현열 + 잠열
② 벽체로부터의 취득열량 : 현열
③ 유리로부터의 취득열량 : 현열
④ 덕트로부터의 취득열량 : 현열

51 다음 중 동관의 용도로 가장 부적절한 것은?

① 급수관   ② 급탕관
③ 증기관   ④ 냉온수관

해설
[동관의 용도]
증기는 온도와 압력이 높아 동관의 내압·내열 성능 한계를 초과할 수 있으며, 장기 사용 시 열팽창과 부식 문제가 발생할 수 있어 부적절하다. 따라서 가장 부적절한 용도이다.

52 덕트에 관한 설명으로 옳지 않은 것은?

① 덕트의 보강을 위해서 다이아몬드 브레이크 등을 사용한다.
② 덕트를 분기할 경우 덕트 굽힘부 가까이에서 분기하는 것은 피하는 것이 좋다.
③ 덕트의 굽힘부에서 곡률반경이 작거나 직각으로 구부러질 때 안내날개를 설치한다.
④ 단면을 바꿀 때 확대부에서는 경사도 30° 이하, 축소부에서는 경사도 45° 이하가 되도록 한다.

해설
[덕트의 확대부와 축소부]
단면을 바꿀 때 확대부에서는 경사도 15° 이하, 축소부에서는 경사도 30° 이하

53 다음 중 유리창에 의한 일사 냉방부하 산정과 가장 관계가 먼 것은?

① 방위   ② 유리면적
③ 차폐계수   ④ 열관류율

해설
[일사 냉방부하 산정]
유리창 일사부하는 일사량(방위와 시간함수), 유리면적, 차폐계수로 구한다.

보충 열관류율은 유리의 전도·대류 열부하 계산 요소이며, 일사냉방부하(직사광 투과)에 직접 영향은 없다.

정답 ● 50 ① 51 ③ 52 ④ 53 ④

54 단효용 흡수식 냉동기와 비교한 2중 효용 흡수식 냉동기의 특징으로 옳은 것은?

① 고압응축기와 저압응축기가 있다.
② 고온증발기와 저온증발기가 있다.
③ 고온발생기와 저온발생기가 있다.
④ 냉각탑의 용량이 커진다.

해설

[2중 효용 흡수식 냉동기]
2중 효용 흡수식 냉동기는 고온 발생기와 저온 발생기를 사용하여 열에너지를 단계적으로 이용하는 방식이다. 이 구조 덕분에 1중 효용에 비해 열 이용 효율(성적계수, COP)이 높아지고, 연료 절감 효과가 있다. 즉, 2중 효용 흡수식 냉동기의 핵심은 발생기만 이중 구조로 되어 있다는 점이다.

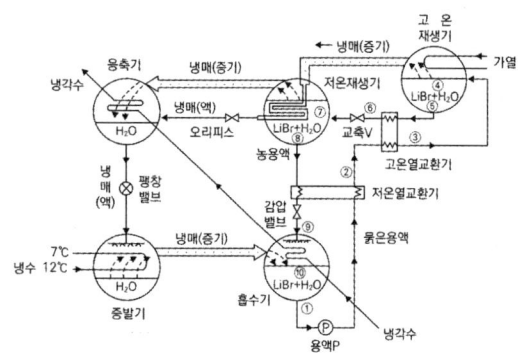

[2중 효용 흡수식 냉동기(H_2O + LiBr)]

55 여과기 통과 전 분진량은 $0.32\ mg/m^3$ 통과 후 분진량은 $0.08\ mg/m^3$이였다면 이 여과장치의 효율은?

① 25 %   ② 66 %
③ 75 %   ④ 83 %

해설

[여과장치의 효율]
$$\frac{0.32 - 0.08}{0.32} \times 100\ \% = 75\ \%$$

56 공기조화기의 가열코일 입구와 출구에서 공기의 상태값이 변화하지 않는 것은?

① 엔탈피   ② 상대습도
③ 건구온도   ④ 절대습도

해설

[절대습도의 변화]
온도 상승 시 포화범위가 넓어지기 때문에 절대습도의 변화는 거의 없다.

57 다음 중 외주부(Perimeter Zone)의 부하변동에 가장 효과적으로 대응할 수 있는 공기조화방식은?

① 단일덕트방식
② 각층 유닛방식
③ 팬코일 유닛방식
④ 멀티존 유닛방식

해설

[팬코일 유닛방식]
외주부는 외기의 영향이 지배적인 곳으로 부하는 크고, 변동이 심하여 많은 열량을 공급하는 팬코일 유닛방식이 유리하다.

정답 54 ③ 55 ③ 56 ④ 57 ③

58 어느 사무실이 다음과 같은 조건에 있을 때, 이 사무실에 요구되는 환기량은?

- 재실인원 : 70인
- 실내 CO_2 허용 농도 : 1000 ppm
- 재실자 1인당의 CO_2 발생량 : 0.02 m³/h
- 외기중의 CO_2 농도 : 0.03 %

① 500 m³/h ② 1000 m³/h
③ 1500 m³/h ④ 2000 m³/h

해설
[환기량]

$$Q = \frac{M}{C_i - C_o} = \frac{70 \times 0.02}{1000 \times 10^{-6} - 0.03 \times 10^{-2}} = 2000 \, m^3/h$$

59 원형 덕트와 장방형 덕트의 환산식으로 옳은 것은? (단, d : 원형 덕트의 직경 또는 환산직경, a : 장방형 덕트의 장변길이, b : 장방형 덕트의 단변길이)

① $d = 1.3 \left[\dfrac{(a \cdot b)^5}{(a+b)^2} \right]^{1/8}$

② $d = 1.3 \left[\dfrac{(a \cdot b)^5}{(a-b)^2} \right]^{1/8}$

③ $d = 1.3 \left[\dfrac{(a \cdot b)^2}{(a+b)^5} \right]^{1/8}$

④ $d = 1.3 \left[\dfrac{(a \cdot b)^2}{(a-b)^5} \right]^{1/8}$

해설
[장방형 덕트의 환산식]

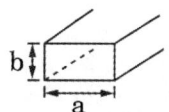 ⇒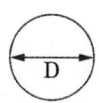

[장방형 덕트]   [원형 덕트]

$$d = 1.3 \left[\frac{(a \cdot b)^5}{(a+b)^2} \right]^{\frac{1}{8}}$$

여기서, d : 원형 덕트의 직경 또는 환산 직경
a : 장방형 덕트의 장변
b : 장방형 덕트의 단변

60 어떤 송풍기의 회전속도가 460 rpm일 때 송풍기 전압은 32 mmAq이었다. 이 송풍기를 600 rpm으로 운전하였을 때의 송풍기 전압은?

① 32.0 mmAq ② 41.7 mmAq
③ 54.4 mmAq ④ 71.00 mmAq

해설
[송풍기 전압]

※ 상사의 법칙
1) 풍량(유량)[m³/s]
$$Q_2 = \left(\frac{N_2}{N_1} \right)^1 \times \left(\frac{D_2}{D_1} \right)^3 \times Q_1$$

2) 전압[Pa](양정[m])
$$P_2 = \left(\frac{N_2}{N_1} \right)^2 \times \left(\frac{D_2}{D_1} \right)^2 \times P_1$$

3) 동력[kW]
$$L_2 = \left(\frac{N_2}{N_1} \right)^3 \times \left(\frac{D_2}{D_1} \right)^5 \times L_1$$

$P_2 = \left(\dfrac{600}{460} \right)^2 \times 32$ ∴ $P_2 = 54.44$

정답 ● 58 ④ 59 ① 60 ③

4과목 | 소방 및 전기설비

1회독 시간 :   점수 :
2회독 시간 :   점수 :
3회독 시간 :   점수 :

61 다음 설명에 알맞은 화재의 종류는?

> 인화성 액체, 가연성 액체, 타르, 오일, 유성도료, 솔벤트, 래커, 알코올 및 인화성 가스와 같은 타고 나서 재가 남지 않는 화재

① A급 화재   ② B급 화재
③ C급 화재   ④ K급 화재

해설

[화재]

등급	화재	표시색	적응물질
A급 화재	일반 화재	백색	목재, 섬유, 합성섬유
B급 화재	유류 화재	황색	인화성 액체
C급 화재	전기 화재	청색	통전 중인 전기설비, 기기화재
D급 화재	금속 화재	무색	가연성 금속
K급 화재	식용유 화재	황색	식용유

62 그림의 회로도와 같이 논리식이 $Y = X_1 \cdot X_2$로 표시되는 논리회로의 종류는?

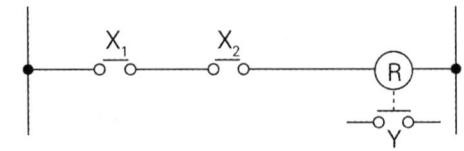

① AND회로   ② OR회로
③ NOT회로   ④ NAND회로

해설

[논리회로]

명칭, 논리기호
AND회로 ($A \times B$, $A \cdot B$) 
OR회로 ($A + B$) 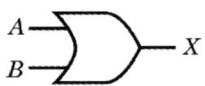
NOT회로 (반전) 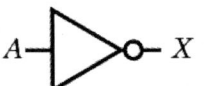
NAND회로 (NOT + AND) 
NOR회로 (NOT + OR) 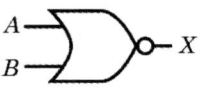
XOR회로 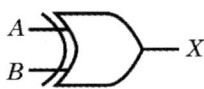

정답 61 ② 62 ①

63 암페어의 오른손법칙이 적용되는 기기는?

① 저항
② 축전지
③ 난방코일
④ 솔레노이드밸브

해설

[암페어의 오른손법칙]
암페어의 오른손법칙은 전류에 의해 발생되는 자계의 방향에 관한 법칙으로 암페어의 오른나사법칙이라고도 함. 솔레노이드밸브에 응용됨

64 건축화조명에 관한 설명으로 옳지 않은 것은?

① 조명기구 배치방식에 의하면 거의 전반조명방식에 해당된다.
② 조명기구 배광방식에 의하면 거의 직접조명방식에 해당된다.
③ 건축물의 천장이나 벽을 조명기구 겸용으로 마무리하는 것이다.
④ 천장면 이용방식으로는 다운라이트, 코퍼라이트, 광천장조명 등이 있다.

해설

[건축화조명]
건축화조명은 대부분 건축물의 천장이나 벽을 조명기구로 겸용하는 것으로 대부분 간접조명방식에 속함

65 저압옥내배선공사 중 점검할 수 없는 은폐된 장소에서 시설할 수 없는 공사는?

① 금속관공사
② 금속덕트공사
③ 2종 가요전선관공사
④ 합성수지관(CD관 제외)공사

해설

[은폐된 장소]
은폐된 장소에는 금속관 또는 가요전선관을 사용함

66 연결송수관설비 방수구의 호스접결구의 설치위치로 옳은 것은?

① 바닥으로부터 높이 0.5 m 이상 1 m 이하의 위치
② 바닥으로부터 높이 0.5 m 이상 1.5 m 이하의 위치
③ 바닥으로부터 높이 1 m 이상 1.5 m 이하의 위치
④ 바닥으로부터 높이 1 m 이상 2 m 이하의 위치

해설

[방수구 호스접결구 설치위치]
바닥으로부터 높이 0.5 m 이상 1 m 이하의 위치
(소방대가 쓰는 설비 공통)

정답 63 ④ 64 ② 65 ② 66 ①

67 소화설비의 소화방법에 관한 설명으로 옳지 않은 것은?

① 물분무소화설비는 제거소화법이다.
② 옥내소화전설비는 냉각소화법이다.
③ 스프링클러설비는 냉각소화법이다.
④ 불연성 가스 소화설비는 질식소화법이다.

해설

[소화설비]
물분무소화설비는 미세 물입자를 분사하여 화재표면을 냉각시키는 냉각소화방법

68 저항 R과 인덕턴스 L의 병렬회로에 있어서 전류와 전압의 위상관계는?

① 전류는 전압보다 뒤진다.
② 전류와 전압은 동상이다.
③ 전류는 전압보다 45° 앞선다.
④ 전류는 전압보다 90° 앞선다.

해설

[코일]
코일은 지상임

69 수용장소의 수전설비용량에 대한 최대 수용전력의 비율을 백분율로 나타낸 것은?

① 수용률
② 부등률
③ 역률
④ 부하율

해설

[수용률]
수용률 = 최대수요전력/총부하설비용량 × 100 %

70 다음 설명에 알맞은 피드백제어계의 구성요소는?

> 제어계의 상태를 교란시키는 외적작용으로서, 실내온도제어에서는 인체·조명 등에 의한 발생열, 창문을 통한 태양일사, 틈새바람, 외기온도 등을 의미한다.

① 외란　　　　② 제어대상
③ 제어편차　　④ 주 피드백신호

해설

[피드백제어]

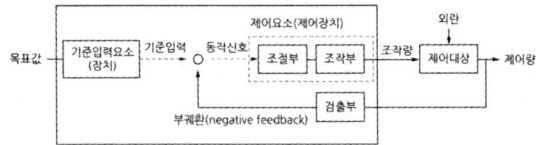

외란 : 예측할 수 없는 외부환경의 방해요소

정답 ● 67 ① 68 ① 69 ① 70 ①

71 광원에서 나가는 전광속 대비 피조면에 도달하는 광속의 비율을 의미하는 것은?

① 이용률
② 조명률
③ 유지율
④ 감광보상률

해설

[광원]
FUN = AED에서
　　F : 등1개의 광속, U : 조명률, N : 등개수
　　A : 면적, E : 조도, D : 감광보상률

72 주파수가 120 Hz인 교류 파형의 주기는?

① 약 0.083 sec
② 약 0.0083 sec
③ 약 0.00083 sec
④ 약 0.000083 sec

해설

[주기]
주기 $T = \dfrac{1}{f} = \dfrac{1}{120 Hz} = 0.0083$

73 인터폰설비의 통화망 구성방식에 따른 구분에 속하지 않는 것은?

① 모자식　　② 상호식
③ 복합식　　④ 개별식

해설

[인터폰설비]
- 모자식 : 하나의 주기(親機, 마스터폰)와 여러 개의 종기(子機, 서브폰)가 연결된 방식
- 상호식 : 각 기기들 간에 서로 직접 통화 가능한 방식
- 복합식 : 모자식과 상호식을 혼합한 방식

74 두 개의 전극을 이용하여 정전용량이 큰 콘덴서를 만들기 위한 방법으로 알맞은 것은?

① 극판의 면적을 작게 한다.
② 극판의 거리를 멀게 한다.
③ 극판 사이의 전압을 높게 한다.
④ 극판 사이에 유전체를 삽입한다.

해설

[콘덴서 정전용량을 크게 하기 위한 방법]
유전율(진공유전율 × 비유전율)이 큰 유전체를 삽입함
평판도체의 정전용량
$C = \varepsilon \dfrac{A}{d} [F]$

$d[m]$: 극판의 간격
$A[m^2]$: 면적

정답 ● 71 ② 72 ② 73 ④ 74 ④

75 스프링클러설비의 알람밸브에 리타딩챔버를 설치하는 주된 목적은?

① 오보를 방지한다.
② 자동배수를 한다.
③ 방수압을 시험한다.
④ 가압수의 온도를 검지한다.

해설

[리타딩챔버]
스프링클러설비밸브에서 일시적 물넘침을 처리함으로서 화재 아닌 경우로 발생신호가 송출되는 것을 방지하는 장치

76 전기용접기의 주된 원리는 무엇을 응용한 것인가?

① 전자력 ② 자기유도
③ 전자유도 ④ 줄(Joule)열

해설

[줄열]
전기 저항을 이용하여 발생하는 줄열을 이용하여 금속을 국부적으로 가열, 융해시키는 접합장치임

77 급기팬에 220 V의 교류전압을 가하니 10 A의 전류가 전압보다 60° 뒤져서 흐른다. 이 급기팬을 2시간 사용할 때의 소비전력량은?

① 0.55 kWh ② 2.2 kWh
③ 4 kWh ④ 792 kWh

해설

[소비전력량]
전력 $W = VI\cos\theta$
$= 220\ V \times 10\ A \times \cos 60°$
$= 1100\ W = 1.1\ kW$
220 V, 10 A
2시간 동안 소비전력은
$1.1 \times 2 = 2.2$ kWh

78 자동화재탐지설비의 하나의 경계구역의 면적은 최대 얼마 이하로 하는가? (단, 해당 특정소방대상물의 주된 출입구에서 그 내부 전체가 보이는 것 제외)

① 150 m² ② 300 m²
③ 500 m² ④ 600 m²

해설

[경계구역]
특정소방대상물 중 화재신호를 발신하고 그 신호를 수신 및 유효하게 제어할 수 있는 구역
① 하나의 경계구역이 2개 이상의 건축물 및 각 층에 미치지 아니하도록 할 것(단, 500 m² 이하 범위 안에서는 2개 층을 하나의 경계구역으로 산정)
② 하나의 경계구역의 면적은 600 m² 이하, 한 변의 길이는 50 m 이하로 할 것(단, 주된 출입구에서 그 내부 전체가 보이는 것에 있어서는 한 변의 길이가 50 m의 범위 내에서 1000 m² 이하)

정답 → 75 ① 76 ④ 77 ② 78 ④

79 소방차로부터 스프링클러설비에 송수할 수 있는 송수구에 관한 기준 내용으로 옳지 않은 것은?

① 구경 65 mm의 단구형으로 할 것
② 송수구에는 이물질을 막기 위한 마개를 씌울 것
③ 지면으로부터 높이가 0.5 m 이상 1 m 이하의 위치에 설치할 것
④ 송수구의 가까운 부분에 자동배수밸브(또는 직경 5 mm의 배수공) 및 체크밸브를 설치할 것

해설

[스프링클러설비의 화재안전기술기준(NFTC 103)]
2.8 송수구
2.8.1 스프링클러설비에는 소방차로부터 그 설비에 송수할 수 있는 송수구를 다음의 기준에 따라 설치해야 한다.
  2.8.1.1 소방차가 쉽게 접근할 수 있고 잘 보이는 장소에 설치하고, 화재층으로부터 지면으로 떨어지는 유리창 등이 송수 및 그 밖의 소화작업에 지장을 주지 않는 장소에 설치할 것
  2.8.1.2 송수구로부터 스프링클러설비의 주배관에 이르는 연결배관에 개폐밸브를 설치한 때에는 그 개폐상태를 쉽게 확인 및 조작할 수 있는 옥외 또는 기계실 등의 장소에 설치할 것
  2.8.1.3 송수구는 구경 65 mm의 쌍구형으로 할 것
  2.8.1.4 송수구에는 그 가까운 곳의 보기 쉬운 곳에 송수압력범위를 표시한 표지를 할 것
  2.8.1.5 폐쇄형 스프링클러헤드를 사용하는 스프링클러설비의 송수구는 하나의 층의 바닥면적이 3000 m²를 넘을 때마다 1개 이상(5개를 넘을 경우에는 5개로 한다)을 설치할 것
  2.8.1.6 지면으로부터 높이가 0.5 m 이상 1 m 이하의 위치에 설치할 것
  2.8.1.7 송수구의 부근에는 자동배수밸브(또는 직경 5 mm의 배수공) 및 체크밸브를 설치할 것. 이 경우 자동배수밸브는 배관 안의 물이 잘 빠질 수 있는 위치에 설치하되, 배수로 인하여 다른 물건이나 장소에 피해를 주지 않아야 한다.
  2.8.1.8 송수구에는 이물질을 막기 위한 마개를 씌울 것

80 다음 중 배선설비에 사용되는 전선의 굵기를 결정할 때 고려해야 할 요소가 아닌 것은?

① 전압강하
② 허용전류
③ 기계적 강도
④ 전선관 규격

해설

[전선의 굵기 결정]
- 허용전류
- 전압강하
- 기계적 강도

정답 79 ① 80 ④

5과목 건축설비 관계법규

1회독 시간 :   점수 :
2회독 시간 :   점수 :
3회독 시간 :   점수 :

81 건축물의 바깥쪽에 설치하는 피난계단의 구조에 관한 기준 내용으로 옳지 않은 것은?

① 계단의 유효너비는 0.9 m 이상으로 할 것
② 계단은 내화구조로 하고 지상까지 직접 연결되도록 할 것
③ 건축물의 내부에서 계단으로 통하는 출입구에는 각종 방화문을 설치할 것
④ 계단은 그 계단으로 통하는 출입구와 창문 등으로부터 1 m 이상의 거리를 두고 설치할 것

해설

[피난계단]
[건축물의 피난·방화구조 등의 기준에 관한 규칙]
제9조(피난계단 및 특별피난계단의 구조)
2. 건축물의 바깥쪽에 설치하는 피난계단의 구조
  가. 계단은 그 계단으로 통하는 출입구 외의 창문등(망이 들어 있는 유리의 붙박이창으로서 그 면적이 각각 1제곱미터 이하인 것을 제외한다)으로부터 2미터 이상의 거리를 두고 설치할 것
  나. 건축물의 내부에서 계단으로 통하는 출입구에는 60분+ 방화문 또는 60분 방화문을 설치할 것
  다. 계단의 유효너비는 0.9미터 이상으로 할 것
  라. 계단은 내화구조로 하고 지상까지 직접 연결되도록 할 것

82 건축법령상 다중이용 건축물에 속하지 않는 것은? (단, 15층 이하이며, 해당 용도로 쓰는 바닥면적의 합계가 5000 m² 이상인 건축물)

① 종교시설
② 판매시설
③ 위락시설
④ 의료시설 중 종합병원

해설

[정의 – 다중이용 건축물]
[건축법 시행령] 제2조(정의)
17. "다중이용 건축물"이란 다음 각 목의 어느 하나에 해당하는 건축물을 말한다.
  가. 다음의 어느 하나에 해당하는 용도로 쓰는 바닥면적의 합계가 5천 제곱미터 이상인 건축물
   1) 문화 및 집회시설(동물원 및 식물원은 제외한다)
   2) 종교시설
   3) 판매시설
   4) 운수시설 중 여객용 시설
   5) 의료시설 중 종합병원
   6) 숙박시설 중 관광숙박시설
  나. 16층 이상인 건축물
※ 위락시설은 '준다중이용건축물'이다.

정답 81 ④ 82 ③

83 다음은 옥내소화전설비를 설치하여야 하는 특정소방대상물에 대한 기준 내용이다. ( ) 안에 알맞은 것은?

> 연면적 3000 m² 이상(지하각 중 터널은 제외한다)이거나 지하층·무창층(축사는 제외한다) 또는 층수가 4층 이상인 것 중 바닥면적이 (　　) 이상인 층이 있는 것은 모든 층

① 300 m²　　② 600 m²
③ 1000 m²　　④ 1200 m²

해설

[옥내소화전설비]
[소방시설설치 및 관리에 관한 법률 시행령]
별표 4 : 특정소방대상물의 관계인이 특정소방대상물에 설치·관리해야 하는 소방시설의 종류
다. 옥내소화전설비를 설치해야 하는 특정소방대상물은 다음의 어느 하나에 해당하는 것으로 한다.
  1) 다음의 어느 하나에 해당하는 경우에는 모든 층
    가) 연면적 3천 m² 이상인 것(터널은 제외한다)
    나) 지하층·무창층(축사는 제외한다)으로서 바닥면적이 600 m² 이상인 층이 있는 것
    다) 4층 이상인 층 중에서 바닥면적이 600 m² 이상인 층이 있는 것

84 방송 공동수신설비를 설치하여야 하는 대상 건축물에 속하지 않는 것은?

① 아파트
② 연립주택
③ 다가구주택
④ 다세대주택

해설

[방송 공동수신설비]
[건축법 시행령] 제87조(건축설비설치의 원칙)
④ 건축물에는 방송수신에 지장이 없도록 공동시청 안테나, 유선방송 수신시설, 위성방송 수신설비, 에프엠(FM)라디오방송 수신설비 또는 방송 공동수신설비를 설치할 수 있다. 다만 다음 각 호의 건축물에는 방송 공동수신설비를 설치하여야 한다.
  1. 공동주택
  2. 바닥면적의 합계가 5천 제곱미터 이상으로서 업무시설이나 숙박시설의 용도로 쓰는 건축물
⑤ 제4항에 따른 방송 수신설비의 설치기준은 과학기술정보통신부장관이 정하여 고시하는 바에 따른다.

• 공동주택(아파트, 연립주택, 다세대주택)
• 다가구주택은 공동주택이 아님

정답　83 ②　84 ③

85 배연설비의 설치에 관한 기준 내용으로 옳지 않은 것은?

① 배연창의 유효면적은 2 m² 이상으로 할 것
② 배연구는 예비전원에 의하여 열 수 있도록 할 것
③ 배연구는 연기감지기 또는 열감지기에 의하여 자동으로 열 수 있는 구조로 할 것
④ 건축물이 방화구획으로 구획된 경우에는 그 구획마다 1개소 이상의 배연창을 설치할 것

해설

[배연설비]
[건축물의 설비기준 등에 관한 규칙]
제14조(배연설비)
① 법 제49조 제2항에 따라 배연설비를 설치하여야 하는 건축물에는 다음 각 호의 기준에 적합하게 배연설비를 설치해야 한다. 다만 피난층인 경우에는 그렇지 않다.
1. 영 제46조 제1항에 따라 건축물이 방화구획으로 구획된 경우에는 그 구획마다 1개소 이상의 배연창을 설치하되, 배연창의 상변과 천장 또는 반자로부터 수직거리가 0.9미터 이내일 것. 다만 반자높이가 바닥으로부터 3미터 이상인 경우에는 배연창의 하변이 바닥으로부터 2.1미터 이상의 위치에 놓이도록 설치하여야 한다.
2. 배연창의 유효면적은 별표 2의 산정기준에 의하여 산정된 면적이 1제곱미터 이상으로서 그 면적의 합계가 당해 건축물의 바닥면적(영 제46조 제1항 또는 제3항의 규정에 의하여 방화구획이 설치된 경우에는 그 구획된 부분의 바닥면적을 말한다)의 100분의 1이상일 것. 이 경우 바닥면적의 산정에 있어서 거실바닥면적의 20분의 1 이상으로 환기창을 설치한 거실의 면적은 이에 산입하지 아니한다.
3. 배연구는 연기감지기 또는 열감지기에 의하여 자동으로 열 수 있는 구조로 하되, 손으로도 열고 닫을 수 있도록 할 것
4. 배연구는 예비전원에 의하여 열 수 있도록 할 것
5. 기계식 배연설비를 하는 경우에는 제1호 내지 제4호의 규정에 불구하고 소방관계법령의 규정에 적합하도록 할 것

86 욕실 또는 조리장의 바닥과 그 바닥으로부터 높이 1 m까지의 안벽의 마감을 내수재료로 하여야 하는 대상에 속하지 않는 것은?

① 아파트의 욕실
② 숙박시설의 욕실
③ 제1종 근린생활시설 중 목욕장의 욕실
④ 제1종 근린생활시설 중 휴게음식점의 조리장

해설

[방습 조치]
[건축물의 피난·방화구조 등의 기준에 관한 규칙]
제18조(거실등의 방습)
② 영 제52조에 따라 다음 각 호의 어느 하나에 해당하는 욕실 또는 조리장의 바닥과 그 바닥으로부터 높이 1미터까지의 안쪽벽의 마감은 이를 내수재료로 해야 한다.
1. 제1종 근린생활시설 중 목욕장의 욕실과 휴게음식점의 조리장

정답 ● 85 ① 86 ①

2. 제2종 근린생활시설 중 일반음식점 및 휴게음식점의 조리장과 <u>숙박시설의 욕실</u>

87 판매시설의 경우 모든 층에 스프링클러설비를 설치하여야 하는 특정소방대상물 기준으로 옳은 것은?

① 바닥면적 합계가 3000 m² 이상인 것
② 바닥면적 합계가 5000 m² 이상인 것
③ 바닥면적 합계가 7000 m² 이상인 것
④ 바닥면적 합계가 10000 m² 이상인 것

해설

[소방설비시설]
[소방시설설치 및 관리에 관한 법률 시행령]
별표 4 : 특정소방대상물의 관계인이 특정소방대상물에 설치·관리해야 하는 소방시설의 종류
1. 소화설비
  4) <u>판매시설</u>, 운수시설 및 창고시설(물류터미널로 한정한다)로서 <u>바닥면적의 합계가 5천 m² 이상</u>이거나 수용인원이 500명 이상인 경우에는 <u>모든 층</u>

88 건축허가 등을 할 때 미리 소방본부장 또는 소방서장의 동의를 받아야 하는 대상 건축물의 층수 기준은?

① 3층 이상
② 6층 이상
③ 10층 이상
④ 12층 이상

해설

[건축허가]
[소방시설설치 및 관리에 관한 법률 시행령]
제7조(건축허가등의 동의대상물의 범위 등)
① 법 제6조 제1항에 따라 건축물 등의 신축·증축·개축·재축·이전·용도변경 또는 대수선의 허가·협의 및 사용승인(「주택법」 제15조에 따른 승인 및 같은 법 제49조에 따른 사용검사, 「학교시설사업 촉진법」 제4조에 따른 승인 및 같은 법 제13조에 따른 사용승인을 포함하며, 이하 "건축허가등"이라 한다)을 할 때 <u>미리 소방본부장 또는 소방서장의 동의를 받아야 하는 건축물 등의 범위</u>는 다음 각 호와 같다.
  4. 층수(「건축법 시행령」 제119조 제1항 제9호에 따라 산정된 층수를 말한다. 이하 같다)가 <u>6층 이상인 건축물</u>

89 교육연구시설 중 학교의 교실 간 소음방지를 위해 설치하는 경계벽의 구조로 옳지 않은 것은?

① 석조로서 두께가 15 cm 인 것
② 철근 콘크리트조로서 두께가 12 cm 인 것
③ 무근콘크리트조로서 두께가 15 cm 인 것
④ 콘크리트블록조로서 두께가 15 cm 인 것

해설

[경계벽의 구조]
[건축물의 피난·방화구조 등의 기준에 관한 규칙]
제19조(경계벽 등의 구조)
① 법 제49조 제4항에 따라 건축물에 설치하는 경계벽은 내화구조로 하고, 지붕밑 또는 바로 위

정답 ● 87 ② 88 ② 89 ④

층의 바닥판까지 닿게 해야 한다.
② 제1항에 따른 경계벽은 소리를 차단하는 데 장애가 되는 부분이 없도록 다음 각 호의 어느 하나에 해당하는 구조로 하여야 한다. 다만 다가구주택 및 공동주택의 세대 간의 경계벽인 경우에는 「주택건설기준 등에 관한 규정」 제14조에 따른다.
1. 철근 콘크리트조·철골철근 콘크리트조로서 두께가 10센티미터 이상인 것
2. 무근콘크리트조 또는 석조로서 두께가 10센티미터(시멘트모르타르·회반죽 또는 석고플라스터의 바름두께를 포함한다) 이상인 것
3. 콘크리트블록조 또는 벽돌조로서 두께가 19센티미터 이상인 것

90 건축물의 에너지 절약설계기준에 따른 건축부분의 권장사항으로 옳지 않은 것은? [법령 개정으로 인한 문제 수정]

① 태양열 유입에 의한 냉·난방부하를 저감할 수 있도록 일사조절장치, 태양열투과율, 창 및 문의 면적비 등을 고려한 설계를 한다.
② 건축물의 체적에 대한 외피면적의 비 또는 연면적에 대한 외피면적의 비는 가능한 크게 한다.
③ 거실의 층고 및 반자 높이는 실의 용도와 기능에 지장을 주지 않는 범위 내에서 가능한 낮게 한다.
④ 건물의 창 및 문은 가능한 작게 설계하고, 특히 열손실이 많은 북측 거실의 창 및 문의 면적은 최소화한다.

해설

[권장사항]
[건축물 에너지절약설계기준]
제7조(건축부문의 권장사항)
에너지절약계획서 제출대상 건축물의 건축주와 설계자 등은 다음 각 호에서 정하는 사항을 제15조의 규정에 적합하도록 선택적으로 채택할 수 있다.
2. 평면계획
  가. 거실의 층고 및 반자 높이는 실의 용도와 기능에 지장을 주지 않는 범위 내에서 가능한 낮게 한다.
  나. 건축물의 체적에 대한 외피면적의 비 또는 연면적에 대한 외피면적의 비는 가능한 작게 한다.
  다. 실의 냉난방 설정온도, 사용스케줄 등을 고려하여 에너지절약적 조닝계획을 한다.
3. 단열계획
  라. 건물의 창 및 문은 가능한 작게 설계하고, 특히 열손실이 많은 북측 거실의 창 및 문의 면적은 최소화한다.
  바. 태양열 유입에 의한 냉·난방부하를 저감 할 수 있도록 일사조절장치, 태양열취득률(SHGC), 창 및 문의 면적비 등을 고려한 설계를 한다. 건축물 외부에 일사조절장치를 설치하는 경우에는 비, 바람, 눈, 고드름 등의 낙하 및 화재 등의 사고에 대비하여 안전성을 검토하고 주변 건축물에 빛반사에 의한 피해 영향을 고려히여야 한다.

91 다음 중 6층 이상의 거실면적의 합계가 6000 m²인 경우 설치하여야 하는 승용 승강기의 최소대수가 가장 많은 것은? (단, 8인승 승용 승강기의 경우)

① 업무시설
② 숙박시설
③ 문화 및 집회시설 중 전시장
④ 문화 및 집회시설 중 공연장

해설

[승용 승강기의 최소 대수]
[건축물의 설비기준 등에 관한 규칙]
별표 1의2(승용 승강기의 설치기준)

건축물의 용도	6층 이상의 거실 면적의 합계	3천 제곱미터 이하	3천 제곱미터 초과
1. 가. 문화 및 집회시설(공연장·집회장 및 관람장만 해당한다) 나. 판매시설 다. 의료시설		2대	2대에 3천 제곱미터를 초과하는 2천 제곱미터 이내마다 1대를 더한 대수
2. 가. 문화 및 집회시설(전시장 및 동·식물원만 해당한다) 나. 업무시설 다. 숙박시설 라. 위락시설		1대	1대에 3천 제곱미터를 초과하는 2천 제곱미터 이내마다 1대를 더한 대수
3. 가. 공동주택 나. 교육연구시설 다. 노유자시설 라. 그 밖의 시설		1대	1대에 3천 제곱미터를 초과하는 3천 제곱미터 이내마다 1대를 더한 대수

92 계단의 설치에 관한 기준 내용으로 옳지 않은 것은?

① 계단의 유효 높이는 1.8 m 이상으로 할 것
② 중학교의 계단인 경우 단 높이는 18 cm 이하, 단 너비는 26 cm 이상으로 할 것
③ 너비 3 m를 넘는 계단에는 계단의 중간에 너비 3 m 이내마다 난간을 설치할 것
④ 높이 3 m를 넘는 계단에는 높이 3 m 이내마다 유효너비 1.2 m 이상의 계단참을 설치할 것

해설

[계단의 설치]
[건축물의 피난·방화구조 등의 기준에 관한 규칙]
제15조(계단의 설치기준)
① 영 제48조의 규정에 의하여 건축물에 설치하는 계단은 다음 각 호의 기준에 적합하여야 한다. 〈개정 2010.4.7., 2015.4.6.〉

1. 높이가 3미터를 넘는 계단에는 높이 3미터 이내마다 유효너비 120센티미터 이상의 계단참을 설치할 것
2. 높이가 1미터를 넘는 계단 및 계단참의 양옆에는 난간(벽 또는 이에 대치되는 것을 포함한다)을 설치할 것
3. 너비가 3미터를 넘는 계단에는 계단의 중간에 너비 3미터 이내마다 난간을 설치할 것. 다만 계단의 단 높이가 15센티미터 이하이고, 계단의 단 너비가 30센티미터 이상인 경우에는 그러하지 아니하다.
4. 계단의 유효 높이(계단의 바닥 마감면부터 상부 구조체의 하부 마감면까지의 연직방향의 높이를 말한다)는 2.1미터 이상으로 할 것

정답 91 ④ 92 ①

② 제1항에 따라 계단을 설치하는 경우 계단 및 계단참의 너비(옥내계단에 한정한다), 계단의 단높이 및 단 너비의 치수는 다음 각 호의 기준에 적합해야 한다. 이 경우 돌음계단의 단 너비는 그 좁은 너비의 끝부분으로부터 30센티미터의 위치에서 측정한다.
1. 초등학교의 계단인 경우에는 계단 및 계단참의 유효너비는 150센티미터 이상, 단 높이는 16센티미터 이하, 단 너비는 26센티미터 이상으로 할 것
2. 중·고등학교의 계단인 경우에는 계단 및 계단참의 유효너비는 150센티미터 이상, 단 높이는 18센티미터 이하, 단 너비는 26센티미터 이상으로 할 것
3. 문화 및 집회시설(공연장·집회장 및 관람장에 한한다)·판매시설 기타 이와 유사한 용도에 쓰이는 건축물의 계단인 경우에는 계단 및 계단참의 유효너비를 120센티미터 이상으로 할 것

93 건축물 관련 건축기준의 허용오차 범위로 옳지 않은 것은?

① 출구 너비 : 2 % 이내
② 반자 높이 : 2 % 이내
③ 벽체 두께 : 2 % 이내
④ 바닥판 두께 : 3 % 이내

해설

[건축허용오차]
[건축법 시행규칙] - 별표5 : 건축허용오차
2. 건축물 관련 건축기준의 허용오차

항목	허용되는 오차의 범위
건축물 높이	2퍼센트 이내(1미터를 초과할 수 없다)
평면길이	2퍼센트 이내(건축물 전체길이는 1미터를 초과할 수 없고, 벽으로 구획된 각 실의 경우에는 10센티미터를 초과할 수 없다)
출구너비	2퍼센트 이내
반자높이	2퍼센트 이내
벽체두께	3퍼센트 이내
바닥판두께	3퍼센트 이내

94 다음 중 신고 대상에 속하는 용도변경은?

① 전기통신시설군에서 자동차 관련 시설군으로의 용도변경
② 근린생활시설군에서 주거업무시설군으로의 용도변경
③ 영업시설군에서 문화 및 집회시설군으로의 용도변경
④ 교육 및 복지시설군에서 산업 등의 시설군으로의 용도변경

해설

[용도변경]
[건축법] 제19조(용도변경)
1. 허가 대상 : 제4항 각 호의 어느 하나에 해당하는 시설군(施設群)에 속하는 건축물의 용도를 상위군(제4항 각 호의 번호가 용도변경하려는 건축물이 속하는 시설군보다 작은 시설군을 말한다)에 해당하는 용도로 변경하는 경우

[건축법 시행령] 제14조(용도변경)
1. 자동차 관련 시설군
2. 산업 등 시설군
3. 전기통신시설군

정답 93 ③ 94 ②

4. 문화집회시설군
5. 영업시설군
6. 교육 및 복지시설군
7. 근린생활시설군
8. 주거업무시설군
9. 그 밖의 시설군

95 건축법령상 제1종 근린생활시설에 속하지 않는 것은?

① 이용원　　② 치과의원
③ 마을회관　　④ 일반음식점

해설

[제1종 근린생활시설]
[건축법 시행령] 별표 1 : 용도별 건축물의 종류
3. 제1종 근린생활시설
　다. 이용원, 미용원, 목욕장, 세탁소 등 사람의 위생관리나 의류 등을 세탁·수선하는 시설 (세탁소의 경우 공장에 부설되는 것과 「대기환경보전법」, 「물환경보전법」 또는 「소음·진동관리법」에 따른 배출시설의 설치 허가 또는 신고의 대상인 것은 제외한다)
　라. 의원, 치과의원, 한의원, 침술원, 접골원(接骨院), 조산원, 안마원, 산후조리원 등 주민의 진료·치료 등을 위한 시설
　사. 마을회관, 마을공동작업소, 마을공동구판장, 공중화장실, 대피소, 지역아동센터(단독주택과 공동주택에 해당하는 것은 제외한다) 등 주민이 공동으로 이용하는 시설
※ 일반음식점은 제2종 근린생활시설이다.

96 주요구조부를 내화구조로 하여야 하는 대상건축물에 속하지 않는 것은?

① 종교시설의 용도로 쓰는 건축물로서 집회실의 바닥면적의 합계가 200 m²인 건축물
② 판매시설의 용도로 쓰는 건축물로서 그 용도로 쓰는 바닥면적의 합계가 500 m²인 건축물
③ 운수시설의 용도로 쓰는 건축물로서 그 용도로 쓰는 바닥면적의 합계가 500 m²인 건축물
④ 문화 및 집회시설 중 전시장의 용도로 쓰는 건축물로서 그 용도로 쓰는 바닥면적의 합계가 200 m²인 건축물

해설

[내화구조로 하여야 하는 대상 건축물]
[건축법 시행령] 제56조
① 법 제50조 제1항 본문에 따라 다음 각 호의 어느 하나에 해당하는 건축물(제5호에 해당하는 건축물로서 2층 이하인 건축물은 지하층 부분만 해당한다)의 주요구조부와 지붕은 내화구조로 해야 한다. 다만 연면적이 50제곱미터 이하인 단층의 부속건축물로서 외벽 및 처마 밑면을 방화구조로 한 것과 무대의 바닥은 그렇지 않다.
1. 제2종 근린생활시설 중 공연장·종교집회장 (해당 용도로 쓰는 바닥면적의 합계가 각각 300제곱미터 이상인 경우만 해당한다), 문화 및 집회시설(전시장 및 동·식물원은 제외한다), 종교시설, 위락시설 중 주점영업 및 장례시설의 용도로 쓰는 건축물로서 관람실 또는 집회실의 바닥면적의 합계가 200제곱미터 (옥외관람석의 경우에는 1천 제곱미터) 이상인 건축물
2. 문화 및 집회시설 중 전시장 또는 동·식물원,

판매시설, 운수시설, 교육연구시설에 설치하는 체육관·강당, 수련시설, 운동시설 중 체육관·운동장, 위락시설(주점영업의 용도로 쓰는 것은 제외한다), 창고시설, 위험물저장 및 처리시설, 자동차 관련 시설, 방송통신시설 중 방송국·전신전화국·촬영소, 묘지 관련 시설 중 화장시설·동물화장시설 또는 관광휴게시설의 용도로 쓰는 건축물로서 그 용도로 쓰는 바닥면적의 합계가 500제곱미터 이상인 건축물

97 다음은 환기구의 안전 기준 내용이다. ( ) 안에 알맞은 것은?

영 제87조 제2항에 따라 환기구[건축물의 환기 설비에 부속된 급기(給氣) 및 배기(排氣)를 위한 건축구조물의 개구부(開口部)를 말한다.]는 보행자 및 건축물 이용자의 안전이 확보되도록 바닥으로부터 ( ) 이상의 높이에 설치하여야 한다.

① 1 m ② 2 m
③ 3 m ④ 4 m

해설

[환기구]
[건축물의 설비기준 등에 관한 규칙]
제11조의2(환기구의 안전 기준)
① 영 제87조 제2항에 따라 환기구[건축물의 환기 설비에 부속된 급기(給氣) 및 배기(排氣)를 위한 건축구조물의 개구부(開口部)를 말한다. 이하 같다]는 보행자 및 건축물 이용자의 안전이 확보되도록 바닥으로부터 2미터 이상의 높이에 설치해야 한다. 다만 다음 각 호의 어느 하나에 해당하는 경우에는 예외로 한다.

98 다음의 소방시설 중 소화활동설비에 속하지 않는 것은?

① 제연설비
② 비상방송설비
③ 연소방지설비
④ 무선통신보조설비

해설

[소화활동설비]
[소방시설설치 및 관리에 관한 법률 시행령]
별표 1 : 소방시설
5. 소화활동설비 : 화재를 진압하거나 인명구조활동을 위하여 사용하는 설비로서 다음 각 목의 것
 가. 제연설비
 나. 연결송수관설비
 다. 연결살수설비
 라. 비상콘센트설비
 마. 무선통신보조설비
 바. 연소방지설비

99 건축물의 에너지 절약 설계기준에 따른 야간단열장치의 총열관류저항은 최소 얼마 이상 되어야 하는가?

① 0.1 m²·K/W 이상
② 0.2 m²·K/W 이상
③ 0.3 m²·K/W 이상
④ 0.4 m²·K/W 이상

해설

[야간단열장치의 총열관류저항]
[건축물 에너지절약설계기준]이 개정됨에 따라 '야간단열장치의 총열관류저항'에 해당하는 내용은 폐지되었다.

정답 ● 97 ② 98 ② 99 정답 없음

100 건축물의 설비기준 등에 관한 규칙에 따라 피뢰설비를 설비하여야 하는 대상 건축물의 높이 기준은?

① 10 m 이상　② 15 m 이상
③ 20 m 이상　④ 30 m 이상

해설

[피뢰설비]
[건축물의 설비기준 등에 관한 규칙]
제20조(피뢰설비)
영 제87조 제2항에 따라 낙뢰의 우려가 있는 건축물, 높이 20미터 이상의 건축물 또는 영 제118조 제1항에 따른 공작물로서 높이 20미터 이상의 공작물(건축물에 영 제118조 제1항에 따른 공작물을 설치하여 그 전체 높이가 20미터 이상인 것을 포함한다)에는 다음 각 호의 기준에 적합하게 피뢰설비를 설치해야 한다.

정답　100　③

2019 제1회

1과목 건축일반

1회독 시간: 점수:
2회독 시간: 점수:
3회독 시간: 점수:

01 다음 용어의 단위로서 옳지 않은 것은?

① 열전도율 : $W/m \cdot K$
② 열전달률 : $W/m^2 \cdot K$
③ 열관류율 : $W/m^3 \cdot K$
④ 열용량 : J/K

해설

[단위]
열관류율 : $W/m^2 \cdot K$

02 학교 교실의 채광계획에 관한 설명으로 옳은 것은?

① 채광은 인공조명을 주로하고 자연 채광은 보조적 역할을 한다.
② 조명수준은 평상시 100 Lx 정도가 가장 적당하다.
③ 남측벽면에서 최대한 직사광선을 받을 수 있도록 루버설치를 자제하는 것이 좋다.
④ 실내마감은 휘도대비를 고려하여 반사율이나 명도가 높은 재료로 마감한다.

해설

[교실의 채광계획]
채광은 자연 채광이 주며 조명 수준은 300 Lx, 남측 벽면에서 여름철 직사광선을 피할 수 있도록 루버설치를 계획하는 것이 좋다.

03 실내음향설계 시 주의할 사항으로 옳지 않은 것은?

① 직접음과 반사음의 시간차를 가능한 크게 하여 충분한 음보강이 되도록 한다.
② 강연이나 연극 등 언어를 주사용 목적으로 할 경우 잔향시간은 비교적 짧게 처리한다.
③ 방해가 되는 소음이나 진동을 완전히 차단하도록 한다.
④ 실의 어느 위치에서나 음 분포가 균등하도록 한다.

해설

[실내음향설계]
실내음향설계에서 직접음과 반사음의 시간차를 크게 하면 잔향시간이 길어져 음의 보강은 약화된다.

정답 01 ③ 02 ④ 03 ①

04 홀 용적 5000m³, 잔향시간 1.6초인 실에서 잔향시간을 1초로 만들기 위해 추가적으로 필요한 흡음력은?

① 220m² ② 275m²
③ 300m² ④ 450m²

해설

[사빈공식]
잔향시간 R.T는 Sabine 식을 이용하여 계산한다.

$R.T = K\dfrac{V}{A}$

잔향계수 K = 0.163, 홀 용적 V = 5000 m³
잔향시간 R.T = 1.6일 때
흡음력 A = 509.375 sabin
잔향시간 R.T = 1일 때 흡음력 A = 815 sabin이므로 이것의 차는 305.625 sabin
※ 잔향계수를 0.16으로 계산할시 정확하게 300이 나온다.

2과목 위생설비

1회독 시간: 점수:
2회독 시간: 점수:
3회독 시간: 점수:

21 오수의 생물화학적 처리법 중 생물막법에 속하지 않는 것은?

① 접촉산화방식
② 살수여상방식
③ 표준활성오니방식
④ 회전원판 접촉방식

해설

[표준활성오니방식]
표준활성오니방식은 고정된 막이 아닌 유동성 미생물을 이용한다.

22 스테인리스 강관에 관한 설명으로 옳은 것은?

① 급수용 배관으로는 사용할 수 없다.
② 저온 충격성이 작아 한랭지배관이 곤란하다.
③ 관의 두께에 따라 L, M, N 형으로 분류할 수 있다.
④ 단위 길이당 중량이 가벼워 취급, 운반이 용이하다.

해설

[스테인리스 강관(STS)]
급수용에 널리 사용하며 저온 내충격성이 커서 한랭지배관에 적합하며 단위 길이당 중량이 가벼워 취급, 운반이 용이하다. 동관은 관의 두께에 따라 K > L > M 지형으로 분류된다.

2026년 출제범위를 벗어난 문제를 모두 삭제하고, 최신 출제기준에 해당하는 문제만 엄선하여 수록했습니다. 따라서 1과목 문제 수는 실제 출제 수와 다를 수 있습니다.

정답 04 ③ 21 ③ 22 ④

23 급수설비에 사용되는 펌프의 양량이 2000 L/min, 전양정이 10 m 일 경우 이 펌프의 축동력은? (단, 펌프의 효율은 55 %이다)

① 3.52 W
② 3.52 kW
③ 5.94 W
④ 5.94 kW

해설

[펌프의 축동력]
$$P[kW] = \frac{1000HQ}{102\eta}$$
$$= \frac{1000 \times 10 \times \frac{2}{60}}{102 \times 0.55} = 5.94 \, kW$$

24 다음과 같은 경우 팽창관의 입상높이 h는 최소 얼마 이상으로 하여야 하는가? (단, 급탕 및 급수온도는 각각 80 ℃, 6 ℃이며, 이때 물의 밀도는 각각 0.9718 kg/L, 0.99997 kg/L이다)

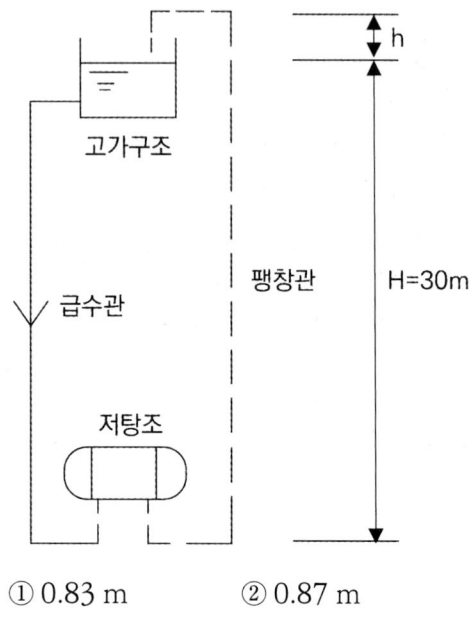

① 0.83 m ② 0.87 m
③ 0.90 m ④ 0.93 m

해설

[팽창관의 입상높이]
팽창관의 입상높이는 밀도차에 의한 액위 상승 이상으로 해야 한다.
따라서
$\rho_1(h+H) \geq \rho_2 H$
ρ_1 : 팽창 전 밀도, ρ_2 : 팽창 후 밀도
$h \geq H(\frac{\rho_2}{\rho_1} - 1)$
$\geq 30(\frac{0.99997}{0.9718} - 1)$
≥ 0.869

정답 23 ④ 24 ②

25 다음 설명에 알맞은 밸브의 종류는?

> - 유체를 일정한 방향으로만 흐르게 하고 역류를 방지하는 데 사용한다.
> - 시트의 고정핀을 축으로 회전하여 개폐되며 수평·수직 어느 배관에도 사용할 수 있다.

① 게이트밸브
② 풋형 체크밸브
③ 스윙형 체크밸브
④ 리프트형 체크밸브

해설

[스윙형 체크밸브(Swing Check Valve)]
디스크가 고정핀을 중심으로 회전(스윙)하여 개폐, 수평·수직배관 모두 설치 가능. 역류방지 기능을 갖는다.

26 다음 중 간접배수로 하여야 하는 기기에 속하지 않는 것은?

① 세탁기   ② 대변기
③ 제빙기   ④ 식기세척기

해설

[간접배수와 직접배수]
- 간접배수 필요 기구 : 식기세척기, 제빙기, 세탁기, 냉장·제빙 드레인 등
- 직접배수 가능 기구 : 세면기, 대변기, 소변기, 욕조 등 위생기구

27 수격작용의 방지대책으로 옳지 않은 것은?

① 감압밸브 설치
② 수격방지기 설치
③ 바이패스관 설치
④ 펌프의 수평주관 길이 증가

해설

[수격작용의 방지대책]
배관 길이를 불필요하게 늘리면 마찰손실만 증가하고, 수격작용 방지에는 효과가 없다. 오히려 관성 증가로 수격을 유발할 수 있다.

28 수도직결방식 급수설비에서 수도본관에서 1층에 설치된 샤워기까지의 높이가 2 m이고, 마찰손실압력이 20 kPa, 수도본관의 수압이 150 kPa 인 경우 샤워기 입구에서의 수압은? (단, 10 kPa = 1 m)

① 약 110 kPa
② 약 130 kPa
③ 약 150 kPa
④ 약 170 kPa

해설

[샤워기 입구에서의 수압]
$H = h_1 + h_2 + h_3$
$150 = 20 + 20 + x$
$x = 110 \text{ kPa}$

정답 ● 25 ③ 26 ② 27 ④ 28 ①

29 수질과 관련된 용어에 관한 설명으로 옳지 않은 것은?

① COD는 화학적 산소요구량을 말한다.
② BOD는 생물화학적 산소요구량을 말한다.
③ SS는 증발잔류물로서 부유물과 용해성 물질의 합계를 말한다.
④ 총질소는 무기성 및 유기성 질소의 총량을 나타낸 것이다.

해설

[수질과 관련된 용어]
③ SS는 부유물(Suspended Solids)을 의미하며, 증발잔류물(TDS + SS)이 아니다. 증발잔류물은 TDS(용해성고형물) + SS이지만 SS 자체는 부유물만 의미한다.

보충 COD(Chemical Oxygen Demand)
BOD(Biochemical Oxygen Demand)

30 어느 배관에 15 mm 세면기 1개, 20 mm 소변기 2개, 25 mm 대변기 2개가 연결될 때 이 배관의 관경은?

[동시 사용률 표]

기구수	2	3	4	5	10
동시 사용률 (%)	100	80	75	70	53

[관균등 표]

관경 (mm)	15	20	25	32	40	50
사용 기구수	1	2	3.7	7.2	11	20

① 20 mm ② 25 mm
③ 32 mm ④ 40 mm

해설

[배관의 관경]
(1) 동시개구수
　15 mm 세면기 : 1
　20 mm 소변기 : 2 × 2 = 4
　25 mm 대변기 : 3.7 × 2 = 7.4
　→ 합계 : 1 + 4 + 7.4 = 12.4
(2) 기구수 5개의 동시사용률은 70 %
　12.4 × 0.7 = 8.68
　관균등표에서 8.68보다 큰 사용기구 수 11개
　40 mm를 선정

정답 ● 29 ③　30 ④

31 배관설비에 사용되는 신축이음쇠의 종류에 속하지 않는 것은?

① 루프형 ② 플랜지형
③ 슬리브형 ④ 벨로우즈형

해설

[신축이음쇠의 종류]
플랜지는 유지보수를 위해 분해가 필요한 곳에 설치하는 배관이음

[플랜지(Flange)]

32 물의 경도에 관한 설명으로 옳지 않은 것은?

① 경도가 큰 물을 경수, 경도가 작은 물을 연수라고 한다.
② 연수는 쉽게 비누거품을 일으키지만 음료용으로는 적합하지 않다.
③ 경수를 보일러 용수로 사용하면 관 내부에 스케일이 생겨 전열효율이 감소된다.
④ 물의 경도는 물속에 녹아 있는 칼슘, 마그네슘 등의 염류의 양을 탄산마그네슘의 농도로 환산하여 나타낸 것이다.

해설

[물의 경도]
연수는 비누거품이 잘 일어나고 음료용으로도 적합하다. 오히려 경수가 음료 시 맛이 떨어질 수 있다.

33 펌프에 관한 설명으로 옳은 것은?

① 펌프의 축동력은 회전수에 반비례한다.
② 볼류트펌프는 임펠러 주위에 안내날개를 갖고 있기 때문에 고양정을 얻을 수 있다.
③ 펌프 1대에 임펠러 1개를 갖고 있는 것을 단단(單段)펌프라 하며 양정이 그다지 높지 않은 경우에 사용된다.
④ 캐비테이션을 방지하기 위해서는 흡수관을 가능한 한 길고 가늘게 함과 동시에 관 내에 공기가 체류할 수 있도록 배관한다.

해설

[펌프]
① 펌프 축동력(P)은 회전수의 세제곱에 비례한다.
② 터빈펌프는 안내 날개가 있어 고양정에 쓰인다. 볼류트펌프는 안내 날개가 없다.
④ 캐비테이션 방지를 위해서는 흡입관을 짧고 굵게 하고, 공기가 체류하지 않도록 배관해야 한다.

34 다음 설명에 알맞은 통기관은?

- 배수, 통기 양 계통 간의 공기의 유통을 원활히 하기 위해 설치하는 통기관을 말한다.
- 배수수평지관의 하류 측의 관 내 기압이 높게 될 위험을 방지한다.

① 습통기관 ② 도피통기관
③ 각개통기관 ④ 신정통기관

정답 31 ② 32 ② 33 ③ 34 ②

> **해설**

[도피통기관]
도피통기관은 배수수평지관의 하류 측 고압 방지, 배수·통기 양 계통 간 공기 유통 원활화

※ 통기관
1) 결합통기관 : 배수수직관과 통기수직관을 연결
2) 각개통기관 : 각 위생기구별 개별 통기관
3) 공용통기관 : 다수 기구의 배수통기관을 공용으로 하는 방식
4) 신정통기관 : 배수수직관을 지붕 위까지 그대로 연장하여 통기관으로 사용하는 방식
5) 회로(루프)통기관 : 여러 개의 위생기구를 하나의 통기관으로 연결하는 방식

35 중앙식 급탕방식에 관한 설명으로 옳지 않은 것은?

① 배관으로부터 열손실이 많다.
② 급탕 개소마다 가열기의 설치 스페이스가 필요하다.
③ 시공 후 기구 증설에 따른 배관 변경 공사를 하기 어렵다.
④ 기계실 등에 다른 설비 기계와 함께 가열장치 등이 설치되기 때문에 관리가 용이하다.

> **해설**

[중앙식 급탕방식]
② 이는 개별식(직접가열식)의 설명이다. 중앙식은 공동 가열 후 배관 공급이므로 급탕 개소마다 가열기 설치공간이 필요하지 않다.

36 호텔의 주방이나 레스토랑의 주방 등에서 배출되는 배수 중의 지방분을 포집하기 위하여 사용되는 포집기는?

① 오일포집기
② 가솔린포집기
③ 그리스포집기
④ 플라스터포집기

> **해설**

[그리스포집기]
그리스포집기는 주방 배수에서 발생하는 동·식물성 기름과 지방을 분리·포집하는 장치이다.

37 온도 10 ℃, 길이 100 m인 강관에 탕이 흘러 70 ℃가 되었을 때, 강관의 팽창량은? (단, 강관의 선팽창계수는 1.0×10^{-5}/℃이다)

① 6 mm
② 12 mm
③ 6 cm
④ 12 cm

> **해설**

[강관의 팽창량]

※ 팽창 길이 λ
$\lambda[mm] = \ell \times \alpha \times \triangle t$
여기서 $\lambda[mm]$: 팽창한 배관의 길이,
$\ell[mm]$: 배관의 길이
$\alpha[mm/mm \cdot ℃]$: 선팽창계수,
$\triangle t[℃]$: 온도 차

관의 팽창 길이 λ
$= 100 \times 1.0 \times 10^{-5} \times (70 - 10)$
$= 0.06$ m $= 6$ cm

정답 ● 35 ② 36 ③ 37 ③

38 관로의 마찰손실에 관한 설명으로 옳지 않은 것은?

① 유속이 빠를수록 관로의 마찰손실은 커진다.
② 관로의 길이가 길수록 관로의 마찰손실은 커진다.
③ 유체의 밀도가 클수록 관로의 마찰손실은 작아진다.
④ 관로의 내경이 클수록 관로의 마찰손실은 작아진다.

해설
[관로의 마찰손실]
달시 바이스바하 공식 $h_L = f \times \dfrac{L}{D} \times \dfrac{v^2}{2g}$

여기서, f : 관마찰계수, L : 관의 길이
D : 관경, v : 유속, g : 중력가속도
③ 마찰손실은 유체의 밀도가 클수록 커진다, 밀도와 비례 관계이다.

39 트랩(Trap)이 갖추어야 할 조건에 관한 설명으로 옳지 않은 것은?

① 자정작용이 가능할 것
② S트랩의 경우 내부 치수가 동일할 것
③ 봉수깊이는 50 mm 이상 100 mm 이하일 것
④ 기구내장트랩의 내벽 및 배수로의 단면 형상에 급격한 변화가 없을 것

해설
[트랩(Trap)이 갖추어야 할 조건]
S트랩은 수봉부, 입출구 등의 치수가 일정하지 않아도 무방하며, 오히려 봉수유지를 위해 단면 변화가 있는 구조가 일반적이다.

40 동시 사용률이 높은 건물과 급탕설비에 관한 설명으로 옳은 것은?

① 가열부하와 최대부하의 차이가 크다.
② 일반적으로 최대부하 사용시간이 짧다.
③ 일반적으로 하루에 1시간 정도의 일정시간에 사용된다.
④ 가열기 능력을 크게 하고 저탕탱크는 소용량으로 계획하는 것이 효율적이다.

해설
[동시 사용률이 높은 건물과 급탕설비]
① 동시 사용률이 높으면 가열부하(평균)와 최대부하가 유사해 차이가 작다.
③ 반드시 1시간만 사용하는 것은 아니며, 용도별로 다르다.
④ 동시 사용률이 높으면 저탕탱크도 충분한 용량으로 계획해야 한다.

보충 학교, 체육관, 공중목욕탕 등은 짧은 시간에 집중 사용되어 최대부하 사용시간이 짧다.

정답 38 ③ 39 ② 40 ②

3과목 | 공기조화설비

41 실내 공기 오염의 종합적 지표로 사용되는 오염물질은?

① 미세먼지
② 이산화탄소
③ 포름알데히드
④ 휘발성 유기화합물

해설

[이산화탄소]
이산화탄소는 실내 공기 오염의 종합적 지표로 사용된다. CO_2 농도가 높으면 환기 부족을 의미한다.

42 습공기선도상의 상태점(건구온도 26 ℃, 상대습도 50 %)에서 건구온도만을 낮출 경우 상승하는 것은?

① 상대습도   ② 습구온도
③ 비체적   ④ 엔탈피

해설

[습공기선도]
건구온도만 낮출 경우 공기의 포화능력이 적어져 결과적으로 상대습도가 높아진다.

43 증기난방설비에서 증기트랩을 사용하는 가장 주된 목적은?

① 온도를 조절하기 위하여
② 공기를 배출하기 위하여
③ 압력을 조절하기 위하여
④ 응축수를 배출하기 위하여

해설

[증기트랩을 사용하는 목적]
증기트랩의 주된 목적은 응축수 제거로, 열교환 효율 유지 및 수격작용 방지 목적이다.

44 공기 2000 kg/h를 증기코일로 가열하는 경우 코일을 통과하는 공기의 온도차가 25.5 ℃, 증기온도에서 물의 증발잠열이 2229.52 kJ/kg일 때 가열에 필요한 증기량은? (단, 공기의 정압비열은 1.01 kJ/kg·K이다)

① 18.2 kg/h   ② 23.1 kg/h
③ 40.2 kg/h   ④ 50.2 kg/h

해설

[가열에 필요한 증기량]
교환열량 $q = 2000 \times 1.01 \times 25.5 = 51510 \ kJ/h$
$51510 = m \times 2229.52 \qquad m = 23.1$

정답 41 ② 42 ① 43 ④ 44 ②

45 보일러의 출력 중 난방부하, 급탕부하, 배관부하, 예열부하의 합으로 표시되는 것은?

① 정미출력 ② 정격출력
③ 상용출력 ④ 과부하출력

해설

[보일러의 출력]
- 정미출력 = 난방부하 + 급탕부하
- 상용출력 = 정미출력 + 배관부하
- 정격출력 = 상용출력 + 예열부하
- 과부하출력 = 정격출력의 1.1 ~ 1.2

보충 과부하출력은 운전 초기나 과부하 발생 시의 출력

46 10 m × 10 m × 3.2 m 크기의 강의실에 35명의 사람이 있을 때 실내의 이산화탄소 농도를 0.1 %로 하기 위해 필요한 환기량은? (단, 1인당 CO_2 발생량은 0.02 m³/h·인이며, 외기의 CO_2 농도는 0.03 %이다)

① 1000 m³/h ② 1400 m³/h
③ 1600 m³/h ④ 2000 m³/h

해설

[환기량]
$$Q = \frac{M}{C_i - C_o}$$

$$= \frac{35 \times 0.02}{0.001 - 0.0003} = 1000 \ m^3/h$$

47 유체의 흐름방향을 한쪽으로만 제어하는 밸브는?

① 체크밸브
② 앵글밸브
③ 게이트밸브
④ 글로브밸브

해설

[체크밸브(Check Valve)]
유체의 흐름을 한쪽 방향으로만 흐르게 하여 역류 방지

48 다음과 같은 조건에 있는 유리창을 통한 단위 면적당 취득열량은?

- 유리창의 열관류율 : 3.0 W/m²·k
- 실내의 온도차 : 30 ℃
- 유리창의 일사열취득 : 100 W/m²
- 유리창의 차폐계수 : 1.0

① 190 W/m²
② 270 W/m²
③ 330 W/m²
④ 390 W/m²

해설

[유리창을 통한 단위 면적당 취득열량]
$q = 3 \times 30 + 100 = 190$

정답 45 ② 46 ① 47 ① 48 ①

49 다음 중 원심형 송풍기가 아닌 것은?

① 다익형　　② 방사형
③ 후곡형　　④ 축류형

해설

[원심형 송풍기]
축류형은 축방향으로 프로펠러와 같이 송풍하는 구조로 원심형이 아니다.

50 건물의 냉방부하 발생요인 중 현열만으로 구성된 것은?

① 인체의 발생열량
② 벽체로부터의 취득열량
③ 극간풍에 의한 취득열량
④ 외기의 도입으로 인한 취득열량

해설

[냉방부하 발생요인]
① 인체의 발생열량 : 현열 + 잠열
② 벽체로부터의 취득열량 : 현열
③ 극간풍에 의한 취득열량 : 현열 + 잠열
④ 외기의 도입으로 인한 취득열량 : 현열 + 잠열

51 건구온도가 15 ℃인 공기 10 kg과 건구온도 30 ℃인 공기 5 kg을 혼합하였을 경우 혼합공기의 온도는?

① 18 ℃　　② 20 ℃
③ 25 ℃　　④ 28 ℃

해설

[혼합공기의 온도]
$$t_{혼합} = \frac{t_1 \times G_1 + t_2 \times G_2}{G_1 + G_2}$$
$$= \frac{15 \times 10 + 30 \times 5}{15} = 20$$

52 압축식 냉동기의 구성요소 중 냉동의 목적을 직접적으로 달성하는 것은?

① 흡수기　　② 증발기
③ 발생기　　④ 응축기

해설

[증발기]
냉동의 목적(냉각)을 직접적으로 달성
냉매가 증발하면서 주위에서 열을 흡수
→ 냉각효과

53 건구온도 t_1 = 30 ℃, 상대습도 20 %의 습공기 3000 m³/h를 공기냉각기에서 냉각시켜 건구온도 t_2 = 14 ℃의 공기를 만들 때 제거되는 현열량은? (단, 공기의 비열은 1.01 kJ/kg·K, 밀도는 1.2 kg/m³ 이다)

① 16.16 W　　② 24.12 W
③ 16.16 kW　　④ 24.12 kW

해설

[제거되는 현열량]
현열 = $3000 \times 1.2 \times 1.01 \times 16 \times \frac{1}{3600} = 16.16$

54 건구온도 30 ℃, 절대습도 0.015 kg/kg'인 습공기 5 kg의 전체 엔탈피는? (단, 공기의 정압비열 1.01 kJ/kg·K, 수증기정압비열 1.85 kJ/kg·K, 0 ℃에서 포화수의 증발잠열 2501 kJ/kg)

① 228.77 kJ
② 343.24 kJ
③ 349.62 kJ
④ 425.24 kJ

해설

[습공기의 전체 엔탈피]
현열 = 5 × 1.01 × 30 = 151.5
잠열 = 5 × 0.015(2501 + 1.85 × 30) = 191.74
그러므로 합은 343.24

55 공기 취출구에서의 토출공기(1차 공기)량을 Q_1, 토출공기에 의해 유인된 실내공기(2차 공기)량을 Q_2라고 할 때 유인비는?

① $\dfrac{Q_1 + Q_2}{Q_2}$ ② $\dfrac{Q_1 + Q_2}{Q_1}$

③ $\dfrac{Q_1}{Q_1 + Q_2}$ ④ $\dfrac{Q_2}{Q_1 + Q_2}$

해설

[유인비]
유인비 = $\dfrac{전 공기량}{1차 공기량}$ = $\dfrac{1차 공기량 + 2차 공기량}{1차 공기량}$
= $\dfrac{Q_1 + Q_2}{Q_1}$

56 다음 중 공조시스템에서 덕트 내에 변풍량(VAV) 유닛을 채용하는 가장 주된 이유는?

① 소음제거
② 냉온풍의 혼합
③ 덕트 스페이스 감소
④ 부하변동에 대한 대응

해설

[변풍량(VAV) 유닛]
VAV 유닛은 부하변동에 따라 풍량을 조절하여 에너지 절약 및 실내환경을 일정하게 유지한다.

57 위치수두 10 mAq, 압력수두 30 mAq, 속도 2.5 m/s로 관 속을 흐르는 물의 전수두는?

① 13.06 mAq
② 13.24 mAq
③ 40.32 mAq
④ 42.54 mAq

해설

[전수두]
h = 위치수두 + 압력수두 + 속도수두
= $10 + 30 + \dfrac{2.5^2}{2 \times 9.8}$ = 40.32 m

보충 속도수두 = $\dfrac{V^2}{2g}$

정답 54 ② 55 ② 56 ④ 57 ③

58 2중 효용 흡수식 냉동기에 관한 설명으로 옳지 않은 것은?

① 저온발생기, 고온발생기가 필요하다.
② 저압팽창밸브와 고압팽창밸브가 필요하다.
③ 에너지를 절약할 수 있고 냉각탑의 용량을 줄일 수 있다.
④ 단효율 흡수식 냉동기의 응축기에서 버리던 증기의 응축열을 효율적으로 이용한 것이다.

해설

[2중 효용 흡수식 냉동기]
2중 효용 흡수식 냉동기는 고온 발생기와 저온 발생기를 사용하여 단효용에서 버리던 고온 증기의 잠열을 저온 발생기에서 재활용하는 구조이다. 이 구조 덕분에 1중 효용에 비해 열 이용 효율(성적계수, COP)이 높아지고, 연료 절감 효과가 있다.
하지만 팽창밸브는 단효용과 동일하게 저압 팽창밸브(1개)만 사용한다.

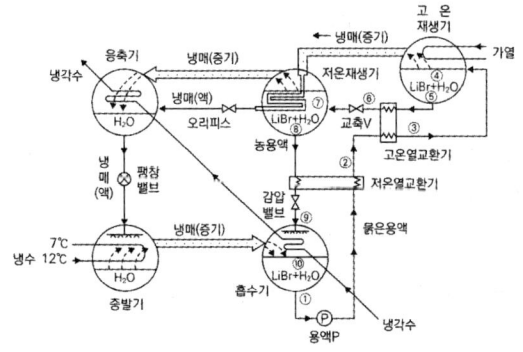

[2중 효용 흡수식 냉동기(H_2O + LiBr)]

59 단일덕트 정풍량방식에 관한 설명으로 옳은 것은?

① 전수방식의 특성이 있다.
② 중간기에 외기냉방이 가능하다.
③ 냉풍과 온풍을 혼합하는 혼합상자가 필요하다.
④ 부하특성이 다른 다수의 실의 공조에 적합하다.

해설

[단일덕트 정풍량방식]
단일덕트 정풍량방식은 전공기방식의 특성, 중간기에 외기냉방이 가능하다. 냉풍과 온풍을 혼합하는 혼합상자가 필요한 방식은 이중덕트방식이다.

60 취출구에서 수평취출기류의 도달·강하 및 상승거리에 관한 설명으로 옳지 않은 것은?

① 상승거리는 기류의 풍속 및 실내공기와의 온도차에 비례한다.
② 강하거리는 기류의 풍속 및 실내공기와의 온도차에 반비례한다.
③ 취출구로부터 기류의 중심속도가 0.5 m/s로 되는 곳까지의 수평거리를 최소 도달거리라고 한다.
④ 취출구로부터 기류의 중심속도가 0.25 m/s로 되는 곳까지의 수평거리를 최대 도달거리라고 한다.

정답 → 58 ② 59 ② 60 ②

해설

[수평취출기류의 도달·강하 및 상승거리]
냉풍일 때 가깝게 하강, 온풍일 때 상승하여 멀리 하강, 같을 때 수평으로 취출되어 비례를 말할 수 없다.

4과목 소방 및 전기설비

1회독	시간 :	점수 :
2회독	시간 :	점수 :
3회독	시간 :	점수 :

61 다음 중 강자성체에 속하지 않는 것은?

① 철 ② 크롬
③ 구리 ④ 니켈

해설

[자성체]

구분	비투자율	내용
강자성체	$\mu_s \gg 1$	① 외부 자기장 속에서 자기장의 방향으로 강하게 자화되는 물질 ② 외부 자기장을 제거해도 자성을 오래 유지함 예) 철(Fe), 니켈(Ni), 코발트(Co)
상자성체	$\mu_s \geq 1$	① 외부 자기장 속에서 자기장의 방향으로 약하게 자화되는 물질 ② 외부 자기장을 제거하면 자성이 바로 사라짐 예) 알루미늄(Al), 주석(Sn), 백금(Pt), 산소(O), 텅스텐(W)

정답 61 ③

구분	비투자율	내용
반자성체	$\mu_s < 1$	① 외부 자기장 속에서 자기장과 반대 방향으로 자화되는 물질 ② 외부 자기장을 제거하면 자성이 바로 사라짐 ㉠ 물(H_2O), 금(Au), 은(Ag), 납(Pb), 구리(Cu), 아연(Zn), 비스무트(Bi)

62 옥외소화전설비용 수조에 관한 설명으로 옳지 않은 것은?

① 수조의 윗부분에는 청소용 배수밸브 또는 배수관을 설치하여야 한다.
② 동결방지조치를 하거나 동결의 우려가 없는 장소에 설치하여야 한다.
③ 수조가 실내에 설치된 때에는 그 실내에 조명설비를 설치하여야 한다.
④ 수조의 상단이 바닥보다 높은 때에는 수조의 외측에 고정식 사다리를 설치하여야 한다.

해설

[옥외소화전설비의 화재안전기술기준(NFTC 109)]
2.1.4 옥외소화전설비용 수조는 다음의 기준에 따라 설치해야 한다.
  2.1.4.1 점검에 편리한 곳에 설치할 것
  2.1.4.2 동결방지조치를 하거나 동결의 우려가 없는 장소에 설치할 것
  2.1.4.3 수조의 외측에 수위계를 설치할 것. 다만 구조상 불가피한 경우에는 수조의 맨홀 등을 통하여 수조 안의 물의 양을 쉽게 확인할 수 있도록 해야 한다.
  2.1.4.4 수조의 상단이 바닥보다 높은 때에는 수조의 외측에 고정식 사다리를 설치할 것
  2.1.4.5 수조가 실내에 설치된 때에는 그 실내에 조명설비를 설치할 것
  2.1.4.6 수조의 밑 부분에는 청소용 배수밸브 또는 배수관을 설치할 것
  2.1.4.7 수조의 외측의 보기 쉬운 곳에 "옥외소화전설비용 수조"라고 표시한 표지를 설치할 것. 이 경우 그 수조를 다른 설비와 겸용하는 때에는 그 겸용되는 설비의 이름을 표시한 표지를 함께 해야 한다.
  2.1.4.8 소화설비용 흡수배관 또는 소화설비의 수직배관과 수조의 접속부분에는 "옥외소화전설비용 배관"이라고 표시한 표지를 할 것. 다만 수조와 가까운 장소에 소화설비용 펌프가 설치되고 해당 펌프에 2.2.1.13에 따른 표지를 설치한 때에는 그렇지 않다.

63 피뢰설비에서 수뢰부시스템의 보호범위 산정방식에 속하지 않는 것은?

① 메시법
② 본딩법
③ 보호각법
④ 회전구체법

해설

[피뢰설비]
• 메시법 : 건물의 지붕에 일정 간격으로 메시를 설치하여 낙뢰를 수뢰봉이 직접 받는 방식
• 본딩법 : 접지 연계방식(수뢰부시스템의 보호범위 산정방식이 아님)
• 보호각법 : 수뢰침의 높이에 따라 일정한 각도(보통 45도)을 설정해 보호범위 계산
• 회전구체법 : 반지름을 가진 가상의 구체를 굴려 낙뢰가 도달할 수 있는 지점을 판단

64 동선의 길이를 2배 증가, 단면적을 1/2로 감소시키면 동선의 저항은 어떻게 변하는가?

① 2배 증가   ② 1/2로 감소
③ 4배 증가   ④ 1/4로 감소

해설
[저항]
동선 저항은 길이에 비례 단면적에 반비례함

수식 : $R = \rho\dfrac{l}{A} = \rho\dfrac{l}{\pi r^2} = \rho\dfrac{l}{\pi\left(\dfrac{D}{2}\right)^2}$

$= \rho\dfrac{l}{\dfrac{\pi D^2}{4}} = \rho\dfrac{4l}{\pi D^2}\ [\Omega]$

$\rho\ [\Omega \cdot mm^2/m,\ \Omega \cdot m]$: 도선의 고유저항
$A\ [m^2]$: 도체의 단면적
$l\ [m]$: 도선의 길이, $r\ [m]$: 전선의 반경
$D\ [m]$: 전선의 직경

65 도시가스설비의 가스계량기 설치장소로 적합하지 않은 곳은?

① 환기가 양호한 곳
② 공동주택의 대피공간
③ 직사광선이나 빗물을 받을 우려가 없는 곳
④ 가스계량기의 교체 및 유지 관리가 용이한 곳

해설
[가스계량기 설치장소]
공동주택의 대피공간은 화재 시 피난을 위한 공간이므로 장애물이 없어야 하며 가스누출 시 위험을 초래할 가능성이 있어 가스계량기 설치 금지

66 옥내소화전이 1층에 3개, 2층에 4개, 3층에 4개가 설치되어 있다. 옥내소화전설비의 수원의 저수량은 최소 얼마 이상이 되도록 하여야 하는가? (단, 29층 이하의 건물이다)

① 2.6 m^3 ② 5.2 m^3
③ 10.4 m^3 ④ 18.2 m^3

해설
[저수량]
2 × 130 L/min × 20 min = 5.2 m^3

67 점광원으로부터 R [m] 떨어진 장소에서 빛의 방향과 수직인 면의 조도[lx]는? (단, 광도는 I [cd]이다)

① RI   ② R^2I
③ I/R   ④ I/R^2

해설
[조도]
조도는 거리 제곱에 반비례함

68 V = 154sin(314t − 90°) [V]인 사인파 교류의 주파수[Hz]는?

① 30   ② 40
③ 50   ④ 60

해설
[주파수]
$\omega = 314$이므로 $2\pi f = 314$
∴ $f = 50\ Hz$

정답 64 ③ 65 ② 66 ② 67 ④ 68 ③

69 정격전압 220 V에서 1210 W의 전력을 소비하는 단상전열기를 200 V에서 사용하면 소비전력[W]은?

① 1000　　② 1089
③ 1100　　④ 1210

해설

[소비전력]
P = VI, V = IR
$P = \dfrac{V^2}{R}$ 이므로 $1210 = \dfrac{220^2}{R}$
$R = 40$
$P_2 = \dfrac{V_2^2}{R} = \dfrac{200^2}{40} = 1000$

70 다음의 엘리베이터 조작방식 중 무운전원방식에 속하는 것은?

① 카 스위치방식
② 승합전자동방식
③ 레코드 컨트롤방식
④ 시그널 컨트롤방식

해설

[엘리베이터 조작방식]
- 카 스위치방식 : 운전원이 직접 조작
- 승합전자동방식 : 운전원이 탑승하여 운행
- 레코드 컨트롤방식 : 승강 기록을 메모리에 저장하고 처리하는 방식, 운전원 필요
- 시그널 컨트롤방식 : 승객이 버튼을 눌러 운행

71 폐쇄형 스프링클러헤드를 사용하는 스프링클러설비의 수원의 저수량 산정과 관련하여, 스프링클러설비 설치장소가 아파트인 경우 스프링클러헤드의 기준개수는?

① 10개　　② 20개
③ 30개　　④ 40개

해설

[스프링클러 헤드 기준개수]

스프링클러설비 설치장소			기준개수
10층 이하 (지하층 제외)	공장	특수가연물 저장·취급	30
		그 밖의 것	20
	근린생활시설 판매시설 운수시설 복합건축물	판매시설 또는 복합건축물 (판매시설이 설치되는 복합건축물)	30
		그 밖의 것	20
	그 밖의 것	헤드부착높이가 8 m 이상	20
		헤드부착높이가 8 m 미만	10
지하층을 제외한 층수가 11층 이상(아파트 제외), 지하가 또는 지하역사			30

※ 아파트등 : 기준개수 10개(단, 아파트등의 각 동이 주차장으로 서로 연결된 구조인 경우 해당 주차장 부분의 기준개수는 30개이다)

72 다음 중 물분무소화설비의 소화작용과 가장 관계가 먼 것은?

① 냉각효과
② 질식효과
③ 희석효과
④ 부촉매효과

해설

[소화]
- 냉각효과 : 물이 주위의 열을 흡수
- 질식효과 : 산소 농도 낮춤
- 희석효과 : 연소가스와 공기를 희석하여 연소반응 억제
- 부촉매효과 : 화학소화약제의 소화작용이므로 가장 관계가 멂

73 축전지의 충전방식 중 필요할 때마다 표준 시간율로 소정의 충전을 하는 방식은?

① 보통 충전
② 급속 충전
③ 부동 충전
④ 균등 충전

해설

[충전방식]

구분	내용
세류 충전방식	축전지의 자기방전을 보충하기 위해 부하를 제거한 상태로 늘 미소전류로 충전하는 방식(자기 방전량만 상시 충전)
균등 충전방식	부동충전방식 사용 시 Cell에서 일어나는 전위차를 균등하게 하기 위해 3주에 1회 정도 축전지 공칭전압의 120 ~ 125 [%]의 정전압으로 10 ~ 12시간 충전하는 방식
보통 충전방식	필요할 때마다 표준 시간율로 충전하는 방식
급속 충전방식	단시간에 2 ~ 3배의 전류로 충전하는 방식
부동 충전방식	(1) 전지의 자기방전을 보충함과 동시에 상용부하에 대한 전력공급은 충전기가 부담하도록 하되, 충전기가 부담하기 어려운 일시적인 대전류 부하는 축전지로 하여금 부담하게 하는 충전방식 (2) 회로 계통 교류 → 변압기 → 정류회로 → 필터 → 부하보상 → 부하 ↳ 전지

※ 충전기 = 정류기

74 건축설비 자동제어 중 피드백제어방식을 제어동작에 의해 분류하였을 때 조절기가 연속동작을 하지 않는 것은?

① 비례동작
② 적분동작
③ 미분동작
④ 다위치동작

정답 72 ④ 73 ① 74 ④

해설

[제어]
비례, 미분, 적분제어동작은 연속동작이며 2위치, 다위치는 단속(불연속)동작임

구분		내용
불연속 제어	ON-OFF 제어	단속적 제어동작
	샘플링 (Sampling)	전압, 전류, 위상을 제어
연속 제어	비례제어 (P제어)	잔류 편차(Off Set) 발생
	적분제어 (I제어)	• 잔류 편차(Off Set) 개선 • 시간지연(속응성) 발생
	미분제어 (D제어)	• 시간지연 개선, 잔류 편차(Off Set) 존재, 오차 방지 • 진동방지, 오버슈트가 커진다.
	비례적분 제어 (PI제어)	• 잔류 편차는 제거되지만 시간지연이 길다. • 간헐현상 존재, 지상보상 요소에 대응한다.
	비례미분 제어 (PD제어)	• 시간지연(응답속응성)을 개선, 잔류 편차는 있다.
	비례미분 적분제어 (PID제어)	시간지연도 향상시키고 잔류 편차도 제거한 제어계로 가장 안정적인 제어계

75 다음의 자동화재탐지설비의 감지기 중 열감지기에 속하지 않는 것은?

① 광전식 ② 보상식
③ 차동식 ④ 정온식

해설

[감지기]
광전식, 이온화식은 연기감지

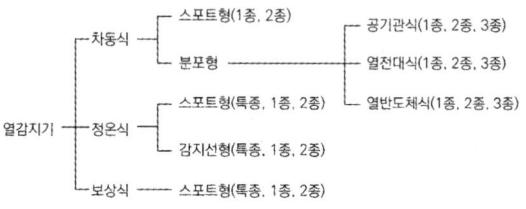

76 교류전압을 사용하는 전동기의 인덕턴스 성분인 코일에 관한 설명으로 옳은 것은?

① 주파수를 빠르게 한다.
② 코일에서는 전류보다 전압이 앞선다.
③ 코일에서는 전압보다 전류가 앞선다.
④ 용량성 저항으로 용량 리액턴스라 한다.

해설

[코일]
• 주파수는 전원에서 정해지는 값임
• 코일에서는 전압이 전류보다 앞섬
• 코일은 유도성 리액턴스임

정답 ● 75 ① 76 ②

77 전선에서 전류가 누설되지 않도록 전선을 비닐이나 고무 등의 저항률이 매우 큰 재료로 피복하는데, 이처럼 전류가 누설되지 않도록 하는 재료 자체의 저항을 의미하는 것은?

① 도체저항 ② 접촉저항
③ 접지저항 ④ 절연저항

해설
[저항]
- 도체저항 : 전선도체 자체가 가지는 저항
- 접촉저항 : 전기 접점 사이 발생하는 저항
- 접지저항 : 접지선과 대지 사이의 저항

78 농형 유도전동기에 관한 설명으로 옳지 않은 것은?

① 구조가 간단하여 취급방법이 간단하다.
② VVVF방식으로 속도제어가 가능하다.
③ 기동전류가 커서 전동기 권선을 과열시키거나 전원전압의 변도을 일으킬 수 있다.
④ 슬립링에서 불꽃이 나올 염려가 있기 때문에 인화성 또는 폭발성 가스가 있는 곳에서는 사용할 수 없다.

해설
[전동기]
슬립링에서 불꽃이 나올 우려가 있는 것은 권선형 유도전동기(농형 유도전동기는 회전자에 슬립링이 없음)

79 DDC방식에서 밸브나 댐퍼 등을 비례적으로 동작시키는 신호는?

① AI ② DI
③ AO ④ DO

해설
[신호]
- AI : Analog Input 아날로그 입력신호(온도, 습도, 압력 등 연속적인 값 감지)
- DI : Digital Input 디지털 입력신호(스위치 ON/OFF, 접점신호 등)
- AO : Analog Output 아날로그 출력신호(밸브, 댐퍼 등을 비례적으로 제어)
- DO : Digital Output 디지털 출력신호(모터 ON/OFF, 펌프작동 등 단순 ON/OFF제어)

80 10 Ω의 저항 5개를 접속하여 얻을 수 있는 합성저항 중 가장 작은 값은?

① 0.5 Ω ② 2 Ω
③ 5 Ω   ④ 50 Ω

해설
[합성저항]
저항 5개를 접속하여 얻을 수 있는 합성저항 중 가장 작은 값은 병렬연결 시 가장 큰 것은 직렬연결 시
따라서 10/5 = 2 Ω

정답 77 ④ 78 ④ 79 ③ 80 ②

5과목 건축설비 관계법규

1회독 시간 :   점수 :
2회독 시간 :   점수 :
3회독 시간 :   점수 :

81 비상용 승강기 승강장의 구조에 관한 기준 내용으로 옳지 않은 것은?

① 채광이 되는 창문이 있거나 예비전원에 의한 조명설비를 할 것
② 벽 및 반자가 실내에 접하는 부분의 마감재료는 불연재료로 할 것
③ 노대 또는 외부를 향하여 열 수 있는 창문이나 배연설비를 설치할 것
④ 옥외에 승강장을 설치하는 경우 승강장의 바닥면적은 비상용 승강기 1대에 대하여 6 m² 이상으로 할 것

해설

[비상용 승강기]
[건축물의 설비기준 등에 관한 규칙]
제10조(비상용 승강기의 승강장 및 승강로의 구조)
2. 비상용 승강기 승강장의 구조
  다. 노대 또는 외부를 향하여 열 수 있는 창문이나 제14조 제2항의 규정에 의한 배연설비를 설치할 것
  라. 벽 및 반자가 실내에 접하는 부분의 마감재료(마감을 위한 바탕을 포함한다)는 불연재료로 할 것
  마. 채광이 되는 창문이 있거나 예비전원에 의한 조명설비를 할 것
  바. 승강장의 바닥면적은 비상용 승강기 1대에 대하여 6제곱미터 이상으로 할 것. 다만 옥외에 승강장을 설치하는 경우에는 그러하지 아니하다.

82 문화 및 집회시설 중 공연장 개별관람실의 바닥면적이 1000 m²인 경우 설치하여야 하는 출구의 최소 개소수는? (단, 각 출구의 유효너비를 1.5 m로 하는 경우)

① 3개소   ② 4개소
③ 5개소   ④ 6개소

해설

[개별 관람실 출구]
[건축물의 피난·방화구조 등의 기준에 관한 규칙]
제10조(관람실 등으로부터의 출구의 설치기준)
② 영 제38조에 따라 문화 및 집회시설 중 공연장의 개별 관람실(바닥면적이 300제곱미터 이상인 것만 해당한다)의 출구는 다음 각 호의 기준에 적합하게 설치해야 한다.
1. 관람실별로 2개소 이상 설치할 것
2. 각 출구의 유효너비는 1.5미터 이상일 것
3. 개별 관람실 출구의 유효너비의 합계는 개별 관람실의 바닥면적 100제곱미터마다 0.6미터의 비율로 산정한 너비 이상으로 할 것

- 1000 m² ÷ 100 m² = 10
- 10 × 0.6 = 6 m
- 6 ÷ 1.5 = 4개소

정답 81 ④ 82 ②

83 숙박시설이 있는 특정소방대상물의 수용인원 산정 방법으로 옳은 것은? (단, 침대가 있는 숙박시설의 경우)

① 숙박시설 바닥면적의 합계를 3 m²로 나누어 얻은 수
② 해당 특정소방대상물의 침대수(2인용 침대는 2개로 산정)
③ 해당 특정소방대상물의 종사자수에 침대수(2인용 침대는 2개로 산정)를 합한 수
④ 해당 특정소방대상물의 종사자수에 숙박시설 바닥면적의 합계를 3 m²로 나누어 얻은 수를 합한 수

해설

[수용인원의 산정]
[소방시설설치 및 관리에 관한 법률 시행령]
제17조(특정소방대상물의 수용인원 산정)
법 제14조 제1항에 따른 특정소방대상물의 수용인원은 별표 7에 따라 산정한다.
별표 7 : 수용인원의 산정방법
1. 숙박시설이 있는 특정소방대상물
   가. 침대가 있는 숙박시설 : 해당 특정소방대상물의 종사자 수에 침대 수(2인용 침대는 2개로 산정한다)를 합한 수
   나. 침대가 없는 숙박시설 : 해당 특정소방대상물의 종사자 수에 숙박시설 바닥면적의 합계를 3 m²로 나누어 얻은 수를 합한 수

84 공동주택과 오피스텔의 난방설비를 개별난방방식으로 하는 경우에 관한 기준 내용으로 옳지 않은 것은?

① 보일러의 연도는 내화구조로서 공동연도로 설치할 것
② 오피스텔의 경우에는 난방구획을 방화구획으로 구획할 것
③ 전기보일러의 경우 보일러실의 윗부분에 지름 10 cm 이상의 공기흡입구를 설치할 것
④ 보일러는 거실 외의 곳에 설치하되, 보일러를 설치하는 곳과 거실 사이의 경계벽은 출입구를 제외하고는 내화구조의 벽으로 구획할 것

해설

[개별난방방식]
[건축물의 설비기준 등에 관한 규칙]
제13조(개별난방설비 등)
① 영 제87조 제2항의 규정에 의하여 공동주택과 오피스텔의 난방설비를 개별난방방식으로 하는 경우에는 다음 각 호의 기준에 적합하여야 한다.
1. 보일러는 거실 외의 곳에 설치하되, 보일러를 설치하는 곳과 거실 사이의 경계벽은 출입구를 제외하고는 내화구조의 벽으로 구획할 것
2. 보일러실의 윗부분에는 그 면적이 0.5제곱미터 이상인 환기창을 설치하고, 보일러실의 윗부분과 아랫부분에는 각각 지름 10센티미터 이상의 공기흡입구 및 배기구를 항상 열려 있는 상태로 바깥공기에 접하도록 설치할 것. 다만 전기보일러의 경우에는 그러하지 아니하다.

정답 83 ③ 84 ③

4. 보일러실과 거실 사이의 출입구는 그 출입구가 닫힌 경우에는 보일러가스가 거실에 들어갈 수 없는 구조로 할 것
5. 기름보일러를 설치하는 경우에는 기름저장소를 보일러실외의 다른 곳에 설치할 것
6. 오피스텔의 경우에는 난방구획을 방화구획으로 구획할 것
7. 보일러의 연도는 내화구조로서 공동연도로 설치할 것

85 다음은 건축물의 에너지 절약설계기준에 따른 기계부분의 의무사항 중 설계용 외기조건에 관한 기준 내용이다. ( ) 안에 알맞은 것은?

> 난방 및 냉방설비의 용량계산을 위한 외기조건은 냉방기 및 난방기를 분리한 온도 출현분포를 사용할 경우 각 지역별로 위험률 ( )로 한다.

① 1 % ② 1.5 %
③ 2 % ④ 2.5 %

해설

[설계용 외기조건]
[건축물의 에너지절약설계기준]
제8조(기계부문의 의무사항)
에너지절약계획서 제출대상 건축물의 건축주와 설계자 등은 다음 각 호에서 정하는 기계부문의 설계기준을 따라야 한다.
1. 설계용 외기조건
  난방 및 냉방설비의 용량계산을 위한 외기조건은 각 지역별로 위험률 2.5 %(냉방기 및 난방기를 분리한 온도출현분포를 사용할 경우) 또는 1%(연간 총시간에 대한 온도출현 분포를 사용할 경우)로 하거나 별표 7에서 정한 외기온·습도를 사용한다. 별표 7 이외의 지역인 경우에는 상기 위험률을 기준으로 하여 가장 유사한 기후조건을 갖는 지역의 값을 사용한다. 다만 지역난방공급방식을 채택할 경우에는 산업통상자원부 고시 「집단에너지시설의 기술기준」에 의하여 용량계산을 할 수 있다.

86 다음은 환기구의 안전에 관한 기준 내용이다. ( ) 안에 알맞은 것은?

> 환기구[건축물의 환기설비에 부속된 급기 및 배기를 위한 건축구조물의 개구부를 말한다]는 보행자 및 건축물 이용자의 안전이 확보되도록 바닥으로부터 ( ) 이상의 높이에 설치하여야 한다.

① 1 m ② 2 m
③ 3 m ④ 4 m

해설

[환기구]
[건축물의 설비기준 등에 관한 규칙]
제11조의2(환기구의 안전 기준)
① 영 제87조 제2항에 따라 환기구[건축물의 환기설비에 부속된 급기(給氣) 및 배기(排氣)를 위한 건축구조물의 개구부(開口部)를 말한다. 이하 같다]는 보행자 및 건축물 이용자의 안전이 확보되도록 바닥으로부터 2미터 이상의 높이에 설치해야 한다. 다만 다음 각 호의 어느 하나에 해당하는 경우에는 예외로 한다.

정답 ● 85 ④ 86 ②

87 건축법령상 교육연구시설에 속하지 않는 것은?

① 도서관
② 유치원
③ 어린이집
④ 직업훈련소

해설

[교육연구시설]
[건축법 시행령] 별표 1 : 용도별 건축물의 종류
10. 교육연구시설(제2종 근린생활시설에 해당하는 것은 제외한다)
   가. 학교(유치원, 초등학교, 중학교, 고등학교, 전문대학, 대학, 대학교, 그 밖에 이에 준하는 각종 학교를 말한다)
   나. 교육원(연수원, 그 밖에 이와 비슷한 것을 포함한다)
   다. 직업훈련소(운전 및 정비 관련 직업훈련소는 제외한다)
   라. 학원(자동차학원·무도학원 및 정보통신기술을 활용하여 원격으로 교습하는 것은 제외한다), 교습소(자동차교습·무도교습 및 정보통신기술을 활용하여 원격으로 교습하는 것은 제외한다)
   마. 연구소(연구소에 준하는 시험소와 계측계량소를 포함한다)
   바. 도서관
※ 어린이집은 아동 관련 시설로 노유자시설에 속한다.

88 문화 및 집회시설로서 모든 층에 스프링클러 설비를 설치하여야 하는 수용인원 기준은? (단, 동·식물원은 제외)

① 50명 이상
② 70명 이상
③ 100명 이상
④ 150명 이상

해설

[스프링클러설비 수용인원 기준]
[소방시설설치 및 관리에 관한 법률 시행령]
별표 4 : 특정소방대상물의 관계인이 특정소방대상물에 설치·관리해야 하는 소방시설의 종류
1. 소화설비
   라. 스프링클러설비를 설치해야 하는 특정소방대상물
      3) 문화 및 집회시설(동·식물원은 제외한다), 종교시설(주요구조부가 목조인 것은 제외한다), 운동시설(물놀이형 시설 및 바닥이 불연재료이고 관람석이 없는 운동시설은 제외한다)로서 다음의 어느 하나에 해당하는 경우에는 모든 층
         가) 수용인원이 100명 이상인 것
         나) 영화상영관의 용도로 쓰는 층의 바닥면적이 지하층 또는 무창층인 경우에는 500 m² 이상, 그 밖의 층의 경우에는 1천 m² 이상인 것
         다) 무대부가 지하층·무창층 또는 4층 이상의 층에 있는 경우에는 무대부의 면적이 300 m² 이상인 것
         라) 무대부가 다) 외의 층에 있는 경우에는 무대부의 면적이 500 m² 이상인 것

정답 ● 87 ③ 88 ③

89 건축물의 에너지 절약설계기준상 다음과 같이 정의되는 용어는?

> 기기를 여러 대 설치하여 부하상태에 따라 최적 운전상태를 유지할 수 있도록 기기를 조합하여 운전하는 방식

① 대수제어운전 ② 대수분할운전
③ 비례제어운전 ④ 가변속제어운전

해설

[정의]
[건축물의 에너지절약설계기준]
제5조(용어의 정의)
11. 기계설비부문
　라. "대수분할운전"이라 함은 기기를 여러 대 설치하여 부하상태에 따라 최적 운전상태를 유지할 수 있도록 기기를 조합하여 운전하는 방식을 말한다.

90 연면적 200 m²를 초과하는 건축물에 설치하는 계단에 관한 기준 내용으로 옳지 않은 것은?

① 높이가 3 m를 넘는 계단에는 높이 3 m 이내마다 유효너비 120 cm 이상의 계단참을 설치할 것
② 높이가 1 m를 넘는 계단 및 계단참의 양옆에는 난간(벽 또는 이에 대치되는 것을 포함한다)을 설치할 것
③ 문화 및 집회시설 중 공연장에 쓰이는 건축물의 계단의 경우 계단 및 계단참의 너비를 120 cm 이상으로 할 것
④ 계단의 유효 높이(계단의 바닥 마감면부터 상부 구조체의 하부 마감면까지의 연직방향의 높이를 말한다)는 1.8 m 이상으로 할 것

해설

[계단의 설치]
[건축물의 피난·방화구조 등의 기준에 관한 규칙]
제15조(계단의 설치기준)
① 영 제48조의 규정에 의하여 건축물에 설치하는 계단은 다음 각 호의 기준에 적합하여야 한다. 〈개정 2010.4.7., 2015.4.6.〉
1. 높이가 3미터를 넘는 계단에는 높이 3미터 이내마다 유효너비 120센티미터 이상의 계단참을 설치할 것
2. 높이가 1미터를 넘는 계단 및 계단참의 양옆에는 난간(벽 또는 이에 대치되는 것을 포함한다)을 설치할 것
3. 너비가 3미터를 넘는 계단에는 계단의 중간에 너비 3미터 이내마다 난간을 설치할 것. 다만 계단의 단 높이가 15센티미터 이하이고, 계단의 단 너비가 30센티미터 이상인 경우에는 그러하지 아니하다.
4. 계단의 유효 높이(계단의 바닥 마감면부터 상부 구조체의 하부 마감면까지의 연직방향의 높이를 말한다)는 2.1미터 이상으로 할 것
② 제1항에 따라 계단을 설치하는 경우 계단 및 계단참의 너비(옥내계단에 한정한다), 계단의 단 높이 및 단 너비의 치수는 다음 각 호의 기준에 적합해야 한다. 이 경우 돌음계단의 단 너비는 그 좁은 너비의 끝부분으로부터 30센티미터의 위치에서 측정한다.
1. 초등학교의 계단인 경우에는 계단 및 계단참의 유효너비는 150센티미터 이상, 단 높이는 16센티미터 이하, 단 너비는 26센티미터 이상으로 할 것

정답 89 ② 90 ④

2. 중·고등학교의 계단인 경우에는 계단 및 계단참의 유효너비는 150센티미터 이상, 단 높이는 18센티미터 이하, 단 너비는 26센티미터 이상으로 할 것
3. 문화 및 집회시설(공연장·집회장 및 관람장에 한한다)·판매시설 기타 이와 유사한 용도에 쓰이는 건축물의 계단인 경우에는 계단 및 계단참의 유효너비를 120센티미터 이상으로 할 것

91
업무시설로서 건축허가 등을 할 때 미리 소방본부장 또는 소방서장의 동의를 받아야 하는 대상 건축물의 연면적 기준은?

① 연면적이 200 m² 이상인 건축물
② 연면적이 400 m² 이상인 건축물
③ 연면적이 600 m² 이상인 건축물
④ 연면적이 800 m² 이상인 건축물

해설

[건축허가]
[소방시설설치 및 관리에 관한 법률 시행령]
제7조(건축허가등의 동의대상물의 범위 등)
① 법 제6조 제1항에 따라 건축물 등의 신축·증축·개축·재축·이전·용도변경 또는 대수선의 허가·협의 및 사용승인(「주택법」제15조에 따른 승인 및 같은 법 제49조에 따른 사용검사, 「학교시설사업 촉진법」제4조에 따른 승인 및 같은 법 제13조에 따른 사용승인을 포함하며, 이하 "건축허가등"이라 한다)을 할 때 미리 소방본부장 또는 소방서장의 동의를 받아야 하는 건축물 등의 범위는 다음 각 호와 같다.
1. 연면적(「건축법 시행령」제119조 제1항 제4호에 따라 산정된 면적을 말한다. 이하 같다)이 400제곱미터 이상인 건축물이나 시설. 다만 다음 각 목의 어느 하나에 해당하는 건축물이나 시설은 해당 목에서 정한 기준 이상인 건축물이나 시설로 한다.

92
비상용 승강기 설치 대상 건축물로서 높이 31 m를 넘는 각 층의 바닥면적 중 최대 바닥면적이 6000 m²일 때, 설치하여야 하는 비상용 승강기의 최소 대수는?

① 1대 ② 2대
③ 3대 ④ 4대

해설

[건축법 시행령] 제90조(비상용 승강기의 설치)
① 법 제64조 제2항에 따라 높이 31미터를 넘는 건축물에는 다음 각 호의 기준에 따른 대수 이상의 비상용 승강기(비상용 승강기의 승강장 및 승강로를 포함한다. 이하 이 조에서 같다)를 설치하여야 한다. 다만 법 제64조 제1항에 따라 설치되는 승강기를 비상용 승강기의 구조로 하는 경우에는 그러하지 아니하다.
1. 높이 31미터를 넘는 각 층의 바닥면적 중 최대 바닥면적이 1천 500제곱미터 이하인 건축물 : 1대 이상
2. 높이 31미터를 넘는 각 층의 바닥면적 중 최대 바닥면적이 1천 500제곱미터를 넘는 건축물 : 1대에 1천 500제곱미터를 넘는 3천 제곱미터 이내마다 1대씩 더한 대수 이상
② 제1항에 따라 2대 이상의 비상용 승강기를 설치하는 경우에는 화재가 났을 때 소화에 지장이 없도록 일정한 간격을 두고 설치하여야 한다.
③ 건축물에 설치하는 비상용 승강기의 구조 등에 관하여 필요한 사항은 국토교통부령으로 정한다.

∴ (6000 - 1500) ÷ 3000 = 1.5 ⇒ 2대 추가
∴ 1 + 2 = 3대

정답 91 ② 92 ③

93 세대수가 10세대인 주거용 건축물에 설치하는 음용수용 급수관의 지름은 최소 얼마 이상이어야 하는가?

① 30 mm　② 40 mm
③ 50 mm　④ 60 mm

해설

[음용수용 급수관 최소 지름]
[건축물의 설비기준 등에 관한 규칙]
별표 3 : 주거용 건축물 급수관의 지름

가구 또는 세대수	1	2~3	4~5	6~8	9~16	17 이상
급수관 지름의 최소기준 (밀리미터)	15	20	25	32	40	50

94 다음의 소방시설 중 소화활동설비에 속하지 않는 것은?

① 옥내소화전설비
② 비상콘센트설비
③ 연결송수관설비
④ 무선통신보조설비

해설

[소화활동설비]
[소방시설설치 및 관리에 관한 법률 시행령]
- 별표 1 : 소방시설
5. 소화활동설비 : 화재를 진압하거나 인명구조활동을 위하여 사용하는 설비로서 다음 각 목의 것
　가. 제연설비
　나. 연결송수관설비
　다. 연결살수설비
　라. 비상콘센트설비
　마. 무선통신보조설비
　바. 연소방지설비

95 건축물의 용도변경과 관련된 시설군 중 영업시설군에 속하는 것은?

① 의료시설
② 운동시설
③ 업무시설
④ 문화 및 집회시설

해설

[용도변경]
[건축법 시행령]
제14조(용도변경)
5. 영업시설군
　가. 판매시설
　나. 운동시설
　다. 숙박시설
　라. 제2종 근린생활시설 중 다중생활시설

정답　93 ②　94 ①　95 ②

96 다음은 건축설비설치의 원칙에 관한 기준 내용이다. ( ) 안에 알맞은 것은?

> 건축물에 설치하는 급수·배수·냉방·난방·환기·피뢰 등 건축설비의 설치에 관한 기술적 기준은 (㉠)으로 정하되, 에너지 이용합리화에 관련한 건축설비의 기술적 기준에 관하여는 (㉡)과 협의하여 정한다.

① ㉠ 국토교통부령, ㉡ 산업통상자원부장관
② ㉠ 산업통상자원부령, ㉡ 국토교통부장관
③ ㉠ 국토교통부령, ㉡ 과학기술정보통신부장관
④ ㉠ 과학기술정보통신부령, ㉡ 국토교통부장관

해설
[건축설비 설치]
[건축법 시행령] 제87조(건축설비설치의 원칙)
② 건축물에 설치하는 급수·배수·냉방·난방·환기·피뢰 등 건축설비의 설치에 관한 기술적 기준은 국토교통부령으로 정하되, 에너지 이용 합리화와 관련한 건축설비의 기술적 기준에 관하여는 산업통상자원부장관과 협의하여 정한다.

97 건축법령상 아파트는 주택으로 쓰는 층수가 최소 얼마 이상인 주택을 말하는가?

① 3개 층
② 5개 층
③ 7개 층
④ 10개 층

해설
[아파트의 정의]
[건축법 시행령] 별표 1 : 용도별 건축물의 종류
2. 공동주택
　가. 아파트 : 주택으로 쓰는 층수가 5개 층 이상인 주택

98 다음은 리모델링에 대비한 특례 등에 대한 기준 내용이다. ( ) 안에 알맞은 것은?

> 리모델링이 쉬운 구조의 공동주택의 건축을 촉진하기 위하여 공동주택을 대통령령으로 정하는 구조라 하여 건축허가를 신청하면 제56조(건축물의 용적률), 제60조(건축물의 높이 제한) 및 제61조(일조 등의 확보를 위한 건축물의 높이 제한)에 따른 기준을 (　　)의 범위에서 대통령령으로 정하는 비율로 완화하여 적용할 수 있다.

① 100분의 110
② 100분의 120
③ 100분의 140
④ 100분의 150

정답 96 ① 97 ② 98 ②

해설

[리모델링이 쉬운 구조]
[건축법 시행령]
제6조의5(리모델링이 쉬운 구조 등)
② 법 제8조에서 "대통령령으로 정하는 비율"이란 100분의 120을 말한다. 다만 건축조례에서 지역별 특성 등을 고려하여 그 비율을 강화한 경우에는 건축조례로 정하는 기준에 따른다.

99 비상용 승강기의 승강장에 설치하는 배연설비의 구조에 관한 기준 내용으로 옳지 않은 것은?

① 배연구 및 배연풍도는 불연재료로 할 것
② 배연구가 외기에 접하지 아니하는 경우에는 배연기를 설치할 것
③ 배연구에 설치하는 수동개방장치 또는 자동개방장치는 손으로도 열고 닫을 수 있도록 할 것
④ 배연구는 평상시에는 열린 상태를 유지하고, 배연에 의한 기류로 인하여 닫히지 아니하도록 할 것

해설

[배연설비]
[건축물의 설비기준 등에 관한 규칙]
제14조(배연설비)
② 특별피난계단 및 영 제90조 제3항의 규정에 의한 비상용 승강기의 승강장에 설치하는 배연설비의 구조는 다음 각 호의 기준에 적합하여야 한다.
1. 배연구 및 배연풍도는 불연재료로 하고, 화재가 발생한 경우 원활하게 배연시킬 수 있는 규모로서 외기 또는 평상시에 사용하지 아니하는 굴뚝에 연결할 것
2. 배연구에 설치하는 수동개방장치 또는 자동개방장치(열감지기 또는 연기감지기에 의한 것을 말한다)는 손으로도 열고 닫을 수 있도록 할 것
3. 배연구는 평상시에는 닫힌 상태를 유지하고, 연 경우에는 배연에 의한 기류로 인하여 닫히지 아니하도록 할 것
4. 배연구가 외기에 접하지 아니하는 경우에는 배연기를 설치할 것
5. 배연기는 배연구의 열림에 따라 자동적으로 작동하고, 충분한 공기배출 또는 가압능력이 있을 것
6. 배연기에는 예비전원을 설치할 것
7. 공기유입방식을 급기가압방식 또는 급·배기 방식으로 하는 경우에는 제1호 내지 제6호의 규정에 불구하고 소방관계법령의 규정에 적합하게 할 것

100 소리를 차단하는 데 장애가 되는 부분이 없도록 건축물의 피난·방화구조 등의 기준에 관한 규칙에서 정하는 구조로 하여야 하는 대상에 해당하지 않는 것은?

① 숙박시설의 객실 간 경계벽
② 의료시설의 병실 간 경계벽
③ 업무시설의 사무실 간 경계벽
④ 교육연구시설 중 학교의 교실 간 경계벽

해설

[경계벽]
[건축법 시행령] 제53조(경계벽 등의 설치)
① 법 제49조 제4항에 따라 다음 각 호의 어느 하나에 해당하는 건축물의 경계벽은 국토교통부령으로 정하는 기준에 따라 설치해야 한다.

정답 99 ④ 100 ③

1. 단독주택 중 다가구주택의 각 가구 간 또는 공동주택(기숙사는 제외한다)의 각 세대 간 경계벽(제2조 제14호 후단에 따라 거실·침실 등의 용도로 쓰지 아니하는 발코니 부분은 제외한다)
2. 공동주택 중 기숙사의 침실, <u>의료시설의 병실</u>, <u>교육연구시설 중 학교의 교실</u> 또는 <u>숙박시설의 객실</u> 간 경계벽
3. 제1종 근린생활시설 중 산후조리원(가. 임산부실 간, 나. 신생아실 간 경계벽, 다. 임산부실과 신생아실 간 경계벽)
4. 제2종 근린생활시설 중 다중생활시설의 호실 간 경계벽
5. 노유자시설 중 「노인복지법」 제32조 제1항 제3호에 따른 노인복지주택(이하 "노인복지주택"이라 한다)의 각 세대 간 경계벽
6. 노유자시설 중 노인요양시설의 호실 간 경계벽(제2조 제14호 후단에 따라 거실·침실 등의 용도로 쓰지 아니하는 발코니 부분은 제외한다)
2. 공동주택 중 기숙사의 침실, 의료시설의 병실, 교육연구시설 중 학교의 교실 또는 숙박시설의 객실 간 경계벽
3. 제1종 근린생활시설 중 산후조리원(가. 임산부실 간, 나. 신생아실 간 경계벽, 다. 임산부실과 신생아실 간 경계벽)
4. 제2종 근린생활시설 중 다중생활시설의 호실 간 경계벽
5. 노유자시설 중 「노인복지법」 제32조 제1항 제3호에 따른 노인복지주택(이하 "노인복지주택"이라 한다)의 각 세대 간 경계벽
6. 노유자시설 중 노인요양시설의 호실 간 경계벽

2019 제2회

1과목 건축일반

01 건물에서의 열전달에 관련된 용어의 단위 중 옳지 않은 것은?

① 열전도율 : W/(m²·K)
② 대류열전달률 : W/(m²·K)
③ 열저항 : (m²·K)/W
④ 열관류율 : W/(m²·K)

해설

[단위]
열전도율은 고체와 고체 간 열이동 정도를 말하며 단위는 W/(m·K)이다. 이는 두께를 계산에 넣어야 한다는 단위의 의미이다.
※ 열전도율은 두께가 계산되어져야 하기 때문에 단위 분모 미터단위에 2승으로 들어가지 않는다.

$$\lambda[W/m \cdot K] \times \frac{A[m^2]}{l[m]} \times \triangle t[K] = [W]$$

02 여러 음이 혼합적으로 들리는 경우에서도 대화 상대의 소리만을 선택적으로 들을 수 있는 것과 관련된 현상은?

① 마킹효과
② 칵테일파티효과
③ 간섭효과
④ 코인시던스효과

해설

[칵테일파티효과]
여러 음이 혼합적으로 들리는 경우에도 대화 상대의 소리만을 선택적으로 들을 수 있는 현상이다.
- 마스킹효과 : 음향 집중 현상으로 어느 음에 의하여 다른 음이 잘 들리지 않게 되는 현상
- 간섭효과 : 두 음파가 겹쳐 소리의 크기가 변하는 현상
- 코인시던스효과 : 특정 주파수에서 음파가 벽이나 장애물을 통과하기 쉬워지는 현상

03 병원의 수술실과 같이 외부 오염공기와 침입을 피하고자 할 때 가장 적합한 환기방법은?

① 압입식 환기법
② 흡출식 환기법
③ 병용식 환기법
④ 자연식 환기법

정답 ● 01 ① 02 ② 03 ①

해설

[환기방법]
① 제1종 환기(병용식) : 급기기기와 배기기기를 동시에 사용 - 병원, 수술실, 거실, 지하극장
② 제2종 환기(압입식) : 급기기기만 사용 - 수술실, 무균실, 반도체공장, 식당, 창고
③ 제3종 환기(흡출식) : 배기기기만 사용 - 유해가스 발생장소, 화장실, 욕실, 주방, 흡연실
※ 압입식 환기방법은 2종 환기라 하며 실내의 압력을 외부보다 높게 하여 오염된 외부 공기가 깨끗한 실내로 유입되지 않게 해 외부 오염물질의 유입을 막는다.
※ 수술실은 1종 환기를 사용하기도 하지만 2종 환기를 선호하는 경우가 더 많다.

04 일사량에 관한 설명으로 옳지 않은 것은?

① 일사량은 지면부근의 수평 평면에 입사하는 태양에너지의 단위면적당 양이다.
② 전천일사량은 단위면적의 수평면에 입사하는 태양복사의 총량이며 직달일사, 천공의 전방향에서 입사하는 산란일사 및 구름에서의 반사일사를 합한 것이다.
③ 직달일사량은 단위면적의 수평면에 입사하는 태양복사 중 산란광 및 반사광만을 포함한 일사량이다.
④ 산란일사량은 단위면적의 수평면에 입사하는 태양복사 중 직달일사를 제외하고 대기 중에서 공기분자, 수증기, 에어로졸 등으로 산란된 빛의 에너지양이다.

해설

[일사량]
직달일사량은 단위면적의 수평면에 입사하는 태양복사 중 산란광 및 반사광을 제외한 순수한 태양광이 직접 수평면에 도달되는 것이다.

05 Sabine의 잔향식에 관한 설명으로 옳지 않은 것은?

① 잔향 시간은 실내 흡음량에 비례한다.
② 잔향 시간은 실용적에 비례한다.
③ 비례상수는 0.16이다.
④ 잔향 시간은 흡음 재료의 설치 위치와는 무관하다.

해설

[사빈공식]
$$R.T = K \frac{V}{A}$$
잔향 시간(R.T)은 실내 흡음량(A)에 반비례한다.

2026년 출제범위를 벗어난 문제를 모두 삭제하고, 최신 출제기준에 해당하는 문제만 엄선하여 수록했습니다. 따라서 1과목 문제 수는 실제 출제 수와 다를 수 있습니다.

정답 04 ③ 05 ①

2과목 위생설비

21 세정밸브식 대변기에 진공방지기 (Vacuum Breaker)를 설치하는 주된 이유는?

① 사용수량을 줄이기 위하여
② 급수소음을 줄이기 위하여
③ 급수오염을 방지하기 위하여
④ 취기(냄새)를 방지하기 위하여

해설

[진공방지기(Vacuum Breaker)]
진공방지기는 위생적인 급수를 확보하고, 관 내로 오수가 역류하는 것을 막기 위해 설치한다.

22 500 L/h의 급탕을 하는 건물에서 전기순간 온수기를 사용했을 때 전기소비량은? (단, 물의 비열 4.2 kJ/(kg·K), 급탕온도 60 ℃, 급수온도 15 ℃, 효율 80 %)

① 27.2 kW ② 29.8 kW
③ 32.8 kW ④ 38.4 kW

해설

[전기소비량]
$P = (m \times c \times \Delta T) / \eta$
 = (500 kg/h × 4.2 kJ/kg·K
   × (60 - 15) K) / 0.8
 = 118125 kJ/h × 1 h/3600s = 32.8 kW

보충 물 1 L=1 kg

23 다음과 같은 조건에 있는 사무실 건물의 1일 급수량은?

- 건물의 연면적 : 2000 m²
- 건물의 유효면적과 연면적의 비 : 60 %
- 유효면적당 인원 : 0.2 인/m²
- 1인 1일당 평균사용수량 : 100 L/(d·인)

① 20000 L/d ② 24000 L/d
③ 40000 L/d ④ 120000 L/d

해설

[1일 급수량]
1일 급수량 = 2000 × 0.6 × 0.2 × 100
       = 24000 L/d

24 급탕설비의 순환배관에서 관마찰저항으로 인한 순환량의 불균등을 방지하기 위한 배관방식은?

① 상향배관방식
② 하향배관방식
③ 강제순환방식
④ 리버스리턴방식

해설

[역환수방식(= 리버스리턴방식)]
각 유닛마다 온수 공급관에서부터 환수관까지의 총 길이를 동일하게 하므로 배관저항이 같게 되어 각 유닛에 유량 공급도 균일하다.

보충 역환수방식 채택 이유 : 온수의 유량분배를 균일하게 하기 위하여

정답 21 ③ 22 ③ 23 ② 24 ④

25 배수설비에서 간접배수를 하여야 하는 기기·기구에 속하지 않는 것은?

① 욕조　　② 세탁기
③ 제빙기　　④ 식기세정기

해설
[간접배수와 직접배수]
- 간접배수 필요 기구 : 식기세척기(세정기), 제빙기, 세탁기, 냉장·제빙 드레인 등
- 직접배수 가능 기구 : 세면기, 대변기, 소변기, 욕조 등 위생기구

26 급수배관의 계획 및 시공에 관한 설명으로 옳지 않은 것은?

① 음료용 급수관과 다른 용도의 배관을 크로스 커넥션해서는 안 된다.
② 주배관에는 적당한 위치에 플랜지이음을 하여 보수 점검을 용이하게 한다.
③ 수평배관에는 오물이 정체하지 않도록 하며, 어쩔 수 없이 각종 오물이 정체하는 곳에서는 공기빼기밸브를 설치한다.
④ 높은 유수음이나 수격작용이 발생할 염려가 있는 급수계통에는 에어 챔버나 워터햄머방지기 등의 완충장치를 설치한다.

해설
[급수배관의 계획 및 시공]
급수배관의 수평배관에는 각종 오물이 정체하는 곳에는 드레인밸브를 설치한다.

27 고가수조방식의 급수방식에 관한 설명으로 옳지 않은 것은?

① 급수압력이 일정하다.
② 단수 시에도 일정량의 물을 급수할 수 있다.
③ 대규모의 급수 수요에 쉽게 대응할 수 있다.
④ 급수방식 중 위생 및 유지, 관리 측면에서 가장 바람직한 방식이다.

해설
[고가수조방식의 급수방식]
고가수조방식은 수조의 위생 유지, 관리가 어렵다.

28 주철관의 이음방법에 속하지 않는 것은?

① 소켓이음
② 빅토릭이음
③ 타이톤이음
④ 플레어이음

해설
[주철관의 이음방법]
플레어이음은 동관이음방식

정답　25 ①　26 ③　27 ④　28 ④

29 수질과 관련된 용어에 관한 설명으로 옳지 않은 것은?

① COD는 화학적 산소요구량을 의미한다.
② BOD는 생물화학적 산소요구량을 의미한다.
③ SS는 오수 중의 용존산소량을 ppm으로 나타낸 것이다.
④ 경도는 물속에 녹아 있는 염류의 양을 탄산칼슘의 농도로 환산하여 나타낸 것이다.

해설

[수질과 관련된 용어]
SS는 오수 중의 부유물질을 mg/L로 나타낸 것

30 다음 중 특수통기방식의 일종인 소벤트 시스템에 사용되는 이음쇠는?

① 팽창관
② 섹스티아 밴드관
③ 섹스티아이음쇠
④ 공기분리이음쇠

해설

[공기분리이음쇠(Air Separator Fitting)]
소벤트시스템 전용 이음쇠, 배수관에 공기를 주입·분리하여 통기관 수를 줄이는 특수이음이다.

31 배수와 통기 간의 공기의 유통을 원활히 하기 위해 설치하는 것으로 배수횡지관의 최하류에 설치하는 통기관은?

① 습통기관 ② 도피통기관
③ 반송통기관 ④ 루프통기관

해설

[도피통기관]
도피통기관 : 배수횡지관(수평지관) 최하류에 설치하여 배수와 통기관의 공기 유통을 원활히 함.
루프통기관과 함께 사용되며, 최하류 공기 흐름 보조 역할.

32 물을 수송하는 직선관로의 마찰손실수두에 관한 설명으로 옳은 것은?

① 마찰손실수두는 관경에 정비례한다.
② 마찰손실수두는 속도수두에 반비례한다.
③ 관 내 유속이 2배로 되면 마찰손실은 4배로 된다.
④ 배관 길이가 2배로 되면 마찰손실은 8배로 된다.

해설

[직선관로의 마찰손실수두]
달시 바이스바하 공식 $h_L = f \times \dfrac{L}{D} \times \dfrac{v^2}{2g}$

여기서, f : 관마찰계수, L : 관의 길이
D : 관경, v : 유속, g : 중력가속도
즉, 속도가 2배 → 마찰손실수두는 $2^2 = 4$배

정답 29 ③ 30 ④ 31 ② 32 ③

33 양수량 Q = 15 L/s, 유속 V = 2 m/s인 펌프의 구경으로 적당한 것은?

① 50 mm ② 100 mm
③ 150 mm ④ 200 mm

해설

[펌프의 구경]

$Q = AV$

$15 \times 10^{-3} = \dfrac{\pi}{4} D^2 \times 2$

$D = 0.09772 \, m = 97.72 \, mm ≒ 100 \, mm$

34 가로 2 m, 세로 2 m, 높이 10 m인 직육면체 수조에 물이 가득 차 있을 때, 바닥면에 작용하는 전압력은?

① 2 ton ② 4 ton
③ 20 ton ④ 40 ton

해설

[바닥면에 작용하는 전압력(F)]

$F = \gamma h A$

$= 1000 \, kg_f/m^3 \times 10 \, m \times 4 \, m^2$

$= 40000 \, kg_f = 40 \, ton$

보충 이 문제에서의 ton은 질량이 아니라 '톤중(tonf)'이라는 힘 단위를 뜻하는 것

35 간접가열식 급탕설비에 증기트랩을 설치하는 가장 주된 이유는?

① 신축을 흡수시키기 위하여
② 배관 내의 소음을 줄이기 위하여
③ 응축수만을 보일러에 환수시키기 위하여
④ 보일러에서 역류하는 악취를 방지하기 위하여

해설

[간접가열식 급탕설비에 증기트랩을 설치하는 이유]
증기트랩의 주된 이유는 증기를 손실 없이 사용하고, 응축수만을 환수하여 보일러 효율을 높이기 위함이다.

보충 증기트랩은 증기를 통과시키지 않고 응축수만 배출해 보일러에 환수시키는 장치이다.

36 다음 중 급수설비를 설계하는 데 있어 가장 먼저 이루어져야 하는 사항은?

① 급수량 산정
② 저수조 크기 결정
③ 급수관 관경 결정
④ 수도 인입관 설계

해설

[급수설비 설계]
급수설비 설계의 가장 첫 단계는 급수량 산정으로, 필요 유량을 계산한 후에 관경, 저수조 크기, 인입관 설계가 이루어진다.

정답 33 ② 34 ④ 35 ③ 36 ①

37 배수트랩과 통기관에 관한 설명으로 옳지 않은 것은?

① 통기관을 설치하면 배수능력이 향상된다.
② 배수트랩을 설치하면 배수능력이 향상된다.
③ 배수트랩은 봉수가 파괴되지 않는 구조로 한다.
④ 통기관은 사이폰작용에 의해서 트랩 봉수가 파괴되는 것을 방지한다.

해설
[배수트랩과 통기관]
배수트랩은 봉수 유지(냄새차단) 목적으로 설치되며, 오히려 배수저항이 되어 배수능력을 저하시킨다.

38 국소식 급탕방식에 관한 설명으로 옳지 않은 것은?

① 배관길이가 길어 열손실이 크다.
② 급탕 개소마다 가열기의 설치공간이 필요하다.
③ 건물 완공 후에 급탕 개소의 증설이 비교적 용이하다.
④ 용도에 따라 필요한 개소에서 필요한 온도의 탕을 비교적 간단하게 얻을 수 있다.

해설
[국소식 급탕방식]
국소식은 각 사용 개소에 설치하므로 배관길이가 짧고 열손실이 적다.

39 먹는 물의 수질기준에 관한 설명으로 옳지 않은 것은?

① 색도는 5도를 넘지 아니할 것
② 수은은 0.01 mg/L를 넘지 아니할 것
③ 시안은 0.01 mg/L를 넘지 아니할 것
④ 수돗물의 경우 경도는 300 mg/L를 넘지 아니할 것

해설
[먹는 물의 수질기준]
(1) 색도는 5도를 넘지 아니할 것
(2) 수은은 0.001 mg/L를 넘지 아니할 것
(3) 시안은 0.01 mg/L를 넘지 아니할 것
(4) 수돗물의 경우 경도는 300 mg/L를 넘지 아니할 것

40 경질염화비닐관에 관한 설명으로 옳지 않은 것은?

① 전기 절연성이 크다.
② 내산, 내알칼리성 크다.
③ 온도 상승에 따라 기계적 강도가 약해진다.
④ 저온에서 충격에 강하므로 한랭지에 주로 사용된다.

해설
[경질염화비닐관]
PVC는 저온 취성에 매우 취약하다.

정답 ● 37 ② 38 ① 39 ② 40 ④

3과목 | 공기조화설비

41 다음의 냉방부하 발생요인 중 현열과 잠열부하를 모두 발생시키는 것은?

① 인체의 발생열량
② 벽체로부터의 취득열량
③ 유리로부터의 취득열량
④ 송풍기에 의한 취득열량

해설

[냉방부하 발생요인]
인체는 대류, 복사(현열) + 발한, 호흡수분(잠열)을 모두 방출한다.
① 인체의 발생열량 : 현열 + 잠열
② 벽체로부터의 취득열량 : 현열
③ 유리로부터의 취득열량 : 현열
④ 송풍기에 의한 취득열량 : 현열

42 다음 중 하절기 유리창별 표준일사열 취득량이 가장 적은 경우는?

① 수평천창(13시)
② 동측창(08시)
③ 남측창(16시)
④ 서측창(17시)

해설

[유리창별 표준 일사열 취득량]
취득량은 일사 강도와 햇빛(일사) 각도에 비례한다. 13시 수평천창이 가장 크고, 16시 남측창이 가장 작다.

43 다음과 같은 조건에서 틈새바람에 의한 냉방부하는?

- 틈새공기량 : 50 kg/h
- 외기의 상태 : 30 ℃, 0.016 kg/kg'
- 실내공기의 상태
  : 25 ℃, 0.010 kg/kg'
- 공기의 정압비열 : 1.01 kJ/kg·K
- 0 ℃에서 물의 증발잠열
  : 2501 kJ/kg

① 139.7 W ② 186.2 W
③ 278.6 W ④ 341.3 W

해설

[틈새바람에 의한 냉방부하]
풍량 : 50 kg/h
현열은 풍량과 건구온도차를 가지고 구한다.
현열 : $q[W] = 50 \times 1.01(30-25) \, kJ/h$
$\times \dfrac{1000 \, J/kJ}{3600 \, s/h} = 70.138 \, W$

잠열은 풍량과 절대습도차를 가지고 구한다.
잠열 : $q[W] = 50 \times 2501(0.016-0.01) \, kJ/h$
$\times \dfrac{1000 \, J/kJ}{3600 \, s/h} = 208.416 \, W$

그러므로 약 278.6 W
※ 잠열의 경우 온도차비열 계산을 생략했음을 역산에 의해 알 수 있다.

정답 ● 41 ① 42 ③ 43 ③

44 수배관 내 유속에 관한 설명으로 옳지 않은 것은?

① 관 내에 흐르는 유속을 높이면 소음이 증가한다.
② 관 내에 흐르는 유속을 높이면 마찰손실이 감소한다.
③ 관 내에 흐르는 유속을 높이면 펌프의 소요동력이 증가한다.
④ 관 내에 흐르는 유속이 너무 낮으면 배관 내에 혼입된 공기를 밀어내지 못하여 물의 흐름에 대한 저항이 커진다.

해설

[유속과 마찰손실 관계]
마찰손실은 유속의 제곱에 비례하므로, 유속이 높아질수록 마찰손실은 증가한다.

45 증기난방방식에 관한 설명으로 옳지 않은 것은?

① 예열시간이 짧다.
② 계통별 용량제어가 용이하다.
③ 한랭지에서 동결의 우려가 작다.
④ 운전 시 증기해머로 인한 소음이 발생하기 쉽다.

해설

[증기난방방식]
② 증기난방은 증기 압력과 응축수 배출 특성상 정밀한 용량 제어가 어렵고, 특히 구역별 온도 제어가 온수난방보다 불리하다.

46 증기트랩 중 플로트트랩에 관한 설명으로 옳지 않은 것은?

① 다량의 응축수를 처리할 수 있다.
② 급격한 압력변화에도 잘 작동된다.
③ 동결의 우려가 있는 곳에 주로 사용된다.
④ 증기해머에 의해 내부손상을 입을 수 있다.

해설

[플로트트랩]
수위에 따라 작동하는 기계식은 동결의 우려가 있는 곳에 사용하기 어렵다.

47 다음과 같은 조건에 있는 벽체의 실내표면온도는?

- 외기온도 : -10℃
- 실내온도 : 20℃
- 실내표면열전달률 : 9 W/m²·K
- 벽체의 열관류율 : 3 W/m²·K

① 9℃ ② 10℃
③ 12℃ ④ 13℃

해설

[벽체의 실내표면온도]
벽체에서 관류열량 = 실내 표면 열전달량
$KA \Delta t = \alpha A \Delta t$
$K \Delta t = \alpha \Delta t$
$3 \times \{20 - (-10)\} = 9 \times (20 - t)$
∴ $t = 10℃$

정답 44 ② 45 ② 46 ③ 47 ②

48 건구온도 26 ℃, 상대습도 50 %의 실내공기 700 m³와 건구온도 32 ℃, 상대습도 70 %의 외기 300 m³을 혼합한 후 이를 다시 건구온도 20 ℃로 냉각하였다. 냉각도중 절대습도의 변화가 없었다면 냉각과정에 소요된 열량은? (단, 공기의 밀도는 1.2 kg/m³, 정압비열은 1.01 kJ/kg·K이다)

① 8966.6 kJ ② 9453.6 kJ
③ 10322.5 kJ ④ 10977.8 kJ

해설

[냉각과정에 소요된 열량]
(1) 혼합공기의 건구온도
$$\frac{26 \times 0.7 + 32 \times 0.3}{1} = 27.8$$
(2) 냉각과정에 소요된 열량
$q = (700 + 300) \times 1.2 \times 1.01 \times (27.8 - 20)$
$q = 9453.6$

49 공기여과기를 통과하기 전의 오염 농도가 0.45 mg/m³, 통과한 후의 오염 농도가 0.12 mg/m³일 때, 이 여과기의 여과효율은?

① 약 35 % ② 약 42 %
③ 약 53 % ④ 약 73 %

해설

[여과기의 여과효율]
여과효율 $= \frac{0.45 - 0.12}{0.45} \times 100\% = 73.33\%$

50 버터플라이댐퍼에 관한 설명으로 옳지 않은 것은?

① 완전히 닫았을 때 공기의 누설이 적다.
② 운전 중에 개폐조작에 큰 힘을 필요로 한다.
③ 주로 대형 덕트에서 풍량조절용으로 사용된다.
④ 날개가 중간 정도 열렸을 때 댐퍼의 하류 측에 와류가 생기기 쉽다.

해설

[버터플라이댐퍼]
버터플라이댐퍼는 단날개댐퍼로 주로 소형 덕트에서 개폐용 또는 풍량조절용으로 사용

51 에어와셔에 엘리미네이터(Eliminator)를 설치하는 이유로 가장 알맞은 것은?

① 기내의 기류분포를 고르게 하기 위해
② 섬유 등의 먼지를 효율적으로 제거하기 위해
③ 공기의 감습이 효과적으로 이루어지게 하기 위해
④ 분무된 물방울이 밖으로 나가지 못하도록 하기 위해

해설

[엘리미네이터(Eliminator)]
엘리미네이터는 에어와셔 내에서 공기와 함께 이동하는 물방울을 잡아주는 역할을 한다. 이를 통해 분사된 물방울이 덕트나 실내로 빠져나가는 것을 방지해서 주변기기 및 실내오염을 막는다.

정답 48 ② 49 ④ 50 ③ 51 ④

52 공기조화배관의 배관회로방식에 관한 설명으로 옳지 않은 것은?

① 밀폐회로방식은 순환수가 공기와 접촉하지 않으므로 물처리비가 적게 든다.
② 개방회로방식은 보통 축열방식이나 개방식 냉각탑의 냉각수 배관 등에 응용된다.
③ 개방회로방식의 경우 펌프의 양정에는 실양정이 포함되므로 동력비가 많이 든다.
④ 밀폐회로방식에는 물의 팽창을 흡수하기 위해 팽창관이 사용되며 팽창탱크는 사용하지 않는다.

해설
[공기조화배관의 배관회로방식]
팽창탱크가 필요 없는 배관회로방식은 없다. 밀폐회로방식은 배관순환과정에 대기노출이 없는 경우이다.

53 원형 덕트의 곡관부에서 국부저항의 상당길이를 ℓ 이라 할 때 다음 설명 중 옳은 것은? (단, λ : 덕트재료의 마찰저항계수, d : 원형 덕트의 직경, ξ : 국부저항손실계수)

① ℓ 은 d, ξ, λ에 모두 비례한다.
② ℓ 은 d, ξ, λ에 모두 반비례한다.
③ ℓ 은 d, ξ에 비례하나 λ에는 반비례한다.
④ ℓ 은 d, λ에 비례하나 ξ에는 반비례한다.

해설
[국부저항의 상당길이]
$$\ell \propto \frac{\xi \times d}{\lambda}$$
상당길이는 덕트 마찰손실계수 λ, 직경 d, 국부저항손실계수 ξ 로 계산된다.
따라서
- ξ에 비례
- d에 비례
- λ에 반비례

54 냉동기의 냉매가 구비해야 할 조건으로 옳지 않은 것은?

① 응고온도(응고점)가 낮을 것
② 전열효과가 작고 점도가 클 것
③ 증발압력이 대기압보다 높을 것
④ 임계온도가 높고 상온에서 액화할 것

해설
[냉매의 구비조건]
전열효과가 커야 효율이 좋고 점도가 작아야 유동성이 좋다.

55 다음 중 에어필터의 효율 측정법이 아닌 것은?

① 중량법   ② 비색법
③ 체적법   ④ DOP법

해설
[에어필터의 효율 측정법]
- 중량법(프리필터 - 저성능필터)
- 비색법(미디엄 필터 - 중성능필터)
- DOP법(고성능 필터)

정답 52 ④ 53 ③ 54 ② 55 ③

56 공기조화 용어 중 엔탈피(Enthalpy)가 의미하는 것은?

① 비체적
② 비습도
③ 전열량
④ 현열량

해설
[엔탈피(Enthalpy)]
엔탈피는 물질이 가진 내부에너지와 유동에너지를 합한 전열량을 의미하며, 공기조화에서는 건공기와 포함된 수증기가 가진 총 열량을 말한다.

57 진공 환수식 증기난방에서 저압증기 환수관이 진공펌프의 흡입구보다 낮은 위치에 있을 때 응축수를 끌어올리기 위해 설치하는 것은?

① 역압 방지기
② 리프트 피팅
③ 버큠 브레이커
④ 바이패스밸브

해설
[리프트 피팅]
리프트 피팅은 진공 환수식 증기난방에서 응축수를 진공펌프 흡입 높이까지 들어올리기 위한 특수 피팅이다.

58 공기조화방식 중 단일덕트 변풍량방식(V.A.V system)에 관한 설명으로 옳은 것은?

① 전수방식의 특성이 있다.
② 페리미터 존 보다는 인테리어 존에 적합하다.
③ 각 실이나 존의 온도를 개별제어할 수 없다.
④ 실내부하가 적어지면 송풍량이 적어지므로 실내공기의 오염도가 높아진다.

해설
[단일덕트 변풍량방식(V.A.V system)]
변풍량방식은 전공기방식으로 부하변동이 큰 존에 적합하다(강당, 실내체육관). 실내부하가 적어지면 송풍량이 적어지므로 실내공기의 오염도는 증가한다.

59 습공기선도상에 표현되어 있는 습공기의 상태값에 속하지 않는 것은?

① 비열
② 비체적
③ 엔탈피
④ 습구온도

해설
[습공기의 상태값]
습공기선도에는 비열값이 표시되지 않는다.

60 코일 입구공기온도 30 ℃, 출구공기온도 15 ℃, 코일 입구수온 7 ℃, 출구수온 12 ℃일 때 대향류형 코일에서 공기와 냉수의 대수평균온도차는?

① 8.5 ℃
② 11.1 ℃
③ 12.3 ℃
④ 13.7 ℃

해설

[공기와 냉수의 대수평균온도차]
$$LMTD = \frac{(30-12)-(15-7)}{\ln\frac{(30-12)}{(15-7)}} = 12.33$$

4과목 소방 및 전기설비

1회독 시간: 점수:
2회독 시간: 점수:
3회독 시간: 점수:

61 조명설비에서 눈부심의 발생 원인과 가장 거리가 먼 것은?

① 순응의 결핍
② 시야 안의 저휘도 광원
③ 시설 부근에 노출된 광원
④ 눈에 입사하는 광속의 과다

해설

[저휘도 광원]
저휘도로 눈부심은 없음

62 다음 가스계량기 설치에 관한 설명 중 ( ) 안에 알맞은 내용은?

> 가스계량기와 전기계량기 및 전기개폐기와의 거리는 (㉠) 이상, 전기점멸기 및 전기접속기와의 거리는 (㉡) 이상, 절연조치를 하지 아니한 전선과의 거리는 (㉢) 이상의 거리를 유지하여야 한다.

① ㉠ 10 cm, ㉡ 20 cm, ㉢ 40 cm
② ㉠ 15 cm, ㉡ 30 cm, ㉢ 60 cm
③ ㉠ 40 cm, ㉡ 20 cm, ㉢ 10 cm
④ ㉠ 60 cm, ㉡ 30 cm, ㉢ 15 cm

정답 ● 60 ③ 61 ② 62 ④

해설

[가스계량기]
- 가스계량기와 전기계량기 및 전기개폐기 60 cm 이상
- 가스계량기와 전기점멸기 및 전기접속기 30 cm 이상
- 가스계량기와 절연조치를 하지 아니한 전선 15 cm 이상

63 3대의 전동기에 모두 같은 크기의 전압을 인가하기 위한 결선방법은?

① 직렬결선
② 병렬결선
③ 직렬결선 1회로와 병렬결선 2회로
④ 직렬결선 2회로와 병렬결선 1회로

해설

[결선]
전동기의 임피던스, 저항 등 세부 조건이 없기 때문에 병렬결선

64 연결송수관설비에 관한 설명으로 옳은 것은?

① 송수구는 쌍구형으로 하며 구경은 최소 50 mm 이상으로 한다.
② 방수구는 연결송수관설비의 전용방수구로서 구경은 최소 50 mm 이상으로 한다.
③ 수원의 수위가 펌프보다 높은 위치에 있는 가압송수장치에는 반드시 물올림장치를 설치한다.
④ 가압송수장치는 방수구가 개방될 때 자동으로 기동되거나 또는 수동스위치의 조작에 따라 기동되도록 한다.

해설

[연결송수관설비의 화재안전기술기준(NFTC 502)]
2.1.1 연결송수관설비의 송수구는 다음의 기준에 따라 설치해야 한다.
  2.1.1.1 소방차가 쉽게 접근할 수 있고 잘 보이는 장소에 설치할 것
  2.1.1.2 지면으로부터 높이가 0.5 m 이상 1 m 이하의 위치에 설치할 것
  2.1.1.3 송수구는 화재층으로부터 지면으로 떨어지는 유리창 등이 송수 및 그 밖의 소화작업에 지장을 주지 않는 장소에 설치할 것
  2.1.1.4 송수구로부터 연결송수관설비의 주배관에 이르는 연결배관에 개폐밸브를 설치한 때에는 그 개폐상태를 쉽게 확인 및 조작할 수 있는 옥외 또는 기계실 등의 장소에 설치할 것. 이 경우 개폐밸브에는 그 밸브의 개폐상태를 감시제어반에서 확인할 수 있도록 급수개폐밸브 작동표시 스위치(이하 "탬퍼스위치"라 한다)를 다음의 기준에 따라 설치해야 한다.

정답 63 ② 64 ④

2.1.1.4.1 급수개폐밸브가 잠길 경우 탬퍼스위치의 동작으로 인하여 감시제어반 또는 수신기에 표시되어야 하며 경보음을 발할 것

2.1.1.4.2 탬퍼스위치는 감시제어반 또는 수신기에서 동작의 유무확인과 동작시험, 도통시험을 할 수 있을 것

2.1.1.4.3 탬퍼스위치에 사용되는 전기배선은 내화전선 또는 내열전선으로 설치할 것

2.1.1.5 구경 65 mm의 쌍구형으로 할 것

2.1.1.6 송수구에는 그 가까운 곳의 보기 쉬운 곳에 송수압력범위를 표시한 표지를 할 것

2.1.1.7 송수구는 연결송수관의 수직배관마다 1개 이상을 설치할 것. 다만 하나의 건축물에 설치된 각 수직배관이 중간에 개폐밸브가 설치되지 아니한 배관으로 상호 연결되어 있는 경우에는 건축물마다 1개씩 설치할 수 있다.

2.1.1.8 송수구의 부근에는 자동배수밸브 및 체크밸브를 다음의 기준에 따라 설치할 것. 이 경우 자동배수밸브는 배관 안의 물이 잘빠질 수 있는 위치에 설치하되, 배수로 인하여 다른 물건이나 장소에 피해를 주지 않아야 한다.

2.1.1.8.1 습식의 경우에는 송수구·자동배수밸브·체크밸브의 순으로 설치할 것

2.1.1.8.2 건식의 경우에는 송수구·자동배수밸브·체크밸브·자동배수밸브의 순으로 설치할 것

2.1.1.9 송수구에는 가까운 곳의 보기 쉬운 곳에 "연결송수관설비송수구"라고 표시한 표지를 설치할 것

2.1.1.10 송수구에는 이물질을 막기 위한 마개를 씌울 것

65 최대 방수구역에 설치된 스프링클러헤드의 개수가 20개인 경우 스프링클러설비의 수원의 저수량은 최소 얼마 이상이 되도록 하여야 하는가? (단, 개방형 스프링클러헤드를 사용하는 경우로 29층 이하)

① 16 m^3
② 32 m^3
③ 48 m^3
④ 64 m^3

해설

[저수량]
$20 \times 80 \text{ L/min} \times 20 \text{ min} = 32000 \text{ L}$
$= 32$ 입방미터

66 사인파 교류의 실횻값이 V, 최댓값이 V_m일 때 평균값은?

① $\dfrac{V_m}{2\pi}$

② $\dfrac{2 V_m}{\pi}$

③ $\dfrac{\sqrt{2}\, V_m}{\pi}$

④ $\dfrac{V_m}{\pi}$

해설

[교류]
(1) 최댓값 : 교류 순싯값 중 가장 큰 값으로 V_m, I_m으로 표현
(2) 평균값 : 평균전력으로 정현파에서 $\dfrac{2}{\pi} ≒ 0.637$과 같음

정답 ● 65 ② 66 ②

$$V_a = V_{av} = \frac{2}{\pi}V_m = 0.637V_m \, [V]$$

$$I_a = I_{av} = \frac{2}{\pi}I_m = 0.637I_m \, [A]$$

V_{av} : 전압의 평균값 [V]
V_m : 전압의 최댓값 [V]
I_{av} : 전류의 평균값 [A]
I_m : 전류의 최댓값 [A]

(3) 실횻값 : 동일한 일을 하는 직류 크기로 환산한 값, 교류의 각 순싯값 $i(t)$의 제곱에 대한 1주기 평균(평균값)의 제곱근

67 정온식 감지기의 감지원리로 옳은 것은?

① 주위온도가 일정온도 이상일 때 작동
② 주위온도가 일정온도 상승률 이상일 때 작동
③ 연기 침입 시 수광부의 광량이 감소되는 것을 검출
④ 특정파장의 복사 에너지를 전기 에너지로 변환하여 이를 검출

해설

[정온식 감지기]
화재 시 열에 의해 주위온도가 감지기가 작동되는 공칭작동온도가 될 경우 이를 감지하는 방식

68 어느 도체의 단면에 2시간 동안 7200 C의 전기량이 이동했다고 하면 이때 흐르는 전류는?

① 1 A   ② 2 A
③ 3 A   ④ 4 A

해설

[전류]
$$I = \frac{Q}{t} = \frac{7200}{3600 \times 2} = 1$$

69 액면조절장치의 감지부의 종류 중 액체 내의 전극봉 사이의 통전 상태로서 액면을 조절하며 저수조용으로 사용하는 것은?

① 액면식   ② 전극식
③ 플로트식 ④ 오뚜기식

해설

[액면조절장치]
- 전극식 : 전극봉 사이 전류가 흐르는지 감지, 전도성이 있을 때만 가능한 방식
- 플로트식, 오뚜기식 : 기계식

70 권수가 300회 감긴 코일에 10 A의 전류가 흐른다면 발생된 기자력[AT]은?

① 150   ② 300
③ 1500   ④ 3000

정답 67 ① 68 ① 69 ② 70 ④

[해설]
[기자력]
AT = A(전류) × T(감긴 회수)
   = 10 × 300 = 3000

71 제어결과가 목표치를 중심으로 ON – OFF 동작을 하는 제어는?

① 비례제어 ② 적분제어
③ 2위치제어 ④ 비례적분제어

[해설]
[제어]

구분		내용
불연속 제어	ON – OFF 제어	단속적 제어동작
	샘플링 (Sampling)	전압, 전류, 위상을 제어
연속 제어	비례제어 (P제어)	잔류 편차(Off Set) 발생
	적분제어 (I제어)	• 잔류 편차(Off Set) 개선 • 시간지연(속응성) 발생
	미분제어 (D제어)	• 시간지연 개선, 잔류 편차(Off Set)존재, 오차 방지 • 진동방지, 오버슈트가 커진다.
	비례적분 제어 (PI제어)	• 잔류 편차는 제거되지만 시간지연이 길다. • 간헐현상 존재, 지상보상 요소에 대응한다.
	비례미분 제어 (PD제어)	• 시간지연(응답속응성)을 개선, 잔류 편차는 있다.
	비례미분 적분제어 (PID제어)	시간지연도 향상시키고 잔류 편차도 제거한 제어계로 가장 안정적인 제어계

72 천장면을 사각이나 원형으로 오려내고 매입기구를 취부하여 실내의 단조로움을 피하는 조명방식은?

① 코퍼조명
② 광천장조명
③ 코니스조명
④ 밸런스조명

[해설]
[조명]
• 코퍼조명은 조명기구를 매입하여 천장면에서 반사광으로 조명하는 건축조명
• 코너조명 : 천정과 벽면의 경계구석, 즉 코너(모서리)에 등기구를 설치해서 천정과 벽면을 동시에 간접조명하는 방식
• 코퍼조명(코브조명) : 홈을 파서 등기구를 숨기고 간접적으로 비추는 조명
• 광천장조명 : 천장 전체를 광원으로 만드는 조명
• 밸런스조명 : 천정과 벽을 균형 있게 조명
• 코니스조명 : 벽면 상부에 설치된 선반 등에 광원을 넣고 아래로 비추는 간접조명

정답 71 ③ 72 ①

73 소화의 종류 중 화학적 소화에 속하는 것은?

① 질식소화 ② 제거소화
③ 냉각소화 ④ 부촉매소화

해설
[소화]

구분	소화	내용
물리적 소화	냉각 소화	• 점화원을 냉각하여 소화 • 주수로 물의 증발잠열(기화잠열)을 이용 • CO_2 소화설비 : 줄-톰슨효과에 의한 냉각 • 적용 : 스프링클러설비, 옥내·옥외소화전, 포소화설비 등
	질식 소화	• 산소 농도를 15 % 이하로 희박하게 하여 소화 • 유류화재에서의 포소화설비 • CO_2 소화설비 : 피복을 입혀 소화 • 적용 : 마른모래, 팽창질석, 팽창진주암
	제거 소화	• 가연물을 이동·제거하여 소화 • 적용 : 산림벌목, 촛불 끄기
화학적 소화	부촉매 소화	• 연쇄반응 차단에 의한 소화 • 적용 : 할론 소화설비, 청정할로겐 강화액 및 분말소화설비 등

74 저항 직렬회로에서 $R_1 = 2\,\Omega$, $R_2 = 3\,\Omega$, $R_3 = 5\,\Omega$이고 $V = 110\,V$일 때 $R_2 = 3\,\Omega$에 걸리는 V_2의 값은?

① 22 V ② 33 V
③ 55 V ④ 110 V

해설
[전압]

$$\frac{R_2}{R_t}V = \frac{3}{2+3+5} \times 110 = 33\,V$$

75 알칼리 축전지에 관한 설명으로 옳지 않은 것은?

① 고율방전특성이 좋다.
② 공칭전압은 2.0 V/cell이다.
③ 극판의 기계적 강도가 강하다.
④ 부식성 가스가 발생하지 않는다.

해설
[축전지]
• 연(납) 축전지

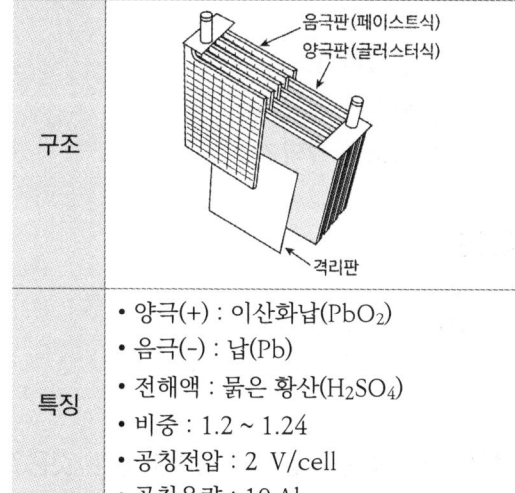

구조	
특징	• 양극(+) : 이산화납(PbO_2) • 음극(-) : 납(Pb) • 전해액 : 묽은 황산(H_2SO_4) • 비중 : 1.2 ~ 1.24 • 공칭전압 : 2 V/cell • 공칭용량 : 10 Ah

정답 • 73 ④ 74 ② 75 ②

- 알칼리 축전지

구조	
특징	• 양극(+) : 수산화니켈(Ni(OH)$_2$) • 음극(-) : 카드뮴(Cd) • 전해액 : KOH • 비중 : 1.2 ~ 1.25 • 공칭전압 : 1.2 V/cell • 공칭용량 : 5 Ah

76 다음 중 역률이 가장 양호한 것은? (단, 3상 380 V로 운전할 경우)

① 에어컨
② 전기히터
③ 펌프용 전동기
④ 업소용 세탁기

해설
[전기히터]
전기히터는 코일, 콘덴서가 없음

77 다음 중 강자성체에 속하지 않는 것은?

① 철
② 니켈
③ 구리
④ 코발트

해설
[자성체]

구분	비투자율	내용
강자성체	$\mu_s \gg 1$	① 외부 자기장 속에서 자기장의 방향으로 강하게 자화되는 물질 ② 외부 자기장을 제거해도 자성을 오래 유지함 예 철(Fe), 니켈(Ni), 코발트(Co)
상자성체	$\mu_s \geq 1$	① 외부 자기장 속에서 자기장의 방향으로 약하게 자화되는 물질 ② 외부 자기장을 제거하면 자성이 바로 사라짐 예 알루미늄(Al), 주석(Sn), 백금(Pt), 산소(O), 텅스텐(W)
반자성체	$\mu_s < 1$	① 외부 자기장 속에서 자기장과 반대 방향으로 자화되는 물질 ② 외부 자기장을 제거하면 자성이 바로 사라짐 예 물(H$_2$O), 금(Au), 은(Ag), 납(Pb), 구리(Cu), 아연(Zn), 비스무트(Bi)

정답 76 ② 77 ③

78 다음과 같이 정의되는 화재의 종류는?

> 나무, 섬유, 종이, 고무, 플라스틱류와 같은 일반 가연물이 타고 나서 재가 남은 화재

① A급 화재 ② B급 화재
③ C급 화재 ④ K급 화재

해설

[화재]

등급	화재	표시색	적응물질
A급 화재	일반 화재	백색	목재, 섬유, 합성섬유
B급 화재	유류 화재	황색	인화성 액체
C급 화재	전기 화재	청색	통전 중인 전기설비, 기기화재
D급 화재	금속 화재	무색	가연성 금속
K급 화재	식용유 화재	황색	식용유

79 현행 한국전기설비규정에 따라 감전방지를 위하여 3상 380 V 농형 유도전동기의 금속제 외함에 실시하는 접지공사는?

① 종별접지공사
② 보호접지공사
③ 계통접지공사
④ 피뢰시스템접지공사

해설

[접지]
- 계통접지 : 전력계통의 이상현상에 대비하여 대지와 계통을 접속
- 보호접지 : 감전보호를 목적으로 기기의 한 점 이상을 접지
- 피뢰시스템접지 : 뇌격전류를 안전하게 대지로 방류하기 위한 접지
- 종별접지 : 접지대상에 따라 일괄 적용한 종별접지로 폐지됨

80 변압기에서 철심(Core)이 하는 역할은?

① 자속의 이동통로
② 전류의 이동통로
③ 전압의 이동통로
④ 전력량의 이동통로

해설

[변압기]
철심은 1차 코일에서 발생한 자속을 2차 코일로 전달해주는 자속의 통로 역할을 함

정답 78 ① 79 ② 80 ①

5과목 건축설비 관계법규

1회독 시간 :   점수 :
2회독 시간 :   점수 :
3회독 시간 :   점수 :

81 다음의 소방시설 중 경보설비에 속하지 않는 것은?

① 비상방송설비
② 자동화재탐지설비
③ 자동화재속보설비
④ 무선통신보조설비

해설

[경보설비]
[소방시설설치 및 관리에 관한 법률 시행령]
별표 1 : 소방시설
2. 경보설비 : 화재발생 사실을 통보하는 기계·기구 또는 설비로서 다음 각 목의 것
 가. 단독경보형 감지기
 나. 비상경보설비
  1) 비상벨설비
  2) 자동식사이렌설비
 다. 자동화재탐지설비
 라. 시각경보기
 마. 화재알림설비
 바. 비상방송설비
 사. 자동화재속보설비
 아. 통합감시시설
 자. 누전경보기
 차. 가스누설경보기
※ 무선통신보조설비는 소방대가 사용하는 소방활동설비이다.

82 공동주택 중 아파트로서 4층 이상인 층의 각 세대가 2개 이상의 직통계단을 사용할 수 없는 경우에는 발코니에 대피공간을 설치하여야 하는데, 다음 중 이러한 대피공간이 갖추어야 할 요건으로 옳지 않은 것은?

① 대피공간은 바깥의 공기와 접하지 않을 것
② 대피공간을 실내의 다른 부분과 방화구획으로 구획될 것
③ 대피공간의 바닥면적은 각 세대별로 설치하는 경우에는 2 m² 이상일 것
④ 대피공간의 바닥면적은 인접 세대와 공동으로 설치하는 경우에는 3 m² 이상일 것

해설

[대피공간의 요건]
[건축법 시행령] 제46조(방화구획 등의 설치)
④ 공동주택 중 아파트로서 4층 이상인 층의 각 세대가 2개 이상의 직통계단을 사용할 수 없는 경우에는 발코니(발코니의 외부에 접하는 경우를 포함한다)에 인접 세대와 공동으로 또는 각 세대별로 다음 각 호의 요건을 모두 갖춘 대피공간을 하나 이상 설치해야 한다. 이 경우 인접 세대와 공동으로 설치하는 대피공간은 인접 세대를 통하여 2개 이상의 직통계단을 쓸 수 있는 위치에 우선 설치되어야 한다.
1. 대피공간은 바깥의 공기와 접할 것
2. 대피공간은 실내의 다른 부분과 방화구획으로 구획될 것
3. 대피공간의 바닥면적은 인접 세대와 공동으로 설치하는 경우에는 3제곱미터 이상, 각 세대별로 설치하는 경우에는 2제곱미터 이상일 것

정답 → 81 ④ 82 ①

4. 대피공간으로 통하는 출입문은 제64조 제1항 제1호에 따른 60분+ 방화문으로 설치할 것
5. 국토교통부장관이 정하는 기준에 적합할 것

83 교육연구시설 중 학교의 교실 간 경계벽의 차음을 위한 구조로서 적합하지 않은 것은?

① 벽돌조로서 두께가 15 cm인 것
② 철근콘크리트조로서 두께가 15 cm인 것
③ 철골철근 콘크리트조로서 두께가 15 cm인 것
④ 무근콘크리트로서 시멘트모르타르의 바름두께를 포함하여 두께가 15 cm인 것

해설

[경계벽의 구조]
[건축물의 피난·방화구조 등의 기준에 관한 규칙]
제19조(경계벽 등의 구조)
① 법 제49조 제4항에 따라 건축물에 설치하는 경계벽은 내화구조로 하고, 지붕밑 또는 바로 위층의 바닥판까지 닿게 해야 한다.
② 제1항에 따른 경계벽은 소리를 차단하는 데 장애가 되는 부분이 없도록 다음 각 호의 어느 하나에 해당하는 구조로 하여야 한다. 다만 다가구주택 및 공동주택의 세대 간의 경계벽인 경우에는 「주택건설기준 등에 관한 규정」 제14조에 따른다.
1. 철근 콘크리트조·철골철근 콘크리트조로서 두께가 10센티미터 이상인 것
2. 무근콘크리트조 또는 석조로서 두께가 10센티미터(시멘트모르타르·회반죽 또는 석고플라스터의 바름두께를 포함한다) 이상인 것
3. 콘크리트블록조 또는 벽돌조로서 두께가 19센티미터 이상인 것

84 공동 소방안전관리자를 선임하여야 하는 특정소방대상물에 속하지 않는 것은?

① 판매시설 중 도매시장
② 복합건축물로서 층수가 5층인 것
③ 복합건축물로서 연면적 5000 m²인 것
④ 지하층을 포함한 층수가 10층인 건축물

해설

[공동 소방안전관리자]
[소방시설설치·유지 및 안전관리에 관한 법률 시행령]이 [소방시설설치 및 관리에 관한 법률 시행령]으로 변화되며 해당 내용이 폐지되었다.

85 층수가 9층이고, 각 층의 거실면적이 3000 m²인 판매시설을 건축하고자 할 때 설치하여야 하는 승용 승강기의 최소 대수는? (단, 16인승 승용 승강기를 설치하는 경우)

① 4대　　② 5대
③ 6대　　④ 7대

정답 83 ① 84 정답 없음 85 ①

해설

[승용 승강기의 최소 대수]
[건축물의 설비기준 등에 관한 규칙]
별표 1의2(승용 승강기의 설치기준)

건축물의 용도	6층 이상의 거실 면적의 합계	3천 제곱미터 이하	3천 제곱미터 초과
1. 가. 문화 및 집회시설(공연장·집회장 및 관람장만 해당한다) 나. 판매시설 다. 의료시설		2대	2대에 3천 제곱미터를 초과하는 2천 제곱미터 이내마다 1대를 더한 대수
2. 가. 문화 및 집회시설(전시장 및 동·식물원만 해당한다) 나. 업무시설 다. 숙박시설 라. 위락시설		1대	1대에 3천 제곱미터를 초과하는 2천 제곱미터 이내마다 1대를 더한 대수
3. 가. 공동주택 나. 교육연구시설 다. 노유자시설 라. 그 밖의 시설		1대	1대에 3천 제곱미터를 초과하는 3천 제곱미터 이내마다 1대를 더한 대수

위 표에 따라 승강기의 대수를 계산할 때 8인승 이상 15인승 이하의 승강기는 1대의 승강기로 보고, 16인승 이상의 승강기는 2대의 승강기로 본다.
• 6층 이상 거실면적 = 3000 × 4 = 12000 m²
• 3000 m²까지 기본 2대
• 초과 2000 m²마다 1대 :
  (12000 - 3000) ÷ 2000 = 4.5
⇒ 7대(15인승 이하)
⇒ 16인승 이상이므로 7 ÷ 2 = 3.5대 ⇒ 4대이다.

86 종교시설의 용도에 쓰이는 건축물의 집회실로서 그 바닥면적이 300 m²인 경우 반자의 높이는 최소 얼마 이상이어야 하는가? (단, 기계환기장치를 설치하지 않은 경우)

① 2 m ② 3 m
③ 4 m ④ 5 m

해설

[건축물]
[건축물의 피난·방화구조 등의 기준에 관한 규칙]
제16조(거실의 반자높이)
① 영 제50조의 규정에 의하여 설치하는 거실의 반자(반자가 없는 경우에는 보 또는 바로 윗층의 바닥판의 밑면 기타 이와 유사한 것을 말한다. 이하 같다)는 그 높이를 2.1미터 이상으로 하여야 한다.
② 문화 및 집회시설(전시장 및 동·식물원은 제외한다), 종교시설, 장례식장 또는 위락시설 중 유흥주점의 용도에 쓰이는 건축물의 관람실 또는 집회실로서 그 바닥면적이 200제곱미터 이상인 것의 반자의 높이는 제1항에도 불구하고 4미터(노대의 아랫부분의 높이는 2.7미터) 이상이어야 한다. 다만 기계환기장치를 설치하는 경우에는 그렇지 않다.

87 건축물의 용도변경과 관련된 시설군 중 영업시설군에 속하지 않는 것은?

① 판매시설 ② 운동시설
③ 의료시설 ④ 숙박시설

해설

[용도변경]
[건축법 시행령] 제14조(용도변경)
5. 영업시설군
　가. 판매시설
　나. 운동시설
　다. 숙박시설
　라. 제2종 근린생활시설 중 다중생활시설

88 판매시설로서 옥내소화전설비를 모든 층에 설치하여야 하는 특정소방대상물의 연면적 기준은?

① 500 m² 이상　② 1000 m² 이상
③ 1500 m² 이상　④ 2000 m² 이상

해설

[옥내소화전설비]
[소방시설설치 및 관리에 관한 법률 시행령]
별표 4 : 특정소방대상물의 관계인이 특정소방대상물에 설치·관리해야 하는 소방시설의 종류
다. 옥내소화전설비를 설치해야 하는 특정소방대상물은 다음의 어느 하나에 해당하는 것으로 한다.
　1) 다음의 어느 하나에 해당하는 경우에는 모든 층
　　가) 연면적 3천 m² 이상인 것(터널은 제외한다)
　　나) 지하층·무창층(축사는 제외한다)으로서 바닥면적이 600 m² 이상인 층이 있는 것
　　다) 4층 이상인 층 중에서 바닥면적이 600 m² 이상인 층이 있는 것
　2) 1)에 해당하지 않는 근린생활시설, 판매시설, 운수시설, 의료시설, 노유자시설, 업무시설, 숙박시설, 위락시설, 공장, 창고시설, 항공기 및 자동차 관련 시설, 교정 및 군사시설

중 국방·군사시설, 방송통신시설, 발전시설, 장례시설 또는 복합건축물로서 다음의 어느 하나에 해당하는 경우에는 모든 층
　가) 연면적 1천 5백 m² 이상인 것
　나) 지하층·무창층으로서 바닥면적이 300 m² 이상인 층이 있는 것
　다) 4층 이상인 층 중에서 바닥면적이 300 m² 이상인 층이 있는 것

89 다음 중 다중이용 건축물에 속하지 않는 것은? (단, 층수가 15층이며 해당 용도로 쓰는 바닥면적의 합계가 5000 m²인 건축물의 경우)

① 종교시설
② 판매시설
③ 업무시설
④ 숙박시설 중 관광숙박시설

해설

[정의 - 다중이용 건축물]
[건축법 시행령] 제2조(정의)
17. "다중이용 건축물"이란 다음 각 목의 어느 하나에 해당하는 건축물을 말한다.
　가. 다음의 어느 하나에 해당하는 용도로 쓰는 바닥면적의 합계가 5천 제곱미터 이상인 건축물
　　1) 문화 및 집회시설(동물원 및 식물원은 제외한다)
　　2) 종교시설
　　3) 판매시설
　　4) 운수시설 중 여객용 시설
　　5) 의료시설 중 종합병원
　　6) 숙박시설 중 관광숙박시설
　나. 16층 이상인 건축물

정답　88 ③　89 ③

90 다음은 건축법상 지하층의 정의이다. ( ) 안에 알맞은 것은?

> "지하층"이란 건축물의 바닥이 지표면 아래에 있는 층으로서 바닥에서 지표면까지 평균 높이가 해당 층 높이의 ( ) 이상인 것을 말한다.

① 2분의 1　　② 3분의 1
③ 3분의 2　　④ 4분의 3

해설

[정의]
[건축법] 제2조
5. '지하층'이란 건축물의 바닥이 지표면 아래에 있는 층으로서 바닥에서 지표면까지 평균높이가 해당 층 높이의 <u>2분의 1 이상</u>인 것을 말한다.

91 건축법령상 제1종 근린생활시설에 속하지 않는 것은?

① 미용원　　② 치과의원
③ 마을회관　　④ 일반음식점

해설

[제1종 근린생활시설]
[건축법 시행령] - 별표 1 : 용도별 건축물의 종류
3. 제1종 근린생활시설
　다. 이용원, <u>미용원</u>, 목욕장, 세탁소 등 사람의 위생관리나 의류 등을 세탁·수선하는 시설 (세탁소의 경우 공장에 부설되는 것과 「대기환경보전법」, 「물환경보전법」 또는 「소음·진동관리법」에 따른 배출시설의 설치 허가 또는 신고의 대상인 것은 제외한다)
　라. 의원, <u>치과의원</u>, 한의원, 침술원, 접골원(接骨院), 조산원, 안마원, 산후조리원 등 주민의 진료·치료 등을 위한 시설
　사. <u>마을회관</u>, 마을공동작업소, 마을공동구판장, 공중화장실, 대피소, 지역아동센터(단독주택과 공동주택에 해당하는 것은 제외한다) 등 주민이 공동으로 이용하는 시설
※ 일반음식점은 제2종 근린생활시설이다.

92 다음은 건축물의 에너지 절약설계기준에 따른 기계부분의 권장사항이다. ( ) 안에 알맞은 것은?

> 위생설비 급탕용 저탕조의 설계온도는 ( ) 이하로 하고 필요한 경우에는 부스트히터 등으로 승온하여 사용한다.

① 45℃　　② 50℃
③ 55℃　　④ 60℃

해설

[기계부문의 권장사항]
[건축물의 에너지절약설계기준]
제9조(기계부문의 권장사항)에 해당하는 조항이 폐지되었다.

정답 90 ① 91 ④ 92 정답 없음

93 비상용 승강기 승강장의 바닥면적은 비상용 승강기 1대에 대하여 최소 얼마 이상으로 하여야 하는가? (단, 옥내에 승강장을 설치하는 경우에 한한다)

① 5 m² ② 6 m²
③ 7 m² ④ 8 m²

해설

[비상용 승강기]
[건축물의 설비기준 등에 관한 규칙]
제10조(비상용 승강기의 승강장 및 승강로의 구조)
법 제64조 제2항에 따른 비상용 승강기의 승강장 및 승강로의 구조는 다음 각 호의 기준에 적합하여야 한다.
2. 비상용 승강기 승강장의 구조
   바. 승강장의 바닥면적은 비상용 승강기 1대에 대하여 6제곱미터 이상으로 할 것. 다만 옥외에 승강장을 설치하는 경우에는 그러하지 아니하다.

94 방염성능 기준 이상의 실내장식물 등을 설치하여야 하는 특정소방대상물에 속하는 것은?

① 층수가 6층인 업무시설
② 층수가 6층인 판매시설
③ 층수가 6층인 숙박시설
④ 건축물의 옥내에 있는 수영장

해설

[방염성능 기준]
[소방시설설치 및 관리에 관한 법률 시행령]
제30조(방염성능 기준 이상의 실내장식물 등을 설치해야 하는 특정소방대상물)
법 제20조 제1항에서 "대통령령으로 정하는 특정소방대상물"이란 다음 각 호의 것을 말한다.
1. 근린생활시설 중 의원, 치과의원, 한의원, 조산원, 산후조리원, 체력단련장, 공연장 및 종교집회장
2. 건축물의 옥내에 있는 다음 각 목의 시설
   가. 문화 및 집회시설
   나. 종교시설
   다. 운동시설(수영장은 제외한다)
3. 의료시설
4. 교육연구시설 중 합숙소
5. 노유자시설
6. 숙박이 가능한 수련시설
7. 숙박시설
8. 방송통신시설 중 방송국 및 촬영소
9. 「다중이용업소의 안전관리에 관한 특별법」제2조 제1항 제1호에 따른 다중이용업의 영업소(이하 "다중이용업소"라 한다)
10. 제1호부터 제9호까지의 시설에 해당하지 않는 것으로서 층수가 11층 이상인 것(아파트등은 제외한다)

정답 93 ② 94 ③

95 피난안전구역의 구조 및 설비에 관한 기준 내용으로 옳지 않은 것은?

① 피난안전구역의 높이는 1.8 m 이상일 것
② 피난안전구역의 내부마감재료는 불연재료로 설치할 것
③ 비상용 승강기는 피난안전구역에서 승하차 할 수 있는 구조로 설치할 것
④ 건축물의 내부에서 피난안전구역으로 통하는 계단은 특별피난계단의 구조로 설치할 것

해설

[피난안전구역]
[건축물의 피난·방화구조 등의 기준에 관한 규칙]
제8조2(피난안전구역의 설치기준)
① 영 제34조 제3항 및 제4항에 따라 설치하는 피난안전구역(이하 "피난안전구역"이라 한다)은 해당 건축물의 1개 층을 대피공간으로 하며, 대피에 장애가 되지 아니하는 범위에서 기계실, 보일러실, 전기실 등 건축설비를 설치하기 위한 공간과 같은 층에 설치할 수 있다. 이 경우 피난안전구역은 건축설비가 설치되는 공간과 내화구조로 구획하여야 한다.
② 피난안전구역에 연결되는 특별피난계단은 피난안전구역을 거쳐서 상·하층으로 갈 수 있는 구조로 설치하여야 한다.
③ 피난안전구역의 구조 및 설비는 다음 각 호의 기준에 적합하여야 한다.
  1. 피난안전구역의 바로 아래층 및 위층은 「녹색건축물 조성 지원법」 제15조 제1항에 따라 국토교통부장관이 정하여 고시한 기준에 적합한 단열재를 설치할 것. 이 경우 아래층은 최상층에 있는 거실의 반자 또는 지붕 기준을 준용하고, 위층은 최하층에 있는 거실의 바닥 기준을 준용할 것
  2. 피난안전구역의 내부마감재료는 불연재료로 설치할 것
  3. 건축물의 내부에서 피난안전구역으로 통하는 계단은 특별피난계단의 구조로 설치할 것
  4. 비상용 승강기는 피난안전구역에서 승하차 할 수 있는 구조로 설치할 것
  5. 피난안전구역에는 식수공급을 위한 급수전을 1개소 이상 설치하고 예비전원에 의한 조명설비를 설치할 것
  6. 관리사무소 또는 방재센터 등과 긴급연락이 가능한 경보 및 통신시설을 설치할 것
  7. 별표 1의2에서 정하는 기준에 따라 산정한 면적 이상일 것
  8. 피난안전구역의 높이는 2.1미터 이상일 것
  9. 「건축물의 설비기준 등에 관한 규칙」 제14조에 따른 배연설비(이하 "배연설비"라 한다)를 설치할 것
  10. 그 밖에 소방청장이 정하는 소방 등 재난관리를 위한 설비를 갖출 것

96 건축물에 설치하는 배연설비에 관한 기준 내용으로 옳지 않은 것은? (단, 기계식 배연설비를 하지 않는 경우)

① 배연구는 손으로도 열고 닫을 수 있도록 한다.
② 배연구는 예비전원에 의해 열 수 있도록 한다.
③ 배연창의 유효면적은 최소 3 m² 이상으로 하여야 한다.
④ 건축물이 방화구획으로 구획된 경우에는 그 구획마다 1개소 이상의 배연창을 설치하여야 한다.

정답 95 ① 96 ③

해설

[배연설비]
[건축물의 설비기준 등에 관한 규칙]
제14조(배연설비)
① 법 제49조 제2항에 따라 배연설비를 설치하여야 하는 건축물에는 다음 각 호의 기준에 적합하게 배연설비를 설치해야 한다. 다만 피난층인 경우에는 그렇지 않다.
  1. 영 제46조 제1항에 따라 건축물이 방화구획으로 구획된 경우에는 그 구획마다 1개소 이상의 배연창을 설치하되, 배연창의 상변과 천장 또는 반자로부터 수직거리가 0.9미터 이내일 것. 다만 반자높이가 바닥으로부터 3미터 이상인 경우에는 배연창의 하변이 바닥으로부터 2.1미터 이상의 위치에 놓이도록 설치하여야 한다.
  2. 배연창의 유효면적은 별표 2의 산정기준에 의하여 산정된 면적이 1제곱미터 이상으로서 그 면적의 합계가 당해 건축물의 바닥면적(영 제46조 제1항 또는 제3항의 규정에 의하여 방화구획이 설치된 경우에는 그 구획된 부분의 바닥면적을 말한다)의 100분의 1이상일 것. 이 경우 바닥면적의 산정에 있어서 거실바닥면적의 20분의 1 이상으로 환기창을 설치한 거실의 면적은 이에 산입하지 아니한다.
  3. 배연구는 연기감지기 또는 열감지기에 의하여 자동으로 열 수 있는 구조로 하되, 손으로도 열고 닫을 수 있도록 할 것
  4. 배연구는 예비전원에 의하여 열 수 있도록 할 것
  5. 기계식 배연설비를 하는 경우에는 제1호 내지 제4호의 규정에 불구하고 소방관계법령의 규정에 적합하도록 할 것

97 외기에 직접 면하고 1층 또는 지상으로 연결된 출입문을 방풍구조로 하여야 하는 것은?

① 아파트의 출입문
② 너비가 1.8 m인 출입문
③ 바닥면적이 300 m^2인 개별 점포의 출입문
④ 사람의 통행을 주목적으로 하지 않는 출입문

해설

[방풍구조]
[건축물의 에너지절약기준]
제6조(건축부문의 의무사항)
라. 외기에 직접 면하고 1층 또는 지상으로 연결된 출입문은 방풍구조로 하여야 한다. 다만 다음 각 호에 해당하는 경우에는 그러하지 않을 수 있다.
  1) 바닥면적 3백 제곱미터 이하의 개별 점포의 출입문
  2) 주택의 출입문(단, 기숙사는 제외)
  3) 사람의 통행을 주목적으로 하지 않는 출입문
  4) 너비 1.2미터 이하의 출입문
마. 방풍구조를 설치하여야 하는 출입문에서 회전문과 일반문이 같이 설치되어진 경우, 일반문 부위는 방풍실 구조의 이중문을 설치하여야 한다.
바. 건축물의 거실의 창이 외기에 직접 면하는 부위인 경우에는 기밀성 창을 설치하여야 한다.

정답 97 ②

98 다음은 지하층과 피난층 사이의 개방공간의 설치에 관한 기준 내용이다. ( ) 안에 알맞은 것은?

> 바닥면적의 합계가 ( ) 이상인 공연장·집회장·관람장 또는 전시장을 지하층에 설치하는 경우에는 각 실에 있는 자가 지하층 각 층에서 건축물 밖으로 피난하여 옥외 계단 또는 경사로 등을 이용하여 피난층으로 대피할 수 있도록 천장이 개방된 외부 공간을 설치하여야 한다.

① 1000 m²   ② 2000 m²
③ 3000 m²   ④ 5000 m²

해설

[개방공간]
[건축법 시행령]
제37조(지하층과 피난층 사이의 개방공간 설치)
바닥면적의 합계가 3천 제곱미터 이상인 공연장·집회장·관람장 또는 전시장을 지하층에 설치하는 경우에는 각 실에 있는 자가 지하층 각 층에서 건축물 밖으로 피난하여 옥외 계단 또는 경사로 등을 이용하여 피난층으로 대피할 수 있도록 천장이 개방된 외부 공간을 설치하여야 한다.

99 건축물에 설치하는 방화벽에 관한 기준 내용으로 옳지 않은 것은?

① 내화구조로서 홀로 설 수 있는 구조일 것
② 방화벽에 설치하는 출입문에는 60분+ 방화문 또는 60분 방화문을 설치할 것
③ 방화벽에 설치하는 출입문의 너비 및 높이는 각각 3.0 m 이하로 할 것
④ 방화벽의 양쪽 끝과 윗쪽 끝을 건축물의 외벽면 및 지붕면으로부터 0.5 m 이상 튀어 나오게 할 것

해설

[건축물의 피난·방화구조 등의 기준에 관한 규칙]
제21조(방화벽의 구조)
① 영 제57조 제2항에 따라 건축물에 설치하는 방화벽은 다음 각 호의 기준에 적합해야 한다.
 1. 내화구조로서 홀로 설 수 있는 구조일 것
 2. 방화벽의 양쪽 끝과 윗쪽 끝을 건축물의 외벽면 및 지붕면으로부터 0.5미터 이상 튀어 나오게 할 것
 3. 방화벽에 설치하는 출입문의 너비 및 높이는 각각 2.5미터 이하로 하고, 해당 출입문에는 60분+ 방화문 또는 60분 방화문을 설치할 것

정답 98 ③ 99 ③

100 다음 중 방송 공동수신설비를 설치하여야 하는 대상 건축물에 속하는 것은?

① 종교시설 ② 고등학교
③ 다세대주택 ④ 유스호스텔

해설

[방송 공동수신설비]
[건축법 시행령] 제87조(건축설비설치의 원칙)
④ 건축물에는 방송수신에 지장이 없도록 공동시청 안테나, 유선방송 수신시설, 위성방송 수신설비, 에프엠(FM)라디오방송 수신설비 또는 방송 공동수신설비를 설치할 수 있다. 다만 다음 각 호의 건축물에는 방송 공동수신설비를 설치하여야 한다.
 1. 공동주택
 2. 바닥면적의 합계가 5천 제곱미터 이상으로서 업무시설이나 숙박시설의 용도로 쓰는 건축물
⑤ 제4항에 따른 방송 수신설비의 설치기준은 과학기술정보통신부장관이 정하여 고시하는 바에 따른다.
• 공동주택(아파트, 연립주택, 다세대주택)
 바닥면적의 합계가 5천 제곱미터 이상으로서 업무시설이나 숙박시설의 용도로 쓰는 건축물
• 다가구주택은 공동주택이 아님

정답 • 100 ③

2019 제4회 건축설비기사

1과목 건축일반

01 실내 어느 1점에서 수평면조도를 측정하니 220 Lx이었다. 옥외 전천공 수평면조도를 20000 Lx로 할 때 실내 이 점의 주광률을 구하면?

① 1.1% ② 2.1%
③ 3.1% ④ 4.1%

해설

[주광률(Daylight Factor)]

$$주광률 = \frac{실내\ 수평면조도}{옥외\ 수평면조도} \times 100\%$$

$$= \frac{220}{20000} \times 100\% = 1.1[\%]$$

02 다음 중 음의 단위와 관계가 없는 것은?

① cd ② dB
③ W/cm^2 ④ phon

해설

[음의 단위]
- dB [데시벨]
- phon [폰]
- W/cm^2

※ cd [칸델라] : 빛의 세기의 단위이다.

03 온도, 습도, 기류를 조합하여 인체의 실제 체감(體感)을 표시하는 척도가 되는 것은?

① TAC 온도 ② 임계온도
③ 절대온도 ④ 유효온도

해설

[유효온도]
실내 온도와 같은 온도를 주게 되는 정지 상태의 포화공기의 온도
- 유효온도 요소 : 기온, 기류, 습도
- 작용온도 요소 : 기온, 기류, 복사열

04 도시 열섬현상의 원인으로 가장 거리가 먼 것은?

① 큰 강을 끼고 도시가 발달되어 있다.
② 건축물과 포장도로가 많다.
③ 연료소비에 의한 인공열 및 오염물질의 방출량이 크다.
④ 도심부는 고층건물이 많고 요철이 심해서 환기가 어렵다.

해설

[열섬현상]
도시에서 열섬현상은 열이 정체되는 현상을 말한다. 큰 강의 흐름에 따라 열의 정체는 감소한다.

> 2026년 출제범위를 벗어난 문제를 모두 삭제하고, 최신 출제기준에 해당하는 문제만 엄선하여 수록했습니다. 따라서 1과목 문제 수는 실제 출제 수와 다를 수 있습니다.

정답 01 ① 02 ① 03 ④ 04 ①

2과목 위생설비

21 수도 본관으로부터 높이 10 m에 설치된 세정밸브식 대변기의 사용을 위해 필요한 수도본관의 최저압력은? (단, 급수방식은 수도직결방식이며 배관 내의 마찰손실은 40 kPa, 세정밸브식 대변기의 최저필요압력은 70 kPa, 10 kPa = 1 mAq)

① 70 kPa ② 100 kPa
③ 140 kPa ④ 210 kPa

해설
[수도본관의 최저압력]
수도본관 최저압력 = 100 + 40 + 70
= 210 kPa

22 대변기의 세정수의 급수방식 중 로탱크식에 관한 설명으로 옳지 않은 것은?

① 탱크로의 급수에 볼 탭이 사용된다.
② 하이탱크식에 비해 세정소음이 작다.
③ 탱크로의 급수압력과 관계없이 대변기로의 급수수량이나 압력이 일정하다.
④ 단시간에 다량의 물이 필요하기 때문에 일반 가정용으로는 거의 사용되지 않는다.

해설
[로탱크]
로탱크식은 변기 뒤쪽 탱크에 저장된 물을 중력으로 세척하는 방식으로 소음이 적다는 장점이 있다. 수도압이 낮은 곳도 사용 가능하며, 물 사용량 제어가 쉽다. 아파트·주택에서 주로 채택하는 방식이다.

23 액체 중에 직경이 작은 관을 세웠을 때, 관속의 액면이 관 밖의 액면보다 높거나 낮게 되는 현상은?

① 층류현상 ② 난류현상
③ 모세관현상 ④ 베르누이현상

해설
[모세관현상]
직경이 작은 관(모세관)을 액체에 넣었을 때 액면이 상승하거나 하강하는 현상

보충 물 + 유리 → 액면 상승,
수은 + 유리 → 액면 하강

24 시간당 200 L의 급탕을 필요로 하는 건물에서 전기온수기를 사용하여 급탕을 하는 경우 필요전력은? (단, 물의 비열은 4.2 kJ/kg·K, 급수온도는 10 ℃, 급탕온도는 60 ℃, 전기온수기의 가열효율은 95 %이다)

① 11.1 kW ② 11.7 kW
③ 12.3 kW ④ 13.5 kW

정답 21 ④ 22 ④ 23 ③ 24 ③

해설

[필요전력]

필요전력 [kW] = $200\ kg/h \times 4.2\ kJ/kg \cdot K$
$\times (60-10)\ ℃ \times \dfrac{1\ h}{3600\ s} \times \dfrac{1}{0.95}$
$= 12.28\ kW$

25 같은 구경의 강관을 직선으로 연결하고자 할 때 사용되는 강관 이음쇠류가 아닌 것은?

① 부싱 ② 소켓
③ 니플 ④ 유니온

해설

[부싱]
부싱은 큰 구경과 작은 구경을 연결할 때 사용한다.

[부싱]

26 급수압력이 일정하며, 일반적으로 하향급수배관방식이 사용되는 급수방식은?

① 수도직결방식 ② 고가수조방식
③ 압력수조방식 ④ 펌프직송방식

해설

[고가수조방식]
고가수조방식은 고가수조의 수위차에 의해 급수압력이 일정하며, 일반적으로 하향급수배관방식이 사용된다.

27 원심식 펌프로 회전차 주위에 디퓨저인 안내 날개를 갖는 펌프는?

① 마찰펌프
② 터빈펌프
③ 제트펌프
④ 다이아프램펌프

해설

[원심펌프의 종류 및 특성]

구분	안내날개	유량	양정
볼류트펌프	없음	대유량	저양정
터빈펌프	있음	소유량	고양정

28 다음과 같은 조건에 연면적 2000 m²의 사무소 건물에 필요한 1일당 급수량은?

- 건물의 유효면적과 연면적의 비 : 50 %
- 유효면적당 인원 0.2 인/m²
- 1인 1일당 급수량 : 100 L/d/c

① 10000 L/d ② 20000 L/d
③ 30000 L/d ④ 40000 L/d

해설

[1일당 급수량]
$(2000 \times 0.5 \times 0.2) \times 100 = 20000\ L/d$

정답 25 ① 26 ② 27 ② 28 ②

29 중앙식 급탕방식에 관한 설명으로 옳지 않은 것은?

① 배관 및 기기로부터의 열손실이 작다.
② 기구의 동시이용률을 고려하여 가열장치의 총용량을 적게 할 수 있다.
③ 일반적으로 열원장치는 공조설비와 겸용하여 설치되기 때문에 열원단가가 싸다.
④ 기계실 등에 다른 설비 기계와 함께 가열장치 등이 설치되기 때문에 관리가 용이하다.

해설
[중앙식 급탕방식]
① 배관 및 기기로부터 급탕처까지 거리가 멀어 열손실이 크다.

30 BOD 제거율(%) 산정방법을 올바르게 표현한 것은?

① $\dfrac{\text{유입수}BOD - \text{유출수}BOD}{\text{유입수}BOD} \times 100$

② $\dfrac{\text{유출수}BOD - \text{유입수}BOD}{\text{유출수}BOD} \times 100$

③ $\dfrac{\text{유입수}BOD - \text{유출수}BOD}{\text{유출수}BOD} \times 100$

④ $\dfrac{\text{유출수}BOD - \text{유입수}BOD}{\text{유입수}BOD} \times 100$

해설
[BOD 제거율(%) 산정]
BOD 제거율(%)
= $\dfrac{\text{유입수}BOD - \text{유출수}BOD}{\text{유입수}BOD} \times 100$

31 다음과 같은 조건에서 급탕량이 2000 L/h인 저탕조의 가열코일 표면적은?

- 급수온도 : 10 ℃
- 급탕온도 : 60 ℃
- 증기온도 : 104 ℃
- 가열코일의 열관류율 : 506 W/m²·K
- 물의 비열 : 4.2 kJ/kg·K

① 약 3.3 m²   ② 약 6.6 m²
③ 약 33.4 m²   ④ 약 65.9 m²

해설
[저탕조의 가열코일 표면적]

$q = 2000 \times 4.2 \times 50 \times \dfrac{1000}{3600} = 116666.67$

$116666.67\,W = 506 \times A\left(104 - \dfrac{10+60}{2}\right)$

$A = 3.3$

32 물의 정수과정에서 물속에 있는 철분을 제거하기 위한 처리과정은?

① 혐기   ② 폭기
③ 불소주입   ④ 응집제 첨가

해설
[물의 정수과정]
• 물속의 철분은 폭기하면 산화하여 산화철로 침전 제거할 수 있다.
• 폭기(曝氣) : 하수처리나 수질관리에서 인위적으로 산소를 공급하는 방법

정답 29 ① 30 ① 31 ① 32 ②

33 급탕배관의 설계 및 시공에 관한 설명으로 옳지 않은 것은?

① 배관은 균등한 구배를 만든다.
② 중앙식 급탕설비는 원칙적으로 강제 순환방식으로 한다.
③ 관의 신축을 고려하여 건물의 벽관통 부분의 배관에는 슬리브를 사용한다.
④ 온도강하 및 급탕수전에서의 온도 불균형을 방지하기 위해 단관식으로 한다.

해설

[급탕배관의 설계 및 시공]
온도강하 및 급탕수전에서의 온도 불균형을 방지하기 위해 복관식, 역환수방식으로 한다.

> **보충** 역환수방식 채택 이유 :
> 온수의 유량분배를 균일하게 하기 위하여

34 펌프의 전양정이 60 m이고, 30 m³/h의 물을 양수하고자 할 때 요구되는 펌프의 축동력은? (단, 펌프의 효율은 55 %)

① 2.7 kW ② 4.9 kW
③ 5.3 kW ④ 8.9 kW

해설

[펌프의 축동력]

$$P[kW] = \frac{1000HQ}{102\eta}$$

$$= \frac{1000 \times 60 \times \frac{30}{3600}}{102 \times 0.55} = 8.91 \, kW$$

35 다음 중 급수설비에서 크로스 커넥션 방지대책으로 가장 알맞은 것은?

① 설비 내에 버큠 브레이커 및 역류방지 장치를 부착한다.
② 관 내 유속을 억제하고, 설비 내에 서지탱크(Surge Tank) 및 안전밸트를 설치한다.
③ 배관 계통별로 색깔로 구분하여 오접함을 방지하며 통수시험에 의해 체크한다.
④ 수평배관에는 공기나 오물이 정체하지 않도록 하며, 어쩔 수 없이 공기 정체나 일어나는 곳에는 공기빼기밸브를 설치한다.

해설

[크로스 커넥션 방지대책]
급수설비에서 크로스 커넥션(= 오접 연결)을 방지하기 위한 가장 알맞은 대책은 배관을 계통별로 색깔로 구분하여 오접합을 방지한다.

> **보충** 크로스 커넥션(cross connection)
> : 급수배관과 오수·유해배관이 연결되어 오염될 위험을 뜻함

36 다음 중 통기관을 설치하는 목적과 가장 거리가 먼 것은?

① 트랩의 봉수를 보호한다.
② 배수관 내의 압력변동을 억제하여 배수의 흐름을 원활하게 한다.
③ 배수관 계통의 환기를 도모하여 관 내를 청결하게 유지한다.
④ 배수관에 해로운 영향을 미칠 물질이 배수관에 들어가지 않도록 한다.

해설

[통기관을 설치하는 목적]
④ 이는 통기관의 목적과 무관하며, 배수관의 오염물 차단 목적은 통기관이 아닌 트랩이나 배수구 장치의 기능이다.

37 배수배관에서 청소구를 원칙적으로 설치하여야 하는 곳이 아닌 것은?

① 배수수평주관의 기점
② 배수수직관의 최상부
③ 배수수평지관의 기점
④ 배수관이 45°를 넘는 각도에서 방향을 전환하는 개소

해설

[청소구]
청소구는 수직관 최상부가 아닌 최하부(바닥면과 접하는 부분)에 설치한다.

38 관 내의 흐름이 층류인지 난류인지를 판별하는 데 사용되는 레이놀즈수의 산정식으로 옳은 것은? (단, Re = 레이놀즈수, V = 관 내의 평균유속(m/s), d = 관 내경(m), ν = 유체의 동점성계수(m^2/s))

① $Re = \dfrac{\nu}{V \times d}$

② $Re = \dfrac{d}{V \times \nu}$

③ $Re = \dfrac{V \times \nu}{d}$

④ $Re = \dfrac{V \times d}{\nu}$

해설

[레이놀즈수]

$$\text{레이놀즈수 } Re = \frac{\rho VD}{\mu} = \frac{VD}{\nu} = \frac{\text{관성력}}{\text{점성력}}$$

레이놀즈수는 동점성계수에 반비례하고 관경과 유속에 비례한다.

여기서, ρ : 밀도 [kg/m^3]
V : 유속 [m/s]
D : 직경 [m]
μ : 점성계수 [$N \cdot s/m^2$]
ν : 동점성계수 [m^2/s]

정답 ● 36 ④ 37 ② 38 ④

39 세정밸브식 대변기에 버큠 브레이커를 설치하는 주된 이유는?

① 냄새 방지
② 급수소음 방지
③ 급수오염 방지
④ 배관의 부식방지

해설
[버큠 브레이커를 설치하는 주된 이유]
진공방지기(버큠 브레이커)는 역류방지장치로 급수 오염을 방지한다.

40 다음 중 모세관현상에 따른 트랩의 봉수파괴를 방지하기 위한 방법으로 가장 알맞은 것은?

① 트랩을 자주 청소한다.
② 각개통기관을 설치한다.
③ 관 내 압력변동을 작게 한다.
④ 기구배수관 관경을 트랩구경보다 크게 한다.

해설
[트랩의 봉수파괴를 방지하기 위한 방법]
① 모세관현상은 걸레, 머리카락 등 이물질이 트랩에 걸려 수분을 끌어내릴 때 발생하므로, 청소하여 이물질 제거가 가장 효과적이다.

3과목 공기조화설비

41 틈새바람양의 산출방법에 속하지 않는 것은?

① 환기횟수법　② 창문면적법
③ 실내면적법　④ 창문틈새길이법

해설
[틈새바람양의 산출방법]
실내 면적은 틈새바람양 산출과 직접적 관련이 없다. 일반적으로 환기량 계산에는 쓰이지만 틈새바람양 산출방법으로 분류되지 않는다.

42 증기난방방식에 관한 설명으로 옳지 않은 것은?

① 예열시간이 온수난방에 비해 짧다.
② 온수난방에 비해 실내의 쾌감도가 좋다.
③ 온수난방에 비해 한랭지에서 동결의 우려가 적다.
④ 온수난방에 비해 부하변동에 따른 실내방열량의 제어가 곤란하다.

해설
[증기난방방식]
증기난방은 방열기가 고온이라 대류 상승 기류가 강해 상하온도차가 커지고, 온수난방보다 쾌감도가 떨어진다.

정답 39 ③　40 ①　41 ③　42 ②

43 중앙 공조기의 전열교환기에서는 다음 중 어느 공기가 서로 열교환을 하는가?

① 외기와 실내배기
② 외기와 실내급기
③ 실내배기와 실내급기
④ 환기(RA)와 실내급기

해설

[중앙 공조기의 전열교환기]
전열교환기는 외기(OA)와 실내배기(EA) 사이에서 현열 및 잠열을 교환하여, 외기의 조건을 조절하고 에너지 절약 효과를 얻는다.

44 동일 송풍기에서 회전수를 2배로 했을 경우 풍량, 정압 및 소요동력의 변화량으로 옳은 것은?

① 풍량 2배, 정압 4배, 소요동력 8배
② 풍량 2배, 정압 8배, 소요동력 4배
③ 풍량 4배, 정압 4배, 소요동력 8배
④ 풍량 4배, 정압 8배, 소요동력 2배

해설

[상사법칙]
풍량은 회전수에 비례하고 압력은 제곱에 비례, 소요동력은 3제곱에 비례한다. 따라서 회전수를 2배로 했을 경우, 풍량 2배, 정압 4(= 2^2)배, 소요동력 8(= 2^3)배가 된다.

※ 상사의 법칙
1) 풍량(유량)[m^3/s]
$$Q_2 = \left(\frac{N_2}{N_1}\right)^1 \times \left(\frac{D_2}{D_1}\right)^3 \times Q_1$$
2) 전압[Pa](양정[m])
$$P_2 = \left(\frac{N_2}{N_1}\right)^2 \times \left(\frac{D_2}{D_1}\right)^2 \times P_1$$
3) 동력[kW]
$$L_2 = \left(\frac{N_2}{N_1}\right)^3 \times \left(\frac{D_2}{D_1}\right)^5 \times L_1$$

45 상대습도 60%인 습공기의 건구온도(a), 습구온도(b), 노점온도(c)의 크기 관계가 옳은 것은?

① a > b > c
② b > a > c
③ b > c > a
④ c > b > a

해설

[습공기의 건구온도, 습구온도, 노점온도]
건구온도(a) > 습구온도(b) > 노점온도(c)
보충 습구온도가 건구온도보다 높을 수 없다.

46 다음 설명에 알맞은 환기방식은?

• 실내는 부압을 유지한다.
• 화장실, 욕실 등의 환기에 적합하다.

① 급기팬과 배기팬의 조합
② 급기팬과 자연배기의 조합
③ 자연급기와 배기팬의 조합
④ 자연급기와 자연배기의 조합

정답 43 ① 44 ① 45 ① 46 ③

해설

[자연급기와 배기팬의 조합]
배기팬으로 강제 배출 → 실내 부압 유지, 자연급기로 외기가 유입됨. 화장실, 욕실 환기의 대표적 방식

47 단일덕트 정풍량방식에 관한 설명으로 옳은 것은?

① 변풍량방식에 비해 설비비가 많이 든다.
② 2중덕트방식에 비해 냉·온풍의 혼합 손실이 많다.
③ 부하변동에 대한 제어응답이 변풍량 방식에 비해 느리다.
④ 실내의 열부하 변동에 따라 송풍량을 조절하는 방식이다.

해설

[단일덕트 정풍량방식]
부하변동에 대한 제어를 하게되면 풍량으로 제어할 수 없어 전열기, 냉각기의 부하를 변동해야 하며 이것의 결과를 얻는 데 매우 느리게 된다.

48 그림과 같은 조건에서 재실인원이 50명인 회의실의 외기 현열부하는?

- 1인당 필요한 외기량 : 80 m³/h
- 실내온도 : 26 ℃, 외기온도 : 32 ℃
- 공기의 밀도 : 1.2 kg/m³
- 공기의 정압비열 : 1.01 kJ/kg·K

① 6270 W ② 7240 W
③ 8080 W ④ 9120 W

해설

[외기 현열부하]
$q = G \times C \times \triangle T = Q \times \rho \times C \times \triangle T$
$= (80 \times 50) \times 1.2 \times 1.01 \times (32-26) \times \dfrac{1000}{3600}$
$= 8080 W$

49 기준면보다 20 m 높이에 있는 관 내에 물이 압력 60 kPa 유속 3 m/s로 흐를 때 이 물의 전수두는? (단, 물의 밀도는 1 kg/L이고, 10 kPa = 1 mAq)

① 약 18.7 m ② 약 26.5 m
③ 약 38.7 m ④ 약 83.1 m

해설

[전수두]
전수두 = 압력수두 + 속도수두 + 높이수두
$H = 6 + h = 6 + \dfrac{3^2}{2 \times 9.8} + 20 = 26.459$

정답 47 ③ 48 ③ 49 ②

50 건구온도 32 ℃, 절대습도 0.025 kg/kg' 인 습공기의 엔탈피는? (단, 건공기정압비열 1.01 kJ/kg·K, 수증기의 정압비열 1.85 kJ/kg·K, 0 ℃에서 포화수의 증발잠열 2501 kJ/kg)

① 71.21 kJ/kg
② 96.33 kJ/kg
③ 140.62 kJ/kg
④ 182.52 kJ/kg

해설

[습공기의 엔탈피(kJ/kg)]
$h[kJ/kg] = 1.01t + x(2501 + 1.85t)$
$= 1.01 \times 32 + 0.025(2501 + 1.85 \times 32)$
$= 96.325\,kJ/kg$

51 다음 중 주방, 공장, 실험실에서와 같이 오염물질의 확산 및 방산을 가능한 한 극소화시키려고 할 때 적용하는 환기방식은?

① 희석환기   ② 국소환기
③ 전체환기   ④ 자연환기

해설

[국소환기]
국소환기는 오염원에서 발생 즉시 배출하여, 확산·방산을 최소화한다. 주방 후드, 실험대 국소배기, 공장 국소배기장치가 이에 해당한다.

52 다음 중 대기오염이 심한 지역에 가장 적합한 냉각탑은?

① 개방식   ② 밀폐식
③ 대기식   ④ 자연통풍식

해설

[밀폐식 냉각탑]
밀폐식 냉각탑은 열교환 코일을 통해 간접 냉각하므로 대기오염물질이 냉각수와 직접 접촉하지 않는다.

53 열원에서 각 방열기기까지의 공급관과 환수관의 도달거리의 합을 거의 같게 하여 배관의 마찰저항 값을 유사하게 함으로써 순환온수가 균등하게 흐르도록 한 배관방법은?

① 중력식   ② 개방식
③ 역환수식   ④ 진공환수식

해설

[역환수방식(= 리버스리턴방식)]
각 유닛마다 온수 공급관에서부터 환수관까지의 총 길이를 동일하게 하므로 배관저항이 같게 되어 각 유닛에 유량 공급도 균일하다.

보충 역환수방식 채택 이유 : 온수의 유량분배를 균일하게 하기 위하여

정답 50 ② 51 ② 52 ② 53 ③

54 용량이 386 kW인 터보 냉동기에 순환되는 냉수량은? (단, 냉각기 입구의 냉수온도 12 ℃, 출구의 냉수온도 6 ℃, 물의 비열 4.2 kJ/kg · K)

① 약 46 m³/h
② 약 55 m³/h
③ 약 231 m³/h
④ 약 332 m³/h

해설

[순환되는 냉수량]

$$386\ kW = Q \times 4.2(12-6) \times \frac{1000\ kg/m^3}{3600\ s/h}$$

$$\therefore Q = 55.14\ m^3/h$$

55 유리창으로부터의 일사열 취득에 관한 설명으로 옳지 않은 것은?

① 투과율이 클수록 취득열량이 적다.
② 유리의 면적이 클수록 취득열량이 많다.
③ 유리의 차폐계수가 클수록 취득열량이 많다.
④ 반사유리는 여름철 취득열량을 줄이는 데 유리하다.

해설

[유리창으로부터의 일사열 취득]
① 투과율이 높을수록 태양복사열이 더 많이 실내로 들어오기 때문에 <u>취득열량은 증가한다.</u>

56 벽면 취출구에서 공기를 수평으로 취출하는 경우 취출공기의 이동에 관한 설명으로 옳지 않은 것은?

① 강하거리는 취출기류의 풍속에 비례한다.
② 상승거리는 취출기류의 풍속에 비례한다.
③ 도달거리는 취출기류의 풍속에 비례한다.
④ 강하거리는 취출공기와 실내공기의 온도차에 반비례한다.

해설

[취출공기의 이동]
④ 온도차가 클수록 부력(Thermal Buoyancy)에 의해 기류의 강하나 상승이 더 커진다. 즉, 온도차와 강하거리·상승거리는 비례 관계다.

57 다음 중 증기와 응축수 사이의 온도차를 이용하는 온도조절식 증기트랩에 속하는 것은?

① 드럽트랩
② 버킷트랩
③ 벨로즈트랩
④ 플로트트랩

정답 ● 54 ② 55 ① 56 ④ 57 ③

해설

[온도조절식 증기트랩]

구분	응축수 회수 원리	종류
기계식	응축수의 부력을 이용	플로트트랩, 버킷트랩
열동식 (온도조절식)	증기와 응축수의 온도 차이	바이메탈식 트랩, 벨로스 트랩
열역학	증기와 응축수의 열역학적 특성 차이	디스크트랩, 오리피스트랩

58 다음 중 덕트 분기부에 설치하여 풍량을 분배하는 데 사용되는 풍량조절댐퍼는?

① 루버댐퍼 ② 정풍량댐퍼
③ 스플릿댐퍼 ④ 버터플라이댐퍼

해설

[스플릿댐퍼]
스플릿댐퍼는 분기관에 설치하여 풍량을 조절하는 댐퍼이다. 보통 두 개의 판(블레이드)으로 구성되어, 각 분기관의 개도를 조절한다. 정밀 조절에는 적합하지 않다.

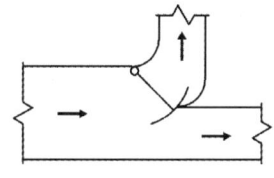

[스플릿댐퍼]

59 공기정화장치에서 포집효율 70 %의 필터를 통과한 공기의 먼지 농도는 포집효율 85 %의 필터를 통과한 공기의 먼지 농도의 몇 배인가? (단, 각각의 필터 상류의 먼지 농도는 같다)

① 0.5배 ② 1.2배
③ 1.5배 ④ 2.0배

해설

[공기의 먼지 농도]
70 %일 때 먼지 농도 C = 100(1 - 0.7) = 30
85 %일 때 먼지 농도 C = 100(1 - 0.85) = 15로
70 %가 2배다.

60 습공기에 관한 설명으로 옳지 않은 것은?

① 습공기를 가열할 경우 상대습도는 낮아진다.
② 절대습도가 커질수록 수증기 분압은 커진다.
③ 습공기의 비체적은 건구온도가 높을수록 작아진다.
④ 건습구온도차가 클수록 습공기의 상태습도는 낮아진다.

해설

[습공기]
온도가 높을수록 공기는 팽창하므로, 수증기의 비체적은 커진다.

정답 58 ③ 59 ④ 60 ③

4과목 소방 및 전기설비

61 3 Ω의 저항과 4 Ω의 유도성 리액턴스가 직렬로 연결된 교류회로에서의 역률은 얼마인가?

① 75 % ② 60 %
③ 30 % ④ 80 %

해설
[역률]
저항(R)과 리액턴스(X)의 합성 임피던스(Z)를 구하면 $Z = \sqrt{R^2 + X_L^2} = \sqrt{3^2 + 4^2} = 5[\Omega]$
그러므로 역률은 $\frac{3}{5} = 0.6$

62 전기식 자동제어시스템에 관한 설명으로 옳지 않은 것은?

① 신호처리가 쉽지만 원격조작이 어렵다.
② 기기의 구조가 간단하고 취급 또한 용이하다.
③ 검출부와 조절부가 하나의 케이스 내에 함께 설치된다.
④ 신호전송 및 조작 동력원으로서 상용전원을 직접 사용한다.

해설
[전기신호]
- 전기신호는 전송이 간편하며 원격제어가 용이함
- 구조가 간단하고 취급 또한 용이함

63 유효전력과 무효전력의 단위와 구분하기 위하여 사용되는 피상전력의 단위는?

① [W]   ② [Ah]
③ [VA] ④ [VAR]

해설
[전력]
1) 유효전력(P) : 단위[W, kW]
   (1) 부하에서 유효하게 사용되는 전력
   (2) 저항에 의해 소비되는 전력
   $P = P_a \cos\theta = VI\cos\theta = I^2R = I^2Z\cos\theta$
2) 무효전력(Pr) : 단위[Var, kVar]
   (1) 실제부하에 사용되지 않는 전력
   (2) 리액턴스에 의해 소비되는 전력
   $P_r = P_a \sin\theta = VI\sin\theta = I^2X = I^2Z\sin\theta$
3) 피상전력(Pa) : 단위[VA, kVA]
   (1) 전원에 공급되는 전력
   (2) 임피던스에 의해 소비되는 전력
   $P_a = VI = I^2Z = \frac{V^2}{Z} = \frac{P}{\cos\theta}$

정답 61 ② 62 ① 63 ③

64 전기화재에 대한 소화기의 적응 화재별 표시로 옳은 것은?

① A ② B
③ C ④ K

해설
[화재]

등급	화재	표시색	적응물질
A급 화재	일반 화재	백색	목재, 섬유, 합성섬유
B급 화재	유류 화재	황색	인화성 액체
C급 화재	전기 화재	청색	통전 중인 전기설비, 기기화재
D급 화재	금속 화재	무색	가연성 금속
K급 화재	식용유 화재	황색	식용유

65 3상 Y결선에서 선간전압이 220 V인 3상 상전압은?

① 127 V ② 220 V
③ 381 V ④ 440 V

해설
[상전압]
선간전압 = $\sqrt{3} \times$ 상전압
$220 = \sqrt{3} \times V$
V = 127.02 V

66 50 Ω의 저항과 100 Ω의 저항을 병렬로 접속하였을 때 합성저항은?

① 0.03 Ω ② 17.4 Ω
③ 33.33 Ω ④ 150 Ω

해설
[합성저항]
$$\frac{1}{\frac{1}{50}+\frac{1}{100}} = \frac{100}{3} = 33.33$$

67 자동화재탐지설비의 감지기 중 열감지기에 속하지 않는 것은?

① 광전식 감지기
② 차동식 감지기
③ 정온식 감지기
④ 보상식 감지기

해설
[감지기]
광전식, 이온화식 감지기는 연기감지기

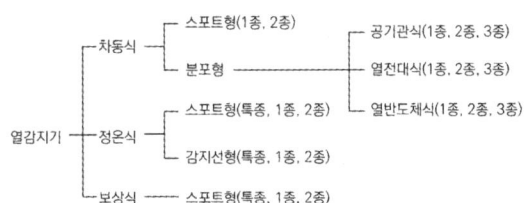

정답 64 ③ 65 ① 66 ③ 67 ①

68 접속방식에 따라 분류한 인터폰설비의 종류에 속하지 않는 것은?

① 모자식 ② 복합식
③ 상호식 ④ 교호통화식

해설

[인터폰설비]
- 모자식 : 하나의 주기(親機, 마스터폰)와 여러 개의 종기(子機, 서브폰)가 연결된 방식
- 상호식 : 각 기기들 간에 서로 직접 통화 가능한 방식
- 복합식 : 모자식과 상호식을 혼합한 방식

69 유접점 시퀀스제어회로에 관한 설명으로 옳지 않은 것은?

① 동작상태의 확인이 쉽다.
② 전기적 노이즈(외란)에 대하여 안정적이다.
③ 기계적 진동에 강하여 개폐부하의 용량이 작다.
④ 독립된 다수의 출력회로를 동시에 얻을 수 있다.

해설

[유접점 시퀀스회로]
무접점 제어회로(PLC제어)에 비하여 기계적 진동에 약하고, 개폐 부하의 용량이 큼

70 옥외소화전설비에 사용되는 호스의 구경은?

① 45 mm ② 55 mm
③ 60 mm ④ 65 mm

해설

[옥내/옥외소화전설비]

구분	옥내소화전	옥외소화전
호스구경	40 mm	65 mm
노즐	13 mm	19 mm
수평거리	25 m 이하	40 m 이하

71 LNG에 관한 설명으로 옳지 않은 것은?

① 주성분은 메탄(CH_4)이다.
② LPG에 비해 발열량이 작다.
③ 천연가스를 냉각하여 액화한 것이다.
④ 상온에서 공기보다 비중이 크므로 인화폭발의 우려가 있다.

해설

[LPG와 LNG]

구분	액화석유가스(LPG)	액화천연가스(LNG)
주성분	프로판(프로페인, C_3H_8), 부탄(부테인, C_4H_{10})	메탄(메테인, CH_4)
증기비중	LPG는 공기보다 1.5~2배 무겁다.	LNG는 공기보다 0.55배 가볍다.
누출 시 특징	공기보다 무거워 낮은 곳에 체류	공기보다 가벼워 높은 곳에 체류
용도	가정용, 공업용, 자동차 연료	도시가스

72 건축설비에서 사용되는 농형 유도전동기에 관한 설명으로 옳지 않은 것은?

① 슬립링이 있기 때문에 불꽃의 염려가 없다.
② 속도제어방법으로 VVVF방식 등을 사용할 수 있다.
③ 권선형 유도전동기에 비하여 구조가 단단하여 취급이 용이하다.
④ 기동전류가 커서 전동기 권선을 과열시키거나 전원전압의 변동을 일으킬 수 있다.

해설

[전동기]
슬립링에서 불꽃이 나올 우려가 있는 것은 권선형 유도전동기(농형 유도전동기는 회전자에 슬립링이 없음)

73 다음 중 변압기의 원리와 가장 관계가 깊은 것은?

① 정전유도
② 전자유도
③ 발열작용
④ 전계유도

해설

[변압기]
변압기는 교류 전류의 전자유도현상을 이용하여 전압을 변화

74 옥내소화전이 1층에 5개, 2층에 4개, 3층에 4개가 설치되어 있을 때 이 건물의 옥내소화전설비는 수원의 저수량은 최소 얼마 이상이 되도록 하여야 하는가? (29층 이하의 건물이다)

① 3.4 m³
② 5.2 m³
③ 10.4 m³
④ 20.8 m³

해설

[저수량]
$2 \times 130\ L/min \times 20\ min = 5.2\ m^3$

75 교류의 크기를 나타내는 데 있어서 평균치 V_a와 최대치 V_m과의 관계식으로 옳은 것은?

① $V_a = 1.11 \times V_m$
② $V_a = 0.707 \times V_m$
③ $V_a = 0.637 \times V_m$
④ $V_a = \sqrt{2} \times V_m$

해설

[교류]
(1) 최댓값 : 교류 순싯값 중 가장 큰 값으로 V_m, I_m으로 표현

(2) 평균값 : 평균전력으로 정현파에서 $\frac{2}{\pi} \fallingdotseq 0.637$ 과 같음

$$V_a = V_{av} = \frac{2}{\pi} V_m = 0.637 V_m\ [V]$$

$$I_a = I_{av} = \frac{2}{\pi} I_m = 0.637 I_m\ [A]$$

V_{av} : 전압의 평균값 [V]
V_m : 전압의 최댓값 [V]
I_{av} : 전류의 평균값 [A]
I_m : 전류의 최댓값 [A]

(3) 실횻값 : 동일한 일을 하는 직류 크기로 환산한 값, 교류의 각 순싯값 $i(t)$의 제곱에 대한 1주기 평균(평균값)의 제곱근

76 제연설비의 설치장소는 제연구역으로 구획하여야 한다. 제연구역에 관한 설명으로 옳지 않은 것은?

① 거실과 통로(복도 포함)는 상호 제연구획한다.
② 하나의 제연구역의 면적은 1000 m² 이내로 한다.
③ 하나의 제연구역은 직경 80 m의 원 내에 들어 갈 수 있도록 한다.
④ 통로(복도 포함)상의 제연구역은 보행중심선의 길이가 60 m를 초과하지 않도록 한다.

해설
[제연구역의 구획기준]
① 하나의 제연구역의 면적은 1000 m² 이내로 하여야 한다.
② 거실과 통로(복도를 포함)는 상호제연구획하여야 한다.
③ 통로상의 제연구역은 보행중심선의 길이가 60 m를 초과하지 아니하여야 한다.
④ 하나의 제연구역은 직경 60 m 원 내에 들어갈 수 있어야 한다.
⑤ 하나의 제연구역은 2개 이상 층에 미치지 아니하도록 하여야 한다.

77 길이 20 m, 폭 20 m, 천장높이 5 m, 조명률 50 %의 사무실에 40 W 형광등을 설치하여 평균 조도를 120 lx로 하려고 한다. 형광등의 소요 개수는? (단, 형광등 1개의 광속은 2500 lm, 보수율은 80 %이다)

① 43개 ② 45개
③ 48개 ④ 50개

해설
[조명등 개수]
FUN = AED
    F : 광속, U : 조명률, N : 등기구 수, A : 면적
    E : 조도, D : 감광보상률
$2500 \times 0.5 \times N = (20 \times 20) \times 120 \times \dfrac{1}{0.8}$
N = 48

78 건축화 조명방식에 속하지 않는 것은?

① 코브조명 ② 코니스조명
③ 광천장조명 ④ 펜던트조명

해설
[조명]
- 펜던트조명 : 조명기구를 매어 단 기구조명형식
- 코너조명 : 천정과 벽면의 경계구석, 즉 코너(모서리)에 등기구를 설치해서 천정과 벽면을 동시에 간접조명하는 방식
- 코퍼조명(코브조명) : 홈을 파서 등기구를 숨기고 간접적으로 비추는 조명
- 광천장조명 : 천장 전체를 광원으로 만드는 조명
- 밸런스조명 : 천정과 벽을 균형 있게 조명
- 코니스조명 : 벽면 상부에 설치된 선반 등에 광원을 넣고 아래로 비추는 간접조명

정답 ● 76 ③ 77 ③ 78 ④

79 분전반을 설치하는 전기샤프트(ES)에 관한 설명으로 옳지 않은 것은?

① 각 층마다 같은 위치에 설치한다.
② ES의 면적은 보, 기둥 부분을 제외하고 산정한다.
③ 설치장비 공급의 편리성을 우선하여 각층의 모서리 부분에 설치한다.
④ 전력용과 정보통신용과 같이 용도별로 구분하여 설치하되, 작은 규모일 경우는 공용으로 사용한다.

해설
[분전반]
분전반은 전력 공급의 효율성을 우선하며 각층의 중앙 부분에 설치

80 어떤 저항에 직류전압 100 V를 가했더니 1 kW의 전력을 소비하였다. 이때 흐른 전류는 몇 A인가?

① 0.01　　② 5
③ 10　　　④ 100

해설
[전류]
$P = VI$
$1000 = 100 \times I$
$I = 10$ A

5과목　건축설비 관계법규

81 건축물을 특별시나 광역시에 건축하려는 경우 특별시장이나 광역시장의 허가를 받아야 하는 건축물의 층수 기준은?

① 15층 이상　② 21층 이상
③ 31층 이상　④ 41층 이상

해설
[건축허가]
[건축법 시행령] 제8조(건축허가)
① 법 제11조 제1항 단서에 따라 특별시장 또는 광역시장의 허가를 받아야 하는 건축물의 건축은 층수가 21층 이상이거나 연면적의 합계가 10만 제곱미터 이상인 건축물의 건축(연면적의 10분의 3 이상을 증축하여 층수가 21층 이상으로 되거나 연면적의 합계가 10만 제곱미터 이상으로 되는 경우를 포함한다)을 말한다.

82 다음의 소방시설 중 경보설비에 속하지 않는 것은?

① 유도등
② 비상방송설비
③ 자동화재속보설비
④ 자동화재탐지설비

정답　79 ③　80 ③　81 ②　82 ①

해설

[경보설비]
[소방시설설치 및 관리에 관한 법률 시행령]
별표 1 : 소방시설
2. 경보설비 : 화재발생 사실을 통보하는 기계·기구 또는 설비로서 다음 각 목의 것
  가. 단독경보형 감지기
  나. 비상경보설비
    1) 비상벨설비
    2) 자동식사이렌설비
  다. 자동화재탐지설비
  라. 시각경보기
  마. 화재알림설비
  바. 비상방송설비
  사. 자동화재속보설비
  아. 통합감시시설
  자. 누전경보기
  차. 가스누설경보기
※ 유도등은 피난설비이다.

83 다음은 지하층과 피난층 사이의 개방공간 설치에 관한 기준 내용이다. ( ) 안에 알맞은 것은?

> 바닥면적의 합계가 ( ) 이상인 공연장·관람장 또는 전시장을 지하층에 설치하는 경우에는 각 실에 있는 자가 지하층 각 층에서 건축물 밖을 피난하여 옥외 계단 또는 경사로 등을 이용하여 피난층으로 대피할 수 있도록 천장이 개방된 외부 공간을 설치하여야 한다.

① 1000 m² ② 2000 m²
③ 3000 m² ④ 4000 m²

해설

[개방공간]
[건축법 시행령]
제37조(지하층과 피난층 사이의 개방공간 설치)
바닥면적의 합계가 <u>3천 제곱미터 이상</u>인 공연장·집회장·관람장 또는 전시장을 지하층에 설치하는 경우에는 각 실에 있는 자가 지하층 각 층에서 건축물 밖으로 피난하여 옥외 계단 또는 경사로 등을 이용하여 피난층으로 대피할 수 있도록 천장이 개방된 외부 공간을 설치하여야 한다.

84 욕실 또는 조리장의 바닥과 그 바닥으로부터 높이 1 m까지의 안벽의 마감을 내수재료로 하여야 하는 대상에 속하지 않는 것은?

① 숙박시설의 욕실
② 공동주택의 욕실
③ 제1종 근린생활시설 중 목욕장의 욕실
④ 제1종 근린생활시설 중 휴게음식점의 조리장

해설

[방습 조치]
[건축물의 피난·방화구조 등의 기준에 관한 규칙]
제18조(거실등의 방습)
② 영 제52조에 따라 다음 각 호의 어느 하나에 해당하는 욕실 또는 조리장의 바닥과 그 바닥으로부터 높이 1미터까지의 안쪽벽의 마감은 이를 내수재료로 해야 한다.
  1. 제1종 근린생활시설 중 <u>목욕장의 욕실</u>과 <u>휴게음식점의 조리장</u>
  2. 제2종 근린생활시설 중 일반음식점 및 휴게음식점의 조리장과 <u>숙박시설의 욕실</u>

정답 ● 83 ③ 84 ②

85 건축물의 에너지 절약설계기준에 따른 건축 부문의 권장사항으로 옳지 않은 것은?

① 공동주택은 인동간격을 넓게 하여 저층부의 일사 수열량을 증대시킨다.
② 건물의 창 및 문은 가능한 작게 설계하고, 특히 열손실이 많은 북측 거실의 창 및 문의 면적은 최소화한다.
③ 건축물의 체적에 대한 외피면적의 비 또는 연면적에 대한 외피면적의 비는 가능한 크게 한다.
④ 거실의 층고 및 반자 높이는 실의 용도와 기능에 지장을 주지 않는 범위 내에서 가능한 낮게 한다.

[해설]

[권장사항]
[건축물 에너지절약설계기준]
제7조(건축부문의 권장사항)
에너지절약계획서 제출대상 건축물의 건축주와 설계자 등은 다음 각 호에서 정하는 사항을 제15조의 규정에 적합하도록 선택적으로 채택할 수 있다.
1. 배치계획
   가. 건축물은 대지의 향, 일조 및 주풍향 등을 고려하여 배치하며, 남향 또는 남동향 배치를 한다.
   나. 공동주택은 인동간격을 넓게 하여 저층부의 태양열 취득을 최대한 증대시킨다.
2. 평면계획
   가. 거실의 층고 및 반자 높이는 실의 용도와 기능에 지장을 주지 않는 범위 내에서 가능한 낮게 한다.
   나. 건축물의 체적에 대한 외피면적의 비 또는 연면적에 대한 외피면적의 비는 가능한 작게 한다.
   다. 실의 냉난방 설정온도, 사용스케줄 등을 고려하여 에너지절약적 조닝계획을 한다.
3. 단열계획
   라. 건물의 창 및 문은 가능한 작게 설계하고, 특히 열손실이 많은 북측 거실의 창 및 문의 면적은 최소화한다.

86 건축법령상 다음과 같이 정의되는 주택의 종류는?

> 주택으로 쓰는 1개 동의 바닥면적(2개 이상의 동을 지하주차장으로 연결하는 경우에는 각각의 동으로 본다) 합계가 660제곱미터를 초과하고, 층수가 4개 층 이하인 주택

① 다중주택　② 연립주택
③ 다세대주택　④ 다가구주택

[해설]

[정의]
[건축법 시행령] 별표 1 : 용도별 건축물의 종류
나. 연립주택 : 주택으로 쓰는 1개 동의 바닥면적(2개 이상의 동을 지하주차장으로 연결하는 경우에는 각각의 동으로 본다) 합계가 660제곱미터를 초과하고, 층수가 4개 층 이하인 주택
다. 다세대주택 : 주택으로 쓰는 1개 동의 바닥면적 합계가 660제곱미터 이하이고, 층수가 4개 층 이하인 주택(2개 이상의 동을 지하주차장으로 연결하는 경우에는 각각의 동으로 본다)

정답 85 ③　86 ②

87 장례식장의 집회실로서 그 바닥면적이 200 m² 이상인 경우 반자의 높이는 최소 얼마 이상이어야 하는가? (단, 기계환기장치를 설치하지 않은 경우)

① 2.1 m   ② 2.7 m
③ 3.5 m   ④ 4 m

해설

[반자높이]
[건축물의 피난·방화구조 등의 기준에 관한 규칙]
제16조(거실의 반자높이)
① 영 제50조의 규정에 의하여 설치하는 거실의 반자(반자가 없는 경우에는 보 또는 바로 윗층의 바닥판의 밑면 기타 이와 유사한 것을 말한다. 이하 같다)는 그 높이를 2.1미터 이상으로 하여야 한다.
② 문화 및 집회시설(전시장 및 동·식물원은 제외한다), 종교시설, 장례식장 또는 위락시설 중 유흥주점의 용도에 쓰이는 건축물의 관람실 또는 집회실로서 그 바닥면적이 200제곱미터 이상인 것의 반자의 높이는 제1항에도 불구하고 4미터(노대의 아랫부분의 높이는 2.7미터) 이상이어야 한다. 다만 기계환기장치를 설치하는 경우에는 그렇지 아니하다.

88 6층 이상의 거실면적의 합계가 3000 m²인 경우 승용 승강기를 최소 2대 이상 설치하여야 하는 건축물은? (단, 8인승 승강기의 경우)

① 숙박시설   ② 판매시설
③ 업무시설   ④ 교육연구시설

해설

[승용 승강기의 최소 대수]
[건축물의 설비기준 등에 관한 규칙]
별표 1의2(승용 승강기의 설치기준)

건축물의 용도	6층 이상의 거실 면적의 합계	3천 제곱미터 이하	3천 제곱미터 초과
1. 가. 문화 및 집회시설(공연장·집회장 및 관람장만 해당한다) 나. 판매시설 다. 의료시설		2대	2대에 3천 제곱미터를 초과하는 2천 제곱미터 이내마다 1대를 더한 대수
2. 가. 문화 및 집회시설(전시장 및 동·식물원만 해당한다) 나. 업무시설 다. 숙박시설 라. 위락시설		1대	1대에 3천 제곱미터를 초과하는 2천 제곱미터 이내마다 1대를 더한 대수
3. 가. 공동주택 나. 교육연구시설 다. 노유자시설 라. 그 밖의 시설		1대	1대에 3천 제곱미터를 초과하는 3천 제곱미터 이내마다 1대를 더한 대수

정답 87 ④ 88 ②

89 100세대 이상의 공동주택 신축 시 시간당 최소 얼마 이상의 환기가 이루어질 수 있도록 자연 환기설비 또는 기계환기설비를 설치하여야 하는가?

① 0.5회 ② 1.2회
③ 1.5회 ④ 1.8회

해설

[환기설비 기준]
[건축물의 설비기준 등에 관한 규칙]
제11조(공동주택 및 다중이용시설의 환기설비 기준 등)
① 영 제87조 제2항의 규정에 따라 신축 또는 리모델링하는 다음 각 호의 어느 하나에 해당하는 주택 또는 건축물(이하 "신축공동주택등"이라 한다)은 시간당 0.5회 이상의 환기가 이루어질 수 있도록 자연환기설비 또는 기계환기설비를 설치해야 한다.
1. 30세대 이상의 공동주택
2. 주택을 주택 외의 시설과 동일건축물로 건축하는 경우로서 주택이 30세대 이상인 건축물

90 다음 중 다중이용 건축물에 속하지 않는 것은? (단, 층수가 15층이며 해당 용도로 쓰는 바닥면적의 합계가 5000 m²인 건축물의 경우)

① 종교시설
② 판매시설
③ 업무시설
④ 숙박시설 중 관광숙박시설

해설

[정의 – 다중이용 건축물]
[건축법 시행령] 제2조(정의)
17. "다중이용 건축물"이란 다음 각 목의 어느 하나에 해당하는 건축물을 말한다.
  가. 다음의 어느 하나에 해당하는 용도로 쓰는 바닥면적의 합계가 5천 제곱미터 이상인 건축물
    1) 문화 및 집회시설(동물원 및 식물원은 제외한다)
    2) 종교시설
    3) 판매시설
    4) 운수시설 중 여객용 시설
    5) 의료시설 중 종합병원
    6) 숙박시설 중 관광숙박시설
  나. 16층 이상인 건축물

91 건축법령상 방송 공동수신설비를 설치하여야 하는 대상 건축물에 속하는 것은?

① 수련시설
② 공동주택
③ 노유자시설
④ 문화 및 집회시설

해설

[방송 공동수신설비]
[건축법 시행령] 제87조(건축설비설치의 원칙)
④ 건축물에는 방송수신에 지장이 없도록 공동시청 안테나, 유선방송 수신시설, 위성방송 수신설비, 에프엠(FM)라디오방송 수신설비 또는 방송 공동수신설비를 설치할 수 있다. 다만 다음 각 호의 건축물에는 방송 공동수신설비를 설치하여야 한다.

정답 89 ① 90 ③ 91 ②

1. 공동주택
2. 바닥면적의 합계가 5천 제곱미터 이상으로서 업무시설이나 숙박시설의 용도로 쓰는 건축물

92 다음은 특정소방대상물의 소방시설설치의 면제기준 내용이다. ( ) 안에 알맞은 것은?

> 물분무등소화설비를 설치하여야 하는 차고·주차장에 (   )를 화재 안전기준에 적합하게 설치한 경우에는 그 설비의 유효범위에서 설치가 면제된다.

① 연결살수 설비
② 옥외소화전 설비
③ 옥내소화전 설비
④ 스프링클러 설비

해설

[특정소방대상물의 소방시설설치]
[소방시설설치 및 관리에 관한 법률 시행령]
별표 5 : 특정소방대상물의 소방시설설치의 면제기준

5. 물분무등 소화설비	물분무등소화설비를 설치해야 하는 차고·주차장에 스프링클러설비를 화재안전기준에 적합하게 설치한 경우에는 그 설비의 유효범위에서 설치가 면제된다.

93 건축물의 관람실 또는 집회실로부터 바깥쪽으로의 출구로 쓰이는 문을 안여닫이로 해도 되는 건축물의 용도는?

① 장례시설
② 위락시설
③ 종교시설
④ 문화 및 집회시설 중 전시장

해설

[개별 관람실 출구]
[건축물의 피난·방화구조 등의 기준에 관한 규칙]
제11조(건축물의 바깥쪽으로의 출구의 설치기준)
② 영 제39조 제1항에 따라 건축물의 바깥쪽으로 나가는 출구를 설치하는 건축물 중 문화 및 집회시설(전시장 및 동·식물원을 제외한다), 종교시설, 장례식장 또는 위락시설의 용도에 쓰이는 건축물의 바깥쪽으로의 출구로 쓰이는 문은 안여닫이로 하여서는 아니 된다.

94 옥외소화전설비를 설치하여야 하는 특정소방대상물의 바닥면적 기준은? (단, 아파트 등 위험물 저장 및 처리 시설 중 가스시설, 지하구 또는 지하가 중 터널은 제외)

① 지상 1층 및 2층의 바닥면적의 합계가 1000 m² 이상인 것
② 지상 1층 및 2층의 바닥면적의 합계가 3000 m² 이상인 것
③ 지상 1층 및 2층의 바닥면적의 합계가 6000 m² 이상인 것
④ 지상 1층 및 2층의 바닥면적의 합계가 9000 m² 이상인 것

정답 92 ④ 93 ④ 94 ④

해설

[특정소방대상물 – 옥외소화전설비]
[소방시설설치 및 관리에 관한 법률 시행령]
별표 4 : 특정소방대상물의 관계인이 특정소방대상물에 설치·관리해야 하는 소방시설의 종류
사. 옥외소화전설비를 설치해야 하는 특정소방대상물(아파트등, 위험물 저장 및 처리 시설 중 가스시설, 지하구 및 터널은 제외한다)은 다음의 어느 하나에 해당하는 것으로 한다.
1) 지상 1층 및 2층의 바닥면적의 합계가 9천 m^2 이상인 것. 이 경우 같은 구(區) 내의 둘 이상의 특정소방대상물이 행정안전부령으로 정하는 연소(延燒) 우려가 있는 구조인 경우에는 이를 하나의 특정소방대상물로 본다.

해설

[기계부문의 권장사항]
[건축물의 에너지절약설계기준]
제9조(기계부문의 권장사항)
에너지절약계획서 제출대상 건축물의 건축주와 설계자 등은 다음 각 호에서 정하는 사항을 제15조의 규정에 적합하도록 선택적으로 채택할 수 있다.
1. 설계용 실내온도 조건
   난방 및 냉방설비의 용량계산을 위한 설계기준 실내온도는 난방의 경우 20 ℃, 냉방의 경우 28 ℃를 기준으로 하되(목욕장 및 수영장은 제외) 각 건축물 용도 및 개별 실의 특성에 따라 별표 8에서 제시된 범위를 참고하여 설비의 용량이 과다해지지 않도록 한다.

95 다음은 건축물의 에너지 절약설계기준에 따른 설계용 실내온도 조건에 관한 기준 내용이다. ( ) 안에 알맞은 것은?

> 난방 및 냉방설비의 용량계산을 위한 설계기준 실내온도는 난방의 경우 (㉠), 냉방의 경우 (㉡)를 기준으로 하되(목욕장 및 수영장은 제외) 각 건축물 용도 및 개별 실의 특성에 따라 별표 8에서 제시된 범위를 참고하여 설비의 용량이 과다해지지 않도록 한다.

① ㉠ 18 ℃, ㉡ 25 ℃
② ㉠ 18 ℃, ㉡ 28 ℃
③ ㉠ 20 ℃, ㉡ 25 ℃
④ ㉠ 20 ℃, ㉡ 28 ℃

96 문화 및 집회시설 중 공연장의 개별관람실의 바닥면적이 1500 m^2인 경우 이 관람실에 설치하여야 하는 출구의 최소 개수는? (단, 각 출구의 유효너비는 3 m이다)

① 2개소 ② 3개소
③ 4개소 ④ 5개소

해설

[개별 관람실 출구]
[건축물의 피난·방화구조 등의 기준에 관한 규칙]
제10조(관람실 등으로부터의 출구의 설치기준)
② 영 제38조에 따라 문화 및 집회시설 중 공연장의 개별 관람실(바닥면적이 300제곱미터 이상인 것만 해당한다)의 출구는 다음 각 호의 기준에 적합하게 설치해야 한다.
1. 관람실별로 2개소 이상 설치할 것
2. 각 출구의 유효너비는 1.5미터 이상일 것

정답 95 ④ 96 ②

3. 개별 관람실 출구의 유효너비의 합계는 개별 관람실의 바닥면적 100제곱미터마다 0.6미터의 비율로 산정한 너비 이상으로 할 것
- 1500 m² ÷ 100 m² = 15
- 15 × 0.6 = 9 m
- 9 ÷ 3 = 3개소

97 가구수가 20가구인 주거용 건축물에서 음용수용 급수관의 최소 지름은?

① 25 mm ② 32 mm
③ 40 mm ④ 50 mm

해설

[음용수용 급수관 최소 지름]
[건축물의 설비기준 등에 관한 규칙]
별표 3 : 주거용 건축물 급수관의 지름

가구 또는 세대수	1	2~3	4~5	6~8	9~16	17 이상
급수관 지름의 최소기준 (밀리미터)	15	20	25	32	40	50

98 건축물에 급수, 배수, 환기, 난방 등의 건축설비를 설치하는 경우 건축기계설비기술사 또는 공조냉동기계기술사의 협력을 받아야 하는 대상 건축물의 연면적 기준은? (단, 창고시설은 제외)

① 연면적 5000 m² 이상인 건축물
② 연면적 10000 m² 이상인 건축물
③ 연면적 20000 m² 이상인 건축물
④ 연면적 50000 m² 이상인 건축물

해설

[관계전문기술자의 협력]
[건축법 시행령]
제91조의3(관계전문기술자와의 협력)
② 연면적 1만 제곱미터 이상인 건축물(창고시설은 제외한다) 또는 에너지를 대량으로 소비하는 건축물로서 국토교통부령으로 정하는 건축물에 건축설비를 설치하는 경우에는 국토교통부령으로 정하는 바에 따라 다음 각 호의 구분에 따른 관계전문기술자의 협력을 받아야 한다.

99 다음 중 건축법령상 제2종 근린생활시설에 속하지 않는 것은?

① 한의원 ② 독서실
③ 동물병원 ④ 일반음식점

해설

[제1종 근린생활시설]
[건축법 시행령]
별표 1 : 용도별 건축물의 종류
4. 제2종 근린생활시설
  가. 공연장
  나. 종교집회장

정답 97 ④ 98 ② 99 ①

다. 자동차영업소
라. 서점
마. 총포판매소
바. 사진관, 표구점
사. 청소년게임제공업소, 복합유통게임제공업소, 인터넷컴퓨터게임시설제공업소, 가상현실체험 제공업소, 그 밖에 이와 비슷한 게임 및 체험 관련 시설
아. 휴게음식점, 제과점 등 음료·차(茶)·음식·빵·떡·과자 등을 조리하거나 제조하여 판매하는 시설
자. 일반음식점
차. 장의사, 동물병원, 동물미용실, 동물위탁관리업을 위한 시설, 그 밖에 이와 유사한 것
카. 학원(자동차학원·무도학원 및 정보통신기술을 활용하여 원격으로 교습하는 것은 제외한다), 교습소(자동차교습·무도교습 및 정보통신기술을 활용하여 원격으로 교습하는 것은 제외한다), 직업훈련소(운전·정비 관련 직업훈련소는 제외한다)
타. 독서실, 기원
파. 테니스장, 체력단련장, 에어로빅장, 볼링장, 당구장, 실내낚시터, 골프연습장, 놀이형시설(「관광진흥법」에 따른 기타유원시설업의 시설을 말한다. 이하 같다) 등 주민의 체육 활동을 위한 시설(제3호 마목의 시설은 제외한다)
하. 금융업소, 사무소, 부동산중개사무소, 결혼상담소 등 소개업소, 출판사 등
거. 다중생활시설
너. 제조업소, 수리점 등 물품의 제조·가공·수리 등을 위한 시설
더. 단란주점
러. 안마시술소, 노래연습장
머. 주문배송시설
※ 한의원은 제1종 근린생활시설이다.

100 비상경보설비를 설치하여야 하는 특정소방대상물의 연면적 기준은? (단, 특정소방대상물이 판매시설인 경우)

① 400 m² 이상
② 600 m² 이상
③ 1500 m² 이상
④ 3500 m² 이상

해설

[비상경보설비]
[소방시설설치 및 관리에 관한 법률 시행령]
별표 4 : 특정소방대상물의 관계인이 특정소방대상물에 설치·관리해야 하는 소방시설의 종류
나. 비상경보설비를 설치해야 하는 특정소방대상물(모래·석재 등 불연재료 공장 및 창고시설, 위험물 저장 및 처리 시설 중 가스시설, 사람이 거주하지 않거나 벽이 없는 축사 등 동물 및 식물 관련 시설 및 지하구는 제외한다)은 다음의 어느 하나에 해당하는 것으로 한다.
1) 연면적 400 m² 이상인 것은 모든 층
2) 지하층 또는 무창층의 바닥면적이 150 m²(공연장의 경우 100 m²) 이상인 것은 모든 층
3) 터널로서 길이가 500 m 이상인 것
4) 50명 이상의 근로자가 작업하는 옥내 작업장

정답 100 ①

건·축·설·비·기·사

Part 06
설계도서 작성 및 설비적산 대비 - 신출문항 50제

※ 1과목 설계도서 작성과 설비적산 과목에서 겪을 수 있는 모든 상황에 대비할 수 있도록, 최근 출제기준을 철저히 분석하여 새로운 유형의 문제를 담았습니다.

1과목 대비 신출문항 50제

01 설계도서에 대한 설명으로 알맞지 않은 것은?

① 건축물 또는 설비를 시공하기 전 단계에서 작성하는 문서
② 건축물이나 설비를 시공·감리·운영하기 위해 작성되는 모든 문서와 도면
③ 실제 시공된 설비 현황과 운영·관리 방법을 기록한 문서
④ 설계자가 의도한 계획·기술적 근거·시공 지침을 포함한 공식 문서

해설

[설계도서]
- 건축물 또는 설비를 시공하기 전 단계에서 작성하는 문서
- 건축물이나 설비를 시공·감리·운영하기 위해 작성되는 모든 문서와 도면을 총칭
- 설계자가 의도한 계획·기술적 근거·시공 지침을 포함한 공식 문서
※ 실제 시공된 설비 현황과 운영·관리 방법을 기록한 문서는 공사가 완료된 후 작성되는 문서로 설비도서에 대한 설명이다.

02 평면도에 나타나지 않는 사항은?

① 실 배치
② 치수
③ 방 이름
④ 창문이나 문의 디자인

해설

[평면도]
- 평면도에는 실벽, 기둥, 문, 창, 계단, 실 배치, 치수 등 건축 공간과 구조 중심으로 구성되어 있다.
- 창문이나 문의 디자인은 입면도에서 알 수 있다.

03 설계도서 작성 원칙으로 알맞지 않은 것은?

① 명확성
② 일관성
③ 표준 준수
④ 임의성

해설

[설계도서 작성 원칙]
- 명확성 (Clarity)
  (1) 누구나 동일하게 이해할 수 있도록 표현
  (2) 모호한 기호·용어 사용 금지
- 일관성 (Consistency)
  (1) 도면, 시방서, 내역서 간의 내용이 상호 일치해야 한다.
- 완전성 (Completeness)
  (1) 시공에 필요한 모든 정보기 포함되어야 한다.
  (2) 누락 시 공사 중 분쟁·변경 발생 가능
- 표준 준수 (Compliance)
  (1) 국가 기준(KS, KDS, KCS, KGS 등) 및 관련 법규 반영
- 경제성·시공성 고려
  (1) 불필요한 과다 설계 지양
  (2) 실제 시공 가능한 수준에서 작성

정답 ● 01 ③ 02 ④ 03 ④

04 제도용지에 대한 설명 중 잘못된 것을 고르시오.

① 제도용지 규격은 국제표준화기구(ISO)의 A시리즈 규격에 따른다.
② 도면의 테두리를 만들 때는 여백과 치수는 항상 동일하게 한다.
③ 가로와 세로의 비율이 $1 : \sqrt{2}$ 이다.
④ 접은 도면의 크기는 A4의 크기를 원칙으로 한다.

해설

[제도용지]
- 제도용지 규격은 국제표준화기구(ISO)의 A시리즈 규격에 따른다.
- 가로와 세로의 비율이 $1 : \sqrt{2}$ 이며, 주로, A0부터 A5까지의 크기가 사용
- 접은 도면의 크기는 A4의 크기를 원칙으로 한다.
- 도면의 테두리를 만들 때는 여백과 치수는 제도지의 치수에 따라 다르게 한다.

05 표제란에 대한 설명으로 잘못된 것을 고르시오.

① 도면의 기본정보를 명확히 기록한다.
② 설계·시공·관리 과정에서 혼동을 방지하도록 해야 한다.
③ A3 이상의 도면에는 도면의 우측 하단에 배치한다.
④ 도면을 말아 보관할 때 표제란은 바깥에서 보이지 않도록 해야 한다.

해설

[표제란]
- 도면 하단 또는 우측 하단에 위치하는 표 형식의 정보란
- 도면의 기본정보(도면명, 축척, 작성자, 검토자 등)를 명확히 기록하여 설계·시공·관리 과정에서 혼동을 방지
- A3 이상의 도면에는 도면의 우측 하단에 배치 (세로, 가로 모두 동일)
- A4 도면에는 하단 전체 폭을 차지하는 형태로 배치
- 도면을 말아 보관해도 표제란은 바깥에서 보이도록 배치하는 것이 원칙

06 건축설비 도면에 사용되는 선의 종류로 대상물이 보이는 외관 부분의 모양 표시를 위해 사용하는 선으로 알맞은 것을 고르시오.

① ▬▬▬▬▬
② ─────
③ ─ ─ ─ ─ ─
④ ─·─·─·─·─

해설

[도면에 사용되는 선]

선의 표시	선의 종류	용도
▬▬	굵은 실선	대상물이 보이는 외관 부분의 모양 표시
──	중간 실선	일반 외형선
──	가는 실선	길이, 거리, 크기 등을 표시하기 위한 치수선
─ ─ ─	파선 또는 점선	숨은선

정답 ● 04 ② 05 ④ 06 ①

선의 표시	선의 종류	용도
—·—·—	1점쇄선	중심선, 절단선, 기준선, 경계선, 참고선
—··—··—	2점쇄선	상상선, 1점 쇄선과 구별할 필요가 있을 때

07 도면도의 글자에 대한 설명 중 알맞은 것을 고르시오.

① 글자는 필기체로 자유롭게 기입한다.
② 문장은 가로쓰기를 원칙으로 한다.
③ 글자의 크기는 같은 도면 내에서도 임의로 다르게 하여 강조한다.
④ 문장은 세로쓰기를 할 수 없다.

해설

[도면도의 글자]
- 글자는 명백히 쓴다.
- 문장은 가로쓰기(좌 → 우)를 원칙으로 한다. 다만, 가로쓰기가 곤란할 경우 세로쓰기(하 → 상)을 할 수 있다.
- 숫자는 아라비아 숫자를 원칙으로 한다.
- 글자체는 수직 또는 15° 경사의 고딕체로 쓰는 것을 원칙으로 한다.
- 글자의 크기는 각 도면의 상황에 맞추어 알아보기 쉬운 크기로 한다.
- 4자리 이상의 수는 3자리마다 휴지부를 찍거나 간격을 둠을 원칙으로 한다. 다만, 4자리의 수는 이에 따르지 않아도 좋다. 소수점은 밑에 찍는다.

08 치수 표기 기호 중 알맞지 않은 것을 고르시오.

① ∅ : 지름
② R : 반지름
③ ▽ / △ : 경사 방향 표시
④ □ : 넓이

해설

[치수 표기 기호]
- 지름(∅ : Diameter) : 원, 원형 배관, 원형 기구의 치수를 나타낼 때 사용
- 반지름(R : Radius) : 호(arc), 곡선부, 원의 일부의 반지름을 표시할 때 사용
- 기준면 대비 높이(+/- : Elevation) : 기준면(주로 1층 바닥 = ±0.000) 대비 특정 위치의 높이를 표시
- 정방형(□ : Square) : 정방형 치수 표시
- 두께(t : Thickness)
- 길이(L : Length)
- 경사 방향 표시(▽ / △)

09 건축설비 도면에 사용되는 선 중 다음과 같은 선을 사용하는 용도는 무엇인가?

— — — — —

① 숨은선 ② 상상선
③ 중심선 ④ 치수선

정답 07 ② 08 ④ 09 ①

해설

[도면에 사용되는 선]

선의 표시	선의 종류	용도
▬▬▬	굵은 실선	대상물이 보이는 외관 부분의 모양 표시
———	중간 실선	일반 외형선
———	가는 실선	길이, 거리, 크기 등을 표시하기 위한 치수선
------	파선 또는 점선	숨은선
—·—·—	1점쇄선	중심선, 절단선, 기준선, 경계선, 참고선
—··—··—	2점쇄선	상상선, 1점 쇄선과 구별 필요가 있을 때

10 척도의 종류로 축척에 대한 설명으로 알맞은 것을 고르시오.

① 실물보다 작게 축소하여 나타냄
② 실제와 동일 크기를 나타냄
③ 실물보다 크게 확대하여 나타냄
④ 주로 상세도, 부품도, 접합부 표현

해설

[척도의 종류]
• 축척
 ① 실물보다 작게 축소하여 나타냄
 ② 예 : 1/50, 1/100, 1/200
 ③ 주로 건축 평면도, 입면도, 단면도 등
• 등척
 ① 실제와 동일 크기
 ② 예 : 1/1
 ③ 주로 상세도, 부품도, 접합부 표현

• 배척
 ① 실물보다 크게 확대하여 나타냄
 ② 예 : 2/1, 5/1, 10/1
 ③ 작은 부품이나 결합부를 상세히 표현할 때

11 제도용지 A0의 넓이로 알맞은 것은?

① $0.5 \, m^2$ ② $1.0 \, m^2$
③ $1.5 \, m^2$ ④ $2.0 \, m^2$

해설

[A0]
• A0 용지 : 넓이 $1m^2$로 정의 (가장 큰 기본 단위)
• 가로 : 세로 = 1 : $\sqrt{2}$ 비율 유지
• 841 mm × 1189 mm

12 표제란에 포함할 사항이 아닌 것은?

① 축척   ② 제도용지 크기
③ 공사명칭 ④ 설계자

해설

[표제란의 포함사항]
• 도면명
• 도면 번호 : 프로젝트별 체계에 따라 부여
• 축척
• 도면 크기
• 작성자 / 검토자 / 승인자
• 일자 : 도면 최초 작성일, 개정일자 포함
• 프로젝트명 / 건축물명
• 시공사 / 설계사 / 발주처명
• 개정란
• 도면 번호 체계

정답 10 ① 11 ② 12 ②

13 도면에 사용되는 문자의 크기는 무엇으로 표시하는가?

① 문자의 폭
② 문자의 종류
③ 문자의 높이
④ 문자와 문자 사이의 폭

해설

[문자의 크기]
- 도면의 문자의 크기는 문자의 높이로 나타낸다.
- 폭이나 간격은 보조 기준일 뿐, 크기를 규정하는 기본 단위가 아니다.

14 다음 중 도면을 보관 시 접는 크기로 맞는 것은?

① A1   ② A2
③ A3   ④ A4

해설

[도면 보관]
- 접은 도면의 크기는 A4의 크기를 원칙으로 한다.

15 다음 제도 시 주의 사항으로 옳지 않은 것은?

① 깨끗하고 아름다울 것
② 충분히 조화가 되어 있을 것
③ 간단명료하고 정확할 것
④ 제도자의 개성을 살릴 것

해설

[제도 시 주의 사항]
- 깨끗하고 아름다울 것
- 충분히 조화가 되어 있을 것
- 간단명료하고 정확할 것
- 통일성이 있을 것
- 오해가 없도록 명확할 것

16 다음 중 축척에서 NS 표시로 알맞은 것은?

① 축척 없음(Not to Scale)
② 축척 1/100
③ 축척 1/50
④ 축척 2/1

해설

[NS표시]
- 도면에 "NS"라고 표시하면 해당 그림은 축척 비율과 무관하게 단순히 형상이나 배치를 나타낸 것임을 의미한다.

17 다음 중 도면을 그을 때 가장 먼저 긋는 선은?

① 중심선   ② 외형선
③ 해칭선   ④ 치수선

정답 13 ③ 14 ④ 15 ④ 16 ① 17 ①

해설

[도면을 그을 때 선 긋는 순서]
- 중심선 → 외형선 → 해칭선 → 치수선
- 중심선
- 물체의 대칭 위치나 기준을 먼저 잡음
- 원, 대칭물, 축 중심을 정확히 하기 위해 가장 먼저 가볍게 긋는다.
- 외형선
- 물체의 기본 형상을 나타내는 굵은 선
- 중심선을 기준으로 외형선을 그어 물체 형태를 확정한다.
- 해칭선
- 절단면, 단면도 표현 시 일정 간격으로 그리는 가는 선
- 외형선이 잡힌 후 내부 재료를 표시하기 위해 추가
- 치수선
- 최종적으로 물체의 크기를 나타내는 선
- 다른 선을 모두 그린 후, 간섭이 없도록 마지막에 기입

18 도면에 문자를 경사지게 쓸 때 적당한 기울기는?

① 60°   ② 45°
③ 30°   ④ 15°

해설

[문자의 기울기]
- 글자체는 수직 또는 15° 경사의 고딕체로 쓰는 것을 원칙으로 한다.

19 다음 중 벽일반을 나타내는 표시기호가 아닌 것은?

해설

[벽일반의 표시기호]
- ④은 블록벽의 표시기호이다.

20 블록벽의 표시기호가 아닌 것을 고르시오.

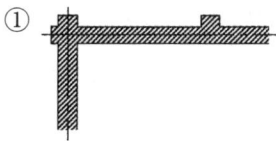

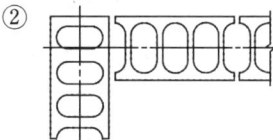

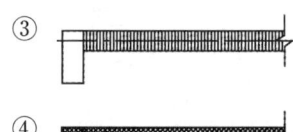

해설

[블록벽]
- ①은 벽돌벽의 표시기호이다.

정답 18 ④ 19 ④ 20 ①

21 다음 중 석재의 표시기호로 알맞은 것을 고르시오.

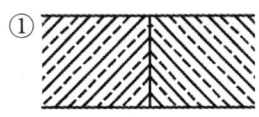

해설

[석재]
- ②, ③은 콘크리트이다.
- ④은 준용으로 사용되는 지반이다.

22 다음 중 여닫이문이 아닌 것은?

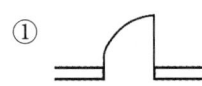 

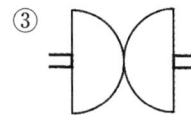 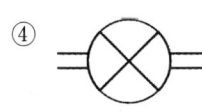

해설

[여닫이문]
① : 외여닫이문
② : 쌍여닫이문
③ : 자재 여닫이문
④ : 회전문

23 다음 중 오르내리 창으로 알맞은 것은?

해설

[오르내리 창]
- 창틀(창문틀) 속에서 창짝(창문)이 수직 방향으로 위·아래로 움직이며 열고 닫을 수 있는 창
① : 회전창　　　　② : 오르내리 창
③ : 셔터 달린 창　④ : 쌍여닫이창

24 다음 중 외여닫이문의 입면표시는?

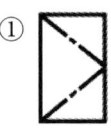 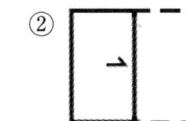

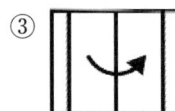 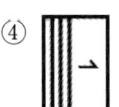

해설

[외여닫이문]
① : 외여닫이문　② : 외미닫이문
③ : 회전문　　　④ : 접이문

정답　21 ①　22 ④　23 ②　24 ①

25 다음 중 쌍여닫이창의 입면표시로 알맞은 것은?

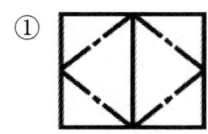 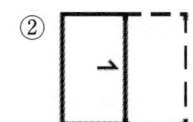
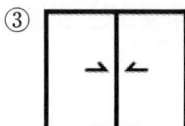 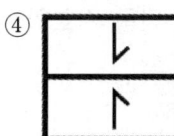

해설

[쌍여닫이창]
① : 쌍여닫이창   ② : 외미닫이창
③ : 미서기창   ④ : 오르내리창

26 다음 중 알루미늄합금제 셔터를 나타내는 창호 기호는?

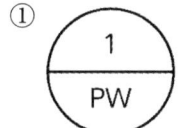 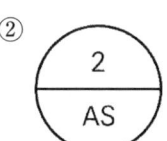
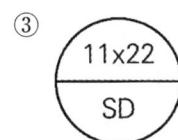 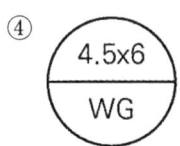

27 다음 중 일반적으로 도면에 표시하는 치수의 단위는?

① mm
② cm
③ m
④ inch

해설

[일반적인 도면의 단위]
• 일반적으로 도면에 표시하는 치수의 단위는 mm 이며, mm는 표시하지 않고 사용한다.

28 창호 기호 표시 중 알맞지 않은 것을 고르시오.

① WD : Wood Door
② SD : Steel Door
③ FD : Fire Door
④ SSD : Steel Shutter Door

해설

[창호기호]
• SSD : Stainless Steel Door

해설

[창호 기호]
• PW : Plastic Window, 합성수지제 창
• AS : Aluminium Shutter, 알루미늄합금제 셔터
• SD : Steel Door, 강철제 문
• WG : Wood Grill, 목제 그릴

정답 25 ①   26 ②   27 ①   28 ④

29 다음 도시기호 중 체크 밸브(Check Valve)를 표시한 것은?

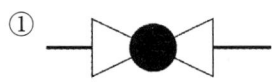
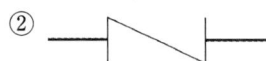
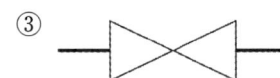
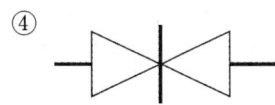

해설

[밸브의 도시기호]
① 글로브 밸브
② 체크 밸브
③ 일반 밸브
④ 게이트 밸브(칸막이 밸브)

30 다음 중 앵글밸브의 도시기호는?

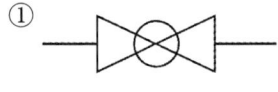
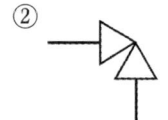
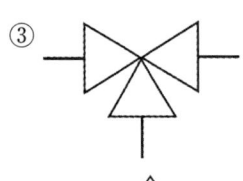
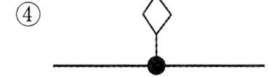

해설

[밸브의 도시기호]
① 볼밸브   ② 앵글밸브
③ 3방향밸브   ④ 공기 빼기 밸브

31 다음 기호와 설명이 알맞은 것을 고르시오.

해설

[도시기호]
① 플랜지   ② 유니언
③ 티   ④ 90° 엘보

32 건축공사비의 원가구성 항목이 아닌 것은?

① 재료비   ② 노무비
③ 경비   ④ 일반관리비

해설

[건축공사비]
- 일반관리비(본사 운영비)는 "회사 운영을 위한 간접 비용"으로 직접공사비가 아닌 간접공사비이다.

정답 29 ② 30 ② 31 ④ 32 ④

33 다음 설명 중 옳지 않은 것은?

① 재료비에는 직접재료비와 간접재료비가 있다.
② 노무비는 현장 근로자의 인건비를 말한다.
③ 경비에는 기계사용료, 전기·수도 요금 등이 포함된다.
④ 원가구성에는 설계비와 감리비가 포함된다.

해설

[건축공사비]
- 설계비와 감리비는 원가구성 항목이 아니다.
- 설계비
  - 건축물 시공 전에 설계를 수행하는 데 들어가는 비용
  - 설계도서 작성비, 구조계산비, 각종 인허가 서류 작성비 등
- 감리비
  - 공사가 설계도서대로 잘 진행되는지, 안전·품질 관리가 적정한지 확인하는 비용

34 적산의 순서 중 가장 먼저 해야 하는 것은 무엇인가.

① 수량 산출
② 설계도서 검토
③ 단가 적용
④ 공사비 산출

해설

[적산의 순서]
(1) 설계도서 검토
(2) 수량 산출
(3) 물량 집계 및 정리
(4) 단가 적용
(5) 공사비 산출
(6) 검토 및 확정

35 적산에 대한 내용 중 알맞지 않은 것을 고르시오.

① 설계도서(도면, 시방서)에 근거하여 공사에 필요한 자재·노무·장비 등의 수량을 계산하는 과정
② 얼마나 드는가를 계산하는 것
③ 건축·기계·전기 설비 등 모든 분야에서 공통적으로 수행
④ 얼마나 필요한가를 계산하는 것

해설

[적산(積算)]
- 설계도서(도면, 시방서)에 근거하여 공사에 필요한 자재·노무·장비 등의 수량을 계산하는 과정
- 얼마나 필요한가를 계산하는 것
- 건축·기계·전기 설비 등 모든 분야에서 공통적으로 수행
※ 견적(見積)
- 적산 결과(수량)에 단가, 시공사의 상황(재료 단가, 노임, 이윤, 관리비 등)을 반영해 실제 얼마가 드는지(금액) 계산하는 것
- 얼마나 드는가를 계산하는 것

정답 ● 33 ④   34 ②   35 ②

36 적산의 순서에서 물량 집계 및 정리 단계에 대한 설명으로 알맞지 않은 것은?

① 타당성을 검토하여 최종 공사비 확정
② 수량산출서 작성
③ 산출된 물량을 품목별·규격별로 집계
④ 재료비·노무비·경비 계산의 기초자료가 됨

해설
[물량 집계 및 정리]
- 산출된 물량을 품목별·규격별로 집계
- 수량산출서(Quantity Sheet) 작성
- 재료비·노무비·경비 계산의 기초자료가 됨
※ 타당성을 검토하여 최종 공사비 확정은 검토 및 확정 단계이다.

37 건축공사에서 활용되는 견적방법 중 가장 상세한 공사비의 산출이 가능한 견적 방법은?

① 명세견적   ② 개산견적
③ 입찰견적   ④ 설계견적

해설
[견적]
- 개산견적
  (1) 설계도서가 완성되기 전 단계에서, 대략적인 공사비를 추정하는 견적 방법
  (2) "얼마쯤 들겠다"는 예비적인 계산
  (3) 설계 초기 단계에서 사용
  (4) 도면, 시방서가 미비하므로 과거 공사 실적, 단위면적당 공사비, 유사 프로젝트 비교 등을 활용
  (5) 정확도는 낮음, 계획 단계의 예산 편성, 사업성 검토 등에 유용
- 명세견적
  (1) 설계도서(도면, 시방서)가 확정된 뒤, 세부 내역을 근거로 정확하게 산출하는 견적 방법
  (2) 실제 얼마 드는지를 계산
  (3) 도면과 시방서를 기준으로 적산(물량 산출)을 실시
  (4) 자재비·노무비·경비 등을 품목별, 공종별로 세분화
  (5) 정확도가 높음, 계약, 입찰, 시공 관리, 실행 예산 수립에 사용

38 공기조화설비 적산의 산출 기준으로 알맞지 않은 것은?

① 덕트 : 면적(m^2) = 둘레 × 길이
② 원형 덕트 : 면적(m^2) = π × 지름 × 길이
③ 보온재 : 덕트·배관 내부 면적 기준
④ 기기 : 대수

해설
[공기조화설비 적산 산출 기준]
- 보온재 : 덕트·배관 외부 표면적 기준

정답 ● 36 ① 37 ① 38 ③

39 열원설비 적산 대상으로 알맞지 않은 것은?

① 주기기 : 보일러, 냉동기, 흡수식 냉온수기
② 부속기기 : 펌프, 팽창탱크, 냉각탑
③ 환기팬 : 급기팬, 배기팬, 전열교환기
④ 배관 : 급탕·냉수·온수·증기 배관

해설

[열원설비 적산 대상]
- 주기기 : 보일러, 냉동기, 흡수식 냉온수기
- 부속기기 : 펌프, 팽창탱크, 냉각탑
- 배관 : 급탕·냉수·온수·증기 배관
- 부속자재 : 밸브류, 플랜지, 이음쇠

※ 환기팬은 환기설비 적산 대상에 속한다.

40 환기설비 적산 시 산출 기준에 대한 설명으로 알맞지 않은 것은?

① 소음기, 필터 : 대수
② 그릴, 루버 : 개수
③ 덕트 : 면적(m^2) 기준
④ 환기팬 : 돌아가는 횟수

해설

[환기설비 적산 산출 기준]
- 환기팬 : 풍량(m^3/min, CMM) 기준 대수 산출
- 덕트 : 면적(m^2) 기준
- 그릴, 루버 : 개수
- 소음기, 필터 : 대수

41 위생설비 적산에 해당하지 않는 것은?

① 급수설비 적산
② 급탕설비 적산
③ 통기설비 적산
④ 냉방설비 적산

해설

[위생설비 적산 범위]
- 급수설비
- 급탕설비
- 배수설비
- 통기설비
- 위생기구설비

42 급수설비 적산에서 고려해야 할 기본 항목으로 옳지 않은 것은?

① 배관 재료비
② 밸브 및 기구류 비용
③ 배관공·용접공 등의 노무비
④ 냉난방 기기의 설치비

해설

[급수설비 적산]
- 급수설비 적산은 급수관, 밸브, 펌프 등 급수와 직접 관련된 자재·노무·경비를 산출하는 것
- 냉난방 기기 설치비는 공기조화설비 적산에 해당한다.

정답 39 ③ 40 ④ 41 ④ 42 ④

43 다음 중 급수설비 적산 시 재료비에 해당하지 않는 것은?

① 동관, 강관 등 배관 재료
② 역류방지밸브, 감압밸브
③ 급수펌프
④ 기능공 인건비

해설

[급수설비 적산]
• 인건비는 재료비가 아니라 노무비에 해당한다.

44 급탕설비 적산 시 주로 산출하는 항목이 아닌 것은?

① 급탕 배관 및 보온재
② 냉동기 및 공조기
③ 순환펌프 및 부속기기
④ 온수기 및 열교환기

해설

[급탕설비 적산]
• 급탕설비 적산에는 온수 생산·순환에 필요한 배관, 펌프, 열원기기(보일러·온수기 등)가 포함된다.
• 냉동기·공조기는 공기조화설비에 해당한다.

45 급탕설비 적산에서 보온재 산출이 중요한 이유로 옳지 않은 것은?

① 급탕 배관에서 열손실 방지
② 에너지 절약 효과
③ 급탕 수질 개선 효과
④ 법적 기준 충족

해설

[보온재 산출의 이유]
• 보온재는 열손실을 줄여 에너지 절약 및 법규 준수에 중요한 요소
• 수질 개선과는 관련이 없다.

46 오배수·통기설비 적산의 대상에 해당하지 않는 것은?

① 오수관
② 통기관
③ 변기·세면기 트랩
④ 냉온수기

해설

[오배수·통기설비 적산]
• 냉온수기는 급탕설비 적산 대상이다.

정답 43 ④ 44 ② 45 ③ 46 ④

47 다음과 같은 배관도에서 티와 엘보의 수량은 어떻게 되는지 구하여라.

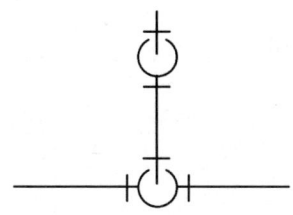

① 티 1개, 엘보 2개
② 티 1개, 엘보 3개
③ 티 2개, 엘보 2개
④ 티 2개, 엘보 3개

해설
[배관도]
• 겨냥도로 그려보면 다음과 같다.

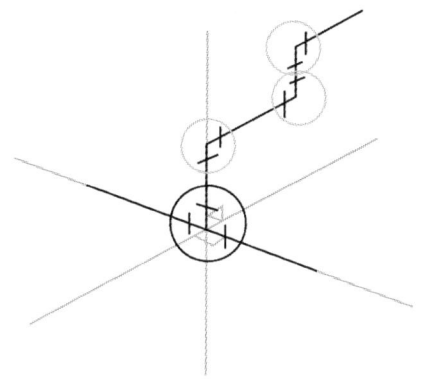

48 공조설비 공사에서 수량산출이 다음과 같을 때 순공사비를 구하시오.

• 재료비 : 175,000,000원
• 직접노무비 : 80,000,000원
• 간접노무비 : 직접노무비의 15 %
• 경비 : 25,000,000원

① 285,000,000원
② 292,000,000원
③ 298,000,000원
④ 312,000,000원

해설
[순공사비]
순공사비 = 재료비 + 노무비 + 경비
• 175,000,000 + 80,000,000 × 1.15 + 25,000,000
  = 292,000,000(원)

49 다음 증기 배관 평면도에 대한 부속 수량산출로 알맞은 것은?

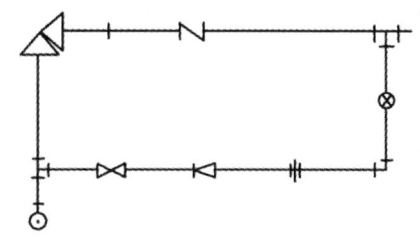

① 앵글밸브 : 2개
② 체크밸브 : 1개
③ 엘보 : 1개
④ 티 : 1개

해설

[배관 평면도]

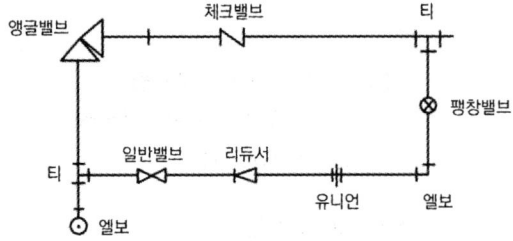

50 강관의 종류 중 고온 배관용 탄소강관은 어느 것인가?

① SPP ② SPPS
③ SPPH ④ SPHT

해설

[고온 배관용 탄소강관]
- SPP : 배관용 탄소강관
- SPPS : 압력 배관용 탄소강관
- SPPH : 고압 배관용 탄소강관
- SPHT : 고온 배관용 탄소강관
- SPLT : 저온 배관용 탄소강관

정답 50 ④

모아 건축설비기사 필기(핵심이론 + 과년도 7개년) [개정판]

발행일   2025년 11월 28일 개정판 1쇄
지은이   남유진, 오민정, 이지원
발행인   황모아
발행처   (주)모아교육그룹
주 소   서울특별시 영등포구 영신로 32길 29 세화빌딩 2층
전 화   02-2068-2393(출판, 주문)
등 록   제2015-000006호 (2015.1.16.)
이메일   moagbooks@naver.com
누리집   www.moate.co.kr
ISBN   979-11-6804-477-7 (13530)

이 책의 가격은 뒤표지에 있습니다.

Copyright ⓒ (주)모아교육그룹 Co., Ltd. All Rights Reserved.

이 책은 저작권법에 의해 보호를 받는 저작물이므로
저자와 출판사의 서면 허락 없이 내용의 전부 또는 일부를 이용하는 것을 금합니다.

"합격을 넘어 실무까지, 모아가 만듭니다!"

모아소방전기학원
모아직업기술교육원

소방기술사 강의

과정평가형

국가기간전략산업직종훈련

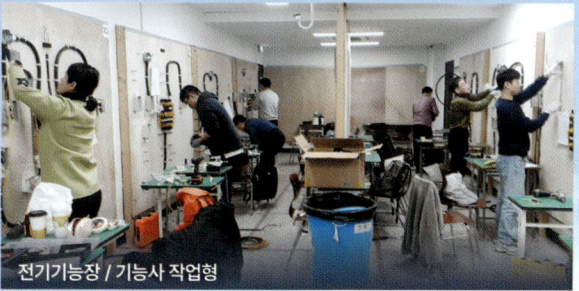
전기기능장 / 기능사 작업형

소방분야 소방기술사 / 소방시설관리사 / 소방설비기사(전기 / 기계) / 소방설비산업기사(전기 / 기계)

전기분야 전기안전기술사 / 전기응용기술사 / 발송배전기술사 / 건축전기설비기술사 / 전기기능장 / 전기기능사 / 전기기사·산업기사

안전분야 화공안전기술사 / 건축기사·산업기사 / 건축설비기사·산업기사 / 건설안전기술사 / 건설안전기사·산업기사
산업안전기사·산업기사 / 산업안전지도사 / 승강기기능사 / 공조냉동기계기사

통신분야 정보통신기술사

실무분야 소방감리실무 / 현장에서 통하는 소방설비 찐 실무

과정평가형 소방설비산업기사(전기 / 기계) / 산업안전산업기사 / 산업안전기사 / 건설안전기사 / 전기공사산업기사

국가기간전략훈련 [국기] 전기기능사 취득과정

위탁기관 위탁교육 서울시노동자복지관 / 제대군인지원센터 / 기아 AutoLand 조합원 단체 교육

모아소방전기학원

자격증 취득 & 과정상담

모아소방전기학원
02.2068.2851

모아직업기술교육원
02.2068.2854

평일 09:00~19:00 / 토·일 08:00~17:00 (공휴일 휴무)

📐 모아소방전기학원 × 📐 모아직업기술교육원

"수험생의 불필요한 시간을 아끼는 것"
모아북스가 가장 중요하게 생각하는 가치입니다.

모아북스는 매년 달라지는 법령과 변화하는 출제 경향, 새롭게 제정되는 규정까지 수험생보다 먼저 학습하고, 핵심만을 빠르게 정리합니다. 합격을 위한 가장 빠르고 정확한 수험서를 만들기 위해 한 페이지 한 페이지에 진심을 담아 제작합니다.

▌모아 출판 프로세스

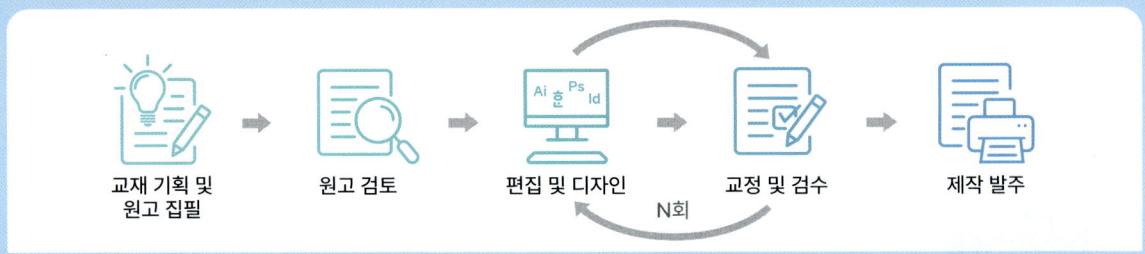

▌모아북스 블로그 소개

수험서를 구매하기 전 책을 훑어보러 서점까지 가기 힘드신가요? 모아북스 블로그에서는 수험생의 소중한 시간을 아껴드리기 위해 책의 구체적인 구성과 강점, 효과적인 학습법까지 직접 보는 것처럼 상세하게 소개해드립니다. 궁금한 교재가 있다면 모아북스 블로그에 '책 제목'을 검색해보세요!

모아북스 블로그

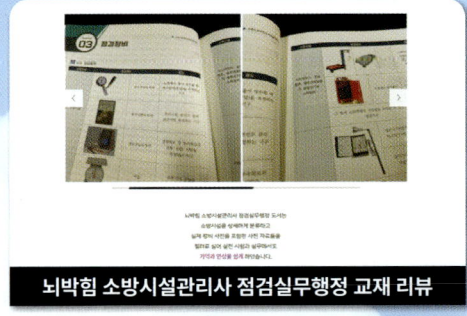

뇌박힘 소방시설관리사 점검실무행정 교재 리뷰

모아북스 블로그

▌고객의 소리

더 나은 교재 제작을 위해 여러분의 소중한 의견을 기다립니다. QR을 통해 남겨주신 피드백 중 우수 글에 선정되신 독자분께는 감사의 마음을 담아 소정의 선물을 드립니다.

고객의 소리